高校核心课程学习指导丛书

数学分析范例选解

SHUXUE FENXI
FANLI XUANJIE

第2版

朱尧辰 / 编著

中国科学技术大学出版社

内 容 简 介

本书通过一些特别挑选的范例(约240个题或题组)和配套习题(约220个题或题组)来提供数学分析习题的某些解题技巧,涉及基础性和综合性两类问题,题目共约1000个.题目选材范围比较广泛,范例解法具有启发性和参考价值,所有习题均附解答或提示.

本书可作为大学数学系师生的参考书或研究生入学应试备考资料.

图书在版编目(CIP)数据

数学分析范例选解/朱尧辰编著.—2版.—合肥:中国科学技术大学出版社,2019.10
(高校核心课程学习指导丛书)
ISBN 978-7-312-04787-9

Ⅰ.数… Ⅱ.朱… Ⅲ.数学分析—高等学校—题解 Ⅳ.O17-44

中国版本图书馆CIP数据核字(2019)第205468号

出版 中国科学技术大学出版社
安徽省合肥市金寨路96号,230026
http://press.ustc.edu.cn
https://zgkxjsdxcbs.tmall.com

印刷 安徽国文彩印有限公司

发行 中国科学技术大学出版社

经销 全国新华书店

开本 787 mm×1092 mm 1/16

印张 42.5

字数 1214千

版次 2015年1月第1版 2019年10月第2版

印次 2019年10月第2次印刷

定价 88.00元

再版前言

第 2 版与第 1 版的主要差别有两点: 一个是改正了已发现的第 1 版中的印刷错误; 特别地, 更换了习题 9.41(包括解答). 另一个是第 2 版在第 9 章中增加了两节, 即 9.3 节“补充习题 (续)”, 9.4 节“补充习题 (续) 的解答或提示”. 读者会注意到, 第 1 版的一些例题和习题标有 * 号, 表明它们是 (国内外) 硕士研究生入学考试试题. 实际上, 其中多数选自 (国内) 某些科研单位的有关试题, 但大体截止到 2012 年. 第 2 版增加的“补充习题 (续)”则主要选自 2013 年后的有关试题或竞赛题, 其中没有标 * 号的题多数是备选题. 希望这些补充材料能有助于读者参考.

朱尧辰

2019 年 8 月于北京

前　言

编写本书主要是为具有一定微积分解题基础的大学生提供一份辅导材料, 通过对一些范例解法的展示和“揣摩”, 使他们的微积分解题技巧有所提高; 也为硕士研究生入学考试的应试复习增添一些资料. 本书所选问题 (例题和习题) 涉及基础性和综合性两个方面, 计算题和证明题并重, 但不追求面面俱到. 多数问题取自多种中外数学书刊, 以及 20 世纪 80 年代以来的某些硕士生入学考试试题. 因为市面上学习辅导书籍甚多, 所以很难完全不与其他类似的书籍中的问题有所重复. 所有范例按照问题的主题作了大体的分类, 分为九章, 前八章又大致分为若干节, 每章后都安排一些配套习题. 范例的解答都是经过重新加工整理的, 一般包含必要的计算或推理的细节, 有的附加一些注释或少许引申材料. 还给出全部习题的解答或提示. 最后一章即第 9 章, 给出一些不分类的补充习题, 也给出了解答或提示. 标有 * 号的例题和习题是 (国内外) 硕士生入学考试试题.

使用本书的一些建议 (或忠告) 如下:

1. 本书不配备数学知识提要, 请依据自己所使用的教材及备考目标, 自行准备适合需要的这类材料.

2. 本书的例题和习题应作为一个整体看待, 它们实际上是互相补充的.

3. 本书没有特别标注较难的例题和习题, 请依据自己的情况确定例题和习题的难易分类.

4. 请依据自己的情况和备考目标有选择地采用本书的例题和习题, 特别是综合性例题, 不要“一刀切”.

5. 做习题时宜首先自行思考解法, 尽量不要立即翻看解答或提示.

6. 本书介绍的某些解题技巧或方法宜通过多次阅读和演练以加深理解, 对于它们, 在不同的学习阶段会有不同的感受.

作者只是一名数学研究人员. 本书的部分素材来自过去对大学生和研究生授课 (基础课程和专业课程) 的积累, 限于作者的水平和经验, 本书在取材、编排和解题等方面难免存在不妥、疏漏甚至谬误之处, 欢迎读者和同行批评指正.

朱尧辰

2014 年 2 月于北京

符号说明

1° $\mathbb{N}, \mathbb{Z}, \mathbb{Q}, \mathbb{R}, \mathbb{C}$ (依次) 正整数集、整数集、有理数集、实数集、复数集.

$\mathbb{N}_0 = \mathbb{N} \cup \{0\}$.

$\mathbb{R}_+$ 正实数集.

2° $[a]$ 实数 a 的整数部分, 即不超过 a 的最大整数.

$\{a\} = a - [a]$ 实数 a 的分数部分 (也称小数部分).

$\|a\| = \min\{a - [a], [a] + 1 - a\}$ 实数 a 与最靠近它的整数间的距离.

$\lceil a \rceil$ 大于或等于 a 的最小整数.

$\lfloor a \rfloor$ 小于或等于 a 的最大整数 (即 a 的整数部分 $[a]$).

$\mathrm{Re}(z)$ 复数 z 的实数部分.

$(2n+1)!! = (2n+1)(2n-1)(2n-3)\cdots 5 \cdot 3 \cdot 1$.

$(2n)!! = (2n)(2n-2)\cdots 4 \cdot 2$.

$\delta_{i,j}$ Kronecker 符号 (即当 $i = j$ 时其值为 1, 否则为 0).

3° $\log_b a$ 实数 $a > 0$ 的以 b 为底的对数.

$\log a$(与 $\ln a$ 同义) 实数 $a > 0$ 的自然对数.

$\lg a$ 实数 $a > 0$ 的常用对数 (即以 10 为底的对数).

$\exp(x)$ 指数函数 e^x.

$\sinh x\,(\cosh x, \tanh x, \coth x)$ 双曲正弦 (余弦、正切、余切).

$\arcsin x, \arccos x, \arctan x$ 反三角函数 (一般按主值理解).

$\mathrm{sgn}(x)$ 符号函数 (即当 $x > 0$ 时其值为 1; 当 $x < 0$ 时其值为 -1; 当 $x = 0$ 时其值为 0).

$\mathrm{B}(p,q)\,(p,q > 0)$ 贝塔函数, 即

$$\mathrm{B}(p,q) = \int_0^1 t^{p-1}(1-t)^{q-1}\mathrm{d}t = \int_0^\infty \frac{s^{p-1}}{(1+s)^{p+q}}\mathrm{d}s$$
$$= 2\int_0^{\pi/2} (\cos\theta)^{2p-1}(\sin\theta)^{2q-1}\mathrm{d}\theta.$$

$\Gamma(a)\,(a > 0)$ 伽马函数, 即

$$\Gamma(a) = \int_0^\infty t^{a-1}\mathrm{e}^{-t}\mathrm{d}t.$$

γ Euler-Mascheroni 常数 (Euler 常数), 即

$$\gamma = \lim_{n\to\infty}\left(1+\frac{1}{2}+\cdots+\frac{1}{n}-\log n\right)$$
$$= 0.6772156649015328606065120\cdots.$$

4° $C[a,b], C(A)$ 所有定义在区间 $[a,b]$ 或集合 A 上的连续函数形成的集合.

$C^r[a,b], C^r(A)$ 所有定义在区间 $[a,b]$ 或集合 A 上的 $r(r\geqslant 0)$ 阶导数连续的函数形成的集合.

$\mathbb{R}[x]$ 所有实系数多项式形成的集合 ($\mathbb{R}$ 可换成其他集合).

$|S|$ 有限集 S 所含元素的个数.

5° $f(x)\sim g(x)\,(x\to a)$ 函数 $f(x)$ 和 $g(x)$ 当 $x\to a$ 时等价, 即 $\lim\limits_{x\to x}\dfrac{f(x)}{g(x)}=1$(此处 a 是实数或 $\pm\infty$)(对于离散变量 n 类似, 下同).

$f(x)=o\big(g(x)\big)\,(x\to a)$ 指 $\lim\limits_{x\to a}\dfrac{f(x)}{g(x)}=0$(此处 a 是实数或 $\pm\infty$).

$f(x)=O\big(g(x)\big)\,(x\in A)$ 指存在常数 $C>0$ 使 $|f(x)|\leqslant C|g(x)|$(对于所有 $x\in A$)(此处 A 为某个集合).

$f(x)=O\big(g(x)\big)\,(x\to a)$ 指对于 a 的某个邻域中的所有 $x, f(x)=O\big(g(x)\big)$(此处 a 是实数或 $\pm\infty$).

$o(1)$ 和 $O(1)$ 无穷小量和有界量.

$a_n\,(n\geqslant 1)$ 数列 (不引起混淆时也可简记为 a_n).

$a_n\downarrow a\,(n\to\infty)$ 数列 (a_n) 单调下降趋于 a(函数情形类似).

$a_n\uparrow a\,(n\to\infty)$ 数列 (a_n) 单调上升趋于 a(函数情形类似).

$f(a-), f(a+)$ $f(x)$ 在点 a 的左极限 $\lim\limits_{x\to a-}f(x)$、右极限 $\lim\limits_{x\to a+}f(x)$.

$f'_-(a), f'_+(a)$ $f(x)$ 在点 a 的左导数、右导数.

$f_x, f_{x,x}$ $f(x,y)$ 的偏导数 $\partial f/\partial x = f'_x, \partial^2 f/\partial x^2 = f''_{x,x}$(在不引起混淆时) 的简记号 (余类推).

(r,θ) (平面) 极坐标系$\big($有时记为 $(r,\phi), (\rho,\theta), (\rho,\phi)\big)$, Jacobi 式 $=r$.

(r,ϕ,θ) 或 (ρ,ϕ,θ) (空间) 球坐标系,Jacobi 式 $=r^2\sin\theta$.

(r,ϕ,z) 或 (ρ,ϕ,z) (空间)(圆) 柱坐标系,Jacobi 式 $=r$.

6° $\boldsymbol{xy}$ 向量 $\boldsymbol{x}=(x_1,\cdots,x_n), \boldsymbol{y}=(y_1,\cdots,y_n)\in\mathbb{R}^n$ 的内积 (数量积), 即 $x_1y_1+\cdots+x_ny_n$.

$(a_{i,j})_{1\leqslant i,j\leqslant n}$ 及 $(a_{i,j})_{n\times n}$ n 阶方阵.

$\det(\boldsymbol{A}), |\boldsymbol{A}|$ 方阵 $\boldsymbol{A}$ 的行列式.

7° □ 表示问题解答完毕.

目　　次

第 1 章　数列极限

1.1　上极限和下极限

例 1.1.1　求数列

$$x_n = \frac{(-1)^n n}{n+1}\cos\frac{n\pi}{3} \quad (n=1,2,\cdots)$$

的上极限和下极限 (并加以证明).

解　定义集合

$$N_0 = \{6k\,(k\geqslant 1)\}, \quad N_j = \{6k+j\,(k\geqslant 0)\} \quad (j=1,2,\cdots,5).$$

分别考虑当下标 $n\in N_j\,(j=0,1,\cdots,5)$ 不同情形的子列. 当 $n\in N_0$ 时, 即子列 $x_{n_k}, n_k = 6k(k\geqslant 1)$, 有

$$\lim_{k\to\infty} x_{n_k} = \lim_{k\to\infty}\frac{6k}{6k+1} = 1;$$

当 $n\in N_1$ 时, 即子列 $x_{n_k}, n_k = 6k+1(k\geqslant 1)$, 有

$$\lim_{k\to\infty} x_{n_k} = -\frac{1}{2}\lim_{k\to\infty}\frac{6k+1}{6k+2} = -\frac{1}{2};$$

类似地可算出其他 4 种情形, 相应的子列极限等于 $1(n\in N_3)$, 或 $-1/2(n\in N_2,N_4,N_5)$. 因为 $\mathbb{N} = N_0\cup N_1\cup\cdots\cup N_5$, 并且诸 N_j 两两无公共元素, 所以任何一个下标 n 必属于某个确定的 N_j. 对于 x_n 的任一收敛子列, 其任何收敛子列也有与该子列相同的极限, 因此其各项的下标除去可能有限多个例外, 必然或者同属于 N_0, N_3 或它们的并集, 此时其极限等于 1; 或者同属于 N_1,N_2,N_4,N_5 或它们的并集, 此时其极限等于 $-1/2$. 因此 x_n 的任一收敛子列的极限或等于 1, 或等于 $-1/2$, 从而 $\overline{\lim\limits_{n\to\infty}}\, x_n = 1$, $\underline{\lim\limits_{n\to\infty}}\, x_n = -1/2$. □

例 1.1.2　设 $a_n\geqslant 0$, 并且

$$\sigma_n = \sum_{k=1}^{n} a_k \to \infty \quad (n\to\infty).$$

对于任意无穷数列 $x_n\,(n\geqslant 1)$ 定义

$$\omega_n = \frac{1}{\sigma_n}\sum_{k=1}^{n} a_k x_k \quad (n=1,2,\cdots).$$

证明:

$$\varliminf_{n\to\infty} x_n \leqslant \varliminf_{n\to\infty} \omega_n \leqslant \varlimsup_{n\to\infty} \omega_n \leqslant \varlimsup_{n\to\infty} x_n.$$

解 (i) 首先证明 $\varlimsup\limits_{n\to\infty} \omega_n \leqslant \varlimsup\limits_{n\to\infty} x_n$. 如果 $\varlimsup\limits_{n\to\infty} x_n = +\infty$, 那么此不等式显然成立, 所以可设 $\varlimsup\limits_{n\to\infty} x_n = l$(有限实数). 由 l 的定义可知, 对于任意给定的 $L > l$, 存在下标 $m = m(L)$ 具有下列性质:$x_n < L(n > m)$. 于是当 $n > m$ 时,

$$\begin{aligned}
\omega_n &= \frac{1}{\sigma_n}\sum_{k=1}^{m} a_k x_k + \frac{1}{\sigma_n}\sum_{k=m+1}^{n} a_k x_k \\
&\leqslant \frac{1}{\sigma_n}\sum_{k=1}^{m} a_k x_k + \frac{1}{\sigma_n}\sum_{k=m+1}^{n} a_k L \\
&= \frac{1}{\sigma_n}\sum_{k=1}^{m} a_k x_k + L \cdot \frac{\sum\limits_{m+1\leqslant k\leqslant n} a_k}{\sigma_n},
\end{aligned}$$

因为 m 固定,$\sigma_n \to \infty\,(n\to\infty)$, 并且 $\sum\limits_{k=m+1}^{n} a_k \leqslant \sigma_n$, 所以

$$\omega_n \leqslant o(1) + L \quad (n\to\infty).$$

于是 $\varlimsup\limits_{n\to\infty} \omega_n \leqslant L$. 这对任何 $L > l$ 成立, 所以 $\varlimsup\limits_{n\to\infty} \omega_n \leqslant l = \varlimsup\limits_{n\to\infty} x_n$. 因此上述结论得证.

(ii) 将步骤 (i) 中得到的结论应用于无穷数列 $-x_n\,(n \geqslant 1)$, 可得

$$\varlimsup_{n\to\infty} \frac{1}{\sigma_n}\sum_{k=1}^{n} a_k(-x_k) \leqslant \varlimsup_{n\to\infty}\,(-x_n),$$

即

$$-\varliminf_{n\to\infty} \frac{1}{\sigma_n}\sum_{k=1}^{n} a_k x_k \leqslant -\varliminf_{n\to\infty} x_n,$$

也就是 $-\varliminf\limits_{n\to\infty} \omega_n \leqslant -\varliminf\limits_{n\to\infty} x_n$, 于是 $\varliminf\limits_{n\to\infty} x_n \leqslant \varliminf\limits_{n\to\infty} \omega_n$.

(iii) 最后, 由上、下极限的基本性质知 $\varliminf\limits_{n\to\infty} \omega_n \leqslant \varlimsup\limits_{n\to\infty} \omega_n$. 于是本题得证. □

1.2 简单的数列极限问题

下面例子的解法主要基于数列极限的基本性质.

*** 例 1.2.1** 计算:

(1) $\lim\limits_{n\to\infty} \sin^2(\pi\sqrt{n^2+n})$.

(2) $\lim\limits_{n\to\infty} n^3\left(2\sin\dfrac{1}{n} - \sin\dfrac{2}{n}\right)$.

(3) $\lim\limits_{n\to\infty}\int_0^1 \log(1+x^n)\mathrm{d}x$.

解　(1) 因为 $\sin^2 t$ 以 π 为周期, 所以

$$\sin^2(\pi\sqrt{n^2+n})=\sin^2(\pi\sqrt{n^2+n}-\pi n)=\sin^2\left((\sqrt{n^2+n}-n)\pi\right).$$

注意

$$\sqrt{n^2+n}-n=\frac{(\sqrt{n^2+n}-n)(\sqrt{n^2+n}+n)}{\sqrt{n^2+n}+n}=\frac{n}{\sqrt{n^2+n}+n}=\frac{1}{1+\sqrt{1+1/n}},$$

我们得到

$$\lim_{n\to\infty}\sin^2(\pi\sqrt{n^2+n})=\lim_{n\to\infty}\sin^2\frac{\pi}{1+\sqrt{1+1/n}}=1.$$

(2) 解法 1　注意

$$n^3\left(2\sin\frac{1}{n}-\sin\frac{2}{n}\right)=\frac{2\sin\dfrac{1}{n}-\sin\dfrac{2}{n}}{\dfrac{1}{n^3}}.$$

由 L'Hospital 法则得

$$\lim_{x\to 0}\frac{2\sin x-\sin 2x}{x^3}=1,$$

在其中将连续变量 x 代以离散变量 $1/n$, 可知所求极限等于 1.

解法 2　我们有

$$\begin{aligned}n^3\left(2\sin\frac{1}{n}-\sin\frac{2}{n}\right)&=n^3\left(2\left(\frac{1}{n}-\frac{1}{3!}\frac{1}{n^3}+O\left(\frac{1}{n^5}\right)\right)-\left(\frac{2}{n}-\frac{1}{3!}\frac{8}{n^3}+O\left(\frac{1}{n^5}\right)\right)\right)\\&=n^3\left(\frac{1}{n^3}+O\left(\frac{1}{n^5}\right)\right)=1+O\left(\frac{1}{n^2}\right)\to 1\quad(n\to\infty).\end{aligned}$$

(3) 由 $0\leqslant\log(1+x^n)\leqslant x^n\,(0\leqslant x\leqslant 1)$ 可知所求极限等于 0.　□

例 1.2.2　若数列 $a_n\,(n\geqslant 1)$ 满足 $\lim\limits_{n\to\infty}a_n/n=0$, 则

$$\lim_{n\to\infty}\frac{\max\{a_1,\cdots,a_n\}}{n}=0,$$
$$\lim_{n\to\infty}\frac{\min\{a_1,\cdots,a_n\}}{n}=0.$$

解　记

$$b_n=\max\{a_1,\cdots,a_n\}\quad(n=1,2,\cdots).$$

因为 $b_n\in\{a_1,\cdots,a_n\}$, 所以对于某个 $k_n\,(1\leqslant k_n\leqslant n), b_n=a_{k_n}$, 于是

$$0\leqslant\left|\frac{b_n}{n}\right|=\left|\frac{a_{k_n}}{k_n}\cdot\frac{k_n}{n}\right|\leqslant\left|\frac{a_{k_n}}{k_n}\right|,$$

由于 $a_{k_n}/k_n\,(n\geqslant 1)$ 是 $a_n/n\,(n\geqslant 1)$ 的子列, 所以依题设当 $n\to\infty$(因而 $k_n\to\infty$) 时, 上式右边趋于 0, 从而第一个结论得证. 题中另一个结论可类似地证明.　□

例 1.2.3 证明:

(1) $\lim\limits_{n\to\infty}(n!\mathrm{e}-[n!\mathrm{e}])=0$.

(2) $\lim\limits_{n\to\infty}n(n!\mathrm{e}-[n!\mathrm{e}])=1$.

解 (1) 我们有

$$n!\mathrm{e}=n!\sum_{k=1}^{\infty}\frac{1}{k!}=\sum_{k=1}^{n}\frac{n!}{k!}+\sum_{k=n+1}^{\infty}\frac{n!}{k!}.$$

显然上式右边第一项是整数; 右边第二项满足不等式

$$\begin{aligned}0<\sum_{k=n+1}^{\infty}\frac{n!}{k!}&=\frac{1}{n+1}\left(1+\frac{1}{n+2}+\frac{1}{(n+2)(n+3)}+\frac{1}{(n+2)(n+3)(n+4)}+\cdots\right)\\&<\frac{1}{n+1}\left(1+\frac{1}{2!}+\frac{1}{3!}+\cdots\right)<\frac{\mathrm{e}}{n+1}.\end{aligned}$$

当 $n>\mathrm{e}-1$ 时 $\mathrm{e}/(n+1)<1$, 因此

$$[n!\mathrm{e}]=\sum_{k=1}^{n}\frac{n!}{k!}\quad(n>\mathrm{e}-1),$$

并且

$$0<n!\mathrm{e}-[n!\mathrm{e}]=\sum_{k=n+1}^{\infty}\frac{n!}{k!}<\frac{\mathrm{e}}{n+1}.$$

令 $n\to\infty$ 即得 $n!\mathrm{e}-[n!\mathrm{e}]\to 0$.

(2) 令

$$S_n=\sum_{k=1}^{n}\frac{1}{k!},$$

那么 (依 e 的定义)$S_n\to\mathrm{e}(n\to\infty)$. 对于正整数 n 和 m, 有

$$\begin{aligned}S_{n+m}-S_n&=\frac{1}{(n+1)!}+\frac{1}{(n+2)!}+\cdots+\frac{1}{(n+m)!}\\&=\frac{1}{(n+1)!}\left(1+\frac{1}{n+2}+\frac{1}{(n+2)(n+3)}+\cdots+\frac{1}{(n+2)\cdots(n+m)}\right)\\&<\frac{1}{(n+1)!}\left(1+\frac{1}{n+2}+\frac{1}{(n+2)^2}+\cdots+\frac{1}{(n+2)^{m-1}}+\cdots\right)\\&<\frac{1}{(n+1)!}\sum_{k=0}^{\infty}\frac{1}{(n+2)^k}=\frac{1}{(n+1)!}\cdot\frac{n+2}{n+1}.\end{aligned}$$

在此式中固定 n, 令 $m\to\infty$, 得到

$$\mathrm{e}-\sum_{k=1}^{n}\frac{1}{k!}\leqslant\frac{1}{(n+1)!}\cdot\frac{n+2}{n+1},$$

于是

$$n!\mathrm{e}-\sum_{k=1}^{n}\frac{n!}{k!}\leqslant\frac{n!}{(n+1)!}\cdot\frac{n+2}{n+1}=\frac{n+2}{(n+1)^2}.$$

由本题 (1), 这就是

$$n!\mathrm{e}-[n!\mathrm{e}] \leqslant \frac{n+2}{(n+1)^2} \quad (n>\mathrm{e}-1).$$

又由本题 (1) 推出

$$n!\mathrm{e}-[n!\mathrm{e}] = \sum_{k=n+1}^{\infty}\frac{n!}{k!} > \frac{n!}{(n+1)!} = \frac{1}{n+1} \quad (n>\mathrm{e}-1).$$

因此最终得到

$$\frac{n}{n+1} < n(n!\mathrm{e}-[n!\mathrm{e}]) \leqslant \frac{n(n+2)}{(n+1)^2} \quad (n>\mathrm{e}-1).$$

令 $n\to\infty$ 即得 $n(n!\mathrm{e}-[n!\mathrm{e}])\to 1$. □

注　1° 由本题 (1) 的解法只能得到较粗的估计:

$$\frac{n}{n+1} < n(n!\mathrm{e}-[n!\mathrm{e}]) \leqslant \frac{\mathrm{e}n}{n+1},$$

不足以推出本题 (2) 中的结论.

2° 因为本题 (2) 中的极限存在且不等于 0, 所以 $n(n!\mathrm{e}-[n!\mathrm{e}])$ 有界, 于是直接得到 $n!\mathrm{e}-[n!\mathrm{e}]=O(1/n)\to 0\,(n\to\infty)$.

例 1.2.4　令

$$u_n=\sum_{k=1}^{n}\sin\frac{k}{n}\sin\frac{k}{n^2} \quad (n\geqslant 1),$$

计算 $\lim\limits_{n\to\infty}u_n$.

解　令

$$v_n=\sum_{k=1}^{n}\frac{k}{n^2}\sin\frac{k}{n} \quad (n\geqslant 1),$$

则

$$v_n-u_n=\sum_{k=1}^{n}\left(\frac{k}{n^2}-\sin\frac{k}{n^2}\right)\sin\frac{k}{n}.$$

因为当 $x>0$ 时 $x-x^3/3!<\sin x$(见例 8.2.1), 所以当 $k\leqslant n$ 时,

$$0<\frac{k}{n^2}-\sin\frac{k}{n^2}<\frac{1}{6}\cdot\frac{k^3}{n^6}\leqslant\frac{1}{6n^3},$$

从而

$$0\leqslant|u_n-v_n|<\sum_{k=1}^{n}\left(\frac{k}{n^2}-\sin\frac{k}{n}\right)<n\cdot\frac{1}{6n^3}=\frac{1}{6n^2},$$

于是 $\lim\limits_{n\to\infty}u_n=\lim\limits_{n\to\infty}v_n$. 而由 Riemann 积分的定义得

$$\lim_{n\to\infty}v_n=\int_0^1 x\sin x\,\mathrm{d}x=(-x\cos x+\sin x)\Big|_0^1=\sin 1-\cos 1,$$

所以 $\lim\limits_{n\to\infty}u_n=\sin 1-\cos 1$. □

例 1.2.5　若 $a_n\,(n\geqslant 1)$ 是一个非负数列, 满足

$$a_{m+n}\leqslant a_m+a_n+C \quad (\text{所有 } m,n\geqslant 1),$$

其中 $C \geqslant 0$ 是一个常数, 则数列 a_n/n 收敛.

解 由题设条件可知, 对任何正整数 $n>1$ 有

$$a_n = a_{(n-1)+1} \leqslant a_{n-1}+a_1+C \leqslant \cdots < n(a_1+C),$$

所以数列 a_n/n 有界, 从而 $\overline{\lim\limits_{n\to\infty}}\, a_n/n$ 有限.

对于任何给定的正整数 k, 可将 n 表示为 $n=qk+r$, 其中 q,k 是整数, 而且 $q\geqslant 0, 0\leqslant r<k$. 由题设条件可得

$$\begin{aligned} a_n &= a_{qk+r} \leqslant a_{qk}+a_r+C \leqslant (a_{(q-1)k}+a_k+C)+a_r+C \\ &\leqslant \big((a_{(q-2)k}+a_k+C)+a_k+C\big)+a_r+C \leqslant \cdots \leqslant q(a_k+C)+a_r \end{aligned}$$

(上式中当 $r=0$ 时 a_r 理解为 0). 于是

$$\frac{a_n}{n} \leqslant \frac{q(a_k+C)}{qk+r}+\frac{a_r}{n} \leqslant \frac{a_k+C}{k}+\frac{a_r}{n}.$$

令 $n\to\infty$, 注意 $a_r \in \{0,a_1,\cdots,a_{k-1}\}$ 有界, 我们得到

$$\overline{\lim_{n\to\infty}}\frac{a_n}{n} \leqslant \frac{a_k+C}{k}.$$

此式对任何正整数 k 都成立, 所以

$$\overline{\lim_{n\to\infty}}\frac{a_n}{n} \leqslant \underline{\lim_{k\to\infty}}\frac{a_k}{k}.$$

此外, 依上、下极限的性质, 反向不等式也成立, 所以数列 a_n/n 收敛. □

1.3 Stolz 定理的应用

Stolz 定理是指: 若数列 y_n(从某个下标开始) 严格单调递增趋于无穷, 数列 x_n 满足条件:

$$\lim_{n\to\infty}\frac{x_n-x_{n-1}}{y_n-y_{n-1}}=\alpha \quad (\text{有限或 } \pm\infty),$$

则

$$\lim_{n\to\infty}\frac{x_n}{y_n}=\alpha.$$

这个定理的证明可见: 菲赫金哥尔茨. 微积分学教程: 第一卷 [M].8 版. 北京: 高等教育出版社,2006:50.

例 1.3.1 设 s 是正整数, 计算

$$\lim_{n\to\infty}\frac{1}{n^{s+1}}\left(s!+\frac{(s+1)!}{1!}+\cdots+\frac{(s+n)!}{n!}\right).$$

解　在 Stolz 定理中令

$$x_n = s! + \frac{(s+1)!}{1!} + \cdots + \frac{(s+n)!}{n!}, \quad y_n = n^{s+1}.$$

那么 $y_n \uparrow \infty$, 并且

$$\lim_{n\to\infty}\frac{x_n - x_{n-1}}{y_n - y_{n-1}} = \lim_{n\to\infty}\frac{(n+1)(n+2)\cdots(n+s)}{n^{s+1}-(n-1)^{s+1}} = \lim_{n\to\infty}\frac{\left(1+\dfrac{1}{n}\right)\left(1+\dfrac{2}{n}\right)\cdots\left(1+\dfrac{s}{n}\right)}{n\left(1-\left(1-\dfrac{1}{n}\right)^{s+1}\right)}.$$

反向应用几何级数求和公式可知 $n\Big(1-(1-1/n)^{s+1}\Big) = 1+(1-1/n)+\cdots+(1-1/n)^s$; 或者: 由二项式展开得

$$\begin{aligned} n\left(1-\left(1-\frac{1}{n}\right)^{s+1}\right) &= n\left(1-1+\binom{s+1}{1}\frac{1}{n}-\binom{s+1}{2}\frac{1}{n^2}+\cdots-(-1)^{s+1}\frac{1}{n^{s+1}}\right) \\ &= \binom{s+1}{1}-\binom{s+1}{2}\frac{1}{n}+\cdots-(-1)^{s+1}\frac{1}{n^s}. \end{aligned}$$

因此

$$\lim_{n\to\infty}\frac{x_n - x_{n-1}}{y_n - y_{n-1}} = \frac{1}{s+1},$$

从而所求极限等于 $\lim\limits_{n\to\infty}(x_n/y_n) = 1/(s+1)$. □

例 1.3.2　设 $\lim\limits_{n\to\infty} a_n = a$, 其中 $a \leqslant +\infty$, 则

(1) $\lim\limits_{n\to\infty}\dfrac{a_1+a_2+\cdots+a_n}{n} = a$.

(2) $\lim\limits_{n\to\infty}\dfrac{a_1+2a_2+\cdots+na_n}{n^2} = \dfrac{a}{2}$.

(3) $\lim\limits_{n\to\infty}\dfrac{\lambda_1 a_1+\lambda_2 a_2\cdots+\lambda_n a_n}{\lambda_1+\lambda_2+\cdots+\lambda_n} = a$, 其中实数 $\lambda_k > 0$, $\lambda_1+\lambda_2+\cdots+\lambda_n \to \infty\,(n\to\infty)$.

解　(1) 在 Stolz 定理中令 $x_n = a_1+a_2+\cdots+a_n, y_n = n$(读者补出细节).

(2) 解法 1　在 Stolz 定理中令 $x_n = a_1+2a_2+\cdots+na_n, y_n = n^2$ (读者补出细节).

解法 2　如果用 $b_n\,(n\geqslant 1)$ 表示下列无穷数列:

$$a_1, \underbrace{a_2, a_2}_{2\text{ 次}}, \underbrace{a_3, a_3, a_3}_{3\text{ 次}}, \cdots, \underbrace{a_k, \cdots, a_k}_{k\text{ 次}}, \cdots,$$

那么 $b_n \to a\,(n\to\infty)$, 于是依本题 (1) 可知

$$\lim_{n\to\infty}\frac{b_1+b_2+\cdots+b_n}{n} = a.$$

我们取无穷数列

$$\frac{b_1+b_2+\cdots+b_n}{n} \quad (n\geqslant 1)$$

的下列无穷子列

$$\frac{\sigma_1}{l_1}, \frac{\sigma_2}{l_2}, \cdots, \frac{\sigma_k}{l_k}, \cdots,$$

其中

$$\sigma_k = a_1 + \underbrace{a_2 + a_2}_{2\text{ 次}} + \cdots + \underbrace{a_k + a_k + \cdots + a_k}_{k\text{ 次}},$$

$$l_k = 1 + 2 + \cdots + k = \frac{k(k+1)}{2} \quad (k = 1, 2, \cdots),$$

那么 $\lim\limits_{k\to\infty} \sigma_k / l_k = a$. 于是由上式推出

$$\lim_{k\to\infty} \frac{a_1 + 2a_2 + \cdots + ka_k}{k^2} = \lim_{k\to\infty} \frac{\sigma_k}{l_k} \cdot \frac{l_k}{k^2} = \frac{a}{2}.$$

(3) 在 Stolz 定理中令 $x_n = \lambda_1 a_1 + \lambda_2 a_2 + \cdots + \lambda_n a_n, y_n = \lambda_1 + \lambda_2 + \cdots + \lambda_n$(读者补出细节).

□

注 本题 (1) 中的结果有时称为"算术平均值数列收敛定理", 是一个有用的结果. 当然, 不难给出它的直接证明 (不应用 Stolz 定理, 而是用 $\varepsilon - N$ 方法, 并且要区分 $a < \infty$ 和 $a = \infty$ 两种情形). 本题 (3) 中的结果考虑了加权平均. 当然, 题 (1)(2) 中的两个结果也是题 (3) 的显然推论(分别取所有 $\lambda_n = 1$ 及 $\lambda_n = n\,(n \geqslant 1)$).

1.4 ε-N 方法

例 1.4.1 若数列 $a_n\,(n \geqslant 1)$ 满足

$$\lim_{n\to\infty} \frac{a_{n+1}}{a_n} = a,$$

则当 $a > 1$ 时 $\lim\limits_{n\to\infty} a_n = +\infty$ 或 $-\infty$; 当 $|a| < 1$ 时 $\lim\limits_{n\to\infty} a_n = 0$.

解 设 $\varepsilon > 0$ 任意给定. 那么存在 $N = N(\varepsilon)$, 使当 $n > N$ 时,

$$a - \varepsilon < \frac{a_{n+1}}{a_n} < a + \varepsilon.$$

(i) 设 $a > 1$, 则取 ε 满足 $0 < \varepsilon < (a-1)/2$, 于是 $a - \varepsilon > (a+1)/2 > 1$, 从而

$$\frac{a_{n+1}}{a_n} > \frac{a+1}{2} > 1 \quad (n > N).$$

由此可知当 $n > N$ 时所有 a_n 同号. 若 $a_n > 0\,(n > N)$, 则

$$a_{2n+1} > \frac{a+1}{2} a_{2n} > \left(\frac{a+1}{2}\right)^2 a_{2n-1} > \cdots > \left(\frac{a+1}{2}\right)^n a_n \to +\infty \quad (n \to \infty),$$

于是 $a_n \to +\infty$. 若 $a_n < 0\,(n > N)$, 则

$$\frac{|a_{n+1}|}{|a_n|} > \frac{a+1}{2} \quad (n > N),$$

依刚才所证可知 $|a_n|\to+\infty$, 于是 $a_n\to-\infty$.

(ii) 设 $0<a<1$, 则取 ε 满足 $0<a+\varepsilon<1$, 那么

$$0<\frac{a_{n+1}}{a_n}<a+\varepsilon<1\quad(n>N).$$

与步骤 (i) 类似, 区分当 $n>N$ 时 a_n 同为正或同为负, 都可推出 $a_n\to0\,(n\to\infty)$.

(iii) 设 $-1<a<0$, 则

$$\lim_{n\to\infty}\frac{|a_{n+1}|}{|a_n|}=|a|<1.$$

依步骤 (ii) 中所证,$|a_n|\to0\,(n\to\infty)$, 即知 $|a_n-0|=|a_n|<\varepsilon\ (n>N)$, 因此 $a_n\to0\,(n\to\infty)$.

□

例 1.4.2　若无穷数列 $x_n\,(n\geqslant1)$ 满足条件 $x_n-x_{n-2}\to a\,(n\to\infty)$, 则

$$\frac{x_n-x_{n-1}}{n}\to0\quad(n\to\infty).$$

解　解法 1　由题设, 对于任意给定的 $\varepsilon>0$, 存在 $N>0$, 使当 $n>N$ 时,

$$|x_n-x_{n-2}-a|<\varepsilon.$$

若 $n-N$ 是偶数, 则

$$\begin{aligned}&(x_n-x_{n-2}-a)-(x_{n-1}-x_{n-3}-a)+(x_{n-2}-x_{n-4}-a)-(x_{n-3}-x_{n-5}-a)\\&\quad+\cdots+(x_{N+2}-x_N-a)-(x_{N+1}-x_{N-1}-a)+(x_N-x_{N-2}-a)\\&=(x_n-x_{n-1}-a)+x_{N-1}-x_{N-2},\end{aligned}$$

因而

$$|x_n-x_{n-1}-a|\leqslant(n-N+1)\varepsilon+|x_{N-1}-x_{N-2}|.$$

类似地, 若 $n-N$ 是奇数, 则

$$\begin{aligned}&(x_n-x_{n-2}-a)-(x_{n-1}-x_{n-3}-a)+(x_{n-2}-x_{n-4}-a)-(x_{n-3}-x_{n-5}-a)\\&\quad+\cdots+(x_{N+3}-x_{N+1}-a)-(x_{N+2}-x_N-a)+(x_{N+1}-x_{N-1}-a)\\&=(x_n-x_{n-1}-a)+x_N-x_{N-1},\end{aligned}$$

因而

$$|x_n-x_{n-1}-a|\leqslant(n-N)\varepsilon+|x_N-x_{N-1}|.$$

因为对于固定的 N, 当 $n>N_1$ 时,

$$\frac{1}{n}|x_{N-1}-x_{N-2}|<\varepsilon\quad\text{和}\quad\frac{1}{n}|x_N-x_{N-1}|<\varepsilon,$$

所以当 $n>\max\{N,N_1\}$ 时,

$$\left|\frac{x_n-x_{n-1}-a}{n}\right|<2\varepsilon.$$

由此推出题中的结论.

解法 2 (i) 首先证明: 若 $\lim_{n\to\infty}(a_{n+1}-a_n)$ 存在, 则 $\lim_{n\to\infty}(a_n/n)$ 也存在, 且二者相等 (见习题 1.8).

(ii) 令

$$y_0=0,\quad y_n=(-1)^n\left(x_n-\frac{na}{2}\right)\quad (n\geqslant 1),$$

那么

$$\begin{aligned}y_{n+2}-y_n&=(-1)^{n+2}\left(x_{n+2}-\frac{(n+2)a}{2}\right)-(-1)^n\left(x_n-\frac{na}{2}\right)\\&=(-1)^n(x_{n+2}-x_n-a)\to 0\quad (n\to\infty).\end{aligned}$$

进而令

$$z_n=y_n+y_{n-1}\quad (n\geqslant 1),$$

那么

$$z_{n+1}-z_n=y_{n+1}-y_{n-1}\to 0\quad (n\to\infty).$$

于是由步骤 (i) 中的结果可知

$$\frac{z_n}{n}=\frac{y_n+y_{n-1}}{n}\to 0\quad (n\to\infty).$$

注意

$$y_n+y_{n-1}=(-1)^n\left(x_n-x_{n-1}-\frac{a}{2}\right),$$

从而 $(x_n-x_{n-1})/n\to 0\,(n\to\infty)$. □

注 在上面的解法 2 中, 数列 $y_{n+2}-y_n$ 以 0 为极限是证明的关键. y_n 的定义中引进因子 $(-1)^n$ 是为了保证最后出现 x_n-x_{n-1}.

* **例 1.4.3** 若当 $n\to\infty$ 时数列 $a_n(n\geqslant 1)$ 和 $b_n(n\geqslant 1)$ 分别有极限 α 和 β, 则

$$\lim_{n\to\infty}\frac{a_1b_n+a_2b_{n-1}+\cdots+a_nb_1}{n}=\alpha\beta.$$

解 我们给出三个解法, 前两个解法基于数列极限的定义 (即 $\varepsilon-N$ 方法).

解法 1 我们有 (符号 $[a]$ 表示 a 的整数部分, 即不超过 a 的最大整数)

$$\begin{aligned}\left|\frac{1}{n}\sum_{k=1}^{n}a_kb_{n-k+1}-\alpha\beta\right|&=\left|\frac{1}{n}\left(\sum_{k=1}^{n}a_kb_{n-k+1}-n\alpha\beta\right)\right|\\&\leqslant\frac{1}{n}\left(\sum_{k=1}^{[\sqrt{n}\,]-1}|a_kb_{n-k+1}-\alpha\beta|+\sum_{k=[\sqrt{n}\,]}^{n-[\sqrt{n}\,]}|a_kb_{n-k+1}-\alpha\beta|\right.\\&\qquad\left.+\sum_{k=n-[\sqrt{n}\,]+1}^{n}|a_kb_{n-k+1}-\alpha\beta|\right).\end{aligned}$$

由题设可知数列 $|a_n|$ 和 $|b_n|$ 也收敛. 设 M 是它们的一个上界. 对于任意给定的 $\varepsilon>0$, 存在正整数 $n_0=n_0(\varepsilon)$, 使得对所有 $n\geqslant n_0$ 有

$$|a_n-\alpha|,|b_n-\beta|<\frac{\varepsilon}{2(M+|\alpha|)}.$$

特别地, 当 $n>\max\{4,n_0^2\}$ 时,$\sqrt{n}>n_0, n-\sqrt{n}>\sqrt{n}>n_0$. 因而当 $[\sqrt{n}\,]\leqslant k\leqslant n-[\sqrt{n}\,]$ 时, $k>n_0, n-k+1>n_0$, 从而

$$|a_kb_{n-k+1}-\alpha\beta|=|(a_k-\alpha)b_{n-k+1}+\alpha(b_{n-k+1}-\beta)|\leqslant\frac{\varepsilon}{2};$$

而当 $1\leqslant k\leqslant[\sqrt{n}\,]-1$ 及 $n-[\sqrt{n}\,]+1\leqslant k\leqslant n$ 时,

$$|a_kb_{n-k+1}-\alpha\beta|\leqslant M^2+|\alpha\beta|.$$

于是我们得到

$$\begin{aligned}\left|\frac{1}{n}\sum_{k=1}^{n}a_kb_{n-k+1}-\alpha\beta\right|&\leqslant(M^2+|\alpha\beta|)\frac{[\sqrt{n}\,]-1}{n}+\frac{1}{n}\sum_{k=[\sqrt{n}\,]}^{n-[\sqrt{n}\,]}\frac{\varepsilon}{2}+(M^2+|\alpha\beta|)\frac{[\sqrt{n}\,]}{n}\\&<\frac{\varepsilon}{2}+(M^2+|\alpha\beta|)\frac{2[\sqrt{n}\,]-1}{n}.\end{aligned}$$

我们可取 $n\geqslant n_1$ 使上式右边的第二项 $\leqslant\varepsilon/2$, 从而当 $n\geqslant\max\{4,n_0^2,n_1\}$ 时上式右边 $<\varepsilon$, 于是得到所要的结论.

解法 2 由题设, 存在常数 $C>0$ 使得对于所有 $n\geqslant1$ 有

$$|a_n|,|b_n|,|a_n-\alpha|,|b_n-\beta|<C.$$

设任意给定 $\varepsilon>0$. 我们定义 $M_0>1$ 是具有下列性质的最小正整数: 当 $n\geqslant M_0$ 时,

$$|a_n-\alpha|\leqslant\frac{\varepsilon}{4C},\quad |b_n-\beta|\leqslant\frac{\varepsilon}{4|\alpha|}.$$

于是我们有

$$\begin{aligned}\left|\frac{1}{n}\sum_{k=1}^{n}a_kb_{n-k+1}-\alpha\beta\right|&=\left|\frac{1}{n}\sum_{k=1}^{n}(a_kb_{n-k+1}-\alpha\beta)\right|\\&=\left|\frac{1}{n}\sum_{k=1}^{n}\Big(b_{n-k+1}(a_k-\alpha)+\alpha(b_{n-k+1}-\beta)\Big)\right|\\&\leqslant\left|\frac{1}{n}\sum_{k=1}^{n}b_{n-k+1}(a_k-\alpha)\right|+\left|\alpha\cdot\frac{1}{n}\sum_{k=1}^{n}(b_k-\beta)\right|\\&\leqslant\frac{1}{n}\sum_{k=1}^{M_0-1}|b_{n-k+1}||a_k-\alpha|+|\alpha|\cdot\frac{1}{n}\sum_{k=1}^{M_0-1}|b_k-\beta|\\&\quad+\frac{1}{n}\sum_{k=M_0}^{n}|b_{n-k+1}||a_k-\alpha|+|\alpha|\cdot\frac{1}{n}\sum_{k=M_0}^{n}|b_k-\beta|.\end{aligned}$$

由 M_0 的取法和 C 的定义可知

$$\frac{1}{n}\sum_{k=M_0}^{n}|b_{n-k+1}||a_k-\alpha|<\frac{n-M_0+1}{n}C\cdot\frac{\varepsilon}{4C}\leqslant\frac{\varepsilon}{4},$$

$$|\alpha|\cdot\frac{1}{n}\sum_{k=M_0}^{n}|b_k-\beta|<|\alpha|\cdot\frac{n-M_0+1}{n}\cdot\frac{\varepsilon}{4|\alpha|}\leqslant\frac{\varepsilon}{4}.$$

注意 M_0 是唯一确定的, 因而固定, 我们取

$$n>M_1=\frac{4C(M_0-1)}{\varepsilon}\cdot\max\{C,|\alpha|\},$$

那么容易推出

$$\frac{1}{n}\sum_{k=1}^{M_0-1}|b_{n-k+1}||a_k-\alpha|<\frac{(M_0-1)C^2}{n}<\frac{\varepsilon}{4},$$

$$|\alpha|\cdot\frac{1}{n}\sum_{k=1}^{M_0-1}|b_k-\beta|<|\alpha|\cdot\frac{(M_0-1)C}{n}<\frac{\varepsilon}{4}.$$

合起来可知, 当 $n>\max\{M_0,M_1\}$ 时,

$$\left|\frac{1}{n}\sum_{k=1}^{n}a_kb_{n-k+1}-\alpha\beta\right|<\varepsilon,$$

于是问题得解.

解法 3 (非 ε-N 方法) (i) 设 a_n,b_n 中有一个, 例如设 a_n, 是零数列 (即极限为零的数列). 由 Cauchy 不等式得

$$0\leqslant\left(\frac{1}{n}\sum_{k=1}^{n}a_kb_{n-k+1}\right)^2\leqslant\frac{\sum\limits_{k=1}^{n}a_k^2}{n}\cdot\frac{\sum\limits_{k=1}^{n}b_k^2}{n}.$$

注意 a_n^2 也是零数列, 依算术平均值数列收敛定理(见例 1.3.2(1))可知当 $n\to\infty$ 时, 上式右边第一个因子趋于 0; 因为数列 b_n^2 收敛, 所以第二个因子也收敛. 由此可知, 在此情形问题中的结论成立.

(ii) 设 a_n,b_n 都不是零数列. 令 $a'_n=a_n-\alpha$, 那么 a'_n 是零数列. 由步骤 (i) 中所证的结果可知

$$\lim_{n\to\infty}\frac{1}{n}\sum_{k=1}^{n}a'_kb_{n-k+1}=0\cdot\beta=0.$$

但因为

$$\frac{1}{n}\sum_{k=1}^{n}a'_kb_{n-k+1}=\frac{1}{n}\sum_{k=1}^{n}a_kb_{n-k+1}-\alpha\cdot\frac{1}{n}\sum_{k=1}^{n}b_k,$$

仍然依算术平均值数列收敛定理, 可知当 $n\to\infty$ 时上式右边第二项趋于 $\alpha\beta$, 由此立即推出问题中的结论也成立. □

例 1.4.4 计算

$$\lim_{n\to\infty}\left(\left(\frac{1}{n}\right)^n+\left(\frac{2}{n}\right)^n+\cdots+\left(\frac{n}{n}\right)^n\right).$$

解　(i) 将所给的和记作 S_n, 任取一个单调递增的无穷正整数列 $\tau_n\,(n\geqslant 1)$, 并且满足条件 $\tau_n^2/n\to 0\,(n\to\infty)$. 令

$$a_n=\left(\frac{1}{n}\right)^n+\left(\frac{2}{n}\right)^n+\cdots+\left(\frac{n-\tau_n-1}{n}\right)^n,$$
$$b_n=S_n-a_n=\left(\frac{n-\tau_n}{n}\right)^n+\cdots+\left(\frac{n}{n}\right)^n.$$

(ii) 估计 a_n. 由定积分的几何意义可得

$$a_n<\frac{1}{n^n}\int_0^{n-\tau_n}x^n\mathrm{d}x=\frac{(n-\tau_n)^{n+1}}{n^n(n+1)}<\left(1-\frac{\tau_n}{n}\right)^n.$$

注意当 $0<x<1$ 时 $\log(1-x)+x<0$(它等价于 $\mathrm{e}^{-x}>1-x$, 读者可由习题 8.9(2) 推出这个不等式), 我们得到

$$0<a_n<\mathrm{e}^{n\log(1-\tau_n/n)}<\mathrm{e}^{-\tau_n},$$

因而 $a_n\to 0\,(n\to\infty)$.

(iii) 估计 b_n. 因为 (见例 8.2.2)

$$|\log(1-x)+x|\leqslant c_1x^2\quad\left(|x|\leqslant\frac{1}{2}\right),$$
$$|\mathrm{e}^x-1|\leqslant c_2|x|\quad(|x|\leqslant 1),$$

其中 $c_1,c_2>0$ 是常数. 现在设 $0\leqslant k\leqslant\tau_n$. 由 τ_n 的取法可知, 当 n 充分大时 $\tau_n/n<1/2$, 因此

$$\left|n\log\left(1-\frac{k}{n}\right)+k\right|=n\left|\log\left(1-\frac{k}{n}\right)+\frac{k}{n}\right|\leqslant n\cdot\frac{c_1k^2}{n^2}\leqslant\frac{c_1\tau_n^2}{n}.$$

类似地, 由 τ_n 的取法可知, 当 n 充分大时 $c_1\tau_n^2/n\leqslant 1$, 因而

$$\left|\mathrm{e}^k\left(1-\frac{k}{n}\right)^n-1\right|=\left|\mathrm{e}^{n\log(1-k/n)+k}-1\right|\leqslant\frac{c_1c_2\tau_n^2}{n}.$$

由此我们得到

$$\left|\left(1-\frac{k}{n}\right)^n-\mathrm{e}^{-k}\right|\leqslant\frac{c_1c_2\tau_n^2}{n}\mathrm{e}^{-k}\quad(0\leqslant k\leqslant\tau_n).$$

注意 b_n 的每个加项有形式 $(1-k/n)^n\,(0\leqslant k\leqslant\tau_n)$, 由上面的不等式可推出

$$\left|b_n-\sum_{k=0}^{\tau_n}\mathrm{e}^{-k}\right|\leqslant\sum_{k=0}^{\tau_n}\left|\left(1-\frac{k}{n}\right)^n-\mathrm{e}^{-k}\right|\leqslant\frac{c_1c_2\tau_n^2}{n}\sum_{k=0}^{\tau_n}\mathrm{e}^{-k}<\frac{c_1c_2\mathrm{e}\tau_n^2}{(\mathrm{e}-1)n}.$$

因为 $\displaystyle\sum_{k=0}^{\infty}\mathrm{e}^{-k}=\mathrm{e}/(\mathrm{e}-1)$, 所以

$$\left|b_n-\frac{\mathrm{e}}{\mathrm{e}-1}\right|\leqslant\left|b_n-\sum_{k=0}^{\tau_n}\mathrm{e}^{-k}\right|+\left|\sum_{k=\tau_n+1}^{\infty}\mathrm{e}^{-k}\right|<\frac{\mathrm{e}}{\mathrm{e}-1}\left(\frac{c_1c_2\tau_n^2}{n}+\mathrm{e}^{-\tau_n}\right).$$

由此可知 $b_n\to\mathrm{e}/(\mathrm{e}-1)$.

(iv) 由步骤 (ii) 和 (iii) 中的结果即得所求极限 $=\mathrm{e}/(\mathrm{e}-1)$. □

注 1° 用适当的方式将 S_n 分为两部分 (有时要将考察的和分为更多部分, 见例 1.4.3 的解法 1 和解法 2 等), 是常用的技巧. 其中 τ_n 的取法是关键, 它使第一部分很小 (趋于 0), 而第二部分有确定的极限. 估计 a_n 时, 使用的也是常用的技巧; 第二部分的估计则是问题的难点. 由于 b_n 的每个加项有形式 $(1-k/n)^n$, 我们想起当 k 固定时,

$$\left(1-\frac{k}{n}\right)^n \to \mathrm{e}^{-k} \quad (n\to\infty),$$

因此对于适当选取的 τ_n, "误差"

$$\left|\left(1-\frac{k}{n}\right)^n-\mathrm{e}^{-k}\right| = \mathrm{e}^{-k}\left|\mathrm{e}^k\left(1-\frac{k}{n}\right)^n-1\right| = \mathrm{e}^{-k}\left|\mathrm{e}^{n\log(1-k/n)+k}-1\right|$$

应当是小的. 这将我们引向上面所用的两个不等式.

2° 在步骤 (iii) 中实际上证明了不等式: 当 $n\geqslant 4, 0<k\leqslant n/2$ 时,

$$\left|\left(1-\frac{k}{n}\right)^n-\mathrm{e}^{-k}\right| \leqslant \frac{(\mathrm{e}-1)k^2}{n}\mathrm{e}^{-k}.$$

1.5 Cauchy 收敛准则的应用

例 1.5.1 若 $a_n\,(n\geqslant 0)$ 是一个正数列, 满足 $\sqrt{a_1}\geqslant\sqrt{a_0}+1$ 以及

$$\left|a_{n+1}-\frac{a_n^2}{a_{n+1}}\right|\leqslant 1 \quad (\text{当所有 } n\geqslant 1),$$

则数列 $a_n/a_{n+1}\,(n\geqslant 1)$ 收敛 (记其极限为 θ), 并且数列 $a_n\theta^{-n}\,(n\geqslant 1)$ 也收敛.

解 (i) 首先对 n 用数学归纳法证明

$$\frac{a_{n+1}}{a_n}>1+\frac{1}{\sqrt{a_0}}.$$

当 $n=0$ 时它显然成立. 设它当 $n\leqslant m$ 时成立. 记 $\alpha=1+1/\sqrt{a_0}$, 那么由上式可知, 当 $1\leqslant k\leqslant m+1$ 时,

$$a_k>a_{k-1}\alpha>\cdots>\alpha^m a_0.$$

由此及题设不等式推出

$$\left|\frac{a_{m+2}}{a_{m+1}}-\frac{a_1}{a_0}\right|\leqslant\sum_{k=1}^{m+1}\left|\frac{a_{k+1}}{a_k}-\frac{a_k}{a_{k-1}}\right|\leqslant\sum_{k=1}^{m+1}\frac{1}{a_k}\leqslant\frac{1}{a_0}\sum_{k=1}^{m+1}\frac{1}{\alpha^k}<\frac{1}{a_0(\alpha-1)}=\frac{1}{\sqrt{a_0}}.$$

于是

$$\frac{a_{m+2}}{a_{m+1}}>\frac{a_1}{a_0}-\frac{1}{\sqrt{a_0}}>\frac{(\sqrt{a_0}+1)^2}{a_0}-\frac{1}{\sqrt{a_0}}>1+\frac{1}{\sqrt{a_0}}.$$

这就完成了归纳证明.

(ii) 现在设 $p>q$ 是任意正整数. 与上面类似, 我们有

$$\left|\frac{a_{p+1}}{a_p}-\frac{a_{q+1}}{a_q}\right|\leqslant\sum_{k=q+1}^{p}\left|\frac{a_{k+1}}{a_k}-\frac{a_k}{a_{k-1}}\right|\leqslant\sum_{k=q+1}^{p}\frac{1}{a_k}\leqslant\frac{1}{a_q}\sum_{k=1}^{p-q}\frac{1}{\alpha^k}<\frac{\sqrt{a_0}}{a_q}.$$

因为 $a_q\to\infty\,(q\to\infty)$, 所以由上面的不等式及 Cauchy 收敛准则可知, 当 $n\to\infty$ 时数列 a_{n+1}/a_n 收敛于某个实数 θ.

(iii) 在步骤 (ii) 中所得到的不等式

$$\left|\frac{a_{p+1}}{a_p}-\frac{a_{q+1}}{a_q}\right|<\frac{\sqrt{a_0}}{a_q}$$

中令 $p\to\infty$ 可得

$$\left|\frac{a_{q+1}}{a_q}-\theta\right|<\frac{\sqrt{a_0}}{a_q},$$

用 a_q/θ^{q+1} 乘上式两边, 我们得到

$$\left|\frac{a_{q+1}}{\theta^{q+1}}-\frac{a_q}{\theta^q}\right|<\frac{\sqrt{a_0}}{\theta^{q+1}},$$

于是对于任何 $p>q$ 有

$$\left|\frac{a_q}{\theta^q}-\frac{a_p}{\theta^p}\right|\leqslant\sum_{k=1}^{p-q}\left|\frac{a_{q+k}}{\theta^{q+k}}-\frac{a_{q+k-1}}{\theta^{q+k-1}}\right|\leqslant\sum_{k=1}^{p-q}\frac{\sqrt{a_0}}{\theta^{q+k}}=\frac{\sqrt{a_0}}{\theta^q}\sum_{k=1}^{p-q}\theta^{-k},$$

因为由步骤 (i) 可知 $\theta\geqslant 1+1/\sqrt{a_0}$, 所以由上式可知, 当 q 充分大时 $|a_q/\theta^q-a_p/\theta^p|$ 可以任意小, 于是仍然由 Cauchy 收敛准则可知, 当 $n\to\infty$ 时数列 a_n/θ^n 收敛. □

1.6　递推数列的极限

例 1.6.1　设无穷数列 $x_n\,(n\geqslant 1)$ 由下式定义:

$$x_{n+1}=\frac{1}{2}(x_n+x_{n-1})\quad(n\geqslant 2),$$

并且初值 x_1,x_2 给定, 求 $\lim\limits_{n\to\infty}x_n$.

解　我们给出三个解法, 其中解法 1 是传统方法, 解法 2 应用了简单的函数方程概念, 解法 3 是相当特殊的方法.

解法 1　不计初值, 易见常数列 $x_n=1(n\geqslant 1)$ 和 $x_n=(-1/2)^n(n\geqslant 1)$ 都满足题中的递推关系式, 所以对于任何常数 A,B, 数列

$$A\cdot 1+B\cdot\left(-\frac{1}{2}\right)^n\quad(n\geqslant 1)$$

也满足同一个递推关系式. 因为给定初值 x_1,x_2 后, 由递推关系式即可归纳地得到整个数列, 所以如果存在常数 A,B, 使得

$$A\cdot 1+B\cdot(-1/2)^1=x_1,\quad A\cdot 1+B\cdot(-1/2)^2=x_2,$$

即得符合要求的数列. 在此我们解出

$$A=\frac{x_1+2x_2}{3},\quad B=\frac{4(x_2-x_1)}{3}.$$

于是

$$x_n=\frac{x_1+2x_2}{3}+\frac{x_2-x_1}{3}\cdot\left(-\frac{1}{2}\right)^{n-2}\quad (n\geqslant 1).$$

从而

$$\lim_{n\to\infty}x_n=\frac{x_1+2x_2}{3}.$$

解法 2 可取 c 使所有 $x_n+c>0$, 依补充习题 9.149(3), 所求极限存在. 因为数列依赖于初值, 所以将极限值记为 $L(x_1,x_2)$. 又因为去掉 x_1, 将 x_2,x_3 视为初值不改变极限值, 所以

$$L(x_1,x_2)=L(x_2,x_3),$$

将 $x_3=(x_1+x_2)/2$ 代入, 我们得到函数方程

$$L(x_1,x_2)=L\left(x_2,\frac{x_1+x_2}{2}\right).$$

又因为, 当用 $\lambda x_1,\lambda x_2$(λ 是任意常数) 代替 x_1,x_2 作为初值时, 将得到原数列的 λ 倍, 即所得数列的每项是原数列相应项的 λ 倍, 因而所得数列的极限是原数列极限的 λ 倍, 于是

$$L(\lambda x_1,\lambda x_2)=\lambda L(x_1,x_2),$$

亦即 $L(x_1,x_2)$ 是 x_1,x_2 的线性函数. 因此我们可设

$$L(x_1,x_2)=\alpha x_1+\beta x_2,$$

其中系数 α,β 待定. 由此及上述函数方程得到

$$\alpha x_1+\beta x_2=\alpha x_2+\beta\cdot\frac{x_1+x_2}{2},$$

也就是 $(\alpha-\beta/2)(x_1-x_2)=0$, 这对任何 $x_1,x_2\in\mathbb{R}$ 成立, 所以

$$\alpha-\frac{\beta}{2}=0.$$

还要注意, 当 $x_1=x_2=1$ 时所有 $x_n=1$, 因此 $L(1,1)=1$, 也就是

$$\alpha+\beta=1.$$

由上述两个方程解出 $\alpha=1/3,\beta=2/3$, 于是最终得到

$$\lim_{n\to\infty}x_n=\alpha x_1+\beta x_2=\frac{x_1+2x_2}{3}.$$

解法 3　同解法 2 可知, 所求极限存在. 由题设递推关系式推出

$$x_{n+1}+\frac{1}{2}x_n=x_n+\frac{1}{2}x_{n-1}\quad(n\geqslant 2).$$

令 $z_n=x_{n+1}+x_n/2\,(n\geqslant 1)$, 可知对于任何 $n\geqslant 1$,

$$z_n=z_{n-1}=\cdots=z_1=x_2+\frac{1}{2}x_1,$$

因此数列 $z_n(n\geqslant 1)$ 是常数列, 并且

$$\lim_{n\to\infty}z_n=x_2+\frac{1}{2}x_1.$$

因为 $\lim\limits_{n\to\infty}x_n$ 存在, 所以我们由

$$\lim_{n\to\infty}z_n=\lim_{n\to\infty}\left(x_{n+1}+\frac{1}{2}x_n\right)$$

推出 $\lim\limits_{n\to\infty}x_n=(2/3)\lim\limits_{n\to\infty}z_n=(2x_2+x_1)/3$. 本题也可应用补充习题 9.149(1) 求解.

注　对于本题的解法 1, 其中的两个特殊的数列通常是按下列方法得到的: 依线性递推数列的一般理论, 对于线性递推关系式

$$x_{n+1}=px_n+qx_{n-1}\quad(n\geqslant 1),$$

也就是 $x_{n+1}-px_n-qx_{n-1}=0\,(n\geqslant 1)$, 我们将

$$x^2-px-q=0$$

称做它的特征方程. 如果它有两个不同的实根 α,β, 那么

$$x_n=A\alpha^n+B\beta^n\quad(n\geqslant 1),$$

其中常数 A,B 由初值 x_1,x_2 确定. 对于本题的递推关系式 $2x_{n+1}-x_n-x_{n-1}=0$, 特征方程 $2x^2-x-1=0$ 的根是 $\alpha=1$ 和 $\beta=-1/2$, 从而得到所说的特殊的数列 (但本题较特殊, 它们容易直接看出).

例 1.6.2　设无穷数列 $x_n\,(n\geqslant 0)$ 由下式定义:

$$x_{n+1}x_n-2x_n=3\quad(n\geqslant 1),\quad x_0>0.$$

证明: 数列 x_n 收敛, 并求其极限.

解　我们给出三个解法.

解法 1　我们有

$$x_{n+1}x_n=2x_n+3\quad(n\geqslant 1),$$

据此及 $x_0>0$ 可知 $x_1=2+3/x_0>2$, 因而用数学归纳法可证明 $x_n>2\,(n\geqslant 1)$. 于是我们可以写出

$$x_{n+1}-3=-\frac{1}{x_n}(x_n-3)\quad(n\geqslant 0).$$

因此
$$|x_{n+1}-3|=\frac{1}{x_n}|x_n-3|<\frac{1}{2}|x_n-3| \quad (n\geqslant 0).$$
由此我们得到
$$|x_n-3|<\left(\frac{1}{2}\right)^n|x_0-3| \quad (n\geqslant 1).$$
于是 $\lim\limits_{n\to\infty}x_n=3$.

解法 2　如解法 1 可证 $x_n>2(n\geqslant 1)$, 所以可写出
$$x_n=\frac{3}{x_{n+1}-2} \quad (n\geqslant 0),$$
并且 $y_n=1/(x_n+1)\,(n\geqslant 0)$ 有意义, 将上式代入此式, 得到
$$y_n=\frac{1}{x_n+1}=\frac{1}{\dfrac{3}{x_{n+1}-2}+1}=\frac{x_{n+1}-2}{x_{n+1}+1}=1-3y_{n+1}.$$
这表明数列 y_n 满足下列线性非齐次递推关系:
$$y_{n+1}=-\frac{1}{3}y_n+\frac{1}{3} \quad (n\geqslant 0).$$
在等式两边同时乘以 $(-1/3)^{n+1}$, 并令 n 代以 $0,1,2,\cdots,n-1$, 然后将得到的 n 个等式相加, 得到
$$y_n=\left(-\frac{1}{3}\right)^{n-1}\cdot y_1+\frac{1}{4}\left(1-\left(-\frac{1}{3}\right)^{n-1}\right) \quad (n\geqslant 1).$$
因此
$$\lim_{n\to\infty}y_n=\frac{1}{4}.$$
最后, 由 $x_n=1/y_n-1$ 求得 $\lim\limits_{n\to\infty}x_n=3$.

解法 3　设 $x_0<3$, 那么由数学归纳法可知
$$x_0\leqslant x_n\leqslant x_1 \quad (n\geqslant 0),$$
因此数列 x_n 有界. 我们还可以归纳地证明
$$x_n>2, \quad x_{2n}<3, \quad x_{2n+1}>3 \quad (n\geqslant 0).$$
于是由所给递推关系式推出
$$x_{n+2}-x_n=-\frac{2(x_n-3)(x_n+1)}{2x_n+3}.$$
由上述这些关系式可知子列 $x_{2n}(n\geqslant 0)$ 严格单调递增, 同时子列 $x_{2n+1}(n\geqslant 0)$ 严格单调递减, 因而这两个子列都收敛. 设
$$u=\lim_{n\to\infty}x_{2n}, \quad v=\lim_{n\to\infty}x_{2n+1}.$$

在题中所给的递推关系式中分别将 n 换作 $2n$(即偶数) 和 $2n+1$(即奇数), 然后令 $n\to\infty$, 我们分别得到

$$uv-2u=3,\quad uv-2v=3,$$

因此 $u=v=3$, 即在 $x_0<3$ 的情形, 所求极限等于 3.

当 $x_0>3$, 同法可证所求极限等于 3. 当 $x_0=3$, 可归纳地证明所有 $x_n=3$, 因而所求极限仍然等于 3. 总之, 所求数列极限是 3. □

例 1.6.3 设数列 $a_n\,(n\geqslant 0)$ 由下列条件定义:

$$a_0=1,\quad a_1=2,\quad a_2=3,$$

以及

$$\begin{vmatrix}1 & a_n & a_{n-1}\\ 1 & a_{n-1} & a_{n-2}\\ 1 & a_{n-2} & a_{n-3}\end{vmatrix}=1\quad (n\geqslant 3).$$

求 a_n 的明显公式, 并计算

$$\lim_{n\to\infty}\frac{a_n}{a_{n+1}}.$$

解 (i) 题中的行列式等于

$$\begin{vmatrix}0 & a_n-a_{n-1} & a_{n-1}-a_{n-2}\\ 0 & a_{n-1}-a_{n-2} & a_{n-2}-a_{n-3}\\ 1 & a_{n-2} & a_{n-3}\end{vmatrix},$$

因此 a_n 满足递推关系:

$$(a_n-a_{n-1})(a_{n-2}-a_{n-3})=1+(a_{n-1}-a_{n-2})^2\quad (n\geqslant 3).$$

将初始值 $a_0=1,a_1=2,a_2=3$ 代入可得 $a_3=5$, 进而求得 $a_4=10,a_5=23$, 等等.

(ii) 用 $F_n(n\geqslant 1)$ 表示 Fibonacci 数列. 在关系式 $F_{n+1}^2=F_nF_{n+2}+(-1)^n(n\geqslant 1)$ 中易 n 为 $2n-5$, 可得

$$F_{2n-3}\cdot F_{2n-5}=1+F_{2n-4}^2\quad (n\geqslant 3);$$

并且当 $n=3$ 时 $F_{2n-3}=a_n-a_{n-1},F_{2n-4}=a_{n-1}-a_{n-2},F_{2n-5}=a_{n-2}-a_{n-3}$. 这表明数列 $F_{2n-3}\,(n\geqslant 3)$ 与数列 $a_n-a_{n-1}\,(n\geqslant 3)$ 满足同一个递推关系, 并且具有相同的初值, 因此它们完全重合. 另外, 当 $n=2$ 时, 直接验证可知 $F_{2n-3}=a_n-a_{n-1}$ 也成立. 于是我们有

$$a_n-a_{n-1}=F_{2n-3}\quad (n\geqslant 2).$$

(iii) 由上式可推出

$$a_n=\sum_{j=2}^{n}(a_j-a_{j-1})+a_1=\sum_{j=2}^{n}F_{2j-3}+a_1=a_1+F_1+F_3+F_5+\cdots+F_{2n-3}.$$

注意 $F_1=F_2, F_n=F_{n-1}+F_{n-2}\,(n\geqslant 3)$, 我们有

$$F_1+F_3+F_5+\cdots+F_{2n-3}=F_2+(F_4-F_2)+(F_6-F_4)+\cdots+(F_{2n-2}-F_{2n-4})=F_{2n-2},$$

所以

$$a_n=2+F_{2n-2}\quad(n\geqslant 2).$$

应用 Fibonacci 数的明显公式可得

$$a_n=2+\frac{1}{\sqrt{5}}\left(\left(\frac{1+\sqrt{5}}{2}\right)^{2n-2}-\left(\frac{1-\sqrt{5}}{2}\right)^{2n-2}\right),$$

直接验证可知此式当 $n=1$ 时也适用.

(iv) 由上述公式即可算出

$$\frac{a_n}{a_{n+1}}=\frac{2+F_{2n-2}}{2+F_{2n}}=\frac{F_{2n-2}}{F_{2n}}\cdot\frac{2F_{2n-2}^{-1}+1}{2F_{2n}^{-1}+1}=\frac{\alpha^{2n-2}\left(1-(\beta\alpha^{-1})^{2n-2}\right)}{\alpha^{2n}\left(1-(\beta\alpha^{-1})^{2n}\right)}\cdot\frac{2F_{2n-2}^{-1}+1}{2F_{2n}^{-1}+1},$$

其中已令 $\alpha=(1+\sqrt{5})/2, \beta=(1-\sqrt{5})/2$. 因为 $F_n\to\infty(n\to\infty), |\beta\alpha^{-1}|<1$, 所以 $\lim\limits_{n\to\infty}a_n/\,a_{n+1}=\alpha^{-2}=(3-\sqrt{5})/2$. □

注 1° Fibonacci 数列 $F_n\,(n\geqslant 1)$ 可由递推关系

$$F_n=F_{n-1}+F_{n-2}\quad(n\geqslant 3)$$

和初始条件 $F_1=F_2=1$ 确定, 它有下列明显表达式:

$$F_n=\frac{1}{\sqrt{5}}\left(\left(\frac{1+\sqrt{5}}{2}\right)^{n}-\left(\frac{1-\sqrt{5}}{2}\right)^{n}\right)\quad(n\geqslant 1).$$

这个公式有多种证法, 下面是其一 (称母函数方法):

定义函数

$$f(x)=\sum_{n=1}^{\infty}F_nx^{n-1}.$$

将它写成

$$f(x)=F_1+F_2x+\sum_{n=3}^{\infty}F_nx^{n-1}=1+x+\sum_{n=1}^{\infty}F_{n+2}x^{n+1},$$

依上述递推关系, 我们有

$$\begin{aligned}f(x)&=1+x+\sum_{n=1}^{\infty}(F_{n+1}+F_n)x^{n+1}=1+x+\sum_{n=1}^{\infty}F_{n+1}x^{n+1}+\sum_{n=1}^{\infty}F_nx^{n+1}\\&=1+\left(x+x\sum_{n=1}^{\infty}F_{n+1}x^{n}\right)+x^2\sum_{n=1}^{\infty}F_nx^{n-1}=1+xf(x)+x^2f(x).\end{aligned}$$

于是

$$(1-x-x^2)f(x)=1.$$

因为二次方程 $x^2+x-1=0$ 有两个不相等的实根

$$\omega_1=\frac{-1+\sqrt{5}}{2},\quad \omega_2=\frac{-1-\sqrt{5}}{2},$$

并且 $|\omega_2|>|\omega_1|$, 因此当 $|x|<|\omega_1|$ 时 $x^2+x-1\neq 0$, 从而

$$f(x)=-\frac{1}{x^2+x-1}\quad (|x|<|\omega_1|).$$

现在来求 $f(x)$ 的幂级数展开. 我们有

$$f(x)=-\frac{1}{(x-\omega_1)(x-\omega_2)}=\frac{1}{\omega_2-\omega_1}\left(\frac{1}{x-\omega_1}-\frac{1}{x-\omega_2}\right).$$

注意 $\omega_1\omega_2=-1$, 所以

$$\frac{1}{x-\omega_1}=\frac{1}{-\omega_1(1-x\omega_1^{-1})}=\frac{\omega_2}{1+\omega_2 x},\quad \frac{1}{x-\omega_2}=\frac{\omega_1}{1+\omega_1 x},$$

于是当 $\min\{|\omega_1 x|,|\omega_2 x|\}=|\omega_2 x|<1$, 亦即 $|x|<|\omega_2^{-1}|=|\omega_1|$ 时,

$$f(x)=\frac{1}{\omega_2-\omega_1}\left(\sum_{n=0}^{\infty}(-1)^n\omega_2^{n+1}x^n-\sum_{n=0}^{\infty}(-1)^n\omega_1^{n+1}x^n\right)=-\frac{1}{\sqrt{5}}\sum_{n=0}^{\infty}(-1)^n\left(\omega_2^{n+1}-\omega_1^{n+1}\right)x^n.$$

记

$$\alpha=-\omega_2=\frac{1+\sqrt{5}}{2},\quad \beta=-\omega_1=\frac{1-\sqrt{5}}{2},$$

即得 $f(x)$ 的幂级数展开: 当 $|x|<|\beta|(=|\omega_1|)$ 时,

$$f(x)=\sum_{n=0}^{\infty}\frac{1}{\sqrt{5}}\left(\alpha^{n+1}-\beta^{n+1}\right)x^n=\sum_{n=1}^{\infty}\frac{1}{\sqrt{5}}\left(\alpha^n-\beta^n\right)x^{n-1}.$$

由幂级数展开的唯一性即得 $F_n=(\alpha^n-\beta^n)/\sqrt{5}\,(n\geqslant 1)$.

2° 上面题解中引用的关系式

$$F_{n+1}^2=F_nF_{n+2}+(-1)^n\quad (n\geqslant 1).$$

可以应用刚才 1° 中证明的 F_n 的明显公式直接验证, 或用数学归纳法证明. 下面给出一个简单证法:

令 $F_0=0$, 由上述递推关系可直接验证: 对任何 $n\geqslant 1$ 有

$$\begin{pmatrix}F_{n+2} & F_{n+1}\\ F_{n+1} & F_n\end{pmatrix}=\begin{pmatrix}1 & 1\\ 1 & 0\end{pmatrix}\begin{pmatrix}F_{n+1} & F_n\\ F_n & F_{n-1}\end{pmatrix}.$$

连续应用这个乘法关系 n 次, 可得

$$\begin{pmatrix}F_{n+2} & F_{n+1}\\ F_{n+1} & F_n\end{pmatrix}=\begin{pmatrix}1 & 1\\ 1 & 0\end{pmatrix}^n\begin{pmatrix}F_2 & F_1\\ F_1 & F_0\end{pmatrix},$$

所以我们有

$$\begin{pmatrix} F_{n+2} & F_{n+1} \\ F_{n+1} & F_n \end{pmatrix} = \begin{pmatrix} 1 & 1 \\ 1 & 0 \end{pmatrix}^{n+1}.$$

两边取行列式, 即得要证的公式.

例 1.6.4 设 $a>0$, 令

$$x_{n+1}=\frac{a}{1+x_n} \quad (n\geqslant 1), \quad x_1>0.$$

证明: 数列 x_n 收敛于方程 $x^2+x=a$ 的正根.

解 这里给出本质上相同的两个解法, 其中解法 1 应用了区间套原理.

解法 1 (i) 由递推关系式, 当 $n\geqslant 2$ 时,

$$\begin{aligned} x_{n+1}-x_n &= a\left(\frac{1}{1+x_n}-\frac{1}{1+x_{n-1}}\right)=\frac{a(x_{n-1}-x_n)}{(1+x_{n-1})(1+x_n)} \\ &= \frac{a}{1+x_{n-1}}\cdot\frac{x_{n-1}-x_n}{1+x_n}=\frac{x_n}{1+x_n}(x_{n-1}-x_n). \end{aligned}$$

因此

$$x_{n+1}-x_n=-\frac{x_n}{1+x_n}\cdot(x_n-x_{n-1}) \quad (n\geqslant 2).$$

(ii) 由 $a>0, x_1>0$ 及递推关系式可知所有 $x_n>0$. 于是

$$0<\frac{x_n}{1+x_n}<1 \quad (n\geqslant 1).$$

(iii) 如果 $x_1=x_2$, 那么所有 x_n 相等且大于零 (设它们等于 $x>0$), 于是由递推关系式得到 $x=a/(1+x)$, 从而问题得解.

(iv) 下面设 $x_1\neq x_2$, 那么 x_n 两两互异, 于是 $x_{n+1}-x_n$ 与 x_n-x_{n-1} 反号, 并且由步骤 (i) 和 (ii) 中的结果可知

$$0<\left|\frac{x_{n+1}-x_n}{x_n-x_{n-1}}\right|=\frac{x_n}{1+x_n}<1.$$

若 $x_2<x_1$, 则 $x_3>x_2$, 并且 $|x_3-x_2|<|x_2-x_1|$, 从而 $x_2<x_3<x_1$. 而由 $x_3>x_2$ 又可推出 $x_4<x_3$, 并且 $|x_4-x_3|<|x_3-x_2|$, 从而 $x_2<x_4<x_3$. 于是区间 $(x_2,x_1)\supset(x_4,x_3)$. 又由 $x_4<x_3$ 可推出 $x_5>x_4$, 并且 $|x_5-x_4|<|x_4-x_3|$, 从而 $x_4<x_5<x_3$. 而由 $x_5>x_4$ 可推出 $x_6<x_5$, 并且 $|x_6-x_5|<|x_5-x_4|$, 从而 $x_4<x_6<x_5$. 于是区间 $(x_4,x_3)\supset(x_6,x_5)$, 等等. 重复这种过程, 得到无穷严格下降的区间链

$$(x_2,x_1)\supset(x_4,x_3)\supset(x_6,x_5)\supset\cdots.$$

若 $x_2>x_1$, 则类似地得到无穷严格下降的区间链

$$(x_1,x_2)\supset(x_3,x_4)\supset(x_5,x_6)\supset\cdots.$$

(v) 由步骤 (i) 所证得的关系式可知

$$|x_{n+1}-x_n|=\frac{x_n}{1+x_n}\frac{x_{n-1}}{1+x_{n-1}}\cdots\frac{x_2}{1+x_2}|x_2-x_1|.$$

若 $x_2 < x_1$, 则所有 $x_n \leqslant x_1$, 于是当 $n \geqslant 2$ 时,

$$\frac{x_n}{1+x_n} = 1 - \frac{1}{1+x_n} \leqslant 1 - \frac{1}{1+x_1} = \frac{x_1}{1+x_1};$$

若 $x_2 > x_1$, 则所有 $x_n \leqslant x_2$, 于是类似地, 当 $n \geqslant 2$ 时,

$$\frac{x_n}{1+x_n} \leqslant \frac{x_2}{1+x_2}.$$

据此可知

$$|x_{n+1} - x_n| \leqslant c^{n-1}|x_2 - x_1|,$$

其中 $c = \max\{x_1/(1+x_1), x_2/(1+x_2)\} < 1$. 因此区间 (x_{n+1}, x_n) 或 (x_n, x_{n+1}) 的长度

$$|x_{n+1} - x_n| \to 0 \quad (n \to \infty).$$

于是依区间套原理知数列 x_n 收敛. 记其极限为 x, 则 $x > 0$. 在递推关系式中令 $n \to \infty$, 得知它满足 $x^2 + x = a$.

解法 2　步骤 (i)~(iii) 同解法 1.

(iv) 类似于解法 1 可知, 若 $x_2 < x_1$, 则子列 $x_{2k}\,(k \geqslant 1)$ 单调增加, 且小于 $x_1, x_3, \cdots$; 子列 $x_{2k-1}\,(k \geqslant 1)$ 单调减少, 且大于 $x_2, x_4, \cdots$. 若 $x_2 > x_1$, 则子列 $x_{2k}\,(k \geqslant 1)$ 单调减少, 且大于 $x_1, x_3, \cdots$; 子列 $x_{2k-1}\,(k \geqslant 1)$ 单调增加, 且小于 $x_2, x_4, \cdots$. 因此在两种情形下, 子列 x_{2k} 和子列 x_{2k-1} 都收敛. 记

$$\lim_{k\to\infty} x_{2k} = \alpha, \quad \lim_{k\to\infty} x_{2k-1} = \beta.$$

类似于解法 1 的步骤 (v) 推出

$$|x_{n+1} - x_n| = \frac{x_n}{1+x_n} \frac{x_{n-1}}{1+x_{n-1}} \cdots \frac{x_2}{1+x_2} |x_2 - x_1|.$$

因为

$$\lim_{k\to\infty} \frac{x_{2k}}{1+x_{2k}} = \frac{\alpha}{1+\alpha} < 1, \quad \lim_{k\to\infty} \frac{x_{2k-1}}{1+x_{2k-1}} = \frac{\beta}{1+\beta} < 1,$$

所以存在正整数 n_0 及正常数 $c < 1$, 使当 $n > n_0$ 时 $x_n/(1+x_n) < c$, 于是当 $n > n_0$ 时,

$$|x_{n+1} - x_n| < c^{n-n_0} \cdot \frac{x_{n_0}}{1+x_{n_0}} \frac{x_{n_0-1}}{1+x_{n_0-1}} \cdots \frac{x_2}{1+x_2} |x_2 - x_1|.$$

令 $n \to \infty$, 得到 $x_{n+1} - x_n \to 0$. 在其中取 $n = 2k-1$, 可知

$$\lim_{k\to\infty} (x_{2k} - x_{2k-1}) = 0,$$

于是 $\alpha = \beta$, 从而 x_n 收敛. 记其极限为 x, 则 $x > 0$. 在递推关系式中令 $n \to \infty$, 得知它满足 $x^2 + x = a$. □

注　关于区间套原理, 可参见: 菲赫金哥尔茨. 微积分学教程: 第一卷 [M].8 版. 北京: 高等教育出版社,2006：64.

1.7 综合性例题

例 1.7.1 (1) 设 $a_n\,(n\geqslant 1)$ 是一个无穷实数列, $a_n/\sqrt{n}\to 0\,(n\to\infty)$. 证明:

$$\lim_{n\to\infty}\mathrm{e}^{-a_n}\left(1+\frac{a_n}{n}\right)^n=1.$$

(2) 若无穷实数列 a_n 满足上式, 并且 $a_n+n>0\,(n\geqslant 1)$, 则 $a_n/\sqrt{n}\to 0\,(n\to\infty)$.

解 (1) 因为当 $n\to\infty$ 时 $a_n/\sqrt{n}\to 0$, 所以当 $n\to\infty$ 时 a_n^2/n 及 a_n/n 都趋于零; 并且当 n 充分大时,$\log(1+a_n/n)$ 有意义. 于是

$$\begin{aligned}u_n&=\log\left(\mathrm{e}^{-a_n}\left(1+\frac{a_n}{n}\right)^n\right)=-a_n+n\log\left(1+\frac{a_n}{n}\right)\\&=-\frac{1}{2n}a_n^2+O\left(\frac{a_n^3}{n^2}\right)\to 0\quad(n\to\infty),\end{aligned}$$

所以

$$\lim_{n\to\infty}\mathrm{e}^{-a_n}\left(1+\frac{a_n}{n}\right)^n=1.$$

(2) (i) 考虑函数 $f(x)=x-\log(1+x)\,(-1<x<+\infty)$. 因为

$$\min_{-1<x<+\infty}|f(x)|=f(0)=0,$$

所以对于任何给定的 $\varepsilon>0$, 若 $\eta=\min\{f(-\varepsilon),f(\varepsilon)\}$, 则不等式 $|f(x)|<\eta$ 蕴含 $|x|<\varepsilon$.

(ii) 因为当 n 充分大时 $a_n+n>0$, 所以 $1+a_n/n>0$, 从而 u_n 有意义. 又因为题设

$$\lim_{n\to\infty}\mathrm{e}^{-a_n}\left(1+\frac{a_n}{n}\right)^n=1$$

成立, 所以

$$u_n=\log\left(\mathrm{e}^{-a_n}\left(1+\frac{a_n}{n}\right)^n\right)=-a_n+n\log\left(1+\frac{a_n}{n}\right)\to 0\,(n\to\infty),$$

从而 $u_n/n\to 0\,(n\to\infty)$. 于是当 n 充分大时,$|u_n/n|<\eta$. 注意

$$\frac{u_n}{n}=-\frac{a_n}{n}+\log\left(1+\frac{a_n}{n}\right)=-f\left(\frac{a_n}{n}\right),$$

所以当 n 充分大时 $|f(a_n/n)|<\eta$, 从而由步骤 (i) 中所述性质可知 $|a_n/n|<\varepsilon$, 因此 $a_n/n\to 0\,(n\to\infty)$.

(iii) 最后, 因为 $f(x)\sim x^2/2\,(x\to 0)$, 所以

$$\frac{u_n}{n}=-f\left(\frac{a_n}{n}\right)\sim-\frac{a_n^2}{2n^2},$$

于是

$$\frac{a_n^2}{n}\sim -2u_n\quad(n\to\infty).$$

因为 $u_n \to 0\,(n\to\infty)$, 所以由上式推出 $a_n/\sqrt{n} \to 0\,(n\to\infty)$. □

* **例 1.7.2** 设 $a_k > 0\,(k=1,2,\cdots)$,

$$\lim_{n\to\infty}\frac{a_n}{\sum\limits_{k=1}^{n}a_k}=\rho\quad(0<\rho<1),$$

求证

$$\lim_{n\to\infty}\sqrt[n]{a_n}=\frac{1}{1-\rho}.$$

解 记 $\sigma_n=\sum\limits_{k=1}^{n}a_k\,(n\geqslant 1),\sigma_0=1$, 以及 $b_n=\sigma_{n-1}/\sigma_n\,(n\geqslant 1)$. 那么

$$b_n=1-\frac{a_n}{\sum\limits_{k=1}^{n}a_k}\to 1-\rho\quad(n\to\infty),$$

并且

$$(b_1b_2\cdots b_n)^{1/n}=\left(\frac{\sigma_0}{\sigma_1}\frac{\sigma_1}{\sigma_2}\frac{\sigma_2}{\sigma_3}\cdots\frac{\sigma_{n-1}}{\sigma_n}\right)^{1/n}=\frac{1}{\sigma_n^{1/n}}.$$

由算术平均值数列收敛定理(见例 1.3.2(1))可知

$$\frac{1}{n}\sum_{k=1}^{n}\log b_k\to\log(1-\rho)\quad(n\to\infty),$$

所以

$$\frac{1}{\sigma_n^{1/n}}=(b_1b_2\cdots b_n)^{1/n}\to 1-\rho\quad(n\to\infty),$$

于是

$$\sigma_n^{1/n}\to\frac{1}{1-\rho}\quad(n\to\infty).$$

最后, 由题设条件得知

$$\left(\frac{a_n}{\sigma_n}\right)^{1/n}\sim\rho^{1/n}\sim 1\quad(n\to\infty),$$

所以 $a_n^{1/n}\sim 1/(1-\rho)\,(n\to\infty)$. □

例 1.7.3 证明:

(1) $\lim\limits_{n\to\infty}n\sin(2n!\mathrm{e}\pi)=2\pi$.

(2) $n\sin(2n!\mathrm{e}\pi)=2\pi-\dfrac{2\pi(2\pi^2+3)}{3n^2}+O\left(\dfrac{1}{n^3}\right)(n\to\infty)$.

解 (1) 令

$$\begin{aligned}\varepsilon_n&=n!\mathrm{e}-n!\left(1+\frac{1}{1!}+\frac{1}{2!}+\cdots+\frac{1}{n!}\right)\\&=n!\left(1+\frac{1}{1!}+\frac{1}{2!}+\cdots\right)-n!\left(1+\frac{1}{1!}+\frac{1}{2!}+\cdots+\frac{1}{n!}\right)\end{aligned}$$

$$= n!\left(\frac{1}{(n+1)!}+\frac{1}{(n+2)!}+\cdots+\frac{1}{(n+3)!}+\cdots\right)$$
$$= \frac{1}{n+1}+\frac{1}{(n+1)(n+2)}+\frac{1}{(n+1)(n+2)(n+3)}+\cdots.$$

注意 $n!(1+1/1!+1/2!+\cdots+1/n!)$ 是一个整数, 所以

$$n\sin(2n!\mathrm{e}\pi)=n\sin(2\pi\varepsilon_n);$$

并且由

$$\frac{1}{n+1}<\varepsilon_n<\frac{1}{n+1}+\frac{1}{(n+1)^2}+\frac{1}{(n+1)^3}+\cdots=\frac{1}{n}$$

得到

$$\lim_{n\to\infty}\varepsilon_n=0,\quad \lim_{n\to\infty}n\varepsilon_n=1.$$

最后, 注意

$$\lim_{x\to 0}\frac{\sin(2\pi x)}{x}=2\pi\lim_{x\to 0}\frac{\sin(2\pi x)}{2\pi x}=2\pi,$$

即得

$$\lim_{n\to\infty}n\sin(2n!\mathrm{e}\pi)=\lim_{n\to\infty}n\sin(2\pi\varepsilon_n)=\lim_{n\to\infty}\frac{\sin(2\pi\varepsilon_n)}{\varepsilon_n}\cdot\lim_{n\to\infty}n\varepsilon_n=2\pi.$$

(2) 我们有

$$\varepsilon_n=\frac{1}{n+1}\left(1+\frac{1}{n+2}+\frac{1}{(n+2)(n+3)}+\cdots\right),$$

并且当 n 充分大时,

$$\frac{1}{n+1}=\frac{1}{n}\left(\frac{1}{1+n^{-1}}\right)=\frac{1}{n}\left(1-\frac{1}{n}+\frac{1}{n^2}+O\left(\frac{1}{n^3}\right)\right)=\frac{1}{n}-\frac{1}{n^2}+\frac{1}{n^3}+O\left(\frac{1}{n^4}\right).$$

同样地, 我们有

$$\frac{1}{n+2}+\frac{1}{(n+2)(n+3)}+\cdots=\frac{1}{n+2}\left(1+\frac{1}{n+3}+\frac{1}{(n+3)(n+4)}+\cdots\right),$$

并且当 n 充分大时,

$$\frac{1}{n+2}=\frac{1}{n}\left(\frac{1}{1+2n^{-1}}\right)=\frac{1}{n}\left(1-\frac{2}{n}+O\left(\frac{1}{n^2}\right)\right)=\frac{1}{n}-\frac{2}{n^2}+O\left(\frac{1}{n^3}\right).$$

继续类似的计算, 我们有

$$\frac{1}{n+3}+\frac{1}{(n+3)(n+4)}+\cdots=\frac{1}{n+3}\left(1+\frac{1}{n+4}+\frac{1}{(n+4)(n+5)}+\cdots\right),$$
$$\frac{1}{n+3}=\frac{1}{n}+O\left(\frac{1}{n^2}\right),$$
$$\frac{1}{n+4}+\frac{1}{(n+4)(n+5)}+\cdots=O\left(\frac{1}{n}\right),$$

所以

$$\frac{1}{n+3}+\frac{1}{(n+3)(n+4)}+\cdots=\left(\frac{1}{n}+O\left(\frac{1}{n^2}\right)\right)\left(1+O\left(\frac{1}{n}\right)\right)=\frac{1}{n}+O\left(\frac{1}{n^2}\right);$$

$$\frac{1}{n+2}+\frac{1}{(n+2)(n+3)}+\cdots=\left(\frac{1}{n}-\frac{2}{n^2}+O\left(\frac{1}{n^3}\right)\right)\left(1+\frac{1}{n}+O\left(\frac{1}{n^2}\right)\right)=\frac{1}{n}-\frac{1}{n^2}+O\left(\frac{1}{n^3}\right).$$

于是得到

$$\begin{aligned}\varepsilon_n&=\left(\frac{1}{n}-\frac{1}{n^2}+\frac{1}{n^3}+O\left(\frac{1}{n^4}\right)\right)\cdot\left(1+\frac{1}{n}-\frac{1}{n^2}+O\left(\frac{1}{n^3}\right)\right)\\&=\frac{1}{n}-\frac{1}{n^3}+O\left(\frac{1}{n^4}\right).\end{aligned}$$

最后, 由此及

$$\sin x=x-\frac{x^3}{3!}+O(x^5)$$

求出

$$\begin{aligned}n\sin(2n!\mathrm{e}\pi)&=n\sin(2\pi\varepsilon_n)=n2\pi\varepsilon_n-\frac{4\pi^3}{3}n\varepsilon_n^3+O\left(n\varepsilon_n^5\right)\\&=2\pi-\frac{2\pi(2\pi^2+3)}{3n^2}+O\left(\frac{1}{n^3}\right).\end{aligned}$$ □

注　1° 由本题 (1) 中的结果可知 e 是无理数. 这是因为若 $\mathrm{e}=p/q$(其中 p,q 是互素整数且 $q>0$), 则当 $n\geqslant q$ 时 $n!\mathrm{e}$ 将是整数, 从而所求极限为 0.

2° 在本题 (2) 中, 也可用下列方式求出 ε_n 的展开式:

$$\begin{aligned}\varepsilon_n=&\left(\frac{1}{n}-\frac{1}{n^2}+\frac{1}{n^3}+O\left(\frac{1}{n^4}\right)\right)+\left(\frac{1}{n}-\frac{1}{n^2}+O\left(\frac{1}{n^3}\right)\right)\left(\frac{1}{n}-\frac{2}{n^2}+O\left(\frac{1}{n^3}\right)\right)\\&+\left(\frac{1}{n}-\frac{1}{n^2}+O\left(\frac{1}{n^3}\right)\right)\left(\frac{1}{n}-\frac{2}{n^2}+O\left(\frac{1}{n^3}\right)\right)\left(\frac{1}{n}+O\left(\frac{1}{n^2}\right)\right)+O\left(\frac{1}{n^4}\right)=\cdots.\end{aligned}$$

例 1.7.4　证明: 任何一个无穷正数列 $x_n\,(n\geqslant 1)$, 若从第三项起每一项都不超过它的前两项的平均值, 亦即

$$x_{n+1}\leqslant\frac{1}{2}(x_n+x_{n-1})\quad(n\geqslant 2),$$

则必收敛.

解　我们给出两个解法.

解法 1　设 $x_n(n\geqslant 1)$ 是一个无穷正数列, 满足条件

$$x_{n+1}\leqslant\frac{x_n+x_{n-1}}{2}\quad(n\geqslant 2).$$

令 $y_n=\max\{x_n,x_{n-1}\}\,(n\geqslant 2)$. 那么当 $n\geqslant 2$ 时 $x_n,x_{n-1}\leqslant y_n$, $x_{n+1}\leqslant(x_n+x_{n-1})/2\leqslant y_n$, 所以

$$y_{n+1}=\max\{x_{n+1},x_n\}\leqslant y_n,$$

亦即 y_n 是一个单调递减的无穷正数列, 因而收敛. 设 $\lim\limits_{n\to\infty}y_n=L$. 我们来证明 x_n 也收敛于 L.

显然, 数列 y_n 是数列 x_n 的无穷子列, 若数列 x_n 中只有有限多项不属于数列 y_n, 则上述结论已得证. 如果数列 x_n 中有无限多项不属于数列 y_n, 令 x_n 是任意一个这样的项, 那么依 y_n 的定义可知 $x_n=\min\{x_{n-1},x_n,x_{n+1}\}$, 也就是 $x_{n-1}=y_n$, 同时 $x_{n+1}=y_{n+1}$. 于是由 $x_n\leqslant y_n$(上面已证) 以及 $x_{n+1}\leqslant (x_n+x_{n-1})/2$(题设条件) 推出

$$y_n\geqslant x_n\geqslant 2x_{n+1}-x_{n-1}=2y_{n+1}-y_n.$$

令 $n\to\infty$(注意这些 n 是 $\mathbb{N}$ 的一个子列), 因为上述不等式左右两边都以 L 为极限, 所以 x_n 的由不属于数列 y_n 的项组成的子列也以 L 为极限. 数列 x_n 的上述两个子列的并集以及 x_1 恰好组成整个数列 x_n, 因此我们证明了数列 x_n 也收敛于 L.

解法 2 由题设条件

$$x_{n+1}\leqslant\frac{x_n+x_{n-1}}{2}\quad(n\geqslant 2)$$

推出 $x_{n+1}+x_n/2\leqslant x_n+x_{n-1}/2$. 令

$$z_n=x_{n+1}+\frac{1}{2}x_n\quad(n\geqslant 2),$$

可知 $z_{n+1}\leqslant z_n$, 因此数列 $z_n(n\geqslant 2)$ 收敛. 记 $\lim\limits_{n\to\infty}z_n=U$. 那么对于任意给定的 $\varepsilon>0$, 存在最小的整数 $N>0$, 使当 $n\geqslant N$ 时 $|z_n-U|<\varepsilon/2$. 并且存在常数 $C>0$, 使对所有 $n\geqslant 2$ 有 $|z_n-U|<C$ 以及 $|x_1-U|<C$. 我们取定正整数 $N_0\geqslant N$, 使得当 $n\geqslant N_0$ 时 $2^n>2^{N+1}C/\varepsilon$.

我们有

$$\begin{aligned}x_n&=z_n-\frac{1}{2}x_{n-1}=z_n-\frac{1}{2}\left(z_{n-1}-\frac{1}{2}x_{n-2}\right)=\cdots\\&=z_n-\frac{1}{2}z_{n-1}+\frac{1}{4}z_{n-2}+\cdots+\left(-\frac{1}{2}\right)^{n-2}z_2+\left(-\frac{1}{2}\right)^{n-1}x_1.\end{aligned}$$

记

$$\eta_n=1-\frac{1}{2}+\frac{1}{4}-\cdots+\left(-\frac{1}{2}\right)^{n-2}+\left(-\frac{1}{2}\right)^{n-1},$$

则 $\eta_n\to 2/3\,(n\to\infty)$, 并且当 $n>N_0$ 时,

$$\begin{aligned}|x_n-\eta_nU|&\leqslant|z_n-U|+\frac{1}{2}|z_{n-1}-U|+\cdots+\frac{1}{2^{n-N}}|z_N-U|\\&\quad+\frac{1}{2^{n-N+1}}|z_{N-1}-U|+\cdots+\frac{1}{2^{n-1}}|x_1-U|\\&\leqslant\frac{\varepsilon}{2}\left(1+\frac{1}{2}+\cdots+\frac{1}{2^{n-N}}\right)+\frac{C}{2^{n-N+1}}\left(1+\frac{1}{2}+\cdots+\frac{1}{2^{N-2}}\right)\\&<\frac{\varepsilon}{2}+\frac{\varepsilon}{2}=\varepsilon.\end{aligned}$$

因此 $\lim\limits_{n\to\infty}(x_n-\eta_nU)=0$, 从而 $\lim\limits_{n\to\infty}x_n=\lim\limits_{n\to\infty}\eta_nU=2U/3$. 于是数列 x_n 的收敛性得证. □

例 1.7.5 若 $x_n\,(n\geqslant 0)$ 是一个无穷数列, 由关系式

$$x_{n+1}=\sin x_n\quad(n\geqslant 0),\quad 0<x_0<\pi$$

定义, 则 $x_n\downarrow 0\,(n\to\infty)$, 并且

$$x_n\sim\sqrt{3}n^{-1/2}\quad(n\to\infty).$$

解　我们给出三个解法.

解法 1　(i) 由题设条件可知 $x_1=\sin x_0>0$, 以及 $x_1=\sin x_0<x_0<\pi$, 所以 $0<x_1<\pi$. 据此又可推出 $0<x_2=\sin x_1<x_1<\pi$. 一般地, 用数学归纳法可证 $0<x_{n+1}<x_n<\pi\,(n\geqslant 1)$. 因此 x_n 是单调递减的有界数列, 从而有极限 (记为 α). 由 $x_{n+1}=\sin x_n$ 可得 $\alpha=\sin\alpha$. 由于函数 $y=x-\sin x$ 在 $(0,\pi]$ 上导数 $y'>0$, 所以方程 $\alpha=\sin\alpha$ 只有唯一一个实根 $\alpha=0$. 因此 $x_n\downarrow 0\,(n\to 0)$.

(ii) 我们有

$$\begin{aligned}\lim_{x\to 0}\left(\frac{1}{\sin^2 x}-\frac{1}{x^2}\right)&=\lim_{x\to 0}\frac{x^2-\sin^2 x}{x^2\sin^2 x}=\lim_{x\to 0}\frac{x^2-\left(x-x^3/6+o(x^4)\right)^2}{x^2\left(x-x^3/6+o(x^4)\right)^2}\\&=\lim_{x\to 0}\frac{x^2-\left(x^2-x^4/3+o(x^4)\right)}{x^2\left(x^2-x^4/3+o(x^4)\right)}=\lim_{x\to 0}\frac{x^4/3+o(x^4)}{x^4+o(x^4)}=\frac{1}{3},\end{aligned}$$

所以

$$\lim_{n\to\infty}\left(\frac{1}{x_{n+1}^2}-\frac{1}{x_n^2}\right)=\frac{1}{3}.$$

再应用 Stolz 定理得到

$$\lim_{n\to\infty}\frac{1}{nx_n^2}=\lim_{n\to\infty}\frac{x_n^{-2}}{n}=\lim_{n\to\infty}\frac{x_{n+1}^{-2}-x_n^{-2}}{(n+1)-n}=\lim_{n\to\infty}\left(\frac{1}{x_{n+1}^2}-\frac{1}{x_n^2}\right)=\frac{1}{3}.$$

因此 $\lim\limits_{n\to\infty}nx_n^2=3$. 由此可知

$$x_n\sim\sqrt{3}n^{-1/2}\quad(n\to\infty).$$

解法 2　如上所证,$x_n\downarrow 0(n\to\infty)$. 我们有

$$\frac{1}{x_n^2}=\frac{1}{\sin^2 x_{n-1}}=\frac{1}{x_{n-1}^2\left(1-x_{n-1}^2/3+o(x_{n-1}^2)\right)}=\frac{1}{x_{n-1}^2}+\frac{1}{3}+o(1)\quad(n\to\infty).$$

将 $o(1)$ 记作 y_n, 则有

$$\frac{1}{x_n^2}=\frac{1}{x_{n-1}^2}+\frac{1}{3}+y_n.$$

因此

$$\frac{1}{x_n^2}=\left(\frac{1}{x_{n-2}^2}+\frac{1}{3}+y_{n-1}\right)+\frac{1}{3}+y_n=\frac{1}{x_{n-2}^2}+2\cdot\frac{1}{3}+y_{n-1}+y_n=\cdots=\frac{1}{x_1^2}+\frac{n-1}{3}+\sum_{k=2}^{n}y_k.$$

由此得到

$$\frac{1}{nx_n^2}=\frac{1}{nx_1^2}+\frac{n-1}{3n}+\frac{n-1}{n}\cdot\frac{1}{n-1}\sum_{k=2}^{n}y_k.$$

因为 $y_n\to 0\,(n\to\infty)$, 由算术平均值数列收敛定理(见例 1.3.2(1)) 可知当 $n\to\infty$ 时上式右边最后一项趋于 0, 从而由上式推出

$$\lim_{n\to\infty}\frac{1}{nx_n^2}=\frac{1}{3}.$$

解法 3 如上所证,$x_n \downarrow 0(n \to \infty)$. 下面只证渐进估计.

(i) 对于 $n \geqslant 1$, 令

$$y_n = \frac{1}{x_n^2} - \frac{n}{3},$$

于是

$$x_n^{-2} = y_n + \frac{n}{3}.$$

由 $x_{n+1} = \sin x_n$ 推出

$$y_{n+1} = \frac{1}{x_{n+1}^2} - \frac{n+1}{3} = \frac{1}{\sin^2 x_n} - \frac{n+1}{3} = \csc^2 x_n - \frac{n+1}{3}.$$

(ii) 为了估计上式右边第一项, 我们应用函数 $\csc^2 x$ 的 Taylor 展开. 因为当 $0 < |x| < \pi$ 时,

$$\cot x = \frac{1}{x} - \frac{1}{3}x - \frac{1}{45}x^3 - \frac{2}{945}x^5 - \frac{1}{4725}x^7 - \cdots - \frac{2^{2n}|B_{2n}|}{(2n)!}x^{2n-1} - \cdots,$$

其中 B_n 是 Bernoulli 数, 并且 $(\cot x)' = -\csc^2 x$, 所以我们有

$$\csc^2 x = \frac{1}{x^2} + \frac{1}{3} + O(x^2) \quad (|x| \to 0).$$

因为当 $n \to \infty$ 时 $x_n^2 \to 0$, 所以依上式及步骤 (i) 中所得结果得知当 $n \to \infty$ 时,

$$y_{n+1} = x_n^{-2} + \frac{1}{3} + O(x_n^2) - \frac{n+1}{3} = y_n + \frac{n}{3} + \frac{1}{3} + O(x_n^2) - \frac{n+1}{3} = y_n + O(x_n^2).$$

(iii) 反复应用上式得到

$$y_{n+1} = y_1 + O\left(\sum_{k=1}^{n} x_k^2\right) \quad (n \to \infty),$$

于是当 $n \to \infty$ 时,

$$x_n^{-2} = y_n + \frac{n}{3} = \frac{n}{3} + y_1 + O\left(\sum_{k=1}^{n-1} x_k^2\right) = \frac{n}{3}\left(1 + O\left(\frac{1}{n}\right) + O\left(\frac{1}{n}\sum_{k=1}^{n-1} x_k^2\right)\right),$$

因为当 $n \to \infty$ 时,$x_n^2 \to 0$, 所以由算术平均值数列收敛定理可知 $\sum\limits_{k=1}^{n-1} x_k^2/n$ 也趋于零, 因此我们得到

$$x_n^{-2} = \frac{n}{3}\big(1 + o(1)\big) \quad (n \to \infty),$$

由此立得 $x_n \sim \sqrt{3}n^{-1/2}\,(n \to \infty)$. □

注 在上面的解法 3 中,y_n 是按下列思路得到的: 由题中的关系式 $x_{n+1} = \sin x_n$, 我们有

$$\frac{x_{n+1} - x_n}{(n+1) - n} = \sin x_n - x_n.$$

将等式左边类比为 $\mathrm{d}x/\mathrm{d}n$(视 n 为连续变量), 这启发我们考虑微分方程

$$\frac{\mathrm{d}x}{\mathrm{d}n} = \sin x - x.$$

由 $\sin x$ 的 Taylor 展开, 用 $-x^3/6$ 近似地代替 $\sin x - x$, 得到微分方程

$$\frac{\mathrm{d}x}{\mathrm{d}n} = -\frac{x^3}{6},$$

它有解 $x = \sqrt{3/(n+c)}$(其中 c 是常数). 这就是说, 我们可以指望 x_n 接近 $\sqrt{3/n}$, 于是令 $y_n = x_n^{-2} - n/3$. 与 n 相比,y_n 是小的.

例 1.7.6 (1) 定义数列 $x_n\,(n \geqslant 1)$ 如下:

$$x_n = \sqrt{a_1 + b_1\sqrt{a_2 + b_2\sqrt{a_3 + \cdots + b_{n-1}\sqrt{a_n}}}} \quad (n \geqslant 1),$$

其中 $a_n, b_n > 0$. 证明: 当且仅当

$$2^{-n}\log a_n + \sum_{k=1}^{n-1} 2^{-k}\log b_k < C \quad (n \geqslant 1),$$

其中 C 是一个常数, 数列 x_n 收敛.

(2) 若存在正数列 $\theta_n\,(n \geqslant 1)$ 满足

$$\theta_n^2 = a_n + b_n\theta_{n+1} \quad (n \geqslant 1),$$

并且

$$\lim_{n\to\infty} 2^{-n}\log(\sqrt{a_n}/\theta_n) = 0,$$

则 $\lim\limits_{n\to\infty} x_n = \theta_1$.

(3) 设 $a \geqslant 1$, 计算

$$\sqrt{1 + a\sqrt{1 + (a+1)\sqrt{1 + (a+2)\sqrt{1 + \cdots}}}}.$$

解 (1) (i) 我们有

$$\begin{aligned} x_n &= \sqrt{a_1 + b_1\sqrt{a_2 + b_2\sqrt{a_3 + \cdots + b_{n-2}\sqrt{a_{n-1} + b_{n-1}\sqrt{a_n}}}}} \\ &= \sqrt{a_1 + \sqrt{a_2 b_1^2 + b_1^2 b_2\sqrt{a_3 + \cdots + b_{n-2}\sqrt{a_{n-1} + b_{n-1}\sqrt{a_n}}}}}, \end{aligned}$$

上式右边进而化成

$$\sqrt{a_1 + \sqrt{a_2 b_1^2 + \sqrt{a_3 b_1^{2^2} b_2^2 + b_1^{2^2} b_2^2 b_3\sqrt{a_4 + \cdots + b_{n-2}\sqrt{a_{n-1} + b_{n-1}\sqrt{a_n}}}}}}.$$

继续这个过程 (进行 $n-1$ 次), 并令

$$c_1 = a_1, \quad c_2 = a_2 b_1^2, \quad c_3 = a_3 b_1^{2^2} b_2^2, \quad \cdots, \quad c_n = a_n b_1^{2^{n-1}} b_2^{2^{n-2}} \cdots b_{n-1}^2 \quad (n \geqslant 2),$$

则得

$$x_n = \sqrt{c_1 + \sqrt{c_2 + \sqrt{c_3 + \cdots + \sqrt{c_{n-1} + \sqrt{c_n}}}}}.$$

(ii) 若当 $n \to \infty$ 时数列 (x_n) 收敛于 c, 则由 x_n 的单调递增性知

$$x_n = \sqrt{c_1 + \sqrt{c_2 + \sqrt{c_3 + \cdots + \sqrt{c_{n-1} + \sqrt{c_n}}}}} \leqslant c,$$

从而

$$\sqrt{\sqrt{\sqrt{\cdots \sqrt{c_n}}}} \leqslant c,$$

亦即 $\sqrt[2^n]{c_n} \leqslant c$. 由此及 c_n 的表达式可推出

$$2^{-n} \log a_n + \sum_{k=1}^{n-1} 2^{-k} \log b_k \leqslant C \quad (n \geqslant 1),$$

其中数 $C = \log c$.

(iii) 反之, 若上式成立, 则有 $c_n \leqslant c^{2^n}$ $(n \geqslant 1)$, 从而

$$x_n \leqslant \sqrt{c^2 + \sqrt{c^{2^2} + \cdots + \sqrt{c^{2^{n-1}} + \sqrt{c^{2^n}}}}}.$$

注意

$$\sqrt{c^{2^{n-1}} + \sqrt{c^{2^n}}} = \sqrt{c^{2^{n-1}} + c^{2^{n-1}}\sqrt{1}} = c^{2^{n-2}}\sqrt{1 + \sqrt{1}},$$

继续这个过程 (进行 $n-1$ 次), 可得

$$x_n \leqslant c\sqrt{1 + \sqrt{1 + \cdots + \sqrt{1 + \sqrt{1}}}}.$$

令

$$y_n = \sqrt{1 + \sqrt{1 + \sqrt{1 + \cdots + \sqrt{1}}}} \quad (n \text{ 重根号}).$$

将 y_{n+1} 的表达式中最里层的 $1 + \sqrt{1}$ 换为 1, 可知 $y_{n+1} > y_n$, 因此 $1 \leqslant y_n < y_{n+1}$ $(n \geqslant 1)$. 又由

$$y_n = \sqrt{1 + y_{n-1}} \leqslant \sqrt{2y_{n-1}} < \sqrt{2y_n}$$

推出 $y_n < 2$. 因此数列 x_n 单调递增且有上界, 所以当 $n \to \infty$ 时收敛.

(2) (i) 在本题 (1) 中 x_n 的表达式中用 θ_n^2 代替 a_n, 注意 $\theta_n^2 \geqslant a_n$ 以及 $a_{n-1} + b_{n-1}\theta_n = \theta_{n-1}$, 可得

$$x_n = \sqrt{a_1 + b_1\sqrt{a_2 + b_2\sqrt{a_3 + \cdots + b_{n-2}\sqrt{a_{n-1} + b_{n-1}\sqrt{a_n}}}}}$$

$$
\begin{aligned}
&\leqslant \sqrt{a_1+b_1\sqrt{a_2+b_2\sqrt{a_3+\cdots+b_{n-2}\sqrt{a_{n-1}+b_{n-1}\theta_n}}}}\\
&=\sqrt{a_1+b_1\sqrt{a_2+b_2\sqrt{a_3+\cdots+b_{n-2}\sqrt{a_{n-1}+b_{n-1}\theta_{n-1}}}}}\\
&=\cdots=\sqrt{a_1+b_1\theta_2}=\theta_1.
\end{aligned}
$$

(ii) 直接验证可知: 当 $\alpha,\beta\geqslant 0,\gamma\geqslant 1$ 时,

$$\sqrt{\alpha+\gamma\beta}\leqslant\sqrt{\gamma}\sqrt{\alpha+\beta};$$

又由 $\theta_n^2>a_n$ 可知 $\theta_n/\sqrt{a_n}>1$. 由此得到

$$\sqrt{a_{n-1}+b_{n-1}\theta_n}=\sqrt{a_{n-1}+b_{n-1}\sqrt{a_n}\cdot\frac{\theta_n}{\sqrt{a_n}}}\leqslant\sqrt{\frac{\theta_n}{\sqrt{a_n}}}\cdot\sqrt{a_{n-1}+b_{n-1}\sqrt{a_n}},$$

于是

$$\sqrt{a_{n-2}+b_{n-2}\sqrt{a_{n-1}+b_{n-1}\theta_n}}\leqslant\sqrt{a_{n-2}+b_{n-2}\sqrt{\frac{\theta_n}{\sqrt{a_n}}}\cdot\sqrt{a_{n-1}+b_{n-1}\sqrt{a_n}}},$$

再次应用刚才所用的不等式, 我们得知上式右边不超过

$$\sqrt[2^2]{\frac{\theta_n}{\sqrt{a_n}}}\cdot\sqrt{a_{n-2}+b_{n-2}\sqrt{a_{n-1}+b_{n-1}\theta_n}}.$$

继续这个过程 (进行 $n-1$ 次), 可得

$$
\begin{aligned}
\theta_1&=\sqrt{a_1+b_1\sqrt{a_2+b_2\sqrt{a_3+\cdots+b_{n-2}\sqrt{a_{n-1}+b_{n-1}\theta_n}}}}\\
&\leqslant\sqrt[2^{n-1}]{\frac{\theta_n}{\sqrt{a_n}}}\cdot\sqrt{a_1+b_1\sqrt{a_2+b_2\sqrt{a_3+\cdots+b_{n-2}\sqrt{a_{n-1}+b_{n-1}\sqrt{a_n}}}}}\\
&=\sqrt[2^{n-1}]{\frac{\theta_n}{\sqrt{a_n}}}\cdot x_n.
\end{aligned}
$$

(iii) 将步骤 (i) 和 (ii) 中的结果合并, 我们有

$$\theta_1\sqrt[2^{n-1}]{\frac{\sqrt{a_n}}{\theta_n}}\leqslant x_n\leqslant\theta_1\quad(n\geqslant 1),$$

因此, 若 $\lim\limits_{n\to\infty}2^{-n}\log(\sqrt{a_n}/\theta_n)=0$, 则由上式推出 $\lim\limits_{n\to\infty}x_n=\theta_1$.

(3) 我们给出两个解法.

解法 1　在本题 (1) 中取所有 $a_n=1$, 以及 $b_n=a+n-1,\theta_n=a+n(n\geqslant 1)$, 那么题 (1) 中所有条件在此成立, 因而得到所求的值 $=\theta_1=a+1$.

解法 2 (i) 令

$$f(x)=\sqrt{1+x\sqrt{1+(x+1)\sqrt{1+(x+2)\sqrt{1+\cdots}}}}\quad(x\geqslant 1),$$

那么 $f(x)$ 满足函数方程

$$f(x)^2=1+xf(x+1).$$

因为 $(x+1)^2=1+x(x+2)$, 所以函数 $x+1$ 是它的一个解. 我们来证明这是唯一解.

(ii) 显然, 当 $x\geqslant 2$ 时有

$$f(x)\geqslant\sqrt{x\sqrt{x\sqrt{x\sqrt{x\cdots}}}}=\lim_{n\to\infty}x^{1/2+1/2^2+\cdots+1/2^n}=x>\frac{1}{2}(x+1).$$

并且

$$\begin{aligned}f(x)&\leqslant\sqrt{(x+1)\sqrt{(x+2)\sqrt{(x+3)\sqrt{(x+4)\cdots}}}}\\&<\sqrt{(x+1)\sqrt{2(x+1)\sqrt{4(x+1)\sqrt{8(x+1)\cdots}}}}\\&=\sqrt{(x+1)\sqrt{(x+1)\sqrt{(x+1)\sqrt{(x+1)\cdots}}}}\cdot\sqrt{1\sqrt{2\sqrt{4\sqrt{8\cdots}}}}.\end{aligned}$$

上式右边第一个因子等于

$$\lim_{n\to\infty}(x+1)^{1/2+1/4+1/8+\cdots+1/2^n}=x+1,$$

依据 $\sum\limits_{k=2}^{\infty}(k-1)2^{-k}=1$, 第二个因子等于

$$\lim_{n\to\infty}1^{1/2}\cdot 2^{1/4}\cdot 4^{1/8}\cdots(2^{n-1})^{1/2^n}=2,$$

所以

$$f(x)<2(x+1).$$

合起来就是

$$\frac{1}{2}(x+1)<f(x)<2(x+1).$$

(iii) 在上面的不等式中易 x 为 $x+1$ 得

$$\frac{1}{2}(x+2)<f(x+1)<2(x+2),$$

而由函数方程 $f(x)^2=1+xf(x+1)$ 可知

$$\frac{1}{2}+xf(x+1)<f(x)^2<2+xf(x+1).$$

由上述两式推出

$$\frac{1}{2}\big(1+x(x+2)\big) < f(x)^2 < 2\big(1+x(x+2)\big),$$

亦即

$$\frac{1}{2}(x+1)^2 < f(x)^2 < 2(x+1)^2,$$

因此得到

$$\sqrt{\frac{1}{2}}(x+1) < f(x) < \sqrt{2}(x+1).$$

重复上述过程, 也就是说, 首先在上式中易 x 为 $x+1$ 得

$$\sqrt{\frac{1}{2}}(x+2) < f(x+1) < \sqrt{2}(x+2),$$

并且由函数方程可知

$$\sqrt{\frac{1}{2}}+xf(x+1) < f(x)^2 < \sqrt{2}+xf(x+1).$$

于是从这两式推出

$$\sqrt{\frac{1}{2}}\big(1+x(x+2)\big) < f(x)^2 < \sqrt{2}\big(1+x(x+2)\big),$$

因而得到

$$\sqrt[4]{\frac{1}{2}}(x+1) < f(x) < \sqrt[4]{2}(x+1).$$

一般地, 应用数学归纳法可证

$$\sqrt[2^k]{\frac{1}{2}}(x+1) < f(x) < \sqrt[2^k]{2}(x+1).$$

在其中令 $k\to\infty$ 即得 $x+1\leqslant f(x)\leqslant x+1$. 这样, 我们最终得到 $f(x)=x+1$, 而所求的值 $=a+1$. □

注　由本题 (3) 可知

$$\sqrt{1+2\sqrt{1+3\sqrt{1+4\sqrt{1+\cdots}}}}=3,$$

类似地, 由本题 (2) 可知 (取 $a_n=n+4, b_n=n, \theta_n=n+2$)

$$\sqrt{5+\sqrt{6+2\sqrt{7+3\sqrt{8+4\sqrt{9+\cdots}}}}}=3.$$

例 1.7.7　设

$$S_n=\sum_{k=0}^{n-1}(-1)^k\binom{n-1}{k}\frac{1}{2^k(n+k+1)}\quad (n\geqslant 1).$$

证明:

$$S_n=\frac{\mathrm{e}^{\gamma}}{\sqrt{2}}\cdot\frac{1}{2^n\sqrt{n}}\big(1+o(1)\big)\quad (n\to\infty),$$

其中 γ 是 Euler-Mascheroni 常数, 并计算 $\lim\limits_{n\to\infty} S_{n+1}/S_n$.

解 (i) 由二项式定理可知

$$S_n=\int_0^1\left(1-\frac{t}{2}\right)^{n-1}t^n\mathrm{d}t.$$

作变量代换 $t=2x$ 得到

$$S_n=2^{n+1}\int_0^{1/2}(1-x)^{n-1}x^n\mathrm{d}x.$$

又因为 (作变量代换 $u=x-1$, 然后将积分变量 u 改记为 x)

$$\int_0^{1/2}(1-x)^{n-1}x^n\mathrm{d}x=\int_{1/2}^1 x^{n-1}(1-x)^n\mathrm{d}x,$$

以及 (分部积分)

$$\int_0^{1/2}(1-x)^{n-1}x^n\mathrm{d}x=-\frac{1}{n2^{2n}}+\int_0^{1/2}x^{n-1}(1-x)^n\mathrm{d}x,$$

将上面二式相加, 即得

$$\int_0^{1/2}(1-x)^{n-1}x^n\mathrm{d}x=\frac{1}{2}\int_0^1 x^{n-1}(1-x)^n\mathrm{d}x-\frac{1}{n2^{2n+1}}.$$

由此可知

$$S_n=2^n\int_0^1 x^{n-1}(1-x)^n\mathrm{d}x-\frac{1}{n2^n}.$$

由二项式定理展开 $(1-x)^n$ 即可算出

$$S_n=\frac{2^n(n-1)!n!}{(2n)!}-\frac{1}{n2^n}\quad(n\geqslant 1).$$

(ii) 为计算 S_{n+1}/S_n, 记

$$u_n=\frac{2^n(n-1)!n!}{(2n)!}\quad(n\geqslant 1).$$

由 Stirling 公式, 当 $n\to\infty$ 时,

$$\log(n!)=\gamma+\left(n+\frac{1}{2}\right)\log n-n+o(1),$$

其中 γ 是 Euler-Mascheroni 常数. 于是

$$\log\big((n-1)!\big)=\log(n!)-\log n=\gamma+\left(n-\frac{1}{2}\right)\log n-n+o(1);$$

还有

$$\begin{aligned}\log\big((2n)!\big)&=\gamma+\left(2n+\frac{1}{2}\right)\log(2n)-2n+o(1)\\&=\gamma+\left(2n+\frac{1}{2}\right)\log n+(2\log 2-2)n+\frac{1}{2}\log 2+o(1).\end{aligned}$$

因此

$$\log u_n = \gamma - \frac{1}{2}\log n - (\log 2)n - \frac{1}{2}\log 2 + o(1) \quad (n \to \infty).$$

因为 $\mathrm{e}^{o(1)} = 1 + o(1)\,(n \to \infty)$, 所以

$$u_n = \frac{\mathrm{e}^{\gamma}}{\sqrt{2}} \cdot \frac{1}{2^n\sqrt{n}}\big(1 + o(1)\big) \quad (n \to \infty).$$

由 $S_n = u_n - 1/(n2^n)$, 我们最终得到

$$S_n = \frac{\mathrm{e}^{\gamma}}{\sqrt{2}} \cdot \frac{1}{2^n\sqrt{n}}\big(1 + o(1)\big) \quad (n \to \infty).$$

因此立得 $\lim\limits_{n\to\infty} S_{n+1}/S_n = 1/2$. □

例 1.7.8 设实数 $\alpha > 0$, 数列 $u_n\,(n \geqslant 1)$ 满足条件

$$u_1 > 0, \quad u_{n+1} = u_n + \frac{1}{n^{\alpha} u_n} \quad (n \geqslant 1).$$

(1) 证明: 当且仅当 $\alpha > 1$ 时数列 u_n 收敛.

(2) 若 $\alpha > 1$, 记 $\lambda = \lim\limits_{n\to\infty} u_n$, 则

$$\lambda - u_n \sim \frac{1}{\lambda(\alpha - 1)n^{\alpha-1}} \quad (n \to \infty).$$

(3) 若 $\alpha = 1$, 则

$$u_n \sim \sqrt{2\log n} \quad (n \to \infty);$$

若 $0 < \alpha < 1$, 则

$$u_n \sim \sqrt{\frac{2}{1-\alpha} n^{(1-\alpha)/2}} \quad (n \to \infty).$$

解 (1) 由题设条件可推出 u_n 是严格单调递增的正数列. 设 $\alpha > 1$. 那么由不等式

$$0 < u_{n+1} - u_n = \frac{1}{n^{\alpha} u_n} \leqslant \frac{1}{n^{\alpha} u_1} \quad (n \geqslant 1)$$

以及级数 $\sum\limits_{n=1}^{\infty} 1/n^{\alpha}$ 的收敛性可知 $\sum\limits_{n=1}^{\infty}(u_{n+1} - u_n)$ 也收敛, 这表明

$$\lim_{l\to\infty}\sum_{n=1}^{l-1}(u_{n+1} - u_n) = \lim_{l\to\infty} u_l - u_1$$

存在, 从而数列 u_n 收敛.

反过来, 设数列 u_n 收敛, 并记其极限为 λ. 那么由题设条件得到

$$\frac{u_{n+1} - u_n}{(n^{\alpha}\lambda)^{-1}} = \frac{(n^{\alpha} u_n)^{-1}}{(n^{\alpha}\lambda)^{-1}} = \frac{\lambda}{u_n} \quad (n \geqslant 1),$$

于是

$$u_{n+1} - u_n \sim \frac{1}{n^{\alpha}\lambda} \quad (n \to \infty),$$

从而级数 $\sum_{n=1}^{\infty}(u_{n+1}-u_n)$ 和 $\sum_{n=1}^{\infty}1/n^\alpha$ 有相同的收敛性. 因为

$$\sum_{n=1}^{\infty}(u_{n+1}-u_n)=\lim_{l\to\infty}\sum_{n=1}^{l}(u_{n+1}-u_n)=\lim_{l\to\infty}u_{l+1}-u_1=\lambda-u_1,$$

所以级数 $\sum_{n=1}^{\infty}1/n^\alpha$ 收敛, 从而 $\alpha>1$. 于是数列 u_n 的收敛性蕴含 $\alpha>1$.

(2) 如果数列 u_n 收敛, 那么依题 (1) 所证, 我们有

$$u_{n+1}-u_n\sim\frac{1}{n^\alpha\lambda}\quad(n\to\infty).$$

又因为 (从积分的几何意义考虑或直接计算)

$$\frac{1}{n^\alpha}\sim\int_n^{n+1}t^{-\alpha}\mathrm{d}t\quad(n\to\infty),$$

所以

$$u_{n+1}-u_n\sim\frac{1}{\lambda}\int_n^{n+1}t^{-\alpha}\mathrm{d}t\quad(n\to\infty).$$

注意下列简单的命题: 若 $n\to\infty$ 时,$\alpha_n\sim\beta_n,\gamma_n\sim\delta_n$, 则 $\alpha_n+\gamma_n\sim\beta_n+\delta_n\,(n\to\infty)$(其证明如下:

$$\frac{\alpha_n+\gamma_n}{\beta_n+\delta_n}=\frac{\beta_n\big(1+o(1)\big)+\delta_n\big(1+o(1)\big)}{\beta_n+\delta_n}=\frac{(\beta_n+\delta_n)\big(1+o(1)\big)}{\beta_n+\delta_n}\to1\quad(n\to\infty),$$

即得所要的结论). 据此可知当 $n\to\infty$ 时,

$$\sum_{j=1}^{l}(u_{n+j}-u_{n+j-1})\sim\sum_{j=1}^{l}\frac{1}{\lambda}\int_{n+j-1}^{n+j}t^{-\alpha}\mathrm{d}t\quad(l\geqslant1),$$

亦即当 $n\to\infty$ 时,

$$u_{n+l}-u_n\sim\frac{1}{\lambda}\int_n^{n+l}t^{-\alpha}\mathrm{d}t\quad(l\geqslant1).$$

于是对于任给的 $\varepsilon>0$, 存在整数 $n_0=n_0(\varepsilon)$, 使当 $n\geqslant n_0$ 时,

$$\frac{1-\varepsilon}{\lambda}\int_n^{n+l}t^{-\alpha}\mathrm{d}t<u_{n+l}-u_n<\frac{1+\varepsilon}{\lambda}\int_n^{n+l}t^{-\alpha}\mathrm{d}t\quad(l\geqslant1).$$

此式对任何 $l\geqslant1$ 成立, 令 $l\to\infty$ 可得

$$\frac{1-\varepsilon}{\lambda}\int_n^{\infty}t^{-\alpha}\mathrm{d}t<\lambda-u_n<\frac{1+\varepsilon}{\lambda}\int_n^{\infty}t^{-\alpha}\mathrm{d}t.$$

因此

$$\lambda-u_n\sim\frac{1}{\lambda}\int_n^{\infty}t^{-\alpha}\mathrm{d}t\quad(n\to\infty).$$

算出右边的积分, 我们得到

$$\lambda-u_n\sim\frac{1}{\lambda(\alpha-1)n^{\alpha-1}}\quad(n\to\infty).$$

(3) 设 $0<\alpha\leqslant 1$. 依题 (1) 所证, 单调递增的正数列 u_n 发散, 所以 $u_n\to+\infty\,(n\to\infty)$. 注意由题设条件可知

$$u_{n+1}^2=\left(u_n+\frac{1}{k^{\alpha}u_n}\right)^2=u_n^2+\frac{2}{k^{\alpha}}\left(1+\frac{1}{2n^{\alpha}u_n^2}\right),$$

因此

$$u_{n+1}^2-u_n^2\sim\frac{2}{k^{\alpha}}\sim 2\int_n^{n+1}t^{-\alpha}\mathrm{d}t\quad(n\to\infty).$$

我们在 Stolz 定理中取

$$x_n=u_{n+1}^2-u_1^2,\quad y_n=\int_1^{n+1}t^{-\alpha}\mathrm{d}t,$$

则有

$$x_n-x_{n-1}=u_{n+1}^2-u_n^2,\quad y_n-y_{n-1}=\int_n^{n+1}t^{-\alpha}\mathrm{d}t,$$

于是

$$\lim_{n\to\infty}\frac{u_{n+1}^2-u_1^2}{\displaystyle\int_1^{n+1}t^{-\alpha}\mathrm{d}t}=\lim_{n\to\infty}\frac{u_{n+1}^2-u_n^2}{\displaystyle\int_n^{n+1}t^{-\alpha}\mathrm{d}t}=2.$$

由此得到 (易 $n+1$ 为 n)

$$u_n^2-u_1^2\sim 2\int_1^n t^{-\alpha}\mathrm{d}t\quad(n\to\infty)$$

(注: 在例 1.3.2(3) 中取

$$a_k=\frac{u_{k+1}^2-u_k^2}{\displaystyle\int_k^{k+1}t^{-\alpha}\mathrm{d}t},\quad \lambda_k=\int_k^{k+1}t^{-\alpha}\mathrm{d}t,$$

也可推出上式). 注意 $u_n^2-u_1^2\sim u_n^2\,(n\to\infty)$, 所以

$$u_n^2\sim 2\int_1^n t^{-\alpha}\mathrm{d}t\quad(n\to\infty).$$

上式右边的积分当 $\alpha=1$ 时等于 $\log n$; 当 $0<\alpha<1$ 时等于 $n^{1-\alpha}/(1-\alpha)$. 于是得到所要的结果. □

习　题　1

***1.1**　求出数列

$$\frac{1}{2}+(-1)^n\frac{n}{2n+1}\quad(n\in\mathbb{N})$$

的全部极限点.

1.2　设 $\alpha,\beta>0$. 计算: $\lim\limits_{n\to\infty}n^{\alpha}\sin^{\beta}\left(\pi(\sqrt{2}+1)^n\right)$.

1.3 设 s 是一个正整数,$a_n \neq 1\,(n \geqslant 1)$, $\lim\limits_{n\to\infty} a_n = 1$. 求

$$\lim_{n\to\infty} \frac{a_n + a_n^2 + a_n^3 + \cdots + a_n^s - s}{a_n - 1}.$$

***1.4** 设 $\varepsilon_i \in \{-1,0,1\}$, 定义

$$\alpha_n = \varepsilon_1\sqrt{2+\varepsilon_2\sqrt{2+\cdots+\varepsilon_n\sqrt{2}}} \quad (n \geqslant 1).$$

证明数列 $\alpha_n\,(n \geqslant 1)$ 收敛, 并且

$$\alpha_n = 2\sin\left(\frac{\pi}{4}\sum_{k=1}^{n}\frac{\varepsilon_1\varepsilon_2\cdots\varepsilon_k}{2^{k-1}}\right) \quad (n \geqslant 1).$$

1.5 证明:

(1) 若 α 是有理数, 则 $\lim\limits_{n\to\infty} \sin(n!\alpha\pi) = 0$.

(2) 若 α 是无理数, 则 $\lim\limits_{n\to\infty} \sin n\alpha\pi$ 不存在.

(3) 若 α 是有理数, 则 $\lim\limits_{n\to\infty} \cos(n!\alpha\pi) = 1$. 但其逆命题不成立.

1.6 若 $a_n\,(n \geqslant 1)$ 是一个非负数列, 满足

$$a_{m+n} \leqslant C a_m a_n \quad (\text{当所有 } m,n \geqslant 1),$$

其中 $C \geqslant 0$ 是一个常数, 则数列 $(\sqrt[n]{a_n})$ 收敛. 并证明本题及例 1.2.5 中的命题等价.

1.7 (1) 计算: $\lim\limits_{n\to\infty} \dfrac{n}{a^{n+1}}\left(a + \dfrac{a^2}{2} + \cdots + \dfrac{a^n}{n}\right)$(其中 $a > 1$).

(2) 计算: $\lim\limits_{n\to\infty} \dfrac{\sqrt[n]{(n+1)(n+2)\cdots(2n)}}{n}$.

(3) 设正数列 $a_n \to 0\,(n\to\infty)$, 整数 $k \geqslant 2$, 求

$$\lim_{n\to\infty} \frac{\sqrt[k]{1+a_n} - 1}{a_n}.$$

(4) 设 $a > 0$, 求 $\lim\limits_{n\to\infty} n(\sqrt[n]{a} - 1)$.

(5) 求 $\lim\limits_{n\to\infty} \dfrac{\sqrt[n]{n!}}{n}$.

*(6) 计算:

$$\lim_{n\to\infty}\left(\frac{\sin\dfrac{\pi}{n}}{n+1} + \frac{\sin\dfrac{2\pi}{n}}{n+\dfrac{1}{2}} + \cdots + \frac{\sin\pi}{n+\dfrac{1}{n}}\right).$$

***1.8** 若 $\lim\limits_{n\to\infty} (a_{n+1} - a_n)$ 存在, 则 $\lim\limits_{n\to\infty} (a_n/n)$ 也存在, 且二者相等.

1.9 设 $u_n\,(n \geqslant 1)$ 是正数列, 则

$$\varliminf_{n\to\infty} \frac{u_{n+1}}{u_n} \leqslant \varliminf_{n\to\infty} \sqrt[n]{u_n} \leqslant \varlimsup_{n\to\infty} \sqrt[n]{u_n} \leqslant \varlimsup_{n\to\infty} \frac{u_{n+1}}{u_n}.$$

***1.10** 设无穷实数列 a_n, b_n 满足

$$a_{n+1} = b_n - \frac{n a_n}{2n+1} \quad (n = 1,2,\cdots).$$

试证:

(1) 若 b_n 有界, 则 a_n 也有界.

(2) 若 b_n 收敛, 则 a_n 也收敛.

***1.11** 求 $\lim\limits_{n\to\infty} a_n$, 其中数列 a_n 由下列递推关系定义:

(1) $a_0 > 0, a_{n+1} = \sqrt{a_n + 6}\,(n \geqslant 0)$.

(2) $a_1=1, a_{n+1}=1+1/a_n\,(n\geqslant 1)$.

1.12　设 $x_n\,(n\geqslant 1)$ 是无穷实数列, 证明:

(1) 若 $2x_{n+1}-x_n\to a\,(n\to\infty)$, 则 $x_n\to a\,(n\to\infty)$.

(2) 若 $x_{n+1}-x_n\to a\,(n\to\infty)$, 则

$$\frac{x_n}{n}\to a\,(n\to\infty),\quad \frac{1}{n^2}\sum_{k=1}^{n}x_k\to\frac{a}{2}\,(n\to\infty).$$

1.13　设 $a_1,a_2,\cdots,a_k>0$, 求

$$\lim_{n\to\infty}\left(\sqrt[k]{(n+a_1)(n+a_2)\cdots(n+a_k)}-n\right).$$

1.14　设 $a_1,a_2,\cdots,a_k>0$, 求

$$\lim_{n\to\infty}\left(\frac{\sqrt[n]{a_1}+\sqrt[n]{a_2}+\cdots+\sqrt[n]{a_k}}{k}\right)^n.$$

1.15　(1) 设 $m>1$. 令

$$x_n=\sqrt[m]{1+\sqrt[m]{1+\cdots+\sqrt[m]{1}}}\,(n\text{ 重根号})\quad(n\geqslant 1),$$

则当 $n\to\infty$ 时 x_n 趋于方程 $x^m-x-1=0$ 的正根.

(2) 设 $m>1$. 令

$$x_n=\sqrt[m]{c_1+\sqrt[m]{c_2+\cdots+\sqrt[m]{c_n}}}\,(n\text{ 重根号})\quad(n\geqslant 1),$$

其中 $c_n\,(n\geqslant 1)$ 是一个正数列, 则当且仅当数列 $m^{-n}\log c_n\,(n\geqslant 1)$ 上有界时 $\lim\limits_{n\to\infty}x_n$ 存在.

1.16　设 $a>0$. 令

$$x_n=\sqrt{a+\sqrt{a+\cdots+\sqrt{a}}}\,(n\text{ 重根号})\quad(n\geqslant 1),$$

则当 $n\to\infty$ 时 x_n 收敛, 并求其极限 (记为 L), 且证明无穷级数 $\sum\limits_{n=1}^{\infty}(L-x_n)$ 收敛.

***1.17**　证明: 若实数列 $x_n\,(n\geqslant 1)$ 有界, 满足 $\lim\limits_{n\to\infty}(x_{n+1}-x_n)=0$, 则对于 $\varliminf\limits_{n\to\infty}x_n$ 和 $\varlimsup\limits_{n\to\infty}x_n$ 间的任意实数 a, 必存在 x_n 的子列 $x_{n_k}\,(k\geqslant 1)$ 使得 $\lim\limits_{k\to\infty}x_{n_k}=a$.

***1.18**　设数列 $x_n\,(n\geqslant 1)$ 由关系式

$$x_n=\frac{1}{2}\sin\pi x_{n-1}\quad(n=1,2,\cdots)$$

定义, 其中 $x_0\in(0,1)$. 证明: 数列 x_n 收敛, 并求 $\lim\limits_{n\to\infty}x_n$.

习题 1 的解答或提示

1.1　题中数列的子列只有三种可能情形: 只含有有限多个偶数下标的项, 其极限为 0; 只含有有限多个奇数下标的项, 其极限为 1; 含有无限多个奇数下标的项, 同时含有无限多个偶数下标的项, 这种子列无极限. 因此所求的全部极限点是 0, 1.

1.2　(i) 由二项式定理, 当 $n=2u$(偶数) 时,

$$(\sqrt{2}+1)^n+(1-\sqrt{2})^n=\sum_{k=0}^{n}\binom{n}{k}(\sqrt{2})^k+\sum_{k=0}^{n}(-1)^k\binom{n}{k}(\sqrt{2})^k$$

$$=2\left(1+\binom{n}{2}2+\binom{n}{4}2^2+\cdots+\binom{n}{n-2}2^{u-1}+2^u\right);$$

当 $n=2u+1$(奇数) 时,

$$(\sqrt{2}+1)^n+(1-\sqrt{2})^n=\sum_{k=0}^{n}\binom{n}{k}(\sqrt{2})^k+\sum_{k=0}^{n}(-1)^k\binom{n}{k}(\sqrt{2})^k$$
$$=2\left(1+\binom{n}{2}2+\binom{n}{4}2^2+\cdots+\binom{n}{n-3}2^{u-1}+\binom{n}{n-1}2^u\right).$$

因此 $(\sqrt{2}+1)^n+(1-\sqrt{2})^n\ (n\in\mathbb{N}_0)$ 是整数.

(ii) 因为 $|\sin\pi(t+r)|=|\sin\pi r|\,(t\in\mathbb{Z})$, 所以我们有

$$\left|n^\alpha\sin^\beta\left(\pi(\sqrt{2}+1)^n\right)\right|=\left|n^\alpha\sin^\beta\left(\pi\left((\sqrt{2}+1)^n+(1-\sqrt{2})^n-(1-\sqrt{2})^n\right)\right)\right|$$
$$=\left|n^\alpha\sin^\beta\left(\pi(\sqrt{2}-1)^n\right)\right|,$$

注意 $(1+\sqrt{2})(\sqrt{2}-1)=1$, 于是由上式得到

$$0\leqslant\left|n^\alpha\sin^\beta\left(\pi(\sqrt{2}+1)^n\right)\right|=\left|n^\alpha\sin^\beta\left(\pi(\sqrt{2}-1)^n\right)\right|$$
$$=\pi^\beta\left|\frac{n^\alpha}{(1+\sqrt{2})^{n\beta}}\right|\cdot\left|\frac{\sin\left(\pi(\sqrt{2}-1)^n\right)}{\pi(\sqrt{2}-1)^n}\right|^\beta.$$

因为 $0<\sqrt{2}-1<1,\sin x/x\to1\,(x\to0)$, 以及 $n^\alpha/(1+\sqrt{2})^{n\beta}\to0\,(n\to\infty)$, 所以当 $n\to\infty$ 时, 上式右边趋于 0, 于是所求极限等于 0.

1.3 我们有 $a_n+a_n^2+a_n^3+\cdots+a_n^s-s=(a_n-1)+(a_n^2-1)+\cdots+(a_n^s-1)$, 以及

$$\lim_{n\to\infty}\frac{a_n^l-1}{a_n-1}=\lim_{n\to\infty}(a_n^{l-1}+a_n^{l-2}+\cdots+a_n+1)=l\quad(l=1,2,\cdots,s),$$

因此

$$\lim_{n\to\infty}\frac{a_n+a_n^2+a_n^3+\cdots+a_n^s-s}{a_n-1}=1+2+\cdots+s=\frac{s(s+1)}{2}.$$

1.4 如果 $\varepsilon_1=0$, 那么所有 $\alpha_n=0$, 因而题中结论成立. 现在设 $\varepsilon_1\neq0$. 那么对于每个 α_n, 被开方数非负, 因而都是实数. 现在用数学归纳法证明题中的公式. 当 $n=1$ 时, 因为 $\varepsilon_1=\pm1$, 正弦函数是奇函数, 所以我们有

$$\alpha_1=\varepsilon_1\sqrt{2}=\varepsilon_1\cdot2\sin\frac{\pi}{4}=2\sin\left(\frac{\pi}{4}\varepsilon_1\right),$$

因而公式成立. 设 $n\geqslant1$ 且

$$\alpha_n=2\sin\left(\frac{\pi}{4}\sum_{k=1}^{n}\frac{\varepsilon_1\varepsilon_2\cdots\varepsilon_k}{2^{k-1}}\right).$$

那么 (注意 $\varepsilon_1^2=1$)

$$a_{n+1}^2-2=\left(\varepsilon_1\sqrt{2+\varepsilon_2\sqrt{2+\cdots+\varepsilon_{n+1}\sqrt{2}}}\right)^2-2$$
$$=\left(2+\varepsilon_2\sqrt{2+\cdots+\varepsilon_{n+1}\sqrt{2}}\right)-2$$
$$=\varepsilon_2\sqrt{2+\cdots+\varepsilon_{n+1}\sqrt{2}},$$

依归纳假设, 上式等于

$$2\sin\left(\frac{\pi}{4}\sum_{k=2}^{n+1}\frac{\varepsilon_2\cdots\varepsilon_k}{2^{k-2}}\right)\quad(\text{将此式记作 }A_n).$$

若 $\varepsilon_1=1$, 则

$$A_n=-2\cos\left(\frac{\pi}{2}+\frac{\pi}{4}\sum_{k=2}^{n+1}\frac{\varepsilon_2\cdots\varepsilon_k}{2^{k-2}}\right)=-2\cos\left(\frac{\pi}{2}\cdot\varepsilon_1+\frac{\pi}{2}\sum_{k=2}^{n+1}\frac{\varepsilon_1\varepsilon_2\cdots\varepsilon_k}{2^{k-1}}\right)$$
$$=-2\cos\left(\frac{\pi}{2}\sum_{k=1}^{n+1}\frac{\varepsilon_1\varepsilon_2\cdots\varepsilon_k}{2^{k-1}}\right)=4\sin^2\left(\frac{\pi}{4}\sum_{k=1}^{n+1}\frac{\varepsilon_1\varepsilon_2\cdots\varepsilon_k}{2^{k-1}}\right)-2$$

(最后一步应用了余弦倍角公式), 于是

$$a_{n+1}^2-2=4\sin^2\left(\frac{\pi}{4}\sum_{k=1}^{n+1}\frac{\varepsilon_1\varepsilon_2\cdots\varepsilon_k}{2^{k-1}}\right)-2.$$

注意 $\varepsilon_1=1$ 蕴含 $a_{n+1}>0$, 并且因为 $\varepsilon_1\varepsilon_2\cdots\varepsilon_k=1$ 或 -1, 所以

$$\sum_{k=1}^{n+1}\frac{\varepsilon_1\varepsilon_2\cdots\varepsilon_k}{2^{k-1}}=1+\sum_{k=2}^{n+1}\frac{\varepsilon_1\varepsilon_2\cdots\varepsilon_k}{2^{k-1}}>1-\sum_{k=2}^{\infty}\frac{1}{2^{k-1}}=0,$$

于是最终得到

$$a_{n+1}=2\left|\sin\left(\frac{\pi}{4}\sum_{k=1}^{n+1}\frac{\varepsilon_1\varepsilon_2\cdots\varepsilon_k}{2^{k-1}}\right)\right|=2\sin\left(\frac{\pi}{4}\sum_{k=1}^{n+1}\frac{\varepsilon_1\varepsilon_2\cdots\varepsilon_k}{2^{k-1}}\right).$$

若 $\varepsilon_1=-1$, 则类似地得到 (注意余弦函数是偶函数)

$$A_n=-2\cos\left(\frac{\pi}{2}+\frac{\pi}{2}\sum_{k=2}^{n+1}\frac{\varepsilon_2\cdots\varepsilon_k}{2^{k-1}}\right)=-2\cos\left(-\frac{\pi}{2}-\frac{\pi}{2}\sum_{k=2}^{n+1}\frac{\varepsilon_2\cdots\varepsilon_k}{2^{k-1}}\right)$$
$$=-2\cos\left(\frac{\pi}{2}\cdot\varepsilon_1+\frac{\pi}{2}\sum_{k=2}^{n+1}\frac{\varepsilon_1\varepsilon_2\cdots\varepsilon_k}{2^{k-1}}\right)=-2\cos\left(\frac{\pi}{2}\sum_{k=1}^{n+1}\frac{\varepsilon_1\varepsilon_2\cdots\varepsilon_k}{2^{k-1}}\right)=4\sin^2\left(\frac{\pi}{4}\sum_{k=1}^{n+1}\frac{\varepsilon_1\varepsilon_2\cdots\varepsilon_k}{2^{k-1}}\right)-2,$$

于是也有

$$a_{n+1}^2-2=4\sin^2\left(\frac{\pi}{4}\sum_{k=1}^{n+1}\frac{\varepsilon_1\varepsilon_2\cdots\varepsilon_k}{2^{k-1}}\right)-2.$$

注意 $\varepsilon_1=-1$ 蕴含 $a_{n+1}<0$, 以及

$$\sum_{k=1}^{n+1}\frac{\varepsilon_1\varepsilon_2\cdots\varepsilon_k}{2^{k-1}}=-1+\sum_{k=2}^{n+1}\frac{\varepsilon_1\varepsilon_2\cdots\varepsilon_k}{2^{k-1}}<-1+\sum_{k=2}^{\infty}\frac{1}{2^{k-1}}=0,$$

所以最终也得到

$$a_{n+1}=-2\left|\sin\left(\frac{\pi}{4}\sum_{k=1}^{n+1}\frac{\varepsilon_1\varepsilon_2\cdots\varepsilon_k}{2^{k-1}}\right)\right|=2\sin\left(\frac{\pi}{4}\sum_{k=1}^{n+1}\frac{\varepsilon_1\varepsilon_2\cdots\varepsilon_k}{2^{k-1}}\right).$$

因此完成归纳证明.

最后, 因为级数

$$\sum_{k=1}^{\infty}\frac{\varepsilon_1\varepsilon_2\cdots\varepsilon_k}{2^{k-1}}$$

收敛, 所以数列 a_n 也收敛.

1.5 (1) 若 α 是有理数, 则可设 $\alpha=p/q$, 其中 p,q 是互素整数, 当 $n\geqslant q$ 时,$n!\alpha\in\mathbb{Z},\sin(n!\alpha\pi)=0$, 因此 $\lim\limits_{n\to\infty}\sin(n!\alpha\pi)=0$.

(2) 设 α 是无理数. 若 $\lim\limits_{n\to\infty}\sin n\alpha\pi$ 存在, 则 $\lim\limits_{n\to\infty}\big(\sin((n+2)\alpha\pi)-\sin n\alpha\pi\big)=0$. 因为 $\sin((n+2)\alpha\pi)-\sin n\alpha\pi=2\sin\alpha\pi\cos((n+1)\alpha\pi)$, 所以

$$\lim_{n\to\infty}\cos n\alpha\pi=0.$$

由此可知 $\lim\limits_{n\to\infty}\big(\cos((n+2)\alpha\pi)-\cos n\alpha\pi\big)=0$. 因为 $\cos((n+2)\alpha\pi)-\cos n\alpha\pi=-2\sin\alpha\pi\sin((n+1)\alpha\pi)$, 所以还有

$$\lim_{n\to\infty}\sin n\alpha\pi=0.$$

但 $\sin^2 n\alpha\pi+\cos^2 n\alpha\pi=1$, 我们得到矛盾.

(3) 与本题 (1) 类似地可知 $\lim\limits_{n\to\infty}\cos(n!\alpha\pi)=1$. 若取 $\alpha=2\mathrm{e}$, 则

$$n!\alpha\pi=2\pi\cdot n!\mathrm{e}=2\pi\left(n!\sum_{k=0}^{n}\frac{1}{k!}+\frac{\theta}{n}\right)\quad(\theta\ 有界),$$

于是 $\lim\limits_{n\to\infty}\cos\big(n!(2\mathrm{e})\pi\big)=1$. 所以逆命题不成立.

1.6 证明本题的第一部分: 不妨设常数 $C\geqslant 1$. 由题设条件可知: 对任何 $n\geqslant 1$,

$$a_{n+1}\leqslant Ca_na_1\leqslant C\cdot(Ca_{n-1}a_1)a_1\leqslant\cdots\leqslant C^{-1}(Ca_1)^{n+1}\leqslant(Ca_1)^{n+1},$$

因此 $0\leqslant\sqrt[n]{a_n}\leqslant Ca_1\,(n\geqslant 1)$, 即数列 $\sqrt[n]{a_n}$ 有界, 因而 $\overline{\lim\limits_{n\to\infty}}\sqrt[n]{a_n}$ 有限 (实际上它 $\in[0,Ca_1]$). 对于任何给定的正整数 k, 可将 n 表示为 $n=qk+r$, 其中 q,k 是整数, 而且 $q\geqslant 0, 0\leqslant r<k$. 由题设条件可得

$$a_n=a_{qk+r}\leqslant Ca_{qk}\cdot a_r\leqslant C(Ca_{(q-1)k}\cdot a_k)\cdot a_r\leqslant C\big(C(Ca_{(q-2)k}\cdot a_k)\big)\cdot a_r\leqslant\cdots\leqslant(Ca_k)^q\cdot a_r$$

(上式中当 $r=0$ 时 a_r 理解为 1). 于是 (注意 $q/n\leqslant 1/k$)

$$\sqrt[n]{a_n}\leqslant\sqrt[n]{(Ca_k)^q}\cdot\sqrt[n]{a_r}\leqslant\sqrt[k]{(Ca_k)}\cdot\sqrt[n]{a_r}.$$

令 $n\to\infty$, 并且注意

$$1\leqslant\sqrt[n]{a_r}\leqslant\sqrt[n]{\max(1,a_1,\cdots,a_{k-1})}\to 1,$$

我们得到

$$\overline{\lim_{n\to\infty}}\sqrt[n]{a_n}\leqslant\sqrt[k]{(Ca_k)}.$$

此式对任何 $k\geqslant 1$ 成立, 并且注意 $\sqrt[k]{C}\to 1\,(k\to\infty)$, 所以

$$\overline{\lim_{n\to\infty}}\sqrt[n]{a_n}\leqslant\underline{\lim_{k\to\infty}}\sqrt[k]{a_k}.$$

因为反向不等式也成立, 所以数列 $\sqrt[n]{a_n}$ 收敛.

证明等价性部分: 用 (a) 表示例 1.2.5 中的命题, 用 (b) 表示本题中的命题.

(i) 命题 (a) $\Rightarrow$ 命题 (b). 设 a_n 是命题 (b) 中的数列. 如果数列 a_n 中某项 $a_N=0$, 那么

$$0\leqslant a_{N+1}\leqslant Ca_Na_1=0,$$

于是 $a_{N+1}=0$. 由归纳法可知所有 $a_n\,(n\geqslant N)$ 都等于 0, 因此命题 (b) 的结论成立.

现在设 a_n 是一个正数列. 显然可以认为题设条件

$$a_{m+n}\leqslant Ca_ma_n\quad(当所有\ m,n\geqslant 1)$$

中常数 $C>1$(不然可用 $C+1$ 代替 C, 而上述不等式仍然成立). 令 $b_n=\log a_n, C_1=\log C$, 则有

$$0\leqslant b_{m+n}\leqslant b_m+b_n+C_1\quad(当所有\ m,n\geqslant 1),$$

于是由命题 (a) 可知 b_n/n 收敛, 从而 $\mathrm{e}^{b_n/n}$ 亦即 $\sqrt[n]{a_n}$ 也收敛.

(ii) 命题 (b) $\Rightarrow$ 命题 (a). 对于命题 (a) 中的数列 a_n, 令 $b_n=\mathrm{e}^{a_n}\,(n\geqslant 1), C_1=\mathrm{e}^C$, 即得

$$b_{m+n}\leqslant C_1b_mb_n\quad(当所有\ m,n\geqslant 1),$$

于是由命题 (b) 推出数列 $\sqrt[n]{b_n}$ 收敛, 从而数列 $\log \sqrt[n]{b_n}$ 亦即 a_n/n 也收敛.

1.7 提示 (1) 在 Stolz 定理中令

$$x_n = a + \frac{a^2}{2} + \cdots + \frac{a^n}{n}, \quad y_n = \frac{a^{n+1}}{n}.$$

因为 $a>1$, 所以当 $n \geqslant n_0(a)$ 时 $y_n \uparrow \infty$. 所求极限等于 $1/(a-1)$.

(2) 将题中数列记为 u_n, 则 $\lim\limits_{n\to\infty} \log u_n = \int_0^1 \log(1+x)\mathrm{d}x = 2\log 2 - 1$. 所求极限等于 $4/\mathrm{e}$.

(3) 令 $x_n = \sqrt[k]{1+a_n}$, 则 $x_n \to 1\,(n\to\infty)$, 且 $a_n = x_n^k - 1$. 于是当 $n\to\infty$,

$$\frac{\sqrt[k]{1+a_n}-1}{a_n} = \frac{x_n - 1}{x_n^k - 1} = \frac{1}{x_n^{k-1}+x_n^{k-2}+\cdots+1} \to \frac{1}{k}.$$

或者由 L'Hospital 法则求出

$$\lim_{x\to 0} \frac{\sqrt[k]{1+x}-1}{x} = \frac{1}{k}.$$

(4) 解法 1 由 L'Hospital 法则求出

$$\lim_{x\to 0} \frac{a^x - 1}{x} = \log a,$$

然后取 $x = 1/n\,(n\to\infty)$.

解法 2 令 $\sqrt[n]{a}-1 = y$, 则 $y\to 0\,(n\to\infty)$, 并且 $a = (1+y)^n, n = \log a/\log(1+y)$. 于是

$$n(\sqrt[n]{a}-1) = \frac{y\log a}{\log(1+y)} = \frac{\log a}{\log(1+y)^{1/y}}.$$

当 $y\to 0$ 时,$\log(1+y)^{1/y} \to \log \mathrm{e} = 1$.

解法 3 提示 (i) 首先用微分学方法证明不等式

$$\frac{2x}{x+2} < \log(1+x) < x \quad (x>0).$$

(ii) 当 $a>1$ 时, 令 $x_n = \sqrt[n]{a}-1$, 则 $x_n>0$, 且 $x_n \to 0\,(n\to\infty)$. 由上述不等式得到

$$\frac{2x_n}{x_n+2} < \log(1+x_n) = \frac{1}{n}\log a < x_n,$$

因此

$$\frac{2(nx_n)}{x_n+2} < \log a < nx_n.$$

于是

$$\overline{\lim_{n\to\infty}}\,(nx_n) \leqslant \log a \leqslant \underline{\lim_{n\to\infty}}\,(nx_n).$$

由此可知所求极限等于 $\log a$. 当 $a=1$ 时所求极限显然等于 $0 = \log a$.

(iii) 当 $0<a<1$ 时,

$$n(\sqrt[n]{a}-1) = n\left(\frac{1}{\sqrt[n]{a^{-1}}} - 1\right) = -n(\sqrt[n]{a^{-1}}-1)\cdot \frac{1}{\sqrt[n]{a^{-1}}}.$$

因为 $a^{-1}>1$, 所以由步骤 (ii) 中的结果可知

$$\lim_{n\to\infty} n(\sqrt[n]{a}-1) = -\lim_{n\to\infty} n(\sqrt[n]{a^{-1}}-1)\cdot 1 = -\log a^{-1} = \log a.$$

解法 4 见补充习题 9.20.

(5) **提示** 令 $b_n = \log(\sqrt[n]{n!}/n)$. 因为

$$b_n = \frac{1}{n}\left(\sum_{k=1}^n \log k - n\log n\right) = \frac{1}{n}\sum_{k=1}^n (\log k - \log n) = \sum_{k=1}^n \left(\log\frac{k}{n}\right)\frac{1}{n},$$

所以 $b_n \to \int_0^1 \log x\mathrm{d}x = -1\,(n\to\infty)$, 从而所求极限等于 e^{-1}.

本题也可用 Stirling 公式或应用不等式方法解.

(6) 因为

$$\frac{\sin\dfrac{k\pi}{n}}{n+1} < \frac{\sin\dfrac{k\pi}{n}}{n+\dfrac{1}{k}} < \frac{\sin\dfrac{k\pi}{n}}{n} \quad (k=1,2,\cdots,n),$$

$$\lim_{n\to\infty}\frac{1}{n}\sum_{k=1}^{n}\sin\frac{k\pi}{n} = \int_0^1 \sin\pi x\mathrm{d}x = \frac{2}{\pi},$$

$$\lim_{n\to\infty}\frac{1}{n+1}\sum_{k=1}^{n}\sin\frac{k\pi}{n} = \lim_{n\to\infty}\frac{n}{n+1}\frac{1}{n}\sum_{k=1}^{n}\sin\frac{k\pi}{n} = \frac{2}{\pi}.$$

因此所求极限等于 $2/\pi$.

1.8 *解法*1 设 $\lim\limits_{n\to\infty}(a_{n+1}-a_n)=a$ 有限. 对任意给定的 $\varepsilon>0$, 存在 $N>0$ 使当 $n>N$ 时 $a-\varepsilon/2<a_{n+1}-a_n<a+\varepsilon/2$. 于是对于任意正整数 p,

$$a-\frac{\varepsilon}{2}<a_{N+r}-a_{N+r-1}<a+\frac{\varepsilon}{2} \quad (r=1,2,\cdots,p).$$

将此 p 个不等式相加, 得到

$$p\left(a-\frac{\varepsilon}{2}\right)<a_{N+p}-a_N<p\left(a+\frac{\varepsilon}{2}\right).$$

于是

$$\frac{p}{N+p}\left(a-\frac{\varepsilon}{2}\right)+\frac{a_N}{N+p}<\frac{a_{N+p}}{N+p}<\frac{p}{N+p}\left(a+\frac{\varepsilon}{2}\right)+\frac{a_N}{N+p}.$$

因为当 $p\to\infty$ 时, 上述不等式的两端分别收敛于 $a-\varepsilon/2$ 和 $a+\varepsilon/2$, 所以存在 p_0, 使得当 $p>p_0$ 时,

$$\left(a-\frac{\varepsilon}{2}\right)-\frac{\varepsilon}{2}<\frac{p}{N+p}\left(a-\frac{\varepsilon}{2}\right)+\frac{a_N}{N+p}<\left(a-\frac{\varepsilon}{2}\right)+\frac{\varepsilon}{2},$$

$$\left(a+\frac{\varepsilon}{2}\right)-\frac{\varepsilon}{2}<\frac{p}{N+p}\left(a+\frac{\varepsilon}{2}\right)+\frac{a_N}{N+p}<\left(a+\frac{\varepsilon}{2}\right)+\frac{\varepsilon}{2},$$

因此 (由上述三个不等式), 当 $p>p_0$ 时,

$$\left(a-\frac{\varepsilon}{2}\right)-\frac{\varepsilon}{2}<\frac{a_{N+p}}{N+p}<\left(a+\frac{\varepsilon}{2}\right)+\frac{\varepsilon}{2}.$$

对于任何 $n>N+p_0$, 总可将 n 表示为 $n=N+p$, 其中 $p>p_0$, 因而由上式得到

$$a-\varepsilon<\frac{a_n}{n}<a+\varepsilon.$$

这表明 $\lim\limits_{n\to\infty}(a_n/n)=a$.

*解法*2 在 Stolz 定理中取 $x_n=a_n, y_n=n$ 或应用算术平均值数列收敛定理(例 1.3.2(1)).

1.9 若 $\varlimsup\limits_{n\to\infty}(u_{n+1}/u_n)=\lambda$ 有限, 则对任意给定的 $\varepsilon>0$, 存在 n_0, 使当 $n\geqslant n_0$ 时,

$$\frac{u_{n+1}}{u_n}<\lambda+\varepsilon.$$

因此当 $p\geqslant 1$ 时,

$$u_{n_0+p}<(\lambda+\varepsilon)u_{n_0+p-1}<(\lambda+\varepsilon)^2u_{n_0+p-2}<\cdots<(\lambda+\varepsilon)^p u_{n_0},$$

从而

$$\sqrt[n_0+p]{u_{n_0+p}}<(\lambda+\varepsilon)^{p/(n_0+p)}u_{n_0}^{1/(n_0+p)}.$$

因为当 $p\to\infty$ 时, 上式右边趋于 $\lambda+\varepsilon$, 所以存在 $p_0>0$, 使当 $p\geqslant p_0$ 时,

$$(\lambda+\varepsilon)^{p/(n_0+p)}u_{n_0}^{1/(n_0+p)}<(\lambda+\varepsilon)+\varepsilon=\lambda+2\varepsilon,$$

因而

$$\sqrt[n_0+p]{u_{n_0+p}}<\lambda+2\varepsilon \quad (p\geqslant p_0),$$

于是当 $n\geqslant n_0+p_0$ 时 (此时总存在 $p\geqslant p_0$ 使得 $n=n_0+p$), $\sqrt[n]{u_n}<\lambda+2\varepsilon$, 由此推出

$$\varlimsup_{n\to\infty}\sqrt[n]{u_n}\leqslant\lambda=\varlimsup_{n\to\infty}\frac{u_{n+1}}{u_n}.$$

若 $\varlimsup\limits_{n\to\infty}(u_{n+1}/u_n)=\infty$, 则因为 $\varlimsup\limits_{n\to\infty}\sqrt[n]{u_n}\leqslant\infty$, 所以上述不等式显然也成立.

同法可证 $\varliminf\limits_{n\to\infty}(u_{n+1}/u_n)\leqslant\varliminf\limits_{n\to\infty}\sqrt[n]{u_n}$. 又由上极限和下极限间的基本关系式知 $\varliminf\limits_{n\to\infty}\sqrt[n]{u_n}\leqslant\varlimsup\limits_{n\to\infty}\sqrt[n]{u_n}$. 于是本题得证.

注　由本题可知, 对于正数列 $u_n\,(n\geqslant 1)$, 若 $\lim\limits_{n\to\infty}(u_{n+1}/u_n)$ 存在, 则 $\lim\limits_{n\to\infty}\sqrt[n]{u_n}$ 也存在, 而且两者相等. 这个结论也可由习题 1.8 推出 (在其中取 $a_n=\log u_n$).

1.10　(1) 设 $|b_n|\leqslant M_1(n\geqslant 1)$, 令 $M=\max\{M_1,|a_1|\}$, 则 $|a_1|\leqslant M$. 设 $k\geqslant 1$ 且 $|a_k|\leqslant M$, 则 $|a_{k+1}|=|b_k-ka_k/(2k+1)|\leqslant|b_k|+|a_k|/2\leqslant M_1+M\leqslant 2M$. 依数学归纳法知 a_n 有界.

(2) (i) 设 $\lim\limits_{n\to\infty}b_n=b$. 则 b_n 有界, 依本题 (1) 知 a_n 也有界. 令

$$c_n=b_n-\frac{a_n}{4n+2}\quad (n\geqslant 1),$$

则 $\lim\limits_{n\to\infty}c_n=\lim\limits_{n\to\infty}b_n=b$.

(ii) 因为 $a_{n+1}=c_n-\dfrac{a_n}{2}\,(n\geqslant 1)$, 所以当 $n\geqslant 2$ 时,

$$a_n=c_{n-1}-\frac{1}{2}a_{n-1}=c_{n-1}-\frac{1}{2}(c_{n-2}-a_{n-2})=\cdots=\sum_{k=1}^{n-1}\left(-\frac{1}{2}\right)^{k-1}c_{n-k}+\left(-\frac{1}{2}\right)^{n-1}a_1$$

(此式也可用数学归纳法证明), 于是 (N_0 待定)

$$\begin{aligned}\left|a_n-\sum_{k=1}^{n-1}\left(-\frac{1}{2}\right)^{k-1}b\right|&\leqslant\sum_{k=1}^{n-1}\left(\frac{1}{2}\right)^{k-1}|c_{n-k}-b|+\left(\frac{1}{2}\right)^{n-1}|a_1|\\&=\sum_{k=1}^{N_0}\left(\frac{1}{2}\right)^{k-1}|c_{n-k}-b|+\left(\sum_{k=N_0+1}^{n-1}\left(\frac{1}{2}\right)^{k-1}|c_{n-k}-b|+\left(\frac{1}{2}\right)^{n-1}|a_1|\right)\\&=S_1+S_2.\end{aligned}$$

(iii) 因为 c_n 以 b 为极限, 所以存在常数 C 使得所有 $|c_n-b|$ 和 $|a_1|$ 都 $\leqslant C$. 对任何给定的 $\varepsilon>0$, 取 N_0 充分大, 可使 $(1/2)^{N_0}<\varepsilon/(4C)$, 固定此 N_0; 并且存在整数 N_1 使得当 $l>N_1$ 时,$|c_l-b|<\varepsilon/4$. 因此当 $n>N_0+N_1$ 时 (此时 $n-1,\cdots,n-N_0>N_1$) 有

$$S_1<\sum_{k=1}^{\infty}\left(\frac{1}{2}\right)^{k-1}\cdot\frac{\varepsilon}{4}=\frac{\varepsilon}{2};$$

以及

$$S_2<\left(\frac{1}{2}\right)^{N_0}\sum_{k=0}^{\infty}\left(\frac{1}{2}\right)^{k}C<\frac{\varepsilon}{4C}\cdot 2C=\frac{\varepsilon}{2}.$$

因而

$$\left|a_n-\sum_{k=1}^{n-1}\left(-\frac{1}{2}\right)^{k-1}b\right|<\varepsilon.$$

由此推出

$$\lim_{n\to\infty}a_n=\lim_{n\to\infty}\sum_{k=1}^{n-1}\left(-\frac{1}{2}\right)^{k-1}b=\frac{2b}{3}.$$

1.11 (1) 抛物线 $y=x^2-x-6$ 与 X 轴交于 $(-2,0),(3,0)$, 所以当 $x>3$ 时 $x>\sqrt{x+6}$, 当 $0<x<3$ 时 $x<\sqrt{x+6}$.

若 $a_0>3$, 则 $a_0>\sqrt{a_0+6}$, 即 $a_0>a_1$. 还有 $a_1=\sqrt{a_0+6}>\sqrt{3+6}=3$, 于是类似地得 $a_1>\sqrt{a_1+6}=a_2$, 以及 $a_2=\sqrt{a_1+6}>\sqrt{3+6}=3$. 因此由数学归纳法知 a_n 单调减少, 并且 $a_n>3(n\geqslant 0)$, 从而 $\lim\limits_{n\to\infty}a_n=a$ 存在. 在 $a_{n+1}=\sqrt{a_n+6}$ 两边令 $n\to\infty$, 得到 $a=\sqrt{a+6}$, 因为 $a\geqslant 3$, 所以得到极限值 $a=3$. 若 $0<a_0<3$, 则类似地证明 a_n 单调增加, 并且 $0<a_n<3(n\geqslant 0)$, 因此 $\lim\limits_{n\to\infty}a_n=a'$ 存在. 并且同法求出 $a'=3$. 因此 (在 $a_0>0$ 时) 所求极限等于 3.

(2) (i) 分别考虑下标为奇数和下标为偶数的子列. 我们有

$$a_3-a_1=\frac{1}{a_2}=\frac{1}{2}>0,$$
$$a_4-a_2=\left(1+\frac{1}{a_3}\right)-\left(1+\frac{1}{a_1}\right)=\frac{1}{a_3}-\frac{1}{a_1}=\frac{1}{1+\dfrac{1}{a_2}}-1=\frac{1}{1+\dfrac{1}{2}}-1=-\frac{1}{3}<0.$$

一般地,

$$a_{2n+1}-a_{2n-1}=\frac{1}{a_{2n}}-\frac{1}{a_{2n-2}}=-\frac{a_{2n}-a_{2n-2}}{a_{2n}a_{2n-2}}\quad(n\geqslant 2),$$
$$a_{2n+2}-a_{2n}=\frac{1}{a_{2n+1}}-\frac{1}{a_{2n-1}}=-\frac{a_{2n+1}-a_{2n-1}}{a_{2n+1}a_{2n-1}}\quad(n\geqslant 1),$$

因此由数学归纳法可知子列 $a_{2n}\,(n\geqslant 1)$ 递减, 子列 $a_{2n-1}\,(n\geqslant 1)$ 递增. 又因为

$$1\leqslant a_n=1+\frac{1}{a_{n-1}}\leqslant 1+\frac{1}{1}=2,$$

所以子列 $a_{2n}\,(n\geqslant 1)$ 和 $a_{2n-1}\,(n\geqslant 1)$ 有界, 从而都收敛.

(ii) 设 $\lim\limits_{n\to\infty}a_{2n}=a$, $\lim\limits_{n\to\infty}a_{2n-1}=b$, 则由 $a_n\geqslant 1$(见步骤 (i))可知 $a,b\geqslant 1$; 并且由

$$a_{2n}=1+\frac{1}{a_{2n-1}}\quad 和\quad a_{2n+1}=1+\frac{1}{a_{2n}}$$

可知 $a=1+1/b$ 和 $b=1+1/a$, 由此得到 $a,b>1$, 因而 $ab\neq 1$. 于是由

$$a-b=\left(1+\frac{1}{b}\right)-\left(1+\frac{1}{a}\right)=\frac{a-b}{ab},$$

推出 $a=b$.

(iii) 最后由 $a=1+1/a$ (并注意 $a>1$) 解得

$$a=b=\frac{1+\sqrt{5}}{2}.$$

因为集合 $\{a_n\,(n\geqslant 1)\}=\{a_{2n-1}\,(n\geqslant 1)\}\cup\{a_{2n}\,(n\geqslant 1)\}$, 所以

$$\lim_{n\to\infty}a_n=\frac{1+\sqrt{5}}{2}.$$

或者得到 $a=1+1/b$ 和 $b=1+1/a$ 后, 由此解出 (注意 $a\geqslant 1$)

$$a=1+\frac{1}{1+\dfrac{1}{a}},\quad a^2-a-1=0,\quad a=\frac{1+\sqrt{5}}{2};$$

同法求出 $b=(1+\sqrt{5})/2$. 因此 $a=b$, 从而 $\lim\limits_{n\to\infty}a_n=(1+\sqrt{5})/2$.

1.12 (1) **提示** 解法 1 记 $x'_n=x_n-a$, 则由 $2x_{n+1}-x_n\to a\,(n\to\infty)$ 可知 $2x'_{n+1}-x'_n\to 0\,(n\to\infty)$. 因此, 我们只需在此假设下证明 $x'_n\to 0\,(n\to\infty)$.

令 $y_n = x'_n - x'_{n-1}/2\,(n \geqslant 2)$, 那么

$$x'_n - \frac{x'_1}{2^{n-1}} = \sum_{k=2}^{n} \frac{y_k}{2^{n-k}} = \sum_{k=2}^{m} \frac{y_k}{2^{n-k}} + \sum_{k=m+1}^{n} \frac{y_k}{2^{n-k}} = S_1 + S_2.$$

设 $\varepsilon > 0$ 任意给定. 因为 $y_n \to 0$, 所以取 m 足够大可使

$$|S_2| \leqslant \frac{\varepsilon}{2} \sum_{k=m+1}^{\infty} \frac{1}{2^{n-k}} \leqslant \frac{\varepsilon}{2};$$

固定 m, 取 n 足够大可使

$$|S_1| \leqslant \frac{m-1}{n} C \leqslant \frac{\varepsilon}{2},$$

其中 $C > 0$ 是数列 y_n 的一个上界. 由此可推出 $x'_n \to 0\,(n \to \infty)$.

解法2　首先用归纳法证 x_n 有界: 令 M_1 是数列 $2x_{n+1} - x_n\,(n \geqslant 1)$ 的一个上界, 记 $M = \max\{M_1, |x_1|\}$. 那么 $|x_1| \leqslant M$; 并且若 $|x_n| \leqslant M$, 则

$$|x_{n+1}| = \left| \frac{x_n + (2x_{n+1} - x_n)}{2} \right| \leqslant \frac{1}{2}(|x_n| + |2x_{n+1} - x_n|) \leqslant M.$$

因此 x_n 的有界性得证. 由

$$x_{n+1} = \frac{x_n + (2x_{n+1} - x_n)}{2}$$

可得

$$\varlimsup_{n\to\infty} x_n \leqslant \frac{1}{2}(\varlimsup_{n\to\infty} x_n + a), \quad \varliminf_{n\to\infty} x_n \geqslant \frac{1}{2}(\varliminf_{n\to\infty} x_n + a),$$

因此

$$\varlimsup_{n\to\infty} x_n \leqslant a, \quad \varliminf_{n\to\infty} x_n \geqslant a,$$

从而 $\varlimsup\limits_{n\to\infty} x_n = \varliminf\limits_{n\to\infty} x_n = a$.

(2) 令 $x_0 = 0$, 定义数列 $a_n = x_n - x_{n-1}\,(n \geqslant 1)$, 则 $a_n \to a\,(n \to \infty)$, 并且 $(a_1 + a_2 + \cdots + a_n)/n = x_n/n$. 应用例 1.3.2(1) 得知 $x_n/n \to a\,(n \to \infty)$. 还有

$$\sum_{k=1}^{n+1} k a_k = \sum_{k=1}^{n+1} k(x_k - x_{k-1}) = (n+1)x_{n+1} - \sum_{k=1}^{n} a_k,$$

于是

$$\sum_{k=1}^{n} a_k = (n+1)x_{n+1} - \sum_{k=1}^{n+1} k a_k,$$

$$\frac{1}{n^2}\sum_{k=1}^{n} a_k = \frac{n+1}{n^2} x_{n+1} - \frac{1}{n^2}\sum_{k=1}^{n+1} k a_k = \frac{(n+1)^2}{n^2} \cdot \frac{x_{n+1}}{n+1} - \frac{(n+1)^2}{n^2} \cdot \frac{1}{(n+1)^2}\sum_{k=1}^{n+1} k a_k,$$

应用上面所得结果及例 1.3.2(2) 可知

$$\frac{1}{n^2}\sum_{k=1}^{n} a_k \to a - \frac{a}{2} = \frac{a}{2}.$$

1.13　**解法1**　(i) 不妨认为 $k \geqslant 2$ (易见下文得到的结果对 $k=1$ 也有效). 记

$$A(n) = \sqrt[k]{(n+a_1)(n+a_2)\cdots(n+a_k)} - n.$$

因为对于 $\alpha_i > 0\,(i = 1, \cdots, k)$, $(1+\alpha_1)\cdots(1+\alpha_k) \geqslant 1 + \alpha_1 + \cdots + \alpha_k$, 所以

$$A(n) = n\left(\sqrt[k]{\left(1 + \frac{a_1}{n}\right)\left(1 + \frac{a_2}{n}\right)\cdots\left(1 + \frac{a_k}{n}\right)} - 1 \right)$$

$$\geqslant n\left(\sqrt[k]{1+\frac{a_1+a_2+\cdots+a_k}{n}}-1\right).$$

将上式右边记做 $B(n)$, 于是 $A(n)\geqslant B(n)$. 将 $B(n)$ 改写为

$$B(n)=(a_1+a_2+\cdots+a_k)\cdot\frac{\sqrt[k]{1+\dfrac{a_1+a_2+\cdots+a_k}{n}}-1}{\dfrac{a_1+a_2+\cdots+a_k}{n}},$$

并应用习题 1.7(3), 可知

$$B(n)\to\frac{a_1+a_2+\cdots+a_k}{k}\quad(n\to\infty).$$

(ii) 我们还有

$$\left(1+\frac{a_1}{n}\right)\left(1+\frac{a_2}{n}\right)\cdots\left(1+\frac{a_k}{n}\right)=1+\frac{a_1+\cdots+a_k}{n}+\frac{1}{n^2}\sum_{i<j}a_ia_j+\cdots+\frac{a_1\cdots a_k}{n^k};$$

并且由二项式定理可知, 当 $k\geqslant 1,a>0,(1+a/k)^k\geqslant 1+a$, 从而 $\sqrt[k]{1+a}\leqslant 1+a/k$, 据此可知

$$\begin{aligned}A(n)&=n\left(\sqrt[k]{1+\frac{a_1+\cdots+a_k}{n}+\frac{1}{n^2}\sum_{i<j}a_ia_j+\cdots+\frac{a_1\cdots a_k}{n^k}}-1\right)\\&\leqslant n\left(1+\frac{a_1+\cdots+a_k}{kn}+\frac{1}{kn^2}\sum_{i<j}a_ia_j+\cdots+\frac{a_1\cdots a_k}{kn^k}-1\right)\\&=\frac{a_1+\cdots+a_k}{k}+\frac{1}{kn}\sum_{i<j}a_ia_j+\cdots+\frac{a_1\cdots a_k}{kn^{k-1}}.\end{aligned}$$

将上式右边记做 $C(n)$, 于是 $A(n)\leqslant C(n)$. 并且

$$\lim_{n\to\infty}C(n)=\frac{a_1+\cdots+a_k}{k}.$$

(iii) 由 $B(n)\leqslant A(n)\leqslant C(n)$ 立知所求极限等于 $(a_1+a_2+\cdots+a_k)/k$.

解法 2　我们更一般地证明:

$$\lim_{x\to\infty}\left(\sqrt[k]{(x+a_1)(x+a_2)\cdots(x+a_k)}-x\right)=\frac{a_1+a_2+\cdots+a_k}{k}.$$

当 $x\to\infty$ 时, 我们有

$$\begin{aligned}&\sqrt[k]{(x+a_1)(x+a_2)\cdots(x+a_k)}-x\\&=x\left(\sqrt[k]{1+\frac{(a_1+\cdots+a_k)x^{k-1}+\cdots+a_1\cdots a_k}{x^k}}-1\right)\\&=x\left(1+\frac{a_1+\cdots+a_k}{k}\cdot\frac{1}{x}+o\left(\frac{1}{x^2}\right)-1\right)=\frac{a_1+\cdots+a_k}{k}+o\left(\frac{1}{x}\right),\end{aligned}$$

所以上述极限等式成立.

1.14　记

$$c_n=\left(\frac{\sqrt[n]{a_1}+\sqrt[n]{a_2}+\cdots+\sqrt[n]{a_k}}{k}\right)^n\quad(n\geqslant 1).$$

那么

$$\begin{aligned}c_n&=\left(\frac{k+(\sqrt[n]{a_1}-1)+(\sqrt[n]{a_2}-1)+\cdots+(\sqrt[n]{a_k}-1)}{k}\right)^n\\&=\left(1+\frac{(\sqrt[n]{a_1}-1)+(\sqrt[n]{a_2}-1)+\cdots+(\sqrt[n]{a_k}-1)}{k}\right)^n,\end{aligned}$$

于是

$$\log c_n = n\log\left(1+\frac{(\sqrt[n]{a_1}-1)+(\sqrt[n]{a_2}-1)+\cdots+(\sqrt[n]{a_k}-1)}{k}\right).$$

因为 $n(\sqrt[n]{a_i}-1)\to\log a_i\,(n\to\infty)$(见习题 1.7(4)), 所以 $\sqrt[n]{a_i}-1=O(1/n)$, 从而 $\big((\sqrt[n]{a_1}-1)+\cdots+(\sqrt[n]{a_k}-1)\big)/k=O(1/n)$, 并且

$$\begin{aligned}\log c_n &= n\left(\frac{(\sqrt[n]{a_1}-1)+(\sqrt[n]{a_2}-1)+\cdots+(\sqrt[n]{a_k}-1)}{k}+O\Big(\frac{1}{n^2}\Big)\right)\\ &= \frac{n(\sqrt[n]{a_1}-1)+n(\sqrt[n]{a_2}-1)+\cdots+n(\sqrt[n]{a_k}-1)}{k}+O\Big(\frac{1}{n}\Big)\\ &\to \frac{\log a_1+\log a_2+\cdots+\log a_k}{k}\quad (n\to\infty).\end{aligned}$$

因此 $\lim\limits_{n\to\infty}c_n=\sqrt[k]{a_1a_2\cdots a_k}$.

1.15 (1) 显然 x_n 单调递增, 且 $x_n\geqslant 1$. 由 $x_n=\sqrt[m]{1+x_{n-1}}\leqslant\sqrt[m]{1+x_n}\leqslant\sqrt[m]{2x_n}$ 可知 $x_n\leqslant 2^{1/(m-1)}$. 因此 x_n 收敛, 且极限 $a>0$. 最后, 由 $x_n=\sqrt[m]{1+x_{n-1}}$ 得 $a=\sqrt[m]{1+a}$, 于是 $a^m=1+a$, 即 a 是 $x^m-x-1=0$ 的正根.

(2) 显然 x_n 单调递增. 若 $n\to\infty$ 时 x_n 有极限 c, 则由单调性知 $x_n\leqslant c$. 因为 $x_n\geqslant\sqrt[m]{\sqrt[m]{\cdots\sqrt[m]{c_n}}}$, 所以 $\sqrt[m]{\sqrt[m]{\cdots\sqrt[m]{c_n}}}\leqslant c$, 从而 $c_n\leqslant c^{m^n}$, 于是 $m^{-n}\log c_n$ 上有界. 反之, 若 $m^{-n}\log c_n$ 上有界 (记其一个上界为 c), 则 $c_n\leqslant c^{m^n}$. 由此推出

$$x_n\leqslant\sqrt[m]{c^m+\sqrt[m]{c^{m^2}+\cdots+\sqrt[m]{c^{m^n}}}}=c\sqrt[m]{1+\sqrt[m]{1+\cdots+\sqrt[m]{1}}}.$$

由本题 (1) 知上式右边的数列收敛, 因而有界, 于是 x_n 单调递增上有界, 从而收敛.

1.16 x_n 单调递增并且上有界, 所以收敛(或直接由习题 1.15(2) 推出). 在 $x_n=\sqrt{a+x_{n-1}}$ 中令 $n\to\infty$ 可得 $L=\sqrt{a+L}$, 或 $L^2=a+L$. 因为 $L>0$, 所以极限 $L=(1+\sqrt{1+4a})/2>1$. 此外, 我们还有

$$L-x_n=\frac{L^2-x_n^2}{L+x_n}=\frac{(a+L)-(\sqrt{a+x_{n-1}})^2}{L+x_n}=\frac{L-x_{n-1}}{L+x_n}.$$

由此可知

$$L-x_{n-1}=\frac{L-x_{n-2}}{L+x_{n-1}},$$

等等. 于是 (注意 $x_k>0$)

$$L-x_n=(L-x_1)\prod_{k=2}^{n}(L+x_k)^{-1}<(L-x_1)L^{-n+1}\quad (n\geqslant 2).$$

因此级数 $\sum\limits_{n=1}^{\infty}(L-x_n)$ 收敛.

1.17 解法 1 因为 x_n 有界, 所以 $l=\varliminf\limits_{n\to\infty}x_n$ 和 $L=\varlimsup\limits_{n\to\infty}x_n$ 都有限. 设 $a\in(l,L)$ 任意. 令 $\varepsilon_k=\min\{a-l,L-a\}/k\,(k\in\mathbb{N})$. 因为 $x_{n+1}-x_n\to 0\,(n\to\infty)$, 所以存在正整数 $N(\varepsilon_k)$ 使当 $n\geqslant N(\varepsilon_k)$ 时 $|x_{n+1}-x_n|<\varepsilon_k$. 依上极限和下极限的基本性质, 存在下标 $p>N(\varepsilon_k)$, 使得 $x_p>L-\varepsilon_k$, 以及下标 $q>N(\varepsilon_k)$, 使得 $x_q<l+\varepsilon_k$.

若 $p=q$, 则

$$a-\varepsilon_k<L-\varepsilon_k<x_p<l+\varepsilon_k<a+\varepsilon_k,$$

因此 $-\varepsilon_k<x_p-a<+\varepsilon_k$, 或 $|x_p-a|<\varepsilon_k$. 我们令 $x_{n_k}=x_p(=x_q)$, 即有 $|x_{n_k}-a|<\varepsilon_k$.

若 $p\neq q$, 不妨设 $q>p>N(\varepsilon_k)$. 因为 $x_q\in(l,l+\varepsilon_k)$, 所以若也 $a\in(l,l+\varepsilon_k)$, 则令 $x_{n_k}=x_q$, 即有 $|x_{n_k}-a|<\varepsilon_k$. 不然则考虑区间 $(a_{q-1}-\varepsilon_k,a_{q-1}+\varepsilon_k)$. 由 $|x_{q-1}-x_q|<\varepsilon_k$ 以及 $x_q\in(l,l+\varepsilon_k)$ 可知区间 $(l,l+\varepsilon_k)$ 与 $(a_{q-1}-\varepsilon_k,a_{q-1}+\varepsilon_k)$ 有非空的交. 若 $a\in(a_{q-1}-\varepsilon_k,a_{q-1}+\varepsilon_k)$, 则取 $x_{n_k}=x_{q-1}$,

即有 $|x_{n_k}-a|<\varepsilon_k$. 不然则考虑区间 $(a_{q-2}-\varepsilon_k,a_{q-2}+\varepsilon_k)$, 又可重复类似的推理. 最后至多可能需要考虑区间 $(a_{p+1}-\varepsilon_k,a_{p+1}+\varepsilon_k)$. 那么由 $|x_{p+1}-x_p|<\varepsilon_k$ 以及 $x_p\in(L-\varepsilon_k,L)$ 可知区间 $(L-\varepsilon_k,L)$ 与 $(a_{p+1}-\varepsilon_k,a_{p+1}+\varepsilon_k)$ 有非空的交. 于是 $a\in(a_{p+1}-\varepsilon_k,a_{p+1}+\varepsilon_k)\cup(L-\varepsilon_k,L)$, 从而 a_{p+1} 和 a_p 中必有一个与 a 的距离不超过 ε_k, 所以也可定义 x_{n_k} 满足 $|x_{n_k}-a|<\varepsilon_k$.

总之, 对于每个 $k\in\mathbb{N}$, 存在 x_{n_k} 满足 $|x_{n_k}-a|<\varepsilon_k$. 我们这样构造的子列 x_{n_k} 具有如下性质: 对于任意给定的 $\varepsilon>0$, 令正整数

$$k_0=\left[\varepsilon^{-1}\min\{a-l,L-a\}\right]+1,$$

则当所有 $k\geqslant k_0$, 有

$$|a_{n_k}-a|<\varepsilon_k\leqslant\varepsilon_{k_0}<\varepsilon.$$

因此子列 x_{n_k} 以 a 为其极限.

解法 2 用反证法. l,L 之意义同解法 1. 设 $a\in(l,L)$, 但不是数列 x_n 的极限点, 那么存在足够小的 $\varepsilon>0$ 及正整数 n_1, 使得

$$l<a-\varepsilon<a<a+\varepsilon<L,$$

并且对于任何 $n\geqslant n_1,x_n\notin(a-\varepsilon,a+\varepsilon)$. 又由题设, 存在正整数 n_2, 使得对于任何 $n\geqslant n_2,|x_{n+1}-x_n|<\varepsilon$. 依下极限的基本性质, 存在 n_k 使得 $n_k>\max\{n_1,n_2\}$, 并且 $a_{n_k}<l+\varepsilon$. 于是

$$a_{n_k+1}\leqslant a_{n_k}+|a_{n_k+1}-a_{n_k}|<(l+\varepsilon)+\varepsilon.$$

因为 $l<a-\varepsilon$, 所以 $l+\varepsilon<a$, 从而由上式推出 $a_{n_k+1}<a+\varepsilon$. 注意 $n_k>n_1$, 在区间 $(a-\varepsilon,a+\varepsilon)$ 中不含任何下标 $n>n_1$ 的点, 因此 $a_{n_k+1}<a-\varepsilon$. 由此可知

$$a_{n_k+2}\leqslant a_{n_k+1}+|a_{n_k+2}-a_{n_k+1}|<(a-\varepsilon)+\varepsilon=a<a+\varepsilon.$$

于是同样地由 $n_k+2>n_1$ 及 n_1 的定义知 $a_{n_k+2}<a-\varepsilon$. 重复这样的推理可知

$$a_{n_k+t}<a-\varepsilon\quad(t\geqslant 1).$$

由此得到 $L<a-\varepsilon$. 但上面已设 $a-\varepsilon<L$, 我们得到矛盾.

1.18 解法1 由 $0<x_0<1$ 和题设递推关系, 用数学归纳法易证 $0<x_n\leqslant 1/2(n\geqslant 1)$. 因为当 $0\leqslant x\leqslant\pi/2$ 时 $\sin x\geqslant(2/\pi)x$(称 Jordan 不等式, 见例 8.2.4 后的注), 所以由 $0<x_n\leqslant 1/2$ 知

$$x_{n+1}=\frac{1}{2}\sin\pi x_1\geqslant\frac{1}{2}\cdot\frac{2}{\pi}\pi x_n=x_n.$$

因此 x_n 是单调增加且以 1/2 为上界的正数列, 从而收敛. 记其极限为 a, 则 $0<a\leqslant 1/2$, 并且 $a=(1/2)\sin\pi a$. 于是 $a=1/2$.

解法 2 令 $t_n=\pi x_n\,(n\geqslant 1)$, 则题设递推关系化为

$$t_{n+1}=\frac{\pi}{2}\sin t_n\,(n\geqslant 1),$$

并且 $t_0\in(0,\pi)$. 由数学归纳法可知 $0<t_n\leqslant\pi/2\,(n\geqslant 1)$. 由 Jordan 不等式得

$$t_{n+1}\geqslant\frac{\pi}{2}\cdot\frac{2}{\pi}t_n=t_n,$$

因此 t_n 是单调增加且以 $\pi/2$ 为上界的正数列, 从而收敛. 记其极限为 x, 则 $0<x\leqslant\pi/2$, 并且 $x=(\pi/2)\sin x$. 于是 $x=\pi/2$. 最后因为 $x_n=t_n/\pi$, 所以 $\lim\limits_{n\to\infty}x_n=1/2$.

注 不应用 Jordan 不等式, 直接证明 x_n 单调减少: 令

$$f(x)=\frac{1}{2}\sin\pi x-x\quad\left(0\leqslant x\leqslant\frac{1}{2}\right).$$

那么 $f'(x)=(\pi\cos\pi x)/2-1, f''(x)=-(\pi^2\sin\pi x)/2$. 于是 $f''(x)<0$(当 $0<x<1/2$). 由此可知 $f'(x)$ 在 $(0,1/2)$ 上单调减少. 因为 $f'(0)=\pi/2-1>0, f'(1/2)=-1<0$, 所以存在唯一的 $\alpha\in(0,1/2)$ 使 $f'(\alpha)=0$. 由 $f''(\alpha)<0$ 知 α 是 $f(x)$ 在 $(0,1/2)$ 的极大值点, 并且由满足条件 $f'(\alpha)=0$ 的实数 α 的唯一性可知 $f(x)$ 在 $(0,1/2)$ 上没有极小值点. 由此事实以及 $f(0)=f(1/2)=0$ 可推出: 当 $0<x<1/2$ 时 $f(x)>0$, 从而 $x<(\sin\pi x)/2$. 于是

$$x\leqslant\frac{1}{2}\sin\pi x\quad\left(0\leqslant x\leqslant\frac{1}{2}\right).$$

因为所有 $x_n\in(0,1/2]$, 所以我们逐次得到

$$x_2=\frac{1}{2}\sin\pi x_1\geqslant x_1,\quad x_3=\frac{1}{2}\sin\pi x_2\geqslant x_2,\quad\cdots.$$

于是 $0<x_1\leqslant x_2\leqslant x_3\leqslant\cdots\leqslant x_n\leqslant\cdots\leqslant 1/2$.

第 2 章　一元微分学

2.1　函数极限

例 2.1.1　计算极限:

*(1) $\lim\limits_{x\to 0}\left(\dfrac{1}{x^2}-\dfrac{x}{\sin^3 x}\right)$.

(2) $\lim\limits_{x\to +\infty}\left(\dfrac{\mathrm{e}^x+\mathrm{e}^{-x}}{\mathrm{e}^x-\mathrm{e}^{-x}}\right)^{\mathrm{e}^{2x}}$.

*(3) $\lim\limits_{x\to 0}\dfrac{(1+x)^{1/x}-\mathrm{e}}{x}$.

*(4) $\lim\limits_{x\to 0}\dfrac{\displaystyle\int_0^{\sin^2 x}\ln(1+t)\mathrm{d}t}{\sqrt{1+x^4}-1}$.

(5) $\lim\limits_{x\to 0}\dfrac{\mathrm{e}^x-\mathrm{e}^{\sin x}}{x-\sin x}$.

*(6) $\lim\limits_{x\to +\infty}\left(\sqrt{x+\sqrt{x+\sqrt{x^\alpha}}}-\sqrt{x}\right)$ $(0<\alpha<2)$.

解　(1) 我们有

$$\frac{1}{x^2}-\frac{x}{\sin^3 x}=\frac{\sin^3 x-x^3}{x^2\sin^3 x},$$

这是 0/0 型未定形, 若直接应用 L'Hospital 法则, 计算较繁. 我们首先进行下列恒等变形:

$$\begin{aligned}\frac{1}{x^2}-\frac{x}{\sin^3 x}&=\frac{\sin^3 x-x^3}{x^2\sin^3 x}=\frac{(\sin x-x)(\sin^2 x+x\sin x+x^2)}{x^2\sin^3 x}\\&=\frac{\sin x-x}{\sin^3 x}\left(\left(\frac{\sin x}{x}\right)^2+\frac{\sin x}{x}+1\right).\end{aligned}$$

由

$$\lim_{x\to 0}\frac{\sin x}{x}=1$$

可得

$$\lim_{x\to 0}\left(\frac{1}{x^2}-\frac{x}{\sin^3 x}\right)=3\lim_{x\to 0}\frac{\sin x-x}{\sin^3 x}.$$

连续应用 2 次 L'Hospital 法则, 上式等于

$$3\lim_{x\to 0}\frac{\cos x-1}{3\sin^2 x\cos x}=3\lim_{x\to 0}\frac{-\sin x}{6\sin x\cos^2 x-3\sin^3 x}$$

$$= -\lim_{x\to 0}\frac{1}{2\cos^2 x-\sin^2 x} = -\frac{1}{2}.$$

(2) 这是 1^∞ 型未定形, 用 y 表示所给函数, 那么

$$\begin{aligned}\log y &= \mathrm{e}^{2x}\log\frac{\mathrm{e}^x+\mathrm{e}^{-x}}{\mathrm{e}^x-\mathrm{e}^{-x}} \quad (\infty\times 0\ \text{型})\\ &= \frac{\log(\mathrm{e}^x+\mathrm{e}^{-x})-\log(\mathrm{e}^x-\mathrm{e}^{-x})}{\mathrm{e}^{-2x}} \quad \left(\frac{0}{0}\ \text{型}\right).\end{aligned}$$

应用 L'Hospital 法则求得

$$\begin{aligned}\lim_{x\to+\infty}\log y &= \lim_{x\to+\infty}\frac{\dfrac{\mathrm{e}^x-\mathrm{e}^{-x}}{\mathrm{e}^x+\mathrm{e}^{-x}}-\dfrac{\mathrm{e}^x+\mathrm{e}^{-x}}{\mathrm{e}^x-\mathrm{e}^{-x}}}{-2\mathrm{e}^{-2x}}\\ &= \lim_{x\to+\infty}\frac{\dfrac{-4}{\mathrm{e}^{2x}-\mathrm{e}^{-2x}}}{-2\mathrm{e}^{-2x}} = \lim_{x\to+\infty}\frac{2}{1-\mathrm{e}^{-2x}} = 2.\end{aligned}$$

于是所求极限等于 e^2.

(3) **解法 1**　应用 L'Hospital 法则, 题中函数表达式的分母的导数等于 1, 分子的导数

$$\left((1+x)^{1/x}-\mathrm{e}\right)' = (1+x)^{1/x}\left(\frac{\dfrac{x}{1+x}-\log(1+x)}{x^2}\right).$$

注意

$$\lim_{x\to 0}(1+x)^{1/x} = \mathrm{e},$$

并应用 L'Hospital 法则可知所求极限等于

$$\begin{aligned}\mathrm{e}\lim_{x\to 0}\frac{x-(1+x)\log(1+x)}{x^2(1+x)} &= \mathrm{e}\lim_{x\to 0}\frac{1-\log(1+x)-1}{2x+3x^2}\\ = -\mathrm{e}\lim_{x\to 0}\frac{\log(1+x)}{2x+3x^2} &= -\mathrm{e}\lim_{x\to 0}\frac{1}{(1+x)(2+6x)} = -\frac{\mathrm{e}}{2}.\end{aligned}$$

解法 2　因为由 Taylor 展开,

$$\begin{aligned}(1+x)^{1/x} &= \exp\left(\log(1+x)^{1/x}\right) = \exp\left(\frac{1}{x}\log(1+x)\right)\\ &= \exp\left(\frac{1}{x}\left(x-\frac{x^2}{2}+o(x^2)\right)\right) = \exp\left(1-\frac{x}{2}+o(x)\right),\end{aligned}$$

所以

$$\begin{aligned}(1+x)^{1/x}-\mathrm{e} &= \mathrm{e}^{1-x/2+o(x)}-\mathrm{e}\\ &= \mathrm{e}\left(\mathrm{e}^{-x/2+o(x)}-1\right) = \mathrm{e}\left(\mathrm{e}^{(-1/2+o(1))x}-1\right)\\ &= \mathrm{e}\left(1+\left(-\frac{1}{2}+o(1)\right)x+o(x)-1\right) = \mathrm{e}\left(-\frac{x}{2}+o(x)\right).\end{aligned}$$

于是

$$\lim_{x\to0}\frac{(1+x)^{1/x}-\mathrm{e}}{x}=\mathrm{e}\lim_{x\to0}\frac{-\dfrac{x}{2}+o(x)}{x}=-\frac{\mathrm{e}}{2}.$$

(4) 因为由 L'Hospital 法则,

$$\lim_{x\to0}\frac{\sqrt{1+x^4}-1}{x^4}=\lim_{x\to0}\frac{\dfrac{4x^3}{2\sqrt{1+x^4}}}{4x^3}=\frac{1}{2},$$

所以 $\sqrt{1+x^4}-1\sim x^4/2\,(x\to0)$(等价无穷小量), 从而

$$\lim_{x\to0}\frac{\int_0^{\sin^2x}\ln(1+t)\mathrm{d}t}{\sqrt{1+x^4}-1}=\lim_{x\to0}\frac{\int_0^{\sin^2x}\ln(1+t)\mathrm{d}t}{x^4/2}.$$

应用 L'Hospital 法则, 上式等于

$$\begin{aligned}\lim_{x\to0}\frac{\ln(1+\sin^2x)\cdot2\sin x\cos x}{2x^3}&=\lim_{x\to0}\frac{\ln(1+\sin^2x)}{x^2}\lim_{x\to0}\frac{\sin x}{x}\lim_{x\to0}\cos x\\&=\lim_{x\to0}\frac{\ln(1+\sin^2x)}{x^2}=\lim_{x\to0}\frac{\sin^2x}{x^2}=1.\end{aligned}$$

(5) *解法 1* 应用 L'Hospital 法则, 为此记 $f(x)=\mathrm{e}^x-\mathrm{e}^{\sin x},g(x)=x-\sin x$. 我们有

$$\begin{aligned}&\frac{f'}{g'}=\frac{\mathrm{e}^x-\mathrm{e}^{\sin x}\cos x}{1-\cos x},\\&\frac{f''}{g''}=\frac{\mathrm{e}^x-(\mathrm{e}^{\sin x}\cos^2x-\mathrm{e}^{\sin x}\sin x)}{\sin x},\\&\frac{f'''}{g'''}=\frac{\mathrm{e}^x-(\mathrm{e}^{\sin x}\cos^3x-3\mathrm{e}^{\sin x}\sin x\cos x-\mathrm{e}^{\sin x}\cos x)}{\cos x}.\end{aligned}$$

因此所求极限等于 1.

解法 2 设 $|x|$ 足够小. 当 $x>0$ 时, 将 Lagrange 中值定理应用于函数 $f(t)=\mathrm{e}^t,t\in[\sin x,x]$, 则存在 $\xi\in(\sin x,x)$ 使得

$$\mathrm{e}^x-\mathrm{e}^{\sin x}=(x-\sin x)f'(\xi);$$

当 $x<0$ 时, 将 Lagrange 中值定理应用于函数 $f(t)=\mathrm{e}^t,t\in[x,\sin x]$, 则存在 $\xi\in(x,\sin x)$ 使得

$$\mathrm{e}^{\sin x}-\mathrm{e}^x=(\sin x-x)f'(\xi).$$

所以总有

$$\frac{\mathrm{e}^x-\mathrm{e}^{\sin x}}{x-\sin x}=f'(\xi),$$

其中 ξ 介于 x 和 $\sin x$ 之间. 因为 $f'(t)=\mathrm{e}^t$ 连续, 令 $x\to0$, 上式右边趋于 $f'(0)=\mathrm{e}^0=1$, 因此所求极限等于 1.

(6) *解法 1* 注意 $\alpha/2-1<0$, 当 $x\to+\infty$ 时我们有

$$\sqrt{x+\sqrt{x+\sqrt{x^\alpha}}}-\sqrt{x}=\sqrt{x}\sqrt{1+\frac{1}{x}\sqrt{x+x^{\alpha/2}}}-\sqrt{x}$$

$$
\begin{aligned}
&= \sqrt{x}\left(1+\frac{1}{\sqrt{x}}\sqrt{1+x^{\alpha/2-1}}\right)^{1/2}-\sqrt{x} \\
&= \sqrt{x}\left(1+\frac{1}{2\sqrt{x}}\sqrt{1+x^{\alpha/2-1}}+O\left(\frac{1}{x}\right)\right)-\sqrt{x} \\
&= \frac{1}{2}\sqrt{1+x^{\alpha/2-1}}+O\left(\frac{1}{\sqrt{x}}\right) \\
&= \frac{1}{2}\left(1+\frac{1}{2}x^{\alpha/2-1}+O\left(x^{\alpha-2}\right)\right)+O\left(\frac{1}{\sqrt{x}}\right),
\end{aligned}
$$

因此所求极限等于 $1/2$.

解法 2 注意 $\alpha/2-1<0$, 我们有

$$
\begin{aligned}
\sqrt{x+\sqrt{x+\sqrt{x^\alpha}}}-\sqrt{x} &= \frac{\left(\sqrt{x+\sqrt{x+\sqrt{x^\alpha}}}\right)^2-(\sqrt{x})^2}{\sqrt{x+\sqrt{x+\sqrt{x^\alpha}}}+\sqrt{x}} \\
&= \frac{\sqrt{x+\sqrt{x^\alpha}}}{\sqrt{x+\sqrt{x+\sqrt{x^\alpha}}}+\sqrt{x}} = \frac{\sqrt{x}\left(\sqrt{1+x^{\alpha/2-1}}\right)}{\sqrt{x}\left(\sqrt{1+x^{-1}\sqrt{x+x^{\alpha/2}}}+1\right)} \\
&= \frac{\sqrt{1+x^{\alpha/2-1}}}{\sqrt{1+x^{-1}\sqrt{x+x^{\alpha/2}}}+1} \to \frac{1}{2} \quad (x\to+\infty).
\end{aligned}
$$

□

* **例 2.1.2** 证明极限

$$\lim_{x\to 0}\left(\frac{2-\mathrm{e}^{1/x}}{1+\mathrm{e}^{2/x}}+\frac{x}{|x|}\right)$$

存在, 并求其值.

解 因为

$$\lim_{x\to 0+}\left(\frac{2-\mathrm{e}^{1/x}}{1+\mathrm{e}^{2/x}}+\frac{x}{|x|}\right)=\lim_{x\to 0+}\left(\frac{2-\mathrm{e}^{1/x}}{1+\mathrm{e}^{2/x}}+1\right)=1+\lim_{x\to 0+}\left(\frac{2-\mathrm{e}^{1/x}}{1+\mathrm{e}^{2/x}}\right),$$

应用 L'Hospital 法则, 上式等于

$$1+\lim_{x\to 0+}\left(\frac{-\mathrm{e}^{1/x}\left(\dfrac{-1}{x^2}\right)}{\mathrm{e}^{2/x}\cdot\left(\dfrac{-2}{x^2}\right)}\right)=1-\frac{1}{2}\lim_{x\to 0+}\mathrm{e}^{-1/x}=1.$$

又因为

$$\lim_{x\to 0-}\left(\frac{2-\mathrm{e}^{1/x}}{1+\mathrm{e}^{2/x}}+\frac{x}{|x|}\right)=-1+\lim_{x\to 0-}\left(\frac{2-\mathrm{e}^{1/x}}{1+\mathrm{e}^{2/x}}\right)=-1+2=1.$$

所以题中极限存在且等于 1. □

* **例 2.1.3** 设函数 $y=y(x)$ 由方程 $x^3+y^3+xy-1=0$ 确定, 求

$$\lim_{x\to 0}\frac{3y+x-3}{x^3}.$$

解 我们只需求出展开式

$$y(x)=y(0)+y'(0)x+y''(0)x^2/2+y'''(0)x^3/6+o(x^3)\quad(x\to 0)$$

即可. 在 $x^3+y^3+xy-1=0$ 中令 $x=0$ 得 $y^3=1$, 所以 $y(0)=1$. 在方程 $x^3+y^3+xy-1=0$ 中对 x 求导得 $3x^2+3y^2y'+y+xy'=0$, 然后令 $x=0$, 得到 $y'(0)=-1/3$. 类似地, 继续求导两次, 得到 $y''(0)=0,y'''(0)=-52/27$. 于是当 $x\to 0$,

$$y(x)=1-\frac{1}{3}x-\frac{26}{81}x^3+o(x^3),$$
$$3y+x-3=-\frac{26}{27}x^3+o(x^3).$$

因此所求极限等于 $-26/27$. □

例 2.1.4 设 $a_1,a_2,\cdots,a_m$ 是正实数, 令

$$f(x)=\left(\frac{a_1^x+a_2^x+\cdots+a_m^x}{m}\right)^{1/x}.$$

求 $\lim\limits_{x\to+\infty}f(x)$ 和 $\lim\limits_{x\to-\infty}f(x)$.

解 (1) 必要时重排下标, 不妨认为 $a_1=\cdots=a_k>a_{k+1}\geqslant\cdots\geqslant a_m$, $k\in\{1,2,\cdots,m\}$.

(i) 先考虑 $x\to+\infty$ 的情形. 若 $k=m$, 则 $f(x)=a_1$, 于是 $\lim\limits_{x\to+\infty}f(x)=a_1$. 若 $k<m$, 则

$$f(x)=\left(\frac{ka_1^x+a_{k+1}^x+\cdots+a_m^x}{m}\right)^{1/x}=a_1\left(\frac{k+r_{k+1}^x+\cdots+r_m^x}{m}\right)^{1/x},$$

其中 $r_{k+1}=a_{k+1}/a_1,\cdots,r_m=a_m/a_1$. 因为 $0<r_{k+1},\cdots,r_m<1$, 所以

$$a_1\left(\frac{k}{m}\right)^{1/x}\leqslant f(x)\leqslant a_1.$$

注意

$$\lim_{x\to+\infty}\left(\frac{k}{m}\right)^{1/x}=\lim_{x\to+\infty}\exp\left(\frac{1}{x}\log\left(\frac{k}{m}\right)\right)=\exp\left(\lim_{x\to+\infty}\frac{1}{x}\log\left(\frac{k}{m}\right)\right)=\mathrm{e}^0=1,$$

所以也得 $\lim\limits_{x\to+\infty}f(x)=a_1$. 合起来即知 $\lim\limits_{x\to+\infty}f(x)=\max\{a_1,a_2,\cdots,a_m\}$.

(ii) 考虑 $x\to-\infty$ 的情形. 令 $y=-x,b_i=a_i^{-1}$, 则 $y\to+\infty$ 等价于 $x\to-\infty$, 并且

$$f(x)=\left(\frac{b_1^y+b_2^y+\cdots+b_m^y}{m}\right)^{-1/y}=\frac{1}{g(y)},$$

其中

$$g(y)=\left(\frac{b_1^y+b_2^y+\cdots+b_m^y}{m}\right)^{1/y}.$$

依步骤 (i) 中所证,

$$\lim_{y\to+\infty}g(y)=\max\{b_1,b_2,\cdots,b_m\}.$$

注意所有 $a_i>0$, 所以

$$\max\{b_1,b_2,\cdots,b_m\}=\max\{a_1^{-1},a_2^{-1},\cdots,a_m^{-1}\}=(\min\{a_1,a_2,\cdots,a_m\})^{-1},$$

因而 $\lim\limits_{x\to-\infty}f(x)=\min\{a_1,a_2,\cdots,a_m\}$. □

例 2.1.5 令

$$f(x)=x^s\left(\mathrm{e}^{1/(x-3)}+\mathrm{e}^{1/(x-1)}+\mathrm{e}^{1/(x+1)}+\mathrm{e}^{1/(x+3)}-4\mathrm{e}^{1/x}\right).$$

求 s, 使得 $\lim\limits_{x\to+\infty}f(x)$ 存在, 并求此极限.

解 将 $f(x)$ 变形为

$$f(x)=x^s\mathrm{e}^{1/x}\left(\mathrm{e}^{1/(x-3)-1/x}-1+\mathrm{e}^{1/(x-1)-1/x}-1+\mathrm{e}^{1/(x+1)-1/x}-1+\mathrm{e}^{1/(x+3)-1/x}-1\right),$$

则有

$$\mathrm{e}^{1/(x-3)-1/x}-1=\mathrm{e}^{3/x(x-3)}-1=\frac{3}{x(x-3)}+O\left(\frac{1}{x^4}\right),$$

等等, 因此

$$\begin{aligned}g(x)&=x^s\mathrm{e}^{1/x}\left(\frac{3}{x(x-3)}+\frac{1}{x(x-1)}-\frac{1}{x(x+1)}-\frac{3}{x(x+3)}+O\left(\frac{1}{x^4}\right)\right)\\&=x^s\mathrm{e}^{1/x}\left(\frac{20}{x^3}+O\left(\frac{1}{x^4}\right)\right)\quad(x\to+\infty).\end{aligned}$$

因为

$$\mathrm{e}^{1/x}\sim1,\quad \frac{20}{x^3}+O\left(\frac{1}{x^4}\right)\sim\frac{20}{x^3}\quad(x\to+\infty),$$

所以

$$f(x)\sim20x^{s-3}\quad(x\to+\infty).$$

因此当 $s\leqslant3$ 时 $\lim\limits_{x\to+\infty}f(x)$ 存在, 并且此极限等于 20(当 $s=3$), 等于 0(当 $s<3$). □

注 若应用

$$\mathrm{e}^{1/(x-3)}=1+\frac{1}{x-3}+O\left(\frac{1}{(x-3)^2}\right)\quad(x\to+\infty),$$

等等, 则有

$$\begin{aligned}&\mathrm{e}^{1/(x-3)}+\mathrm{e}^{1/(x-1)}+\mathrm{e}^{1/(x+1)}+\mathrm{e}^{1/(x+3)}-4\mathrm{e}^{1/x}\\&=\frac{1}{x-3}+\frac{1}{x-1}+\frac{1}{x+1}+\frac{1}{x+3}-\frac{4}{x}+O\left(\frac{1}{x^2}\right)\quad(x\to+\infty).\end{aligned}$$

前 5 项之和关于 $1/x$ 的阶超过 2(而 "误差项" 的阶为 2).

例 2.1.6 若 $\lim\limits_{x\to0}f(x)=0,\lim\limits_{x\to0}\dfrac{f(2x)-f(x)}{x}=0$, 则 $\lim\limits_{x\to0}\dfrac{f(x)}{x}=0$.

解 (i) 依题设, 对于任给 $\varepsilon>0$, 存在 $\delta>0$, 使当 $0<|x|<\delta$ 时,

$$\left|\frac{f(x)-f\left(\dfrac{x}{2}\right)}{x}\right|<\varepsilon.$$

于是 (用 $x/2^{k-1}$ 代 x)

$$\left|\frac{f\left(\dfrac{x}{2^{k-1}}\right)-f\left(\dfrac{x}{2^k}\right)}{\dfrac{x}{2^{k-1}}}\right|<\varepsilon\quad(k=1,\cdots,n+1).$$

(ii) 因为

$$f(x)-f\left(\frac{x}{2^{n+1}}\right)=\sum_{k=1}^{n+1}\left(f\left(\frac{x}{2^{k-1}}\right)-f\left(\frac{x}{2^k}\right)\right).$$

所以

$$\left|\frac{f(x)-f\left(\dfrac{x}{2^{n+1}}\right)}{x}\right|\leqslant\sum_{k=1}^{n+1}\left|\frac{f\left(\dfrac{x}{2^{k-1}}\right)-f\left(\dfrac{x}{2^k}\right)}{x}\right|=\sum_{k=1}^{n+1}\frac{1}{2^k}\cdot\left|\frac{f\left(\dfrac{x}{2^{k-1}}\right)-f\left(\dfrac{x}{2^k}\right)}{\dfrac{x}{2^k}}\right|.$$

应用步骤 (i) 中所得结果, 由此推出

$$\left|\frac{f(x)-f\left(\dfrac{x}{2^{n+1}}\right)}{x}\right|<\sum_{k=1}^{n+1}\frac{1}{2^k}\cdot 2\varepsilon<2\varepsilon.$$

在此式中令 $n\to\infty$, 注意题设 $\lim\limits_{x\to 0}f(x)=0$, 即得

$$\left|\frac{f(x)}{x}\right|\leqslant 2\varepsilon.$$

因此 $\lim\limits_{x\to 0}\dfrac{f(x)}{x}=0$. □

注 应用下面的例 2.1.7 可给出本题另一证明. 定义函数

$$F(x)=\begin{cases}0, & x=0,\\ f(x), & x\neq 0,\end{cases}$$

则由 $\lim\limits_{x\to 0}f(x)=0$ 可知 $F(x)$ 在 $x=0$ 连续, 并且由题设条件得到

$$\lim_{x\to 0}\frac{F(2x)-F(x)}{x}=\lim_{x\to 0}\frac{f(2x)-f(x)}{x}=0,$$

即例 2.1.7 中的常数 $A=0$, 于是依该例得知 $F'(0)$ 存在, 并且等于 0. 又由 $F'(0)$ 的定义,

$$F'(0)=\lim_{x\to 0}\frac{F(0+x)-F(0)}{x}=\lim_{x\to 0}\frac{f(x)-0}{x}=\lim_{x\to 0}\frac{f(x)}{x},$$

因此 $\lim\limits_{x\to 0}\dfrac{f(x)}{x}=0$.

* **例 2.1.7** 设函数 $f(x)$ 在 $x=0$ 连续, 并且

$$\lim_{x\to 0}\frac{f(2x)-f(x)}{x}=A,$$

求证:$f'(0)$ 存在, 并且 $f'(0)=A$.

解　由题设可知: 对于任何给定的 $\varepsilon>0$, 存在 $\delta>0$, 使当 $0<|x|<\delta$ 时,

$$A-\varepsilon<\frac{f(2x)-f(x)}{x}<A+\varepsilon.$$

在其中以 $2^{-h}x$ 代 $x(h\in\mathbb{N})$, 我们得到

$$2^{-h}(A-\varepsilon)<\frac{f(2^{-h+1}x)-f(2^{-h}x)}{x}<2^{-h}(A+\varepsilon).$$

令 $h=1,2,\cdots,n$, 并将所得不等式相加, 得到

$$(1-2^{-n})(A-\varepsilon)<\frac{f(x)-f(2^{-n}x)}{x}<(1-2^{-n})(A+\varepsilon).$$

令 $n\to\infty$, 因为 $f(x)$ 在 $x=0$ 连续, 所以

$$A-\varepsilon<\frac{f(0+x)-f(0)}{x}<A+\varepsilon.$$

由此推出 $f'(0)$ 存在并且 $=A$. □

注　上面的证明本质上是例 2.1.6 的证法的变体. 在 $A=0$ 的特殊情形上面的推理与例 2.1.6 的一致 (其中求和的处理方式没有实质性差别, 实际上可以互相替代).

2.2 导数计算

例 2.2.1　设 $a>0$, 求

$$\left(\frac{1}{x^2+a^2}\right)^{(n)}.$$

解　我们有

$$\frac{1}{x^2+a^2}=\frac{1}{2a\mathrm{i}}\left(\frac{1}{x-a\mathrm{i}}-\frac{1}{x+a\mathrm{i}}\right),$$

其中 $\mathrm{i}=\sqrt{-1}$(常数). 因此 (由数学归纳法)

$$\begin{aligned}\left(\frac{1}{x^2+a^2}\right)^{(n)}&=\frac{1}{2a\mathrm{i}}\left(\frac{(-1)^n n!}{(x-a\mathrm{i})^{n+1}}-\frac{(-1)^n n!}{(x+a\mathrm{i})^{n+1}}\right)\\&=\frac{(-1)^n n!}{2a\mathrm{i}}\left(\frac{1}{(x-a\mathrm{i})^{n+1}}-\frac{1}{(x+a\mathrm{i})^{n+1}}\right).\end{aligned}$$

令 $x=a\cot\theta(0<\theta<\pi)$, 则 $\sin\theta=a/\sqrt{a^2+x^2}>0$, 于是

$$x\pm a\mathrm{i}=a(\cot\theta\pm\mathrm{i})=\frac{a}{\sin\theta}(\cos\theta\pm\mathrm{i}\sin\theta).$$

由 De Moivre 公式,

$$\frac{1}{(x\pm a\mathrm{i})^{n+1}}=\frac{\sin^{n+1}\theta}{a^{n+1}}\big(\cos(n+1)\theta\mp\mathrm{i}\sin(n+1)\theta\big).$$

因此得到

$$\begin{aligned}\left(\frac{1}{x^2+a^2}\right)^{(n)}&=\frac{(-1)^n n!\sin^{n+1}\theta\sin(n+1)\theta}{a^{n+2}}\\&=(-1)^n n!\frac{\sin(n+1)\theta}{a(x^2+a^2)^{(n+1)/2}},\end{aligned}$$

其中 $\theta=\operatorname{arccot}(x/a)$. □

例 2.2.2 在曲线方程 $(x^2+y^2)^2=a^2(x^2-y^2)\,(a>0)$ 中令 $y=tx$, 导出曲线的参数方程 $x=\phi(t),y=\psi(t)$, 由此求出用参数 t 表示的此曲线曲率半径

$$R=\frac{(1+y'^2)^{3/2}}{|y''|}$$

的表达式.

解 将 $y=tx$ 代入曲线方程得到

$$(1+t^2)^2\cdot x^4=a^2x^2(1-t^2),$$

因为曲线关于 x 轴和 y 轴对称, 所以考虑第一象限, 得到

$$x=\frac{a\sqrt{1-t^2}}{1+t^2},\quad y=\frac{at\sqrt{1-t^2}}{1+t^2}\quad(0\leqslant t\leqslant 1).$$

于是

$$\frac{\mathrm{d}x}{\mathrm{d}t}=\frac{a(t^3-3t)}{(1+t^2)^2\sqrt{1-t^2}}.$$

在方程 $y=tx$ 两边对 t 求导得到

$$\frac{\mathrm{d}y}{\mathrm{d}t}=x+t\frac{\mathrm{d}x}{\mathrm{d}t}.$$

由此求出

$$\begin{aligned}\frac{\mathrm{d}y}{\mathrm{d}x}&=\frac{\dfrac{\mathrm{d}y}{\mathrm{d}t}}{\dfrac{\mathrm{d}x}{\mathrm{d}t}}=\frac{x}{\dfrac{\mathrm{d}x}{\mathrm{d}t}}+t=\frac{a\sqrt{1-t^2}}{1+t^2}\cdot\frac{(1+t^2)^2\sqrt{1-t^2}}{a(t^3-3t^2)}+t\\&=\frac{(1-t^2)(1+t^2)}{t^3-3t}+t=\frac{1-3t^2}{t^3-3t},\\\frac{\mathrm{d}^2y}{\mathrm{d}x^2}&=\frac{\mathrm{d}}{\mathrm{d}x}\left(\frac{\mathrm{d}y}{\mathrm{d}x}\right)=\frac{\mathrm{d}}{\mathrm{d}t}\left(\frac{1-3t^2}{t^3-3t}\right)\cdot\frac{\mathrm{d}t}{\mathrm{d}x}\\&=\frac{3(t^2+1)^2}{(t^3-3t^2)^2}\cdot\frac{(1+t^2)^2\sqrt{1-t^2}}{a(t^3-3t^2)}=\frac{3}{a}\cdot\frac{(t^2+1)^4\sqrt{1-t^2}}{(t^3-3t)^3},\end{aligned}$$

以及

$$1+\left(\frac{\mathrm{d}y}{\mathrm{d}x}\right)^2=1+\left(\frac{1-3t^2}{t^3-3t}\right)^2=\frac{(t^2+1)^3}{(t^3-3t)^2}.$$

于是

$$R=\frac{(t^2+1)^{9/2}}{(t^3-3t)^3}\cdot\frac{a}{3}\cdot\frac{(t^3-3t)^3}{(t^2+1)^4\sqrt{1-t^2}}=\frac{a}{3}\sqrt{\frac{1+t^2}{1-t^2}}.$$

□

* **例 2.2.3**　设 $y=y(x)$ 由

$$x=\int_0^y\frac{\mathrm{d}t}{\sqrt{1+4t^2}}$$

定义, 求 $y'''-4y'$.

解　解法 1　我们逐次算出

$$y'_x=\frac{1}{x'_y}=\sqrt{1+4y^2},$$

$$y''_{x^2}=\left(\sqrt{1+4y^2}\right)'_y\cdot y'_x=\frac{4y}{\sqrt{1+4y^2}}\cdot\sqrt{1+4y^2}=4y,$$

$$y'''_{x^3}=(4y)'_y\cdot y'_x=4\sqrt{1+4y^2},$$

因此 $y'''-4y'=0$.

解法 2　令 $t=\tan\theta/2$, 可知

$$x=\int_0^y\frac{\mathrm{d}t}{\sqrt{1+4t^2}}=\int_0^{\arctan 2y}\frac{1}{\sec\theta}\cdot\frac{\sec^2\theta}{2}\mathrm{d}\theta=\frac{1}{2}\int_0^{\arctan 2y}\frac{\mathrm{d}\theta}{\cos\theta}.$$

因为

$$\begin{aligned}\int\frac{\mathrm{d}\theta}{\cos\theta}&=\int\frac{\mathrm{d}\sin\theta}{\cos^2\theta}=\int\frac{\mathrm{d}\sin\theta}{1-\sin^2\theta}=\frac{1}{2}\int\left(\frac{1}{1-\sin\theta}+\frac{1}{1+\sin\theta}\right)\mathrm{d}\sin\theta\\&=\frac{1}{2}\log\frac{1+\sin\theta}{1-\sin\theta}=\frac{1}{2}\log\frac{(1+\sin\theta)^2}{1-\sin^2\theta}=\log\left|\frac{1+\sin\theta}{\cos\theta}\right|=\log|\sec\theta+\tan\theta|,\end{aligned}$$

所以我们得到

$$x=\frac{1}{2}\log|\sec\theta+\tan\theta|\Big|_0^{\arctan 2y}=\frac{1}{2}\log|\sqrt{1+4y^2}+2y|,$$

于是

$$\sqrt{1+4y^2}+2y=\mathrm{e}^{2x}.$$

又在题中所给的关系式中对 x 求导得 $1=y'/\sqrt{1+4y^2}$, 所以

$$y'=\sqrt{1+4y^2}.$$

将它代入前式, 即有

$$y'+2y=\mathrm{e}^{2x}.$$

对它两次求导可得

$$y''+2y'=2\mathrm{e}^{2x},\quad 以及\quad y'''+2y''=4\mathrm{e}^{2x}.$$

于是 $y'=(2\mathrm{e}^{2x}-y'')/2, y'''=4\mathrm{e}^{2x}-2y''$, 从而最终求得 $y'''-4y'=4\mathrm{e}^{2x}-2y''-4\cdot(2\mathrm{e}^{2x}-y'')/2=0$. □

例 2.2.4　令 $f(x)=|\cos x|^{\sin x}$, 求 $f'\left(\dfrac{\pi}{2}\pm 0\right)$.

解　因为 $\log f(x)=\sin x\log|\cos x|$, 所以

$$\frac{f'(x)}{f(x)}=\big(\log f(x)\big)'=(\cos x)\log|\cos x|+\sin x\frac{(|\cos x|)'}{|\cos x|},$$

当 $|\cos x|=\cos x$ 时,$(|\cos x|)'=-\sin x$; 当 $|\cos x|=-\cos x$ 时, $(|\cos x|)'=\sin x$. 因此

$$\frac{f'(x)}{f(x)}=(\cos x)\log|\cos x|-\frac{\sin^2 x}{\cos x},$$

$$f'(x)=|\cos x|^{\sin x}(\cos x)\log|\cos x|-|\cos x|^{\sin x}\frac{\sin^2 x}{\cos x}.$$

当 $x\to\pi/2\pm 0$ 时,

$$\cos x\to 0,\quad \sin x\to 1,\quad |\cos x|^{\sin x}\to 0,$$

以及 $\cos x\log|\cos x|\to 0$(用 L'Hospital 法则), 于是

$$\begin{aligned}\lim_{x\to\pi/2+0}f'(x)&=-\lim_{x\to\pi/2+0}\frac{|\cos x|^{\sin x}}{\cos x}=-\lim_{x\to\pi/2}\frac{|\cos x|^{\sin x}}{-|\cos x|}\\&=\lim_{x\to\pi/2}|\cos x|^{\sin x-1}=\lim_{t\to1}(1-t^2)^{(t-1)/2}\quad(\text{令 } t=\sin x)\\&=-\lim_{t\to1}(1+t)^{(t-1)/2}\cdot\lim_{t\to1}(1-t)^{(t-1)/2},\end{aligned}$$

由 L'Hospital 法则可知

$$\lim_{t\to1}(1-t)^{(t-1)/2}=1,$$

因此

$$f'\left(\frac{\pi}{2}+0\right)=1.$$

类似地,

$$\begin{aligned}\lim_{x\to\pi/2-0}f'(x)&=-\lim_{x\to\pi/2-0}\frac{|\cos x|^{\sin x}}{\cos x}=-\lim_{x\to\pi/2}\frac{|\cos x|^{\sin x}}{|\cos x|}\\&=-\lim_{x\to\pi/2}|\cos x|^{\sin x-1}=-\lim_{t\to1}(1-t^2)^{(t-1)/2}\\&=-\lim_{t\to1}(1+t)^{(t-1)/2}\cdot\lim_{t\to1}(1-t)^{(t-1)/2}=-1\cdot1=-1.\end{aligned}$$

因此 $f'\left(\frac{\pi}{2}-0\right)=-1$. □

例 2.2.5 证明: 若

$$3\left(\frac{\mathrm{d}^2y}{\mathrm{d}x^2}\right)^2-\frac{\mathrm{d}y}{\mathrm{d}x}\frac{\mathrm{d}^3y}{\mathrm{d}x^3}-\frac{\mathrm{d}^2y}{\mathrm{d}x^2}\left(\frac{\mathrm{d}y}{\mathrm{d}x}\right)^2=0,$$

则

$$\frac{\mathrm{d}^3x}{\mathrm{d}y^3}+\frac{\mathrm{d}^2x}{\mathrm{d}y^2}=0.$$

解 注意 $\dfrac{\mathrm{d}y}{\mathrm{d}x}=\dfrac{1}{\dfrac{\mathrm{d}x}{\mathrm{d}y}}$. 首先算出

$$\frac{\mathrm{d}^2y}{\mathrm{d}x^2}=\frac{\mathrm{d}}{\mathrm{d}x}\left(\frac{\mathrm{d}y}{\mathrm{d}x}\right)=\frac{\mathrm{d}}{\mathrm{d}y}\left(\frac{1}{\dfrac{\mathrm{d}x}{\mathrm{d}y}}\right)\cdot\frac{\mathrm{d}y}{\mathrm{d}x}=-\frac{\dfrac{\mathrm{d}^2x}{\mathrm{d}y^2}}{\left(\dfrac{\mathrm{d}x}{\mathrm{d}y}\right)^2}\cdot\frac{1}{\dfrac{\mathrm{d}x}{\mathrm{d}y}}=-\frac{\dfrac{\mathrm{d}^2x}{\mathrm{d}y^2}}{\left(\dfrac{\mathrm{d}x}{\mathrm{d}y}\right)^3};$$

进而得到

$$\frac{\mathrm{d}^3y}{\mathrm{d}x^3}=\frac{\mathrm{d}}{\mathrm{d}x}\left(\frac{\mathrm{d}^2y}{\mathrm{d}x^2}\right)=\frac{\mathrm{d}}{\mathrm{d}y}\left(-\frac{\frac{\mathrm{d}^2x}{\mathrm{d}y^2}}{\left(\frac{\mathrm{d}x}{\mathrm{d}y}\right)^3}\right)\cdot\frac{\mathrm{d}y}{\mathrm{d}x}$$

$$=-\left(\frac{\frac{\mathrm{d}^3x}{\mathrm{d}y^3}}{\left(\frac{\mathrm{d}x}{\mathrm{d}y}\right)^3}-3\frac{\mathrm{d}^2x}{\mathrm{d}y^2}\cdot\frac{\frac{\mathrm{d}^2x}{\mathrm{d}y^2}}{\left(\frac{\mathrm{d}x}{\mathrm{d}y}\right)^4}\right)\cdot\frac{1}{\frac{\mathrm{d}x}{\mathrm{d}y}}=-\frac{\frac{\mathrm{d}^3x}{\mathrm{d}^3y}\frac{\mathrm{d}x}{\mathrm{d}y}-3\left(\frac{\mathrm{d}^2x}{\mathrm{d}y^2}\right)^2}{\left(\frac{\mathrm{d}x}{\mathrm{d}y}\right)^5}.$$

将它们代入原方程, 化简后即得 $\frac{\mathrm{d}^3x}{\mathrm{d}y^3}+\frac{\mathrm{d}^2x}{\mathrm{d}y^2}=0.$ □

* **例 2.2.6** 设 $a>1$, 证明: 函数

$$f(x)=\begin{cases}x^a, & x\text{ 为有理数},\\ 0, & x\text{ 为无理数}\end{cases}$$

仅在点 $x=0$ 可导.

解 若 $x_0=0$, 则当 $x\in\mathbb{Q}$ 时,

$$\lim_{x\to x_0}\frac{f(x)-f(x_0)}{x-x_0}=\lim_{x\to x_0}\frac{x^a-0}{x}=\lim_{x\to x_0}x^{a-1}=0;$$

当 $x\notin\mathbb{Q}$ 时,

$$\lim_{x\to x_0}\frac{f(x)-f(x_0)}{x-x_0}=\lim_{x\to x_0}\frac{0-0}{x}=0.$$

因此 $f'(0)=0$.

若 $x_0\neq 0$, 并且 $x_0\in\mathbb{Q}$ 时,

$$\lim_{\substack{x\to x_0\\ x\in\mathbb{Q}}}\frac{f(x)-f(x_0)}{x-x_0}=\lim_{\substack{x\to x_0\\ x\in\mathbb{Q}}}\frac{x^a-x_0^a}{x-x_0}=ax^{a-1};$$

$$\lim_{\substack{x\to x_0\\ x\notin\mathbb{Q}}}\frac{f(x)-f(x_0)}{x-x_0}=\lim_{\substack{x\to x_0\\ x\notin\mathbb{Q}}}\frac{0-x_0^a}{x-x_0}=\infty.$$

因此 $f'(x_0)$ 不存在. 同理可证, 若 $x_0\neq 0$, 并且 $x_0\notin\mathbb{Q}$ 时, $f'(x_0)$ 也不存在. □

* **例 2.2.7** 设 $f(x)\in C[0,1]$, 对于某个 $c\in(0,1)$, 极限

$$\lim_{\substack{h\to 0\\ h\in\mathbb{Q},h\neq 0}}\frac{f(c+h)-f(c)}{h}$$

存在, 则 $f(x)$ 在 $x=c$ 可微.

解 这里给出两种解法, 它们思路一样, 但细节处理不同.

解法 1 (i) 记题中的极限为 L. 那么对于任何给定的 $\varepsilon>0$, 存在 $\delta_0=\delta_0(\varepsilon)>0$, 使当任何 $h\in\mathbb{Q},0<|h|<\delta_0$ 时,

$$\left|\frac{f(c+h)-f(c)}{h}-L\right|<\frac{\varepsilon}{2}.$$

现在证明上述不等式对于 h 不是有理数的情形也成立.

(ii) 记 $\tau=\min\{c,1-c\}$, 定义集合

$$A=\{x \mid x\in(-\tau,\tau),x\neq 0\}.$$

那么由题设可知函数

$$\frac{f(c+x)-f(c)}{x}\quad (x\in A)$$

连续. 于是对于任何 $r\notin\mathbb{Q},r\in A$, 以及任意给定的 $\varepsilon>0$, 存在 $\delta_1>0$, 使对任何满足 $|r-r'|<\delta_1$ 的实数 $r'\in A$ 有

$$\left|\frac{f(c+r)-f(c)}{r}-\frac{f(c+r')-f(c)}{r'}\right|<\frac{\varepsilon}{2}.$$

(iii) 现在任取 $r\notin\mathbb{Q}$, 并且满足 $0<|r|<\min\{\tau,\delta_0/2\}$. 于是 $r\in A$. 依有理数集合在 $\mathbb{R}$ 中的稠密性, 我们可取 $r_0'\in\mathbb{Q}\cap A$ 满足 $|r-r_0'|<\min\{\delta_0/2,\delta_1\}$. 于是由步骤 (ii) 中所得结果可知

$$\left|\frac{f(c+r)-f(c)}{r}-\frac{f(c+r_0')-f(c)}{r_0'}\right|<\frac{\varepsilon}{2};$$

又由 $0<|r_0'|\leqslant|r|+|r-r_0'|<\delta_0/2+\delta_0/2=\delta_0,r_0'\in\mathbb{Q}$ 及步骤 (i) 得知

$$\left|\frac{f(c+r_0')-f(c)}{r_0'}-L\right|<\frac{\varepsilon}{2}.$$

因此我们有

$$\begin{aligned}\left|\frac{f(c+r)-f(c)}{r}-L\right|&\leqslant\left|\frac{f(c+r_0')-f(c)}{r_0'}-L\right|\\&\quad+\left|\frac{f(c+r)-f(c)}{r}-\frac{f(c+r_0')-f(c)}{r_0'}\right|<\frac{\varepsilon}{2}+\frac{\varepsilon}{2}=\varepsilon.\end{aligned}$$

于是步骤 (i) 中的不等式对于 h 不是有理数的情形也成立, 也就是说,

$$\lim_{\substack{h\to 0\\ h\notin\mathbb{Q},h\neq 0}}\frac{f(c+h)-f(c)}{h}=L.$$

与题设条件合起来, 我们得到

$$\lim_{h\to 0}\frac{f(c+h)-f(c)}{h}=L.$$

于是 $f(x)$ 在 $x=c$ 可微.

解法 2 (i) 记题中的极限为 L. 由极限的存在性可知, 对于任意给定的 $\varepsilon>0$, 存在 $\delta_0=\delta_0(\varepsilon)>0$, 使当所有 $h\in\mathbb{Q},0<|h|<\delta_0$ 有

$$\left|\frac{f(c+h)-f(c)}{h}-L\right|<\frac{\varepsilon}{3}.$$

我们只需证明上述不等式对于 h 不是有理数的情形也成立.

(ii) 任取 $r \notin \mathbb{Q}, 0<|r|<\delta_0/2$, 并固定. 由 $f(x)$ 的连续性, 存在 $\delta_1=\delta_1(\varepsilon,r)$, 使对任何满足 $|r-r'|<\delta_1$ 的实数 r' 有

$$|f(c+r)-f(c+r')|<\frac{|r|\varepsilon}{3}.$$

特别地, 由于有理数集合在 $\mathbb{R}$ 中的稠密性, 我们可取 $r_0' \in \mathbb{Q}, r_0' \neq 0$ 满足

$$|r-r_0'|<\min\left\{\delta_1,|r|,\frac{|r|\varepsilon}{3L+\varepsilon}\right\}.$$

于是由 $|r-r_0'|<\delta_1$ 可知

$$|f(c+r)-f(c+r_0')|<\frac{|r|\varepsilon}{3};$$

并且由 $|r_0'| \leqslant |r|+|r-r_0'|<2|r|<\delta_0$, 依步骤 (i) 中的不等式得知

$$\left|\frac{f(c+r_0')-f(c)}{r_0'}-L\right|<\frac{\varepsilon}{3}.$$

(iii) 对于上述 $r \notin \mathbb{Q}, 0<|r|<\delta_0/2$, 我们有

$$\begin{aligned}&\frac{f(c+r)-f(c)}{r}-L\\&\quad=\frac{f(c+r)-f(c+r_0')}{r}+\left(\frac{f(c+r_0')-f(c)}{r_0'}-L\right)+\left(\frac{f(c+r_0')-f(c)}{r_0'}\right)\left(\frac{r_0'-r}{r}\right),\end{aligned}$$

因此

$$\begin{aligned}\left|\frac{f(c+r)-f(c)}{r}-L\right| &\leqslant \left|\frac{f(c+r)-f(c+r_0')}{r}\right|\\&\quad+\left|\frac{f(c+r_0')-f(c)}{r_0'}-L\right|+\left|\frac{f(c+r_0')-f(c)}{r_0'}\right|\left|\frac{r_0'-r}{r}\right|\\&\leqslant \frac{|r|\varepsilon}{3}\cdot\frac{1}{|r|}+\frac{\varepsilon}{3}+\left(\frac{\varepsilon}{3}+L\right)\cdot\frac{|r|\varepsilon}{3L+\varepsilon}\cdot\frac{1}{|r|}=\varepsilon.\end{aligned}$$

于是 (i) 中的不等式对于 $h \notin \mathbb{Q}$ 也成立, 从而本题得证. □

2.3 连续函数

例 2.3.1 判断函数

$$f(x)=\lim_{n\to\infty}\sqrt[n]{|x|^n+|x|^{-n}}$$

的连续性和一致连续性.

解 因为 $\lim\limits_{x\to 0}f(x)=+\infty$, 当 $x\neq 0$ 时,

$$f(x)=\begin{cases}|x|^{-1}, & 0<|x|<1,\\ 1, & |x|=1,\\ |x|, & |x|>1,\end{cases}$$

所以 $f(x)$ 在 $x=0$ 不连续, 在其他点连续.

在区间 $[1,\infty)$ 或 $(-\infty,-1]$ 上, 对于区间中任意两点 x_1,x_2, 有 $|f(x_1)-f(x_2)|=|x_1-x_2|$, 因此对于任何 $\varepsilon>0$, 取 $\delta=\varepsilon$, 则 $|x_1-x_2|<\delta$ 蕴含 $|f(x_1)-f(x_2)|<\varepsilon$, 从而 $f(x)$ 一致连续. 在区间 $(-1,0)$ 或 $(0,1)$ 上, 对于区间中任意两点 x_1,x_2, 有

$$|f(x_1)-f(x_2)|=\left|\frac{1}{x_1}-\frac{1}{x_2}\right|=\frac{|x_1-x_2|}{|x_1||x_2|},$$

取 (例如)$x_1=1/(2n),x_2=1/n$, 则 $|x_1-x_2|=1/(2n)\to 0$, 但 $|f(x_1)-f(x_2)|=n\to\infty$, 从而 $f(x)$ 不一致连续. □

例 2.3.2 证明: 区间 I 上的函数 $f(x)$ 一致连续的充分必要条件是: 对于任何给定的 $\varepsilon>0$, 存在 $\sigma>0$, 使得对任何 $x_1,x_2\in I,x_1\neq x_2$,

$$\left|\frac{f(x_1)-f(x_2)}{x_1-x_2}\right|>\sigma\Rightarrow|f(x_1)-f(x_2)|<\varepsilon. \tag{1}$$

解 (i) 首先设 $f(x)$ 在 I 上一致连续. 那么对于任意给定的 $\varepsilon>0$, 存在 $\delta>0$, 使得对任何 $x_1,x_2\in I$,

$$|x_1-x_2|<\delta\Rightarrow|f(x_1)-f(x_2)|<\varepsilon. \tag{2}$$

我们来证明: 存在 $\sigma>0$, 使得对任何 $x_1,x_2\in I,x_1\neq x_2$, 式 (1) 成立, 或者

$$|f(x_1)-f(x_2)|\geqslant\varepsilon\Rightarrow\left|\frac{f(x_1)-f(x_2)}{x_1-x_2}\right|\leqslant\sigma \tag{3}$$

成立(因为式 (3) 与式 (1) 等价). 由式 (2) 可知, 若 $|f(x_1)-f(x_2)|\geqslant\varepsilon$, 则 $|x_1-x_2|\geqslant\delta$. 不失一般性, 可以认为 $x_1<x_2$ 并且 $f(x_1)<f(x_2)$ (其他情形类似). 于是 $f(x_2)-f(x_1)\geqslant\varepsilon$, 从而存在正整数 k, 使得 $k\varepsilon\leqslant f(x_2)-f(x_1)<(k+1)\varepsilon$. 令 $\eta=\big(f(x_2)-f(x_1)\big)/k$, 则 $\eta\in[\varepsilon,2\varepsilon)$, 并且 $f(x_2)=f(x_1)+k\eta$. 如果 $k=1$, 那么有

$$\left|\frac{f(x_1)-f(x_2)}{x_1-x_2}\right|\leqslant\frac{\eta}{\delta}<\frac{2\varepsilon}{\delta}. \tag{4}$$

如果 $k>1$, 那么因为 $f(x)$ 在 $[x_1,x_2]$ 上连续, 而 $f(x_1)<f(x_1)+\eta<f(x_1)+k\eta=f(x_2)$, 所以由介值定理可知存在 $z_1\in(x_1,x_2)$, 使得

$$f(z_1)=f(x_1)+\eta;$$

类似地, 若 $k>2$, 则由 $f(z_1)<f(x_1)+2\eta<f(x_1)+k\eta=f(x_2)$, 可知存在 $z_2\in(z_1,x_2)$, 使得

$$f(z_2)=f(x_1)+2\eta,$$

等等, 最后可知存在 $z_{k-1}\in(z_{k-2},x_2)$, 使得

$$f(z_{k-1})=f(x_1)+(k-1)\eta.$$

这样, 我们得到点列

$$x_1<z_1<z_2<\cdots<z_{k-1}<x_2, \tag{5}$$

使得所有 $|f(x_1)-f(z_1)|,|f(z_1)-f(z_2)|,\cdots,|f(z_{k-2})-f(z_{k-1})|,|f(z_{k-1})-f(x_2)|$ 都等于 $\eta\geqslant\varepsilon$, 于是依式 (2) 可知式 (5) 中任何相邻两点间距离都 $\geqslant\delta$, 因而 $|x_1-x_2|\geqslant k\delta$. 由此推出

$$\left|\frac{f(x_1)-f(x_2)}{x_1-x_2}\right|\leqslant\frac{k\eta}{k\delta}=\frac{\eta}{\delta}<\frac{2\varepsilon}{\delta}. \tag{6}$$

由式 (4) 和式 (6), 并取 $\sigma=2\varepsilon/\delta$, 即知式 (3) 成立, 于是式 (1) 成立.

(ii) 现在设式 (1) 成立. 那么对于任意给定的 $\varepsilon>0$, 存在 $\sigma>0$, 使得式 (3) 成立. 于是

$$|f(x_1)-f(x_2)|\geqslant\varepsilon\Rightarrow|x_1-x_2|\geqslant\frac{\varepsilon}{\sigma}.$$

这表明当 $\delta=\varepsilon/\sigma$ 时式 (2) 成立, 因此 $f(x)$ 在 I 上一致连续. □

例 2.3.3 设 $f(x),g(x)$ 是定义在 $\mathbb{R}$ 上的函数, 并且 $f(x)$ 在 $\mathbb{R}$ 上连续. 证明: 不存在 $\mathbb{R}$ 上的连续函数 $H(x)$, 使得对于任何 $(x,y)\in\mathbb{R}^2$ 有

$$H\big(f(x)+g(y)\big)=xy.$$

解 用反证法. 设存在具有题中所说性质的函数 $H(x)$, 我们来导出矛盾. 因为 xy 取遍所有实数值, 所以 H 是满射. 又若 $f(x)=f(x')$, 则依题中所给关系式 (取 $y=1$) 有

$$x=H\big(f(x)+g(1)\big)=H\big(f(x')+g(1)\big)=x',$$

因而 $f(x)$ 是一对一的; 于是若 $x\neq x'$, 则也 $f(x)\neq f(x')$, 从而 $f(x)$ 是严格单调的. 不妨设 $f(x)$ 单调上升. 如果它上有界, 那么 $\lim\limits_{x\to+\infty}f(x)$ 存在 (记为 α), 从而由 $x=H\big(f(x)+g(1)\big)$ 以及 $H(x)$ 的连续性推出

$$H\big(\alpha+g(1)\big)=\lim_{x\to+\infty}H\big(f(x)+g(1)\big)=\lim_{x\to+\infty}x=+\infty.$$

这是不可能的. 如果还有有限的 $\varliminf\limits_{x\to-\infty}f(x)$(记为 β), 则存在无穷子列 $(x_n),x_n\to-\infty\,(n\to\infty)$, 使得 $f(x_n)\to\beta\,(n\to\infty)$. 于是

$$H\big(\beta+g(1)\big)=\lim_{n\to\infty}H\big(f(x_n)+g(1)\big)=\lim_{n\to\infty}x_n=-\infty.$$

这也不可能. 总之,f 在整个 $\mathbb{R}$ 上是一对一的; 特别地, 若 x 遍历所有实数值, 则 $f(x)+g(0)$ 也取得所有实数值. 依题中所给关系式 (取 $y=0$), 对所有 $x\in\mathbb{R}$ 有

$$H\big(f(x)+g(0)\big)=0.$$

上面已证 H 是满射, 所以得到矛盾. □

例 2.3.4 如果函数 f 在 $x=0$ 连续,$f(0)=0$, 并且

$$3f(x)-4f(4x)+f(16x)=3x\quad(x\in\mathbb{R}),$$

那么 f 在 $\mathbb{R}$ 上连续.

解 (i) 用 $x\neq0$ 除题中方程两边, 得到

$$3\cdot\frac{f(x)}{x}-16\cdot\frac{f(4x)}{4x}+16\cdot\frac{f(16x)}{16x}=3,$$

因此 $(3-16+16)f(t)/t=3, f(t)/t=1(t\neq 0)$, 由此可知当 $t\to 0$ 时 $f(t)/t$ 趋于有限极限 1, 于是

$$\lim_{x\to 0}\frac{f(x)}{x}=1.$$

(ii) 在题给方程中用 $x/4^k$ 代 x, 得到

$$3f\left(\frac{x}{4^k}\right)-4f\left(\frac{x}{4^{k-1}}\right)+f\left(\frac{x}{4^{k-2}}\right)=3\cdot\frac{x}{4^k}\quad (k\in\mathbb{N}).$$

令 $k=2,3,\cdots,n+2$, 然后将所得 $n+1$ 个方程相加, 得到

$$3f\left(\frac{x}{4^{n+2}}\right)-f\left(\frac{x}{4^{n+1}}\right)-3f\left(\frac{x}{4}\right)+f(x)=\frac{3x}{4^2}\left(1+\frac{1}{4}+\cdots+\frac{1}{4^n}\right).$$

令 $n\to\infty$, 注意 f 在 $x=0$ 连续,$f(0)=0$, 以及步骤 (i) 中得到的结果, 我们有

$$f(x)-3f\left(\frac{x}{4}\right)=\frac{x}{4}\quad (x\in\mathbb{R}).$$

(iii) 与步骤 (ii) 类似, 在上式中用 $x/4^k$ 代 x, 然后用 3^k 乘所得方程两边, 得到

$$3^kf\left(\frac{x}{4^k}\right)-3^{k+1}f\left(\frac{x}{4^{k+1}}\right)=\frac{3^kx}{4^{k+1}}\quad (k\in\mathbb{N}_0).$$

令 $k=0,1,2,\cdots,n$, 然后将所得 $n+1$ 个方程相加, 可得

$$f(x)-3^{n+1}f\left(\frac{x}{4^{n+1}}\right)=\frac{x}{4}\left(1+\frac{3}{4}+\cdots+\left(\frac{3}{4}\right)^n\right),$$

于是

$$f(x)-\left(\frac{3}{4}\right)^{n+1}\cdot\frac{f(4^{-(n+1)}x)}{4^{-(n+1)}x}\cdot x=\frac{x}{4}\cdot\frac{1-(3/4)^{n+1}}{1-3/4}\quad (x\neq 0).$$

令 $n\to\infty$, 与步骤 (ii) 类似地推出 $f(x)=x(x\neq 0)$. 因为 $\lim\limits_{x\to 0}f(x)=0$, 所以 $f(x)=x(x\in\mathbb{R})$. 因此 $f(x)$ 连续. □

例 2.3.5 设 f 是一个非常数的连续函数, 并且存在函数 $F(x,y)$ 使得对于任何实数 x,y 有 $f(x+y)=F\big(f(x),f(y)\big)$, 则 f 是严格单调的.

解 用反证法. 设 f 不是严格单调的, 那么存在实数 $s_1<s_2$ 使得 $f(s_1)=f(s_2)$. 由此及 f 的连续性可知在闭区间 $[s_1,s_2]$ 上, f 不是严格单调的, 所以存在实数 $s_1'<s_2'$ 使得 $[s_1',s_2']\subset[s_1,s_2]$, 并且 $f(s_1')=f(s_2')$. 这个推理可以继续下去. 因此, 如果 $\varepsilon>0$ 任意给定, 那么在区间 $[s_1,s_2]$ 中存在实数 $t_1<t_2$ 满足 $t_2-t_1<\varepsilon$, 并且 $f(t_1)=f(t_2)$. 但同时对于所有实数 t, 我们有

$$\begin{aligned}f\big(t+(t_2-t_1)\big)&=f\big((t-t_1)+t_2\big)=F\big(f(t-t_1),f(t_2)\big)\\&=F\big(f(t-t_1),f(t_1)\big)=f\big((t-t_1)+t_1\big)=f(t).\end{aligned}$$

因此 f 具有周期 $\tau=t_2-t_1$. 由于 $\tau<\varepsilon$, 而 $\varepsilon>0$ 可以任意小, 从而连续函数 f 具有任意小的周期, 所以只能是常数, 与题设矛盾. □

*例 2.3.6 设 $f(x)$ 是 $(0,\infty)$ 上的有界连续函数, 并设 $r_1,r_2,\cdots$ 是任意给定的无穷正实数列, 试证存在无穷正实数列 $x_1,x_2,\cdots$, 使得

$$\lim_{n\to\infty}\big(f(x_n+r_n)-f(x_n)\big)=0.$$

解 设 $\eta>0$ 是任意给定的实数, 令 $g(x)=f(x+\eta)-f(x)$ 以及

$$\alpha=\inf_{x>0}g(x),\quad \beta=\sup_{x>0}g(x).$$

于是 $\alpha\leqslant\beta$.

若 $\alpha>0$, 则对所有 $x>0$ 有 $f(x+\eta)\geqslant\alpha+f(x)$, 特别地, 对任何正整数 m 有

$$f(m\eta)\geqslant\alpha+f\big((m-1)\eta\big)\geqslant\cdots\geqslant(m-1)\alpha+f(\eta),$$

从而 $f(m\eta)\to\infty(m\to\infty)$, 与 f 的有界性假设矛盾, 因此不可能 $\alpha>0$. 同理, 也不可能 $\beta<0$. 因此必定 $\alpha\leqslant0\leqslant\beta$, 从而由 g 的连续性知存在 $x_0=x_0(\eta)>0$, 使得 $g(x_0)=0$, 即 $f(x_0+\eta)-f(x_0)=0$. 取 $\eta=r_n$, 相应地令

$$x_n=x_0(r_n)\quad(n=1,2,\cdots),$$

那么对所有 $n\geqslant1$ 都有 $f(x_n+r_n)-f(x_n)=0$. 于是这样定义的 $x_n(n\geqslant1)$ 即合要求. □

例 2.3.7 设函数列 $f_n\in C[a,b](n\geqslant1)$ 单调递增:

$$f_1(x)\leqslant f_2(x)\leqslant\cdots,$$

并且当 $n\to\infty$ 时在 $[a,b]$ 上逐点收敛于 $f(x)\in C([a,b])$, 则它在 $[a,b]$ 上一致收敛于 $f(x)$.

解 对于任给 $\varepsilon>0$, 定义集合

$$E_n=\{x\mid x\in[a,b],|f(x)-f_n(x)|\geqslant\varepsilon\}.$$

依据 f_n 和 f 的连续性,$E_n\,(n\geqslant1)$ 是一个单调下降 (即 $E_1\supseteq E_2\supseteq\cdots$) 的紧集 (即有界闭集) 链. 若对于任何正整数 n 集合 E_n 非空, 则

$$\bigcap_{n=1}^{\infty}E_n\neq\emptyset.$$

于是存在某个点 x_0 属于所有集合 E_n. 但这意味着数列 $f_n(x_0)(n\geqslant1)$ 不收敛于 $f(x_0)$, 与题设矛盾. 因此当 n 充分大时 E_n 都是空集; 换言之, 当 n 充分大时, 对任何 $x\in[a,b],|f_n(x)-f(x)|<\varepsilon$. 因此 $\big(f_n(x)\big)$ 在 $[a,b]$ 上一致收敛于 $f(x)$. □

例 2.3.8 设函数 $f\in C[0,\infty)$ 不恒等于 0, 并且 $f(0)=0,f(x)\to0\,(x\to\infty)$. 令

$$f_n(x)=f(nx),\quad g_n(x)=f\left(\frac{x}{n}\right)\quad(n\geqslant1).$$

证明:

(1) 在 $[0,\infty)$ 上, 当 $n\to\infty$ 时函数列 $f_n,g_n\,(n\geqslant1)$ 都收敛于 0, 但不一致收敛于 0.

(2) 对于任何实数 $a>0$, 当 $n\to\infty$ 时, 函数列 $f_n\,(n\geqslant 1)$ 和 $g_n\,(n\geqslant 1)$ 分别在 $[a,\infty)$ 和 $[0,a]$ 上一致收敛于 0.

(3) 当 $n\to\infty$ 时, 函数列 $f_ng_n\,(n\geqslant 1)$ 在 $[0,\infty)$ 上一致收敛于 0.

解 (1) (i) 因为 $f(x)\to 0\,(x\to+\infty)$, 所以对于任何给定的 $\varepsilon>0$, 存在 $X_0=X_0(\varepsilon)>0$, 使当 $x>X_0$ 时, $|f(x)|<\varepsilon$. 于是对于任意 $x\in[0,\infty)$, 当 $n>X_0/x$ 时,$nx>X_0$, 因而有

$$|f_n(x)|=|f(nx)|<\varepsilon,$$

所以 $f_n(x)\to 0\,(n\to\infty)$.

类似地, 因为 $f\in C[0,\infty), f(0)=0$, 所以对于任何给定的 $\varepsilon>0$, 存在 $\delta=\delta(\varepsilon)>0$, 使当 $0\leqslant x<\delta$ 时,$|f(x)|<\varepsilon$. 于是对于任意 $x\in[0,\infty)$, 当 $n>x/\delta$ 时,$0\leqslant x/n<\delta$, 因而有

$$|g_n(x)|=\left|f\left(\frac{x}{n}\right)\right|<\varepsilon,$$

所以 $g_n(x)\to 0\,(n\to\infty)$.

(ii) 设函数列 $f_n\,(n\geqslant 1)$ 在 $[0,\infty)$ 上一致收敛于 0, 那么对于任何给定的 $\varepsilon>0$, 存在正整数 $N_0=N_0(\varepsilon)$, 使对于任何 $x\in[0,+\infty)$, 每当 $n>N_0$ 时就有

$$|f_n(x)|=|f(nx)|<\varepsilon.$$

由于 $f(x)$ 不恒等于 0, 所以存在一点 $x_0\in[0,+\infty)$ 使得 $f(x_0)=\eta\neq 0$. 我们特别取 $\varepsilon=|\eta|/2$, 相应地确定正整数 $N_0=N_0(|\eta|/2)$, 使上述性质对任何 $x\in[0,+\infty)$ 成立. 但若我们取

$$n=N_0+1,\quad x=\frac{x_0}{N_0+1},$$

则 $nx=x_0$, 并且

$$|f_n(x)|=|f(nx)|=|f(x_0)|=|\eta|>\frac{|\eta|}{2}=\varepsilon.$$

于是得到矛盾. 所以函数列 $f_n\,(n\geqslant 1)$ 在 $[0,\infty)$ 上不一致收敛于 0.

类似地, 函数列 $g_n\,(n\geqslant 1)$ 在 $[0,\infty)$ 上一致收敛于 0, 等价于: 对于任何给定的 $\varepsilon>0$, 存在正整数 $N_0=N_0(\varepsilon)$, 使当 $n>N_0$ 时, 对于任何 $x\in[0,+\infty)$ 都有

$$|g_n(x)|=\left|f\left(\frac{x}{n}\right)\right|<\varepsilon.$$

我们特别取 $\varepsilon=|\eta|/2$, 相应地确定 $N_0=N_0(|\eta|/2)$, 并令

$$n=N_0+1,\quad x=(N_0+1)x_0,$$

则得矛盾. 所以函数列 $f_n\,(n\geqslant 1)$ 在 $[0,\infty)$ 上也不一致收敛于 0.

(2) 如上面步骤 (i) 中所证, 对于任何给定的 $\varepsilon>0$, 存在实数 $X_0>0$, 使得

$$\sup_{x>X_0}|f(x)|<\varepsilon,$$

于是对于所有整数 $n>X_0/a$ 及一切实数 $x\geqslant a$, 都有 $nx>X_0$, 从而

$$|f_n(x)|=|f(nx)|\leqslant\sup_{x>X_0}|f(x)|<\varepsilon,$$

因此函数列 $f_n\,(n\geqslant 1)$ 在 $[a,\infty)$ 上一致收敛于 0.

类似地, 也如上面步骤 (i) 中所证, 对于任何给定的 $\varepsilon>0$, 存在实数 $\delta>0$, 使得

$$\sup_{0\leqslant x<\delta}|f(x)|<\varepsilon,$$

于是对于所有整数 $n>a/\delta$ 及一切实数 $x\in[0,a]$, 都有 $x/n<\delta$, 从而

$$|f_n(x)|=\left|f\left(\frac{x}{n}\right)\right|\leqslant\sup_{0\leqslant x<\delta}|f(x)|<\varepsilon,$$

因此函数列 $g_n\,(n\geqslant 1)$ 在 $[0,a]$ 上一致收敛于 0.

(3) 任取实数 $a>0$ 并固定. 并记 $\sup\limits_{x\in[0,+\infty)}|f(x)|=M$ (依题设,M 存在). 对于任给实数 $\varepsilon>0$, 如本题 (2) 中所证, 存在实数 X_1,X_2 使得

$$\sup_{x>X_1}|f(x)|<\frac{\varepsilon}{M},\quad \sup_{0\leqslant x<X_2}|f(x)|<\frac{\varepsilon}{M}.$$

对于所有整数 $n>\max\{X_1/a,a/X_2\}$, 及任何 $x\in[0,\infty)=[0,a]\cup[a,+\infty)$, 若 $x\in[a,+\infty)$, 则 $nx\geqslant na>X_1$, 所以

$$|f_n(x)|=|f(nx)|\leqslant\sup_{x>X_1}|f(x)|<\frac{\varepsilon}{M},$$

$$|g_n(x)|\leqslant\sup_{x\in[0,+\infty)}|f(x)|=M,$$

从而

$$|f_n(x)g_n(x)|<\frac{\varepsilon}{M}\cdot M=\varepsilon;$$

类似地, 若 $x\in[0,a]$, 则 $0\leqslant x/n\leqslant a/n<X_2$, 从而

$$|f_n(x)g_n(x)|<\sup_{x\in[0,+\infty)}|f(x)|\cdot\sup_{0\leqslant x<X_2}|f(x)|<M\cdot\frac{\varepsilon}{M}=\varepsilon.$$

因此 $f_ng_n\,(n\geqslant 1)$ 在 $[0,+\infty)$ 上一致收敛于 0. □

2.4　微分中值定理

除了下面的例子外, 读者还可在本书其他一些章节找到与微分中值定理有关的例题和习题.

例 2.4.1　(1) 设 $f(x)$ 在 $[a,+\infty)$ 上连续, 在 $(a,+\infty)$ 上可微, 并且 $\lim\limits_{x\to+\infty}f(x)=f(a)$, 则存在 $\xi>a$ 使 $f'(\xi)=0$.

(2) 设 $f(x)$ 在 $(-\infty,+\infty)$ 上可微, 并且 $\lim\limits_{x\to+\infty}f(x)=\lim\limits_{x\to-\infty}f(x)<\infty$, 则存在实数 ξ 使 $f'(\xi)=0$.

解 (1) 令

$$t=\frac{1}{x-a+1},$$

则

$$x=\frac{1}{t}+a-1=\varphi(t).$$

于是当 $x\in[a,+\infty)$ 时 $t\in(0,1]$, 并且

$$\varphi(1)=a,\quad \lim_{t\to 0}\varphi(t)=+\infty.$$

令 $g(t)=f\big(\varphi(t)\big)\,(0<t\leqslant 1)$. 因为

$$\lim_{t\to 0}g(t)=\lim_{t\to 0}f\big(\varphi(t)\big)=\lim_{x\to+\infty}f(x)=f(a)=f\big(\varphi(1)\big)=g(1),$$

所以若补充定义 $g(0)=g(1)$, 则 $g(t)$ 在 $[0,1]$ 上连续, 并且在 $(0,1)$ 上可微. 于是由 Rolle 定理, 存在 $\tau\in(0,1)$, 使得 $g'(\tau)=0$.

设 $\varphi(\tau)=\xi$, 其中 $\xi\in[a,+\infty)$. 注意

$$g'(t)=f'(x)\frac{\mathrm{d}x}{\mathrm{d}t}=f'(x)\left(-\frac{1}{t^2}\right),$$

由 $g'(\tau)=0$ 得到 $f'(\xi)(-1/\tau^2)=0$. 因为 $-1/\tau^2\neq 0$, 所以 $f'(\xi)=0$.

(2) 令

$$t=\frac{\mathrm{e}^x-1}{\mathrm{e}^x+1},$$

则

$$x=\log\frac{1+t}{1-t}=\varphi(t).$$

于是当 $x\in(-\infty,+\infty)$ 时 $t\in(-1,1)$, 并且

$$\lim_{t\to-1+}\varphi(t)=-\infty,\quad \lim_{t\to 1-}\varphi(t)=+\infty.$$

令 $g(t)=f\big(\varphi(t)\big)\,(-1<t<1)$. 因为

$$\lim_{t\to-1+}g(t)=\lim_{x\to-\infty}f(x)<\infty,\quad \lim_{t\to 1-}g(t)=\lim_{x\to+\infty}f(x)<\infty,$$

所以若补充定义 $g(-1)=\lim\limits_{t\to-1+}g(t), g(1)=\lim\limits_{t\to 1-}g(t)$, 则 $g(x)$ 在 $[-1,1]$ 上连续, 并且在 $(-1,1)$ 上可微, 且依题设,$g(-1)=g(1)$. 于是由 Rolle 定理, 存在 $\tau\in(-1,1)$, 使得 $g'(\tau)=0$.

设 $\varphi(\tau)=\xi$, 其中 $\xi\in(-\infty,+\infty)$. 由

$$g'(t)=f'(x)\frac{\mathrm{d}x}{\mathrm{d}t}=f'(x)\frac{2}{1-t^2}$$

及 $g'(\tau)=0$ 得

$$g'(\tau)=f'(\xi)\frac{2}{1-\tau^2}=0.$$

因为 $2/(1-\tau^2)\neq 0$, 所以 $f'(\xi)=0$. □

注　本例是 Rolle 定理到无穷区间情形的扩充, 证明的关键在于进行变量变换.

例 2.4.2　设函数 $f\in C[a,b]$, 在 (a,b) 上二次可微.

(1) 证明: 对于任何 $c\in(a,b)$ 存在 $\xi=\xi(c)\in(a,b)$ 使得

$$\frac{1}{2}f''(\xi)=\frac{f(a)}{(a-b)(a-c)}+\frac{f(b)}{(b-c)(b-a)}+\frac{f(c)}{(c-a)(c-b)}.$$

(2) 如果还设 $f(a)=f(b)=0$, 并且存在 $c\in(a,b)$ 满足 $f(c)\neq0$, 那么至少存在一个实数 $\xi\in(a,b)$, 使得 $f(c)f''(\xi)<0$.

解　(1) 我们给出两个解法.

解法 1　(i) 定义 $[a,b]$ 上的函数

$$\phi(x)=f(x)-\frac{b-x}{b-a}f(a)-\frac{x-a}{b-a}f(b)-A(x-a)(x-b),$$

其中 A 是一个待定常数. 显然 $\phi(a)=\phi(b)=0$. 对于任何一个给定的 $c\in(a,b)$, 我们确定 A 使得 $\phi(c)=0$. 于是 A 满足关系式

$$(b-a)f(c)-(b-c)f(a)-(c-a)f(b)-(b-a)(c-a)(c-b)A=0$$

(我们暂时不解出 A). 显然 $\phi(x)$ 在 $[a,b]$ 上可微. 因此 $\phi(x)$ 在 $[a,c]$ 和 $[b,c]$ 上满足 Rolle 定理的各项条件. 于是存在两个实数 $\xi_1=\xi_1(c)\in(a,c),\xi_2=\xi_2(c)\in(c,b)$, 使得 $\phi'(\xi_1)=0,\phi'(\xi_2)=0$.

(ii) 因为依题设

$$\phi'(x)=f'(x)+\frac{f(a)}{b-a}-\frac{f(b)}{b-a}-A\big(2x-(a+b)\big)$$

在 $[a,b]$ 上连续, 并且依步骤 (i) 中所证,$\phi'(\xi_1)=\phi'(\xi_2)=0$, 所以在 $[\xi_1,\xi_2]$ 上应用 Rolle 定理, 可知存在 $\xi=\xi(c)\in(\xi_1,\xi_2)\subset(a,b)$ 使得 $\phi''(\xi)=0$. 特别地, 由 $\phi''(x)=f''(x)-2A$, 我们推出 $A=f''(\xi)/2$. 将它代入步骤 (i) 中的关系式, 即得所要结果.

解法 2　(i) 对于给定的 $c\in(a,b)$, 定义函数

$$\phi(x)=\begin{vmatrix} f(x) & x^2 & x & 1\\ f(a) & a^2 & a & 1\\ f(b) & b^2 & b & 1\\ f(c) & c^2 & c & 1\end{vmatrix}.$$

显然 $\phi(a)=\phi(b)=\phi(c)=0$. 因为在 $[a,c]$ 和 $[c,b]$ 上函数 $\phi(x)$ 满足 Rolle 定理的所有条件, 所以存在两个实数 $\xi_1=\xi_1(c)\in(a,c),\xi_2=\xi_2(c)\in(c,b)$, 使得 $\phi'(\xi_1)=0,\phi'(\xi_2)=0$.

(ii) 由题设, 函数 $\phi'(x)$ 在 $[\xi_1,\xi_2]$ 上满足 Rolle 定理的所有条件, 因此存在 $\xi=\xi(c)\in(\xi_1,\xi_2)\subset(a,b)$ 使得 $\phi''(\xi)=0$. 依 n 阶行列式求导法则 (即每次对一行 (或列) 求导, 然后将所得 n 个行列式相加), 我们有

$$\phi''(x)=\begin{vmatrix} f''(x) & 2 & 0 & 0\\ f(a) & a^2 & a & 1\\ f(b) & b^2 & b & 1\\ f(c) & c^2 & c & 1\end{vmatrix}.$$

将右边的行列式展开 (注意 $f''(x)$ 的余子式是 3 阶 Vandermonde 行列式), 即得到所要结果.

(2) 我们也给出两个解法.

解法 1 定义函数

$$\phi(x)=f(x)-A(x-a)(x-b)f(c),$$

并由条件 $\phi(c)=0$ 确定常数 A, 亦即

$$f(c)-A(c-a)(c-b)f(c)=0,\quad A=\frac{1}{(c-a)(c-b)},$$

于是辅助函数

$$\phi(x)=f(x)-\frac{(x-a)(x-b)}{(c-a)(c-b)}f(c)$$

满足 $\phi(a)=\phi(b)=\phi(c)$, 从而由 Rolle 定理得到点 $\xi_1\in(a,c),\xi_2\in(c,b)$, 使得 $\phi'(\xi_1)=0,\phi'(\xi_2)=0$. 进而由 Rolle 定理得到点 $\xi\in(\xi_1,\xi_2)\subset(a,b)$ 使得 $\phi''(\xi)=0$. 因为

$$\phi''(x)=f''(x)-\frac{2f(c)}{(c-a)(c-b)},$$

所以

$$f''(\xi)=\frac{2f(c)}{(c-a)(c-b)},\quad f(c)f''(\xi)=\frac{2f^2(c)}{(c-a)(c-b)}<0.$$

解法 2 由题设, 在 $[a,c]$ 和 $[c,b]$ 上都可应用 Lagrange 中值定理, 于是存在两个实数 $\xi_1\in(a,c),\xi_2\in(c,b)$, 使得

$$\frac{f(c)-f(a)}{c-a}=f'(\xi_1),\quad \frac{f(b)-f(c)}{b-c}=f'(\xi_2),$$

因为 $f(a)=f(b)=0$, 所以

$$f'(\xi_1)=\frac{f(c)}{c-a},\quad f'(\xi_2)=-\frac{f(c)}{b-c}.$$

在 $[\xi_1,\xi_2]$ 上仍然可以应用 Lagrange 中值定理, 于是存在实数 $\xi\in(\xi_1,\xi_2)\subset(a,b)$ 使得

$$\frac{f'(\xi_1)-f'(\xi_2)}{\xi_1-\xi_2}=f''(\xi).$$

将上面得到的 $f'(\xi_1),f'(\xi_2)$ 的表达式代入此式, 即得

$$f''(\xi)=\frac{f(c)}{\xi_1-\xi_2}\left(\frac{1}{b-c}+\frac{1}{c-a}\right)=\frac{(b-a)f(c)}{(\xi_1-\xi_2)(b-c)(c-a)}.$$

由此即可推出所要的结论. □

注 1° 在上面题 (1) 的解法 1 中, 关键的一步是借助 $f(x)$ 构造辅助函数 $\phi(x)$ 满足条件 $\phi(a)=\phi(b)=\phi(c)=0$. 构造的过程是: 在点 $x=a$ 取值 $f(a)$ 以及在点 $x=b$ 取值 $f(b)$ 的最简单的 (非常数) 函数分别是线性函数

$$y_1(x)=\frac{b-x}{b-a}f(a),\quad y_2(x)=\frac{x-a}{b-a}f(b),$$

因此函数

$$y_1(x)+y_2(x)=\frac{b-x}{b-a}f(a)+\frac{x-a}{b-a}f(b)$$

在点 $x=a$ 取值 $f(a)$, 同时在点 $x=b$ 取值 $f(b)$. 于是函数

$$\phi_1(x)=f(x)-\big(y_1(x)+y_2(x)\big)=f(x)-\frac{b-x}{b-a}f(a)-\frac{x-a}{b-a}f(b)$$

满足 $\phi(a)=\phi(b)=0$. 而函数 $\phi_2(x)=A(x-a)(x-b)$ 显然也满足这个要求, 因而 $\phi(x)=\phi_1(x)-\phi_2(x)$ 满足前两个条件, 并且我们可以选取常数 A 使得它还满足剩下的第三个条件 $\phi(c)=0$.

2° 题 (2) 的解法 1 实际是题 (1) 的解法 1 的特殊情形, 我们单独给出这个解法是为了使它独立于题 (1). 事实上, 在题 (1) 所说的结论中令 $f(a)=f(b)=0$, 我们可以立即得到

$$\frac{1}{2}f''(\xi)=\frac{f(c)}{(c-a)(c-b)}.$$

* **例 2.4.3** 设函数 $f(x)$ 在 $[a,b]$ 上二次可微, 并且 $f''(x)<0$, 则

$$\frac{f(a)+f(b)}{2}<\frac{1}{b-a}\int_a^b f(t)\mathrm{d}t.$$

解 解法 1 构造辅助函数

$$F(x)=(x-a)\frac{f(a)+f(x)}{2}-\int_a^x f(t)\mathrm{d}t\quad(a\leqslant x\leqslant b),$$

则 $F(a)=0$, 并且

$$F'(x)=\frac{f(a)+f(x)}{2}+\frac{x-a}{2}f'(x)-f(x)=\frac{x-a}{2}\left(f'(x)-\frac{f(x)-f(a)}{x-a}\right).$$

对于每个 $x\in(a,b)$, 由 Lagrange 中值定理, 存在 $\xi\in(a,x)$ 使得

$$\frac{f(x)-f(a)}{x-a}=f'(\xi),$$

所以

$$F'(x)=\frac{x-a}{2}\big(f'(x)-f'(\xi)\big).$$

因为由假设 $f''(x)<0$ 可知 $f'(x)$ 是 (a,b) 上的严格单调减函数, 所以 $f'(\xi)>f'(x)$, 因而 $F'(x)<0$; 进而可知 $F(x)$ 在 (a,b) 上严格单调减少, 于是 $F(x)<F(a)=0$, 因此立得所要证的不等式.

解法 2 因为 $f(x)$ 在 $[a,b]$ 上二次可微, 并且 $f''(x)<0$, 所以 $f(x)$ 是 $[a,b]$ 上的严格凹函数(即 $-f(x)$ 是严格凸函数), 因而连接其两个端点的线段完全处于曲线 $y=f(x)$ 的下方. 不妨认为 $y=f(x)$ 的图像位于第 I 象限 (不然适当平移, 不影响最终结果), 于是区间 $[a,b]$ 上由曲线 $y=f(x)$ 形成的曲边梯形的面积超过以 $f(a)$ 和 $f(b)$ 为上下底且高为 $b-a$ 的梯形的面积, 即

$$\frac{b-a}{2}\big(f(a)+f(b)\big)<\int_a^b f(x)\mathrm{d}x,$$

于是本题得证. □

例 2.4.4 设 $f(x)$ 在 $[a,b]$ 上连续, 在 (a,b) 上可微, 并且 $f(a)<f(b)$. 证明: 在 (a,b) 中有无穷多个点 x 使 $f'(x)>0$.

解 用反证法. 设 (a,b) 中只有有限多个点

$$(a<)\,x_1<x_2<\cdots<x_m\,(<b)$$

满足 $f'(x_i)>0$. 取 $\delta>0$ 足够小, 可使 m 个分别以 x_i 为中心且长度为 2δ 的开区间 $(x_i-\delta,x_i+\delta)\,(i=1,\cdots,m)$ 都含在 (a,b) 中且互不重叠. 于是

$$\begin{aligned}f(b)-f(a)=&\sum_{i=1}^{m}\big(f(x_i+\delta)-f(x_i-\delta)\big)+f(x_1-\delta)-f(a)\\&+\sum_{i=1}^{m-1}\big(f(x_{i+1}-\delta)-f(x_i+\delta)\big)-f(x_m+\delta)+f(b).\end{aligned}$$

设 $\varepsilon>0$ 任意给定. 因为 $f(x_i+\delta)-f(x_i-\delta)\to 0\,(\delta\to 0)$, 所以当 $\delta>0$ 充分小时,$|f(x_i+\delta)-f(x_i-\delta)|<\varepsilon/m$, 从而

$$\left|\sum_{i=1}^{m}\big(f(x_i+\delta)-f(x_i-\delta)\big)\right|<\varepsilon.$$

又由中值定理得到

$$f(x_1-\delta)-f(a)=f'(\xi_0)(x_1-\delta-a)\quad (a<\xi_0<x_1-\delta),$$

类似地有

$$\begin{aligned}&f(x_{i+1}-\delta)-f(x_i+\delta)=f'(\xi_i)(x_{i+1}-x_i-2\delta)\quad (x_i+\delta<\xi_i<x_{i+1}-\delta,i=1,\cdots,m-1),\\&f(b)-f(x_m+\delta)=f'(\xi_m)(b-x_m-\delta)\quad (x_m+\delta<\xi_m<b).\end{aligned}$$

因为已设只有 $f'(x_i)>0\,(i=1,\cdots,m)$, 所以 $f'(\xi_i)\leqslant 0\,(i=0,1,\cdots,m)$. 还要注意 $x_1-\delta-a,x_{i+1}-x_i-2\delta,b-x_m-\delta>0$, 因此由上述 $f(b)-f(a)$ 的表达式推出 $f(b)-f(a)<\varepsilon$. 因为 $\varepsilon>0$ 任意小, 所以 $f(b)-f(a)\leqslant 0$. 这与题设矛盾. □

2.5 Taylor 公式

除了下面的例子外, 读者还可在本书其他章节找到一些与 Taylor 公式及其应用有关的例题和习题.

例 2.5.1 设 $f(x)$ 在 $[a,b]$ 上 5 次可微, 则

$$f(b)=f(a)+\frac{1}{6}(b-a)\left(f'(a)+f'(b)+4f'\Big(\frac{a+b}{2}\Big)\right)-\frac{1}{2880}(b-a)^5f^{(5)}(\xi),$$

其中 $a<\xi<b$.

解　令 $a=c-h,b=c+h$, 即 $c=(a+b)/2,h=(b-a)/2$. 要证的等式可改写为

$$f(c+h)=f(c-h)+\frac{h}{3}\big(f'(c-h)+f'(c+h)+4f'(c)\big)-\frac{h^5}{90}f^{(5)}(\xi).$$

若令

$$f(c+h)=f(c-h)+\frac{h}{3}\big(f'(c-h)+f'(c+h)+4f'(c)\big)-\frac{h^5}{90}K,$$

则只需证明 $K=f^{(5)}(\xi)$. 为此定义函数

$$\varphi(x)=f(c+x)-f(c-x)-\frac{x}{3}\big(f'(c-x)+f'(c+x)+4f'(c)\big)+\frac{x^5}{90}K,$$

那么 $\varphi(x)$ 在 $[0,h]$ 上 4 次可微, 并且 $\varphi(0)=\varphi(h)=0$. 于是由 Rolle 定理, 存在 $\xi_1\in(0,h)$ 使得 $\varphi'(\xi_1)=0$. 又因为

$$\varphi'(x)=\frac{2}{3}\big(f'(c+x)+f'(c-x)-2f'(c)\big)-\frac{x}{3}\big(f''(c+x)-f''(c-x)\big)+\frac{x^4}{18}K,$$

所以 $\varphi'(0)=0$, 从而由 Rolle 定理, 存在 $\xi_2\in(0,\xi_1)$ 使得 $\varphi''(\xi_2)=0$. 类似地, 由

$$\varphi''(x)=\frac{1}{3}\big(f''(c+x)-f''(c-x)\big)-\frac{x}{3}\big(f'''(c+x)+f'''(c-x)\big)+\frac{2}{9}x^3K,$$

可知 $\varphi''(0)=0$, 从而存在 $\xi_3\in(0,\xi_2)$ 使得 $\varphi'''(\xi_3)=0$. 最后注意

$$\begin{aligned}\varphi'''(x)&=-\frac{x}{3}\big(f^{(4)}(c+x)-f^{(4)}(c-x)\big)+\frac{2}{3}x^2K\\&=-\frac{x}{3}f^{(5)}(\xi)\big((c+x)-(c-x)\big)+\frac{2}{3}x^2K=\frac{2}{3}x^2\big(K-f^{(5)}(\xi)\big),\end{aligned}$$

其中第二步应用了 Lagrange 中值定理,$\xi\in(c-x,c+x)\subseteq(c-h,c+h)$, 所以由 $\varphi'''(\xi_3)=0$ 得到

$$\frac{2}{3}\xi_3^2\big(K-f^{(5)}(\xi)\big)=0.$$

因为 $\xi_3\neq 0$, 所以 $K=f^{(5)}(\xi)$. □

例 2.5.2　设函数 $f(x)$ 在 $(0,\infty)$ 上有三阶导数, 并且 $\lim\limits_{x\to\infty}f(x)$ 和 $\lim\limits_{x\to\infty}f'''(x)$ 存在, 则 $\lim\limits_{x\to\infty}f'(x)$ 和 $\lim\limits_{x\to\infty}f''(x)$ 也存在, 并且

$$\lim_{x\to\infty}f'(x)=\lim_{x\to\infty}f''(x)=\lim_{x\to\infty}f'''(x)=0.$$

解　(i) 由题设极限存在条件, 记

$$\lim_{x\to\infty}f(x)=a,\quad \lim_{x\to\infty}f'''(x)=b.$$

由 Taylor 展开得到

$$\begin{aligned}f(x+1)&=f(x)+f'(x)+\frac{1}{2}f''(x)+\frac{1}{6}f'''(\theta_1),\\f(x-1)&=f(x)-f'(x)+\frac{1}{2}f''(x)-\frac{1}{6}f'''(\theta_2),\end{aligned}$$

其中 $\theta_1\in(x,x+1),\theta_2\in(x-1,x)$. 将此二式相加, 可解出

$$f''(x)=\big(f(x+1)+f(x-1)-2f(x)\big)-\frac{1}{6}\Big(f'''(\theta_1)-f'''(\theta_2)\Big).$$

在式中令 $x\to\infty$, 可推出 $\lim\limits_{x\to\infty}f''(x)$ 存在, 并且

$$\lim_{x\to\infty}f''(x)=(a+a-2a)-\frac{1}{6}(b-b)=0.$$

(ii) 由步骤 (i) 中第一个 Taylor 展开式得

$$f'(x)=f(x+1)-f(x)-\frac{1}{2}f''(x)-\frac{1}{6}f'''(\theta_1),$$

令 $x\to\infty$, 可推出 $\lim\limits_{x\to\infty}f'(x)$ 存在, 并且 $\lim\limits_{x\to\infty}f'(x)=a-a-0-b/6=-b/6$. 而由 Lagrange 中值定理,

$$f(x+1)-f(x)=f'(\theta_3)\quad \theta_3\in(x,x+1),$$

在其中令 $x\to\infty$, 那么 $\theta_3\to\infty$, 于是 $a-a=-b/6$, 因此 $b=0$, 从而 $\lim\limits_{x\to\infty}f'''(x)=b=0$, $\lim\limits_{x\to\infty}f'(x)=-b/6=0$. □

例 2.5.3 设函数 $f\in C^2(0,\infty), f(x)\to 0\,(x\to\infty)$, 并且对于某个常数 $\lambda, f''(x)+\lambda f'(x)$ 上有界. 证明: $f'(x)\to 0\,(x\to\infty)$.

解 我们将带定积分形式余项的 Taylor 公式

$$\begin{aligned}f(x)=&f(x_0)+\frac{f'(x_0)}{1!}(x-x_0)+\frac{f''(x_0)}{2!}(x-x_0)^2\\&+\cdots+\frac{f^{(n)}(x_0)}{n!}(x-x_0)^n+\frac{1}{n!}\int_{x_0}^{x}f^{(n+1)}(t)(x-t)^n\mathrm{d}t.\end{aligned}$$

应用于函数 $f\in C^2(0,\infty)$, 在其中取 $n=1$, 并且分别用 $x+y$ 和 x 代替 x 和 x_0, 可知当 $x>1,|y|<1$ 时有

$$f(x+y)=f(x)+yf'(x)+\int_{x}^{x+y}f''(t)(x+y-t)\mathrm{d}t$$

(此式也可通过分部积分算出右边的积分而得到). 在右边的积分中作变量代换 $t=x+yu$, 可知

$$f(x+y)=f(x)+yf'(x)+y^2\int_0^1(1-u)f''(x+yu)\mathrm{d}u.$$

同时, 我们还有

$$\begin{aligned}y^2\int_0^1(1-u)f'(x+yu)\mathrm{d}u&=y\Big((1-u)f(x+yu)\Big|_0^1+\int_0^1f(x+yu)\mathrm{d}u\Big)\\&=-yf(x)+\int_x^{x+y}f(t)\mathrm{d}t,\end{aligned}$$

将积分中值定理应用于上式右边的积分可知, 存在 $\xi_{x,y}\in(0,y)$, 使得

$$y^2\int_0^1(1-u)f'(x+yu)\mathrm{d}u=yf(x+\xi_{x,y})-yf(x).$$

于是

$$\begin{aligned}&\big(f(x+y)-f(x)-yf'(x)\big)+\lambda\big(yf(x+\xi_{x,y})-yf(x)\big)\\&=y^2\int_0^1(1-u)f''(x+yu)\mathrm{d}u+\lambda y^2\int_0^1(1-u)f'(x+yu)\mathrm{d}u\\&=y^2\int_0^1(1-u)\Big(f''(x+yu)+\lambda f'(x+yu)\Big)\mathrm{d}u.\end{aligned}$$

依题设, 存在正常数 K, 使得

$$f''(x)+\lambda f'(x)\leqslant K\quad\big(x\in(0,\infty)\big),$$

所以

$$\begin{aligned}&\big(f(x+y)-f(x)-yf'(x)\big)+\lambda\big(yf(x+\xi_{x,y})-yf(x)\big)\\&\leqslant Ky^2\int_0^1(1-u)\mathrm{d}u=\frac{K}{2}y^2.\end{aligned}$$

如果 $0<y<1$, 那么由上式推出

$$f'(x)\geqslant\frac{f(x+y)-f(x)}{y}+\lambda f(x+\xi_{x,y})-\lambda f(x)-\frac{K}{2}y.$$

注意题设 $f(x)\to0\,(x\to\infty)$, 由上式可得

$$\varliminf_{x\to\infty}f'(x)\geqslant-\frac{K}{2}y.$$

因为 $y\in(0,1)$ 是任意的, 所以

$$\varliminf_{x\to\infty}f'(x)\geqslant0.$$

如果 $-1<y<0$, 那么 $|y|=-y$, 我们类似地推出

$$f'(x)\leqslant\frac{f(x)-f(x-|y|)}{|y|}+\lambda f(x+\xi_{x,y})-\lambda f(x)+\frac{K}{2}|y|,$$

并且由此可得

$$\varlimsup_{x\to\infty}f'(x)\leqslant0.$$

最后, 因为 $\varlimsup\limits_{x\to\infty}f'(x)\geqslant\varliminf\limits_{x\to\infty}f'(x)$, 所以 $\lim\limits_{x\to\infty}f'(x)=0$. □

2.6 凸　函　数

例 2.6.1　证明:$f(x)$ 是区间 I 上的凸函数, 当且仅当对任何 $\lambda>0,\mathrm{e}^{\lambda f(x)}$ 是区间 I 上的凸函数.

解 设 $f(x)$ 是区间 I 上的凸函数. 因为 $\mathrm{e}^{\lambda x}$ 是 $\mathbb{R}$ 上的单调递增的凸函数, 所以对于任何 $x_1,x_2\in I$,

$$f\left(\frac{x_1+x_2}{2}\right)\leqslant\frac{f(x_1)+f(x_2)}{2},$$

从而

$$\exp\left(\lambda f\left(\frac{x_1+x_2}{2}\right)\right)\leqslant\exp\left(\lambda\frac{f(x_1)+f(x_2)}{2}\right)\leqslant\frac{\mathrm{e}^{\lambda f(x_1)}+\mathrm{e}^{\lambda f(x_2)}}{2},$$

这表明 (按 Jensen 意义) 函数 $\mathrm{e}^{\lambda f(x)}\,(\lambda>0)$ 是 I 上的凸函数.

反之, 设对于任何 $\lambda>0,\mathrm{e}^{\lambda f(x)}$ 是 I 上的凸函数, 那么对于任何 $x_1,x_2\in I$,

$$\exp\left(\lambda f\left(\frac{x_1+x_2}{2}\right)\right)\leqslant\frac{\mathrm{e}^{\lambda f(x_1)}+\mathrm{e}^{\lambda f(x_2)}}{2},$$

于是当 $\lambda\to0+$ 时,

$$1+\lambda f\left(\frac{x_1+x_2}{2}\right)+O(\lambda^2)\leqslant1+\lambda\frac{f(x_1)+f(x_2)}{2}+O(\lambda^2),$$

或

$$f\left(\frac{x_1+x_2}{2}\right)\leqslant\frac{f(x_1)+f(x_2)}{2}+O(\lambda),$$

从而 (令 $\lambda\to0+$)

$$f\left(\frac{x_1+x_2}{2}\right)\leqslant\frac{f(x_1)+f(x_2)}{2},$$

即 $f(x)$ 是 I 上的凸函数. □

例 2.6.2 证明:$f\in C[a,b]$ 是凸函数, 当且仅当对 $[a,b]$ 中的任何两个数 $s\neq t$ 有

$$\frac{1}{t-s}\int_s^t f(x)\mathrm{d}x\leqslant\frac{f(s)+f(t)}{2}.$$

解 因为对于任何常数 c,

$$\frac{1}{t-s}\int_s^t(f(x)+c)\mathrm{d}x=\frac{1}{t-s}\int_s^t f(x))\mathrm{d}x+c,$$
$$\frac{(f(s)+c)+(f(t)+c)}{2}=\frac{f(s)+f(t)}{2}+c,$$

并且适当选取 c 可使 $f(x)$ 在 $[a,b]$ 上是正的, 所以不妨认为在 $[a,b]$ 上 $f(x)>0$.

(i) 如果 $f(x)\in C[a,b]$ 是凸函数,$s<t$ 是 $[a,b]$ 中任意两点, 那么曲线 $y=f(x)\,(s\leqslant x\leqslant t)$ 在连接点 $S\big(s,f(s)\big)$ 和点 $T\big(t,f(t)\big)$ 的线段 ST 的下方, 于是 X 轴上的线段 $[s,t]$ 与线段 ST 形成的梯形面积不小于它与曲线 $y=f(x)\,(s\leqslant x\leqslant t)$ 形成的图形的面积, 因此我们得到

$$(t-s)\frac{f(s)+f(t)}{2}\geqslant\int_s^t f(x)\mathrm{d}x,$$

也就是

$$\frac{1}{t-s}\int_s^t f(x)\mathrm{d}x\leqslant\frac{f(s)+f(t)}{2}.$$

(ii) 现在设对于 $[a,b]$ 中任意两点 $s<t$, 上述不等式成立, 但 $f(x)$ 不是 $[a,b]$ 上的凸函数. 于是在 $[a,b]$ 中存在两点 $s<t$, 使得

$$f\left(\frac{s+t}{2}\right) > \frac{f(s)+f(t)}{2}.$$

注意通过点 S 和 T 的直线方程是

$$y=f(s)+\frac{f(t)-f(s)}{t-s}(x-s).$$

我们令

$$\phi(x)=f(x)-f(s)-\frac{f(t)-f(s)}{t-s}(x-s),$$

那么 $\phi(x)$ 表示曲线 $y=f(x)$ 上与通过点 S 和 T 的直线上具有相同横坐标 x 的点的纵坐标之差. 定义集合

$$E=\big\{x \mid x\in[s,t],\phi(x)>0\big\},$$

因为

$$\phi\left(\frac{s+t}{2}\right)=f\left(\frac{s+t}{2}\right)-\frac{f(s)+f(t)}{2}>0,$$

所以 $(s+t)/2\in E$, 因而集合 E 非空, 并且曲线 $y=f(x)\,(x\in E)$ 位于线段 ST 的上方. 对于 E 中任意一点 $x,\phi(x)>0$, 依 $f(x)$ 的连续性可知, 在 x 的某个邻域中也有 $\phi(x)>0$. 于是 E 的每个点都是内点, 因此 E 是开集. 特别地, 我们可以推出: 存在开区间 $(u,v)\subseteq E$, 但 $u,v\notin E$, 即 $\phi(u)$ 和 $\phi(v)\leqslant 0$. 我们断言: 点 $U\big(u,f(u)\big)$ 和 $V\big(v,f(v)\big)$ 必在线段 ST 上, 即

$$\phi(u)=\phi(v)=0.$$

如其不然我们将有 $\phi(u)<0$, 而对于区间 (u,v) 中任何一点 p 有 $p>u$ 及 $\phi(p)>0$, 于是依 $\phi(x)$ 的连续性 (应用介值定理) 可知存在点 $q\in(u,p)\subset E$, 使 $\phi(q)=0$, 这与集合 E 的定义矛盾, 因而 $\phi(u)=0$. 同理可证 $\phi(v)=0$. 注意 $(u,v)\subseteq E$, 由此可知: 曲线 $y=f(x)\,(u<x<v)$ 位于线段 ST 的上方, 从而 X 轴上的线段 $[u,v]$ 与线段 UV 形成的梯形面积小于它与曲线 $y=f(x)\,(u<x<v)$ 形成的图形的面积, 因此我们得到

$$(v-u)\frac{f(u)+f(v)}{2}<\int_u^v f(x)\mathrm{d}x,$$

也就是

$$\frac{1}{v-u}\int_u^v f(x)\mathrm{d}x>\frac{f(u)+f(v)}{2}.$$

这与假设矛盾. □

注　上面的证明是基于几何的考虑, 我们也可以采用非几何的方式证明.

1° 对于本题解法中的步骤 (i), 也可如下证明:n 等分区间 $[s,t]$, 令

$$x_k=\frac{n-k}{n}s+\frac{k}{n}t \quad (0\leqslant k\leqslant n).$$

应用不等式

$$f\big((1-\lambda)x+\lambda y\big)\leqslant(1-\lambda)f(x)+\lambda f(y)$$

(其中 f 是区间 I 上的凸函数,$x,y\in I,\lambda\in[0,1]$) (或直接应用例 2.6.6), 得到

$$f(x_k)\leqslant\frac{n-k}{n}f(s)+\frac{k}{n}f(t)\quad(0\leqslant k\leqslant n).$$

于是

$$\begin{aligned}\frac{1}{t-s}\int_s^t f(x)\mathrm{d}x&=\lim_{n\to\infty}\frac{1}{n}\sum_{k=0}^n f(x_k)\leqslant\varlimsup_{n\to\infty}\frac{1}{n}\sum_{k=0}^n\left(\frac{n-k}{n}f(s)+\frac{k}{n}f(t)\right)\\&=\varlimsup_{n\to\infty}\frac{n(n+1)}{2n^2}\big(f(s)+f(t)\big)=\frac{f(s)+f(t)}{2}.\end{aligned}$$

2° 对于本题解法中的步骤 (ii), 也可如下证明: 因为点 $U\big(u,f(u)\big)$ 和 $V\big(v,f(v)\big)$ 在线段 ST 上, 所以

$$f(u)=f(s)+\frac{f(t)-f(s)}{t-s}(u-s),$$

$$f(v)=f(s)+\frac{f(t)-f(s)}{t-s}(v-s),$$

于是

$$\frac{f(u)+f(v)}{2}=f(s)+\frac{f(t)-f(s)}{t-s}\left(\frac{u+v}{2}-s\right).$$

由 $\phi(x)>0$ 得知 $\displaystyle\int_u^v\phi(x)\mathrm{d}x>0$, 所以

$$\begin{aligned}\frac{1}{v-u}\int_u^v f(x)\mathrm{d}x&>\frac{1}{v-u}\int_u^v\left(f(s)+\frac{f(t)-f(s)}{t-s}(x-s)\right)\mathrm{d}x\\&=f(s)+\frac{f(t)-f(s)}{t-s}\left(\frac{u+v}{2}-s\right)=\frac{f(u)+f(v)}{2},\end{aligned}$$

从而与假设矛盾.

例 2.6.3 设 $x\geqslant0$ 时 $f(x)$ 是连续凸函数, $f(0)=0$. 证明 $\varphi(x)=f(x)/x$ 当 $x>0$ 时是增函数.

解 由 $f(x)$ 的凸性, 对于任意 $m\leqslant n$, 及任何 $x_1,\cdots,x_{n-m}\geqslant0,x>0$, 有

$$\begin{aligned}&f\left(\frac{x_1+\cdots+x_{n-m}+x+\cdots+x}{n}\right)\quad(x\text{ 重复 }m\text{ 次})\\&\leqslant\frac{f(x_1)+\cdots+f(x_{n-m})+mf(x)}{n}.\end{aligned}$$

(参见例 2.6.6). 因为 $f(0)=0$, 所以取 $x_1=\cdots=x_{n-m}=0$ 可得

$$f\left(\frac{m}{n}x\right)\leqslant\frac{m}{n}f(x).$$

因此对于任意有理数 $r\in(0,1]$, 有 $f(rx)\leqslant rf(x)$. 由此可知: 若 $0<y\leqslant x,y/x=r\in\mathbb{Q}$, 则 $f(y)\leqslant rf(x)=(y/x)f(x)$, 于是

$$\frac{f(y)}{y}\leqslant\frac{f(x)}{x}.$$

现在设 $0<y\leqslant x, y/x=\theta$ 是任意无理数. 那么存在无穷有理数列 $r_n\,(n\geqslant 1), r_n\in(0,1)$, 满足 $r_n\to\theta\,(n\to\infty)$. 依上面所证, 有

$$\frac{f(r_n x)}{r_n x}\leqslant\frac{f(x)}{x}\quad(n\geqslant 1).$$

因为当 $x>0$ 时 $f(x)/x$ 连续, 所以令 $n\to\infty$ 可得

$$\frac{f(\theta x)}{\theta x}\leqslant\frac{f(x)}{x},$$

于是也有

$$\frac{f(y)}{y}\leqslant\frac{f(x)}{x}.$$

因此 $\varphi(x)\,(x>0)$ 是增函数. □

例 2.6.4 证明: 设 $f(x)$ 是 $(0,\infty)$ 上的凸函数,$f'(x)$ 存在, 则 $f(x)\sim x^2\,(x\to\infty)$ 蕴含 $f'(x)\sim 2x\,(x\to\infty)$, 但若 $f(x)$ 不是凸函数, 则结论不成立.

解 (i) 设 $f(x)\sim x^2(x\to\infty)$, 则可将它表示为

$$f(x)=x^2+x^2\delta(x),$$

其中函数 $\delta(x)\to 0\,(x\to\infty)$. 于是

$$\frac{f(x+h)-f(x)}{h}=2x+h+\frac{(x+h)^2\delta(x+h)}{h}-\frac{x^2\delta(x)}{h}.$$

对于任何给定的 $\varepsilon>0$(不妨设 $\varepsilon<1/2$), 取 x 足够大, 并取 h 满足 $|h|<x/2$, 使得

$$|\delta(x+h)|<\frac{\varepsilon^2}{4},\quad |\delta(x)|<\frac{\varepsilon^2}{4}.$$

于是

$$\begin{aligned}\frac{(x+h)^2\delta(x+h)}{h}-\frac{x^2\delta(x)}{h}&\leqslant\frac{(x+h)^2|\delta(x+h)|}{|h|}+\frac{x^2|\delta(x)|}{|h|}\\&\leqslant\frac{1}{|h|}\cdot\left(\frac{3}{2}x\right)^2\cdot\frac{\varepsilon^2}{4}+\frac{1}{|h|}\cdot x^2\cdot\frac{\varepsilon^2}{4}\\&=\frac{13}{16}\cdot\frac{\varepsilon^2}{|h|}x^2<\frac{\varepsilon^2}{|h|}x^2.\end{aligned}$$

(ii) 依题设,f' 存在, 所以 $f'_-(x)=f'(x)=f'_+(x)$, 从而由凸函数的性质得知当 $h>0$ 时,

$$f'(x)\leqslant\frac{f(x+h)-f(x)}{h},$$

当 $h<0$ 时,

$$f'(x)\geqslant\frac{f(x+h)-f(x)}{h}.$$

于是由步骤 (i) 中所得结果推出: 当 $h>0$ 时,

$$f'(x)\leqslant 2x+h+\frac{(x+h)^2|\delta(x+h)|}{|h|}+\frac{x^2|\delta(x)|}{|h|}$$

$$\leqslant 2x+h+\frac{\varepsilon^2}{|h|}x^2=2x+h+\frac{\varepsilon^2}{h}x^2;$$

当 $h<0$ 时,

$$f'(x)\geqslant 2x+h-\left(\frac{(x+h)^2|\delta(x+h)|}{|h|}+\frac{x^2|\delta(x)|}{|h|}\right)$$
$$\geqslant 2x+h-\frac{\varepsilon^2}{|h|}x^2=2x+h+\frac{\varepsilon^2}{h}x^2.$$

现在首先取 $h=\varepsilon x$, 则 $h>0$, 所以 $f'(x)\leqslant 2x+h+\varepsilon x$, 于是

$$\frac{f'(x)}{2x}\leqslant 1+\frac{\varepsilon}{2}+\frac{\varepsilon}{2}=1+\varepsilon;$$

然后取 $h=-\varepsilon x$, 则 $h<0$, 所以 $f'(x)\geqslant 2x+h-\varepsilon x$, 于是

$$\frac{f'(x)}{2x}\geqslant 1-\frac{\varepsilon}{2}-\frac{\varepsilon}{2}=1-\varepsilon.$$

合起来可知: 当 x 充分大时,

$$\left|\frac{f'(x)}{2x}-1\right|\leqslant\varepsilon,$$

这表明 $f'(x)\sim 2x\,(x\to\infty)$.

(iii) 当 f 不是凸函数时, 上述结论未必成立. 反例: $f(x)=x^2+\sin x^2, f'(x)=2x+2x\cos x^2$.

□

例 2.6.5 设 $f(x)$ 是区间 I 上的凸函数,$x\leqslant x'<y\leqslant y'$ 是 I 中的任意四个点, 则

$$\frac{f(y)-f(x)}{y-x}\leqslant\frac{f(y')-f(x')}{y'-x'}.$$

解 (i) 首先证明: 若 $a,b,c\in I$, 并且 $a<c<b$, 则

$$\frac{f(b)-f(c)}{b-c}\geqslant\frac{f(b)-f(a)}{b-a};\quad \frac{f(b)-f(a)}{b-a}\geqslant\frac{f(c)-f(a)}{c-a}.$$

为证此结论, 我们令

$$\lambda=\frac{b-c}{b-a},\quad \mu=\frac{c-a}{b-a},$$

那么 $\lambda,\mu\in(0,1),\lambda+\mu=1$, 并且 $c=\lambda a+\mu b$. 由 $f(x)$ 的凸性, 我们有

$$f(c)=f(\lambda a+\mu b)\leqslant\lambda f(a)+\mu f(b).$$

于是

$$\frac{f(b)-f(c)}{b-c}\geqslant\frac{f(b)-\lambda f(a)-\mu f(b)}{b-\lambda a-\mu b}$$
$$=\frac{(1-\mu)f(b)-\lambda f(a)}{(1-\mu)b-\lambda a}=\frac{\lambda f(b)-\lambda f(a)}{\lambda b-\lambda a}=\frac{f(b)-f(a)}{b-a}.$$

类似地可证另一不等式.

(ii) 如果 $x<x'<y<y'$, 那么在步骤 (i) 中所建立的第一个不等式中取 $a=x,b=y,c=x'$, 此时条件 $a<c<b$ 由假设 $x<x'<y$ 保证, 于是

$$\frac{f(y)-f(x')}{y-x'}\geqslant\frac{f(y)-f(x)}{y-x};$$

然后类似地, 在步骤 (i) 中所建立的第二个不等式中取 $a=x',b=y',c=y$, 此时条件 $a<c<b$ 由假设 $x'<y<y'$ 保证, 于是

$$\frac{f(y')-f(x')}{y'-x'}\geqslant\frac{f(y)-f(x')}{y-x'}.$$

由上述二不等式即得

$$\frac{f(y)-f(x)}{y-x}\leqslant\frac{f(y')-f(x')}{y'-x'}.$$

如果 $x=x'<y=y'$, 那么可取 $\varepsilon>0$ 充分小, 使得 $x<x'+\varepsilon<y-\varepsilon<y'$, 于是依刚才所证明的不等式得到

$$\frac{f(y-\varepsilon)-f(x)}{y-\varepsilon-x}\leqslant\frac{f(y')-f(x'+\varepsilon)}{y'-x'-\varepsilon}.$$

因为凸函数在 I 的内点上连续, 所以在上式两边令 $\varepsilon\to0$, 即得所要的结果. 若 $x=x'<y<y'$ 及 $x<x'<y=y'$, 则可类似地证明. □

例 2.6.6 若 $f(x)$ 是区间 I 上的凸函数, 则对于 I 中的任何 n 个点 $x_1,\cdots,x_n$, 有

$$f\left(\frac{x_1+\cdots+x_n}{n}\right)\leqslant\frac{f(x_1)+\cdots+f(x_n)}{n}.$$

解 用反向归纳法证明 (众所周知, 这种方法曾被用于算术–几何平均不等式的证明): 首先, 反复应用不等式

$$f\left(\frac{x_1+x_2}{2}\right)\leqslant\frac{f(x_1)+f(x_2)}{2}$$

m 次, 我们得到

$$\begin{aligned}f\left(\frac{x_1+\cdots+x_4}{4}\right)&=f\left(\frac{(x_1+x_2)/2+(x_3+x_4)/2}{2}\right)\leqslant\frac{f\big((x_1+x_2)/2\big)+f\big((x_3+x_4)/2\big)}{2}\\&\leqslant\frac{1}{2}\left(\frac{f(x_1)+f(x_2)}{2}+\frac{f(x_3)+f(x_4)}{2}\right)=\frac{f(x_1)+\cdots+f(x_4)}{4},\end{aligned}$$

等等, 由此可知: 对于任何 2^m 个点 $x_1,\cdots,x_{2^m}\in I$ 有

$$f\left(\frac{x_1+\cdots+x_{2^m}}{2^m}\right)\leqslant\frac{f(x_1)+\cdots+f(x_{2^m})}{2^m}.$$

然后, 对于任何整数 $n\geqslant3$ 及点 $x_1,\cdots,x_n\in I$, 取 m 满足 $n<2^m$, 并令 $x_{n+1}=\cdots=x_{2^m}=\xi$, 其中 $\xi=(x_1+\cdots+x_n)/n$. 将刚才证得的结果用于上述 2^m 个点 $x_1,\cdots,x_n,x_{n+1},\cdots,x_{2^m}$, 得到

$$f\Big(\frac{x_1+\cdots+x_n+(2^m-n)\cdot\xi}{2^m}\Big)\leqslant\frac{f(x_1)+\cdots+f(x_n)+(2^m-n)f(\xi)}{2^m}.$$

加以整理即得所要证的一般结果. □

2.7 综合性例题

例 2.7.1 设

$$f(x)=\begin{cases}\dfrac{xe^x}{e^x-1}, & x\neq 0,\\ 1, & x=0,\end{cases}$$

求 $f'(0),f''(0),f'''(0),f^{(4)}(0)$.

解 (i) 当 $x\neq 0$ 时,

$$\begin{aligned}f(x)&=x\left(1+x+\frac{x^2}{2!}+\frac{x^3}{3!}+\frac{x^4}{4!}+O(x^5)\right)\cdot\left(x+\frac{x^2}{2!}+\frac{x^3}{3!}+\frac{x^4}{4!}+\frac{x^5}{5!}+O(x^6)\right)^{-1}\\&=\left(1+x+\frac{x^2}{2}+\frac{x^3}{6}+\frac{x^4}{24}+O(x^5)\right)\cdot\left(1+\left(\frac{x}{2}+\frac{x^2}{6}+\frac{x^3}{24}+\frac{x^4}{120}+O(x^5)\right)\right)^{-1}\\&=\left(1+x+\frac{x^2}{2}+\frac{x^3}{6}+\frac{x^4}{24}+O(x^5)\right)\cdot\left(1-\left(\frac{x}{2}+\frac{x^2}{6}+\frac{x^3}{24}+\frac{x^4}{120}+O(x^5)\right)\right.\\&\quad\left.+\left(\frac{x}{2}+\frac{x^2}{6}+\frac{x^3}{24}+O(x^4)\right)^2-\left(\frac{x}{2}+\frac{x^2}{6}+O(x^3)\right)^3+\left(\frac{x}{2}+O(x^2)\right)^4+O(x^5)\right)\\&=1+a_1x+a_2x^2+a_3x^3+a_4x^4+O(x^5),\end{aligned}$$

其中 $a_1,\cdots,a_4$ 是待定常数. 由此可知

$$\lim_{x\to 0}f(x)=1=f(0),$$

所以 $f(x)$ 在 $x=0$ 连续, 并且对于 $x\in\mathbb{R},f(x)$ 均可表示为

$$f(x)=1+a_1x+a_2x^2+a_3x^3+a_4x^4+O(x^5).$$

特别可知,$f(x)$ 在点 $x=0$ 四次可微. 由 Taylor 定理,

$$f'(0)=a_1,\quad f''(0)=a_2,\quad f'''(0)=a_3,\quad f^{(4)}(0)=a_4.$$

(ii) 为求 a_i, 采用下法较简便: 由

$$\frac{xe^x}{e^x-1}=1+a_1x+a_2x^2+a_3x^3+a_4x^4+O(x^5)$$

可知

$$xe^x=(e^x-1)\big(1+a_1x+a_2x^2+a_3x^3+a_4x^4+O(x^5)\big),$$

从而

$$x\left(1+x+\frac{x^2}{2}+\frac{x^3}{6}+\frac{x^4}{24}+O(x^5)\right)$$

$$
=\left(x+\frac{x^2}{2}+\frac{x^3}{6}+\frac{x^4}{24}+\frac{x^5}{120}+O(x^6)\right)\cdot\left(1+a_1x+a_2x^2+a_3x^3+a_4x^4+O(x^5)\right).
$$

比较两边 x 同次幂的系数, 得到

$$
\begin{aligned}
&1=\frac{1}{2}+a_1,\quad \frac{1}{2}=\frac{1}{6}+\frac{a_1}{2}+a_2,\\
&\frac{1}{6}=\frac{1}{24}+\frac{a_1}{6}+\frac{a_2}{2}+a_3,\\
&\frac{1}{24}=\frac{1}{120}+\frac{a_1}{24}+\frac{a_2}{6}+\frac{a_3}{2}+a_4.
\end{aligned}
$$

解得 $a_1=1/2, a_2=1/12, a_3=0, a_4=-1/120$. □

例 2.7.2　设 $\lim\limits_{x\to 0}f(x)=0, \lim\limits_{x\to 0}g(x)=0$, 则

$$
\lim_{x\to 0}\frac{\left(1+f(x)\right)^{1/f(x)}-\left(1+g(x)\right)^{1/g(x)}}{f(x)-g(x)}=-\frac{\mathrm{e}}{2}.
$$

解　(i) 首先注意函数 $(1+t)^{1/t}$ 有幂级数展开:

$$
(1+t)^{1/t}=\exp\left(\frac{1}{t}\log(1+t)\right)=\exp\left(\frac{1}{t}\sum_{k=1}^{\infty}(-1)^{k-1}\frac{t^k}{k}\right)=\sum_{k=0}^{\infty}a_kt^k.
$$

因为 $\log(1+t)$ 和 e^t 的幂级数的收敛半径分别等于 1 和 $+\infty$, 因此上述展开式当 $|t|<1$ 时成立.

(ii) 因为 $f(x), g(x)\to 0\,(x\to 0)$, 所以当 $|x|$ 充分小时, 由步骤 (i) 得

$$
\begin{aligned}
A(x)&=\left(1+f(x)\right)^{1/f(x)}-\left(1+g(x)\right)^{1/g(x)}=\sum_{k=1}^{\infty}a_k\left(f(x)^k-g(x)^k\right)\\
&=-\frac{\mathrm{e}}{2}\left(f(x)-g(x)\right)+\mathrm{e}\sum_{k=2}^{\infty}a_k\left(f(x)^k-g(x)^k\right).
\end{aligned}
$$

注意当 $k\geqslant 2$,

$$
f(x)^k-g(x)^k=\left(f(x)-g(x)\right)\left(f(x)^{k-1}+f(x)^{k-2}g(x)+\cdots+g(x)^{k-1}\right),
$$

若记

$$
B(x)=\sum_{k=2}^{\infty}a_k\left(f(x)^{k-1}+f(x)^{k-2}g(x)+\cdots+g(x)^{k-1}\right),
$$

则有

$$
A(x)=-\frac{\mathrm{e}}{2}\left(f(x)-g(x)\right)+\mathrm{e}\left(f(x)-g(x)\right)B(x).
$$

(iii) 因为

$$
|f(x)^{k-1}+f(x)^{k-2}g(x)+\cdots+g(x)^{k-1}|\leqslant k\max\{|f(x)|,|g(x)|\}^k,
$$

所以

$$
|B(x)|\leqslant\sum_{k=2}^{\infty}ka_k\max\{|f(x)|,|g(x)|\}^k.
$$

(iv) 由题设可知 $\max\{|f(x)|,|g(x)|\}\to 0\,(x\to 0)$, 因此对于任何给定的常数 $c<1$, 当 $|x|$ 充分小时 $\max\{|f(x)|,|g(x)|\}<c$. 因为级数 $\sum\limits_{k=1}^{\infty}ka_kx^k$ 与 $\sum\limits_{k=0}^{\infty}a_kx^k$ 有相同的收敛半径 (这可由幂级数收敛半径计算公式证明, 并注意 $\lim\limits_{n\to\infty}n^{1/n}=1$), 等于 1, 所以 $\sum\limits_{k=1}^{\infty}ka_kc^k$ 是收敛的数项级数, 从而对于充分小的 $|x|$, 级数

$$\sum_{k=2}^{\infty}ka_k\max\{|f(x)|,|g(x)|\}^k$$

一致收敛, 因而

$$\sum_{k=2}^{\infty}ka_k\max\{|f(x)|,|g(x)|\}^k\to 0\quad(x\to 0).$$

(v) 由步骤 (iii) 和 (iv) 可知 $B(x)\to 0\,(x\to 0)$. 于是最终我们得到

$$A(x)=-\frac{\mathrm{e}}{2}\big(f(x)-g(x)\big)+o\big(f(x)-g(x)\big)\quad(x\to 0).$$

因此立知所求极限等于 $-\mathrm{e}/2$. □

注 现在算出上面步骤 (i) 中的系数 a_k(例如算到 a_4): 当 $|t|<1$,

$$\begin{aligned}(1+t)^{1/t}&=\exp\left(\frac{1}{t}\log(1+t)\right)=\exp\left(\frac{1}{t}\left(t-\frac{t^2}{2}+\frac{t^3}{3}-\frac{t^4}{4}+\frac{t^5}{5}-\frac{t^6}{6}+\cdots\right)\right)\\&=\mathrm{e}\cdot\exp\left(-\frac{t}{2}+\frac{t^2}{3}-\frac{t^3}{4}+\frac{t^4}{5}-\frac{t^5}{6}+\cdots\right)\\&=\mathrm{e}\left(1+\left(-\frac{t}{2}+\frac{t^2}{3}-\frac{t^3}{4}+\frac{t^4}{5}-\frac{t^5}{6}+\cdots\right)\right.\\&\quad+\frac{1}{2}\left(-\frac{t}{2}+\frac{t^2}{3}-\frac{t^3}{4}+\frac{t^4}{5}-\cdots\right)^2+\frac{1}{6}\left(-\frac{t}{2}+\frac{t^2}{3}-\frac{t^3}{4}+\cdots\right)^3\\&\quad\left.+\frac{1}{24}\left(-\frac{t}{2}+\frac{t^2}{3}-\cdots\right)^4+\frac{1}{120}\left(-\frac{t}{2}+\cdots\right)^5+\cdots\right)\\&=\mathrm{e}\left(1-\frac{1}{2}t+\frac{11}{24}t^2-\frac{7}{16}t^3+\frac{2447}{5760}t^4+\cdots\right).\end{aligned}$$

另一种方法: 设 $\varphi(0)=\lim\limits_{t\to 0}(1+t)^{1/t}=\mathrm{e}$,

$$\varphi(t)=(1+t)^{1/t}=\sum_{n=0}^{\infty}c_n\frac{t^n}{n!}\quad(c_0=\mathrm{e},c_n=n!a_n),$$

则 $\varphi'=\varphi(\log\varphi)'$. 令 $\psi(t)=(\log\varphi(t))'$, 则 $\varphi'=\varphi\psi$. 算出

$$\begin{aligned}\psi(t)=\big(\log\varphi(t)\big)'=\left(\frac{\log(1+t)}{t}\right)'&=\left(\frac{t-\frac{1}{2}t^2+\frac{1}{3}t^3-\cdots}{t}\right)'\\&=\left(1-\frac{1}{2}t+\frac{1}{3}t^2-\cdots\right)'=-\frac{1}{2}+\frac{2}{3}t-\frac{3}{4}t^2+\cdots.\end{aligned}$$

于是依次求出 (例如算到 c_3)

$$\begin{aligned}
c_1 &= \varphi'(0) = \varphi(0)\psi(0) = -\frac{1}{2}\mathrm{e}, \\
c_2 &= \varphi''(0) = (\varphi\psi)'(0) = \varphi'(0)\psi(0) + \varphi(0)\psi'(0) \\
&= \left(-\frac{1}{2}\mathrm{e}\right)\left(-\frac{1}{2}\right) + \mathrm{e}\cdot\frac{2}{3} = \frac{11}{12}\mathrm{e}, \\
c_3 &= \varphi'''(0) = (\varphi\psi)''(0) = \varphi''(0)\psi(0) + 2\varphi'(0)\psi'(0) + \varphi(0)\psi''(0) \\
&= \frac{11}{12}\mathrm{e}\left(-\frac{1}{2}\right) + 2\left(-\frac{1}{2}\mathrm{e}\right)\frac{2}{3} + \mathrm{e}\left(-\frac{3}{2}\right) = -\frac{21}{8}\mathrm{e},
\end{aligned}$$

等等.

* **例 2.7.3** 设 $f(x,y) = 2\mathrm{e}^{x^2y} - \mathrm{e}^x - \mathrm{e}^{-x}$.

(1) 求 $\lim\limits_{x\to 0}\dfrac{f(x,y)}{x^2}$.

(2) 证明: 当 $x \in (-\infty,+\infty), y \in [1/2,+\infty)$ 时,$f(x,y) \geqslant 0$.

(3) 证明: 当 $y < 1/2$ 时, 不可能对所有实数 $x, f(x,y) \geqslant 0$.

解 (1) 两次使用 L'Hospital 法则, 或原式等于

$$\lim_{x\to 0}\frac{1}{x^2}\cdot\Big(2\big(1+yx^2+O(x^4)\big) - \big(2+x^2+O(x^4)\big)\Big) = 2y-1.$$

(2) 当 $x \in (-\infty,+\infty), y \in [1/2,+\infty)$ 时,

$$\begin{aligned}
f(x,y) &= 2\sum_{n=0}^{\infty}\frac{y^n}{n!}x^{2n} - \left(\sum_{n=0}^{\infty}\frac{1}{n!} + \sum_{n=0}^{\infty}(-1)^n\frac{1}{n!}x^n\right) \\
&= 2\sum_{n=0}^{\infty}\left(\frac{y^n}{n!} - \frac{1}{(2n)!}\right)x^{2n} \geqslant 2\sum_{n=0}^{\infty}\left(\frac{1}{2^n n!} - \frac{1}{(2n)!}\right)x^{2n}.
\end{aligned}$$

因为 $(2n)! \geqslant 2^n n!$, 所以

$$\frac{1}{2^n n!} - \frac{1}{(2n)!} \geqslant 0 \quad (n \geqslant 0),$$

于是 $f(x,y) \geqslant 0$.

(3) 由本题 (1) 可知, 当 $y < 1/2$ 时 $\lim\limits_{x\to 0} f(x,y)/x^2 < 0$. 而当 $x \neq 0$ 时 $x^2 > 0$, 所以题中所说结论成立. □

* **例 2.7.4** 设 f 是二次连续可微函数,$f(0) = 0$, 定义函数

$$g(x) = \begin{cases} f'(0), & x = 0, \\ \dfrac{f(x)}{x}, & x \neq 0. \end{cases}$$

证明: g 连续可微.

解 当 $x \neq 0$ 时函数 $g(x) = f(x)/x$ 显然连续, 并且

$$g'(x) = \left(\frac{f(x)}{x}\right)' = \frac{xf'(x) - f(x)}{x^2}$$

也连续. 因为题设 $f(0)=0, g(0)=f'(0)$, 所以由

$$\lim_{x\to 0} g(x)=\lim_{x\to 0}\frac{f(x)}{x}=\lim_{x\to 0}\frac{f(0+x)-f(0)}{x}=f'(0)=g(0)$$

可知 $g(x)$ 在点 $x=0$ 也连续. 仍然因为 $g(0)=f'(0)$, 我们还有

$$g'(0)=\lim_{x\to 0}\frac{g(0+x)-g(0)}{x}=\lim_{x\to 0}\frac{f(x)/x-f'(0)}{x}=\lim_{x\to 0}\frac{f(x)-f'(0)x}{x^2},$$

由此并应用函数 f 的 Taylor 展开

$$f(x)=f(0)+f'(0)x+\frac{1}{2}f''(\theta x)x^2=f'(0)x+\frac{1}{2}f''(\theta x)x^2 \quad (0<|\theta|<1),$$

我们求出

$$g'(0)=\lim_{x\to 0}\frac{f''(\theta x)x^2/2}{x^2}=\frac{1}{2}f''(0).$$

这就是说,$g(x)$ 在 $x=0$ 可微. 最后, 由上述 $x\neq 0$ 时 $g'(x)$ 的表达式, 我们有

$$\lim_{x\to 0} g'(x)=\lim_{x\to 0}\frac{xf'(x)-f(x)}{x^2}.$$

应用上述 $f(x)$ 的 Taylor 展开以及函数 $f'(x)$ 的 Taylor 展开

$$f'(x)=f'(0)+f''(\eta x)x \quad (0<|\eta|<1),$$

可知

$$xf'(x)-f(x)=x\big(f'(0)+f''(\eta x)x\big)-\big(f'(0)x+f''(\theta x)x^2/2\big)=\frac{1}{2}f''(0),$$

从而

$$\lim_{x\to 0} g'(x)=\frac{1}{2}f''(0)=g'(0),$$

因此 $g'(x)$ 在点 $x=0$ 也连续. □

例 2.7.5 设函数 $f\in C^{\infty}(\mathbb{R})$, 满足 $f(0)f'(0)\geqslant 0$, 并且 $f(x)\to 0\,(x\to\infty)$. 证明: 存在一个严格递增的无穷数列 $0\leqslant x_1<x_2<\cdots$, 使得 $f^{(n)}(x_n)=0\,(n\geqslant 1)$.

解 首先设对所有 $x\geqslant 0$ 有 $f'(x)>0$, 那么当 $x\geqslant 0$ 时 $f(x)$ 严格单调递增, 并且由 $f(0)f'(0)\geqslant 0, f'(0)>0$ 推知 $f(0)\geqslant 0$, 从而当 $x\geqslant 0$ 时 $f(x)>f(0)\geqslant 0$. 但题设 $f(x)\to 0\,(x\to\infty)$, 所以得到矛盾. 类似地, 若设对所有 $x\geqslant 0$ 有 $f'(x)<0$, 那么也得到矛盾. 因此至少存在一点 $x_1>0$ 使得 $f'(x_1)=0$.

现在设 $n\geqslant 1$, 并且存在 n 个点 $x_1<x_2<\cdots<x_n$ 使得 $f^{(k)}(x_k)=0\,(k=1,2,\cdots,n)$. 如果对任何 $x>x_n$ 有 $f^{(n+1)}(x)>0$, 那么当 $x>x_n$ 时 $f^{(n)}$ 严格单调递增, 所以对任何 $x>x_n+1$ 有 $f^{(n)}(x)>f^{(n)}(x_n+1)>f^{(n)}(x_n)=0$. 由 Taylor 公式, 对任何 $x>x_n+1$ 有

$$f(x)=\sum_{k=0}^{n-1}\frac{f^{(k)}(x_n+1)}{k!}(x-x_n-1)^k+\frac{1}{n!}f^{(n)}(x_n+1)(x-x_n-1)^n$$
$$+\frac{1}{(n+1)!}f^{(n+1)}(\xi)(x-x_n-1)^{(n+1)},$$

其中 $\xi \in (x_n+1,x)$. 因为 $f^{(n+1)}(\xi)(x-x_n-1)^{(n+1)}>0$, 所以

$$\begin{aligned} f(x) &> \sum_{k=0}^{n-1}\frac{f^{(k)}(x_n+1)}{k!}(x-x_n-1)^k+\frac{1}{n!}f^{(n)}(x_n+1)(x-x_n-1)^n \\ &= \left(\sum_{k=0}^{n-1}\frac{f^{(k)}(x_n+1)}{k!}(x-x_n-1)^{-(n-k)}+\frac{1}{n!}f^{(n)}(x_n+1)\right)(x-x_n-1)^n. \end{aligned}$$

由于 $f^{(n)}(x_n+1)>0$, 所以当 $x\to\infty$ 时,$f(x)$ 不可能趋于 0, 这与题设矛盾. 因此不可能对任何 $x>x_n$ 有 $f^{(n+1)}(x)>0$. 类似地, 也不可能对任何 $x>x_n$ 有 $f^{(n+1)}(x)<0$. 因此至少存在一点 $x_{n+1}>x_n$ 使得 $f^{(n+1)}(x_{n+1})=0$. 于是我们归纳地得到满足要求的无穷递增点列. □

例 2.7.6 设实数 p,q,r 满足不等式 $p<q<r$, 函数 f 在区间 $[p,r]$ 上连续, 在 (p,r) 中可微. 证明: 对于任何使得

$$f(q)-f(p)=f'(\tau)(q-p)$$

的 $\tau\in(p,q)$, 必存在 $\tau'\in(p,r),\tau'>\tau$, 使得

$$f(r)-f(p)=f'(\tau')(r-p).$$

解 (i) 我们首先假设 $f(p)=f(r)=0$. 如果 $f(q)=0$, 那么由 $f(q)=f(r)=0$ 及 $f(x)$ 的可微性可知存在 $\tau'\in(q,r)$, 使得 $f'(\tau')=0$, 从而结论成立. 现在我们设 $f(q)\neq 0$, 并且不妨认为 $f(q)>0$ (不然用 $-f$ 代 f). 设点 $\tau\in(p,q)$ 满足

$$f(q)-f(p)=f'(\tau)(q-p).$$

如果 $f(\tau)\leqslant 0$, 则当 $f(\tau)<0$ 时 $f(\tau)$ 与 $f(q)$ 异号, 所以存在 $p'\in(\tau,q)$ 使得 $f(p')=0$; 而当 $f(\tau)=0$ 时我们取 $p'=\tau$. 因此总存在 $p'\in[\tau,q)$ 使得 $f(p')=0$. 因此由 $f(p')=f(r)=0$ 推知存在一点 $\tau'\in(p',r)$ 使得 $f'(\tau')=0$, 于是

$$f(r)-f(p)=0=f'(\tau')(r-p),$$

并且 $\tau'>p'\geqslant\tau$.

如果 $f(\tau)>0$, 那么由(注意 $f(p)=0$)

$$f'(\tau)=\frac{f(q)-f(p)}{q-p}=\frac{f(q)}{q-p}>0$$

可知当 x 取由右方充分接近于 τ 的数值时 $f(x)>f(\tau)$, 因此存在 $p'\in(\tau,r)$ 使得

$$\frac{f(p')-f(\tau)}{p'-\tau}>0,$$

从而 $f(p')>f(\tau)>f(r)(=0)$. 于是依 f 在 $[p',r]$ 上的连续性, 由介值定理可知存在 $x_0\in(p',r)$ 使得 $f(x_0)=f(\tau)$. 由此推出存在 $\tau'\in(\tau,x_0)$ 使得 $f'(\tau')=0$, 从而也有

$$f(r)-f(p)=0=f'(\tau')(r-p),$$

并且 $\tau' > \tau$.

(ii) 现在设 $f(p) = f(r) = 0$ 不成立, 那么可取函数

$$f_1(x) = f(x) - f(p) - (x-p)\frac{f(r)-f(p)}{r-p}$$

代替函数 $f(x)$, 即有 $f_1(p) = f_1(r) = 0$. 此时

$$f_1(q) - f_1(p) = f(q) - f(p) - (q-p)\frac{f(r)-f(p)}{r-p},$$

$$f_1'(x) = f'(x) - \frac{f(r)-f(p)}{r-p}.$$

因此 $f(q) - f(p) = f'(\tau)(q-p)$ 等价于

$$f_1(q) - f_1(p) = f_1'(\tau)(q-p),$$

而且 $f(r) - f(p) = f'(\tau')(r-p)$ 等价于

$$f_1(r) - f_1(p) = f_1'(\tau')(r-p).$$

因此由步骤 (i) 中所证结果可知在一般情形结论也成立. □

例 2.7.7 设 $f \in C^2[0,\infty)$ 是一个正函数, 上有界, 并且存在 $\alpha > 0$, 使得 $f''(x) \geqslant \alpha f(x)\,(x \geqslant 0)$. 证明:

(1) f' 单调递增, 并且 $\lim\limits_{x\to\infty} f'(x) = 0$.

(2) $\lim\limits_{x\to\infty} f(x) = 0$.

(3) 对于所有 $x \geqslant 0, f(x) \leqslant f(0)\mathrm{e}^{-x\sqrt{\alpha}}$.

解 (1) 由题设条件可知当 $x \geqslant 0$ 时 $f'(x)$ 单调递增, 因而当 $x \to +\infty$ 时,$f'(x)$ 或者趋于无穷, 或者趋于有限极限. 由此可知, 当 x 充分大时 $f'(x)$ 不变号, 从而 $f(x)$ 单调. 因为 $f(x)$ 上有界, 所以当 $x \to +\infty$ 时 $f(x)$ 趋于有限极限, 亦即 $f(+\infty)$ 存在. 据此推出积分 $\int_0^\infty f'(t)\mathrm{d}t$ 收敛, 因而 $\lim\limits_{x\to+\infty} f'(x) = 0$.

(2) 如上所证,$f'(x)$ 单调递增, 而且 $\lim\limits_{x\to+\infty} f'(x) = 0$, 所以 $f'(x) \leqslant 0$, 从而当 $x \geqslant 0$ 时 $f(x)$ 单调递减. 注意 $f(x) > 0$, 因此 $f(x) \downarrow l(x \to +\infty)$, 其中 $l \geqslant 0$. 另外, 由 $f''(x) \geqslant \alpha f(x)$ 可知 $f''(x) \geqslant \alpha l$, 从而当 $x \geqslant 0$ 时,

$$f'(x) - f'(0) = \int_0^x f''(t)\mathrm{d}t \geqslant \alpha l \int_0^x \mathrm{d}t = \alpha l x.$$

但 $\lim\limits_{x\to+\infty} f'(x) = 0$, 所以只能 $l = 0$, 即 $\lim\limits_{x\to\infty} f(x) = 0$.

(3) 令

$$g(x) = \big(f'(x) + \sqrt{\alpha} f(x)\big)\mathrm{e}^{-x\sqrt{\alpha}}, \quad h(x) = f(x)\mathrm{e}^{x\sqrt{\alpha}} \quad (x \geqslant 0).$$

那么

$$g'(x) = \big(f''(x) - \alpha f(x)\big)\mathrm{e}^{-x\sqrt{\alpha}} \geqslant 0,$$

所以 $g(x)$ 单调递增. 由本题 (1)(2) 可知 $\lim\limits_{x\to+\infty} g(x)=0$, 因此当 $x\geqslant 0$ 时 $g(x)\leqslant 0$. 据此推出 $h'(x)=g(x)\mathrm{e}^{2x\sqrt{\alpha}}\leqslant 0$, 因此当 $x\geqslant 0$ 时 $h(x)$ 单调递减, 从而 $h(x)\leqslant h(0)$. 于是最终得到 $f(x)\leqslant f(0)\mathrm{e}^{-x\sqrt{\alpha}}(x\geqslant 0)$. □

例 2.7.8 (1) 设 $f\in C[0,\infty)$, 并且对于任何 $x\geqslant 0, f(nx)\to 0\,(n\to\infty)$, 则 $f(x)\to 0\,(x\to\infty)$.

(2) 设 $f\in C[0,\infty)$, 但只假设存在某个有限区间 $[a,b]$ 使对于任何 $x\in[a,b], f(nx)\to 0\,(n\to\infty)$, 则题 (1) 中的结论仍然成立.

(3) 举例说明: 若不假设 f 的连续性, 则题 (1) 中的结论不成立.

解 (1) 我们给出两个解法.

解法 1　设当 $x\to\infty$ 时 $f(x)$ 不收敛于 0, 那么存在实数 $\varepsilon>0$, 使集合 $G=\{x\mid x>0,|f(x)|>\varepsilon\}$ 是无界集 (即其元素无上界). 我们来导出矛盾.

(i) 首先注意, 对于任何给定的实数 p,q, 如果 $0<p<q$, 那么当 n 充分大时 $(n+1)p<nq$, 所以 $[np,nq]\cap[(n+1)p,(n+1)q]\neq\emptyset$, 因而存在常数 $C>0$, 使得 $G\cap[C,\infty)\subseteq\bigcup\limits_{n=1}^{\infty}[np,nq]$.

(ii) 由 $f(x)$ 的连续性可知 G 是开集 (即其补集 $\mathbb{R}\setminus G$ 是闭集), 不含孤立点, 所以对于充分大的 n, 集合 G 与 $[np,nq]$ 的交中含有非空区间, 记作 $[np_1,nq_1]$, 于是 $[p_1,q_1]\subset[p,q],[np_1,nq_1]\subset G$. 由此可知对于任何 $x\in[p_1,q_1], nx\in G$. 取正整数 m 充分大, 那么存在 $[p_1,q_1]\subset[p,q]$ 以及正整数 $n_1>m$ 使得对于任何 $x\in[p_1,q_1], n_1x\in G$. 分别用 n_1 和 $[p_1,q_1]$ 代替 m 和 $[p,q]$, 重复上面的推理, 可得到区间 $[p_2,q_2]\subset[p_1,q_1]$ 以及正整数 $n_2>n_1$, 使得对于任何 $x\in[p_2,q_2], n_2x\in G$. 这个过程可以无限地进行下去, 从而存在点 $x_0\in\bigcap\limits_{j=1}^{\infty}[p_j,q_j]$ 以及无穷递增正整数列 $n_1<n_2<\cdots$, 满足 $n_jx_0\in G\,(j=1,2,\cdots)$.

(iii) 由集合 G 的定义可知当 $j\to\infty$ 时 $f(n_jx_0)$ 不趋于 0, 这与题设矛盾.

解法 2　设当 $x\to\infty$ 时 $f(x)$ 不收敛于 0, 那么存在一个严格单调递增且发散到 ∞ 的无穷数列 $x_n\,(n\geqslant 1)$(可认为 $x_1>1$) 以及常数 $\delta>0$, 使得对于任何正整数 k 有

$$|f(x_k)|>2\delta.$$

由 $f(x)$ 的连续性可知, 对于每个 k 存在足够小的实数 $\varepsilon_k>0$, 使得

$$|f(x)|\geqslant\delta\quad(\text{当 } x\in[x_k-\varepsilon_k,x_k+\varepsilon_k]).$$

定义集合

$$E_n=\bigcup_{k=n}^{\infty}\bigcup_{m=-\infty}^{\infty}\left(\frac{m-\varepsilon_k}{x_k},\frac{m+\varepsilon_k}{x_k}\right)\quad(n=1,2,\cdots).$$

因为当 $k\to\infty$ 时 $x_k\to\infty$, 所以 E_n 是一个稠密开集; 又因为在 $\mathbb{R}$ 中可数多个稠密开集的交仍是稠密集 (Baire 性质), 所以 E_n 的交集

$$\bigcap_{n=1}^{\infty}E_n$$

是稠密的. 于是存在一点 $x^*>1$ 属于所有 E_n, 亦即对于每个 n, 存在一对整数 $k_n>n$ 及 m_n 满足不等式

$$\left|x^*-\frac{m_n}{x_{k_n}}\right|<\frac{\varepsilon_{k_n}}{x_{k_n}},$$

用 x_{k_n}/x^* 乘上式两边可得

$$\left|x_{k_n}-\frac{m_n}{x^*}\right|<\frac{\varepsilon_{k_n}}{x^*}<\varepsilon_{k_n},$$

因此点 $m_n/x^*\in[x_{k_n}-\varepsilon_{k_n},x_{k_n}+\varepsilon_{k_n}]$, 从而

$$\left|f\left(\frac{m_n}{x^*}\right)\right|\geqslant\delta.$$

注意当 $n\to\infty$ 时 $m_n\to\infty$, 上式表明当 $n\to\infty$ 时 $f\big(n\cdot(1/x^*)\big)$ 不收敛于 0, 这与假设矛盾, 于是本题得解.

(2) 只需在本题 (1) 的解法 1 中用 $[a,b]$ 代替 $[p,q]$, 那么 $x_0\in[a,b]$, 从而得到矛盾.

(3) 考虑函数

$$f(x)=\begin{cases}1, & x=m\sqrt[m]{2},m\in\mathbb{N},\\ 0, & \text{其他情形},\end{cases}$$

我们来证明: 对于任何 $x>0$, 至多可能存在一个正整数 n 使得 $nx=m\sqrt[m]{2}$ (对于某个 $m\in\mathbb{N}$). 这是因为如果还存在正整数 $n'\neq n$ 满足 $n'x=m'\sqrt[m']{2}$ (对于某个 $m'\in\mathbb{N}$), 那么

$$\frac{n}{n'}=\frac{m}{m'}2^{(m'-m)/mm'}.$$

若 $m=m'$, 则上式导致 $n=n'$; 若 $m\neq m'$, 则上式右边是无理数. 因此都得到矛盾. 于是 $f(nx)$ 除可能取一个非零值外, 其余的值全为零, 从而 $\lim\limits_{n\to\infty}f(nx)=0$. 但显然 $\lim\limits_{x\to\infty}f(x)$ 不存在. □

* **例 2.7.9** (1) 设 $f(x)$ 是定义在 $(0,+\infty)$ 上的实值函数, $f''(x)$ 存在. 已知当 $x>0$ 时 $|f(x)|\leqslant A,|f''(x)|\leqslant B$, 其中 A 和 B 是正的常数. 证明: 对所有 $x>0$, 有 $|f'(x)|\leqslant 2\sqrt{AB}$.

(2) 设函数 $f(x)$ 在 $\mathbb{R}$ 上二阶可导, 记

$$M_k=\sup_{x\in\mathbb{R}}|f^{(k)}(x)|\quad(k=0,1,2).$$

如果 M_0,M_2 均有限, 且 $M_2>0$, 证明: $M_1\leqslant\sqrt{2M_0M_2}$.

解 (1) 设 $x>0,h>0$, 由 Taylor 公式,

$$f(x+h)=f(x)+hf'(x)+\frac{h^2}{2!}f''(x+\theta h)\quad(0<\theta<1).$$

于是

$$\begin{aligned}|hf'(x)|&=\left|f(x+h)-f(x)-\frac{h^2}{2!}f''(x+\theta h)\right|\\&\leqslant|f(x+h)|+|f(x)|+\frac{h^2}{2}|f''(x+\theta h)|\end{aligned}$$

$$\leqslant 2A+\frac{Bh^2}{2}\quad (x>0),$$

由此得到

$$|f'(x)|\leqslant \frac{2A}{h}+\frac{Bh}{2}\quad (x>0).$$

因为上式左边与 $h>0$ 无关, 所以当任何 $x>0$,

$$|f'(x)|\leqslant \min_{h>0}\left(\frac{2A}{h}+\frac{Bh}{2}\right).$$

注意当 $h>0$ 时,

$$\frac{2A}{h}+\frac{Bh}{2}=\left(\sqrt{\frac{2A}{h}}-\sqrt{\frac{Bh}{2}}\right)^2+2\sqrt{AB}\geqslant 2\sqrt{AB},$$

因此当任何 $x>0, |f'(x)|\leqslant 2\sqrt{AB}$.

(2) 我们给出两个解法.

解法 1　对任意 $x\in\mathbb{R}$ 及 $h>0$, 由 Taylor 公式,

$$f(x+h)=f(x)+f'(x)h+\frac{h^2}{2!}f''(\xi_1)\quad (x<\xi_1<x+h),$$
$$f(x-h)=f(x)-f'(x)h+\frac{h^2}{2!}f''(\xi_2)\quad (x-h<\xi_2<x).$$

二式相减得

$$2f'(x)h=f(x+h)-f(x-h)-\frac{h^2}{2}\left(f''(\xi_1)-f''(\xi_2)\right).$$

于是

$$M_1h\leqslant M_0+\frac{h^2}{2}M_2.$$

特别取 h 使得 $M_0=h^2M_2/2$, 即 $h=\sqrt{2M_0/M_2}$(注意 $M_2>0$), 代入上式即得 $M_1\leqslant \sqrt{2M_0M_2}$.

或者: 由上述不等式可知对任何实数 h 有 $(M_2/2)h^2-M_1h+M_0\geqslant 0$. 因为 $M_2>0$, 所以左边 h 的二次三项式的判别式 $M_1^2-4(M_2/2)M_0\leqslant 0$, 亦即 $M_1\leqslant\sqrt{2M_0M_2}$.

解法 2　设 $f(x_0)=\sup\limits_{x\in\mathbb{R}}|f(x)|$, 则 $f'(x_0)=0$. 对函数 f 和 f' 分别应用 Taylor 公式, 当任何 $x\in\mathbb{R}$ 有

$$f(x)=f(x_0)+f'(\xi)(x-x_0),$$
$$f'(x)=f'(x_0)+f''(\eta)(x-x_0)=f''(\eta)(x-x_0).$$

其中 ξ 和 $\eta\in(x,x_0)$ 或 (x_0,x). 于是

$$f'(\xi)f'(x)=f'(\xi)\cdot f''(\eta)(x-x_0)=f''(\eta)\cdot f'(\xi)(x-x_0)=f''(\eta)\cdot\left(f(x)-f(x_0)\right),$$

从而

$$|f'(\xi)f'(x)|\leqslant |f''(\eta)|\cdot\left(|f(x)|+|f(x_0)|\right)\leqslant M_2\cdot 2M_0=2M_0M_2,$$

因此推出 $M_1^2 \leqslant 2M_0M_2$. □

例 2.7.10 设 $f(x)$ 在 I 上 n 次可导,$a_0<a_1<\cdots<a_n$ 是 I 上的 $n+1$ 个点, 则存在 $\xi\in(a_0,a_n)$ 使得

$$\sum_{i=0}^{n}\frac{f(a_i)}{\prod\limits_{0\leqslant t\leqslant n}{}'(a_i-a_t)}=\frac{1}{n!}f^{(n)}(\xi),$$

其中分母中 $\prod\limits_{1\leqslant t\leqslant n}{}'$ 表示求积时 $t\neq i$.

解 (i) 令 ($n+2$ 阶行列式)

$$\varphi(x)=\begin{vmatrix} f(x) & x^n & x^{n-1} & \cdots & 1\\ f(a_0) & a_0^n & a_0^{n-1} & \cdots & 1\\ f(a_1) & a_1^n & a_1^{n-1} & \cdots & 1\\ \vdots & \vdots & \vdots & & \vdots\\ f(a_n) & a_n^n & a_n^{n-1} & \cdots & 1\end{vmatrix},$$

那么 $\varphi(a_0)=\varphi(a_1)=\cdots=\varphi(a_n)=0$. 由 Rolle 定理得知: 存在 $\xi_{11},\xi_{12},\cdots,\xi_{1n}$, 使得 $\varphi'(\xi_{11})=\varphi'(\xi_{12})=\cdots=\varphi'(\xi_{1n})=0$, 并且 $a_0<\xi_{11}<\xi_{12}<\cdots<\xi_{1n}<a_n$. 类似地, 存在 $\xi_{21},\xi_{22},\cdots,\xi_{2,n-1}$, 使得 $\varphi'(\xi_{21})=\varphi'(\xi_{22})=\cdots=\varphi'(\xi_{2,n-1})=0$, 并且 $a_0<\xi_{21}<\xi_{22}<\cdots<\xi_{2,n-1}<a_n$. 继续这种推理, 得知存在 $\xi_{n-1,1},\xi_{n-1,2}$, 满足

$$\varphi^{(n-1)}(\xi_{n-1,1})=\varphi^{(n-1)}(\xi_{n-1,2}),\quad a_0<\xi_{n-1,1}<\xi_{n-1,2}<a_n.$$

最后, 得到 $\xi\in(a_0,a_n)$ 使得 $\varphi^{(n)}(\xi)=0$.

(ii) 由行列式的求导法则(即: 分别对第 1 行 (或列) 元素求导, 对第 2 行 (或列) 元素求导, 等等, 将所得 n 个行列式相加, 即得行列式的 1 阶导数. 在此只有第一行元素与 x 有关, 所以实际是求第 1 行的诸元素的 n 阶导数)得

$$\varphi^{(n)}(x)=\begin{vmatrix} f^{(n)}(x) & n! & 0 & \cdots & 0\\ f(a_0) & a_0^n & a_0^{n-1} & \cdots & 1\\ f(a_1) & a_1^n & a_1^{n-1} & \cdots & 1\\ \vdots & \vdots & \vdots & & \vdots\\ f(a_n) & a_n^n & a_n^{n-1} & \cdots & 1\end{vmatrix}.$$

按第 1 行展开这个行列式, 可知

$$\begin{aligned}\varphi^{(n)}(x)&=f^{(n)}(x)\begin{vmatrix} a_0^n & a_0^{n-1} & \cdots & 1\\ a_1^n & a_1^{n-1} & \cdots & 1\\ \vdots & \vdots & & \vdots\\ a_n^n & a_n^{n-1} & \cdots & 1\end{vmatrix}-n!\begin{vmatrix} f(a_0) & a_0^{n-1} & \cdots & 1\\ f(a_1) & a_1^{n-1} & \cdots & 1\\ \vdots & \vdots & & \vdots\\ f(a_n) & a_n^{n-1} & \cdots & 1\end{vmatrix}\\ &=f^{(n)}(x)\varDelta_1-n!\varDelta_2\ (\text{记}).\end{aligned}$$

由 $\varphi^{(n)}(\xi)=0$ 得到

$$\frac{\Delta_2}{\Delta_1}=\frac{1}{n!}f^{(n)}(\xi).$$

(iii) 适当交换 Δ_1 的各列, 可知

$$\Delta_1=(-1)^{n(n+1)/2}\begin{vmatrix}1 & a_0 & a_0^2 & \cdots & a_0^n\\ 1 & a_1 & a_1^2 & \cdots & a_1^n\\ \vdots & \vdots & \vdots & & \vdots\\ 1 & a_n & a_n^2 & \cdots & a_n^n\end{vmatrix}.$$

这是 $n+1$ 阶 Vandermond 行列式, 所以

$$\begin{aligned}\Delta_1&=(-1)^{n(n+1)/2}\prod_{0\leqslant s<t\leqslant n}(a_t-a_s)\\&=(-1)^{n(n+1)/2}(-1)^{n(n+1)/2}\prod_{0\leqslant s<t\leqslant n}(a_s-a_t)\\&=\prod_{t=1}^{n}(a_0-a_t)\prod_{t=2}^{n}(a_1-a_t)\cdots\prod_{t=i+1}^{n}(a_i-a_t)\cdots(a_{n-1}-a_n).\end{aligned}$$

将 Δ_2 按第 1 列展开, 可知 $f(a_i)$ 的系数

$$\delta_i=(-1)^{(i+1)+1}\begin{vmatrix}a_0^{n-1} & a_0^{n-2} & \cdots & 1\\ \vdots & \vdots & & \vdots\\ a_{i-1}^{n-1} & a_{i-1}^{n-2} & \cdots & 1\\ a_{i+1}^{n-1} & a_{i+1}^{n-2} & \cdots & 1\\ \vdots & \vdots & & \vdots\\ a_n^{n-1} & a_n^{n-2} & \cdots & 1\end{vmatrix}.$$

适当交换上式右边行列式的各列, 可知

$$\delta_i=(-1)^i(-1)^{n(n-1)/2}\begin{vmatrix}1 & a_0 & a_0^2 & \cdots & a_0^{n-1}\\ \vdots & \vdots & \vdots & & \vdots\\ 1 & a_{i-1} & a_{i-1}^2 & \cdots & a_{i-1}^{n-1}\\ 1 & a_{i+1} & a_{i+1}^2 & \cdots & a_{i+1}^{n-1}\\ \vdots & \vdots & \vdots & & \vdots\\ 1 & a_n & a_n^2 & \cdots & a_n^{n-1}\end{vmatrix}.$$

与上面类似地应用 n 阶 Vandermond 行列式进行计算, 得到

$$\begin{aligned}\delta_i=&(-1)^i(-1)^{n(n-1)/2}(-1)^{n(n-1)/2}\\&\cdot\prod_{\substack{1\leqslant t\leqslant n\\ t\neq i}}(a_0-a_t)\cdots\prod_{\substack{i-1\leqslant t\leqslant n\\ t\neq i}}(a_{i-2}-a_t)\end{aligned}$$

$$
\begin{aligned}
&\cdot \prod_{t=i+1}^{n}(a_{i-1}-a_t)\prod_{t=i+2}^{n}(a_{i+1}-a_t)\cdots(a_{n-1}-a_n)\\
&=(-1)^i\prod_{\substack{1\leqslant t\leqslant n\\ t\neq i}}(a_0-a_t)\cdots\prod_{\substack{i-1\leqslant t\leqslant n\\ t\neq i}}(a_{i-2}-a_t)\\
&\cdot \prod_{t=i+1}^{n}(a_{i-1}-a_t)\prod_{t=i+2}^{n}(a_{i+1}-a_t)\cdots(a_{n-1}-a_n).
\end{aligned}
$$

因此

$$
\begin{aligned}
\frac{\delta_i}{\Delta_1}&=\frac{(-1)^i}{(a_0-a_i)\cdots(a_{i-1}-a_i)\cdot\prod\limits_{i+1\leqslant t\leqslant n}(a_i-a_t)}\\
&=\frac{(-1)^i}{(-1)^i(a_i-a_0)\cdots(a_i-a_{i-1})\prod\limits_{i+1\leqslant t\leqslant n}(a_i-a_t)}=\frac{1}{\prod\limits_{0\leqslant t\leqslant n}{}'(a_i-a_t)}.
\end{aligned}
$$

于是本题得证. □

例 2.7.11 (1) 求 Cauchy 函数方程

$$f(x+y)=f(x)+f(y)\quad (x,y\in\mathbb{R}).$$

的所有连续解.

(2) 证明: 如果定义在 $\mathbb{R}$ 上的函数 f 满足 Cauchy 函数方程及下列条件之一:

(a) f 在某个点 $x_0\in\mathbb{R}$ 连续;

(b) 在某个区间 (a,b) 上 f 上有界;

(c) f 在 $\mathbb{R}$ 上单调;

那么 $f(x)=ax$, 其中 a 为常数.

解 (1) 显然, 函数 $f(x)=ax$(其中 a 为常数) 连续并且满足 Cauchy 函数方程. 下面我们证明: 若连续函数 f 满足

$$f(x+y)=f(x)+f(y)\quad (x,y\in\mathbb{R}),$$

则 f 必有上述形式.

(i) 由 $f(x+x)=f(x)+f(x)$ 得 $f(2x)=2f(x)\,(x\in\mathbb{R})$, 于是可归纳地证明: 对于任何正整数 n,

$$f(nx)=nf(x)\quad (x\in\mathbb{R}).$$

又由 $f(0+0)=f(0)+f(0)$ 可知还有 $f(0)=0$.

(ii) 由 $f(0)=f(x-x)=f(x)+f(-x)$ 以及 $f(0)=0$ 可知 $f(-x)=-f(x)\,(x\in\mathbb{R})$.

(iii) 在刚才步骤 (i) 中证得的方程中用 $x/n(n\in\mathbb{N})$ 代替 x, 可得 $f(x)=nf(x/n)$, 所以

$$f\left(\frac{x}{n}\right)=\frac{1}{n}f(x).$$

(iv) 对于任何正有理数 $r=p/q\,(p,q\in\mathbb{N})$, 有

$$f(rx)=f\left(\frac{p}{q}x\right)=pf\left(\frac{1}{q}x\right)=p\cdot\frac{1}{q}f(x)=\frac{p}{q}f(x)=rf(x).$$

据此, 对于负有理数 r, 因为 $-r>0$, 所以 $-rf(x)=f(-rx)$; 并且由步骤 (ii) 可知 $f(-rx)=-f(rx)$. 于是 $-rf(x)=-f(rx)$, 从而对负有理数 r, 也有 $f(rx)=rf(x)$. 将这些结果及 $f(0)=0$ 合起来, 我们得到: 对于任何 $r\in\mathbb{Q}$,

$$f(rx)=rf(x)\quad (x\in\mathbb{R}).$$

(v) 对于任何 $\alpha\in\mathbb{R}\setminus\mathbb{Q}$, 存在无穷有理数列 $r_n(n\geqslant 1)$ 趋于 α. 于是由 f 的连续性得

$$f(\alpha x)=f\left((\lim_{n\to\infty}r_n)x\right)=\lim_{n\to\infty}f(r_nx)=\lim_{n\to\infty}r_nf(x)=\alpha f(x).$$

(vi) 综上所证, 对于任何实数 α,

$$f(\alpha x)=\alpha f(x).$$

特别地, 对于任何 $x\in\mathbb{R}$, 我们有 $f(x)=f(x\cdot 1)=xf(1)$. 若记 $f(1)=a$, 即得 $f(x)=ax$.

(2) (a) 只需证明 f 在 $\mathbb{R}$ 上连续, 那么由本题 (1) 即知 $f(x)=ax$. 因为 f 满足 Cauchy 函数方程, 所以由题 (1) 的证明可知: 其中步骤 (i)~(iv) 在此都成立 (因为它们的证明不依赖于 f 的连续性). 如果 f 在 x_0 连续, 而无穷数列 $z_n(n\geqslant 1)$ 趋于 0, 那么数列 z_n+x_0 趋于 x_0, 于是在方程

$$f(z_n+x_0)=f(z_n)+f(x_0)$$

中令 $n\to\infty$ 可知

$$f(x_0)=\lim_{n\to\infty}f(z_n)+f(x_0),$$

因此 $\lim\limits_{n\to\infty}f(z_n)=0$, 即 f 在点 0 连续. 现在设 x 是任意实数, 而且无穷数列 $x_n(n\geqslant 1)$ 趋于 x, 那么数列 x_n-x 趋于 0, 于是由方程

$$f(x_n-x)=f(x_n)-f(x)$$

及 f 在点 0 的连续性得 $f(0)=\lim\limits_{n\to\infty}f(x_n)-f(x)$, 亦即 $\lim\limits_{n\to\infty}f(x_n)=f(x)$. 因此 f 在任意点 $x\in\mathbb{R}$ 连续.

(b) 设当 $x\in(a,b)$ 时 $f(x)\leqslant M$, 并且 f 满足 Cauchy 函数方程. 我们首先证明: 在题设条件下, 函数 f 在每个区间 $(-\varepsilon,\varepsilon)\,(0<\varepsilon<1)$ 上都有界. 为此考虑函数

$$g(x)=f(x)-f(1)x\quad (x\in\mathbb{R}).$$

注意 f 满足 Cauchy 函数方程, 我们容易验证 g 也满足同一方程. 并且依题 (1) 证明中的步骤 (iv) 可知对于任何有理数 r 有 $g(r)=f(r)-f(1)r=f(r)-f(r)=0$. 设 $x\in(-\varepsilon,\varepsilon)$, 那么存在有理数 r 使得 $x+r\in(a,b)$. 于是

$$g(x)=g(x)+g(r)=g(x+r)=f(x+r)-f(1)(x+r).$$

因此

$$g(x)\leqslant M+|f(1)||b|,$$

亦即在 $(-\varepsilon,\varepsilon)$ 上 g 上有界, 从而 $f(x)=g(x)+f(1)x\leqslant M+|f(1)|(|b|+\varepsilon)\leqslant M+|f(1)|(|b|+1)$, 即 f 在同一区间上也上有界. 另外, 当 $x\in(-\varepsilon,\varepsilon)$ 时,$-x$ 也 $\in(-\varepsilon,\varepsilon)$, 因此由 $f(x)=-f(-x)$ 推出 f 也下有界. 因此, 在区间 $(-\varepsilon,\varepsilon)$ 上 f 有界 (将此界记为 C).

现在设 $x_n(n\geqslant 1)$ 是任意一个趋于 0 的无穷数列, 那么我们可以选取一个发散到 $+\infty$ 的无穷有理数列 $r_n(n\geqslant 1)$, 使得 $x_nr_n\to 0(n\to\infty)$. 例如, 我们可取 $r_n=[1/\sqrt{x_n}]+1$. 当 n 充分大时, 所有 $x_nr_n\in(-1,1)$, 因此

$$|f(x_n)|=\left|f\left(\frac{1}{r_n}r_nx_n\right)\right|=\frac{1}{r_n}|f(r_nx_n)|\leqslant\frac{C}{r_n}.$$

由此可知 $\lim\limits_{n\to\infty}f(x_n)=0=f(0)$, 即 f 在点 0 处连续. 于是依本题情形 (a) 得到所要的结论.

(c) 设 (例如)f 单调递增. 注意本题 (1) 中证明的步骤 (i)~(iv) 在此仍然有效. 令

$$\mu=\begin{cases}1, & f(1)=0,\\ \dfrac{1}{|f(1)|}, & f(1)\neq 0,\end{cases}$$

对于任给 $\varepsilon>0$, 取正整数 n 使得 $1/n<\mu\varepsilon$. 由 f 的单调性可知: 当 $|x|=|x-0|<1/n$, 亦即 $-1/n<x<1/n$ 时,

$$-\frac{1}{n}f(1)=f\left(-\frac{1}{n}\right)\leqslant f(x)\leqslant f\left(\frac{1}{n}\right)=\frac{1}{n}f(1).$$

由此可知 $f(1)\geqslant 0$, 因而 $f(1)/n<\mu\varepsilon f(1)=\varepsilon$, 所以由上式得到 $-\varepsilon\leqslant f(x)\leqslant\varepsilon$, 或 $|f(x)-f(0)|\leqslant\varepsilon$. 因此 f 在点 0 处连续. 于是依本题情形 (a) 得到所要的结论. □

习 题 2

2.1 计算:

*(1) $\lim\limits_{x\to 0}\left(\dfrac{\cos x}{\log(1+x)}-\dfrac{1}{x}\right)$.

*(2) $\lim\limits_{x\to\infty}\left(\sqrt{\cos\dfrac{1}{x^2}}\right)^{x^4}$.

(3) $\lim\limits_{x\to a}\dfrac{\sin x^x-\sin a^x}{a^{x^x}-a^{a^x}}\ (a>1)$.

*(4) $\lim\limits_{x\to a}\dfrac{x}{1-\mathrm{e}^{-x^2}}\displaystyle\int_0^x\mathrm{e}^{-t^2}\mathrm{d}t$.

*(5) $\lim\limits_{x\to\infty}\left(\dfrac{1}{x}\cdot\dfrac{a^x-1}{a-1}\right)^{1/x}\ (a>0,a\neq 1)$.

*(6) $\lim\limits_{x\to\infty}\left(\dfrac{1}{x}+2^{1/x}\right)^x$.

(7) $\lim\limits_{x\to 0}\dfrac{1-\cos(1-\cos x)}{x^4}$.

(8) $\lim\limits_{x\to 0}\left(\dfrac{1}{x^2}-\cot^2 x\right)$.

(9) $\lim\limits_{x\to \pi/2}\dfrac{1-\cos(1-\sin x)}{\sin^4(\cos x)}$.

(10) $\lim\limits_{x\to 0}\dfrac{\log(1+x)\log(1-x)-\log(1-x^2)}{x^4}$.

(11) $\lim\limits_{x\to +\infty}\left(\mathrm{e}-\left(1+\dfrac{1}{x}\right)^x\right)^{1/x}$.

(12) $\lim\limits_{x\to +\infty}\left(x^2\left(1+\dfrac{1}{x}\right)^x-\mathrm{e}x^3\log\left(1+\dfrac{1}{x}\right)\right)$.

(13) $\lim\limits_{x\to \pm\infty}\left(\sqrt[3]{x^3+x^2+x+1}-\sqrt{x^2+x+1}\right)$.

(14) $\lim\limits_{x\to +\infty}x\sqrt{x}\left(\sqrt{x}-2\sqrt{x+1}+\sqrt{x+2}\right)$.

(15) $\lim\limits_{x\to 0}\dfrac{1}{x}\log\dfrac{\mathrm{e}^x-1}{x}$.

(16) $\lim\limits_{x\to \infty}\dfrac{1}{x^{n+1}}\left(x-\log\left(1+x+\dfrac{x^2}{2!}+\cdots+\dfrac{x^n}{n!}\right)\right)$.

***2.2**　求 c, 使得

$$\lim_{x\to 0}(1+x)^{c/x}=\int_{-\infty}^{c}t\mathrm{e}^t\mathrm{d}t.$$

2.3　若当 $x\to 0$ 时, $f(x),g(x)\to 0,\phi'(x)\to a$, 则

$$\frac{\phi\big(f(x)\big)-\phi\big(g(x)\big)}{f(x)-g(x)}\to a\quad (x\to 0).$$

2.4　设在点 $x=a$ 的某个邻域内 $f'''(x)$ 连续, $f'(a)\neq 0$. 求

(1) $\lim\limits_{x\to a}\left(\dfrac{f'(x)+f'(a)}{2f(x)-2f(a)}\right)^2-\left(\dfrac{1}{x-a}\right)^2$.

(2) $\lim\limits_{x\to a}\dfrac{(x-a)\big(f'(x)+f'(a)\big)-2f(x)+2f(a)}{(x-a)^3}$.

2.5　设 $a_1,a_2,\cdots,a_m$ 是正实数, 令

$$f(x)=\left(\frac{a_1^x+a_2^x+\cdots+a_m^x}{m}\right)^{1/x}.$$

求 $\lim\limits_{x\to 0}f(x)$.

2.6　设 $f(x)$ 是定义在 $(-a,a)\setminus\{0\}$ 上的正函数, 并且

$$\lim_{x\to 0}\left(f(x)+\frac{1}{f(x)}\right)=2,$$

证明: $\lim\limits_{x\to 0}f(x)=1$.

2.7　设 θ 是给定实数, 实函数 $f(x),g(x)$ 具有下列性质: 对于任何 $a>0$ 都有

$$\lim_{x\to \infty}\frac{f(ax)}{x^\theta}=g(a).$$

证明: 存在实数 c 使得 $g(x)=cx^\theta(x>0)$.

2.8　设 $f\in C(\mathbb{R})$ 并且下有界. 证明: 存在实数 x_0 使得对所有 $x\neq x_0$ 有 $f(x_0)-f(x)<|x-x_0|$.

2.9　已知 $f(x)$ 在 $(0,\infty)$ 上可微, 并且

$$\lim_{x\to +\infty}\big(f(x)+f'(x)\big)=a.$$

证明: $\lim\limits_{x\to +\infty}f(x)=a$.

2.10 设 $f(x)$ 定义在 $(-a,a)$ 上, 在 $x=0$ 连续, 并且存在 $k\in(0,1)$ 使得极限

$$\lim_{x\to 0}\frac{f(x)-f(kx)}{x}$$

存在, 则 $f(x)$ 在 $x=0$ 可导, 并求 $f'(0)$.

2.11 (1) 设

$$y=\frac{x}{x^2+a^2}\quad (a>0),$$

求 $y^{(n)}$.

*(2) 设 $x=\varphi(y)$ 是 $y=f(x)$ 的反函数, 求通过 $f'(x),f''(x),f'''(x)$ 表示的 $\varphi'(y),\varphi''(y),\varphi'''(y)$ 的表达式.

2.12 证明:

$$\frac{\left|\dfrac{\mathrm{d}^2y}{\mathrm{d}x^2}\right|}{\left(1+\left(\dfrac{\mathrm{d}y}{\mathrm{d}x}\right)^2\right)^{3/2}}=\frac{\left|\dfrac{\mathrm{d}^2x}{\mathrm{d}y^2}\right|}{\left(1+\left(\dfrac{\mathrm{d}x}{\mathrm{d}y}\right)^2\right)^{3/2}}.$$

2.13 证明:$A\subseteq\mathbb{R}$ 上的函数 $f(x)$ 一致连续, 当且仅当对于 A 中的任何无穷点列 $x_n,y_n\,(n\geqslant 1)$, $\lim\limits_{n\to\infty}(x_n-y_n)=0$ 蕴含 $\lim\limits_{n\to\infty}\big(f(x_n)-f(y_n)\big)=0$.

2.14 若 $f(x)$ 在 $[1,\infty)$ 上一致连续, 则存在常数 M 使得 $|f(x)|<Mx\,(x\geqslant 1)$.

2.15 设 $f(x)$ 在 $x=0$ 连续,$f(0)=0$, 并且对于任何 $x_1,x_2\in\mathbb{R}$,

$$f(x_1+x_2)\leqslant f(x_1)+f(x_2).$$

证明:$f(x)$ 在 $\mathbb{R}$ 上一致连续.

***2.16** 设 $f(x)$ 是 $[a,b]$ 上的连续函数, 令

$$F(x)=\int_a^b f(y)|x-y|\mathrm{d}y\quad (a<x<b).$$

求 $F''(x)$.

***2.17** 设

$$f(x)=\begin{cases}\sqrt{|x|}, & x\neq 0,\\ 1, & x=0,\end{cases}$$

则不存在一个函数以 $f(x)$ 为其导数.

***2.18** 令

$$f(x)=\begin{cases}x^2\sin\dfrac{1}{x}, & x\neq 0,\\ 0, & x=0.\end{cases}$$

求 $f'(0)$, 并证明 $f'(x)$ 在 $x=0$ 不连续.

2.19 设 $\mathbb{R}$ 上的函数 $f(x)$ 具有下列性质: 对于任何 $x\in\mathbb{R}$, 存在 $\varepsilon=\varepsilon(x)>0$, 使 $f(x)$ 在区间 $(x-\varepsilon,x+\varepsilon)$ 上严格单调增加, 则 $f(x)$ 是 $\mathbb{R}$ 上的严格单调增加函数.

***2.20** 设 $f(x)$ 在区间 $(-a,a)$ 上无限次可微, 序列 $f^{(n)}(x)(n\in\mathbb{N})$ 在 $(-a,a)$ 上一致收敛, 且 $\lim\limits_{n\to\infty}f^{(n)}(0)=1$, 求 $\lim\limits_{n\to\infty}f^{(n)}(x)$.

***2.21** 设函数列 $f_n(x)\,(n\geqslant 0)$ 在区间 I 上一致收敛, 而且对每个 $n\geqslant 0, f_n(x)$ 在 I 上有界. 证明 $f_n(x)\,(n\geqslant 0)$ 在 I 上一致有界, 亦即存在常数 $M>0$ 使对所有 $n\geqslant 0$ 及 $x\in I$ 有 $|f_n(x)|\leqslant M$.

***2.22** 证明: 函数列 $s_n(x)=\dfrac{x}{1+n^2x^2}(n\geqslant 1)$ 在区间 $(-\infty,+\infty)$ 上一致收敛; 函数列 $t_n(x)=\dfrac{nx}{1+n^2x^2}(n\geqslant 1)$ 在区间 $(0,1)$ 上不一致收敛.

2.23 设 $g(x)$ 是 $[0,+\infty)$ 上二次可微函数, $\lim\limits_{n\to+\infty}f(x)$ 存在且有限, 并且当 $x\geqslant x_0$ 时 $|f''(x)|\leqslant C$(其中 C 是常数), 则 $\lim\limits_{n\to+\infty}g'(x)=0$.

2.24 设函数 $f(x)$ 满足条件 $\lim\limits_{x\to\infty} f'(x)=a$, 则 $\lim\limits_{x\to\infty}\dfrac{f(x)}{x}=a$.

*2.25 设函数 $f(x)$ 在 $[0,\infty)$ 内有界可微, 试问下列两个命题中哪个必定成立 (要说明理由), 哪个不成立 (可由反例说明):

(i) $\lim\limits_{x\to\infty} f(x)=0 \Rightarrow \lim\limits_{x\to\infty} f'(x)=0$.

(ii) $\lim\limits_{x\to\infty} f'(x)$ 存在 $\Rightarrow \lim\limits_{x\to\infty} f'(x)=0$.

2.26 设 $f'(x),g'(x)$ 在区间 $[a,b]$ 上连续, 在 (a,b) 上可微, 并且 $f''(x),g''(x)\neq 0$, 则存在 $\xi\in(a,b)$ 满足

$$\frac{f(b)-f(a)-(b-a)f'(a)}{g(b)-g(a)-(b-a)g'(a)}=\frac{f''(\xi)}{g''(\xi)}.$$

*2.27 设函数 $f(x)$ 在区间 $[a,b]$ 上连续, 有有限的导函数 $f'(x)$, 并且不是线性函数, 则至少存在一点 $\xi\in(a,b)$, 使

$$|f'(\xi)|>\left|\frac{f(b)-f(a)}{b-a}\right|.$$

*2.28 设 f 是 $(0,\infty)$ 上具有二阶连续导数的正函数, 且 $f'\leqslant 0, f''$ 有界, 则 $\lim\limits_{t\to\infty} f'(t)=0$.

*2.29 设函数 $f(x)$ 在含有 $[a,b]$ 的某个开区间内二次可导, 而且 $f'(a)=f'(b)=0$, 则存在 $\xi\in(a,b)$ 使得

$$|f''(\xi)|\geqslant\frac{4}{(b-a)^2}|f(a)-f(b)|.$$

*2.30 设 $f(x)$ 在区间 $[a,b]$ 上可导, 并且 $f'_+(a)f'_-(b)<0$(此处 $f'_+(a)$ 和 $f'_-(b)$ 分别表示 f 在 a 和 b 处的右导数和左导数), 则存在 $c\in(a,b)$ 使得 $f'(c)=0$.

*2.31 设 $f''(x)<0$(当 $x\geqslant 0$),$f(0)=0$, 则对任何 $x_1>0,x_2>0$, 有 $f(x_1+x_2)<f(x_1)+f(x_2)$.

2.32 设 $f\in C^1(\mathbb{R}), f'(0)<0$, 并且下有界. 则对任何满足 $0<c_1<c_2<1$ 的常数 c_1,c_2, 存在 $x>0$, 使得 $f(x)\leqslant f(0)+c_1f'(0)x$, 并且 $f'(x)>c_2f'(0)$.

*2.33 若函数 $f(x)$ 在 $[a,b]$ 内连续,$a<x_1<x_2<\cdots<x_n<b$, 则在 $[x_1,x_n]$ 内必有一点 ξ 使

$$f(\xi)=\frac{1}{n}\big(f(x_1)+f(x_2)+\cdots+f(x_n)\big).$$

*2.34 设函数 $f(x)$ 在 $[0,1]$ 上连续, 在 $(0,1)$ 内可导, 并且 $f(0)=0,f(1)=1/2$. 证明: 存在 $\xi,\eta\in(0,1)$, 而且 $\xi\neq\eta$, 使得 $f'(\xi)+f'(\eta)=\xi+\eta$.

2.35 (1) 证明方程

$$\mathrm{e}^x-\mathrm{e}^{-x}-\frac{32}{15}x=0$$

在区间 $(0,1)$ 中只有一个根.

(2) 设 $f(x)$ 在 $[a,b]$ 上可微,α,β 是 $f(x)=0$ 的相邻两根 $(a<\alpha<\beta<b)$. 证明: 方程 $f(x)-f'(x)=0$ 在 (α,β) 中至少有一个根.

(3) 设 n 为正整数, 则方程 $\mathrm{e}^x=x^n$ 至多有 3 个两两不等的根.

*2.36 给定方程 $x^n(x-1)=1$, 其中 $n\geqslant 1$. 证明:

(1) 方程在 $[1,+\infty)$ 中有且仅有一个根 x_n.

(2) 当 n 充分大时,$x_n>1+\log n/n-\log\log n/n$.

*2.37 设函数 $f(x)=(1+x)^{1/x}, f(0)=\mathrm{e}$, 它在 $x=0$ 处的展开式是

$$f(x)=\sum_{n=0}^{\infty}a_n\frac{x^n}{n!},\quad a_0=\mathrm{e},$$

求 a_1,a_2,a_3.

2.38 设在 $[a-h,a+h](h>0)$ 上 $f''(x)$ 存在, 则存在 $\theta,\theta'\in(0,1)$ 使得

(1) $f(a-h)-2f(a)+f(a+h)=h\big(f'(a+\theta h)-f'(a-\theta h)\big)$.

(2) $f(a-h)-2f(a)+f(a+h)=h^2f''(a+\theta' h)$.

2.39 设 $f(x)$ 在 $[a,b]$ 上 3 次可微, 则

(1) $f(b)=f(a)+\frac{1}{2}(b-a)\big(f'(a)+f'(b)\big)-\frac{1}{12}(b-a)^3f'''(\xi)\,(a<\xi<b)$.

(2) $f(b)=f(a)+(b-a)f'\left(\frac{a+b}{2}\right)+\frac{1}{24}(b-a)^3f'''(\xi)\,(a<\xi<b)$.

2.40 设在点 a 附近 $f'(x)$ 有限, 并且 $f(a+h)=f(a)+hf'(a+\theta h)$ 成立, 其中 h 足够小,$0<\theta<1$.

(1) 如果还设 $f''(x)$ 在点 a 连续,$f''(a)\neq 0$, 则 $\lim\limits_{h\to 0}\theta=1/2$; 并对 $f(x)=1/x,a\neq 0$ 直接求出 θ 加以验证.

(2) 如果还设 $f''(a)=0,f'''(x)$ 在点 a 连续,$f'''(a)\neq 0$, 则 $\lim\limits_{h\to 0}\theta=\sqrt{1/3}$; 并对 $f(x)=1/x,a=0$ 直接求出 θ 加以验证.

2.41 若 $f^{(n+1)}(x)$ 连续,$f^{(n+1)}(a)\neq 0$, 那么对于 Taylor 公式

$$f(a+h)=f(a)+hf'(a)+\cdots+\frac{h^n}{n!}f^{(n)}(a+\theta h)\quad(0<\theta<1)$$

中的 $\theta=\theta(h)$, 有 $\theta(h)\to 1/(n+1)\,(h\to 0)$.

2.42 设当 $a\leqslant x\leqslant b$ 时 $f'''(x)$ 存在,$f''(x)>0,f'''(x)>0$. 则当 $0<h<b-a$ 时,

$$f(a+h)-f(a)<\frac{h}{2}\big(f'(a)+f'(a+h)\big).$$

2.43 (1) 设 $f(x)$ 是 (a,b) 上的凸函数, 并且在 (a,b) 上可微, 则 $f'(x)$ 在 (a,b) 上连续.

(2) 设当 $x\geqslant 0$ 时 $f(x)$ 是非负连续函数, 证明: $F(x)=\int_0^x t^3f(x^2-t^2)\mathrm{d}t(x\geqslant 0)$ 是凸函数.

2.44 证明: 平面曲线族

$$\left(\frac{x}{a}\right)^\lambda+\left(\frac{y}{b}\right)^\lambda=2\quad(\lambda\in\mathbb{R},\lambda\neq 0)$$

在点 (a,b) 相切.

2.45 设函数 $f(x)\in C(\mathbb{R})$ 满足方程

$$f\Big(f\big(f(x)\big)\Big)-3f(x)+2x=0,$$

则 $f(x)$ 在 $\mathbb{R}$ 上严格单调且无界.

2.46 设 S 是一个对加法封闭的实数集合, 它不只含 0 一个元素;$f(x)$ 是一个定义在 S 上的单调递增的实值函数, 并且满足方程

$$f(x+y)=f(x)+f(y)\quad(x,y\in S).$$

证明:$f(x)=ax(x\in S)$, 其中 a 是任意非负常数.

2.47 求 Jensen 函数方程

$$f\left(\frac{x+y}{2}\right)=\frac{f(x)+f(y)}{2}\quad(x,y\in(a,b)).$$

的所有在区间 (a,b) 上的连续解.

***2.48** 设 $f(x)$ 是 $\mathbb{R}$ 上的可微函数, 对所有 $x,y\in\mathbb{R}$ 满足

$$f(x+y)=\frac{f(x)+f(y)}{1+f(x)f(y)},$$

并且 $f'(0)=1$, 求 $f(x)$ 的表达式.

习题 2 的解答或提示

2.1 (1) 应用 L'Hospital 法则, 原式等于

$$\lim_{x\to 0}\frac{x\cos x-\log(1+x)}{x\log(1+x)}=\lim_{x\to 0}\frac{\cos x-x\sin x-\dfrac{1}{1+x}}{\log(1+x)+\dfrac{x}{1+x}}$$
$$=\lim_{x\to 0}\frac{-2\sin x-x\cos x+\dfrac{1}{(1+x)^2}}{\dfrac{1}{1+x}+\dfrac{1}{(1+x)^2}}=\frac{1}{2}.$$

(2) 令

$$y=\left(\sqrt{\cos\frac{1}{x^2}}\right)^{x^4}.$$

用 L'Hospital 法则求得 $\lim\limits_{x\to\infty}\log y=-1/4$(读者补出计算细节), 所以所求极限等于 $\lim\limits_{x\to\infty}\mathrm{e}^{\log y}=1/\sqrt[4]{\mathrm{e}}$.

(3) 应用 Cauchy 中值定理, 取 $f(t)=\sin t, g(t)=a^t$. 不妨认为 $x>a$ 充分靠近 a. 则有

$$\frac{\sin(x^x)-\sin(a^x)}{a^{x^x}-a^{a^x}}=\frac{\cos\xi}{a^{\xi}\log a},$$

其中 $\xi\in(a^x,x^x)$. 于是所求极限等于

$$\lim_{x\to a}\frac{\cos\xi}{a^{\xi}\log a}=\frac{\cos(a^a)}{a^{a^a}\log a}.$$

(4) 解法 1 应用 L'Hospital 法则,

$$\lim_{x\to 0}\frac{x}{1-\mathrm{e}^{-x^2}}\int_0^x\mathrm{e}^{-t^2}\mathrm{d}t=\lim_{x\to 0}\frac{\displaystyle\int_0^x\mathrm{e}^{-t^2}\mathrm{d}t+x\mathrm{e}^{-x^2}}{\mathrm{e}^{-x^2}\cdot 2x}=\frac{1}{2}+\lim_{x\to 0}\frac{\displaystyle\int_0^x\mathrm{e}^{-t^2}\mathrm{d}t}{2x\mathrm{e}^{-x^2}}$$
$$=\frac{1}{2}+\frac{1}{2}\lim_{x\to 0}\frac{\mathrm{e}^{-x^2}}{\mathrm{e}^{-x^2}-2x^2\mathrm{e}^{-x^2}}=\frac{1}{2}+\frac{1}{2}\lim_{x\to 0}\frac{1}{1-2x^2}=1.$$

解法 2 应用 L'Hospital 法则,

$$\lim_{x\to 0}\frac{x}{1-\mathrm{e}^{-x^2}}\int_0^x\mathrm{e}^{-t^2}\mathrm{d}t=\lim_{x\to 0}\left(\frac{x^2}{1-\mathrm{e}^{-x^2}}\cdot\frac{\displaystyle\int_0^x\mathrm{e}^{-t^2}\mathrm{d}t}{x}\right)$$
$$=\lim_{x\to 0}\frac{x^2}{1-\mathrm{e}^{-x^2}}\cdot\lim_{x\to 0}\frac{\displaystyle\int_0^x\mathrm{e}^{-t^2}\mathrm{d}t}{x}=\lim_{x\to 0}\frac{2x}{2x\mathrm{e}^{-x^2}}\cdot\lim_{x\to 0}\mathrm{e}^{-x^2}=1.$$

(5) **提示** 所求极限当 $a>1$ 时等于 a; 当 $0<a<1$ 时等于 1. 因此答案为 $\max\{1,a\}$.

(6) **提示** 解法 1 记题中函数表达式为 $f(x)$, 则

$$\lim_{x\to\infty}\log f(x)=\lim_{x\to\infty}x\log\left(\frac{1}{x}+2^{1/x}\right),$$

令 $y=1/x$, 用 L'Hospital 法则, 上式等于

$$\lim_{y\to 0}\frac{\log(y+2^y)}{y}=\lim_{y\to 0}\frac{1+(\log 2)\cdot 2^y}{y+2^y}=1+\log 2.$$

所以原式 $=2\mathrm{e}$.

解法 2 应用

$$\left(\frac{1}{x}+2^{1/x}\right)^{x}=2\left(\frac{1}{x\cdot 2^{1/x}}+1\right)^{x}=2\left(\left(1+\frac{1}{x\cdot 2^{1/x}}\right)^{x\cdot 2^{1/x}}\right)^{1/(2^{1/x})}.$$

(7) 由半角公式 $1-\cos\theta=2\sin^2(\theta/2)$ 得

$$\begin{aligned}1-\cos(1-\cos x)&=2\sin^2\left(\frac{1-\cos x}{2}\right)=2\sin^2\left(\sin^2\frac{x}{2}\right)\\&=2\cdot\frac{\sin^2\left(\sin^2\dfrac{x}{2}\right)}{\left(\sin^2\dfrac{x}{2}\right)^2}\cdot\frac{\left(\sin\dfrac{x}{2}\right)^4}{\left(\dfrac{x}{2}\right)^4}\cdot\frac{x^4}{2^4}.\end{aligned}$$

因为当 $x\to 0$ 时 $\sin^2(x/2)\to 0$, 所以

$$\lim_{x\to 0}\frac{1-\cos(1-\cos x)}{x^4}=2\cdot 1^2\cdot 1^4\cdot\frac{1}{2^4}=\frac{1}{8}.$$

或者展开 $\cos(1-\cos x)$.

(8) **提示** 我们有

$$\frac{1}{x^2}-\cot^2 x=\frac{\sin^2 x-x^2\cos^2 x}{x^2\sin^2 x}=\frac{\sin^2 x-x^2\cos^2 x}{x^4}\cdot\frac{x^2}{\sin^2 x}.$$

记 $f(x)=\sin^2 x-x^2\cos^2 x, g(x)=x^4$, 则

$$\begin{aligned}&f'(x)=2\sin x\cos x-2x\cos^2 x+2x^2\cos x\sin x=\sin 2x-2x\cos^2 x+x^2\sin 2x,\\&f''(x)=2\cos 2x-2\cos^2 x+4x\sin 2x+2x^2\cos 2x,\\&f'''(x)=2\sin 2x+12x\cos 2x-4x^2\sin 2x,\\&f^{(4)}(x)=16\cos 2x-32x\sin 2x-8x^2\cos 2x;\\&g^{(4)}(x)=4\cdot 3\cdot 2\cdot 1=24.\end{aligned}$$

因此所求极限等于 2/3.

(9) 解法 1 我们有

$$\begin{aligned}\frac{1-\cos(1-\sin x)}{\sin^4(\cos x)}&=\frac{1-\left(1-\dfrac{1}{2}(1-\sin x)^2+\dfrac{1}{4!}(1-\sin x)^4-\cdots\right)}{\left(\cos x-\dfrac{1}{6}\cos^3 x+\cdots\right)^4}\\&=\frac{(1-\sin x)^2\left(\dfrac{1}{2}-\dfrac{1}{4!}(1-\sin x)^2+\cdots\right)}{\cos^4 x\left(1-\dfrac{1}{6}\cos^2 x+\cdots\right)^4}\\&=\frac{1}{(1+\sin x)^2}\cdot\frac{\dfrac{1}{2}-\dfrac{1}{4!}(1-\sin x)^2+\cdots}{\left(1-\dfrac{1}{6}\cos^2 x+\cdots\right)^4},\end{aligned}$$

因此所求极限等于 1/8.

解法 2 将所给函数表达式变形:

$$\begin{aligned}\frac{1-\cos(1-\sin x)}{\sin^4(\cos x)}&=\frac{1-\cos(1-\sin x)}{(1-\sin x)^2}\cdot\left(\frac{1-\sin x}{\cos^2 x}\right)^2\cdot\left(\frac{\cos x}{\sin(\cos x)}\right)^4\\&=\frac{1-\cos(1-\sin x)}{(1-\sin x)^2}\cdot\left(\frac{1}{1+\sin x}\right)^2\cdot\left(\frac{\cos x}{\sin(\cos x)}\right)^4\end{aligned}$$

因为 $\cos x\to 0(x\to\pi/2)$, 且 $(1-\cos\theta)/\theta^2\to 1/2(\theta\to 0)$, 所以所求极限等于 $(1/2)(1/4)\cdot 1=1/8$.

(10) 所给函数表达式的分子等于

$$\left(x-\frac{x^2}{2}+\frac{x^3}{3}-\frac{x^4}{4}+\cdots\right)\left(-x-\frac{x^2}{2}-\frac{x^3}{3}-\frac{x^4}{4}-\cdots\right)-\left(-x^2-\frac{x^4}{2}-\cdots\right)=\frac{x^4}{12}+\cdots,$$

所以所求极限等于 1/12(此处省略号表示高次项, 后同).

(11) 记题中函数为 $u(x)$, 则当 $x\to+\infty$ 时,

$$\begin{aligned}\left(1+\frac{1}{x}\right)^x&=\exp\left(x\log\left(1+\frac{1}{x}\right)\right)=\exp\left(1-\frac{1}{2x}+O\Big(\frac{1}{x^2}\Big)\right)\\&=\mathrm{e}\cdot\exp\left(-\frac{1}{2x}+O\Big(\frac{1}{x^2}\Big)\right)=\mathrm{e}\left(1-\frac{1}{2x}+O\Big(\frac{1}{x^2}\Big)\right);\end{aligned}$$

$$\mathrm{e}-\left(1+\frac{1}{x}\right)^x=\frac{\mathrm{e}}{2x}+O\left(\frac{1}{x^2}\right);$$

$$\begin{aligned}\log u(x)&=\frac{1}{x}\log\left(\frac{\mathrm{e}}{2x}+O\Big(\frac{1}{x^2}\Big)\right)=\frac{1}{x}\log\left(\frac{1}{x}\cdot\Big(\frac{\mathrm{e}}{2}+O\Big(\frac{1}{x}\Big)\Big)\right)\\&=\frac{1}{x}\log\frac{1}{x}+\frac{1}{x}\log\left(\frac{\mathrm{e}}{2}+O\Big(\frac{1}{x}\Big)\right)\\&=-\frac{\log x}{x}+\frac{1}{x}\log\left(\frac{\mathrm{e}}{2}+O\Big(\frac{1}{x}\Big)\right)\sim-\frac{\log x}{x}.\end{aligned}$$

因此所求极限等于 1.

(12) 记题中函数为 $v(x)$, 则当 $x\to+\infty$ 时(参见本题 (11)),

$$\begin{aligned}\left(1+\frac{1}{x}\right)^x&=\exp\left(1-\frac{1}{2x}+\frac{1}{3x^2}+O\Big(\frac{1}{x^3}\Big)\right)=\mathrm{e}\left(1-\frac{1}{2x}+\frac{11}{24x^2}+O\Big(\frac{1}{x^3}\Big)\right),\\v(x)&=\mathrm{e}\left(x^2-\frac{x}{2}+\frac{11}{24}+O\Big(\frac{1}{x}\Big)\right)-\mathrm{e}\left(x^2-\frac{x}{2}+\frac{1}{3}+O\Big(\frac{1}{x}\Big)\right)=\frac{\mathrm{e}}{8}+O\Big(\frac{1}{x}\Big)\to\frac{\mathrm{e}}{8}.\end{aligned}$$

(13) 因为当 $|x|>1$ 时,

$$\begin{aligned}\sqrt[3]{x^3+x^2+x+1}&=\sqrt[3]{\frac{x^4-1}{x-1}}=x\left(1-\frac{1}{x^4}\right)^{1/3}\left(1-\frac{1}{x}\right)^{-1/3}\\&=x\left(1-\frac{1}{3x^4}+\cdots\right)\left(1+\frac{1}{3x}+\frac{2}{9x^2}+\cdots\right)=x\left(1+\frac{1}{3x}+\frac{2}{9x^2}-\cdots\right);\end{aligned}$$

以及

$$\begin{aligned}\sqrt{x^2+x+1}&=\sqrt{\frac{x^3-1}{x-1}}=x\left(1-\frac{1}{x^3}\right)^{1/2}\left(1-\frac{1}{x}\right)^{-1/2}\\&=x\left(1-\frac{1}{2x^3}+\cdots\right)\left(1+\frac{1}{2x}+\frac{3}{8x^2}+\cdots\right)=x\left(1+\frac{1}{2x}+\frac{3}{8x^2}-\cdots\right).\end{aligned}$$

因此所求极限等于

$$\lim_{x\to\pm\infty}\left(-\frac{1}{6}+\Big(\frac{2}{9}-\frac{3}{8}\Big)\frac{1}{x}+\cdots\right)=-\frac{1}{6}.$$

(14) 当 $x>1$ 时,

$$\begin{aligned}x\sqrt{x}(\sqrt{x}-2\sqrt{x+1}+\sqrt{x+2})&=x^2\left(1-2\sqrt{1+\frac{1}{x}}+\sqrt{1+\frac{2}{x}}\right)\\&=x^2\left(1-2\Big(1+\frac{1}{2x}-\frac{1}{8x^2}+\frac{1}{16x^3}-\cdots\Big)+\Big(1+\frac{1}{x}-\frac{1}{2x^2}+\frac{1}{2x^3}-\cdots\Big)\right)\end{aligned}$$

$$=-\frac{1}{4}+\frac{3}{8x}-\cdots,$$

因此所求极限等于 $-1/4$.

(15) **提示** 因为 $\mathrm{e}^x=1+x+(x^2/2)\mathrm{e}^{\theta x}\,(0<\theta<1)$, 所以

$$\log\frac{\mathrm{e}^x-1}{x}=\log\left(1+\frac{x}{2}\mathrm{e}^{\theta x}\right)=\frac{x}{2}\mathrm{e}^{\theta x}-\frac{1}{2}\left(\frac{x}{2}\mathrm{e}^{\theta x}\right)^2+\cdots.$$

答案:1/2.

(16) 令

$$s_n(x)=1+x+\frac{x^2}{2!}+\cdots+\frac{x^n}{n!},$$
$$r_n(x)=\mathrm{e}^x-s_n(x)=\frac{x^{n+1}}{(n+1)!}+\cdots.$$

那么

$$\begin{aligned}x-\log\left(1+x+\frac{x^2}{2!}+\cdots+\frac{x^n}{n!}\right)&=x-\log\left(\mathrm{e}^x-r_n(x)\right)\\&=x-\log\left(\mathrm{e}^x\left(1-\mathrm{e}^{-x}r_n(x)\right)\right)=-\log\left(1-\mathrm{e}^{-x}r_n(x)\right)\\&=\mathrm{e}^{-x}r_n(x)+\frac{1}{2}\mathrm{e}^{-2x}r_n(x)^2+\cdots=\frac{x^{n+1}}{(n+1)!}\mathrm{e}^{-x}+\cdots.\end{aligned}$$

于是所求极限等于 $1/(n+1)!$.

2.2 提示 右边的积分 $=(c-1)\mathrm{e}^c$, 左边的极限 $=\mathrm{e}^c$ (当 $c\neq 0$), 1(当 $c=0$). 因此 $c=2$.

2.3 提示 由 Lagrange 中值定理, 当 $|x|$ 足够小时, $\phi(f(x))-\phi(g(x))=\big(f(x)-g(x)\big)\phi'(\xi)$, 其中 ξ 介于 $f(x)$ 和 $g(x)$ 之间.

2.4 (1) 由 Taylor 公式,

$$f(x)=f(a)+(x-a)f'(a)+\frac{(x-a)^2}{2}f''(a)+\frac{(x-a)^3}{6}f'''\big(a+\theta(x-a)\big),$$
$$f'(x)=f'(a)+(x-a)f''(a)+\frac{(x-a)^2}{2}f'''\big(a+\eta(x-a)\big),$$

其中 $0<\theta<1, 0<\eta<1$. 于是

$$f'(x)+f'(a)=2f'(a)+(x-a)f''(a)+\frac{(x-a)^2}{2}f'''\big(a+\eta(x-a)\big)=A(x)\,(\text{记}),$$
$$2f(x)-2f(a)=2(x-a)f'(a)+(x-a)^2f''(a)+\frac{(x-a)^3}{3}f'''\big(a+\theta(x-a)\big)=(x-a)B(x)\,(\text{记}).$$

因此所求极限等于

$$\lim_{x\to a}\left(\frac{A(x)^2}{(x-a)^2B(x)^2}-\frac{1}{(x-a)^2}\right)=\lim_{x\to a}\frac{1}{(x-a)^2}\left(\frac{A(x)^2-B(x)^2}{B(x)^2}\right).$$

算出

$$A(x)^2-B(x)^2=4f'(a)(x-a)^2\left(\frac{f'''\big(a+\eta(x-a)\big)}{2}-\frac{f'''\big(a+\theta(x-a)\big)}{3}\right)+O\big((x-a)^3\big),$$
$$B(x)^2=4f'(a)^2+O(x-a),$$

所以所求极限等于

$$\frac{f'(a)f'''(a)}{6f'(a)^2}=\frac{f'''(a)}{6f'(a)}.$$

(2) 由题 (1),

$$
\begin{aligned}
&(x-a)\big(f'(x)+f'(a)\big)-2f(x)+2f(a)\big)\\
&=\frac{(x-a)^3}{2}f'''\Big(a+\eta(x-a)\Big)-\frac{(x-a)^3}{3}f'''\Big(a+\theta(x-a)\Big),
\end{aligned}
$$

因此所求极限等于 $f'''(a)/6$.

2.5　应用 L'Hospital 法则,

$$
\begin{aligned}
\lim_{x\to0}\log f(x)&=\lim_{x\to0}\frac{1}{x}\log\frac{a_1^x+a_2^x+\cdots+a_m^x}{m}\\
&=\lim_{x\to0}\frac{m}{a_1^x+a_2^x+\cdots+a_m^x}\cdot\lim_{x\to0}\frac{a_1^x\log a_1+a_2^x\log a_2+\cdots+a_m^x\log a_m}{m}\\
&=\frac{\log a_1+\log a_2+\cdots+\log a_m}{m}=\log\sqrt[m]{a_1a_2\cdots a_m},
\end{aligned}
$$

因此 $\lim\limits_{x\to0}f(x)=\sqrt[m]{a_1a_2\cdots a_m}$.

2.6　显然 $f(x)+\dfrac{1}{f(x)}\geqslant 2$. 依题设, 对于任何给定的 $\varepsilon>0$, 存在 $\delta>0$, 使当 $0<|x|<\delta$ 时,

$$0\leqslant f(x)+\frac{1}{f(x)}-2<\varepsilon.$$

因为

$$f(x)+\frac{1}{f(x)}-2=\big(f(x)-1\big)+\left(\frac{1}{f(x)}-1\right)=\big(f(x)-1\big)\left(1-\frac{1}{f(x)}\right),$$

所以同时有

$$
\begin{aligned}
&0\leqslant\big(f(x)-1\big)+\left(\frac{1}{f(x)}-1\right)<\varepsilon,\\
&0\leqslant\big(f(x)-1\big)\left(1-\frac{1}{f(x)}\right)<\varepsilon.
\end{aligned}
$$

由此并注意

$$\big(f(x)-1\big)^2+\left(\frac{1}{f(x)}-1\right)^2=\left(\big(f(x)-1\big)+\left(\frac{1}{f(x)}-1\right)\right)^2-2\big(f(x)-1\big)\left(1-\frac{1}{f(x)}\right),$$

我们得到

$$0\leqslant\big(f(x)-1\big)^2+\left(\frac{1}{f(x)}-1\right)^2\leqslant\varepsilon^2+2\varepsilon,$$

于是 $\big(f(x)-1\big)^2\leqslant\varepsilon^2+2\varepsilon$, 或 $|f(x)-1|\leqslant\sqrt{\varepsilon^2+2\varepsilon}$(此式右边是任意小的正量), 所以 $\lim\limits_{x\to0}f(x)=1$.

2.7　依题设, 对于每个 $x>0, g(x)=\lim\limits_{t\to\infty}f(xt)/t^\theta$, 所以

$$\frac{g(x)}{x^\theta}=\lim_{t\to\infty}\frac{f(xt)}{x^\theta t^\theta}=\lim_{t\to\infty}\frac{f(xt)}{(xt)^\theta}=\lim_{y\to\infty}\frac{f(y)}{y^\theta}=\lim_{y\to\infty}\frac{f(1\cdot y)}{y^\theta}=g(1).$$

因此 $g(x)=g(1)x^\theta$. 于是可取 $c=g(1)$.

2.8　令 $g(x)=f(x)+|x|/2$, 那么 $g(x)$ 连续, 下有界, 并且当 $x\to\pm\infty$ 时,$g(x)\to+\infty$. 于是存在实数 x_0 使得 $g(x_0)=\min\limits_{x\in\mathbb{R}}g(x)$. 由此得知

$$f(x)+\frac{|x|}{2}\geqslant f(x_0)+\frac{|x_0|}{2},$$

即

$$f(x_0)-f(x)+\frac{|x_0|}{2}-\frac{|x|}{2}\leqslant 0.$$

因此最终得到: 当 $x\neq x_0$ 时,

$$\begin{aligned}f(x_0)-f(x)-|x-x_0|&<f(x_0)-f(x)-\frac{|x-x_0|}{2}\\&\leqslant f(x_0)-f(x)-\frac{|x|-|x_0|}{2}=f(x_0)-f(x)+\frac{|x_0|}{2}-\frac{|x|}{2}\leqslant 0.\end{aligned}$$

2.9 令 $\varphi(x)=f(x)+f'(x),g(x)=\mathrm{e}^x f(x)$. 因为 $f(x)$ 可微, 所以 $g(x)$ 也可微, 并且 $g'(x)=\mathrm{e}^x\varphi(x)$. 于是

$$g(x)-g(x_0)=\int_{x_0}^x \mathrm{e}^t\varphi(t)\mathrm{d}t.$$

因为 $\varphi(x)\to a\,(x\to+\infty)$, 所以对于任意给定的 $\varepsilon>0$, 存在 A, 使当 $x>A$ 时,

$$a-\varepsilon<\varphi(x)<a+\varepsilon.$$

取 $x_0>A$ 并固定, 那么

$$(a-\varepsilon)\int_{x_0}^x \mathrm{e}^t\mathrm{d}t<\int_{x_0}^x \mathrm{e}^t\varphi(t)\mathrm{d}t<(a+\varepsilon)\int_{x_0}^x \mathrm{e}^t\mathrm{d}t,$$

即

$$(a-\varepsilon)(\mathrm{e}^x-\mathrm{e}^{x_0})<g(x)-g(x_0)<(a+\varepsilon)(\mathrm{e}^x-\mathrm{e}^{x_0}).$$

由此可得

$$a-\varepsilon+\frac{g(x_0)-(a-\varepsilon)\mathrm{e}^{x_0}}{\mathrm{e}^x}<\frac{g(x)}{\mathrm{e}^x}<a+\varepsilon+\frac{g(x_0)-(a+\varepsilon)\mathrm{e}^{x_0}}{\mathrm{e}^x}.$$

取 $x>A_1$(充分大), 可使

$$\left|\frac{g(x_0)-(a\pm\varepsilon)\mathrm{e}^{x_0}}{\mathrm{e}^x}\right|<\varepsilon,$$

因此当 $x>\max\{A,A_1\}$ 时,

$$\left|\frac{g(x)}{\mathrm{e}^x}-a\right|<2\varepsilon.$$

于是得到所要的结论.

注 本题是补充习题 9.18 的特例, 上面的解法也与该题的解法 2 本质上一致.

2.10 记题设中的极限等于 w. 那么对于任给 $\varepsilon>0$, 存在 $\eta>0$, 使当 $|x|<\eta$ 时,

$$\left|\frac{f(x)-f(kx)}{x}-w\right|<\varepsilon.$$

因为 $0<k<1$, 所以对于任何 $p\in\mathbb{N}_0,|k^px|<\eta$, 从而

$$\left|\frac{f(k^px)-f(k^{p+1}x)}{k^px}-w\right|<\varepsilon,$$

或者

$$\left|\frac{f(k^px)-f(k^{p+1}x)}{x}-k^pw\right|<k^p\varepsilon.$$

由此并注意

$$\sum_{p=0}^{n-1}\left(\frac{f(k^px)-f(k^{p+1}x)}{x}-k^pw\right)=\frac{f(x)-f(k^nx)}{x}-\frac{w(1-k^n)}{1-k},$$

我们推出: 当 $|x|<\eta$ 时,

$$\left|\frac{f(x)-f(k^nx)}{x}-\frac{w(1-k^n)}{1-k}\right|<\varepsilon\sum_{p=0}^{n-1}k^p=\frac{\varepsilon(1-k^n)}{1-k}.$$

因为 $f(x)$ 在 $x=0$ 连续, 所以令 $n\to\infty$ 可知: 当 $|x|<\eta$ 时,

$$\left|\frac{f(x)-f(0)}{x}-\frac{w}{1-k}\right|<\frac{\varepsilon}{1-k},$$

因此

$$f'(0)=\lim_{x\to 0}\frac{f(x)-f(0)}{x}=\frac{w}{1-k}.$$

注 上面的证明本质上是例 2.1.7 的解法的变体.

2.11 (1) **提示** 参见例 2.2.1. 应用

$$\frac{x}{x^2+a^2}=\frac{1}{2}\left(\frac{1}{x-a\mathrm{i}}+\frac{1}{x+a\mathrm{i}}\right).$$

则

$$\begin{aligned}\left(\frac{x}{x^2+a^2}\right)^{(n)}&=\frac{(-1)^n n!}{2}\left(\frac{1}{(x-a\mathrm{i})^{n+1}}+\frac{1}{(x+a\mathrm{i})^{n+1}}\right)=\cdots\\&=\frac{(-1)^n n!\sin^{n+1}\theta\cos(n+1)\theta}{a^{n+1}}=(-1)^n n!\frac{\cos(n+1)\theta}{(x^2+a^2)^{(n+1)/2}},\end{aligned}$$

其中 $\theta=\operatorname{arccot}(x/a)$.

(2) 在方程 $x=\varphi\big(f(x)\big)$ 两边对 x 求导得 $1=\varphi'(y)f'(x)$, 于是 $\varphi'(y)=1/f'(x)$. 进而求出 $\varphi''(y)=\big(\varphi'(y)\big)'$ 和 $\varphi''(y)$. 或者: 在方程 $1=\varphi'(y)f'(x)$ 两边对 x 求导, 得到

$$\begin{aligned}0&=\frac{\mathrm{d}}{\mathrm{d}x}\varphi'(y)\cdot f'(x)+\varphi'(y)f''(x)\\&=\varphi''(y)f'(x)\cdot f'(x)+\varphi'(y)f''(x)\\&=\varphi''(y)\big(f'(x)\big)^2+\varphi'(y)f''(x),\end{aligned}$$

所以

$$\varphi''(y)=-\frac{\varphi'(y)f''(x)}{\big(f'(x)\big)^2}=-\frac{f''(x)}{\big(f'(x)\big)^3}.$$

在方程 $0=\varphi''(y)\big(f'(x)\big)^2+\varphi'(y)f''(x)$ 两边对 x 求导, 得到

$$\begin{aligned}0&=\frac{\mathrm{d}}{\mathrm{d}x}\varphi''(y)\cdot\big(f'(x)\big)^2+2\varphi''(y)f'(x)f''(x)+\frac{\mathrm{d}}{\mathrm{d}x}\varphi'(y)f''(x)+\varphi'(x)f'''(x)\\&=\varphi'''(y)\big(f'(x)\big)^3+2\varphi''(y)f'(x)f''(x)+\varphi''(y)f'(x)f''(x)+\varphi'(y)f'''(x),\end{aligned}$$

所以

$$\begin{aligned}\varphi'''(y)&=-\frac{1}{\big(f'(x)\big)^3}\big(3\varphi''(y)f'(x)f''(x)+\varphi'(y)f'''(x)\big)\\&=-\frac{1}{\big(f'(x)\big)^3}\left(-3\frac{\big(f''(x)\big)^2}{\big(f'(x)\big)^2}+\frac{f'''(x)}{f'(x)}\right)\\&=\frac{1}{\big(f'(x)\big)^5}\Big(3\big(f''(x)\big)^2-f'(x)f'''(x)\Big).\end{aligned}$$

2.12 **提示** 参见例 2.2.5, 已经求出 $\mathrm{d}y/\mathrm{d}x=1/(\mathrm{d}x/\mathrm{d}y),\mathrm{d}^2y/\mathrm{d}x^2=-(\mathrm{d}^2x/\mathrm{d}y^2)/(\mathrm{d}x/\mathrm{d}y)^3$.

2.13 条件的必要性: 设 $f(x)$ 在 A 上一致连续, 那么 (由定义) 对于任何 $\varepsilon>0$, 存在 $\delta=\delta(\varepsilon)>0$, 使当 $|x-y|<\delta$ 时 $|f(x)-f(y)|<\varepsilon$. 若 $\lim\limits_{n\to\infty}(x_n-y_n)=0$, 则对于 $\delta>0$ 存在 $N=N(\delta)=N(\varepsilon)$ 使当 $n\geqslant N$ 时 $|x_n-y_n|<\delta$ 成立, 于是依上述,$|f(x_n)-f(y_n)|<\varepsilon$. 这表明 $\lim\limits_{n\to\infty}\big(f(x_n)-f(y_n)\big)=0$.

条件的充分性: 用反证法. 设 $\lim\limits_{n\to\infty}(x_n-y_n)=0$ 蕴含 $\lim\limits_{n\to\infty}\big(f(x_n)-f(y_n)\big)=0$, 但 $f(x)$ 在 A 上不一致连续. 于是存在某个 $\varepsilon_0>0$, 使得对于任何 $\delta>0$ 总存在 $x=x(\delta),y=y(\delta)\in A$ 满足 $|x-y|<\delta$, 但 $|f(x)-f(y)|\geqslant\varepsilon_0$. 特别地, 取 $\delta=1/n$, 那么存在 $x_n,y_n\in A$, 使得 $|x_n-y_n|<1/n$, 但 $|f(x_n)-f(y_n)|\geqslant\varepsilon_0$. 这表明 A 中存在点列 x_n,y_n, 使得 $\lim\limits_{n\to\infty}(x_n-y_n)=0$, 但 $\lim\limits_{n\to\infty}\big(f(x_n)-f(y_n)\big)\neq 0$. 我们得到矛盾.

2.14 因为 $f(x)$ 在 $[1,\infty)$ 上一致连续, 所以存在 $\delta_0=\delta_0(1)>0$, 使当 $|x-x'|<\delta_0$ 时 $|f(x)-f(x')|<1$. 取 $\delta\in(0,\delta_0)$ 并且 $\delta<1$, 将其固定. 任何 $x>1$ 可写成 $x=1+n\delta+r$ 的形式, 其中 $n\in\mathbb{N}_0, 0\leqslant r<\delta$. 于是

$$|f(1+k\delta+r)-f\big(1+(k-1)\delta+r\big)|<1\quad(k\geqslant 2).$$

注意

$$\begin{aligned}f(x)-f(1)=&\Big(f(1+n\delta+r)-f\big(1+(n-1)\delta+r\big)\Big)\\&+\Big(f\big(1+(n-1)\delta+r\big)-f\big(1+(n-2)\delta+r\big)\Big)\\&+\cdots+\big(f(1+2\delta+r)-f(1+\delta+r)\big)\\&+\big(f(1+\delta+r)-f(1+r)\big)+\big(f(1+r)-f(1)\big),\end{aligned}$$

以及 $0<r<\delta<\delta_0$, 我们得到

$$|f(x)|\leqslant|f(1)|+|f(x)-f(1)|\leqslant|f(1)|+(n+1).$$

由此推出

$$\frac{|f(x)|}{x}\leqslant\frac{|f(1)|+n+1}{1+n\delta+r}.$$

若 $n=0$, 则

$$\frac{|f(x)|}{x}\leqslant\frac{|f(1)|+1}{1+r}\leqslant|f(1)|+1;$$

若 $n\geqslant 1$, 则

$$\frac{|f(x)|}{x}\leqslant\frac{n^{-1}|f(1)|+1+n^{-1}}{n^{-1}+\delta+n^{-1}r}<\frac{|f(1)|+2}{\delta}.$$

因此可取 $M=\max\{\big(|f(1)|+2\big)/\delta,|f(1)|+1\}=(|f(1)|+2)/\delta$.

2.15 因为 $f(x)$ 在点 0 连续, 所以对于给定的 $\varepsilon>0$, 存在 $\delta>0$, 使当 $|x|<\delta$ 时 $|f(x)|<\varepsilon$. 由题设不等式可知对于任何 $x\in\mathbb{R}$ 及 $|t|<\delta$,

$$\begin{aligned}&f(x+t)-f(x)\leqslant f(t)<\varepsilon,\\&f(x)-f(x+t)\leqslant f(-t)<\varepsilon,\end{aligned}$$

于是 $|f(x+t)-f(x)|<\varepsilon$. 注意任何满足 $|x-x'|<\delta$ 的 x' 总可表示为 $x'=x+t,|t|<\delta$, 因此按定义,$f(x)$ 在 $\mathbb{R}$ 上一致连续.

2.16 我们有

$$\begin{aligned}F(x)&=\int_a^x f(y)|x-y|\mathrm{d}y+\int_x^b f(y)|x-y|\mathrm{d}y\\&=\int_a^x f(y)(x-y)\mathrm{d}y+\int_x^b f(y)(y-x)\mathrm{d}y\\&=x\int_a^x f(y)\mathrm{d}y-\int_a^x f(y)y\mathrm{d}y+\int_x^b f(y)y\mathrm{d}y-x\int_x^b f(y)\mathrm{d}y.\end{aligned}$$

由此求出

$$\begin{aligned}F'(x)&=\int_a^x f(y)\mathrm{d}y+xf(x)-xf(x)-f(x)x-\int_x^b f(y)\mathrm{d}y+xf(x)\\&=\int_a^x f(y)\mathrm{d}y-\int_x^b f(y)\mathrm{d}y,\end{aligned}$$

于是 $F''(x)=f(x)+f(x)=2f(x)$.

2.17 用反证法. 设 $f(x)$ 有原函数 $F(x)$, 即 $F'(x)=f(x)(x\in\mathbb{R})$. 那么 $F'(0)=f(0)=1$. 由 Lagrange 中值定理,

$$F(x)-F(0)=F'(\xi)(x-0)=f(\xi)x=\sqrt{|\xi|}x,$$

其中 $\xi \in (0,x)$. 于是

$$F'(0) = \lim_{x \to 0} \frac{F(x) - F(0)}{x} = \lim_{x \to 0} \sqrt{|\xi|} = \lim_{\xi \to 0} \sqrt{|\xi|} = 0,$$

这与 $F'(0) = 1$ 矛盾.

2.18 按定义有

$$f'(0) = \lim_{x \to 0} \frac{f(x) - f(0)}{x - 0} = \lim_{x \to 0} \frac{x^2 \sin \dfrac{1}{x}}{x} = \lim_{x \to 0} x \sin \frac{1}{x} = 0.$$

当 $x \neq 0$ 时,$f'(x) = 2x \sin \dfrac{1}{x} - \cos \dfrac{1}{x}$, 所以 $\lim\limits_{x \to 0} f'(x)$ 不存在. 因此 $f'(x)$ 在 $x = 0$ 不连续.

2.19 用反证法. 设 $f(x)$ 在 $\mathbb{R}$ 上不是严格单调增加的, 那么存在区间 $[a_0,b_0]$, 使 $f(x)$ 在其上不严格单调增加. 令 $c = (a_0 + b_0)/2$, 那么在区间 $[a_0,c]$ 和 $[c,b_0]$ 中, 必有一个使 $f(x)$ 在其上不严格单调增加. 因若不然, 则 $f(x)$ 在这两个区间上都是严格单调增加的. 因为对于任何 $x \in [c,b_0], f(x) > f(c)$, 并且对于任何 $x' \in [a_0,c], f(c) > f(x')$, 所以对于任何 $x \in [c,b_0]$ 和 $x' \in [a_0,c]$, 总有 $f(x) > f(x')$. 由此推出 $f(x)$ 在整个区间 $[a_0,b_0]$ 上严格单调增加. 这与 $[a_0,b_0]$ 的定义矛盾. 于是我们得到 $[a_0,b_0]$ 的一个真子区间, 将它记作 $[a_1,b_1]$, 使 $f(x)$ 在其上不严格单调增加. 将上述对于 $[a_0,b_0]$ 所做的推理应用于区间 $[a_1,b_1]$, 又可得到 $[a_1,b_1]$ 的一个真子区间 $[a_2,b_2]$, 使 $f(x)$ 在其上不严格单调增加. 这个推理过程可以无限地进行下去, 于是得到一个无穷严格下降的区间链

$$[a_0,b_0] \supset [a_1,b_1] \supset [a_2,b_2] \supset \cdots,$$

使得 $f(x)$ 在每个区间 $[a_n,b_n](n \geqslant 0)$ 上都不严格单调增加. 由于当 $n \to \infty$ 时区间 $[a_n,b_n]$ 的长度 $= (b_0 - a_0)/2^n \to 0$, 并且 a_n 单调递增,b_n 单调递减, 因此存在唯一的 x_0, 使得

$$\lim_{n \to \infty} a_n = \lim_{n \to \infty} b_n = x_0,$$

也就是说 x_0 属于所有区间 $[a_n,b_n](n \geqslant 0)$. 于是对于任何 $\varepsilon > 0$, 存在 $n = n(\varepsilon)$, 使得 $(x_0 - \varepsilon, x_0 + \varepsilon) \subseteq [a_n,b_n]$. 由 $[a_n,b_n]$ 的定义,$f(x)$ 在其上不严格单调增加, 从而对于任何 $\varepsilon > 0, f(x)$ 在区间 $(x_0 - \varepsilon, x_0 + \varepsilon)$ 上不严格单调增加. 这与题设矛盾.

注 关于 x_0 的存在性, 也可由“区间套原理”直接推出.

2.20 令 $F(x) = \lim\limits_{n \to \infty} f^{(n)}(x)$. 依一致收敛性假设, 当 $x < |a|$ 时我们有

$$\begin{aligned}\int_0^x F(t)\mathrm{d}t &= \int_0^x \lim_{n \to \infty} f^{(n)}(t)\mathrm{d}t = \lim_{n \to \infty} \int_0^x f^{(n)}(t)\mathrm{d}t \\ &= \lim_{n \to \infty} \left(f^{(n-1)}(t)\Big|_0^x \right) = \lim_{n \to \infty} \left(f^{(n-1)}(x) - f^{(n-1)}(0) \right) = F(x) - 1.\end{aligned}$$

于是得到微分方程

$$\begin{cases} F'(x) = F(x), \\ F(0) = 1. \end{cases}$$

由此得到 $F(x) = \mathrm{e}^x$, 从而 $\lim\limits_{n \to \infty} f^{(n)}(x) = \mathrm{e}^x$.

2.21 由于 $f_n(x)\,(n \geqslant 0)$ 在 I 上一致收敛, 所以依 Cauchy 准则, 存在正整数 N, 使当所有 $x \in I$ 及所有 $p \geqslant 1$ 有

$$|f_N(x) - f_{N+p}(x)| \leqslant 1.$$

又因为 $f_i(x)\,(i = 1,2,\cdots,N)$ 在 I 上分别有界, 取其界值的最大者, 记为 M_0, 即得

$$|f_i(x)| \leqslant M_0 \quad (i = 1,2,\cdots,N;\ x \in I);$$

并且对于任何 $p \geqslant 1$, 当 $x \in I$ 时,

$$|f_{N+p}(x)| < |f_N(x) - f_{N+p}(x)| + |f_N(x)| \leqslant 1 + M_0.$$

因此取 $1+M_0$ 作 M 即得所要证的结论.

2.22 因为对于任何 $x \in (-\infty,+\infty)$,

$$s_n(x)=\frac{1}{2n}\cdot\frac{2nx}{1+n^2x^2}\leqslant\frac{1}{2n}\to 0 \quad (n\to\infty),$$

并且数列 $1/(2n)(n\geqslant 1)$ 与 x 无关, 所以函数列 $s_n(x)(n\geqslant 1)$ 在区间 $(-\infty,+\infty)$ 上一致收敛于 0. 对于每个 $x\in(0,1)$, 数列 $t_n(x)\to 0(n\to\infty)$. 但对于每个 $n\geqslant 1$, 函数值 $t_n(1/n)=1/2$, 因而对于 $\varepsilon=1/2$, 不可能存在 $n_0=n_0(\varepsilon)$, 使得当 $n\geqslant n_0$ 时对于任何 $x\in(0,1)$, 有 $|t_n(x)-0|<\varepsilon$(取 $x=1/n,n>n_0$, 则 $|t_n(x)-0|=1/2$). 因此函数列 $t_n(x)(n\geqslant 1)$ 在区间 $(0,1)$ 上不一致收敛 (于 0).

2.23 取 $h>0$ 足够小 (但固定), 当 $x\geqslant x_0$ 时, 由 Lagrange 中值定理得到

$$g(x+h)-g(x)=g'(x+\theta h)h,$$

其中 $0<\theta<1$. 令 $x\to+\infty$, 依假设, 上式左边趋于 0, 且 $h\neq 0$, 所以 $\lim\limits_{x\to+\infty}g'(x+\theta h)=0$. 对于任意给定的 $\varepsilon>0$, 首先取 $0<h<\varepsilon/(2C)$(并固定), 然后取 $x>X_0=X_0(\varepsilon)$, 使得 $|g'(x+\theta h)|<\varepsilon/2$, 即得

$$\begin{aligned}|g'(x)|&\leqslant|g'(x+\theta h)-g'(x)|+|g'(x+\theta h)|=\left|\int_x^{x+\theta h}g''(t)\mathrm{d}t\right|+|g'(x+\theta h)|\\&\leqslant\int_x^{x+\theta h}|g''(t)|\mathrm{d}t+|g'(x+\theta h)|\leqslant C\theta h+\frac{\varepsilon}{2}\leqslant C\theta\frac{\varepsilon}{2C}+\frac{\varepsilon}{2}<\varepsilon.\end{aligned}$$

因此 $\lim\limits_{n\to+\infty}g'(x)=0$.

2.24 (i) 首先设 $a=0$. 设 $X_1<x$. 则由 Lagrange 中值定理得

$$f(x)=f(X_1)+(x-X_1)f'(\xi)\quad(X_1<\xi<x),$$

于是

$$\frac{f(x)}{x}=\frac{f(X_1)}{x}+\frac{x-X_1}{x}f'(\xi).$$

因为 $f'(x)\to a=0\,(x\to\infty)$, 所以对于任意给定的 $\varepsilon>0$, 取 X_1 充分大 (从而 $\xi>X_1$ 也充分大) 可使 $|f'(\xi)|<\varepsilon$, 并且 $|(x-X_1)/x|<1$, 因而当 $x>X_1$ 时,

$$\left|\frac{x-X_1}{x}f'(\xi)\right|<\varepsilon,$$

即

$$-\varepsilon<\frac{x-X_1}{x}f'(\xi)<\varepsilon.$$

固定 X_1, 当 $x>X_2$ 时,$|f(X_1)/x|<\varepsilon$, 或 $-\varepsilon<f(X_1)/x<\varepsilon$. 将它与上述不等式相加可知: 当 $x>\max\{X_1,X_2\}$ 时,

$$-2\varepsilon<\frac{f(x)}{x}<2\varepsilon.$$

因此 $f(x)/x\to 0\,(x\to\infty)$.

(ii) 现在设 $a\neq 0$(一般情形). 令 $F(x)=f(x)-ax$, 则 $F'(x)\to 0\,(x\to\infty)$. 依步骤 (i) 所证,$F(x)/x\to 0\,(x\to\infty)$. 因为 $F(x)/x=f(x)/x-a$, 所以 $f(x)/x\to a\,(x\to\infty)$.

2.25 (1) 不成立. 反例：如 $f(x)=\sin x^2/x$.

(2) 成立. 证：设 $\lim\limits_{x\to\infty}f'(x)=\alpha>0$. 取 $\varepsilon=\alpha/2$, 则存在 $a>0$ 使当 $x>a$ 有 $|f'(x)-\alpha|<\alpha/2$, 即 $\alpha/2<f'(x)<3\alpha/2$(当 $x>a$). 在 $[a,x]$ 上用 Lagrange 中值定理得 $f(x)=f(a)+f'(\xi)(x-a)>f(a)+(\alpha/2)(x-a)$. 因为 x 可任意大, 所以 $\lim\limits_{x\to\infty}f(x)=\infty$, 与 $f(x)$ 的有界性假设矛盾, 所以 $\alpha=0$.

2.26 **提示** 定义函数

$$\varphi(x)=\frac{f(b)-f(x)-(b-x)f'(x)}{f(b)-f(a)-(b-a)f'(a)}-\frac{g(b)-g(x)-(b-x)g'(x)}{g(b)-g(a)-(b-a)g'(a)},$$

若 $f(b)-f(a)-(b-a)f'(a)=0$, 则 $f'(a)=\big(f(b)-f(a)\big)/(b-a)$. 但依 Lagrange 中值定理, 存在 $\eta\in(a,b)$ 使 $f'(\eta)=\big(f(b)-f(a)\big)/(b-a)$. 于是 $f'(a)=f'(\eta)$. 由此及 Rolle 定理知存在 $\theta\in(a,\eta)$ 使 $f''(\theta)=0$. 这与题设矛盾. 因此 $f(b)-f(a)-(b-a)f'(a)\neq 0$. 同理 $g(b)-g(a)-(b-a)g'(a)\neq 0$. 于是 $\varphi(x)$ 在 $[a,b]$ 上连续, 在 (a,b) 上可微, 并且 $\varphi(a)=\varphi(b)$. 由此依 Rolle 定理得到 $\varphi'(\xi)=0$, 其中 $\xi\in(a,b)$. 最后由 $\varphi'(\xi)=0$ 导出题中的等式.

2.27 如果 $f(a)=f(b)$, 那么因为 $f(x)$ 不是线性函数, 所以 $f'(x)$ 不恒等于 0, 从而存在 $\xi\in(a,b)$, 使 $f'(\xi)\neq 0$. 这个 ξ 即符合要求.

下面设 $f(a)\neq f(b)$, 不妨认为 $f(b)>f(a)$. 用反证法. 设对于任何 $x\in(a,b)$ 都有

$$|f'(x)|\leqslant\left|\frac{f(b)-f(a)}{b-a}\right|=\frac{f(b)-f(a)}{b-a},$$

于是当 $x\in(a,b)$,

$$f'(x)\leqslant|f'(x)|\leqslant\frac{f(b)-f(a)}{b-a}.$$

定义函数

$$F(x)=f(x)-\frac{f(b)-f(a)}{b-a}x,$$

那么 F 在 $[a,b]$ 上可导, 不是常数函数(不然 $f(x)$ 将是线性函数), 因而 $F'(x)$ 不恒等于 0. 由 Lagrange 中值定理. 存在 $\eta\in(a,b)$ 使得

$$f'(\eta)=\frac{f(b)-f(a)}{b-a},$$

因而 $F'(\eta)=0$. 由于 $F'(x)$ 不恒等于 0, 所以在 η 附近存在 ξ 使得 $F'(\xi)>0$, 也就是

$$f'(\xi)>\frac{f(b)-f(a)}{b-a}.$$

于是得到矛盾.

2.28 因为 $f\geqslant 0, f'\leqslant 0$, 所以 f 单调非增, 并且 $\lim\limits_{t\to\infty}f(t)=\xi$ 存在, 从而对于每个 $\delta>0$, 有

$$\lim_{t\to\infty}\frac{f(t+\delta)-f(t)}{\delta}=0.$$

又因为 f 二次连续可导, 所以由 Taylor 公式得 $f(t+\delta)=f(t)+\delta f'(t)+\delta^2f''(\theta)/2$, 其中 $\theta\in(t,t+\delta)$, 因此

$$f'(t)=\frac{f(t+\delta)-f(t)}{\delta}-\frac{1}{2}\delta f''(\theta).$$

由上述两式可推出

$$\overline{\lim_{t\to\infty}}|f'(t)|\leqslant\frac{1}{2}\delta\sup_{0<\theta<1}|f''(\theta)|.$$

依题设, $\sup\limits_{0<\theta<1}|f''(\theta)|$ 有界, 并且 $\delta>0$ 可以任意接近于 0, 所以由上式得知 $\overline{\lim\limits_{t\to\infty}}|f'(t)|=0$, 从而 $f'(t)\to 0\,(t\to\infty)$.

2.29 因为 $f'(a)=f'(b)=0$, 所以由 Taylor 公式, 存在 $\xi_1,\xi_2\in(a,b)$ 使得

$$f(x)=f(a)+\frac{1}{2}f''(\xi_1)(x-a)^2,$$
$$f(x)=f(b)+\frac{1}{2}f''(\xi_2)(x-b)^2.$$

特别在两式中取 $x=(a+b)/2$, 然后将它们相减, 得到

$$|f(a)-f(b)|=\frac{(a-b)^2}{8}|f''(\xi_1)-f''(\xi_2)|.$$

注意 $|f''(\xi_1)-f''(\xi_2)|\leqslant 2\max\{|f''(\xi_1)|,|f''(\xi_2)|\}$, 即知 ξ_1,ξ_2 中至少有一个满足题中的不等式.

2.30 不妨设 $f'_+(a)<0, f'_-(b)>0$. 由 $f'_+(a)<0$ 可知: 在 a 的附近 f 严格单调减少, 即存在 $\varepsilon_1>0$, 使得 $a+\varepsilon_1<b$, 并且当所有 $x\in[a,a+\varepsilon_1]$ 有 $f(x)<f(a)$. 同理, 由 $f'_-(b)>0$ 推出: 存在 $\varepsilon_2>0$, 使得 $b-\varepsilon_2>a$, 并且当所有 $x\in[b-\varepsilon_2,b]$ 有 $f(x)<f(b)$. 因此,a,b 都不可能是 f 在 $[a,b]$ 上的极小值点. 但在有限闭区间 $[a,b]$ 上,f 必在某个点 $c\in(a,b)$ 达到极小, 而且 f 可导, 所以 $f'(c)=0$.

2.31 解法 1 因为要证的不等式关于 x_1,x_2 对称, 所以可设 $x_1\leqslant x_2$. 由题设条件及 Lagrange 中值定理, 我们有

$$f(x_1)=f(x_1)-f(0)=x_1f'(\xi_1)\quad(0<\xi_1<x_1),$$

$$f(x_1+x_2)-f(x_2)=x_1f'(\xi_2)\quad(x_2<\xi_2<x_1+x_2).$$

因为 $f''(x)<0(x\geqslant 0)$, 所以 $f'(x)$ 严格单调递减. 由 $\xi_1<\xi_2$ 可知 $f'(\xi_1)>f'(\xi_2)$, 于是 $f(x_1)>f(x_1+x_2)-f(x_2)$, 即 $f(x_1+x_2)<f(x_1)+f(x_2)$.

解法 2 令 $F(x_2)=f(x_1+x_2)-f(x_2)-f(x_1)$(视 x_2 为变量), 则当 $x_2\geqslant 0$ 时,$F'(x_2)=f'(x_1+x_2)-f'(x_2)=f''(\xi)x_1<0(x_2<\xi<x_1+x_2)$. 因此 $F(x_2)$ 单调下降,$F(x_2)<F(0)=f(0)=0$, 即得结论.

注 上面的解法 2 没有在 $[0,x_1]$ 上应用 Lagrange 中值定理, 所以题设条件“$f''(x)<0$(当 $x\geqslant 0$)”可改为“$f''(x)<0$(当 $x>0$)”.

2.32 令 $F(x)=f(x)-\big(f(0)+c_1f'(0)x\big)$. 则 $F(0)=0,F'(0)<0$; 因为 f 下有界, 所以 $F(x)\to+\infty\,(x\to+\infty)$. 因此存在 $x>0$ 使 $F(x)>0$ 也就是 $f(x)>f(0)+c_1f'(0)x$ 成立. 设 α 是具有这种性质的 $x>0$ 中的最小者, 那么

$$f(x)\leqslant f(0)+c_1f'(0)x\ (\text{当}\ 0<x<\alpha);\quad f(\alpha)>f(0)+c_1f'(0)\alpha.$$

在 $[0,\alpha]$ 上对函数 $f(x)$ 应用 Lagrange 中值定理, 存在 $x\in(0,\alpha)$, 使得

$$f'(x)=\frac{f(\alpha)-f(0)}{\alpha-0}=\frac{f(\alpha)-f(0)}{\alpha}>\frac{c_1f'(0)\alpha}{\alpha}=c_1f'(0)>c_2f'(0).$$

显然由 $x\in(0,\alpha)$ 及 α 的定义知 $f(x)\leqslant f(0)+c_1f'(0)x$.

2.33 若 $f(x)$ 是常数函数, 则结论显然成立. 现设 $f(x)$ 不是常数函数. 因为 $f(x)$ 在 $[x_1,x_n]\subset[a,b]$ 内连续, 所以存在 $\xi_1,\xi_2\in[x_1,x_n](\xi_1\neq\xi_2)$, 使得 $f(\xi_1)$ 和 $f(\xi_2)$ 分别是 $f(x)$ 在 $[x_1,x_n]$ 上的最大值和最小值, 并且 $f(\xi_1)\neq f(\xi_2)$. 于是

$$f(\xi_2)<\frac{1}{n}\big(f(x_1)+f(x_2)+\cdots+f(x_n)\big)<f(\xi_1).$$

依连续函数的介值定理, 在 ξ_1,ξ_2 之间存在 ξ(因而 $\xi\in[x_1,x_2]$) 使 $f(\xi)=\big(f(x_1)+f(x_2)+\cdots+f(x_n)\big)/n$.

2.34 解法 1 令 $F(x)=f(x)-x^2/2$, 在 $[0,1/2]$ 上应用 Lagrange 中值定理得 $F(1/2)-F(0)=F'(\xi)\cdot(1/2)=\big(f'(\xi)-\xi\big)/2$, 其中 $\xi\in(0,1/2)$. 同理, 在 $[1/2,1]$ 上应用 Lagrange 中值定理得 $F(1)-F(1/2)=F'(\eta)\cdot(1/2)=\big(f'(\eta)-\eta\big)/2$, 其中 $\eta\in(1/2,1)$. 因此 $\xi\neq\eta$. 最后, 由题设,$F(0)=0,F(1)=0$, 所以 $f'(\xi)-\xi=2F(1/2),\eta-f'(\eta)=2F(1/2)$, 于是 $f'(\xi)-\xi=\eta-f'(\eta)$, 从而 $f'(\xi)+f'(\eta)=\xi+\eta$.

解法 2 令 $F(x)=f(x)-x^2/2(0\leqslant x\leqslant 1)$. 那么 $F(x)=F(0)+F'(\xi)x,0<\xi<x;F(x)=F(1)+F'(\eta)(x-1),x<\eta<1$. 因此 $\xi\neq\eta$. 又因为 $F(0)=F(1)=0$, 所以 $F'(\xi)x=F'(\eta)(x-1)$. 令 $x=1/2$, 有 $\big(f'(\xi)-\xi\big)/2=\big(f'(\eta)-\eta\big)/2$, 即得结果.

解法 3 令 $F(x)=f(x)-x^2/2-f(1-x)+(1-x)^2/2\,(0\leqslant x\leqslant 1/2)$. 由 Rolle 定理, 存在 $x_0\in(0,1/2)$, 使得 $F'(x_0)=0$. 由此令 $\xi=x_0,\eta=1-x_0$, 即得结果.

2.35 (1) 令 $f(x)=\mathrm{e}^x-\mathrm{e}^{-x}-(32/15)x$. 那么 $f'(x)=\mathrm{e}^x+\mathrm{e}^{-x}-32/15$. 因为 $f(0)=0,f'(0)<0$, 所以由

$$f'(0)=\lim_{h\to 0+}\frac{f(0+h)-f(0)}{h}=\lim_{h\to 0+}\frac{f(h)}{h}<0$$

可知当 $h>0$ 充分小时,$f(h)<0$. 又因为 $f(1)>0$, 所以 $f(x)$ 在 $(0,1)$ 中至少有一个根; 并且若 $f(x)$ 在 $(0,1)$ 中根的个数多于 1, 则 $f'(x)$ 在 $(0,1)$ 中至少有 2 个根. 但当 $x>0$ 时 $f''(x)>0$, 所以当 $x>0$ 时

$f'(x)$ 是增函数. 由 $f'(0)<0, f'(1)>0$ 可知 $f'(x)$ 在 $(0,1)$ 中只有 1 个根. 因此 $f(x)$ 在 $(0,1)$ 中只有一个根.

(2) 令 $\phi(x)=\mathrm{e}^{-x}f(x)$, 则 $\phi(x)$ 在 $[\alpha,\beta]$ 连续可微,$\phi'(x)=\mathrm{e}^{-x}\left(f'(x)-f(x)\right)$. 因为 $\phi(\alpha)=\phi(\beta)=0$, 所以由 Rolle 定理知存在 $\xi\in(\alpha,\beta)$, 使得 $\phi'(\xi)=0$. 故得结论.

(3) 令 $f(x)=\mathrm{e}^x-x^n$. 若 $f(x)=0$ 有 4 个根 $x_1<x_2<x_3<x_4$, 则依本题 (2) 可知, 方程 $f(x)-f'(x)=0$ 在 3 个区间 $(x_1,x_2),(x_2,x_3),(x_3,x_4)$ 中各至少有一个根, 因而在 (x_1,x_4) 上至少有 3 个不同的根. 但 $f(x)-f'(x)=x^{n-1}(n-x)$ 只有 2 个不同的根 $0,n$. 得到矛盾.

2.36 (1) 令 $f(x)=x^n(x-1)-1$, 则 $f(1)=-1, \lim\limits_{x\to+\infty}f(x)=+\infty$. 因为 $f(x)$ 连续, 所以方程在 $[1,+\infty)$ 中至少有一个根. 但当 $x>1$ 时,

$$f'(x)=(n+1)x^n-nx^{n-1}=x^n+nx^{n-1}(x-1)>0,$$

所以函数 $f(x)$ 当 $1\leqslant x<+\infty$ 时单调增加, 因而 $f(x)$ 在 $[1,+\infty)$ 中只有一个根 x_n.

(2) 令 $\eta_n=1+\log n/n-\log\log n/n=1+t_n$, 其中记 $t_n=(\log n-\log\log n)/n$. 因为 $1+x<\mathrm{e}^x\ (x>0)$, 所以 $(1+t_n)^n<\mathrm{e}^{nt_n}$, 从而

$$\begin{aligned}f(\eta_n)&=(1+t_n)^n t_n-1<\mathrm{e}^{nt_n}t_n-1\\&=\frac{n}{\log n}\cdot\frac{\log n-\log\log n}{n}-1=-\frac{\log\log n}{\log n}<0.\end{aligned}$$

因为 $f(x_n)=0$, 所以 $f(x_n)>f(\eta_n)$. 注意当 $x>1$ 时 $f(x)$ 单调增加, 而且 $x_n,\eta_n>1$, 所以 $x_n>\eta_n=1+\log n/n-\log\log n/n$.

注 可以不应用不等式 $1+x<\mathrm{e}^x\ (x>0)$, 而由 $(1+1/x)^x\uparrow\mathrm{e}\,(x\to\infty)$ (参见习题 8.26 的解后的注), 得到

$$(1+t_n)^n=\left(\left(1+\frac{1}{t_n^{-1}}\right)^{t_n^{-1}}\right)^{nt_n}<\mathrm{e}^{nt_n}.$$

2.37 参见例 2.7.2 后的注.

解法 1 我们有 $f'=f(\ln f)'$. 令 $g(x)=(\ln f(x))'$, 则 $f'=fg$. 算出

$$\begin{aligned}g(x)&=\left(\ln f(x)\right)'=\left(\frac{1}{x}\ln(1+x)\right)'=\left(\frac{1}{x}\left(x-\frac{1}{2}x^2+\frac{1}{3}x^3-\cdots\right)\right)'\\&=\left(1-\frac{1}{2}x+\frac{1}{3}x^2-\cdots\right)'=-\frac{1}{2}+\frac{2}{3}x-\frac{3}{4}x^2+\cdots.\end{aligned}$$

于是依次求出

$$\begin{aligned}a_1&=f'(0)=f(0)g(0)=-\frac{1}{2}\mathrm{e},\\a_2&=f''(0)=(fg)'(0)=f'(0)g(0)+f(0)g'(0)=\left(-\frac{1}{2}\mathrm{e}\right)\left(-\frac{1}{2}\right)+\mathrm{e}\cdot\frac{2}{3}=\frac{11}{12}\mathrm{e},\\a_3&=f'''(0)=(fg)''(0)=f''(0)g(0)+2f'(0)g'(0)+f(0)g''(0)\\&=\frac{11}{12}\mathrm{e}\left(-\frac{1}{2}\right)+2\left(-\frac{1}{2}\mathrm{e}\right)\frac{2}{3}+\mathrm{e}\left(-\frac{3}{2}\right)=-\frac{21}{8}\mathrm{e}.\end{aligned}$$

解法 2 当 $|x|<1$, 我们有

$$\begin{aligned}(1+x)^{1/x}&=\exp\left(\frac{1}{x}\log(1+x)\right)=\exp\left(\frac{1}{x}\left(x-\frac{x^2}{2}+\frac{x^3}{3}-\frac{x^4}{4}+\cdots\right)\right)\\&=\mathrm{e}\cdot\exp\left(-\frac{x}{2}+\frac{x^2}{3}-\frac{x^3}{4}+\cdots\right)\\&=\mathrm{e}\left(1+\left(-\frac{x}{2}+\frac{x^2}{3}-\frac{x^3}{4}+\cdots\right)+\frac{1}{2}\left(-\frac{x}{2}+\frac{x^2}{3}-\cdots\right)^2+\frac{1}{6}\left(-\frac{x}{2}+\cdots\right)^3+\cdots\right)\end{aligned}$$

$$=\mathrm{e}\left(1-\frac{1}{2}x+\frac{11}{24}x^2-\frac{7}{16}x^3+\cdots\right).$$

于是

$$a_1=-\mathrm{e}/2,\quad a_2=2\cdot(11\mathrm{e}/24)=11\mathrm{e}/12,\quad a_3=6\cdot(-7\mathrm{e}/16)=-21\mathrm{e}/8.$$

2.38 (1) 令 $\varphi(x)=f(a+x)-2f(x)+f(a-x)$, 则有 $\varphi(h)-\varphi(0)=h\varphi'(\theta h)$. 由此立得所要等式.

(2) 在例 2.4.2(1) 中分别用 $a-h,a,a+h$ 代替 a,b,c, 可得

$$\frac{f(a-h)}{2h^2}-\frac{f(a)}{h^2}+\frac{f(a+h)}{2h^2}=\frac{1}{2}f''(\xi)\quad(a-h<\xi<a+h).$$

由此立得所要等式.

2.39 (1) 解法 1 用下式定义 k:

$$f(b)-f(a)-\frac{1}{2}(b-a)\big(f'(a)+f'(b)\big)+\frac{1}{12}(b-a)^3k=0.$$

令

$$f(x)=f(b)-\frac{1}{2}(b-x)\big(f'(x)+f'(b)\big)+\frac{1}{12}(b-x)^3k+\varphi(x),$$

则

$$\varphi(x)=f(x)-f(b)+\frac{1}{2}(b-x)\big(f'(x)+f'(b)\big)-\frac{1}{12}(b-x)^3k.$$

于是 $\varphi(a)=\varphi(b)=0$, 从而存在 $\eta\in(a,b)$, 使得 $\varphi'(\eta)=0$. 又因为

$$\begin{aligned}\varphi'(x)&=f'(x)-\frac{1}{2}\big(f'(x)+f'(b)\big)+\frac{1}{2}(b-x)f''(x)+\frac{1}{4}(b-x)^2k\\&=\frac{1}{2}\big(f'(x)-f'(b)\big)+\frac{1}{2}(b-x)f''(x)+\frac{1}{4}(b-x)^2k.\end{aligned}$$

所以还有 $\varphi'(b)=0$, 从而存在 $\xi\in(\eta,b)$, 使得 $\varphi''(\xi)=0$. 算出

$$\varphi''(x)=\frac{1}{2}(b-x)f'''(x)-\frac{1}{2}(b-x)k,$$

由 $\varphi''(\xi)=0$ 立得 $k=f'''(\xi)$.

解法 2 令 $a=c-h,b=c+h$, 则 $h=(b-a)/2$. 还令

$$f(c+h)=f(c-h)+h\big(f'(c+h)+f'(c-h)\big)-\frac{2}{3}h^3K,$$

我们只需证明 $K=f'''(\xi)\,(a<\xi<b)$. 为此定义

$$\phi(x)=f(c+x)-f(c-x)-x\big(f'(c+x)+f'(c-x)\big)+\frac{2}{3}x^3K.$$

那么 $\phi(0)=\phi(h)=0$, 所以存在 $\xi_1\in(0,h)$ 使得 $\phi'(\xi_1)=0$. 又因为

$$\begin{aligned}\phi'(x)&=-x\big(f''(c+x)-f''(c-x)\big)+2x^2K\\&=(-x)(2x)f'''(\xi)+2x^2K=2x^2\big(K-f'''(\xi)\big),\end{aligned}$$

其中 $\xi\in(c-x,c+x)$, 所以由 $\phi'(\xi_1)=0$ 推出 $K=f'''(\xi)$.

(2) 解法 1 (i) 令

$$f(x)=f(a)+(x-a)f'\left(\frac{x+a}{2}\right)+\varphi(x),$$

那么

$$\varphi(x)=f(x)-f(a)-(x-a)f'\left(\frac{x+a}{2}\right),$$

并且

$$f(b)=f(a)+(b-a)f'\left(\frac{a+b}{2}\right)+\varphi(b).$$

我们要证明

$$\varphi(b)=\frac{1}{24}(b-a)^3f'''(\xi)\quad(a<\xi<b).$$

(ii) 定义函数

$$F(x)=\varphi(x)-\left(\frac{x-a}{b-a}\right)^3\varphi(b).$$

那么 $F(a)=F(b)=0$. 由 Rolle 定理, 存在 $\eta\in(a,b)$, 使 $F'(\eta)=0$. 因为

$$\begin{aligned}F'(x)&=\varphi'(x)-\frac{3(x-a)^2}{(b-a)^3}\varphi(b)\\&=f'(x)-f'\left(\frac{x+a}{2}\right)-\frac{x-a}{2}f''\left(\frac{x+a}{2}\right)-\frac{3(x-a)^2}{(b-a)^3}\varphi(b),\end{aligned}$$

所以

$$f'(\eta)-f'\left(\frac{\eta+a}{2}\right)-\frac{\eta-a}{2}f''\left(\frac{\eta+a}{2}\right)-\frac{3(\eta-a)^2}{(b-a)^3}\varphi(b)=0,$$

即

$$f'(\eta)=f'\left(\frac{\eta+a}{2}\right)+\frac{\eta-a}{2}f''\left(\frac{\eta+a}{2}\right)+\frac{3(\eta-a)^2}{(b-a)^3}\varphi(b).$$

此外, 将 $f'(\eta)$ 写成

$$f'(\eta)=f'\left(\frac{\eta+a}{2}+\frac{\eta-a}{2}\right),$$

由 Taylor 公式可得

$$f'(\eta)=f'\left(\frac{\eta+a}{2}\right)+\frac{\eta-a}{2}f''\left(\frac{\eta+a}{2}\right)+\frac{1}{2!}\cdot\left(\frac{\eta-a}{2}\right)^2f'''(\xi),$$

其中 $(\eta+a)/2<\xi<\eta$. 等置上述 $f'(\eta)$ 的两个表达式得到

$$\frac{3(\eta-a)^2}{(b-a)^3}\varphi(b)=\frac{(\eta-a)^2}{8}f'''(\xi),$$

由此解出 $\varphi(b)$, 即得所要的结果.

解法 2　提示　令 $a=c-h,b=c+h$, 应证明 $f(c+h)=f(c-h)+2hf'(c)+(h^3/3)f'''(\xi)$. 为此定义 $\phi(x)=f(c+x)-f(c-x)-2xf'(c)-(x^3/3)K$(参考本题 (1) 的解法 2 或例 2.5.1).

2.40　(1) 由题设及 Lagrange 中值定理知 $f'(a+\theta h)=f'(a)+\theta hf''(a+\theta_1\theta h)(0<\theta_1<1)$, 将它代入 $f(a+h)=f(a)+hf'(a+\theta h)$ 得到

$$f(a+h)=f(a)+h\big(f'(a)+\theta hf''(a+\theta_1\theta h)\big);$$

又由 Taylor 公式得

$$f(a+h)=f(a)+hf'(a)+\frac{h^2}{2}f''(a+\theta_2h)\quad(0<\theta_2<1).$$

于是

$$\theta h^2f''(a+\theta_1\theta h)=\frac{h^2}{2}f''(a+\theta_2h).$$

由此并注意 $f''(x)$ 在点 a 连续, 得到

$$\theta=\frac{1}{2}\frac{f''(a+\theta_2h)}{f''(a+\theta_1\theta h)}\to\frac{1}{2}\quad(h\to0).$$

对于函数 $f(x)=1/x$ 有

$$\frac{1}{a+h}-\frac{1}{a}=h\cdot\frac{-1}{(a+\theta h)^2},$$

由此得到 $\theta^2h+2a\theta-a=0$, 令 $h\to0$, 得 $\theta\to1/2$.

(2) 类似地, 将

$$f'(a+\theta h)=f'(a)+\theta hf''(a)+\frac{1}{2}(\theta h)^2f'''(a+\theta_1\theta h)$$
$$=f'(a)+\frac{1}{2}\theta^2h^2f'''(a+\theta_1\theta h)\quad(0<\theta_1<1)$$

代入 $f(a+h)=f(a)+hf'(a+\theta h)$ 得到

$$f(a+h)=f(a)+hf'(a)+\frac{1}{2}\theta^2h^3f'''(a+\theta_1\theta h);$$

还有

$$f(a+h)=f(a)+hf'(a)+\frac{h^2}{2}f''(a)+\frac{h^3}{6}f'''(a+\theta' h)$$
$$=f(a)+hf'(a)+\frac{h^3}{6}f'''(a+\theta' h)\quad(0<\theta'<1).$$

由上述二式得到

$$\frac{1}{2}\theta^2h^3f'''(a+\theta_1\theta h)=\frac{h^3}{6}f'''(a+\theta' h),$$

于是

$$\theta=\sqrt{\frac{1}{3}\cdot\frac{f'''(a+\theta' h)}{f'''(a+\theta_1\theta h)}}\to\sqrt{\frac{1}{3}}\quad(h\to 0).$$

对于 $f(x)=\sin x, f'(x)=\cos x, f''(x)=-\sin x, f'''(x)=-\cos x, f''(0)=0, f'''(0)\neq 0$. 由 $f(h)=f(0)+hf'(\theta h)$ 得 $\sin h=h\sin\theta h$, 因此 $\theta=(\sigma/h)\arccos((\sin h)/h)$, 其中 $\sigma=\operatorname{sgn}(h)$(符号函数). 由 L'Hospital 法则,

$$\lim_{h\to 0}\frac{\sigma}{h}\arccos\frac{\sin h}{h}=-\lim_{h\to 0}\frac{\sigma}{\sqrt{1-\dfrac{\sin^2 h}{h^2}}}\cdot\frac{h\cos h-\sin h}{h^2}$$
$$=-\lim_{h\to 0}\frac{\sigma}{\sqrt{1-h^{-2}\left(h-\dfrac{1}{6}h^3+O(h^3)\right)^2}}\cdot\frac{h\left(1-\dfrac{1}{2}h^2+O(h^2)\right)-\left(h-\dfrac{1}{6}h^3+O(h^3)\right)}{h^2}$$
$$=-\lim_{h\to 0}\frac{\sigma}{\sqrt{\dfrac{1}{3}h^2+O(h^2)}}\cdot\frac{-\dfrac{1}{3}h^3+O(h^3)}{h^2}=\sqrt{\frac{1}{3}}.$$

2.41 因为 $f^{(n+1)}(x)$ 连续,$f^{(n+1)}(a)\neq 0$, 所以在 Taylor 公式

$$f(a+h)=f(a)+hf'(a)+\cdots+\frac{h^n}{n!}f^{(n)}(a+\theta h)\quad(0<\theta<1)$$

中,$\theta=\theta(h)$, 并且

$$f^{(n)}(a+\theta h)=f^{(n)}(a)+\theta hf^{(n+1)}(a+\theta'\theta h)\quad(0<\theta'<1),$$

所以

$$f(a+h)=f(a)+hf'(a)+\cdots+\frac{h^n}{n!}\left(f^{(n)}(a)+\theta hf^{(n+1)}(a+\theta'\theta h)\right);$$

同时因为 $f^{(n+1)}(x)$ 连续, 所以还有

$$f(a+h)=f(a)+hf'(a)+\cdots+\frac{h^n}{n!}f^{(n)}(a)+\frac{h^{n+1}}{(n+1)!}f^{(n+1)}(a+\theta'' h)\quad(0<\theta''<1).$$

于是

$$\frac{h^n}{n!}\cdot\theta hf^{(n+1)}(a+\theta'\theta h)=\frac{h^{n+1}}{(n+1)!}f^{(n+1)}(a+\theta'' h),$$

由此得到 $\theta(h)\to 1/(n+1)\,(h\to 0)$.

2.42　因为 $f''(x)>0$, 所以 f 是凸函数, 且 $f'(x)$ 单调增加. 又因为 $f'''(x)>0$, 所以 f' 是凸函数. 于是从 f' 的图像 (比较以 X 轴上的线段 $[a,a+h]$ 为一腰的梯形和相应的曲边梯形的面积) 可知

$$f(a+h)-f(a)=\int_a^{a+h}f'(x)\mathrm{d}x<\frac{1}{2}h\big(f'(a)+f'(a+h)\big),$$

即得所要不等式.

2.43　(1) 设 $x_0\in(a,b)$ 任意, 那么由 Lagrange 中值定理, 对于 $h>0(h<b-x_0)$,

$$f(x_0+h)-f(x_0)=hf'(x_0+\theta h)\quad(0<\theta<1).$$

因为 $f'(x)$ 可微, 所以由上式推出

$$f'(x_0)=\lim_{h\to 0+}\frac{f(x_0+h)-f(x_0)}{h}=\lim_{h\to 0+}f'(x_0+\theta h).$$

因为 $f(x)$ 是凸函数, 所以 $f'(x)$ 单调增加, 从而 $\lim\limits_{h\to 0+}f'(x_0+\theta h)$ 存在且等于 $f'(x_0+)$, 于是得到 $f'(x_0)=f'(x_0+)$. 类似地可证 $f'(x_0)=f'(x_0-)$. 这表明 $f'(x)$ 在 x_0 连续. 因为 x_0 是 (a,b) 中的任意点, 所以 $f'(x)$ 在 (a,b) 上连续.

(2) **提示**　$F''(x)=2x^2f(x^2)+\int_0^{x^2}f(t)\mathrm{d}t$.

2.44　在曲线方程两边对 x 求导得到

$$\lambda\left(\frac{x}{a}\right)^{\lambda-1}\frac{1}{a}+\lambda\left(\frac{y}{b}\right)^{\lambda-1}\frac{y'}{b}=0,$$

于是

$$y'=-\frac{b^\lambda x^{\lambda-1}}{a^\lambda y^{\lambda-1}},\quad y'\Big|_{x=a,y=b}=-\frac{b}{a}.$$

曲线族中各条曲线在点 (a,b) 处的切线方程都是 $y-b=-(b/a)(x-a)$, 与 λ 无关, 因此是它们的公共切线, 从而它们在点 (a,b) 相切.

2.45　首先注意 f 是单射. 事实上, 若 $f(x)=f(y)$, 则

$$3f(x)-f\Big(f\big(f(x)\big)\Big)=3f(y)-f\Big(f\big(f(y)\big)\Big),$$

即 $2x=2y$, 因此 $x=y$. 由 f 的单射性质即可推出 f 严格单调. 因此当 $x\to+\infty$ 时, $f(x)$ 有 (有限或无限) 极限. 如果当 $x\to+\infty$ 时 f 趋于有限极限 a, 那么

$$2x=3f(x)-f\Big(f\big(f(x)\big)\Big)\to 3a-f\big(f(a)\big),$$

这与 $x\to+\infty$ 矛盾. 对于 $x\to-\infty$ 可类似地讨论. 因此当 $x\to\pm\infty$ 时 $f(x)$ 趋于无穷 (即 f 是满射).

注　可以直接验证 $f(x)=x+c$ 及 $f(x)=c-2x$(其中 $c\in\mathbb{R}$ 是常数) 满足题中的函数方程, 并且可以证明它只有这两种形式的解.

2.46　本题是例 2.7.11(2) 情形 (c) 的推广, 下面是其独立证明.

(i) 用归纳法可以证明: 对于任何 $x\in S, f(nx)=nf(x)(n\in\mathbb{N})$. 设 x_0 是 S 中的任意一个非零元素, 令 $a=f(x_0)/x_0$, 则有

$$f(nx_0)=anx_0\quad(n\in\mathbb{N}).$$

(ii) 设 x 是 S 的一个任意元素. 若 $x_0>0$, 则可取正整数 n_0 使得 $x+n_0x_0>0$; 若 $x_0<0$, 则可取正整数 n_0 使得 $x+n_0x_0<0$. 因此总存在正整数 n_0 使得 $\alpha=x_0/(x+n_0x_0)>0$. 因为点列 $k\alpha(k\in\mathbb{Z})$ 将实数轴划分为无穷多个等长小区间, 而任何一个正整数 n 必落在某个小区间 $[k\alpha,(k+1)\alpha]$ 中(其中 $k=k(n)$ 与 n 有关), 从而

$$k\frac{x_0}{x+n_0x_0}\leqslant n<(k+1)\frac{x_0}{x+n_0x_0}.$$

因为 $\alpha>0$, 所以当 n 足够大时 $k=k(n)>0$. 将上面得到的不等式乘以 $x+n_0x_0$, 无论 $x+n_0x_0>0$ 或 <0, 我们总能得到两个正整数 λ_n,μ_n, 使得

$$\lambda_n x_0 \leqslant n(x+n_0x_0) \leqslant \mu_n x_0, \quad |\lambda_n-\mu_n|=1.$$

于是

$$\frac{\lambda_n}{n}x_0 \leqslant x+n_0x_0 \leqslant \frac{\mu_n}{n}x_0,$$

由此可知

$$\left|\frac{\lambda_n}{n}x_0-(x+n_0x_0)\right| \leqslant \left|\frac{\lambda_n}{n}x_0-\frac{\mu_n}{n}x_0\right| = \frac{|\lambda_n-\mu_n|}{n}|x_0| = \frac{1}{n}|x_0|,$$

从而

$$\frac{\lambda_n}{n}x_0 \to x+n_0x_0 \quad (n\to\infty),$$

类似地可证

$$\frac{\mu_n}{n}x_0 \to x+n_0x_0 \quad (n\to\infty).$$

(iii) 依据 f 的单调递增性, 由 $\lambda_n x_0 \leqslant n(x+n_0x_0) \leqslant \mu_n x_0$(见步骤 (ii))推出

$$f(\lambda_n x_0) \leqslant f\big(n(x+n_0x_0)\big) \leqslant f(\mu_n x_0).$$

由此及步骤 (i) 中的结果可知

$$a\lambda_n x_0 \leqslant nf(x+n_0x_0) \leqslant a\mu_n x_0,$$

于是

$$a\frac{\lambda_n}{n}x_0 \leqslant f(x+n_0x_0) \leqslant a\frac{\mu_n}{n}x_0.$$

令 $n\to\infty$, 注意步骤 (ii) 中所证结果, 我们得到

$$f(x+n_0x_0)=a(x+n_0x_0).$$

因此

$$f(x)=f\big((x+n_0x_0)-n_0x_0\big)=f(x+n_0x_0)-f(n_0x_0)=a(x+n_0x_0)-an_0x_0=ax.$$

此外, 由于 f 单调递增, 所以常数 $a>0$.

2.47 我们给出两个解法, 第一个应用 Cauchy 函数方程, 第二个是直接证明.

解法 1 由题设函数方程得

$$\frac{f(x)+f(y)}{2}=f\left(\frac{x+y}{2}\right)=f\left(\frac{(x+y)+0}{2}\right)=\frac{f(x+y)+f(0)}{2}.$$

令 $g(x)=f(x)-f(0)$, 则得

$$g(x)+g(y)=g(x+y),$$

并且 $g(x)$ 在 $\mathbb{R}$ 上连续. 于是由 Cauchy 函数方程 (见例 2.7.11) 得 $g(x)=ax$, 从而 $f(x)=ax+b$, 其中 a,b 是常数. 容易验证这种形式的函数 f 确实满足所给的函数方程.

解法 2 (i) 我们首先证明: 在每个闭区间 $[\alpha,\beta]\subseteq(a,b)$ 上 f 是线性函数.

为此我们断言: 当 $k=0,1,2,\cdots,2^n\,(n\in\mathbb{N})$,

$$f\left(\alpha+\frac{k}{2^n}(\beta-\alpha)\right)=f(\alpha)+\frac{k}{2^n}\big(f(\beta)-f(\alpha)\big).$$

下面对 n 用数学归纳法来进行证明.

注意 $f(\alpha+(\beta-\alpha)/2)=f\big((\alpha+\beta)/2\big)$, 由所给函数方程得到

$$f\left(\alpha+\frac{1}{2}(\beta-\alpha)\right)=f(\alpha)+\frac{1}{2}\big(f(\beta)-f(\alpha)\big).$$

类似地还有

$$f\left(\alpha+\frac{1}{4}(\beta-\alpha)\right)=f\left(\frac{\alpha+\frac{\alpha+\beta}{2}}{2}\right)=\frac{1}{2}f(\alpha)+\frac{1}{2}f\left(\frac{\alpha+\beta}{2}\right)$$
$$=\frac{1}{2}f(\alpha)+\frac{1}{4}(f(\alpha)+f(\beta))=f(\alpha)+\frac{1}{4}\big(f(\beta)-f(\alpha)\big).$$

以及

$$\begin{aligned}f\left(\alpha+\frac{3}{4}(\beta-\alpha)\right)&=f\left(\frac{1}{2}\beta+\frac{1}{2}\left(\alpha+\frac{1}{2}(\beta-\alpha)\right)\right)\\&=\frac{1}{2}f(\beta)+\frac{1}{2}f\left(\alpha+\frac{1}{2}(\beta-\alpha)\right)\\&=f(\alpha)+\frac{3}{4}\big(f(\beta)-f(\alpha)\big).\end{aligned}$$

由这些等式即可推出对 $n=1,k=0,1,2,$ 以及 $n=2,k=0,1,2,3,4,$ 上述断言成立. 现在令 $m\geqslant 2$, 并设上述断言对任何 $n\leqslant m,k=0,1,2,\cdots,2^n$ 成立, 要证明它对 $n=m+1,k=0,1,2,\cdots,2^{m+1}$ 也成立. 事实上, 若 $k=2t,t=0,1,2,\cdots,2^m$, 则由归纳假设,

$$\begin{aligned}f\left(\alpha+\frac{k}{2^{m+1}}(\beta-\alpha)\right)&=f\left(\alpha+\frac{t}{2^m}(\beta-\alpha)\right)\\&=f(\alpha)+\frac{t}{2^m}\big(f(\beta)-f(\alpha)\big)\\&=f(\alpha)+\frac{k}{2^{m+1}}\big(f(\beta)-f(\alpha)\big).\end{aligned}$$

类似地, 若 $k=2t+1,t=0,1,2,\cdots,2^m-1$, 则

$$\begin{aligned}f\left(\alpha+\frac{k}{2^{m+1}}(\beta-\alpha)\right)&=f\left(\frac{1}{2}\left(\alpha+\frac{t}{2^{m-1}}(\beta-\alpha)\right)+\frac{1}{2}\left(\alpha+\frac{1}{2^m}(\beta-\alpha)\right)\right)\\&=\frac{1}{2}f\left(\alpha+\frac{t}{2^{m-1}}(\beta-\alpha)\right)+\frac{1}{2}f\left(\alpha+\frac{1}{2^m}(\beta-\alpha)\right)\\&=f(\alpha)+\frac{k}{2^{m+1}}\big(f(\beta)-f(\alpha)\big).\end{aligned}$$

因此上述断言对 $n=m+1,k=0,1,2,\cdots,2^{m+1}$ 确实成立. 于是我们的上述断言得证.

因为 $k/2^n(k=0,1,2,3,\cdots,2^n)$ 形式的数在 $[0,1]$ 中稠密 (见本题后的注), 所以由上述断言中的等式和 f 的连续性推出; 对于 $t\in[0,1]$,

$$f\big(\alpha+t(\beta-\alpha)\big)=f(\alpha)+t\big(f(\beta)-f(\alpha)\big).$$

记 $x=\alpha+t(\beta-\alpha)$, 则当 $t\in[0,1]$ 时 $x\in[\alpha,\beta]$, 并且由上式得

$$f(x)=f(\alpha)+\frac{f(\beta)-f(\alpha)}{\beta-\alpha}(x-\alpha).$$

(ii) 由题设可知 f 在点 a 和点 b 的相应的单侧极限 $f(a+)$ 和 $f(b-)$ 存在, 并且

$$(a,b)=\bigcup_{n=1}^{\infty}[\alpha_n,\beta_n],$$

其中 (α_n) 是 (a,b) 中任一个收敛于 a 的递减点列,(β_n) 是同一区间中任一收敛于 b 的递增点列. 于是对于任何 $x\in(a,b)$, 存在 $n_0\in\mathbb{N}$, 使得 $x\in[\alpha_n,\beta_n](n\geqslant n_0)$. 依步骤 (i) 中所证, 我们有

$$f(x)=f(\alpha_n)+\frac{f(\beta_n)-f(\alpha_n)}{\beta_n-\alpha_n}(x-\alpha_n)\quad(n\geqslant n_0).$$

令 $n\to\infty$, 即得

$$f(x)=f(a+)+\frac{f(b-)-f(a+)}{\beta-\alpha}(x-\alpha).$$

容易验证这种形式的函数 f 确实满足题中的函数方程.

注 上面解法 2 中用到数列 $k/2^n(k=0,1,\cdots,2^n)$ 在 $[0,1]$ 中的稠密性, 其证如下: 设 $x\in[0,1]$ 任意给定. 对于任意给定的 $\varepsilon>0$(不妨认为 $\varepsilon<1$), 可取 $n\in\mathbb{N}$, 使得 $1/2^n<\varepsilon$. 将区间 $[0,1]$ 作 2^n 等分, 那么 x 或者落在某个长为 $1/2^n$ 的小区间 $[k/2^n,(k+1)/2^n]$ 中, 其中 k 是 $\{0,1,\cdots,2^n-1\}$ 中的某个数, 或者落在最后一个小区间 $[(2^n-1)/2^n,1]$ 中. 于是 $|k/2^n-x|\leqslant 1/2^n<\varepsilon$. 因此在 x 的任何 ε 邻域中总存在一个形如 $k/2^n(k=0,1,\cdots,2^n)$ 的数.

因为任何一个实数 $x>0$ 必落在区间 $[[x],[x]+1]$ 中, 数列 $k/2^n(k=[x],[x]+1,\cdots,[x]+2^n)$ 在 $[[x],[x]+1]$ 中稠密, 所以数列 $k/2^n(k,n\in\mathbb{N}_0)$ 在 $\mathbb{R}_+$ 中稠密. 同理, 数列 $\pm k/2^n(k,n\in\mathbb{N}_0)$ 在 $\mathbb{R}$ 中稠密.

2.48 在题中的函数方程中令 $x=0$ 可得

$$f(y)=\frac{f(0)+f(y)}{1+f(0)f(y)},$$

所以 $f(0)\big(f(y)^2-1\big)=0$. 若 $f(y)^2-1=0$, 则对此 $y, f(y)=1$ 或 -1, 于是由函数方程推知对此 y 及任何 x,

$$f(x+y)=\frac{f(x)\pm1}{1\pm f(x)}=\pm1,$$

从而 $f'(x)=0$, 这与 $f'(0)=1$ 矛盾. 因此对任何 $y\in\mathbb{R}, f(y)^2\neq1$, 并且 $f(0)=0$.

现在我们有

$$\begin{aligned}\frac{f(x+\Delta x)-f(x)}{\Delta x}&=\frac{\dfrac{f(x)+f(\Delta x)}{1+f(x)f(\Delta x)}-f(x)}{\Delta x}\\&=\frac{f(\Delta x)}{\Delta x}\cdot\frac{1-f(x)^2}{1+f(x)f(\Delta x)}=\frac{f(\Delta x)-f(0)}{\Delta x}\cdot\frac{1-f(x)^2}{1+f(x)f(\Delta x)}.\end{aligned}$$

当 $\Delta x\to0$ 时, 上式 $\to f'(0)\big(1-f(x)^2\big)=1-f(x)^2$, 因此 $f(x)$ 满足微分方程

$$f'(x)=1-f(x)^2.$$

还要注意: 上面已证 $f(y)$(亦即 $f(x)$)$\neq\pm1$, 并且 $f(0)=0$, 所以由 $f(x)$ 的连续性推知 $|f(x)|<1$, 从而对任何 $x\in\mathbb{R}$, 有 $1+f(x)>0, 1-f(x)>0$, 于是 $\log\big(1\pm f(x)\big)$ 有意义. 因为

$$\begin{aligned}\frac{\mathrm{d}}{\mathrm{d}x}\log\big(1+f(x)\big)&=\frac{f'(x)}{1+f(x)},\\\frac{\mathrm{d}}{\mathrm{d}x}\log\big(1-f(x)\big)&=-\frac{f'(x)}{1-f(x)},\end{aligned}$$

将它们相减, 并应用上面得到的微分方程, 我们得到

$$\frac12\left(\log\frac{1+f(x)}{1-f(x)}\right)'=\frac{f'(x)}{1-f^2(x)}=1,$$

因此

$$\frac12\log\frac{1+f(x)}{1-f(x)}=x+c\quad(c\text{ 为常数}).$$

由 $f(0)=0$ 可知 $c=0$, 于是我们最终求得 $f(x)=(\mathrm{e}^{2x}-1)/(\mathrm{e}^{2x}+1)$.

第 3 章　多元微分学

3.1　极限计算

例 3.1.1　判断 $\lim\limits_{(x,y)\to(0,0)} f(x,y)$ 是否存在; 若极限存在, 则求其值:

(1) $f(x,y)=(x+y)\sin\dfrac{1}{x}\sin\dfrac{1}{y}\ (x>0,y>0)$.

(2) $f(x,y)=\dfrac{x^2+y^2}{xy+(x-y)^2}\ (x>0,y>0)$.

解　(1) 当 $0<x<\varepsilon/2, 0<y<\varepsilon/2$ 时,

$$|f(x,y)|\leqslant |x|+|y|<\varepsilon,$$

所以 $\lim\limits_{(x,y)\to(0,0)} f(x,y)=0$.

(2) 令 $y=mx$, 则

$$f(x,y)=\frac{x^2(1+m^2)}{mx^2+(1-m)^2x^2}=\frac{1+m^2}{m+(1-m)^2}.$$

当 (x,y) 沿直线 $y=mx$ 趋近点 $(0,0)$ 时, 所求的极限值与 m 有关, 因此 $\lim\limits_{(x,y)\to(0,0)} f(x,y)$ 不存在. □

例 3.1.2　设

$$f(x,y)=\frac{x^3(1+x)^{1/x}\sin\dfrac{1}{y}}{1-\cos x},$$

求 $\lim\limits_{y\to0}\lim\limits_{x\to0} f(x,y), \lim\limits_{x\to0}\lim\limits_{y\to0} f(x,y)$, 以及 $\lim\limits_{(x,y)\to(0,0)} f(x,y)$.

解　(i) 因为

$$\phi(y)=\lim_{x\to0} f(x,y)=\sin\frac{1}{y}\cdot\lim_{x\to0}\frac{x^3(1+x)^{1/x}}{1-\cos x}=\sin\frac{1}{y}\cdot 0=0,$$

(请读者补出计算细节), 所以

$$\lim_{y\to0}\lim_{x\to0} f(x,y)=\lim_{y\to0}\phi(y)=0.$$

(ii) 因为

$$\psi(x)=\lim_{y\to 0}f(x,y)=\frac{x^3(1+x)^{1/x}}{(1-\cos x)}\lim_{y\to 0}\sin\frac{1}{y},$$

显然 $\lim\limits_{y\to 0}\sin(1/y)$ 不存在, 所以 $\lim\limits_{x\to 0}\lim\limits_{y\to 0}f(x,y)$ 不存在.

(iii) 由三种极限间的关系及步骤 (ii) 中的结果可知 $\lim\limits_{(x,y)\to(0,0)}f(x,y)$ 不存在. □

3.2 偏导数计算

* **例 3.2.1** 设

$$f(x,y)=\begin{cases}\dfrac{xy(x^2-y^2)}{x^2+y^2}, & (x,y)\neq(0,0),\\ 0, & (x,y)=(0,0),\end{cases}$$

求 $f_{xy}(0,0)$ 和 $f_{yx}(0,0)$.

解 按定义,

$$\begin{aligned}f_{xy}(x,y)&=\lim_{k\to 0}\frac{f_x(x,y+k)-f_x(x,y)}{k}\\&=\lim_{k\to 0}\frac{1}{k}\left(\lim_{h\to 0}\frac{f(x+h,y+k)-f(x,y+k)}{h}-\lim_{h\to 0}\frac{f(x+h,y)-f(x,y)}{h}\right)\\&=\lim_{k\to 0}\lim_{h\to 0}\frac{f(x+h,y+k)-f(x,y+k)-f(x+h,y)+f(x,y)}{hk}.\end{aligned}$$

类似地,

$$f_{yx}(x,y)=\lim_{h\to 0}\lim_{k\to 0}\frac{f(x+h,y+k)-f(x+h,y)-f(x,y+k)+f(x,y)}{hk}.$$

因此

$$\begin{aligned}f_{xy}(0,0)&=\lim_{k\to 0}\lim_{h\to 0}\frac{f(h,k)-f(0,k)-f(h,0)+f(0,0)}{hk}\\&=\lim_{k\to 0}\lim_{h\to 0}\frac{h^2-k^2}{h^2+k^2}=\lim_{k\to 0}\frac{-k^2}{k^2}=-1.\end{aligned}$$

类似地,

$$f_{yx}(0,0)=\lim_{h\to 0}\lim_{k\to 0}\frac{h^2-k^2}{h^2+k^2}=\lim_{h\to 0}\frac{h^2}{h^2}=1.$$ □

例 3.2.2 (1) 设 $u=f(x,y),v=g(x,y)$, 求 x_u,x_v,y_u,y_v.

(2) 设 $f(x,y,u,v)=0,g(x,y,u,v)=0$, 求 u_x,v_x,u_y,v_y.

解 (1) 对 u 微分题中的两方程得

$$1=f_xx_u+f_yy_u,\quad 0=g_xx_u+g_yy_u,$$

解出

$$x_u=\frac{g_y}{f_xg_y-f_yg_x},\quad y_u=-\frac{g_x}{f_xg_y-f_yg_x}.$$

类似地, 对 v 微分题中的两方程得

$$0=f_xx_v+f_yy_v,\quad 1=g_xx_v+g_yy_v,$$

解出

$$x_v=-\frac{f_y}{f_xg_y-f_yg_x},\quad y_v=\frac{f_x}{f_xg_y-f_yg_x}.$$

(2) 在题给方程两边对 x 求导得到

$$f_x+f_uu_x+f_vv_x=0,\quad g_x+g_uu_x+g_vv_x=0.$$

由此解出

$$u_x=-\frac{f_xg_v-f_vg_x}{f_ug_v-g_uf_v},\quad v_x=-\frac{f_ug_x-f_xg_u}{f_ug_v-g_uf_v}.$$

类似地, 在题给方程两边对 y 求导得到

$$f_y+f_uu_y+f_vv_y=0,\quad g_y+g_uu_y+g_vv_y=0.$$

由此解出

$$u_y=-\frac{f_yg_v-f_vg_y}{f_ug_v-g_uf_v},\quad v_y=-\frac{f_ug_y-f_yg_u}{f_ug_v-g_uf_v}$$

(注意所得表达式关于 x,y 的对称性). □

注　在此及以后类似的题中我们总假定题中所需的导数的存在性 (以及某些与之有关的条件成立), 不一定特别说明.

例 3.2.3　设 $z=z(x,y)$ 由方程

$$x=f(u,v),\quad y=g(u,v),\quad z=h(u,v)$$

定义, 求 $\dfrac{\partial z}{\partial x},\dfrac{\partial z}{\partial y}$.

解　对给定方程求微分,

$$\mathrm{d}x=x_u\mathrm{d}u+x_v\mathrm{d}v,\quad \mathrm{d}y=y_u\mathrm{d}u+y_v\mathrm{d}v,\quad \mathrm{d}z=z_u\mathrm{d}u+z_v\mathrm{d}v.$$

将它们改写为

$$\begin{aligned}&\mathrm{d}x\cdot(-1)+x_u\mathrm{d}u+x_v\mathrm{d}v=0,\\&\mathrm{d}y\cdot(-1)+y_u\mathrm{d}u+y_v\mathrm{d}v=0,\\&\mathrm{d}z\cdot(-1)+z_u\mathrm{d}u+z_v\mathrm{d}v=0.\end{aligned}$$

因为齐次线性方程组有非零解 $(-1,\mathrm{d}u,\mathrm{d}v)$, 所以系数行列式等于 0:

$$\begin{vmatrix}\mathrm{d}x & x_u & x_v\\ \mathrm{d}y & y_u & y_v\\ \mathrm{d}z & z_u & z_v\end{vmatrix}=0.$$

按第一列展开得到

$$(y_u z_v - y_v z_u)\mathrm{d}x + (z_u x_v - z_v x_u)\mathrm{d}y + (x_u y_v - x_v y_u)\mathrm{d}z = 0.$$

设 $x_u y_v - x_v y_u \neq 0$, 解得

$$\mathrm{d}z = -\frac{y_u z_v - y_v z_u}{x_u y_v - x_v y_u}\mathrm{d}x - \frac{z_u x_v - z_v x_u}{x_u y_v - x_v y_u}\mathrm{d}y.$$

我们还有

$$\mathrm{d}z = \frac{\partial z}{\partial x}\mathrm{d}x + \frac{\partial z}{\partial y}\mathrm{d}y.$$

比较上述二式中 $\mathrm{d}x, \mathrm{d}y$ 的系数, 得到

$$\frac{\partial z}{\partial x} = -\frac{y_u z_v - y_v z_u}{x_u y_v - x_v y_u},$$
$$\frac{\partial z}{\partial y} = -\frac{z_u x_v - z_v x_u}{x_u y_v - x_v y_u}.$$

(其中 $x_u = f_u, y_u = g_u$, 等等.) □

例 3.2.4 设 $yz + zx + xy = 1$, 求 z_{xx}, z_{yy}, z_{xy}.

解 在 $yz + zx + xy = 1$ 两边分别对 x, y 求导得下列两个方程:

$$yz_x + z_x x + z + y = 0,$$
$$z + yz_y + z_y x + x = 0.$$

由此解得

$$z_x = -\frac{y+z}{x+y}, \quad z_y = -\frac{x+z}{x+y}.$$

在前面所得的第一个方程两边分别对 x, y 求导得

$$yz_{xx} + z_{xx}x + z_x + z_x = 0,$$
$$z_x + yz_{xy} + z_{xy}x + z_y + 1 = 0.$$

由此解得

$$z_{xx} = -\frac{2z_x}{x+y} = \frac{2(y+z)}{(x+y)^2},$$
$$z_{xy} = -\frac{z_x + z_y + 1}{x+y} = \frac{2z}{(x+y)^2}.$$

因为题中的方程关于 x, y 对称, 所以在 z_{xx} 的表达式中将 x, y 互换即得

$$z_{yy} = \frac{2(y+z)}{(x+y)^2}.$$

当然, 也可在开始所得的第二个方程两边分别对 y, x 求导, 算出 z_{yy} 和 $z_{yx} = z_{xy}$. □

例 3.2.5 设 u, v, w 是 x, y, z 的函数, 由下列关系式定义:

$$u + v + w = x, \quad uv + vw + wu = y, \quad uvw = z.$$

求它们的偏导数.

解　求给定方程的全微分, 得到

$$\begin{aligned}
&\mathrm{d}u+\mathrm{d}v+\mathrm{d}w=\mathrm{d}x,\\
&(v+w)\mathrm{d}u+(w+u)\mathrm{d}v+(u+v)\mathrm{d}w=\mathrm{d}y,\\
&vw\mathrm{d}u+wu\mathrm{d}v+uv\mathrm{d}w=\mathrm{d}z.
\end{aligned}$$

其系数行列式

$$\varDelta=\begin{vmatrix}1&1&1\\v+w&w+u&u+v\\vw&wu&uv\end{vmatrix}=(u-v)(u-w)(v-w)$$

(计算方法: 令 $u=v$, 则 $\varDelta=0$, 所以 $\varDelta$ 有因子 $(u-v)$, 类似地得到因子 $u-w,v-w$. 因为 $\varDelta$ 是三次多项式, 所以 $\varDelta=c(u-v)(u-w)(v-w)$. 令 $u=0,v=1,w=-1$, 可定出系数 $c=1$.) 由方程组解出

$$\mathrm{d}u=\frac{1}{\varDelta}\begin{vmatrix}\mathrm{d}x&1&1\\\mathrm{d}y&w+u&u+v\\\mathrm{d}z&wu&uv\end{vmatrix}=\frac{(v-w)(u^2\mathrm{d}x-u\mathrm{d}y+\mathrm{d}z)}{(u-v)(u-w)(v-w)}=\frac{u^2\mathrm{d}x-u\mathrm{d}y+\mathrm{d}z}{(u-v)(u-w)},$$

因为

$$\mathrm{d}u=\frac{\partial u}{\partial x}\mathrm{d}x+\frac{\partial u}{\partial y}\mathrm{d}y+\frac{\partial u}{\partial z}\mathrm{d}z,$$

所以由 $\mathrm{d}u$ 的表达式中 $\mathrm{d}x$ 的系数 (或在此表达式中令 $\mathrm{d}y=\mathrm{d}z=0$) 得到

$$\frac{\partial u}{\partial x}=\frac{u^2}{(u-v)(u-w)},$$

由 $\mathrm{d}u$ 的表达式中 $\mathrm{d}y$ 和 $\mathrm{d}z$ 的系数得到

$$\frac{\partial u}{\partial y}=-\frac{u}{(u-v)(u-w)},\quad \frac{\partial u}{\partial z}=\frac{1}{(u-v)(u-w)}.$$

类似地由上述方程组解出

$$\begin{aligned}
\mathrm{d}v&=\frac{v^2\mathrm{d}x-v\mathrm{d}y+\mathrm{d}z}{(v-u)(v-w)},\\
\mathrm{d}w&=\frac{w^2\mathrm{d}x-w\mathrm{d}y+\mathrm{d}z}{(w-u)(w-v)},
\end{aligned}$$

由此得到

$$\begin{aligned}
&\frac{\partial v}{\partial x}=\frac{v^2}{(v-u)(v-w)},\quad \frac{\partial v}{\partial y}=-\frac{v}{(v-u)(v-w)},\\
&\frac{\partial v}{\partial z}=\frac{1}{(v-u)(v-w)},\quad \frac{\partial w}{\partial x}=\frac{w^2}{(w-u)(w-v)},\\
&\frac{\partial u}{\partial y}=-\frac{w}{(w-u)(w-v)},\quad \frac{\partial w}{\partial z}=\frac{1}{(w-u)(w-v)}.
\end{aligned}$$

□

* **例 3.2.6** 设 u 关于 x,y 的任意阶偏导数及混合偏导数都存在, 并且满足 $u=x+y\sin u$, 证明:

(1) $\dfrac{\partial u}{\partial y}=\sin u\dfrac{\partial u}{\partial x}$.

(2) $\dfrac{\partial^n u}{\partial y^n}=\dfrac{\partial^{n-1} u}{\partial x^{n-1}}\left(\sin^n u\dfrac{\partial u}{\partial x}\right)$ $(n\geqslant 1)$.

解 (1) 我们有

$$\frac{\partial u}{\partial x}=1+y\cos u\frac{\partial u}{\partial x},\quad \frac{\partial u}{\partial y}=\sin u+y\cos u\frac{\partial u}{\partial y},$$

所以

$$0=\frac{\partial u}{\partial x}\frac{\partial u}{\partial y}-\frac{\partial u}{\partial y}\frac{\partial u}{\partial x}=\left(1+y\cos u\frac{\partial u}{\partial x}\right)\frac{\partial u}{\partial y}-\left(\sin u+y\cos u\frac{\partial u}{\partial y}\right)\frac{\partial u}{\partial x}=\frac{\partial u}{\partial y}-\sin u\frac{\partial u}{\partial x},$$

于是

$$\frac{\partial u}{\partial y}=\sin u\frac{\partial u}{\partial x}.$$

(2) 对 n 用数学归纳法证明. 由本题 (1) 可知, 结论对 $n=1$ 成立. 现在设 $n\geqslant 1$, 有

$$\frac{\partial^n u}{\partial y^n}=\frac{\partial^{n-1} u}{\partial x^{n-1}}\left(\sin^n u\frac{\partial u}{\partial x}\right).$$

我们来计算 u 关于 y 的 $n+1$ 阶偏导数. 由题设可知各阶偏导数连续, 所以可交换求导顺序. 我们有

$$\begin{aligned}\frac{\partial^{n+1} u}{\partial y^{n+1}}&=\frac{\partial}{\partial y}\left(\frac{\partial^n u}{\partial y^n}\right)=\frac{\partial}{\partial y}\left(\frac{\partial^{n-1} u}{\partial x^{n-1}}\left(\sin^n u\frac{\partial u}{\partial x}\right)\right)\\&=\frac{\partial^{n-1}}{\partial x^{n-1}}\left(\frac{\partial}{\partial y}\left(\sin^n u\frac{\partial u}{\partial x}\right)\right)\\&=\frac{\partial^{n-1}}{\partial x^{n-1}}\left(n\sin^{n-1}u\cos u\frac{\partial u}{\partial y}\frac{\partial u}{\partial x}+\sin^n u\frac{\partial^2 u}{\partial x\partial y}\right)\\&=\frac{\partial^{n-1}}{\partial x^{n-1}}\left(n\sin^{n-1}u\cos u\cdot\left(\sin u\frac{\partial u}{\partial x}\right)\cdot\frac{\partial u}{\partial x}+\sin^n u\frac{\partial^2 u}{\partial x\partial y}\right)\\&\quad\text{(此处应用了本题 (1) 的结果)}\\&=\frac{\partial^{n-1}}{\partial x^{n-1}}\left(n\sin^n u\cos u\left(\frac{\partial u}{\partial x}\right)^2+\sin^n u\frac{\partial^2 u}{\partial x\partial y}\right).\end{aligned}$$

又由本题 (1) 可知

$$\frac{\partial^2 u}{\partial x\partial y}=\cos u\left(\frac{\partial u}{\partial x}\right)^2+\sin u\frac{\partial^2 u}{\partial x^2},$$

所以

$$\begin{aligned}\frac{\partial^{n+1} u}{\partial y^{n+1}}&=\frac{\partial^{n-1}}{\partial x^{n-1}}\left(n\sin^n u\cos u\left(\frac{\partial u}{\partial x}\right)^2+\sin^n u\cos u\left(\frac{\partial u}{\partial x}\right)^2+\sin^{n+1}u\frac{\partial^2 u}{\partial x^2}\right)\\&=\frac{\partial^{n-1}}{\partial x^{n-1}}\left((n+1)\sin^n u\cos u\left(\frac{\partial u}{\partial x}\right)^2+\sin^{n+1}u\frac{\partial^2 u}{\partial x^2}\right).\end{aligned}$$

此外, 直接计算可得

$$\begin{aligned}\frac{\partial^n}{\partial x^n}\left(\sin^{n+1}u\frac{\partial u}{\partial x}\right)&=\frac{\partial^{n-1}}{\partial x^{n-1}}\frac{\partial}{\partial x}\left(\sin^{n+1}u\frac{\partial u}{\partial x}\right)\\&=\frac{\partial^{n-1}}{\partial x^{n-1}}\left((n+1)\sin^n u\cos u\left(\frac{\partial u}{\partial x}\right)^2+\sin^{n+1}u\frac{\partial^2 u}{\partial x^2}\right),\end{aligned}$$

因此

$$\frac{\partial^{n+1}u}{\partial y^{n+1}}=\frac{\partial^n}{\partial x^n}\left(\sin^{n+1}u\frac{\partial u}{\partial x}\right).$$

于是完成归纳证明. □

例 3.2.7　设函数

$$z=x\phi\left(\frac{y}{x}\right)+\psi\left(\frac{y}{x}\right),$$

其中 $\phi(t),\psi(t)$ 具有所需的可微性. 证明

$$x^2\frac{\partial^2 z}{\partial x^2}+2xy\frac{\partial^2 z}{\partial x\partial y}+y^2\frac{\partial^2 z}{\partial y^2}=0.$$

解　解法 1　我们有

$$\begin{aligned}\frac{\partial z}{\partial x}&=x\phi'\left(\frac{y}{x}\right)\left(-\frac{y}{x^2}\right)+\phi\left(\frac{y}{x}\right)+\psi'\left(\frac{y}{x}\right)\left(-\frac{y}{x^2}\right)\\&=-\frac{y}{x}\phi'\left(\frac{y}{x}\right)-\frac{y}{x^2}\psi'\left(\frac{y}{x}\right)+\phi\left(\frac{y}{x}\right),\\\frac{\partial z}{\partial y}&=x\phi'\left(\frac{y}{x}\right)\cdot\frac{1}{x}+\psi'\left(\frac{y}{x}\right)\cdot\frac{1}{x}=\phi'\left(\frac{y}{x}\right)+\frac{1}{x}\psi'\left(\frac{y}{x}\right).\end{aligned}$$

因此

$$x\frac{\partial z}{\partial x}+y\frac{\partial z}{\partial y}=x\phi\left(\frac{y}{x}\right)=z-\psi\left(\frac{y}{x}\right).$$

在此式两边分别对 x,y 求导, 得到

$$\begin{aligned}x\frac{\partial^2 z}{\partial x^2}+\frac{\partial z}{\partial x}+y\frac{\partial^2 z}{\partial y\partial x}&=\frac{\partial z}{\partial x}-\psi'\left(\frac{y}{x}\right)\left(-\frac{y}{x^2}\right),\\x\frac{\partial^2 z}{\partial x\partial y}+y\frac{\partial^2 z}{\partial y^2}+\frac{\partial z}{\partial y}&=\frac{\partial z}{\partial y}-\psi'\left(\frac{y}{x}\right)\left(\frac{1}{x}\right).\end{aligned}$$

将第一式乘以 x, 第二式乘以 y, 然后相加, 化简, 即得所要的等式.

解法 2　令

$$z_1=x\phi\left(\frac{y}{x}\right),\quad z_2=\psi\left(\frac{y}{x}\right).$$

那么有

$$\frac{\partial z_1}{\partial x}=\phi\left(\frac{y}{x}\right)+x\phi'\left(\frac{y}{x}\right)\left(-\frac{y}{x^2}\right),\quad\frac{\partial z_1}{\partial y}=x\phi'\left(\frac{y}{x}\right)\left(\frac{1}{x}\right),$$

由此可知

$$x\frac{\partial z_1}{\partial x}+y\frac{\partial z_1}{\partial y}=z_1.$$

在此方程两边分别对 x,y 求导得

$$\frac{\partial z_1}{\partial x}+x\frac{\partial^2 z_1}{\partial x^2}+y\frac{\partial^2 z_1}{\partial y\partial x}=\frac{\partial z_1}{\partial x},$$
$$x\frac{\partial^2 z_1}{\partial x\partial y}+\frac{\partial z_1}{\partial y}+y\frac{\partial^2 z_1}{\partial y^2}=\frac{\partial z_1}{\partial y},$$

即

$$x\frac{\partial^2 z_1}{\partial x^2}+y\frac{\partial^2 z_1}{\partial y\partial x}=0,\quad x\frac{\partial^2 z_1}{\partial x\partial y}+y\frac{\partial^2 z_1}{\partial y^2}=0.$$

将第一式乘以 x, 第二式乘以 y, 然后相加, 得知 z_1 满足题中的 (齐次) 方程:

$$x^2\frac{\partial^2 z_1}{\partial x^2}+2xy\frac{\partial^2 z_1}{\partial x\partial y}+y^2\frac{\partial^2 z_1}{\partial y^2}=0.$$

同样地, 我们有

$$x\frac{\partial z_2}{\partial x}+y\frac{\partial z_2}{\partial y}=0,$$

由此可类似地推出 z_2 也满足题中的 (齐次) 方程:

$$x^2\frac{\partial^2 z_2}{\partial x^2}+2xy\frac{\partial^2 z_2}{\partial x\partial y}+y^2\frac{\partial^2 z_2}{\partial y^2}=0.$$

因此 $z=z_1+z_2$ 满足题中的方程.

解法 3　逐次算出

$$\frac{\partial z}{\partial x}=\phi\left(\frac{y}{x}\right)-\frac{y}{x}\phi'\left(\frac{y}{x}\right)-\frac{y}{x^2}\psi'\left(\frac{y}{x}\right),$$
$$\frac{\partial z}{\partial y}=\phi'\left(\frac{y}{x}\right)+\frac{1}{x}\psi'\left(\frac{y}{x}\right),$$
$$\frac{\partial^2 z}{\partial x^2}=\frac{y^2}{x^3}\phi''\left(\frac{y}{x}\right)+\frac{2y}{x^3}\psi'\left(\frac{y}{x}\right)+\frac{y^2}{x^4}\psi''\left(\frac{y}{x}\right),$$
$$\frac{\partial^2 z}{\partial x\partial y}=-\frac{y}{x^2}\phi''\left(\frac{y}{x}\right)-\frac{1}{x^2}\psi'\left(\frac{y}{x}\right)-\frac{y}{x^3}\psi''\left(\frac{y}{x}\right),$$
$$\frac{\partial^2 z}{\partial y^2}=\frac{1}{x}\phi''\left(\frac{y}{x}\right)+\frac{1}{x^2}\psi''\left(\frac{y}{x}\right).$$

将后三式分别乘以 $x^2,2xy,y^2$, 然后相加, 即得所要证的等式. □

注　上面的解法 3 最直接, 但对 $\phi(t),\psi(t)$ 的可微性要求要多些.

例 3.2.8　在平面曲线方程 $F(x,y)=0$ 中, 将直角坐标 (x,y) 变换为极坐标 $(r,\theta):x=r\cos\theta,y=r\sin\theta$. 求用 $\dfrac{\mathrm{d}r}{\mathrm{d}\theta},\dfrac{\mathrm{d}^2r}{\mathrm{d}^2\theta}$ 表示 $\dfrac{\mathrm{d}y}{\mathrm{d}x},\dfrac{\mathrm{d}^2y}{\mathrm{d}x^2}$.

解　因为 $F(r\cos\theta,r\sin\theta)=0$, 所以 $r=r(\theta)$. 我们有

$$\frac{\mathrm{d}x}{\mathrm{d}\theta}=\frac{\mathrm{d}}{\mathrm{d}\theta}(r\cos\theta)=\frac{\mathrm{d}r}{\mathrm{d}\theta}\cos\theta+r\frac{\mathrm{d}}{\mathrm{d}\theta}\cos\theta=\frac{\mathrm{d}r}{\mathrm{d}\theta}\cos\theta-r\sin\theta.$$

类似地求出

$$\frac{\mathrm{d}y}{\mathrm{d}\theta}=\frac{\mathrm{d}r}{\mathrm{d}\theta}\sin\theta+r\cos\theta.$$

因此

$$\frac{\mathrm{d}y}{\mathrm{d}x}=\frac{\dfrac{\mathrm{d}y}{\mathrm{d}\theta}}{\dfrac{\mathrm{d}x}{\mathrm{d}\theta}}=\frac{\dfrac{\mathrm{d}r}{\mathrm{d}\theta}\sin\theta+r\cos\theta}{\dfrac{\mathrm{d}r}{\mathrm{d}\theta}\cos\theta-r\sin\theta}.$$

还有

$$\frac{\mathrm{d}^2y}{\mathrm{d}x^2}=\frac{\mathrm{d}}{\mathrm{d}x}\left(\frac{\mathrm{d}y}{\mathrm{d}x}\right)=\frac{\dfrac{\mathrm{d}}{\mathrm{d}\theta}\left(\dfrac{\mathrm{d}y}{\mathrm{d}x}\right)}{\dfrac{\mathrm{d}x}{\mathrm{d}\theta}}.$$

将前式代入,

$$\begin{aligned}\frac{\mathrm{d}}{\mathrm{d}\theta}\left(\frac{\mathrm{d}y}{\mathrm{d}x}\right)&=\frac{\mathrm{d}}{\mathrm{d}\theta}\left(\frac{\dfrac{\mathrm{d}r}{\mathrm{d}\theta}\sin\theta+r\cos\theta}{\dfrac{\mathrm{d}r}{\mathrm{d}\theta}\cos\theta-r\sin\theta}\right)\\&=\frac{1}{\left(\dfrac{\mathrm{d}r}{\mathrm{d}\theta}\cos\theta-r\sin\theta\right)^2}\cdot\left(\left(\frac{\mathrm{d}^2r}{\mathrm{d}\theta^2}\sin\theta+2\frac{\mathrm{d}r}{\mathrm{d}\theta}\cos\theta-r\sin\theta\right)\left(\frac{\mathrm{d}r}{\mathrm{d}\theta}\cos\theta-r\sin\theta\right)\right.\\&\quad\left.-\left(\frac{\mathrm{d}^2r}{\mathrm{d}\theta^2}\cos\theta-2\frac{\mathrm{d}r}{\mathrm{d}\theta}\sin\theta-r\cos\theta\right)\left(\frac{\mathrm{d}r}{\mathrm{d}\theta}\sin\theta+r\cos\theta\right)\right)\\&=\frac{-r\dfrac{\mathrm{d}^2r}{\mathrm{d}\theta^2}+2\left(\dfrac{\mathrm{d}r}{\mathrm{d}\theta}\right)^2+r^2}{\left(\dfrac{\mathrm{d}r}{\mathrm{d}\theta}\cos\theta-r\sin\theta\right)^2},\end{aligned}$$

因此

$$\frac{\mathrm{d}^2y}{\mathrm{d}x^2}=\frac{-r\dfrac{\mathrm{d}^2r}{\mathrm{d}\theta^2}+2\left(\dfrac{\mathrm{d}r}{\mathrm{d}\theta}\right)^2+r^2}{\left(\dfrac{\mathrm{d}r}{\mathrm{d}\theta}\cos\theta-r\sin\theta\right)^3}.$$ □

例 3.2.9 在平面极坐标系中, 求函数 $f(r,\theta)$ 沿与点 $P(r,\theta)$ 的动径 $\overrightarrow{OP}$ 成角 ψ 的方向 h 的导数.

解 由几何的考虑可知, 通过 P 与 OP 成角 ψ 的直线 PQ 与极轴 OX 的夹角等于 $\theta+\psi$, 因此

$$\begin{aligned}\frac{\partial f}{\partial h}&=\frac{\partial f}{\partial x}\cos(\theta+\psi)+\frac{\partial f}{\partial y}\sin(\theta+\psi)\\&=\frac{\partial f}{\partial x}(\cos\theta\cos\psi-\sin\theta\sin\psi)+\frac{\partial f}{\partial y}(\sin\theta\cos\psi+\cos\theta\sin\psi)\\&=\left(\frac{\partial f}{\partial x}\cos\theta+\frac{\partial f}{\partial y}\sin\theta\right)\cos\psi+\left(-\frac{\partial f}{\partial x}\sin\theta+\frac{\partial f}{\partial y}\cos\theta\right)\sin\psi.\end{aligned}$$

因为

$$\frac{\partial f}{\partial r}=\frac{\partial f}{\partial x}\frac{\partial}{\partial r}(r\cos\theta)+\frac{\partial f}{\partial y}\frac{\partial}{\partial r}(r\sin\theta)=\frac{\partial f}{\partial x}\cos\theta+\frac{\partial f}{\partial y}\sin\theta,$$

类似地,

$$\frac{\partial f}{\partial \theta}=\frac{\partial f}{\partial x}(-r\sin\theta)+\frac{\partial f}{\partial y}(r\cos\theta)=r\left(-\frac{\partial f}{\partial x}\sin\theta+\frac{\partial f}{\partial y}\cos\theta\right),$$

因此

$$\frac{\partial f}{\partial h}=\frac{\partial f}{\partial r}\cos\psi+\frac{1}{r}\frac{\partial f}{\partial \theta}\sin\psi. \qquad \square$$

3.3 连续性和可微性

在一元情形, 函数可导 (即导数存在) 与可微是一回事. 在多元情形, 可导 (即所有一阶偏导数存在) 不足以保证可微. 若所有一阶偏导数存在且连续, 则必可微.

例 3.3.1 设 a 是一个实数. 定义 $\mathbb{R}^2$ 上的函数

$$f(x,y)=\begin{cases}0, & (x,y)=(0,0),\\ \dfrac{|x|^a|y|^a}{x^2+y^2}, & (x,y)\neq(0,0).\end{cases}$$

证明: 当且仅当 $a>1$ 时 $f(x,y)$ 在 $(0,0)$ 连续, 当且仅当 $a>3/2$ 时 $f(x,y)$ 在 $(0,0)$ 可微.

解 (i) 因为 $|xy|\leqslant(x^2+y^2)/2$, 所以当 $(x,y)\neq(0,0)$ 时,

$$0\leqslant f(x,y)\leqslant\frac{1}{2^a}(x^2+y^2)^{a-1},$$

因而若 $a>1$, 则当 $(x,y)\to(0,0),(x,y)\neq(0,0)$ 时 $f(x,y)\to 0$. 若 $a\leqslant 1$, 我们采用极坐标 (θ,ρ), 当 $(x,y)\neq(0,0)$ 时,

$$f(x,y)=\rho^{2(a-1)}\frac{|\sin 2\theta|^a}{2^a},$$

由此推出上述极限不存在. 总之, 当且仅当 $a>1$ 时 $f(x,y)$ 在 $(0,0)$ 连续.

(ii) 函数 $f(x,y)$ 在 $(0,0)$ 可微, 当且仅当

$$\Delta f(0,0)=\frac{\partial f}{\partial x}(0,0)\cdot\Delta x+\frac{\partial f}{\partial y}(0,0)\cdot\Delta y+o(\sqrt{\Delta x^2+\Delta y^2}).$$

由定义可以算出

$$\frac{\partial f}{\partial x}(0,0)=\frac{\partial f}{\partial y}(0,0)=0,$$

$$\Delta f(0,0)=f(\Delta x,\Delta y)-f(0,0)=\frac{|\Delta x|^a|\Delta y|^a}{\Delta x^2+\Delta y^2},$$

因此函数 $f(x,y)$ 在 $(0,0)$ 可微, 当且仅当

$$\frac{|\Delta x|^a|\Delta y|^a}{\Delta x^2+\Delta y^2}=o(\sqrt{\Delta x^2+\Delta y^2}).$$

因为

$$0 \leqslant \frac{|\Delta x|^a|\Delta y|^a}{(\Delta x^2+\Delta y^2)\sqrt{\Delta x^2+\Delta y^2}} \leqslant \frac{1}{2^a}(\Delta x^2+\Delta y^2)^{a-3/2},$$

并且应用极坐标,

$$\frac{|\Delta x|^a|\Delta y|^a}{(\Delta x^2+\Delta y^2)\sqrt{\Delta x^2+\Delta y^2}} = \rho^{2(a-3/2)}\frac{|\sin 2\theta|^a}{2^a} \quad (\rho=\sqrt{\Delta x^2+\Delta y^2}),$$

于是当且仅当 $a>3/2$ 时 $f(x,y)$ 在 $(0,0)$ 可微. □

注　一个更复杂的例子见习题 3.14.

例 3.3.2　设 $f(x)\in C^1(\mathbb{R})$, 令

$$F(x,y)=\begin{cases} f'(x), & x=y, \\ \dfrac{f(y)-f(x)}{y-x}, & x\neq y, \end{cases}$$

证明:

(1) F 在 $\mathbb{R}^2\setminus\Omega$ 上可微, 此处 $\Omega=\{(x,x)\mid x\in\mathbb{R}\}$.

(2) 如果还设 $f''(a)(a\in\mathbb{R})$ 存在, 那么 F 在 (a,a) 可微.

解　(1) 因为当 $(x,y)\in\mathbb{R}^2\setminus\Omega$ 时, F 是两个可导函数之商, 所以也可导. 又因为

$$\frac{\partial F}{\partial x}=f'(x), \quad \frac{\partial F}{\partial y}=f'(y),$$

因此 F_x,F_y 连续, 所以 F 在 $\mathbb{R}^2\setminus\Omega$ 上可微.

(2) (i) 设 $f''(a)$ 存在. 令

$$\phi(t)=f(t)-(t-a)f'(a)-\frac{(t-a)^2}{2}f''(a).$$

那么 $\phi'(t)$ 存在, 并且

$$\phi'(t)=f'(t)-f'(a)-(t-a)f''(a),$$

于是当 $t-a\neq 0$ 时,

$$\frac{\phi'(t)}{t-a}=\frac{f'(t)-f'(a)}{t-a}-f''(a).$$

又因为

$$f''(a)=\lim_{t\to a}\frac{f'(t)-f'(a)}{t-a},$$

所以对于任何给定的 $\varepsilon>0$, 存在 $\eta>0$, 使当 $0<|t-a|<\eta$ 时,

$$\left|\frac{f'(t)-f'(a)}{t-a}-f''(a)\right|<\varepsilon,$$

因此

$$|\phi'(t)|<\varepsilon|t-a| \quad (0<|t-a|<\eta).$$

(ii) 设 $(x,y)\in\mathbb{R}^2\setminus\Omega$(即 $x\neq y$), 并且 $0<|x-a|<\eta, 0<|y-a|<\eta$. 那么由 Lagrange 中值定理(并应用步骤 (i) 中的结果),

$$|\phi(y)-\phi(x)|=|\phi'(\xi)||y-x|<\varepsilon|\xi-a||x-y|,$$

其中 ξ 介于 y,x 之间. 因为

$$|\xi-a|<\max\{|x-a|,|y-a|\}<\sqrt{(x-a)^2+(y-a)^2},$$

所以

$$|\phi(y)-\phi(x)|<\varepsilon|x-y|\sqrt{(a-x)^2+(y-a)^2}.$$

此外还有

$$\begin{aligned}\phi(y)-\phi(x)&=\left(f(y)-(y-a)f'(a)-\frac{(y-a)^2}{2}f''(a)\right)\\&\quad-\left(f(x)-(x-a)f'(a)-\frac{(x-a)^2}{2}f''(a)\right)\\&=f(y)-f(x)-(y-x)f'(a)-\frac{y^2-x^2-2ay+2ax}{2}f''(a)\\&=f(y)-f(x)-(y-x)f'(a)-\frac{(y-x)(y+x-2a)}{2}f''(a),\end{aligned}$$

因此当 $0<|x-a|<\eta,0<|y-a|<\eta$ 时,

$$\begin{aligned}&\left|f(y)-f(x)-(y-x)f'(a)-\frac{(y-x)(y+x-2a)}{2}f''(a)\right|\\&<\varepsilon|x-y|\sqrt{(x-a)^2+(y-a)^2}.\end{aligned}$$

两边除以 $|y-x|$, 可得不等式

$$\left|F(x,y)-F(a,a)-\frac{y+x-2a}{2}f''(a)\right|<\varepsilon\sqrt{(a-x)^2+(y-a)^2}.$$

在其中令 $y=a$, 然后两边同除以 $|x-a|$, 得到

$$\left|\frac{F(x,a)-F(a,a)}{x-a}-\frac{1}{2}f''(a)\right|<\varepsilon.$$

因此

$$F_x(a,a)=\frac{1}{2}f''(a).$$

类似地,

$$F_y(a,a)=\frac{1}{2}f''(a).$$

由此我们可将上述不等式改写为

$$\begin{aligned}&\Big|\big(F(a+(x-a),a+(y-a))-F(a,a)\big)-(x-a)\cdot F_x(a,a)-(y-a)\cdot F_y(a,a)\Big|\\&<\varepsilon\sqrt{(x-a)^2+(y-a)^2},\end{aligned}$$

即得

$$\Delta F(a,a)=F_x(a,a)\Delta x+F_y(a,a)\Delta y+o\big(\sqrt{\Delta x^2+\Delta y^2}\big).$$

(iii) 若 $(x,y)\in\Omega$, 即 $x=y$, 那么由步骤 (i) 中所得到的不等式 $|\phi'(t)|<\varepsilon|t-a|$ 可知

$$f'(x)-f'(a)-(x-a)f''(a)=o(x-a),$$

注意 $f'(x)-f'(a)=F(x,x)-F(a,a),(x-a)f''(a)=(x-a)f''(a)/2+(y-a)f''(a)/2=F_x(a,a)\Delta x+F_y(a,a)\Delta y$(因为 $x=y$), 从而步骤 (ii) 中最后所得等式在此也成立. 合起来可知 F 在点 (a,a) 可微. □

例 3.3.3 设 $f(x,y)$ 定义在 $\mathbb{R}^2$ 的一个开集 U 上, 关于 x 和 y 的一阶偏导数在 U 上存在且在点 $(a,b)\in U$ 可微, 那么

$$\frac{\partial^2 f}{\partial x\partial y}(a,b)=\frac{\partial^2 f}{\partial y\partial x}(a,b).$$

解　我们记

$$\Delta_x(x_1,y_1;x_2,y_2)=\frac{\partial f}{\partial x}(x_2,y_2)-\frac{\partial f}{\partial x}(x_1,y_1),$$

类似地定义 $\Delta_y(x_1,y_1;x_2,y_2)$.

(i) 因为 $\partial f/\partial x$ 在 (a,b) 可微, 所以

$$\Delta_x(a,b;a+\varepsilon,b+\eta)=\varepsilon\frac{\partial^2 f}{\partial x^2}(a,b)+\eta\frac{\partial^2 f}{\partial x\partial y}(a,b)+o(\rho),$$

其中 $\rho=\sqrt{\varepsilon^2+\eta^2}$; 并且强调一下, 这里符号

$$\frac{\partial^2 f}{\partial x\partial y}=\frac{\partial}{\partial y}\left(\frac{\partial f}{\partial x}\right).$$

另一方面, 由 $\Delta_x(\cdots)$ 的定义可知

$$\Delta_x(a,b;a+\varepsilon,b+\eta)=\Delta_x(a+\varepsilon,b;a+\varepsilon,b+\eta)+\Delta_x(a,b;a+\varepsilon,b),$$

并且由 $\partial f/\partial x$ 在 (a,b) 的可微性得到

$$\Delta_x(a,b;a+\varepsilon,b)=\varepsilon\frac{\partial^2 f}{\partial x^2}(a,b)+o(\varepsilon),$$

因此

$$\begin{aligned}\Delta_x(a+\varepsilon,b;a+\varepsilon,b+\eta)&=\Delta_x(a,b;a+\varepsilon,b+\eta)-\Delta_x(a,b;a+\varepsilon,b)\\&=\left(\varepsilon\frac{\partial^2 f}{\partial x^2}(a,b)+\eta\frac{\partial^2 f}{\partial x\partial y}(a,b)+o(\rho)\right)-\left(\varepsilon\frac{\partial^2 f}{\partial x^2}(a,b)+o(\varepsilon)\right),\end{aligned}$$

从而得到

$$\Delta_x(a+\varepsilon,b;a+\varepsilon,b+\eta)=\eta\frac{\partial^2 f}{\partial x\partial y}(a,b)+o(\rho).$$

类似地, 考虑 $\partial f/\partial y$(交换 x,y 的位置), 我们有

$$\Delta_y(a,b+\eta;a+\varepsilon,b+\eta)=\varepsilon\frac{\partial^2 f}{\partial y\partial x}(a,b)+o(\rho).$$

(ii) 记双重增量

$$\Delta=f(a+\varepsilon,b+\eta)-f(a,b+\eta)-f(a+\varepsilon,b)+f(a,b).$$

若令 $\phi(y)=f(a+\varepsilon,y)-f(a,y)$, 则有

$$\Delta=\phi(b+\eta)-\phi(b).$$

因为函数 $\phi(y)$ 在区间 $(b,b+\eta)$(其中 η 足够小) 中可微, 所以由中值定理得到

$$\Delta=\eta\phi'(b+\theta_1\eta),$$

其中 $\theta_1\in(0,1)$. 又因为

$$\phi'(y)=\frac{\partial f}{\partial y}(a+\varepsilon,y)-\frac{\partial f}{\partial y}(a,y),$$

所以

$$\phi'(b+\theta_1\eta)=\Delta_y(a,b+\theta_1\eta;a+\varepsilon,b+\theta_1\eta).$$

依步骤 (i) 中所得的结果, 我们有

$$\Delta=\eta\phi'(b+\theta_1\eta)=\eta\varepsilon\frac{\partial^2 f}{\partial y\partial x}(a,b)+\eta\cdot o(\rho_1),$$

其中 $\rho_1=\sqrt{\varepsilon^2+(\theta_1\eta)^2}$.

类似地, 令 $\psi(x)=f(x,b+\eta)-f(x,b)$, 则有

$$\Delta=\psi(a+\varepsilon)-\psi(a),$$

从而推出

$$\Delta=\eta\phi'(b+\theta_2\eta)=\varepsilon\eta\frac{\partial^2 f}{\partial x\partial y}(a,b)+\varepsilon\cdot o(\rho_2),$$

其中 $\rho_2=\sqrt{(\theta_2\varepsilon)^2+\eta^2}$, $\theta_2\in(0,1)$.

(iii) 最后, 等置步骤 (ii) 中 Δ 的两个表达式, 并且在等式两边同除以 $\varepsilon\eta$, 我们推出

$$\frac{\partial^2 f}{\partial y\partial x}(a,b)+\varepsilon^{-1}o(\rho_1)=\frac{\partial^2 f}{\partial x\partial y}(a,b)+\eta^{-1}o(\rho_2),$$

在其中令 $\varepsilon=\eta$, 然后令 $\varepsilon\to0$, 即得所要的结果. □

3.4 Taylor 公式

以 2 变量为例, 若 $f(x,y)$ 在点 (a,b) 的某个邻域所有直到 n 阶的偏导数连续, 则在此邻域内有展开式

$$f(a+h,b+k)=f(a,b)+\sum_{k=1}^{n-1}\frac{1}{k!}\left(h\frac{\partial}{\partial x}+k\frac{\partial}{\partial y}\right)^k f(a,b)$$

$$+\frac{1}{n!}\left(h\frac{\partial}{\partial x}+k\frac{\partial}{\partial y}\right)^n f(a+\theta h,b+\theta k)\quad (0<\theta<1).$$

特别地, 当 $(a,b)=(0,0)$ 时,

$$f(x,y)=f(0,0)+\sum_{k=1}^{n-1}\frac{1}{k!}\left(x\frac{\partial}{\partial x}+y\frac{\partial}{\partial y}\right)^k f(0,0)$$
$$+\frac{1}{n!}\left(x\frac{\partial}{\partial x}+y\frac{\partial}{\partial y}\right)^n f(\theta x,\theta y)\quad (0<\theta<1).$$

例 3.4.1 求 $f(x,y)=\dfrac{1}{\sqrt{1-x^2-y^2}}$ 在点 $(0,0)$ 处的 Taylor 展开 (分别到 4 次项和 3 次项).

解 (i) 在点 $(0,0)$ 处的 Taylor 展开 (到 4 次项).

解法 1 记 $\varphi(x,y)=1/\sqrt{1-x^2-y^2}$. 逐次算出

$$f_x=x\varphi^3,\quad f_y=y\varphi^3,$$
$$f_{xx}=\varphi^3+3x^2\varphi^5,\quad f_{yy}=\varphi^3+3y^2\varphi^5,\quad f_{xy}=3xy\varphi^5,$$
$$f_{xxx}=9x\varphi^5+15x^3\varphi^7,\quad f_{xxy}=3y\varphi^5+15x^2y\varphi^7,$$
$$f_{xyy}=3x\varphi^5+15xy^2\varphi^7,\quad f_{yyy}=9y\varphi^5+15y^3\varphi^7.$$

令 $(x,y)=(0,0)$, 得到

$$f(0,0)=1;\quad f_x(0,0)=f_y(0,0)=0;$$
$$f_{xx}(0,0)=f_{yy}(0,0)=1,\quad f_{xy}(0,0)=0;$$
$$f_{xxx}(0,0)=f_{xxy}(0,0)=f_{xyy}(0,0)=f_{yyy}(0,0)=0.$$

还有

$$f_{xxxx}(0,y)=\lim_{x\to 0}\frac{f_{xxx}(x,y)-f_{xxx}(0,y)}{x}=\lim_{x\to 0}\frac{f_{xxx}(x,y)}{x}$$
$$=\lim_{x\to 0}\frac{9x\varphi^5+15x^3\varphi^7}{x}=\frac{9}{\sqrt{1-y^2}},$$

所以 $f_{xxxx}(0,0)=9$(也可直接求 $f_{xxxx}(x,y)$). 类似地, $f_{yyyy}(0,0)=9$, $f_{xxxy}(0,0)=f_{xyyy}(0,0)=0$, $f_{xxyy}(0,0)=3$. 于是最终得到

$$\frac{1}{\sqrt{1-x^2-y^2}}=1+\frac{1}{2!}(x^2+y^2)+\frac{1}{4!}(9x^4+6\cdot 3x^2y^2+9y^4)+\cdots$$
$$=1+\frac{1}{2}(x^2+y^2)+\frac{3}{8}(x^4+2x^2y^2+y^4)+\cdots.$$

解法 2 因为

$$\frac{1}{\sqrt{1-t}}=1+\frac{1}{2}t+\frac{1\cdot 3}{2\cdot 4}t^2+\frac{1\cdot 3\cdot 5}{2\cdot 4\cdot 6}t^3+\frac{1\cdot 3\cdot 5\cdot 7}{2\cdot 4\cdot 6\cdot 8}\cdot\frac{t^4}{(1-\theta t)^{9/2}},$$

其中 $0<\theta<1$, 令 $t=x^2+y^2$, 即得

$$\begin{aligned}\frac{1}{\sqrt{1-x^2-y^2}}&=1+\frac{1}{2}(x^2+y^2)+\frac{3}{8}(x^2+y^2)^2+\cdots\\&=1+\frac{1}{2}(x^2+y^2)+\frac{3}{8}(x^4+2x^2y^2+y^4)^2+\cdots.\end{aligned}$$

(ii) 由步骤 (i) 中的结果得到

$$\begin{aligned}&f\left(\frac{1}{2},\frac{1}{2}\right)=\sqrt{2},\quad f_x\left(\frac{1}{2},\frac{1}{2}\right)=f_y\left(\frac{1}{2},\frac{1}{2}\right)=\sqrt{2},\\&f_{xx}\left(\frac{1}{2},\frac{1}{2}\right)=f_{yy}\left(\frac{1}{2},\frac{1}{2}\right)=5\sqrt{2},\quad f_{xy}\left(\frac{1}{2},\frac{1}{2}\right)=3\sqrt{2},\\&f_{xxx}\left(\frac{1}{2},\frac{1}{2}\right)=f_{yyy}\left(\frac{1}{2},\frac{1}{2}\right)=33\sqrt{2},\\&f_{xxy}\left(\frac{1}{2},\frac{1}{2}\right)=f_{xyy}\left(\frac{1}{2},\frac{1}{2}\right)=21\sqrt{2},\end{aligned}$$

所以

$$\begin{aligned}\frac{1}{\sqrt{1-x^2-y^2}}=\sqrt{2}\Big(&1+\alpha+\beta+\frac{1}{2}(5\alpha^2+6\alpha\beta+5\beta^2)\\&+\frac{1}{6}(33\alpha^3+63\alpha^2\beta+63\alpha\beta^2+33\beta^3)+\cdots\Big),\end{aligned}$$

其中已记 $\alpha=x-1/2,\beta=y-1/2$. □

例 3.4.2 求在 (0,0) 的某个邻域中由方程

$$f(x,y,z)=x^3+y^3+z^3-2z(x+y)-2x+y-2z+1=0$$

定义的隐函数 $z=\phi(x,y),\phi(0,0)=1$, 在点 (0,0) 的 2 阶 Taylor 展开.

解 因为 $f(0,0,1)=0,f_z(0,0,1)=3-2\neq0$, 所以由隐函数定理知在 (0,0) 的某个邻域 V 中存在 $z=\phi(x,y)$, 并且因为 $f\in C^\infty(\mathbb{R}^3)$, 所以 $z=\phi(x,y)\in C^\infty(V)$. 令

$$z=1+\phi_1(x,y)+\phi_2(x,y)+o(x^2+y^2),$$

其中 $\phi_1(x,y),\phi_2(x,y)$ 分别是 x,y 的齐 1 次和齐 2 次多项式. 将此表达式代入题给方程得到

$$\begin{aligned}&x^3+y^3+\big(1+3\phi_1(x,y)+3\phi_2(x,y)+3\phi_1^2(x,y)+o(x^2+y^2)\big)^3\\&\quad-2(x+y+1)\big(1+\phi_1(x,y)+\phi_2(x,y)+o(x^2+y^2)\big)-2x+y+1=0.\end{aligned}$$

上式左边 1 次齐式和 2 次齐式部分分别等于 0, 所以

$$\begin{aligned}&3\phi_1(x,y)-2(x+y)-2\phi_1(x,y)-2x+y=0,\\&3\phi_2(x,y)-2(x+y)\phi_1(x,y)+3\phi_1^2(x,y)-2\phi_2(x,y)=0,\end{aligned}$$

由此解出

$$\phi_1(x,y)=4x+y,$$
$$\phi_2(x,y)=-40x^2-14xy-y^2.$$

于是

$$z=1+4x+y-40x^2-14xy-y^2+o(x^2+y^2).\qquad\square$$

注　1° 由上述展开式可知

$$\phi_x(0,0)=4,\ \phi_y(0,0)=1,$$
$$\phi_{xx}(0,0)=-80,\ \phi_{xy}(0,0)=-14,\ \phi_{yy}(0,0)=-2.$$

2° 当 $x=y=0$ 时, 由题给方程可知 $z^3-2z+1=0$, 解出 $z=\phi(0,0)=1$. 又由题给方程得

$$(3x^2-2z-2)\mathrm{d}x+(3y^2-2z+1)\mathrm{d}y+(3z^2-2x-2y-2)\mathrm{d}z=0,$$

所以

$$\mathrm{d}z=-\frac{(3x^2-2z-2)\mathrm{d}x+(3y^2-2z+1)\mathrm{d}y}{3z^2-2x-2y-2}$$
$$=\phi_x(x,y)\mathrm{d}x+\phi_y(x,y)\mathrm{d}y.$$

于是也可求得 $\phi_x(0,0)=4,\phi_y(0,0)=1$.

3° 请将上述解法与例 2.7.1 的解法比较.

3.5　综合性例题

* **例 3.5.1**　确定线性变换

$$\xi=x+ay,\quad \eta=x+by\quad (a\neq b),$$

使将方程

$$\frac{\partial^2 u}{\partial x^2}+4\frac{\partial^2 u}{\partial x\partial y}+3\frac{\partial^2 u}{\partial y^2}=0$$

化为

$$\frac{\partial^2 u}{\partial \xi\partial \eta}=0.$$

解　我们有

$$\frac{\partial u}{\partial x}=\frac{\partial u}{\partial \xi}\frac{\partial \xi}{\partial x}+\frac{\partial u}{\partial \eta}\frac{\partial \eta}{\partial x}=\frac{\partial u}{\partial \xi}+\frac{\partial u}{\partial \eta},$$

$$\begin{aligned}\frac{\partial^2 u}{\partial x^2}&=\frac{\partial}{\partial \xi}\left(\frac{\partial u}{\partial \xi}+\frac{\partial u}{\partial \eta}\right)\frac{\partial \xi}{\partial x}+\frac{\partial}{\partial \eta}\left(\frac{\partial u}{\partial \xi}+\frac{\partial u}{\partial \eta}\right)\frac{\partial \eta}{\partial x}\\&=\frac{\partial^2 u}{\partial \xi^2}+2\frac{\partial^2 u}{\partial \xi\partial \eta}+\frac{\partial^2 u}{\partial \eta^2};\\\frac{\partial^2 u}{\partial x\partial y}&=\frac{\partial}{\partial y}\frac{\partial u}{\partial x}=\frac{\partial}{\partial \xi}\left(\frac{\partial u}{\partial \xi}+\frac{\partial u}{\partial \eta}\right)\frac{\partial \xi}{\partial y}+\frac{\partial}{\partial \eta}\left(\frac{\partial u}{\partial \xi}+\frac{\partial u}{\partial \eta}\right)\frac{\partial \eta}{\partial y}\\&=a\frac{\partial^2 u}{\partial \xi^2}+(a+b)\frac{\partial^2 u}{\partial \xi\partial \eta}+b\frac{\partial^2 u}{\partial \eta^2};\end{aligned}$$

以及

$$\begin{aligned}\frac{\partial u}{\partial y}&=\frac{\partial u}{\partial \xi}\frac{\partial \xi}{\partial y}+\frac{\partial u}{\partial \eta}\frac{\partial \eta}{\partial y}=a\frac{\partial u}{\partial \xi}+b\frac{\partial u}{\partial \eta},\\\frac{\partial^2 u}{\partial y^2}&=\frac{\partial}{\partial \xi}\left(a\frac{\partial u}{\partial \xi}+b\frac{\partial u}{\partial \eta}\right)\frac{\partial \xi}{\partial y}+\frac{\partial}{\partial \eta}\left(a\frac{\partial u}{\partial \xi}+b\frac{\partial u}{\partial \eta}\right)\frac{\partial \eta}{\partial y}\\&=a^2\frac{\partial^2 u}{\partial \xi^2}+2ab\frac{\partial^2 u}{\partial \xi\partial \eta}+b^2\frac{\partial^2 u}{\partial \eta^2}.\end{aligned}$$

将 $\partial^2u/\partial x^2,\partial^2u/\partial y^2,\partial^2u/\partial x\partial y$ 的表达式代入题中的方程, 得到

$$(1+4a+3a^2)\frac{\partial^2 u}{\partial \xi^2}+(2+4a+4b+6ab)\frac{\partial^2 u}{\partial \xi\partial \eta}+(1+4b+3b^2)\frac{\partial^2 u}{\partial \eta^2}=0.$$

按题意, 我们有

$$1+4a+3a^2=0,\quad 1+4b+3b^2=0,$$

两式相减得 $(a-b)(4+3a+3b)=0$, 因为 $a\neq b$, 所以 $4+3a+3b=0$. 将此与 $1+4a+3a^2=0$ (或 $1+4b+3b^2=0$) 联立, 解得 $(a,b)=(-1,-1/3)$ 或 $(-1/3,-1)$, 即得合乎要求的线性变换: $\xi=x-y,\eta=x-y/3$, 及 $\xi=x-y/3,\eta=x-y$. □

例 3.5.2 设 $u=u(x,y),v=v(x,y)$ 由方程

$$u=f(x+2y+2u+v),\quad v=g(2x+y-4u-2v)$$

定义, 其中 $f,g\in C^1(\mathbb{R}),f'-g'\neq 1/2$, 求函数行列式

$$\frac{\partial(u,v)}{\partial(x,y)}=\begin{vmatrix}u_x & u_y\\ v_x & v_y\end{vmatrix}.$$

解 令 $s=x+2y+2u+v,t=2x+y-4u-2v$, 则 $u=f(s),v=g(t)$. 在此二方程两边分别对 x,y 求导得

$$\begin{aligned}u_x&=f'(s)(1+2u_x+v_x),\quad u_y=f'(s)(2+2u_y+v_y),\\v_x&=g'(t)(2-4u_x-2v_x),\quad v_y=g'(t)(1-4u_y-2v_y).\end{aligned}$$

由其中第一式和第三式得到

$$\big(1-2f'(s)\big)u_x-f'(s)v_x=f'(s),$$

$$4g'(t)u_x+\big(1+2g'(t)\big)v_x=2g'(t),$$

因此

$$\begin{pmatrix}1-2f'(s) & -f'(s)\\ 4g'(t) & 1+2g'(t)\end{pmatrix}\begin{pmatrix}u_x\\ v_x\end{pmatrix}=\begin{pmatrix}f'(s)\\ 2g'(t)\end{pmatrix}.$$

类似地, 由上述第二式和第四式得到

$$\begin{pmatrix}1-2f'(s) & -f'(s)\\ 4g'(t) & 1+2g'(t)\end{pmatrix}\begin{pmatrix}u_y\\ v_y\end{pmatrix}=\begin{pmatrix}2f'(s)\\ g'(t)\end{pmatrix}.$$

于是我们有

$$\begin{pmatrix}1-2f'(s) & -f'(s)\\ 4g'(t) & 1+2g'(t)\end{pmatrix}\begin{pmatrix}u_x & u_y\\ v_x & v_y\end{pmatrix}=\begin{pmatrix}f'(s) & 2f'(s)\\ 2g'(t) & g'(t)\end{pmatrix}.$$

两边取行列式,

$$\begin{vmatrix}1-2f'(s) & -f'(s)\\ 4g'(t) & 1+2g'(t)\end{vmatrix}\begin{vmatrix}u_x & u_y\\ v_x & v_y\end{vmatrix}=\begin{vmatrix}f'(s) & 2f'(s)\\ 2g'(t) & g'(t)\end{vmatrix}.$$

由此立得

$$\begin{aligned}\frac{\partial(u,v)}{\partial(x,y)}=\begin{vmatrix}u_x & u_y\\ v_x & v_y\end{vmatrix}&=\frac{3f'(s)g'(t)}{2f'(s)-2g'(t)-1}\\ &=\frac{3f'(x+2y+2u+v)g'(2x+y-4u-2v)}{2f'(x+2y+2u+v)-2g'(2x+y-4u-2v)-1}.\end{aligned}$$

□

例 3.5.3　(1) 设 $n\geqslant 1$. 记 $\boldsymbol{x}=(x_1,x_2,\cdots,x_n)\in\mathbb{R}^n$. 设 $U\subset\mathbb{R}^n$ 是一个凸集, 即对于任何 $\boldsymbol{x},\boldsymbol{y}\in U$ 及任何 $\lambda\in[0,1]$, 点 $(1-\lambda)\boldsymbol{x}+\lambda\boldsymbol{y}\in U$. 我们称 $f(\boldsymbol{x})$ 是 U 上的凸函数, 如果对于任何 $\boldsymbol{x},\boldsymbol{y}\in U$ 以及任何 $\lambda\in[0,1]$ 有

$$f\big((1-\lambda)\boldsymbol{x}+\lambda\boldsymbol{y}\big)\leqslant(1-\lambda)f(\boldsymbol{x})+\lambda f(\boldsymbol{y}).$$

对于任何 $\boldsymbol{x},\boldsymbol{y}\in U$, 我们定义函数

$$\phi(t)=\phi(t;\boldsymbol{x},\boldsymbol{y})=f\big((1-t)\boldsymbol{x}+t\boldsymbol{y}\big).$$

证明:$f(\boldsymbol{x})$ 是 U 上的凸函数, 当且仅当对于任何 $\boldsymbol{x},\boldsymbol{y}\in U,\phi(t;\boldsymbol{x},\boldsymbol{y})$ 是 $[0,1]$ 上的凸函数.

(2) 设 $f(\boldsymbol{x})$ 是凸集 $U\subset\mathbb{R}^n$ 上的凸函数. 证明: 若 f 在 U 的某个内点上达到最大值 (整体极大值), 则 $f(\boldsymbol{x})$ 等于某个常数.

解　(1) 首先注意: 对于任何 $t_1,t_2\in[0,1]$, 以及任何 $\lambda\in[0,1]$, 我们有 $(1-\lambda)t_1+\lambda t_2\in[0,1]$, 并且对于任何 $\boldsymbol{x},\boldsymbol{y}\in U$ 有

$$\begin{aligned}&\big(1-(1-\lambda)t_1-\lambda t_2\big)\boldsymbol{x}+\big((1-\lambda)t_1+\lambda t_2\big)\boldsymbol{y}\\ &\quad=(1-\lambda)\big((1-t_1)\boldsymbol{x}+t_1\boldsymbol{y}\big)+\lambda\big((1-t_2)\boldsymbol{x}+t_2\boldsymbol{y}\big).\end{aligned}$$

因为 U 是凸集, 所以 $(1-t_1)\boldsymbol{x}+t_1\boldsymbol{y},(1-t_2)\boldsymbol{x}+t_2\boldsymbol{y}\in U$.

如果 $f(\boldsymbol{x})$ 是 U 上的凸函数, 那么

$$\begin{aligned}\phi\big((1-\lambda)t_1+\lambda t_2;\boldsymbol{x},\boldsymbol{y}\big)&=f\big((1-(1-\lambda)t_1-\lambda t_2)\boldsymbol{x}+((1-\lambda)t_1+\lambda t_2)\boldsymbol{y}\big)\\&=f\big((1-\lambda)((1-t_1)\boldsymbol{x}+t_1\boldsymbol{y})+\lambda((1-t_2)\boldsymbol{x}+t_2\boldsymbol{y})\big)\\&\leqslant(1-\lambda)f\big((1-t_1)\boldsymbol{x}+t_1\boldsymbol{y}\big)+\lambda f\big((1-t_2)\boldsymbol{x}+t_2\boldsymbol{y}\big)\\&=(1-\lambda)\phi(t_1;\boldsymbol{x},\boldsymbol{y})+\lambda\phi(t_2;\boldsymbol{x},\boldsymbol{y}),\end{aligned}$$

因此 $\phi(t;\boldsymbol{x},\boldsymbol{y})$ 是 $[0,1]$ 上的凸函数.

反之, 如果 $\phi(t;\boldsymbol{x},\boldsymbol{y})$ 是 $[0,1]$ 上的凸函数, 那么对于任何 $\boldsymbol{x},\boldsymbol{y}\in U$ 以及 $\lambda\in[0,1]$ 有

$$\begin{aligned}f\big((1-\lambda)\boldsymbol{x}+\lambda\boldsymbol{y}\big)&=\phi(\lambda;\boldsymbol{x},\boldsymbol{y})\\&=\phi\big((1-\lambda)\cdot0+\lambda\cdot1;\boldsymbol{x},\boldsymbol{y}\big)\\&\leqslant(1-\lambda)\phi(0;\boldsymbol{x},\boldsymbol{y})+\lambda\phi(1;\boldsymbol{x},\boldsymbol{y})\\&=(1-\lambda)f(\boldsymbol{x})+\lambda f(\boldsymbol{y}),\end{aligned}$$

因此 f 是 U 上的凸函数.

(2) 设 f 不等于常数, 并且在 U 的内点 $\boldsymbol{a}$ 上达到最大值. 那么可取 $\boldsymbol{x}\in U$ 使得 $f(\boldsymbol{x})<f(\boldsymbol{a})$. 还取 $\varepsilon\in(0,1)$ 足够小, 使得点 $\boldsymbol{y}=\boldsymbol{a}+\varepsilon(\boldsymbol{a}-\boldsymbol{x})\in U$. 于是

$$\boldsymbol{a}=\frac{1}{1+\varepsilon}\boldsymbol{y}+\frac{\varepsilon}{1+\varepsilon}\boldsymbol{x}.$$

因为 $1/(1+\varepsilon)+\varepsilon/(1+\varepsilon)=1,\varepsilon>0$, 所以依 f 的凸性, 并注意 $f(\boldsymbol{x})<f(\boldsymbol{a}),f(\boldsymbol{y})\leqslant f(\boldsymbol{a})$, 我们有

$$f(\boldsymbol{a})\leqslant\frac{1}{1+\varepsilon}f(\boldsymbol{y})+\frac{\varepsilon}{1+\varepsilon}f(\boldsymbol{x})<\frac{1}{1+\varepsilon}f(\boldsymbol{a})+\frac{\varepsilon}{1+\varepsilon}f(\boldsymbol{a})=f(\boldsymbol{a}),$$

于是得到矛盾. □

例 3.5.4 求出所有 $\mathbb{R}^3$ 上的函数 $f(\boldsymbol{x})$, 它们满足方程

$$f(\boldsymbol{x}+\boldsymbol{y})+f(\boldsymbol{x}-\boldsymbol{y})=2f(\boldsymbol{x})+2f(\boldsymbol{y})\quad(\boldsymbol{x},\boldsymbol{y}\in\mathbb{R}^3),$$

并且在 $\mathbb{R}^3$ 的单位球面上是常数.

解 对于 $\boldsymbol{x}=(x_1,x_2,x_3)\in\mathbb{R}^3$(称作 $\mathbb{R}^3$ 中的点或向量), 记它的模 $\|\boldsymbol{x}\|=\sqrt{x_1^2+x_2^2+x_3^2}$. 若 $\boldsymbol{x}=(x_1,x_2,x_3),\boldsymbol{y}=(y_1,y_2,y_3)\in\mathbb{R}^3$, 满足 $x_1y_1+x_2y_2+x_3y_3=0$, 则称向量 $\boldsymbol{x}$ 与 $\boldsymbol{y}$ 垂直, 记作 $\boldsymbol{x}\perp\boldsymbol{y}$.

(i) 我们首先证明: 如果函数 f 定义在 $\mathbb{R}^3$ 上, 满足给定的函数方程, 并且当 $\boldsymbol{x}\in\mathbb{R}^3,\|\boldsymbol{x}\|=1$ 时 $f(\boldsymbol{x})=c$(c 为常数), 那么 f 在模相等的向量上取相等的值.

证明分下列四步;

(i-a) 若 $\boldsymbol{x},\boldsymbol{y}\in\mathbb{R}^3,\|\boldsymbol{x}\|=\|\boldsymbol{y}\|<1$, 则 $f(\boldsymbol{x})=f(\boldsymbol{y})$.

事实上, 此时存在向量 $\boldsymbol{z}\in\mathbb{R}^3$ 使得 $\|\boldsymbol{x}\|^2+\|\boldsymbol{z}\|^2=\|\boldsymbol{y}\|^2+\|\boldsymbol{z}\|^2=1$, 并且 $\boldsymbol{z}\perp\boldsymbol{x},\boldsymbol{z}\perp\boldsymbol{y}$. 因为 (依商高定理) $\|\boldsymbol{x}\pm\boldsymbol{z}\|=\|\boldsymbol{y}\pm\boldsymbol{z}\|=1$, 所以由函数方程及常数 c 的定义得到

$$2f(\boldsymbol{x})=f(\boldsymbol{x}+\boldsymbol{z})+f(\boldsymbol{x}-\boldsymbol{z})-2f(\boldsymbol{z})=c+c-2f(\boldsymbol{z})$$

$$= f(\boldsymbol{y}+\boldsymbol{z}) + f(\boldsymbol{y}-\boldsymbol{z}) - 2f(\boldsymbol{z}) = 2f(\boldsymbol{y}),$$

因此 $f(\boldsymbol{x}) = f(\boldsymbol{y})$.

(i-b) 对于任何 $\boldsymbol{x} \in \mathbb{R}^3, f(2\boldsymbol{x}) = 4f(\boldsymbol{x})$.

为证明此结论, 只需在题中的函数方程中令 $\boldsymbol{y} = \boldsymbol{0}$, 即可推出 $f(\boldsymbol{0}) = 0$, 因而由函数方程得到

$$\begin{aligned} f(2\boldsymbol{x}) &= f(2\boldsymbol{x}) + 0 = f(2\boldsymbol{x}) + f(\boldsymbol{0}) = f(\boldsymbol{x}+\boldsymbol{x}) + f(\boldsymbol{x}-\boldsymbol{x}) \\ &= 2f(\boldsymbol{x}) + 2f(\boldsymbol{x}) = 4f(\boldsymbol{x}). \end{aligned}$$

(i-c) 若 $\|\boldsymbol{x}\| = \|\boldsymbol{y}\| < 2^k$, 其中 $k \geqslant 0$ 是某个整数, 则 $f(\boldsymbol{x}) = f(\boldsymbol{y})$.

对 k 用数学归纳法. 当 $k = 0$ 时, 由 (i-a) 知结论成立. 设 $\|\boldsymbol{x}\| = \|\boldsymbol{y}\| < 2$. 我们令 $\boldsymbol{x}' = \boldsymbol{x}/2, \boldsymbol{y}' = \boldsymbol{y}/2$, 那么 $\|\boldsymbol{x}'\| = \|\boldsymbol{y}'\| < 1$, 于是依 (i-a) 得知 $f(\boldsymbol{x}') = f(\boldsymbol{y}')$, 从而依 (i-b), 我们得到

$$f(\boldsymbol{x}) = f(2\boldsymbol{x}') = 4f(\boldsymbol{x}') = 4f(\boldsymbol{y}') = f(2\boldsymbol{y}') = f(\boldsymbol{y}).$$

现在设对某个 $m \geqslant 0, \|\boldsymbol{x}\| = \|\boldsymbol{y}\| < 2^m$ 蕴含 $f(\boldsymbol{x}) = f(\boldsymbol{y})$, 那么对于任何满足条件 $\|\boldsymbol{x}\| = \|\boldsymbol{y}\| < 2^{m+1}$ 的 $\boldsymbol{x}, \boldsymbol{y} \in \mathbb{R}^3$, 令 $\boldsymbol{x}' = \boldsymbol{x}/2, \boldsymbol{y}' = \boldsymbol{y}/2$, 则有 $\|\boldsymbol{x}'\| = \|\boldsymbol{y}'\| < 2^m$. 于是依归纳假设得知 $f(\boldsymbol{x}') = f(\boldsymbol{y}')$. 由此并应用 (i-b), 与上面类似地得到 $f(\boldsymbol{x}) = f(\boldsymbol{y})$. 于是完成归纳证明.

(i-d) 对于任何两个模相等的向量 $\boldsymbol{x}$ 和 $\boldsymbol{y}$, 必存在某个整数 $k \geqslant 0$ 使它们的模 $< 2^k$, 于是由 (i-c) 可知 $f(\boldsymbol{x}) = f(\boldsymbol{y})$. 因此, 确实 f 在模相等的向量上取相等的值.

(ii) 现在我们进而证明: 满足题中所有条件的函数 f 可表示为

$$f(\boldsymbol{x}) = u(\|\boldsymbol{x}\|^2) \quad (\boldsymbol{x} \in \mathbb{R}^3),$$

其中 $u(x)$ 满足 $u(0) = 0$, 并且是 $[0, \infty)$ 上的加性函数, 亦即对于任何实数 $\lambda, \mu \geqslant 0, u(\lambda) + u(\mu) = u(\lambda + \mu)$.

事实上, 上面步骤 (i) 中的结论表明函数 f 只依赖于 $\|\boldsymbol{x}\|$, 或等价地, 只依赖于 $\|\boldsymbol{x}\|^2$; 换言之, 存在一个 $[0, \infty)$ 上的函数 $u(t)$, 使得 f 可以表示为

$$f(\boldsymbol{x}) = u(\|\boldsymbol{x}\|^2) \quad (\boldsymbol{x} \in \mathbb{R}^3).$$

由 $f(\boldsymbol{0}) = 0$ 立知 $u(0) = 0$. 我们来证明 $u(x)$ 是 $[0, \infty)$ 上的加性函数. 为此任取 $\lambda, \mu > 0$ 并固定, 还取向量 $\boldsymbol{x}, \boldsymbol{y} \in \mathbb{R}^3$, 使得 $\|\boldsymbol{x}\|^2 = \lambda, \|\boldsymbol{y}\|^2 = \mu$, 并且 $\boldsymbol{x} \perp \boldsymbol{y}$. 由函数方程及商高定理可得

$$\begin{aligned} 2u(\lambda) + 2u(\mu) &= 2u(\|\boldsymbol{x}\|^2) + 2u(\|\boldsymbol{y}\|^2) = 2f(\boldsymbol{x}) + 2f(\boldsymbol{y}) \\ &= f(\boldsymbol{x}+\boldsymbol{y}) + f(\boldsymbol{x}-\boldsymbol{y}) = u(\|\boldsymbol{x}\|^2 + \|\boldsymbol{y}\|^2) + u(\|\boldsymbol{x}\|^2 + \|\boldsymbol{y}\|^2) \\ &= 2u(\lambda + \mu), \end{aligned}$$

所以 $u(\lambda) + u(\mu) = u(\lambda + \mu)(\lambda, \mu > 0)$. 当 $\lambda = 0$ 或 $\mu = 0$ 时此式显然成立.

(iii) 应用向量形式的平行四边形定理 $\|\boldsymbol{x}+\boldsymbol{y}\|^2 + \|\boldsymbol{x}-\boldsymbol{y}\|^2 = 2\|\boldsymbol{x}\|^2 + 2\|\boldsymbol{y}\|^2$, 我们容易验证: 若 $u(x)$ 是 $[0, \infty)$ 上的加性函数, 并且 $u(0) = 0$, 则函数 $f(\boldsymbol{x}) = u(\|\boldsymbol{x}\|^2)$ 确实满足题中的方程. □

例 3.5.5 设 $n \geqslant 2, D_n$ 是 $\mathbb{R}^n$ 中的 (闭) 单位球,$\boldsymbol{x}=(x_1,x_2,\cdots,x_n)$. 证明:

$$\max_{\boldsymbol{x}\in D_n}\left\{\min_{1\leqslant i<j\leqslant n}|x_i-x_j|\right\}=\sqrt{\frac{12}{n(n^2-1)}}.$$

解 设 $\boldsymbol{a}=(a_1,a_2,\cdots,a_n)$ 是达到题中最大值的点, 并令

$$M_n=\min\{|a_i-a_j|(1\leqslant i<j\leqslant n)\}.$$

存在集合 $\{1,2,\cdots,n\}$ 的置换 σ, 使得 $a_{\sigma(1)}\leqslant a_{\sigma(2)}\leqslant\cdots\leqslant a_{\sigma(n)}$. 我们简记 $b_j=a_{\sigma(j)}$. 当 $j>i$ 时,

$$|b_j-b_i|=b_j-b_i=\sum_{k=i+1}^{j}(b_k-b_{k-1})\geqslant(j-i)M_n=|j-i|M_n;$$

据此可知: 当 $j<i$ 时,$|b_j-b_i|=b_i-b_j\geqslant|i-j|M_n$; 而当 $i=j$ 时 $|b_j-b_i|=|i-j|M_n$. 因此我们有

$$|b_j-b_i|\geqslant|j-i|M_n\quad(1\leqslant i,j\leqslant n).$$

由此得到

$$\begin{aligned}M_n^2\sum_{1\leqslant i,j\leqslant n}(j-i)^2&\leqslant\sum_{1\leqslant i,j\leqslant n}(b_j-b_i)^2=\sum_{1\leqslant i,j\leqslant n}(a_j-a_i)^2=\sum_{1\leqslant i,j\leqslant n}(a_j^2+a_i^2-2a_ia_j)\\&\leqslant 2n\sum_{k=1}^{n}a_k^2-2\left(\sum_{k=1}^{n}a_k\right)^2\leqslant 2n\sum_{k=1}^{n}a_k^2\leqslant 2n.\end{aligned}$$

最后一步是因为 D_n 是单位球, 当 $\boldsymbol{a}\in D_n$ 时,$\sum\limits_{k=1}^{n}a_k^2\leqslant 1$. 此外, 我们还有

$$\begin{aligned}\sum_{1\leqslant i,j\leqslant n}(j-i)^2&=2n\sum_{k=1}^{n}k^2-2\left(\sum_{k=1}^{n}k\right)^2\\&=2n\cdot\frac{n(n+1)(2n+1)}{6}-2\left(\frac{n(n+1)}{2}\right)^2=\frac{n^2(n^2-1)}{6}.\end{aligned}$$

因此

$$M_n^2\leqslant\frac{12}{n(n^2-1)},$$

从而

$$M_n\leqslant\sqrt{\frac{12}{n(n^2-1)}}.$$

反之, 我们取 $\boldsymbol{x}=(x_1,x_2,\cdots,x_n)$, 其坐标

$$x_k=\sqrt{\frac{12}{n(n^2-1)}}\left(k-\frac{n+1}{2}\right)\quad(k=1,2,\cdots,n),$$

那么可以直接验证 $\boldsymbol{x}\in D_n$, 并且

$$\min\{|x_i-x_j|(1\leqslant i<j\leqslant n)\}=\sqrt{\frac{12}{n(n^2-1)}}.$$

因此

$$M_n\geqslant\sqrt{\frac{12}{n(n^2-1)}}.$$

综合两个估值, 即得所要的结果. □

例 3.5.6 (1) 证明: 若两曲面 $F(x,y,z)=0,G(x,y,z)=0$ 满足条件

$$F_xG_x+F_yG_y+F_zG_z=0,$$

则它们正交.

(2) 设 $a>b>c$, 参数 $\lambda\in\mathbb{R}$. 证明: 对于任意给定的点 $(x_0,y_0,z_0)\in\mathbb{R}^3$, 曲面族

$$\frac{x^2}{a-\lambda}+\frac{y^2}{b-\lambda}+\frac{z^2}{c-\lambda}=1$$

中有三个曲面通过 (x_0,y_0,z_0), 并且三曲面在此点的三法线两两互相垂直 (这种情形称做曲面族正交).

解 (1) 在曲面交线上任意点, 两曲面的法线的方向系数分别是 (F_x,F_y,F_z) 和 (G_x,G_y,G_z). 题中条件表明此二法线互相垂直, 所以两曲面正交.

(2) 设 $(x_0,y_0,z_0)\in\mathbb{R}^3$ 任意给定, 并设

$$\frac{x_0^2}{a-\lambda}+\frac{y_0^2}{b-\lambda}+\frac{z_0^2}{c-\lambda}=1.$$

去分母, 令

$$\begin{aligned}f(\lambda)=&(a-\lambda)(b-\lambda)(c-\lambda)-(b-\lambda)(c-\lambda)x_0^2\\&-(c-\lambda)(a-\lambda)y_0^2-(a-\lambda)(b-\lambda)z_0^2.\end{aligned}$$

因为

$$\begin{aligned}&f(-\infty)=+\infty,\quad f(c)=-(a-c)(b-c)z_0^2<0,\\&f(b)=-(c-b)(a-b)y_0^2>0,\quad f(a)=-(b-a)(c-a)z_0^2<0,\end{aligned}$$

所以 (三次方程)$f(\lambda)=0$ 恰有三个实根分别位于 $(-\infty,c),(c,b),(b,a)$. 将它们记作 $\lambda_1,\lambda_2,\lambda_3$, 则题中的曲面族中确实有 3 个曲面通过 (x_0,y_0,z_0). 设 $\lambda_i,\lambda_j(i\neq j)$ 是 $\lambda_1,\lambda_2,\lambda_3$ 中任意两个, 那么

$$\begin{aligned}\frac{x_0^2}{a-\lambda_i}+\frac{y_0^2}{b-\lambda_i}+\frac{z_0^2}{c-\lambda_i}=1,\\\frac{x_0^2}{a-\lambda_j}+\frac{y_0^2}{b-\lambda_j}+\frac{z_0^2}{c-\lambda_j}=1.\end{aligned}$$

将此二式相减可得

$$(\lambda_i-\lambda_j)\left(\frac{x_0^2}{(a-\lambda_i)(a-\lambda_j)}+\frac{y_0^2}{(b-\lambda_i)(b-\lambda_j)}+\frac{z_0^2}{(c-\lambda_i)(c-\lambda_j)}\right)=0.$$

因为 $\lambda_i\neq\lambda_j$, 所以

$$\frac{x_0}{a-\lambda_i}\cdot\frac{x_0}{a-\lambda_j}+\frac{y_0}{b-\lambda_i}\cdot\frac{y_0}{b-\lambda_j}+\frac{z_0}{c-\lambda_i}\cdot\frac{z_0}{c-\lambda_j}=0.$$

因为上述二曲面在 (x_0,y_0,z_0) 的法线的方向系数分别是

$$\left(\frac{x_0}{a-\lambda_i},\frac{y_0}{b-\lambda_i},\frac{z_0}{c-\lambda_i}\right),\quad \left(\frac{x_0}{a-\lambda_j},\frac{y_0}{b-\lambda_j},\frac{z_0}{c-\lambda_j}\right),$$

因此此二法线互相垂直. □

例 3.5.7 对于 $\mathbb{R}^3$ 上的函数 $u=f(x,y,z)$ 令

$$\Delta u=\frac{\partial^2 u}{\partial x^2}+\frac{\partial^2 u}{\partial y^2}+\frac{\partial^2 u}{\partial z^2}.$$

证明: 在空间正交变换下 Δu 的形式不变.

解 空间的正交变换 (平移和绕原点旋转) 可表示为

$$\begin{aligned}x&=l_1\xi+l_2\eta+l_3\zeta+x_0,\\ y&=m_1\xi+m_2\eta+m_3\zeta+y_0,\\ z&=n_1\xi+n_2\eta+n_3\zeta+z_0,\end{aligned}$$

即将原点平移到点 (x_0,y_0,z_0), 系数 $(l_1,l_2,l_3),(m_1,m_2,m_3),(n_1,n_2,n_3)$ 是新系的 ξ 轴,η 轴,ζ 轴关于原坐标系的方向系数, 它们满足正交关系式

$$\begin{aligned}&l_1^2+l_2^2+l_3^2=m_1^2+m_2^2+m_3^2=n_1^2+n_2^2+n_3^2=1,\\ &l_1m_1+l_2m_2+l_3m_3=m_1n_1+m_2n_2+m_3n_3\\ &\qquad\qquad\qquad\qquad\ =n_1l_1+n_2l_2+n_3l_3=0.\end{aligned}$$

据此算出

$$\frac{\partial u}{\partial\xi}=\frac{\partial u}{\partial x}\frac{\partial x}{\partial\xi}+\frac{\partial u}{\partial y}\frac{\partial y}{\partial\xi}+\frac{\partial u}{\partial z}\frac{\partial z}{\partial\xi}=l_1\frac{\partial u}{\partial x}+m_1\frac{\partial u}{\partial y}+n_1\frac{\partial u}{\partial z},$$

类似地,

$$\begin{aligned}\frac{\partial u}{\partial\eta}&=l_2\frac{\partial u}{\partial x}+m_2\frac{\partial u}{\partial y}+n_2\frac{\partial u}{\partial z},\\ \frac{\partial u}{\partial\zeta}&=l_3\frac{\partial u}{\partial x}+m_3\frac{\partial u}{\partial y}+n_3\frac{\partial u}{\partial z}.\end{aligned}$$

因为

$$\frac{\partial^2 u}{\partial\xi^2}=\frac{\partial}{\partial\xi}\frac{\partial u}{\partial\xi}=\frac{\partial}{\partial\xi}\left(l_1\frac{\partial u}{\partial x}+m_1\frac{\partial u}{\partial y}+n_1\frac{\partial u}{\partial z}\right),$$

并且

$$\begin{aligned}
l_1\frac{\partial}{\partial\xi}\frac{\partial u}{\partial x}&=l_1\left(\frac{\partial}{\partial x}\frac{\partial u}{\partial x}\frac{\partial x}{\partial\xi}+\frac{\partial}{\partial y}\frac{\partial u}{\partial x}\frac{\partial y}{\partial\xi}+\frac{\partial}{\partial z}\frac{\partial u}{\partial x}\frac{\partial z}{\partial\xi}\right)\\
&=l_1\left(l_1\frac{\partial^2u}{\partial x^2}+m_1\frac{\partial^2u}{\partial x\partial y}+n_1\frac{\partial^2u}{\partial x\partial z}\right)\\
&=l_1^2\frac{\partial^2u}{\partial x^2}+l_1m_1\frac{\partial^2u}{\partial x\partial y}+l_1n_1\frac{\partial^2u}{\partial x\partial z},
\end{aligned}$$

类似地,

$$\begin{aligned}
m_1\frac{\partial}{\partial\xi}\frac{\partial u}{\partial y}&=m_1^2\frac{\partial^2u}{\partial y^2}+l_1m_1\frac{\partial^2u}{\partial x\partial y}+m_1n_1\frac{\partial^2u}{\partial y\partial z},\\
n_1\frac{\partial}{\partial\xi}\frac{\partial u}{\partial z}&=n_1^2\frac{\partial^2u}{\partial z^2}+l_1n_1\frac{\partial^2u}{\partial x\partial z}+m_1n_1\frac{\partial^2u}{\partial y\partial z},
\end{aligned}$$

因此

$$\begin{aligned}
\frac{\partial^2u}{\partial\xi^2}&=l_1\frac{\partial}{\partial\xi}\frac{\partial u}{\partial x}+m_1\frac{\partial}{\partial\xi}\frac{\partial u}{\partial y}+n_1\frac{\partial}{\partial\xi}\frac{\partial u}{\partial z}\\
&=l_1^2\frac{\partial^2u}{\partial x^2}+m_1^2\frac{\partial^2u}{\partial y^2}+n_1^2\frac{\partial^2u}{\partial z^2}+2l_1m_1\frac{\partial^2u}{\partial x\partial y}+2l_1n_1\frac{\partial^2u}{\partial x\partial z}+2m_1n_1\frac{\partial^2u}{\partial y\partial z}.
\end{aligned}$$

类似地,

$$\begin{aligned}
\frac{\partial^2u}{\partial\eta^2}&=l_2^2\frac{\partial^2u}{\partial x^2}+m_2^2\frac{\partial^2u}{\partial y^2}+n_2^2\frac{\partial^2u}{\partial z^2}+2l_2m_2\frac{\partial^2u}{\partial x\partial y}+2l_2n_2\frac{\partial^2u}{\partial x\partial z}+2m_2n_2\frac{\partial^2u}{\partial y\partial z},\\
\frac{\partial^2u}{\partial\zeta^2}&=l_3^2\frac{\partial^2u}{\partial x^2}+m_3^2\frac{\partial^2u}{\partial y^2}+n_3^2\frac{\partial^2u}{\partial z^2}+2l_3m_3\frac{\partial^2u}{\partial x\partial y}+2l_3n_3\frac{\partial^2u}{\partial x\partial z}+2m_3n_3\frac{\partial^2u}{\partial y\partial z}.
\end{aligned}$$

将上面三个方程相加, 应用正交关系即知

$$\frac{\partial^2u}{\partial\xi^2}+\frac{\partial^2u}{\partial\eta^2}+\frac{\partial^2u}{\partial\zeta^2}=\frac{\partial^2u}{\partial x^2}+\frac{\partial^2u}{\partial y^2}+\frac{\partial^2u}{\partial z^2},$$

可见 Δu 在两个坐标系中形式一样. □

习　题　3

3.1　求 $\lim\limits_{(x,y)\to(0,0)}x^2y^2\log(x^2+y^2)$.

3.2　设

$$f(x,y)=\frac{x^2+4x-4y}{y^2+6y-6x},$$

求当 (x,y) 沿曲线 $y^2+x^2y-x^2=0$ 趋于点 $(0,0)$ 时 $f(x,y)$ 的极限. 由此判断 $\lim\limits_{(x,y)\to(0,0)}f(x,y)$ 是否存在.

3.3　设当 $(x,y)\neq(0,0)$ 时,

(1) $f(x,y)=\dfrac{(ax^2+2bxy+cy^2)^{3/2}}{(x^2+y^2)^{1/2}}$,

(2) $f(x,y)=\dfrac{x^5y-x^3y^2}{x^4+x^2y+y^2}$.

试定义 $f(0,0)$ 使 $f(x,y)$ 在点 $(0,0)$ 连续, 并判断是否 $f_{xy}(0,0)=f_{yx}(0,0)$.

3.4 (1) 设 $u=\dfrac{x+2y}{2x-y}; x=\mathrm{e}^t, y=\mathrm{e}^{-t}$, 求 $\dfrac{\mathrm{d}u}{\mathrm{d}t}$.

(2) 设 $u=\arctan\dfrac{xy}{z}, y=\mathrm{e}^{az}, z=(ax+1)^2$, 求 $\dfrac{\mathrm{d}u}{\mathrm{d}x}$.

(3) 设 $u=f(x,y), x=\phi(t), y=\psi(t)$, 求 $\dfrac{\mathrm{d}^2u}{\mathrm{d}t^2}$.

3.5 (1) 设 $x/y+y/z+z/x=1$, 求 z_{xx}, z_{yy}, z_{xy}.

(2) 设 $x/y+y/z+z/x=1$, 求 $z=z(x,y)$ 的二阶导数.

(3) 设函数 $y=y(x), z=z(x)$ 由

$$x^3+y^3+z^3=3kxyz,\quad x+y+z=a$$

(k,a 为常数) 确定, 求 y', z'.

(4) 设 $u=yz+zx+xy, x^2+y^2+z^2=1$, 求 $u=u(x,y)$ 的二阶导数.

(5) 设 $x=u+v, y=u^2+v^2$, 求 $u=u(x,y)$ 的二阶导数.

(6) 设 $xy+uv=0, u^2+v^2=x^2+y^2+z^2$, 求 $u=u(x,y)$ 的一阶导数.

3.6 求全微分 $\mathrm{d}u$:

(1) $u=a^{xyz}$(a 是常数).

(2) $u=x^yy^zz^x$.

(3) $u=xy\sin\dfrac{1}{\sqrt{x^2+y^2}}$.

(4) $u=\log\sqrt{1+x^2+y^2}$.

3.7 设 $f(x,y,z,u)=0$, 则

(1) $\dfrac{\partial x}{\partial y}\dfrac{\partial y}{\partial z}\dfrac{\partial z}{\partial x}=-1$.

(2) $\dfrac{\partial u}{\partial x}\dfrac{\partial x}{\partial y}\dfrac{\partial y}{\partial z}\dfrac{\partial z}{\partial u}=1$.

3.8 设 $y=x\phi(z)+\psi(z)$ 定义 $z=z(x,y)$, 记 $p=z_x, q=z_y, r=z_{xx}, s=z_{xy}(=z_{yx}), t=z_{yy}$, 证明 $q^2r-2pqs+p^2t=0$.

3.9 设参变数 $\alpha=\alpha(x,y)$ 关于 x,y 可导 (即一阶偏导数存在), 函数 $z=z(x,y)$ 由下列方程确定:

$$z=\alpha x+2(\alpha^2+1)y+2\alpha^2,\quad x+4\alpha y+4\alpha=0.$$

证明

$$\frac{\partial^2 z}{\partial x^2}\frac{\partial^2 z}{\partial y^2}-\left(\frac{\partial^2 z}{\partial x\partial y}\right)^2=0.$$

3.10 设 $z=f(x,y), u=x+ay, v=x-ay$, 证明 $a^2z_{xx}-z_{yy}=4a^2z_{uv}$.

3.11 设 $u=u(x,y,z)$ 由

$$\frac{x^2}{a^2+u}+\frac{y^2}{b^2+u}+\frac{z^2}{c^2+u}=1$$

确定, 证明:

$$u_x^2+u_y^2+u_z^2=2(xu_x+yu_y+zu_z).$$

3.12 设 $P(x,y,z)$ 是曲面 Σ 上的一点, 在此点的法向量是 $\boldsymbol{n}$; 还设 $Q(x_0,y_0,z_0)$ 是曲面 Σ 外的一个定点,θ 是 $\boldsymbol{n}$ 与向量 $\boldsymbol{t}=\overrightarrow{PQ}$ 的夹角. 证明: 函数

$$r(x,y,z)=\sqrt{(x-x_0)^2+(y-y_0)^2+(z-z_0)^2}$$

沿 $\boldsymbol{n}$ 方向的导数

$$\frac{\partial r}{\partial n} = -\cos\theta.$$

3.13 证明: 函数

$$f(x,y)=\begin{cases} 0, & (x,y)=(0,0),\\ \dfrac{xy(x^2-y^2)}{x^2+y^2}, & (x,y)\neq(0,0) \end{cases}$$

在整个 $\mathbb{R}^2$ 上连续并且可微.

3.14 设

$$f(x,y)=\begin{cases} 0, & (x,y)=(0,0),\\ \dfrac{|xy|^\alpha}{x^2-xy+y^2}, & (x,y)\neq(0,0), \end{cases}$$

其中 $\alpha>0$. 研究 f 的连续性和可微性.

3.15 (1) 设

$$f(x,y)=\begin{cases} 0, & (x,y)=(0,0),\\ \dfrac{x\sin y-y\sin x}{x^2+y^2}, & (x,y)\neq(0,0), \end{cases}$$

证明:$f(x,y)\in C^1(\mathbb{R}^2)$, 在 $\mathbb{R}^2$ 上可微, 但非 2 次可微.

*(2) 设 $f(x,y)=\phi(|xy|)$, 其中 $\phi(0)=0$, 并且 $\phi(u)$ 在 $u=0$ 的某个邻域中满足 $|\phi(u)|\leqslant|u|^\alpha\ (\alpha>1/2)$. 证明:$f(x,y)$ 在 $(0,0)$ 处可微, 但函数 $g(x,y)=\sqrt{|xy|}$ 在 $(0,0)$ 处不可微.

3.16 (1) 求 $f(x,y)=\mathrm{e}^{-x}\log(1+y)$ 在 $(0,0)$ 的 Taylor 展开 (到 4 次项).

(2) 求 $f(x,y)=\sqrt{1-x^2-y^2}$ 在 $(0,0)$ 和 $(1/2,1/2)$ 的 Taylor 展开 (分别到 4 次项和 3 次项).

3.17 求方程 $f(x,y)=x^3+y^3-3xy-1=0$ 定义的函数 $y=\phi(x),\phi(0)=1$ 在点 0 的 3 阶 Taylor 展开.

3.18 设 $y=\phi(x)$ 由方程 $f(x,y)=1-y\mathrm{e}^x+x\mathrm{e}^y=0$ 定义, 并且 $\phi(0)=1$. 求 $y=\phi(x)$ 在点 0 的 3 阶 Taylor 展开.

3.19 证明: 由方程 $f(x,y,z)=\log(1+y-z)-x-z=0$ 在 $(0,0)$ 的某个邻域中定义的隐函数 $z=\phi(x,y),\phi(0,0)=0$, 在点 $(0,0)$ 有 3 阶 Taylor 展开

$$\phi(x,y)=\frac{1}{2}(y-x)-\frac{(x+y)^2}{16}+\frac{(x+y)^3}{192}+o\big((x^2+y^2)^{3/2}\big).$$

3.20 设 $x=u+v+w,y=uv+vw+wu,z=uvw$, 则

$$\frac{\partial(u,v,w)}{\partial(x,y,z)}=-\frac{1}{(u-v)(v-w)(w-u)}.$$

3.21 (1) 设 $x=f(u,v),y=g(u,v)$ 确定函数 $u=\phi(x,y),v=\psi(x,y)$. 证明: 若 $f_u\cdot\phi_x=1$, 则 x 是 u 的 (单变量) 函数, 或者 y 是 v 的 (单变量) 函数.

(2) 何时 $u=f(x,y)$ 是 x^2+y^2 的函数?

3.22 证明: 曲面 $x^{2/3}+y^{2/3}+z^{2/3}=a^{2/3}$ 上的任意一点处的切面在各坐标轴上截距的平方和是一个常数.

3.23 如果两曲面

$$xyz=\lambda(\lambda>0),\quad \frac{x^2}{a^2}+\frac{y^2}{b^2}+\frac{z^2}{c^2}=1$$

相切, 求 λ.

3.24 求两曲面

$$3x^2+2y^2=2z+1,\quad x^2+y^2+z^2-4y-2z+2=0$$

在其交线上的点 $(1,1,2)$ 处的交角 (即法线的夹角), 以及交线在该点的切线方程.

3.25 设 $F(x,y)$ 具有所需要的可微性条件. 证明:

(1) 曲面 $F(nx-lz,ny-mz)=0$(其中 l,m,n 是常数) 的所有切面都平行于某条定直线.

(2) 曲面

$$F\left(\frac{x-a}{z-c},\frac{y-b}{x-c}\right)=0$$

(其中 a,b,c 是常数) 的所有切面都通过某个定点.

3.26 设函数 $f(x,y)$ 在 $\mathbb{R}^2$ 中二次可微,$f_y\neq 0$. 证明:$f(x,y)=C$(C 是常数) 是一直线的充分必要条件是

$$f_y^2 f_{xx}-2f_xf_yf_{xy}+f_x^2f_{yy}=0.$$

3.27 设 $u=f(x,y)$.

(1) 若 $x=\xi\cos\alpha-\eta\sin\alpha,y=\xi\sin\alpha+\eta\cos\alpha$, 则

$$\left(\frac{\partial u}{\partial x}\right)^2+\left(\frac{\partial u}{\partial y}\right)^2=\left(\frac{\partial u}{\partial \xi}\right)^2+\left(\frac{\partial u}{\partial \eta}\right)^2,$$

$$\frac{\partial^2 u}{\partial x^2}+\frac{\partial^2 u}{\partial y^2}=\frac{\partial^2 u}{\partial \xi^2}+\frac{\partial^2 u}{\partial \eta^2}.$$

(2) 若 $x=\mathrm{e}^s\cos t,y=\mathrm{e}^s\sin t$, 则

$$\frac{\partial^2 u}{\partial x^2}+\frac{\partial^2 u}{\partial y^2}=\mathrm{e}^{-2s}\left(\frac{\partial^2 u}{\partial s^2}+\frac{\partial^2 u}{\partial t^2}\right).$$

(3) 若 $x=\cosh s\cos t,y=\sinh s\sin t$, 则

$$\frac{\partial^2 u}{\partial s^2}+\frac{\partial^2 u}{\partial t^2}=(\cosh^2 x\sin^2 t+\sinh^2 s\cos^2 t)\left(\frac{\partial^2 u}{\partial x^2}+\frac{\partial^2 u}{\partial y^2}\right).$$

3.28 证明: 方程

$$\frac{\partial^2 z}{\partial x^2}+2xy^2\frac{\partial z}{\partial x}+2(y-y^3)\frac{\partial z}{\partial y}+x^2y^2z=0$$

在变换 $x=uv,y=1/v$ 下形式不变.

习题 3 的解答或提示

3.1 令 $x=r\cos\theta,y=r\sin\theta$(极坐标), 则

$$\begin{aligned}0\leqslant x^2y^2\left|\log(x^2+y^2)\right|&=r^4\cos^2\theta\sin^2\theta\left|\log r^2\right|\\&=\frac{r^4}{4}(\sin 2\theta)^2\left|\log r\right|\leqslant\frac{r^3}{4}(r\left|\log r\right|),\end{aligned}$$

上界与 θ 无关. 令 $r\to 0$ 可知所求极限等于 0.

3.2 轨道曲线由两支曲线组成, 分别在两组对角象限中, 关于 y 轴对称, 都经过点 $(0,0)$, 在此点分别以 $y=x$ 和 $y=-x$ 为切线. 若令 $y=ux$, 则得轨道曲线的参数方程

$$x=\frac{1-u^2}{u},\quad y=1-u^2.$$

于是 $(x,y)\to(0,0)$ 等价于 $u\to\pm 1$. 由此算出

$$\frac{x^2+4x-4y}{y^2+6y-6x}=\frac{5u+1}{u(u^2+u-6)}\to\begin{cases}-\dfrac{3}{2}, & u\to 1,\\[2mm] -\dfrac{2}{3}, & u\to -1.\end{cases}$$

因此所求的极限不存在.

3.3　提示　(1) 换极坐标可知 $f(x,y)\to 0$ (当 $(x,y)\to(0,0)$). 因此令 $f(0,0)=0$. 按定义求出

$$f_x(0,0)=\lim_{x\to 0}\frac{f(x,0)-f(0,0)}{x}=\lim_{x\to 0}\frac{a^{3/2}x^2-0}{x}=0,$$

因为 $f(0,y)=c^{3/2}y^2$, 所以

$$f_x(0,y)=\lim_{x\to 0}\frac{f(x,y)-f(0,y)}{x}=3bc^{1/2}y,$$
$$f_{xy}(0,0)=\lim_{y\to 0}\frac{f_x(0,y)-f_x(0,0)}{y}=3bc^{1/2},$$

类似地求出 $f_{yx}(0,0)=3ba^{1/2}$(实际上, 只需在 $f_{xy}(0,0)=3bc^{1/2}$ 中将 c 换为 a). 因此当 $a=c$ 时 $f_{xy}(0,0)=f_{yx}(0,0)$; 当 $a\neq c$ 时 $f_{xy}(0,0)\neq f_{yx}(0,0)$.

(2) 答案: 令 $f(0,0)=0$. 此时 $f_{xy}(0,0)=0, f_{yx}(0,0)=1$.

3.4　(1) 我们有

$$\begin{aligned}\frac{\mathrm{d}u}{\mathrm{d}t}&=\frac{\partial u}{\partial x}\frac{\mathrm{d}x}{\mathrm{d}t}+\frac{\partial u}{\partial y}\frac{\mathrm{d}y}{\mathrm{d}t}\\&=-\frac{5y}{(2x-y)^2}\mathrm{e}^t-\frac{5x}{(2x-y)^2}\mathrm{e}^{-t}=-\frac{10}{(2\mathrm{e}^t-\mathrm{e}^{-t})^2}.\end{aligned}$$

(2) 按法则有

$$\begin{aligned}\frac{\mathrm{d}u}{\mathrm{d}x}&=\frac{\partial u}{\partial x}+\frac{\partial u}{\partial y}\frac{\mathrm{d}y}{\mathrm{d}x}+\frac{\partial u}{\partial z}\frac{\mathrm{d}z}{\mathrm{d}x}\\&=\frac{1}{1+\dfrac{x^2y^2}{z^2}}\cdot\frac{y}{z}+\frac{1}{1+\dfrac{x^2y^2}{z^2}}\cdot\frac{x}{z}\cdot a\mathrm{e}^{az}+\frac{1}{1+\dfrac{x^2y^2}{z^2}}\left(-\frac{xy}{z^2}\right)\cdot 2a(ax+1)\\&=\frac{z^2}{x^2y^2+z^2}\left(\frac{y}{z}+\frac{ax\mathrm{e}^{ax}}{z}-\frac{2axy(ax+1)}{z^2}\right)=\frac{\mathrm{e}^{ax}(ax+1)(a^2x^2+1)}{x^2\mathrm{e}^{2ax}+(ax+1)^4}.\end{aligned}$$

(3) 依次计算:

$$\begin{aligned}\frac{\mathrm{d}u}{\mathrm{d}t}&=\frac{\partial u}{\partial x}\frac{\mathrm{d}x}{\mathrm{d}t}+\frac{\partial u}{\partial y}\frac{\mathrm{d}y}{\mathrm{d}t}.\\\frac{\mathrm{d}^2u}{\mathrm{d}t^2}&=\frac{\mathrm{d}}{\mathrm{d}t}\left(\frac{\mathrm{d}u}{\mathrm{d}t}\right)=\frac{\mathrm{d}}{\mathrm{d}t}\left(\frac{\partial u}{\partial x}\frac{\mathrm{d}x}{\mathrm{d}t}+\frac{\partial u}{\partial y}\frac{\mathrm{d}y}{\mathrm{d}t}\right)\\&=\frac{\mathrm{d}}{\mathrm{d}t}\left(\frac{\partial u}{\partial x}\right)\frac{\mathrm{d}x}{\mathrm{d}t}+\frac{\partial u}{\partial x}\frac{\mathrm{d}^2x}{\mathrm{d}t^2}+\frac{\mathrm{d}}{\mathrm{d}t}\left(\frac{\partial u}{\partial y}\right)\frac{\mathrm{d}y}{\mathrm{d}t}+\frac{\partial u}{\partial y}\frac{\mathrm{d}^2y}{\mathrm{d}t^2}\\&=\left(\frac{\partial^2u}{\partial x^2}\frac{\mathrm{d}x}{\mathrm{d}t}+\frac{\partial^2u}{\partial y\partial x}\frac{\mathrm{d}y}{\mathrm{d}t}\right)\frac{\mathrm{d}x}{\mathrm{d}t}+\frac{\partial u}{\partial x}\frac{\mathrm{d}^2x}{\mathrm{d}t^2}+\left(\frac{\partial^2u}{\partial x\partial y}\frac{\mathrm{d}x}{\mathrm{d}t}+\frac{\partial^2u}{\partial y^2}\frac{\mathrm{d}y}{\mathrm{d}t}\right)\frac{\mathrm{d}y}{\mathrm{d}t}+\frac{\partial u}{\partial y}\frac{\mathrm{d}^2y}{\mathrm{d}t^2}\\&=\frac{\partial^2u}{\partial x^2}\left(\frac{\mathrm{d}x}{\mathrm{d}t}\right)^2+2\frac{\partial^2u}{\partial y\partial x}\frac{\mathrm{d}x}{\mathrm{d}t}\frac{\mathrm{d}y}{\mathrm{d}t}+\frac{\partial^2u}{\partial y^2}\left(\frac{\mathrm{d}y}{\mathrm{d}t}\right)^2+\frac{\partial u}{\partial x}\frac{\mathrm{d}^2x}{\mathrm{d}t^2}+\frac{\partial u}{\partial y}\frac{\mathrm{d}^2y}{\mathrm{d}t^2}.\end{aligned}$$

3.5　(1) **提示**　在题中方程两边对 x 求导得

$$\frac{1}{y}-\frac{yz_x}{z^2}+\frac{z_x}{x}-\frac{x}{z^2}=0,$$

由此解出

$$z_x=-\frac{z^2(yz-x^2)}{xy(xy-z^2)};$$

两边对 y 求导可解出

$$z_y=-\frac{zx(zx-y^2)}{y^2(xy-z^2)}.$$

进而求出

$$z_{xx}=\frac{2z^3(x^3+y^3+z^3-3xyz)}{y(xy-z^2)^3},$$

$$z_{xy}=-\frac{2xz^3(x^3+y^3+z^3-3xyz)}{y^2(xy-z^2)^3},$$

$$z_{yy}=\frac{2x^2z^3(x^3+y^3+z^3-3xyz)}{y^3(xy-z^2)^3}.$$

(2) **提示** 在给定方程两边对 x 求导, 得到

$$\frac{1}{y}-\frac{yz_x}{z^2}+\frac{z_x}{x}-\frac{z}{x^2}=0.$$

因此

$$z_x=-\frac{z^2(yz-x^2)}{xy(xy-z^2)}.$$

类似地,

$$z_y=-\frac{zx(zx-y^2)}{y^2(xy-z^2)}.$$

进而求得

$$z_{xx}=\frac{2z^3(x^3+y^3+z^3-3xyz)}{y(xy-z^2)^3}.$$

$$z_{xy}=-\frac{2xz^3(x^3+y^3+z^3-3xyz)}{y^2(xy-z^2)^3}.$$

$$z_{yy}=\frac{2x^2z^3(x^3+y^3+z^3-3xyz)}{y^3(xy-z^2)^3}.$$

(3) 对 x 求导得到

$$3x^2+3y^2y'+3z^2z'=3k(yz+xy'z+xyz'),\quad 1+y'+z'=0.$$

解得

$$y'=\frac{(z-x)(x+ky+z)}{(y-z)(kx+y+z)},\quad z'=\frac{(x-y)(x+y+kz)}{(y-z)(kx+y+z)}.$$

(4) 由 $x^2+y^2+z^2=1$ 求出 $z_x=-x/z,z_y=-y/z$. 由 $u=yz+zx+xy$ 得到

$$u_x=yz_x+z_xx+z+y=y+z-\frac{x}{z}(x+y).$$

由对称性得

$$u_y=x+z-\frac{y}{z}(x+y).$$

进而得到

$$u_{xx}=z_x-\frac{x+y}{z}-\frac{x}{z}+\frac{x(x+y)}{z^2}z_x=-\frac{2x}{z}-\frac{(x+y)(x^2+z^2)}{z^3},$$

$$u_{yy}=-\frac{2y}{z}-\frac{(x+y)(x^2+z^2)}{z^3},$$

$$u_{xy}=1+z_y-\frac{x}{z}+\frac{x(x+y)}{z^2}z_y=1-\frac{x+y}{z}-\frac{xy(x+y)}{z^3}.$$

(5) 由题设二方程得到 $u_x+v_x=1,uu_x+vv_x=0$, 解出

$$u_x=-\frac{v}{u-v},\quad v_x=\frac{u}{u-v}.$$

类似地, $u_y+v_y=0, 2uu_y+2vv_y=1$, 所以

$$u_y=\frac{1}{2(u-v)},\quad v_y=-\frac{1}{2(u-v)}.$$

由此求出

$$u_{xx}=-\frac{v_x(u-v)-v(u_x-v_x)}{(u-v)^2}=-\frac{u^2+v^2}{(u-v)^3}.$$

以及

$$u_{xy}=\frac{u+v}{2(u-v)^3},\quad u_{yy}=-\frac{1}{2(u-v)^3},$$
$$v_{xx}=\frac{u^2+v^2}{(u-v)^3},\quad v_{xy}=-\frac{u+v}{2(u-v)^3},\quad v_{yy}=\frac{1}{2(u-v)^3}.$$

(6) 由 $u_xv+v_xu=-y, uu_x+vv_x=x$ 得到

$$u_x=\frac{ux+vy}{u^2-v^2},\quad v_x=-\frac{uy+vx}{u^2-v^2}.$$

由对称性得

$$u_y=\frac{vx+uy}{u^2-v^2},\quad v_y=-\frac{ux+vy}{u^2-v^2}.$$

最后, 由 $vu_z+uv_z=0, uu_z+vv_z=z$ 解出

$$u_z=\frac{uz}{u^2-v^2},\quad v_z=-\frac{vz}{u^2-v^2}.$$

3.6　(1) 由 $\log u=xyz\log a$ 得

$$\begin{aligned}\frac{\mathrm{d}u}{u}&=yz\mathrm{d}x\cdot\log a+zx\mathrm{d}y\cdot\log a+xy\mathrm{d}z\cdot\log a\\&=xyz\log a\left(\frac{\mathrm{d}x}{x}+\frac{\mathrm{d}y}{y}+\frac{\mathrm{d}z}{z}\right),\end{aligned}$$

所以

$$\mathrm{d}u=xyza^{xyz}\left(\frac{\mathrm{d}x}{x}+\frac{\mathrm{d}y}{y}+\frac{\mathrm{d}z}{z}\right)\log a.$$

(2) 因为 $\log u=y\log x+z\log y+x\log z$, 所以

$$\frac{\mathrm{d}u}{u}=(\log x)\mathrm{d}y+\frac{y}{x}\mathrm{d}x+(\log y)\mathrm{d}z+\frac{z}{y}\mathrm{d}y+(\log z)\mathrm{d}x+\frac{x}{z}\mathrm{d}z,$$

于是

$$\mathrm{d}u=x^yy^zz^x\left(\left(\frac{y}{x}+\log z\right)\mathrm{d}x+\left(\frac{z}{y}+\log x\right)\mathrm{d}y+\left(\frac{x}{z}+\log y\right)\mathrm{d}z\right).$$

(3) 首先算出

$$\begin{aligned}u_x&=y\left(\sin\frac{1}{\sqrt{x^2+y^2}}+x\cos\frac{1}{\sqrt{x^2+y^2}}\left(\frac{-x}{(x^2+y^2)^{3/2}}\right)\right)\\&=y\left(\sin\frac{1}{\sqrt{x^2+y^2}}-\frac{x^2}{(x^2+y^2)^{3/2}}\cos\frac{1}{\sqrt{x^2+y^2}}\right).\end{aligned}$$

由对称性得

$$u_y=x\left(\sin\frac{1}{\sqrt{x^2+y^2}}-\frac{y^2}{(x^2+y^2)^{3/2}}\cos\frac{1}{\sqrt{x^2+y^2}}\right).$$

因此

$$\mathrm{d}u=(y\mathrm{d}x+x\mathrm{d}y)\sin\frac{1}{\sqrt{x^2+y^2}}-\frac{xy(x\mathrm{d}x+y\mathrm{d}y)}{(x^2+y^2)^{3/2}}\cos\frac{1}{\sqrt{x^2+y^2}}.$$

(4) 因为 $2u=\log(1+x^2+y^2)$, 所以

$$2\mathrm{d}u=\frac{2x}{1+x^2+y^2}\mathrm{d}x+\frac{2y}{1+x^2+y^2}\mathrm{d}y,$$

于是 $\mathrm{d}u=(x\mathrm{d}x+y\mathrm{d}y)/(1+x^2+y^2)$.

3.7 (1) 我们有 $f_x\mathrm{d}x+f_y\mathrm{d}y+f_z\mathrm{d}z+f_u\mathrm{d}u=0$. 求 $\partial y/\partial x$ 时 z 和 u 不变 (视作常数), 所以 $\mathrm{d}z=\mathrm{d}u=0$, 而且 $\partial y/\partial x=\mathrm{d}y/\mathrm{d}x$. 于是 $f_x\mathrm{d}x+f_y\mathrm{d}y=0$. 设 $f_x\neq 0$, 则得

$$\mathrm{d}x=-\frac{f_y}{f_x}\mathrm{d}y.$$

因而

$$\frac{\partial x}{\partial y}=-\frac{f_y}{f_x}.$$

类似地,

$$\frac{\partial y}{\partial z}=-\frac{f_z}{f_y},\quad \frac{\partial z}{\partial x}=-\frac{f_x}{f_z}.$$

因此

$$\frac{\partial x}{\partial y}\frac{\partial y}{\partial z}\frac{\partial z}{\partial x}=\left(-\frac{f_y}{f_x}\right)\left(-\frac{f_z}{f_y}\right)\left(-\frac{f_x}{f_z}\right)=-1.$$

(2) **提示** 与本题 (1) 同法.

3.8 由已知条件可得

$$0=\phi(z)+x\phi'(z)p+\psi'(z)p,\quad 1=x\phi'(z)q+\psi'(z)q,$$

于是

$$-\big(x\phi'(z)p+\psi'(z)\big)p=\phi(z),\quad \big(x\phi'(z)+\psi'(z)\big)q=1.$$

因而

$$p+q\phi(z)=p\cdot\big(x\phi'(z)+\psi'(z)\big)q+q\cdot\Big(-\big(x\phi'(z)p+\psi'(z)\big)p\Big)=0.$$

由 $p+q\phi(z)=0$ 可推出

$$r+s\phi(z)+q\phi'(z)p=0,\quad s+t\phi(z)+q\phi'(z)q=0.$$

将其中第一式乘以 q, 第二式乘以 p, 然后相减, 即可消去 $\phi'(z)$ 得到

$$qr-ps+(qs-pt)\phi(z)=0.$$

由此式及 $p+q\phi(z)=0$ 消去 $\phi(z)$, 即得所要证的等式.

3.9 解法 1 在所给第一个方程两边对 x 和 y 分别求偏导数:

$$\frac{\partial z}{\partial x}=\alpha+\frac{\partial\alpha}{\partial x}x+4\alpha y\frac{\partial\alpha}{\partial x}+4\alpha\frac{\partial\alpha}{\partial x}=\alpha+\frac{\partial\alpha}{\partial x}(x+4\alpha y+4\alpha)=\alpha$$

(此处应用了题设第二个方程),

$$\frac{\partial z}{\partial y}=\frac{\partial\alpha}{\partial y}x+2(\alpha^2+1)+4\alpha y\frac{\partial\alpha}{\partial y}+4\alpha\frac{\partial\alpha}{\partial y}=2(\alpha^2+1)+\frac{\partial\alpha}{\partial y}(x+4\alpha y+4\alpha)=2(\alpha^2+1).$$

由此可得

$$\frac{\partial^2 z}{\partial x^2}=\frac{\partial\alpha}{\partial x},\quad \frac{\partial^2 z}{\partial x\partial y}=\frac{\partial\alpha}{\partial y},\quad \frac{\partial^2 z}{\partial y^2}=4\alpha\frac{\partial\alpha}{\partial y},$$

于是

$$\frac{\partial^2 z}{\partial x^2}\frac{\partial^2 z}{\partial y^2}-\left(\frac{\partial^2 z}{\partial x\partial y}\right)^2=4\alpha\frac{\partial\alpha}{\partial x}\frac{\partial\alpha}{\partial y}-\left(\frac{\partial\alpha}{\partial y}\right)^2.$$

最后, 在所给第二个方程两边对 x 和 y 分别求偏导数:

$$1+4y\frac{\partial\alpha}{\partial x}+4\frac{\partial\alpha}{\partial x}=0,\quad 4y\frac{\partial\alpha}{\partial y}+4\alpha+4\frac{\partial\alpha}{\partial y}=0,$$

因此 (由第二个方程求出 4α)

$$\begin{aligned}4\alpha\frac{\partial\alpha}{\partial x}\frac{\partial\alpha}{\partial y}-\left(\frac{\partial\alpha}{\partial y}\right)^2&=\left(-4y\frac{\partial\alpha}{\partial y}-4\frac{\partial\alpha}{\partial y}\right)\frac{\partial\alpha}{\partial x}\frac{\partial\alpha}{\partial y}-\left(\frac{\partial\alpha}{\partial y}\right)^2\\&=-\left(\frac{\partial\alpha}{\partial y}\right)^2\left(4y\frac{\partial\alpha}{\partial x}+4\frac{\partial\alpha}{\partial x}+1\right)=0\end{aligned}$$

(最后一步用到上述第一个方程). 即得

$$\frac{\partial^2 z}{\partial x^2}\frac{\partial^2 z}{\partial y^2}-\left(\frac{\partial^2 z}{\partial x\partial y}\right)^2=0.$$

解法 2　可一般地将已知条件写成

$$z=\alpha x+yf(\alpha)+\varphi(\alpha),\quad 0=x+yf'(\alpha)+\varphi'(\alpha).$$

那么由第一式得

$$\begin{aligned}\mathrm{d}z&=z_x\mathrm{d}x+z_y\mathrm{d}y+z_\alpha d\alpha\\&=\alpha\mathrm{d}x+f(\alpha)\mathrm{d}y+\big(x+yf'(\alpha)+\varphi'(\alpha)\big)\mathrm{d}\alpha.\end{aligned}$$

由此及第二式可知

$$\mathrm{d}z=\alpha\mathrm{d}x+f(\alpha)\mathrm{d}y.$$

于是由

$$\mathrm{d}z=\frac{\partial z}{\partial x}\mathrm{d}x+\frac{\partial z}{\partial y}\mathrm{d}y$$

得到

$$\frac{\partial z}{\partial x}=\alpha,\quad \frac{\partial z}{\partial y}=f(\alpha).$$

由此算出

$$\begin{aligned}&\frac{\partial^2 z}{\partial x^2}=\frac{\partial\alpha}{\partial x},\quad \frac{\partial^2 z}{\partial x\partial y}=\frac{\partial\alpha}{\partial y},\\&\frac{\partial^2 z}{\partial y\partial x}=f'(\alpha)\frac{\partial\alpha}{\partial x},\quad \frac{\partial^2 z}{\partial y^2}=f'(\alpha)\frac{\partial\alpha}{\partial y}.\end{aligned}$$

于是可直接验证要证的等式.

3.10　我们有

$$\begin{aligned}z_x&=z_uu_x+z_vv_x=z_u+z_v,\\z_y&=z_uu_y+z_vv_y=az_u-az_v.\end{aligned}$$

进而求得

$$z_{xx}=(z_u)_x+(z_v)_x=(z_{uu}u_x+z_{uv}v_x)+(z_{vu}u_x+z_{vv}v_x)=z_{uu}+2z_{uv}+z_{vv}.$$

类似地得到

$$z_{yy}=a^2(z_{uu}-2z_{uv}+z_{vv}).$$

由此即可验证 $a^2z_{xx}-z_{yy}=4a^2z_{uv}$.

3.11 题中方程两边分别对 x,y,z 求导, 得到

$$\frac{2x}{a^2+u}-\sigma u_x=0,\quad \frac{2y}{b^2+u}-\sigma u_y=0,\quad \frac{2z}{c^2+u}-\sigma u_z=0,$$

其中

$$\sigma=\frac{x^2}{(a^2+u)^2}+\frac{y^2}{(b^2+u)^2}+\frac{z^2}{(c^2+u)^2}.$$

于是

$$u_x^2+u_y^2+u_z^2=\frac{4}{\sigma^2}\left(\frac{x^2}{(a^2+u)^2}+\frac{y^2}{(b^2+u)^2}+\frac{z^2}{(c^2+u)^2}\right)=\frac{4}{\sigma}.$$

又将上面得到的三个方程分别乘以 x,y,z 然后相加, 可得

$$2\left(\frac{x^2}{a^2+u}+\frac{y^2}{b^2+u}+\frac{z^2}{c^2+u}\right)-\sigma(xu_x+yu_y+zu_z)=0,$$

因此

$$xu_x+yu_y+zu_z=\frac{2}{\sigma}.$$

由此立得所要证的关系式.

3.12 记 $\boldsymbol{n}=(a,b,c),|\boldsymbol{n}|=\sqrt{a^2+b^2+c^2}=1$. 则

$$\frac{\mathrm{d}r}{\mathrm{d}n}=\frac{\partial r}{\partial x}a+\frac{\partial r}{\partial y}b+\frac{\partial r}{\partial z}c=\frac{1}{r}\big((x-x_0)a+(y-y_0)b+(z-z_0)c\big).$$

又因为向量 $\boldsymbol{t}=(x_0-x,y_0-y,z_0-z)$, 所以

$$\cos\theta=\frac{(\boldsymbol{n},\boldsymbol{t})}{|\boldsymbol{n}||\boldsymbol{t}|}=\frac{1}{r}\big((x_0-x)a+(y_0-y)b+(z_0-z)c\big)$$

(此处 $(\boldsymbol{n},\boldsymbol{t})$ 表示向量 $\boldsymbol{n},\boldsymbol{t}$ 的内积), 所以沿方向 $\boldsymbol{n}$ 的导数 $\mathrm{d}r/\mathrm{d}n=-\cos\theta$.

3.13 显然 f 在 $\mathbb{R}^2\setminus\{(0,0)\}$ 上连续; 而当 $(x,y)\neq(0,0)$ 时, $|f(x,y)-f(0,0)|=|f(x,y)|\leqslant|xy|$, 因而 f 在 $(0,0)$ 连续. 于是 f 在整个 $\mathbb{R}^2$ 上连续.

当 $(x,y)\neq(0,0)$ 时,

$$\frac{\partial f}{\partial x}(x,y)=\frac{x^4y+4x^2y^3-y^5}{(x^2+y^2)^2},\quad \frac{\partial f}{\partial y}(x,y)=\frac{x^5-4x^3y^2-xy^4}{(x^2+y^2)^2},$$

都是连续函数, 所以 $f(x,y)$ 在 $\mathbb{R}^2\setminus\{(0,0)\}$ 可微.

我们算出

$$\frac{\partial f}{\partial x}(0,0)=\lim_{x\to 0}\frac{f(x,0)-f(0,0)}{x}=0,$$
$$\frac{\partial f}{\partial y}(0,0)=\lim_{x\to 0}\frac{f(0,y)-f(0,0)}{y}=0,$$

当 $(x,y)\neq(0,0)$ 时, 由 $|x|\leqslant\sqrt{x^2+y^2},|y|\leqslant\sqrt{x^2+y^2}$ 可知

$$\left|\frac{\partial f}{\partial x}(x,y)-\frac{\partial f}{\partial x}(0,0)\right|=\left|\frac{\partial f}{\partial x}(x,y)\right|\leqslant\frac{6(\sqrt{x^2+y^2})^5}{(x^2+y^2)^2}=6\sqrt{x^2+y^2},$$
$$\left|\frac{\partial f}{\partial x}(x,y)-\frac{\partial f}{\partial y}(0,0)\right|\leqslant 6\sqrt{x^2+y^2},$$

因此 $f_x(x,y),f_y(x,y)$ 在 $(0,0)$ 连续, 从而 f 在 $(0,0)$ 也可微. 这也可按下列方法直接推出: 因为

$$|f(x,y)-f(0,0)|=|xy|\frac{|x^2-y^2|}{x^2+y^2}\leqslant|xy|\leqslant x^2+y^2,$$

所以

$$f(x,y)-f(0,0)=o\big(\sqrt{x^2+y^2}\big),$$

从而 f 在 $(0,0)$ 可微, 且 (全) 微分等于 0.

3.14　提示　(i) 当 $(x,y)\in\mathbb{R}^2$ 时, 由 $|xy|\leqslant(x^2+y^2)/2$ 可得

$$x^2-xy+y^2\geqslant\frac{1}{2}(x^2+y^2).$$

(ii) 当 $x>0,y>0$ 时 f 是两个连续函数之商, 因而连续; 注意 f 关于 x,y 对称, 所以当 $xy\neq 0$ 时,f 连续. 当 $x=0,y\neq 0$ 或 $x\neq 0,y=0$ 时(即对于坐标轴上除 $(0,0)$ 外的点),$f(x,y)=0$, 我们可直接验证 f 连续. 例如, 对于点 $(x_0,0)\,(x_0>0)$, 应用步骤 (i) 中不等式, 我们有

$$|f(x_0,0)-f(x,y)|=|f(x,y)|=\frac{|xy|^\alpha}{x^2-xy+y^2}\leqslant\frac{2|xy|^\alpha}{x^2+y^2}.$$

对于任意给定的 $\varepsilon>0$, 取 $\eta=\min\{\varepsilon^{1/\alpha},2x_0/3\}$, 则当 $|x-x_0|<\eta,|y|(=|y-0|)<\eta$ 时 $x_0/3<x<5x_0/3$, 因而

$$|f(x_0,0)-f(x,y)|\leqslant 2\left(\frac{5x_0}{3}\right)^\alpha\left(\frac{x_0}{3}\right)^{-2}|y|^\alpha=O(|y|^\alpha)=O(\varepsilon),$$

可见 f 在点 $(x_0,0)\,(x_0>0)$ 连续.

因此, 当 $(x,y)\in\mathbb{R}^2\setminus\{(0,0)\}$ 时,f 连续.

(iii) 当 $(x,y)\neq(0,0)$ 时, 由步骤 (i) 中不等式得

$$|f(x,y)-f(0,0)|=|f(x,y)|<\frac{2|xy|^\alpha}{x^2+y^2}\leqslant 2(x^2+y^2)^{\alpha-1},$$

由此推出: 当 $\alpha>1$ 时,f 在 $(0,0)$ 连续. 但若 $0<\alpha\leqslant 1$, 则 $f(x,x)=x^{2(\alpha-1)}$, 当 $x\to 0$ 时不以 0 为极限, 因此 f 在 $(0,0)$ 不连续.

(iv) 由 (i) 中不等式可知, 当 $(x,y)\neq(0,0)$ 时,

$$\begin{aligned}0\leqslant f(x,y)&=\frac{|xy|^\alpha}{x^2-xy+y^2}\leqslant\frac{2|xy|^\alpha}{x^2+y^2}\leqslant\frac{2\left(\dfrac{x^2+y^2}{2}\right)^\alpha}{x^2+y^2}\\&=\sqrt{x^2+y^2}\cdot 2^{1-\alpha}(x^2+y^2)^{\alpha-3/2},\end{aligned}$$

因此, 当 $\alpha>3/2$ 时,

$$f(x,y)=o\big(\sqrt{x^2+y^2}\big)\quad((x,y)\to 0),$$

即 f 在 $(0,0)$ 可微, 且 (全) 微分等于 0.

(v) 因为

$$\frac{\partial f}{\partial x}(0,0)=\frac{\partial f}{\partial y}(0,0)=0,$$

所以若 $\alpha>0$ 时 f 在 $(0,0)$ 可微, 则其 (全) 微分应等于 0, 从而由 $f(0,0)=0$ 推出 $f(x,y)=o\big(\sqrt{x^2+y^2}\big)$. 但

$$f(x,x)=x^{2(\alpha-1)},$$

当 $2(\alpha-1)\leqslant 1$(即 $\alpha\leqslant 3/2$) 时,$f(x,x)\neq o\big(\sqrt{x^2+y^2}\big)$. 因此 $\alpha\leqslant 3/2$ 时,f 在 $(0,0)$ 不可微. 由此及步骤 (vi) 中结果可知, 当且仅当 $\alpha>3/2$ 时, f 在 $(0,0)$ 可微.

(vi) 当 $xy\neq 0$ 时,f 属于类 C^∞, 从而 f 可微.

(vii) 当 $x=0,y\neq 0$ 或 $x\neq 0,y=0$ 时(即对于坐标轴上除 $(0,0)$ 外的点), 仅当 $\alpha>1$ 时,f 可微. 例如, 当 $x_0\neq 0,y=0$ 时,

$$\frac{\partial f}{\partial y}(x_0,0)=\lim_{y\to 0}\frac{|x_0|^\alpha}{x_0^2-x_0y+y^2}\cdot\frac{|y|^\alpha}{y},$$

此极限仅当 $\alpha>1$ 时存在且等于 0; 而且显然

$$\frac{\partial f}{\partial x}(x_0,0)=0.$$

此外, 还有

$$|f(x,y)-f(x_0,0)|=\frac{|xy|^\alpha}{x^2-xy+y^2}=O(y^\alpha)=o\big(\sqrt{(x-x_0)^2+y^2}\big).$$

因此 f 在 $(x_0,0)$ 可微.

3.15 (1) **提示** 参考习题 3.13 的解法. 注意 $\sin x=x-x^3/6+o(x^3)\,(x\to 0)$.

(i) 当 $(x,y)\neq(0,0)$ 时, 可算出

$$\frac{\partial f}{\partial x}(x,y)=o\big(\sqrt{x^2+y^2}\big),\quad \frac{\partial f}{\partial y}(x,y)=o\big(\sqrt{x^2+y^2}\big),$$

从而 f_x,f_y 在 $(0,0)$ 连续.

(ii) 当 $(x,y)\neq(0,0)$ 时,

$$f(x,y)=\frac{yx^3-xy^3+xo(y^3)+yo(x^3)}{x^2+y^2},$$

所以 $f(x,y)-f(0,0)=o\big(\sqrt{x^2+y^2}\big)$, 即 f 在 $(0,0)$ 可微, 且 (全) 微分等于 0.

(iii) 按定义算出

$$\frac{\partial^2}{\partial x\partial y}(0,0)=-\frac{1}{6},\quad \frac{\partial^2}{\partial y\partial x}(0,0)=\frac{1}{6},$$

由此推出 f 在 $\mathbb{R}^2$ 上非 2 次可微.

(2) 按定义求出

$$f_x'(0,0)=\lim_{x\to 0}\frac{\phi(|x\cdot 0|)-\phi(0)}{x}=0,\quad f_y'(0,0)=0.$$

$$\left|\frac{f(x,y)-f(0,0)-f_x'(0,0)x-f_y'(0,0)y}{\sqrt{x^2+y^2}}\right|=\left|\frac{\phi(|xy|)}{\sqrt{x^2+y^2}}\right|$$
$$\leqslant\frac{|xy|^\alpha}{\sqrt{x^2+y^2}}\leqslant|xy|^{\alpha-1/2}\to 0\quad(x,y\to 0).$$

所以 $f(x,y)$ 在 $(0,0)$ 处可微.

若 $g(x,y)$ 在 $(0,0)$ 处可微, 则 $g(x,y)-g(0,0)=g_x'(0,0)x+g_y'(0,0)y+o(\sqrt{x^2+y^2})$, 即 $g(x,y)=\sqrt{|xy|}=o(\sqrt{x^2+y^2})\,(x,y\to 0)$. 但沿直线 $y=x$ 有

$$\lim_{\substack{x\to 0\\ y\to 0}}\frac{\sqrt{|xy|}}{\sqrt{x^2+y^2}}=\frac{1}{\sqrt{2}}.$$

得到矛盾. 所以 $g(x,y)$ 在 $(0,0)$ 处不可微.

3.16 **提示** (1) 算出

$$f_x=-\mathrm{e}^{-x}\log(1+y),\quad f_y=\frac{\mathrm{e}^{-x}}{1+y},$$
$$f_{xx}=\mathrm{e}^{-x}\log(1+y),\quad f_{xy}=-\frac{\mathrm{e}^{-x}}{1+y},\quad f_{yy}=-\frac{\mathrm{e}^{-x}}{(1+y)^2},$$
$$f_{xxx}=-\mathrm{e}^{-x}\log(1+y),\quad f_{xxy}=\frac{\mathrm{e}^{-x}}{1+y},$$
$$f_{xyy}=\frac{\mathrm{e}^{-x}}{(1+y)^2},\quad f_{yyy}=\frac{2\mathrm{e}^{-x}}{(1+y)^3},$$
$$f_{xxxx}=\mathrm{e}^{-x}\log(1+y),\quad f_{xxxy}=-\frac{\mathrm{e}^{-x}}{1+y},\quad f_{xxyy}=-\frac{\mathrm{e}^{-x}}{(1+y)^2},$$
$$f_{xyyy}=-\frac{2\mathrm{e}^{-x}}{(1+y)^3},\quad f_{yyyy}=-\frac{6\mathrm{e}^{-x}}{(1+y)^4}.$$

答案:

$$\mathrm{e}^{-x}\log(1+y)=y-\left(xy+\frac{y^2}{2}\right)+\left(\frac{x^2y}{2}+\frac{xy^2}{2}+\frac{y^3}{3}\right)-\left(\frac{x^3y}{6}+\frac{x^2y^2}{4}+\frac{xy^3}{3}+\frac{y^4}{4}\right)+\cdots.$$

(2) 记 $\varphi=1/\sqrt{1-x^2-y^2}$. 算出

$$\begin{aligned}&f_x=-x\varphi,\quad f_y=-y\varphi,\\&f_{xx}=-(1-y^2)\varphi^3,\quad f_{xy}=-xy\varphi^3,\quad f_{yy}=-(1-x^2)\varphi^3,\\&f_{xxx}=-3x(1-y^2)\varphi^5,\quad f_{xxy}=-y(1+2x^2-y^2)\varphi^5,\\&f_{xyy}=-x(1-x^2+2y^2)\varphi^5,\quad f_{yyy}=-3y(1-x^2)\varphi^5.\end{aligned}$$

答案:

$$\sqrt{1-x^2-y^2}=1-\frac{1}{2}(x^2+y^2)-\frac{1}{8}(x^4+2x^2y^2+y^4)-\cdots.$$

以及

$$\begin{aligned}\sqrt{1-x^2-y^2}=\frac{\sqrt{2}}{2}\Big(&1-\alpha-\beta-\frac{1}{2}(3\alpha^2+2\alpha\beta+3\beta^2)\\&-\frac{1}{6}(9\alpha^3+15\alpha^2\beta+15\alpha\beta^2+9\beta^3)+\cdots\Big),\end{aligned}$$

其中 $\alpha=x-1/2,\beta=y-1/2$.

3.17　因为 $f(0,1)=0,f_y(0,1)=-1$(由读者补出有关计算), 所以依隐函数定理,$y=\phi(x)$ 存在, 并且因为 $f\in C^\infty(\mathbb{R}^2)$, 所以 $\phi(x)\in C^\infty(V)$, 其中 V 是点 0 的某个邻域. 将 $z=\phi(x)$ 代入题中方程得

$$x^3+\phi(x)^3-3x\phi(x)-1=0\quad(x\in V).$$

在两边对 x 求导, 有

$$3x^2+3\phi(x)^2\phi'(x)-3\phi(x)-3x\phi'(x)=0.$$

令 $x=0$ 得

$$3\phi(0)^2\phi'(0)-3\phi(0)=0.$$

于是 $\phi'(0)=1$. 类似地可求出 $\phi''(0),\phi'''(0)$, 从而推出所要的 Taylor 展开. 下面是另一种方法: 令

$$\phi(x)=1+a_1x+a_2x^2+a_3x^3+o(x^3).$$

将它代入 $f(x,y)=0$, 得到

$$\begin{aligned}&x^3+\big(1+3a_1x+(3a_1^2+3a_2)x^2+(a_1^3+6a_1a_2+3a_3)x^3+o(x^3)\big)\\&\quad-3x\big(1+a_1x+a_2x^2+a_3x^3+o(x^3)\big)-1=0,\end{aligned}$$

因为左边 x,x^2,x^3 的系数都等于 0, 所以

$$\begin{aligned}&3a_1-3=0,\quad 3a_1^2+3a_2-3a_1=0,\\&1+a_1^3+6a_1a_2+3a_3-3a_2=0,\end{aligned}$$

由此求出 a_1,a_2,a_3, 最终得到

$$\phi(x)=1+x-\frac{2}{3}x^3+o(x^3).$$

注　请参见例 2.7.1 和例 3.4.2 的解法.

3.18　因为 $f(0,1)=0,f_y(0,1)=-1$, 所以由隐函数定理知 $y=\phi(x)$ 存在, 并且在点 0 的某个邻域属于类 C^∞(因为 $f\in C^\infty(\mathbb{R}^2)$). 我们来试图求展开式

$$\phi(x)=1+a_1x+a_2x^2+a_3x^3+o(x^3).$$

将它代入 $f(x,y)=0$, 有

$$1-\left(1+a_1x+a_2x^2+a_3x^3+o(x^3)\right)\left(1+x+\frac{x^2}{2}+\frac{x^3}{3}+o(x^3)\right)$$
$$+x\mathrm{e}^{1+a_1x+a_2x^2+a_3x^3+o(x^3)}=0,$$

注意

$$\begin{aligned}\mathrm{e}^{1+a_1x+a_2x^2+a_3x^3+o(x^3)}&=\mathrm{e}\cdot\mathrm{e}^{a_1x+a_2x^2+o(x^2)}\\&=\mathrm{e}\left(1+\left(a_1x+a_2x^2+o(x^2)\right)+\frac{1}{2}\left(a_1x+a_2x^2+o(x^2)\right)^2+o(x^2)\right)\\&=\mathrm{e}\left(1+a_1x+a_2x^2+\frac{1}{2}a_1^2x^2+o(x^2)\right),\end{aligned}$$

所以

$$1-\left(1+a_1x+a_2x^2+a_3x^3+o(x^3)\right)\left(1+x+\frac{x^2}{2}+\frac{x^3}{3}+o(x^3)\right)$$
$$+\mathrm{e}x\left(1+a_1x+a_2x^2+\frac{1}{2}a_1^2x^2+o(x^2)\right)=0.$$

比较两边常数项, 以及 x,x^2 项的系数, 得到

$$\begin{aligned}&a_1+1-\mathrm{e}=0,\\&a_2+a_1+\frac{1}{2}-\mathrm{e}a_1=0,\\&a_3+a_2+\frac{1}{2}a_1+\frac{1}{6}-\mathrm{e}\left(a_2+\frac{1}{2}a_1^2\right)=0.\end{aligned}$$

解出 a_1,a_2,a_3, 即得

$$\phi(x)=1+(\mathrm{e}-1)x+\left(\mathrm{e}^2-2\mathrm{e}+\frac{1}{2}\right)x^2+\frac{9\mathrm{e}^3-24\mathrm{e}^2+15\mathrm{e}-1}{6}x^3+o(x^3).$$

3.19 解法与例 3.4.2 类似. 因为 $f(0,0,0)=0, f_z(0,0,0)=-2\neq0$, 由隐函数定理知 $y=\phi(x,y)$ 在 $(0,0)$ 的某个邻域 V 中存在, 且属于类 $C^\infty(V)$. 令

$$z=\phi_1(x,y)+\phi_2(x,y)+\phi_3(x,y)+o\left((x^2+y^2)^{3/2}\right)\quad((x,y)\in V),$$

其中 $\phi_i(x,y)$ 是 x,y 的 i 次齐式. 我们还有 (当 V 足够小, 因而 $y-z$ 足够小)

$$\log(1+y-z)=y-z-\frac{1}{2}(y-z)^2+\frac{1}{3}(y-z)^3+o\left((y-z)^3\right).$$

将此式代入题设方程, 得到

$$y-2z-x-\frac{1}{2}(y-z)^2+\frac{1}{3}(y-z)^3+o\left((y-z)^3\right)=0.$$

注意: 若 V 足够小, 则 (依前述 z 的表达式)$z=O(\sqrt{x^2+y^2})$, 因而 $o(y-z)=o(\sqrt{x^2+y^2})$. 于是将前述 z 的表达式代入上式, 我们有

$$\begin{aligned}&y-x-2\phi_1(x,y)-2\phi_2(x,y)-2\phi_3(x,y)\\&\quad-\frac{1}{2}\left(y^2-2y\phi_1(x,y)-2y\phi_2(x,y)+\phi_1(x,y)^2+2\phi_1(x,y)\phi_2(x,y)\right)\\&\quad+\frac{1}{3}\left(y-\phi_1(x,y)\right)^3+o\left((x^2+y^2)^{3/2}\right)=0.\end{aligned}$$

左边的 1,2,3 次齐式部分分别等于 0, 从而求出

$$\phi_1(x,y)=\frac{y-x}{2},\quad \phi_2(x,y)=-\frac{(x+y)^2}{16},\quad \phi_3(x,y)=\frac{(x+y)^3}{192}.$$

3.20　解法 1　引进参变数 t, 则

$$(t+u)(t+v)(t+w)=t^3+xt^2+yt+z.$$

两边对 x 求导得

$$u_x(t+v)(t+w)+v_x(t+u)(t+w)+w_x(t+u)(t+v)=t^2.$$

这是 t 的恒等式, 所以

$$\begin{aligned}&u_x+v_x+w_x=1,\\&(v+w)u_x+(w+u)v_x+(u+v)w_x=0,\\&vwu_x+wuv_x+uvw_x=0.\end{aligned}$$

类似地有

$$\begin{aligned}&u_y+v_y+w_y=1,\\&(v+w)u_y+(w+u)v_y+(u+v)w_y=0,\\&vwu_y+wuv_y+uvw_y=0;\\&u_z+v_z+w_z=1,\\&(v+w)u_z+(w+u)v_z+(u+v)w_z=0,\\&vwu_z+wuv_z+uvw_z=0.\end{aligned}$$

于是行列式 H:

$$\begin{vmatrix}u_x+v_x+w_x & (v+w)u_x+(w+u)v_x+(u+v)w_x & vwu_x+wuv_x+uvw_x\\ u_y+v_y+w_y & (v+w)u_y+(w+u)v_y+(u+v)w_y & vwu_y+wuv_y+uvw_y\\ u_z+v_z+w_z & (v+w)u_z+(w+u)v_z+(u+v)w_z & vwu_z+wuv_z+uvw_z\end{vmatrix}$$

等于

$$\begin{vmatrix}1&0&0\\0&1&0\\0&0&1\end{vmatrix}=1.$$

又依行列式的乘法法则, 行列式

$$H=\begin{vmatrix}u_x&v_x&w_x\\u_y&v_y&w_y\\u_z&v_z&w_z\end{vmatrix}\begin{vmatrix}1&v+w&vw\\1&w+u&wu\\1&u+v&uv\end{vmatrix}=\frac{\partial(u,v,w)}{\partial(x,y,z)}\cdot\begin{vmatrix}1&v+w&vw\\1&w+u&wu\\1&u+v&uv\end{vmatrix},$$

所以上式右边两个行列式之积等于 1. 注意

$$\begin{vmatrix}1&v+w&vw\\1&w+u&wu\\1&u+v&uv\end{vmatrix}=-(u-v)(v-w)(w-u),$$

即得

$$\frac{\partial(u,v,w)}{\partial(x,y,z)}=-\frac{1}{(u-v)(v-w)(w-u)}.$$

解法 2 **提示** 容易算出

$$\frac{\partial x}{\partial u}=\frac{\partial x}{\partial v}=\frac{\partial x}{\partial w}=1;\quad \frac{\partial y}{\partial u}=w+v,\quad \cdots;\quad \frac{\partial z}{\partial u}=vw,\quad \cdots.$$

于是

$$\frac{\partial(x,y,z)}{\partial(u,v,w)}=-(u-v)(v-w)(w-u).$$

因为

$$\frac{\partial(x,y,z)}{\partial(u,v,w)}\cdot\frac{\partial(u,v,w)}{\partial(x,y,z)}=1,$$

所以推出所要的结果.

解法 3 由例 3.2.5 的结果直接计算.

3.21 (1) 在方程 $x=f(u,v)$ 两边对 x 求导得

$$1=f_u u_x+f_v v_x=f_u\phi_x+f_v\psi_x,$$

因为 $f_u\cdot\phi_x=1$, 所以 $1=1+f_v\psi_x$, 于是 $f_v\psi_x=0$. 因此或者 $f_v=0$, 或者 $\psi_x=0$. 若 $f_v=0$, 则由 $x=f(u,v)$ 知实际上 x 与 v 无关, 所以是 u 的 (单变量) 函数. 若 $\psi_x=0$, 则由 $v=\psi(x,y)$ 可知 v 是 y 的 (单变量) 函数, 从而 y 是 v 的 (单变量) 函数.

(2) 注意:$u=f(x,y),v=g(x,y)$ 间存在函数关系, 当且仅当函数行列式 $\dfrac{\partial(u,v)}{\partial(x,y)}=0$(设相应的偏导数连续). 在此, 取 $v=x^2+y^2$, 若 $u=f(x,y)$ 是 v 的函数, 则

$$\frac{\partial(u,v)}{\partial(x,y)}=\begin{vmatrix}u_x & u_y\\ v_x & v_y\end{vmatrix}=0,$$

即

$$\begin{vmatrix}f_x & f_y\\ 2x & 2y\end{vmatrix}=0,$$

于是 $yf_x-xf_y=0$. 此即所求条件.

3.22 设 (x,y,z) 是曲面上任意一点,(X,Y,Z) 表示切面上的点的坐标. 那么曲面在点 (x,y,z) 处的切面方程是

$$x^{-1/3}(X-x)+y^{-1/3}(Y-y)+z^{-1/3}(Z-z)=0.$$

令 $Y=Z=0$, 得 X 轴上的截距 $X_0=x^{1/3}a^{2/3}$. 类似地求得 $Y_0=y^{1/3}a^{2/3},Z_0=z^{1/3}a^{2/3}$. 因此

$$X_0^2+Y_0^2+Z_0^2=a^{4/3}(x^{2/3}+y^{2/3}+z^{2/3}),$$

因为点 (x,y,z) 在曲面上, 所以此和等于 $a^{4/3}\cdot a^{2/3}=a^2$, 是一个常数.

3.23 用 (x,y,z) 表示曲面上的点,(X,Y,Z) 表示切面上的点的坐标. 设 (x,y,z) 是二曲面的切点, 在此点此二曲面有公共切面, 它有下列两种形式的方程 (分别按二曲面方程写出):

$$yz(X-x)+zx(Y-y)+xy(Z-z)=0$$

和

$$\frac{x}{a^2}(X-x)+\frac{y}{b^2}(Y-y)+\frac{z}{c^2}(Z-z)=0.$$

此“二”平面重合, 所以

$$\frac{yz}{xa^{-2}}=\frac{zx}{yb^{-2}}=\frac{xy}{zc^{-2}}.$$

由此推出

$$\frac{xyz}{x^2a^{-2}}=\frac{yzx}{y^2b^{-2}}=\frac{zxy}{z^2c^{-2}},$$

或 $\dfrac{x^2}{a^2}=\dfrac{y^2}{b^2}=\dfrac{z^2}{c^2}$. 设它们等于 k, 则 $x^2=ka^2,y^2=kb^2,z^2=kc^2$. 因为点 (x,y,z) 在二曲面上, 所以将它们代入第二曲面方程可知 $k=1/3$, 于是

$$x^2=\frac{1}{3}a^2,\quad y^2=\frac{1}{3}b^2,\quad z^2=\frac{1}{3}c^2,$$

从而

$$(xyz)^2=\frac{1}{3^3}(abc)^2.$$

由此及第一曲面方程得到 $\lambda^2=(abc)^2/27$, 因此 $\lambda=abc/(3\sqrt{3})(>0)$.

3.24 (i) 用 (X,Y,Z) 表示法线上的点的坐标. 第一曲面和第二曲面在点 $(1,1,2)$ 的法线方程分别是

$$\frac{X-1}{3}=\frac{Y-1}{2}=\frac{Z-2}{-1},$$
$$X-1=-(Y-1)=Z-2.$$

此二直线的夹角 θ 的余弦

$$\cos\theta=\frac{3\cdot1+2\cdot(-1)+(-1)\cdot1}{\sqrt{3^2+2^2+(-1)^2}\sqrt{1^2+(-1)^2+1^2}}=0.$$

因此二法线夹角等于 $\pi/2$.

(ii) 用 (X,Y,Z) 表示所求切线上的点的坐标. 那么切线方程是

$$\frac{X-1}{\begin{vmatrix}4&-2\\-2&2\end{vmatrix}}=\frac{Y-1}{\begin{vmatrix}-2&6\\2&2\end{vmatrix}}=\frac{Z-2}{\begin{vmatrix}6&4\\2&-2\end{vmatrix}},$$

即

$$\frac{X-1}{1}=\frac{Y-1}{-4}=\frac{Z-2}{-5}.$$

3.25 (1) 记 $u=nx-lz,v=ny-mz$, 按公式, 切面方程是

$$nF_u\cdot(X-x)+nF_v\cdot(Y-y)+(lF_u+mF_v)\cdot(Z-z)=0,$$

其中 (x,y,z) 表示切点,(X,Y,Z) 表示切面上的点的坐标. 同时考虑方向系数是 (l,m,n) 的通过原点 $(0,0,0)$ 直线

$$L:lx+my+nz=0.$$

因为

$$l(nF_u)+m(nF_v)+n\big(-(lF_u+mF_v)\big)=0,$$

所以切面与直线 L 平行.

(2) 记 $u=(x-a)/(z-c),v=(y-b)/(z-c)$, 按公式, 切面方程是

$$\frac{F_u}{z-c}(X-x)+\frac{F_v}{z-c}(Y-y)-\frac{(x-a)F_u+(y-b)F_v}{(z-c)^2}(Z-z)=0.$$

因为 $(X,Y,Z)=(a,b,c)$ 满足此方程, 所以切面通过定点 (a,b,c).

3.26 提示 由隐函数定理,$F(x,y)=C$ 确定 $y=y(x)$. 算出

$$\frac{\mathrm{d}^2y}{\mathrm{d}x^2}=\frac{f_y^2f_{xx}-2f_xf_yf_{xy}+f_x^2f_{yy}}{f_y^3}.$$

$F(x,y)=C$ 是直线, 当且仅当 $\mathrm{d}^2y/\mathrm{d}x^2=0$.

3.27 (1) 首先算出

$$u_\xi=u_xx_\xi+u_yy_\xi=u_x\cos\alpha+u_y\sin\alpha,$$

$$u_\eta = u_x x_\eta + u_y y_\eta = -u_x \sin\alpha + u_y \cos\alpha,$$

因此 $u_\xi^2 + u_\eta^2 = u_x^2 + u_y^2$. 进而求出

$$\begin{aligned}
u_{\xi\xi} &= (u_\xi)_\xi \\
&= (u_x \cos\alpha + u_y \sin\alpha)_\xi \\
&= (u_{xx}x_\xi + u_{xy}y_\xi)\cos\alpha + (u_{yx}x_\xi + u_{yy}y_\xi)\sin\alpha \\
&= (u_{xx}\cos\alpha + u_{xy}\sin\alpha)\cos\alpha + (u_{yx}\cos\alpha + u_{yy}\sin\alpha)\sin\alpha \\
&= u_{xx}\cos^2\alpha + 2u_{xy}\sin\alpha\cos\alpha + u_{yy}\sin^2\alpha;
\end{aligned}$$

类似地,

$$u_{\eta\eta} = u_{xx}\sin^2\alpha - 2u_{xy}\sin\alpha\cos\alpha + u_{yy}\cos^2\alpha.$$

因此 $u_{\xi\xi} + u_{\eta\eta} = u_{xx} + u_{yy}$.

注 本题表明在平面直角坐标系的旋转变换下,$u_x^2 + u_y^2$ 及 $u_{xx} + u_{yy}$ 的形式都保持不变.

(2) **提示** 注意 $x_s = x, y_s = y, x_t = -y, y_t = x$. 所以

$$u_s = xu_x + yu_y, \quad u_t = -yu_x + xu_y.$$

以及

$$\begin{aligned}
u_{ss} &= (u_s)_s = (u_s)_x x_s + (u_s)_y y_s \\
&= (xu_x + yu_y)_x x + (xu_x + yu_y)_y y \\
&= (u_x + xu_{xx} + yu_{yx})x + (xu_{xy} + u_y + yu_{yy})y \\
&= x^2u_{xx} + 2xyu_{xy} + y^2u_{yy} + xu_x + yu_y.
\end{aligned}$$

类似地,

$$u_{tt} = y^2u_{xx} - 2xyu_{xy} + x^2u_{yy} - xu_x - yu_y.$$

由此推出

$$u_{ss} + u_{tt} = (x^2 + y^2)(u_{xx} + u_{yy}) = \mathrm{e}^{2s}(u_{xx} + u_{yy}).$$

(3) **提示** 与本题 (1) 的解法类似. 逐步求出

$$\begin{aligned}
u_s &= u_x \sinh s \cos t + u_y \cosh s \sin t, \\
u_t &= -u_x \cosh s \sin t + u_y \sinh s \cos t, \\
u_{ss} &= u_{xx}\sinh^2 s\cos^2 t + 2u_{xy}\sinh s\cosh s\sin t\cos t \\
&\quad + u_{yy}\cosh^2 s\sin^2 t + u_x\cosh s\cos t + u_y\sinh s\sin t, \\
u_{tt} &= u_{xx}\cosh^2 s\sin^2 t - 2u_{xy}\sinh s\cosh s\sin t\cos t \\
&\quad + u_{yy}\sinh^2 s\cos^2 t - u_x\cosh s\cos t - u_y\sinh s\sin t.
\end{aligned}$$

3.28 依次算出

$$\begin{aligned}
z_x &= z_u u_x + z_v v_x = z_u y, \\
z_y &= z_u u_y + z_v v_y = xz_u - \frac{z_v}{y^2}, \\
z_{xx} &= (z_x)_x = (z_u y)_x = (z_{uu}u_x + z_{uv}v_x)y = z_{uu}y^2.
\end{aligned}$$

代入原方程得

$$\begin{aligned}
&z_{xx}+2xy^2z_x+2(y-y^3)z_y+x^2y^2z\\
&=z_{uu}y^2+2xy^2z_uy+2(y-y^3)\left(xz_u-\frac{z_v}{y^2}\right)+x^2y^2z\\
&=y^2\left(z_{uu}+2xyz_u+2\left(\frac{1}{y}-y\right)\left(xz_u-\frac{z_v}{y^2}\right)+x^2z\right)\\
&=y^2\left(z_{uu}+2uz_u+2\left(v-\frac{1}{v}\right)\left(uvz_u-v^2z_v\right)+u^2v^2z\right)\\
&=y^2\left(z_{uu}+2uv^2z_u+2(v-v^3)z_v+u^2v^2z\right).
\end{aligned}$$

由此推出所要的结论.

第 4 章　一元积分学

4.1　不定积分的计算

与积分计算有关的技巧, 除这里给出的例子外, 还可参见本章第 2 节和第 4 节中定积分计算的例子.

例 4.1.1　计算:

$$I_1=\int\frac{\mathrm{d}x}{x^4+x^2+1}.$$

$$I_2=\int\frac{\mathrm{d}x}{(x+1)^7-x^7-1}.$$

解　(i) 计算 I_1. 因为 $x^4+x^2+1=(x^2+1)^2-x^2=(x^2+x+1)(x^2-x+1)$, 所以算出

$$\frac{1}{x^4+x^2+1}=\frac{x+1}{2(x^2+x+1)}+\frac{-x+1}{2(x^2-x+1)},$$

$$\begin{aligned}\int\frac{x+1}{x^2+x+1}\mathrm{d}x&=\int\frac{x+\frac{1}{2}}{x^2+x+1}\mathrm{d}x+\frac{1}{2}\int\frac{\mathrm{d}x}{\left(x+\frac{1}{2}\right)^2+\frac{3}{4}}\\&=\frac{1}{2}\log(x^2+x+1)+\frac{1}{\sqrt{3}}\arctan\frac{2x+1}{\sqrt{3}}+C_1,\end{aligned}$$

此处应用了 $x+1/2=(x^2+x+1)'/2$. 类似地算出

$$\int\frac{x-1}{x^2+x+1}\mathrm{d}x=\frac{1}{2}\log(x^2-x+1)+\frac{1}{\sqrt{3}}\arctan\frac{2x-1}{\sqrt{3}}+C_2.$$

最终得到

$$I_1=\frac{1}{4}\log\frac{x^2+x+1}{x^2-x+1}+\frac{1}{2\sqrt{3}}\arctan\frac{2x+1}{\sqrt{3}}+\frac{1}{2\sqrt{3}}\arctan\frac{2x-1}{\sqrt{3}}+C.$$

(ii) 计算 I_2. 用多项式因式分解方法得到 $(x+1)^7-x^7-1=7x(x+1)(x^2+x+1)^2$, 于是

$$\frac{1}{x(x+1)(x^2+x+1)^2}=\frac{1}{x}-\frac{1}{x+1}+\frac{1}{x^2+x+1}+\frac{1}{(x^2+x+1)^2}$$

从而

$$
\begin{aligned}
7I_1 &= \log|x| - \log|x+1| + \int \frac{\mathrm{d}x}{x^2+x+1} + \int \frac{\mathrm{d}x}{(x^2+x+1)^2} \\
&= \log\left|\frac{x}{x+1}\right| + J_1 + J_2.
\end{aligned}
$$

注意 $x^2+x+1=(x+1/2)^2+(\sqrt{3}/2)^2$, 令 $x+1/2=(\sqrt{3}/2)t$, 由 $x^2+x+1=(\sqrt{3}/2)^2(t^2+1)$ 可知

$$
\begin{aligned}
J_1 &= \int \frac{\mathrm{d}x}{x^2+x+1} = \frac{2\sqrt{3}}{3}\int \frac{\mathrm{d}t}{t^2+1} = \frac{2\sqrt{3}}{3}\arctan t + C_1, \\
J_2 &= \int \frac{\mathrm{d}x}{(x^2+x+1)^2} = \frac{8\sqrt{3}}{9}\int \frac{\mathrm{d}t}{(t^2+1)^2}.
\end{aligned}
$$

为计算 J_2, 由

$$
\frac{1}{(t^2+1)^2} = \frac{(t^2+1)-t^2}{(t^2+1)^2} = \frac{1}{t^2+1} - \frac{t^2}{(t^2+1)^2}
$$

推出

$$
J_2 = \frac{8\sqrt{3}}{9}\left(\int \frac{\mathrm{d}t}{t^2+1} - \int \frac{t^2}{(t^2+1)^2}\mathrm{d}t\right).
$$

应用分部积分,

$$
\int \frac{t^2}{(t^2+1)^2}\mathrm{d}t = -\frac{1}{2}\int t\mathrm{d}\left(\frac{1}{t^2+1}\right) = -\frac{t}{2(t^2+1)} + \frac{1}{2}\int \frac{\mathrm{d}t}{t^2+1},
$$

所以我们算出

$$
\begin{aligned}
J_2 &= \frac{8\sqrt{3}}{9}\left(\frac{1}{2}\int \frac{\mathrm{d}t}{t^2+1} + \frac{t}{2(t^2+1)}\right) \\
&= \frac{8\sqrt{3}}{9}\left(\frac{1}{2}\arctan t + \frac{t}{2(t^2+1)} + C_2\right) \\
&= \frac{4\sqrt{3}}{9}\arctan t + \frac{4\sqrt{3}}{9}\cdot\frac{t}{t^2+1} + C_3.
\end{aligned}
$$

于是

$$
\begin{aligned}
J_1 + J_2 &= \frac{10\sqrt{3}}{9}\arctan t + \frac{4\sqrt{3}}{9}\cdot\frac{t}{t^2+1} + C_4 \\
&= \frac{10\sqrt{3}}{9}\arctan\frac{2x+1}{\sqrt{3}} + \frac{2x+1}{3(x^2+x+1)} + C_4.
\end{aligned}
$$

最终得到

$$
I_2 = \frac{1}{7}\left(\log\left|\frac{x}{x+1}\right| + \frac{10\sqrt{3}}{9}\arctan\frac{2x+1}{\sqrt{3}} + \frac{2x+1}{3(x^2+x+1)}\right) + C.
$$

□

例 4.1.2 计算:

$$
I_1 = \int \frac{\cos 2x}{\sin x + \sin 3x}\mathrm{d}x.
$$

$$I_2=\int\frac{\sin x}{\cos x\sqrt{\cos 2x}}\mathrm{d}x.$$

解 (i) 计算 I_1. 令 $t=\cos x$, 则

$$\frac{\cos 2x\mathrm{d}x}{\sin x+\sin 3x}=\frac{\cos 2x\sin x\mathrm{d}x}{\sin x(4\sin x-4\sin^3 x)}=\frac{-(2t^2-1)\mathrm{d}t}{4t^2(1-t^2)}.$$

由

$$\frac{1-2t^2}{4t^2(1-t^2)}=\frac{1}{4t^2}-\frac{1}{4(1-t^2)}$$

得到

$$I=-\frac{1}{4t}-\frac{1}{8}\log\left|\frac{1+t}{1-t}\right|+C=-\frac{1}{4\cos x}-\frac{1}{8}\log\left|\frac{1+\cos x}{1-\cos x}\right|+C.$$

(ii) 计算 I_2. 可令 $t=\tan x$, 或令 $t=\cos x$. 若将积分变形为

$$I_2=\int\frac{\sin x\cos x}{\cos^2 x\sqrt{\cos 2x}}\mathrm{d}x,$$

则可令 $u=\cos 2x$, 得到

$$I_2=\int\frac{-\frac{1}{u}}{\frac{1+u}{2}\sqrt{u}}\mathrm{d}u.$$

然后令 $u=v^2$, 算出

$$I_2=-\int\frac{v\mathrm{d}v}{(1+v^2)v}=-\arctan v+C=-\arctan\sqrt{\cos 2x}+C.$$

□

例 4.1.3 计算:

$$I_1=\int\frac{\mathrm{d}x}{(x^2+k^2)^{5/2}},$$
$$I_2=\int\frac{\mathrm{d}x}{(k^2-x^2)^{5/2}}\quad(|x|<k).$$

(i) 计算 I_1. 令 $t=\arctan(x/k)$, 或 $x=k\tan t$, 于是

$$I_1=\frac{1}{k^4}\int\cos^3 t\mathrm{d}t=\frac{1}{k^4}\left(\sin t-\frac{1}{3}\sin^3 t\right)+C.$$

因为 $\sin t=x/\sqrt{x^2+k^2}$, 所以

$$I_1=\frac{x}{k^4\sqrt{x^2+k^2}}\left(1-\frac{x^2}{3(x^2+k^2)}\right)+C.$$

(ii) 计算 I_2. 令 $t=\arcsin(x/k)$, 或 $x=k\sin t$, 于是

$$I_2=\frac{1}{k^4}\int\frac{\mathrm{d}t}{\cos^4 t}=\frac{1}{k^4}\left(\tan t+\frac{1}{3}\tan^3 t\right)+C.$$

因为 $\tan t = x/\sqrt{k^2-x^2}$, 所以

$$I_2 = \frac{x}{k^4\sqrt{k^2-x^2}}\left(1+\frac{x^2}{3(k^2-x^2)}\right)+C. \qquad \square$$

例 4.1.4　计算积分 (拟椭圆积分)

$$I = \int \frac{x^4-1}{x^2\sqrt{x^4-x^2+1}}\mathrm{d}x.$$

解　被积函数是偶函数, 不妨设 $x>0$. 用 x^3 除被积函数的分子和分母, 得到

$$I = \int \frac{(x+x^{-1})(1-x^{-2})}{\sqrt{(x+x^{-1})^2-3}}\mathrm{d}x.$$

令 $t = x+x^{-1}$, 则 $\mathrm{d}t = (1-x^{-2})\mathrm{d}x$, 于是

$$I = \int \frac{t}{\sqrt{t^2-3}}\mathrm{d}t = \sqrt{t^2-3}+C = \frac{\sqrt{x^4-x^2+1}}{x}+C. \qquad \square$$

4.2　定积分的计算

例 4.2.1　计算

$$I_1 = \int_{-1}^{1} \frac{\sqrt{1-x^2}}{a-x}\mathrm{d}x \quad (a>1).$$

$$I_2 = \int_0^1 x(\arctan x)^2\mathrm{d}x.$$

$$I_3 = \int_0^a \frac{\mathrm{d}x}{x+\sqrt{a^2-x^2}}.$$

解　(i) 计算 I_1. 因为 $a>1$, 所以被积函数在积分区间内连续. 令 $x=\sin\theta$, 则当 $-1<x<1$ 时 $-\pi/2<\theta<\pi/2$, 并且 $\cos\theta>0$. 于是

$$I_1 = \int_{-\pi/2}^{\pi/2} \frac{\cos^2\theta}{a-\sin\theta}\mathrm{d}\theta.$$

令 $\sin(\theta/2)=t$, 则

$$I_1 = 2\int_{-1}^{1} \frac{(1-t^2)^2}{at^2-2t+a}\cdot\frac{\mathrm{d}t}{(1+t^2)^2} = 2\int_{-1}^{1}\left(\frac{1-a^2}{at^2-2t+a}+\frac{a}{1+t^2}+\frac{2t}{(1+t^2)^2}\right)\mathrm{d}t.$$

因为 $2t/(1+t^2)^2$ 是奇函数, 积分区间关于原点对称, 所以其积分为 0, 于是

$$I_1 = \frac{2(1-a^2)}{a}\int_{-1}^{1} \frac{\mathrm{d}t}{\left(t-\dfrac{1}{a}\right)^2+1-\dfrac{1}{a^2}} + 2a\int_{-1}^{1}\frac{\mathrm{d}t}{1+t^2}$$

$$= -\frac{2(a^2-1)}{a}\frac{a}{\sqrt{a^2-1}}\left(\arctan\frac{at-1}{\sqrt{a^2-1}}\right)\Bigg|_{-1}^{1} + 2a\arctan t\Big|_{-1}^{1}$$

$$= -2\sqrt{a^2-1}\left(\arctan\sqrt{\frac{a-1}{a+1}} + \arctan\sqrt{\frac{a+1}{a-1}}\right) + 2a\left(\frac{\pi}{4} - \left(-\frac{\pi}{4}\right)\right)$$

$$= -2\sqrt{a^2-1}\cdot\frac{\pi}{2} + a\pi = \pi(a - \sqrt{a^2-1}).$$

(ii) 计算 I_2. 令 $\arctan x = t$, 则 $x = \tan t$, 于是

$$I_2 = \int_0^{\pi/4} \tan t \cdot t^2 \mathrm{d}\tan t = \int_0^{\pi/4} t^2 \mathrm{d}\left(\frac{\tan^2 t}{2}\right).$$

由分部积分公式得

$$I_2 = t^2\cdot\frac{\tan^2 t}{2}\Bigg|_0^{\pi/4} - \int_0^{\pi/4} t\tan^2 t\mathrm{d}t = \frac{1}{2}\left(\frac{\pi}{4}\right)^2 - \int_0^{\pi/4} t\tan^2 t\mathrm{d}t$$

$$= \frac{1}{2}\left(\frac{\pi}{4}\right)^2 - \int_0^{\pi/4} t(\sec^2 t - 1)\mathrm{d}t = \frac{1}{2}\left(\frac{\pi}{4}\right)^2 - \int_0^{\pi/4} t\sec^2 t\mathrm{d}t + \int_0^{\pi/4} t\mathrm{d}t$$

$$= \frac{1}{2}\left(\frac{\pi}{4}\right)^2 - \int_0^{\pi/4} t\mathrm{d}\tan t + \int_0^{\pi/4} t\mathrm{d}t = \frac{1}{2}\left(\frac{\pi}{4}\right)^2 - t\tan t\Big|_0^{\pi/4} + \int_0^{\pi/4}\tan t\mathrm{d}t + \frac{t^2}{2}\Bigg|_0^{\pi/4}$$

$$= \frac{1}{2}\left(\frac{\pi}{4}\right)^2 - \frac{\pi}{4} - \log\frac{1}{\sqrt{2}} + \frac{1}{2}\left(\frac{\pi}{4}\right)^2 = \frac{\pi}{4}\left(\frac{\pi}{4} - 1\right) + \log\sqrt{2}.$$

(iii) 计算 I_3. 令 $x = a\sin\theta$, 则

$$I_3 = \int_0^{\pi/2}\frac{\cos\theta}{\sin\theta + \cos\theta}\mathrm{d}\theta.$$

在此积分中令 $\theta = \pi/2 - t$, 得到

$$I_3 = \int_{\pi/2}^{0}\frac{\sin t}{\cos t + \sin t}(-\mathrm{d}t) = \int_0^{\pi/2}\frac{\sin t}{\cos t + \sin t}\mathrm{d}t.$$

将上式右边的积分中的积分变量改记为 θ, 然后将上述 I_3 的两个表达式相加, 得到

$$2I_3 = \int_0^{\pi/2}\frac{\cos\theta + \sin\theta}{\sin\theta + \cos\theta}\mathrm{d}\theta = \int_0^{\pi/2}\mathrm{d}\theta = \frac{\pi}{2},$$

于是 $I_3 = \pi/4$. □

例 4.2.2 计算下列积分:

$$\int_a^b \frac{(1-x^2)\mathrm{d}x}{(1+x^2)\sqrt{1+x^4}}.$$

解 (i) 将题中的积分记为 $I(a,b)$, 并作变量代换 $u = -x$, 则有

$$I(a,b) = \int_{-a}^{-b}\frac{1-u^2}{(1+u^2)\sqrt{1+u^4}}(-\mathrm{d}u) = -I(-a,-b).$$

若 a,b 同号, 则令 $x = 1/v$, 得到

$$I(a,b) = \int_{1/a}^{1/b}\frac{(1-v^{-2})(-v^{-2}\mathrm{d}v)}{(1+v^{-2})\sqrt{1+v^{-4}}} = \int_{1/a}^{1/b}\frac{(1-v^2)\mathrm{d}v}{(1+v^2)\sqrt{1+v^4}} = I\left(\frac{1}{a},\frac{1}{b}\right).$$

特别地, 若 $b=1/a$, 则得

$$I\left(a,\frac{1}{a}\right)=I\left(\frac{1}{a},\frac{1}{1/a}\right)=I\left(\frac{1}{a},a\right);$$

又因为交换积分上下限则积分变号, 所以

$$I\left(\frac{1}{a},a\right)=-I\left(a,\frac{1}{a}\right),$$

于是

$$I\left(a,\frac{1}{a}\right)=-I\left(a,\frac{1}{a}\right).$$

由此立得

$$I\left(a,\frac{1}{a}\right)=0.$$

(ii) 作变量代换

$$t=x+\frac{1}{x}$$

(当 $x\neq 0$ 时 $t(x)$ 连续可导, 当 $x\geqslant 1$ 时严格递增), 则

$$\mathrm{d}t=\frac{x^2-1}{x^2}\mathrm{d}x.$$

若 $a,b\geqslant 1$, 记 $\alpha=a+1/a,\beta=b+1/b$, 我们有

$$\begin{aligned}I(a,b)&=-\int_\alpha^\beta\frac{x^2\mathrm{d}t}{(1+x^2)\sqrt{1+x^4}}=-\int_\alpha^\beta\frac{\mathrm{d}t}{t\sqrt{t^2-2}}\\&=\frac{\sqrt{2}}{2}\arcsin\frac{\sqrt{2}}{t}\bigg|_\alpha^\beta=\frac{\sqrt{2}}{2}\left(\arcsin\frac{b\sqrt{2}}{b^2+1}-\arcsin\frac{a\sqrt{2}}{a^2+1}\right).\end{aligned}$$

我们将上式最后表达式记为 $f(a,b)$, 那么步骤 (i) 中关于 $I(a,b)$ 的关系式对它也成立.

若 $a,b\in(0,1)$, 则 $1/a,1/b\geqslant 1$, 于是依刚才所得结果, 我们有

$$I(a,b)=I\left(\frac{1}{a},\frac{1}{b}\right)=f\left(\frac{1}{a},\frac{1}{b}\right)=f(a,b).$$

若 $0<a\leqslant 1\leqslant b$, 则类似地, 我们有

$$I(a,b)=I\left(a,\frac{1}{a}\right)+I\left(\frac{1}{a},b\right)=I\left(\frac{1}{a},b\right)=f\left(\frac{1}{a},b\right)=f(a,b).$$

因此当 $a,b>0$ 时 $I(a,b)$ 的值已被求出. 若 $a,b<0$, 则依步骤 (i) 中得到的结果, 我们有

$$I(a,b)=-I(-a,-b)=-f(-a,-b)=f(a,b).$$

最后, 注意 $I(a,b)$ 是 a,b 的连续函数, 所以若 a,b 同号, 则

$$I(0,b)=\lim_{a\to 0}I(a,b)=\lim_{a\to 0}f(a,b)=f(0,b).$$

综合上述结果, 我们得到一般公式

$$
\begin{aligned}
I(a,b) &= I(0,b) - I(0,a) = f(0,b) - f(0,a) = f(a,b) \\
&= \frac{\sqrt{2}}{2}\left(\arcsin\frac{b\sqrt{2}}{b^2+1} - \arcsin\frac{a\sqrt{2}}{a^2+1}\right).
\end{aligned}
$$

□

例 4.2.3 设有关积分存在, 证明

$$
\int_1^a f\left(x^2+\frac{a^2}{x^2}\right)\frac{\mathrm{d}x}{x} = \int_1^a f\left(x+\frac{a^2}{x}\right)\frac{\mathrm{d}x}{x}
$$

解 令 $x^2=t$, 则上式左边的积分等于

$$
\frac{1}{2}\int_1^{a^2} f\left(t+\frac{a^2}{t}\right)\frac{\mathrm{d}t}{t} = \frac{1}{2}\left(\int_1^a f\left(t+\frac{a^2}{t}\right)\frac{\mathrm{d}t}{t} + \int_a^{a^2} f\left(t+\frac{a^2}{t}\right)\frac{\mathrm{d}t}{t}\right).
$$

在此式右边第二个积分中令 $y=a^2/t$, 可知

$$
\int_a^{a^2} f\left(t+\frac{a^2}{t}\right)\frac{\mathrm{d}t}{t} = \int_a^1 f\left(y+\frac{a^2}{y}\right)\frac{\mathrm{d}y}{-y} = \int_1^a f\left(y+\frac{a^2}{y}\right)\frac{\mathrm{d}y}{y},
$$

由此即可推出题中的等式.

□

4.3 广义积分

例 4.3.1 判断下列积分的收敛性:

$$
\begin{aligned}
I_1 &= \int_0^2 \frac{\mathrm{d}x}{\sqrt[3]{x^3-8}}, \\
I_2 &= \int_0^a \frac{\mathrm{d}x}{x|\log x|^s} \quad (0<a<1).
\end{aligned}
$$

解 (i) 对于积分 $I_1, x=2$ 是被积函数 $f(x)$ 的不连续点. 因为

$$
\lim_{x\to2} f(x)(x-2)^{1/3} = \lim_{x\to2}\frac{\sqrt[3]{x-2}}{\sqrt[3]{x^3-8}} = \lim_{x\to2}\frac{1}{\sqrt[3]{x^2+x+4}} = \frac{1}{\sqrt[3]{10}},
$$

并且 $0<1/3<1$, 所以依 Cauchy 判别法则, 积分 I_1 收敛.

(ii) 对于积分 I_2, 设 $\varepsilon\in(0,a)$, 那么

$$
J_\varepsilon = \int_\varepsilon^a \frac{\mathrm{d}x}{x|\log x|^s} = \int_\varepsilon^a \frac{\mathrm{d}x}{x(-\log x)^s} = -\int_\varepsilon^a \frac{\mathrm{d}(-\log x)}{(-\log x)^s}.
$$

若 $s\neq1$, 可得

$$
J_\varepsilon = \frac{1}{s-1}\left(\frac{1}{(-\log a)^{s-1}} - \frac{1}{(-\log\varepsilon)^{s-1}}\right).
$$

因此, 当 $s>1$ 时,

$$J_\varepsilon \to \frac{1}{(s-1)(-\log a)^{s-1}} \quad (\varepsilon \to 0),$$

积分 I_2 收敛; 当 $s<1$ 时,$J_\varepsilon \to +\infty \quad (\varepsilon \to 0)$, 积分 I_2 发散. 类似地, 若 $s=1$, 则

$$J_\varepsilon = -\int_\varepsilon^a \frac{\mathrm{d}x}{x\log x} = -\log|\log x|\Big|_\varepsilon^a = -\log|\log a| + \log|\log\varepsilon| \to +\infty \quad (\varepsilon \to 0),$$

积分 I_2 发散. 合起来可知当且仅当 $s>1$ 时积分 I_2 收敛. □

例 4.3.2 判断下列积分的收敛性:

$$I_1 = \int_0^\infty \frac{x}{1+x^2\sin^2 x}\mathrm{d}x,$$
$$I_2 = \int_0^\infty \mathrm{e}^{-x}x^{\alpha-1}|\log x|^n \mathrm{d}x \quad (\alpha>0, n\in\mathbb{N}).$$

解 (i) 对于积分 I_1, 设 $N>0$, 则

$$J_N = \int_0^N \frac{x}{1+x^2\sin^2 x}\mathrm{d}x > \int_0^N \frac{x}{1+x^2}\mathrm{d}x > \frac{1}{2}\log(1+N^2),$$

所以 $J_N \to \infty\,(N\to\infty)$, 从而积分 I_1 发散.

(ii) 对于积分 I_2, 被积函数记为 $f(x)$. 将 I_2 分拆为

$$I_2 = \int_0^1 f(x)\mathrm{d}x + \int_1^\infty f(x)\mathrm{d}x = J_1 + J_2.$$

当 $\alpha>1$ 时,

$$\lim_{x\to0+}\left(f(x)\cdot \mathrm{e}^x\right) = \lim_{x\to0+} x^{\alpha-1}|\log x|^n = 0;$$

当 $0<\alpha\leqslant 1$ 时, 对于 $\delta\in(0,\alpha)$,

$$\lim_{x\to0+}\left(f(x)\cdot x^{1-\delta}\right) = \lim_{x\to0+}\left(\mathrm{e}^{-x}x^{\alpha-\delta}|\log x|^n\right) = 0.$$

因为函数 e^{-x} 和 $x^{-(1-\delta)}$ 在 $[0,1]$ 上可积, 所以当 $\alpha>0$ 时 J_1 收敛. 又因为当 $\theta>0$ 时,

$$|f(x)|x^{1+\theta} = \frac{x^{\alpha+\theta}|\log x|^n}{\mathrm{e}^x} < \frac{x^{\alpha+\theta}x^n}{\mathrm{e}^x} \to 0 \quad (x\to\infty),$$

而且 $x^{-(1+\theta)}$ 在 $[1,\infty)$ 上可积, 所以当 $\alpha>0$ 时 J_2 收敛. 合起来可知积分 I_2 收敛. □

例 4.3.3 讨论积分

$$\int_\pi^{+\infty} \frac{\sin x}{x^{2/3}+x^{1/3}\cos x}\mathrm{d}x$$

的收敛性.

解 用 $f(x)$ 表示被积函数, 令

$$u_n = \int_{n\pi}^{(n+1)\pi} f(x)\mathrm{d}x \quad (n\geqslant 0).$$

(i) 对于任何 $X>0$, 存在唯一的 $n\in\mathbb{N}_0$ 满足 $n\pi\leqslant X<(n+1)\pi$, 并且

$$\int_0^X f(x)\mathrm{d}x = \int_0^{n\pi} f(x)\mathrm{d}x + \int_{n\pi}^X f(x)\mathrm{d}x.$$

因为

$$\left|\int_{n\pi}^{X} f(x)\mathrm{d}x\right| < \int_{n\pi}^{(n+1)\pi} \frac{\mathrm{d}x}{x^{2/3}-x^{1/3}}\mathrm{d}x < \frac{\pi}{(n\pi)^{2/3}-\big((n+1)\pi\big)^{1/3}} \to 0 \quad (n\to\infty),$$

所以

$$\int_0^{\infty} f(x)\mathrm{d}x = \lim_{X\to\infty}\int_0^X f(x)\mathrm{d}x = \lim_{n\to\infty}\int_0^{n\pi} f(x)\mathrm{d}x = \sum_{n=0}^{\infty} u_n.$$

(ii) 将 $f(x)$ 改写为

$$\begin{aligned} f(x) &= \frac{\sin x}{x^{2/3}}\cdot\frac{1}{1+x^{-1/3}\cos x} \\ &= \frac{\sin x}{x^{2/3}}\left(1-x^{-1/3}\cos x+\frac{x^{-2/3}\cos^2 x}{1+x^{-1/3}\cos x}\right) \\ &= \frac{\sin x}{x^{2/3}}-\frac{\sin x\cos x}{x}+\frac{\sin x\cos^2 x}{x^{4/3}(1+x^{-1/3}\cos x)}. \end{aligned}$$

于是 (作变量代换 $x=n\pi+t$)

$$\begin{aligned} u_n &= (-1)^n\int_0^{\pi}\frac{\sin t}{(n\pi+t)^{2/3}}\mathrm{d}t-\int_0^{\pi}\frac{\sin t\cos t}{n\pi+t}\mathrm{d}t \\ &\quad+(-1)^n\int_0^{\pi}\frac{\sin t\cos^2 t\mathrm{d}t}{(n\pi+t)^{4/3}\big(1+(-1)^n(n\pi+t)^{-1/3}\cos t\big)} \\ &= v_n-w_n+t_n. \end{aligned}$$

(iii) v_n 是交错数列,$|v_n|<\pi/(n\pi)^{2/3}\downarrow 0$, 所以 $\sum\limits_{n=0}^{\infty} v_n$ 收敛.

(iv) 将 w_n 改写为 (第二个积分中作变量代换 $t=\pi-u$)

$$\begin{aligned} w_n &= \int_0^{\pi/2}\frac{\sin t\cos t}{n\pi+t}\mathrm{d}t+\int_{\pi/2}^{\pi}\frac{\sin t\cos t}{n\pi+t}\mathrm{d}t \\ &= \int_0^{\pi/2}\frac{\sin t\cos t}{n\pi+t}\mathrm{d}t-\int_0^{\pi/2}\frac{\sin u\cos u}{(n+1)\pi-u}\mathrm{d}u \\ &= \int_0^{\pi/2}\frac{(\pi-2t)\sin t\cos t}{(n\pi+t)(n\pi+\pi-t)}\mathrm{d}t. \end{aligned}$$

因为

$$|w_n| < \frac{\pi}{2}\cdot\frac{\pi}{(n\pi)^2} = \frac{1}{2n^2},$$

所以 $\sum\limits_{n=0}^{\infty} w_n$ 收敛.

(v) 因为

$$|t_n| < \int_0^{\pi}\frac{\mathrm{d}t}{(n\pi)^{4/3}\big(1-(n\pi)^{-1/3}\big)} \sim \frac{\pi}{(n\pi)^{4/3}},$$

所以 $\sum\limits_{n=0}^{\infty} t_n$ 收敛.

合起来即知题中积分收敛. □

例 4.3.4　求出所有正整数 n 和正实数 α 使得积分

$$I(\alpha,n)=\int_0^{\infty}\log\left(1+\frac{\sin^n x}{x^{\alpha}}\right)\mathrm{d}x$$

收敛.

解　(i) 我们首先证明: 对于任何实数 $A>0$(例如 $A=1$) 积分

$$I_1(\alpha,n)=\int_0^{1}\log\left(1+\frac{\sin^n x}{x^{\alpha}}\right)\mathrm{d}x$$

总是 (绝对) 收敛的. 事实上,

$$\lim_{x\to 0}\log\left(1+\frac{\sin^n x}{x^{\alpha}}\right)=\begin{cases}0, & \alpha<n,\\ \log 2, & \alpha=n,\end{cases}$$

因此积分下限不是被积函数的奇点. 当 $\alpha>n$ 时,

$$I_1(\alpha,n)=\int_0^{1}\log\left(x^{\alpha-n}+\frac{\sin^n x}{x^{n}}\right)\mathrm{d}x+\int_0^{1}\log x^{n-\alpha}\mathrm{d}x,$$

右边第一个积分显然收敛, 第二个积分等于 $\alpha-n$(由分部积分可知). 因此我们只需考虑 $I(\alpha,n)$ 在 ∞ 处的收敛性.

(ii) 现在证明: 当 $\alpha>1$ 时, 对所有正整数 n, 积分 $I(\alpha,n)$(绝对) 收敛. 为此, 依步骤 (i) 中的结论, 我们只须证明下列积分 (绝对) 收敛:

$$J(\alpha,n)=\int_{\pi}^{\infty}\log\left(1+\frac{\sin^n x}{x^{\alpha}}\right)\mathrm{d}x.$$

令 $L(t)=\log(1+t)$, 以及

$$J_k(\alpha,n)=\int_{k\pi}^{(k+1)\pi}L\left(\frac{\sin^n x}{x^{\alpha}}\right)\mathrm{d}x\quad(k\geqslant 1),$$

那么

$$J(\alpha,n)=\sum_{k=1}^{\infty}J_k(\alpha,n).$$

因为

$$L(t)=t+O(t^2)\quad(t\to 0),$$

所以存在某个 $\delta>0$, 使得当 $|t|<\delta$ 时,$|t|/2\leqslant|L(t)|\leqslant 2|t|$, 于是当 k 充分大 (亦即 $|\sin^n x|/x^{\alpha}$ 足够小) 时,

$$\begin{aligned}\int_{k\pi}^{(k+1)\pi}\left|L\left(\frac{\sin^n x}{x^{\alpha}}\right)\right|\mathrm{d}x&\leqslant 2\int_{k\pi}^{(k+1)\pi}\frac{|\sin^n x|}{x^{\alpha}}\mathrm{d}x\\&\leqslant 2\int_{k\pi}^{(k+1)\pi}\frac{\mathrm{d}x}{x^{\alpha}}\leqslant\frac{2\pi^{\alpha-1}}{k^{\alpha}},\end{aligned}$$

因为 $\alpha>1$, 所以 $\sum\limits_{k=1}^{\infty}1/k^{\alpha}$ 收敛, 因而由

$$\int_{\pi}^{\infty}\left|L\left(\frac{\sin^n x}{x^{\alpha}}\right)\right|\mathrm{d}x=\sum_{k=1}^{\infty}\int_{k\pi}^{(k+1)\pi}\left|L\left(\frac{\sin^n x}{x^{\alpha}}\right)\right|\mathrm{d}x\leqslant 2\pi^{\alpha-1}\sum_{k=1}^{\infty}\frac{1}{k^{\alpha}}$$

得知积分 $J(\alpha,n)$ 绝对收敛, 从而积分 $I(\alpha,n)$ 也绝对收敛.

(iii) 下面证明: 当 $\alpha\leqslant 1$ 而 n 为偶数时, 积分 $I(\alpha,n)$ 发散. 事实上, 因为 n 为偶数, 所以 $\sin^n x$ 和 $J_k(\alpha,n)$ 非负. 并且依上述, 当 $|t|$ 足够小时 $|L(t)|\geqslant|t|/2$, 因此当 k 充分大时,

$$\begin{aligned}J_k(\alpha,n)&\geqslant\frac{1}{2}\int_{k\pi}^{(k+1)\pi}\frac{\sin^n x}{x^{\alpha}}\mathrm{d}x\\&\geqslant\frac{1}{2(k+1)^{\alpha}\pi^{\alpha}}\int_{k\pi}^{(k+1)\pi}\sin^n x\mathrm{d}x=\frac{C}{(k+1)^{\alpha}},\end{aligned}$$

其中 $C>0$ 是一个常数. 于是由

$$J(\alpha,n)=\sum_{k=1}^{\infty}J_k(\alpha,n)\geqslant C\sum_{k=1}^{\infty}\frac{1}{(k+1)^{\alpha}}$$

及 $\alpha\leqslant 1$ 推出积分 $J(\alpha,n)$ 发散, 从而 $I(\alpha,n)$ 也发散.

(iv) 最后考虑当 $\alpha\leqslant 1$ 而 n 为奇数的情形. 我们首先断言: 积分

$$\int_{\pi}^{\infty}\frac{\sin^n x}{x^{\alpha}}\mathrm{d}x$$

收敛. 事实上, 我们记 $u(x)=\int_{\pi}^{x}\sin^n t\mathrm{d}t$, 并设 $N>\pi$, 那么由分部积分, 我们有

$$\int_{\pi}^{N}\frac{\sin^n x}{x^{\alpha}}\mathrm{d}x=\int_{\pi}^{N}\frac{\mathrm{d}u(x)}{x^{\alpha}}=\frac{u(N)}{N^{\alpha}}+\alpha\int_{\pi}^{N}\frac{u(x)}{x^{\alpha+1}}\mathrm{d}x.$$

由于 (注意 n 为奇数)

$$\begin{aligned}u(x+2\pi)-u(x)&=\int_{x}^{x+2\pi}\sin^n t\mathrm{d}t\\&=\int_{x}^{x+\pi}\sin^n t\mathrm{d}t+\int_{x+\pi}^{x+2\pi}\sin^n t\mathrm{d}t\\&=\int_{x}^{x+\pi}\sin^n t\mathrm{d}t+(-1)^n\int_{x}^{x+\pi}\sin^n t\mathrm{d}t=0,\end{aligned}$$

所以 $u(x)$ 是周期函数 (周期为 2π), 从而在 $[\pi,\infty)$ 上有界, 于是积分

$$\int_{\pi}^{\infty}\frac{u(x)}{x^{\alpha+1}}\mathrm{d}x$$

收敛, 因此由前式推出积分

$$\int_{\pi}^{\infty}\frac{\sin^n x}{x^{\alpha}}\mathrm{d}x$$

收敛.

现在我们令

$$M(t)=t-L(t)=t-\log(1+t),$$

则有

$$J(\alpha,n)=\int_{\pi}^{\infty}\frac{\sin^n x}{x^\alpha}\mathrm{d}x-\int_{\pi}^{\infty}M\left(\frac{\sin^n x}{x^\alpha}\right)\mathrm{d}x,$$

于是当且仅当积分

$$Q(\alpha,n)=\int_{\pi}^{\infty}M\left(\frac{\sin^n x}{x^\alpha}\right)\mathrm{d}x$$

收敛时, 积分 $J(\alpha,n)$(因而 $I(\alpha,n)$)收敛.

因为 $M(t)=t^2/2+O(t^3)\,(t\to 0)$, 所以存在 $\delta_1>0$, 使得当 $|t|<\delta_1$ 时,$t^2/3\leqslant M(t)\leqslant t^2$. 由此可知当 U 足够大时,

$$\int_{U}^{\infty}M\left(\frac{\sin^n x}{x^\alpha}\right)\mathrm{d}x\leqslant\int_{U}^{\infty}\frac{\sin^{2n} x}{x^{2\alpha}}\mathrm{d}x\leqslant\int_{U}^{\infty}\frac{\mathrm{d}x}{x^{2\alpha}},$$

因而当 $\alpha>1/2$ 时积分 $Q(\alpha,n)$ 收敛, 从而 $J(\alpha,n)$ 收敛, 于是 $I(\alpha,n)$ 也收敛.

但若 $\alpha\leqslant 1/2$, 则类似于步骤 (iii), 我们有

$$Q(\alpha,n)=\sum_{k=1}^{\infty}Q_k(\alpha,n),$$

其中

$$Q_k(\alpha,n)=\int_{k\pi}^{(k+1)\pi}M\left(\frac{\sin^n x}{x^\alpha}\right)\mathrm{d}x.$$

依上述不等式 $M(t)\geqslant t^2/3\,(|t|<\delta_1)$ 可知: 当 k 充分大时,

$$Q_k(\alpha,n)\geqslant\frac{1}{3}\int_{k\pi}^{(k+1)\pi}\frac{\sin^{2n} x}{x^{2\alpha}}\mathrm{d}x\geqslant\frac{1}{3(k+1)^{2\alpha}\pi^{2\alpha}}\int_{0}^{\pi}\frac{\sin^{2n} x}{x^{2\alpha}}\mathrm{d}x.$$

于是 $Q(\alpha,n)=\sum\limits_{k=1}^{\infty}Q_k(\alpha,n)$ 发散, 从而 $I(\alpha,n)$ 也发散.

(v) 总之, 由步骤 (ii) 和 (iii), 以及步骤 (ii) 和 (iv) 得知: 当且仅当 $\alpha>1$(若 n 为偶数), 以及 $\alpha>1/2$(若 n 为奇数) 时, 积分 $I(\alpha,n)$ 收敛. □

例 4.3.5　证明: 积分

$$I(a)=\int_{0}^{\infty}\frac{\sin x}{x^a}\mathrm{d}x$$

当 $0<a<2$ 时收敛; 当 $1<a<2$ 时绝对收敛; 当 $0<a\leqslant 1$ 时不绝对收敛.

解　(i) 若 $1<a<2$, 令 $a=1+\lambda$, 其中 $0<\lambda<1$. 当 $0<x\leqslant 1$ 时,

$$x^\lambda\left|\frac{\sin x}{x^a}\right|=\left|\frac{\sin x}{x}\right|\leqslant 1.$$

因为 $x^{-\lambda}$ 在 $[0,1]$ 上可积, 所以

$$\int_{0}^{1}\left|\frac{\sin x}{x^a}\right|\mathrm{d}x$$

收敛. 当 $1\leqslant x<\infty$ 时,

$$x^{1+\lambda}\left|\frac{\sin x}{x^a}\right|=|\sin x|\leqslant 1.$$

因为 $x^{-(1+\lambda)}$ 在 $[1,\infty)$ 上可积, 所以

$$\int_1^{\infty}\left|\frac{\sin x}{x^a}\right|\mathrm{d}x$$

收敛. 合起来得知当 $1<a<2$ 时 I 绝对收敛.

(ii) 若 $0<a\leqslant 1$, 则函数 $\sin x/x^a$ 在 $[0,1]$ 上连续, 所以 $\int_0^1(\sin x/x^a)\mathrm{d}x$ 存在. 当 $1\leqslant x<\infty$ 时, 对于 $p,q(1<p<q)$,

$$\begin{aligned}\left|\int_p^q\frac{\sin x}{x^a}\mathrm{d}x\right|&=\left|\frac{\cos p}{p^a}-\frac{\cos q}{q^a}-a\int_p^q\frac{\cos x}{x^{a+1}}\mathrm{d}x\right|\\&\leqslant\frac{1}{p^a}+\frac{1}{q^a}+a\int_p^q\frac{\mathrm{d}x}{x^{a+1}}\to 0\quad(p\to\infty).\end{aligned}$$

由 Cauchy 收敛准则知 $\int_1^{\infty}(\sin x/x^a)\mathrm{d}x$ 收敛. 因此 $0<a\leqslant 1$ 时 I 收敛. 因为绝对收敛性蕴含收敛性, 所以由此及步骤 (i) 中的结果得知当 $0<a<2$ 时 I 收敛.

(iii) 若 $0<a\leqslant 1$, 则对于 $k=0,1,2,\cdots$,

$$\begin{aligned}J_k&=\int_{k\pi}^{(k+1)\pi}\left|\frac{\sin x}{x^a}\right|\mathrm{d}x=\int_0^{\pi}\left|\frac{\sin t}{(k\pi+t)^a}\right|\mathrm{d}t\\&>\frac{1}{(k\pi+\pi)^a}\int_0^{\pi}\sin t\mathrm{d}t=\frac{2}{\pi^a(k+1)^a}\\&>\frac{2}{\pi^a(k+1)}>\frac{2}{\pi^a}\int_{k+1}^{k+2}\frac{\mathrm{d}x}{x}.\end{aligned}$$

因此

$$\int_0^{k\pi}\left|\frac{\sin x}{x^a}\right|\mathrm{d}x>\frac{2}{\pi^a}\int_1^{k+1}\frac{\mathrm{d}x}{x}=\frac{2}{\pi^a}\log(k+1)\to\infty\quad(k\to\infty).$$

于是 $0<a\leqslant 1$ 时 $\int_0^{\infty}|\sin x/x^a|\mathrm{d}x$ 发散. □

例 4.3.6 证明积分

$$I=\int_0^{\infty}\sin^2\left(\left(x+\frac{1}{x}\right)\pi\right)\mathrm{d}x$$

不存在.

解 将被积函数记作 $f(x)$. 因为对于正整数 $k,\sin(k-1/2+t)\pi=(-1)^{k-1}\cos t\pi$, 所以

$$\begin{aligned}f(x)&=\sin^2\left(\left(k-\frac{1}{2}\right)+x-\left(k-\frac{1}{2}\right)+\frac{1}{x}\right)\pi\\&=\cos^2\left(x-\left(k-\frac{1}{2}\right)+\frac{1}{x}\right)\pi.\end{aligned}$$

当 $k\geqslant 8$ 时, 若

$$\left|x-\left(k-\frac{1}{2}\right)\right|\leqslant\frac{1}{6},$$

则

$$x\geqslant-\frac{1}{6}+\left(k-\frac{1}{2}\right)\geqslant-\frac{1}{6}+8-\frac{1}{2}=\frac{22}{3},$$

所以 $1/x<1/6$. 于是

$$\left|x-\left(k-\frac{1}{2}\right)+\frac{1}{x}\right|\leqslant\left|x-\left(k-\frac{1}{2}\right)\right|+\frac{1}{x}\leqslant\frac{1}{6}+\frac{1}{6}=\frac{1}{3}.$$

因此在区间

$$T_k:\quad\left|x-\left(k-\frac{1}{2}\right)\right|\leqslant\frac{1}{6}$$

上 $f(x)\geqslant\cos^2(\pi/3)$, 积分

$$I_k=\int_{T_k}f(x)\mathrm{d}x\geqslant\cos^2\frac{\pi}{3}\int_{T_k}\mathrm{d}x=\frac{2}{6}\cdot\cos^2\frac{\pi}{3}=\frac{1}{12}.$$

设 N 是一个大整数,μ 是满足不等式

$$\frac{1}{6}+\left(k-\frac{1}{2}\right)\leqslant N$$

的正整数 k 的最大值. 因为区间 $T_8,T_9,\cdots,T_\mu$ 两两不相交, 而被积函数 $f(x)\geqslant 0$, 所以

$$\int_0^N f(x)\mathrm{d}x\geqslant\left(\int_{T_8}+\cdots+\int_{T_\mu}\right)f(x)\mathrm{d}x\geqslant\frac{\mu-7}{12},$$

当 $N\to\infty$ 时,$\mu\to\infty$, 所以积分 I 发散. □

例 4.3.7　设 $f(x)\in C^1[0,\infty)$ 是一个单调增加的正函数, 那么对于任何非负整数 k, 积分

$$I=\int_0^\infty\frac{x^k}{f(x)}\mathrm{d}x$$

收敛, 当且仅当积分

$$J=\int_0^\infty\frac{x^k}{f(x)+f'(x)}\mathrm{d}x$$

收敛.

解　因为当 $x\in[0,\infty)$ 时 $f'(x)\geqslant 0$, 所以由积分 I 收敛可知积分 J 收敛. 现在对 k 用数学归纳法证明积分 J 的收敛性蕴含积分 I 的收敛性.

因为 $f(x)$ 是 $[0,1]$ 上的正连续函数, 所以在此区间上达到正的极小. 因此对于任何 $k\geqslant 0$ 积分 $\int_0^1(x^k/f(x))\mathrm{d}x$ 有限, 从而 $\int_0^\infty(x^k/f(x))\mathrm{d}x$ 与 $\int_1^\infty(x^k/f(x))\mathrm{d}x$ 有相同的收敛性. 对于 $X>1$ 我们有

$$\begin{aligned}\int_1^X\frac{\mathrm{d}x}{f(x)}&=\int_1^X\frac{1}{f(x)+f'(x)}\mathrm{d}x+\int_1^X\frac{f'(x)}{f(x)\big(f(x)+f'(x)\big)}\mathrm{d}x\\&\leqslant\int_1^X\frac{1}{f(x)+f'(x)}\mathrm{d}x+\int_1^X\frac{f'(x)}{f^2(x)}\mathrm{d}x\\&=\int_1^X\frac{1}{f(x)+f'(x)}\mathrm{d}x-\frac{1}{f(x)}\Big|_1^X\\&\leqslant\int_1^X\frac{\mathrm{d}x}{f(x)+f'(x)}+\frac{1}{f(1)}.\end{aligned}$$

若 $\int_0^{\infty}\left(1/(f(x)+f'(x))\right)\mathrm{d}x$ 收敛, 则由上式可知 $\int_0^{\infty}\left(1/f(x)\right)\mathrm{d}x$ 也收敛, 所以 $k=0$ 时上述结论成立. 现在设对于某个 $k\geqslant 0$ 上述结论成立, 并且设积分

$$\int_0^{\infty}\frac{x^{k+1}}{f(x)+f'(x)}\mathrm{d}x$$

收敛, 那么由 $x^k<x^{k+1}(x>1)$ 知

$$\int_1^{\infty}\frac{x^{k}}{f(x)+f'(x)}\mathrm{d}x$$

也收敛, 从而由归纳假设可知

$$\int_1^{\infty}\frac{x^{k}}{f(x)}\mathrm{d}x$$

收敛. 因为当任何 $X>1$,

$$\begin{aligned}\int_1^{X}\frac{x^{k+1}}{f(x)}\mathrm{d}x&=\int_1^{X}\frac{x^{k+1}}{f(x)+f'(x)}\mathrm{d}x+\int_1^{X}\frac{x^{k+1}f'(x)}{f(x)\big(f(x)+f'(x)\big)}\mathrm{d}x\\&\leqslant\int_1^{X}\frac{x^{k+1}}{f(x)+f'(x)}\mathrm{d}x+\int_1^{X}\frac{x^{k+1}f'(x)}{f^2(x)}\mathrm{d}x\\&=\int_1^{X}\frac{x^{k+1}}{f(x)+f'(x)}\mathrm{d}x-\left.\frac{x^{k+1}}{f(x)}\right|_1^X+\int_1^{X}\frac{(k+1)x^{k}}{f(x)}\mathrm{d}x\\&\leqslant\int_1^{X}\frac{x^{k+1}}{f(x)+f'(x)}\mathrm{d}x+\frac{1}{f(1)}+\int_1^{X}\frac{(k+1)x^{k}}{f(x)}\mathrm{d}x,\end{aligned}$$

当 $X\to\infty$ 时, 上式右边有界, 所以 $\int_1^{\infty}\left(x^{k+1}/f(x)\right)\mathrm{d}x$ 收敛, 从而 $\int_0^{\infty}\left(x^{k+1}/f(x)\right)\mathrm{d}x$ 收敛. 于是完成归纳证明. □

例 4.3.8 证明:

$$\int_0^{\infty}\frac{\{x\}^2(1-\{x\})^2}{(1+x)^5}\mathrm{d}x=\frac{7}{12}-\gamma,$$

其中 $\{x\}$ 表示实数 x 的小数部分,γ 是 Euler-Mascheroni 常数.

解 用 I 表示题中要计算的积分. 注意 $\{x+1\}=\{x\}$, 我们有

$$I=\sum_{k=1}^{\infty}\int_{k-1}^{k}\frac{\{x\}^2(1-\{x\})^2}{(1+x)^5}\mathrm{d}x=\sum_{k=1}^{\infty}\int_0^{1}\frac{\{x\}^2(1-\{x\})^2}{(k+x)^5}\mathrm{d}x.$$

因为当 $0\leqslant x\leqslant 1/2$ 时 $\{x\}=x$, 当 $1/2\leqslant x\leqslant 1$ 时 $\{x\}=1-x$, 所以

$$\begin{aligned}\int_0^{1}\frac{\{x\}^2(1-\{x\})^2}{(k+x)^5}\mathrm{d}x&=\int_0^{1/2}\frac{\{x\}^2(1-\{x\})^2}{(k+x)^5}\mathrm{d}x+\int_{1/2}^{1}\frac{\{x\}^2(1-\{x\})^2}{(k+x)^5}\mathrm{d}x\\&=\int_0^{1/2}\frac{x^2(1-x)^2}{(k+x)^5}\mathrm{d}x+\int_{1/2}^{1}\frac{(1-x)^2x^2}{(k+x)^5}\mathrm{d}x=\int_0^{1}\frac{x^2(1-x)^2}{(k+x)^5}\mathrm{d}x,\end{aligned}$$

于是

$$I=\sum_{k=1}^{\infty}\int_0^{1}x^2(1-x)^2\frac{\mathrm{d}x}{(x+k)^5}.$$

分部积分可得

$$\int_0^1 x^2(1-x)^2\frac{\mathrm{d}x}{(x+k)^5}=\int_0^1 x(1-x)\left(\frac{1}{2}-x\right)\frac{\mathrm{d}x}{(x+k)^4}$$
$$=\int_0^1\left(\frac{1}{6}-x(1-x)\right)\frac{\mathrm{d}x}{(x+k)^3}.$$

因为

$$\int_0^1\frac{\mathrm{d}x}{(x+k)^3}=-\frac{1}{2}\left(\frac{1}{(k+1)^2}-\frac{1}{k^2}\right),$$

由分部积分, 还有

$$\int_0^1 x(1-x)\frac{\mathrm{d}x}{(x+k)^3}=-\int_0^1\left(x-\frac{1}{2}\right)\frac{\mathrm{d}x}{(x+k)^2}=\frac{1}{2(k+1)}+\frac{1}{2k}-\log\frac{k+1}{k},$$

所以

$$I=-\frac{1}{12}\sum_{k=1}^{\infty}\left(\frac{1}{(k+1)^2}-\frac{1}{k^2}\right)-\lim_{n\to\infty}\sum_{k=1}^{n}\left(\frac{1}{2(k+1)}+\frac{1}{2k}-\log\frac{k+1}{k}\right)$$
$$=\frac{1}{12}-\lim_{n\to\infty}\left(\sum_{k=1}^{n+1}\frac{1}{k}-\log(n+1)-\frac{1}{2(n+1)}-\frac{1}{2}\right).$$

依 Euler-Mascheroni 常数的定义 (见例 6.5.11)

$$\gamma=\lim_{n\to\infty}\left(1+\frac{1}{2}+\cdots+\frac{1}{n}-\log n\right)$$

我们最终得到 $I=7/12-\gamma$. □

例 4.3.9 证明: 对于任何非负整数 n,

$$A_n=\int_0^{\infty}x^n\mathrm{e}^{-x^{1/4}}(\sin x^{1/4})\mathrm{d}x=0,$$
$$B_n=\int_0^{\infty}x^{n-1/2}\mathrm{e}^{-x^{1/4}}(\cos x^{1/4})\mathrm{d}x=0.$$

解 设 n 是非负整数, 令

$$I_n=\int_0^{\infty}x^n\mathrm{e}^{-x}\sin x\mathrm{d}x,\quad J_n=\int_0^{\infty}x^n\mathrm{e}^{-x}\cos x\mathrm{d}x.$$

(i) 由分部积分可以推出: 对于任何正整数 n,

$$I_n=-x^n\sin x\cdot\mathrm{e}^{-x}\Big|_0^{\infty}+\int_0^{\infty}\mathrm{e}^{-x}\left(nx^{n-1}\sin x+x^n\cos x\right)\mathrm{d}x$$
$$=n\int_0^{\infty}x^{n-1}\mathrm{e}^{-x}\sin x\mathrm{d}x+\int_0^{\infty}x^n\mathrm{e}^{-x}\cos x\mathrm{d}x=nI_{n-1}+J_n,$$

类似地,

$$J_n=nJ_{n-1}-I_n.$$

于是 $I_n=nI_{n-1}+nJ_{n-1}-I_n$, $J_n=nJ_{n-1}-nI_{n-1}-J_n$, 从而得到递推关系:

$$I_n=\frac{n}{2}(I_{n-1}+J_{n-1}),$$

$$J_n = \frac{n}{2}(J_{n-1} - I_{n-1}).$$

(ii) 我们还要考虑初始条件, 即计算 I_0 和 J_0. 我们有

$$\left(\mathrm{e}^{-x}(\sin x + \cos x)\right)' = -2\mathrm{e}^{-x}\sin x,$$
$$\left(\mathrm{e}^{-x}(\sin x - \cos x)\right)' = 2\mathrm{e}^{-x}\cos x,$$

于是

$$I_0 = \int_0^{\infty} \mathrm{e}^{-x}\sin x\mathrm{d}x = -\frac{1}{2}\mathrm{e}^{-x}(\sin x + \cos x)\Big|_0^{\infty} = \frac{1}{2}.$$

类似地,

$$J_0 = \frac{1}{2}\mathrm{e}^{-x}(\sin x - \cos x)\Big|_0^{\infty} = \frac{1}{2}.$$

(iii) 现在来解上述递推关系式, 为此令

$$\omega_n = I_n + \mathrm{i}J_n, \quad \phi_n = I_n - \mathrm{i}J_n \quad (n \geqslant 0),$$

其中 $\mathrm{i} = \sqrt{-1}$. 那么我们有 (注意 $\mathrm{i}^2 = -1$)

$$\begin{aligned}\omega_n &= \frac{n}{2}\Big((I_{n-1} + J_{n-1}) + \mathrm{i}(J_{n-1} - I_{n-1})\Big)\\ &= \frac{n}{2}\Big((I_{n-1} + \mathrm{i}J_{n-1}) - \mathrm{i}(I_{n-1} + \mathrm{i}J_{n-1})\Big)\\ &= \frac{n}{2}(\omega_{n-1} - \mathrm{i}\omega_{n-1}) = \frac{n}{2}(1-\mathrm{i})\omega_{n-1}.\end{aligned}$$

类似地,

$$\phi_n = \frac{n}{2}(1+\mathrm{i})\phi_{n-1}.$$

由此及初始条件 $\omega_0 = (1+\mathrm{i})/2, \phi_0 = (1-\mathrm{i})/2$ 推出

$$I_n + \mathrm{i}J_n = \omega_n = \frac{n!}{2^n}(1-\mathrm{i})^{n-1},$$
$$I_n - \mathrm{i}J_n = \phi_n = \frac{n!}{2^n}(1+\mathrm{i})^{n-1},$$

因此我们求出: 对于 $n \geqslant 0$,

$$I_n = \frac{1}{2}(\omega_n + \phi_n) = \frac{1}{2}\cdot\frac{n!}{2^n}\Big((1-\mathrm{i})^{n-1} + (1+\mathrm{i})^{n-1}\Big),$$
$$J_n = \frac{1}{2\mathrm{i}}(\omega_n - \phi_n) = \frac{1}{2\mathrm{i}}\cdot\frac{n!}{2^n}\Big((1-\mathrm{i})^{n-1} - (1+\mathrm{i})^{n-1}\Big).$$

为了便于计算, 我们应用复数的三角表达式 (指数式)

$$1+\mathrm{i} = \sqrt{2}\mathrm{e}^{\mathrm{i}\pi/4}, \quad 1-\mathrm{i} = \sqrt{2}\mathrm{e}^{-\mathrm{i}\pi/4},$$

可得 (注意 $\mathrm{e}^{\mathrm{i}\theta} = \cos\theta + \mathrm{i}\sin\theta$)

$$(1-\mathrm{i})^{n-1} + (1+\mathrm{i})^{n-1} = \left(\sqrt{2}\right)^{n-1}\left(\mathrm{e}^{\mathrm{i}(n-1)\pi/4} + \mathrm{e}^{-\mathrm{i}(n-1)\pi/4}\right)$$

$$= (\sqrt{2})^{n-1} \cdot 2\cos\frac{(n-1)\pi}{4} = (\sqrt{2})^{n+1}\sin\frac{(n+1)\pi}{4},$$

类似地,

$$(1-\mathrm{i})^{n-1} - (1+\mathrm{i})^{n-1} = \mathrm{i}(\sqrt{2})^{n+1}\cos\frac{(n+1)\pi}{4}.$$

于是我们最终得到: 对于所有 $n \geqslant 0$,

$$I_n = \frac{n!}{(\sqrt{2})^{n+1}}\sin\frac{(n+1)\pi}{4},$$

$$J_n = \frac{n!}{(\sqrt{2})^{n+1}}\cos\frac{(n+1)\pi}{4}.$$

特别地,$I_{4n+3} = J_{4n+1} = 0\,(n \geqslant 0)$.

(iv) 在积分 A_n 和 B_n 中作变量代换 $t = x^{1/4}$ 可知 $A_n = 4I_{4n+3}$ 和 $B_n = 4J_{4n+1}$, 于是由步骤 (iii) 中的结果推出: 对任何非负整数 $n, A_n = B_n = 0$. □

注 1° 上面计算 I_n 和 J_n 的方法, 关键的一步是引进 ω_n 和 ϕ_n, 使易于解出递推关系式. 同样的方法可以用来求积分

$$U_n = \int_0^{\infty} x^n \mathrm{e}^{-ax}\sin bx\mathrm{d}x,$$

$$V_n = \int_0^{\infty} x^n \mathrm{e}^{-ax}\cos bx\mathrm{d}x,$$

其中 $n \geqslant 0, a > 0$. 答案是

$$U_n = \frac{n!}{(\sqrt{a^2+b^2})^{n+1}}\sin(n+1)\theta,$$

$$V_n = \frac{n!}{(\sqrt{a^2+b^2})^{n+1}}\cos(n+1)\theta,$$

其中 $\theta = \arctan(b/a)$.

2° 本题的另一种解法是应用积分号下求导数的 Leibnitz 法则, 然后解所得到的微分方程, 对此可见: 菲赫金哥尔茨. 微积分学教程: 第二卷 [M].8 版. 北京: 高等教育出版社,2006:653-654. 关于这种化归微分方程的方法, 还可参见例 5.6.6, 习题 5.24 等.

4.4　定积分的应用

这里主要考虑定积分的几何应用 (面积, 弧长, 旋转体体积和表面积等).

例 4.4.1　求封闭曲线 $ax^2 + 2hxy + by^2 = 1\,(ab - h^2 > 0, b > 0)$ 所围成的图形的面积 S.

解　题中曲线是椭圆. 由曲线方程解出

$$y_1 = \frac{1}{b}\left(-hx - \sqrt{b - (ab - h^2)x^2}\right),$$

$$y_2=\frac{1}{b}\big(-hx+\sqrt{b-(ab-h^2)x^2}\big),$$

因为 y_1,y_2 是实数, 所以 $b-(ab-h^2)x^2\geqslant 0$. 记 $c=\sqrt{b/(ab-h^2)}$, 则 $|x|\leqslant c$. 对于在此范围内的 x,

$$y_2-y_1=\frac{2}{b}\sqrt{b-(ab-h^2)x^2}=\frac{2\sqrt{ab-h^2}}{b}\cdot\sqrt{c^2-x^2}\geqslant 0.$$

于是

$$S=\int_{-c}^{c}(y_2-y_1)\mathrm{d}x=\frac{2\sqrt{ab-h^2}}{b}\int_{-c}^{c}\sqrt{c^2-x^2}\mathrm{d}x=\frac{4\sqrt{ab-h^2}}{b}\int_0^c\sqrt{c^2-x^2}\mathrm{d}x.$$

令 $x=c\sin\theta$, 可得

$$\begin{aligned}S&=\frac{4\sqrt{ab-h^2}}{b}\int_0^{\pi/2}c^2\cos^2\theta\mathrm{d}\theta=\frac{4\sqrt{ab-h^2}}{b}\cdot c^2\cdot\frac{\pi}{4}\\&=\frac{4\sqrt{ab-h^2}}{b}\cdot\frac{b}{ab-h^2}\cdot\frac{\pi}{4}=\frac{\pi}{\sqrt{ab-h^2}}.\end{aligned}$$

□

例 4.4.2 求曲线 $x=t-t^3,y=1-t^4$ 所围成的图形的面积 S.

解 解法 1 设与 $t=t_1$ 和 $t=-t_1$ 对应的点是 $P_1(x_1,y_1)$ 和 $P_2(x_2,y_2)$, 那么 $x_1=t_1-t_1^3,x_2=-(t_1-t_1^3)=-x_1,y_1=1-t_1^4=1-(-t_1)^4=y_2$, 即曲线关于 Y 轴对称. 所以只需考虑 $0\leqslant t<+\infty$. 由 $x_t=1-3t^2,y_t=-4t^3$ 得

$$\frac{\mathrm{d}y}{\mathrm{d}x}=\frac{4t^3}{3t^2-1},\quad \frac{\mathrm{d}^2y}{\mathrm{d}x^2}=\frac{12t^2(1-t^2)}{(3t^2-1)^3}.$$

由微分学方法可知当 $t=\pm1$ 得到曲线的自交点 $(0,0)$. 当 $t=0$ 时得到曲线的最高点 $(0,1)$, 当 $t\to\pm\infty$ 时 $x\to\mp\infty,y\to-\infty$(读者可据此画图). 于是

$$S=2\int_0^1x\mathrm{d}y=2\int_1^0(t-t^3)(-4t^3\mathrm{d}t)=8\int_0^1(t^4-t^6)\mathrm{d}t=\frac{16}{35}.$$

解法 2 应用公式

$$\begin{aligned}S&=\frac{1}{2}\int_1^{-1}\left(x\frac{\mathrm{d}y}{\mathrm{d}t}-y\frac{\mathrm{d}x}{\mathrm{d}t}\right)\mathrm{d}t=\frac{1}{2}\int_1^{-1}\big((t-t^3)(-4t^3)-(1-t^4)(1-3t^2)\big)\,\mathrm{d}t\\&=\frac{1}{2}\int_1^{-1}(-1+3t^2-3t^4+t^6)\mathrm{d}t=\frac{16}{35}.\end{aligned}$$

(当 t 由 -1 变到 1 时,x 由负变到正, 闭曲线沿顺时针方向, 因此取 t 由 1 变到 -1, 闭曲线沿逆时针方向, 所围面积在曲线左侧).

□

例 4.4.3 求曲线 $x^3-3axy+y^3=0$ 自身围成的区域 T 的面积, 以及它与其渐近线 $x+y+a=0$ 之间的面积.

解 读者用微分学方法画出曲线示意图. 曲线在第一象限内是一个圈, 在原点分别与两个坐标轴相切, 然后伸展到第二和第四象限, 在渐近线 $x+y+a=0$ 的同侧, 整个曲线关于直线 $y=x$ 对称. 我们下面给出三种解法.

解法 1 曲线的极坐标方程是

$$r=\frac{3a\cos\theta\sin\theta}{\cos^3\theta+\sin^3\theta}.$$

(i) 在第一象限 $0 \leqslant \theta \leqslant \pi/2$, 所以区域 T 的面积

$$
\begin{aligned}
S &= \frac{1}{2}\int_0^{\pi/2}\left(\frac{3a\cos\theta\sin\theta}{\cos^3\theta+\sin^3\theta}\right)^2 \mathrm{d}\theta \\
&= \frac{3a^2}{2}\int_0^{\pi/2}\frac{3\tan^2\theta\sec^2\theta}{(1+\tan^3\theta)^2}\mathrm{d}\theta \quad (\text{令 } \tan^3\theta = t) \\
&= \frac{3a^2}{2}\int_0^{\infty}\frac{\mathrm{d}t}{(1+t)^2} = \frac{3a^2}{2}\left(-\frac{1}{1+t}\right)\bigg|_0^{\infty} = \frac{3a^2}{2}.
\end{aligned}
$$

(ii) 渐近线 $x+y+a=0$ 的极坐标方程是

$$
r = -\frac{a}{\cos\theta+\sin\theta},
$$

其倾角 (与 X 轴正向的夹角) 是 $3\pi/4$. 它与曲线间的区域位于第二象限部分的面积

$$
\begin{aligned}
S_2 &= \frac{1}{2}\int_{3\pi/4}^{\pi}\left(\left(\frac{a}{\cos\theta+\sin\theta}\right)^2 - \left(\frac{3a\cos\theta\sin\theta}{\cos^3\theta+\sin^3\theta}\right)^2\right)\mathrm{d}\theta \\
&= \frac{a^2}{2}\int_{3\pi/4}^{\pi}\left(\frac{\sec^2\theta}{(1+\tan\theta)^2} - \frac{9\tan^2\theta\sec^2\theta}{(1+\tan^3\theta)^2}\right)\mathrm{d}\theta \quad (\text{令 } \tan\theta = t) \\
&= \frac{a^2}{2}\int_{-1}^{0}\left(\frac{1}{(1+t)^2} - \frac{9t^2}{(1+t^3)^2}\right)\mathrm{d}t \\
&= \frac{a^2}{2}\left(-\frac{1}{1+t}+\frac{3}{1+t^3}\right)\bigg|_{-1}^{0} = \frac{a^2}{2}.
\end{aligned}
$$

由对称性, 渐近线与曲线间的区域位于第四象限部分的面积 $S_4 = S_2$, 而位于第三象限的部分是腰长为 a(即渐近线在 X 轴和 Y 轴上的截距的绝对值) 的等腰直角三角形, 所以其面积 $S_3 = a^2/2$. 合起来可得曲线与其渐近线之间的面积 $A = S_2+S_3+S_4 = 3a^2/2$.

解法 2 令 $y = tx$, 可得曲线的参数方程

$$
x = \frac{3at}{1+t^3}, \quad y = \frac{3at^2}{1+t^3}.
$$

由微分学方法可知, 当 $0 \leqslant t \leqslant \infty$ 时得到位于第一象限 (经过原点) 的封闭曲线 (区域 T), 当 $-1 < t \leqslant 0$ 和 $-\infty < t < -1$ 时分别得到曲线位于第二和第四象限的部分. 于是 T 的面积

$$
S = \frac{1}{2}\int_0^{\infty}\left(x\frac{\mathrm{d}y}{\mathrm{d}t} - y\frac{\mathrm{d}x}{\mathrm{d}t}\right) = \frac{3a^2}{2}\int_0^{\infty}\frac{3t^2}{(1+t^3)^2}\mathrm{d}t = \frac{3a^2}{2}\left(-\frac{1}{1+t^3}\right)\bigg|_0^{\infty} = \frac{3a^2}{2}.
$$

设渐近线上横坐标 $x = 3at/(1+t^3)$ 的点的纵坐标是 Y, 那么 $x+Y+a=0$, 所以

$$
Y = -(x+a) = -\frac{a(1+3t+t^3)}{1+t^3}.
$$

于是曲线与其渐近线之间的面积

$$
A = \int_{-\infty}^{0}(y-Y)\mathrm{d}x + \int_0^{\infty}(y-Y)\mathrm{d}x,
$$

注意

$$y-Y=\frac{3at^2}{1+t^3}-\left(-\frac{a(1+3t+t^3)}{1+t^3}\right)=\frac{a(1+t)^3}{1+t^3},$$

从而

$$\begin{aligned}A&=\int_{-1}^{0}\frac{a(1+t)^3}{1+t^3}\cdot\frac{3a(1-2t^3)}{(1+t^3)^2}\mathrm{d}t+\int_{-\infty}^{-1}\frac{a(1+t)^3}{1+t^3}\cdot\frac{3a(1-2t^3)}{(1+t^3)^2}\mathrm{d}t\\&=3a^2\int_{-\infty}^{0}\frac{(1+t)^3(1-2t^3)}{(1+t)^3(1-t+t^2)^3}\mathrm{d}t\quad(\text{令 } u=-t)\\&=3a^2\int_{0}^{\infty}\frac{1+2u^3}{(1+u+u^2)^3}\mathrm{d}u.\end{aligned}$$

因为

$$\int\frac{1+2u^3}{(1+u+u^2)^3}\mathrm{d}u=\int\frac{1}{(1+u+u^2)^3}\mathrm{d}u+2\int\frac{u^3}{(1+u+u^2)^3}\mathrm{d}u,$$

以及

$$\begin{aligned}\int\frac{u^3}{(1+u+u^2)^3}\mathrm{d}u&=\int\frac{u(u^2+u+1)-u^2-u}{(1+u+u^2)^3}\mathrm{d}u\\&=\int\frac{u}{(1+u+u^2)^2}\mathrm{d}u-\int\frac{u^2}{(1+u+u^2)^3}\mathrm{d}u-\int\frac{u}{(1+u+u^2)^3}\mathrm{d}u,\end{aligned}$$

所以由习题 4.2 算出

$$\int_{0}^{\infty}\frac{1+2u^3}{(1+u+u^2)^3}\mathrm{d}u=\frac{1}{2},$$

从而 $A=3a^2/2$(读者补出计算细节).

解法 3 将坐标轴绕原点旋转 $\pi/4$, 即令

$$x=\frac{X-Y}{\sqrt{2}},\quad y=\frac{X+Y}{\sqrt{2}}.$$

因为原曲线方程可改写为 $(x+y)^3=3xy(a+x+y)$, 所以将

$$x+y=\sqrt{2}X,\quad xy=\frac{X^2-Y^2}{2}$$

代入, 立得在新坐标系中曲线方程

$$2\sqrt{2}X^3=\frac{3}{2}(X^2-Y^2)(a+\sqrt{2}X).$$

于是

$$Y=\pm\frac{X}{\sqrt{3}}\sqrt{\frac{3a-\sqrt{2}X}{a+\sqrt{2}X}}.$$

在新坐标系中曲线关于横轴对称, 当 $Y=0$ 时,$X=0,3a/\sqrt{2}$, 所以 T 的面积

$$S=2\int_{0}^{3a/\sqrt{2}}\frac{X}{\sqrt{3}}\sqrt{\frac{3a-\sqrt{2}X}{a+\sqrt{2}X}}\mathrm{d}X.$$

在新坐标系中渐进线的方程是 $X=-a/\sqrt{2}$, 因此曲线与渐进线间的面积

$$A=2\int_{-a/\sqrt{2}}^{0}\left(-\frac{X}{\sqrt{3}}\sqrt{\frac{3a-\sqrt{2}X}{a+\sqrt{2}X}}\right)\mathrm{d}X.$$

为计算上述积分, 令

$$\sqrt{2}X=3a\sin^2\theta-a\cos^2\theta(=4a\sin^2\theta-a).$$

当 θ 由 0 变化到 $\pi/2$ 时,X 由 $-a/\sqrt{2}$ 单调地变化到 $3a/\sqrt{2}$, 并且当 $\theta=\pi/6$ 时 $X=0$. 还有

$$\sqrt{2}\mathrm{d}X=8a\sin\theta\cos\theta\mathrm{d}\theta,\quad 3a-\sqrt{2}X=4a\cos^2\theta,\quad a+\sqrt{2}X=4a\sin^2\theta,$$

所以

$$\begin{aligned}S&=\frac{2}{\sqrt{3}}\int_{\pi/6}^{\pi/2}\frac{3a\sin^2\theta-a\cos^2\theta}{\sqrt{2}}\cdot\frac{\cos\theta}{\sin\theta}\cdot\frac{8a\sin\theta\cos\theta}{\sqrt{2}}\mathrm{d}\theta\\&=\frac{8a^2}{\sqrt{3}}\int_{\pi/6}^{\pi/2}\cos^2\theta(3\sin^2\theta-\cos^2\theta)\mathrm{d}\theta.\end{aligned}$$

注意

$$\begin{aligned}\cos^2\theta(3\sin^2\theta-\cos^2\theta)&=\frac{3}{4}\sin^2 2\theta-\frac{1}{4}(1+\cos 2\theta)^2\\&=\frac{3}{8}(1-\cos 4\theta)-\frac{1}{8}(3+4\cos 2\theta+\cos 4\theta)\\&=-\frac{1}{2}(\cos 2\theta+\cos 4\theta),\end{aligned}$$

从而

$$S=-\frac{4a^2}{\sqrt{3}}\int_{\pi/6}^{\pi/2}(\cos 2\theta+\cos 4\theta)\mathrm{d}\theta=\frac{3a^2}{2}.$$

类似地求得

$$A=\frac{2a^2}{\sqrt{3}}\int_{0}^{\pi/6}(\cos 2\theta+\cos 4\theta)\mathrm{d}\theta=\frac{3a^2}{2}.$$

□

例 4.4.4 求球面 $x^2+y^2+z^2=a^2$ 和圆柱面 $x^2+y^2=ax^2\,(a>0)$ 的交线的全长.

解 两个曲面关于 $XY-$ 和 $XZ-$ 平面对称, 所以只需考虑 $y,z\geqslant 0$ 的部分. 此时交线的端点是 $(0,0,1)$ 和 $(1,0,0)$. 由曲面方程 $x^2+y^2=ax^2$ 得 $y=\sqrt{x(a-x)}$, 由 $x^2+y^2+z^2=a^2,x^2+y^2=ax^2$ 得 $ax+z^2=a^2,z=\sqrt{a(a-x)}$. 于是

$$1+\left(\frac{\mathrm{d}y}{\mathrm{d}x}\right)^2+\left(\frac{\mathrm{d}z}{\mathrm{d}x}\right)^2=1+\left(\frac{a-2x}{2\sqrt{x(a-x)}}\right)^2+\left(\frac{-a}{2\sqrt{x(a-x)}}\right)^2=\frac{a(a+x)}{4x(a-x)}.$$

由此求出交线全长

$$L=4\int_0^a\frac{\sqrt{a}}{2}\cdot\sqrt{\frac{a+x}{x(a-x)}}\mathrm{d}x.$$

令 $x=a\cos^2 t$, 可得

$$\begin{aligned}L&=4\int_{\pi/2}^{0}\frac{\sqrt{a}}{2}\cdot\sqrt{\frac{a(1+\cos^2 t)}{a\cos^2 t\cdot a\sin^3 t}}\cdot(-2a\cos t\sin t)\mathrm{d}t\\&=4a\int_0^{\pi/2}\sqrt{1+\cos^2 t}\mathrm{d}t\\&=4a\int_0^{\pi/2}\sqrt{2-\sin^2 t}\mathrm{d}t\\&=4\sqrt{2}a\int_0^{\pi/2}\sqrt{1-\left(\frac{1}{\sqrt{2}}\right)^2\sin^2 t}\mathrm{d}t.\end{aligned}$$

这恰好就是长半轴为 $\sqrt{2}a$ 且离心率为 $1/\sqrt{2}$ 的椭圆的周长. □

注 对于椭圆

$$\frac{x^2}{a^2}+\frac{y^2}{b^2}=1\quad(a>b>0),$$

离心率为 $\varepsilon=\sqrt{a^2-b^2}/a$. 令 $x=a\cos t, y=b\sin t$, 则

$$\left(\frac{\mathrm{d}x}{\mathrm{d}t}\right)^2+\left(\frac{\mathrm{d}y}{\mathrm{d}t}\right)^2=a^2\sin^2 t+b^2\cos^2 t=a^2(1-\varepsilon^2\cos^2 t),$$

于是其周长

$$L=4a\int_0^{\pi/2}\sqrt{1-\varepsilon^2\cos^2 t}\mathrm{d}t=4a\int_0^{\pi/2}\sqrt{1-\varepsilon^2\sin^2 t}\mathrm{d}t.$$

这是第 2 种完全椭圆积分, 不能用初等函数表示出. 如果 $\varepsilon<1$ 足够小, 那么

$$\sqrt{1-\varepsilon^2\cos^2 t}=1-\frac{\varepsilon^2}{2}\cos^2 t-\frac{\varepsilon^4}{2\cdot 4}\cos^4 t-\cdots-\frac{1\cdot 3\cdots(2n-3)}{2^n n!}\varepsilon^{2n}\cos^{2n} t-\cdots,$$

因为

$$\left|\frac{1\cdot 3\cdots(2n-3)}{2^n n!}\varepsilon^{2n}\cos^{2n} t\right|\leqslant\frac{1\cdot 3\cdots(2n-3)}{2^n n!}\varepsilon^{2n}=u_n,$$

$$\frac{u_{n+1}}{u_n}=\frac{2n-1}{2(n+1)}\varepsilon^2\to\varepsilon^2<1\quad(n\to\infty),$$

所以上述级数对于 $t\in[0,\pi/2]$ 一致收敛, 可以逐项积分, 由此得到

$$\begin{aligned}L&=4a\left(\frac{\pi}{2}-\frac{\varepsilon^2}{2}\cdot\frac{1}{2}\cdot\frac{\pi}{2}-\frac{\varepsilon^4}{8}\cdot\frac{3}{8}\cdot\frac{\pi}{2}+o(\varepsilon^4)\right)\\&=2\pi a\left(1-\frac{\varepsilon^2}{4}-\frac{3\varepsilon^4}{64}+o(\varepsilon^4)\right).\end{aligned}$$

又因为

$$b=a\sqrt{1-\varepsilon^2}=a\left(1-\frac{\varepsilon^2}{2}-\frac{\varepsilon^4}{8}+o(\varepsilon^4)\right),$$

所以

$$a+b=a+a\left(1-\frac{\varepsilon^2}{2}-\frac{\varepsilon^4}{8}+o(\varepsilon^4)\right)=2a\left(1-\frac{\varepsilon^2}{4}-\frac{\varepsilon^4}{16}+o(\varepsilon^4)\right),$$

从而

$$L-\pi(a+b)=2\pi a\left(1-\frac{\varepsilon^2}{4}-\frac{3\varepsilon^4}{64}+o(\varepsilon^4)\right)-2\pi a\left(1-\frac{\varepsilon^2}{4}-\frac{\varepsilon^4}{16}+o(\varepsilon^4)\right)$$
$$=2\pi a\left(\frac{1}{16}-\frac{3}{64}\right)\varepsilon^4+o(\varepsilon^4)=\frac{\pi}{32}a\varepsilon^4+o(\varepsilon^4).$$

于是我们得到渐近公式

$$L=(a+b)\pi+\frac{\pi}{32}a\varepsilon^4+o(\varepsilon^4)\quad(\varepsilon\to 0).$$

例 4.4.5 证明: 曲线 $C: y=f(x)\,(a\leqslant x\leqslant b)$ 以直线 $l: y=mx+k$ 为轴旋转所得立体的体积

$$V=\frac{\pi}{(1+m^2)^{3/2}}\int_a^b\big(f(x)-mx-k\big)^2\big(1+mf'(x)\big)\mathrm{d}x.$$

解 C 上一点 $P\big(x,f(x)\big)$ 到 l 的距离

$$h=\frac{|mx+k-f(x)|}{\sqrt{1+m^2}}.$$

设直线 l 与 X 轴 (正向) 的夹角为 α, 曲线 C 在点 P 的弧微分 $\mathrm{d}s$ 在 l 上的投影为 $\mathrm{d}\xi$, 在 P 点的切线与 X 轴 (正向) 的夹角为 τ, 那么

$$\begin{aligned}\mathrm{d}\xi&=\cos(\tau-\alpha)\mathrm{d}s=\cos\tau\cos\alpha(1+\tan\tau\tan\alpha)\mathrm{d}s\\&=\frac{1+\tan\tau\tan\alpha}{\sqrt{1+\tan^2\tau}\sqrt{1+\tan^2\alpha}}\frac{\mathrm{d}s}{\mathrm{d}x}\mathrm{d}x\\&=\frac{1+mf'(x)}{\sqrt{1+m^2}\sqrt{1+f'(x)^2}}\sqrt{1+f'(x)^2}\mathrm{d}x\\&=\frac{1+mf'(x)}{\sqrt{1+m^2}}\mathrm{d}x.\end{aligned}$$

于是

$$V=\int_{\xi_1}^{\xi_2}\pi h^2\mathrm{d}\xi=\frac{\pi}{(1+m^2)^{3/2}}\int_a^b\big(f(x)-mx-k\big)^2\big(1+mf'(x)\big)\mathrm{d}x,$$

此处 ξ_1,ξ_2 是 C 的端点 $\big(a,f(a)\big),\big(b,f(b)\big)$ 在 l 上的投影的横坐标. □

例 4.4.6 A,B 是曲线

$$y=\frac{a}{2}\left(\mathrm{e}^{x/a}+\mathrm{e}^{-x/a}\right)\quad(a>0)$$

上的两点, 曲线在此二点的切线交于 X 轴上的点 P. 证明: 曲线的弧 AB 绕 X 轴旋转所生成的曲面面积 S 等于线段 AP 和 BP 绕 X 轴旋转所生成的曲面面积 S_A 和 S_B 之和.

解 (i) 设点 A,B 的坐标为 $(x_1,y_1),(x_2,y_2)$. 因为曲线关于 Y 轴对称, 两切线交点 P 在 X 轴上, 所以 x_1,x_2 异号. 不妨认为 $x_1<0<x_2$. 因为

$$y'(x)=\frac{1}{2}\left(\mathrm{e}^{x/a}-\mathrm{e}^{-x/a}\right),$$
$$1+y'^2=1+\frac{1}{4}(\mathrm{e}^{x/a}-\mathrm{e}^{-x/a})^2=\frac{1}{4}(\mathrm{e}^{x/a}+\mathrm{e}^{-x/a})^2=\frac{y^2}{a^2}.$$

所以

$$\begin{aligned}S&=2\pi\int_{x_1}^{x_2}y\sqrt{1+y'^2}\mathrm{d}x=2\pi\int_{x_1}^{x_2}\frac{y^2}{a}\mathrm{d}x=\frac{\pi a}{2}\int_{x_1}^{x_2}\left(\mathrm{e}^{x/a}+\mathrm{e}^{-x/a}\right)^2\mathrm{d}x\\&=\frac{\pi a}{2}\int_{x_1}^{x_2}\left(\mathrm{e}^{2x/a}+\mathrm{e}^{-2x/a}+2\right)\mathrm{d}x=\frac{\pi a}{2}\cdot\left(\frac{a}{2}\left(\mathrm{e}^{2x/a}-\mathrm{e}^{-2x/a}\right)+2x\right)\Bigg|_{x_1}^{x_2}\\&=\pi a(yy'+x)\Big|_{x_1}^{x_2}=\pi a(y_2m_2-y_1m_1+x_2-x_1),\end{aligned}$$

其中 $m_1=y'(x_1)<0,m_2=y'(x_2)>0$.

(ii) 易见 S_A 是圆锥面, 其底面半径等于 y_1. 记 θ 是 AP 与 X 轴 (正向) 的夹角, 则母线 PA 之长等于

$$\left|\frac{y_1}{\sin(\pi-\theta)}\right|=\frac{y_1}{|\sin\theta|}=y_1\cdot\frac{1}{|\tan\theta\cos\theta|}=\frac{\sqrt{1+m_1^2}}{|m_1|}y_1.$$

于是

$$S_A=\frac{1}{2}\cdot2\pi y_1\cdot|PA|=\frac{\pi y_1^2\sqrt{1+m_1^2}}{|m_1|},$$

依步骤 (i) 中所得公式 $1+y'^2=y^2/a^2$ 可知 $\sqrt{1+m_1^2}=\sqrt{1+y'(x_1)^2}=\sqrt{y_1^2/a^2}=y_1/a$, 所以

$$S_A=\frac{\pi y_1^2}{|m_1|}\cdot\frac{y_1}{a}=\frac{\pi y_1^3}{|m_1|a}.$$

类似地,

$$S_B=\frac{\pi y_2^3}{|m_2|a}=\frac{\pi y_2^3}{m_2a}.$$

(iii) 曲线在点 A,B 处的切线方程是

$$y-y_1=m_1(x-x_1),\quad y-y_2=m_2(x-x_2).$$

它们的交点 $P(x,y)$ 满足此二方程, 并且 $y=0$(因为 P 在 X 轴上). 在上述二式中令 $y=0$, 然后相减, 可得

$$x_2-x_1=\frac{y_2}{m_2}-\frac{y_1}{m_1}.$$

于是由步骤 (i) 和 (ii) 的结果推出

$$\begin{aligned}S&=\pi a(y_2m_2-y_1m_1+x_2-x_1)=\pi a\left(y_2m_2-y_1m_1+\frac{y_2}{m_2}-\frac{y_1}{m_1}\right)\\&=\pi a\left(\frac{1+m_2^2}{m_2}y_2-\frac{1+m_1^2}{m_1}y_1\right)=\pi a\left(\frac{y_2^2}{a^2}\frac{y_2}{m_2}-\frac{y_1^2}{a^2}\frac{y_1}{m_1}\right)\\&=\frac{\pi y_2^3}{m_2a}-\frac{\pi y_1^3}{m_1a}=\frac{\pi y_2^3}{m_2a}+\frac{\pi y_1^3}{|m_1|a}=S_A+S_B,\end{aligned}$$

此处用到 $|m_1|=-m_1$. □

例 4.4.7 两个底面半径为 a, 高为 h 的斜圆柱, 它们的上底面完全重合, 下底面 (圆) 相切. 求它们的公共部分的体积 V.

解　建立坐标系, 使得下底平面为 YZ 平面 (水平面),Y 轴经过两个下底面 (圆) 的切点和两个下底面 (圆) 的中心,X 轴 (正向) 平行于立体的高. 考虑任意高度为 $x(0<x<h)$ 的水平截面, 那么截口是两个相交的等圆 (读者据此画图), 由初等几何知识 (相似三角形) 可知它们的圆心距等于 $2a(h-x)/h$. 若记它们的公共弦所对的圆心角为 2θ, 则此二圆的公共部分的面积

$$A(x)=2\left(\frac{1}{2}\cdot(2\theta)a^2-\frac{1}{2}a^2\sin 2\theta\right)=2a^2(\theta-\sin\theta\cos\theta).$$

注意

$$\cos\theta=\frac{1}{2}\frac{2a(h-x)}{h}:a=\frac{h-x}{h},$$

所以

$$A(x)=2a^2\left(\arccos\frac{h-x}{h}-\frac{h-x}{h^2}\sqrt{h^2-(h-x)^2}\right).$$

由此可知

$$\begin{aligned}
V&=\int_0^h A(x)\mathrm{d}x\quad (令\ t=h-x)\\
&=2a^2\int_0^h\left(\arccos\frac{t}{h}-\frac{t}{h^2}\sqrt{h^2-t^2}\right)\mathrm{d}t\\
&=2a^2\left(\left(t\arccos\frac{t}{h}\right)\Big|_0^h+\int_0^h\frac{t}{\sqrt{h^2-t^2}}\mathrm{d}t+\frac{1}{h^2}\left(\frac{1}{3}(h^2-t^2)^{3/2}\right)\Big|_0^h\right)\\
&=2a^2\left(h-\frac{h}{3}\right)=\frac{4}{3}a^2h.
\end{aligned}$$

□

4.5　综合性例题

这里有些题涉及含参数的积分, 与此有关的进一步的问题可见第 5 章.

例 4.5.1　求出函数

$$f(x)=\begin{cases}\cos\dfrac{1}{x}, & x\neq 0,\\ 0, & x=0.\end{cases}$$

的一个原函数.

解　(i) 定义函数

$$g(x)=\begin{cases}x\sin\dfrac{1}{x}, & x\neq 0,\\ 0, & x=0.\end{cases}$$

那么由不等式

$$-|x|\leqslant x\sin\frac{1}{x}\leqslant|x|\quad(x\neq 0),$$

可推知函数 $g(x)$ 在 $x=0$ 处连续, 因而 $g(x)$ 是 $\mathbb{R}$ 上的连续函数, 从而它有原函数. 设 $G(x)$ 是其一个原函数. 于是

$$G'(x)=x\sin\frac{1}{x}\quad(x\neq 0),$$

并且如果区间 $I\subset\mathbb{R}$ 不含 0, 那么在 I 上

$$\int\cos\frac{1}{x}\mathrm{d}x=-\int x^2\left(\sin\frac{1}{x}\right)'\mathrm{d}x=-x^2\sin\frac{1}{x}+2\int x\sin\frac{1}{x}\mathrm{d}x$$

(此式启发我们定义函数 $g(x)$). 因此,$f(x)$ 若有原函数, 则必有下列形式:

$$F(x)=\begin{cases}-x^2\sin\dfrac{1}{x}+2G(x)+c_1, & x\neq 0,\\ c_2, & x=0,\end{cases}$$

其中 c_1,c_2 是常数.

(ii) 为了证明 $F(x)$ 确实是 $f(x)$ 的一个原函数, 它必须可微, 因而连续. 特别地, 它必须在 $x=0$ 处连续, 也就是

$$\lim_{x\to 0}F(x)=F(0),$$

或等价地,

$$-\lim_{x\to 0}x^2\sin\frac{1}{x}+2\lim_{x\to 0}G(x)+c_1=c_2.$$

但因为 $G(x)$ 是 $g(x)$ 的一个原函数, 所以是连续的, 因而

$$\lim_{x\to 0}G(x)=G(0);$$

又由

$$-|x^2|\leqslant x^2\sin\frac{1}{x}\leqslant|x^2|\quad(x\neq 0)$$

可知

$$\lim_{x\to 0}x^2\sin\frac{1}{x}=0,$$

因此

$$c_1+2G(0)=c_2.$$

改记 $c_1=C$, 于是 $f(x)$ 若有原函数, 则可表示为下列形式:

$$F(x)=\begin{cases}-x^2\sin\dfrac{1}{x}+2G(x)+C, & x\neq 0,\\ 2G(0)+C, & x=0.\end{cases}$$

(iii) 现在证明上述形式的函数 $F(x)$ 确实是 $f(x)$ 的一个原函数. 事实上, 当 $x\neq 0$ 时,$F(x)$ 可微且 $F'(x)=f(x)$. 还有 (按定义)

$$\begin{aligned}F'(0)&=\lim_{x\to 0}\frac{F(x)-F(0)}{x-0}\\&=\lim_{x\to 0}\frac{-x^2\sin\dfrac{1}{x}+2G(x)+C-2G(0)-C}{x}\end{aligned}$$

$$\begin{aligned}&= -\lim_{x\to 0} x\sin\frac{1}{x} + 2\lim_{x\to 0}\frac{G(x)-G(0)}{x-0}\\&= 2\lim_{x\to 0}\frac{G(x)-G(0)}{x-0}.\end{aligned}$$

因为 $G(x)$ 是 $g(x)$ 在 $\mathbb{R}$ 上的原函数, 因此 $G(x)$ 在 $x=0$ 处可微, 并且 $G'(0)=g(0)=0$, 因此 $F'(0)=2G'(0)=0$. 于是 $F'(0)=f(0)$. 合起来, 即知

$$F'(x)=f(x)\quad (x\in\mathbb{R}).$$

这就是说, 不连续函数 $f(x)$ 在 $\mathbb{R}$ 上有原函数 $F(x)$. □

例 4.5.2　设 $f(x)\in C^2[a,b]$, 则存在 $\xi_1,\xi_2\in(a,b)$, 使得

$$\begin{aligned}\int_a^b f(x)\mathrm{d}x &= (b-a)f(b)-\frac{1}{2}(b-a)^2f'(b)+\frac{1}{6}(b-a)^3f''(\xi_1)\\&= (b-a)f(a)+\frac{1}{2}(b-a)^2f'(a)+\frac{1}{6}(b-a)^3f''(\xi_2).\end{aligned}$$

解　记题中积分为 I. 令 $x=a+t$, 则

$$\begin{aligned}I&=\int_0^{b-a} f(a+t)\mathrm{d}t = tf(a+t)\Big|_0^{b-a}-\int_0^{b-a} tf'(a+t)\mathrm{d}t\\&=(b-a)f(b)-\frac{1}{2}\int_0^{b-a} f'(a+t)\mathrm{d}t^2\\&=(b-a)f(b)-\frac{1}{2}\big(t^2f'(a+t)\big)\Big|_0^{b-a}+\frac{1}{2}\int_0^{b-a} t^2f''(a+t)\mathrm{d}t\\&=(b-a)f(b)-\frac{1}{2}(b-a)^2f'(b)+\frac{1}{2}\int_0^{b-a} t^2f''(a+t)\mathrm{d}t.\end{aligned}$$

因为在 $[0,b-a]$ 上 $t^2,f''(a+t)$ 连续,t^2 不变号, 所以存在 $\eta_1\in(0,b-a)$ 使得

$$\int_0^{b-a} t^2f''(a+t)\mathrm{d}t = f''(a+\xi_1)\int_0^{b-a} t^2\mathrm{d}t=\frac{1}{3}(b-a)^3f''(a+\eta_1).$$

于是

$$I=(b-a)f(b)-\frac{1}{2}(b-a)^2f'(b)+\frac{1}{6}(b-a)^3f''(a+\eta_1).$$

记 $\xi_1=a+\eta_1$, 则 $\xi_1\in(a,b)$, 于是得到第一个等式. 类似地, 令 $x=b-t$, 可推出存在 $\eta_2\in(0,b-a)$ 使得

$$I=(b-a)f(a)+\frac{1}{2}(b-a)^2f'(a)+\frac{1}{6}(b-a)^3f''(b-\eta_2).$$

记 $\xi_2=a+\eta_2$, 即得第二个等式. □

例 4.5.3　设函数 $f(x)\in C^1[0,\infty)$, $\lim\limits_{x\to\infty} f(x)=0$, 并且存在实数 $a>-1$ 使得积分 $\int_0^{\infty} t^{a+1}f'(t)\mathrm{d}t$ 收敛. 证明:

(1) 积分 $\int_0^{\infty} t^{a+1}f(t)\mathrm{d}t$ 收敛, 并且等于

$$-\frac{1}{a+1}\int_0^{\infty} t^{a+1}f'(t)\mathrm{d}t.$$

(2) $\lim\limits_{x\to\infty} x^{a+1}f(x)=0$.

解 (1) (i) 令

$$J=\int_0^\infty t^{a+1}f'(t)\mathrm{d}t,$$
$$F(x)=\int_0^x t^a f(t)\mathrm{d}t,$$
$$G(x)=\int_0^x t^{a+1}f'(t)\mathrm{d}t.$$

我们有

$$\frac{\mathrm{d}}{\mathrm{d}t}\big(t^{a+1}f(t)\big)=(a+1)t^a f(t)+t^{a+1}f'(t),$$

以及 $\big(t^{a+1}f(t)\big)|_{t=0}=0$(注意 $a+1>0$), 在 $[0,x]$ 上对 t 积分上式两边可得

$$x^{a+1}f(x)=(a+1)F(x)+G(x).$$

又因为 $x^{a+1}f(x)=xF'(x)$, 所以我们得到等式

$$xF'(x)=(a+1)F(x)+G(x)=x^{a+1}f(x).$$

(ii) 我们有

$$\begin{aligned}\frac{\mathrm{d}}{\mathrm{d}x}\big(x^{-a-1}F(x)\big)&=-(a+1)x^{-a-2}F(x)+x^{-a-1}F'(x)\\&=x^{-a-2}\big(-(a+1)F(x)+xF'(x)\big),\end{aligned}$$

注意步骤 (i) 中所得等式 (左半), 由此推出

$$\frac{\mathrm{d}}{\mathrm{d}x}\big(x^{-a-1}F(x)\big)=x^{-a-2}G(x).$$

又由 $G(x)\to J\ (x\to\infty)$ 知 $G(x)-J=-\int_x^\infty t^{a+1}f'(t)\mathrm{d}t=o(1)$, 所以

$$G(x)=J-\int_x^\infty t^{a+1}f'(t)\mathrm{d}t=J+o(1)\quad(x\to\infty),$$

于是由上述二式得 (将变量 x 改记为 t)

$$\frac{\mathrm{d}}{\mathrm{d}t}\big(t^{-a-1}F(t)\big)=Jt^{-a-2}+o(t^{-a-2})\quad(t\to\infty).$$

在 $[x,\infty)$ 上对 t 积分, 有

$$\big(t^{-a-1}F(t)\big)\Big|_x^\infty=\frac{J}{a+1}x^{-a-1}+\int_x^\infty o(t^{-a-2})\mathrm{d}t\quad(x\to\infty).$$

(iii) 记 $A(t)=o(t^{-a-2})$, 则 $A(t)=O(t^{-a-2})$, 由积分 $\int_x^\infty t^{-a-2}\mathrm{d}t$ 的收敛性得知积分 $\int_x^\infty A(t)\mathrm{d}t$ 也收敛. 由 H'Lospital 法则得

$$\lim_{x\to\infty}\frac{\int_x^\infty A(t)\mathrm{d}t}{x^{-a-1}}=\lim_{x\to\infty}\frac{-A(x)}{(-a-1)x^{-a-2}}=0,$$

因此

$$\int_x^{\infty} o(t^{-a-2})\mathrm{d}t = o(x^{-a-1}) \quad (x\to\infty).$$

另外, 由步骤 (i) 中得到的等式 (右半) 可知

$$(a+1)x^{-a-1}F(x)+x^{-a-1}G(x)=f(x).$$

令 $x\to\infty$, 依假设,$f(x)\to 0, G(x)\to J$, 所以

$$\lim_{x\to\infty}\left(x^{-a-1}F(x)\right)=0.$$

将以上结果代入步骤 (ii) 中所得到的等式, 我们有

$$-x^{-a-1}F(x)=\frac{J}{a+1}x^{-a-1}+o(x^{-a-1}) \quad (x\to\infty),$$

或者

$$-F(x)=\frac{J}{a+1}+o(1) \quad (x\to\infty),$$

因此积分 $\int_0^{\infty} t^a f(t)\mathrm{d}t$ 收敛, 并且等于

$$\lim_{x\to\infty}F(x)=-\frac{1}{a+1}J.$$

(2) 由本题 (1) 的步骤 (i) 和 (iii) 立得

$$\lim_{x\to\infty}\left(x^{a+1}f(x)\right)=(a+1)\lim_{x\to\infty}F(x)+\lim_{x\to\infty}G(x)=-J+J=0. \qquad \square$$

例 4.5.4　证明:

$$\int_0^{\infty}\frac{\mathrm{e}^{-x/t-1/x}}{x}\mathrm{d}x\sim\log t \quad (t\to\infty).$$

解　将题中的积分表示为

$$I(t)=\int_0^{\sqrt{t}}\frac{\mathrm{e}^{-x/t-1/x}}{x}\mathrm{d}x+\int_{\sqrt{t}}^{\infty}\frac{\mathrm{e}^{-x/t-1/x}}{x}\mathrm{d}x,$$

因为在代换 $u=t/x$ 之下右边第一个积分化为第二个积分, 所以

$$I(t)=2\int_{\sqrt{t}}^{\infty}\frac{\mathrm{e}^{-x/t-1/x}}{x}\mathrm{d}x.$$

注意当 $x\geqslant\sqrt{t}\geqslant 1$ 时,

$$\begin{aligned}|\mathrm{e}^{-1/x}-1|&=\left|-\frac{1}{x}+\frac{1}{2!}\frac{1}{x^2}-\frac{1}{3!}\frac{1}{x^3}+\cdots\right|\\&\leqslant\left|-\frac{1}{x}\right|\left(1+\frac{1}{2!}+\frac{1}{3!}+\cdots\right)<\mathrm{e}\left|\frac{1}{x}\right|,\end{aligned}$$

因此对于任何 $x\geqslant\sqrt{t}$ 一致地有

$$\mathrm{e}^{-1/x}=1+O(t^{-1/2}) \quad (t\to\infty).$$

于是我们推出

$$I(t)=2\int_{\sqrt{t}}^{\infty}\mathrm{e}^{-1/x}\frac{\mathrm{e}^{-x/t}}{x}\mathrm{d}x=2\left(1+O(t^{-1/2})\right)\int_{\sqrt{t}}^{\infty}\frac{\mathrm{e}^{-x/t}}{x}\mathrm{d}x$$
$$=2\left(1+O(t^{-1/2})\right)\int_{t^{-1/2}}^{\infty}\frac{\mathrm{e}^{-u}}{u}\mathrm{d}u.$$

应用分部积分, 上式右边的积分

$$\int_{t^{-1/2}}^{\infty}\frac{\mathrm{e}^{-u}}{u}\mathrm{d}u=\mathrm{e}^{-u}\log u\Big|_{t^{-1/2}}^{\infty}+\int_{t^{-1/2}}^{\infty}\mathrm{e}^{-u}\log u\mathrm{d}u=\frac{1}{2}\log t+O(1),$$

于是我们得到

$$I(t)=2\left(1+O(t^{-1/2})\right)\left(\frac{1}{2}\log t+O(1)\right)=\log t+O(1)\quad(t\to\infty),$$

从而 $I(t)\sim\log t\,(t\to\infty)$. □

例 4.5.5 (1) 证明: 对于任何 $f\in C^1[0,1]$ 有

$$\sum_{k=1}^{n}f\left(\frac{k}{n}\right)-n\int_0^1 f(x)\mathrm{d}x\to\frac{f(1)-f(0)}{2}\quad(n\to\infty).$$

(2) 证明:

$$\mathrm{e}^{n/4}n^{-(n+1)/2}(1^1\cdot2^2\cdots n^n)^{1/n}\to1\quad(n\to\infty).$$

解 (1) (i) 我们有

$$S_n=\sum_{k=1}^{n}f\left(\frac{k}{n}\right)-n\int_0^1 f(x)\mathrm{d}x=n\sum_{k=1}^{n}\int_{(k-1)/n}^{k/n}\left(f\left(\frac{k}{n}\right)-f(x)\right)\mathrm{d}x.$$

由中值定理, 对于每个 k 及所有 $x\in\big((k-1)/n,k/n\big)$, 存在 $\xi_{k,x}\in\big((k-1)/n,k/n\big)$, 使得

$$f\left(\frac{k}{n}\right)-f(x)=f'(\xi_{k,x})\left(\frac{k}{n}-x\right).$$

于是

$$S_n=n\sum_{k=1}^{n}\int_{(k-1)/n}^{k/n}f'(\xi_{k,x})\left(\frac{k}{n}-x\right)\mathrm{d}x.$$

(ii) 依题设, $f'(x)$ 在 $[0,1]$ 上一致连续, 所以对于任何给定的 $\varepsilon>0$, 当 n 充分大时, 对于每个 k 及所有 $x\in\big((k-1)/n,k/n\big)$ 有

$$\left|f'(\xi_{k,x})-f'\left(\frac{k}{n}\right)\right|<\varepsilon.$$

我们还令

$$T_n=n\sum_{k=1}^{n}\int_{(k-1)/n}^{k/n}f'\left(\frac{k}{n}\right)\left(\frac{k}{n}-x\right)\mathrm{d}x,$$

那么对于任何给定的 $\varepsilon>0$, 当 n 充分大时 (注意当 $x\in\big((k-1)/n,k/n\big)$ 时,$k/n-x\geqslant0$),

$$|S_n-T_n|<n\sum_{k=1}^{n}\int_{(k-1)/n}^{k/n}\left|f'(\xi_{k,x})-f'\left(\frac{k}{n}\right)\right|\left(\frac{k}{n}-x\right)\mathrm{d}x$$

$$\leqslant n\varepsilon\sum_{k=1}^{n}\int_{(k-1)/n}^{k/n}\left(\frac{k}{n}-x\right)\mathrm{d}x=n\varepsilon\sum_{k=1}^{n}\int_{0}^{1/n}t\mathrm{d}t=\frac{\varepsilon}{2},$$

其中最后一步计算中作了代换 $t=k/n-x$.

(iii) 另外, 我们算出

$$\begin{aligned}T_n&=n\sum_{k=1}^{n}f'\left(\frac{k}{n}\right)\int_{(k-1)/n}^{k/n}\left(\frac{k}{n}-x\right)\mathrm{d}x\\&=n\sum_{k=1}^{n}f'\left(\frac{k}{n}\right)\int_{0}^{1/n}t\mathrm{d}t=\frac{1}{2n}\sum_{k=1}^{n}f'\left(\frac{k}{n}\right).\end{aligned}$$

于是由定积分的定义, 对于任何给定的 $\varepsilon>0$, 当 n 充分大时,

$$\left|T_n-\frac{1}{2}\int_0^1 f'(x)\mathrm{d}x\right|=\frac{1}{2}\left|\frac{1}{n}\sum_{k=1}^{n}f'\left(\frac{k}{n}\right)-\int_0^1 f'(x)\mathrm{d}x\right|<\frac{\varepsilon}{2}.$$

(iv) 由步骤 (ii) 和 (iii) 的结果, 我们推出: 对于任何给定的 $\varepsilon>0$, 当 n 充分大时,

$$\left|S_n-\frac{1}{2}\int_0^1 f'(x)\mathrm{d}x\right|\leqslant|S_n-T_n|+\left|T_n-\frac{1}{2}\int_0^1 f'(x)\mathrm{d}x\right|<\varepsilon.$$

注意

$$\frac{1}{2}\int_0^1 f'(x)\mathrm{d}x=\frac{f(1)-f(0)}{2},$$

即得所要证明的结果.

(2) 在本题 (1) 中取函数 $f(x)=x\log x$(此处定义 $f(x)$ 在 $x=0$ 处的值为 $f(0+)$), 那么 $f\in C^1[0,1]$, 并且

$$\begin{aligned}\sum_{k=1}^{n}f\left(\frac{k}{n}\right)-n\int_0^1 f(x)\mathrm{d}x&=\sum_{k=1}^{n}\frac{k}{n}\log\frac{k}{n}-n\int_0^1 x\log x\mathrm{d}x\\&=\frac{1}{n}\sum_{k=1}^{n}k\log k-\frac{\log n}{n}\sum_{k=1}^{n}k-\frac{n}{2}\left(x^2\log x\Big|_0^1-\int_0^1 x\mathrm{d}x\right)\\&=\frac{1}{n}\sum_{k=1}^{n}k\log k-\frac{n+1}{2}\log n+\frac{n}{4},\end{aligned}$$

以及

$$\frac{f(1)-f(0+)}{2}=0.$$

于是由

$$\exp\left(\sum_{k=1}^{n}f\left(\frac{k}{n}\right)-n\int_0^1 f(x)\mathrm{d}x\right)\to\exp\left(\frac{f(1)-f(0+)}{2}\right)\quad(n\to\infty)$$

即得所要的结果. □

例 4.5.6　(1) 证明积分

$$I(x)=\int_0^{\pi}\log(1-2x\cos\theta+x^2)\mathrm{d}\theta$$

对变量 x 的一切值 (包含 ±1) 都存在, 并且是 $\mathbb{R}$ 上的连续函数.

(2) 证明

$$I(x)=\begin{cases}0, & |x|\leqslant 1,\\ 2\pi\log|x|, & |x|\geqslant 1.\end{cases}$$

解 (1) (i) 当 $0\leqslant\theta\leqslant\pi$ 时, x 的二次三项式 $1-2x\cos\theta+x^2$ 的判别式 $4\cos^2\theta-4=4(\cos^2\theta-1)\leqslant 0$, 并且当判别式为零时它有零点 ±1. 因此, 当 $|x|\neq 1,0\leqslant\theta\leqslant\pi$ 时, $1-2x\cos\theta+x^2>0$, 从而当 $|x|\neq 1$ 时, 积分 $I(x)$ 存在.

设 $x=1$, 此时函数

$$1-2x\cos\theta+x^2=2(1-\cos\theta)=4\sin^2\frac{\theta}{2}.$$

因为 $4\sin^2(\theta/2)\sim\theta^2\,(\theta\to 0)$, 所以 $I(x)$ 与积分

$$\int_0^{\pi}\log\theta^2\mathrm{d}\theta\quad 或\quad\int_0^{\pi}\log\theta\mathrm{d}\theta$$

有相同的收敛性; 而上述积分存在, 所以 $I(1)$ 存在. 同理,$I(-1)$ 也存在.

(ii) 下面我们证明当 $x\in\mathbb{R}$ 时,$I(x)$ 是 x 的连续函数. 除去 $|x|=1$, 被积函数 $\log(1-2x\cos\theta+x^2)$ 是 x 和 θ 的连续函数, 因此 $I(x)$ 在任何 $x\neq\pm1$ 处连续.

现在考虑 $x=1$ 的情形. 此时 $\theta=0$ 是被积函数的奇点. 我们限定 $x\in[1-\delta,1+\delta]$ (其中 $0<\delta<1$ 固定). 首先将 $I(x)$ 作如下变形:

$$\begin{aligned}I(x)&=\int_0^{\pi}\log\left(2x\Big(\frac{1+x^2}{2x}-\cos\theta\Big)\right)\mathrm{d}\theta\\&=\pi\log(2x)+\int_0^{\pi}\log\Big(\frac{1+x^2}{2x}-\cos\theta\Big)\mathrm{d}\theta,\end{aligned}$$

对上式右边第二项进行分部积分, 得到

$$\begin{aligned}I(x)&=\pi\log(2x)+\pi\log(z+1)-\int_0^{\pi}\frac{\theta\sin\theta}{z-\cos\theta}\mathrm{d}\theta\\&=2\pi\log(x+1)-\int_0^{\pi}\frac{\theta\sin\theta}{z-\cos\theta}\mathrm{d}\theta\\&=2\pi\log(x+1)-\int_0^{\pi}F(\theta,x)\mathrm{d}\theta,\end{aligned}$$

其中已令

$$z=z(x)=\frac{1+x^2}{2x},\quad F(\theta,x)=\frac{\theta\sin\theta}{z-\cos\theta}.$$

因为当 $x\in[1-\delta,1+\delta]$ 时 $z(x)$ 有最小值 1, 所以 $x\to 1$ 时,$z(x)$ 单调递减地趋于 1, 从而当 $\theta\in(0,\alpha]$(其中 $0<\alpha\leqslant\pi$),$x\in[1-\delta,1+\delta]$ 时 $F(\theta,x)$ 非负, 并且

$$|F(\theta,x)|=\frac{\theta\sin\theta}{z-\cos\theta}\leqslant\frac{\theta\sin\theta}{1-\cos\theta}=\phi(\theta).$$

因为 $\phi(\theta)$ 与 x 无关, 而且由

$$I(1)=2\pi\log 2-\int_0^{\pi}\frac{\theta\sin\theta}{1-\cos\theta}\mathrm{d}\theta=2\pi\log 2-\int_0^{\pi}\phi(\theta)\mathrm{d}\theta$$

得知 $\int_0^\pi \phi(\theta)\mathrm{d}\theta$ 存在, 从而 $\phi(\theta)$ 在 $[0,\alpha]$ 上可积, 所以积分

$$\int_0^\pi \frac{\theta\sin\theta}{z-\cos\theta}\mathrm{d}\theta$$

对于 $x\in[1-\delta,1+\delta]$ 一致收敛. 又因为当 $\theta\in(0,\pi],x\in[1-\delta,1+\delta]$ 时 $F(\theta,x)$ 连续, 因此函数 $I(x)$ 在 $[1-\delta,1+\delta]$ 上连续, 从而在 $x=1$ 处连续.

还要注意, 在积分 $I(-x)$ 中令 $t=\pi-\theta$ 可知 $I(-x)=I(x)$, 由此及 $I(x)$ 在 $x=1$ 处的连续性可推出它在 $x=-1$ 处的连续性.

(2) (i) 上面已经证明 $I(x)=I(-x)$. 类似地, 我们由

$$\begin{aligned}I\left(\frac{1}{x}\right)&=\int_0^\pi \log\left(1-\frac{2}{x}\cos\theta+\frac{1}{x^2}\right)\mathrm{d}\theta\\&=\int_0^\pi\log(x^2-2x\cos\theta+1)\mathrm{d}\theta+\int_0^\pi\log\frac{1}{x^2}\mathrm{d}\theta\end{aligned}$$

可以推出

$$I\left(\frac{1}{x}\right)=I(x)-2\pi\log|x|\quad(x\neq 0).$$

然后由

$$\begin{aligned}2I(x)=I(x)+I(-x)&=\int_0^\pi\log(1-2x^2\cos2\theta+x^4)\mathrm{d}\theta\\&=\frac{1}{2}\int_0^{2\pi}\log(1-2x^2\cos\phi+x^4)\mathrm{d}\phi\\&=\frac{1}{2}\int_0^{\pi}\log(1-2x^2\cos\phi+x^4)\mathrm{d}\phi+\frac{1}{2}\int_\pi^{2\pi}\log(1-2x^2\cos\phi+x^4)\mathrm{d}\phi\\&=\frac{1}{2}I(x^2)+\frac{1}{2}I(-x^2)=I(x^2)\end{aligned}$$

得到

$$I(x)=\frac{1}{2}I(x^2).$$

(ii) 据此, 由数学归纳法得到

$$I(x)=\frac{1}{2^n}I(x^{2^n})\quad(n\in\mathbb{N}).$$

若 $|x|\leqslant 1$, 则 $|x|^{2^n}\leqslant 1$. 因为 $I(x)$ 在 $[-1,+1]$ 上连续, 所以在 $[-1,+1]$ 上有上界 M, 于是

$$|I(x)|\leqslant\frac{1}{2^{2^n}}M\quad(\text{当 } |x|\leqslant 1).$$

令 $n\to\infty$, 即得 $I(x)=0$ (当 $|x|\leqslant 1$).

(iii) 若 $|x|\geqslant 1$, 则 $|1/x|\leqslant 1$, 所以由

$$0=I\left(\frac{1}{x}\right)=I(x)-2\pi\log|x|$$

推出 $I(x)=2\pi\log|x|$. □

注 在 Γ. M. 菲赫金哥尔茨的《微积分学教程》(第二卷, 第 8 版, 高等教育出版社, 北京,2006) 中, 多次用不同的方法给出 $I(x)$ 当 $|x|\neq 1$ 时的值, 但没有考虑在 $|x|=1$ 的值 (实际上, 他没有涉及 $I(x)$ 在 $\mathbb{R}$ 上的连续性).

例 4.5.7 (1) 设函数 $g\in C[0,\infty)$ 单调递减, 并且积分 $\int_0^\infty g(x)\mathrm{d}x$ 收敛(于是在 $[0,\infty)$ 上 $g(x)\geqslant 0$). 证明: 对于任何满足条件 $|f(x)|\leqslant g(x)$(当 $x\geqslant 0$) 的函数 $f\in C[0,\infty)$

$$\lim_{h\to 0+} h\sum_{n=1}^{\infty} f(nh)=\int_0^\infty f(x)\mathrm{d}x.$$

(2) 证明:

$$\lim_{x\to 1-}\sqrt{1-x}\sum_{n=1}^{\infty} x^{n^2}=\frac{\sqrt{\pi}}{2}.$$

(3) 证明:

$$\lim_{x\to 1-}(1-x)^2\sum_{n=1}^{\infty}\frac{nx^n}{1-x^n}=\frac{\pi^2}{6}.$$

解 (1) 我们要考察

$$M_n=h\sum_{n=1}^{\infty} f(nh)-\int_0^\infty f(x)\mathrm{d}x,$$

设 N,L 是某些正整数, 我们将 M_n 表示为

$$\begin{aligned}M_n&=h\sum_{n=1}^{N} f(nh)+h\sum_{n=N+1}^{\infty} f(nh)-\int_0^L f(x)\mathrm{d}x-\int_L^\infty f(x)\mathrm{d}x\\&=\left(h-\frac{L}{N}\right)\sum_{n=1}^{N} f(nh)+h\sum_{n=N+1}^{\infty} f(nh)+\left(\frac{L}{N}\sum_{n=1}^{N} f(nh)-\int_0^L f(x)\mathrm{d}x\right)-\int_L^\infty f(x)\mathrm{d}x.\end{aligned}$$

(i) 因为 $g(x)$ 在 $[0,\infty)$ 上 Riemann 可积, 所以对于任何给定的 $\varepsilon>0$, 存在最小的正整数 $L=L(\varepsilon)$, 使得

$$\int_{L-1}^\infty g(x)\mathrm{d}x<\frac{\varepsilon}{4}.$$

下文中固定此 L.

(ii) 对于任何给定的 $h\in(0,1)$, 可取正整数 N 满足

$$Nh\leqslant L<(N+1)h,$$

于是

$$nh\in\left(\frac{Ln}{N+1},\frac{Ln}{N}\right]\subset\left(\frac{n-1}{N}L,\frac{n}{N}L\right]\quad(1\leqslant n\leqslant N).$$

由题设可知, 积分 $\int_0^L f(x)\mathrm{d}x$ 存在, 所以 Riemann 和

$$\frac{L}{N}\sum_{n=1}^{N} f(nh)\to\int_0^L f(x)\mathrm{d}x\quad(N\to\infty).$$

注意由 N 的取法可知,$L/N\in[h,(N+1)h/N)$, 所以当 $h\to 0+$ 时 $N\to\infty$, 于是当 $0<h<h_0$(其中 $h_0=h_0(\varepsilon,L)=h_0(\varepsilon)$ 足够小)时,

$$\left|\frac{L}{N}\sum_{n=1}^{N}f(nh)-\int_0^L f(x)\mathrm{d}x\right|<\frac{\varepsilon}{4},$$

(iii) 因为 $L/N\in[h,(N+1)h/N)$, 所以 $|h-L/N|\leqslant(N+1)h/N-h=h/N$, 并且注意 $|f(x)|\leqslant g(x)$, 于是我们还有

$$\left|\left(h-\frac{L}{N}\right)\sum_{n=1}^{N}f(nh)\right|\leqslant\left|h-\frac{L}{N}\right|\sum_{n=1}^{N}g(nh)\leqslant\frac{h}{N}\sum_{n=1}^{N}g(nh).$$

因为 $g(x)$ 在 $[0,\infty)$ 上单调递减, 所以

$$h\sum_{n=1}^{N}g(nh)<\int_0^{Nh}g(x)\mathrm{d}x<\int_0^{\infty}g(x)\mathrm{d}x;$$

并且因为 $\int_0^{\infty}g(x)\mathrm{d}x$ 收敛, 所以当 $0<h<h_0$(其中 h_0 足够小) 时也有 $\dfrac{1}{N}\int_0^{\infty}g(x)\mathrm{d}x<\varepsilon/4$. 于是由前式得知: 当 $0<h<h_0$ 时,

$$\left|\left(h-\frac{L}{N}\right)\sum_{n=1}^{N}f(nh)\right|<\frac{\varepsilon}{4}.$$

(iv) 另外, 依步骤 (i), 我们有

$$\left|h\sum_{n=N+1}^{\infty}f(nh)\right|\leqslant h\sum_{n=N+1}^{\infty}g(nh)\leqslant\int_{L-1}^{\infty}g(x)\mathrm{d}x<\frac{\varepsilon}{4}.$$

(v) 最后, 综合上述诸估计, 我们得知: 对于任何给定的 $\varepsilon>0$, 当 $0<h<h_0$ 时,$|M_n|<\varepsilon$. 因此本题得证.

(2) 因为 $1-x\sim-\log x\,(x\to 1-)$, 所以

$$\lim_{x\to 1-}\sqrt{1-x}\sum_{n=1}^{\infty}x^{n^2}=\lim_{x\to 1-}\sqrt{-\log x}\sum_{n=1}^{\infty}x^{n^2};$$

作变量代换 $h=\sqrt{-\log x}$, 那么当且仅当 $x\to 1-$ 时 $h\to 0+$, 并且 $x^{n^2}=\mathrm{e}^{-n^2h^2}$, 于是上式等于

$$\lim_{h\to 0+}h\sum_{n=0}^{\infty}\exp(-n^2h^2).$$

在本题 (1) 中取 $f(x)=g(x)=\mathrm{e}^{-x^2}$, 那么立得上式等于

$$\int_0^{\infty}\mathrm{e}^{-x^2}\mathrm{d}x=\frac{\sqrt{\pi}}{2}.$$

(3) 类似于本题 (2), 由 $1-x\sim-\log x\,(x\to 1-)$, 得到

$$\lim_{x\to 1-}(1-x)^2\sum_{n=1}^{\infty}\frac{nx^n}{1-x^n}=\lim_{x\to 1-}(\log x)^2\sum_{n=1}^{\infty}\frac{nx^n}{1-x^n}.$$

作变量代换 $h=-\log x$, 那么当且仅当 $x\to 1-$ 时 $h\to 0+$, 并且

$$(\log x)^2\frac{nx^n}{1-x^n}=h^2\frac{n\mathrm{e}^{-nh}}{1-\mathrm{e}^{-nh}}=h\frac{nh}{\mathrm{e}^{nh}-1},$$

于是

$$\lim_{x\to 1-}(1-x)^2\sum_{n=1}^{\infty}\frac{nx^n}{1-x^n}=\lim_{h\to 0+}h\sum_{n=1}^{\infty}\frac{nh}{\mathrm{e}^{nh}-1}.$$

在本题 (1) 中取 $f(x)=g(x)=x/(\mathrm{e}^x-1)$, 并定义 $f(0)=\lim\limits_{x\to 0}x/(\mathrm{e}^x-1)=1$, 那么 $f\in C[0,\infty)$, 并且立得当 $h\to 0+$ 时上式等于

$$\begin{aligned}\int_0^{\infty}\frac{x}{\mathrm{e}^x-1}\mathrm{d}x&=\int_0^{\infty}\frac{x\mathrm{e}^{-x}}{1-\mathrm{e}^{-x}}\mathrm{d}x=\int_0^{\infty}\left(\sum_{n=1}^{\infty}x\cdot\mathrm{e}^{-nx}\right)\mathrm{d}x\\&=\sum_{n=1}^{\infty}\int_0^{\infty}x\cdot\mathrm{e}^{-nx}\mathrm{d}x=\sum_{n=1}^{\infty}\frac{1}{n^2}=\frac{\pi^2}{6}.\end{aligned}$$

这里被积函数中的无穷级数在任何区间 $[\alpha,\beta]$(其中 $0<\alpha<\beta<\infty$) 上一致收敛, 而且和函数 $f(x)$ 在 $[0,\infty)$ 可积, 所以可以逐项积分. □

注 本题 (2) 的另外两个证明见补充习题 9.98 和 9.101(3), 其中补充习题 9.98 的解法是直接证明.

例 4.5.8 (1) 设函数 $f(x)$ 在 $[0,1]$ 上 Riemann 可积, 而 $g\in C(\mathbb{R})$ 是周期为 1 的函数. 证明:

$$\lim_{n\to\infty}\int_0^1 f(x)g(nx)\mathrm{d}x=\int_0^1 f(x)\mathrm{d}x\int_0^1 g(x)\mathrm{d}x.$$

(2) 设函数 $f(x)$ 在 $[0,2\pi]$ 上 Riemann 可积, 则

$$\lim_{n\to\infty}\int_0^{2\pi}f(x)|\sin nx|\mathrm{d}x=\frac{2}{\pi}\int_0^{2\pi}f(x)\mathrm{d}x.$$

(3) 设函数 $f\in C(\mathbb{R})$, 并且积分 $\displaystyle\int_{-\infty}^{\infty}|f(x)|\mathrm{d}x$ 收敛. 证明:

$$\int_{-\infty}^{\infty}f(x)|\sin nx|\mathrm{d}x\to\frac{2}{\pi}\int_{-\infty}^{\infty}f(x)\mathrm{d}x\quad(n\to\infty).$$

解 (1) 如果 c 是某个常数, 那么当用 $g_1(x)=g(x)+c$ 代替 $g(x)$ 时, 有

$$\int_0^1 f(x)g_1(nx)\mathrm{d}x-\int_0^1 f(x)\mathrm{d}x\int_0^1 g_1(x)\mathrm{d}x=\int_0^1 f(x)g(nx)\mathrm{d}x-\int_0^1 f(x)\mathrm{d}x\int_0^1 g(x)\mathrm{d}x;$$

此外, 若 $m=\min\limits_{x\in[0,1]}g(x)<0$, 则取 $c>m$ 即有 $g(x)+c>0$(当 $x\in[0,1]$). 因此, 不失一般性, 可以认为 $g(x)$ 是一个正函数. 由函数 $g(x)$ 的周期性 (即当 $t\in[0,1]$, 对任何整数 $k,g(t+k)=g(t)$), 我们有

$$\begin{aligned}\int_0^1 f(x)g(nx)\mathrm{d}x&=\frac{1}{n}\int_0^n f\left(\frac{y}{n}\right)g(y)\mathrm{d}y\\&=\frac{1}{n}\sum_{k=0}^{n-1}\int_k^{k+1}f\left(\frac{y}{n}\right)g(y)\mathrm{d}y\end{aligned}$$

$$=\frac{1}{n}\sum_{k=0}^{n-1}\int_0^1 f\left(\frac{k+t}{n}\right)g(t)\mathrm{d}t.$$

对于右边的每个积分应用第一积分中值定理(注意 $g(x)$ 是正函数), 可得

$$\int_0^1 f(x)g(nx)\mathrm{d}x=\frac{1}{n}\sum_{k=0}^{n-1}f_k\int_0^1 g(t)\mathrm{d}t,$$

其中 $f_k\in[m_k,M_k]$, 而

$$m_k=\inf_{0\leqslant t\leqslant 1}f\left(\frac{k+t}{n}\right)=\inf_{k/n\leqslant t\leqslant (k+1)/n}f(t),$$

$$m_k=\sup_{0\leqslant t\leqslant 1}f\left(\frac{k+t}{n}\right)=\sup_{k/n\leqslant t\leqslant (k+1)/n}f(t).$$

注意

$$\lim_{n\to\infty}\frac{1}{n}\sum_{k=0}^{n-1}f_k=\int_0^1 f(x)\mathrm{d}x,$$

即可推出所要证的结果.

(2) 因为 $\int_0^{2\pi}f(x)|\sin nx|\mathrm{d}x=2\pi\int_0^1 f(2\pi t)|\sin 2\pi nt|\mathrm{d}t$, 在本题 (1) 中分别用 $f(2\pi x)$ 和 $|\sin 2\pi x|$ 代 $f(x)$ 和 $g(x)$, 则得

$$\lim_{n\to\infty}\int_0^{2\pi}f(x)|\sin nx|\mathrm{d}x=2\pi\int_0^1 f(2\pi x)\mathrm{d}x\int_0^1|\sin 2\pi x|\mathrm{d}x,$$

因为

$$\int_0^1 f(2\pi x)\mathrm{d}x=\frac{1}{2\pi}\int_0^{2\pi}f(t)\mathrm{d}t,$$

$$\int_0^1|\sin 2\pi x|\mathrm{d}x=\frac{1}{2\pi}\int_0^{2\pi}|\sin t|\mathrm{d}t=\frac{1}{2\pi}\cdot 2\int_0^{\pi}\sin t\mathrm{d}t=\frac{1}{2\pi}\cdot 4=\frac{2}{\pi},$$

所以得到

$$\lim_{n\to\infty}\int_0^{2\pi}f(x)|\sin nx|\mathrm{d}x=\frac{2}{\pi}\int_0^{2\pi}f(x)\mathrm{d}x.$$

(3) 我们来估计

$$I_n=\int_{-\infty}^{\infty}f(x)|\sin nx|\mathrm{d}x-\frac{2}{\pi}\int_{-\infty}^{\infty}f(x)\mathrm{d}x,$$

为此将它分为三项:

$$I_n=\left(\int_{-\infty}^{-l\pi}f(x)|\sin nx|\mathrm{d}x+\int_{l\pi}^{\infty}f(x)|\sin nx|\mathrm{d}x\right)$$
$$-\frac{2}{\pi}\left(\int_{-\infty}^{-l\pi}|f(x)|\mathrm{d}x+\int_{l\pi}^{\infty}|f(x)|\mathrm{d}x\right)+\left(\int_{-l\pi}^{l\pi}f(x)|\sin nx|\mathrm{d}x-\frac{2}{\pi}\int_{-l\pi}^{l\pi}f(t)\mathrm{d}t\right),$$

其中 l 是一个足够大的正整数.

(i) 因为 $f(x)$ 在 $(-\infty,+\infty)$ 上绝对可积, 所以对于任何给定的 $\varepsilon>0$, 存在最小的正整数 $L=L(\varepsilon)$, 使当 $l\geqslant L$ 时,

$$\int_{-\infty}^{-l\pi}|f(x)|\mathrm{d}x+\int_{l\pi}^{\infty}|f(x)|\mathrm{d}x<\frac{\pi\varepsilon}{6},$$

因此

$$\frac{2}{\pi}\left(\int_{-\infty}^{-L\pi}|f(x)|\mathrm{d}x+\int_{L\pi}^{\infty}|f(x)|\mathrm{d}x\right)<\frac{\varepsilon}{3},$$

以及 (注意 $|\sin nx|\leqslant 1$)

$$\left|\int_{-\infty}^{-L\pi}f(x)|\sin nx|\mathrm{d}x+\int_{L\pi}^{\infty}f(x)|\sin nx|\mathrm{d}x\right|<\frac{\varepsilon}{3}.$$

下文中我们固定此 $L=L(\varepsilon)$.

(ii) 我们还有

$$\begin{aligned}\int_{-L\pi}^{L\pi}f(x)|\sin nx|\mathrm{d}x&=\pi\int_{-L}^{L}f(\pi t)|\sin n\pi t|\mathrm{d}t\\&=\pi\sum_{k=-L}^{L-1}\int_{k}^{k+1}f(\pi t)|\sin n\pi t|\mathrm{d}t\\&=\pi\sum_{k=-L}^{L-1}\int_{0}^{1}f(k\pi+\pi u)|\sin n\pi u|\mathrm{d}u\end{aligned}$$

由本题 (1) 可知对于 $k=-L,\cdots,L-1$,

$$\lim_{n\to\infty}\int_0^1 f(k\pi+\pi u)|\sin n\pi u|\mathrm{d}u=\int_0^1 f(k\pi+\pi u)\mathrm{d}u\int_0^1\sin n\pi u\mathrm{d}u,$$

因此我们有

$$\begin{aligned}\lim_{n\to\infty}\int_{-L\pi}^{L\pi}f(x)|\sin nx|\mathrm{d}x&=\pi\sum_{k=-L}^{L-1}\int_0^1 f(k\pi+\pi u)\mathrm{d}u\int_0^1\sin n\pi u\mathrm{d}u\\&=\pi\int_{-L\pi}^{L\pi}f(t)\mathrm{d}t\cdot\int_0^1\sin n\pi u\mathrm{d}u=\frac{2}{\pi}\int_{-L\pi}^{L\pi}f(t)\mathrm{d}t,\end{aligned}$$

这意味着当 $n\geqslant N$(其中 $N=N(\varepsilon,L)=N(\varepsilon)$)时,

$$\left|\int_{-L\pi}^{L\pi}f(x)|\sin nx|\mathrm{d}x-\frac{2}{\pi}\int_{-L\pi}^{L\pi}f(t)\mathrm{d}t\right|<\frac{\varepsilon}{3}.$$

(iii) 由步骤 (i) 和 (ii) 即知: 对于任何给定的 $\varepsilon>0$, 当 n 充分大时, $|I_n|<\varepsilon$, 从而推出所要的结论.

□

例 4.5.9 证明

$$f(x)=\mathrm{e}^{x^2/2}\int_x^{\infty}\mathrm{e}^{-t^2/2}\mathrm{d}t$$

是 $[0,\infty)$ 上的单调减函数, 并求 $\lim\limits_{x\to\infty}f(x)$.

解 (i) 作代换 $u=t-x$ 得到

$$f(x)=\int_x^{\infty}\mathrm{e}^{-(t-x)(t+x)/2}\mathrm{d}t=\int_0^{\infty}\mathrm{e}^{-u(u+2x)/2}\mathrm{d}u.$$

对于任何 $x_1,x_2\in[0,\infty),x_1<x_2$, 当 $u\in(0,\infty)$ 时,

$$\mathrm{e}^{-u(u+2x_1)/2}>\mathrm{e}^{-u(u+2x_2)/2}>0,$$

因此

$$\int_0^\infty \mathrm{e}^{-u(u+2x_1)/2}\mathrm{d}u > \int_0^\infty \mathrm{e}^{-u(u+2x_2)/2}\mathrm{d}u,$$

即 $f(x_1) > f(x_2)$. 所以 $f(x)$ 在 $[0,\infty)$ 上单调递减.

(ii) 我们写出

$$\begin{aligned}0 < f(x) &= \int_0^\infty \mathrm{e}^{-u(u+2x)/2}\mathrm{d}u\\ &\leqslant \int_0^1 \mathrm{e}^{-u(u+2x)/2}\mathrm{d}u + \int_1^\infty \mathrm{e}^{-(u+2x)/2}\mathrm{d}u = I_1(x) + I_2(x),\end{aligned}$$

其中

$$0 < I_1(x) = \int_0^1 \mathrm{e}^{-u^2/2}\mathrm{e}^{-ux}\mathrm{d}u \leqslant \int_0^1 \mathrm{e}^{-ux}\mathrm{d}u = \frac{1}{x}(1-\mathrm{e}^{-x}),$$

所以 $I_1(x) \to 0\,(x\to\infty)$; 以及 (注意 $u \geqslant 1$)

$$0 < I_2(x) < \int_1^\infty \mathrm{e}^{-(u+2x)/2}\mathrm{d}u = \mathrm{e}^{-x}\int_1^\infty \mathrm{e}^{-u/2}\mathrm{d}u = 2\mathrm{e}^{-(x+1/2)},$$

所以 $I_2(x) \to 0\,(x\to\infty)$. 因此由 $0 < f(x) \leqslant I_1(x) + I_2(x)$ 推出 $f(x) \to 0\,(x\to\infty)$. □

例 4.5.10 设函数 $f \in C^1[0,1], f(0) = f(1) = 0$. 证明:

$$\max_{0\leqslant x\leqslant 1} |f'(x)| \geqslant 4\int_0^1 |f(x)|\mathrm{d}x,$$

并且右边的常数 4 不能用任何更大的数代替.

解 (i) 设 $g(x)$ 是四个函数 $f(x), -f(x), f(1-x), -f(1-x)$ 中的任何一个. 函数 $g(x)$ 确定后, 令

$$A = \max_{x\in[0,1]} |g'(x)|,$$

显然 A 也是 $|f'(x)|$ 在 $[0,1]$ 上的最大值. 不妨设 $A > 0$; 因为不然,$f(x)$ 恒等于 0, 题中的不等式已成立. 现在若存在某个 $x_0 \in (0,1)$, 使得 $g(x_0) > Ax_0$, 则由中值定理, 存在实数 $\xi \in (0, x_0)$ 满足

$$\frac{g(x_0) - g(0)}{x_0 - 0} = g'(\xi).$$

因为由 $g(x)$ 的定义和题设知 $g(0) = 0$, 所以由此得到

$$g'(\xi)x_0 = g(x_0) > Ax_0,$$

从而 $g'(\xi) > A$, 这与 A 的定义矛盾. 于是我们有

$$g(x) \leqslant Ax \quad (\text{当 } x \in (0,1)).$$

由此及 $g(x)$ 的定义可知: 若取 $g(x) = \pm f(x)$, 则知当 $x \in (0,1), |f(x)| \leqslant Ax$; 若取 $g(x) = \pm f(1-x)$, 则知当 $x \in (0,1), |f(1-x)| \leqslant Ax$, 或 $|f(x)| \leqslant A(1-x)$. 合起来就是

$$|f(x)| \leqslant A\max\{x, 1-x\} \quad (\text{当 } x \in (0,1)).$$

由此我们推出

$$\int_0^1 |f(x)|\mathrm{d}x \leqslant A\int_0^1 \max\{x, 1-x\}\mathrm{d}x$$

$$= A\left(\int_0^{1/2}(1-x)\mathrm{d}x+\int_{1/2}^1 x\mathrm{d}x\right)=\frac{A}{4}.$$

于是题中的不等式得证.

(ii) 函数 $f_1=\max\{x,1-x\}\notin C^1[0,1]$. 我们在点 $x=1/2$ 的邻域 $(1/2-\varepsilon,1/2+\varepsilon)$ 内将此函数作适当修改可使所得到的函数 $f(x)\in C^1[0,1]$, 但保持

$$A=\max_{x\in[0,1]}|f'(x)|=1,$$

并且

$$\int_0^1|f(x)|\mathrm{d}x=\int_0^1|f_1(x)|\mathrm{d}x+O(\varepsilon)=\frac{1}{4}+O(\varepsilon).$$

于是依 (i) 中所证明的结果, 对于我们构造的函数 $f(x)$ 有

$$1\geqslant 4\left(\frac{1}{4}+O(\varepsilon)\right).$$

由此可见常数 4 不可换为任何更大的数. □

例 4.5.11 设函数 $f\in C^1[0,1], f(0)=0$. 证明: 对于任何 $n\in\mathbb{N}$ 有

$$\int_0^1|f(x)|^n|f'(x)|\mathrm{d}x\leqslant\frac{1}{n+1}\int_0^1|f'(x)|^{n+1}\mathrm{d}x,$$

并且等号当且仅当 $f(x)$ 为齐次线性函数(即 $f(x)=ax$)时成立.

解 (i) 下文中恒设 $x\in[0,1]$. 引进辅助函数

$$\phi(x)=\frac{x^n}{n+1}\int_0^x|f'(t)|^{n+1}\mathrm{d}t-\int_0^x|f(t)|^n|f'(t)|\mathrm{d}t.$$

那么 $\phi(0)=0$, 而题中要证的不等式等价于 $\phi(1)\geqslant 0=\phi(0)$.

(ii) 我们算出

$$\phi'(x)=\frac{nx^{n-1}}{n+1}\int_0^x|f'(t)|^{n+1}\mathrm{d}t+\frac{x^n}{n+1}|f'(x)|^{n+1}-|f(x)|^n|f'(x)|.$$

又由 Hölder 不等式 (应用于函数 1 和 $|f'(x)|$), 我们有

$$\begin{aligned}|f(x)|&=\left|\int_0^x f'(t)\mathrm{d}t\right|\leqslant\int_0^x 1\cdot|f'(t)|\mathrm{d}t\\&\leqslant x^{n/(n+1)}\left(\int_0^x|f'(t)|^{n+1}\mathrm{d}t\right)^{1/(n+1)},\end{aligned}$$

由此推出

$$\int_0^x|f'(t)|^{n+1}\mathrm{d}t\geqslant\frac{|f(x)|^{n+1}}{x^n}.$$

于是我们得到

$$\phi'(x)\geqslant\frac{n}{n+1}\cdot\frac{|f(x)|^{n+1}}{x}+\frac{x^n}{n+1}|f'(x)|^{n+1}-|f(x)|^n|f'(x)|.$$

记 $\psi(u,v)=nu^{n+1}+v^{n+1}-(n+1)u^nv$, 那么上式可表示为

$$\phi'(x)\geqslant\frac{1}{(n+1)x}\cdot\psi\big(|f(x)|,x|f'(x)|\big).$$

(iii) 设 $u \geqslant 0$. 若 $v > 0$, 则 $t = u/v \geqslant 0$, 并且 $\psi(u,v) = v^{n+1}F(t)$, 其中

$$F(t) = nt^{n+1} - (n+1)t^n + 1 \quad (t \geqslant 0).$$

因为 $F'(t) = n(n+1)t^{n-1}(t-1)$, 所以 $F'(t) > 0$(当 $t > 1$),$F'(t) < 0$(当 $0 < t < 1$), 因而 $F(t)$ 在 $[0,\infty)$ 上有最小值 $F(1) = 0$, 亦即 $F(t) \geqslant 0$(当 $t \geqslant 0$). 于是 $u \geqslant 0, v > 0$ 时 $\psi(u,v) \geqslant 0$. 又显然 $u \geqslant 0$ 时 $\psi(u,0) \geqslant 0$. 合起来即可得知: 当 $u,v \geqslant 0$ 时 $\psi(u,v) \geqslant 0$.

(iv) 由 (ii) 和 (iii) 可知当 $x \in (0,1]$ 时,$\phi'(x) \geqslant 0$. 另外, 由题设条件 $f(0) = 0$ 和 (ii) 中 $\phi'(x)$ 的表达式可知 $\phi'(0) = 0$. 因此, 当 $x \in [0,1]$ 时,$\phi'(x) \geqslant 0$, 从而 $\phi(x)$ 单调递增, 于是 $\phi(1) \geqslant \phi(0)$, 即题中的不等式得证.

(v) 题中不等式成为等式, 当且仅当 $\phi(1) = \phi(0)$. 因为 $\phi(x)$ 在 $[0,1]$ 上单调递增, 所以这等价于 $\phi'(x)$ 在 $[0,1]$ 上恒等于 0. 于是在步骤 (ii) 中应用 Hölder 不等式时必须出现等式, 从而 $|f'(x)|^{n+1} = \lambda \cdot 1^{(n+1)/n}$ (其中 $\lambda \neq 0$ 是常数), 注意 $f'(x)$ 连续, 这表明 $f(x)$ 是线性函数; 而由条件 $f(0) = 0$ 可推出 $f(x) = ax$ (其中 a 为常数). 反之,$f(x) = ax$ 形式的函数确实使题中不等式成为等式. □

例 4.5.12　设

$$f(x) = \frac{1}{x^m}\int_0^x \sin\frac{1}{t}\mathrm{d}t,$$

则当 $m < 2$ 时 $\lim\limits_{x\to 0} f(x) = 0$, 而当 $m \geqslant 2$ 时 $\lim\limits_{x\to 0} f(x)$ 不存在.

解　分部积分可得

$$f(x) = \frac{1}{x^m}\left(x^2\cos\frac{1}{x} - 2\int_{1/x}^{\infty}\cos u\frac{\mathrm{d}u}{u^3}\right),$$

因此

$$\frac{1}{x^m}\int_{1/x}^{\infty}\cos u\frac{\mathrm{d}u}{u^3} = \frac{1}{2}\left(x^{2-m}\cos\frac{1}{x} - f(x)\right).$$

我们来考察上式左边的积分.

设 $m < 2$. 对于任何给定的 $\varepsilon > 0$, 取 x 满足

$$0 < x < \delta = \min\left\{(\varepsilon/4)^{1/(3-m)}, \varepsilon^{1/(2-m)}\right\}.$$

对于每个满足这个不等式的 x, 取 $A > 1/x$. 由第二积分中值定理得到

$$\begin{aligned}\frac{1}{x^m}\int_{1/x}^{\infty}\cos u\frac{\mathrm{d}u}{u^3} &= \frac{1}{x^m}\left(\int_{1/x}^{A}\cos u\frac{\mathrm{d}u}{u^3} + \int_A^{\infty}\cos u\frac{\mathrm{d}u}{u^3}\right)\\ &= \frac{1}{x^m}\cdot\frac{1}{(x^{-1})^3}\int_{1/x}^{\xi}\cos u\mathrm{d}u + \frac{1}{x^m}\int_A^{\infty}\cos u\frac{\mathrm{d}u}{u^3},\end{aligned}$$

其中 $\xi \in (1/x, A)$. 因为

$$\left|\int_{1/x}^{\xi}\cos u\mathrm{d}u\right| = \left|\sin\xi - \sin\frac{1}{x}\right| \leqslant 2,$$

$$\left|\int_A^{\infty}\cos u\frac{\mathrm{d}u}{u^3}\right| \leqslant \left|\int_{1/x}^{\infty}\cos u\frac{\mathrm{d}u}{u^3}\right| \leqslant \int_{1/x}^{\infty}\frac{\mathrm{d}u}{u^3} = \frac{x^2}{2},$$

并且注意这两个估值的右边都与 A 无关, 所以当 $0<x<\delta$ 时有

$$\left|\frac{1}{x^m}\int_{1/x}^{\infty}\cos u\frac{\mathrm{d}u}{u^3}\right|<2x^{3-m}+\frac{1}{2}x^{2-m}<\frac{\varepsilon}{2}+\frac{\varepsilon}{2}=\varepsilon.$$

由此推出: 当 $m<2$ 时,

$$\lim_{x\to0}\frac{1}{x^m}\int_{1/x}^{\infty}\cos u\frac{\mathrm{d}u}{u^3}=0.$$

另外, 当 $x\to0$ 时, 若 $m<2$, 则 $x^{2-m}\cos(1/x)\to0$; 若 $m\geqslant2$, 则 $x^{2-m}\cos(1/x)$ 无极限 (而是振荡的), 因此题中的结论得证. □

例 4.5.13 设 $f\in C^2[0,\infty)$ 是有界凸函数. 证明: 积分 $\int_0^{\infty}xf''(x)\mathrm{d}x$ 收敛.

解 (i) 如果对于某个 $x_0>0$ 有 $\delta=f'(x_0)>0$, 那么因为 $f(x)$ 是凸函数, 所以 $f'(x)$ 单调递增(这里应用了:$f(x)\in C^2[0,\infty)$ 是凸函数, 当且仅当在 $[0,\infty)$ 上 $f''(x)\geqslant0$), 从而对任何 $x\geqslant x_0$ 有 $f'(x)\geqslant\delta$. 由此推出

$$f(x)=f(x_0)+\int_{x_0}^{x}f'(t)\mathrm{d}t\geqslant f(x_0)+\delta(x-x_0),$$

这与 f 的有界性矛盾. 于是对任何 $x>0$ 有 $f'(x)\leqslant0$, 从而 $f(x)$ 单调递减; 且依 f 的有界性, 可知

$$f(x)\downarrow\lambda\,(x\to\infty),$$

其中 λ 是某个实数, 并且我们有

$$\int_x^{\infty}f'(t)\mathrm{d}t=\lambda-f(x)<0.$$

特别地, 由此推出 $f'(x)\to0$ $(x\to\infty)$.

(ii) 依 Cauchy 准则, 对于任何给定的 $\varepsilon>0$, 当 α 和 $u>\alpha$ 充分大时,

$$0<-\int_{\alpha}^{u}f'(t)\mathrm{d}t<\frac{\varepsilon}{2}.$$

但如步骤 (i) 中所证,$f'(x)\leqslant0$, 并且已知 $f'(x)$ 单调递增, 所以 $(u-\alpha)|f'(u)|<\varepsilon/2$, 从而当 u 足够大时(注意步骤 (i) 中已证:$x\to\infty$ 时 $f'(x)\to0$),

$$u|f'(u)|<\frac{\varepsilon}{2}+\alpha|f'(u)|<\varepsilon.$$

这表明 $xf'(x)\to0\,(x\to\infty)$. 于是当 $x\to\infty$ 时,

$$\int_0^x tf''(t)\mathrm{d}t=xf'(x)-f(x)+f(0)$$

收敛于 $f(0)-\lambda$. □

例 4.5.14 设 $y>0$, 证明:

$$\int_0^{+\infty}\frac{x^y}{\mathrm{e}^x-1}\mathrm{d}x=\sum_{n=1}^{\infty}\frac{1}{n^{y+1}}\int_0^{+\infty}x^y\mathrm{e}^{-x}\mathrm{d}x.$$

解 解法 1 (i) 因为当 $y>0$ 时,

$$\frac{x^y}{\mathrm{e}^x-1}\sim x^{y-1}\quad(x\to0),$$

以及

$$\frac{x^y}{\mathrm{e}^x-1}\leqslant 2x^y\mathrm{e}^{-x}=2\mathrm{e}^{-x+y\log x}<\mathrm{e}^{-x/2}\quad (x>X(y)),$$

因此题中等式左边的积分收敛.

(ii) 因为

$$\frac{x^y}{\mathrm{e}^x-1}=\frac{x^y\mathrm{e}^{-x}}{1-\mathrm{e}^{-x}}=x^y\mathrm{e}^{-x}\sum_{n=0}^{\infty}\mathrm{e}^{-nx},$$

当 $x\in[a,b]\subset(0,+\infty)$(其中 $0<a<b$ 任意) 时,

$$0<x^y\mathrm{e}^{-(n+1)x}<b^y\mathrm{e}^{-(n+1)a},$$

因此级数 $\sum\limits_{n=0}^{\infty}x^y\mathrm{e}^{-(n+1)x}$ 在 $(0,+\infty)$ 上内闭一致收敛.

(iii) 因为函数 $t(x)=x^y\mathrm{e}^{-x}$ 当 $x>0$ 时连续, 并且 $t(x)\to 0\,(x\to+\infty)$, 由此可推出 $t(x)$ 有上界 $K=(y/\mathrm{e})^y$. 于是 $x^y\mathrm{e}^{-(n+1)x}<K\mathrm{e}^{-nx}\,(x>0)$, 从而积分

$$J_n=\int_0^{+\infty}x^y\mathrm{e}^{-(n+1)x}\mathrm{d}x$$

存在, 并且

$$\begin{aligned}J_n&=\int_0^{1/\sqrt{n}}x^y\mathrm{e}^{-(n+1)x}\mathrm{d}x+\int_{1/\sqrt{n}}^{+\infty}x^y\mathrm{e}^{-x}\mathrm{e}^{-nx}\mathrm{d}x\\&\leqslant\left(\frac{1}{\sqrt{n}}\right)^y\int_0^{1/\sqrt{n}}\mathrm{e}^{-(n+1)x}\mathrm{d}x+K\int_{1/\sqrt{n}}^{+\infty}\mathrm{e}^{-nx}\mathrm{d}x\leqslant\frac{1}{n^{y/2+1}}+\frac{K}{n}\mathrm{e}^{-\sqrt{n}}.\end{aligned}$$

由此可知级数 $\sum\limits_{n=0}^{\infty}J_n$ 收敛.

(iv) 由步骤 (ii) 和 (iii), 我们可以逐项积分:

$$\int_0^{+\infty}\frac{x^y}{\mathrm{e}^x-1}\mathrm{d}x=\sum_{n=0}^{\infty}\int_0^{+\infty}x^y\mathrm{e}^{-(n+1)x}\mathrm{d}x=\sum_{n=1}^{\infty}\int_0^{+\infty}x^y\mathrm{e}^{-nx}\mathrm{d}x,$$

在右边的积分中作变量代换 $t=nx$, 即得

$$\int_0^{+\infty}\frac{x^y}{\mathrm{e}^x-1}\mathrm{d}x=\sum_{n=1}^{\infty}\frac{1}{n^{y+1}}\int_0^{+\infty}t^y\mathrm{e}^{-t}\mathrm{d}t.$$

解法 2　(i) 我们有

$$\frac{x^y}{\mathrm{e}^x-1}=\frac{x^y\mathrm{e}^{-x}}{1-\mathrm{e}^{-x}}=\frac{x^y}{\mathrm{e}^x}\left(\sum_{k=0}^{n-1}\mathrm{e}^{-kx}+\frac{\mathrm{e}^{-nx}}{1-\mathrm{e}^{-x}}\right),$$

所以

$$\int_0^{+\infty}\frac{x^y}{\mathrm{e}^x-1}=\sum_{k=1}^{n}\int_0^{+\infty}x^y\mathrm{e}^{-kx}\mathrm{d}x+\int_0^{+\infty}\frac{x^y\mathrm{e}^{-nx}}{\mathrm{e}^x-1}\mathrm{d}x.$$

(ii) 我们来证明当 $n\to\infty$ 时上式右边第二个积分 (记为 J) 趋于 0. 设 $\alpha>0$, 则有

$$0<J=\int_0^{\alpha}\frac{x^y\mathrm{e}^{-nx}}{\mathrm{e}^x-1}\mathrm{d}x+\int_{\alpha}^{+\infty}\frac{x^y\mathrm{e}^{-nx}}{\mathrm{e}^x-1}\mathrm{d}x$$

$$\leqslant \int_0^\alpha \frac{x^y}{e^x-1}dx+\int_\alpha^{+\infty}\frac{x^y e^{-nx}}{e^x-1}dx.$$

对于任何给定的 $\varepsilon>0$, 存在 $\alpha>0$ 使得

$$\int_0^\alpha \frac{x^y}{e^x-1}dx<\frac{\varepsilon}{2}.$$

因为 $x\in[\alpha,+\infty)$ 时函数 $x^y/(e^x-1)$ 有界 (读者自证), 令

$$M=\sup_{x\in[\alpha,+\infty)}\frac{x^y}{e^x-1},$$

则有

$$\int_\alpha^{+\infty}\frac{x^y e^{-nx}}{e^x-1}dx\leqslant M\int_\alpha^{+\infty}e^{-nx}dx<M\int_0^{+\infty}e^{-nx}dx=\frac{M}{n},$$

从而当 $n>2M/\varepsilon$ 时,

$$\int_\alpha^{+\infty}\frac{x^y e^{-nx}}{e^x-1}dx<\frac{\varepsilon}{2}.$$

于是对于任何给定的 $\varepsilon>0$, 当 n 充分大时 $0<J<\varepsilon$. 这就证明了上述断语.

(iii) 由步骤 (i) 和 (ii) 立得

$$\int_0^{+\infty}\frac{x^y}{e^x-1}=\sum_{k=1}^\infty\int_0^{+\infty}x^y e^{-kx}dx,$$

作代换 $t=nx$, 即得所要证的等式. □

注 上面的解法 2 不涉及对无穷级数逐项积分, 而是证明级数余项的积分趋于 0. 对此还可见习题 4.13 和 6.5 等.

习 题 4

4.1 计算不定积分:

$$I_1=\int\frac{4x^3-x^2+2x}{x^4+1}dx.$$

$$I_2=\int\frac{1}{x^3(1+x^2)}dx.$$

$$I_3=\int\frac{1+x^2}{(1-x^2)\sqrt{1+x^4}}dx.$$

4.2 计算不定积分:

$$I_1=\int\frac{xdx}{(x^2+x+1)^2}.$$

$$I_2=\int\frac{dx}{(x^2+x+1)^3}.$$

$$I_3=\int\frac{xdx}{(x^2+x+1)^3}.$$

$$I_4 = \int \frac{x^2 \mathrm{d}x}{(x^2+x+1)^3}.$$

4.3 计算不定积分:

$$I_1 = \int \sqrt{\tan x} \mathrm{d}x.$$

$$I_2 = \int \frac{\cos \frac{2x}{3}}{\cos \frac{x}{2}} \mathrm{d}x.$$

4.4 (1) 计算定积分:

$$I_1 = \int_0^a \frac{\theta \sin\theta}{a+b\cos^2\theta} \mathrm{d}\theta \quad (a,b>0).$$

$$I_2 = \int_0^1 \log(1+\sqrt{x}) \mathrm{d}x.$$

*(2) 求下列定积分:

$$I_1 = \int_0^{\pi/2} \frac{\mathrm{d}x}{1+\tan^3 x}.$$

$$I_2 = \int_0^{\pi/2} \frac{\cos^2 x}{\sin x + \cos x} \mathrm{d}x.$$

4.5 (1) 设 $f(x) \in C^2[a,b]$, 则存在 $\xi \in (a,b)$ 使得

$$\int_a^b f(x)\mathrm{d}x = bf(b) - af(a) - \frac{1}{2!}\left(b^2 f'(b) - a^2 f'(a)\right) + \frac{1}{3!}(b^3 - a^3) f''(\xi).$$

(2) 设 $f(x) \in C^2[a,b]$, 则存在 $\xi_1, \xi_2 \in (a,b), \xi_1 + \xi_2 = a+b$ 使得

$$\int_a^b f(x)\mathrm{d}x = \frac{b-a}{2}\left(f(a)+f(b)\right) + \frac{(b-a)^2}{4}\left(f'(a)-f'(b)\right) + \frac{(b-a)^3}{12}\left(f''(\xi_1)+f''(\xi_2)\right).$$

4.6 对下列积分应用第二积分中值定理, 求出相应的积分区间的分割点:

$$I_1 = \int_0^1 x\mathrm{e}^x \mathrm{d}x. \qquad I_2 = \int_0^1 x^4(1-x)^3 \mathrm{d}x.$$

4.7 判断下列广义积分的收敛性:

$$I_1 = \int_0^\alpha \frac{\mathrm{d}x}{(\cos^2 x - \cos^2 \alpha)^m} \quad \left(0<\alpha<\frac{\pi}{2}\right).$$

$$I_2 = \int_0^\infty \sin x \sin\frac{1}{x} \mathrm{d}x.$$

$$I_3 = \int_0^\infty \frac{\sin x}{\sqrt{x}+\cos x} \mathrm{d}x.$$

$$I_4 = \int_0^\infty \cos(\mathrm{e}^x) \mathrm{d}x.$$

$$I_5 = \int_0^\infty \cos(ax^2+bx+c) \mathrm{d}x.$$

$$I_6 = \int_0^\infty \cos(\log x) \mathrm{d}x.$$

$$I_7 = \int_0^\infty \cos(x^3 - x) \mathrm{d}x.$$

$$I_8 = \int_0^\infty \frac{\mathrm{d}x}{1+x^4\sin^2 x}.$$

$$I_9 = \int_0^\infty \frac{\mathrm{d}x}{\sqrt[3]{x^3+1}}.$$

$$I_{10} = \int_0^1 (\log x)^n \mathrm{d}x \quad (n \text{ 是正整数}).$$

4.8 *(1) 就 β 的值讨论积分

$$\int_0^{\infty}\frac{\mathrm{d}x}{1+x^{\beta}\sin^2 x}$$

的收敛性.

(2) 就 α,β 的值讨论积分

$$\int_0^{\infty}\frac{\mathrm{d}x}{(1+x^{\alpha}|\sin x|)^{\beta}}\quad(\alpha,\beta>0)$$

的收敛性.

(3) 就 α,β 的值讨论积分

$$\int_0^{\infty}\frac{x^{\alpha}}{1+x^{\beta}\sin^2 x}\mathrm{d}x$$

的收敛性.

***4.9** 就 α 的值讨论积分

$$I_{\alpha}=\int_0^{\infty}\frac{\sin^2 x}{x^{\alpha}}\mathrm{d}x$$

的收敛性.

***4.10** 就 p,q 的值讨论下列积分的收敛性:

$$I_1=\int_1^{+\infty}\frac{\mathrm{d}x}{x^p(\log x)^q}.$$

$$I_2=\int_{\pi}^{+\infty}\frac{x\cos x}{x^p+x^q}\mathrm{d}x.$$

4.11 设函数 $f\in C^1[0,\infty)$, 当 $x\to\infty$ 时 $f(x)\to 0$, 并且对于某个实数 $a>-1$, 积分 $\int_0^{\infty}t^{a+1}f'(t)\mathrm{d}t$ 绝对收敛. 证明:

(1) $\lim\limits_{x\to\infty}x^{a+1}f(x)=0$.

(2) 积分 $\int_0^{\infty}t^a f(t)\mathrm{d}t$ 收敛. 并且等于

$$-\frac{1}{a+1}\int_0^{\infty}t^{a+1}f'(t)\mathrm{d}t.$$

4.12 计算积分:

$$I_1=\int_{\alpha}^{\beta}\frac{x\mathrm{d}x}{\sqrt{(x-\alpha)(\beta-x)}}.$$

$$I_2=\int_{\alpha}^{\beta}\frac{\mathrm{d}x}{\sqrt{(x-\alpha)(\beta-x)}}.$$

$$I_3=\int_{\alpha}^{\beta}\sqrt{\frac{\beta-x}{x-\alpha}}\mathrm{d}x.$$

$$I_4=\int_0^{\infty}\frac{\log x}{(1+x)^4}\mathrm{d}x.$$

$$I_5=\int_0^{\infty}\frac{\log x}{1+x^2}\mathrm{d}x.$$

$$I_6=\int_0^{\pi/2}\frac{\mathrm{d}\theta}{\sqrt{\tan\theta}}.$$

4.13 证明:

$$\int_0^1\frac{\log x}{1-x}\mathrm{d}x=-\sum_{n=1}^{\infty}\frac{1}{n^2}.$$

***4.14** 设 $\alpha\geqslant 0$, 证明:

$$\int_0^{\infty}\frac{\mathrm{d}x}{(1+x^2)(1+x^{\alpha})}=\frac{\pi}{4}.$$

*4.15　已知 $\sum\limits_{n=1}^{\infty}1/n^2=\pi^2/6$, 求

$$I=\int_0^{\infty}\frac{\mathrm{d}x}{x^3(\mathrm{e}^{\pi/x}-1)}.$$

4.16　计算平面图形 D 的面积 S, 其中 D:

(1) 由曲线 $y=\log(1+x),y=x-x^2/2$ 及直线 $x=3$ 围成.

(2) 由曲线 $2y^2=x$ 和直线 $x-2y=4$ 围成.

(3) 由抛物线 $y^2=2px,y^2+2px=2ay+2p^2$ 围成.

(4) 由曲线 $r=\sec^2\dfrac{\theta}{2},r=3\csc^2\dfrac{\theta}{2}$ 围成.

*(5) 由曲线 $r(1+\cos\theta)=a$ 与直线 $\theta=0$ 及 $\theta=2\pi/3$ 围成.

(6) 由椭圆 $ax^2+2hxy+by^2=1,ax^2-2hxy+by^2=1(a,b,h>0,h^2<ab)$ 围成.

(7) 由椭圆 $ax^2+2hxy+by^2=1,bx^2+2hxy+ay^2=1(a,b>0,h^2<ab)$ 围成.

4.17　(1) 求由曲线 $x^5-5ax^2y^2+y^5=0$ 与它的渐近线 $x+y=a$ 围成的区域位于第二象限的部分的面积.

(2) 设 T 是曲线 $x^3-3axy+y^3=0$ 自身围成的区域. 证明: 直线 $x+y=2a$ 将 T 划分成的两部分面积之比为 $2:1$.

4.18　求空间曲线 $y=\dfrac{x^2}{2a},z=\dfrac{x^3}{6a^2}$ 由点 $(0,0,0)$ 到点 (x,y,z) 之间的弧长.

4.19　证明: 球面 $r=a$ 上的螺线 $\sin\theta=\mathrm{e}^{-\phi}$(此处 (r,ϕ,θ) 是球坐标)在 $\phi=0$ 与 $\phi\to\infty$ 间的弧长等于正弦曲线 $y=\dfrac{a}{2}\sin\dfrac{2x}{a}\left(0\leqslant x\leqslant\dfrac{\pi a}{2}\right)$ 之长.

4.20　求椭圆 $x=a\cos\theta,y=b\sin\theta(a>b)$ 分别绕 X 轴和 Y 轴旋转所生旋转体的表面积 S_x 和 S_y.

4.21　求圆 $x^2+(y-b)^2=a^2(a,b>0)$ 位于 X 轴上方的部分绕 X 轴旋转所生旋转体的体积.

4.22　(1) 证明:

$$\int_0^h\left(\frac{1}{\theta}-\cot\theta\right)\mathrm{d}\theta\sim\frac{1}{6}h^2\quad(h\to 0).$$

*(2) 设 $f(x)$ 连续,$g(x)=\int_0^x f(x-t)\sin t\mathrm{d}t$, 证明:

$$g''(x)+g(x)=f(x),\quad g(0)=g'(0)=0.$$

(3) 设

$$u(x)=\int_0^{\pi}\cos(n\phi-x\sin\phi)\mathrm{d}\phi\quad(x\in\mathbb{R}),$$

证明 $u(x)$ 满足 Bessel 方程

$$x^2u''+xu'+(x^2-n^2)u=0.$$

(4) 证明:$f'(0)=0$, 其中

$$f(x)=\int_0^x\cos\frac{1}{t}\mathrm{d}t.$$

*4.23　设函数 $f(x)$ 在 $[0,1]$ 上连续且 $f(x)>0$, 讨论函数

$$g(y)=\int_0^1\frac{yf(x)}{x^2+y^2}\mathrm{d}x$$

在 $(-\infty,+\infty)$ 上的连续性.

*4.24　设在区间 $[0,1]$ 上 $f(x)$ 非负连续, 并且

$$f^2(x)\leqslant 1+2\int_0^x f(t)\mathrm{d}t,$$

则 $f(x)\leqslant 1+x\,(1\leqslant x\leqslant 1)$.

*4.25 设 $f(x)$ 在 $[0,1]$ 上连续, 在 $(0,1)$ 上二次可微, 并且 $f(0)=f(1/4)=0$, 以及

$$\int_{1/4}^{1} f(y)\mathrm{d}y=\frac{3}{4}f(1),$$

则存在 $\xi\in(0,1)$, 使得 $f''(\xi)=0$.

*4.26 设在区间 $[0,1]$ 上 $f(x)$ 连续且大于 0, 证明:

(1) 存在唯一的 $a\in(0,1)$, 使得

$$\int_0^a f(t)\mathrm{d}t=\int_a^1\frac{\mathrm{d}t}{f(t)}.$$

(2) 对任意正整数 n, 存在唯一的 $a_n\in(0,1)$, 使得

$$\int_{1/n}^{a_n} f(t)\mathrm{d}t=\int_{a_n}^1\frac{\mathrm{d}t}{f(t)},$$

并且 $\lim\limits_{n\to\infty}a_n=a$.

*4.27 (1) 设 $f(x)$ 在 $[0,1]$ 上连续, 求证:

$$n\int_0^1 x^n f(x)\mathrm{d}x\to f(1)\quad(n\to+\infty).$$

(2) 设 $f(x)$ 在 $[0,a]$ 上连续, 则

$$\lim_{h\to0+}\int_0^a\frac{h}{x^2+h^2}f(x)\mathrm{d}x=\frac{\pi}{2}f(0).$$

*4.28 设 $f(x)$ 是实值连续函数, 当 $x\geqslant0$ 时 $f(x)\geqslant0$, 并且 $\int_0^\infty f(x)\mathrm{d}x<\infty$, 则

$$\lim_{n\to\infty}\frac{1}{n}\int_0^n xf(x)\mathrm{d}x=0.$$

*4.29 设 $p>0$ 是常数, 证明:

$$\lim_{n\to\infty}\int_n^{n+p}\frac{\mathrm{d}x}{\sqrt{x^2+1}}=0.$$

*4.30 设 f 在 $[0,\infty)$ 上连续可微, 并且 $\int_0^\infty f^2(x)\mathrm{d}x<\infty$. 如果 $|f'(x)|\leqslant c$(当 $x>0$), 其中 c 为常数, 试证 $\lim\limits_{n\to\infty}f(x)=0$.

4.31 设 f 和 g 是在 0 的某个领域中可积的正函数, 如果 $f(x)\sim g(x)\,(x\to0)$, 那么

$$\int_0^{1/n}f(x)\mathrm{d}x\sim\int_0^{1/n}g(x)\mathrm{d}x\quad(n\to\infty).$$

习题 4 的解答或提示

4.1 (i) 计算 I_1. 令 $x^2=u$, 得到

$$\begin{aligned}\int\frac{4x^3+2x}{x^4+1}\mathrm{d}x&=\int\frac{2u+1}{u^2+1}\mathrm{d}u=\log(u^2+1)+\arctan u+C_1\\&=\log(x^4+1)+\arctan x^2+C_1;\end{aligned}$$

又因为 $x^4+1=(x^2+1)^2-(\sqrt{2}x)^2=(x^2+\sqrt{2}x+1)(x^2-\sqrt{2}x+1)$, 所以

$$\frac{x^2}{x^4+1}=-\frac{1}{2\sqrt{2}}\cdot\frac{x}{x^2+\sqrt{2}x+1}+\frac{1}{2\sqrt{2}}\cdot\frac{x}{x^2-\sqrt{2}x+1},$$

从而

$$\int\frac{x^2}{x^4+1}\mathrm{d}x=\frac{1}{4\sqrt{2}}\log\frac{x^2-\sqrt{2}x+1}{x^2+\sqrt{2}x+1}+\frac{\sqrt{2}}{4}\arctan(\sqrt{2}x+1)+\frac{\sqrt{2}}{4}\arctan(\sqrt{2}x-1)+C_2.$$

于是

$$I_1=\log(x^4+1)+\arctan x^2-\frac{1}{4\sqrt{2}}\log\frac{x^2-\sqrt{2}x+1}{x^2+\sqrt{2}x+1}-\frac{\sqrt{2}}{4}\arctan(\sqrt{2}x+1)-\frac{\sqrt{2}}{4}\arctan(\sqrt{2}x-1)+C.$$

(ii) 计算 I_2. 解法 1　部分分式后得

$$\begin{aligned}I_2&=-\int\frac{\mathrm{d}x}{x}+\int\frac{\mathrm{d}x}{x^3}+\int\frac{x}{1+x^2}\mathrm{d}x\\&=-\log|x|-\frac{1}{2x^2}+\frac{1}{2}\log(x^2+1)+C\\&=\log\frac{\sqrt{1+x^2}}{|x|}-\frac{1}{2x^2}+C.\end{aligned}$$

解法 2　令 $x=\tan t$, 则 $\mathrm{d}x=\sec^2 t\mathrm{d}t$, 于是

$$\begin{aligned}I_2&=\int\frac{\sec^2 t}{\tan^3 t\sec^2 t}\mathrm{d}t=\int\frac{\cos^3 t}{\sin^3 t}\mathrm{d}t=\int\frac{1-\sin^2 t}{\sin^3 t}\cos t\mathrm{d}t\\&=\int(\sin t)^{-3}(\sin t)'\mathrm{d}t-\int(\sin t)^{-1}(\sin t)'\mathrm{d}t\\&=-\frac{1}{2}\frac{1}{\sin^2 t}-\log|\sin t|+C.\end{aligned}$$

因为 $\sin^2 t=\tan^2 t\cos^2 t=\tan^2 t/\sec^2 t=x^2/(1+x^2)$, 所以

$$\begin{aligned}I_2&=-\frac{1+x^2}{2x^2}-\log\frac{|x|}{\sqrt{1+x^2}}+C=\log\frac{\sqrt{1+x^2}}{|x|}-\frac{1+x^2}{2x^2}+C\\&=\log\frac{\sqrt{1+x^2}}{|x|}-\left(\frac{1}{2x^2}+\frac{1}{2}\right)+C=\log\frac{\sqrt{1+x^2}}{|x|}-\frac{1}{2x^2}+C'.\end{aligned}$$

解法 3　令 $t=x^{-2}+1$, 则 $\mathrm{d}t=-2x^{-3}\mathrm{d}x, x^{-2}=t-1$. 于是

$$\begin{aligned}I_2&=\int\frac{\mathrm{d}x}{x^3\cdot x^2(x^{-2}+1)}=\int\frac{x^{-2}}{x^{-2}+1}\cdot x^{-3}\mathrm{d}x\\&=\int\frac{t-1}{t}\left(-\frac{1}{2}\mathrm{d}t\right)=\frac{1}{2}\int\left(\frac{1}{t}-1\right)\mathrm{d}t\\&=\frac{1}{2}(\log|t|-t)+C=\log\sqrt{x^{-2}+1}-\frac{1}{2}(x^{-2}+1)+C\\&=\log\frac{\sqrt{1+x^2}}{|x|}-\frac{1}{2}\left(\frac{1}{x^2}+1\right)+C.\end{aligned}$$

(iii) 计算 I_3. 将被积函数变形 (分子和分母同乘 x^{-2}):

$$I_3=\int\frac{x^{-2}+1}{(x^{-1}-x)\sqrt{x^{-2}+x^2}}\mathrm{d}x=\int\frac{x^{-2}+1}{(x^{-1}-x)\sqrt{(x^{-1}-x)^2+2}}\mathrm{d}x.$$

令 $x^{-1}-x=t^{-1}$, 则 $(x^{-2}+1)\mathrm{d}x=t^{-2}\mathrm{d}t$, 所以

$$I_4=\int\frac{\mathrm{d}t}{\sqrt{1+2t^2}}=\frac{1}{\sqrt{2}}\log|\sqrt{2}t+\sqrt{1+2t^2}|+C$$

$$= \frac{1}{\sqrt{2}} \log \left| \frac{\sqrt{2}x + \sqrt{1+x^4}}{1-x^2} \right| + C.$$

4.2 参见例 4.1.1 解的 (ii) 中 I_2 的计算.

(i) **提示** 配方得

$$x^2 + x + 1 = \left(x + \frac{1}{2}\right)^2 + \frac{3}{4} = \left(x + \frac{1}{2}\right)^2 + \left(\frac{\sqrt{3}}{2}\right)^2,$$

令 $x + 1/2 = (\sqrt{3}/2)t$, 则 $\mathrm{d}x = (\sqrt{3}/2)\mathrm{d}t$, 于是

$$I_1 = \frac{1}{2}\frac{\sqrt{3}}{2}\left(\frac{4}{3}\right)^2 \int \frac{\sqrt{3}t - 1}{(t^2+1)^2}\mathrm{d}t = \frac{4\sqrt{3}}{9}\int \frac{\sqrt{3}t-1}{(t^2+1)^2}\mathrm{d}t,$$

例 4.1.1 解的 (ii) 中算出了

$$\int \frac{\mathrm{d}t}{(t^2+1)^2};$$

此外, 显然

$$\int \frac{t\mathrm{d}t}{(t^2+1)^2} = -\frac{1}{2}\int \mathrm{d}\left(\frac{1}{t^2+1}\right).$$

(ii) **提示** 令 $x + 1/2 = (\sqrt{3}/2)t$, 则

$$I_2 = \frac{\sqrt{3}}{2}\left(\frac{4}{3}\right)^3 \int \frac{\mathrm{d}t}{(t^2+1)^3} = \frac{32\sqrt{3}}{27}\int \frac{\mathrm{d}t}{(t^2+1)^3},$$

因为

$$\frac{1}{(t^2+1)^3} = \frac{(t^2+1)-t^2}{(t^2+1)^3} = \frac{1}{(t^2+1)^2} - \frac{t^2}{(t^2+1)^3},$$

所以

$$\begin{aligned}\int \frac{\mathrm{d}t}{(t^2+1)^3} &= \int \frac{\mathrm{d}t}{(t^2+1)^2} - \int \frac{t^2}{(t^2+1)^3}\mathrm{d}t \\ &= \int \frac{\mathrm{d}t}{(t^2+1)^2} + \frac{1}{4}\int t\mathrm{d}\left(\frac{1}{(t^2+1)^2}\right) = \frac{3}{4}\int \frac{\mathrm{d}t}{(t^2+1)^2} + \frac{t}{4(t^2+1)^2}.\end{aligned}$$

右边的积分见例 4.1.1 解的 (ii).

(iii) 令 $x + 1/2 = (\sqrt{3}/2)t$, 则

$$I_3 = \frac{16\sqrt{3}}{27}\int \frac{\sqrt{3}t-1}{(t^2+1)^3}\mathrm{d}t = \frac{16}{9}\int \frac{t}{(t^2+1)^3}\mathrm{d}t - \frac{16\sqrt{3}}{27}\int \frac{\mathrm{d}t}{(t^2+1)^3}.$$

我们有

$$\int \frac{t}{(t^2+1)^3}\mathrm{d}t = -\frac{1}{4}\int \mathrm{d}\left(\frac{1}{(t^2+1)^2}\right) = -\frac{1}{4(t^2+1)^2} + C_1.$$

而且因为 (见本题 I_2 的计算)

$$\frac{1}{(t^2+1)^3} = \frac{(t^2+1)-t^2}{(t^2+1)^3} = \frac{1}{(t^2+1)^2} - \frac{t^2}{(t^2+1)^3},$$

所以还有

$$\begin{aligned}\int \frac{\mathrm{d}t}{(t^2+1)^3} &= \int \frac{\mathrm{d}t}{(t^2+1)^2} - \int \frac{t^2}{(t^2+1)^3}\mathrm{d}t \\ &= \int \frac{\mathrm{d}t}{(t^2+1)^2} + \frac{1}{4}\int t\mathrm{d}\left(\frac{1}{(t^2+1)^2}\right) \\ &= \frac{3}{4}\int \frac{\mathrm{d}t}{(t^2+1)^2} + \frac{t}{4(t^2+1)^2}.\end{aligned}$$

于是

$$I_3 = -\frac{4}{9}\cdot\frac{1}{(t^2+1)^2} - \frac{4\sqrt{3}}{9}\int\frac{\mathrm{d}t}{(t^2+1)^2} - \frac{4\sqrt{3}}{27}\cdot\frac{t}{(t^2+1)^2} + C_2.$$

在例 4.1.1 解的 (ii) 中已求得

$$\int\frac{\mathrm{d}t}{(t^2+1)^2} = \frac{1}{2}\arctan t + \frac{t}{2(t^2+1)} + C_3,$$

因此最终得到

$$\begin{aligned} I_3 &= -\frac{4}{9}\cdot\frac{1}{(t^2+1)^2} - \frac{2\sqrt{3}}{9}\arctan t - \frac{2\sqrt{3}}{9}\cdot\frac{t}{t^2+1} - \frac{4\sqrt{3}}{27}\cdot\frac{t}{(t^2+1)^2} + C \\ &= -\frac{x+2}{6(x^2+x+1)^2} - \frac{2x+1}{6(x^2+x+1)} - \frac{2\sqrt{3}}{9}\arctan\frac{2x+1}{\sqrt{3}} + C. \end{aligned}$$

(iv) **提示**　注意

$$\begin{aligned} \frac{x^2}{(x^2+x+1)^3} &= \frac{(x^2+x+1)-x-1}{(x^2+x+1)^3} \\ &= \frac{1}{(x^2+x+1)^2} - \frac{x}{(x^2+x+1)^3} - \frac{1}{(x^2+x+1)^3}, \end{aligned}$$

并且应用例 4.1.1 解的 (ii) 以及本题 I_2, I_3.

注　本题方法可用来递推地计算积分

$$\int\frac{x^m}{(ax^2+bx+c)^n}\mathrm{d}x \quad (m,n\geqslant 0)$$

(当然, 在实际应用中遇到这类积分时可以使用积分表, 但作为初学者, 掌握有关计算方法还是有必要的).

4.3　(i) 计算 I_1. 令 $t=\sqrt{\tan x}$, 则 $\mathrm{d}x = 2t\mathrm{d}t/(1+t^4)$. 于是

$$\begin{aligned} I_1 &= 2\int\frac{t^2}{1+t^4}\mathrm{d}t = \frac{1}{\sqrt{2}}\int\left(\frac{t}{t^2-\sqrt{2}t+1} - \frac{t}{t^2+\sqrt{2}t+1}\right)\mathrm{d}t \\ &= \frac{1}{2\sqrt{2}}\log\left(\frac{t^2-\sqrt{2}t+1}{t^2+\sqrt{2}t+1}\right) + \frac{1}{\sqrt{2}}\Big(\arctan(\sqrt{2}t-1)+\arctan(\sqrt{2}t+1)\Big) + C \\ &= \frac{1}{2\sqrt{2}}\log\left(\frac{\tan x-\sqrt{2\tan x}+1}{\tan x+\sqrt{2\tan x}+1}\right) + \frac{1}{\sqrt{2}}\arctan\frac{\sqrt{2\tan x}}{1-\tan x} + C. \end{aligned}$$

(ii) 计算 I_2. 令 $x=6t$, 则

$$I_2 = 6\int\frac{\cos 4t}{\cos 3t}\mathrm{d}t.$$

因为 $\cos 4t+\cos 2t = 2\cos 3t\cos t$, 所以

$$I_2 = 12\int\cos t\mathrm{d}t - 6\int\frac{\cos 2t}{\cos 3t}\mathrm{d}t = 12\sin t - 6\int\frac{1-2\sin^2 t}{\cos t(3-4\sin^2 t)}\mathrm{d}t.$$

为求右边第二个积分, 可令 $\sin t = u$. 但也可应用下法: 因为

$$\frac{2\cos 2t}{\cos 3t} = \frac{2\cos t\cos 2t}{\cos t\cos 3t} = \frac{\cos t+\cos 3t}{\cos t\cos 3t} = \frac{1}{\cos t} + \frac{1}{\cos 3t},$$

所以

$$\begin{aligned} I_2 &= 12\sin t - 3\left(\int\frac{\mathrm{d}t}{\cos t} + \int\frac{\mathrm{d}t}{\cos 3t}\right) \\ &= 12\sin\frac{x}{6} - 3\log\left|\tan\left(\frac{x}{12}+\frac{\pi}{4}\right)\right| - \log\left|\tan\left(\frac{x}{4}+\frac{\pi}{4}\right)\right| + C. \end{aligned}$$

4.4 (1) (i) 计算 I_1. 令 $\theta=\pi-\varphi$, 那么

$$I_1=\int_0^{\pi}\frac{(\pi-\varphi)\sin\varphi}{a+b\cos^2\varphi}\mathrm{d}\varphi=\pi\int_0^{\pi}\frac{\sin\varphi}{a+b\cos^2\varphi}\mathrm{d}\varphi-I_1.$$

所以

$$\begin{aligned}2I_1&=-\pi\int\frac{\mathrm{d}\cos\varphi}{a+b\cos^2\varphi}=-\frac{\pi}{b}\int\frac{\mathrm{d}\cos\varphi}{\dfrac{a}{b}+\cos^2\varphi}=-\frac{\pi}{b}\left(\sqrt{\frac{b}{a}}\arctan\left(\sqrt{\frac{b}{a}}\cos\varphi\right)\right)\Bigg|_0^{\pi}\\&=\frac{2\pi}{\sqrt{ab}}\arctan\sqrt{\frac{b}{a}}.\end{aligned}$$

因此 $I_1=\dfrac{\pi}{\sqrt{ab}}\arctan\sqrt{\dfrac{b}{a}}$.

(ii) 计算 I_2. 分部积分有

$$I_2=x\log(1+\sqrt{x})\big|_0^1-\int_0^1\frac{x}{2\sqrt{x}(1+\sqrt{x})}\mathrm{d}x=\log 2-\int_0^1\frac{\sqrt{x}}{2(1+\sqrt{x})}\mathrm{d}x=\log 2-J.$$

在积分 J 中令 $t=\sqrt{x}$ 得

$$J=\int_0^1\frac{t^2}{1+t}\mathrm{d}t=\int_0^1\left(t-1+\frac{1}{t+1}\right)\mathrm{d}t=\left(\frac{t^2}{2}-t+\log(1+t)\right)\Bigg|_0^1=\log 2-\frac{1}{2}.$$

因此 $I_2=1/2$.

(2) (i) 计算 I_1. 作代换 $t=\pi/2-x$ 可知

$$I_1=\int_0^{\pi/2}\frac{1}{1+\cot^3 t}\mathrm{d}t=\int_0^{\pi/2}\frac{\tan^3 t}{\tan^3 t(1+\cot^3 t)}\mathrm{d}t=\int_0^{\pi/2}\frac{\tan^3 x}{1+\tan^3 x}\mathrm{d}x,$$

于是

$$2I_1=\int_0^{\pi/2}\frac{\mathrm{d}x}{1+\tan^3 x}+\int_0^{\pi/2}\frac{\tan^3 x}{1+\tan^3 x}\mathrm{d}x=\int_0^{\pi/2}\mathrm{d}x=\frac{\pi}{2},$$

因此 $I_1=\pi/4$.

(ii) 计算 I_2. 令 $t=\pi/2-x$, 则积分

$$I_2=\int_0^{\pi/2}\frac{\sin^2 x}{\sin x+\cos x}\mathrm{d}x,$$

因此

$$\begin{aligned}I_2&=\frac{1}{2}\left(\int_0^{\pi/2}\frac{\cos^2 x}{\sin x+\cos x}\mathrm{d}x+\int_0^{\pi/2}\frac{\sin^2 x}{\sin x+\cos x}\mathrm{d}x\right)\\&=\frac{1}{2}\int_0^{\pi/2}\frac{\mathrm{d}x}{\sin x+\cos x}=\frac{1}{2\sqrt{2}}\int_0^{\pi/2}\frac{\mathrm{d}x}{\sin(\pi/4+x)}.\end{aligned}$$

记 $\theta=\pi/4+x$, 则有

$$\begin{aligned}I_2&=\frac{1}{2\sqrt{2}}\int_{\pi/4}^{3\pi/4}\frac{\sin\theta}{\sin^2\theta}\mathrm{d}\theta=\frac{1}{2\sqrt{2}}\int_{\pi/4}^{3\pi/4}\frac{\sin\theta}{1-\cos^2\theta}\mathrm{d}\theta\\&=\frac{1}{4\sqrt{2}}\int_{\pi/4}^{3\pi/4}\left(\frac{1}{1-\cos\theta}+\frac{1}{1+\cos\theta}\right)\sin\theta\mathrm{d}\theta\\&=\frac{1}{4\sqrt{2}}\log\left|\frac{1-\cos\theta}{1+\cos\theta}\right|\Bigg|_{\pi/4}^{3\pi/4}=\frac{1}{4\sqrt{2}}\left(\log\frac{1+\sqrt{2}/2}{1-\sqrt{2}/2}-\log\frac{1-\sqrt{2}/2}{1+\sqrt{2}/2}\right)\\&=\frac{1}{2\sqrt{2}}\log(3+2\sqrt{2})=\frac{\sqrt{2}}{2}\log(1+\sqrt{2}).\end{aligned}$$

4.5 (1) **提示**　参考例 4.5.2. 记题中积分为 I. 注意

$$I = xf(x)\big|_a^b - \int_a^b xf'(x)\mathrm{d}x$$
$$= xf(x)\big|_a^b - \frac{1}{2}\big(x^2f'(x)\big)\Big|_a^b + \frac{1}{2}\int_a^b x^2f''(x)\mathrm{d}x.$$

注　如果 $a<0<b$, 还可如下证明: 令

$$F(x) = \int_0^x f(t)\mathrm{d}t \quad (x\in[a,b]),$$

则由 Taylor 公式, 当 $x,y\in[a,b]$ 有

$$F(x) = F(y) + f(y)(x-y) + \frac{1}{2}f'(y)(x-y)^2 + \frac{1}{6}f''(\xi)(x-y)^3,$$

其中 $\xi\in(x,y)$ 或 (y,x). 在此式中分别令 $x=0, y=a$ 以及 $x=0, y=b$, 相应地将 ξ 记作 $\xi_1\in(a,0)$ 和 $\xi_2\in(0,b)$, 然后将所得二式相减, 得到

$$\int_a^b f(t)\mathrm{d}t = F(b) - F(a)$$
$$= bf(b) - af(a) - \frac{1}{2}\left(b^2f'(b) - a^2f'(a)\right) + \frac{1}{6}\left(b^3f''(\xi_2) - a^3f''(\xi_1)\right).$$

最后, 注意 $a<0<b$, 可知

$$\min_{x\in[a,b]} f''(x)\cdot(b^3-a^3) \leqslant b^3f''(\xi_2) - a^3f''(\xi_1) \leqslant \max_{x\in[a,b]} f''(x)\cdot(b^3-a^3),$$

或者

$$\min_{x\in[a,b]} f''(x) \leqslant \frac{b^3f''(\xi_2) - a^3f''(\xi_1)}{b^3-a^3} \leqslant \max_{x\in[a,b]} f''(x).$$

依连续函数的介值定理, 存在 $\xi\in(a,b)$ 使得

$$f''(\xi) = \frac{b^3f''(\xi_2) - a^3f''(\xi_1)}{b^3-a^3},$$

于是 $b^3f''(\xi_2) - a^3f''(\xi_1) = (b^3-a^3)f''(\xi)$.

(2) 记题中积分为 I. 令 $x=a+t$, 则 $I=\int_0^{b-a} f(a+t)\mathrm{d}t$, 令 $x=b-t$, 则 $I=\int_0^{b-a} f(b-t)\mathrm{d}t$, 所以

$$2I = \int_0^{b-a} \big(f(a+t) + f(b-t)\big)\mathrm{d}t.$$

分部积分得

$$2I = t\big(f(a+t)+f(b-t)\big)\Big|_0^{b-a} - \int_0^{b-a} t\big(f'(a+t) - f'(b-t)\big)\mathrm{d}t$$
$$= (b-a)\big(f(b)+f(a)\big) - \frac{1}{2}\big(t^2(f'(a+t) - f'(b-t))\big)\Big|_0^{b-a}$$
$$+ \frac{1}{2}\int_0^{b-a} t^2\big(f''(a+t) + f''(b-t)\big)\mathrm{d}t$$
$$= (b-a)\big(f(b)+f(a)\big) - \frac{(b-a)^2}{2}\big(f'(b) - f'(a)\big)$$
$$+ \frac{(b-a)^3}{6}\big(f''(a+\xi) + f''(b-\xi)\big).$$

记 $\xi_1 = a+\xi, \xi_2 = b-\xi$, 即有 $\xi_1+\xi_2 = a+b$.

4.6 (i) 因为在 $[0,1]$ 上 $f(x)=x$ 有界可积,$\varphi(x)=\mathrm{e}^x$ 有界单调增加, 所以依据第二积分中值定理,

$$I_1 = \mathrm{e}^0\int_0^\xi x\mathrm{d}x + \mathrm{e}^1\int_\xi^1 x\mathrm{d}x = \frac{\xi^2}{2} + \frac{\mathrm{e}(1-\xi^2)}{2},$$

因为 $I_1=1$, 所以 $\xi^2/2+\mathrm{e}(1-\xi^2)/2=1$, 从而 $\xi^2=(\mathrm{e}-2)/(\mathrm{e}-1)$. 注意 $\xi\in(0,1)$, 所以 $\xi=\sqrt{(\mathrm{e}-2)/(\mathrm{e}-1)}$.

此外, 还有

$$I_1=0\cdot\int_0^{\xi}\mathrm{e}^x\mathrm{d}x+1\cdot\int_{\xi}^1\mathrm{e}^x\mathrm{d}x,$$

从而 $\xi=\log(\mathrm{e}-1)$.

(ii) $I_2=4!3!/(4+3+1)!=1/280$. 取 $f(x)=(1-x)^3,\varphi(x)=x^4$, 可得 $\xi=1-1/\sqrt[4]{7}$. 取 $f(x)=x^4,\varphi(x)=(1-x)^3$, 可得 $\xi=1/\sqrt[5]{56}$.

4.7 (1) 积分 I_1 : 当 $m>0$ 时积分 I_1 有奇点 α. 因为

$$\cos^2x-\cos^2\alpha=\sin^2\alpha-\sin^2x\sim(\alpha-x)\sin2\alpha\quad(x\to\alpha),$$

所以当 $m<1$ 时积分 I_1 收敛.

(2) 积分 I_2 : 首先函数 $f(x)=\sin x\sin(1/x)$ 在 $[0,\infty)$ 连续 (令 $f(0)=0$). 因此 $\int_0^N\sin x\sin(1/x)\mathrm{d}x$ 存在.

其次, 当 N 充分大,$\sin(1/x)\downarrow0\,(x\to\infty)$. 对于任何 $M>N$,

$$\left|\int_N^M\sin x\mathrm{d}x\right|\leqslant1.$$

于是由 Dirichlet 判别法则可知 $\int_N^{\infty}\sin x\sin(1/x)\mathrm{d}x$ 收敛. 或者: 分部积分得到

$$\int_N^X\sin x\sin\frac{1}{x}\mathrm{d}x=-\cos x\sin\frac{1}{x}\bigg|_0^X-\int_N^X\frac{\cos x\cos\dfrac{1}{x}}{x^2}\mathrm{d}x,$$

因为

$$\left|\frac{\cos x\cos\dfrac{1}{x}}{x^2}\right|\leqslant\frac{1}{x^2},$$

所以 $\int_N^{\infty}\sin x\sin(1/x)\mathrm{d}x$ 收敛. 合起来可知 I_2 收敛.

(3) 积分 I_3 : **提示** 因为

$$\frac{1}{\sqrt{x}+\cos x}=\frac{1}{\sqrt{x}}\left(1-\frac{\cos x}{\sqrt{x}}+\frac{\cos^2x}{x\left(1+\dfrac{\cos x}{\sqrt{x}}\right)}\right),$$

所以 ($a>0$ 固定)

$$\int_a^X\frac{\sin x}{\sqrt{x}+\cos x}\mathrm{d}x=\int_a^X\frac{\sin x}{\sqrt{x}}\mathrm{d}x-\frac{1}{2}\int_a^X\frac{\sin2x}{x}\mathrm{d}x+\int_a^X\frac{\sin x\cos^2x}{x^{3/2}\left(1+\dfrac{\cos x}{\sqrt{x}}\right)}\mathrm{d}x,$$

当 $X\to\infty$ 时,(易证) 右边前两个积分收敛 (参见例 4.3.5); 由

$$\left|\frac{\sin x\cos^2x}{x^{3/2}\left(1+\dfrac{\cos x}{\sqrt{x}}\right)}\right|<\frac{1}{x^{3/2}\left(1+\dfrac{\cos x}{\sqrt{x}}\right)}\sim\frac{1}{x^{3/2}}\quad(x\to\infty)$$

可知右边第三个积分也收敛. 因此 I_3 收敛.

(4) 和 (5) 积分 I_4,I_5 : 我们一般地考虑积分

$$\int_0^{\infty}\cos\big(f(x)\big)\mathrm{d}x,$$

其中 $f\in C^1[0,\infty)$, 在 $[0,\infty)$ 上严格单调增加, 于是它在 $[0,\infty)$ 上有反函数 $g(x)$, 并且 $f(x)\to\infty\,(x\to\infty)$. 作变换 $f(x)=t$, 那么 $x=g(t)$, 并且

$$I(X)=\int_a^X\cos\big(f(x)\big)\mathrm{d}x=\int_{f(a)}^{f(X)}\frac{\cos t}{f'\circ g(t)}\mathrm{d}t,$$

此处符号 $\circ$ 表示函数的复合. 若 $f'\circ g(t)$ 单调增加,$f'\circ g(t)\to\infty$, 则由 Dirichlet 判别法则, 当 $X\to\infty$ 时, 积分 $I(X)$ 收敛.

对于积分 $I_4, f'\circ g(t)=t$; 对于积分 $I_5, f'\circ g(t)=2ag(t)+b$(因为被积函数是偶函数, 所以可设 $a>0$). 因而依上述一般性结果可知它们都收敛.

(6) 作代换 $\log x=t$, 则

$$\int_a^X\cos(\log x)\mathrm{d}x=\int_{-\infty}^{\log X}\mathrm{e}^t\cos t\mathrm{d}t.$$

分部积分得到

$$\begin{aligned}\int_{-\infty}^{\log X}\mathrm{e}^t\cos t\mathrm{d}t&=\mathrm{e}^t\sin t\Big|_{-\infty}^{\log X}-\int_{-\infty}^{\log X}\mathrm{e}^t\sin t\mathrm{d}t\\&=\mathrm{e}^t\sin t\Big|_{-\infty}^{\log X}+\mathrm{e}^t\cos t\Big|_{-\infty}^{\log X}-\int_{-\infty}^{\log X}\mathrm{e}^t\cos t\mathrm{d}t,\end{aligned}$$

因此

$$\begin{aligned}\int_a^X\cos(\log x)\mathrm{d}x&=\frac{1}{2}\left(\mathrm{e}^t\sin t\Big|_{-\infty}^{\log X}+\mathrm{e}^t\cos t\Big|_{-\infty}^{\log X}\right)\\&=X\big(\cos(\log X)+\sin(\log X)\big)=\frac{X}{\sqrt{2}}\cos\left(\log X-\frac{\pi}{4}\right).\end{aligned}$$

由此可知 I_6 发散.

(7) **提示**　由分部积分得到

$$\begin{aligned}\int_1^A\cos(x^3-x)\mathrm{d}x&=\int_1^A\frac{\mathrm{d}\sin(x^3-x)}{3x^2-1}\\&=\frac{\sin(x^3-x)}{3x^2-1}\Big|_1^A+6\int_1^A\frac{x}{(3x^2-1)^2}\sin(x^3-x)\mathrm{d}x,\\&=o(1)+6\int_1^A\frac{x}{(3x^2-1)^2}\sin(x^3-x)\mathrm{d}x\quad(A\to\infty).\end{aligned}$$

于是由积分 $\displaystyle\int_1^\infty x^{-3}\mathrm{d}x$ 的收敛性推出积分 I_7 收敛.

(8) 设 k 是正整数,δ 是足够小的正数, 并记被积函数为 $f(x)$. 考虑积分

$$\begin{aligned}I_k=\int_{k\pi}^{(k+1)\pi}f(x)\mathrm{d}x&=\int_{k\pi}^{(k+\delta)\pi}f(x)\mathrm{d}x+\int_{(k+\delta)\pi}^{(k+1-\delta)\pi}f(x)\mathrm{d}x+\int_{(k+1-\delta)\pi}^{(k+1)\pi}f(x)\mathrm{d}x\\&=J_1+J_2+J_3.\end{aligned}$$

对于 J_1 和 J_3, 应用不等式 $0<f(x)<1$, 对于 J_2, 应用

$$0<f(x)<\frac{1}{x^4\sin^2(k+\delta)\pi}=\frac{1}{(k\pi)^4\sin^2\delta\pi},$$

得到

$$I_k<2\delta\pi+\int_{k\pi}^{(k+1)\pi}\frac{\mathrm{d}x}{\pi^\beta k^4\sin^2\delta\pi}=2\delta\pi+\frac{c_1}{k^4\sin^2\delta\pi},$$

其中 c_1(以及下文中的 c_2 等) 是常数. 因为

$$\lim_{\delta\to\infty}\frac{\sin\delta\pi}{\delta\pi}=1,$$

所以当 $\delta>0$ 充分小时,$\sin\delta\pi>\delta\pi/2$, 从而

$$I_k<2\delta\pi+\frac{c_2}{k^4\delta^2}.$$

取 δ 满足 $\delta=1/(k^4\delta^2)$, 即令

$$\delta=k^{-4/3},$$

则 $\delta\to 0\,(k\to\infty)$, 从而当 k 充分大时,

$$I_k<2\pi\delta+c_2\delta=\frac{c_3}{k^{4/3}}<c_3\int_{k-1}^{k}\frac{\mathrm{d}x}{x^{4/3}}.$$

对于充分大的 $M,N(M<N)$, 记 $n=[N/\pi]+1,m=[M/\pi]-1$(此处 $[a]$ 表示实数 a 的整数部分), 注意 $f(x)$ 是正函数, 由上述不等式推出

$$\begin{aligned}\int_M^N f(x)\mathrm{d}x&<\int_{m\pi}^{n\pi}f(x)\mathrm{d}x=\sum_{k=m}^{n-1}\int_{k\pi}^{(k+1)\pi}f(x)\mathrm{d}x<c_3\sum_{k=m}^{n-1}\int_{k-1}^{k}\frac{\mathrm{d}x}{x^{4/3}}\\&=c_3\int_{m-1}^{n-1}\frac{\mathrm{d}x}{x^{4/3}}<c_4(m-1)^{-4/3+1}\to 0\quad(m\to\infty).\end{aligned}$$

因此由 Cauchy 收敛准则知积分 I_8 收敛.

(9) 将 I_9 表示为

$$I_9=\int_0^1\frac{\mathrm{d}x}{\sqrt[3]{x^3+1}}+\int_1^\infty\frac{\mathrm{d}x}{\sqrt[3]{x^3+1}}=J_1+J_2.$$

因为

$$\lim_{x\to\infty}\frac{x}{\sqrt[3]{x^3+1}}=\lim_{x\to\infty}\frac{1}{\sqrt[3]{1+x^{-3}}}=1,$$

被积函数 $1/\sqrt[3]{x^3+1}\sim 1/x\,(x\to\infty)$, 函数 $1/x$ 在 $[1,\infty)$ 上的积分发散, 所以 J_2 发散, 因而积分 I_9 发散.

(10) 因为 $x^{1/2}(\log x)^n\to 0\,(x\to 0)$, 所以存在 $0<x_0<1$, 使当 $0<x<x_0$ 时,$|x^{1/2}(\log x)^n|<1,|(\log x)^n|<x^{-1/2}$. 因为积分 $\displaystyle\int_0^{x_0}x^{-1/2}\mathrm{d}x$ 收敛, 所以积分 $I_{10}=\displaystyle\int_0^{x_0}+\int_{x_0}^1$ 收敛.

注 对于 I_{10}, 令 $t=\log x$, 则

$$I_{10}=\int_{-\infty}^0 t^n\mathrm{e}^t\mathrm{d}t.$$

由分部积分可知

$$\int_u^0 t^n\mathrm{e}^t\mathrm{d}t=(-1)^n n!-\mathrm{e}^u\big(u^n-nu^{n-1}+\cdots+(-1)^n n!\big),$$

令 $u\to-\infty$, 可得 $I_{10}=(-1)^n n!$.

4.8 (1) 当 $\beta\leqslant 0$ 时, 被积函数大于 1/2(若 $x>1$), 积分显然发散. 以下设 $\beta>0$. 我们有

$$\begin{aligned}\int_0^\infty\frac{\mathrm{d}x}{1+x^\beta\sin^2 x}&=\sum_{n=0}^\infty\int_{n\pi}^{(n+1)\pi}\frac{\mathrm{d}x}{1+x^\beta\sin^2 x}\\&=\sum_{n=0}^\infty\int_0^\pi\frac{\mathrm{d}t}{1+(n\pi+t)^\beta\sin^2 t}=\sum_{n=0}^\infty a_n.\end{aligned}$$

因为

$$\int_0^\pi\frac{\mathrm{d}t}{1+((n+1)\pi)^\beta\sin^2 t}\leqslant a_n\leqslant\int_0^\pi\frac{\mathrm{d}t}{1+(n\pi)^\beta\sin^2 t},$$

并且对于 $b>0$,

$$\begin{aligned}\int_0^\pi\frac{\mathrm{d}t}{1+b^\beta\sin^2 t}&=2\int_0^{\pi/2}\frac{\mathrm{d}t}{1+b^\beta\sin^2 t}\\&=2\int_0^\infty\frac{\mathrm{d}y}{1+(b^\beta+1)y^2}\quad(\text{令 }y=\tan t)=\frac{\pi}{\sqrt{b^\beta+1}},\end{aligned}$$

所以

$$c_1n^{-\beta/2}\leqslant a_n\leqslant c_2n^{-\beta/2}\quad(c_1,c_2>0\text{ 是常数}),$$

因此 $\beta>2$ 时积分收敛,$\beta\leqslant 2$ 时积分发散.

注　当 $\beta=4$, 即由本题得到习题 4.7 中积分 I_8. 若将该题的方法扩充到本题, 则只能推出 $\beta>3$ 时积分收敛.

(2) 记题中积分为 J. 类似于本题 (1) 的解法, 可知级数 $\sum\limits_{n=1}^{\infty}v_n$ 与 J 有相同的收敛性, 其中

$$v_n=\int_0^{\pi/2}\frac{\mathrm{d}x}{(1+n^\alpha\pi^\alpha\sin x)^\beta}.$$

因为当 $x\in[0,\pi/2]$ 时,$2x/\pi\leqslant\sin x\leqslant x$(Jordan 不等式, 见例 8.2.4 后的注), 所以我们有

$$u_n=\int_0^{\pi/2}\frac{\mathrm{d}x}{(1+n^\alpha\pi^\alpha x)^\beta}\leqslant v_n\leqslant\int_0^{\pi/2}\frac{\mathrm{d}x}{(1+2n^\alpha\pi^{\alpha-1}x)^\beta}=w_n.$$

(i) 若 $\beta=1$, 则

$$u_n=\frac{1}{\pi^\alpha n^\alpha}\log\left(1+\frac{n^\alpha\pi^{\alpha+1}}{2}\right)\sim\frac{\alpha\log n}{\pi^\alpha n^\alpha}\quad(n\to\infty).$$

级数 $\sum\limits_{n=1}^{\infty}u_n$ 当 $\alpha>1$ 时收敛, 当 $\alpha\leqslant 1$ 时发散; 类似地, 此结论对级数 $\sum\limits_{n=1}^{\infty}w_n$ 也成立. 因此积分 J 当 $\alpha>1$ 时收敛, 当 $\alpha\leqslant 1$ 时发散.

(ii) 若 $\beta>1$, 则

$$u_n=\frac{1}{n^\alpha}\int_0^{n^\alpha\pi/2}\frac{\mathrm{d}t}{(1+\pi^\alpha t)^\beta}\sim\frac{1}{n^\alpha}\int_0^{+\infty}\frac{\mathrm{d}t}{(1+\pi^\alpha t)^\beta}\quad(n\to\infty).$$

注意右边的积分收敛, 所以级数 $\sum\limits_{n=1}^{\infty}u_n$ 当 $\alpha>1$ 时收敛, 当 $\alpha\leqslant 1$ 时发散; 类似地, 此结论对级数 $\sum\limits_{n=1}^{\infty}w_n$ 也成立. 因此积分 J 当 $\alpha>1$ 时收敛, 当 $\alpha\leqslant 1$ 时发散.

(iii) 若 $\beta<1$, 则

$$u_n=\frac{1}{(1-\beta)n^\alpha\pi^\alpha}\left(\left(1+\frac{n^\alpha\pi^{\alpha+1}}{2}\right)^{1-\beta}-1\right)\sim\frac{k}{n^{\alpha\beta}}.$$

所以级数 $\sum\limits_{n=1}^{\infty}u_n$ 当 $\alpha\beta>1$ 时收敛, 当 $\alpha\beta\leqslant 1$ 时发散; 类似地, 此结论对级数 $\sum\limits_{n=1}^{\infty}w_n$ 也成立. 因此积分 J 当 $\alpha\beta>1$ 时收敛, 当 $\alpha\beta\leqslant 1$ 时发散.

(3) **提示**　用 I 表示题中的积分,$f(x)$ 表示被积函数.

(i) 设 $\beta\leqslant 0$. 令

$$I=\int_0^1 f(x)\mathrm{d}x+\int_1^\infty f(x)\mathrm{d}x=J_1+J_2.$$

因为 $f(x)\sim x^\alpha\,(x\to\infty)$, 函数 x^α 仅当 $\alpha<-1$ 时在 $[1,\infty)$ 上可积, 所以 J_2 仅当 $\alpha<-1$ 时收敛.

又因为当 $\beta+2\geqslant 0$ 时,$f(x)\sim x^\alpha\,(x\to 0)$, 所以仅当 $\alpha>-1$ 时 J_1 收敛. 因为这与 J_2 的收敛性条件 $\alpha<-1$ 冲突, 所以此情形应舍去; 而当 $\beta+2<0$(当然 $\beta\leqslant 0$) 时, 因为 $f(x)\sim x^{\alpha-\beta-2}\,(x\to 0)$, 所以仅当 $\alpha-\beta-2>-1$ 时 J_1 收敛. 将此结论与关于 J_2 的结论合并, 可知: 当 $\beta<-2$, 而且 $\beta+1<\alpha<-1$ 时,I 收敛.

(ii) 设 $\beta>0$. 令

$$I=\int_0^\pi f(x)\mathrm{d}x+\int_\pi^\infty f(x)\mathrm{d}x=S_0+S.$$

还令

$$S=\sum_{k=1}^{\infty}\int_{k\pi}^{(k+1)\pi}f(x)\mathrm{d}x=\sum_{k=1}^{\infty}S_k.$$

仅当 $\alpha>-1$ 时 S_0 收敛. 又当 $k\geqslant 1$ 时,

$$\frac{k^\alpha\pi^{\alpha+1}}{\sqrt{1+(k+1)^\beta\pi^\beta}}=\int_{k\pi}^{(k+1)\pi}\frac{(k\pi)^\alpha}{1+(k+1)^\beta\pi^\beta\sin^2 x}\mathrm{d}x$$

$$< S_k < \int_{k\pi}^{(k+1)\pi} \frac{(k+1)^\alpha \pi^\alpha}{1+(k\pi)^\beta \sin^2 x} \mathrm{d}x = \frac{(k+1)^\alpha \pi^{\alpha+1}}{\sqrt{1+(k\pi)^\beta}}$$

(参见本题 (1) 的解法), 于是

$$c_1 k^{\alpha-\beta/2} < S_k < c_2 k^{\alpha-\beta/2}$$

(c_1, c_2 是常数). 因此当且仅当 $\alpha-\beta/2<-1$ 时级数 $\sum_{k=1}^{\infty} S_k$ 收敛, 即积分 S 收敛. 将关于 S_0, S 的结果合起来可知: 当 $\beta>0$, 而且 $-1<\alpha<\beta/2-1$ 时, I 收敛.

总之, 仅当下列两种情形积分 I 收敛: 当 $\beta<-2$, 而且 $\beta+1<\alpha<-1$; 以及当 $\beta>0$, 而且 $-1<\alpha<\beta/2-1$.

4.9 (i) 当 $\alpha \leqslant 1$ 时,$(n+1)^\alpha \leqslant n+1$, 所以

$$\int_{n\pi}^{(n+1)\pi} \frac{\sin^2 x}{x^\alpha} \mathrm{d}x = \int_0^\pi \frac{\sin^2 x}{(n\pi+x)^\alpha} \mathrm{d}x > \frac{1}{(n+1)^\alpha \pi^\alpha} \int_0^\pi \sin^2 x \mathrm{d}x$$

$$= \frac{\pi^{1-\alpha}}{2} \cdot \frac{1}{(n+1)^\alpha} > \frac{\pi^{1-\alpha}}{2} \cdot \frac{1}{n+1} > \frac{\pi^{1-\alpha}}{2} \int_{n+1}^{n+2} \frac{\mathrm{d}x}{x}.$$

因此

$$\int_0^{n\pi} \frac{\sin^2 x}{x^\alpha} \mathrm{d}x > \frac{\pi^{1-\alpha}}{2} \int_1^{n+1} \frac{\mathrm{d}x}{x} = \frac{\pi^{1-\alpha}}{2} \log(n+1) \to \infty \quad (n\to\infty),$$

于是积分 I_α 发散.

(ii) 当 $\alpha>1$ 时,

$$\int_0^\infty \frac{\sin^2 x}{x^\alpha} \mathrm{d}x = \int_0^1 \frac{\sin^2 x}{x^\alpha} \mathrm{d}x + \int_1^\infty \frac{\sin^2 x}{x^\alpha} \mathrm{d}x = I_{\alpha,1} + I_{\alpha,2}.$$

因为当 $N>1$,

$$\left| \int_1^N \frac{\sin^2 x}{x^\alpha} \mathrm{d}x \right| \leqslant \int_1^N \frac{\mathrm{d}x}{x^\alpha} = \frac{N^{1-\alpha}}{1-\alpha} + \frac{1}{\alpha-1} < \frac{1}{\alpha-1},$$

因此

$$\lim_{N\to\infty} \int_1^N \frac{\sin^2 x}{x^\alpha} \mathrm{d}x$$

存在, 积分 $I_{\alpha,2}$ 收敛.

(iii) 因为

$$\frac{\sin^2 x}{x^2} \to 1 \quad (x \to 0+),$$

所以当 $x\in[0,1]$ 时 $\sin^2 x/x^2$ 有界, 于是当 $1<\alpha<3$ 时,

$$\frac{\sin^2 x}{x^\alpha} < \frac{M}{x^{\alpha-2}},$$

其中 M 是常数. 当 $\varepsilon \in (0,1)$, 我们有

$$0 < \int_\varepsilon^1 \frac{\sin^2 x}{x^\alpha} \mathrm{d}x < M \int_\varepsilon^1 \frac{\mathrm{d}x}{x^{\alpha-2}} = M\left(\frac{1}{3-\alpha} - \frac{\varepsilon^{3-\alpha}}{3-\alpha} \right) < \frac{M}{3-\alpha} \quad (\varepsilon \to 0+).$$

因此

$$\lim_{\varepsilon\to 0+} \int_\varepsilon^1 \frac{\sin^2 x}{x^\alpha} \mathrm{d}x$$

存在, 积分 $I_{\alpha,1}$ 收敛. 于是当 $1<\alpha<3$ 时,$I_\alpha = I_{\alpha,1}+I_{\alpha,2}$ 收敛.

(iv) 当 $\alpha \geqslant 3$ 时,

$$\int_\varepsilon^1 \frac{\sin^2 x}{x^\alpha} \mathrm{d}x \geqslant \int_\varepsilon^1 \frac{\sin^2 x}{x^3} \mathrm{d}x,$$

因为 $x\in[\varepsilon,1]\subset[0,\pi/2]$, 所以由 Jordan 不等式 $\sin x \geqslant (2/\pi)x$ (见例 8.2.4 后的注) 得到

$$\int_\varepsilon^1 \frac{\sin^2 x}{x^\alpha} \mathrm{d}x \geqslant \left(\frac{2}{\pi}\right)^2 \int_\varepsilon^1 \frac{\mathrm{d}x}{x} = -\frac{4}{\pi^2} \log\varepsilon \to +\infty \quad (\varepsilon \to 0+).$$

因此 $I_{\alpha,1}$ 发散, 从而 I_α 发散.

合起来可知, 当 $1<\alpha<3$ 时 I_α 收敛.

4.10　(1) 记

$$I=\int_1^{+\infty}\frac{\mathrm{d}x}{x^p(\log x)^q}=\int_1^2\frac{\mathrm{d}x}{x^p(\log x)^q}+\int_2^{+\infty}\frac{\mathrm{d}x}{x^p(\log x)^q}=I_1+I_2.$$

首先设 $x\in[1,2]$. 那么 $c_1\leqslant 1/x^{p-1}\leqslant c_2$(其中 $c_1,c_2>0$ 是常数). 还设 $\varepsilon>0$ 任意给定. 当 $q<1$ 时,

$$I_1\leqslant c_2\int_1^2\frac{\mathrm{d}x}{x(\log x)^q}=\frac{c_2}{1-q}(\log x)^{1-q}\Big|_1^2,$$

因而 I_1 收敛; 当 $q\geqslant 1$ 时,

$$I_1>c_1\int_{1+\varepsilon}^2\frac{\mathrm{d}x}{x(\log x)^q}=\frac{c_1}{1-q}(\log x)^{1-q}\Big|_{1+\varepsilon}^2,$$

因而 I_1 发散.

现在设 $x\in[2,+\infty)$, 那么对于任何实数 p,q 以及任意 $\varepsilon>0$,

$$\frac{1}{x^p(\log x)^q}=O\left(\frac{1}{x^{p-\varepsilon}}\right)\quad(\varepsilon>0).$$

于是当 $p>1$ 时, 取 $\varepsilon\in(0,p-1)$, 由

$$\int_2^{+\infty}\frac{\mathrm{d}x}{x^{p-\varepsilon}}=\frac{1}{1-p+\varepsilon}x^{-p+\varepsilon+1}\Big|_2^{+\infty}$$

可知 I_2 收敛. 而当 $p\leqslant 1$ 时 $1/x^{p-1}\geqslant c_3(>0$, 常数), 从而 $1/x^p(\log x)^q\geqslant c_3/x(\log x)^q$. 于是由

$$\int_2^{+\infty}\frac{\mathrm{d}x}{x(\log x)^q}=\frac{1}{1-q}x^{1-q}\Big|_2^{+\infty}$$

可知若 $q\leqslant 1$ 则 I_2 发散.

总之, 积分 I 只当 $q<1$ 而且 $p>1$ 时收敛, 其他情形均发散.

(2) 将题中的广义积分记为 I. 我们有

$$\left(\frac{x}{x^p+x^q}\right)'=\frac{(1-p)x^p+(1-q)x^q}{(x^p+x^q)^2}.$$

因此, 当 $\max\{p,q\}>1$ 时,$x/(x^p+x^q)\downarrow 0\,(x\to+\infty)$. 并且因为

$$\left|\int_\pi^A\cos x\mathrm{d}x\right|\leqslant 1\quad(A>\pi),$$

所以由 Dirichlet 判别法知积分 I 收敛. 当 $\max\{p,q\}<1$ 时,$x/(x^p+x^q)$ 单调增加, 所以当 $x>\pi$ 时 $x/(x^p+x^q)>\pi/(\pi^p+\pi^q)$. 另外, 当 $x\in[2k\pi,2k\pi+\pi/4]\,(k\in\mathbb{Z})$ 时,$\cos x\geqslant\sqrt{2}/2$. 于是对任何正整数 n 有

$$\begin{aligned}\int_{2\pi}^{2n\pi+\pi/4}\frac{x\cos x}{x^p+x^q}\mathrm{d}x&>\sum_{k=1}^n\int_{2k\pi}^{2k\pi+\pi/4}\frac{x\cos x}{x^p+x^q}\mathrm{d}x\\&>\sum_{k=1}^n\frac{\sqrt{2}}{2}\cdot\frac{\pi}{\pi^p+\pi^q}\cdot\frac{\pi}{4}=\frac{\sqrt{2}\pi^2n}{8(\pi^p+\pi^q)},\end{aligned}$$

所以广义积分 I 发散. 当 $\max\{p,q\}=1$ 时, 积分 I 显然发散.

4.11　(1) 可由例 4.5.3 推出. 直接证明如下: 由 $f(\infty)=0$ 推出

$$|x^{a+1}f(x)|=\left|x^{a+1}\int_x^\infty f'(t)\mathrm{d}t\right|\leqslant x^{a+1}\int_x^\infty|f'(t)|\mathrm{d}t\leqslant\int_x^\infty t^{a+1}|f'(t)|\mathrm{d}t.$$

由此并注意积分 $\int_x^\infty t^{a+1}|f'(t)|\mathrm{d}t$ 收敛, 所以

$$\lim_{x\to\infty} x^{a+1}f(x)=0.$$

(2) 分部积分得到

$$\int_0^x t^a f(t)\mathrm{d}t=\frac{1}{a+1}x^{a+1}f(x)-\frac{1}{a+1}\int_0^x t^{a+1}f'(t)\mathrm{d}t,$$

因为 $\int_0^\infty t^{a+1}|f'(t)|\mathrm{d}t$ 收敛, 并应用本题 (1), 在上式两边令 $x\to\infty$, 可知 $\int_0^\infty t^a f(t)\mathrm{d}t$ 也收敛, 并且等于 $-(a+1)^{-1}\int_0^\infty t^{a+1}f'(t)\mathrm{d}t$.

4.12 (i) 计算 I_1. 不妨认为 $\beta>\alpha$. 注意

$$\frac{x}{\sqrt{(x-\alpha)(\beta-x)}}=\frac{x-\dfrac{\alpha+\beta}{2}+\dfrac{\alpha+\beta}{2}}{\sqrt{\left(\dfrac{\beta-\alpha}{2}\right)^2-\left(x-\dfrac{\alpha+\beta}{2}\right)^2}},$$

所以当 $\varepsilon,\delta>0$ 足够小,

$$\begin{aligned}\int_{\alpha-\varepsilon}^{\beta-\delta}\frac{x\mathrm{d}x}{\sqrt{(x-\alpha)(\beta-x)}}&=\left(-\sqrt{\left(\frac{\beta-\alpha}{2}\right)^2-\left(x-\frac{\alpha+\beta}{2}\right)^2}\right.\\&\quad\left.+\frac{\alpha+\beta}{2}\arcsin\frac{2x-(\alpha+\beta)}{\beta-\alpha}\right)\Bigg|_{\alpha-\varepsilon}^{\beta-\delta}\\&=-\sqrt{\left(\frac{\beta-\alpha}{2}\right)^2-\left(\frac{\beta-\alpha}{2}-\delta\right)^2}+\sqrt{\left(\frac{\beta-\alpha}{2}\right)^2-\left(\frac{\alpha-\beta}{2}+\varepsilon\right)^2}\\&\quad+\frac{\alpha+\beta}{2}\left(\arcsin\frac{\beta-\alpha-2\delta}{\beta-\alpha}-\arcsin\frac{\alpha-\beta+2\varepsilon}{\beta-\alpha}\right).\end{aligned}$$

令 $\varepsilon,\delta\to 0$, 即得 $I_1=\pi(\alpha+\beta)/2$.

(ii) 计算 I_2. **提示** 由题意知 $\alpha<\beta$. 令 $x=\alpha\cos^2 t+\beta\sin^2 t$. 答案: π.

(iii) 计算 I_3. **提示** 代换同上. 答案:$\pi(\beta-\alpha)/2$.

(iv) 计算 I_4. 因为分部积分可得原函数

$$F(x)=\int\frac{\log x}{(1+x)^4}\mathrm{d}x=\frac{\log x}{3}\left(1-\frac{1}{(1+x)^3}\right)-\frac{1}{3}\log(1+x)+\frac{1}{3(1+x)}+\frac{1}{6(1+x)^2}+C,$$

所以

$$F(R)\to C\ (R\to\infty),\quad F(\varepsilon)\to\frac{1}{2}+C\ (\varepsilon\to 0),$$

因此 $I_4=-1/2$.

(v) 计算 I_5. 将积分 I_5 分拆为

$$I_5=\int_0^\infty\frac{\log x}{1+x^2}\mathrm{d}x=\int_0^1\frac{\log x}{1+x^2}\mathrm{d}x+\int_1^\infty\frac{\log x}{1+x^2}\mathrm{d}x,$$

在第二个积分中作代换 $x=1/t$, 可得

$$\int_1^\infty\frac{\log x}{1+x^2}\mathrm{d}x=\int_1^0\frac{\log t}{1+t^2}\mathrm{d}t=-\int_0^1\frac{\log x}{1+x^2}\mathrm{d}x,$$

因此积分 $I_5=0$.

(vi) 计算 I_6. 令 $t=\sqrt{\tan\theta}$, 即 $\theta=\arctan t^2$, 可得

$$I_6=2\int_0^\infty\frac{\mathrm{d}t}{1+t^4}\quad(\text{将它记为 }2J),$$

在积分 J 中令 $t=1/x$, 可知

$$J=\int_0^\infty \frac{x^2\mathrm{d}x}{1+x^4}=\int_0^\infty \frac{t^2\mathrm{d}t}{1+t^4},$$

因此

$$J=\frac{1}{2}\left(\int_0^\infty \frac{\mathrm{d}t}{1+t^4}+\int_0^\infty \frac{t^2\mathrm{d}t}{1+t^4}\right)=\frac{1}{2}\int_0^\infty \frac{1+t^2}{1+t^4}\mathrm{d}t=\frac{1}{2}\int_0^\infty \frac{1+t^{-2}}{t^2+t^{-2}}\mathrm{d}t.$$

在上式右边最后的积分中作代换 $t-1/t=u$, 得到

$$J=\frac{1}{2}\int_{-\infty}^\infty \frac{\mathrm{d}u}{u^2+2}=\frac{1}{2\sqrt{2}}\arctan\frac{u}{\sqrt{2}}\bigg|_{-\infty}^{\infty}=\frac{\pi}{2\sqrt{2}}.$$

于是积分 $I_6=\sqrt{2}\pi/2$.

4.13　因为

$$\frac{1}{1-x}=1+x+\cdots+x^N+\frac{x^{N+1}}{1-x}\quad (N\geqslant 1),$$

所以

$$\int_0^1 \frac{\log x}{1-x}\,\mathrm{d}x=\sum_{n=0}^{N}\int_0^1 x^n\log x\,\mathrm{d}x+\int_0^1 \frac{x^{N+1}\log x}{1-x}\,\mathrm{d}x.$$

定义函数 $f(x)=(x\log x)/(1-x)\,(0<x<1)$ 在 $[0,1]$ 端点的值

$$f(0)=0,\quad f(1)=\lim_{x\to 1-}\frac{x\log x}{1-x}=-1,$$

则 $f(x)$ 在 $[0,1]$ 上连续. 令 $M=\sup\limits_{x\in[0,1]}|f(x)|$. 我们有

$$\left|\int_0^1 \frac{x^{N+1}\log x}{1-x}\right|\leqslant M\int_0^1 x^N\mathrm{d}x=\frac{M}{N+1}\to 0\quad (N\to\infty),$$

所以 (分部积分)

$$\int_0^1 \frac{\log x}{1-x}\,\mathrm{d}x=\sum_{n=0}^{\infty}\int_0^1 x^n\log x\,\mathrm{d}x=-\sum_{n=1}^{\infty}\frac{1}{n^2}$$

注　不宜直接采用展开式

$$\frac{\log x}{1-x}=\sum_{n=1}^{\infty}x^n\log x\quad (0\leqslant x<1).$$

另外, 本题是例 4.5.14 的特例 (在该例中取 $y=1$, 然后令 $\mathrm{e}^x=1/t$).

4.14　设 $t>0$, 令

$$I_t=\int_t^{1/t}\frac{\mathrm{d}x}{(1+x^2)(1+x^\alpha)}$$

在其中令 $u=1/x$, 可得

$$I_t=\int_{1/t}^{t}\frac{-u^{-2}\mathrm{d}u}{(1+u^{-2})(1+u^{-\alpha})}=\int_t^{1/t}\frac{u^\alpha\mathrm{d}u}{(1+u^2)(1+u^\alpha)}.$$

于是

$$2I_t=\int_t^{1/t}\frac{\mathrm{d}x}{(1+x^2)(1+x^\alpha)}+\int_t^{1/t}\frac{x^\alpha\mathrm{d}x}{(1+x^2)(1+x^\alpha)}=\int_t^{1/t}\frac{1+x^\alpha}{(1+x^2)(1+x^\alpha)}\mathrm{d}x=\int_t^{1/t}\frac{\mathrm{d}x}{1+x^2}.$$

由此我们得到

$$\int_0^\infty \frac{\mathrm{d}x}{(1+x^2)(1+x^\alpha)}=\lim_{t\to 0}I_t=\frac{1}{2}\lim_{t\to 0}\int_t^{1/t}\frac{\mathrm{d}x}{1+x^2}=\frac{1}{2}\int_0^\infty \frac{\mathrm{d}x}{1+x^2}=\frac{1}{2}\arctan x\bigg|_0^\infty=\frac{\pi}{4}.$$

4.15 作变量代换 $y=\pi/x$, 则 $\mathrm{d}y=-(\pi/x^2)\mathrm{d}x$, 所求积分化为

$$I=\frac{1}{\pi^2}\int_0^{\infty}\frac{y}{\mathrm{e}^y-1}\mathrm{d}y.$$

因为 $y/(\mathrm{e}^y-1)$ 在 $y\geqslant 0$ 时连续可积, 并可展开为正的连续项函数级数:

$$\frac{y}{\mathrm{e}^y-1}=\frac{y\mathrm{e}^{-y}}{1-\mathrm{e}^{-y}}=y\mathrm{e}^{-y}\sum_{k=1}^{\infty}\mathrm{e}^{-ky},$$

所以可以由逐项积分得到

$$I=\frac{1}{\pi^2}\sum_{k=1}^{\infty}\left(-\frac{1}{k}y\mathrm{e}^{-ky}-\frac{1}{k^2}\mathrm{e}^{-ky}\right)\Bigg|_0^{\infty}=\frac{1}{\pi^2}\sum_{k=1}^{\infty}\frac{1}{k^2}=\frac{1}{6}.$$

4.16 **提示** (1) 令 $f(x)=\log(1+x)-(x-x^2/2)$. 因为 $f'(x)=x^2/(1+x)>0$(当 $x>0$), 并且 $f(0)=0$, 所以当 $x>0$ 时 $\log(1+x)>x-x^2/2$, 而且两曲线 $y=\log(1+x),y=x-x^2/2$ 交于 $(0,0)$(实际是相切), 因此所求面积

$$\begin{aligned}S&=\int_0^3\left(\log(1+x)-(x-x^2/2)\right)\mathrm{d}x\\&=x\log(1+x)\big|_0^3-\int_0^3\frac{x}{1+x}\mathrm{d}x-\left(\frac{x^2}{2}-\frac{x^3}{6}\right)\Bigg|_0^3\\&=3\log 4-\int_0^3\left(1-\frac{1}{1+x}\right)\mathrm{d}x-0=4\log 4-3=8\log 2-3.\end{aligned}$$

(2) *解法 1* 曲线 $2y^2=x$ 与直线 $x-2y=4$ 的交点坐标是 $(2,-1)$ 和 $(8,2)$. 当 $0\leqslant x\leqslant 2$ 时图形关于 X 轴对称. 于是

$$A=2\int_0^2\frac{\sqrt{x}}{\sqrt{2}}\mathrm{d}x+\int_2^8\left(\frac{\sqrt{x}}{\sqrt{2}}-\frac{x}{2}+2\right)\mathrm{d}x=9.$$

解法 2 用下法要简单些:

$$A=\int_{-1}^2(2y+4-2y^2)\mathrm{d}y=9.$$

(3) 由两曲线方程消去 x 得到 $y^2-ay-p^2=0$. 其判别式等于 $a^2+4p^2>0$, 两个实根记为 $\alpha,\beta(\alpha<\beta)$. 分别由两曲线方程解出

$$x_1=\frac{y^2}{2p},\quad x_2=\frac{-y^2+2ay+2p^2}{2p}.$$

于是

$$x_1-x_2=-\frac{1}{p}(x-\alpha)(x-\beta).$$

若 $p>0$, 则当 $\alpha\leqslant y\leqslant\beta$ 时 $x_2-x_1\geqslant 0$, 于是

$$S=\int_{\alpha}^{\beta}(x_2-x_1)\mathrm{d}y=\frac{\beta-\alpha}{p}\left(-\frac{1}{3}(\beta^2+\alpha\beta+\alpha^2)+\frac{a}{2}(\beta+\alpha)+p^2\right).$$

由二次方程根与系数的关系,$\alpha+\beta=-a,\alpha\beta=-p^2$, 可将上式化简为

$$S=\frac{1}{6p}(a^2+p^2)^{3/2}.$$

若 $p<0$, 那么易见将上述结果中 p 换为 $-p$ 即可. 因此 $S=(a^2+p^2)^{3/2}/(6|p|)$.

(4) 题中曲线是抛物线. 它们的交点极坐标是 $(4,\pm 2\pi/3)$. 由对称性得

$$S=2\left(\frac{1}{2}\int_0^{2\pi/3}\sec^4\frac{\theta}{2}\mathrm{d}\theta+\frac{1}{2}\int_{2\pi/3}^{\pi}9\csc^2\frac{\theta}{2}\mathrm{d}\theta\right)=\frac{32}{\sqrt{3}}.$$

(5) 解法 1　用极坐标计算: 所求面积

$$S=\frac{1}{2}\int_0^{2\pi/3}r^2(\theta)\mathrm{d}\theta=\frac{1}{2}\int_0^{2\pi/3}\frac{a^2}{(1+\cos\theta)^2}\mathrm{d}\theta,$$

令 $\tan(\theta/2)=x$, 则

$$\mathrm{d}x=\frac{1}{2}\cdot\frac{\mathrm{d}\theta}{\cos^2(\theta/2)}=\frac{1}{2}(1+x^2)\mathrm{d}\theta,$$
$$1+\cos\theta=2\cos^2\frac{\theta}{2}=\frac{2}{1+x^2},$$

于是

$$S=\frac{a^2}{2}\int_0^{\sqrt{3}}\frac{(1+x^2)^2}{4}\cdot\frac{2}{1+x^2}\mathrm{d}x=\frac{\sqrt{3}}{2}a^2.$$

解法 2　将 $r(1+\cos\theta)=a$ 化为直角坐标方程: 因为 $r(1+\cos\theta)=r+x=a$, 所以 $r^2=(x-a)^2$, 亦即 $x^2+y^2=a^2-2ax+x^2$, 于是 $y^2=a^2-2ax$. 这是顶点为 $(a/2,0)$ 的关于 X 轴对称的抛物线, 它与直线 $\theta=2\pi/3$ 交于点 $A(-a,\sqrt{3}a/2)$. 点 A 在 X 轴上的投影是 $B(-a,0)$. 于是

$$S=\int_{-a}^{a/2}\sqrt{a^2-2ax}\mathrm{d}x-S_{\triangle OAB}=\frac{1}{3a}\cdot 3\sqrt{3}a^3-\frac{\sqrt{3}}{2}a^2=\frac{\sqrt{3}}{2}a^2.$$

(6) 由曲线方程分别解出

$$y_1=\frac{1}{b}\left(-hx\pm\sqrt{(h^2-ab)x^2+b}\right),$$
$$y_2=\frac{1}{b}\left(hx\pm\sqrt{(h^2-ab)x^2+b}\right).$$

当 $x>0,y>0$ 时 $y_2>y_1$. 由对称性可知

$$S=4\int_0^{1/\sqrt{a}}\left(-hx+\sqrt{b-(ab-h^2)x^2}\right)\mathrm{d}x$$
$$=\cdots=\frac{2}{\sqrt{ab-h^2}}\arcsin\sqrt{\frac{ab-h^2}{ab}}.$$

(7) 解法 1　化为极坐标, 两个椭圆的方程分别是

$$r_1^2=\frac{1}{a\cos^2\theta+2h\cos\theta\sin\theta+b\sin^2\theta},$$
$$r_2^2=\frac{1}{b\cos^2\theta+2h\cos\theta\sin\theta+a\sin^2\theta}.$$

当 $\theta=0$ 时,$r_1^2=1/a,r_2^2=1/b$. 不妨设 $a>b$, 于是当 $\theta=0$ 时 $r_1<r_2$. 又因为在两椭圆的交点 (r,θ) 上 $r_1=r_2$, 所以

$$a\cos^2\theta+2h\cos\theta\sin\theta+b\sin^2\theta=b\cos^2\theta+2h\cos\theta\sin\theta+a\sin^2\theta,$$

从而 $\cos^2\theta=\sin^2\theta$, 于是 $\theta=\pm\pi/4,\pm3\pi/4$. 由此可知图形 D 关于直线 $y=\pm x$ 对称. 我们得到

$$S=4\cdot\frac{1}{2}\int_{-\pi/4}^{\pi/4}r_1^2\mathrm{d}\theta=2\int_{-\pi/4}^{\pi/4}\frac{\mathrm{d}\theta}{a\cos^2\theta+2h\cos\theta\sin\theta+b\sin^2\theta}$$
$$=2\int_{-\pi/4}^{\pi/4}\frac{\sec^2\theta\mathrm{d}\theta}{a+2h\tan\theta+b\tan^2\theta}=2\int_{-1}^{1}\frac{\mathrm{d}t}{a+2ht+bt^2}=\cdots$$
$$=\frac{2}{\sqrt{ab-h^2}}\arctan\frac{2\sqrt{ab-h^2}}{a-b}.$$

解法2　将坐标系旋转 45°, 两个椭圆的方程分别化为

$$AX^2+2HXY+BY^2=1,\quad AX^2-2HXY+BY^2=1,$$

其中

$$A=\frac{a+b+2h}{2},\quad B=\frac{a+b-2h}{2},\quad H=\frac{b-a}{2}.$$

然后应用本题 (6).

4.17 提示 (1) 曲线及其渐近线的极坐标方程分别是

$$r=\frac{5a\cos^2\theta\sin^2\theta}{\cos^5\theta+\sin^5\theta},\quad r=\frac{a}{\cos\theta+\sin\theta}.$$

曲线在第一象限形成一个圈, 在第二和第四象限无限延伸. 渐近线与 $y=-x$ 平行. 所以

$$\begin{aligned}S&=\frac{1}{2}\int_{\pi/2}^{3\pi/4}\left(\frac{a^2}{(\cos\theta+\sin\theta)^2}-\frac{25a^2\cos^4\theta\sin^4\theta}{(\cos^5\theta+\sin^5\theta)^2}\right)\mathrm{d}\theta\\&=\frac{a^2}{2}\int_{\pi/2}^{3\pi/4}\left(\frac{1}{(1+\tan\theta)^2}-\frac{25\tan^4\theta}{(1+\tan^5\theta)^2}\right)\frac{\mathrm{d}\theta}{\cos^2\theta}\\&=\cdots=a^2.\end{aligned}$$

(2) 参见例 4.4.3. 曲线的极坐标方程是

$$r=\frac{3a\cos\theta\sin\theta}{\cos^3\theta+\sin^3\theta}.$$

直线 $x+y=2a$ 与 T 的边界交于 $A(4a/3,2a/3)$ 及 $B(2a/3,4a/3)$. 于是由距离公式得 $|AB|=2\sqrt{2}/3$, 并且点 O 到此直线的距离是 $\sqrt{2}a$. 设 A 的幅角是 θ_1, 那么由 A 的坐标推出 $\tan\theta_1=1/2$.

T 被分为两部分, 由对称性, 其中边界含有点 O 的那部分的面积

$$\begin{aligned}S_1&=S_{\triangle OAB}+2\cdot\frac{1}{2}\int_0^{\theta_1}r^2\mathrm{d}\theta\\&=\frac{1}{2}\cdot\frac{2\sqrt{2}}{3}a\cdot\sqrt{2}a+\int_0^{\theta_1}r^2\mathrm{d}\theta\\&=\frac{2}{3}a^2+9a^2\int_0^{\theta_1}\frac{\cos^2\theta\sin^2\theta}{(\cos^3\theta+\sin^3\theta)^2}\mathrm{d}\theta\quad(令\ t=\tan\theta)\\&=\frac{2}{3}a^2+9a^2\int_0^{1/2}\frac{t^2}{(1+t^3)^2}\mathrm{d}t=\cdots=\frac{2}{3}a^2+\frac{1}{3}a^2=a^2.\end{aligned}$$

又由例 4.4.3 知 T 的面积等于 $3a^2/2$, 于是本题得证.

4.18 这是两个抛物柱面的交线. 因为

$$\sqrt{1+y_x^2+z_x^2}=1+\frac{x^2}{2a^2},$$

所以弧长

$$L=\int_0^x\left(1+\frac{t^2}{2a^2}\right)\mathrm{d}t=x+\frac{x^3}{6a^2}=x+z.$$

4.19 提示 在球坐标系中, 若 t 为参数, 则弧长公式为

$$L=\int_{t_1}^{t_2}\sqrt{\left(\frac{\mathrm{d}r}{\mathrm{d}t}\right)^2+\left(r\frac{\mathrm{d}\theta}{\mathrm{d}t}\right)^2+\left(r\sin\theta\frac{\mathrm{d}\phi}{\mathrm{d}t}\right)^2}\,\mathrm{d}t.$$

在此 $r=a,\sin\theta=\mathrm{e}^{-\phi}$, 所以取 θ 为参数, 则得

$$\frac{\mathrm{d}r}{\mathrm{d}\theta}=0,\quad\frac{\mathrm{d}\phi}{\mathrm{d}\theta}=-\frac{\cos\theta}{\sin\theta},$$

于是

$$L=a\int_0^{\pi/2}\sqrt{1+\cos^2\theta}\mathrm{d}\theta=\sqrt{2}a\int_0^{\pi/2}\sqrt{1-\frac{1}{2}\sin^2\theta}\,\mathrm{d}\theta.$$

4.20　提示　我们有

$$\sqrt{\mathrm{d}x^2+\mathrm{d}y^2}=\sqrt{a^2\sin^2\theta+b^2\cos^2\theta}\mathrm{d}\theta=a\sqrt{1-\varepsilon^2\cos^2\theta}\mathrm{d}\theta=\sqrt{b^2+a^2\varepsilon^2\sin^2\theta}\mathrm{d}\theta,$$

其中 $\epsilon=\sqrt{a^2-b^2}/a<1$ 是椭圆离心率. 于是

$$\begin{aligned}S_x&=2\cdot2\pi\int(b\sin\theta)a\sqrt{1-\varepsilon^2\cos^2\theta}\mathrm{d}\theta\\&=4\pi ab\int_0^{\pi/2}\sin\theta\sqrt{1-\varepsilon^2\cos^2\theta}\,\mathrm{d}\theta\quad(\text{令 }\varepsilon\cos\theta=t)\\&=\frac{4\pi ab}{\varepsilon}\int_0^{\varepsilon}\sqrt{1-t^2}\mathrm{d}t=\cdots=2\pi b^2+\frac{2\pi ab\arcsin\varepsilon}{\varepsilon},\\S_y&=2\cdot2\pi\int(a\cos\theta)\sqrt{b^2+a^2\varepsilon^2\sin^2\theta}\mathrm{d}\theta\quad(\text{令 }a\varepsilon\sin\theta=t)\\&=\frac{4\pi}{\varepsilon}\int_0^{a\varepsilon}\sqrt{b^2+t^2}\mathrm{d}t=\cdots=2\pi a^2+\frac{\pi b^2}{\varepsilon}\log\frac{1+\varepsilon}{1-\varepsilon}.\end{aligned}$$

4.21　提示　我们有 $y=b\pm\sqrt{a^2-x^2}$, 其中正号用于上半圆周, 负号用于下半圆周 (按过圆心与 X 轴平行的直线划分上下半圆周).

区分两种情形. 若 $0<a<b$, 则整个圆在 X 轴上方, 旋转体体积

$$\begin{aligned}V&=2\left(\pi\int_0^a(b+\sqrt{a^2-x^2})^2\mathrm{d}x-\pi\int_0^a(b-\sqrt{a^2-x^2})^2\mathrm{d}x\right)\\&=\cdots=2\pi^2a^2b.\end{aligned}$$

若 $0<b\leqslant a$, 则圆与 X 轴相交 (或相切), 交点是 $D(\sqrt{a^2-b^2},0)$ 和 $D'(-\sqrt{a^2-b^2},0)$. 设 C 是圆与正半 Y 轴的交点, 则 C 的坐标为 $(0,a+b)$. 还设过 D 作 X 轴的垂线与圆 (在上半平面) 交于 E. 用 V_1 和 V_2 分别表示圆弧 CE 和 ED(绕 X 轴旋转) 生成的立体体积. 那么

$$V_1=\pi\int_0^{\sqrt{a^2-b^2}}(b+\sqrt{a^2-x^2})^2\mathrm{d}x.$$

用 A 表示弧 ED 的中点, 则 A 的坐标是 (a,b), 并且 V_2 等于弧 EA 和弧 AD(绕 X 轴旋转) 生成的立体体积之差, 即

$$V_2=\pi\int_{\sqrt{a^2-b^2}}^a(b+\sqrt{a^2-x^2})^2\mathrm{d}x-\pi\int_{\sqrt{a^2-b^2}}^a(b-\sqrt{a^2-x^2})^2\mathrm{d}x.$$

最后, 由 $V=2(V_1+V_2)$ 求出

$$V=2\pi\left(\pi a^2b+\frac{1}{3}(2a^2+b^2)\sqrt{a^2-b^2}-a^2b\arcsin\frac{\sqrt{a^2-b^2}}{a}\right).$$

4.22　(1) **提示**　证明 (用 L'Hospital 法则)

$$\lim_{h\to0}\frac{1}{h^2}\int_0^h\left(\frac{1}{\theta}-\cot\theta\right)\mathrm{d}\theta=\frac{1}{6}.$$

(2) **提示**　依次算出

$$\begin{aligned}g'(x)&=\big(f(x-t)\sin t\big)\,|_{t=x}+\int_0^x f'(x-t)\sin t\mathrm{d}t=f(0)\sin x+\int_0^x f'(x-t)\sin t\mathrm{d}t,\\g''(x)&=f(0)\cos x+\big(f'(x-t)\sin t\big)\,|_{t=x}+\int_0^x f''(x-t)\sin t\mathrm{d}t\\&=f(0)\cos x+f'(0)\sin x+\int_0^x f''(x-t)\sin t\mathrm{d}t.\end{aligned}$$

于是

$$\begin{aligned}\int_0^x f''(x-t)\sin t\mathrm{d}t&=-\big(\sin t\cdot f'(x-t)\big)\,\big|_{t=0}^{t=x}+\int_0^x f'(x-t)\cos t\mathrm{d}t\\&=-\big(\sin t\cdot f'(x-t)\big)\,\big|_{t=0}^{t=x}-\big(\cos t\cdot f(x-t)\big)\,\big|_{t=0}^{t=x}-\int_0^x f(x-t)\sin t\mathrm{d}t\end{aligned}$$

$$= -f'(0)\sin x - f(0)\cos x + f(x) - g(x).$$

(3) 对积分

$$u(x) = \int_0^\pi \cos(n\phi - x\sin\phi)\mathrm{d}\phi$$

应用 Leibnitz 公式, 我们有

$$u'(x) = \int_0^\pi \sin\phi\sin(n\phi - x\sin\phi)\mathrm{d}\phi,$$

$$u''(x) = -\int_0^\pi \sin^2\phi\cos(n\phi - x\sin\phi)\mathrm{d}\phi.$$

于是

$$x^2u'' + xu + (x^2 - n^2)u = \cdots = \int_0^\pi \Big((x^2\cos^2\phi - n^2)\cos(n\phi - x\sin\phi) + x\sin\phi\sin(n\phi - x\sin\phi)\Big)\mathrm{d}\phi$$

$$= -(n + x\cos\phi)\sin(n\phi - x\sin\phi)\Big|_0^\pi = 0.$$

(4) 我们有 $(h \neq 0)$

$$\frac{f(h)-f(0)}{h} = \frac{1}{h}\int_0^h \cos\frac{1}{t}\mathrm{d}t = \frac{1}{h}\int_{1/h}^\infty \frac{\cos u}{u^2}\mathrm{d}u$$

$$= \frac{1}{h}\int_{1/h}^{1/h^2} \frac{\cos u}{u^2}\mathrm{d}u + \frac{1}{h}\int_{1/h^2}^\infty \frac{\cos u}{u^2}\mathrm{d}u = J_1 + J_2.$$

由积分中值定理,

$$|J_1| = \frac{1}{|h|}\cdot\frac{1}{(h^{-1})^2}\left|\int_{1/h}^\xi \cos u\mathrm{d}u\right| = |h|\left|\sin\xi - \sin\frac{1}{h}\right| < 2|h|,$$

还有

$$|J_2| \leqslant \frac{1}{|h|}\int_{1/h^2}^\infty \frac{\mathrm{d}u}{u^2} = |h|.$$

因此

$$\frac{f(h)-f(0)}{h} \to 0 \quad (h \to 0),$$

即 $f'(0) = 0$.

4.23 若 $y \neq 0$, 则当 $x \in [0,1]$ 时, 被积函数是 y 的连续函数, 所以 $g(y)$ 连续. 或者: 作代换 $x = ty$ 得

$$g(y) = \int_0^{1/y} \frac{f(yt)}{t^2+1}\mathrm{d}t.$$

因为 t 的函数 $f(yt)/(t^2+1)$ 在 $[0,1/y]$ 上连续, 积分限 $1/y$ 关于 y 连续, 所以 $g(y)$ 连续.

下面考虑 $g(y)$ 在 $y=0$ 的连续性. 若 $y>0$, 则

$$\frac{yf(x)}{x^2+y^2} \geqslant \frac{my}{x^2+y^2},$$

其中 m 是 $f(x)$ 在 $[0,1]$ 上的最小值, 且依假设知 $m>0$, 于是当 $y>0$ 时,

$$g(y) \geqslant \int_0^1 \frac{my}{x^2+y^2}\mathrm{d}x = m\arctan\frac{1}{y}.$$

因此 $\lim\limits_{y\to 0+} g(y) \geqslant m\lim\limits_{y\to 0+}\arctan(1/y) = m\pi/2 > 0$. 但 $g(y)=0$, 故 $g(y)$ 在 $y=0$ 不连续.

4.24 这里的两个解法大同小异, 思路相同, 只是辅助函数有差别.

解法 1 因 $f(x)$ 在 $[0,1]$ 上连续, 所以

$$F(x) = 1 + 2\int_0^x f(t)\mathrm{d}t$$

有意义, 并且题设不等式等价于 $f(x) \leqslant \sqrt{F(x)}$. 于是 $F'(x) = 2f(x) \leqslant 2\sqrt{F(x)}$, 因而

$$0 \leqslant \frac{F'(x)}{2\sqrt{F(x)}} \leqslant 1.$$

对 x 积分得

$$\int_0^x \frac{F'(t)}{2\sqrt{F(t)}}\mathrm{d}t = \sqrt{F(t)}\Big|_0^x = \sqrt{F(x)}-1 \leqslant \int_0^x 1\mathrm{d}x = x,$$

因此 $f(x) \leqslant \sqrt{F(x)} \leqslant x+1$.

解法 2　令

$$G(x) = \int_0^x f(t)\mathrm{d}t,$$

则由题设不等式得 $\left(G'(x)\right)^2 \leqslant 1+2G(x)$, 于是

$$0 \leqslant \frac{G'(x)}{\sqrt{1+2G(x)}} \leqslant 1.$$

对 x 积分得

$$0 \leqslant \int_0^x \frac{G'(t)}{\sqrt{1+2G(t)}}\mathrm{d}t = \sqrt{1+2G(x)}-1 \leqslant x.$$

于是 $f(x) \leqslant \sqrt{1+2G(x)} \leqslant x+1$.

4.25　不妨认为 $f(x)$ 不是常函数 (不然结论显然成立). 依 Rolle 定理, 存在 $\xi_1 \in (0,1/4)$ 使 $f'(\xi_1)=0$. 又由积分中值定理, 存在 $\xi_2 \in (1/4,1)$ 使 $f(\xi_2)(1-1/4)=(3/4)\cdot f(1)$, 亦即 $f(\xi_2)=f(1)$. 再次在 $[\xi_2,1]$ 上应用 Rolle 定理得到 $\xi_3 \in (\xi_2,1)$, 使 $f'(\xi_3)=0$. 最后, 在 $[\xi_1,\xi_3]$ 上对 $f'(x)$ 应用 Rolle 定理, 即得 $\xi \in (\xi_1,\xi_3) \subset (0,1)$ 使 $f''(\xi)=0$.

4.26　(1) 令

$$F(x) = \int_0^x f(t)\mathrm{d}t - \int_x^1 \frac{\mathrm{d}t}{f(t)},$$

则 $F(x)$ 连续, 并且

$$F(0) = -\int_0^1 \frac{\mathrm{d}t}{f(t)} < 0, \quad F(1) = \int_0^1 f(t)\mathrm{d}t > 0,$$

所以存在 $a \in (0,1)$ 使 $F(a)=0$, 即

$$\int_0^a f(t)\mathrm{d}t = \int_a^1 \frac{\mathrm{d}t}{f(t)}.$$

又因为 $F'(x)=f(x)+1/f(x)>0$, 所以 $F(x)$ 在 $[0,1]$ 上严格单调增加, 从而 a 唯一.

(2) 令

$$F_n(x) = \int_{1/n}^x f(t)\mathrm{d}t - \int_x^1 \frac{\mathrm{d}t}{f(t)},$$

则 $F_n(x)$ 连续, 并且 $F_n(1/n)<0, F_n(1)>0$. 类似于步骤 (i) 可证, 存在唯一的 $a_n \in (1/n,1)$ 满足

$$\int_{1/n}^{a_n} f(t)\mathrm{d}t = \int_{a_n}^1 \frac{\mathrm{d}t}{f(t)}.$$

又因为当 $x \in (0,1)$ 时,$F_{n+1}(x)-F_n(x)>0$, 所以对于每个 $x \in (0,1)$, 数列 $F_n(x)(n \geqslant 1)$(关于 n) 严格单调增加. 据此我们有

$$F_n(a_n) = 0 = F_{n+1}(a_{n+1}) > F_n(a_{n+1}),$$

于是 $a_n > a_{n+1}$, 即 $a_n(n \geqslant 1)$ 单调减少且下有界, 所以 $\lim\limits_{n\to\infty} a_n = b$ 存在. 我们来证明 $b=a$. 事实上, 依积分对于积分限的连续性, 在等式

$$\int_{1/n}^{a_n} f(t)\mathrm{d}t = \int_{a_n}^1 \frac{\mathrm{d}t}{f(t)} \quad (n \geqslant 1)$$

中令 $n \to \infty$, 可知

$$\int_0^b f(t)\mathrm{d}t = \int_b^1 \frac{\mathrm{d}t}{f(t)}.$$

但由步骤 (i) 及 a 的唯一性, 必定 $a=b$, 即 $a_n \to a(n\to\infty)$.

注 1° 上述结论 $a_n \to a(n\to\infty)$ 的另一证明: 若有某个下标 m 使 $a_m \leqslant a$, 则有

$$\int_0^a f(t)\mathrm{d}t = \int_a^1 \frac{\mathrm{d}t}{f(t)} \leqslant \int_{a_m}^1 \frac{\mathrm{d}t}{f(t)} = \int_{1/m}^{a_m} f(t)\mathrm{d}t \leqslant \int_{1/m}^{a} f(t)\mathrm{d}t,$$

我们得到矛盾, 所以 $a_n > a\,(n\geqslant 1)$. 另外, 当 n 充分大时, $a>1/n$. 于是将等式

$$\int_0^a f(t)\mathrm{d}t = \int_a^1 \frac{\mathrm{d}t}{f(t)} \quad 和 \quad \int_{1/n}^{a_n} f(t)\mathrm{d}t = \int_{a_n}^1 \frac{\mathrm{d}t}{f(t)}$$

相减, 我们可得

$$\left(\int_0^{1/n} - \int_a^{a_n}\right) f(t)\mathrm{d}t = \int_a^{a_n} \frac{\mathrm{d}t}{f(t)} \quad (n\geqslant n_0).$$

因为 $f(t)$ 和 $1/f(t)$ 在 $[0,1]$ 上非负连续, 所以

$$\int_a^{a_n}\left(f(t)+\frac{1}{f(t)}\right)\mathrm{d}t = \int_0^{1/n} f(t)\mathrm{d}t \to 0 \quad (n\to\infty).$$

注意 $f(t)+1/f(t)>0$ 有界, 因而由上式推出 $a_n - a \to 0\,(n\to\infty)$.

2° 若在 $[0,1]$ 上 $f(x)$ 恒等于 1, 那么可以直接推出

$$a=\frac{1}{2},\quad a_n = \frac{n+1}{2n} \quad (n\geqslant 1),$$

并且 a 和 a_n 都是唯一的. 于是 $a_n\to a(n\to\infty)$ 显然成立.

4.27 (1) 令 $F(x)=f(x)-f(1)$, 则 $F(1)=0$, 并且

$$J_n = n\int_0^1 x^n F(x)\mathrm{d}x = n\int_0^1 x^n f(x)\mathrm{d}x - nf(1)\int_0^1 x^n\mathrm{d}x,$$

因为

$$nf(1)\int_0^1 x^n\mathrm{d}x = \frac{n}{n+1}f(1) \to f(1) \quad (n\to\infty),$$

所以只需证明 $J_n\to 0\ (n\to\infty)$.

设 $0<h<1$, 则

$$|J_n| \leqslant \left|n\int_0^{1-h} x^n F(x)\mathrm{d}x\right| + \left|n\int_{1-h}^1 x^n F(x)\mathrm{d}x\right| = I_1 + I_2.$$

因为 $f(x)$ 连续,$F(1)=0$, 所以对于任何 $\varepsilon>0$, 存在 $h=h(\varepsilon)$(并固定), 使当 $1-h<x<1$ 时,$|F(x)|\leqslant\varepsilon/2$, 于是

$$I_2 \leqslant \frac{\varepsilon}{2}n\int_{1-h}^1 x^n\mathrm{d}x = \frac{\varepsilon}{2}\cdot\frac{n}{n+1}\left(1-(1-h)^{n+1}\right) \leqslant \frac{\varepsilon}{2}.$$

又由 $f(x)$ 的连续性知 $M=\sup\limits_{x\in[0,1]}|f(x)|<\infty$, 因此

$$I_1 \leqslant Mn\int_0^{1-h} x^n\mathrm{d}x \leqslant M(1-h)^{n+1}.$$

由 $0<1-h<1$ 知存在 $n_0=n_0(\varepsilon)$, 使当 $n\geqslant n_0$ 时 $I_1\leqslant\varepsilon/2$. 于是 $|J_n|\leqslant\varepsilon$(当 $n\geqslant n_0$), 从而 $J_n\to 0$ $(n\to\infty)$.

(2) 令

$$I(h)=\int_0^a \frac{h}{x^2+h^2}\big(f(x)-f(0)\big)\mathrm{d}x.$$

依 $f(x)$ 的连续性, 对任何 $\varepsilon>0$, 存在 $\delta=\delta(\varepsilon)<a$ 使当 $|x|<\delta$ 时,

$$|f(x)-f(0)|<\varepsilon.$$

固定 ε(因而 η 也固定), 则有

$$I(h)=\int_0^\eta \frac{h}{x^2+h^2}\big(f(x)-f(0)\big)\mathrm{d}x + \int_\eta^a \frac{h}{x^2+h^2}\big(f(x)-f(0)\big)\mathrm{d}x.$$

将上式右边两个积分依次记作 $A(h),B(h)$. 因为 $B(h)$ 中被积函数在 $[\eta,a]$ 上连续, 因此 $B(h)$ 在 $[\eta,a]$ 上也连续, 从而

$$\lim_{h\to 0+} B(h)=B(0)=0.$$

我们还有

$$|B(h)|\leqslant \varepsilon\int_0^\eta \frac{|h|}{x^2+h^2}\mathrm{d}x=\varepsilon\arctan\frac{\eta}{|h|}\leqslant \frac{\pi}{2}\varepsilon,$$

由此推出

$$\lim_{h\to 0+} B(h)=0.$$

于是

$$\lim_{h\to 0+}\int_0^a \frac{h}{x^2+h^2}\big(f(x)-f(0)\big)\mathrm{d}x=0,$$

也就是

$$\lim_{h\to 0+}\int_0^a \frac{h}{x^2+h^2}f(x)\mathrm{d}x=\lim_{h\to 0+} f(0)\int_0^a \frac{h}{x^2+h^2}\mathrm{d}x.$$

因为上式右边的极限等于

$$f(0)\lim_{h\to 0+}\left(\arctan\frac{x}{h}\Big|_0^a\right)=f(0)\lim_{h\to 0+}\arctan\frac{a}{h}=\frac{\pi}{2}f(0),$$

所以得到题中所说的结果.

注 1° 上面题 (2) 的解法中, 在证明 $\lim\limits_{h\to 0+}A(x)=0$ 时采用了与处理 $B(x)$ 不同的方法. 这是因为, 若 $f(0)\neq 0$, 则 $A(x)$ 的被积函数在 $[0,\eta]$ 上不连续. 事实上, 对于函数

$$F(x,h)=\frac{h}{x^2+h^2}f(x),$$

我们有 $F(x,0)=0,F(0,h)=f(0)/h$, 从而 $\lim\limits_{x\to 0+}F(x,0)=0$, 但同时有 $\lim\limits_{h\to 0}F(0,h)=\infty$.

2° 对于题 (2), 因为 $\lim\limits_{h\to 0-}\arctan(a/h)=-\pi/2$, 所以同时还有

$$\lim_{h\to 0-}\int_0^a \frac{h}{x^2+h^2}f(x)\mathrm{d}x=-\frac{\pi}{2}f(0).$$

3° 本题 (1) 的条件可换成 f 在 $[0,1]$ 上可积,$f(1-)$ 存在; 题 (2) 的条件可换成 f 在 $[0,1]$ 上可积,$f(0+)$ 存在. 证法类似.

4.28 对于任意给定的 $\varepsilon>0$, 不妨认为 $\varepsilon<1$(不然用小于 1 的 $\varepsilon'>0$ 代替它, 下面证得的含 ε' 的结论对 ε 也成立), 记

$$\tau=\frac{\varepsilon}{M+1},\quad M=\int_0^\infty f(x)\mathrm{d}x<\infty.$$

由积分 $\int_0^\infty f(x)\mathrm{d}x$ 的存在性可知, 存在正整数 n_0, 使当 $n\geqslant n_0$ 时 $\int_n^\infty f(x)\mathrm{d}x<\tau$. 固定 n_0. 注意 $\tau<1$, 我们有

$$\int_0^n \frac{x}{n}f(x)\mathrm{d}x=\int_0^{n\tau}\frac{x}{n}f(x)\mathrm{d}x+\int_{n\tau}^n \frac{x}{n}f(x)\mathrm{d}x.$$

上式右边第一个积分中 $x/n<\tau$, 第二个积分中 $x/n\leqslant 1$, 所以当 $n\geqslant n_0/\tau$ 时,

$$\begin{aligned}\int_0^n \frac{x}{n}f(x)\mathrm{d}x&\leqslant \tau\int_0^{n\tau}f(x)\mathrm{d}x+\int_{n\tau}^n f(x)\mathrm{d}x\\&<\tau\int_0^\infty f(x)\mathrm{d}x+\int_{n_0}^\infty f(x)\mathrm{d}x<\tau M+\tau=\varepsilon.\end{aligned}$$

于是本题得证.

4.29 将题中的积分改写为

$$J_n=\int_n^{n+p}\frac{\mathrm{d}x}{\sqrt{x^2+1}}=\int_n^{n+p}\frac{1}{x}\cdot\frac{x}{\sqrt{x^2+1}}\mathrm{d}x,$$

由积分第一中值定理, 存在 $\xi\in(n,n+p)$, 使得

$$J_n=\frac{\xi}{\sqrt{\xi^2+1}}\int_n^{n+p}\frac{\mathrm{d}x}{x}=\frac{\xi}{\sqrt{\xi^2+1}}\log\left(1+\frac{p}{n}\right)\to 0\quad(n\to\infty).$$

因为 $0<\xi/\sqrt{\xi^2+1}<1$, 所以 $J_n\to 0\ (n\to\infty)$.

4.30 用反证法. 设不然, 则对某个 $\varepsilon>0$, 存在无穷实数列 $x_n\uparrow\infty$, 使得

$$|f(x_n)|\geqslant\varepsilon\quad(n\geqslant 1).$$

由 Lagrange 中值定理, 对于所有 $n\geqslant 1, x\geqslant 0$, 存在 $\theta_n(x)$ 介于 x_n 和 x 之间, 使得

$$f(x)=f(x_n)+f'\big(\theta_n(x)\big)(x-x_n),$$

于是当 $n\geqslant 1, x\geqslant 0$ 时,

$$|f(x)|\geqslant|f(x_n)|-c|x-x_n|\geqslant\varepsilon-c|x-x_n|.$$

由此可知: 当 $x\in\sigma_n=[x_n-\varepsilon/(2c),x_n+\varepsilon/(2c)]$ 时, $f(x)\geqslant\varepsilon/2$. 又由 $x_n\uparrow\infty$ 可知, 存在正整数 N, 使当 $n\geqslant N$ 时 $x_{n+1}-x_n>\varepsilon/c$, 因而区间 $\sigma_n(n\geqslant N)$ 互不重叠. 于是我们有

$$\int_0^\infty f^2(x)\mathrm{d}x\geqslant\sum_{n=N}^\infty\int_{\sigma_n}f^2(x)\mathrm{d}x\geqslant\sum_{n=N}^\infty\frac{\varepsilon^2}{4}=+\infty.$$

这与题设矛盾.

4.31 对于任何 $\varepsilon>0$, 存在 $\eta>0$, 使对所有 $x\in(0,\eta)$ 有

$$f(x)(1-\varepsilon)<g(x)<f(x)(1+\varepsilon).$$

于是当 $n>1/\eta$ 时,

$$(1-\varepsilon)\int_0^{1/n}f(x)\mathrm{d}x<\int_0^{1/n}g(x)\mathrm{d}x<(1+\varepsilon)\int_0^{1/n}f(x)\mathrm{d}x.$$

于是推出题中结论.

第 5 章　多元积分学

5.1　重积分的计算

这里以常义二重和三重积分为主. 还可参见本章 5.2 节和 5.4 节.

例 5.1.1　计算二重积分

$$I_1=\iint\limits_{D_1} xy\mathrm{d}x\mathrm{d}y,$$

$$I_2=\iint\limits_{D_2} xy\mathrm{d}x\mathrm{d}y,$$

其中 D_1 由 $2y=x$ 和 $y=x^2$ 围成,D_2 由直线 $x+y=3$, 抛物线 $y=x^2/4$ 的右半支及横轴围成.

解　(i) 计算 I_1. 解法 1　因为直线 $2y=x$ 和抛物线 $y=x^2$ 的交点是 (0,0) 和 (1/2,1/4), 当 $0<x<1/2$ 时 $x/2>x^2$(即直线位于抛物线的上方. 读者可借助图像直接判断), 所以

$$I_1=\int_0^{1/2}\mathrm{d}x\int_{x^2}^{x/2}xy\mathrm{d}y=\int_0^{1/2}\left(\frac{1}{2}xy^2\right)\Bigg|_{y=x^2}^{y=x/2}\mathrm{d}x$$

$$=\int_0^{1/2}\left(\frac{1}{8}x^3-\frac{1}{2}x^5\right)\mathrm{d}x=\left(\frac{1}{32}x^4-\frac{1}{12}x^6\right)\Bigg|_0^{1/2}=\frac{1}{1536}.$$

解法 2　直线 $2y=x$ 和抛物线 $y=x^2$ 的交点的纵坐标 y 由方程 $y=(2y)^2$ 确定, 解得 $y=0,1/4$. 当 $0<y<1/4$ 时,$x=2y\geqslant 0$(第一象限), 所以取抛物线 $y=x^2$ 的右支 $x=\sqrt{y}$, 且 $\sqrt{y}>2y(0<y<1/4)$(读者可由图像直接判断). 于是

$$I_1=\int_0^{1/4}\mathrm{d}y\int_{2y}^{\sqrt{y}}xy\mathrm{d}x=\int_0^{1/4}\left(\frac{1}{2}x^2y\right)\Bigg|_{x=2y}^{x=\sqrt{y}}\mathrm{d}y$$

$$=\int_0^{1/4}\left(\frac{1}{2}y^2-2y^3\right)\mathrm{d}y=\left(\frac{1}{6}y^3-\frac{1}{2}y^4\right)\Bigg|_0^{1/4}=\frac{1}{1536}.$$

(ii) 计算 I_2. 读者可由图像直接判断, 给出下列两种解法.

解法 1 抛物线 $y=x^2/4$ 的右半支与直线 $x+y=3$ 的交点的横坐标是 $x=2$, 直线 $x+y=3$ 与横轴的交点是 (3,0), 抛物线 $y=x^2/4$ 经过点 (0,0). 因此

$$\begin{aligned}I_2&=\int_0^2\mathrm{d}x\int_0^{x^2/4}xy\mathrm{d}y+\int_2^3\mathrm{d}x\int_0^{3-x}xy\mathrm{d}y\\&=\frac{1}{32}\int_0^2x^5\mathrm{d}x+\frac{1}{2}\int_2^3x(3-x)^2\mathrm{d}x\\&=\frac{1}{3}+\frac{3}{8}=\frac{17}{24}.\end{aligned}$$

解法 2 抛物线 $y=x^2/4$ 的右半支与直线 $x+y=3$ 交点的纵坐标 y 由方程 $4y=(3-y)^2$ 确定, 得 $y=1,9$(其中 $y=9$ 是抛物线的左半支与直线交点的纵坐标, 不合题意), 于是

$$I_2=\int_0^1\mathrm{d}y\int_{2\sqrt{y}}^{3-y}xy\mathrm{d}x,$$

(以下的计算由读者完成). □

例 5.1.2 变换下列累次积分的积分顺序:

$$I=\int_0^2\mathrm{d}y\int_{\sqrt{4-y^2}}^{y+3}f(xy)\mathrm{d}x.$$

解 因为当 $0\leqslant y\leqslant 2$ 时, $\sqrt{4-y^2}\leqslant x\leqslant y+3$, 所以积分区域 D 由 X 轴 (即直线 $y=0$), 直线 $y=2$, 直线 $x=y+3$, 以及圆周 $x^2+y^2=4$ 围成, 因此 D 位于第一象限. 圆周与 X 轴 (正向) 交于 (2,0), 与 Y 轴 (正向) 交于 (0,2) (也是与直线 $y=2$ 的交点), 直线 $x=y+3$ 与 X 轴交于 (3,0), 与直线 $y=2$ 交于 (5,2). 因此

$$I=\int_0^2\mathrm{d}x\int_{\sqrt{4-x^2}}^2f(x,y)\mathrm{d}y+\int_2^3\mathrm{d}x\int_0^2f(x,y)\mathrm{d}y+\int_3^5\mathrm{d}x\int_{x-3}^2f(x,y)\mathrm{d}y.$$ □

注 针对函数 f 的特点, 有时可适当选取积分顺序以利积分计算, 可参见例 5.1.1 的 I_2, 以及习题 5.2(6) 等.

* **例 5.1.3** 计算:

$$I=\iint\limits_D(x^2+y)\mathrm{d}x\mathrm{d}y,$$

其中 $D=\{(x,y)\mid x^2+2y^2\leqslant 1\}$.

解 解法 1 当 $-1\leqslant x\leqslant 1$ 时, $-\sqrt{1-x^2}/\sqrt{2}\leqslant y\leqslant\sqrt{1-x^2}/\sqrt{2}$, 因此

$$\begin{aligned}I&=\int_{-1}^1\mathrm{d}x\int_{-\sqrt{1-x^2}/\sqrt{2}}^{\sqrt{1-x^2}/\sqrt{2}}(x^2+y)\mathrm{d}y\\&=\int_{-1}^1\mathrm{d}x\left(\int_{-\sqrt{1-x^2}/\sqrt{2}}^{\sqrt{1-x^2}/\sqrt{2}}x^2\mathrm{d}y+\int_{-\sqrt{1-x^2}/\sqrt{2}}^{\sqrt{1-x^2}/\sqrt{2}}y\mathrm{d}y\right)\\&=\int_{-1}^1\mathrm{d}x\int_{-\sqrt{1-x^2}/\sqrt{2}}^{\sqrt{1-x^2}/\sqrt{2}}x^2\mathrm{d}y+\int_{-1}^1\mathrm{d}x\int_{-\sqrt{1-x^2}/\sqrt{2}}^{\sqrt{1-x^2}/\sqrt{2}}y\mathrm{d}y,\end{aligned}$$

最后两个积分的积分区域对称, 被积函数一为偶函数, 一为奇函数 (相应的积分等于 0), 所以

$$I=\int_{-1}^1\mathrm{d}x\left(2\int_0^{\sqrt{1-x^2}/\sqrt{2}}x^2\mathrm{d}y\right)$$

$$
\begin{aligned}
&= 2\int_{-1}^{1} \frac{x^2\sqrt{1-x^2}}{\sqrt{2}}\mathrm{d}x \\
&= 2\sqrt{2}\int_0^1 x^2\sqrt{1-x^2}\mathrm{d}x.
\end{aligned}
$$

令 $x=\sin\theta$, 则 $\mathrm{d}x=\cos\theta\mathrm{d}\theta$, 于是

$$
\begin{aligned}
I &= 2\sqrt{2}\int_0^{\pi/2}\sin^2\theta\cos^2\theta\mathrm{d}\theta = \frac{\sqrt{2}}{2}\int_0^{\pi/2}\sin^2 2\theta\mathrm{d}\theta \\
&= \frac{\sqrt{2}}{2}\int_0^{\pi/2}\frac{1-\cos 4\theta}{2}\mathrm{d}\theta = \frac{\sqrt{2}}{8}\pi.
\end{aligned}
$$

解法 2　令 $x=r\cos\theta, y=r\sin\theta/\sqrt{2}$(广义极坐标), Jacobi 式

$$
\left|\frac{\partial(x,y)}{\partial(r,\theta)}\right| = \frac{r}{\sqrt{2}}.
$$

于是

$$
\begin{aligned}
I &= \int_0^{2\pi}\mathrm{d}\theta\int_0^1\left(r^2\cos^2\theta+\frac{r}{\sqrt{2}}\sin\theta\right)\frac{r}{\sqrt{2}}\mathrm{d}r \\
&= \frac{1}{\sqrt{2}}\int_0^{2\pi}\mathrm{d}\theta\int_0^1\left(r^3\cos^2\theta+\frac{r^2}{\sqrt{2}}\sin\theta\right)\mathrm{d}r \\
&= \frac{1}{\sqrt{2}}\int_0^{2\pi}\left(\frac{\cos^2\theta}{4}+\frac{\sin\theta}{3\sqrt{2}}\right)\mathrm{d}\theta \\
&= \frac{1}{\sqrt{2}}\left(\int_0^{2\pi}\frac{\cos^2\theta}{4}\mathrm{d}\theta+\int_0^{2\pi}\frac{\sin\theta}{3\sqrt{2}}\mathrm{d}\theta\right) \\
&= \frac{\sqrt{2}}{8}\int_0^{2\pi}\frac{1+\cos 2\theta}{2}\mathrm{d}\theta = \frac{\sqrt{2}}{8}\pi.
\end{aligned}
$$

□

例 5.1.4　计算:

$$
I = \int_0^a\int_0^a\frac{\mathrm{d}x\mathrm{d}y}{(a^2+x^2+y^2)^{3/2}}.
$$

解　积分区域是位于第一象限的边长为 a 的正方形, 过顶点 $(0,0)$ 和 (a,a) 的对角线将它分为两个三角形 D_1(经过点 $(a,0)$) 和 D_2. 应用极坐标 (r,θ), Jacobi 式等于 r. 直线 $y=a$ 和 $x=a$ 的极坐标表达式分别是 $r=a/\sin\theta$ 和 $r=a/\cos\theta$. 于是

$$
\begin{aligned}
I &= \int_0^{\pi/4}\mathrm{d}\theta\int_0^{a/\cos\theta}\frac{r\mathrm{d}r}{(a^2+r^2)^{3/2}}+\int_{\pi/4}^{\pi/2}\mathrm{d}\theta\int_0^{a/\sin\theta}\frac{r\mathrm{d}r}{(a^2+r^2)^{3/2}} \\
&= \int_0^{\pi/4}\left(\frac{-1}{(a^2+r^2)^{1/2}}\right)\Bigg|_0^{a/\cos\theta}\mathrm{d}\theta+\int_{\pi/4}^{\pi/2}\left(\frac{-1}{(a^2+r^2)^{1/2}}\right)\Bigg|_0^{a/\sin\theta}\mathrm{d}\theta \\
&= \frac{1}{a}\int_0^{\pi/4}\mathrm{d}\theta-\frac{1}{a}\int_0^{\pi/4}\frac{\cos\theta}{\sqrt{1+\cos^2\theta}}\mathrm{d}\theta+\frac{1}{a}\int_{\pi/4}^{\pi/4}\mathrm{d}\theta-\frac{1}{a}\int_{\pi/4}^{\pi/2}\frac{\sin\theta}{\sqrt{1+\sin^2\theta}}\mathrm{d}\theta \\
&= \frac{\pi}{2a}-\frac{1}{a}\int_0^{\pi/4}\frac{\mathrm{d}\sin\theta}{\sqrt{2-\sin^2\theta}}+\frac{1}{a}\int_{\pi/4}^{\pi/2}\frac{\mathrm{d}\cos\theta}{\sqrt{2-\cos^2\theta}} \\
&= \frac{\pi}{2a}-\frac{1}{a}\left(\arcsin\frac{\sin\theta}{\sqrt{2}}\right)\Bigg|_0^{\pi/4}+\frac{1}{a}\left(\arcsin\frac{\cos\theta}{\sqrt{2}}\right)\Bigg|_{\pi/4}^{\pi/2} = \frac{\pi}{6a}
\end{aligned}
$$

(我们也可用广义极坐标, 令 $x = ar\cos\theta, y = ar\sin\theta$). □

例 5.1.5 设 $f \in C(\mathbb{R})$. 求积分

$$J = \iint_D \sin x\big(1 + yf(x^2+y^2)\big)\mathrm{d}x\mathrm{d}y,$$

其中 D 为由曲线 $y = x^3, y = 1, x = -1$ 所围成的区域.

解 我们有

$$J = \int_{-1}^{1} \sin x\mathrm{d}x \int_{x^3}^{1} \mathrm{d}y + \int_{-1}^{1} \sin x\mathrm{d}x \int_{x^3}^{1} yf(x^2+y^2)\mathrm{d}y = J_1 + J_2.$$

其中

$$J_1 = \int_{-1}^{1} \sin x\mathrm{d}x - \int_{-1}^{1} x^3 \sin x\mathrm{d}x = -\int_{-1}^{1} x^3 \sin x\mathrm{d}x,$$

因为积分区间关于原点对称, 被积函数是偶函数, 所以

$$J_1 = -2\int_0^1 x^3 \sin x\mathrm{d}x.$$

反复分部积分得到

$$J_1 = 3\sin 1 - 5\cos 1.$$

为计算 J_2, 我们注意: 因为 f 连续, 所以 $F(x) = \int_0^x f(t)\mathrm{d}t$ 是 x 的可微函数, 并且 $F'(x) = f(x)$. 于是

$$\begin{aligned}
I(x) &= \int_{x^3}^{1} yf(x^2+y^2)\mathrm{d}y \\
&= \frac{1}{2}\int_{x^3}^{1} f(x^2+y^2)\mathrm{d}(x^2+y^2) \\
&= \frac{1}{2}\int_{x^3}^{1} \mathrm{d}F(x^2+y^2) \\
&= \frac{1}{2}\big(F(x^2+1) - F(x^2+x^6)\big),
\end{aligned}$$

因此

$$J_2 = \frac{1}{2}\int_{-1}^{1} \sin x\big(F(x^2+1) - F(x^2+x^6)\big)\mathrm{d}x.$$

因为 $\sin x\big(F(x^2+1) - F(x^2+x^6)\big)$ 是奇函数, 所以 $J_2 = 0$. 因此最终我们得到 $J = 3\sin 1 - 5\cos 1$. □

例 5.1.6 (1) 设 $\Omega_1 = \{(x,y,z) \mid x^2+y^2 \leqslant a^2(a>0), -h/2 \leqslant z \leqslant h/2\}$, 计算:

$$I_1 = \iiint_{\Omega_1} (y^2+z^2)\mathrm{d}x\mathrm{d}y\mathrm{d}z.$$

(2) 设 $\Omega_2 = \{(x,y,z) \mid x^2+y^2+z^2 \leqslant a^2(a>0), z \geqslant 0\}$, 计算:

$$I_2 = \iiint_{\Omega_2} z\mathrm{d}x\mathrm{d}y\mathrm{d}z.$$

解　(1) 解法 1　Ω_1 是直圆柱体 $x^2+y^2\leqslant a^2$ 被平面 $z=\pm h/2$ 截得的那段. 用 D 记 XY 平面上的圆 $x^2+y^2\leqslant a^2$, 可得

$$\begin{aligned}
I_1&=\iint\limits_D\left(\int_{-h/2}^{h/2}(y^2+z^2)\mathrm{d}z\right)\mathrm{d}x\mathrm{d}y\\
&=\iint\limits_D\left(y^2z+\frac{1}{3}z^3\right)\Bigg|_{z=-h/2}^{z=h/2}\mathrm{d}x\mathrm{d}y\\
&=\int_{-a}^{a}\mathrm{d}x\int_{-\sqrt{a^2-x^2}}^{\sqrt{a^2-x^2}}\left(y^2h+\frac{1}{12}h^3\right)\mathrm{d}y\\
&=\int_{-a}^{a}\left(\frac{h}{3}y^3+\frac{h^3}{12}y\right)\Bigg|_{-\sqrt{a^2-x^2}}^{\sqrt{a^2-x^2}}\mathrm{d}x\\
&=\frac{h}{6}\int_{-a}^{a}(4a^2+h^2-4x^2)\sqrt{a^2-x^2}\mathrm{d}x\quad(\text{令 } x=a\sin\theta)\\
&=\frac{a^2h}{6}\int_{-\pi/2}^{\pi/2}(4a^2+h^2-4a^2\sin^2\theta)\cos^2\theta\mathrm{d}\theta\\
&=\frac{a^2h}{3}\left(h^2\int_0^{\pi/2}\cos^2\theta\mathrm{d}\theta+4a^2\int_0^{\pi/2}\cos^4\theta\mathrm{d}\theta\right)\\
&=\frac{a^2h}{3}\left(h^2\cdot\frac{1}{2}\cdot\frac{\pi}{2}+4a^2\cdot\frac{3}{8}\cdot\frac{\pi}{2}\right)\\
&=\frac{\pi}{12}a^2h(3a^2+h^2).
\end{aligned}$$

解法 2　用圆柱坐标: $x=r\cos\phi,y=r\sin\phi,z=z$,Jacobi 式等于 r. 于是

$$\begin{aligned}
I_1&=\int_{-\pi}^{\pi}\mathrm{d}\phi\int_0^a\mathrm{d}r\int_{-h/2}^{h/2}(r^2\sin^2\phi+z^2)r\mathrm{d}z\\
&=\int_{-\pi}^{\pi}\mathrm{d}\phi\int_0^a\left((r^3\sin^2\phi)z+\frac{r}{3}z^3\right)\Bigg|_{z=-h/2}^{z=h/2}\mathrm{d}r\\
&=\int_{-\pi}^{\pi}\mathrm{d}\phi\int_0^a\left((h\sin^2\phi)r^3+\frac{h^3}{12}r\right)\mathrm{d}r\\
&=\int_{-\pi}^{\pi}\left(\frac{h\sin^2\phi}{4}r^4+\frac{h^3}{24}r^2\right)\Bigg|_0^a\mathrm{d}\phi\\
&=\int_{-\pi}^{\pi}\left(\frac{ha^4}{4}\sin^2\phi+\frac{a^2h^3}{24}\right)\mathrm{d}\phi\\
&=\frac{ha^4}{4}\cdot\pi+\frac{a^2h^3}{24}\cdot2\pi=\frac{\pi}{12}a^2h(3a^2+h^2).
\end{aligned}$$

(2) 解法 1　Ω_2 是上半球, 所以

$$I_2=\iint\limits_D\left(\int_0^{\sqrt{a^2-(x^2+y^2)}}z\mathrm{d}z\right)\mathrm{d}x\mathrm{d}y,$$

其中 D 是 XY 平面上的圆 $x^2+y^2\leqslant a^2$. 于是

$$I_2=\frac{1}{2}\iint\limits_D\left(a^2-(x^2+y^2)\right)\mathrm{d}x\mathrm{d}y$$

$$
\begin{aligned}
&=\frac{1}{2}\int_{-a}^{a}\mathrm{d}x\int_{-\sqrt{a^2-x^2}}^{\sqrt{a^2-x^2}}\left(a^2-(x^2+y^2)\right)\mathrm{d}y\\
&=\frac{1}{2}\int_{-a}^{a}\left((a^2-x^2)y-\frac{1}{3}y^3\right)\Bigg|_{y=-\sqrt{a^2-x^2}}^{y=\sqrt{a^2-x^2}}\mathrm{d}x\\
&=\frac{2}{3}\int_{-a}^{a}(a^2-x^2)\sqrt{a^2-x^2}\mathrm{d}x,
\end{aligned}
$$

令 $x=a\sin\theta$, 可得

$$
I_2=\frac{2}{3}a^4\int_{-\pi/2}^{\pi/2}\cos^4\theta\mathrm{d}\theta=\frac{4}{3}a^4\int_{0}^{\pi/2}\cos^4\theta\mathrm{d}\theta=\frac{\pi}{4}a^4.
$$

解法 2 用球坐标: $x=r\sin\theta\cos\phi, y=r\sin\theta\sin\phi, z=r\cos\theta$,Jacobi 式等于 $r^2\sin\theta$. 于是

$$
\begin{aligned}
I_2&=\int_{-\pi}^{\pi}\mathrm{d}\phi\int_{0}^{\pi/2}\mathrm{d}\theta\int_{0}^{a}r\cos\theta\cdot r^2\sin\theta\mathrm{d}r\\
&=\left(\int_{-\pi}^{\pi}\mathrm{d}\phi\right)\left(\int_{0}^{\pi/2}\cos\theta\sin\theta\mathrm{d}\theta\right)\left(\int_{0}^{a}r^3\mathrm{d}r\right)=\frac{\pi}{4}a^4.
\end{aligned}
$$

□

例 5.1.7 计算:

$$
\iiint_D xy^9z^8w^4\mathrm{d}x\mathrm{d}y\mathrm{d}z,
$$

其中 $D=\{(x,y,z)|x,y,z>0,x+y+z\leqslant 1\}, w=1-x-y-z$.

解 设 $(p,q,r,s)\in\mathbb{N}_0^4, t\geqslant 0$. 并令 $D(t)=\{(x,y,z)|x,y,z\geqslant 0,x+y+z\leqslant t\}$. 我们一般地考虑积分

$$
I_{p,q,r,s}=\iiint_D x^py^qz^r(1-x-y-z)^s\mathrm{d}x\mathrm{d}y\mathrm{d}z,
$$

以及

$$
I_{p,q,r,s}(t)=\iiint_{D(t)} x^py^qz^r(t-x-y-z)^s\mathrm{d}x\mathrm{d}y\mathrm{d}z.
$$

在 $I_{p,q,r,s}(t)$ 中作变量代换 $x=tX, y=tY, z=tZ$, 我们得到

$$
\begin{aligned}
I_{p,q,r,s}(t)&=\iiint_D t^pX^pt^qY^qt^rZ^rt^s(1-X-Y-Z)^st^3\mathrm{d}X\mathrm{d}Y\mathrm{d}Z\\
&=t^{p+q+r+s+3}I_{p,q,r,s}.
\end{aligned}
$$

在此式两边对 t 在 $[0,1]$ 上积分, 可推出

$$
\int_0^1 I_{p,q,r,s}(t)\mathrm{d}t=\frac{I_{p,q,r,s}}{p+q+r+s+4}.
$$

同时我们还有

$$
\int_0^1 I_{p,q,r,s}(t)\mathrm{d}t=\iiiint_{\Delta} x^py^qz^r(t-x-y-z)^s\mathrm{d}x\mathrm{d}y\mathrm{d}z\mathrm{d}t,
$$

其中 $\varDelta=\{(x,y,z,t)|x,y,z,t\geqslant 0,x+y+z\leqslant t\leqslant 1\}$. 由此算出

$$\begin{aligned}\int_0^1 I_{p,q,r,s}(t)\mathrm{d}t&=\iiint\limits_D x^py^qz^r\left(\int_{x+y+z}^1(t-x-y-z)^s\mathrm{d}t\right)\mathrm{d}x\mathrm{d}y\mathrm{d}z\\&=\frac{1}{s+1}\iiint\limits_D x^py^qz^r(1-x-y-z)^{s+1}\mathrm{d}x\mathrm{d}y\mathrm{d}z=\frac{1}{s+1}I_{p,q,r,s+1}.\end{aligned}$$

于是

$$\frac{I_{p,q,r,s}}{p+q+r+s+4}=\frac{1}{s+1}I_{p,q,r,s+1},$$

由此得到递推关系式

$$I_{p,q,r,s+1}=\frac{s+1}{p+q+r+s+4}I_{p,q,r,s}.$$

反复应用此递推关系式可知

$$\begin{aligned}I_{p,q,r,s}&=\frac{s}{p+q+r+s+3}I_{p,q,r,s-1}=\cdots\\&=\frac{s!(p+q+r+3)!}{(p+q+r+s+3)!}I_{p,q,r,0},\end{aligned}$$

其中

$$\begin{aligned}I_{p,q,r,0}&=\iiint\limits_D x^py^qz^r\mathrm{d}x\mathrm{d}y\mathrm{d}z=\iint\limits_T x^py^q\left(\int_0^{1-x-y}z^r\mathrm{d}z\right)\mathrm{d}x\mathrm{d}y\\&=\frac{1}{r+1}\iint\limits_T x^py^q(1-x-y)^{r+1}\mathrm{d}x\mathrm{d}y,\end{aligned}$$

而 $T=\{(x,y)|x,y\geqslant 0,x+y\leqslant 1\}$. 上式右边的积分与 $I_{p,q,r,s}$ 具有同样的特征 (变量个数为 2, 参数为 $p,q,r+1$), 我们可以用类似的方法算出

$$\iint\limits_T x^py^q(1-x-y)^{r+1}\mathrm{d}x\mathrm{d}y=\frac{(r+1)!(p+q+2)!}{(p+q+r+3)!}\iint\limits_T x^py^q\mathrm{d}x\mathrm{d}y,$$

$$\iint\limits_T x^py^q\mathrm{d}x\mathrm{d}y=\frac{1}{q+1}\int_0^1 x^p(1-x)^{q+1}\mathrm{d}x\mathrm{d}y.$$

最后, 还可类似地算出(变量个数为 1, 参数为 $p,q+1$; 也可直接应用贝塔函数 $\mathrm{B}(p+1,q+2)$)

$$\int_0^1 x^p(1-x)^{q+1}\mathrm{d}x\mathrm{d}y=\frac{p!(q+1)!}{(p+q+2)!}.$$

合起来即得

$$I_{p,q,r,s}=\frac{p!q!r!s!}{(p+q+r+s+3)!}.$$

因而所求的积分等于 $(9!8!4!)/25!$. □

5.2 广义重积分的计算

例 5.2.1 设 $a>0$, 计算

$$I=\int_{-\infty}^{\infty}\int_{-\infty}^{\infty}\frac{\mathrm{d}x\mathrm{d}y}{\sqrt{(x^2+y^2)(a^2+x^2+y^2)^3}}.$$

解 注意对称性, 并应用极坐标, 可知

$$\begin{aligned}I&=4\int_0^{\pi/2}\mathrm{d}\theta\int_0^{\infty}\frac{r\mathrm{d}r}{\sqrt{r^2(a^2+r^2)^3}}\\&=4\left(\int_0^{\pi/2}\mathrm{d}\theta\right)\left(\int_0^{\infty}\frac{\mathrm{d}r}{\sqrt{(a^2+r^2)^3}}\right)\\&=2\pi\int_0^{\infty}\frac{\mathrm{d}r}{\sqrt{(a^2+r^2)^3}}.\end{aligned}$$

令 $r=a\tan\theta$, 则 $\mathrm{d}r=a\sec^2t\mathrm{d}t$, 于是 $I=2\pi\int_0^{\pi/2}\cos t\mathrm{d}t=2\pi/a.$ □

例 5.2.2 计算:

$$\int_0^1\int_0^1\frac{\mathrm{d}x\mathrm{d}y}{1-xy}.$$

解 我们给出两种不同的解法.

解法 1 用 I 表示题中的积分. 作变量代换

$$u=\frac{x+y}{\sqrt{2}},\quad u=\frac{y-x}{\sqrt{2}},$$

那么积分区域 $(0,1)\times(0,1)$ 旋转 $-45°$, 变为顶点为

$$(0,0),\quad (1/\sqrt{2},-1/\sqrt{2}),\quad (\sqrt{2},0),\quad (1/\sqrt{2},1/\sqrt{2})$$

的正方形,Jacobi 式等于 1, 被积函数

$$\frac{1}{1-xy}=\frac{2}{2-u^2+v^2}$$

是 v 的偶函数, 于是

$$\frac{I}{4}=\int_0^{1/\sqrt{2}}\int_0^u\frac{\mathrm{d}u\mathrm{d}v}{2-u^2+v^2}+\int_{1/\sqrt{2}}^{\sqrt{2}}\int_0^{\sqrt{2}-u}\frac{\mathrm{d}u\mathrm{d}v}{2-u^2+v^2}.$$

因为

$$\int_0^x\frac{\mathrm{d}v}{2-u^2+v^2}=\frac{1}{\sqrt{2-u^2}}\arctan\frac{x}{\sqrt{2-u^2}},$$

所以

$$\frac{I}{4}=\int_0^{1/\sqrt{2}}\frac{1}{\sqrt{2-u^2}}\arctan\frac{u}{\sqrt{2-u^2}}\mathrm{d}u+\int_{1/\sqrt{2}}^{\sqrt{2}}\frac{1}{\sqrt{2-u^2}}\arctan\frac{\sqrt{2}-u}{\sqrt{2-u^2}}.$$

在右边两个积分中分别令 $u=\sqrt{2}\sin\theta$ 及 $u=\sqrt{2}\cos 2\theta$, 即知

$$\frac{I}{4}=\int_0^{\pi/6}\theta\mathrm{d}\theta+2\int_0^{\pi/6}\theta\mathrm{d}\theta=\frac{\pi^2}{24},$$

最终得 $I=\pi^2/6$.

解法 2　设 $0<\varepsilon<1$. 令

$$\phi(y)=\int_0^1\frac{\mathrm{d}x}{1-xy},$$

$$I_\varepsilon=\int_0^{1-\varepsilon}\mathrm{d}y\int_0^1\frac{\mathrm{d}x}{1-xy}=\int_0^{1-\varepsilon}\phi(y)\mathrm{d}y.$$

当 $x\in[0,1],y\in(0,1-\varepsilon]$, 将 $(1-xy)^{-1}$ 展开为几何级数, 得到

$$\frac{1}{1-xy}=\sum_{n=0}^{\infty}y^n\cdot x^n$$

作为变量 x 的幂级数, 其收敛半径 $1/y>1$, 于是可对 x 逐项积分:

$$\phi(y)=\int_0^1\frac{\mathrm{d}x}{1-xy}=\int_0^1\sum_{n=0}^{\infty}y^n\cdot x^n\mathrm{d}x=\sum_{n=0}^{\infty}y^n\int_0^1x^n\mathrm{d}x=\sum_{n=0}^{\infty}\frac{y^n}{n+1}.$$

上式右边的级数在区间 $[0,1-\varepsilon]$ 上一致收敛, 于是

$$I_\varepsilon=\int_0^{1-\varepsilon}\phi(y)\mathrm{d}y=\int_0^{1-\varepsilon}\sum_{n=0}^{\infty}\frac{y^n}{n+1}\mathrm{d}y=\sum_{n=0}^{\infty}\int_0^{1-\varepsilon}\frac{y^n}{n+1}\mathrm{d}y=\sum_{n=0}^{\infty}\frac{(1-\varepsilon)^{n+1}}{(n+1)^2}.$$

因为当 $\varepsilon\in[0,1]$ 时 $(1-\varepsilon)^{n+1}/(n+1)^2<1/(n+1)^2$, 所以上式右边的级数 (以 ε 为变量) 在其上一致收敛, 于是 $I=\lim\limits_{\varepsilon\to0}I_\varepsilon=\sum\limits_{n=1}^{\infty}1/n^2=\pi^2/6$. □

注　有很多经典方法证明 $\sum\limits_{n=1}^{\infty}1/n^2=\pi^2/6$. 所以上面的解法 2 中直接采用了这个结果 (一般的解题中都是如此). 另一方面, 上面的两个不同解法实际也给出 $\sum\limits_{n=1}^{\infty}1/n^2=\pi^2/6$ 的一种证明 (对此还可参见补充习题 9.88,9.89 等).

例 5.2.3　计算:

$$\int_0^1\int_0^1\frac{\mathrm{d}x\mathrm{d}y}{1-x^2y^2}.$$

解　这里给出三种解法.

解法 1　作变量代换

$$x=\frac{\sin\theta}{\cos\phi},\quad y=\frac{\sin\phi}{\cos\theta},$$

它有逆变换

$$\sin^2\theta=\frac{x^2(1-y^2)}{1-x^2y^2},\quad \sin^2\phi=\frac{y^2(1-x^2)}{1-x^2y^2}.$$

因此, 当 $(x,y)\in(0,1)\times(0,1)$ 时,$\theta,\phi\in(0,\pi/2)$. 另外还有

$$\cos(\theta+\phi)=\cos\theta\sqrt{1-\sin^2\theta}-\sin\phi\sqrt{1-\sin^2\phi}=\frac{\sqrt{(1-x^2)(1-y^2)}}{1+xy}>0,$$

所以 $\theta+\phi\in(0,\pi/2)$. 于是上述变换将 $(0,1)\times(0,1)$ 映为 $\Delta=\{(\theta,\phi)\mid\theta,\phi>0,\theta+\phi<\pi/2\}$. Jacobi 式

$$\begin{vmatrix}\dfrac{\partial x}{\partial\theta} & \dfrac{\partial x}{\partial\phi}\\ \dfrac{\partial y}{\partial\theta} & \dfrac{\partial y}{\partial\phi}\end{vmatrix}=\begin{vmatrix}\dfrac{\cos\theta}{\cos\phi} & \dfrac{\sin\theta}{\cos\phi}\tan\phi\\ \dfrac{\sin\phi}{\cos\theta}\tan\theta & \dfrac{\cos\phi}{\cos\theta}\end{vmatrix}=1-x^2y^2.$$

于是我们得到

$$\int_0^1\int_0^1\frac{\mathrm{d}x\mathrm{d}y}{1-x^2y^2}=\iint\limits_{\Delta}\mathrm{d}\theta\mathrm{d}\phi=\frac{1}{2}\cdot\frac{\pi}{2}\cdot\frac{\pi}{2}=\frac{\pi^2}{8}.$$

解法 2 将 $(1-x^2y^2)^{-1}$ 展开为几何级数, 然后逐项积分 (类似于例 5.2.2 的解法 2), 得到

$$\begin{aligned}\int_0^1\int_0^1\frac{\mathrm{d}x\mathrm{d}y}{1-x^2y^2}&=\sum_{n=0}^{\infty}\frac{1}{(2n+1)^2}=\sum_{n=1}^{\infty}\frac{1}{n^2}-\sum_{n=1}^{\infty}\frac{1}{(2n)^2}\\&=\left(1-\frac{1}{4}\right)\sum_{n=1}^{\infty}\frac{1}{n^2}=\frac{3}{4}\cdot\frac{\pi^2}{6}=\frac{\pi^2}{8}.\end{aligned}$$

解法 3 由于

$$\frac{1}{1-x^2y^2}=\frac{1}{2}\left(\frac{1}{1-xy}+\frac{1}{1+xy}\right),$$

由例 5.2.2 得到

$$\int_0^1\int_0^1\frac{\mathrm{d}x\mathrm{d}y}{1-xy}=\frac{\pi^2}{6},$$

类似地求出

$$\int_0^1\int_0^1\frac{\mathrm{d}x\mathrm{d}y}{1+xy}=\sum_{n=0}^{\infty}\frac{(-1)^n}{(n+1)^2}=\sum_{n=1}^{\infty}\frac{1}{n^2}-2\sum_{n=1}^{\infty}\frac{1}{(2n)^2}=\left(1-\frac{1}{2}\right)\sum_{n=1}^{\infty}\frac{1}{n^2}=\frac{\pi^2}{12},$$

由此即可算出题中的积分. □

例 5.2.4 计算:

$$\int_0^{\pi}\int_0^{\pi}\int_0^{\pi}\frac{\mathrm{d}x\mathrm{d}y\mathrm{d}z}{1-\cos x\cos y\cos z}.$$

解 作变量代换

$$\tan\frac{x}{2}=u,\quad \tan\frac{y}{2}=v,\quad \tan\frac{z}{2}=w,$$

则有

$$\mathrm{d}x=\frac{2\mathrm{d}u}{1+u^2},\quad \cos x=\frac{1-u^2}{1+u^2}$$

(对于 v,w 有类似的表达式).Jacobi 式

$$\left|\frac{\partial(x,y,z)}{\partial(u,v,w)}\right|=\frac{8}{(1+u^2)(1+v^2)(1+w^2)}.$$

于是所求积分

$$I=\int_0^{\infty}\int_0^{\infty}\int_0^{\infty}\frac{8\mathrm{d}u\mathrm{d}v\mathrm{d}w}{(1+u^2)(1+v^2)(1+w^2)-(1-u^2)(1-v^2)(1-w^2)}.$$

再作一次变量代换, 化为球坐标

$$u=r\sin\theta\cos\phi,\quad v=r\sin\theta\sin\phi,\quad w=r\cos\theta,$$

其 Jacobi 式

$$\left|\frac{\partial(u,v,w)}{\partial(r,\theta,\phi)}\right|=r^2\sin\theta,$$

而且

$$\begin{aligned}(1+u^2)(1+v^2)(1+w^2)-(1-u^2)(1-v^2)(1-w^2)&=2(u^2+v^2+w^2)+2u^2v^2w^2\\&=2r^2+2r^6\cos^2\phi\sin^2\phi\cos^2\theta\sin^4\theta.\end{aligned}$$

于是

$$\begin{aligned}I&=4\int_0^{\infty}\int_0^{\pi/2}\int_0^{\pi/2}\frac{\sin\theta\mathrm{d}r\mathrm{d}\theta\mathrm{d}\phi}{1+r^4\cos^2\phi\sin^2\phi\cos^2\theta\sin^4\theta}\\&=4\int_0^{\pi/2}\sin\theta\mathrm{d}\theta\int_0^{\pi/2}\mathrm{d}\phi\int_0^{\infty}\frac{\mathrm{d}r}{1+\lambda r^4},\end{aligned}$$

其中已简记 $\lambda=\cos^2\phi\sin^2\phi\cos^2\theta\sin^4\theta$. 作变量代换 $\lambda r^4=s$, 可得

$$\int_0^{\infty}\frac{\mathrm{d}r}{1+\lambda r^4}=\frac{1}{4\lambda^{1/4}}\mathrm{B}\left(\frac14,\frac34\right)=\frac{1}{4\lambda^{1/4}}\Gamma\left(\frac14\right)\Gamma\left(\frac34\right),$$

从而

$$I=\Gamma\left(\frac14\right)\Gamma\left(\frac34\right)\int_0^{\pi/2}\frac{\mathrm{d}\theta}{(\cos\theta)^{1/2}}\int_0^{\pi/2}\frac{\mathrm{d}\phi}{(\sin\phi\cos\phi)^{1/2}}.$$

令 $\cos^2\theta=t$, 则得

$$\begin{aligned}\int_0^{\pi/2}\frac{\mathrm{d}\theta}{(\cos\theta)^{1/2}}&=\frac12\int_0^1 t^{-3/4}(1-t)^{-1/2}\mathrm{d}t\\&=\frac12\mathrm{B}\left(\frac14,\frac12\right)=\frac{\Gamma\left(\frac14\right)\Gamma\left(\frac12\right)}{2\Gamma\left(\frac34\right)}.\end{aligned}$$

令 $2\phi=\sigma$, 则可推出

$$\int_0^{\pi/2}\frac{\mathrm{d}\phi}{(\sin\phi\cos\phi)^{1/2}}=\sqrt2\int_0^{\pi/2}\frac{\mathrm{d}\sigma}{(\cos\sigma)^{1/2}}$$

(归结为刚才对于 θ 的积分). 合起来, 我们得到 $I=\big(\Gamma(1/4)\big)^4/4$. □

例 5.2.5　设 $\alpha,\beta,\gamma>0,\alpha^{-1}+\beta^{-1}+\gamma^{-1}<1$, 计算:

$$\int_0^{\infty}\int_0^{\infty}\int_0^{\infty}\frac{\mathrm{d}x\mathrm{d}y\mathrm{d}z}{1+x^{\alpha}+y^{\beta}+z^{\gamma}}.$$

解　我们给出两个解法.

解法 1　作变量代换

$$x^{\alpha}=u^2,\quad y^{\beta}=v^2,\quad z^{\gamma}=w^2.$$

那么 Jacobi 式

$$\left|\frac{\partial(x,y,z)}{\partial(u,v,w)}\right|=\frac{8u^{2/\alpha-1}v^{2/\beta-1}w^{2/\gamma-1}}{\alpha\beta\gamma}.$$

所求积分

$$I=\frac{8}{\alpha\beta\gamma}\int_0^\infty\int_0^\infty\int_0^\infty\frac{u^{2/\alpha-1}v^{2/\beta-1}w^{2/\gamma-1}}{1+u^2+v^2+w^2}\mathrm{d}u\mathrm{d}v\mathrm{d}w.$$

再将 u,v,w 化为球坐标

$$u=r\cos\phi\sin\theta,\ v=r\sin\phi\sin\theta,\ w=r\cos\theta,$$

我们得到

$$\begin{aligned}I=&\frac{8}{\alpha\beta\gamma}\iiint\limits_D\frac{r^{2/\alpha+2/\beta+2/\gamma-3}}{1+r^2}\\&\cdot(\sin\theta)^{2/\alpha-1}(\cos\phi)^{2/\alpha-1}(\sin\theta)^{2/\beta-1}(\sin\phi)^{2/\beta-1}\cdot(\cos\theta)^{2/\gamma-1}r^2\sin\theta\mathrm{d}r\mathrm{d}\theta\mathrm{d}\phi,\end{aligned}$$

其中 D 表示区域 $0\leqslant r<\infty, 0\leqslant\theta\leqslant\pi/2, 0\leqslant\phi\leqslant\pi/2$. 因此

$$\begin{aligned}I=&\frac{8}{\alpha\beta\gamma}\int_0^\infty\frac{r^{2(1/\alpha+1/\beta+1/\gamma)-1}}{1+r^2}\mathrm{d}r\\&\cdot\int_0^{\pi/2}(\sin\theta)^{2/\alpha+2/\beta-1}(\cos\theta)^{2/\gamma-1}\mathrm{d}\theta\cdot\int_0^{\pi/2}(\cos\phi)^{2/\alpha-1}(\sin\phi)^{2/\beta-1}\mathrm{d}\phi.\end{aligned}$$

我们下面应用贝塔函数和伽马函数, 它们分别有下列表达式 (其中参数 $p,q,a>0$)

$$\begin{aligned}\mathrm{B}(p,q)&=\int_0^1t^{p-1}(1-t)^{q-1}\mathrm{d}t=\int_0^\infty\frac{s^{p-1}}{(1+s)^{p+q}}\mathrm{d}s\\&=2\int_0^{\pi/2}(\cos\theta)^{2p-1}(\sin\theta)^{2q-1}\mathrm{d}\theta,\end{aligned}$$

以及

$$\Gamma(a)=\int_0^\infty t^{a-1}\mathrm{e}^{-t}\mathrm{d}t,$$

并且它们之间有关系式

$$\mathrm{B}(p,q)=\frac{\Gamma(p)\Gamma(q)}{\Gamma(p+q)}.$$

在 I 的表达式中令 $r^2=s$, 并注意 $0<\alpha^{-1}+\beta^{-1}+\gamma^{-1}<1$, 可知对于 r 的积分

$$\begin{aligned}\int_0^\infty\frac{r^{2(1/\alpha+1/\beta+1/\gamma)-1}}{1+r^2}\mathrm{d}r&=\frac{1}{2}\mathrm{B}\left(\frac{1}{\alpha}+\frac{1}{\beta}+\frac{1}{\gamma},1-\left(\frac{1}{\alpha}+\frac{1}{\beta}+\frac{1}{\gamma}\right)\right)\\&=\frac{1}{2}\Gamma\left(\frac{1}{\alpha}+\frac{1}{\beta}+\frac{1}{\gamma}\right)\cdot\Gamma\left(1-\left(\frac{1}{\alpha}+\frac{1}{\beta}+\frac{1}{\gamma}\right)\right);\end{aligned}$$

对于 θ 的积分 (注意 $\alpha^{-1}+\beta^{-1}>0,\gamma^{-1}>0$)

$$\begin{aligned}\int_0^{\pi/2}(\sin\theta)^{2/\alpha+2/\beta-1}(\cos\theta)^{2/\gamma-1}\mathrm{d}\theta&=\frac{1}{2}\mathrm{B}\left(\frac{1}{\alpha}+\frac{1}{\beta},\frac{1}{\gamma}\right)\\&=\frac{1}{2}\Gamma\left(\frac{1}{\alpha}+\frac{1}{\beta}\right)\cdot\Gamma\left(\frac{1}{\gamma}\right)\cdot\left(\Gamma\left(\frac{1}{\alpha}+\frac{1}{\beta}+\frac{1}{\gamma}\right)\right)^{-1};\end{aligned}$$

以及对于 ϕ 的积分 (注意 $\alpha,\beta>0$)

$$\int_0^{\pi/2}(\cos\phi)^{2/\alpha-1}(\sin\theta)^{2/\beta-1}\mathrm{d}\phi=\frac{1}{2}\mathrm{B}\left(\frac{1}{\alpha},\frac{1}{\beta}\right).$$

最后, 合起来我们得到

$$I=\frac{1}{\alpha\beta\gamma}\Gamma\Big(\frac{1}{\alpha}\Big)\Gamma\Big(\frac{1}{\beta}\Big)\Gamma\Big(\frac{1}{\gamma}\Big)\Gamma\left(1-\Big(\frac{1}{\alpha}+\frac{1}{\beta}+\frac{1}{\gamma}\Big)\right).$$

解法 2　在对于 z 的积分中作变量代换

$$z^\gamma=(1+x^\alpha+y^\beta)t,$$

则有 $\gamma z^{\gamma-1}\mathrm{d}z=(1+x^\alpha+y^\beta)\mathrm{d}t$, 因而

$$\mathrm{d}z=\frac{1+x^\alpha+y^\beta}{\gamma t^{(\gamma-1)/\gamma}(1+x^\alpha+y^\beta)^{(\gamma-1)/\gamma}}\mathrm{d}t=\frac{(1+x^\alpha+y^\beta)^{1/\gamma}}{\gamma t^{(\gamma-1)/\gamma}}\mathrm{d}t,$$

于是得到

$$\begin{aligned}\int_0^\infty\frac{\mathrm{d}z}{1+x^\alpha+y^\beta+z^\gamma}&=\frac{(1+x^\alpha+y^\beta)^{1/\gamma-1}}{\gamma}\int_0^\infty\frac{t^{1/\gamma-1}}{1+t}\mathrm{d}t\\&=\frac{(1+x^\alpha+y^\beta)^{1/\gamma-1}}{\gamma}\mathrm{B}\left(\frac{1}{\gamma},1-\frac{1}{\gamma}\right).\end{aligned}$$

在对于 y 的积分中作变量代换

$$y^\beta=(1+x^\alpha)u,$$

则可类似地求得

$$\int_0^\infty\frac{\mathrm{d}y}{(1+x^\alpha+y^\beta)^{1-1/\gamma}}=\frac{(1+x^\alpha)^{1/\beta+1/\gamma-1}}{\beta}\mathrm{B}\left(\frac{1}{\beta},1-\frac{1}{\beta}-\frac{1}{\gamma}\right).$$

最后, 在对于 x 的积分中作变量代换

$$x^\alpha=v,$$

可求得

$$\int_0^\infty\frac{\mathrm{d}x}{(1+x^\alpha)^{1-1/\beta-1/\gamma}}=\frac{1}{\alpha}\mathrm{B}\left(\frac{1}{\alpha},1-\frac{1}{\alpha}-\frac{1}{\beta}-\frac{1}{\gamma}\right).$$

合起来, 并应用解法 1 中所说的贝塔函数和伽马函数的关系式, 即可得到最终结果. □

例 5.2.6　设积分

$$J_n=\int_{-\infty}^\infty\cdots\int_{-\infty}^\infty\mathrm{e}^{-(\boldsymbol{x},A\boldsymbol{x})}\mathrm{d}x_1\cdots\mathrm{d}x_n,$$

其中 $\boldsymbol{A}$ 是 n 阶正定矩阵,$(\boldsymbol{x},\boldsymbol{y})$ 表示 n 维向量 $\boldsymbol{x}=(x_1,\cdots,x_n)$,$\boldsymbol{y}=(y_1,\cdots,y_n)$ 的内积. 证明

$$J_n=\frac{\left(\int_{-\infty}^\infty\mathrm{e}^{-x^2}\mathrm{d}x\right)^n}{|\boldsymbol{A}|^{1/2}}=\sqrt{\frac{\pi^n}{|\boldsymbol{A}|}},$$

其中 $|\boldsymbol{A}|$ 表示矩阵 $\boldsymbol{A}$ 的行列式.

解 在此给出两个思路相同但细节处理有所差别的解法, 它们都是基于线性代数中的基本结果.

解法 1 记 n 阶矩阵 $\boldsymbol{A}=(a_{ij})$. 因为 $\boldsymbol{A}$ 是正定的, 所以存在下列形式的变量代换

$$y_k=x_k+\sum_{l=k+1}^{n}b_{kl}x_l\quad(k=1,\cdots,n),$$

其中 b_{kl} 是 a_{ij} 的某些有理函数 (约定空和为 0), 将二次形 $(\boldsymbol{x},\boldsymbol{A}\boldsymbol{x})$ 表示为平方和

$$(\boldsymbol{x},\boldsymbol{A}\boldsymbol{x})=\sum_{k=1}^{n}\frac{|A_k|}{|A_{k-1}|}y_k^2,$$

其中 $A_k=(a_{ij})(i,j=1,\cdots,k),|A_0|=1,|A_k|>0\,(k=0,\cdots,n)$. 上述变换是一一的, 其 Jacobi 式等于 1, 于是

$$J_n=\int_{-\infty}^{\infty}\cdots\int_{-\infty}^{\infty}\exp\left(\sum_{k=1}^{n}\frac{|A_k|}{|A_{k-1}|}y_k^2\right)\mathrm{d}y_1\cdots\mathrm{d}y_n=\frac{\left(\int_{-\infty}^{\infty}\mathrm{e}^{-y^2}\mathrm{d}y\right)^n}{\prod\limits_{k=1}^{n}\left(\dfrac{|A_k|}{|A_{k-1}|}\right)^{1/2}}=\frac{\pi^{n/2}}{|A|^{1/2}},$$

此处用到

$$\int_{-\infty}^{\infty}\mathrm{e}^{-t^2}\mathrm{d}t=\sqrt{\pi}.$$

解法 2 因为 $\boldsymbol{A}$ 是正定的, 所以存在 n 阶正交矩阵 $\boldsymbol{T}$ 将 $\boldsymbol{A}$ 化为对角形 $\boldsymbol{\Lambda}$(对角元为 $\lambda_1,\cdots,\lambda_n$). 作变量代换 $\boldsymbol{x}=\boldsymbol{T}\boldsymbol{y}$, 我们有

$$(\boldsymbol{x},\boldsymbol{A}\boldsymbol{x})=(\boldsymbol{y},\boldsymbol{\Lambda}\boldsymbol{y}),$$

并且 $\mathrm{d}x_1\cdots\mathrm{d}x_n=\mathrm{d}y_1\cdots\mathrm{d}y_n$, 而 Jacobi 式为 $|\boldsymbol{T}|=1$. $\boldsymbol{x}=\boldsymbol{T}\boldsymbol{y}$ 是一一变换, 所以

$$\begin{aligned}J_n&=\int_{-\infty}^{\infty}\cdots\int_{-\infty}^{\infty}\mathrm{e}^{-\lambda_1y_1^2-\cdots-\lambda_ny_n^2}\mathrm{d}y_1\cdots\mathrm{d}y_n\\&=\prod_{i=1}^{n}\int_{-\infty}^{\infty}\mathrm{e}^{-\lambda_iy_i^2}\mathrm{d}y_i=\frac{\pi^{n/2}}{(\lambda_1\cdots\lambda_n)^{1/2}}=\frac{\pi^{n/2}}{|\boldsymbol{A}|^{1/2}}\end{aligned}$$

(注意 $|\boldsymbol{A}|=\lambda_1\cdots\lambda_n$), 于是本题得证. □

5.3 曲线积分和曲面积分

例 5.3.1 计算曲线积分

$$L=\int_C x^2y\mathrm{d}x+(y-x^2)\mathrm{d}y,$$

其中 C 是 XY 平面上顶点为 $O(0,0),A(2,1),B(0,1)$ 的三角形的周边.

解　解法 1　边 OA 的方程 (参数式) 是 $x=2t,y=t(0\leqslant t\leqslant 1)$, 因此

$$\int_{OA}x^2y\mathrm{d}x+(y-x^2)\mathrm{d}y=\int_0^1\big(4t^2\cdot t\cdot 2+(t-4t^2)\cdot 1\big)\mathrm{d}t=\frac{7}{6}.$$

边 AB 的方程是 $x=t,y=1(0\leqslant t\leqslant 2)$, 因此

$$\begin{aligned}\int_{AB}x^2y\mathrm{d}x+(y-x^2)\mathrm{d}y&=-\int_{BA}x^2y\mathrm{d}x+(y-x^2)\mathrm{d}y\\&=-\int_0^2\big(t^2\cdot 1\cdot 1+(1-t^2)\cdot 0\big)\mathrm{d}t=-\frac{8}{3}.\end{aligned}$$

边 BO 的方程是 $x=0,y=t(0\leqslant t\leqslant 1)$, 因此

$$\begin{aligned}\int_{BO}x^2y\mathrm{d}x+(y-x^2)\mathrm{d}y&=-\int_{OB}x^2y\mathrm{d}x+(y-x^2)\mathrm{d}y\\&=-\int_0^1\big(0\cdot t\cdot 0+(t-0)\cdot 1\big)\mathrm{d}t=-\frac{1}{2}.\end{aligned}$$

于是 $L=7/6-8/3-1/2=-2$.

解法 2　用 D 表示三角形 OAB 所围成的闭域, 令 $P(x,y)=x^2y$ 及 $Q(x,y)=y-x^2$, 那么

$$\frac{\partial P}{\partial y}=x^2,\quad \frac{\partial Q}{\partial x}=-2x$$

在 D 上连续, 由 Green 公式得到

$$\begin{aligned}\int_C x^2y\mathrm{d}x+(y-x^2)\mathrm{d}y&=\iint_D(-2x-x^2)\mathrm{d}x\mathrm{d}y\\&=\int_0^1\mathrm{d}y\int_0^{2y}(-2x-x^2)\mathrm{d}x=\int_0^1\left(-4y^2-\frac{8}{3}y^3\right)\mathrm{d}y=-2.\end{aligned}$$ □

例 5.3.2　计算曲线积分

$$L=\int_C\frac{-y}{x^2+y^2}\mathrm{d}x+\frac{x}{x^2+y^2}\mathrm{d}y,$$

其中 C 是 XY 平面上顶点为 $A(1,0),B(0,1),C(-1,0),D(0,-1)$ 的正方形的周边.

解　解法 1　因为 $P=-y/(x^2+y^2),Q=x/(x^2+y^2)$ 在 C 所围成的闭域 T 内的点 (0,0) 上不连续, 所以不能直接应用 Green 公式. 取 C_1 为以 (0,0) 为中心, 半径 a 足够小 (使 K 含在 T 内) 的圆周, 其方向与 C 相反 (顺时针方向), 那么在 C 和 C_1 围成的闭域 T_1 内 P_y,Q_x 连续, 于是

$$\int_C P\mathrm{d}x+Q\mathrm{d}y+\int_{C_1}P\mathrm{d}x+Q\mathrm{d}y=\iint_{T_1}(P_y-Q_x)\mathrm{d}x\mathrm{d}y=0.$$

由此得到 (令 $x=a\cos\theta,y=a\sin\theta$)

$$\begin{aligned}L=-\int_{C_1}P\mathrm{d}x+Q\mathrm{d}y&=\int_0^{2\pi}\frac{-a\sin\theta}{a^2}(-a\sin\theta)\mathrm{d}\theta\\&+\int_0^{2\pi}\frac{a\cos\theta}{a^2}a\cos\theta\mathrm{d}\theta=\int_0^{2\pi}\mathrm{d}\theta=2\pi.\end{aligned}$$

解法 2 分别计算在 AB,BC,CD,DA 上的积分 $L_i(i=1,\cdots,4)$. 对于 AB, 其方程是 $x+y=1$, 于是

$$\begin{aligned}L_1&=\int_1^0\frac{-(1-x)}{x^2+(1-x)^2}\mathrm{d}x+\int_1^0\frac{x}{x^2+(1-x)^2}(-\mathrm{d}x)\\&=\int_0^1\frac{\mathrm{d}x}{2x^2-2x+1}=\int_0^1\frac{\mathrm{d}x}{(x-1/2)^2+1/4}=\frac{\pi}{2}.\end{aligned}$$

类似地 (读者完成计算)$L_2=L_3=L_4=\pi/2$, 所以 $L=2\pi$. □

*** 例 5.3.3** 计算曲线积分

$$I=\int_C(x^2+y^2)\mathrm{d}s,$$

其中 C 是空间曲线:

$$\begin{cases}x^2+y^2+z^2=a^2\quad(a>0),\\x+y+z=0.\end{cases}$$

解 解法 1 因为曲线 C 关于 x,y,z 对称, 被积函数在 x,y,z 轮换下值不变, 所以所求积分

$$\begin{aligned}I&=\frac{1}{3}\left(\int_C(x^2+y^2)\mathrm{d}s+\int_C(y^2+z^2)\mathrm{d}s+\int_C(z^2+x^2)\mathrm{d}s\right)\\&=\frac{2}{3}\int_C(x^2+y^2+z^2)\mathrm{d}s=\frac{2}{3}\int_C a^2\mathrm{d}s=\frac{2}{3}a^2\cdot2\pi a=\frac{4}{3}\pi a^3.\end{aligned}$$

解法 2 由第一型曲线积分的定义以及曲线 C 关于 x,y,z 的对称性可知

$$\int_C x^2\mathrm{d}s=\int_C y^2\mathrm{d}s=\int_C z^2\mathrm{d}s,$$

所以

$$\begin{aligned}I&=\int_C(x^2+y^2)\mathrm{d}s=\int_C x^2\mathrm{d}s+\int_C y^2\mathrm{d}s\\&=\int_C x^2\mathrm{d}s+\int_C x^2\mathrm{d}s=2\int_C x^2\mathrm{d}s=2\int_C y^2\mathrm{d}s=2\int_C z^2\mathrm{d}s\\&=\frac{1}{3}\left(2\int_C x^2\mathrm{d}s+2\int_C y^2\mathrm{d}s+2\int_C z^2\mathrm{d}s\right)\\&=\frac{2}{3}\int_C(x^2+y^2+z^2)\mathrm{d}s=\frac{2}{3}\int_C a^2\mathrm{d}s=\frac{2a^2}{3}\int_C\mathrm{d}s\\&=\frac{2a^2}{3}\cdot C\ \text{的周长}=\frac{2a^2}{3}\cdot2\pi a=\frac{4}{3}\pi a^3.\end{aligned}$$

解法 3 首先求曲线 C 的参数方程: 由 $x^2+y^2+z^2=a^2,x+y+z=0$ 消去 y, 可得 $z^2+xz+x^2=a^2/2$, 配方后得到

$$\frac{(z+x/2)^2}{(\sqrt{2}a/2)^2}+\frac{x^2}{(\sqrt{6}a/3)^2}=1.$$

所以可将曲线 C 表示为

$$\begin{cases}\dfrac{(z+x/2)^2}{(\sqrt{2}a/2)^2}+\dfrac{x^2}{(\sqrt{6}a/3)^2}=1,\\x+y+z=0\end{cases}$$

(若消去 y, 做法类似). 类比椭圆的参数方程, 令 $x=(\sqrt{6}/3)a\cos t, z+x/2=(\sqrt{2}/2)a\sin t$, 并且由 $x+y+z=0$ 解出 y 的参数式. 于是我们得到曲线 C 的参数表达式

$$\begin{cases} x=\dfrac{\sqrt{6}}{3}a\cos t, \\ y=a\left(-\dfrac{\sqrt{2}}{2}\sin t-\dfrac{\sqrt{6}}{6}\cos t\right), \\ z=a\left(-\dfrac{\sqrt{6}}{6}\cos t+\dfrac{\sqrt{2}}{2}\sin t\right). \end{cases}$$

由此求得 $\mathrm{d}s=\sqrt{\dot{x}^2+\dot{y}^2+\dot{z}^2}=a\mathrm{d}t$, 以及

$$I=a^3\int_0^{2\pi}\left(\frac{5}{6}\cot^2 t+\frac{1}{2}\sin^2 t+\frac{\sqrt{3}}{3}\sin t\cos t\right)\mathrm{d}t=\frac{4}{3}\pi a^3.$$

(读者自行补出计算细节.) □

注　关于 (第一型) 线积分的计算, 还可参见有关平面和空间曲线的弧长计算 (例如例 4.4.4, 习题 4.18,4.19 等).

例 5.3.4　计算积分

$$I=\iint_{\Sigma} xyz\mathrm{d}S,$$

其中 Σ 是球面 $x^2+y^2+z^2=a^2$ 在第一卦限的部分.

解　解法 1　由方程 $x^2+y^2+z^2=a^2$ 得到

$$\frac{\partial z}{\partial x}=-\frac{x}{z},\quad \frac{\partial z}{\partial y}=-\frac{y}{z},$$

$$\sqrt{1+\left(\frac{\partial z}{\partial x}\right)^2+\left(\frac{\partial z}{\partial y}\right)^2}=\frac{a}{z},$$

令 $D: x^2+y^2\leqslant a^2, x\geqslant 0, y\geqslant 0$($\Sigma$ 在 XY 平面上的正投影), 那么

$$I=\iint_D xyz\cdot\frac{a}{z}\mathrm{d}x\mathrm{d}y=a\int_0^a\mathrm{d}x\int_0^{\sqrt{a^2-x^2}}xy\mathrm{d}y=\frac{a^5}{8}.$$

解法 2　用 α,β,γ 分别表示曲面在点 (x,y,z) 处的外法线与 X,Y,Z 轴 (正向) 的夹角 (于是 $\cos\alpha,\cos\beta,\cos\gamma$ 是外法线的方向余弦), 那么

$$I=\iint_{\Sigma}\frac{xyz}{\cos\gamma}\cos\gamma\mathrm{d}S=\iint_{\Sigma}\frac{xyz}{\cos\gamma}\mathrm{d}x\mathrm{d}y.$$

对于球面 $x^2+y^2+z^2=a^2$ 直接得到 $\cos\gamma=z/a$, 所以

$$I=\iint_D xyz\cdot\frac{a}{z}\mathrm{d}x\mathrm{d}y$$

(以下计算同解法 1).

解法 3　应用球坐标, 令 $x=a\sin\theta\cos\phi, y=a\sin\theta\sin\phi, z=a\cos\theta$, 那么

$$\mathrm{d}S=\sqrt{EG-F^2}\,\mathrm{d}\theta\mathrm{d}\phi=a^2\sin\theta\mathrm{d}\theta\mathrm{d}\phi,$$

此处 $E=x_\theta^2+y_\theta^2+z_\theta^2=a^2, F=x_\theta x_\phi+y_\theta y_\phi+z_\theta z_\phi=0, G=x_\phi^2+y_\phi^2+z_\phi^2=a^2\sin^2\theta$. 于是

$$\begin{aligned}I&=\int_0^{\pi/2}\mathrm{d}\phi\int_0^{\pi/2}a^3\sin^2\theta\cos\theta\cos\phi\sin\phi\cdot a^2\sin\theta\mathrm{d}\phi\\&=a^5\int_0^{\pi/2}\sin\cos\phi\mathrm{d}\phi\int_0^{\pi/2}\sin^3\theta\cos\theta\mathrm{d}\theta=\frac{a^5}{8}.\end{aligned}$$ □

* **例 5.3.5** 计算积分

$$\iint_\Sigma|xyz|\mathrm{d}S$$

其中 Σ 为曲面 $z=x^2+y^2$ 夹在平面 $z=1$ 和 $z=0$ 之间的部分.

解 因为 $z=x^2+y^2, p=\partial z/\partial x=2x, q=\partial z/\partial y=2y$, 所以 $\sqrt{p^2+q^2+1}=\sqrt{4(x^2+y^2)+1}$ 所求积分

$$I=\iint_\Sigma|xyz|\mathrm{d}S=\iint_D|xy|(x^2+y^2)\sqrt{4(x^2+y^2)+1}\mathrm{d}x\mathrm{d}y,$$

其中 D 表示 XOY 平面中的区域 $\{(x,y)\mid x^2+y^2\leqslant 1\}$. 化为极坐标, 并注意对称性, 我们有

$$\begin{aligned}I&=4\int_0^{\pi/2}\mathrm{d}\theta\int_0^1 r^2\sin\theta\cos\theta\cdot r^2\sqrt{4r^2+1}\,r\mathrm{d}r\\&=4\int_0^{\pi/2}\sin\theta\cos\theta\mathrm{d}\theta\int_0^1 r^5\sqrt{4r^2+1}\mathrm{d}r\quad(令\ t=r^2)\\&=\int_0^1 t^2\sqrt{4t+1}\mathrm{d}t\quad(令\ u=\sqrt{4t+1})\\&=\frac{1}{32}\int_1^{\sqrt5}(u^6-2u^4+u^2)\mathrm{d}u=\frac{125\sqrt5-1}{420}.\end{aligned}$$ □

注 关于 (第一型) 曲面积分的计算, 还可参见本章第 4 节等.

例 5.3.6 求

$$I=\iint_\Sigma x^3\mathrm{d}y\mathrm{d}z+y^3\mathrm{d}z\mathrm{d}x+z^3\mathrm{d}x\mathrm{d}y,$$

其中 $\Sigma: x^2+y^2+z^2=a^2$.

解 解法 1 令 $V: x^2+y^2+z^2\leqslant a^2$. 显然 Gauss 公式的条件在此成立, 所以

$$\begin{aligned}I&=\iiint_V(P_x+Q_y+R_z)\mathrm{d}x\mathrm{d}y\mathrm{d}z=\iiint_V(3x^2+3y^2+3z^2)\mathrm{d}x\mathrm{d}y\mathrm{d}z\\&=3\iiint_{r^2\leqslant a^2}r^2\cdot r^2\sin\theta\mathrm{d}r\mathrm{d}\theta\mathrm{d}\phi=3\int_0^\pi\sin\theta\mathrm{d}\theta\int_0^{2\pi}\mathrm{d}\phi\int_0^a r^4\mathrm{d}r=\frac{12}{5}\pi a^5.\end{aligned}$$

解法 2 曲面 Σ 在 XY 平面上的投影是 $D: x^2+y^2\leqslant a^2$, 由对称性可知

$$\begin{aligned}I&=3\iint_D z^3\mathrm{d}x\mathrm{d}y=3\iint_D(a^2-x^2-y^2)^{3/2}\mathrm{d}x\mathrm{d}y-\iint_D\big(-(a^2-x^2-y^2)\big)^{3/2}\mathrm{d}x\mathrm{d}y\\&=6\int_0^{2\pi}\mathrm{d}\theta\int_0^a(a^2-r^2)^{3/2}r\mathrm{d}r=\frac{12}{5}\pi a^5.\end{aligned}$$ □

例 5.3.7 求积分

$$I=\int_C y\mathrm{d}x+z\mathrm{d}y+x\mathrm{d}z,$$

其中 C 是球 $x^2+y^2+z^2=R^2$ 与平面 $x+z=R$ 的交线, 由点 $(R,0,0)$ 出发, 沿 $x>0,y>0$ 的部分到达点 $(0,0,R)$, 然后经 $x>0,y<0$ 的部分回到出发点.

解　解法 1　对于 $y>0$ 的部分 $C_1, z=R-x, y=\sqrt{2x(R-x)}$, 因而

$$\mathrm{d}y=\frac{\mathrm{d}}{\mathrm{d}x}\sqrt{2x(R-x)}\,\mathrm{d}x=\frac{R-2x}{\sqrt{2x(R-x)}}\mathrm{d}x,$$

$$\mathrm{d}z=\frac{\mathrm{d}}{\mathrm{d}x}(R-x)\mathrm{d}x=-\mathrm{d}x,$$

于是

$$\begin{aligned}
I_1&=\int_{C_1}y\mathrm{d}x+z\mathrm{d}y+x\mathrm{d}z\\
&=\int_R^0\sqrt{2x(R-x)}\mathrm{d}x+\int_R^0(R-x)\frac{R-2x}{\sqrt{2x(R-x)}}\mathrm{d}x+\int_R^0x(-\mathrm{d}x)\\
&=\sqrt{2}\int_R^0\sqrt{\left(\frac{R}{2}\right)^2-\left(x-\frac{R}{2}\right)^2}\,\mathrm{d}x\\
&\quad+\frac{1}{\sqrt{2}}\int_{\pi/2}^{-\pi/2}\frac{(R/2)(1-\sin\theta)(-R\sin\theta)}{(R/2)\cos\theta}\frac{R}{2}\cos\theta\mathrm{d}\theta+\int_0^R x\mathrm{d}x\\
&=-\frac{\sqrt{2}\pi R^2}{4}+\frac{R^2}{2}.
\end{aligned}$$

类似地, 对于 $y<0$ 的部分 $C_2, z=R-x, y=-\sqrt{2x(R-x)}$, 可求出

$$I_2=\int_{C_2}y\mathrm{d}x+z\mathrm{d}y+x\mathrm{d}z=-\frac{\sqrt{2}\pi R^2}{4}-\frac{R^2}{2}$$

(读者补出计算细节). 因此 $I=I_1+I_2=-\sqrt{2}\pi R^2/2$.

解法 2　Stokes 定理的条件在此显然成立, 其中 $P=y,Q=z,R=x$, 并取 Σ 为平面 $x+z=R$ 上的圆周 C 所围成的闭圆盘. 平面 $x+z=R$ 的外法线的方向余弦是 $\cos\alpha=1/\sqrt{2},\cos\beta=0,\cos\gamma=1/\sqrt{2}$, 因此

$$\begin{aligned}
I&=\iint\limits_{\Sigma}\left((R_y-Q_z)\frac{1}{\sqrt{2}}+(P_z-R_x)\cdot 0+(Q_x-P_y)\frac{1}{\sqrt{2}}\right)\mathrm{d}S\\
&=\iint\limits_{\Sigma}\left((0-1)\frac{1}{\sqrt{2}}+(0-1)\cdot 0+(0-1)\frac{1}{\sqrt{2}}\right)\mathrm{d}S=-\sqrt{2}\iint\limits_{\Sigma}\mathrm{d}S,
\end{aligned}$$

最后的积分表示上述闭圆盘的面积, 其半径等于 $R/\sqrt{2}$, 所以得到 $I=-\sqrt{2}\pi(R/\sqrt{2})^2=-\sqrt{2}\pi R^2/2$. □

例 5.3.8　设 $u(x,y)$ 是在以闭曲线 C 为边界的 (闭) 区域 D 中连续的调和函数, 即

$$\Delta u=\frac{\partial^2u}{\partial x^2}+\frac{\partial^2u}{\partial y^2}=0.$$

证明:

$$\int_C u\frac{\partial u}{\partial n}\mathrm{d}s=\iint\limits_D\left(\left(\frac{\partial u}{\partial x}\right)^2+\left(\frac{\partial u}{\partial y}\right)^2\right)\mathrm{d}x\mathrm{d}y,$$

其中 $\partial u/\partial n$ 是 f 沿 C 的 (外) 法线方向的导数.

解 曲线 C 的切向是 $(\mathrm{d}x,\mathrm{d}y)$, 所以单位法向

$$\boldsymbol{n}=\left(\frac{\mathrm{d}y}{\sqrt{\mathrm{d}x^2+\mathrm{d}y^2}},-\frac{\mathrm{d}x}{\sqrt{\mathrm{d}x^2+\mathrm{d}y^2}}\right),$$

以及 $\mathrm{d}s=\sqrt{\mathrm{d}x^2+\mathrm{d}y^2}$. 于是 u 在方向 $\boldsymbol{n}$ 上的导数

$$\frac{\partial u}{\partial n}=\frac{\partial u}{\partial x}\frac{\mathrm{d}y}{\sqrt{\mathrm{d}x^2+\mathrm{d}y^2}}+\frac{\partial u}{\partial y}\left(-\frac{\mathrm{d}x}{\sqrt{\mathrm{d}x^2+\mathrm{d}y^2}}\right)=\frac{1}{\mathrm{d}s}\left(\frac{\partial u}{\partial x}\mathrm{d}y-\frac{\partial u}{\partial y}\mathrm{d}x\right).$$

由此得到

$$\int_C u\frac{\partial u}{\partial n}\mathrm{d}s=\int_C u\frac{\partial u}{\partial x}\mathrm{d}y-u\frac{\partial u}{\partial y}\mathrm{d}x,$$

由题设条件可知, 在此可应用 Green 公式, 于是上式右边等于

$$\iint\limits_D\left(\left(\frac{\partial u}{\partial x}\right)^2+u\frac{\partial^2 u}{\partial x^2}+\left(\frac{\partial u}{\partial y}\right)^2+u\frac{\partial^2 u}{\partial y^2}\right)\mathrm{d}x\mathrm{d}y,$$

因为 $\Delta u=0$, 所以推出所要证的公式. □

5.4 重积分的应用

这里主要是几何应用.

* **例 5.4.1** 求平面 $z=x+y$ 与曲面 $z=x^2+y^2$ 所围成的立体的体积.

解 平面 $z=x+y$ 与曲面 $z=x^2+y^2$ 的交线在坐标平面 $z=0$ 上的 (正) 投影是 $x^2+y^2=x+y$, 即坐标平面 $z=0$ 上的圆

$$\left(x-\frac{1}{2}\right)^2+\left(y-\frac{1}{2}\right)^2=\frac{1}{2}.$$

用 D 表示此圆的内部 (含圆周). 注意当坐标平面 $z=0$ 上的点 $(x,y,0)\in D$ 时, 被积函数 $x+y-x^2-y^2=1/2-(x-1/2)^2-(y-1/2)^2\geqslant 0$, 因此所求体积

$$V=\iint\limits_D(x+y-x^2-y^2)\mathrm{d}x\mathrm{d}y.$$

令 $x=r\cos\theta+1/2, y=r\sin\theta+1/2$, 求得

$$V=\int_0^{2\pi}\mathrm{d}\theta\int_0^{1/\sqrt{2}}\left(\frac{1}{2}-r^2\right)r\mathrm{d}r=\frac{\pi}{8}.$$ □

例 5.4.2 求曲面 $x^2+y^2=cz$ 与平面 $z=0$ 以及四个柱面 $x^2-y^2=\pm a^2, xy=\pm b^2$ 所围成的立体的体积 V.

解　解法 1　(i) 由于对称性, 只用考虑第一卦限. 应用圆柱坐标 (r,ϕ,z). 曲面 $x^2+y^2=cz$ 的方程成为 $z=r^2/c$, 四个柱面的方程分别是 $r^2=\pm a^2/\cos 2\phi$ 及 $r^2=\pm 2b^2/\cos 2\phi$. 积分区域在 XY 平面上的第一象限中, 由 X 轴,Y 轴, 双曲线 $xy=b^2, x^2-y^2=\pm a^2$ 围成. 双曲线 $xy=b^2$ 与 $x^2-y^2=\pm a^2$ 在第一象限中的交点记为 $M,N,\angle MOX=\alpha,\angle NOX=\beta,\alpha<\beta$(请读者据此画出示意图). 于是 D 被 OM,ON 划分为三部分 (扇形)D_1,D_2,D_3(按逆时针方向计序).

(ii) 按圆柱坐标下的体积公式, 以 D_1 为底的立体体积

$$V_1=\iiint\limits_{\Omega_1} r\mathrm{d}r\mathrm{d}\phi\mathrm{d}z,$$

其中 Ω_1 是与 V_1 对应的空间区域, 于是

$$\begin{aligned}V_1&=\iint\limits_{D_1} r\mathrm{d}r\mathrm{d}\phi\int_0^{r^2/c}\mathrm{d}z=\iint\limits_{D_1}\frac{r^2}{c}r\mathrm{d}r\mathrm{d}\phi\\&=\int_0^{\alpha}\mathrm{d}\phi\int_0^{R_1}\frac{r^2}{c}r\mathrm{d}r=\frac{1}{c}\int_0^{\alpha}\mathrm{d}\phi\int_0^{R_1}r^3\mathrm{d}r.\end{aligned}$$

因为 D_1 由 X 轴,OM 以及双曲线 $xy=b^2$ 围成,M 是双曲线 $xy=b^2$ 与 $x^2-y^2=a^2$ 的交点, $\angle MOX=\alpha$, 所以

$$R_1^2=\frac{a^2}{\cos 2\phi},\quad \frac{a^2}{\cos 2\alpha}=\frac{2b^2}{\sin 2\alpha},$$

于是

$$\begin{aligned}V_1&=\frac{1}{4c}\int_0^{\alpha}R_1^4\mathrm{d}\phi=\frac{1}{4c}\int_0^{\alpha}\left(\frac{a^2}{\cos 2\phi}\right)^2\mathrm{d}\phi=\frac{a^4}{4c}\left(\frac{\tan 2\phi}{2}\right)\Bigg|_0^{\alpha}\\&=\frac{a^4}{8c}\tan 2\alpha=\frac{a^4}{8c}\cdot\frac{2b^2}{a^2}=\frac{a^2b^2}{4c}.\end{aligned}$$

(iii) 类似地得到以 D_2 为底的立体体积

$$V_2=\int_{\alpha}^{\beta}\mathrm{d}\phi\int_0^{R_2}\frac{r^2}{c}r\mathrm{d}r,$$

其中

$$R_2^2=\frac{2b^2}{\sin 2\phi},\quad \frac{2b^2}{\sin 2\beta}=\frac{-a^2}{\cos 2\beta},$$

于是

$$V_2=\frac{b^4}{c}\int_{\alpha}^{\beta}\frac{\mathrm{d}\phi}{\sin^2 2\phi}=\frac{b^4}{c}\left(\frac{-\cot 2\phi}{2}\right)\Bigg|_{\alpha}^{\beta}=\frac{a^2b^2}{2c}.$$

(iv) 以 D_3 为底的立体体积

$$V_3=\int_{\beta}^{\pi/2}\mathrm{d}\phi\int_0^{R_3}\frac{r^2}{c}r\mathrm{d}r,$$

其中

$$R_3^2=\frac{-a^2}{\cos 2\phi},$$

于是

$$V_3=\frac{a^4}{4c}\int_\beta^{\pi/2}\frac{\mathrm{d}\phi}{\cos^2 2\phi}=\frac{a^4}{4c}\left(\frac{\tan 2\phi}{2}\right)\Bigg|_\beta^{\pi/2}=\frac{a^2b^2}{4c}.$$

(v) 最后, 我们得到体积 $V=4(V_1+V_2+V_3)=4a^2b^2/c$.

解法 2 D,D_1,D_2,D_3 之意义同解法 1. 令 $f(x,y)=(x^2+y^2)/c$, 那么

$$V_1=\iint\limits_{D_1}f(x,y)\mathrm{d}x\mathrm{d}y=\iint\limits_{D_1}\frac{x^2+y^2}{c}\mathrm{d}x\mathrm{d}y.$$

作变换 $x=r\cos\phi, y=r\sin\phi$, 则 Jacobi 式等于 r, 于是通过与解法 1 类似的计算 (实际上, 对于圆柱坐标, 限制在 XY 平面 (即 $z=0$) 上就是平常的极坐标; 而四个曲面的母线是 XY 平面上的双曲线, 所以解法 1 中的有关计算在此都有效)得到

$$V_1=\frac{1}{c}\int_0^\alpha\mathrm{d}\phi\int_0^{R_1}r^3\mathrm{d}r=\cdots=\frac{a^2b^2}{4c}.$$

V_2,V_3,V 的计算类似 (从略). □

* **例 5.4.3** 给定曲面

$$5x^2+12y^2+z^2+12xy+6yz+4zx=2.$$

(1) 求内含曲面且与曲面相切的圆柱面的母线方程.

(2) 求曲面所围立体的体积 V.

解 (1) 由曲面方程解出

$$z=-(3x+3y)\pm\sqrt{-x^2-3y^2+2},$$

因此 $z=z(x,y)$ 的定义域是 $x^2+3y^2\leqslant 2$, 即平面 $z=0$ 上的椭圆

$$\frac{x^2}{(\sqrt{2})^2}+\frac{y^2}{(\sqrt{2/3})^2}=1.$$

围成的区域. 椭圆长半轴的长等于 $\sqrt{2}$, 所以所求圆柱面的母线方程是平面 $z=0$ 上的圆 $x^2+y^2=2$.

(2) 曲面在平面 $z=0$ 上的正投影是 $D: x^2+3y^2\leqslant 2$, 于是

$$\begin{aligned}V&=\iint\limits_D\big((-(3x+3y)+\sqrt{-x^2-3y^2+2})\\&\quad-(-(3x+3y)-\sqrt{-x^2-3y^2+2})\big)\mathrm{d}x\mathrm{d}y\\&=2\iint\limits_D\sqrt{-x^2-3y^2+2}\mathrm{d}x\mathrm{d}y.\end{aligned}$$

引进广义极坐标

$$x=\sqrt{2}r\cos\theta,\quad y=\sqrt{2/3}r\sin\theta,$$

其 Jacobi 式等于 $2r/\sqrt{3}$, 于是

$$V=\frac{2}{\sqrt{3}}\int_0^{2\pi}\mathrm{d}\theta\int_0^1\sqrt{2-2r^2}\,r\mathrm{d}r=\frac{4\sqrt{2}\pi}{\sqrt{3}}\int_0^1\sqrt{1-r^2}\,r\mathrm{d}r$$
$$=\frac{4\sqrt{2}\pi}{\sqrt{3}}\left(-\frac{1}{3}(1-r^2)^{3/2}\right)\Big|_0^1=\frac{4\sqrt{6}\pi}{9}.$$ □

例 5.4.4　求球面 $x^2+y^2+z^2=z$ 含在椭球面 $4x^2+3y^2+z^2=2z$ 内部的那部分的表面积.

解　两个曲面在原点相切,Z 轴是它们的公共轴. 应用球坐标

$$x=r\sin\theta\cos\phi,\quad y=r\sin\theta\sin\phi,\quad z=r\cos\theta,$$

Jacobi 式等于 $r^2\sin\theta$. 椭球面方程是 $r\big(\sin^2\theta(2+\cos^2\phi)+1\big)=2\cos\theta$, 球面方程是 $r=\cos\theta$. 对于二者的交线上的点 (r_0,θ_0,ϕ_0), 由几何特征易知 r_0 和 θ_0 保持不变,$0\leqslant\phi_0<2\pi$, 并且满足方程组

$$r\big(\sin^2\theta(2+\cos^2\phi)+1\big)=2\cos\theta,\quad r=\cos\theta,$$

即知 $\sin^2\theta_0(2+\cos^2\phi_0)=1$. 对于所研究的球面部分上的点 (r,θ,ϕ), 有 $0\leqslant\theta\leqslant\theta_0,0\leqslant\phi=\phi_0<2\pi$(等式 $\phi=\phi_0$ 是由几何意义推出的), $r=\cos\theta$, 并且

$$\sqrt{\left(r^2+\left(\frac{\partial r}{\partial\theta}\right)^2\right)\sin^2\theta+\left(\frac{\partial r}{\partial\phi}\right)^2}=\sqrt{(r^2+\sin^2\theta)\sin^2\theta+0}$$
$$=\sqrt{(\cos^2\theta+\sin^2\theta)\sin^2\theta}=\sin\theta,$$

因此所求表面积

$$S=\int_0^{2\pi}\mathrm{d}\phi\int_0^{\theta_0}\sqrt{\left(r^2+\left(\frac{\partial r}{\partial\theta}\right)^2\right)\sin^2\theta+\left(\frac{\partial r}{\partial\phi}\right)^2}\,r\mathrm{d}\theta$$
$$=\int_0^{2\pi}\mathrm{d}\phi\int_0^{\theta_0}\sin\theta\cos\theta\mathrm{d}\theta=\frac{1}{2}\int_0^{2\pi}\sin^2\theta_0\mathrm{d}\phi.$$

由 $\sin^2\theta_0(2+\cos^2\phi_0)=1$ 得到

$$\sin^2\theta_0=\frac{1}{2+\cos^2\phi_0}=\frac{1}{2+\cos^2\phi},$$

于是 (令 $t=\tan\phi$)

$$S=\frac{1}{2}\int_0^{2\pi}\frac{1}{2+\cos^2\phi}\mathrm{d}\phi=2\int_0^{\infty}\frac{\mathrm{d}t}{3+2t^2}=\frac{\pi}{\sqrt{6}}.$$ □

注　习题 5.17(1) 与本例类似, 但计算方法稍有差别 (采用了一般性的参数表示下的面积公式).

例 5.4.5　求两个曲面 $z^2=4ax,y^2=ax-x^2(a>0)$ 所围成的立体的全表面积.

解　两个曲面都是柱面, 它们关于 XY 平面及 XZ 平面对称. 只需考虑第一卦限部分. 将属于柱面 $z^2=4ax$ 的部分的表面积记做 S_1, 属于柱面 $y^2=ax-x^2$ 的部分的表面积记做 S_2. 还分别用 D_1 及 D_2 记 S_1 在 XY 平面及 S_2 在 XZ 平面上的 (正) 投影.

由 $z^2=4az$ 得到

$$\frac{\partial z}{\partial x}=\frac{2a}{z}=\sqrt{\frac{a}{x}},\quad \frac{\partial z}{\partial y}=0,$$

而 D_1 是 XY 平面上由抛物线 $y^2=ax-x^2$ 与 X 轴围成的区域, 所以

$$\begin{aligned}S_1&=\iint\limits_{D_1}\sqrt{1+\left(\frac{\partial z}{\partial x}\right)^2+\left(\frac{\partial z}{\partial y}\right)^2}\mathrm{d}x\mathrm{d}y=\int_0^a\mathrm{d}x\int_0^{\sqrt{ax-x^2}}\sqrt{1+\frac{a}{x}}\mathrm{d}y\\&=\int_0^a\sqrt{1+\frac{a}{x}}\sqrt{ax-x^2}\mathrm{d}x=\int_0^a\sqrt{a^2-x^2}\mathrm{d}x=\frac{1}{4}\pi a^2.\end{aligned}$$

由 $y^2=ax-x^2$ 得到

$$\frac{\partial y}{\partial x}=\frac{a-2x}{2y}=\frac{a-2x}{2\sqrt{ax-x^2}},\quad \frac{\partial y}{\partial z}=0,$$

而 D_2 是 XZ 平面上由曲线 $z=2\sqrt{ax}$, 直线 $x=a$ 与 X 轴围成的区域, 所以

$$\begin{aligned}S_2&=\iint\limits_{D_2}\sqrt{1+\left(\frac{\partial y}{\partial x}\right)^2+\left(\frac{\partial y}{\partial z}\right)^2}\mathrm{d}x\mathrm{d}z=\int_0^a\mathrm{d}x\int_0^{2\sqrt{ax}}\sqrt{1+\frac{(a-2x)^2}{4(ax-x^2)}}\mathrm{d}z\\&=\int_0^a 2\sqrt{ax}\sqrt{1+\frac{(a-2x)^2}{4(ax-x^2)}}\mathrm{d}x=a^{3/2}\int_0^a\frac{\mathrm{d}x}{\sqrt{a-x}}=2a^2.\end{aligned}$$

因此所求表面积 $S=4(S_1+S_2)=(\pi+8)a^2$. □

例 5.4.6 (1) 设 $\rho=\rho(x,y)$ 是原点 O 到椭圆

$$C:\quad \frac{x^2}{a^2}+\frac{y^2}{b^2}=1$$

上的任一点 (x,y) 处的切线的距离, 证明:

$$\int\limits_C\frac{x^2+y^2}{\rho(x,y)}\mathrm{d}s=\frac{\pi ab}{4}\big((a^2+b^2)(a^{-2}+b^{-2})+4\big).$$

(2) 设 $\rho=\rho(x,y,z)$ 是原点 O 到椭球

$$\Sigma:\quad \frac{x^2}{a^2}+\frac{y^2}{b^2}+\frac{z^2}{c^2}=1$$

上的任一点 (x,y,z) 处的切面的距离, 证明:

$$\int\limits_\Sigma\frac{\mathrm{d}S}{\rho(x,y,z)}=\frac{4\pi abc}{3}\left(\frac{1}{a^2}+\frac{1}{b^2}+\frac{1}{c^2}\right).$$

解 (1) 椭圆在点 (x,y) 处的切线方程 (用 (X,Y) 表示切线上点的坐标)是 $Y-y=y'_x(X-x)$, 也就是

$$y'_xX-Y+(y-y'_xx)=0.$$

因此原点 O 到此切线的距离

$$\rho(x,y)=\frac{|y'_x\cdot 0-0+(y-y'_xx)|}{\sqrt{1+(y'_x)^2}}=\frac{|y'_xx-y|}{\sqrt{1+(y'_x)^2}}.$$

应用椭圆的参数方程

$$x = a\cos\phi, \quad y = b\sin\phi \quad (0 \leqslant \phi \leqslant 2\pi).$$

我们有

$$\frac{\mathrm{d}x}{\mathrm{d}\phi} = -a\sin\phi, \quad \frac{\mathrm{d}y}{\mathrm{d}\phi} = b\cos\phi, \quad y'_x = -\frac{b}{a}\cot\phi,$$

于是

$$\rho(x,y) = \frac{|b\cos^2\phi(\sin\phi)^{-1} + b\sin\phi|}{\sqrt{1+b^2a^{-2}\cot^2\phi}} = \frac{ab}{\sqrt{a^2\sin^2\phi + b^2\cos^2\phi}}.$$

还有

$$\frac{\mathrm{d}s}{\mathrm{d}\phi} = \sqrt{\left(\frac{\mathrm{d}x}{\mathrm{d}\phi}\right)^2 + \left(\frac{\mathrm{d}y}{\mathrm{d}\phi}\right)^2} = \sqrt{a^2\sin^2\phi + b^2\cos^2\phi}.$$

因此所求积分

$$\begin{aligned}
\int_C \frac{x^2+y^2}{\rho(x,y)}\mathrm{d}s &= \int_\Gamma \frac{x^2+y^2}{\rho(x,y)}\frac{\mathrm{d}s}{\mathrm{d}\phi}\mathrm{d}\phi \\
&= \frac{1}{ab}\int_0^{2\pi}(a^2\cos^2\phi + b^2\sin^2\phi)(a^2\sin^2\phi + b^2\cos^2\phi)\mathrm{d}\phi \\
&= \frac{4}{ab}\int_0^{\pi/2}\Big((a^4+b^4)\cos^2\phi\sin^2\phi + a^2b^2(\cos^4\phi + \sin^4\phi)\Big)\mathrm{d}\phi.
\end{aligned}$$

因为

$$\int_0^{\pi/2}\cos^2\phi\sin^2\phi\mathrm{d}\phi = \frac{1}{4}\int_0^{2\pi}\sin^2 2\phi\mathrm{d}\phi = \frac{1}{8}\int_0^{\pi/2}(1-\cos 4\phi)\mathrm{d}\phi = \frac{\pi}{16},$$

以及

$$\begin{aligned}
\int_0^{\pi/2}(\cos^4\phi + \sin^4\phi)\mathrm{d}\phi &= \int_0^{\pi/2}\big((\cos^2\phi + \sin^2\phi)^2 - 2\sin^2\phi\cos^2\phi\big)\mathrm{d}\phi \\
&= \int_0^{\pi/2}(1 - 2\sin^2\phi\cos^2\phi)\mathrm{d}\phi = \frac{3\pi}{8},
\end{aligned}$$

所以我们得到

$$\begin{aligned}
\int_C \frac{x^2+y^2}{\rho(x,y)}\mathrm{d}s &= \frac{\pi}{4ab}(a^4+b^4+6a^2b^2) \\
&= \frac{\pi ab}{4}\left(\frac{a^4+b^4}{a^2b^2} + 6\right) = \frac{\pi ab}{4}\big((a^2+b^2)(a^{-2}+b^{-2}) + 4\big).
\end{aligned}$$

(2) 所给椭球在点 (x,y,z) 处的切面方程 (我们用 (X,Y,Z) 表示切面上的点)是

$$\frac{x}{a^2}(X-x) + \frac{y}{b^2}(Y-y) + \frac{z}{c^2}(Z-z) = 0.$$

因为由椭球方程可知 $x^2/a^2 + y^2/b^2 + z^2/c^2 = 1$, 所以它可表示为

$$\frac{x}{a^2}X + \frac{y}{b^2}Y + \frac{z}{c^2}Z - 1 = 0.$$

原点 O 到此切面的距离

$$\rho = \rho(x,y,z) = \frac{|(x/a^2)\cdot 0 + (y/b^2)\cdot 0 + (z/c^2)\cdot 0 - 1|}{\sqrt{(x/a^2)^2 + (y/b^2)^2 + (z/c^2)^2}}$$

$$= \frac{1}{\sqrt{x^2/a^4 + y^2/b^4 + z^2/c^4}}.$$

椭球在点 (x,y,z) 处的单位法向量是

$$\begin{aligned}\boldsymbol{n} &= \frac{1}{\sqrt{x^2/a^4 + y^2/b^4 + z^2/c^4}}\left(\frac{x}{a^2}\boldsymbol{i} + \frac{y}{b^2}\boldsymbol{j} + \frac{z}{c^2}\boldsymbol{k}\right)\\ &= \rho\left(\frac{x}{a^2}\boldsymbol{i} + \frac{y}{b^2}\boldsymbol{j} + \frac{z}{c^2}\boldsymbol{k}\right),\end{aligned}$$

其中 $\boldsymbol{i},\boldsymbol{j},\boldsymbol{k}$ 是单位基向量. 在 Gauss 公式

$$\int_{\Sigma} \boldsymbol{F}\cdot\boldsymbol{n}\mathrm{d}S = \int_{\Omega} \mathrm{div}\boldsymbol{F}\mathrm{d}V$$

中选取

$$\boldsymbol{F} = \frac{x}{a^2}\boldsymbol{i} + \frac{y}{b^2}\boldsymbol{j} + \frac{z}{c^2}\boldsymbol{k},$$

则有 $\boldsymbol{F}\cdot\boldsymbol{n} = \rho(x^2/a^4 + y^2/b^4 + z^2/c^4) = \rho/\rho^2 = 1/\rho$, 因此

$$\begin{aligned}\int_{\Sigma} \frac{\mathrm{d}S}{\rho(x,y,z)} &= \int_{\Sigma} \boldsymbol{F}\cdot\boldsymbol{n}\mathrm{d}S = \int_{\Omega} \mathrm{div}\boldsymbol{F}\mathrm{d}V = \int_{\Omega}\left(\frac{1}{a^2}+\frac{1}{b^2}+\frac{1}{c^2}\right)\mathrm{d}V\\ &= \left(\frac{1}{a^2}+\frac{1}{b^2}+\frac{1}{c^2}\right)\cdot \text{椭球体积} = \frac{4\pi abc}{3}\left(\frac{1}{a^2}+\frac{1}{b^2}+\frac{1}{c^2}\right).\end{aligned}$$

□

例 5.4.7 设 $0 \leqslant r \leqslant 1$, 求下列 n 维区域的体积 $V_n(r)$:

$$D_n(r) = \left\{(x_1,\cdots,x_n)\,\middle|\,(x_1,\cdots,x_n)\in[0,1]^n, \prod_{k=1}^{n} x_k \leqslant r\right\}.$$

解 显然 $V_1(r) = r$. 当 $n=2$ 时, 区域 $D_2(r)$ 可以划分为一个矩形 $[0,r]\times[0,1]$ 以及由曲线 $x_1x_2 = r, x_1 = r, x_1 = 1$ 和 x_1 轴上的区间 $[r,1]$ 围成的曲边梯形, 因此

$$\begin{aligned}V_2(r) &= \int_0^r \mathrm{d}x_1\int_0^1 \mathrm{d}x_2 + \int_r^1 \mathrm{d}x_1\int_{D_1(r/x_1)} \mathrm{d}x_2\\ &= \int_0^r \mathrm{d}x_1 + \int_r^1 V_1(r/x_1)\mathrm{d}x_1\\ &= r + \int_r^1 \frac{r}{x_1}\mathrm{d}x_1 = r(1-\log r).\end{aligned}$$

一般地, 当 $n \geqslant 2$ 时,

$$\begin{aligned}V_n(r) &= \int_0^r \mathrm{d}x_1\int_0^1\cdots\int_0^1 \mathrm{d}x_2\cdots\mathrm{d}x_{n-1} + \int_r^1 \mathrm{d}x_1\int_{D_{n-1}(r/x_1)} \mathrm{d}x_2\cdots\mathrm{d}x_{n-1}\\ &= r + \int_r^1 V_{n-1}(r/x)\mathrm{d}x_1\\ &= r + r\int_r^1 \frac{V_{n-1}(u)}{u^2}\mathrm{d}u.\end{aligned}$$

于是可用数学归纳法证明 (读者补出计算细节):

$$V_n(r) = r\sum_{k=0}^{n-1}(-1)^k\frac{(\log r)^k}{k!} \quad (0 < r \leqslant 1),$$

并且易见 $V_n(0) = 0$.

□

5.5　含参变量的积分

这里同时涉及常义和广义积分. 本书其他章节 (如第 4 章) 的某些例题和习题实际也包含与本节主题有关的内容 (特别是以定积分定义的函数的研究).

例 5.5.1　令

$$I(\alpha)=\int_0^{\pi/2}\sin^\alpha x\mathrm{d}x.$$

(1) 计算

$$f(\alpha)=(\alpha+1)I(\alpha)I(\alpha+1).$$

(2) 证明:

$$I(\alpha)\sim\sqrt{\frac{\pi}{2\alpha}}\quad(\alpha\to+\infty).$$

解　(1) (i) 分部积分, 我们有

$$I(\alpha+2)=\int_0^{\pi/2}\sin^\alpha x(\sin x\mathrm{d}x)=-\sin^{\alpha+2}x\cos x\Big|_0^{\pi/2}+(\alpha+1)\int_0^{\pi/2}\sin^\alpha x\cos^2 x\mathrm{d}x,$$

因此

$$I(\alpha+2)=(\alpha+1)\big(I(\alpha)-I(\alpha+2)\big),$$
$$(\alpha+2)I(\alpha+2)=(\alpha+1)I(\alpha).$$

这蕴含

$$f(\alpha+1)=(\alpha+2)I(\alpha+1)I(\alpha+2)=(\alpha+1)I(\alpha)I(\alpha+1)=f(\alpha).$$

因此 f 是周期函数 (周期为 1), 从而若 p 为一个整数, 则

$$f(p)=f(0)=I(0)I(1)=\frac{\pi}{2}.$$

(ii) 因为当 $0<x<\pi/2$ 时 $0<\sin x<1$, 所以当 $\alpha<\alpha'$ 时 $\sin^\alpha x>\sin^{\alpha'}x$, 从而

$$\int_0^{\pi/2}\sin^\alpha x\mathrm{d}x>\int_0^{\pi/2}\sin^{\alpha'}x\mathrm{d}x.$$

于是不等式 $p\leqslant\alpha<p+1$, 蕴含

$$I(p)\geqslant I(\alpha)>I(p+1),\quad I(p+1)\geqslant I(\alpha+1)>I(p+2),$$

由此推出

$$\begin{aligned}\frac{p+2}{p+1}f(p)&=(p+2)I(p)I(p+1)>(\alpha+1)I(\alpha)I(\alpha+1)\\&>(p+1)I(p+1)I(p+2)=\frac{p+1}{p+2}f(p+1).\end{aligned}$$

因为 $f(p+1)=f(p)=f(0)=\pi/2$, 所以我们由上式得到

$$\frac{p+2}{p+1}\cdot\frac{\pi}{2}>(\alpha+1)I(\alpha)I(\alpha+1)>\frac{p+1}{p+2}\cdot\frac{\pi}{2}.$$

在此式中用 $\alpha+n$ 代 α(因而 $p+n\leqslant\alpha+n<p+n+1$, 亦即相应地用 $p+n$ 代 p), 即得

$$\begin{aligned}\frac{p+n+2}{p+n+1}\cdot\frac{\pi}{2}&>(\alpha+n+1)I(\alpha+n)I(\alpha+n+1)\\&=f(\alpha+n)>\frac{p+n+1}{p+n+2}\cdot\frac{\pi}{2}.\end{aligned}$$

由此可知当 $n\to\infty$ 时, 数列 $f(\alpha+n)\,(n=1,2,\cdots)$ 有极限 $\pi/2$. 但上面已证 $f(x)$ 以 1 为周期, 所以

$$f(\alpha)=\lim_{n\to\infty}f(\alpha+n)=\frac{\pi}{2}.$$

(2) 因为在上面步骤 (ii) 中已证 $I(\alpha)$ 是 α 的减函数, 所以 $I(\alpha)>I(\alpha+1)>I(\alpha+2)$, 由此可知

$$1>\frac{I(\alpha+1)}{I(\alpha)}>\frac{I(\alpha+2)}{I(\alpha)}=\frac{\alpha+2}{\alpha+1}$$

(最后一步用到上面步骤 (i) 中的结果), 即 $I(\alpha+1)/I(\alpha)$ 介于 1 和 $(\alpha+2)/(\alpha+1)$ 之间, 从而

$$\lim_{\alpha\to+\infty}\frac{I(\alpha+1)}{I(\alpha)}=1.$$

由此可知

$$\alpha I^2(\alpha)=f(\alpha)\cdot\frac{I(\alpha)}{I(\alpha+1)}=\frac{\pi}{2}\cdot\frac{I(\alpha)}{I(\alpha+1)}\to\frac{\pi}{2}\quad(\alpha\to+\infty),$$

于是 $I(\alpha)\sim\sqrt{\pi/(2\alpha)}\,(\alpha\to+\infty)$. □

例 5.5.2 设实数 α,β,λ 满足条件 $0<\alpha<1, 1-\alpha<\beta\leqslant1, \lambda>0$.

(1) 证明下列积分收敛:

$$\begin{aligned}I(\lambda)=I(\lambda;\alpha)&=\int_1^{+\infty}\frac{\mathrm{d}x}{x^\alpha(1+\lambda x)},\\J(\lambda)=J(\lambda;\alpha)&=\int_1^{+\infty}\frac{\mathrm{d}x}{(1+x^\alpha)(1+\lambda x)},\\L(\lambda)=L(\lambda;\alpha)&=\int_0^{+\infty}\frac{\mathrm{d}x}{x^\alpha(1+\lambda x)}.\end{aligned}$$

(2) 证明:

$$I(\lambda;\alpha)-\lambda^{\alpha-1}\int_0^{+\infty}\frac{\mathrm{d}x}{x^\alpha(1+x)}\to\frac{1}{\alpha-1}\quad(\lambda\to0).$$

(3) 证明: 积分

$$K(\lambda)=K(\lambda;\alpha,\beta)=\int_1^{+\infty}\frac{\mathrm{d}x}{x^\beta(1+x^\alpha)(1+\lambda x)}$$

收敛, 并且

$$K(\lambda;\alpha,\beta)\to\int_1^{+\infty}\frac{\mathrm{d}x}{x^\beta(1+x^\alpha)}\quad(\lambda\to0).$$

(4) 若 $1/(n+1)<\alpha<1/n$(其中 n 是一个正整数), 则存在常数 $C_1,C_2,\cdots,C_n$, 使得当 $\lambda\to 0$ 时,

$$J(\lambda;\alpha)=\sum_{k=1}^{n}C_k\lambda^{k\alpha-1}+\sum_{k=1}^{n}\frac{(-1)^k}{1-k\alpha}+(-1)^n\int_1^{+\infty}\frac{\mathrm{d}x}{x^{n\alpha}(1+x^{\alpha})}+o(1).$$

(5) 若 $\alpha=1/n$, 则存在常数 $C_1',C_2',\cdots,C_{n-1}'$, 使得当 $\lambda\to 0$ 时,

$$J(\lambda;\alpha)=\sum_{k=1}^{n-1}C_k'\lambda^{k/n-1}+(-1)^n\log\lambda+\sum_{k=1}^{n-1}\frac{(-1)^k n}{n-k}$$
$$+(-1)^n\int_1^{+\infty}\frac{\mathrm{d}x}{x(1+x^{1/n})}+o(1).$$

解　(1) 在区间 $[1,+\infty)$ 上

$$0<\frac{1}{(1+x^{\alpha})(1+\lambda x)}<\frac{1}{x^{\alpha}(1+\lambda x)}<\frac{1}{\lambda x^{\alpha+1}}.$$

因为 $\alpha+1>1$, 函数 $1/(\lambda x^{\alpha+1})$ 在 $[1,+\infty)$ 上可积, 因而函数

$$\frac{1}{(1+x^{\alpha})(1+\lambda x)}\quad 和\quad \frac{1}{x^{\alpha}(1+\lambda x)}$$

在 $[1,+\infty)$ 上也可积, 所以 $I(\lambda;\alpha)$ 和 $J(\lambda;\alpha)$ 收敛.

我们还有

$$L(\lambda;\alpha)=\int_0^1\frac{\mathrm{d}x}{x^{\alpha}(1+\lambda x)}+I(\lambda;\alpha).$$

因为 $0<\alpha<1$, 所以由

$$0<\frac{1}{x^{\alpha}(1+\lambda x)}<\frac{1}{x^{\alpha}}$$

推知 $1/\big(x^{\alpha}(1+\lambda x)\big)$ 在 $[0,1]$ 上可积, 因而积分 $L(\lambda;\alpha)$ 收敛.

(2) 令 $t=\lambda x$, 则有

$$\int_0^{+\infty}\frac{\mathrm{d}x}{x^{\alpha}(1+\lambda x)}=\lambda^{\alpha-1}\int_0^{+\infty}\frac{\mathrm{d}t}{t^{\alpha}(1+t)},$$

所以

$$I(\lambda;\alpha)-\lambda^{\alpha-1}\int_0^{+\infty}\frac{\mathrm{d}x}{x^{\alpha}(1+x)}=-\int_0^1\frac{\mathrm{d}x}{x^{\alpha}(1+\lambda x)}.$$

当 $x\in(0,1]$ 时, 由

$$\frac{1}{1+\lambda}\leqslant\frac{1}{1+\lambda x}\leqslant 1$$

可推出

$$\frac{1}{1+\lambda}\int_0^1\frac{\mathrm{d}x}{x^{\alpha}}\leqslant\int_0^1\frac{\mathrm{d}x}{x^{\alpha}(1+\lambda x)}\leqslant\int_0^1\frac{\mathrm{d}x}{x^{\alpha}}.$$

当 $\lambda\to 0$ 时, 上面不等式左右两端均有极限 $1/(1-\alpha)$, 所以

$$I(\lambda;\alpha)-\lambda^{\alpha-1}\int_0^{+\infty}\frac{\mathrm{d}x}{x^{\alpha}(1+x)}\to\frac{1}{\alpha-1}\quad(\lambda\to 0).$$

(3) 由 $\beta>0, x>1$ 可知

$$0<\frac{1}{x^{\beta}(1+x^{\alpha})(1+\lambda x)}<\frac{1}{(1+x^{\alpha})(1+\lambda x)}.$$

因此由 $J(\lambda)$ 的收敛性推出 $K(\lambda)$ 收敛. 此外, 因为

$$0<\frac{1}{x^{\beta}(1+x^{\alpha})}<\frac{1}{x^{\alpha+\beta}},$$

而且 $\alpha+\beta>1$, 所以函数 $1/x^{\alpha+\beta}$ 在 $[1,\infty)$ 上可积, 从而 $1/\big(x^{\beta}(1+x^{\alpha})\big)$ 在同一区间上也可积. 于是我们有

$$\begin{aligned}0&<\int_1^{+\infty}\frac{\mathrm{d}x}{x^{\beta}(1+x^{\alpha})}-K(\lambda;\alpha,\beta)=\int_1^{+\infty}\frac{\lambda x\mathrm{d}x}{x^{\beta}(1+x^{\alpha})(1+\lambda x)}\\&<\lambda\int_1^{+\infty}\frac{\mathrm{d}x}{x^{\alpha+\beta-1}(1+\lambda x)}=\lambda I(\lambda;\alpha+\beta-1).\end{aligned}$$

注意 $\alpha+\beta-1<1$, 依本题 (2) 可知

$$\begin{aligned}\lambda I(\lambda;\alpha+\beta-1)&=\lambda\left(\lambda^{\alpha+\beta-2}\int_0^{+\infty}\frac{\mathrm{d}x}{x^{\alpha+\beta-1}(1+x)}+\frac{1}{\alpha+\beta-2}+o(1)\right)\\&=\lambda^{\alpha+\beta-1}\int_0^{+\infty}\frac{\mathrm{d}x}{x^{\alpha+\beta-1}(1+x)}+O(\lambda)\\&=\lambda^{\alpha+\beta-1}L(1;\alpha+\beta-1)+O(\lambda),\end{aligned}$$

并且因为 $\alpha+\beta-1>0$, 所以 $\lambda I(\lambda;\alpha+\beta-1)\to 0\,(\lambda\to 0)$, 于是

$$\lim_{\lambda\to 0}K(\lambda;\alpha,\beta)=\int_1^{+\infty}\frac{\mathrm{d}x}{x^{\beta}(1+x^{\alpha})}.$$

(4) (i) 由几何级数求和公式, 我们有

$$\frac{1}{1+x^{\alpha}}=\frac{1}{x^{\alpha}(1+x^{-\alpha})}=\sum_{k=1}^{n}(-1)^{k-1}x^{-k\alpha}+(-1)^n\frac{x^{-n\alpha}}{1+x^{\alpha}},$$

于是

$$J(\lambda;\alpha)=\sum_{k=1}^{n}(-1)^{k-1}\int_1^{+\infty}\frac{x^{-k\alpha}\mathrm{d}x}{1+\lambda x}+(-1)^n\int_1^{\infty}\frac{x^{-n\alpha}\mathrm{d}x}{(1+x^{\alpha})(1+\lambda x)},$$

亦即

$$J(\lambda;\alpha)=\sum_{k=1}^{n}(-1)^{k-1}I(\lambda;k\alpha)+(-1)^nK(\lambda;\alpha,n\alpha).$$

(ii) 因为 $0<k\alpha<1$, 所以依本题 (2)(其中用 $k\alpha$ 代 α) 有

$$(-1)^{k-1}I(\lambda;k\alpha)=C_k\lambda^{k\alpha-1}+\frac{(-1)^k}{1-k\alpha}+o(1)\quad(\lambda\to 0),$$

其中

$$C_k=(-1)^{k-1}\int_0^{+\infty}\frac{\mathrm{d}x}{x^{k\alpha}(1+x)}\quad(1\leqslant k\leqslant n).$$

又因为 $0<n\alpha\leqslant 1$, 所以依本题 (3)(其中取 $\beta=n\alpha$) 有

$$K(\lambda;\alpha,n\alpha)=\int_1^{+\infty}\frac{\mathrm{d}x}{x^{n\alpha}(1+x^{\alpha})}+o(1)\quad(\lambda\to 0).$$

合起来, 我们由步骤 (i) 得

$$J(\lambda;\alpha)-\sum_{k=1}^{n}C_k\lambda^{k\alpha-1}\to\sum_{k=1}^{n}\frac{(-1)^k}{1-k\alpha}+(-1)^n\int_1^{+\infty}\frac{\mathrm{d}x}{x^{n\alpha}(1+x^{\alpha})}\quad(\lambda\to 0).$$

(5) 若 $\alpha=1/n$, 则 $n\alpha=1$, 从而由本题 (4) 的步骤 (i) 中的几何级数得到

$$J(\lambda;\alpha)=\sum_{k=1}^{n-1}(-1)^{k-1}I(\lambda;k\alpha)+(-1)^{n-1}\int_1^{+\infty}\frac{\mathrm{d}x}{x(1+\lambda x)}+(-1)^nK(\lambda;\alpha,n\alpha).$$

注意

$$\int_1^{+\infty}\frac{\mathrm{d}x}{x(1+\lambda x)}=-\log\lambda+\log(1+\lambda).$$

我们将 $J(\lambda;\alpha)$ 改写为

$$\begin{aligned}J(\lambda;\alpha)=&\sum_{k=1}^{n-1}(-1)^{k-1}I(\lambda;k\alpha)+(-1)^{n-1}\left(\int_1^{+\infty}\frac{\mathrm{d}x}{x(1+\lambda x)}+\log\lambda\right)\\&+(-1)^n\log\lambda+(-1)^nK(\lambda;\alpha,n\alpha).\end{aligned}$$

我们有

$$\int_1^{+\infty}\frac{\mathrm{d}x}{x(1+\lambda x)}+\log\lambda=\log(1+\lambda)\to 0\quad(\lambda\to 0).$$

并且依本题 (2)(其中取 $\alpha=k/n$, 当 $1\leqslant k\leqslant n-1$ 时,$0<k/n<1$) 可知

$$\sum_{k=1}^{n-1}(-1)^{k-1}I(\lambda;k\alpha)=\sum_{k=1}^{n-1}C_k'\lambda^{k/n-1}+\sum_{k=1}^{n-1}\frac{(-1)^kn}{n-k}+o(1)\quad(\lambda\to 0),$$

其中

$$C_k'=(-1)^{k-1}\int_0^{+\infty}\frac{\mathrm{d}x}{x^{k/n}(1+x)}\quad(1\leqslant k\leqslant n-1).$$

此外, 由本题 (3)(其中取 $\alpha=1/n,\beta=n\alpha=1$), 我们有

$$K(\lambda;\alpha,n\alpha)=\int_1^{+\infty}\frac{\mathrm{d}x}{x(1+x^{1/n})}+o(1)\quad(\lambda\to 0).$$

所以最终得到当 $\alpha=1/n$ 时,

$$\begin{aligned}J(\lambda;\alpha)=&\sum_{k=1}^{n-1}C_k'\lambda^{k/n-1}+(-1)^n\log\lambda\\&+\sum_{k=1}^{n-1}\frac{(-1)^kn}{n-k}+(-1)^n\int_1^{+\infty}\frac{\mathrm{d}x}{x(1+x^{1/n})}+o(1)\quad(\lambda\to 0).\end{aligned}$$

□

注 在上面的题 (5) 的解中, 我们不能用

$$\frac{1}{1+x^\alpha}=\frac{1}{x^\alpha(1+x^{-\alpha})}=\sum_{k=1}^{n-1}(-1)^{k-1}x^{-k\alpha}+(-1)^{n-1}\frac{x^{-(n-1)\alpha}}{1+x^\alpha},$$

因为这样我们将“形式地”得到 $K\big(\lambda;\alpha,(n-1)\alpha\big)$, 而参数 α 和 $\beta=(n-1)\alpha$ 不满足条件 $1-\alpha<\beta$, 从而不能应用题 (3) 中的结果.

例 5.5.3 设 $\phi(x)$ 是当 $x\geqslant a$ 时单调减少的正函数, $\lim\limits_{x\to\infty}\phi(x)=0$. 还设对于函数 $f(x,\alpha)$ 存在与 α 无关的常数 M, 使得对于任何 $\xi\geqslant a$ 有

$$\left|\int_a^\xi f(x,\alpha)\mathrm{d}x\right|\leqslant M\quad(\alpha_0\leqslant\alpha\leqslant\alpha_1).$$

那么积分

$$I(\alpha)=\int_0^\infty\phi(x)f(x,\alpha)\mathrm{d}x$$

关于 $\alpha\in[\alpha_0,\alpha_1]$ 一致收敛.

解 由积分第二中值定理, 对于任何 $q>p>a$ 存在 $\xi\in(p,q)$ 使得

$$\int_q^p\phi(x)f(x,\alpha)\mathrm{d}x=\phi(p)\int_p^\xi f(x,\alpha)\mathrm{d}x.$$

因为 $\phi(x)\to0\,(x\to\infty)$, 所以对于任意给定的 $\varepsilon>0$, 当 p 充分大, 有

$$0<\phi(p)<\frac{\varepsilon}{2M}.$$

又由题设条件可知

$$\left|\int_p^\xi f(x,\alpha)\mathrm{d}x\right|=\left|\int_a^\xi f(x,\alpha)\mathrm{d}x-\int_a^p f(x,\alpha)\mathrm{d}x\right|\leqslant 2M.$$

于是

$$\left|\int_p^q\phi(x)f(x,\alpha)\mathrm{d}x\right|\leqslant\frac{\varepsilon}{2M}\cdot2M=\varepsilon.$$

依 Cauchy 收敛准则, 且 p 的选取与 α 无关, 所以积分 $I(\alpha)$ 关于 α 一致收敛. □

注 本题中的命题是级数情形 Dirichlet 一致收敛性判别法则的变体, 证法也是类似的. 其他的变体可参见例 5.6.7 的证明的步骤 (i).

例 5.5.4 研究广义积分

$$I(\alpha)=\int_0^\infty\frac{x\sin\alpha x}{1+x^2}\mathrm{d}x$$

关于参数 α 的一致收敛性.

解 我们有

$$I=I(\alpha)=\int_0^1\frac{x\sin\alpha x}{1+x^2}\mathrm{d}x+\int_1^\infty\frac{x\sin\alpha x}{1+x^2}\mathrm{d}x=I_1+I_2.$$

由

$$\left|\frac{x\sin\alpha x}{1+x^2}\right|\leqslant\frac{x}{1+x^2},\quad\int_0^1\frac{x}{1+x^2}\mathrm{d}x=\frac12\log2\quad(\text{与 }\alpha\text{ 无关})$$

可知只需讨论 I_2 对 α 的一致收敛性. 因为当 $x \geqslant 1$ 时函数

$$\phi(x)=\frac{x}{1+x^2}\downarrow 0 \quad (x\to\infty),$$

并且对于任何 $\xi>1$ 以及 $\alpha\geqslant\alpha_0$(其中 $\alpha_0>0$ 任意给定),

$$\left|\int_1^{\xi}\sin\alpha x\mathrm{d}x\right|=\left|\frac{1-\cos\alpha\xi}{\alpha}\right|\leqslant\frac{1}{\alpha}\leqslant\frac{1}{\alpha_0},$$

因此由例 5.5.3 中的广义积分一致收敛性判别法则可知, 当任何 $\alpha_0>0, I_2$ 对于 $\alpha\geqslant\alpha_0$ 一致收敛, 从而积分 $I(\alpha)$ 也一致收敛. □

* **例 5.5.5** 判断函数

$$\phi(x)=\int_x^1\left(\int_x^1\frac{u-v}{(u+v)^3}\mathrm{d}u\right)\mathrm{d}v \quad (0\leqslant x\leqslant 1)$$

在 $x=0$ 及 $x=1$ 处的连续性.

解 解法 1 当 $0<x<1$ 时,

$$\begin{aligned}\int_x^1\frac{u-v}{(u+v)^3}\mathrm{d}u&=\int_x^1\left(\frac{1}{(u+v)^2}-\frac{2v}{(u+v)^3}\right)\mathrm{d}u\\&=\left(-\frac{1}{u+v}+\frac{v}{(u+v)^2}\right)\Bigg|_{u=x}^{u=1}=\frac{x}{(v+x)^2}-\frac{1}{(v+1)^2},\end{aligned}$$

所以

$$\phi(x)=\int_x^1\left(\frac{x}{(v+x)^2}-\frac{1}{(v+1)^2}\right)\mathrm{d}v=\left(-\frac{x}{v+x}+\frac{1}{v+1}\right)\Bigg|_{v=x}^{v=1}=0.$$

类似地,

$$\phi(0)=\int_0^1\left(\int_0^1\frac{u-v}{(u+v)^3}\mathrm{d}u\right)\mathrm{d}v=-\int_0^1\frac{1}{(v+1)^2}\mathrm{d}v=\frac{1}{2}.$$

又显然 $\phi(1)=0$. 因此 $\phi(x)$ 在 $x=0$ 处不连续, 但在 $x=1$ 处连续.

解法 2 当 $0<x<1$ 时函数 $(u-v)/(u+v)^3$ 在 $[x,1]\times[x,1]$ 上连续, 所以二重积分

$$\int_x^1\int_x^1\frac{u-v}{(u+v)^3}\mathrm{d}u\mathrm{d}v$$

存在, 从而

$$\int_x^1\mathrm{d}u\int_x^1\frac{u-v}{(u+v)^3}\mathrm{d}v=\int_x^1\mathrm{d}v\int_x^1\frac{u-v}{(u+v)^3}\mathrm{d}u,$$

但右边的积分等于

$$-\int_x^1\mathrm{d}v\int_x^1\frac{v-u}{(v+u)^3}\mathrm{d}u,$$

其中 u,v 作为积分变量, 分别起着左边积分中 v,u 的作用. 于是我们得知当 $0<x<1$ 时,$\phi(x)=-\phi(x)$, 从而

$$\phi(x)=0 \quad (0<x<1).$$

直接计算可知 $\phi(0)=1/2$, 并且显然 $\phi(1)=0$. 因此 $\phi(x)$ 在 $x=0$ 处不连续, 但在 $x=1$ 处连续.

□

例 5.5.6 设 U 是 $\mathbb{R}^3$ 中的一个开集, 函数 $f\in C^2(U)$. 还设 $(x_0,y_0,z_0)\in U, D\subset U$ 是以 (x_0,y_0,z_0) 为中心、r 为半径的闭球 (即含边界). 令

$$M(r)=M_f(r)=\frac{3}{4\pi r^3}\iiint\limits_D f(x,y,z)\mathrm{d}x\mathrm{d}y\mathrm{d}z,$$

求证

$$\lim_{r\to 0}\frac{1}{r^2}\big(M(r)-f(x_0,y_0,z_0)\big)=\frac{1}{10}\Delta f(x_0,y_0,z_0),$$

其中 $\Delta f(x,y,z)=f_{xx}+f_{yy}+f_{zz}$.

解 首先设 $(x_0,y_0,z_0)=(0,0,0)$, 那么有 Taylor 展开

$$\begin{aligned}f(x,y,z)&=f(0,0,0)+xf_x(0,0,0)+yf_y(0,0,0)+zf_z(0,0,0)\\&\quad+\frac{1}{2}\Big(x^2f_{xx}(0,0,0)+y^2f_{yy}(0,0,0)+z^2f_{zz}(0,0,0)\\&\quad+2xyf_{xy}(0,0,0)+2xzf_{xz}(0,0,0)+2yzf_{yz}(0,0,0)\Big)\\&\quad+o(x^2+y^2+z^2).\end{aligned}$$

对于积分 $I=\iiint\limits_D x\mathrm{d}x\mathrm{d}y\mathrm{d}z$, 令 $u=-x,v=y,w=z$, 则 Jacobi 式等于 1, 可知 $I=-\iiint\limits_{D'}u\mathrm{d}u\mathrm{d}v\mathrm{d}w$, 其中 $D':u^2+v^2+w^2\leqslant 1$, 与 D 重合, 所以 $I=-I$, 从而

$$\iiint\limits_D x\mathrm{d}x\mathrm{d}y\mathrm{d}z=0$$

(积分区域关于 x,y,z 对称, 被积函数关于各变量是奇函数). 类似地,

$$\iiint\limits_D y\mathrm{d}x\mathrm{d}y\mathrm{d}z=\iiint\limits_D z\mathrm{d}x\mathrm{d}y\mathrm{d}z=0,$$
$$\iiint\limits_D xy\mathrm{d}x\mathrm{d}y\mathrm{d}z=\iiint\limits_D yz\mathrm{d}x\mathrm{d}y\mathrm{d}z=\iiint\limits_D zx\mathrm{d}x\mathrm{d}y\mathrm{d}z=0.$$

还有 (应用球坐标)

$$\begin{aligned}\iiint\limits_D x^2\mathrm{d}x\mathrm{d}y\mathrm{d}z&=\iiint\limits_D y^2\mathrm{d}x\mathrm{d}y\mathrm{d}z=\iiint\limits_D z^2\mathrm{d}x\mathrm{d}y\mathrm{d}z\\&=\frac{1}{3}\iiint\limits_D(x^2+y^2+z^2)\mathrm{d}x\mathrm{d}y\mathrm{d}z=\frac{4\pi r^5}{15}.\end{aligned}$$

因此

$$\begin{aligned}\iiint\limits_D f(x,y,z)\mathrm{d}x\mathrm{d}y\mathrm{d}z&=f(0,0,0)\iiint\limits_D\mathrm{d}x\mathrm{d}y\mathrm{d}z+\frac{1}{2}\cdot\frac{1}{3}\iiint\limits_D(x^2+y^2+z^2)\mathrm{d}x\mathrm{d}y\mathrm{d}z\\&\quad\cdot\Big(f_{xx}(0,0,0)+f_{yy}(0,0,0)+f_{zz}(0,0,0)\Big)\end{aligned}$$

$$
\begin{aligned}
&+\iiint\limits_D o(x^2+y^2+z^2)\mathrm{d}x\mathrm{d}y\mathrm{d}z\\
=&\frac{4}{3}\pi r^3 f(0,0,0)+\frac{2}{15}\pi r^5\Delta f(0,0,0)\\
&+\iiint\limits_D (x^2+y^2+z^2)\omega(x,y,z)\mathrm{d}x\mathrm{d}y\mathrm{d}z.
\end{aligned}
$$

其中 $\omega(x,y,z)$ 具有如下性质: 对于任何给定的 $\varepsilon>0$, 存在 $\delta>0$, 使当 $\sqrt{x^2+y^2+z^2}<\delta$ 时 $|\omega(x,y,z)|<\varepsilon$. 于是

$$
M(r)-f(0,0,0)=\frac{1}{10}r^2\Delta f(0,0,0)+\frac{3}{4\pi r^3}\iiint\limits_D (x^2+y^2+z^2)\omega(x,y,z)\mathrm{d}x\mathrm{d}y\mathrm{d}z.
$$

因此当 $r<\delta$ 时,

$$
\begin{aligned}
\left|\frac{1}{r^2}\Big(M(r)-f(0,0,0)\Big)-\frac{1}{10}\Delta f(0,0,0)\right|&=\frac{3}{4\pi r^5}\left|\iiint\limits_D (x^2+y^2+z^2)\omega(x,y,z)\mathrm{d}x\mathrm{d}y\mathrm{d}z\right|\\
&\leqslant\frac{3}{4\pi r^5}\cdot\varepsilon\left|\iiint\limits_D (x^2+y^2+z^2)\mathrm{d}x\mathrm{d}y\mathrm{d}z\right|\\
&=\frac{3\varepsilon}{4\pi r^5}\cdot\frac{4\pi r^5}{5}<\varepsilon.
\end{aligned}
$$

从而当 $(x_0,y_0,z_0)=(0,0,0)$ 时本题得证.

在一般情形, 可令 $x'=x-x_0, y'=y-y_0, z'=z-z_0$, 并记 $\widetilde{f}(x',y',z')=f(x'+x_0,y'+y_0,z'+z_0)$. 将上述结果应用于函数 $\widetilde{f}$, 即可推出所要的结论 (计算细节由读者完成). □

5.6　综合性例题

例 5.6.1　(1) 设 $a>0$, 定义函数

$$
f(x,y)=\left(\frac{1}{x+a}+\frac{1}{y+a}\right)\cos x\cos y-\frac{1}{(x+a)^2}\sin x\cos y-\frac{1}{(y+a)^2}\cos x\sin y.
$$

证明累次积分

$$
I_1=\int_0^\infty \mathrm{d}x\int_0^\infty f(x,y)\mathrm{d}y,\quad I_2=\int_0^\infty \mathrm{d}y\int_0^\infty f(x,y)\mathrm{d}x
$$

不存在, 但二重积分

$$
I=\int_0^\infty\int_0^\infty f(x,y)\mathrm{d}x\mathrm{d}y=0.
$$

(2) 设区域 D 是正方形: $0\leqslant x,y\leqslant 1$, 以及

$$
f(x,y)=\frac{x-y}{(x+y)^3}.
$$

证明二重积分 $\iint\limits_D f(x,y)\mathrm{d}x\mathrm{d}y$ 不存在, 但累次积分

$$\int_0^1 \mathrm{d}x\int_0^1 f(x,y)\mathrm{d}y=\frac{1}{2},$$
$$\int_0^1 \mathrm{d}y\int_0^1 f(x,y)\mathrm{d}x=-\frac{1}{2}.$$

解 (1) 直接计算可知

$$f(x,y)=\frac{\partial^2}{\partial x\partial y}\left(\left(\frac{1}{x+a}+\frac{1}{y+a}\right)\sin x\sin y\right),$$

注意 $a>0$, 因而 $f(x,y)$ 在第一象限中连续, 于是

$$\begin{aligned}J_1(\eta)=\int_0^\eta f(x,y)\mathrm{d}y&=\left(\left(\frac{1}{x+a}+\frac{1}{y+a}\right)\cos x\sin y-\frac{\sin x\sin y}{(x+a)^2}\right)\Bigg|_0^\eta\\&=\left(\frac{1}{x+a}+\frac{1}{\eta+a}\right)\cos x\sin\eta-\frac{\sin x\sin\eta}{(x+a)^2},\end{aligned}$$

可见

$$\int_0^\infty f(x,y)\mathrm{d}y=\lim_{\eta\to\infty}J_1(\eta)$$

不存在, 因而 I_1 也不存在. 类似地,

$$J_2(\xi)=\int_0^\xi f(x,y)\mathrm{d}x=\left(\frac{1}{\xi+a}+\frac{1}{y+a}\right)\sin\xi\cos y-\frac{\sin\xi\sin y}{(y+a)^2},$$

可见

$$\int_0^\infty f(x,y)\mathrm{d}x=\lim_{\xi\to\infty}J_2(\xi)$$

不存在, 因而 I_2 也不存在. 最后, 因为

$$\begin{aligned}\left|\int_0^\xi\int_0^\eta f(x,y)\mathrm{d}x\mathrm{d}y\right|&=\left|\left(\frac{1}{\xi+a}+\frac{1}{\eta+a}\right)\sin\xi\sin\eta\right|\\&\leqslant\left|\frac{1}{\xi+a}+\frac{1}{\eta+a}\right|\leqslant\frac{1}{|\xi+a|}+\frac{1}{|\eta+a|}\to 0\quad((\xi,\eta)\to(0,0)),\end{aligned}$$

所以 $I=0$.

(2) (i) 我们用两种 (类似的) 方法证明二重积分 $\iint\limits_D f(x,y)\mathrm{d}x\mathrm{d}y$ 不存在.

解法 1 设 $\varepsilon>0$. 定义

$$D(\varepsilon):\varepsilon\leqslant x\leqslant 1, 0\leqslant y\leqslant 1;$$
$$D(\varepsilon)':0\leqslant x\leqslant 1, \varepsilon\leqslant y\leqslant 1.$$

那么 $f(x,y)$ 在 $D(\varepsilon)$ 上连续, 因此二重积分等于累次积分, 从而

$$I(\varepsilon)=\iint\limits_{D(\varepsilon)}f(x,y)\mathrm{d}x\mathrm{d}y=\int_\varepsilon^1\mathrm{d}x\int_0^1 f(x,y)\mathrm{d}y=\int_\varepsilon^1\frac{\mathrm{d}x}{(x+1)^2}=\frac{1}{\varepsilon+1}-\frac{1}{2},$$

于是

$$\lim_{\varepsilon\to 0+} I(\varepsilon)=\frac{1}{2}.$$

类似地,

$$I(\varepsilon)'=\iint\limits_{D(\varepsilon)'} f(x,y)\mathrm{d}x\mathrm{d}y=\int_\varepsilon^1 \mathrm{d}y\int_0^1 f(x,y)\mathrm{d}x=-\int_\varepsilon^1 \frac{\mathrm{d}y}{(y+1)^2}=\frac{1}{2}-\frac{1}{\varepsilon+1},$$

于是

$$\lim_{\varepsilon\to 0+} I(\varepsilon)'=-\frac{1}{2}.$$

因为两种点集序列 $\{D(\varepsilon)\},\{D(\varepsilon)'\}$ 给出不同的极限, 所以由定义知二重积分 I 不存在.

解法 2 设 $\varepsilon>0$. 定义

$$D(\varepsilon):\varepsilon\leqslant x\leqslant 1,\varepsilon\leqslant y\leqslant 1;$$
$$D(\varepsilon)':0\leqslant x\leqslant 1,\varepsilon\leqslant y\leqslant 1.$$

那么 $f(x,y)$ 在此二点集上都连续. 于是

$$\begin{aligned}I(\varepsilon)&=\iint\limits_{D(\varepsilon)} f(x,y)\mathrm{d}x\mathrm{d}y=\int_\varepsilon^1\int_\varepsilon^1 \frac{x-y}{(x+y)^3}\mathrm{d}x\mathrm{d}y\\&=-\int_\varepsilon^1\int_\varepsilon^1 \frac{y-x}{(x+y)^3}\mathrm{d}y\mathrm{d}x=-\iint\limits_{D(\varepsilon)} f(x,y)\mathrm{d}x\mathrm{d}y=-I(\varepsilon)\end{aligned}$$

(这里应用了点集 D 关于 x,y 的对称性), 因此 $I(\varepsilon)=0$, 从而 $\lim\limits_{\varepsilon\to 0}I(\varepsilon)=0$. 但 (见解法 1)

$$I(\varepsilon)'=\iint\limits_{D(\varepsilon)'} f(x,y)\mathrm{d}x\mathrm{d}y\to -\frac{1}{2}\quad(\varepsilon\to 0),$$

所以由定义知二重积分 I 不存在.

(ii) 计算累次积分 (实际上在上面的解法 1 中已给出). 当 $x>\varepsilon>0$ 时, $f(x,y)$ 作为 y 的函数在 $[0,1]$ 上连续, 所以

$$\phi(x)=\int_0^1 \frac{x-y}{(x+y)^3}\mathrm{d}y=\frac{1}{(x+1)^2},$$

于是

$$\int_0^1 \mathrm{d}x\int_0^1 \frac{x-y}{(x+y)^3}\mathrm{d}y=\int_0^1 \phi(x)\mathrm{d}x=\lim_{\varepsilon\to 0+}\int_\varepsilon^1 \frac{1}{(x+1)^2}\mathrm{d}x=\frac{1}{2}.$$

类似地, 当 $y>\varepsilon>0$ 时,

$$\psi(y)=\int_0^1 \frac{x-y}{(x+y)^3}\mathrm{d}x=-\frac{1}{(y+1)^2},$$

所以

$$\int_0^1 \mathrm{d}y\int_0^1 \frac{x-y}{(x+y)^3}\mathrm{d}x=\int_0^1 \psi(y)\mathrm{d}y=-\lim_{\varepsilon\to 0+}\int_\varepsilon^1 \frac{1}{(y+1)^2}\mathrm{d}y=-\frac{1}{2}.$$

□

*例 5.6.2　设曲线 $C:x^2/a^2+y^2/b^2=1$ 的周长和所围的面积分别是 L 和 S, 还令

$$J=\int_C(b^2x^2+2xy+a^2y^2)\mathrm{d}s,$$

则 $J=S^2L/\pi^2$.

解　椭圆 C 的参数方程是 $x(t)=a\cos t, y(t)=b\sin t\,(0\leqslant t\leqslant 2\pi)$. 不妨设 $a\geqslant b$. 于是

$$\mathrm{d}s=\sqrt{\big(x'(t)\big)^2+\big(y'(t)\big)^2}\,\mathrm{d}t=\sqrt{(a^2-b^2)\sin^2 t+b^2}\,\mathrm{d}t.$$

我们已知椭圆面积 $S=\pi ab$, 而周长

$$L=\int_0^{2\pi}\sqrt{(a^2-b^2)\sin^2 t+b^2}\,\mathrm{d}t$$

不能用初等函数表出. 应用参数方程可算出题中的积分

$$\begin{aligned}J&=\int_0^{2\pi}(a^2b^2\cos^2 t+2ab\sin t\cos t+a^2b^2\sin^2 t)\cdot\sqrt{(a^2-b^2)\sin^2 t+b^2}\,\mathrm{d}t\\&=\int_0^{2\pi}(2ab\sin t\cos t)\sqrt{(a^2-b^2)\sin^2 t+b^2}\,\mathrm{d}t+a^2b^2\int_0^{2\pi}\sqrt{(a^2-b^2)\sin^2 t+b^2}\,\mathrm{d}t\\&=\frac{ab}{a^2-b^2}\int_0^{2\pi}\sqrt{(a^2-b^2)\sin^2 t+b^2}\,\mathrm{d}\big((a^2-b^2)\sin^2 t+b^2\big)+a^2b^2\int_\Gamma\mathrm{d}s\\&=\frac{ab}{a^2-b^2}\cdot\frac{2}{3}\big((a^2-b^2)\sin^2 t+b^2\big)^{3/2}\Big|_0^{2\pi}+a^2b^2L=a^2b^2L.\end{aligned}$$

因此 $J=L(\pi ab)^2/\pi^2=(S^2/\pi^2)L$. □

例 5.6.3　求

$$\lim_{t\to\infty}\mathrm{e}^{-t}\int_0^t\int_0^t\frac{\mathrm{e}^x-\mathrm{e}^y}{x-y}\mathrm{d}x\mathrm{d}y.$$

解　对于 $u\in\mathbb{R}$, 令

$$h(u)=\begin{cases}\dfrac{\mathrm{e}^u-1}{u}, & u\neq 0,\\ 1, & u=0.\end{cases}$$

则 $h(u)$ 在 $\mathbb{R}$ 上连续. 定义 $H(x,y)=\mathrm{e}^y h(x-y)$, 亦即

$$H(x,y)=\begin{cases}\dfrac{\mathrm{e}^x-\mathrm{e}^y}{x-y}, & x\neq y,\\ \mathrm{e}^y, & x=y.\end{cases}$$

于是 $H(x,y)$ 在 $\mathbb{R}^2$ 上连续. 最后, 令

$$F(u,v)=\int_0^u\int_0^v H(x,y)\mathrm{d}x\mathrm{d}y.$$

于是 $F(u,v)\in C^1(\mathbb{R}^2)$, 并且

$$\frac{\partial F}{\partial u}(u,v)=\frac{\partial}{\partial u}\int_0^u\left(\int_0^v H(x,y)\mathrm{d}y\right)\mathrm{d}x=\int_0^v H(u,y)\mathrm{d}y.$$

以及

$$\frac{\partial F}{\partial v}(u,v)=\frac{\partial}{\partial v}\int_0^v\left(\int_0^u H(x,y)\mathrm{d}x\right)\mathrm{d}y=\int_0^u H(x,v)\mathrm{d}x.$$

现在我们令

$$f(t)=F(t,t)=\int_0^t\int_0^t H(x,y)\mathrm{d}x\mathrm{d}y.$$

那么

$$\begin{aligned}f'(t)&=\frac{\partial F}{\partial u}\frac{\mathrm{d}u}{\mathrm{d}t}+\frac{\partial F}{\partial v}\frac{\mathrm{d}v}{\mathrm{d}t}=\int_0^t H(t,y)\mathrm{d}y+\int_0^t H(x,t)\mathrm{d}x\\&=\int_0^t\frac{\mathrm{e}^t-\mathrm{e}^y}{t-y}\mathrm{d}y+\int_0^t\frac{\mathrm{e}^x-\mathrm{e}^t}{x-t}\mathrm{d}x=2\int_0^t\frac{\mathrm{e}^t-\mathrm{e}^y}{t-y}\mathrm{d}y.\end{aligned}$$

作变量代换 $u=t-y$, 可得

$$f'(t)=2\mathrm{e}^t\int_0^t\frac{1-\mathrm{e}^{-u}}{u}\mathrm{d}u.$$

由 L'Hospital 法则, 并注意积分 $\int_0^\infty((1-\mathrm{e}^{-u})/u)\mathrm{d}u$ 发散, 我们有

$$\lim_{t\to\infty}\frac{\mathrm{e}^t}{f(t)}=\lim_{t\to\infty}\frac{\mathrm{e}^t}{f'(t)}=\frac{1}{2}\left(\int_0^\infty\frac{1-\mathrm{e}^{-u}}{u}\mathrm{d}u\right)^{-1}=0,$$

因此所求的极限 $=+\infty$. □

* **例 5.6.4**　设 $\psi(x)$ 在 $[0,\infty)$ 上有连续导数, 并且 $\psi(0)=1$. 令

$$f(a)=\iiint\limits_{x^2+y^2+z^2\leqslant a^2}\psi(x^2+y^2+z^2)\mathrm{d}x\mathrm{d}y\mathrm{d}z\quad(a\geqslant 0).$$

证明: $f(a)$ 在 $a=0$ 处三次可导, 并求 $f'''_+(0)$(右导数).

解　应用球坐标 $x=r\sin\theta\cos\phi, y=r\sin\theta\sin\phi, z=r\cos\theta$, 其中 $0\leqslant r\leqslant a, 0\leqslant\phi\leqslant 2\pi, 0\leqslant\theta\leqslant\pi$,Jacobi 式等于 $r^2\sin\theta$, 于是

$$f(a)=\int_0^a\int_0^{2\pi}\int_0^\pi\psi(r^2)r^2\sin\theta\mathrm{d}\theta\mathrm{d}\phi\mathrm{d}r=4\pi\int_0^a\psi(r^2)r^2\mathrm{d}r.$$

由此可得

$$\begin{aligned}f'(a)&=4\pi\psi(a^2)a^2,\\f''(a)&=8\pi a\big(\psi(a^2)+\psi'(a^2)a^2\big).\end{aligned}$$

因为 ψ'' 未必存在, 所以由定义,

$$\frac{f''(a)-f''(0)}{a}=8\pi\big(\psi(a^2)+\psi'(a^2)a^2\big)\to 8\pi\psi(0)\quad(a\to 0+),$$

可知 $f'''(0)$ 存在, 并且等于 $8\pi\psi(0)=8\pi$. □

例 5.6.5　(1) 设 $f(x)$ 在 $[0,1]$ 上可积, 则

$$\int_0^{\pi/2}\int_0^{\pi/2}f(\cos\psi\cos\phi)\cos\psi d\psi\mathrm{d}\phi=\frac{\pi}{2}\int_0^1 f(t)\mathrm{d}t.$$

(2) 设 $|a|<\pi/2$, 求积分

$$\int_0^{\pi/2}\int_0^{\pi/2}\frac{\cos\theta\mathrm{d}\theta\mathrm{d}\phi}{\cos(a\cos\theta\cos\phi)}.$$

(3) 求积分

$$\int_0^{\pi/2}\int_0^{\pi/2}\frac{\sin\theta\log(2-\sin\theta\cos\phi)}{2-2\sin\theta\cos\phi+\sin^2\theta\cos^2\phi}\mathrm{d}\theta\mathrm{d}\phi.$$

解 (1) 令 $\psi=\pi/2-\omega$, 则题中的积分

$$I=\int_0^{\pi/2}\int_0^{\pi/2}f(\sin\omega\cos\phi)\sin\omega\mathrm{d}\omega\mathrm{d}\phi.$$

我们考虑单位球体位于第一卦限的部分. 将 ω 理解为形成单位球面的向量与 Z 轴的正向间的夹角,ϕ 是这个向量在 XOY 平面上的投影与 X 轴的正向间的夹角. 于是 $\sin\omega\cos\phi$ 表示形成单位球面的向量在 X 轴上的投影, 我们将它记作 x. 当 $\omega\in[0,\pi/2]$ 和 $\varphi\in[0,\pi/2]$ 变动时,x 在 $[0,1]$ 中变动, 因此

$$I=\int_0^{\pi/2}\mathrm{d}\phi\int_0^{\pi/2}f(x)\sin\omega\mathrm{d}\omega.$$

我们可以将 $\int_0^{\pi/2}f(x)\sin\omega\mathrm{d}\omega$ 理解为在 XOY 平面的第一象限中的单位圆上的积分. 如果将 X 轴作为极轴,ω(按习惯) 改记为 θ 作为辐角, 那么在此极坐标系中 $x=\cos\theta$, 于是

$$I=\int_0^{\pi/2}\mathrm{d}\phi\int_0^{\pi/2}f(\cos\theta)\sin\theta\mathrm{d}\theta=\frac{\pi}{2}\int_0^{\pi/2}f(\cos\theta)\sin\theta\mathrm{d}\theta.$$

最后, 令 $t=\cos\theta$, 即得

$$I=\frac{\pi}{2}\int_0^{\pi/2}f(t)\mathrm{d}t.$$

(2) 应用本题 (1) 中的公式, 求得积分

$$\int_0^{\pi/2}\int_0^{\pi/2}\frac{\cos\theta\mathrm{d}\theta\mathrm{d}\phi}{\cos(a\cos\theta\cos\phi)}=\frac{\pi}{2}\int_0^1\frac{\mathrm{d}t}{\cos(at)}=\frac{\pi}{2a}\log\left(\tan\left(\frac{a}{2}+\frac{\pi}{4}\right)\right),$$

应用正切函数的加法公式, 上式右边也可表示为

$$\frac{\pi}{2a}\log\left(\frac{1+\tan(a/2)}{1-\tan(a/2)}\right)$$

(请读者补出积分计算过程).

(3) 令 $\psi=\pi/2-\theta$, 则题中的积分

$$I=\int_0^{\pi/2}\int_0^{\pi/2}\frac{\cos\psi\log(2-\cos\psi\cos\phi)}{2-2\cos\psi\cos\phi+\cos^2\psi\cos^2\phi}\mathrm{d}\psi\mathrm{d}\phi.$$

在本题 (1) 中取

$$f(x)=\frac{\log(2-x)}{2-2x+x^2},$$

即得

$$I=\frac{\pi}{2}\int_0^1\frac{\log(2-t)}{2-2t+t^2}\mathrm{d}t.$$

令 $y=1-t$, 则化为

$$I=\frac{\pi}{2}\int_0^1\frac{\log(1+y)}{1+y^2}\mathrm{d}t.$$

再令 $x=\arctan y$, 可得

$$I=\int_0^{\pi/4}\log(1+\tan x)\mathrm{d}x.$$

最后, 令 $u=\pi/4-x$, 我们得到

$$\begin{aligned}I&=\int_{\pi/4}^0\log\left(1+\tan\left(\frac{\pi}{4}-u\right)\right)(-\mathrm{d}u)\\&=\int_0^{\pi/4}\log\left(1+\frac{1-\tan u}{1+\tan u}\right)\mathrm{d}u=\int_0^{\pi/4}\log\left(\frac{2}{1+\tan u}\right)\mathrm{d}u\\&=\int_9^{\pi/4}\log 2\mathrm{d}u-\int_0^{\pi/4}\log(1+\tan u)\mathrm{d}u\\&=\int_0^{\pi/4}\log 2\mathrm{d}u-I.\end{aligned}$$

于是最终求得

$$I=\frac{1}{2}\int_0^{\pi/4}\log 2\mathrm{d}u=\frac{\pi}{8}\log 2.$$

或者: 因为

$$\begin{aligned}1+\tan x&=\frac{\cos x+\sin x}{\cos x}\\&=\frac{\sqrt{2}\cos(\pi/4)\cos x+\sqrt{2}\sin(\pi/4)\sin x}{\cos x}\\&=\frac{\sqrt{2}\sin(\pi/4+x)}{\cos x},\end{aligned}$$

所以

$$\begin{aligned}I&=\int_0^{\pi/4}\log(1+\tan x)\mathrm{d}x\\&=\int_0^{\pi/4}\log\sqrt{2}\mathrm{d}x+\int_0^{\pi/4}\log\sin\left(\frac{\pi}{4}+x\right)\mathrm{d}x-\int_0^{\pi/4}\log\cos x\mathrm{d}x,\end{aligned}$$

注意上式右边最后两项相等 (为此在第二个积分中令 $x=\pi/4-w$), 所以得到 $I=(\pi\log 2)/8$ (显然, 这两种计算过程大同小异). □

例 5.6.6 (1) 设 $\alpha,\beta>0$, 证明:

$$I(\alpha,\beta)=\int_0^{\pi/2}\log(\alpha\cos^2\theta+\beta\sin^2\theta)\mathrm{d}\theta=\pi\log\left(\frac{\sqrt{\alpha}+\sqrt{\beta}}{2}\right).$$

(2) 设 $\alpha>1$, 证明:

$$J(\alpha)=\int_0^{\pi/2}\log(\alpha^2-\sin^2\phi)\mathrm{d}\phi=\pi\log\left(\frac{\alpha+\sqrt{\alpha^2-1}}{2}\right).$$

(3) 证明 $I(\alpha,\beta)\,(\alpha\neq\beta)$ 及 $J(\alpha)\,(\alpha>1)$ 的计算公式是等价的, 即由其中一个可推出另一个.

解 (1) 我们给出两个解法. 这里都需要应用在积分号下求导数的 Leibnitz 法则: 若 $f(x,y),f_x(x,y)$ 在 $[a,A]\times[b,B]$ 上连续, 则对于函数

$$g(x)=\int_{\phi(x)}^{\psi(x)}f(x,y)\mathrm{d}y,$$

当 $a<x<A$ 时有

$$g'(x)=\int_{\phi(x)}^{\psi(x)} f_x(x,y)\mathrm{d}y+f\big(x,\psi(x)\big)\psi'(x)-f\big(x,\phi(x)\big)\phi'(x).$$

解法 1 先设 $\alpha\neq\beta$. 应用上述 Leibnitz 法则 (容易验证法则中的各项条件在此成立), 我们有

$$\frac{\partial I}{\partial\alpha}=\int_0^{\pi/2}\frac{\cos^2\theta\mathrm{d}\theta}{\alpha\cos^2\theta+\beta\sin^2\theta}=\int_0^{\pi/2}\frac{\mathrm{d}\theta}{\alpha+\beta\tan^2\theta},$$

令 $t=\tan\theta$, 上式化成

$$\begin{aligned}\int_0^{\infty}\frac{\mathrm{d}t}{(1+t^2)(\alpha+\beta t^2)}&=\frac{1}{\alpha-\beta}\int_0^{\infty}\left(\frac{1}{1+t^2}-\frac{1}{t^2+\alpha\beta^{-1}}\right)\mathrm{d}t\\&=\frac{1}{\alpha-\beta}\left(\arctan t-\sqrt{\beta\alpha^{-1}}\arctan(t\sqrt{\beta\alpha^{-1}})\right)\Bigg|_0^{\infty}\\&=\frac{\pi}{2(\alpha-\beta)}\left(1-\frac{\sqrt{\beta}}{\sqrt{\alpha}}\right),\end{aligned}$$

也就是

$$\frac{\partial I}{\partial\alpha}=\frac{\pi}{2\sqrt{\alpha}(\sqrt{\alpha}+\sqrt{\beta})}.$$

两边对 α 积分, 可得 (令 $t=\sqrt{\alpha}$)

$$I(\alpha,\beta)=\pi\int\frac{\mathrm{d}t}{t}+C=\pi\log(\sqrt{\alpha}+\sqrt{\beta})+C,$$

此处 C 是与 α 无关的常数; 因为上面的微分方程还含有参数 β, 因此 C 可能与 β 有关. 但要注意

$$\begin{aligned}I(\alpha,\beta)&=\int_0^{\pi/2}\log\left(\alpha\cos^2\left(\frac{\pi}{2}-\theta\right)+\beta\sin^2\left(\frac{\pi}{2}-\theta\right)\right)\mathrm{d}\theta\\&=\int_0^{\pi/2}\log(\alpha\sin^2\theta+\beta\cos^2\theta)\mathrm{d}\theta=I(\beta,\alpha),\end{aligned}$$

因而 C 也与 β 无关, 从而是绝对常数. 容易算出 $I(1,1)=0$, 同时由上面求出的 $I(\alpha,\beta)$ 的表达式可知 $I(1,1)=\pi\log2+C$, 因此 $C=-\pi\log2$. 最终我们得到

$$I(\alpha,\beta)=\pi\log\left(\frac{\sqrt{\alpha}+\sqrt{\beta}}{2}\right).$$

若 $\alpha=\beta$, 那么直接计算可知上面公式仍然成立.

解法 2 可设 $\alpha\neq\beta$($\alpha=\beta$ 的情形, 如解法 1 指出, 可直接计算). 我们算出

$$\begin{aligned}\alpha\frac{\partial I}{\partial\alpha}+\beta\frac{\partial I}{\partial\beta}&=\int_0^{\pi/2}\frac{\alpha\cos^2\theta\mathrm{d}\theta}{\alpha\cos^2\theta+\beta\sin^2\theta}+\int_0^{\pi/2}\frac{\beta\sin^2\theta\mathrm{d}\theta}{\alpha\cos^2\theta+\beta\sin^2\theta}\\&=\int_0^{\pi/2}\mathrm{d}\theta=\frac{\pi}{2},\end{aligned}$$

以及

$$\frac{\partial I}{\partial\alpha}+\frac{\partial I}{\partial\beta}=\int_0^{\pi/2}\frac{\cos^2\theta\mathrm{d}\theta}{\alpha\cos^2\theta+\beta\sin^2\theta}+\int_0^{\pi/2}\frac{\sin^2\theta\mathrm{d}\theta}{\alpha\cos^2\theta+\beta\sin^2\theta}$$

$$= 2\int_0^{\pi/2}\frac{\mathrm{d}\theta}{\alpha\cos^2\theta+\beta\sin^2\theta}=\frac{1}{\sqrt{\alpha\beta}}\cdot\frac{\pi}{2}$$

(其中最后一步计算作了代换 $t=\tan\theta$). 由上面两个关系式解出

$$\frac{\partial I}{\partial\alpha}=\frac{\sqrt{\alpha}-\sqrt{\beta}}{\sqrt{\alpha}(\alpha-\beta)}\cdot\frac{\pi}{2}=\frac{1}{\sqrt{\alpha}(\sqrt{\alpha}+\sqrt{\beta})}\cdot\frac{\pi}{2}.$$

以下计算与解法 1 相同.

(2) (i) 由 Leibnitz 公式, 我们有

$$\begin{aligned}\frac{\mathrm{d}}{\mathrm{d}\alpha}J(\alpha)&=\int_0^{\pi/2}\left(\frac{\partial}{\partial\alpha}\log(\alpha^2-\sin^2\phi)\right)\mathrm{d}\phi=\int_0^{\pi/2}\frac{2\alpha}{\alpha^2-\sin^2\phi}\mathrm{d}\phi\\&=\int_0^{\pi/2}\frac{4\alpha}{2\alpha^2-1+\cos2\phi}\mathrm{d}\phi=\int_0^{\pi}\frac{2\alpha}{2\alpha^2-1+\cos\theta}\mathrm{d}\theta=\frac{\pi}{\sqrt{\alpha^2-1}}.\end{aligned}$$

这里最后一步应用了定积分公式: 当 $a>b>0$ 时,

$$\int_0^{\pi}\frac{\mathrm{d}\theta}{a+b\cos\theta}=\frac{\pi}{\sqrt{a^2-b^2}}.$$

又因为

$$\frac{\mathrm{d}}{\mathrm{d}\alpha}\left(\pi\log\left(\alpha+\sqrt{\alpha^2-1}\right)\right)=\frac{\pi}{\sqrt{\alpha^2-1}},$$

所以对于所有 $\alpha>1$,

$$\begin{aligned}J(\alpha)&=\pi\log\left(\alpha+\sqrt{\alpha^2-1}\right)+C\\&=\pi\log\alpha+\pi\log\left(1+\sqrt{1-\frac{1}{\alpha^2}}\right)+C,\end{aligned}$$

其中 C 是常数. 为了确定常数 C, 我们注意

$$\log\left(1+\sqrt{1-\frac{1}{\alpha^2}}\right)\to\log2\quad(\alpha\to\infty),$$

于是由前式得到

$$J(\alpha)\to\pi\log\alpha+\pi\log2+C\quad(\alpha\to\infty).$$

同时我们将证明不等式: 当 $\alpha\geqslant\sqrt{2}$,

$$0\leqslant-\int_0^{\pi/2}\log(\alpha^2-\sin^2\phi)\mathrm{d}\phi+\pi\log\alpha\leqslant\frac{\pi}{\alpha^2},$$

据此可推出

$$J(\alpha)\to\pi\log\alpha\quad(\alpha\to\infty).$$

因此 $C=-\pi\log2$, 从而得到

$$J(\alpha)=\pi\log\left(\frac{\alpha+\sqrt{\alpha^2-1}}{2}\right).$$

(ii) 现在补证步骤 (i) 中引用的不等式. 对于任何 $u\in[0,1/2]$, 我们有

$$\begin{aligned}0\leqslant -\log(1-u)&=u+\frac{u^2}{2}+\frac{u^3}{3}+\cdots\\&\leqslant u(1+u+u^2+\cdots)=\frac{u}{1-u},\end{aligned}$$

注意 $1-u\geqslant 1/2$, 所以我们得到: 当 $0\leqslant u\leqslant 1/2$ 时,

$$0\leqslant -\log(1-u)\leqslant 2u$$

(这个不等式也可在习题 8.10(1) 中取 $x=u,0\leqslant u\leqslant 1/2$, 直接得到). 因为当 $\alpha\geqslant\sqrt{2}$ 时对任何 ϕ 有 $0\leqslant\sin^2\phi/\alpha^2\leqslant 1/2$, 所以依上述不等式, 对所有 ϕ, 我们有

$$0\leqslant -\log\left(1-\frac{\sin^2\phi}{\alpha^2}\right)\leqslant 2\frac{\sin^2\phi}{\alpha^2}\leqslant\frac{2}{\alpha^2},$$

从而对所有 ϕ 以及 $\alpha\geqslant\sqrt{2}$ 有

$$0\leqslant -\log(\alpha^2-\sin^2\phi)+2\log\alpha\leqslant\frac{2}{\alpha^2}.$$

对 ϕ 求积分即得所要的不等式. 于是关于 $J(\alpha)$ 的公式得证.

(3) 设 $\alpha>1$, 那么 $J(\alpha)$ 的被积函数

$$\begin{aligned}\log(\alpha^2-\sin^2\phi)&=\log\left(\alpha^2(\sin^2\phi+\cos^2\phi)-\sin^2\phi\right)\\&=\log\left(\alpha^2\cos^2\phi+(\alpha^2-1)\sin^2\phi\right),\end{aligned}$$

于是

$$J(\alpha)=I(\alpha^2,\alpha^2-1)=\pi\log\left(\frac{\alpha+\sqrt{\alpha^2-1}}{2}\right).$$

反之, 设 $\alpha\neq\beta$. 则当 $\alpha>\beta$ 时,$I(\alpha,\beta)$ 的被积函数

$$\begin{aligned}\log(\alpha\cos^2\phi+\beta\sin^2\phi)&=\log\left(\alpha(1-\sin^2\phi)+\beta\sin^2\phi\right)\\&=\log\left(\alpha-(\alpha-\beta)\sin^2\phi\right)\\&=\log(\alpha-\beta)+\log\left(\frac{\alpha}{\alpha-\beta}-\sin^2\phi\right),\end{aligned}$$

因而

$$\begin{aligned}I(\alpha,\beta)&=\frac{\pi}{2}\log(\alpha-\beta)+J\left(\sqrt{\frac{\alpha}{\alpha-\beta}}\right)\\&=\frac{\pi}{2}\log(\alpha-\beta)+\pi\log\left(\frac{1}{2}\left(\sqrt{\frac{\alpha}{\alpha-\beta}}+\sqrt{\frac{\alpha}{\alpha-\beta}-1}\right)\right)\\&=\pi\log\left(\frac{\sqrt{\alpha}+\sqrt{\beta}}{2}\right).\end{aligned}$$

而当 $\alpha<\beta$ 时,$I(\alpha,\beta)$ 的被积函数

$$\log(\alpha\cos^2\phi+\beta\sin^2\phi)=\log\left(\alpha+\beta(1-\cos^2\phi)\right)$$

$$
\begin{aligned}
&= \log\left(\beta-(\beta-\alpha)\cos^2\phi\right)\\
&= \log(\beta-\alpha)+\log\left(\frac{\beta}{\beta-\alpha}-\sin^2\left(\frac{\pi}{2}-\phi\right)\right).
\end{aligned}
$$

因此, 也有

$$
I(\alpha,\beta)=\log(\beta-\alpha)+J\left(\sqrt{\frac{\beta}{\beta-\alpha}}\right).
$$

应用 $J(\alpha)$ 的计算公式即可据此同样推出上述 $I(\alpha,\beta)$ 的公式. □

注　上面题 (1) 中假定 $\alpha>0,\beta>0$. 若 α,β 中有一个为 0, 则上述方法失效, 但上面得到的结果仍然成立. 事实上, 当 α,β 中有一个为 0 时, 我们要计算积分 $\int_0^{\pi/2}\log\sin\theta\mathrm{d}\theta$ 或 $\int_0^{\pi/2}\log\cos\theta\mathrm{d}\theta$. 易见 (作代换 $t=\pi/2-\theta$) 这两个积分相等, 将其值记为 J, 那么

$$
\begin{aligned}
2J&=\int_0^{\pi/2}\log(\sin\theta\cos\theta)\mathrm{d}\theta=\int_0^{\pi/2}\log\left(\frac{1}{2}\sin 2\theta\right)\mathrm{d}\theta\\
&=\int_0^{\pi/2}\log(\sin 2\theta)\mathrm{d}\theta+\int_0^{\pi/2}\log\left(\frac{1}{2}\right)\mathrm{d}\theta\\
&=\frac{1}{2}\int_0^{\pi}\log\sin t\mathrm{d}t-\frac{\pi}{2}\log 2,
\end{aligned}
$$

因为

$$
\int_0^{\pi}\log\sin t\mathrm{d}t=\int_0^{\pi/2}\log\sin t\mathrm{d}t+\int_{\pi/2}^{\pi}\log\sin t\mathrm{d}t=2J,
$$

因此我们有

$$
2J=J-\frac{\pi}{2}\log 2,\quad J=-\frac{\pi}{2}\log 2,
$$

从而得到

$$
I(1,0)=\pi\log\left(\frac{\sqrt{\alpha}}{2}\right),\quad I(0,1)=\pi\log\left(\frac{\sqrt{\beta}}{2}\right).
$$

例 5.6.7　求广义积分

$$
I(\alpha)=\int_0^{\infty}x^3\mathrm{e}^{-\alpha x^2}\mathrm{d}x\quad(\alpha\geqslant\alpha_0>0).
$$

解　(i) 记 $f(x,\alpha)=x^3\mathrm{e}^{-\alpha x^2}$. 因为 $\alpha>0$, 所以 $\lim\limits_{x\to\infty}x^2f(x,\alpha)=0$, 于是取 $x_0>0$ 充分大, 当 $x\geqslant x_0$ 时,$0<x^2f(x,\alpha)<1$, 从而 $0<f(x,\alpha)<x^{-2}$. 因为积分 $\int_{x_0}^{\infty}x^{-2}\mathrm{d}x$ 收敛, 所以对于任何给定的 $\varepsilon>0$, 存在 $N>x_0$, 使当 $q>p>N$ 时 $\int_q^p x^{-2}\mathrm{d}x<\varepsilon$, 因而

$$
0<\int_p^q f(x,\alpha)\mathrm{d}x<\int_p^q\frac{\mathrm{d}x}{x^2}<\varepsilon.
$$

注意 N 与 α 无关, 所以依 Cauchy 收敛准则,$I(\alpha)$ 一致收敛.

(ii) 由 $I(\alpha)$ 的一致收敛性得到

$$
\int_{\alpha_0}^{\alpha}I(t)\mathrm{d}t=\int_0^{\infty}\mathrm{d}x\int_{\alpha_0}^{\alpha}x^3\mathrm{e}^{-tx^2}\mathrm{d}t
$$

$$= \int_0^\infty (-x\mathrm{e}^{-tx^2})\Big|_{t=\alpha_0}^{t=\alpha} \mathrm{d}x = \frac{1}{2}\left(\frac{1}{\alpha_0} - \frac{1}{\alpha}\right).$$

(iii) 最后, 在等式

$$\int_{\alpha_0}^{\alpha} I(t)\mathrm{d}t = \frac{1}{2}\left(\frac{1}{\alpha_0} - \frac{1}{\alpha}\right)$$

两边对 α 求导, 即得 $I(\alpha) = 1/(2\alpha^2)$. □

例 5.6.8 证明: 对于任何函数 $f \in C[0,1]$,

$$\lim_{n\to\infty} \int_0^1\int_0^1 \cdots \int_0^1 f\left(\frac{x_1+x_2+\cdots+x_n}{n}\right)\mathrm{d}x_1\mathrm{d}x_2\cdots\mathrm{d}x_n = f\left(\frac{1}{2}\right).$$

解 (i) 令 $F(x) = f(x) - f(1/2)$, 那么 $F \in C[0,1], F(1/2) = 0$. 于是对于任何给定的 $\varepsilon > 0$, 存在一个最大的正数 $\delta = \delta(\varepsilon)$, 使当 $|x-1/2| < \delta$ 时 $|F(x)| < \varepsilon/2$. 下文中固定这个 δ.

(ii) 记 $G_n = [0,1]^n$, 简记 $X = (x_1+\cdots+x_n)/n$. 定义 G_n 的子集

$$J_n = \left\{(x_1,\cdots,x_n) \in G_n \;\Big|\; \left|X - \frac{1}{2}\right| < \delta\right\}.$$

于是由步骤 (i) 推出

$$\underset{J_n}{\int\cdots\int} |F(X)|\mathrm{d}x_1\cdots\mathrm{d}x_n < \frac{\varepsilon}{2}.$$

(iii) 记 $T_n = G_n \setminus J_n$ 以及

$$V_n = \underset{G_n}{\int\cdots\int} \left(X - \frac{1}{2}\right)^2 \mathrm{d}x_1\cdots\mathrm{d}x_n.$$

那么我们有

$$V_n > \underset{T_n}{\int\cdots\int} \left|X - \frac{1}{2}\right|^2 \mathrm{d}x_1\cdots\mathrm{d}x_n \geqslant \delta^2 \underset{T_n}{\int\cdots\int} \mathrm{d}x_1\cdots\mathrm{d}x_n,$$

因此

$$\underset{T_n}{\int\cdots\int} \mathrm{d}x_1\cdots\mathrm{d}x_n < \frac{1}{\delta^2}V_n.$$

(iv) 现在来计算 V_n. 我们有

$$\begin{aligned} V_n &= \underset{G_n}{\int\cdots\int} \left(X^2 - X + \frac{1}{4}\right)\mathrm{d}x_1\cdots\mathrm{d}x_n \\ &= \underset{G_n}{\int\cdots\int} X^2\mathrm{d}x_1\cdots\mathrm{d}x_n - \underset{G_n}{\int\cdots\int} X\mathrm{d}x_1\cdots\mathrm{d}x_n \\ &\quad + \frac{1}{4}\underset{G_n}{\int\cdots\int} \mathrm{d}x_1\cdots\mathrm{d}x_n = I_1 - I_2 + I_3. \end{aligned}$$

容易算出 $I_3 = 1/4$, 以及

$$I_2 = \frac{1}{n}\sum_{i=1}^{n} \int_0^1 \cdots \int_0^1 x_i \mathrm{d}x_1\cdots\mathrm{d}x_n = \frac{1}{2}.$$

此外, 还有

$$\begin{aligned}I_1&=\frac{1}{n^2}\int_0^1\cdots\int_0^1\left(\sum_{i=1}^n x_i^2+2\sum_{1\leqslant i<j\leqslant n}x_ix_j\right)\mathrm{d}x_1\cdots\mathrm{d}x_n\\&=\frac{1}{n^2}\cdot\frac{n}{3}+\frac{2}{n^2}\cdot\frac{n(n-1)}{2}\cdot\frac{1}{4}=\frac{1}{3n}+\frac{n-1}{4n}.\end{aligned}$$

于是 $V_n=1/(12n)$. 由此及步骤 (iii) 中的结果, 我们得到

$$\int_{T_n}\cdots\int\mathrm{d}x_1\cdots\mathrm{d}x_n<\frac{1}{\delta^2}V_n=\frac{1}{12n\delta^2}.$$

(v) 令 $M=\max\limits_{x\in[0,1]}|F(x)|$, 我们由步骤 (ii) 和 (iv) 中的结果推出

$$\begin{aligned}\left|\int_{G_n}\cdots\int F(X)\mathrm{d}x_1\cdots\mathrm{d}x_n\right|&\leqslant\int_{J_n}\cdots\int|F(X)|\mathrm{d}x_1\cdots\mathrm{d}x_n+\int_{T_n}\cdots\int|F(X)|\mathrm{d}x_1\cdots\mathrm{d}x_n\\&<\frac{\varepsilon}{2}+M\cdot\frac{1}{12n\delta^2}=\frac{\varepsilon}{2}+\frac{M}{12n\delta^2},\end{aligned}$$

取 $n>M/(6\varepsilon\delta^2)$, 即可使

$$\left|\int_{G_n}\cdots\int F(X)\mathrm{d}x_1\cdots\mathrm{d}x_n\right|<\varepsilon,$$

于是

$$\lim_{n\to\infty}\int_0^1\int_0^1\cdots\int_0^1 F\left(\frac{x_1+x_2+\cdots+x_n}{n}\right)\mathrm{d}x_1\mathrm{d}x_2\cdots\mathrm{d}x_n=0.$$

将式中的 $F(x)$ 换为 $f(x)-f(1/2)$, 即得要证的结果. □

习 题 5

5.1 (1) 证明:

$$\int_{-1}^1\mathrm{d}x\int_{x^2+x}^{x+1}f(x,y)\mathrm{d}y=\int_{-1/4}^0\mathrm{d}y\int_{(-1-\sqrt{1+4y})/2}^{(-1+\sqrt{1+4y})/2}f(x,y)\mathrm{d}x+\int_0^2\mathrm{d}y\int_{y-1}^{(-1-\sqrt{1+4y})/2}f(x,y)\mathrm{d}x.$$

(2) 设 $D=\{(x,y)\mid y^2\leqslant x,y\geqslant x^2,x^2+y^2\leqslant 1\}$, 证明:

$$\iint_D f(x,y)\mathrm{d}x\mathrm{d}y=\int_0^{\sqrt{\alpha}}\mathrm{d}x\int_{\sqrt{1-x^2}}^{\sqrt{x}}f(x,y)\mathrm{d}y+\int_{\sqrt{\alpha}}^1\mathrm{d}x\int_{x^2}^{\sqrt{x}}f(x,y)\mathrm{d}y\quad(\alpha=(\sqrt{5}-1)/2).$$

(3) 设 $f\in C[0,1]$, 证明:

$$\int_0^{\pi/2}\mathrm{d}\phi\int_0^{\pi/2}f(1-\sin\theta\cos\phi)\sin\theta\mathrm{d}\theta=\frac{\pi}{2}\int_0^1 f(x)\mathrm{d}x.$$

(4) 设 $a>0$, 证明:

$$\int_0^a\mathrm{d}x\int_0^x\mathrm{d}y\int_0^y f(x,y,z)\mathrm{d}z=\int_0^a\mathrm{d}z\int_z^a\mathrm{d}y\int_0^a f(x,y,z)\mathrm{d}x\quad(a>0).$$

(5) 证明:

$$\int_0^1 \mathrm{d}x \int_0^{1-x} \mathrm{d}y \int_0^{1-x-y} f(x,y,z)\mathrm{d}z = \int_0^1 \mathrm{d}u \int_0^1 \mathrm{d}v \int_0^1 F(u,v,w)uv^2 \mathrm{d}w,$$

其中 $F(u,v,w) = f(uvw, uv-uvw, u-uv+uvw)$.

5.2 (1) 计算

$$I = \iint_D (x+y)\mathrm{d}x\mathrm{d}y, \quad D = \{(x,y) \mid y^2 \leqslant x+2, x^2 \leqslant y+2\}.$$

(2) 设 $0<a<b, 0<c<d$, 计算

$$I = \iint_D (x+y)\mathrm{d}x\mathrm{d}y, \quad D = \left\{(x,y) \mid ax^2 \leqslant y \leqslant bx^2, \frac{c}{x} \leqslant y \leqslant \frac{\mathrm{d}}{x}\right\}.$$

(3) 计算

$$I = \iint_D \sqrt{xy}\mathrm{d}x\mathrm{d}y, \quad D = \left\{(x,y) \mid y \geqslant 0, \left(\frac{x}{2}+\frac{y}{4}\right)^2 \leqslant \frac{x}{6}\right\}.$$

*(4) 计算

$$I = \int_0^1 \int_{\sqrt{x}}^1 \sqrt{1+y^2}\mathrm{d}x\mathrm{d}y.$$

(5) 计算

$$\iint_D \sqrt{\sqrt{x}+\sqrt{y}}\mathrm{d}x\mathrm{d}y,$$

其中 D 是曲线 $\sqrt{x}+\sqrt{y}=1$ 与坐标轴所围成的区域.

*(6) 计算积分

$$I = \int_{1/4}^{1/2} \mathrm{d}y \int_{1/2}^{\sqrt{y}} \mathrm{e}^{y/x}\mathrm{d}x + \int_{1/2}^1 \mathrm{d}y \int_y^{\sqrt{y}} \mathrm{e}^{y/x}\mathrm{d}x.$$

*(7) 设 $\Omega = \{(x,y) \mid 0 \leqslant x \leqslant 1, 0 \leqslant y \leqslant 1\}$. 求积分

$$J = \iint_\Omega |x^2+y^2-1|\mathrm{d}x\mathrm{d}y.$$

*(8) 求积分

$$\iint_{|x|+|y|\leqslant 1} |xy|\mathrm{d}x\mathrm{d}y.$$

*(9) 应用极坐标 (或其他方法) 计算积分

$$J = \iint_D \mathrm{e}^{y/(x+y)}\mathrm{d}x\mathrm{d}y,$$

其中 D 是平面上由直线 $x=0, y=0$ 及 $x+y=1$ 所围成的区域.

*(10) 计算积分

$$J = \iint_S x\big(1+yf(x^2+y^2)\big)\mathrm{d}x\mathrm{d}y,$$

其中 S 为由曲线 $y=x^3, y=1, x=-1$ 所围成的区域,$f(x)$ 为实值连续函数.

(11) 计算积分

$$I = \iint_D \left|x^2+y^2-\frac{x+y}{\sqrt{2}}\right|\mathrm{d}x\mathrm{d}y,$$

其中 $D: x^2+y^2 \leqslant 1$.

5.3 *(1) 求

$$I = \iiint_V x\sqrt{1+x^2+y^2+z^2}\mathrm{d}x\mathrm{d}y\mathrm{d}z,$$

其中 V 由 $x^2+y^2+z^2=1, x=0, y=0$ 围成.

(2) 设 V 由 $x^2/a^2+y^2/b^2+z^2/c^2 \leqslant 1(a,b,c>0)$ 定义, 求

$$I=\iiint_V (lx^2+my^2+nz^2)\mathrm{d}x\mathrm{d}y\mathrm{d}z.$$

(3) 设 V 由不等式 $x^2+y^2 \leqslant 2az, x^2+y^2+z^2 \leqslant 3a^2$ 定义, 求

$$I=\iiint_V (x+y+z)^2\mathrm{d}x\mathrm{d}y\mathrm{d}z.$$

(4) 设 $a<h, V$ 由不等式 $x^2+y^2+2z^2 \leqslant 2a^2$ 定义, 求

$$I=\iiint_V \frac{\mathrm{d}x\mathrm{d}y\mathrm{d}z}{\sqrt{x^2+y^2+(z-h)^2}}.$$

(5) 计算

$$I=\iiint_V \frac{z}{x+y}\mathrm{d}x\mathrm{d}y\mathrm{d}z,$$

其中 V 由不等式 $z^2-2xy \leqslant 0, x^2+y^2-2az \leqslant 0, x+y \geqslant 0$ 定义.

*(6) 计算

$$J=\iiint_V (x^3+y^3+z^3)\mathrm{d}x\mathrm{d}y\mathrm{d}z,$$

其中 V 表示曲面 $x^2+y^2+z^2-2a(x+y+z)+2a^2=0$(其中 $a>0$) 所围成的区域.

*(7) 计算积分

$$\iiint_V \frac{z}{\sqrt{x^2+y^2}}\mathrm{d}v,$$

其中 V 是平面图形

$$D=\{(x,y,z) \mid x=0, y \geqslant 0, z \geqslant 0, y^2+z^2 \leqslant 1, 2y-z \leqslant 1\}$$

绕 z 轴旋转一周所生成的立体.

(8) 计算 4 重积分

$$\iiiint_S \sqrt{\frac{1-x^2-y^2-z^2-u^2}{1+x^2+y^2+z^2+u^2}}\mathrm{d}x\mathrm{d}y\mathrm{d}z\mathrm{d}u,$$

其中 S 由不等式 $x,y,z,u \geqslant 0, x^2+y^2+z^2+u^2 \leqslant 1$ 确定.

5.4 (1) 设在闭域 D 上 $f(x,y), g(x,y)$ 连续,$g(x,y)$ 不变号, 则存在 $(\xi,\eta) \in D$, 使得

$$\iint_D f(x,y)g(x,y)\mathrm{d}x\mathrm{d}y=f(\xi,\eta)\iint_D g(x,y)\mathrm{d}x\mathrm{d}y.$$

(2) 求

$$\lim_{t\to 0+}\frac{1}{t^2}\int_0^t \mathrm{d}x\int_0^{t-x} \mathrm{e}^{x^2+y^2}\mathrm{d}y.$$

5.5 (1) 求

$$I=\iint_D \frac{\mathrm{d}x\mathrm{d}y}{\sqrt{4-x^2-y^2}},$$

其中区域 D 由 $x^2+y^2-2x \leqslant 0$ 定义.

(2) 计算

$$I=\iint_D \frac{x^2+y^2-2}{(x^2+y^2)^{5/2}}\mathrm{d}x\mathrm{d}y,$$

其中 D 由 $x^2+y^2 \geqslant 2, x \leqslant 1$ 定义.

(3) 计算

$$I=\iint\limits_{D}\frac{\sqrt{x^2+y^2-a^2}}{(x^2+y^2)^2}\mathrm{d}x\mathrm{d}y,$$

其中 D 由 $x+y-a\sqrt{2}\geqslant 0, x+y+a\sqrt{2}\geqslant 0$ 定义.

(4) 计算积分

$$I=\iint\limits_{D}\frac{f'(y)}{\sqrt{(a-x)(x-y)}}\mathrm{d}x\mathrm{d}y,$$

其中 $f\in C^1[0,a]; D$ 由 $y=x, x=a, y=0$ 围成.

(5) 设 $0\leqslant\alpha\leqslant\pi/2$, 求

$$I=\iint\limits_{D}\mathrm{e}^{-(x^2+2xy\cos\alpha+y^2)}\mathrm{d}x\mathrm{d}y,$$

其中 D 是第一象限 $x\geqslant 0, y\geqslant 0$.

(6) 设 $D=\{(x,y)\mid y\geqslant 0, x\geqslant y\}$, 求

$$I=\iint\limits_{D}x^{-3/2}\mathrm{e}^{y-x}\mathrm{d}x\mathrm{d}y.$$

(7) 设 $D=\{(x,y)\mid x\geqslant 0, y\geqslant x, xy\leqslant 1\}$, 求

$$I=\iint\limits_{D}\frac{y\mathrm{d}x\mathrm{d}y}{(1+xy)^2(1+y^2)}.$$

(8) 求

$$\iiint\limits_{V}\frac{\mathrm{d}x\mathrm{d}y\mathrm{d}z}{\sqrt{1-x^2-y^2-z^2}},$$

其中 V 由不等式 $x^2+y^2+z^2\leqslant 1$ 确定.

(9) 求

$$\iiint\limits_{V}\frac{xz}{x^2+y^2}\mathrm{d}x\mathrm{d}y\mathrm{d}z,$$

其中 V 由不等式 $2y\geqslant x^2, y\leqslant x, 0\leqslant z\leqslant 1$ 确定.

*5.6 给定函数 $f(x,y)=K\mathrm{e}^{-x^2-y^2}$, 其中 K 为系数.

(1) 求 K, 使得

$$\iint\limits_{\mathbb{R}^2}f(x,y)\mathrm{d}x\mathrm{d}y=1.$$

(2) 对于所求得的 K, 求函数

$$F(t)=\iint\limits_{D_t}f(x,y)\mathrm{d}x\mathrm{d}y,$$

其中 $D_t=\{(x,y)\mid f(xy)\geqslant t\}$.

5.7 (1) 计算:

$$\int_0^1\int_{-1}^1\frac{\mathrm{d}x\mathrm{d}y}{1+xy}.$$

(2) 证明:

$$\int_0^\infty\int_0^\infty\frac{\sin^2 x\sin^2 y}{x^2(x^2+y^2)}\mathrm{d}x\mathrm{d}y=\frac{\pi^2}{8}.$$

(3) 计算:

$$\int_0^\infty\int_y^\infty\frac{(x-y)^2\log\left((x+y)/(x-y)\right)}{xy\sinh(x+y)}\mathrm{d}x\mathrm{d}y.$$

5.8 设 $s>0, D=\{(x,y)\mid x\geqslant 0, y\geqslant 0\}$, 令

$$f(x,y)=\frac{x-y}{(x+y+s)^3}.$$

证明二重积分 $I=\iint\limits_D f(x,y)\mathrm{d}x\mathrm{d}y$ 不存在, 但累次积分

$$\int_0^\infty \mathrm{d}x\int_0^\infty f(x,y)\mathrm{d}y=-\frac{1}{2},$$
$$\int_0^\infty \mathrm{d}y\int_0^\infty f(x,y)\mathrm{d}x=\frac{1}{2}.$$

5.9 判断下列广义二重积分的收敛性:

$$I_1=\int_0^\infty\int_0^\infty \frac{x^2-y^2}{(x^2+y^2)^2}\mathrm{d}x\mathrm{d}y.$$
$$I_2=\int_0^\infty\int_0^\infty \mathrm{e}^{-xy}\sin x\mathrm{d}x\mathrm{d}y.$$
$$I_3=\int_0^\infty\int_0^\infty \cos(x^2+y^2)\mathrm{d}x\mathrm{d}y.$$
$$I_4=\iint\limits_{x+y\geqslant 1}\frac{\sin x\sin y}{(x+y)^k}\mathrm{d}x\mathrm{d}y\quad(k>0).$$

5.10 *(1) 计算积分

$$I=\int_C \left((x+1)^2+(y-2)^2\right)\mathrm{d}s,$$

其中 C 表示曲面 $x^2+y^2+z^2=1$ 与 $x+y+z=1$ 的交线.

(2) 设 $a>0, x_0>0$. 计算曲线

$$\begin{cases}(x-y)^2=a(x+y),\\ x^2-y^2=\dfrac{9}{8}z^2\end{cases}$$

从点 $O(0,0,0)$ 到点 $A(x_0,y_0,z_0)$ 之间的弧长.

5.11 (1) 求

$$L=\int_{(0,0)}^{(1,1)}(x-y^2)\mathrm{d}x+2xy\mathrm{d}y,\quad C:x^2+y^2=2x\,(\text{顺时针方向}).$$

(2) 求

$$L=\int_C y^2\mathrm{d}x+xy\mathrm{d}y+zx\mathrm{d}z,$$

(i) 沿由点 $(0,0,0)$ 到点 $(1,1,1)$ 的线段;

(ii) 沿折线: $(0,0,0)\to(1,0,0)\to(1,1,0)\to(1,1,1)$.

*(3) 设 $f(0)=1, f'(x)$ 连续, 求函数 $f(x)$ 使积分

$$\int_C \left(f'(x)+6f(x)\right)y\mathrm{d}x+2f(x)\mathrm{d}y$$

与路径 C 无关, 并计算

$$I=\int_{(0,0)}^{(1,1)}\left(f'(x)+6f(x)\right)y\mathrm{d}x+2f(x)\mathrm{d}y.$$

*(4) 应用 Green 公式计算积分

$$I=\int_C \frac{\mathrm{e}^x(x\sin y-y\cos y)\mathrm{d}x+\mathrm{e}^x(x\cos y+y\sin y)\mathrm{d}y}{x^2+y^2},$$

其中 C 是包围原点的简单光滑闭曲线, 逆时针方向.

***5.12** 设 $\boldsymbol{n}$ 是平面区域 D 的正向边界线 C 的外法向, 则

$$\int_C \frac{\partial u}{\partial n}\mathrm{d}s=\iint\limits_D\left(\frac{\partial^2 u}{\partial x^2}+\frac{\partial^2 u}{\partial y^2}\right)\mathrm{d}x\mathrm{d}y.$$

5.13 (1) 计算积分

$$I=\iint\limits_\Sigma x^3\mathrm{d}y\mathrm{d}z+x^2y\mathrm{d}z\mathrm{d}x+x^2z\mathrm{d}x\mathrm{d}y,$$

其中 $\Sigma: z=0, z=b, x^2+y^2=a^2$.

(2) 计算积分

$$I=\iint_{\Sigma} xy^2\mathrm{d}y\mathrm{d}z+yz^2y\mathrm{d}z\mathrm{d}x+zx^2\mathrm{d}x\mathrm{d}y,$$

其中 $\Sigma: x^2/a^2+y^2/b^2+z^2/c^2=1$.

(3) 计算积分

$$I=\iint_{\Sigma}(x-y-z)\mathrm{d}y\mathrm{d}z+\big(2y+\sin(z+x)\big)\mathrm{d}z\mathrm{d}x+(3z+\mathrm{e}^{x+y})\mathrm{d}x\mathrm{d}y,$$

其中 $\Sigma: |x-y+z|+|y-z+x|+|z-x+y|=1$.

5.14 (1) 计算积分

$$I=\iint_{\Sigma}(x^2\cos\alpha+y^2\cos\beta+z^2\cos\gamma)\mathrm{d}S,$$

其中 $\Sigma: (x-a)^2+(y-b)^2+(z-c)^2=R^2$.

(2) 求

$$\iint_{\Sigma} xyz(y^2z^2+z^2x^2+x^2y^2)\mathrm{d}S,$$

其中 Σ 是: (i) 球面 $x^2+y^2+z^2=a^2, x,y,z\geqslant 0$; (ii) 整个球面 $x^2+y^2+z^2=a^2$.

5.15 设 C 是曲线 $x^2+y^2+z^2=2a(x+y), x+y=2a$. 由点 $(2a,0,0)$ 出发, 首先经过 C 的 $z\leqslant 0$ 的部分, 然后经过 $z\geqslant 0$ 的部分回到出发点. 证明

$$\int_C y\mathrm{d}x+z\mathrm{d}y+x\mathrm{d}z=-2\sqrt{2}\pi a^2.$$

5.16 (1) 求由平面 $z=0$, 曲面 $y^2=a^2-az$ 以及 $x^2+y^2=ax$ 围成的立体的体积.

*(2) 计算下列曲面所围成的立体的体积:

$$\left(\frac{x^2}{a^2}+\frac{y^2}{b^2}+\frac{z^2}{c^2}\right)^2=\frac{x}{h}.$$

*(3) 设 $\alpha<\beta$. 求下列曲面围成的立体体积:

$$x^2+y^2+z^2=2az,$$
$$x^2+y^2=z^2\tan^2\alpha,$$
$$x^2+y^2=z^2\tan^2\beta.$$

*(4) 求曲面

$$\left(\frac{x^2}{a^2}+\frac{y^2}{b^2}+\frac{z^2}{c^2}\right)^n=z^{2n-1}\quad (n\text{ 为正整数}, a,b,c>0)$$

所围成的立体体积.

*(5) 求曲面 $(x^2+y^2+z^2)^3=a^3xyz\,(a>0)$ 所围成的立体体积.

*(6) 求满足 $(x^2+y^2+z^2+8)^2\leqslant 36(x^2+y^2)$ 的点 (x,y,z) 所形成的区域的体积.

5.17 (1) 求球面 $x^2+y^2+(z-R)^2=R^2$ 被锥面 $z^2=ax^2+by^2$ 截取的那部分面积.

*(2) 求曲面 $z^2=x^2+y^2$ 夹在两曲面 $x^2+y^2=y$ 与 $x^2+y^2=2y$ 之间的那部分的面积.

(3) 求螺旋面 $z=\arctan(y/x)(x\geqslant 0, y\geqslant 0, 0\leqslant z\leqslant \pi/4)$ 位于圆柱 $x^2+y^2=1$ 内部那部分的表面积.

(4) 求椭圆抛物面 $z=ax^2+by^2(a,b>0)$ 内部所含球面 $x^2+y^2+z^2=cz(c>0)$ 的那部分的表面积.

5.18 (1) 设 $\rho=\rho(x,y,z)$ 是原点 O 到椭球

$$\Sigma:\quad \frac{x^2}{a^2}+\frac{y^2}{b^2}+\frac{z^2}{c^2}=1$$

上的任一点 (x,y,z) 处的切面的距离, 证明:

$$\int_{\Sigma} \rho(x,y,z)\mathrm{d}S = 4\pi abc,$$

并由此推出椭球体积公式.

*(2) 设 $\rho(x,y,z)$ 是原点 O 到椭球面

$$\frac{x^2}{2}+\frac{y^2}{2}+z^2=1$$

的上半部分 (即满足 $z \geqslant 0$ 的部分)Σ 的任一点 (x,y,z) 处的切面的距离, 求积分

$$\iint_{\Sigma} \frac{z}{\rho(x,y,z)}\mathrm{d}S.$$

***5.19**　设地球是半径为 R 的圆球, 地面上 (即地球上空) 距地球中心 $r(r \geqslant R)$ 处空气密度为

$$\rho(r) = \rho_0 \exp\left(k\left(1-\frac{r}{R}\right)\right) \quad (\rho_0, k \text{ 为正常数})$$

(此处 $\exp(x)$ 表示指数函数 e^x), 求地球上空空气总质量.

5.20　证明下列广义积分关于参数 α 的一致收敛性:

$$I_1 = \int_0^{\infty} \mathrm{e}^{-x}x^n \cos\alpha x\mathrm{d}x \quad (n>0).$$

$$I_2 = \int_0^{\infty} \mathrm{e}^{-\alpha x}\frac{\sin x}{x}\mathrm{d}x.$$

5.21　证明: 积分

$$J(y) = \int_0^{\infty} \frac{\sin(xy)}{\sqrt{x}}\mathrm{d}x$$

在任何有限区间 $[a,b](0<a<b<\infty)$ 上关于 y 一致收敛, 但在 $(0,\infty)$ 上并不一致收敛.

5.22　设 $f \in C^2(\mathbb{R}^2)$, 令

$$D_r = \{(x,y) \mid (x-x_0)^2+(y-y_0)^2 \leqslant r^2\},$$

以及

$$M(r) = M_f(r) = \frac{1}{\pi r^2}\iint_{D_r} f(x,y)\mathrm{d}x\mathrm{d}y.$$

证明

$$\lim_{r\to 0}\frac{1}{r^2}\big(M(r)-f(x_0,y_0)\big) = \frac{1}{8}\Delta f(x_0,y_0),$$

其中 $\Delta f = f_{xx}+f_{yy}$.

***5.23**　设 $f(x,y)$ 在点 $(0,0)$ 的某个邻域中连续, 令

$$F(t) = \iint_{x^2+y^2\leqslant t^2} f(x,y)\mathrm{d}x\mathrm{d}y,$$

求 $\lim\limits_{t\to 0+} F'(t)/t$.

5.24　(1) 计算:

$$\int_0^{\pi/2} \log\left(\frac{a+b\sin\theta}{a-b\sin\theta}\right)\frac{\mathrm{d}\theta}{\sin\theta} \quad (0 \leqslant b < a).$$

(2) 证明:

$$\int_{\pi/2-\alpha}^{\pi/2} \sin\theta \arccos\left(\frac{\cos\alpha}{\sin\theta}\right)\mathrm{d}\theta = \frac{\pi}{2}(1-\cos\alpha) \quad \left(0 \leqslant \alpha \leqslant \frac{\pi}{2}\right).$$

5.25　设函数 f 定义在 $\Omega = \{(x,y,z) \mid x^2+y^2 \leqslant z^2, 0 \leqslant z \leqslant 1\}$ 上且可积, 在点 $(0,0,0)$ 连续. 令

$$I_n = \iiint_{\Omega} \mathrm{e}^{-nz}f(x,y,z)\mathrm{d}x\mathrm{d}y\mathrm{d}z.$$

证明

$$I_n \sim \frac{2\pi}{n^3}f(0,0,0) \quad (n\to\infty).$$

5.26 (1) 设 $0\leqslant t\leqslant 1$. 令 $D_t=\{(x,y)\mid x^2+y^2\leqslant t^2\}$. 还设 $f\in C(D_1)$, 定义

$$F(t)=\iint\limits_{D_t} f(x,y)\mathrm{d}x\mathrm{d}y.$$

则 $F\in C^1[0,1]$.

(2) 对于 $(x,y)\in\mathbb{R}^2$, 令

$$D(x,y)=[x-1,x+1]\times[y-1,y+1].$$

设 $f(x,y)\in C(\mathbb{R}^2)$, 定义

$$F(x,y)=\iint\limits_{D(x,y)} f(u,v)\mathrm{d}u\mathrm{d}v.$$

则 $F\in C^1(\mathbb{R}^2)$.

5.27 设 $f\in C(\mathbb{R}^2)$, 对于 $t>0$ 定义

$$g_t(x,y)=\frac{1}{4\pi t}\int_0^\infty\int_0^\infty f(u,v)\exp\left(-\frac{(u-x)^2+(v-y)^2}{4t}\right)\mathrm{d}u\mathrm{d}v.$$

求 $\lim\limits_{t\to0}g_t(x,y)$.

习题 5 的解答或提示

5.1 (1) **提示** 积分区域由抛物线 $y=x^2+x$ 和 $y=x+1$ 围成.

(2) **提示** 三曲线 $x^2+y^2=1,y=x^2,x=y^2$ 有一个公共点 $(1,1)$, 曲线 $x^2+y^2=1,x=y^2$ 的另一交点的横坐标 x 是方程 $x^2+x-1=0$ 的正根.

(3) 因为

$$\int_0^1 f(x)=\int_0^1 f(1-x)\mathrm{d}x,$$
$$\int_0^{\sqrt{1-x^2}}\frac{\mathrm{d}y}{\sqrt{1-x^2-y^2}}=\frac{\pi}{2}\quad(|x|<1),$$

所以

$$\frac{\pi}{2}\int_0^1 f(x)\mathrm{d}x=\int_0^1 f(1-x)\mathrm{d}x\int_0^{\sqrt{1-x^2}}\frac{\mathrm{d}y}{\sqrt{1-x^2-y^2}}.$$

令 $x=\sin\theta\cos\phi,y=\sin\theta\sin\phi$, 则 Jacobi 式等于 $\sin\theta\cos\theta$, 于是上式右边等于

$$\int_0^{\pi/2}\int_0^{\pi/2}f(1-\sin\theta\cos\phi)\frac{\sin\theta\cos\theta}{\sqrt{1-\sin^2\theta}}\mathrm{d}\theta\mathrm{d}\phi=\int_0^{\pi/2}\mathrm{d}\phi\int_0^{\pi/2}f(1-\sin\theta\cos\phi)\sin\theta\mathrm{d}\theta.$$

(4) **提示** 积分区域是四面体, 由平面 $z=0,z=y,x=a,y=x$ 围成.

(5) **提示** 令 $x+y+z=u,x+y=uv,x=uvw$,Jacobi 式等于 $-uv^2$.

5.2 (1) **提示** 注意 D 及被积函数关于 x,y 对称. 为求曲线交点, 需解方程 $(x^2-2)^2-(x+2)=0$, 得到 $x=-1,(\sqrt{5}-1)/2,2$(舍去另一根 $-(\sqrt{5}+1)/2$), 于是

$$\frac{I}{2}=\int_{-1}^{(\sqrt{5}-1)/2}\mathrm{d}x\int_{-\sqrt{x+2}}^{x}(x+y)\mathrm{d}y+\int_{(\sqrt{5}-1)/2}^{2}\mathrm{d}x\int_{x^2-2}^{x}(x+y)\mathrm{d}y,$$

答案: $I=49/15$.

(2) 令 $u=y/x^2,v=xy$, 或 $x=u^{-1/3}v^{1/3},y=u^{1/3}v^{2/3}$.Jacobi 式等于 $-1/3u$. 于是

$$\begin{aligned}I&=\int_a^b\frac{\mathrm{d}u}{3u}\int_c^d(u^{-1/3}v^{1/3}+u^{1/3}v^{2/3})\mathrm{d}v\\&=\frac{3}{4}(d^{4/3}-c^{4/3})(b^{-1/3}-a^{-1/3})+\frac{3}{5}(d^{5/3}-c^{5/3})(a^{1/3}-b^{1/3}).\end{aligned}$$

(3) **提示** 由 D 的定义得到

$$I=\int_0^{2/3}\sqrt{x}\mathrm{d}x\int_0^{-2x+4\sqrt{x/6}}\sqrt{y}\mathrm{d}y=\frac{2}{3}\int_0^{2/3}\sqrt{x}\left(-2x+4\sqrt{\frac{x}{6}}\right)^{3/2}\mathrm{d}x,$$

令 $x=6t^2$, 得到

$$I=\frac{2}{3}\int_0^{1/3}12\sqrt{6}t^2\big(4t(1-3t)\big)^{3/2}\mathrm{d}t,$$

最后令 $t=(\sin^2\theta)/3$, 可得 $I=32\sqrt{2}/81$.

(4) 积分区域由 $y=\sqrt{x},y=1,x=0$ 围成, 所以

$$I=\int_0^1\mathrm{d}y\int_0^{y^2}\sqrt{1+y^2}\mathrm{d}x=\int_0^1y^2\sqrt{1+y^2}\mathrm{d}y.$$

令 $t=y+\sqrt{1+y^2}$, 则得

$$\begin{aligned}I&=\int_1^{1+\sqrt{2}}\left(\frac{t^2-1}{2t}\right)^2\cdot\frac{t^2+1}{2t}\cdot\frac{t^2+1}{2t^2}\mathrm{d}t\\&=\frac{1}{16}\int_1^{1+\sqrt{2}}\frac{t^8-2t^4+1}{t^5}\mathrm{d}t=\frac{1}{8}\big(3\sqrt{2}-\log(1+\sqrt{2})\big).\end{aligned}$$

(5) **提示** 令 $x^{1/4}=r\cos\theta,y^{1/4}=r\sin\theta$, 则 $r\geqslant0,0\leqslant\theta\leqslant\pi/2$,Jacobi 式 $=16r^7\sin^3\theta\cos^3\theta$. 答案: $4/27$.

(6) 变换积分次序可得

$$I=\int_{1/2}^1\mathrm{d}x\int_{x^2}^x\mathrm{e}^{y/x}\mathrm{d}y=\int_{1/2}^1x(\mathrm{e}-\mathrm{e}^x)\mathrm{d}x=3\mathrm{e}/8-\sqrt{\mathrm{e}}/2.$$

(7) 圆周 $x^2+y^2=1$ 将 Ω 划分为 Ω_1(由圆周在第一象限的部分与坐标轴围成) 和 $\Omega_2=\Omega\setminus\Omega_1$. 于是

$$J=\iint\limits_{\Omega_1}(1-x^2-y^2)\mathrm{d}x\mathrm{d}y+\iint\limits_{\Omega_2}(x^2+y^2-1)\mathrm{d}x\mathrm{d}y=J_1+J_2.$$

用极坐标 (r,θ) 得

$$J_1=\int_0^{\pi/2}\mathrm{d}\theta\int_0^1(1-r^2)r\mathrm{d}r=\frac{\pi}{8}.$$

还有

$$\begin{aligned}J_2&=\iint\limits_{\Omega_2}(x^2+y^2)\mathrm{d}x\mathrm{d}y-\iint\limits_{\Omega_2}\mathrm{d}x\mathrm{d}y\\&=\iint\limits_{\Omega_2}(x^2+y^2)\mathrm{d}x\mathrm{d}y-\left(\iint\limits_{\Omega}\mathrm{d}x\mathrm{d}y-\frac{\pi}{4}\right)\\&=\iint\limits_{\Omega}(x^2+y^2)\mathrm{d}x\mathrm{d}y-\iint\limits_{\Omega_1}(x^2+y^2)\mathrm{d}x\mathrm{d}y-\left(1-\frac{\pi}{4}\right).\end{aligned}$$

因为 (应用对称性)

$$\iint\limits_{\Omega}(x^2+y^2)\mathrm{d}x\mathrm{d}y=2\iint\limits_{\Omega}x^2\mathrm{d}x\mathrm{d}y=\frac{2}{3},$$

以及 (用极坐标)

$$\iint\limits_{\Omega_1}(x^2+y^2)\mathrm{d}x\mathrm{d}y=\int_0^{\pi/2}\mathrm{d}\theta\int_0^1 r^3\mathrm{d}r=\frac{\pi}{8},$$

所以 $J_2=2/3-\pi/8-(1-\pi/4)=\pi/8-1/3$. 于是最终求得 $J=\pi/8+\pi/8-1/3=\pi/4-1/3$.

(8) 将积分区域分为位于四个象限的四部分, 可得

$$\begin{aligned}\int_{|x|+|y|\leqslant 1}|xy|\mathrm{d}x\mathrm{d}y&=4\int_0^1 x\mathrm{d}x\int_0^{1-x}y\mathrm{d}y\\&=4\int_0^1\frac{1}{2}x(1-x)^2\mathrm{d}x=2\int_0^1(x^3-2x^2+x)\mathrm{d}x=\frac{1}{6}.\end{aligned}$$

(9) 因为 D 的极坐标形式是 $\{(r,\theta)\mid 0\leqslant\theta\leqslant\pi/2,0\leqslant r\leqslant 1/(\sin\theta+\cos\theta)\}$, 所以

$$\begin{aligned}J&=\int_0^{\pi/2}\mathrm{e}^{\sin\theta/(\sin\theta+\cos\theta)}\mathrm{d}\theta\int_0^{1/(\sin\theta+\cos\theta)}r\mathrm{d}r\\&=\frac{1}{2}\int_0^{\pi/2}\frac{\mathrm{e}^{\sin\theta/(\sin\theta+\cos\theta)}}{(\sin\theta+\cos\theta)^2}\mathrm{d}\theta\\&=\frac{1}{2}\int_0^{\pi/2}\mathrm{e}^{\sin\theta/(\sin\theta+\cos\theta)}\mathrm{d}\left(\frac{\sin\theta}{\sin\theta+\cos\theta}\right)\\&=\frac{1}{2}\int_0^1\mathrm{e}^x\mathrm{d}x=\frac{1}{2}(\mathrm{e}-1).\end{aligned}$$

(10) 参见例 5.1.5. 定义 $F(x)=\displaystyle\int_0^x f(t)\mathrm{d}t$, 因为 f 连续, 所以 F 有意义. 我们有

$$\begin{aligned}J&=\int_{-1}^1 x\mathrm{d}x\int_{x^3}^1\mathrm{d}y+\int_{-1}^1 x\mathrm{d}x\int_{x^3}^1 yf(x^2+y^2)\mathrm{d}y\\&=\int_{-1}^1 x(1-x^3)\mathrm{d}x+\frac{1}{2}\int_{-1}^1 x\mathrm{d}x\int_{x^3}^1 yf(x^2+y^2)\mathrm{d}(x^2+y^2)\\&=-\frac{2}{5}+\frac{1}{2}\int_{-1}^1 x\mathrm{d}x\int_{x^2+x^6}^{x^2+1}f(t)\mathrm{d}t\\&=-\frac{2}{5}+\frac{1}{2}\int_{-1}^1 x\big(F(x^2+1)-F(x^2+x^6)\big)\mathrm{d}x\\&=-\frac{2}{5}+0=-\frac{2}{5},\end{aligned}$$

这里用到 $x\big(F(x^2+1)-F(x^2+x^6)\big)$ 是奇函数, 积分区间关于原点对称的事实.

(11) **提示** 令

$$f(x,y)=x^2+y^2-\frac{x+y}{\sqrt{2}}=\left(x-\frac{1}{2\sqrt{2}}\right)^2+\left(y-\frac{1}{2\sqrt{2}}\right)^2-\frac{1}{4}.$$

记 $D_1=\{(x,y)\mid f(x,y)\leqslant 0\},D_2=D\setminus D_1$. 因为 $D_1\subset D$, 所以 $D_1\cup D_2=D,D_1\cap D_2=\emptyset$. 于是

$$\begin{aligned}I&=\iint\limits_{D_1}|f(x,y)|\mathrm{d}x\mathrm{d}y+\iint\limits_{D_2}|f(x,y)|\mathrm{d}x\mathrm{d}y\\&=-\iint\limits_{D_1}f(x,y)\mathrm{d}x\mathrm{d}y+\iint\limits_{D_2}f(x,y)\mathrm{d}x\mathrm{d}y\\&=-2\iint\limits_{D_1}f(x,y)\mathrm{d}x\mathrm{d}y+\iint\limits_{D}f(x,y)\mathrm{d}x\mathrm{d}y\\&=-2I_1+I_2.\end{aligned}$$

对于 I_1, 令 $x=r\cos\theta+1/(2\sqrt{2}),y=r\sin\theta+1/(2\sqrt{2})$, 可得 $I_1=-2\pi(1/32-1/64)$. 对于 I_2, 用极坐标得到 $I_2=\pi/2$. 因此 $I=9\pi/16$.

5.3 (1) **提示** 用球坐标得

$$I=\int_0^1 r^3\sqrt{1+r^2}\mathrm{d}r\int_0^{\pi}\sin^2\theta\mathrm{d}\theta\int_0^{\pi/2}\cos\phi\mathrm{d}\phi,$$

为计算 $=\int_0^1 r^3\sqrt{1+r^2}\mathrm{d}r$, 令 $1+r^2=t$. 答案: $I=\pi(\sqrt{2}+1)/15$.

(2) **提示**　令 $x=au, y=bv, z=cw$,Jacobi 式等于 abc. 于是

$$I=\iiint\limits_{V'}(la^2u^2+mb^2v^2+nc^2w^2)abc\mathrm{d}u\mathrm{d}v\mathrm{d}w,$$

其中 V' 是单位球 (体)$u^2+v^2+w^2\leqslant 1$. 然后应用球坐标, 并注意对称性, 得到

$$I=8abc\int_0^{\pi/2}\mathrm{d}\phi\int_0^{\pi/2}\mathrm{d}\theta\int_0^1(la^2\sin^2\theta\cos^2\phi+mb^2\sin^2\theta\sin^2\phi+nc^2\cos^2\theta)r^2\cdot r^2\sin\theta\mathrm{d}r.$$

答案: $I=4\pi abc(la^2+mb^2+nc^2)/15$.

(3) **提示**　用圆柱坐标得

$$\begin{aligned}I&=\iint\limits_D r\mathrm{d}r\mathrm{d}z\int_0^{2\pi}(r\cos\theta+r\sin\theta+z)^2\mathrm{d}\theta\\&=2\pi\iint\limits_D(r^2+z^2)r\mathrm{d}r\mathrm{d}z,\end{aligned}$$

其中

$$D=\left\{(r,z)\mid\frac{r^2}{2a}\leqslant z\leqslant\sqrt{3a^2-r^2}, r\geqslant 0\right\}.$$

于是

$$I=2\pi\int_0^{a\sqrt{2}}r\mathrm{d}r\int_{r^2/(2a)}^{\sqrt{3a^2-r^2}}(r^2+z^2)\mathrm{d}z.$$

答案: $I=2\pi(9\sqrt{3}/5-97/60)a^5$.

(4) **提示**　用圆柱坐标算得

$$I=2\pi\int_{-2}^a\left(\sqrt{2a^2-2z^2+(z-h)^2}-h+z\right)\mathrm{d}z.$$

令 $z+h=\sqrt{2(a^2+h^2)}\sin\phi$, 可得

$$\begin{aligned}I&=4\pi ah+2\pi\int_{\phi_1}^{\phi_2}2(a^2+h^2)\cos^2\phi\mathrm{d}\phi\\&=4\pi ah+2\pi(a^2+h^2)\left(\phi_2-\phi_1+\frac{\sin 2\phi_2-\sin 2\phi_1}{2}\right),\end{aligned}$$

其中

$$\sin\phi_2=\frac{h+a}{\sqrt{2(a^2+h^2)}},\quad \sin\phi_1=\frac{h-a}{\sqrt{2(a^2+h^2)}}=\cos\left(\frac{\pi}{2}-\phi_2\right),$$

因此

$$I=4\pi ah+2\pi(a^2+h^2)\arcsin\frac{2ah}{h^2+a^2}.$$

(5) 令 $x=r\cos\phi\cos\theta, y=r\sin\phi\cos\theta, z=r\sin\theta$ (球坐标的变体, 对于 $P=(x,y,z)$,θ 是 OP 与 XY 平面的夹角), 则 Jacobi 式等于 $r^2\cos\theta$ 并且

$$\begin{aligned}&\sin^2\theta\leqslant 2\sin\phi\cos\phi\cos^2\theta,\quad r^2\cos^2\theta\leqslant 2ar\sin\theta,\\&(\sin\phi+\cos\phi)\cos\theta\geqslant 0.\end{aligned}$$

于是 $\sin\phi\geqslant 0, \cos\phi\geqslant 0, \sin\theta\geqslant 0$. 记 $\tan\alpha=\sqrt{\sin^2\phi}$, 则

$$\begin{aligned}I&=\int_0^{\pi/2}\mathrm{d}\phi\int_0^{\alpha}\mathrm{d}\theta\int_0^{2a\sin\theta/\cos^2\theta}\frac{\sin\theta}{\cos\theta(\cos\phi+\sin\phi)}r^2\cos\theta\mathrm{d}r\\&=\frac{8a^3}{15}\int_0^{\pi/2}\frac{(\sin 2\phi)^{5/2}}{\cos\phi+\sin\phi}\mathrm{d}\phi.\end{aligned}$$

令 $\phi-\pi/4=\psi$, 得

$$I=\frac{8a^3\sqrt{2}}{15}\int_0^{\pi/4}\frac{(\cos 2\psi)^{5/2}}{\cos\psi}\mathrm{d}\psi,$$

然后令 $\sin\omega=\sqrt{2}\sin\psi$, 得

$$I=\frac{8a^3\sqrt{2}}{15}\int_0^{\pi/2}\frac{\cos^6\omega}{\sqrt{2}\left(1-\dfrac{1}{2}\sin^2\omega\right)}\mathrm{d}\omega.$$

最后令 $u=\sin\omega$, 可算出

$$I=\frac{16a^3\sqrt{2}}{15}\left(\frac{7\pi}{16}-\frac{\pi}{2\sqrt{2}}\right).$$

(6) 作变换 $u=x-a, v=y-a, w=z-a$, 则 Jacobi 式等于 $1, V$ 被映为球 $u^2+v^2+w^2=a^2$ 的内部 (记为 Ω), 并且

$$\begin{aligned}J&=\iiint_V(x^3+y^3+z^3)\mathrm{d}x\mathrm{d}y\mathrm{d}z\\&=\iiint_\Omega\left((u+a)^3+(v+a)^3+(w+a)^3\right)\mathrm{d}u\mathrm{d}v\mathrm{d}w\\&=\iiint_\Omega(u^3+v^3+w^3)\mathrm{d}u\mathrm{d}v\mathrm{d}w+3a\iiint_\Omega(u^2+v^2+w^2)\mathrm{d}u\mathrm{d}v\mathrm{d}w\\&\quad+3a^2\iiint_\Omega(u+v+w)\mathrm{d}u\mathrm{d}v\mathrm{d}w+3a^3\iiint_\Omega\mathrm{d}u\mathrm{d}v\mathrm{d}w\\&=J_1+3aJ_2+3a^2J_3+3a^3J_4.\end{aligned}$$

应用球坐标

$$u=r\cos\phi\sin\theta,\quad v=r\sin\phi\sin\theta,\quad w=r\cos\theta,$$

其 Jacobi 式 $=r^2\sin\theta$, 我们得到

$$\begin{aligned}J_3&=\int_0^a r^3\mathrm{d}r\int_0^{2\pi}\mathrm{d}\phi\int_0^\pi\left(\sin\theta(\cos\phi+\sin\phi)+\cos\theta\right)\sin\theta\mathrm{d}\theta\\&=\int_0^a r^3\mathrm{d}r\int_0^{2\pi}\mathrm{d}\phi\int_0^\pi\left(\sin^2\theta(\cos\phi+\sin\phi)+\sin\theta\cos\theta\right)\mathrm{d}\theta\\&=\frac{1}{4}a^4\int_0^{2\pi}\left(2\cdot\frac{1}{2}\cdot\frac{\pi}{2}(\cos\phi+\sin\phi)+0\right)\mathrm{d}\phi=0\end{aligned}$$

(也可以应用被积函数在 Ω 位于对顶卦象中的部分 (共四组) 上的积分互相抵消的性质). 类似地 $J_1=0$. 还算出 $J_2=4\pi a^5/5$(计算细节从略, 请读者补出),$J_4=4\pi a^3/3$(可直接用球体积公式). 于是最终得

$$J=0+3a\cdot\frac{4\pi a^5}{5}+0+3a^3\cdot\frac{4\pi a^3}{3}=\frac{32}{5}\pi a^6.$$

(7) 平面图形 D 在 YOZ 平面的第一象限内, 由圆弧 $y^2+z^2=1$、直线 $2y-z=1$ 以及 Y 轴和 Z 轴围成. 直线 $2y-z=1$ 与 Y 轴的交点是 $(0,1/2,0)$ (限制在 YOZ 平面, 就是 $(1/2,0)$), 圆弧与直线的交点是 $(0,4/5,3/5)$. 圆弧与 Z 轴的交点是 $(0,1,0)$(读者据此不难画出示意图). 因此旋转体由 XOY 平面、球面 $x^2+y^2+z^2=1$ 和圆锥面

$$\frac{\sqrt{x^2+y^2}}{z+1}=\frac{1}{2}\quad 即\quad x^2+y^2=\frac{1}{4}(z+1)^2,$$

围成.(注意: 依解析几何, 直线 $2y-z=1$ 的斜率 $=1/2$, 在 $y/(z+1)=1/2$ 中用 $\sqrt{x^2+y^2}$ 代 y 即得它绕 Z 轴旋转所得立体的方程). 考虑旋转体的水平截面 D_z : 当 $0\leqslant z_0\leqslant 3/5$ 时 (此时旋转体的侧面为圆锥面), 它是水平面 $z=z_0$ 上的圆

$$x^2+y^2\leqslant\frac{1}{4}(z_0+1)^2;$$

当 $3/5 \leqslant z_0 \leqslant 1$ 时 (此时旋转体的侧面为球面), 它是水平面 $z = z_0$ 上的圆

$$x^2 + y^2 \leqslant 1 - z_0^2.$$

因此所求积分等于

$$J = \int_0^1 z\mathrm{d}z \iint\limits_{D_z} \frac{\mathrm{d}x\mathrm{d}y}{\sqrt{x^2+y^2}} = \left(\int_0^{3/5} + \int_{3/5}^1\right) z\mathrm{d}z \iint\limits_{D_z} \frac{\mathrm{d}x\mathrm{d}y}{\sqrt{x^2+y^2}} = J_1 + J_2.$$

应用极坐标计算在 D_z 上的积分:

$$J_1 = \int_0^{3/5} z\mathrm{d}z \int_0^{2\pi} \mathrm{d}\theta \int_0^{(z+1)/2} \frac{1}{r} \cdot r\mathrm{d}r,$$

$$J_2 = \int_{3/5}^1 z\mathrm{d}z \int_0^{2\pi} \mathrm{d}\theta \int_0^{\sqrt{1-z^2}} \frac{1}{r} \cdot r\mathrm{d}r.$$

计算后可得 $J = 89\pi/150$.

(8) **提示**　令

$$x = r\sin\theta\sin\phi\cos\psi, \quad y = r\sin\theta\sin\phi\sin\psi,$$

$$z = r\sin\theta\cos\phi, \quad u = r\cos\theta,$$

则 Jacobi 式等于 $r^2\sin^2\theta\sin\phi$. 于是

$$I = \int_0^{\pi/2} \mathrm{d}\psi \int_0^{\pi/2} \sin\phi \mathrm{d}\phi \int_0^{\pi/2} \sin^2\theta \mathrm{d}\theta \int_0^1 \sqrt{\frac{1-r^2}{1+r^2}} r^2 \mathrm{d}r,$$

然后令 $t = r^2$, 得到

$$I = \frac{\pi^2}{16} \int_0^1 \sqrt{\frac{1-t}{1+t}} t \frac{\mathrm{d}t}{2},$$

最后令 $t = \sin\theta$, 求得 $I = \pi^2(1 - \pi/4)/16$.

5.4　提示　(1) 不妨认为在 D 上 $g(x,y) > 0$. 设 f 在 D 上的最大值和最小值分别为 M 和 m, 则

$$mg(x,y) \leqslant f(x,y)g(x,y) \leqslant Mg(x,y).$$

于是

$$m\int\limits_D g(x,y)\mathrm{d}x\mathrm{d}y \leqslant \int\limits_D f(x,y)g(x,y)\mathrm{d}x\mathrm{d}y \leqslant M\int\limits_D g(x,y)\mathrm{d}x\mathrm{d}y.$$

因为 $\int\limits_D g(x,y)\mathrm{d}x\mathrm{d}y \neq 0$, 所以

$$m \leqslant \frac{\int\limits_D f(x,y)g(x,y)\mathrm{d}x\mathrm{d}y}{\int\limits_D g(x,y)\mathrm{d}x\mathrm{d}y} \leqslant M.$$

然后对 $f(x,y)$ 应用介值定理.

(2) 设区域 D 由 $x+y=t(t>0), x=0, y=0$ 围成. 依本题 (1) 中的公式, 题中的积分等于

$$\iint\limits_D \mathrm{e}^{x^2+y^2}\mathrm{d}x\mathrm{d}y = \mathrm{e}^{\xi^2+\eta^2}\iint\limits_D \mathrm{d}x\mathrm{d}y = \mathrm{e}^{\xi^2+\eta^2} \cdot \frac{t^2}{2},$$

其中 $(\xi,\eta) \in D$. 答案: 1/2.

5.5　(1) 点 $(2,0) \in D$ 是奇点. 作变换 $x = 2-u, y = v$, 则 D 映为 D', 由 $u^2+v^2-2u \leqslant 0$ 定义. 因为在 D' 中 $4-x^2-y^2 = 4u-u^2-v^2 = -2(u^2+v^2-2u)+u^2+v^2 \geqslant u^2+v^2$, 并且积分

$$\iint\limits_{D'} \frac{\mathrm{d}u\mathrm{d}v}{\sqrt{u^2+v^2}}$$

收敛, 所以积分

$$I=\iint\limits_{D'}\frac{\mathrm{d}u\mathrm{d}v}{\sqrt{4u-u^2-v^2}}$$

也收敛. 应用极坐标得到

$$I=\int_{-\pi/2}^{\pi/2}\mathrm{d}\theta\int_0^{2\cos\theta}\frac{r\mathrm{d}r}{\sqrt{4-r^2}}=4\left(\frac{\pi}{4}-1\right).$$

(2) 应用极坐标, 注意对称性，得到

$$\begin{aligned}I&=2\int_{\pi/4}^{\pi/2}\mathrm{d}\theta\int_{\sqrt{2}}^{1/\cos\theta}\frac{r^2-2}{r^4}\mathrm{d}r+2\int_{\pi/2}^{\pi}\mathrm{d}\theta\int_{\sqrt{2}}^{\infty}\frac{r^2-2}{r^4}\mathrm{d}r\\&=2\int_{\pi/4}^{\pi/2}\left(\frac{2}{3}\cos^3\theta-\cos\theta+\frac{2}{3\sqrt{2}}\right)\mathrm{d}\theta+2\int_{\pi/2}^{\pi}\mathrm{d}\theta\\&=\frac{\pi}{\sqrt{2}}-\frac{5}{9}+\frac{4}{9\sqrt{2}}.\end{aligned}$$

(3) **提示** 注意 $x+y-\sqrt{2}a=0$ 和 $-x+y+\sqrt{2}a=0$ 是圆 $x^2+y^2=a^2$ 的两条切线, 交于 $(0,\sqrt{2}a)$. 在极坐标系中 D 由

$$r\cos\left(\theta\pm\frac{\pi}{4}\right)\leqslant a$$

定义. 于是

$$\begin{aligned}I&=\int_0^{\pi/4}\mathrm{d}\theta\int_{a/\cos(\theta-\pi/4)}^{a/\cos(\theta+\pi/4)}\frac{\sqrt{r^2-a^2}}{r^3}\mathrm{d}r+\int_{\pi/4}^{3\pi/4}\mathrm{d}\theta\int_{a/\cos(\theta-\pi/4)}^{\infty}\frac{\sqrt{r^2-a^2}}{r^3}\mathrm{d}r\\&=I_1+I_2,\end{aligned}$$

在 I_2 中令 $r=a/\cos\phi(0\leqslant\phi\leqslant\pi/2)$, 则得

$$I=\frac{\pi^2}{32a}+\frac{1}{a}\left(\frac{\pi^2}{16}+\frac{1}{2}\right)=\frac{1}{a}\left(\frac{3\pi^2}{32}+\frac{1}{2}\right).$$

(4) 积分区域是一个三角形, 由直线 $x=y,x=a,y=0$ 围成. 在边界 $x=y$ 和 $x=a$ 上被积函数有奇点. 令 $x=a\sin^2\theta+t\cos^2\theta$, $y=t$, 则 Jacobi 式等于 $2(a-t)\sin\theta\cos\theta$, 并且

$$(a-x)(x-y)=(a-t)^2\cos^2\theta\sin^2\theta.$$

当 $x=a$ 时,$\theta=\pi/2$, 当 $x=t$ 时,$\theta=0$, 于是

$$I=2\int_0^a f'(t)\mathrm{d}t\int_0^{\pi/2}\mathrm{d}\theta=\pi\big(f(a)-f(0)\big).$$

(5) 解法 1 用极坐标,

$$I=\int_0^{\pi/2}\mathrm{d}\theta\int_0^{\infty}\mathrm{e}^{-r^2(1+\cos\alpha\sin2\theta)}r\mathrm{d}r.$$

令 $r^2(1+\cos\alpha\sin2\theta)=t$, 则 ($\theta$ 视作常数)

$$r\mathrm{d}r=\frac{\mathrm{d}t}{2(1+\cos\alpha\sin2\theta)},$$

于是

$$\int_0^{\infty}\mathrm{e}^{-r^2(1+\cos\alpha\sin2\theta)}r\mathrm{d}r=\int_0^{\infty}\frac{\mathrm{e}^{-t}\mathrm{d}t}{2(1+\cos\alpha\sin2\theta)}=\frac{1}{2(1+\cos\alpha\sin2\theta)},$$

从而

$$I=\frac{1}{2}\int_0^{\pi/2}\frac{\mathrm{d}\theta}{1+\cos\alpha\sin2\theta}.$$

令 $\tan\theta=u$, 则

$$I=\frac{1}{2}\int_0^{\infty}\frac{\mathrm{d}u}{u^2+2u\cos\alpha+1}=\frac{1}{2}\int_0^{\infty}\frac{\mathrm{d}u}{(u+\cos\alpha)^2+\sin^2\alpha}$$

$$= \frac{1}{2\sin\alpha}\left(\arctan\frac{u+\cos\alpha}{\sin\alpha}\right)\Bigg|_0^{\infty} = \frac{1}{2\sin\alpha}\left(\frac{\pi}{2}-\left(\frac{\pi}{2}-\alpha\right)\right) = \frac{\alpha}{2\sin\alpha}.$$

解法 2　设 $\alpha \neq 0$, 记

$$I_n = \iint\limits_{D_n} \mathrm{e}^{-(x^2+2xy\cos\alpha+y^2)}\mathrm{d}x\mathrm{d}y,$$

其中 $D_n = \{(x,y) \mid x \geqslant 0, y \geqslant 0, x^2+2xy\cos\alpha+y^2 \leqslant k_n^2\}$, 并且 $k_n \to \infty$. 令 $x+y\cos\alpha = u, y\sin\alpha = v$, 则 Jacobi 式等于 $1/\sin\alpha \neq 0$, 于是

$$I_n = \frac{1}{\sin\alpha}\iint\limits_{D'_n} \mathrm{e}^{-(u^2+v^2)}\mathrm{d}u\mathrm{d}v,$$

其中 $D' = \{(u,v) \mid u \geqslant 0, v \geqslant 0, u^2+v^2 \leqslant k_n^2\}$. 应用极坐标得到

$$I_n = \frac{\alpha}{2\sin\alpha}(1-\mathrm{e}^{-k_n^2}).$$

于是 $I = \lim\limits_{n\to\infty} I_n = \alpha/(2\sin\alpha)$.

设 $\alpha = 0$, 则令 $u = x+y, v = y$,Jacobi 式等于 1, 求得 $I = 1/2$. 这也可在 $\alpha \neq 0$ 的情形所得公式 $I = \alpha/(2\sin\alpha)$ 中令 $\alpha \to 0$ 而得到.

(6) **提示**　考虑区域 $D(\varepsilon,R): 0 < \varepsilon \leqslant x \leqslant R, 0 \leqslant y \leqslant x$. 那么

$$\begin{aligned}
\iint\limits_{D(\varepsilon,R)} x^{-3/2}\mathrm{e}^{y-x}\mathrm{d}x\mathrm{d}y &= \int_\varepsilon^R x^{-3/2}\mathrm{e}^{-x}\mathrm{d}x\int_0^x \mathrm{e}^y\mathrm{d}y = \cdots \\
&= 2\left(\frac{1}{\sqrt{\varepsilon}}-\frac{1}{\sqrt{R}}\right)-2\left(\frac{\mathrm{e}^{-\varepsilon}}{\sqrt{\varepsilon}}-\frac{\mathrm{e}^{-R}}{\sqrt{R}}\right)+4\int_{\sqrt{\varepsilon}}^{\sqrt{R}}\mathrm{e}^{-t^2}\mathrm{d}t \\
&= 2\left(\frac{1}{\sqrt{\varepsilon}}-\frac{\mathrm{e}^{-\varepsilon}}{\sqrt{\varepsilon}}\right)-2\left(\frac{1}{\sqrt{R}}-\frac{\mathrm{e}^{-R}}{\sqrt{R}}\right)+4\int_{\sqrt{\varepsilon}}^{\sqrt{R}}\mathrm{e}^{-t^2}\mathrm{d}t.
\end{aligned}$$

令 $\varepsilon \to 0, R \to \infty$, 得到 $I = 4\int_0^\infty \mathrm{e}^{-t^2}\mathrm{d}t = 2\sqrt{\pi}$.

(7) **提示**　被积函数记作 $f(x,y)$. 则 $D = D_1 \cup D_2$, 其中

$$D_1: 0 \leqslant y \leqslant 1, 0 \leqslant x \leqslant y;$$
$$D_2: 0 \leqslant x \leqslant 1, 1 \leqslant y \leqslant 1/x.$$

于是

$$I = \iint\limits_{D_1} f(x,y)\mathrm{d}x\mathrm{d}y + \iint\limits_{D_2} f(x,y)\mathrm{d}x\mathrm{d}y = I_1 + I_2.$$

I_1 是常义积分, 算出 $I_1 = \pi/8 - 1/4$. 为求 I_2, 首先算出 ($\varepsilon > 0$)

$$\begin{aligned}
I_2(\varepsilon) &= \int_1^{1/\varepsilon}\frac{y\mathrm{d}y}{1+y^2}\int_\varepsilon^{1/y}\frac{\mathrm{d}x}{(1+xy)^2} = \cdots \\
&= \int_1^{1/\varepsilon}\left(\frac{1}{1+\varepsilon^2}\left(\frac{\varepsilon^2}{1+\varepsilon y}-\frac{\varepsilon y-1}{1+y^2}\right)-\frac{1}{2(1+y^2)}\right)\mathrm{d}y \\
&= \frac{\varepsilon}{1+\varepsilon^2}\log\frac{2\sqrt{2}\varepsilon}{(1+\varepsilon)\sqrt{1+\varepsilon^2}}+\frac{1-\varepsilon^2}{2(1+\varepsilon^2)}\left(\arctan\frac{1}{\varepsilon}-\frac{\pi}{4}\right).
\end{aligned}$$

令 $\varepsilon \to 0$ 得 $I_2 = \pi/8$. 于是 $I = (\pi-1)/4$.

(8) **提示**　考虑 $D_a = \{(x,y,z) \mid x^2+y^2+z^2 \leqslant a\,(a<1)\}$, 用球坐标得到

$$\begin{aligned}
I_a &= \iiint\limits_{D_a}\frac{\mathrm{d}x\mathrm{d}y\mathrm{d}z}{\sqrt{1-x^2-y^2-z^2}} \\
&= 4\pi\left(\arcsin a - \frac{1}{2}(a\sqrt{1-a^2}+\arcsin a)\right).
\end{aligned}$$

然后令 $a \to 1$, 得到 $I = \pi^2$.

(9) **提示** 首先求

$$I(\varepsilon) = \int_\varepsilon^2 \mathrm{d}y \int_y^{\sqrt{2y}} \mathrm{d}x \int_0^1 \frac{xz}{x^2+y^2} \mathrm{d}z.$$

答案: $I = \log 2/2$.

5.6 (1) 应用极坐标求得 $I = \pi K$, 所以 $K = 1/\pi$.

(2) 若 $t \leqslant 0$, 则因 $f(x,y) > 0$(当 $(x,y) \in \mathbb{R}^2$), 所以此时 $D_t = \mathbb{R}^2$. 由本题 (1) 知

$$F(t) = \iint_{D_t} f(x,y)\mathrm{d}x\mathrm{d}y = \iint_{\mathbb{R}^2} f(x,y)\mathrm{d}x\mathrm{d}y = 1.$$

若 $t > 0$, 则不等式 $f(x,y) = \mathrm{e}^{-x^2-y^2}/\pi \leqslant t$ 等价于 $\mathrm{e}^{-x^2-y^2} \geqslant \pi t$. 因为 $\mathrm{e}^{-x^2-y^2} \leqslant 1$(当 $(x,y) \in \mathbb{R}^2$), 所以若 $0 < t < 1/\pi$, 则 $f(x,y) \leqslant t$ 等价于 $0 \leqslant x^2+y^2 \leqslant \sqrt{-\log \pi t}$, 因而 $D_t = \{(x,y) \mid 0 \leqslant x^2+y^2 \leqslant \sqrt{-\log \pi t}\}$, 从而 (用极坐标)

$$F(t) = \int_0^{2\pi} \mathrm{d}\theta \int_0^{0\leqslant x^2+y^2\leqslant\sqrt{-\log\pi t}} \frac{1}{\pi}\mathrm{e}^{-r^2} r\mathrm{d}r = 1 - \pi t.$$

而若 $t \geqslant 1/\pi$, 则 D_t 或由 $(0,0)$ 组成, 或是空集, 于是 $F(t) = 0$. 合起来得到

$$F(t) = \begin{cases} 1, & t \leqslant 0, \\ 1 - \pi t, & 0 < t < 1/\pi, \\ 0, & t \geqslant 1/\pi. \end{cases}$$

5.7 (1) 我们给出三种不同的解法.

解法 1 令

$$\phi(x) = \int_{-1}^1 \frac{\mathrm{d}y}{1+xy}.$$

关系式

$$\cos\theta = y + \frac{x}{2}(y^2 - 1)$$

给出 $y \in [-1,1]$ 与 $\theta \in [0,\pi]$ 之间的光滑一一对应, 并且

$$-\sin\theta\mathrm{d}\theta = \mathrm{d}y + \frac{x}{2}(2y\mathrm{d}y), \quad \frac{\mathrm{d}y}{\mathrm{d}\theta} = -\frac{\sin\theta}{1+xy},$$

以及 $2x\cos\theta = 2xy + x^2y^2 - x^2, 1 + 2x\cos\theta + x^2 = (1+xy)^2$. 于是

$$\begin{aligned}\phi(x) &= \int_\pi^0 \frac{1}{1+xy} \cdot \frac{\mathrm{d}y}{\mathrm{d}\theta}\mathrm{d}\theta = \int_0^\pi \frac{\sin\theta}{(1+xy)^2}\mathrm{d}\theta \\ &= \int_0^\pi \frac{\sin\theta}{1+2x\cos\theta+x^2}\mathrm{d}\theta.\end{aligned}$$

因为

$$\frac{\sin\theta}{1+2x\cos\theta+x^2} = \frac{\mathrm{d}}{\mathrm{d}x}\left(\arctan\frac{x+\cos\theta}{\sin\theta}\right),$$

所以所求的积分

$$I = \int_0^1 \phi(x)\mathrm{d}x = \int_0^\pi \left(\arctan\frac{1+\cos\theta}{\sin\theta} - \arctan\frac{\cos\theta}{\sin\theta}\right)\mathrm{d}\theta,$$

应用反三角函数公式

$$\arctan a - \arctan b = \arctan\frac{a-b}{1+ab},$$

我们得到

$$I = \int_0^\pi \arctan\frac{\sin\theta}{1+\cos\theta}\mathrm{d}\theta,$$

由三角公式

$$\frac{\sin\theta}{1+\cos\theta} = \tan\frac{\theta}{2}$$

立得

$$I=\int_0^{\pi}\frac{\theta}{2}\mathrm{d}\theta=\frac{\pi^2}{4}.$$

解法 2　设 $0<\varepsilon<1$, 令

$$\psi(y)=\int_0^1\frac{\mathrm{d}x}{1+xy},$$
$$I_\varepsilon=\int_{-(1-\varepsilon)}^{1-\varepsilon}\mathrm{d}y\int_0^1\frac{\mathrm{d}x}{1+xy}.$$

当 $x\in[0,1],y\in\big(-(1-\varepsilon),(1-\varepsilon)\big)$ 时, 将 $(1+xy)^{-1}$ 展开为几何级数, 得到

$$\frac{1}{1+xy}=\sum_{n=0}^{\infty}(-1)^n y^n\cdot x^n.$$

类似于例 5.2.2 的解法 2, 幂级数 (变量为 x) $\sum\limits_{n=0}^{\infty}(-1)^n y^n\cdot x^n$ 的收敛半径 $1/y>1$, 于是可对 x 逐项积分:

$$\psi(y)=\int_0^1\frac{\mathrm{d}x}{1+xy}=\sum_{n=0}^{\infty}(-1)^n y^n\int_0^1 x^n\mathrm{d}x=\sum_{n=0}^{\infty}(-1)^n\frac{y^n}{n+1}.$$

并且类似地,

$$\begin{aligned}I_\varepsilon&=\int_{-(1-\varepsilon)}^{1-\varepsilon}\psi(y)\mathrm{d}y=\int_0^{1-\varepsilon}\big(\psi(y)+\psi(-y)\big)\mathrm{d}y\\&=2\sum_{n=0}^{\infty}\frac{1}{2n+1}\int_0^{1-\varepsilon}y^{2n}\mathrm{d}y=2\sum_{n=0}^{\infty}\frac{(1-\varepsilon)^{2n+1}}{(2n+1)^2}.\end{aligned}$$

令 $\varepsilon\to 0$ 即得结果.

解法 3　我们有

$$\phi(x)=\int_{-1}^1\frac{\mathrm{d}y}{1+xy}=\frac{1}{x}\log\frac{1+x}{1-x},$$

并且当 $|x|<1$ 时,

$$\frac{1}{x}\log\frac{1+x}{1-x}=2\sum_{n=0}^{\infty}\frac{x^{2n}}{2n+1}.$$

因为当 $0\leqslant x<1$ 时上面级数的和函数连续, 它的每一项都是正的且连续, 并且逐项积分得到的级数收敛, 所以我们有

$$I=2\sum_{n=0}^{\infty}\int_0^1\frac{x^{2n}}{2n+1}\mathrm{d}x=2\sum_{n=0}^{\infty}\frac{1}{(2n+1)^2}=2\cdot\frac{3}{4}\sum_{n=0}^{\infty}\frac{1}{n^2}=\frac{\pi^2}{4}.$$

注　上面解法 3 的最后一步可参见: 菲赫金哥尔茨. 微积分学教程: 第二卷 [M].8 版. 北京: 高等教育出版社,2006:580.

(2) **提示**　将题中的积分记作 I, 在其中将积分变量 x 和 y 分别改记为 y 和 x, 那么 x^2+y^2 不变, 因此

$$I=\int_0^{\infty}\int_0^{\infty}\frac{\sin^2 x\sin^2 y}{y^2(x^2+y^2)}\mathrm{d}x\mathrm{d}y.$$

于是

$$2I=\int_0^{\infty}\int_0^{\infty}\left(\frac{\sin^2 x\sin^2 y}{x^2(x^2+y^2)}+\frac{\sin^2 x\sin^2 y}{y^2(x^2+y^2)}\right)\mathrm{d}x\mathrm{d}y.$$

由此得到

$$2I=\int_0^{\infty}\int_0^{\infty}\frac{\sin^2 x\sin^2 y}{x^2y^2}\mathrm{d}x\mathrm{d}y=\left(\int_0^{\infty}\frac{\sin^2 t}{t^2}\mathrm{d}t\right)^2=\frac{\pi^2}{4}.$$

注　上面计算中应用了已知结果

$$J=\int_0^{\infty}\frac{\sin^2 t}{t^2}\mathrm{d}t=\frac{\pi}{2},$$

它可通过分部积分算出:

$$J=-\int_0^{\infty}\sin^2 t\mathrm{d}\left(\frac{1}{t}\right)=\int_0^{\infty}\frac{2\sin t\cos t}{t}\mathrm{d}t=\int_0^{\infty}\frac{\sin u}{u}\mathrm{d}u=\frac{\pi}{2}.$$

对此可见: 菲赫金哥尔茨. 微积分学教程: 第二卷 [M].8 版. 北京: 高等教育出版社,2006:529,518,530. 关于积分 $\int_0^{\infty}(\sin u/u)\mathrm{d}u$, 可见同书 514,519 和 530 页.

(3) 我们给出两个解法, 计算细节由读者补出.

解法 1 令 $x=(u+t)/2, y=(u-t)/2$, 则题中的积分

$$I=2\int_0^{\infty}\frac{1}{\sinh u}\mathrm{d}u\int_0^u\frac{t^2\log(u/t)}{u^2-t^2}\mathrm{d}t.$$

在里层的积分中令 $t=uw$, 则有

$$I=2\int_0^{\infty}\frac{u\mathrm{d}u}{\sinh u}\int_0^1\left(1-\frac{1}{1-w^2}\right)\log w\mathrm{d}w=2\cdot\frac{\pi^2}{4}\cdot\left(\frac{\pi^2}{8}-1\right)=\frac{\pi^2(\pi^2-8)}{16}.$$

解法 2 令 $x=uy$ 并交换积分顺序, 我们得到

$$I=\int_1^{\infty}\frac{(u-1)^2\log\left((u+1)/(u-1)\right)}{u}\mathrm{d}u\int_0^{\infty}\frac{y}{\sinh\left(y(u+1)\right)}\mathrm{d}y.$$

用 $I(u)$ 表示内层 (对 y 的) 积分, 则有

$$\begin{aligned}I(u)&=\frac{-2}{(u+1)^2}\int_0^1\frac{\log t}{t^2-1}\mathrm{d}t=\frac{-2}{(u+1)^2}\int_0^1\sum_{k=0}^{\infty}t^{2k}\log t\mathrm{d}t\\&=\frac{2}{(u+1)^2}\sum_{k=0}^{\infty}\frac{1}{(2k+1)^2}=\frac{\pi^2}{4(u+1)^2}.\end{aligned}$$

于是

$$I=\frac{\pi^2}{4}\int_1^{\infty}\frac{(u-1)^2\log\left((u+1)/(u-1)\right)}{u(u+1)^2}\mathrm{d}u.$$

最后, 令 $w=(u-1)/(u+1)$, 可得

$$\begin{aligned}I&=-\frac{\pi^2}{2}\int_0^1\frac{w^2\log w}{1-w^2}\mathrm{d}w\\&=-\frac{\pi^2}{2}\int_0^1\left(\frac{\log w}{1-w^2}-\log w\right)\mathrm{d}w=\frac{\pi^2(\pi^2-8)}{16}.\end{aligned}$$

5.8 (1) (i) 被积函数 $f(x,y)$ 在 D 上连续. 设 $a,b>0, a\neq b$. 令

$$\begin{aligned}D_n&=\{(x,y)\mid x\geqslant 0, y\geqslant 0, x+y\leqslant n\},\\D_n'&=\left\{(x,y)\mid x\geqslant 0, y\geqslant 0, \frac{x}{a}+\frac{y}{b}\leqslant n\right\}.\end{aligned}$$

那么 (常义积分)

$$\begin{aligned}I_n&=\iint_{D_n}f(x,y)\mathrm{d}x\mathrm{d}y=\int_0^n\mathrm{d}x\int_0^{n-x}\frac{x-y}{(x+y+s)^3}\mathrm{d}y\\&=\frac{1}{2}\int_0^n\left(\frac{n-2x}{(n+s)^2}+\frac{x}{(x+s)^2}+\frac{1}{n+s}-\frac{1}{x+s}\right)\mathrm{d}x=0,\end{aligned}$$

或者: 因为 $f(x,y)$ 在 D_n 上连续, 所以

$$I_n=\int_0^n\mathrm{d}x\int_0^{n-x}\frac{x-y}{(x+y+s)^3}\mathrm{d}y,$$

同时有

$$I_n=\int_0^n \mathrm{d}y\int_0^{n-y}\frac{x-y}{(x+y+s)^3}\mathrm{d}x=-\int_0^n \mathrm{d}y\int_0^{n-y}\frac{y-x}{(x+y+s)^3}\mathrm{d}x,$$

因此 $I_n=-I_n$, 从而 $I_n=0$.

还有 (常义积分)

$$\begin{aligned}I'_n&=\iint\limits_{D'_n} f(x,y)\mathrm{d}x\mathrm{d}y=\int_0^{an}\mathrm{d}x\int_0^{b(n-x/a)} f(x,y)\mathrm{d}y\\&=-\frac{ab}{(a-b)^2}\log\frac{an+s}{bn+s}+\frac{abn(2s+(a+b)n)}{2(a-b)(s+an)(s+bn)}\end{aligned}$$

(请读者完成计算细节). 于是当 $n\to\infty$ 时,

$$I_n\to 0,\quad I'_n\to-\frac{ab}{(a-b)^2}\log\frac{a}{b}+\frac{a+b}{2(a-b)}.$$

可见此二极限不相等, 所以由广义积分的定义知 I 不存在.

(ii) 我们有

$$\begin{aligned}\int_0^\infty \mathrm{d}x\int_0^\infty f(x,y)\mathrm{d}y&=\lim_{\xi\to\infty}\int_0^\xi\left(\lim_{\eta\to\infty}\int_0^\eta f(x,y)\mathrm{d}y\right)\mathrm{d}x\\&=\frac{1}{2}\lim_{\xi\to\infty}\int_0^\xi\lim_{\eta\to\infty}\left(\frac{\eta-x}{(x+\eta+s)^2}+\frac{x}{(x+s)^2}+\frac{1}{x+\eta+s}-\frac{1}{x+s}\right)\mathrm{d}x\\&=\frac{1}{2}\lim_{\xi\to\infty}\int_0^\xi\frac{-s}{(x+s)^2}\mathrm{d}x=\frac{1}{2}\lim_{\xi\to\infty}\left(\frac{s}{\xi+s}-1\right)=-\frac{1}{2}.\end{aligned}$$

类似地,

$$\begin{aligned}\int_0^\infty \mathrm{d}y\int_0^\infty f(x,y)\mathrm{d}x&=\lim_{\eta\to\infty}\int_0^\eta\left(\lim_{\xi\to\infty}\int_0^\xi f(x,y)\mathrm{d}x\right)\mathrm{d}y\\&=\frac{1}{2}\lim_{\eta\to\infty}\int_0^\eta\lim_{\xi\to\infty}\left(\frac{y-\xi}{(\xi+y+s)^2}-\frac{y}{(y+s)^2}-\frac{1}{\xi+y+s}+\frac{1}{y+s}\right)\mathrm{d}y\\&=\frac{1}{2}\lim_{\eta\to\infty}\int_0^\eta\frac{s}{(y+s)^2}\mathrm{d}y=\frac{1}{2}\lim_{\eta\to\infty}\left(1-\frac{s}{\eta+s}\right)=\frac{1}{2}.\end{aligned}$$

5.9 (1) 令 $D_n: 1\leqslant x,y\leqslant n$. 那么 (常义积分)

$$\begin{aligned}I_1(n)&=\iint\limits_{D_n}\left|\frac{x^2-y^2}{(x^2+y^2)^2}\right|\mathrm{d}x\mathrm{d}y\\&=\int_1^n\mathrm{d}x\int_1^x\frac{|x^2-y^2|}{(x^2+y^2)^2}\mathrm{d}y+\int_1^n\mathrm{d}x\int_x^n\frac{|x^2-y^2|}{(x^2+y^2)^2}\mathrm{d}y\\&=\int_1^n\left(\frac{y}{x^2+y^2}\right)\Bigg|_1^x\mathrm{d}x+\int_1^n\left(\frac{y}{x^2+y^2}\right)\Bigg|_n^x\mathrm{d}x\to\infty\quad(n\to\infty),\end{aligned}$$

所以积分 I_1 不绝对收敛. 因为收敛的反常二重积分必绝对收敛, 所以 I_2 发散 (注意相应的两个累次积分存在, 但不相等).

(2) **提示**　直接计算 $\int_0^\infty\int_0^\infty|\mathrm{e}^{-xy}\sin x|\mathrm{d}x\mathrm{d}y=\infty$, 同本题 (1) 的理由,$I_2$ 发散 (注意相应的两个累次积分存在且相等).

(3) **提示**　考虑圆盘序列 $D_r: x^2+y^2\leqslant r^2, x\geqslant 0, y\geqslant 0$. 则 (用极坐标)

$$I_3(r)=\iint\limits_{D_r}\cos(x^2+y^2)\mathrm{d}x\mathrm{d}y=\frac{\pi}{4}\sin r^2.$$

因此 I_3 不存在 (注意相应的两个累次积分存在且相等).

(4) **提示** 令 $u=(x+y)/\sqrt{2}, v=(x-y)/\sqrt{2}$, 则

$$I_4=\frac{1}{2^{1+k/2}}\iint_S \frac{\cos\sqrt{2}v-\cos\sqrt{2}u}{u^k}\mathrm{d}u\mathrm{d}v,$$

其中 $S: u\geqslant 1/\sqrt{2}, v\in\mathbb{R}$. 考虑区域序列 $D_n: 1/\sqrt{2}\leqslant u\leqslant n, |v|\leqslant n$, 可知

$$\begin{aligned}I_4(n)&=\iint_{D_n}\frac{\cos\sqrt{2}v-\cos\sqrt{2}u}{u^k}\mathrm{d}u\mathrm{d}v\\&=\sqrt{2}\sin(\sqrt{2}n)\int_1^n\frac{\mathrm{d}u}{u^k}-2n\int_1^n\frac{\cos(\sqrt{2}n)}{u^k}\mathrm{d}u.\end{aligned}$$

当 $n\to\infty$ 时 $I_4(n)$ 不收敛. 因此积分 I_4 发散.

5.10 (1) (计算细节由读者补出) 由曲线 C 的方程关于 x,y,z 的对称性得

$$\begin{aligned}\int_C x^2\mathrm{d}s=\int_C y^2\mathrm{d}s&=\int_C z^2\mathrm{d}s\\&=\frac{1}{3}\int_C(x^2+y^2+z^2)\mathrm{d}s=\frac{1}{3}\int_C\mathrm{d}s,\end{aligned}$$

以及

$$\int_C x\mathrm{d}s=\int_C y\mathrm{d}s=\int_C z\mathrm{d}s=\frac{1}{3}\int_C(x+y+z)\mathrm{d}s=\frac{1}{3}\int_C\mathrm{d}s.$$

于是所求积分

$$\begin{aligned}I&=\int_C(x^2+y^2)\mathrm{d}s+\int_C(2x-4y)\mathrm{d}s+\int_C 5\mathrm{d}s\\&=\left(\frac{2}{3}-\frac{2}{3}+5\right)\int_C\mathrm{d}s=5\int_C\mathrm{d}s.\end{aligned}$$

因为 C 是过点 $(1,0,0),(0,1,0),(0,0,1)$ 的圆, 而连此三点得边长为 $\sqrt{2}$ 的正三角形, 故得 $r=(\sqrt{2}/2)/\sin(\pi/3)=\sqrt{2/3}$. 最终得到 $I=10\pi\sqrt{2/3}=10\sqrt{6}\pi/3$.

(2) 由曲线方程可知

$$\begin{aligned}(x-y)^3&=(x-y)\cdot(x-y)^2=(x-y)\cdot a(x+y)\\&=a(x^2-y^2)=a\cdot\frac{9}{8}z^2=\frac{9}{8}az^2,\end{aligned}$$

于是解得

$$\begin{aligned}x-y&=\frac{\sqrt[3]{9a}}{2}z^{2/3},\\x+y&=\frac{x^2-y^2}{x-y}=\frac{(9/8)z^2}{(\sqrt[3]{9a}/2)z^{2/3}}=\frac{3}{4}\cdot\sqrt[3]{\frac{3}{a}}z^{4/3}.\end{aligned}$$

将 z 视为参数, 即得曲线 C 的参数方程

$$\begin{cases}x=\dfrac{1}{2}\left(\dfrac{3}{4}\cdot\sqrt[3]{\dfrac{3}{a}}z^{4/3}+\dfrac{\sqrt[3]{9a}}{2}z^{2/3}\right),\\ y=\dfrac{1}{2}\left(\dfrac{3}{4}\cdot\sqrt[3]{\dfrac{3}{a}}z^{4/3}-\dfrac{\sqrt[3]{9a}}{2}z^{2/3}\right).\end{cases}$$

由此算出

$$\mathrm{d}x=\frac{1}{2}\left(\sqrt[3]{\frac{3}{a}}z^{1/3}+\sqrt[3]{\frac{a}{3}}z^{-1/3}\right)\mathrm{d}z,$$

$$\mathrm{d}y=\frac{1}{2}\left(\sqrt[3]{\frac{3}{a}}z^{1/3}-\sqrt[3]{\frac{a}{3}}z^{-1/3}\right)\mathrm{d}z,$$

以及

$$\mathrm{d}s=\sqrt{(\mathrm{d}x)^2+(\mathrm{d}y)^2+(\mathrm{d}z)^2}=\frac{\sqrt{2}}{2}\left(\sqrt[3]{\frac{3}{a}}z^{1/3}+\sqrt[3]{\frac{a}{3}}z^{-1/3}\right)\mathrm{d}z,$$

注意 $\mathrm{d}x$ 的表达式, 即得 $\mathrm{d}s=\sqrt{2}\mathrm{d}x$, 因此最终得到所求弧长

$$L=\int_C\mathrm{d}s=\int_0^{x_0}\sqrt{2}\mathrm{d}x=\sqrt{2}x_0.$$

5.11　(1) 由 $x^2+y^2=2x$ 得到 $2y\mathrm{d}y=(2-2x)\mathrm{d}x$, 所以

$$L=\int_0^1\left(x-(2x-x^2)\right)\mathrm{d}x+\int_0^1 x(2-2x)\mathrm{d}x=\frac{1}{6}.$$

或者: 令 $x=1+\cos t, y=\sin t$, 则

$$\begin{aligned}L&=-\Big(\int_{\pi/2}^{\pi}(1+\cos t-\sin^2 t)(-\sin t\mathrm{d}t)+2\int_{\pi/2}^{\pi}(1+\cos t)\sin t\cos t\mathrm{d}t\Big)\\&=\int_{\pi/2}^{\pi}(\cos t+\cos^2 t)\mathrm{d}\cos t=\frac{1}{6}.\end{aligned}$$

(2) (i) 直线参数方程:

$$\frac{x}{1}=\frac{y}{1}=\frac{z}{1}=t.$$

所以

$$L=\int_0^1(t^2+t^2+t^2)\mathrm{d}t=1.$$

(ii) 顺次记折线的三段为 C_1,C_2,C_3(方向同题设), 则 $C=C_1+C_2+C_3$, 在 C_1 上 $y=z=0$; 在 C_2 上 $x=1,z=0$; 在 C_3 上 $x=y=1$. 于是

$$\begin{aligned}\int_C=\int_{C_1}+\int_{C_2}+\int_{C_3}&=\int_0^1 y^2\mathrm{d}x+\int_o^1 xy\mathrm{d}y+\int_0^1 zx\mathrm{d}z\\&=\int_0^1 0\cdot\mathrm{d}x+\int_0^1 1\cdot y\cdot\mathrm{d}y+\int_0^1 z\cdot 1\cdot\mathrm{d}z=1.\end{aligned}$$

(3) 令 $P(x,y)=\big(f'(x)+6f(x)\big)y, Q(x,y)=2f(x)$, 那么偏导数

$$\frac{\partial P}{\partial y}=f'(x)+6f(x),\quad \frac{\partial Q}{\partial x}=2f'(x)$$

连续. 在任何包含 C 的单连通区域内, 积分与路径无关, 等价于 $\partial P/\partial y=\partial P/\partial x$, 因此

$$f'(x)+6f(x)=2f'(x),\quad 即\quad f'(x)=6f(x).$$

于是

$$\int\frac{f'(x)}{f(x)}\mathrm{d}x=6\int\mathrm{d}x,\quad \log f(x)=6+c\,(c\text{ 是常数}),\quad f(x)=\mathrm{e}^{6x+c}.$$

由 $f(0)=1$ 推出 $c=0$, 于是 $f(x)=\mathrm{e}^{6x}$.

为计算积分 I, 取连接点 $(0,0)$ 和点 $(1,1)$ 的路径 C 为通过点 $(1,0)$ 的折线, 于是所求积分

$$I=\int_{(0,0)}^{(1,1)}12\mathrm{e}^{6x}y\mathrm{d}x+2\mathrm{e}^{6x}\mathrm{d}y=\int_0^1 0\mathrm{d}x+\int_0^1 2\mathrm{e}^6\mathrm{d}y=2\mathrm{e}^6.$$

(4) 令

$$P(x,y)=\frac{\mathrm{e}^x(x\sin y-y\cos y)}{x^2+y^2},\quad Q(x,y)=\frac{\mathrm{e}^x(x\cos y+y\sin y)}{x^2+y^2}.$$

计算得知

$$\frac{\partial P}{\partial y}=\frac{\left((x^2+y^2)x+y^2-x^2\right)\cos y+(x^2+y^2-2x)y\sin y}{(x^2+y^2)^2}=\frac{\partial Q}{\partial x}.$$

取路径 C_r 为 $x^2+y^2=r^2$, 亦即 $x=r\sin t, y=r\cos t\,(0\leqslant t\leqslant 2\pi)$. 由 Green 公式, 对任何 $r>0$ 有

$$\begin{aligned}I&=\int_{L_r}\frac{\mathrm{e}^x(x\sin y-y\cos y)\mathrm{d}x+\mathrm{e}^x(x\cos y+y\sin y)\mathrm{d}y}{x^2+y^2}\\&=\int_0^{2\pi}\mathrm{e}^{r\cos t}\cos(r\sin t)\mathrm{d}t,\end{aligned}$$

令 $r\to 0$, 即得 $I=2\pi$.

5.12 由例 5.3.8 所证, 函数 u 沿曲线 C 的法线方向 $\boldsymbol{n}$ 的导数

$$\begin{aligned}\frac{\partial u}{\partial n}&=\frac{\partial u}{\partial x}\frac{\mathrm{d}y}{\sqrt{\mathrm{d}x^2+\mathrm{d}y^2}}+\frac{\partial u}{\partial y}\left(-\frac{\mathrm{d}x}{\sqrt{\mathrm{d}x^2+\mathrm{d}y^2}}\right)\\&=\frac{1}{\mathrm{d}s}\left(\frac{\partial u}{\partial x}\mathrm{d}y-\frac{\partial u}{\partial y}\mathrm{d}x\right).\end{aligned}$$

因此由 Green 公式得到

$$\int_C\frac{\partial u}{\partial n}\mathrm{d}s=\int_C\frac{\partial u}{\partial x}\mathrm{d}y-\frac{\partial u}{\partial y}\mathrm{d}x=\iint_D\left(\frac{\partial^2 u}{\partial x^2}+\frac{\partial^2 u}{\partial y^2}\right)\mathrm{d}x\mathrm{d}y.$$

5.13 (1) **提示** 直接计算

$$\begin{aligned}I=&\int_{-a}^a\mathrm{d}y\int_0^b(\sqrt{a^2-y^2})^3\mathrm{d}z-\int_{-a}^a\mathrm{d}y\int_0^b(-\sqrt{a^2-y^2})^3\mathrm{d}z\\&+\int_{-a}^a\mathrm{d}x\int_0^b x^2\sqrt{a^2-x^2}\mathrm{d}z-\int_{-a}^a\mathrm{d}x\int_0^b x^2(-\sqrt{a^2-x^2})\mathrm{d}z\\&+\int_{-a}^a\mathrm{d}y\int_{-\sqrt{a^2-y^2}}^{\sqrt{a^2-y^2}}(a^2-y^2)b\mathrm{d}x\\&-\int_{-a}^a\mathrm{d}y\int_{-\sqrt{a^2-y^2}}^{\sqrt{a^2-y^2}}(a^2-y^2)\cdot 0\cdot\mathrm{d}x\\=&\frac{5\pi}{4}a^4b.\end{aligned}$$

或用 Gauss 公式得到

$$I=\iiint_V(3x^2+x^2+x^2)\mathrm{d}x\mathrm{d}y\mathrm{d}z,$$

其中 $V: x^2+y^2\leqslant a^2, 0\leqslant z\leqslant b$(设 $a,b>0$).

(2) 令 $V: x^2/a^2+y^2/b^2+z^2/c^2\leqslant 1$. 用 Gauss 公式得到

$$I=\iiint_V(y^2+z^2+x^2)\mathrm{d}x\mathrm{d}y\mathrm{d}z,$$

令 $X=ax, Y=by, Z=cz$, 以及 $V_1: X^2+Y^2+Z^2\leqslant 1$, 则

$$I=abc\iiint_{V_1}(a^2X^2+b^2Y^2+c^2Z^2)\mathrm{d}X\mathrm{d}Y\mathrm{d}Z.$$

由对称性,

$$\iiint_{V_1}X^2\mathrm{d}X\mathrm{d}Y\mathrm{d}Z=\iiint_{V_1}Y^2\mathrm{d}X\mathrm{d}Y\mathrm{d}Z=\iiint_{V_1}Z^2\mathrm{d}X\mathrm{d}Y\mathrm{d}Z,$$

因而它们都等于

$$\frac{1}{3}\iiint_{V_1}(X^2+Y^2+Z^2)\mathrm{d}X\mathrm{d}Y\mathrm{d}Z,$$

于是

$$\iiint_{V_1}(a^2X^2+b^2Y^2+c^2Z^2)\mathrm{d}X\mathrm{d}Y\mathrm{d}Z=a^2\iiint_{V_1}X^2\mathrm{d}X\mathrm{d}Y\mathrm{d}Z+b^2\iiint_{V_1}Y^2\mathrm{d}X\mathrm{d}Y\mathrm{d}Z+c^2\iiint_{V_1}Z^2\mathrm{d}X\mathrm{d}Y\mathrm{d}Z$$

$$=\frac{a^2+b^2+c^2}{3}\iiint\limits_{V_1}(X^2+Y^2+Z^2)\mathrm{d}X\mathrm{d}Y\mathrm{d}Z.$$

由此可知

$$I=\frac{abc(a^2+b^2+c^2)}{3}\iiint\limits_{V_1}(X^2+Y^2+Z^2)\mathrm{d}X\mathrm{d}Y\mathrm{d}Z.$$

最后应用球坐标求出 $I=4\pi abc(a^2+b^2+c^2)/15$.

(3) 由 Gauss 公式

$$\begin{aligned}I&=\iiint\limits_{V}\Big(\frac{\partial(x-y-z)}{\partial x}+\frac{\partial\big(2y+\sin(z+x)\big)}{\partial y}+\frac{\partial(3z+\mathrm{e}^{x+y})}{\partial z}\Big)\mathrm{d}x\mathrm{d}y\mathrm{d}z\\&=6\iiint\limits_{V}\mathrm{d}x\mathrm{d}y\mathrm{d}z.\end{aligned}$$

其中 V 是 Σ 围成的立体. 作变换

$$u=x-y+z,\quad v=y-z+x\quad w=z-x+y,$$

Jacobi 式

$$\left|\frac{D(x,y,z)}{D(u,v,w)}\right|=\left|\frac{D(u,v,w)}{D(x,y,z)}\right|^{-1}=\frac{1}{4}.$$

于是 V 变换为 $V_1:|u|+|v|+|w|\leqslant 1$(正八面体), 我们求得

$$I=6\iiint\limits_{V_1}\mathrm{d}x\mathrm{d}y\mathrm{d}z=2.$$

5.14　(1) 令 $V:(x-a)^2+(y-b)^2+(z-c)^2\leqslant R^2$. 由 Gauss 公式得到

$$I=2\iiint\limits_{V}(x+y+z)\mathrm{d}x\mathrm{d}y\mathrm{d}z,$$

令 $X=x-a,Y=y-b,Z=z-c,V_1:X^2+Y^2+Z^2\leqslant R^2$, 则得

$$I=2\iiint\limits_{V_1}(a+b+c+X+Y+Z)\mathrm{d}X\mathrm{d}Y\mathrm{d}Z.$$

因为 V_1 对称而被积函数 X,Y,Z 是奇函数, 所以

$$\iiint\limits_{V_1}X\mathrm{d}X\mathrm{d}Y\mathrm{d}Z=\iiint\limits_{V_1}Y\mathrm{d}X\mathrm{d}Y\mathrm{d}Z=\iiint\limits_{V_1}Z\mathrm{d}X\mathrm{d}Y\mathrm{d}Z=0,$$

因此

$$I=2(a+b+c)\iiint\limits_{V_1}\mathrm{d}X\mathrm{d}Y\mathrm{d}Z,$$

右边的积分是 V_1 的体积, 于是 $I=8\pi(a+b+c)R^3/3$.

(2) (i) Σ 在 XY 平面上的正投影是 $D:x^2+y^2\leqslant a^2,x\geqslant 0,y\geqslant 0$. Σ 的外法线的方向余弦的分量 $\cos\gamma=z/a,\mathrm{d}x\mathrm{d}y=(\mathrm{d}S)\cos\gamma$, 于是 $z\mathrm{d}S=a\mathrm{d}x\mathrm{d}y$, 从而

$$\begin{aligned}\iint\limits_{\Sigma}xyz\cdot x^2y^2\mathrm{d}S&=\iint\limits_{\Sigma}x^3y^3z\mathrm{d}S=\iint\limits_{\Sigma}x^3y^3(z\mathrm{d}S)\\&=a\iint\limits_{D}x^3y^3\mathrm{d}x\mathrm{d}y=a\iint\limits_{D}r^3\cos^3\theta\cdot r^3\sin^3\theta\cdot r\mathrm{d}r\mathrm{d}\theta=\frac{a^9}{96}.\end{aligned}$$

类似地 (分别考虑在 XZ 平面和 YZ 平面上的投影), 或者由表达式关于 x,y,z 的对称性, 可知另两个积分也等于同样的值, 所以 $I=a^9/32$.

(ii) 对于全球面, 外法线的方向余弦是

$$\cos\alpha=\frac{x}{a},\quad \cos\beta=\frac{y}{a},\quad \cos\gamma=\frac{z}{a},$$

因此 $xyz\cdot y^2z^2=ay^3z^3\cos\alpha$, 等等, 从而

$$I=\iint_{\Sigma}(ay^3z^3\cos\alpha+az^3x^3\cos\beta+ax^3y^3\cos\gamma)\mathrm{d}S.$$

令 $V:x^2+y^2+z^2\leqslant a^2$. 由 Gauss 公式得到

$$I=a\iiint_{V}\left(\frac{\partial}{\partial x}(y^3z^3)+\frac{\partial}{\partial y}(z^3x^3)+\frac{\partial}{\partial z}(x^3y^3)\right)\mathrm{d}x\mathrm{d}y\mathrm{d}z=0.$$

5.15 参见例 5.3.7. 曲线 C 是平面 $x+y=2a$ 上的有一条直径经过点 $(2a,0,0)$ 和 $(0,2a,0)$ 的圆. 令 Σ 是它围成的圆盘 (因而平行于 Z 轴), 其外法线的方向余弦是 $1/\sqrt{2},1/\sqrt{2},0$. 由 Stokes 定理, 题中的积分等于

$$\begin{aligned}\iint_{\Sigma}\left((0-1)\frac{1}{\sqrt{2}}+(0-1)\frac{1}{\sqrt{2}}+(0-1)\cdot 0\right)\mathrm{d}S&=-\sqrt{2}\iint_{\Sigma}=-\sqrt{2}\cdot\Sigma\text{ 的面积}\\&=-\sqrt{2}(\sqrt{2}a)^2\pi=-2\sqrt{2}\pi a^2.\end{aligned}$$

5.16 (1) 平移坐标系, 将原点移到 $(a/2,0,0)$(我们不改变坐标的记号), 抛物柱面 $y^2=a^2-az$ 方程不变, 圆柱方程成为 $x^2+y^2=(a/2)^2$. 应用圆柱坐标, 由 $y^2=a^2-az$ 得到 $0\leqslant z\leqslant(a^2-y^2)/a=a-(r^2\sin^2\phi)/a$, 并且注意对称性, 得到

$$\begin{aligned}V&=4\int_0^{\pi/2}\mathrm{d}\phi\int_0^{a/2}\mathrm{d}r\int_0^{a-(r^2\sin^2\phi)/a}\mathrm{d}z\\&=4\int_0^{\pi/2}\mathrm{d}\phi\int_0^{a/2}\left(a-\frac{r^2\sin^2\phi}{a}\right)\mathrm{d}r=\frac{15}{64}\pi a^3.\end{aligned}$$

(2) 不妨认为 $h>0$, 由曲面方程可知 $x\geqslant 0$, 所以立体位于 YZ 平面的前方 (即 X 轴正向所指的一侧), 并且关于 XY 和 XZ 平面对称. 引入广义球坐标

$$x=ar\sin\theta\cos\phi,\quad y=br\sin\theta\sin\phi,\quad z=cr\cos\theta,$$

那么 Jacobi 行列式等于 $abcr^2\sin\theta$, 曲面方程化为

$$r=\sqrt[3]{\frac{a}{h}\cos\phi\sin\theta},$$

其中对于立体在第一卦限中的部分,$0\leqslant\phi\leqslant\pi/2,0\leqslant\theta\leqslant\pi/2$. 于是所求体积 (由对称性, 它等于立体在第一卦限中的部分的 4 倍)

$$\begin{aligned}V&=4abc\int_0^{\pi/2}\mathrm{d}\phi\int_0^{\pi/2}\sin\theta\mathrm{d}\theta\int_0^{\sqrt[3]{(a/h)\cos\phi\sin\theta}}r^2\mathrm{d}r\\&=\frac{4a^2bc}{3h}\int_0^{\pi/2}\cos\phi\mathrm{d}\phi\int_0^{\pi/2}\sin^2\theta\mathrm{d}\theta=\frac{a^2bc}{3h}\pi.\end{aligned}$$

(3) 题中立体由两个圆锥面和一个球面围成, 这些曲面以原点为公共点. 球面方程是 $x^2+y^2+(z-a)^2=a^2$, 不妨认为 $a>0$, 则它位于 XOZ 平面右侧 (即 Y 轴正向所指的一侧). 由三个曲面的对称性, 我们只需考虑立体位于第一卦限中的部分. 引入球坐标

$$x=r\sin\theta\cos\phi,\quad y=r\sin\theta\sin\phi,\quad z=r\cos\theta,$$

Jacobi 式等于 $r^2\sin\theta$. 由球面方程得到 $r\leqslant 2a\cos\theta$. 由圆锥面方程及假设条件 $\alpha<\beta$ 得到 $z^2\tan^2\alpha\leqslant x^2+y^2\leqslant z^2\tan^2\beta$, 或 $\cos^2\theta\tan^2\alpha\leqslant\sin^2\theta\leqslant\cos^2\theta\tan^2\beta$. 因为 $z>0$(考虑第一卦限), 所以 $\cos\theta>0$, 从而 $\tan^2\alpha\leqslant\tan^2\theta\leqslant\tan^2\beta$, 于是 $\alpha\leqslant\theta\leqslant\beta$. 由此我们求出立体体积

$$\begin{aligned}V&=4\cdot\int_0^{\pi/2}\mathrm{d}\phi\int_\alpha^\beta\sin\theta\mathrm{d}\theta\int_0^{2a\cos\theta}r^2\mathrm{d}r=\cdots\\&=\frac{4}{3}\pi a^3(\cos^4\alpha-\cos^4\beta).\end{aligned}$$

(读者自行补出计算细节.) 当然在一般情形, 上式中 a 要换成 $|a|$.

(4) 曲面方程关于 x,y,z 对称, 并且 $z\geqslant 0$, 所以只需考虑第一卦限. 应用广义球坐标(见本题 (2))

$$x=ar\sin\theta\cos\phi,\quad y=br\sin\theta\sin\phi,\quad z=cr\cos\theta,$$

Jacobi 式等于 $abcr^2\sin\theta$. 在第一卦限中 $0\leqslant\phi,\theta\leqslant\pi/2$. 由曲面方程知 $0\leqslant r\leqslant c^{2n-1}\cos^{2n-1}\phi$. 于是所求体积

$$V=4\cdot abc\int_0^{\pi/2}\mathrm{d}\phi\int_0^{\pi/2}\sin\theta\mathrm{d}\theta\int_0^{c^{2n-1}\cos^{2n-1}\theta}r^2\mathrm{d}r=\cdots=\frac{\pi}{3(3n-1)}abc^{6n-2}.$$

(读者自行补出计算细节.)

(5) 因为 $xyz\geqslant 0$, 所以题中的立体位于第一、三、六、八卦限中, 应用球坐标, 我们有

$$V=4\int_0^{\pi/2}\mathrm{d}\phi\int_0^{\pi/2}\mathrm{d}\theta\int_0^{a\sqrt[3]{\sin^2\theta\cos\theta\sin\phi\cos\phi}}r^2\sin\theta\mathrm{d}r=\cdots=\frac{a^3}{6}.$$

(读者自行补出计算细节.)

(6) 应用圆柱坐标

$$x=r\cos\phi,\quad y=r\sin\phi,\quad z=z,$$

其中 $0\leqslant r<+\infty, 0\leqslant\theta<2\pi, -\infty<z<+\infty$,Jacobi 式等于 r. 题中的方程化为 $r^2+z^2+8\leqslant 6r$, 或 $(r-3)^2+z^2\leqslant 1$. 因此所说的区域是 XOZ 平面上的圆 $(x-3)^2+z^2\leqslant 1$ 绕 Z 轴形成的旋转体. 于是所求体积 (注意立体上下对称)

$$V=2\cdot 2\pi\int_2^4 r\sqrt{1-(r-3)^2}\mathrm{d}r.$$

令 $t=r-3$, 并且注意 $t\sqrt{1-t^2}$ 是奇函数, 我们有

$$\begin{aligned}V&=4\pi\int_{-1}^1(t+3)\sqrt{1-t^2}\mathrm{d}t\\&=4\pi\int_{-1}^1 t\sqrt{1-t^2}+12\pi\int_{-1}^1\sqrt{1-t^2}\mathrm{d}t\\&=12\pi\int_{-1}^1\sqrt{1-t^2}\mathrm{d}t.\end{aligned}$$

因为最后的积分表示上半单位圆的面积, 所以 $V=12\pi\cdot\pi^2/2=6\pi^3$.

5.17 (1) 参见例 5.4.4. 应用球坐标 (r,θ,ϕ). 记号意义同例 5.4.4. 对于我们要计算面积的球面部分, 其上的点 (r,ϕ,θ) 满足

$$r=2R\cos\theta,\quad 0\leqslant\theta\leqslant\theta_0,\quad 0\leqslant\phi=\phi_0<2\pi.$$

球面的参数表示是

$$\begin{aligned}&x=r\sin\theta\cos\phi=2R\cos\theta\sin\theta\cos\phi=R\sin 2\theta\cos\phi,\\&y=r\sin\theta\sin\phi=R\sin 2\theta\cos\phi,\\&z=r\cos\theta=2R\cos^2\theta=R(1+\cos 2\theta).\end{aligned}$$

将它们代入锥面方程 $z^2=ax^2+by^2$(并将 ϕ,θ 改记为 ϕ_0,θ_0) 得到交线方程

$$(r\cos\theta_0)^2=a(r\sin\theta_0\cos\phi_0)^2+b(r\sin\theta_0\sin\phi_0)^2,$$

因此 $\theta_0, \phi_0 = \phi$ 有下列关系:

$$\cos^2\theta_0 = \sin^2\theta_0(a\cos^2\phi_0 + b\sin^2\phi_0).$$

为计算面积 (将 θ, ϕ 作为参数, 并采用一般性的参数表示下的面积公式), 我们求出

$$x_\theta = 2R\cos 2\theta\cos\phi, \quad y_\theta = 2R\cos 2\theta\sin\phi, \quad z_\theta = -2R\sin 2\theta,$$
$$x_\phi = -R\sin 2\theta\sin\phi, \quad y_\phi = r\sin 2\theta\cos\phi, \quad z_\phi = 0,$$

进而得到

$$\begin{aligned} E &= x_\theta^2 + y_\theta^2 + z_\theta^2 = 4R^2, \\ F &= x_\theta x_\phi + y_\theta y_\phi + z_\theta z_\phi = 0, \\ G &= x_\phi^2 + y_\phi^2 + z_\phi^2 = R^2\sin^2 2\theta, \\ \sqrt{EG - F^2} &= 2R^2\sin 2\theta. \end{aligned}$$

于是所求面积

$$\begin{aligned} S &= \int_0^{2\pi} \mathrm{d}\phi \int_0^{\theta_0} \sqrt{EG - F^2}\mathrm{d}\theta \\ &= \int_0^{2\pi} \mathrm{d}\phi \int_0^{\theta_0} 2R^2\sin 2\theta \mathrm{d}\theta = R^2\int_0^{2\pi}(1 - \cos 2\theta_0)\mathrm{d}\phi. \end{aligned}$$

依 $\theta_0, \phi_0 = \phi$ 间的关系, 我们有

$$\begin{aligned} 1 - \cos 2\theta_0 = 2\sin^2\theta_0 &= \frac{2\sin^2\theta_0}{\sin^2\theta_0 + \cos^2\theta_0} \\ &= \frac{2\sin^2\theta_0}{\sin^2\theta_0 + \sin^2\theta_0(a\cos^2\phi_0 + b\sin^2\phi_0)} \\ &= \frac{2}{(a+1)\cos^2\phi_0 + (b+1)\sin^2\phi_0}, \end{aligned}$$

所以 (注意 $\phi = \phi_0$)

$$\begin{aligned} S &= 2R^2\int_0^{2\pi} \frac{\mathrm{d}\phi}{(a+1)\cos^2\phi + (b+1)\sin^2\phi} \\ &= 8R^2\int_0^{2\pi} \frac{\mathrm{d}\phi}{(a+1)\cos^2\phi + (b+1)\sin^2\phi} \\ &= \frac{4\pi R^2}{\sqrt{(a+1)(b+1)}}. \end{aligned}$$

(2) 曲面 $z^2 = x^2 + y^2$ 是以 $(0,0,0)$ 为顶点的圆锥面 (注意: 分上下互相对称的两支), 夹它的曲面是两个圆柱. 按公式及对称性, 可算出 (读者自行完成计算) 所求面积

$$S = 2\iint_D \sqrt{2}\mathrm{d}x\mathrm{d}y.$$

区域 D 由 XOY 平面上两个圆柱的母线 (互相内切的圆)

$$x^2 + \left(y - \frac{1}{2}\right)^2 = \frac{1}{4}, \quad x^2 + (y-1)^2 = 1$$

围成, 所以

$$S = 2\iint_D \sqrt{2}\mathrm{d}x\mathrm{d}y = 2\cdot\left(\pi\cdot 1^2 - \pi\cdot\left(\frac{1}{2}\right)^2\right) = \frac{3\sqrt{2}}{2}\pi.$$

如果应用极坐标, 那么

$$S = 2\iint_D \sqrt{2}\mathrm{d}x\mathrm{d}y = 2\int_0^{\pi/2}\mathrm{d}\theta\int_{\cos\theta}^{2\cos\theta} r\mathrm{d}r = \cdots.$$

(请读者自行完成计算.)

(3) 应用圆柱坐标. 螺旋面的方程是 $z=\phi$. 于是

$$\sqrt{1+\left(\frac{\partial z}{\partial r}\right)^2+\left(\frac{1}{r}\frac{\partial z}{\partial \phi}\right)^2} = \frac{\sqrt{1+r^2}}{r},$$

于是

$$S = \int_0^{\pi/4}\mathrm{d}\phi\int_0^1 \frac{\sqrt{1+r^2}}{r} r\mathrm{d}r = \frac{\pi}{8}\left(\sqrt{2}+\log(1+\sqrt{2})\right).$$

(4) 应用球坐标. 球面方程是 $r^2 = cr\cos\phi$, 即 $r = c\cos\phi$. 算出

$$\sqrt{\left(r^2+\left(\frac{\partial r}{\partial \theta}\right)^2\right)\sin^2\theta+\left(\frac{\partial r}{\partial \phi}\right)^2} = c\sin\theta.$$

椭圆抛物面的方程是 $r(a\cos^2\phi+b\sin^2\phi)\sin^2\theta=\cos\theta$. 在两个曲面的交线上的点, r,θ_0,ϕ_0 满足

$$c\sin^2\theta_0 = \frac{1}{a\cos^2\phi_0+b\sin^2\phi_0},$$

所以 (注意 $\phi_0=\phi$)

$$\begin{aligned} S &= 4\int_0^{\pi/2}\mathrm{d}\phi\int_0^{\theta_0} c\sin\theta\cdot c\cos\theta\mathrm{d}\theta = 2c\int_0^{\pi/2}\frac{\mathrm{d}\phi}{a\cos^2\phi+b\sin^2\phi} \\ &= 2c\int_0^{\infty}\frac{\mathrm{d}t}{a+bt^2} \quad (\text{令 } t=\tan\phi) = \frac{\pi c}{\sqrt{ab}}. \end{aligned}$$

5.18 提示 (1) 参考例 5.4.6(2). 我们求出

$$\rho(x,y,z) = \frac{1}{\sqrt{x^2/a^4+y^2/b^4+z^2/c^4}}.$$

又由椭球面方程得到

$$\frac{x}{a^2}+\frac{z}{c^2}\frac{\partial z}{\partial x}=0, \quad \frac{y}{b^2}+\frac{z}{c^2}\frac{\partial z}{\partial y}=0,$$

因而

$$\sqrt{1+\left(\frac{\partial z}{\partial x}\right)^2+\left(\frac{\partial z}{\partial y}\right)^2} = \frac{c^2}{z}\sqrt{\frac{x^2}{a^4}+\frac{y^2}{b^4}+\frac{z^2}{c^4}},$$

$$\rho(x,y,z)\mathrm{d}S = \rho(x,y,z)\sqrt{1+\left(\frac{\partial z}{\partial x}\right)^2+\left(\frac{\partial z}{\partial y}\right)^2}\mathrm{d}x\mathrm{d}y = \frac{c^2}{z}\mathrm{d}x\mathrm{d}y.$$

注意关于平面 $z=0$ 的对称性, 令 $D: x^2/a^2+y^2/b^2 \leqslant 1$, 则得

$$\int_S \rho(x,y,z)\mathrm{d}S = 2\iint_D \frac{c^2}{z}\mathrm{d}x\mathrm{d}y = 2c\iint_D \frac{\mathrm{d}x\mathrm{d}y}{\sqrt{1-x^2/a^2-y^2/b^2}},$$

令 $x=ar\cos\theta, y=br\sin\theta$ 求得上式等于 $4\pi abc$. 最后, 因为底面积为 $\mathrm{d}S$ 高为 $\rho=\rho(x,y,z)$ 的圆锥体积等于 $\rho\mathrm{d}S/3$, 所以椭球体积等于

$$\iint_S \frac{1}{3}\rho(x,y,z)\mathrm{d}S = \frac{4}{3}\pi abc.$$

(2) 曲面 Σ 上的任一点 (x,y,z) 处的法向量为 $(x,y,2z)$, 于是在该点的切面 Π 的方程是 $x(X-x)+y(Y-y)+2z(Z-z)=0$, 其中 (X,Y,Z) 表示 Π 上的点的坐标. 由于 $x^2/2+y^2/2+z^2=1$, 所以切面 Π 的方程化为 $(x/2)X+(y/2)Y+zZ=1$. 由点到平面的距离公式可得 $(0,0,0)$ 到 Π 的距离

$$\rho(x,y,z) = \frac{|(x/2)\cdot 0+(y/2)\cdot 0+z\cdot 0-1|}{\sqrt{x^2/4+y^2/4+z^2}} = \frac{2}{\sqrt{x^2+y^2+4z^2}}.$$

由椭球面方程知 $z^2=1-x^2/2-y^2/2$, 于是 $\rho(x,y,z)=2/\sqrt{4-x^2-y^2}$, 从而

$$\frac{z}{\rho(x,y,z)}=\frac{1}{4}\sqrt{4-2x^2-2y^2}\cdot\sqrt{4-x^2-y^2}.$$

我们还由椭球面方程算出

$$p=\frac{\partial z}{\partial x}=-\frac{x}{\sqrt{4-2x^2-2y^2}},\quad q=\frac{\partial z}{\partial y}=-\frac{y}{\sqrt{4-2x^2-2y^2}},$$

于是

$$\sqrt{1+p^2+q^2}=\sqrt{\frac{4-x^2-y^2}{4-2x^2-2y^2}}.$$

因为 Σ 在 XOY 平面上的投影 $D=\{(x,y)\mid x^2+y^2\leqslant 2\}$, 所以

$$\begin{aligned}\iint\limits_{\Sigma}\frac{z}{\rho(x,y,z)}\mathrm{d}S&=\iint\limits_{D}\frac{1}{4}\sqrt{4-2x^2-2y^2}\cdot\sqrt{4-x^2-y^2}\cdot\sqrt{\frac{4-x^2-y^2}{4-2x^2-2y^2}}\mathrm{d}x\mathrm{d}y\\&=\frac{1}{4}\iint\limits_{D}(4-x^2-y^2)\mathrm{d}x\mathrm{d}y\quad(\text{用极坐标})\\&=\frac{1}{4}\int_0^{2\pi}\mathrm{d}\theta\int_0^{\sqrt{2}}(4-r^2)r\mathrm{d}r=\frac{3}{2}\pi.\end{aligned}$$

5.19 所求总质量

$$M=\iiint\limits_{x^2+y^2+z^2\geqslant R^2}\rho_0\exp\left(k\left(1-\frac{\sqrt{x^2+y^2+z^2}}{R}\right)\right)\mathrm{d}v.$$

化为球坐标, 我们有

$$M=\rho_0\int_0^{2\pi}\mathrm{d}\phi\int_0^{\pi}\sin\theta\mathrm{d}\theta\int_R^{+\infty}r^2\mathrm{e}^{k(1-r/R)}\mathrm{d}r.$$

对于最里层的积分 (积分变量为 r), 逐次应用分部积分, 得到

$$\begin{aligned}&-\frac{R}{k}\left(r^2\mathrm{e}^{k(1-r/R)}\Big|_R^{+\infty}+2\frac{R}{k}\cdot r\mathrm{e}^{k(1-r/R)}\Big|_R^{+\infty}+2\frac{R}{k}\cdot\frac{R}{k}\cdot\mathrm{e}^{k(1-r/R)}\Big|_R^{+\infty}\right)\\&=\frac{r^3}{k}+\frac{2R^3}{k^2}+\frac{2R^3}{k^3}.\end{aligned}$$

因此

$$M=2\pi\cdot 2\rho_0\cdot\frac{R^3}{k^3}(k^2+2k+2)=4\pi\rho_0(k^{-1}+2k^{-2}+2k^{-3})R^3.$$

5.20 (i) 因为 $|\mathrm{e}^{-x}x^n\cos\alpha x|\leqslant\mathrm{e}^{-x}x^n$, 积分 $\int_0^{\infty}\mathrm{e}^{-x}x^n\mathrm{d}x(n>0)$ 收敛 (与 α 无关):

$$\int_0^{\infty}\mathrm{e}^{-x}x^n\mathrm{d}x=-x^n\mathrm{e}^{-x}\Big|_0^{\infty}+n\int_0^{\infty}\mathrm{e}^{-x}\mathrm{d}x=nI_{n-1}=n!,$$

所以积分 I_1 关于 α 一致收敛.

(ii) 设 $\alpha\geqslant 0$. 因为 $I_2=\int_0^1+\int_1^{\infty}=J_1+J_2$, 对于 J_1, 有

$$0<\mathrm{e}^{-\alpha x}\frac{\sin x}{x}\leqslant\frac{\sin x}{x},$$

函数 $\sin x/x$ 在 $x=0$ 连续, 所以只需讨论 J_2. 对于任何 $q>p>0$,

$$\int_p^q\mathrm{e}^{-\alpha x}\frac{\sin x}{x}\mathrm{d}x=\frac{\mathrm{e}^{-\alpha p}}{p}\cos p-\frac{\mathrm{e}^{-\alpha q}}{q}\cos q+\int_p^q\cos x\frac{\mathrm{d}}{\mathrm{d}x}\left(\frac{\mathrm{e}^{-\alpha x}}{x}\right)\mathrm{d}x.$$

当 $\alpha\geqslant 0$ 时,

$$\left|\frac{\mathrm{e}^{-\alpha p}}{p}\cos p\right|\leqslant\frac{1}{p},\quad\left|\frac{\mathrm{e}^{-\alpha q}}{q}\cos q\right|\leqslant\frac{1}{q}.$$

又因为

$$\frac{\mathrm{d}}{\mathrm{d}x}\left(\frac{\mathrm{e}^{-\alpha x}}{x}\right)=\frac{-(\alpha x+1)\mathrm{e}^{-\alpha x}}{x^2}<0,$$

所以

$$\begin{aligned}\left|\int_p^q \cos x\frac{\mathrm{d}}{\mathrm{d}x}\left(\frac{\mathrm{e}^{-\alpha x}}{x}\right)\mathrm{d}x\right| &\leqslant -\int_p^q \frac{\mathrm{d}}{\mathrm{d}x}\left(\frac{\mathrm{e}^{-\alpha x}}{x}\right)\mathrm{d}x\\ &=\frac{\mathrm{e}^{-\alpha p}}{p}-\frac{\mathrm{e}^{-\alpha q}}{q}<\frac{1}{p},\end{aligned}$$

于是对于任何给定的 $\varepsilon>0$, 当 $q>p>N_0(\varepsilon)$(与 α 无关) 时,

$$\left|\int_p^q \mathrm{e}^{-\alpha x}\frac{\sin x}{x}\mathrm{d}x\right|<\frac{1}{p}+\frac{1}{q}+\frac{1}{p}<\varepsilon.$$

因此 $I_2(\alpha)$ 关于 $\alpha\geqslant 0$ 一致收敛.

注　也可应用 Abel 判别法则证明 I_2 的一致收敛性.

5.21　当 $y\in[a,b]\,(a>0)$, 对于任何 $A>0$,

$$\left|\int_0^A \sin(xy)\mathrm{d}x\right|=\left|\frac{1-\cos(Ay)}{y}\right|<\frac{2}{y}\leqslant\frac{2}{a}.$$

函数 $1/\sqrt{x}\downarrow 0\,(x\to\infty)$, 所以 Dirichlet 判别法则知 $I(y)$ 在 $[a,b]$ 上一致收敛. 又因为当 $y=1/n$ 时,

$$\begin{aligned}\left|\int_{n\pi}^{(3/2)n\pi}\frac{\sin(xy)}{\sqrt{x}}\mathrm{d}x\right|&=\left|\int_{n\pi}^{(3/2)n\pi}\frac{\sin\dfrac{x}{n}}{\sqrt{x}}\mathrm{d}x\right|\\ &>\frac{1}{\sqrt{(3/2)n\pi}}\left|\int_{n\pi}^{(3/2)n\pi}\sin\frac{x}{n}\mathrm{d}x\right|=\sqrt{\frac{2n}{3\pi}},\end{aligned}$$

取 $\varepsilon=\sqrt{2/(3\pi)}$, 对于任何 $A>0$, 总可取 n 使得 $n\pi>A$, 于是当 $(3/2)n\pi>n\pi>A$, 对于 $y=1/n$,

$$\left|\int_{n\pi}^{(3/2)n\pi}\frac{\sin(xy)}{\sqrt{x}}\mathrm{d}x\right|=\sqrt{\frac{2n}{3\pi}}=\sqrt{n}\varepsilon>\varepsilon,$$

所以不满足 Cauchy 收敛准则, 因而在 $(0,\infty)$ 上 $I(y)$ 关于 y 不可能一致收敛.

5.22　参见例 5.5.6. 可设 $(x_0,y_0)=(0,0)$, 并应用 Taylor 展开

$$f(x,y)=f(0,0)+Ax+By+\frac{1}{2}(Cx^2+2Dxy+Ey^2)+(x^2+y^2)\varepsilon(x,y),$$

其中函数 $\varepsilon(x,y)\to 0\,(\sqrt{x^2+y^2}\to 0)$.

5.23　用极坐标表示, 我们有

$$F(t)=\int_0^{2\pi}\mathrm{d}\theta\int_0^t f(r\cos\theta,r\sin\theta)r\mathrm{d}r.$$

因为 f 在 $(0,0)$ 的某个邻域连续, 所以

$$F'(t)=\int_0^{2\pi}\mathrm{d}\theta\frac{\mathrm{d}}{\mathrm{d}t}\int_0^t f(r\cos\theta,r\sin\theta)r\mathrm{d}r=\int_0^{2\pi}tf(t\cos\theta,t\sin\theta)\mathrm{d}\theta.$$

由此可得

$$\lim_{t\to 0+}\frac{F'(t)}{t}=\int_0^{2\pi}f(0,0)\mathrm{d}\theta=2\pi f(0,0).$$

5.24　(1) 首先设 $b\neq 0$. 记 $\alpha=b/a$, 那么所给积分可表示为

$$I(\alpha)=\int_0^{\pi/2}\log\left(\frac{1+\alpha\sin\theta}{1-\alpha\sin\theta}\right)\frac{\mathrm{d}\theta}{\sin\theta}$$

$$= \int_0^{\pi/2} \left(\log(1+\alpha\sin\theta) - \log(1-\alpha\sin\theta) \right) \frac{\mathrm{d}\theta}{\sin\theta}.$$

依据在积分号下求导数的 Leibnitz 法则, 我们得到

$$\begin{aligned} \frac{\partial I}{\partial \alpha} &= \int_0^{\pi/2} \left(\frac{\sin\theta}{1+\alpha\sin\theta} + \frac{\sin\theta}{1-\alpha\sin\theta} \right) \frac{\mathrm{d}\theta}{\sin\theta} \\ &= 2\int_0^{\pi/2} \frac{\mathrm{d}\theta}{1-\alpha^2\sin^2\theta} = 2\int_0^{\pi/2} \frac{\sec^2\theta\mathrm{d}\theta}{\sec^2\theta - \alpha^2\tan^2\theta}, \end{aligned}$$

作变量代换 $t=\tan\theta$, 上式等于

$$\begin{aligned} 2\int_0^{\infty} \frac{\mathrm{d}t}{1+(1-\alpha^2)t^2} &= \frac{2}{1-\alpha^2}\int_0^{\infty} \frac{\mathrm{d}t}{t^2+(\alpha^2-1)^{-1}} \\ &= \frac{2}{1-\alpha^2} \cdot \sqrt{1-\alpha^2} \cdot \arctan\sqrt{(1-\alpha^2)}t \Big|_0^{\infty}, \end{aligned}$$

也就是

$$\frac{\partial I}{\partial \alpha} = \frac{\pi}{\sqrt{1-\alpha^2}}.$$

由此可得

$$I(\alpha) = \pi\arcsin\alpha + C \quad (0<\alpha<1),$$

由于当 $\varepsilon \to 0$ 时 $I(\varepsilon)$ 和 $\arcsin\varepsilon \to 0$, 所以常数 $C=0$, 从而所求积分

$$I = \pi\arcsin\left(\frac{b}{a}\right).$$

而当 $b=0$ 时, 所求积分显然等于 0, 因而上式仍然有效.

(2) 记所求的积分为 $I(\alpha)$, 那么

$$\begin{aligned} \frac{\partial I}{\partial \alpha} = &\int_{\pi/2-\alpha}^{\pi/2} \sin\theta \cdot \frac{-\sin\theta}{\sqrt{\sin^2\theta-\cos^2\alpha}} \cdot \frac{-\sin\alpha}{\sin\theta}\mathrm{d}\theta \\ &- \sin\left(\frac{\pi}{2}-\alpha\right)\arccos\left(\frac{\cos\alpha}{\sin\left(\frac{\pi}{2}-\alpha\right)}\right) \cdot \frac{\mathrm{d}}{\mathrm{d}\alpha}\left(\frac{\pi}{2}-\alpha\right), \end{aligned}$$

继续进行计算, 得到

$$\begin{aligned} \frac{\partial I}{\partial \alpha} &= \int_{\pi/2-\alpha}^{\pi/2} \frac{\sin\alpha\sin\theta\mathrm{d}\theta}{\sqrt{\sin^2\theta-\cos^2\alpha}} + \cos\alpha\arccos 1 \\ &= \int_{\pi/2-\alpha}^{\pi/2} \frac{\sin\alpha\sin\theta\mathrm{d}\theta}{\sqrt{\sin^2\theta-\cos^2\alpha}} = \int_{\pi/2-\alpha}^{\pi/2} \frac{\sin\alpha\sin\theta\mathrm{d}\theta}{\sqrt{(1-\cos^2\theta)-(1-\sin^2\alpha)}} \\ &= \int_{\pi/2-\alpha}^{\pi/2} \frac{\sin\alpha\sin\theta\mathrm{d}\theta}{\sqrt{\sin^2\alpha-\cos^2\theta}}. \end{aligned}$$

在上面最后一个积分中令 $t=\cos\theta/\sin\alpha$, 可得

$$\frac{\partial I}{\partial \alpha} = -\sin\alpha \cdot \arcsin\left(\frac{\cos\theta}{\sin\alpha}\right)\Bigg|_{\theta=\pi/2-\alpha}^{\theta=\pi/2} = \frac{\pi}{2}\sin\alpha.$$

两边积分, 我们有

$$I(\alpha) = -\frac{\pi}{2}\cos\alpha + C.$$

由 $I(0)=0$ 定出常数 $C=\pi/2$, 于是所求积分 $I=\pi(1-\cos\alpha)/2$.

注 对于本题 (1), 积分

$$I(\alpha) = \int_0^{\pi/2} \log\left(\frac{1+\alpha\sin\theta}{1-\alpha\sin\theta}\right) \frac{\mathrm{d}\theta}{\sin\theta} \quad (|\alpha|<1).$$

也可用下法计算: 因为 $|\alpha\sin\theta|<1$, 所以

$$\log\left(\frac{1+\alpha\sin\theta}{1-\alpha\sin\theta}\right)=2\left(\alpha\sin\theta+\frac{\alpha^3}{3}\sin^3\theta+\cdots+\frac{\alpha^{2n+1}}{2n+1}\sin^{2n+1}\theta+\cdots\right).$$

因为级数 $\sum\limits_{n=1}^{\infty}\frac{|\alpha|^{2n+1}}{2n+1}$ 收敛, 所以上式右边级数关于 θ 一致收敛, 因而可以逐项积分, 我们得到

$$\begin{aligned}I(\alpha)&=2\sum_{n=1}^{\infty}\int_0^{\pi/2}\frac{\alpha^{2n+1}}{2n+1}\sin^{2n+1}\theta\mathrm{d}\theta\\&=\pi\sum_{n=1}^{\infty}\frac{1\cdot3\cdot\cdots\cdot(2n-1)}{2\cdot4\cdot\cdots\cdot(2n)}\frac{\alpha^{2n+1}}{2n+1}=\pi\arcsin\alpha.\end{aligned}$$

5.25　(i) 记 $D(z)=\{(x,y)\mid x^2+y^2\leqslant z^2\}$. 那么

$$\begin{aligned}J_n&=\iiint\limits_{\Omega}\mathrm{e}^{-nz}\mathrm{d}x\mathrm{d}y\mathrm{d}z=\int_0^1\mathrm{e}^{-nz}\mathrm{d}z\iint\limits_{D(z)}\mathrm{d}x\mathrm{d}y\\&=\int_0^1\mathrm{e}^{-nz}(\pi z^2)\mathrm{d}z=\frac{\pi}{n^3}\big(2-\mathrm{e}^{-n}(n^2+2n+2)\big).\end{aligned}$$

于是

$$\begin{aligned}I_n-f(0,0,0)J_n&=\int_0^1\mathrm{e}^{-nz}\mathrm{d}z\iint\limits_{D(z)}\big(f(x,y,z)-f(0,0,0)\big)\mathrm{d}x\mathrm{d}y\\&=\int_0^1\mathrm{e}^{-nz}g(z)\mathrm{d}z,\end{aligned}$$

其中

$$g(z)=\iint\limits_{D(z)}\big(f(x,y,z)-f(0,0,0)\big)\mathrm{d}x\mathrm{d}y.$$

(ii) 因为 f 在点 $O(0,0,0)$ 连续, 所以对于任何 $\varepsilon>0$, 存在 $\delta<1$, 使得当点 $P(x,y,z)$ 与 O 之间的 (欧氏) 距离 $\|OP\|<\delta$ 时,$|f(x,y,z)-f(0,0,0)|<\varepsilon$. 因此当 $0\leqslant z\leqslant\delta$ 时 (于是由 $D(z)$ 的定义,$0\leqslant\sqrt{x^2+y^2}\leqslant z\leqslant\delta$),

$$|g(z)|\leqslant\varepsilon\iint\limits_{D(z)}\mathrm{d}x\mathrm{d}y=\pi\varepsilon z^2,$$

从而

$$\left|\int_0^{\delta}\mathrm{e}^{-nz}g(z)\mathrm{d}z\right|\leqslant\pi\varepsilon\int_0^1\mathrm{e}^{-nz}z^2\mathrm{d}z\leqslant\frac{2\pi\varepsilon}{n^3}.$$

(iii) 设 K 是 f 在 Ω 上的一个上界, 那么

$$|g(z)|\leqslant2K\iint\limits_{D(z)}\mathrm{d}x\mathrm{d}y=2\pi Kz^2,$$

从而

$$\left|\int_{\delta}^1\mathrm{e}^{-nz}g(z)\mathrm{d}z\right|\leqslant2K\pi\int_{\delta}^1\mathrm{e}^{-nz}z^2\mathrm{d}z<2K\pi\mathrm{e}^{-n\delta}.$$

对于给定的 $\varepsilon>0,\delta$ 也固定. 由 $n^3\mathrm{e}^{-nz}\to0\,(n\to\infty)$ 可知, 存在 $N>0$, 使当 $n>N$ 时,$2K\pi\mathrm{e}^{-n\delta}n^3<\varepsilon$.

(iv) 注意

$$I_n-f(0,0,0)J_n=\int_0^1\mathrm{e}^{-nz}g(z)\mathrm{d}z=\int_0^{\delta}\mathrm{e}^{-nz}g(z)\mathrm{d}z+\int_{\delta}^1\mathrm{e}^{-nz}g(z)\mathrm{d}z,$$

由步骤 (ii) 和 (iii) 可知, 对于给定的 $\varepsilon>0$, 存在 $N>0$, 使当 $n>N$ 时,

$$n^3|I_n-f(0,0,0)J_n|<2\pi\varepsilon+\varepsilon,$$

从而

$$\lim_{n\to\infty} n^3\big(I_n - f(0,0,0)J_n\big) = 0,$$

所以 $I_n \sim 2\pi f(0,0,0)n^{-3}\,(n\to\infty)$.

5.26 (1) 应用极坐标, 有

$$F(t) = \int_0^{2\pi} \mathrm{d}\theta \int_0^t f(r\cos\theta, r\sin\theta) r\mathrm{d}r.$$

由 f 的连续性知

$$g(\theta,t) = \int_0^t f(r\cos\theta, r\sin\theta) r\mathrm{d}r$$

关于 t 可导, 并且

$$g_t'(\theta,t) = tf(t\cos\theta, t\sin\theta)$$

在 $[0,2\pi]\times[0,1]$ 上连续, 因而 $F(t) = \int_0^{2\pi} g(\theta,t)\mathrm{d}\theta$ 可导, 并且

$$F'(t) = \int_0^{2\pi} g_t'(\theta,t)\mathrm{d}\theta = \int_0^{2\pi} tf(t\cos\theta, t\sin\theta)\mathrm{d}\theta.$$

而由定积分性质可知 $F'(t)$ 连续. 总之,$F\in C^1[0,1]$.

(2) (i) 令

$$g(x,y) = \int_{y-1}^{y+1} f(x,t)\mathrm{d}t = \int_{-1}^1 f(x,u+y)\mathrm{d}u,$$

则

$$g(x',y') - g(x,y) = \int_{-1}^1 \big(f(x',u+y') - f(x,u+y)\big)\mathrm{d}u.$$

因为 f 在 $\mathbb{R}^2$ 上连续, 所以在 $K=[-A,A]\times[-A-1,A+1]$ 上一致连续 (此处 $A>0$ 任意给定). 于是对于任何 $\varepsilon>0$, 存在 $\delta>0$, 使对于所有距离小于 δ 的点 $(\xi,\eta),(\xi',\eta')\in K$, 都有

$$|f(\xi,\eta) - f(\xi',\eta')| < \varepsilon.$$

由此可知, 对于所有距离小于 δ 的点 $(x,y),(x',y')\in[-A,A]^2$, 以及所有 $u\in[-1,1]$, 都有

$$|f(x,u+y) - f(x',u+y')| < \varepsilon,$$

从而

$$|g(x',y') - g(x,y)| < 2\varepsilon.$$

这表明 g 在 $[-A,A]^2$ 连续. 因为 A 是任意的, 所以 g 在 $\mathbb{R}^2$ 上连续.

(ii) 设 $x<x'$, 由积分中值定理,

$$\begin{aligned}
F(x',y) - F(x,y) &= \int_{x'-1}^{x'+1} g(u,y)\mathrm{d}u - \int_{x-1}^{x+1} g(u,y)\mathrm{d}u \\
&= \int_{x+1}^{x'+1} g(u,y)\mathrm{d}u - \int_{x+1}^{x'+1} g(u,y)\mathrm{d}u \\
&= (x'-x)g(\mu,y) - (x'-x)g(\nu,y) \\
&= (x'-x)\big(g(\mu,y) - g(\nu,y)\big),
\end{aligned}$$

其中 $\mu\in(x+1,x'+1)$, $\nu\in(x-1,x'-1)$. 固定 x, 得到

$$\lim_{x'\to x+} \frac{F(x',y)-F(x,y)}{x'-x} = g(x+1,y) - g(x-1,y),$$

类似地, 固定 x' 得到

$$\lim_{x\to x'-} \frac{F(x',y)-F(x,y)}{x'-x} = g(x'+1,y) - g(x'-1,y).$$

由此可知 $F_x(x,y)$ 存在, 并且

$$\begin{aligned}F_x(x,y)&=g(x+1,y)-g(x-1,y)\\&=\int_{y-1}^{y+1}f(x+1,t)\mathrm{d}t-\int_{y-1}^{y+1}f(x-1,t)\mathrm{d}t\\&=\int_{y-1}^{y+1}\big(f(x+1,t)\mathrm{d}t-f(x-1,t)\big)\mathrm{d}t,\end{aligned}$$

因而 $F_x(x,y)$ 在 $\mathbb{R}^2$ 上连续. 类似地得到

$$\begin{aligned}F_y(x,y)&=g(x,y+1)-g(x,y-1)\\&=\int_{x-1}^{x+1}\big(f(t,y+1)\mathrm{d}t-f(t,y-1)\big)\mathrm{d}t,\end{aligned}$$

因而 $F_y(x,y)$ 在 $\mathbb{R}^2$ 上连续. 于是 $F\in C^2(\mathbb{R}^2)$.

5.27　提示　(i) 易证当 $t>0$ 时 g_t 有定义 (即积分收敛). 令

$$u=x+r\sqrt{4t}\cos\theta,\quad v=y+\sqrt{4t}\sin\theta,$$

则 Jacobi 式等于 $4rt$, 并且

$$g_t(x,y)=\frac{1}{\pi}\int_0^{2\pi}\mathrm{d}\theta\int_0^{\infty}f(x+r\sqrt{4t}\cos\theta,y+\sqrt{4t}\sin\theta)r\mathrm{e}^{-r^2}\mathrm{d}r.$$

(ii) 证明 (此处 M 为 f 的上确界,$R>0$)

$$\begin{aligned}&\left|\int_R^{\infty}\Big(f(x+r\sqrt{4t}\cos\theta,y+\sqrt{4t}\sin\theta)-f(x,y)\Big)r\mathrm{e}^{-r^2}\mathrm{d}r\right|\\&\leqslant 2M\int_R^{\infty}r\mathrm{e}^{-r^2}\mathrm{d}r=M\mathrm{e}^{-R^2}.\end{aligned}$$

对于任意给定的 $\varepsilon>0$, 取 R 满足 $M\mathrm{e}^{-R^2}<\varepsilon/4$, 则

$$\left|\frac{1}{\pi}\int_0^{2\pi}\mathrm{d}\theta\int_R^{\infty}\Big(f(x+r\sqrt{4t}\cos\theta,y+\sqrt{4t}\sin\theta)-f(x,y)\Big)r\mathrm{e}^{-r^2}\mathrm{d}r\right|\leqslant\frac{\varepsilon}{2}.$$

(iii) 由 f 在点 (x,y) 的连续性可知, 存在 $\delta>0$, 使得当 $|\Delta x|,|\Delta y|<\delta$ 时, $|f(x+\Delta x,y+\Delta y)-f(x,y)|<\varepsilon/2$, 从而当 $t<\delta^2/(4R^2)$ 时, 对于所有 $r\in[0,R]$ 及所有 $\theta\in[0,2\pi]$, 有 $|r\sqrt{4t}\cos\theta|<\delta,|\sqrt{4t}\sin\theta|<\delta$, 于是推出

$$\Big|f(x+r\sqrt{4t}\cos\theta,y+\sqrt{4t}\sin\theta)-f(x,y)\Big|<\frac{\varepsilon}{2},$$

从而

$$\left|\frac{1}{\pi}\int_0^{2\pi}\mathrm{d}\theta\int_0^{R}\Big(f(x+r\sqrt{4t}\cos\theta,y+\sqrt{4t}\sin\theta)-f(x,y)\Big)r\mathrm{e}^{-r^2}\mathrm{d}r\right|\leqslant\frac{\varepsilon}{2}.$$

(iv) 最后证明

$$\frac{1}{\pi}\int_0^{2\pi}\mathrm{d}\theta\int_0^{\infty}f(x,y)r\mathrm{e}^{-r^2}\mathrm{d}r=f(x,y),$$

并将步骤 (ii) 和 (iii) 中的估值合起来, 即得 $g_t(x,y)\to f(x,y)\,(t\to 0)$.

第6章 无穷级数

6.1 数项级数

例 6.1.1 判断 (并证明) 级数 $\sum\limits_{n=1}^{\infty}u_n$ 的收敛性, 其中

(1) $u_n=\dfrac{a^n 2^{\sqrt{n}}}{2^{\sqrt{n}}+b^n}\quad(a,b>0)$.

(2) $u_n=\dfrac{1}{n^\beta}\sum\limits_{k=1}^{n}k^\alpha\quad(\alpha\in\mathbb{R},\beta>0)$.

(3) $u_n=\left(1+\dfrac{1}{n+1}\right)^{2n}-\left(1+\dfrac{2}{n+a}\right)^n\quad(a>0)$.

(4) $u_n=\sin(\pi\sqrt{n^2+an+b})$.

(5) $u_n=\dfrac{1}{n}|\cos 2^n|$.

解 (1) 若 $b\leqslant 1$, 则 $2^{\sqrt{n}}+b^n\sim 2^{\sqrt{n}}$, 因此 $u_n\sim a^n(n\to\infty)$. 于是级数当 $a<1$ 时收敛, 当 $a\geqslant 1$ 时发散.

若 $b>1$, 则 $2^{\sqrt{n}}+b^n\sim b^n$, 因此

$$u_n\sim\left(\frac{a}{b}\right)^n 2^{\sqrt{n}}.$$

将上式右边记为 v_n, 那么

$$\sqrt[n]{v_n}=\frac{a}{b}2^{1/\sqrt{n}}\to\frac{a}{b}\quad(n\to\infty),$$

于是当 $a<b$ 时 $\sum\limits_{n=1}^{\infty}v_n$ 收敛, 从而 $\sum\limits_{n=1}^{\infty}u_n$ 也收敛; 当 $a>b$ 时 $\sum\limits_{n=1}^{\infty}u_n$ 发散. 当 $a=b$ 时 $u_n\sim 2^{\sqrt{n}}\to+\infty$, 于是 $\sum\limits_{n=1}^{\infty}u_n$ 发散.

(2) 若 $\alpha<-1$, 则 $\sum\limits_{n=1}^{\infty}k^\alpha$ 收敛 (记其和为 S), 所以 $u_n\sim S/n^\beta$, 从而 $\beta>1$ 时级数收敛,$\beta\leqslant 1$ 时级数发散.

若 $\alpha\geqslant 0$, 则

$$\int_0^n x^\alpha\mathrm{d}x\leqslant\sum_{k=1}^{n}k^\alpha\leqslant\int_1^{n+1}x^\alpha\mathrm{d}x;$$

因此

$$\sum_{k=1}^{n} k^{\alpha} \sim \frac{n^{\alpha+1}}{\alpha+1} \quad (n\to\infty),$$

从而

$$u_n \sim \frac{1}{(\alpha+1)n^{\beta-\alpha-1}} \quad (n\to\infty).$$

所以 $\beta > \alpha+2$ 时级数收敛,$\beta \leqslant \alpha+2$ 时级数发散.

若 $-1<\alpha<0$, 则

$$1+\int_1^n x^{\alpha}\mathrm{d}x \geqslant \sum_{k=1}^{n} k^{\alpha} \geqslant \int_1^{n+1} x^{\alpha}\mathrm{d}x,$$

因此

$$\sum_{k=1}^{n} k^{\alpha} \sim \frac{(n+1)^{\alpha+1}}{\alpha+1} \quad (n\to\infty),$$

从而

$$u_n \sim \frac{1}{(\alpha+1)n^{\beta-\alpha-1}} \quad (n\to\infty).$$

所以 $\beta > \alpha+2$ 时级数收敛,$\beta \leqslant \alpha+2$ 时级数发散.

最后, 若 $\alpha=-1$, 则 $u_n \sim \log n/n^{\beta}$, 所以 $\beta>1$ 时级数收敛,$\beta\leqslant 1$ 时级数发散.

(3) 将 u_n 展开:

$$\begin{aligned}
u_n &= \exp\left(2n\log\left(1+\frac{1}{n+1}\right)\right)-\exp\left(n\log\left(1+\frac{2}{n+a}\right)\right)\\
&= \exp\left(2n\log\left(1+\frac{1}{n}-\frac{1}{n^2}+O\left(\frac{1}{n^2}\right)\right)\right)\\
&\quad -\exp\left(n\log\left(1+\frac{2}{n}-\frac{2a}{n^2}+O\left(\frac{1}{n^3}\right)\right)\right)\\
&= \exp\left(2-\frac{3}{n}+O\left(\frac{1}{n^2}\right)\right)-\exp\left(2-\frac{2a+2}{n}+O\left(\frac{1}{n^2}\right)\right)\\
&= \mathrm{e}^2\left(\frac{2a-1}{n}+O\left(\frac{1}{n^2}\right)\right).
\end{aligned}$$

当 $a\neq 1/2$ 时,$u_n\sim \mathrm{e}^2(2a-1)/n$, 注意当 $n\geqslant n_0$ 时 $2a-1$ 不变号, 所以级数发散; 当 $a=1/2$ 时,$u_n=O(1/n^2)$, 级数收敛.

(4) 我们有

$$\sqrt{n^2+an+b}-n=\frac{an+b}{\sqrt{n^2+an+b}+n}=\theta_n\to\frac{a}{2} \quad (n\to\infty),$$

以及

$$u_n=(-1)^n\sin(\sqrt{n^2+an+b}-n)\pi=(-1)^n\sin\theta_n\pi,$$

于是当且仅当 $a/2\in\mathbb{Z}$ 时 $\lim\limits_{n\to\infty}u_n=0$.

设 $a=2t, t\in\mathbb{Z}$. 那么

$$u_n=(-1)^{n+t}\sin(\sqrt{n^2+2tn+b}-n-t).$$

令 $\varphi(x)=\sqrt{x^2+2tx+b}-x-t$, 则

$$\varphi'(x)=\frac{x+t}{\sqrt{x^2+2tx+b}}-1=\frac{t^2-b}{x+t+\sqrt{x^2+2tx+b}}\cdot\frac{1}{\sqrt{x^2+2tx+b}}$$

不变号, 因而 $|u_n|$ 单调递减趋于 0, 于是依交错级数收敛判别法则知当且仅当 $a/2\in\mathbb{Z}$, 题中级数收敛.

(5) 考虑级数 (从第一项开始) 所有相邻两项的分子之和组成的无穷数列 $|\cos 2^n|+|\cos 2^{n+1}|\,(n=1,3,5,\cdots)$. 我们断言: 这个无穷数列有正的下界 C. 设不然, 则有无穷子列 $n_k\,(k\geqslant 1)$(记作 $\mathscr{N}$) 使得

$$|\cos 2^n|+|\cos 2^{n+1}|\to 0\quad (n\to\infty, n\in\mathscr{N}),$$

也就是

$$|\cos 2^n|, |\cos 2^{n+1}|\to 0\quad (n\to\infty, n\in\mathscr{N}).$$

由 $\cos(k\pi/2)=0$(其中 k 为奇数) 可知, 当 $n\in\mathscr{N}$ 充分大时,

$$2^n=k\cdot\frac{\pi}{2}+\varepsilon,\quad 2^{n+1}=k'\cdot\frac{\pi}{2}+\varepsilon',$$

其中 k,k' 是某些奇数,$|\varepsilon|,|\varepsilon'|<1/4$. 于是

$$(k'-2k)\cdot\frac{\pi}{2}=2\varepsilon-\varepsilon'.$$

因为 k,k' 是奇数, 所以 $|(k'-2k)\pi/2|\geqslant\pi/2>1$, 而 $|2\varepsilon-\varepsilon'|<1$, 从而得到矛盾, 于是上述断言成立. 据此我们有

$$u_{2n-1}+u_{2n}>\frac{C}{2n-1}\quad (n\geqslant 1).$$

因为级数 $\sum\limits_{n=1}^{\infty}1/(2n-1)$ 发散, 所以级数 $\sum\limits_{n=1}^{\infty}u_n=\sum\limits_{n=1}^{\infty}(u_{2n-1}+u_{2n})$ 也发散. □

例 6.1.2 判断 (并证明) 级数 $\sum\limits_{n=1}^{\infty}u_n$ 和 $\sum\limits_{n=1}^{\infty}v_n$ 的收敛性, 其中

$$u_n=\int_0^{1/n}\frac{x^{\alpha-1}}{1+\sqrt{x}}\mathrm{d}x.$$

$$v_n=\int_0^{(-1)^n/n^{\alpha}}\frac{\sqrt{|x|}}{1+\sqrt[3]{x}}\mathrm{d}t\quad (\alpha>0).$$

解 (i) 对于第一个级数 $\sum\limits_{n=1}^{\infty}u_n$, 给出两个解法:

解法 1 因为

$$\frac{x^{\alpha-1}}{1+\sqrt{x}}\sim x^{\alpha-1}\quad (x\to 0),$$

所以由习题 4.31 可知

$$u_n\sim\int_0^{1/n}x^{\alpha-1}\mathrm{d}x=\frac{1}{\alpha n^{\alpha}}\quad (n\to\infty),$$

于是 $\alpha>1$ 时级数收敛,$\alpha\leqslant 1$ 时级数发散.

解法 2　由积分中值定理

$$u_n=\mu\int_0^{1/n}x^{\alpha-1}\mathrm{d}x=\frac{\mu}{\alpha n^\alpha},$$

其中

$$\mu=\frac{1}{1+\sqrt{\theta}},\quad 0<\theta<\frac{1}{n}.$$

因此 $u_n\sim 1/(\alpha n^\alpha)$, 从而 $\alpha>1$ 时级数收敛,$\alpha\leqslant 1$ 时级数发散.

(ii) 对于第二个级数 $\sum\limits_{n=1}^{\infty}v_n$, 作变换 $x=(-1)^n t$, 则

$$v_n=(-1)^n\int_0^{1/n^\alpha}\frac{\sqrt{t}}{1+(-1)^n\sqrt[3]{t}}\mathrm{d}t,$$

因为

$$\begin{aligned}\frac{\sqrt{t}}{1+(-1)^n\sqrt[3]{t}}&=\sqrt{t}\left(1-(-1)^n\sqrt[3]{t}+o\left(\sqrt[3]{t}\right)\right)\\&=t^{1/2}-(-1)^n t^{5/6}+o\left(t^{5/6}\right),\end{aligned}$$

所以

$$\int_0^\tau\frac{\sqrt{t}}{1+(-1)^n\sqrt[3]{t}}\mathrm{d}t=\frac{2}{3}\tau^{3/2}-(-1)^n\frac{6}{11}\tau^{11/6}+o\left(\tau^{11/6}\right).$$

于是

$$u_n=(-1)^n\frac{2}{3}n^{-3\alpha/2}-\frac{6}{11}(1+\varepsilon_n)n^{-11\alpha/6},$$

其中 $\varepsilon_n\to 0(n\to\infty)$. 原级数表示为两个级数之和, 其中第一个级数对于任何 $\alpha>0$ 都收敛, 因此原级数当 $\alpha>6/11$ 时收敛, 当 $\alpha\leqslant 6/11$ 时发散. □

例 6.1.3　设 $\alpha>0$, 判断 (并证明) 下列两个级数的收敛性:

$$\sum_{n=1}^{\infty}\frac{\sin\pi\sqrt{n}}{n^\alpha}\quad 和\quad \sum_{n=1}^{\infty}\frac{\cos\pi\sqrt{n}}{n^\alpha}.$$

解　(i) 当 $\alpha>1$ 时级数显然绝对收敛.

(ii) 当 $n\leqslant x<n+1$ 时, 函数 $f(x)=\sin\pi\sqrt{x}/x^\alpha$ 有 Taylor 展开

$$f(x)=\frac{\sin\pi\sqrt{n}}{n^\alpha}+(x-n)\frac{\pi\cos\pi\sqrt{n}}{2n^{\alpha+1/2}}+O\left(\frac{1}{n^{\alpha+1}}\right).$$

令

$$t_n=\int_n^{n+1}f(x)\mathrm{d}x\quad(n\geqslant 1),$$

则

$$t_n=\frac{\sin\pi\sqrt{n}}{n^\alpha}+\frac{\pi\cos\pi\sqrt{n}}{4n^{\alpha+1/2}}+O\left(\frac{1}{n^{\alpha+1}}\right).$$

(iii) 积分

$$\int_1^{+\infty} f(x)\mathrm{d}x = \int_1^{+\infty} \frac{\sin\pi\sqrt{x}}{x^\alpha}\,\mathrm{d}x = \int_1^{+\infty} \frac{2\sin\pi t}{t^{2\alpha-1}}\,\mathrm{d}t.$$

因为当 $\alpha > 1/2$ 时,$1/t^{2\alpha-1}\downarrow 0\,(t\to\infty)$, 对于任何 $A>1$, $\left|\int_1^A \sin\pi t\,\mathrm{d}t\right| < 2/\pi$, 所以由 Dirichlet 判别法则知上述积分收敛. 于是当 $\alpha > 1/2$ 时级数

$$\sum_{n=1}^\infty t_n = \int_1^{+\infty} f(t)\mathrm{d}t$$

收敛. 由步骤 (ii) 可知

$$\frac{\sin\pi\sqrt{n}}{n^\alpha} = t_n - \frac{\pi\cos\pi\sqrt{n}}{4n^{\alpha+1/2}} + O\left(\frac{1}{n^{\alpha+1}}\right),$$

注意 $\alpha + 1/2 > 1$, 所以 $\alpha > 1/2$ 时级数 $\sum\limits_{n=1}^\infty \sin\pi\sqrt{n}/n^\alpha$ 收敛.

(iv) 同法可证 $\alpha > 1/2$ 时级数 $\sum\limits_{n=1}^\infty \cos\pi\sqrt{n}/n^\alpha$ 收敛.

(v) 设 $0 < \alpha \leqslant 1/2$. 那么由步骤 (iii),

$$\sum_{n=1}^\infty t_n = \int_1^{+\infty} f(t)\mathrm{d}t = 2\int_1^{+\infty} t^{1-2\alpha}\sin\pi t\,\mathrm{d}t$$

发散 (读者补出证明). 由步骤 (ii) 有

$$\sum_{n=1}^\infty t_n = \sum_{n=1}^\infty \frac{\sin\pi\sqrt{n}}{n^\alpha} + \sum_{n=1}^\infty \frac{\pi\cos\pi\sqrt{n}}{4n^{\alpha+1/2}} + \sum_{n=1}^\infty O\left(\frac{1}{n^{\alpha+1}}\right).$$

因为 $\alpha + 1/2 > 1/2, \alpha + 1 > 1$, 并注意步骤 (iv) 中的结论, 可知上式右边后二级数收敛, 因此级数 $\sum\limits_{n=1}^\infty \sin\pi\sqrt{n}/n^\alpha$ 发散.

(vi) 同法可证 $0 < \alpha \leqslant 1/2$ 时级数 $\sum\limits_{n=1}^\infty \cos\pi\sqrt{n}/n^\alpha$ 发散. □

例 6.1.4 设 u_n 是一个正数列, 令

$$v_n = \frac{1}{n}\sum_{k=n+1}^{2n} u_k,$$

则级数 $\sum\limits_{n=1}^\infty u_n$ 和 $\sum\limits_{n=1}^\infty v_n$ 同时收敛或同时发散.

解 (i) 对于任何 $n \geqslant 1$,

$$\sum_{k=1}^n v_k = \sum_{k=1}^n \frac{1}{k}\sum_{t=k+1}^{2k} u_t = \sum_{t=2}^{2n}\left(\sum_{t/2\leqslant k\leqslant \min\{n,t-1\}} \frac{1}{k}\right)u_t = \sum_{t=2}^{2n}\sigma_t u_t,$$

其中

$$\sigma_t = \sum_{t/2\leqslant k\leqslant \min\{n,t-1\}} \frac{1}{k}.$$

(ii) 现在来估计 σ_t. 若 $t \geqslant n+1$, 则 σ_t 中求和范围是 $t/2 \leqslant k \leqslant n$, 且 $1/k \leqslant 1/(t/2)=2/t$. 于是当 $t \geqslant 2$ 是偶数, 则

$$0 \leqslant \sigma_t \leqslant \left(n-\frac{t}{2}+1\right)\frac{2}{t} \leqslant \left(t-\frac{t}{2}\right)\frac{2}{t}=1;$$

当 $t \geqslant 2$ 是奇数, 则

$$0 \leqslant \sigma_t \leqslant \left(n-\frac{t+1}{2}+1\right)\frac{2}{t} \leqslant \left(t-\frac{t+1}{2}\right)\frac{2}{t}<1.$$

若 $2 \leqslant t \leqslant n$, 则 σ_t 中求和范围是 $t/2 \leqslant k \leqslant t-1$, 且 $1/(t-1) \leqslant 1/k \leqslant 2/t$. 于是当 $t \geqslant 2$ 是偶数, 则

$$\sigma_t \geqslant \left(t-1-\frac{t}{2}+1\right)\frac{1}{t-1}=\frac{t}{2}\cdot\frac{1}{t-1}>\frac{1}{2},$$

$$\sigma_t \leqslant \left(t-1-\frac{t}{2}+1\right)\frac{2}{t}=1;$$

当 $t \geqslant 2$ 是奇数, 则

$$\sigma_t \geqslant \left(t-1-\frac{t+1}{2}+1\right)\frac{1}{t-1}=\frac{t-1}{2}\cdot\frac{1}{t-1}=\frac{1}{2},$$

$$\sigma_t \leqslant \left(t-1-\frac{t+1}{2}+1\right)\frac{2}{t}<1.$$

合起来, 我们有

$$\sigma_t \geqslant \frac{1}{2} \quad (2 \leqslant t \leqslant n); \quad 0<\sigma_t \leqslant 1 \quad (2 \leqslant t \leqslant 2n).$$

(iii) 依步骤 (i) 和 (ii), 可得到

$$\frac{1}{2}\sum_{t=2}^{n} u_t \leqslant \sum_{k=1}^{n} v_k \leqslant \sum_{t=2}^{2n} u_t.$$

注意 $u_t, v_k>0$, 于是, 若 $\sum\limits_{t=1}^{\infty} u_t$ 收敛, 则由右半不等式推出 $\sum\limits_{k=1}^{\infty} v_k$ 收敛; 若 $\sum\limits_{k=1}^{\infty} v_k$ 收敛, 则由左半不等式推出 $\sum\limits_{t=1}^{\infty} u_t$ 收敛 (等价地, 此两级数同时收敛或同时发散). □

例 6.1.5 设 $\lambda_n (n \geqslant 1)$ 是严格单调递增趋于无穷的正数列. 证明: 如果级数 $\sum\limits_{n=1}^{\infty} \lambda_n a_n$ 收敛, 那么级数 $\sum\limits_{n=1}^{\infty} a_n$ 也收敛.

解 我们给出两个本质相同但表述有别的解法.

解法 1 记所给级数的前 n 项的部分和

$$A_0=0, \quad A_n=\lambda_1 a_1+\lambda_2 a_2+\cdots+\lambda_n a_n \quad (n \geqslant 1),$$

那么

$$a_k=\frac{A_k-A_{k-1}}{\lambda_k} \quad (k \geqslant 1).$$

于是对于任何 $N \geqslant 1$,

$$\sum_{k=1}^{N} a_k = \sum_{k=1}^{N} \frac{A_k - A_{k-1}}{\lambda_k} = \sum_{k=1}^{N-1} \left(\frac{1}{\lambda_k} - \frac{1}{\lambda_{k+1}} \right) A_k + \frac{A_N}{\lambda_N}.$$

由所给级数的收敛性可知部分和 A_n 有界, 而且由题设条件可知 $1/\lambda_k - 1/\lambda_{k+1} \geqslant 0$, 级数 $\sum\limits_{k=1}^{\infty}(1/\lambda_k - 1/\lambda_{k+1})$ 收敛 (其和为 $1/\lambda_1$), 因此级数 $\sum\limits_{k=1}^{\infty}(1/\lambda_k - 1/\lambda_{k+1})A_k$ 绝对收敛. 于是由上面得到的等式推出: 当 $N \to \infty$ 时, 数列 $\sum\limits_{k=1}^{N} a_k$ 有极限

$$\lim_{N\to\infty} \left(\sum_{k=1}^{N-1} \left(\frac{1}{\lambda_k} - \frac{1}{\lambda_{k+1}} \right) A_k + \frac{A_N}{\lambda_N} \right) = \sum_{k=1}^{\infty} \left(\frac{1}{\lambda_k} - \frac{1}{\lambda_{k+1}} \right) A_k.$$

解法 2 因为级数 $\sum\limits_{n=1}^{\infty} na_n$ 收敛, 所以其前 n 项的部分和 A_n 有界, 设 $|A_n| \leqslant M\,(n \geqslant 1)$(并固定). 因为 $\lambda_q \to \infty\,(q \to \infty)$, 所以对于任何给定的 $\varepsilon > 0$ 存在 $q_0 = q_0(\varepsilon)$, 使对任何整数 $p > q > q_0$, 有 $\lambda_q > 2M/\varepsilon$. 对于这样的 p, q 我们有

$$\begin{aligned} \left| \sum_{n=q}^{p} a_n \right| &= \left| \frac{A_q - A_{q-1}}{\lambda_q} + \frac{A_{q+1} - A_q}{\lambda_{q+1}} + \cdots + \frac{A_p - A_{p-1}}{\lambda_p} \right| \\ &= \left| -\frac{A_{q-1}}{\lambda_q} + \left(\frac{1}{\lambda_q} - \frac{1}{\lambda_{q+1}} \right) A_q + \cdots + \left(\frac{1}{\lambda_{p-1}} - \frac{1}{\lambda_p} \right) A_{p-1} + \frac{A_p}{\lambda_p} \right| \\ &\leqslant M \left| \frac{1}{\lambda_q} + \left(\frac{1}{\lambda_q} - \frac{1}{\lambda_{q+1}} \right) + \cdots + \left(\frac{1}{\lambda_{p-1}} - \frac{1}{\lambda_p} \right) + \frac{1}{\lambda_p} \right| = \frac{2M}{\lambda_q} < \varepsilon \end{aligned}$$

(此处用到 $1/\lambda_n - 1/\lambda_{n+1} > 0$). 于是由 Cauchy 收敛准则得知级数 $\sum\limits_{n=1}^{\infty} a_n$ 收敛. □

例 6.1.6 (1) 如果 $a_n (n \geqslant 1)$ 是一个非负数列, 且级数 $\sum\limits_{n=1}^{\infty} a_n$ 发散, 那么级数

$$\sum_{n=1}^{\infty} \frac{a_n}{(a_1 + a_2 + \cdots + a_n)^\sigma}$$

当 $\sigma > 1$ 时收敛, 当 $0 < \sigma \leqslant 1$ 时发散.

(2) 证明: 如果对于任何给定的收敛无穷实数列 $\lambda_n (n \geqslant 1)$, 级数 $\sum\limits_{n=1}^{\infty} \lambda_n a_n$ 都收敛, 那么级数 $\sum\limits_{n=1}^{\infty} a_n$ 绝对收敛.

(3) 证明: 若对于任何使级数 $\sum\limits_{n=1}^{\infty} \lambda_n^2$ 收敛的无穷实数列 $\lambda_n (n \geqslant 1)$, 级数 $\sum\limits_{n=1}^{\infty} \lambda_n a_n$ 都收敛, 则级数 $\sum\limits_{n=1}^{\infty} a_n^2$ 也收敛.

解 (1) 令 $S_n = a_1 + a_2 + \cdots + a_n\,(n \geqslant 1)$.

(i) 若 $\sigma>1$, 则由定积分的几何意义, 即以 $[S_{n-1},S_n]$ 为底边 (其长度为 $S_n-S_{n-1}=a_n$) 且以 $1/S_n^\sigma$ 为高的矩形的面积

$$\frac{a_n}{S_n^\sigma}<\int_{S_{n-1}}^{S_n}\frac{\mathrm{d}x}{x^\sigma},$$

我们得到

$$\sum_{n=2}^N\frac{a_n}{S_n^\sigma}\leqslant\sum_{n=2}^N\int_{S_{n-1}}^{S_n}\frac{\mathrm{d}x}{x^\sigma}=\int_{S_1}^{S_N}\frac{\mathrm{d}x}{x^\sigma}.$$

因为积分 $\int_{S_1}^\infty(1/x^\sigma)\mathrm{d}x$ 收敛, 所以 $\sum\limits_{n=2}^N a_n/S_n^\sigma$ 是单调递增有上界的无穷数列, 因而级数 $\sum\limits_{n=1}^\infty a_n/S_n^\sigma$ 收敛.

(ii) 若 $0<\sigma\leqslant1$, 则由题设, 级数 $\sum\limits_{n=1}^\infty a_n$ 发散, 所以当 n 充分大时 $S_n>1$, 从而 $a_n/S_n^\sigma\geqslant a_n/S_n$, 因此只需证明 $\sum\limits_{n=1}^\infty a_n/S_n$ 发散.

如果有无穷多个 n 满足 $S_{n-1}<a_n$, 那么对于这些 (无穷多个)n,

$$\frac{a_n}{S_n}=\frac{a_n}{S_{n-1}+a_n}>\frac{1}{2},$$

因而级数 $\sum\limits_{n=1}^\infty a_n/S_n$ 发散.

现在设当 $n\geqslant n_0$ 时 $S_{n-1}\geqslant a_n$, 那么 $S_n=S_{n-1}+a_n\leqslant2S_{n-1}(n\geqslant n_0)$, 从而 (与上面类似) 对任何 $N\geqslant n_0$ 有

$$\sum_{n=n_0}^N\frac{a_n}{S_n}\geqslant\frac{1}{2}\sum_{n=n_0}^N\frac{a_n}{S_{n-1}}\geqslant\frac{1}{2}\sum_{n=n_0}^N\int_{S_{n-1}}^{S_n}\frac{\mathrm{d}x}{x}=\frac{1}{2}\int_{S_{n_0-1}}^{S_N}\frac{\mathrm{d}x}{x},$$

因为积分 $\int_1^\infty(1/x)\mathrm{d}x$ 发散, 所以级数 $\sum\limits_{n=1}^\infty a_n/S_n$ 也发散. 于是题 (1) 得证.

(2) 设级数 $\sum\limits_{n=1}^\infty|a_n|$ 发散, 那么依本题 (1) 可知级数

$$\sum_{n=1}^\infty\frac{|a_n|}{|a_1|+|a_2|+\cdots+|a_n|}$$

发散, 也就是级数

$$\sum_{n=1}^\infty\frac{a_n}{(-1)^{\tau_n}(|a_1|+|a_2|+\cdots+|a_n|)}$$

发散, 其中若 $|a_n|=a_n$, 则 $\tau_n=0$; 若 $|a_n|=-a_n$, 则 $\tau_n=1$. 但因为级数 $\sum\limits_{n=1}^\infty|a_n|$ 发散蕴含数列

$$\lambda_n=\frac{1}{(-1)^{\tau_n}(|a_1|+|a_2|+\cdots+|a_n|)}\quad(n\geqslant1)$$

收敛 (于 0), 因而与假设矛盾.

(3) 设级数 $\sum_{n=1}^{\infty} a_n^2$ 发散, 那么依本题 (1) 可知级数

$$\Sigma_1 = \sum_{n=1}^{\infty} \frac{a_n^2}{(a_1^2+a_2^2+\cdots+a_n^2)^2}$$

收敛; 同时级数

$$\Sigma_2 = \sum_{n=1}^{\infty} \frac{a_n^2}{a_1^2+a_2^2+\cdots+a_n^2}$$

发散. 另一方面, 我们取

$$\lambda_n = \frac{a_n}{a_1^2+a_2^2+\cdots+a_n^2} \quad (n \geqslant 1),$$

那么刚才得到的级数 Σ_1 的收敛性表明级数 $\sum_{n=1}^{\infty} \lambda_n^2$ 收敛, 于是依本题题设, 级数

$$\sum_{n=1}^{\infty} \lambda_n a_n \quad 亦即 \quad \sum_{n=1}^{\infty} \frac{a_n^2}{a_1^2+a_2^2+\cdots+a_n^2}$$

收敛. 这与刚才得到的级数 Σ_2 的发散性相矛盾. □

例 6.1.7 设 a_1 和 α, β 是给定的正数, 数列 a_n 由下列递推关系给出:

$$a_{n+1} = a_n \exp(-a_n^{\alpha}) \quad (n \geqslant 1).$$

讨论级数 $\sum_{n=1}^{\infty} a_n^{\alpha}$ 和 $\sum_{n=1}^{\infty} a_n^{\beta}$ 的收敛性.

解 由题设, 我们有

$$a_n = a_1 \exp\left(-\sum_{k=1}^{n-1} a_k^{\alpha}\right) \quad (n \geqslant 1).$$

(i) 首先证明 $\sum_{n=1}^{\infty} a_n^{\alpha}$ 发散. 若它收敛, 记其和为 S. 则有

$$\lim_{n\to\infty} a_n = a_1 \mathrm{e}^{-S} > 0.$$

于是

$$\lim_{n\to\infty} a_n^{\alpha} = a_1^{\alpha} \mathrm{e}^{-\alpha S} > 0.$$

这与 $\sum_{n=1}^{\infty} a_n^{\alpha}$ 的收敛性假设矛盾. 因此此级数发散.

(ii) 现在设 $\beta > \alpha$. 那么

$$a_n^{-\alpha} > \alpha(n-1) \quad (n \geqslant 1).$$

事实上, 当 $n=1$, 它显然成立. 如果它对任意固定的 n 成立, 那么在下标为 $n+1$ 的情形, 我们有

$$a_{n+1}^{-\alpha} = a_n^{-\alpha} \exp\left(\alpha a_n^{\alpha}\right) > a_n^{-\alpha}\left(1+\alpha a_n^{\alpha}\right)$$

$$=a_n^{-\alpha}+\alpha>\alpha(n-1)+\alpha=n\alpha.$$

因此上述不等式被归纳地证明. 依此不等式, 我们立得

$$a_n^{\beta}<\big(\alpha(n-1)\big)^{-\beta/\alpha}.$$

因为 $\beta/\alpha>1$, 所以级数 $\sum\limits_{n=1}^{\infty}a_n^{\beta}$ 收敛.

(iii) 最后设 $\beta\leqslant\alpha$. 由 (i) 中所证级数 $\sum\limits_{n=1}^{\infty}a_n^{\alpha}$ 的发散性可推出

$$\lim_{n\to\infty}a_n=\lim_{n\to\infty}a_1\exp\left(-\sum_{k=1}^{n-1}a_k^{\alpha}\right)=0.$$

所以当 n 充分大时,$0<a_n<1$, 从而 $a_n^{\alpha}\leqslant a_n^{\beta}$. 于是由 $\sum\limits_{n=1}^{\infty}a_n^{\alpha}$ 的发散性推出级数 $\sum\limits_{n=1}^{\infty}a_n^{\beta}$ 也发散. □

例 6.1.8 设 p 是给定的非负数, 数列 a_n 由下列递推关系给出

$$a_1=1,\quad a_{n+1}=n^{-p}\sin a_n\quad(n\geqslant 1).$$

判断 (并证明) 级数 $\sum\limits_{n=1}^{\infty}a_n$ 的收敛性.

解 (i) 首先设 $p=0$. 由 L'Hospital 法则,

$$\lim_{x\to0}\left(\frac{1}{\sin x}-\frac{1}{x}\right)=\lim_{x\to0}\frac{x-\sin x}{x\sin x}=0.$$

因为由例 1.7.5 可知 $a_n\to0(n\to\infty)$, 所以由上式得到

$$\lim_{n\to\infty}\left(\frac{1}{a_{n+1}}-\frac{1}{a_n}\right)=0,$$

从而由算术平均值收敛定理(见例 1.3.2(1))推出

$$\lim_{n\to\infty}\frac{1}{na_n}=\lim_{n\to\infty}\frac{1}{(n-1)a_n}=\lim_{n\to\infty}\frac{1}{n-1}\sum_{k=1}^{n-1}\left(\frac{1}{a_{k+1}}-\frac{1}{a_k}\right)=0.$$

注意 $a_n>0$, 由此得知 $na_n\to+\infty\,(n\to\infty)$, 于是 $a_n\geqslant Cn^{-1}\,(n\geqslant1)$(其中 $C>0$ 是一个常数), 所以级数 $\sum\limits_{n=1}^{\infty}a_n$ 发散.

(ii) 现在设 $p>0$. 那么由题设条件知 $a_n\to0\,(n\to\infty)$, 并且

$$\lim_{n\to\infty}\frac{a_{n+1}}{a_n}=\lim_{n\to\infty}\frac{\sin a_n}{a_n}\cdot\frac{1}{n^p}=\lim_{a_n\to0}\frac{\sin a_n}{a_n}\cdot\lim_{n\to\infty}\frac{1}{n^p}=0.$$

于是由比值判别法则知级数 $\sum\limits_{n=1}^{\infty}a_n$ 收敛. □

注 对于上述解法中的步骤 (i), 也可应用例 1.7.5 中的结果

$$a_n \sim \sqrt{3}n^{-1/2} \quad (n \to \infty)$$

直接得到级数 $\sum\limits_{n=1}^{\infty} a_n$ 的发散性.

例 6.1.9 设 a 是一个实数, 证明: 级数

$$\sum_{n=1}^{\infty}(-1)^n n!\sin a \sin\frac{a}{2}\sin\frac{a}{3}\cdots\sin\frac{a}{n}$$

当 $|a|<1$ 时绝对收敛, 当 $|a|\geqslant 1$ 时发散.

解 (i) 当 $|a|<1$ 时, 由 $|\sin x|\leqslant |x|$ 可知,

$$\left|n!\sin a \sin\frac{a}{2}\sin\frac{a}{3}\cdots\sin\frac{a}{n}\right|\leqslant |a|^n,$$

因此级数绝对收敛.

(ii) 现在证明: 当 $|a|\geqslant 1$ 时, 所给级数发散. 因为当 $n\to\infty$ 时, 收敛级数的一般项 a_n 趋于 0. 因此, 我们只需对于任意一个这样的 a, 证明

$$n!\sin a \sin\frac{a}{2}\sin\frac{a}{3}\cdots\sin\frac{a}{n}\to\tau>0 \quad (n\to\infty).$$

固定给定的 a, 则存在正整数 n_0 使得当 $n\geqslant n_0$ 时 $|a|/n\leqslant 1$, 从而 $\sin(|a|/n)\geqslant\sin(1/n)\,(n\geqslant n_0)$. 我们令

$$C=(n_0-1)!\left|\sin a \sin\frac{a}{2}\sin\frac{a}{3}\cdots\sin\frac{a}{n_0-1}\right|.$$

因为由 $\sin x$ 的 Taylor 展开, 我们有

$$\frac{\sin x}{x}=1-\frac{x^2}{6}+\left(\frac{x^4}{5!}-\frac{x^6}{7!}\right)+\left(\frac{x^8}{9!}-\frac{x^{10}}{11!}\right)+\cdots,$$

所以

$$\frac{\sin x}{x}\geqslant 1-\frac{x^2}{6} \quad (0\leqslant x\leqslant 1)$$

(此不等式也可见例 8.2.1). 据此, 我们得到

$$\begin{aligned}\left|n!\sin a \sin\frac{a}{2}\sin\frac{a}{3}\cdots\sin\frac{a}{n}\right| &= Cn_0\cdot(n_0+1)\cdot\cdots\cdot n\cdot\sin\frac{|a|}{n_0}\cdots\sin\frac{|a|}{n}\\ &\geqslant Cn_0\cdot\cdots\cdot n\cdot\sin\frac{1}{n_0}\cdots\sin\frac{1}{n}\geqslant C\prod_{k=n_0}^{n}\left(1-\frac{1}{6k^2}\right)\\ &\geqslant C\prod_{k=n_0}^{n}\left(1-\frac{1}{k^2}\right)=C\prod_{k=n_0}^{n}\frac{(k+1)(k-1)}{k^2}\\ &=C\frac{(n_0-1)(n+1)}{n_0 n}\to\frac{n_0-1}{n_0}C>0.\end{aligned}$$

于是上述结论得证. □

例 6.1.10　已知 $\sum_{n=1}^{\infty} a_n^{-1}$ 是正项发散级数, 实数 $\lambda > 0$. 求下列级数的和:

$$\sum_{n=1}^{\infty} \frac{a_1 a_2 \cdots a_n}{(a_2+\lambda)(a_3+\lambda)\cdots(a_{n+1}+\lambda)}.$$

解　(i) 用 S_n 表示所给级数的前 n 项之和, 并令

$$A_n = \frac{a_1 a_2 \cdots a_n}{(a_2+\lambda)(a_3+\lambda)\cdots(a_{n+1}+\lambda)} \quad (n \geqslant 1),$$

那么

$$\frac{A_k}{A_{k+1}} = \frac{a_k}{a_{k+1}+\lambda},$$

也就是

$$A_k a_{k+1} + A_k \lambda = A_{k-1} a_k \quad (k > 1).$$

将此式两边从 $k=2$ 到 $k=n$ 求和, 即得关系式

$$A_n a_{n+1} + S_n \lambda - A_1 \lambda = A_1 a_2.$$

(ii) 注意

$$\begin{aligned} 0 < A_n a_{n+1} &= a_1 \frac{a_2 a_3 \cdots a_{n+1}}{(a_2+\lambda)(a_3+\lambda)\cdots(a_{n+1}+\lambda)} \\ &= a_1 \left(1+\frac{\lambda}{a_2}\right)^{-1} \left(1+\frac{\lambda}{a_3}\right)^{-1} \cdots \left(1+\frac{\lambda}{a_{n+1}}\right)^{-1}, \end{aligned}$$

并且应用不等式: 当 $\alpha_k > -1\,(k=1,\cdots,n)$ 时,

$$\prod_{k=1}^{n}(1+\alpha_k) \geqslant 1 + \sum_{k=1}^{n} \alpha_k$$

(它可以用数学归纳法证明), 即可得到

$$0 < A_n a_{n+1} < a_1 \lambda^{-1} \left(\sum_{k=2}^{n+1} \frac{1}{a_k}\right)^{-1}.$$

注意级数 $\sum_{n=1}^{\infty} a_n^{-1}$ 发散, 由上式推出 $\lim_{n\to\infty} A_n a_{n+1} = 0$. 由此及步骤 (i) 中的关系式即得级数之和 $S = \lim_{n\to\infty} S_n = A_1(a_2+\lambda)/\lambda = a_1/\lambda$. □

6.2　函数项级数

本节还包括函数列的收敛性和一致收敛性问题. 一致收敛性概念也出现在与函数项级数及广义积分等有关的问题中.

* **例 6.2.1** 证明: 函数列 $s_n(x)=\dfrac{x}{1+n^2x^2}(n\geqslant 1)$ 在区间 $(-\infty,+\infty)$ 上一致收敛; 函数列 $t_n(x)=\dfrac{nx}{1+n^2x^2}(n\geqslant 1)$ 在区间 $(0,1)$ 上不一致收敛.

解 因为对于任何 $x\in(-\infty,+\infty)$,

$$s_n(x)=\frac{1}{2n}\cdot\frac{2nx}{1+n^2x^2}\leqslant\frac{1}{2n}\to 0\quad(n\to\infty),$$

并且数列 $1/(2n)(n\geqslant 1)$ 与 x 无关, 所以函数列 $s_n(x)(n\geqslant 1)$ 在区间 $(-\infty,+\infty)$ 上一致收敛于 0.

对于每个 $x\in(0,1)$, 数列 $t_n(x)\to 0(n\to\infty)$. 但对于每个 $n\geqslant 1$, 函数值 $t_n(1/n)=1/2$, 因而对于 $\varepsilon=1/2$, 不可能存在 $n_0=n_0(\varepsilon)$, 使得当 $n\geqslant n_0$ 时对于任何 $x\in(0,1)$, 有 $|t_n(x)-0|<\varepsilon$(取 $x=1/n,n>n_0$, 则 $|t_n(x)-0|=1/2$). 因此函数列 $t_n(x)(n\geqslant 1)$ 在区间 $(0,1)$ 上不一致收敛 (于 0). □

* **例 6.2.2** 讨论级数

$$\sum_{n=1}^{\infty}\frac{n^2}{\left(x+\dfrac{1}{n}\right)^n}$$

的收敛性和一致收敛性 (包括内闭一致收敛性).

解 记题中级数为 $S(x)=\sum\limits_{n=1}^{\infty}u_n(x)$.

(i) 先讨论收敛性:

当 $|x|\leqslant 1$ 时,$|x+1/n|\leqslant 1+1/n,|u_n(x)|\geqslant n^2/(1+1/n)^n\to+\infty(n\to\infty)$, 所以 $S(x)$ 发散.

当 $x>1$ 时,$|u_n(x)|=n^2/(x+1/n)^n<n^2/x^n$, 因为 $\sum n^2/x^n$ 收敛, 所以 $S(x)$ 收敛.

当 $x<-1$ 时, 取 n 充分大使 $|x+1/n|>(|x|+1)/2>1$, 则 $|u_n(x)|<n^2/\big((|x|+1)/2\big)^n$, 所以 $S(x)$ 收敛.

(ii) 讨论一致收敛性:

在点 $x=\pm 1$ 上 $S(x)$ 发散, 所以在 $(-\infty,-1)\cup(1,+\infty)$ 上 $S(x)$ 不一致收敛.

但在任何有界闭区间 $[\alpha,\beta]\subset(1,+\infty)$ (其中 $1<\alpha<\beta<+\infty$) 上,$|u_n(x)|<n^2/\alpha^n$, 因为 $\sum n^2/\alpha^n$ 收敛, 所以 $S(x)$ 在 $(1,+\infty)$ 上内闭一致收敛.

类似地, 在任何有界闭区间 $[-\alpha,-\beta]\subset(-1,-\infty)$ (其中 $1<\alpha<\beta<+\infty$) 上, 取 n 充分大使得 $x+1/n<-(\alpha+1)/2$, 则 $|x+1/n|>(1+\alpha)/2>1,|u_n(x)|<n^2/\big((1+\alpha)/2\big)^n$, 因为 $\sum n^2/\big((1+\alpha)/2\big)^n$ 收敛, 所以 $S(x)$ 在 $(-\infty,-1)$ 上内闭一致收敛. □

注 级数 $\sum\limits_{n=1}^{\infty}u_n(x)$ 或积分 $\displaystyle\int_a^b f(x,t)\mathrm{d}t$ 在区间 I 上内闭一致收敛是指: 在任何有界闭区间 $[\alpha,\beta]\subseteq I$ 上, 上述级数或积分都一致收敛. 例如级数 $\sum\limits_{n=1}^{\infty}u_n(x)$ 在 $(0,+\infty)$ 上内闭一致收敛是指对于任何 $0<\alpha<\beta<+\infty$, 级数在 $[\alpha,\beta]$ 上一致收敛. 级数 $\sum\limits_{n=1}^{\infty}u_n(x)$ 在 $[0,+\infty)$ 上内闭一致收敛是指对于任何 $0<\beta<+\infty$, 级数在 $[0,\beta]$ 上一致收敛. 特别地, 当 I 本身是有界闭区间时, 内闭一致收敛就是一致收敛.

下列几个定理是我们常用的:

(i) 若级数 $\sum\limits_{n=1}^{\infty} u_n(x)$ 在区间 I 上内闭一致收敛, 每个 $u_n(x)$ 在 I 上连续, 则和函数 $S(x)=\sum\limits_{n=1}^{\infty} u_n(x)$ 在区间 I 上也连续.

(ii) 若级数 $\sum\limits_{n=1}^{\infty} u_n(x)$ 在区间 I 上内闭一致收敛, 对每个 $n, \lim\limits_{x\to a} u_n(x)$ 都存在, 则级数 $\sum\limits_{n=1}^{\infty} \lim\limits_{x\to a} u_n(x)$ 收敛, 并且

$$\lim_{x\to a}\sum_{n=1}^{\infty} u_n(x)=\sum_{n=1}^{\infty}\lim_{x\to a} u_n(x)$$

(即可逐项求极限).

(iii) 若每个 $u_n(x)$ 在 I 上连续可导, 级数 $\sum\limits_{n=1}^{\infty} u_n(x)$ 和 $\sum\limits_{n=1}^{\infty} u_n'(x)$ 均在区间 I 上内闭一致收敛, 则和函数 $S(x)=\sum\limits_{n=1}^{\infty} u_n(x)$ 在区间 I 上也连续可导, 并且

$$S'(x)=\left(\sum_{n=1}^{\infty} u_n(x)\right)'=\sum_{n=1}^{\infty} u_n'(x)$$

(即可逐项求导).

(iv) 若级数 $\sum\limits_{n=1}^{\infty} |u_n(x)|$ 在区间 I 上内闭一致收敛, 每个积分 $J_n=\int_I |u_n(x)|\mathrm{d}x$ 存在, 且级数 $\sum\limits_{n=1}^{\infty} J_n$ 收敛, 则和函数 $S(x)=\sum\limits_{n=1}^{\infty} u_n(x)$ 在区间 I 上可积, 并且

$$\int_I S(x)\mathrm{d}x=\int_I\left(\sum_{n=1}^{\infty} u_n(x)\right)\mathrm{d}x=\sum_{n=1}^{\infty}\int_I u_n(x)\mathrm{d}x$$

(即可逐项积分)(见例 6.5.2).

例 6.2.3 设 $\alpha>0$, 证明

$$f_\alpha(x)=\sum_{n=0}^{\infty} x^\alpha \mathrm{e}^{-n^2x}$$

在 $x>0$ 时连续, 并求 $\lim\limits_{x\to 0+} f_\alpha(x)$.

解 (i) 因为 $\alpha>0$, 对于任意 $x\in[a,b]\subset(0,+\infty)$, 我们有

$$|x^\alpha \mathrm{e}^{-n^2x}|<b^\alpha \mathrm{e}^{-n^2\alpha},$$

所以题中级数在 $(0,+\infty)$ 上内闭一致收敛. 因为 $x^\alpha \mathrm{e}^{-n^2x}$ 连续, 所以 $f_\alpha(x)$ 在 $(0,+\infty)$ 上连续.

或者: 先用同法证明 $f_0(x)$ 连续, 从而 $f_\alpha(x)=x^\alpha f_0(x)$ 连续.

(ii) 当 $\alpha=1/2$ 时, 对于给定的 $x>0$, 函数 $\varphi(x)=\mathrm{e}^{-t^2x}$ 单调减少, 所以

$$\int_1^{+\infty}\mathrm{e}^{-t^2x}\mathrm{d}t<\sum_{n=1}^{\infty}\mathrm{e}^{-n^2x}<\int_0^{+\infty}\mathrm{e}^{-t^2x}\mathrm{d}t.$$

令 $t\sqrt{x}=u$, 得到

$$\frac{1}{\sqrt{x}}\int_{\sqrt{x}}^{+\infty}\mathrm{e}^{-u^2}\mathrm{d}u<\sum_{n=1}^{\infty}\mathrm{e}^{-n^2x}<\frac{1}{\sqrt{x}}\int_{\sqrt{x}}^{+\infty}\mathrm{e}^{-u^2}\mathrm{d}u,$$

于是

$$\int_{\sqrt{x}}^{+\infty}\mathrm{e}^{-u^2}\mathrm{d}u<f_{1/2}(x)-\sqrt{x}<\int_0^{+\infty}\mathrm{e}^{-u^2}\mathrm{d}u.$$

由此得到

$$\lim_{x\to0+}f_{1/2}(x)=\lim_{x\to0+}\left(f_{1/2}(x)-\sqrt{x}\right)=\int_0^{+\infty}\mathrm{e}^{-u^2}\mathrm{d}u=\frac{\sqrt{\pi}}{2}.$$

(iii) 当 $\alpha>0$ 时,$f_\alpha(x)=x^{\alpha-1/2}f_{1/2}(x)$. 由步骤 (ii) 可知

$$f_{1/2}(x)\sim\frac{\sqrt{\pi}}{2}\quad(x\to0+),$$

所以

$$f_\alpha(x)\sim\frac{\sqrt{\pi}}{2}x^{\alpha-1/2}\quad(x\to0+).$$

于是当 $\alpha>1/2$ 时 $\lim\limits_{x\to0+}f_\alpha(x)=0$; 当 $0<\alpha<1/2$ 时 $\lim\limits_{x\to0+}f_\alpha(x)=+\infty$. □

注 $\alpha>1/2$ 时也可用下法直接求 $\lim\limits_{x\to0+}f_\alpha(x)$:

令 $a_n(x)=x^\alpha\mathrm{e}^{-n^2x}\,(x>0)$, 则 $a_n'(x)=x^{\alpha-1}\mathrm{e}^{-n^2x}(\alpha-n^2x)$, 可见当 $x=\alpha/n^2$ 时 $a_n(x)$ 有最大值 $\alpha^\alpha\mathrm{e}^{-\alpha}/n^{2\alpha}$. 因此当 $\alpha>1/2$ 时, 级数 $\sum\limits_{n=1}^{\infty}x^\alpha\mathrm{e}^{-n^2x}$ 以收敛数项级数 $\sum\limits_{n=1}^{\infty}\beta/n^{2\alpha}$ 为优级数, 所以在 $(0,+\infty)$ 上一致收敛. 于是

$$\lim_{x\to0+}f_\alpha(x)=\lim_{x\to0+}\left(x^\alpha+\sum_{n=1}^{\infty}a_n(x)\right)=\sum_{n=1}^{\infty}\lim_{x\to0+}a_n(x)=0.$$

例 6.2.4 (1) 证明级数

$$\sum_{n=0}^{\infty}\frac{\mathrm{e}^{-nx}}{n^2+1}$$

当 $x\geqslant0$ 时收敛, 当 $x<0$ 时发散.

(2) 用 $f(x)$ 表示上述级数的和函数. 证明:$f(x)\in C[0,+\infty)$, 并且 $f(x)\in C^\infty(0,+\infty)$, 但 $f'(0)$ 不存在.

解 (1) 当 $x\geqslant0$ 时, 题中级数以数值级数 $\sum\limits_{n=0}^{\infty}(n^2+1)^{-1}$ 为优级数, 所以收敛. 当 $x<0$ 时,

$$\lim_{n\to\infty}\frac{\mathrm{e}^{nx}}{n^2+1}=+\infty,$$

即当 $n\to\infty$ 时, 其一般项不趋于 0, 所以发散.

(2) (i) 当 $x \geqslant 0$ 时, 题中级数有优级数 $\sum\limits_{n=0}^{\infty}(n^2+1)^{-1}$(数值级数), 所以它在 $[0,+\infty)$ 上一致收敛, 并且其一般项在 $[0,+\infty)$ 上连续, 因而和函数 $f(x) \in C[0,+\infty)$.

(ii) 将所给级数的一般项记作 $u_n(x)$, 那么

$$u_n'(x) = -\frac{n\mathrm{e}^{-nx}}{n^2+1}.$$

对于任何实数 $a>0$, 当 $x \geqslant a$ 时,

$$|u_n'(x)| < \frac{n\mathrm{e}^{-na}}{n^2+1}.$$

由于 $n\mathrm{e}^{-na} \to 0\,(n\to\infty)$, 所以当 n 充分大时,

$$\frac{n\mathrm{e}^{-na}}{n^2+1} < \frac{1}{n^2+1},$$

从而级数 $\sum\limits_{n=0}^{\infty} n\mathrm{e}^{-na}/(n^2+1)$ 收敛. 它是

$$\sum_{n=0}^{\infty} u_n'(x) \quad (x \geqslant a)$$

的优级数, 因此上面的级数在 $[a,+\infty)$ 上一致收敛, 因而 $f(x)$ 在 $[a,+\infty)$ 上可微, 并且

$$f'(x) = -\sum_{n=0}^{\infty}\frac{n\mathrm{e}^{-nx}}{n^2+1}.$$

类似地, 对任何正整数 k,

$$\sum_{n=0}^{\infty} u_n^{(k)}(x) = (-1)^k \sum_{n=0}^{\infty}\frac{n^k\mathrm{e}^{-nx}}{n^2+1};$$

并且对于任何给定的实数 $a>0, n\mathrm{e}^{-na} \to 0\,(n\to\infty)$. 于是可以证明 $f(x)$ 在 $[a,+\infty)$ 上 k 次可微, 并且

$$f^{(k)}(x) = (-1)^k \sum_{n=0}^{\infty}\frac{n^k\mathrm{e}^{-nx}}{n^2+1}.$$

因为 k 是任意的, 所以 $f(x) \in C^{\infty}(0,+\infty)$.

(iii) 如果 $f'(0)$ 存在, 那么当 $x>0, N \geqslant 1$ 时,

$$\frac{f(x)-f(0)}{x} = \sum_{n=0}^{\infty}\frac{\mathrm{e}^{-nx}-1}{x(n^2+1)} \leqslant \sum_{n=0}^{N}\frac{\mathrm{e}^{-nx}-1}{x(n^2+1)}$$

(注意 $\mathrm{e}^{-nx}<1$). 因此我们有

$$\lim_{x\to 0+}\frac{f(x)-f(0)}{x} \leqslant \sum_{n=0}^{N}\lim_{x\to 0+}\frac{\mathrm{e}^{-nx}-1}{x(n^2+1)} = -\frac{1}{x}\sum_{n=0}^{N}\frac{n}{n^2+1},$$

令 $N\to\infty$, 则有 $f'(0) \leqslant -\infty$, 于是得到矛盾. 因此 $f'(0)$ 不存在. □

6.3 幂 级 数

*例 6.3.1 设

$$a_n = \int_0^n \exp(Ct^\alpha n^{-\beta})\mathrm{d}t \quad (n \geqslant 0),$$

其中 $C > 0$ 是常数,$\alpha > \beta \geqslant 0$. 对于 α, β 的不同情况, 求幂级数 $\sum\limits_{n=0}^{\infty} a_n z^n$ 的收敛半径.

解 这里给出四种解法.

解法 1 我们有

$$a_n \leqslant \exp(Cn^{\alpha-\beta}) \int_0^n \mathrm{d}t = n\exp(Cn^{\alpha-\beta}).$$

当 $n > 1$ 时有

$$\begin{aligned} a_n &\geqslant \int_{n-1}^n \exp(Ct^\alpha n^{-\beta})\mathrm{d}t \geqslant \exp(C(n-1)^\alpha n^{-\beta}) \int_{n-1}^n \mathrm{d}t \\ &= \exp(C(n-1)^\alpha n^{-\beta}), \end{aligned}$$

于是得到

$$\exp\left(C\left(\frac{n-1}{n}\right)^\alpha n^{\alpha-\beta-1}\right) \leqslant \sqrt[n]{a_n} \leqslant \sqrt[n]{n}\exp(Cn^{\alpha-\beta-1}) \quad (n > 1).$$

由此可知

$$\lim_{n\to\infty} \sqrt[n]{a_n} = \begin{cases} 1, & \alpha < \beta+1, \\ \mathrm{e}^C, & \alpha = \beta+1, \\ +\infty, & \alpha > \beta+1, \end{cases}$$

从而幂级数收敛半径

$$R = \begin{cases} 1, & \alpha < \beta+1, \\ \mathrm{e}^{-C}, & \alpha = \beta+1, \\ 0, & \alpha > \beta+1. \end{cases}$$

解法 2 我们有

$$a_n = \int_0^n \sum_{k=0}^{\infty} \frac{C^k t^{\alpha k} n^{-\beta k}}{k!}\mathrm{d}t = \sum_{k=0}^{\infty} \frac{C^k n^{(\alpha-\beta)k+1}}{(\alpha k+1)\cdot k!}.$$

因为

$$c_1 n^{\beta-\alpha+1}\frac{(Cn^{\alpha-\beta})^{k+1}}{(k+1)!} \leqslant \frac{C^k n^{(\alpha-\beta)k+1}}{(\alpha k+1)\cdot k!} \leqslant c_2 n^{\beta-\alpha+1}\frac{(Cn^{\alpha-\beta})^{k+1}}{(k+1)!},$$

所以

$$c_1 n^{\beta-\alpha+1} \mathrm{e}^{Cn^{\alpha-\beta}}\left(1-\mathrm{e}^{-Cn^{\alpha-\beta}}\right) \leqslant a_n \leqslant c_2 n^{\beta-\alpha+1} \mathrm{e}^{Cn^{\alpha-\beta}}\left(1-\mathrm{e}^{-Cn^{\alpha-\beta}}\right).$$

注意 $\alpha-\beta>0$, 可得

$$\lim_{n\to\infty}\sqrt[n]{a_n}=\begin{cases}1, & \alpha<\beta+1,\\ \mathrm{e}^C, & \alpha=\beta+1,\\ +\infty, & \alpha>\beta+1.\end{cases}$$

由此即可推出幂级数的收敛半径 (同上解).

解法 3　我们有 (令 $t=nx$)

$$a_n = n\int_0^1 \exp\left(Cn^{\alpha-\beta}x^\alpha\right)\mathrm{d}x.$$

当 $\alpha-\beta<1$ 时, 由积分中值定理得

$$a_n = n\exp\left(Cn^{\alpha-\beta}\theta_n^\alpha\right)\quad (0<\theta_n<1),$$

于是

$$n\leqslant a_n\leqslant n\exp\left(Cn^{\alpha-\beta}\right).$$

从而

$$\lim_{n\to\infty}\sqrt[n]{a_n}=1.$$

当 $\alpha-\beta>1$ 时, 任取固定的 $\varepsilon\in(0,1)$, 由积分中值定理得 (其中 $\varepsilon<\xi_n<1$)

$$\begin{aligned} a_n &\geqslant n\int_\varepsilon^1 \exp\left(Cn^{\alpha-\beta}x^\alpha\right)\mathrm{d}x\\ &= n\exp\left(Cn^{\alpha-\beta}{\xi_n}^\alpha\right) > n\exp\left(Cn^{\alpha-\beta}\varepsilon^\alpha\right),\end{aligned}$$

于是

$$\lim_{n\to\infty}\sqrt[n]{a_n}=+\infty.$$

最后, 当 $\alpha-\beta=1$ 时, 应用

$$\lim_{n\to\infty}\left(\int_0^1|f(x)|^n\mathrm{d}x\right)^{1/n}=\max_{x\in[0,1]}|f(x)|$$

(其中 $f(x)$ 在 $[0,1]$ 上连续)(见例 7.3.3), 即得

$$\lim_{n\to\infty}\sqrt[n]{a_n}=\lim_{n\to\infty}n^{1/n}\cdot\lim_{n\to\infty}\left(\int_0^1(\mathrm{e}^{Cx^\alpha})^n\mathrm{d}x\right)^{1/n}=\max_{x\in[0,1]}\mathrm{e}^{Cx^\alpha}=\mathrm{e}^C.$$

由上述三种情形的结果即可推出幂级数收敛半径 (同上).

解法 4　我们有 (令 $t=xn^{\beta/\alpha}$)

$$a_n = n^{\beta/\alpha}\int_0^{n^{(\alpha-\beta)/\alpha}}\mathrm{e}^{Cx^\alpha}\mathrm{d}x.$$

记

$$a(y)=y^{\beta/\alpha}\int_0^{y^{(\alpha-\beta)/\alpha}}\mathrm{e}^{Cx^\alpha}\mathrm{d}x\quad(y>0),$$

则有

$$\lim_{y\to\infty}\int_0^{y^{(\alpha-\beta)/\alpha}}\mathrm{e}^{Cx^\alpha}\mathrm{d}x=\infty.$$

由 L'Hospital 法则得到

$$\lim_{y\to\infty}\frac{a(y+1)}{a(y)}=\lim_{y\to\infty}\exp\Big(C\big((y+1)^{\alpha-\beta}-y^{\alpha-\beta}\big)\Big).$$

若 $\alpha=\beta+1$, 则此极限为 e^C. 若 $\alpha\neq\beta+1$, 则由微分中值定理得

$$\lim_{y\to\infty}\frac{a(y+1)}{a(y)}=\lim_{y\to\infty}\exp(C(\alpha-\beta)(y+\mu)^{\alpha-\beta-1}),$$

其中 $0<\mu<1$, 于是

$$\lim_{y\to\infty}\frac{a(y+1)}{a(y)}=\begin{cases}1, & \alpha<\beta+1,\\ +\infty, & \alpha>\beta+1,\end{cases}$$

因此

$$\lim_{n\to\infty}\frac{a_{n+1}}{a_n}=\begin{cases}1, & \alpha<\beta+1,\\ \mathrm{e}^C, & \alpha=\beta+1,\\ +\infty, & \alpha>\beta+1.\end{cases}$$

依 $1/R=\lim\limits_{n\to\infty}a_{n+1}/a_n$, 由此即得幂级数的收敛半径 R(同上). □

例 6.3.2 求下列两个幂级数的收敛域:

(1) $\sum\limits_{n=1}^{\infty}\left(1+\dfrac{1}{2}+\cdots+\dfrac{1}{n}\right)x^n$.

*(2) $\sum\limits_{n=1}^{\infty}\left(1+\dfrac{1}{2}+\cdots+\dfrac{1}{n}\right)^{-1}x^n$.

解 (1) 我们给出四个解法.

解法 1 记

$$c_n=1+\frac{1}{2}+\cdots+\frac{1}{n}.$$

因为

$$\lim_{n\to\infty}\left(1+\frac{1}{2}+\cdots+\frac{1}{n}-\log n\right)=\gamma,$$

其中 γ 是 Euler-Mascheroni 常数 (见例 6.5.11), 所以幂级数 $\sum\limits_{n=1}^{\infty}c_nx^n$ 的收敛半径

$$R=\lim_{n\to\infty}\left|\frac{c_n}{c_{n+1}}\right|=\lim_{n\to\infty}\frac{\gamma+\log n+o(1)}{\gamma+\log(n+1)+o(1)}=1.$$

又因为 $c_n\to\infty\,(n\to\infty)$, 因而级数 $\sum\limits_{n=1}^{\infty}(\pm1)^n c_n$ 的一般项当 $n\to\infty$ 时不趋于 0, 所以幂级数 $\sum\limits_{n=1}^{\infty}c_nx^n$ 在端点 $x=\pm1$ 发散, 于是所给幂级数的收敛域是 $(-1,+1)$.

解法 2　记号同上. 当 n 充分大时,

$$\gamma<1+\frac{1}{2}+\cdots+\frac{1}{n}<1+\int_1^n x^{-1}\mathrm{d}x<2\log n,$$

$$\gamma^{1/n}<\left(1+\frac{1}{2}+\cdots+\frac{1}{n}\right)^{1/n}<(2\log n)^{1/n},$$

由此可推知所给幂级数的收敛半径 $R=1$(余从略).

解法 3　记号同上. 我们有

$$\lim_{n\to\infty}\left|\frac{c_{n+1}}{c_n}\right|=\lim_{n\to\infty}\left(1+\frac{1}{(n+1)c_n}\right),$$

由 $c_n\to\infty\,(n\to\infty)$ 可知上述极限等于 1, 于是所给幂级数的收敛半径 $R=1$(余从略).

解法 4　记号同上. 我们还令

$$u_n=\frac{c_n}{n}=\frac{1}{n}\left(1+\frac{1}{2}+\cdots+\frac{1}{n}\right),$$

那么

$$\sum_{n=1}^{\infty}c_nx^n=\sum_{n=1}^{\infty}u_n\cdot nx^n.$$

因为当 $n\to\infty$ 时 $1/n\to0$, 所以也有 $u_n\to0$(应用例 1.3.2(1)), 从而存在常数 $C>0$, 使得 $u_n<C\,(n\geqslant1)$. 如果对于 x 的某个值 x_0 级数 $\sum\limits_{n=1}^{\infty}n|x_0|^n$ 收敛, 那么由

$$\sum_{n=1}^{\infty}c_n|x_0|^n<C\sum_{n=1}^{\infty}n|x_0|^n$$

可知上式左边的级数也收敛, 从而所给级数的收敛半径 R 不小于级数 $\sum\limits_{n=1}^{\infty}nx^n$ 的收敛半径. 由 $\lim\limits_{n\to\infty}n/(n+1)=1$ 得知后者的收敛半径为 1, 因此 $R\geqslant1$. 又因为级数 $\sum\limits_{n=1}^{\infty}c_n$ 发散, 所以 $R\leqslant1$. 合起来得到 $R=1$(余从略).

(2) 用与本题 (1) 同样的方法可知幂级数的的收敛半径为 1. 记 $a_n=(1+1/2+\cdots+1/n)^{-1}$, 则 $1+1/2+\cdots+1/n<2\log n\,(n\geqslant3)$ (见本题 (1) 的解法 2). 于是在端点 $x=1$, $\sum\limits_{n=1}^{\infty}a_n>(1/2)\sum\limits_{n=3}^{\infty}1/\log n$, 因而级数 $\sum\limits_{n=1}^{\infty}a_n\cdot1^n$ 发散. 在端点 $x=-1$, 因为 $a_n\downarrow0$, 所以级数 $\sum\limits_{n=1}^{\infty}a_n\cdot(-1)^n$ 收敛. 于是幂级数的收敛域是 $[-1,1)$. □

注　本例的推广见习题 6.12(2).

6.4 Fourier 级数

例 6.4.1 设 $f(x)$ 有周期 2π, 并且

$$f(x)=\left(\frac{\pi-x}{2}\right)^2 \quad (0\leqslant x\leqslant 2\pi),$$

求 $f(x)$ 的 Fourier 展开, 并由此求级数 $\sum_{k=1}^{\infty}1/k^2$ 和 $\sum_{k=1}^{\infty}1/k^4$ 之值.

解 (i) 当 $x\in[0,2\pi]$ 时 $f(x)=f(2\pi-x)$, 所以当 $k\geqslant 1$,

$$\begin{aligned}
b_k&=\frac{1}{\pi}\int_0^{2\pi}f(x)\sin k\pi\,\mathrm{d}x\\
&=\frac{1}{\pi}\int_0^{\pi}f(x)\sin k\pi\,\mathrm{d}x+\frac{1}{\pi}\int_{\pi}^{2\pi}f(x)\sin k\pi\,\mathrm{d}x\\
&=\frac{1}{\pi}\int_0^{\pi}f(x)\sin k\pi\mathrm{d}x-\frac{1}{\pi}\int_{\pi}^{0}f(2\pi-t)\sin k(2\pi-t)\,\mathrm{d}t\\
&=\frac{1}{\pi}\int_0^{\pi}f(x)\sin k\pi\mathrm{d}x-\frac{1}{\pi}\int_0^{\pi}f(t)\sin kt\,\mathrm{d}t=0.
\end{aligned}$$

还有

$$a_0=\frac{1}{\pi}\int_0^{2\pi}f(x)\mathrm{d}x=\frac{\pi^2}{6};$$

以及当 $k\geqslant 1$,

$$\begin{aligned}
\int_0^{2\pi}x\cos kx\,\mathrm{d}x&=\left.\frac{x\sin kx}{k}\right|_0^{2\pi}-\frac{1}{k}\int_0^{2\pi}\sin kx\,\mathrm{d}x=0,\\
\int_0^{2\pi}x^2\cos kx\,\mathrm{d}x&=\left.\frac{x^2\sin kx}{k}\right|_0^{2\pi}-\frac{2}{k}\int_0^{2\pi}x\sin kx\,\mathrm{d}x\\
&=-\frac{2}{k}\left(-\left.\frac{x\cos kx}{k}\right|_0^{2\pi}+\frac{1}{k}\int_0^{2\pi}\cos kx\,\mathrm{d}x\right)=\frac{4\pi}{k^2},
\end{aligned}$$

所以

$$\begin{aligned}
a_k&=\frac{1}{\pi}\int_0^{2\pi}f(x)\cos k\pi\,\mathrm{d}x\\
&=\frac{\pi}{4}\int_0^{2\pi}\cos kx\,\mathrm{d}x-\frac{1}{2}\int_0^{2\pi}x\cos kx\,\mathrm{d}x+\frac{1}{4\pi}\int_0^{2\pi}x^2\cos kx\,\mathrm{d}x=\frac{1}{k^2},
\end{aligned}$$

因为 $f(x)$ 分段连续可微 (或分段单调), 满足 Fourier 级数收敛性条件, 所以

$$f(x)=\frac{\pi^2}{12}+\sum_{k=1}^{\infty}\frac{\cos kx}{k^2}\quad (0\leqslant x\leqslant 2\pi).$$

(ii) 令 $x=0$ 得

$$f(0)=\frac{\pi^2}{12}+\sum_{k=1}^{\infty}\frac{1}{k^2},$$

所以 $\sum_{k=1}^{\infty} 1/k^2 = \pi^2/6$. 又由 Parseval 公式

$$\frac{a_0^2}{2}+\sum_{k=1}^{\infty}(a_k^2+b_k^2)=\frac{1}{\pi}\int_0^{2\pi} f(x)^2\mathrm{d}x$$

得到

$$\frac{\pi^4}{2\cdot 36}+\sum_{k=1}^{\infty}\frac{1}{k^4}=\frac{\pi^4}{40},$$

所以 $\sum_{k=1}^{\infty} 1/k^4 = \pi^4/90$. □

例 6.4.2 设 $f(x)$ 在 $[0,2\pi]$ 上单调,a_n,b_n 是其 Fourier 系数, 则 na_n,nb_n 有界.

解 因为 $f(x)$ 在 $[0,2\pi]$ 上单调, 所以由第二积分中值定理,

$$\begin{aligned}\pi a_n &= \int_0^{2\pi} f(x)\cos nx\,\mathrm{d}x\\ &= f(0+)\int_0^{\xi}\cos nx\,\mathrm{d}x + f(2\pi-)\int_{\xi}^{2\pi}\cos nx\,\mathrm{d}x\\ &= \frac{f(0+)-f(2\pi-)}{n}\sin n\xi,\end{aligned}$$

因此

$$|na_n|\leqslant\frac{|f(0+)-f(2\pi-)|}{\pi}.$$

类似地,

$$\begin{aligned}\pi b_n &= \int_0^{2\pi} f(x)\sin nx\,\mathrm{d}x\\ &= f(0+)\int_0^{\xi}\sin nx\,\mathrm{d}x + f(2\pi-)\int_{\xi}^{2\pi}\sin nx\,\mathrm{d}x\\ &= \frac{f(0+)-f(2\pi-)}{n}(1-\cos n\xi),\end{aligned}$$

因此

$$|nb_n|\leqslant\frac{2|f(0+)-f(2\pi-)|}{\pi}.$$

□

例 6.4.3 设 $f(x)$ 是 $(0,2\pi)$ 上的非负可积函数, 有 Fourier 级数

$$f(x)=a_0+\sum_{k=1}^{\infty}a_{n_k}\cos n_k x,$$

其中 n_k 是正整数, 当 $k\neq l$ 时 n_k 不整除 n_l. 证明:$|a_{n_k}|\leqslant a_0(k\geqslant 0)$.

解 设 $K_n(x)$ 是 Fejér 核, 它是如下的三角多项式:

$$K_n(x)=\frac{1}{2}+\sum_{k=1}^{n}\left(1-\frac{k}{n+1}\right)\cos kx.$$

对于任何 $x\in\mathbb{R}, K_n(x)\geqslant 0$(见本题后的注). 因为 f 非负, 我们有

$$0\leqslant\int_0^{2\pi}f(x)K_n(n_kx)\mathrm{d}x=\pi\left(a_0+\left(1-\frac{1}{n+1}\right)a_{n_k}\right)$$

(由于题设 n_k 的性质，上述积分只能产生一个含 a_{n_k} 的项). 令 $n\to\infty$, 即得 $a_{n_k}\leqslant a_0$.

又因为 $K_n(x-\pi)=1/2-\left(1-1/(n+1)\right)\cos x+\cdots$, 所以

$$0\leqslant\int_0^{2\pi}f(x)K_n(n_kx-\pi)\mathrm{d}x=\pi\left(a_0-\left(1-\frac{1}{n+1}\right)a_{n_k}\right).$$

令 $n\to\infty$, 即得 $a_{n_k}\leqslant -a_0$.

合起来, 即得 $|a_{n_k}|\leqslant a_0(k\geqslant 0)$. □

注 下面对上述解法中用到的 Fejér 核的性质作简单介绍. 令

$$A_0(x)=\frac{1}{2},\quad A_m(x)=\frac{1}{2}+\sum_{k=1}^{m}\cos kx\quad(m\geqslant 1).$$

将 $A_m(x)(m=0,1,\cdots,n)$ 的平均值记为

$$K_n(x)=\frac{1}{n+1}\sum_{m=0}^{n}A_m(x).$$

交换二重求和的次序, 它可改写为

$$\begin{aligned}K_n(x)&=\frac{1}{n+1}\sum_{m=0}^{n}\frac{1}{2}+\frac{1}{n+1}\sum_{m=1}^{n}\sum_{k=1}^{m}\cos kx\\&=\frac{1}{2}+\frac{1}{n+1}\sum_{m=1}^{n}\sum_{k=1}^{m}\cos kx=\frac{1}{2}+\frac{1}{n+1}\sum_{k=1}^{n}\sum_{m=k}^{n}\cos kx\\&=\frac{1}{2}+\frac{1}{n+1}\sum_{k=1}^{n}(n+1-k)\cos kx=\frac{1}{2}+\sum_{k=1}^{n}\left(1-\frac{k}{n+1}\right)\cos kx.\end{aligned}$$

我们来证明: 对于任何 $x\in\mathbb{R}, K_n(x)\geqslant 0$. 为此, 在恒等式

$$\sin\left(k+\frac{1}{2}\right)x-\sin\left(k-\frac{1}{2}\right)x=2\sin\frac{x}{2}\cos kx\quad(k\in\mathbb{N})$$

中令 $k=1,2,\cdots,m$, 然后将所得等式相加, 可得

$$\sin\left(m+\frac{1}{2}\right)x=2\sin\frac{x}{2}\left(\frac{1}{2}+\sum_{k=1}^{m}\cos kx\right).$$

因此

$$A_m(x)=\frac{\sin\left(m+\dfrac{1}{2}\right)x}{2\sin\dfrac{x}{2}}\quad(m\geqslant 1).$$

(我们也可以直接应用 Euler 公式 $\cos x=(\mathrm{e}^{\mathrm{i}x}+\mathrm{e}^{-\mathrm{i}x})/2$ 推出此式, 请参见: 菲赫金哥尔茨 Γ M. 微积分学教程: 第二卷 [M]. 8 版. 北京: 高等教育出版社, 2006:447). 于是

$$K_n(x)=\frac{1}{2(n+1)\sin\dfrac{x}{2}}\sum_{m=0}^{n}\sin\left(m+\frac{1}{2}\right)x.$$

因为 $\cos mx-\cos(m+1)x=2\sin x\sin\left(m+\dfrac{1}{2}\right)x\,(m\geqslant 0)$, 所以

$$\begin{aligned}K_n(x)&=\frac{1}{4(n+1)\sin^2\dfrac{x}{2}}\sum_{m=0}^{n}\left(\cos mx-\cos(m+1)x\right)\\&=\frac{1-\cos(n+1)x}{4(n+1)\sin^2\dfrac{x}{2}}=\frac{1}{2(n+1)}\left(\frac{\sin(n+1)\dfrac{x}{2}}{\sin\dfrac{x}{2}}\right)^2\geqslant 0.\end{aligned}$$

我们通常将上式右边的第二个表达式称为 Fejér 核.

6.5　综合性例题

例 6.5.1　(1) 设 $u_n\,(n\geqslant 1)$ 是一个正数列, 满足条件

$$\frac{u_{n+1}}{u_n}=1-\frac{\alpha}{n}+O\left(\frac{1}{n^\beta}\right)\quad(\alpha>0,\beta>1),$$

那么级数 $\sum\limits_{n=1}^{\infty}u_n$ 当 $\alpha>1$ 时收敛, 当 $\alpha\leqslant 1$ 时发散 (Gauss 判别法则).

(2) 讨论下列级数的收敛性:

$$\sum_{n=1}^{\infty}\sqrt{n!}\sin x\sin\frac{x}{\sqrt{2}}\cdots\sin\frac{x}{\sqrt{n}}\quad(x>0).$$

解　(1) (i) 令 $v_n=n^\alpha u_n\,(n\geqslant 1)$. 我们有

$$\frac{v_{n+1}}{v_n}=\left(1+\frac{1}{n}\right)^\alpha\frac{u_{n+1}}{u_n}=\left(1+\frac{\alpha}{n}+O\Big(\frac{1}{n^2}\Big)\right)\left(1-\frac{\alpha}{n}+O\Big(\frac{1}{n^\beta}\Big)\right)=1+O\left(\frac{1}{n^\gamma}\right),$$

其中 $\gamma=\min\{2,\beta\}$. 因此

$$\log\frac{v_{n+1}}{v_n}=\log\left(1+O\Big(\frac{1}{n^\gamma}\Big)\right)=O\left(\frac{1}{n^\gamma}\right).$$

因为 $\gamma>1$, 所以级数 $\sum\limits_{n=1}^{\infty}\log(v_{n+1}/v_n)$ 收敛, 于是由

$$\sum_{k=1}^{n}\log\frac{v_{k+1}}{v_k}=\log v_{n+1}-\log v_1,$$

得知 $\lim_{n\to\infty}\log v_n$ 存在 (记为 a), 从而 $\lim_{n\to\infty}v_n=\mathrm{e}^a\neq 0$.

(ii) 因为 $u_n\sim \mathrm{e}^a/n^\alpha$, 所以级数 $\sum_{n=1}^{\infty}u_n$ 当 $\alpha>1$ 时收敛, 当 $\alpha\leqslant 1$ 时发散.

(2) 记级数通项为 $a_n(x)$, 则

$$\frac{a_{n+1}(x)}{a_n(x)}=\sqrt{n+1}\sin\frac{x}{\sqrt{n+1}}\to x\quad (n\to\infty),$$

于是 $x>1$ 时级数收敛;$x<1$ 时级数发散. 当 $x=1$ 时,

$$\frac{a_{n+1}(1)}{a_n(1)}=\sqrt{n+1}\sin\frac{1}{\sqrt{n+1}}=1-\frac{1}{6(n+1)}+O\left(\frac{1}{n^2}\right)=1-\frac{1}{6n}+O\left(\frac{1}{n^2}\right),$$

因为 $\alpha=1/6<1$, 所以依本题 (1) 知级数发散. □

例 6.5.2 若级数 $\sum_{n=1}^{\infty}|u_n(x)|$ 在区间 I 上内闭一致收敛, 每个积分 $J_n=\int_I|u_n(x)|\mathrm{d}x$ 存在, 且级数 $\sum_{n=1}^{\infty}J_n$ 收敛, 则和函数 $S(x)=\sum_{n=1}^{\infty}u_n(x)$ 在区间 I 上可积, 并且

$$\int_I S(x)\mathrm{d}x=\int_I\left(\sum_{n=1}^{\infty}u_n(x)\right)\mathrm{d}x=\sum_{n=1}^{\infty}\int_I u_n(x)\mathrm{d}x$$

(即可逐项积分).

解 我们可设 $I=(a,b)$, 其中 $b\leqslant+\infty$.

(i) 因为级数 $\sum_{n=1}^{\infty}|u_n(x)|$ 在区间 I 上内闭一致收敛, 所以在任何 $[a+\delta,X]\subset I$(其中 $\delta>0$ 充分小) 上一致收敛, 于是

$$\int_{a+\delta}^{X}\left(\sum_{n=1}^{\infty}|u_n(x)|\right)\mathrm{d}x=\sum_{n=1}^{\infty}\int_{a+\delta}^{X}|u_n(x)|\mathrm{d}x\leqslant\sum_{n=1}^{\infty}\int_I|u_n(x)|\mathrm{d}x=\sum_{n=1}^{\infty}J_n.$$

因为上式右边的级数收敛, 左边的积分被积函数非负, 当 $X\to b,\delta\to 0$ 时积分单调增加, 所以推出积分

$$\int_I\left(\sum_{n=1}^{\infty}|u_n(x)|\right)\mathrm{d}x$$

存在.

(ii) 由此可知 (依 Cauchy 收敛准则), 对于任何给定的 $\varepsilon>0$, 存在 $A\in I$, 使得对于任何满足不等式 $A<X<X'<b$ 的 X,X' 有

$$\int_X^{X'}\left(\sum_{n=1}^{\infty}|u_n(x)|\right)\mathrm{d}x<\varepsilon,$$

从而

$$\left|\int_X^{X'}\left(\sum_{n=1}^{\infty}u_n(x)\right)\mathrm{d}x\right|<\int_X^{X'}\left(\sum_{n=1}^{\infty}|u_n(x)|\right)\mathrm{d}x<\varepsilon.$$

这表明积分

$$\int_I\left(\sum_{n=1}^{\infty}u_n(x)\right)\mathrm{d}x$$

存在, 即和函数 $S(x)=\sum\limits_{n=1}^{\infty}u_n(x)$ 在区间 I 上可积.

(iii) 由级数 $\sum\limits_{n=1}^{\infty}|u_n(x)|$ 在区间 I 上内闭一致收敛 (应用绝对值的性质) 可知级数 $\sum\limits_{n=1}^{\infty}u_n(x)$ 在区间 I 上也内闭一致收敛. 所以在任何 $[a+\delta,X]\subset I$(其中 $\delta>0$ 充分小) 上一致收敛, 从而

$$\int_{a+\delta}^{X}\left(\sum_{n=1}^{\infty}u_n(x)\right)\mathrm{d}x=\sum_{n=1}^{\infty}\int_{a+\delta}^{X}u_n(x)\mathrm{d}x,$$

于是

$$\lim_{X\to b}\int_{a+\delta}^{X}\left(\sum_{n=1}^{\infty}u_n(x)\right)\mathrm{d}x=\lim_{X\to b}\sum_{n=1}^{\infty}\int_{a+\delta}^{X}u_n(x)\mathrm{d}x.$$

(iv) 注意当 $X\in[a+\delta,b)$ 时, 函数列

$$f_n(X)=\int_{a+\delta}^{X}u_n(x)\mathrm{d}x\quad(n\geqslant 1),$$

满足不等式

$$|f_n(X)|\leqslant\int_{a+\delta}^{X}|u_n(x)|\mathrm{d}x\leqslant J_n\quad(n\geqslant 1),$$

由此及级数 $\sum\limits_{n=1}^{\infty}J_n$ 的收敛性得知级数 $\sum\limits_{n=1}^{\infty}f_n(X)$ 在 $[a+\delta,b)$ 上一致收敛. 又因为 $\lim\limits_{X\to b}f_n(X)$ 存在, 所以

$$\lim_{X\to b}\sum_{n=1}^{\infty}\int_{a+\delta}^{X}u_n(x)\mathrm{d}x=\sum_{n=1}^{\infty}\lim_{X\to b}\int_{a+\delta}^{X}u_n(x)\mathrm{d}x=\sum_{n=1}^{\infty}\int_{a+\delta}^{b}u_n(x)\mathrm{d}x,$$

于是由此及步骤 (iii) 中得到的等式得到

$$\lim_{X\to b}\int_{a+\delta}^{X}\left(\sum_{n=1}^{\infty}u_n(x)\right)\mathrm{d}x=\sum_{n=1}^{\infty}\int_{a+\delta}^{b}u_n(x)\mathrm{d}x.$$

(v) 当 $\delta\in(0,b-a)$ 时, 函数列

$$g_n(\delta)=\int_{a+\delta}^{b}u_n(x)\mathrm{d}x\quad(n\geqslant 1),$$

满足不等式

$$|g_n(\delta)|\leqslant\int_{a}^{b}|u_n(x)|\mathrm{d}x\leqslant J_n\quad(n\geqslant 1),$$

类似于步骤 (iv), 可证

$$\lim_{\delta\to 0}\sum_{n=1}^{\infty}\int_{a+\delta}^{b}u_n(x)\mathrm{d}x=\sum_{n=1}^{\infty}\lim_{\delta\to 0}\int_{a+\delta}^{b}u_n(x)\mathrm{d}x=\sum_{n=1}^{\infty}\int_{a}^{b}u_n(x)\mathrm{d}x.$$

由此及步骤 (iv) 中得到的等式, 我们有

$$\lim_{\delta\to 0}\lim_{X\to b}\int_{a+\delta}^{X}\left(\sum_{n=1}^{\infty}u_n(x)\right)\mathrm{d}x=\sum_{n=1}^{\infty}\int_a^b u_n(x)\mathrm{d}x,$$

上式左边正是 $\int_I S(x)\mathrm{d}x$, 于是本题得证. □

例 6.5.3 设 $\lambda_n\,(n\geqslant 1)$ 是严格单调递增且趋于无穷的正数列, $\lambda_{n+1}/\lambda_n\to 1\,(n\to\infty)$.

(1) 证明: 如果 $\sum\limits_{n=1}^{\infty}a_n/\lambda_n$ 收敛, 那么

$$\frac{1}{\lambda_n}\sum_{k=1}^{n}a_k\to 0\quad (n\to\infty).$$

(2) 证明: 如果级数 $\sum\limits_{n=1}^{\infty}a_n$ 收敛, 那么

$$\frac{1}{\lambda_n}\sum_{k=1}^{n}\lambda_k a_k\to 0\quad (n\to\infty).$$

解 (1) (i) 因为级数 $\sum\limits_{n=1}^{\infty}a_n/\lambda_n$ 收敛, 记其和为 S, 以及前 n 项的部分和

$$A_0=0,\quad A_n=\frac{a_1}{\lambda_1}+\frac{a_2}{\lambda_2}+\cdots+\frac{a_n}{\lambda_n}\quad (n\geqslant 1),$$

那么 $A_n=S+\varepsilon_n(n\geqslant 1)$, 其中 $\varepsilon_n\to 0\,(n\to\infty)$, 并约定 $\varepsilon_0=0$. 还令 $B_n=(a_1+a_2+\cdots+a_n)/\lambda_n\,(n\geqslant 1)$. 那么对于任何 $n\geqslant 1$, 我们有

$$\begin{aligned}
B_n&=\frac{1}{\lambda_n}\sum_{k=1}^{n}\lambda_k(A_k-A_{k-1})\\
&=\frac{\lambda_1}{\lambda_n}(S+\varepsilon_1)+\frac{1}{\lambda_n}\sum_{k=2}^{n}\lambda_k\Big((S+\varepsilon_k)-(S+\varepsilon_{k-1})\Big)\\
&=\frac{\lambda_1}{\lambda_n}S+\frac{\lambda_1}{\lambda_n}\varepsilon_1+\frac{1}{\lambda_n}\sum_{k=2}^{n}\lambda_k(\varepsilon_k-\varepsilon_{k-1})\\
&=\frac{\lambda_1}{\lambda_n}S-\frac{1}{\lambda_n}\sum_{k=1}^{n-1}(\lambda_{k+1}-\lambda_k)\varepsilon_k+\varepsilon_n.
\end{aligned}$$

(ii) 因为 $\lambda_{k+1}-\lambda_k>0,\varepsilon_n\to 0,\sum\limits_{k=1}^{n-1}(\lambda_{k+1}-\lambda_k)=\lambda_n-\lambda_1\to\infty\,(n\to\infty)$, 所以由例 1.3.2(3) 可知

$$\frac{1}{\lambda_n}\sum_{k=1}^{n-1}(\lambda_{k+1}-\lambda_k)\varepsilon_k=\frac{\sum\limits_{k=1}^{n-1}(\lambda_{k+1}-\lambda_k)\varepsilon_k}{\sum\limits_{k=1}^{n-1}(\lambda_{k+1}-\lambda_k)}\cdot\frac{\lambda_n-\lambda_1}{\lambda_n}\to 0\quad (n\to\infty),$$

由此及步骤 (i) 中的结果即得 $B_n \to 0\,(n\to\infty)$.

(2) 依题设, 级数 $\sum\limits_{n=1}^{\infty} a_n$ 收敛. 注意

$$a_n = \frac{\lambda_n a_n}{\lambda_n} \quad (n \geqslant 1),$$

所以级数 $\sum\limits_{n=1}^{\infty} b_n/\lambda_n$ (其中 $b_n = \lambda_n a_n\,(n\geqslant 1)$) 也收敛. 由本题 (1)(用 b_n 代 a_n) 即得所要的结果. □

注　由例 6.5.3 的题 (2) 可知, 若级数 $\sum\limits_{n=1}^{\infty} a_n$ 收敛, 则

$$\frac{a_1+2a_2+\cdots+na_n}{n} \to 0 \quad (n\to\infty).$$

若将级数 $\sum\limits_{n=1}^{\infty} a_n$ 的收敛性假定减弱为 $a_n\to 0\,(n\to\infty)$, 那么由例 1.3.2(3) 可得较弱的结果

$$\frac{a_1+2a_2+\cdots+na_n}{n^2} \to 0 \quad (n\to\infty).$$

* **例 6.5.4**　设 $p_n(n=1,2,\cdots)$ 是正实数列, 如果级数 $\sum\limits_{n=1}^{\infty} 1/p_n$ 收敛, 那么级数

$$\sum_{n=1}^{\infty} \frac{n^2}{(p_1+p_2+\cdots+p_n)^2}\, p_n$$

也收敛.

解　令 $q_0=0, q_n = p_1+\cdots+p_n(n\geqslant 1)$, 则 q_n 单调递增, 而且

$$\frac{n^2}{(p_1+p_2+\cdots+p_n)^2}\, p_n = \left(\frac{n}{q_n}\right)^2 (q_n - q_{n-1}).$$

记

$$\sigma_m = \sum_{n=1}^{m} \left(\frac{n}{q_n}\right)^2 (q_n - q_{n-1}) = \sum_{n=1}^{m} \left(\frac{n}{q_n}\right)^2 p_n.$$

则 σ_m 单调递增. 因此只需证明它有界, 即可得到题中的结论. 为此, 我们注意

$$\begin{aligned}
\sigma_m &= \frac{1}{p_1} + \sum_{n=2}^{m} \left(\frac{n}{q_n}\right)^2 (q_n - q_{n-1}) \leqslant \frac{1}{p_1} + \sum_{n=2}^{m} \frac{n^2(q_n - q_{n-1})}{q_{n-1}q_n} \\
&= \frac{1}{p_1} + \sum_{n=2}^{m} \frac{n^2}{q_{n-1}} - \sum_{n=2}^{m} \frac{n^2}{q_n} = \frac{1}{p_1} + \sum_{n=1}^{m-1} \frac{(n+1)^2}{q_n} - \sum_{n=2}^{m} \frac{n^2}{q_n} \\
&= \frac{1}{p_1} + \frac{4}{q_1} + \sum_{n=2}^{m-1} \frac{n^2+2n+1}{q_n} - \sum_{n=2}^{m} \frac{n^2}{q_n} \quad (\text{注意 } p_1 = q_1) \\
&= \frac{5}{p_1} + 2\sum_{n=2}^{m-1} \frac{n}{q_n} + \sum_{n=2}^{m-1} \frac{1}{q_n} - \frac{m^2}{q_m} \leqslant \frac{5}{p_1} + 2\sum_{n=2}^{m} \frac{n}{q_n} + \sum_{n=2}^{m} \frac{1}{q_n}.
\end{aligned}$$

用 T 表示题设收敛级数 $\sum_{n=1}^{\infty} 1/p_n$. 由 Cauchy-Schwarz 不等式得

$$\sum_{n=2}^{m} \frac{n}{q_n} = \sum_{n=2}^{m} \frac{n}{q_n}\sqrt{p_n} \cdot \frac{1}{\sqrt{p_n}} \leqslant \sqrt{\sum_{n=2}^{m} \frac{n^2}{q_n^2} p_n} \sqrt{\sum_{n=2}^{m} \frac{1}{p_n}} < \sqrt{\sigma_m}\sqrt{T},$$

所以

$$\sigma_m < \frac{5}{p_1} + 2\sqrt{\sigma_m}\sqrt{T} + T.$$

用 $\sqrt{\sigma_m}$ 除上式两边, 注意 $1/\sqrt{\sigma_m} < \sqrt{p_1}$ (因为 $\sigma_m > 1/p_1$), 我们得到

$$\sqrt{\sigma_m} < \frac{5}{p_1} \cdot \frac{1}{\sqrt{\sigma_m}} + 2\sqrt{T} + T \cdot \frac{1}{\sqrt{\sigma_m}} \leqslant \frac{5}{\sqrt{p_1}} + 2\sqrt{T} + \sqrt{p_1}T.$$

因而 σ_m 有界. 于是本题得证. □

例 6.5.5 若 a_n 是一个无穷正数列, 满足不等式

$$a_n < a_{n+1} + a_{n^2} \quad (n \geqslant 1),$$

则级数 $\sum_{n=1}^{\infty} a_n$ 发散.

解 (i) 重复应用题中的不等式 $a_n < a_{n+1} + a_{n^2}$ 可得

$$a_2 < a_3 + a_4 < a_4 + a_5 + a_9 + a_{16} < \cdots.$$

我们将这样得到的数列的下标的集合记作 S_k, 也就是

$$S_1 = \{2\}, \quad S_2 = \{3,4\}, \quad S_3 = \{4,5,9,16\}, \cdots.$$

我们证明每个集合 $S_j (j \geqslant 1)$ 都不含重复元素.

(ii) 设结论不成立, 并设 S_k 是第一个出现重复元素的集合. 因为由不等式 $a_n < a_{n+1} + a_{n^2}$ 可知, 每个集合 S_j 中的元素都是将它的前一个集合 S_{j-1} 中所有元素加 1 以及将它的所有元素平方产生, 因此可以归纳地证明所有通过"元素加 1"的方式得到的元素不会重复. 因此 S_k 中重复的元素必然具有 n^2 的形式. 不妨认为它重复出现两次; 其中一个由前一个集合 S_{k-1} 中的元素 n^2-1 通过"元素加 1"的方式得到, 另一个由 S_{k-1} 中的元素 n 平方而产生.

一方面, 由 $n^2 \in S_k$ 得知 $n^2-1 \in S_{k-1}$. 因为 n^2-1 并非 S_{k-2} 中元素平方生成, 所以是由 S_{k-2} 中"元素加 1"的方式得到, 所以 $n^2-2 \in S_{k-2}$. 继续这种推理, 直至 $n^2-2n+2 \in S_{k-2n+2}$. 因为 $k-2n+2>0$, 所以 $k>2n-2$.

另一方面, 容易归纳地证明: 若数 $m \in S_j$, 则必 $m>j$. 因为由 $n^2 \in S_k$ 得知 $n \in S_{k-1}$, 从而 $n>k-1$.

因为当 $n \geqslant 2$ 时所得两个不等式 $k>2n-2$ 和 $n>k-1$ 互相矛盾, 所以我们证明了所有集合 S_j 不含重复元素.

(iii) 用 $|S_j|$ 表示集合 S_j 中元素个数, 则有

$$\sum_{n=1}^{\infty} a_n > \sum_{j \in S_j} a_j > 2|S_j|.$$

当 $j \to \infty$ 时 $|S_j| \to \infty$, 所以上述级数发散. □

* **例 6.5.6**　设幂级数 $\sum_{n=0}^{\infty} a_n x^n$ 的系数 $a_0 = 1, a_1 = -7, a_2 = -1, a_3 = -43$, 并且满足关系式

$$a_{n+2} + c_1 a_{n+1} + c_2 a_n = 0 \quad (n \geqslant 0),$$

其中 c_1, c_2 是常数. 求 a_n 的一般表达式、级数的收敛半径以及级数的和.

解　记 $S(x) = \sum_{n=0}^{\infty} a_n x^n$. 在级数收敛域内, 依题设关系式推出

$$\begin{aligned}
(c_2x^2 + c_1x + 1)S(x) &= \sum_{n=0}^{\infty} c_2 a_n x^{n+2} + \sum_{n=0}^{\infty} c_1 a_n x^{n+1} + \sum_{n=0}^{\infty} a_n x^n \\
&= \sum_{n=0}^{\infty} (c_2 a_n + c_1 a_{n+1} + a_{n+2}) x^{n+2} + a_0 + a_1 x + c_1 a_0 x \\
&= a_0 + a_1 x + c_1 a_0 x,
\end{aligned}$$

若 x 满足 $c_2x^2 + c_1x + 1 \neq 0$(由下文可知此条件成立), 则得

$$S(x) = \frac{a_0 + a_1 x + c_1 a_0 x}{c_2 x^2 + c_1 x + 1}.$$

将题中 $a_0, \cdots, a_3$ 的值代入题设关系式, 得

$$\begin{aligned}
-43 + c_1 \cdot (-1) + c_2 \cdot (-7) = 0, \\
-1 + c_1 \cdot (-7) + c_2 \cdot 1 = 0.
\end{aligned}$$

由此解得 $c_1 = -1, c_2 = -6$. 于是级数之和

$$S(x) = \frac{1 - 8x}{1 - x - 6x^2}.$$

当 $|x| < \min\{1/2, 1/3\} = 1/3$ 时,

$$\begin{aligned}
S(x) &= \frac{2}{1+2x} - \frac{1}{1-3x} = 2\sum_{n=0}^{\infty} (-1)^n (2x)^n - \sum_{n=0}^{\infty} (3x)^n \\
&= \sum_{n=0}^{\infty} \left((-1)^n \cdot 2^{n+1} - 3^n\right) x^n,
\end{aligned}$$

并且当 $|x| < 1/3$ 时, 可以验证上面要求的 $c_2x^2 + c_1x + 1 \neq 0$ 也成立. 于是

$$a_n = (-1)^n \cdot 2^{n+1} - 3^n \quad (n \geqslant 0),$$

并且级数收敛半径 $R = 1/3$. □

* **例 6.5.7** 设 $\mathrm{e}^{\mathrm{e}^x}=\sum\limits_{n=0}^{\infty}a_nx^n$.

(1) 求 a_0,a_1,a_2,a_3.

(2) 证明:

$$\mathrm{e}C^{-n}(\log n)^{-n}\leqslant a_n\leqslant \mathrm{e}^n(\log n)^{-n}\quad (n\geqslant 2),$$

其中 C 是 $\geqslant \mathrm{e}$ 的常数.

解 (1) 令 $x=0$ 可知 $a_0=\mathrm{e}$. 于是

$$a_1=\lim_{x\to 0}\frac{\mathrm{e}^{\mathrm{e}^x}-a_0}{x}=\lim_{x\to 0}\frac{\mathrm{e}^{\mathrm{e}^x}-\mathrm{e}}{x}=\lim_{x\to 0}(\mathrm{e}^{\mathrm{e}^x}\mathrm{e}^x)=\mathrm{e}.$$

类似地,

$$\begin{aligned}a_2&=\lim_{x\to 0}\frac{\mathrm{e}^{\mathrm{e}^x}-a_0-a_1x}{x^2}=\lim_{x\to 0}\frac{\mathrm{e}^{\mathrm{e}^x}-\mathrm{e}-\mathrm{e}x}{x^2}\\&=\lim_{x\to 0}\frac{\mathrm{e}^x\mathrm{e}^{\mathrm{e}^x}-\mathrm{e}}{2x}=\lim_{x\to 0}\frac{\mathrm{e}^x\mathrm{e}^{\mathrm{e}^x}+\mathrm{e}^{2x}\mathrm{e}^{\mathrm{e}^x}}{2}=\mathrm{e}.\end{aligned}$$

以及

$$a_3=\lim_{x\to 0}\frac{\mathrm{e}^{\mathrm{e}^x}-a_0-a_1x-a_2x}{x^3}=\frac{5\mathrm{e}}{6}$$

(读者补出计算过程). 或者用下列方法: 由等式

$$\begin{aligned}a_0+a_1x+a_2x^2+a_3x^3+\cdots&=\mathrm{e}^{\mathrm{e}^x}=\exp\left(1+x+\frac{x^2}{2!}+\cdots\right)=\mathrm{e}\cdot\mathrm{e}^x\cdot\mathrm{e}^{x^2/2!}\cdots\\&=\mathrm{e}\left(1+x+\frac{x^2}{2!}+\cdots\right)\left(1+\frac{x^2}{2!}+\frac{1}{2!}\left(\frac{x^2}{2!}\right)^2+\cdots\right)\cdots,\end{aligned}$$

比较两边 x^0,x^1,x^2,x^3 的系数而得结果.

(2) (i) 估计 a_n 的上界. 对于任何 $n\geqslant 0,a_n\geqslant 0$, 并且当 $x>0$ 时 $a_nx^n\leqslant \mathrm{e}^{\mathrm{e}^x}$, 于是

$$a_n\leqslant \mathrm{e}^{\mathrm{e}^x}x^{-n}.$$

我们来选取 $x\in(0,\infty)$ 使上式右边极小化. 为此我们令 $y(x)=\mathrm{e}^{\mathrm{e}^x}x^{-n}$. 由 $y'(x)=0$ 得到 $x\mathrm{e}^x=n$. 这是一个超越方程. 两边取对数化为

$$x+\log x=\log n.$$

注意 $\log x=o(x)(x\to\infty)$, 我们取 $x=\log n$, 从而最后得到

$$a_n\leqslant \mathrm{e}^{\mathrm{e}^x}x^{-n}=\mathrm{e}^n(\log n)^{-n}=\mathrm{e}^n(\log n)^{-n}\quad (n\geqslant 0).$$

(ii) 估计 a_n 的下界. 由本题 (1), 可设 $n\geqslant 4$. 选取 $k\in\mathbb{N}$ 适合 $k^2\leqslant n$. 那么 $n=kq+r$, 其中 $q=[n/k]$, 而 r 是某个满足不等式 $0\leqslant r<k$ 的整数. 如步骤 (i) 中所指出, 我们有等式:

$$a_0+a_1x+a_2x^2+a_3x^3+\cdots=\mathrm{e}\left(1+x+\frac{x^2}{2!}+\cdots\right)\left(1+\frac{x^2}{2!}+\frac{1}{2!}\left(\frac{x^2}{2!}\right)^2+\cdots\right)\cdots.$$

我们将右边第一个因子 e 记作 $c_0x^{t_0}=\mathrm{e}x^0$. 那么 a_n 是由在右边所有因式中各取一项 $c_ix^{t_i}\,(i=0,1,\cdots)$ 相乘 (取出的这些项必须满足 $t_0+t_1+t_2+\cdots=n$, 因而有无穷多个 $t_i=0$, 从而相应的 $c_i=1$), 然后将相应的乘积 $c_0c_1c_2\cdots$ 相加 (这实际上是有限个加项之和) 而得到的. 这些乘积 $c_0c_1c_2\cdots$ 都是正的, 因此我们得到

$$\begin{aligned}a_nx^n&>\mathrm{e}\cdot 1\cdot\cdots\cdot 1\cdot\left(\frac{x^r}{r!}\right)\cdot 1\cdot\cdots\cdot 1\cdot\left(\frac{1}{q!}\left(\frac{x^k}{k!}\right)^q\right)\cdot 1\cdot 1\cdot\cdots\\&=\mathrm{e}(k!)^{-q}(q!)^{-1}(r!)^{-1}x^n.\end{aligned}$$

此处约定 $0!=1$. 因为 $k^2\leqslant n$, 所以 $k-n/k\leqslant 0$, 于是由上式推出

$$\begin{aligned}a_n&>\mathrm{e}(k!)^{-[n/k]}\cdot\big(([n/k])!\big)^{-1}\cdot(r!)^{-1}\geqslant\mathrm{e}\left((k^k)^{n/k}(n/k)^{n/k}k^k\right)^{-1}\\&=\mathrm{e}\left(k^nn^{n/k}k^{k-n/k}\right)^{-1}\geqslant\mathrm{e}\left(kn^{1/k}\right)^{-n}.\end{aligned}$$

我们来选取 k 使得上式右边极大化. 为此令 $f(t)=tn^{1/t}\,(t>0)$, 并考虑函数 $\log f(t)$. 由

$$\frac{\mathrm{d}}{\mathrm{d}t}\log f(t)=\frac{1}{t}-\frac{1}{t^2}\log t$$

求得驻点 $t=\log n$. 还算出

$$\frac{\mathrm{d}^2}{\mathrm{d}t^2}\log f(t)=-\frac{1}{x^2}+\frac{2}{x^3}\log t.$$

当 $t=\log n$ 时上式 <0, 因此 $f(t)$ 极小. 但问题中的 k 为正整数, 所以我们近似地取 $k=[\log n]+1$ 或 $[\log n]$. 例如, 取 $k=[\log n]+1$, 则

$$\begin{aligned}\left(kn^{1/k}\right)^{-n}&=\left(([\log n]+1)n^{1/([\log n]+1)}\right)^{-n}\\&\geqslant\left(\log n\cdot\frac{[\log n]+1}{\log n}\cdot n^{1/\log n}\right)^{-n}=\left(\log n\cdot\frac{[\log n]+1}{\log n}\cdot\mathrm{e}\right)^{-n},\end{aligned}$$

取常数

$$C=\mathrm{e}\cdot\sup_{n\geqslant 2}\frac{[\log n]+1}{\log n}\geqslant\mathrm{e},$$

即得 $a_n>\mathrm{e}C^{-n}(\log n)^{-n}$. 若取 $k=[\log n]$, 则需令

$$C=\exp\left(\sup_{n\geqslant 2}\frac{\log n}{[\log n]}\right)\geqslant\mathrm{e},$$

也得到相同的结果. □

例 6.5.8　设 $u_0=1$ 及

$$u_n=\int_0^1 t(t-1)\cdots(t-n+1)\mathrm{d}t\quad(n\geqslant 1),$$

证明级数 $\sum\limits_{n=1}^{\infty}u_nx^n/n!$ 在 $[-1,1]$ 上收敛, 并求其和.

解　(i) 令

$$a_n=(-1)^{n-1}\frac{u_n}{n!}=\frac{(-1)^{n-1}}{n!}\int_0^1 t(1-t)\cdots(n-1-t)\mathrm{d}t\quad(n\geqslant 1).$$

当 $t\in[0,1]$ 时,$0<(n-t)/(n+1)<1$, 由此推出数列 $|a_n|(n\geqslant 1)$ 单调递减, 并且

$$(n-2)!t(1-t)\leqslant t(1-t)\cdots(n-1-t)\leqslant(n-1)!t(1-t).$$

于是

$$\frac{1}{6n^2}\leqslant|a_n|\leqslant\frac{1}{6n},\quad |a_n|^{1/n}\to 0\quad(n\to\infty),$$

因而级数 $\sum_{n=1}^{\infty}a_nx^n$ 的收敛半径为 1, 并且由 Leibniz 交错级数收敛判别法则可知它在 $x=1$ 也收敛.

(ii) 令 $f(t)=(2-t)(3-t)\cdots(n-1-t)\quad(0\leqslant t\leqslant 1)$. 应用不等式 $\log(1+x)\leqslant x\,(0\leqslant x\leqslant 1)$, 则有

$$\begin{aligned}\log f(t)&=\sum_{k=1}^{n-2}\log(k+1-t)=\sum_{k=1}^{n-2}\log k+\sum_{k=1}^{n-2}\log\left(1+\frac{1-t}{k}\right)\\&\leqslant\log\big((n-2)!\big)+(1-t)\sum_{k=1}^{n-2}\frac{1}{k}\\&\leqslant\log\big((n-2)!\big)+(1-t)\left(1+\int_1^{n-2}\frac{\mathrm{d}t}{t}\right)\\&\leqslant\log\big((n-2)!\big)+(1-t)\big(1+\log(n-2)\big).\end{aligned}$$

从而

$$\begin{aligned}|a_n|&\leqslant\frac{1}{n(n-1)}\int_0^1\mathrm{e}^{1-t}(n-2)^{1-t}\mathrm{d}t\\&=\frac{1}{n(n-1)}\int_0^1u(1-u)\mathrm{e}^u(n-2)^u\mathrm{d}u\\&=\frac{1}{n(n-1)}\left(\frac{u(1-u)\mathrm{e}^u(n-2)^u}{\log\big(\mathrm{e}(n-2)\big)}+\frac{(2u-1)\mathrm{e}^u(n-2)^u}{\log^2\big(\mathrm{e}(n-2)\big)}-\frac{2\mathrm{e}^u(n-2)^u}{\log^3\big(\mathrm{e}(n-2)\big)}\right)\Bigg|_0^1\\&\leqslant\frac{\big(\mathrm{e}(n-2)+1\big)\log\big(\mathrm{e}(n-2)\big)-2\mathrm{e}(n-2)+2}{n(n-1)\log^3\big(\mathrm{e}(n-2)\big)}.\end{aligned}$$

于是 $a_n=O(n^{-1}\log^{-2}n)$, 所以 $\sum_{n=1}^{\infty}a_n$ 绝对收敛. 由此以及步骤 (i), 我们可知级数 $\sum_{n=0}^{\infty}u_nx^n/n!$ 在 $[-1,1]$ 上收敛.

(iii) 当 $|x|<1$ 时, 由二项展开可知

$$\begin{aligned}\frac{x}{\log(1+x)}&=\int_0^1(1+x)^t\mathrm{d}t\\&=\sum_{n=0}^{\infty}\int_0^1\frac{t(t-1)\cdots(t-n+1)}{n!}x^n\mathrm{d}t=\sum_{n=0}^{\infty}\frac{u_nx^n}{n!}.\end{aligned}$$

依步骤 (ii), 当 $|x|\leqslant 1$ 时右边级数的和函数在 $[-1,1]$ 上连续, 所以

$$\sum_{n=0}^{\infty}\frac{u_nx^n}{n!}=\frac{x}{\log(1+x)}\quad(-1\leqslant x\leqslant 1).$$

注意, 当 $x=-1$ 时, 上式右边的函数是由收敛级数 $\sum\limits_{n=0}^{\infty}u_n/n!$ 的和定义的. □

例 6.5.9　证明级数 $\sum\limits_{n=1}^{\infty}(n!)^{-2}$ 的值是无理数.

解　由 $(n!)^2\geqslant n^2$ 可知所给级数收敛. 设它的值 S 是有理数 $p/q\,(p\in\mathbb{Z},q\in\mathbb{N})$, 那么

$$(q!)^2S=(q!)^2\cdot\sum_{n=1}^{\infty}\frac{1}{(n!)^2}=\sum_{n=1}^{\infty}\left(\frac{q!}{n!}\right)^2=\sum_{n=1}^{q}\left(\frac{q!}{n!}\right)^2+\sum_{n=q+1}^{\infty}\left(\frac{q!}{n!}\right)^2.$$

一方面, 我们有

$$\begin{aligned}\sum_{n=q+1}^{\infty}\left(\frac{q!}{n!}\right)^2&=\sum_{j=0}^{\infty}\frac{1}{(q+1)^2\cdots(q+1+j)^2}<\frac{1}{(q+1)^2}\sum_{j=0}^{\infty}\frac{1}{(q+2)^{2j}}\\&=\frac{1}{(q+1)^2}\cdot\frac{1}{1-(q+2)^{-2}}=\frac{(q+2)^2}{(q+1)^2\big((q+2)^2-1\big)}.\end{aligned}$$

注意,$S=p/q$ 也可写成 $S=(\lambda p)/(\lambda q)$, 其中 λ 是任意正整数, 因此我们可以认为 q(以及 p) 可以取得任意大. 由上面得到的估计可知, 当 q 充分大时,

$$0<\sum_{n=q+1}^{\infty}\left(\frac{q!}{n!}\right)^2<1.$$

另一方面, 我们同时还有 $(q!)^2S=q\big((q-1)!\big)^2p\in\mathbb{Z},\ \sum\limits_{n=1}^{q}(q!/n!)^2\in\mathbb{Z}$(我们约定 $0!=1$), 从而

$$\sum_{n=q+1}^{\infty}\left(\frac{q!}{n!}\right)^2\in\mathbb{Z}.$$

于是我们得到矛盾. □

例 6.5.10　设 $n\geqslant 2$, 估计级数 $\sum\limits_{k=1}^{\infty}\big(1-(1-2^{-k})^n\big)$ 的和 $S=S(n)$. 作为这类结果之一, 证明: 存在常数 c_1,c_2 使得

$$c_1\log n\leqslant S(n)\leqslant c_2\log n.$$

解　这里给出三个解法, 其中解法 1 给出题文中的估值的证明.

解法 1　因为

$$\sum_{j=0}^{n-1}(1-2^{-k})^j=\frac{1-(1-2^{-k})^n}{2^{-k}},$$

所以 $1-(1-2^{-k})^n=2^{-k}\sum\limits_{j=0}^{n-1}(1-2^{-k})^j$, 因而

$$S(n)=\sum_{k=1}^{\infty}2^{-k}\sum_{j=0}^{n-1}(1-2^{-k})^j.$$

于是, 若令

$$f_n(x)=\sum_{j=0}^{n-1}(1-x)^j \quad (n\geqslant 1),$$

则有

$$S(n)=\sum_{k=1}^{\infty}2^{-k}f_n(2^{-k}).$$

从几何的考虑, 我们得到

$$\frac{1}{2}\sum_{k=2}^{\infty}2^{-k}f_n(2^{-k})\leqslant\int_0^1 f_n(x)\mathrm{d}x\leqslant\sum_{k=1}^{\infty}2^{-k}f_n(2^{-k})=S(n).$$

又由直接计算知 $\int_0^1 f_n(x)\mathrm{d}x=\sum_{j=1}^{n}1/j$, 以及由几何的考虑, $\log n\leqslant\sum_{j=1}^{n}1/j\leqslant 1+\log n$, 所以

$$\log n\leqslant\int_0^1 f_n(x)\mathrm{d}x\leqslant 1+\log n.$$

因此我们最终得到

$$\begin{aligned}\log n&\leqslant\int_0^1 f_n(x)\mathrm{d}x\leqslant S(n)=\frac{1}{2}f_n\left(\frac{1}{2}\right)+\sum_{k=2}^{\infty}2^{-k}f_n(2^{-k})\\&<1+2\int_0^1 f_n(x)\mathrm{d}x\leqslant 1+2(1+\log n)\leqslant\left(\frac{3}{\log 2}+2\right)\log n.\end{aligned}$$

解法 2 因为数列 $1-(1-2^{-k})^n\,(k\geqslant 1)$ 及函数 $g(x)=1-(1-2^{-x})^n\,(x\geqslant 0)$ 单调递减, 所以由几何的考虑得到

$$\int_1^{\infty}\left(1-(1-2^{-x})^n\right)\mathrm{d}x<\sum_{k=1}^{\infty}\left(1-(1-2^{-k})^n\right)<\int_0^{\infty}\left(1-(1-2^{-x})^n\right)\mathrm{d}x.$$

在不等式右端的积分中作变量代换 $t=1-2^{-x}$, 可得

$$\begin{aligned}\int_0^{\infty}\left(1-(1-2^{-x})^n\right)\mathrm{d}x&=\frac{1}{\log 2}\int_1^{\infty}\frac{1-t^n}{1-t}\mathrm{d}t\\&=\frac{1}{\log 2}\int_0^1(1+t+\cdots+t^{n-1})\mathrm{d}x\\&=\frac{1}{\log 2}\left(1+\frac{1}{2}+\cdots+\frac{1}{n}\right),\end{aligned}$$

于是不等式左端的积分

$$\begin{aligned}\int_1^{\infty}\left(1-(1-2^{-x})^n\right)\mathrm{d}x&=\int_0^{\infty}\left(1-(1-2^{-x})^n\right)\mathrm{d}x-\int_0^1\left(1-(1-2^{-x})^n\right)\mathrm{d}x\\&>\int_0^{\infty}\left(1-(1-2^{-x})^n\right)\mathrm{d}x-1\\&=\frac{1}{\log 2}\left(1+\frac{1}{2}+\cdots+\frac{1}{n}\right)-1.\end{aligned}$$

因此

$$S(n)=\frac{\log n}{\log 2}+O(1).$$

解法 3　当 $0<x<1$ 时,

$$(1-x)^n<\mathrm{e}^{-nx},\quad (1-x)^n>1-nx.$$

其中第一个不等式可由

$$\mathrm{e}^{-x}=1-x+\left(\frac{x^2}{2!}-\frac{x^3}{3!}\right)+\left(\frac{x^4}{4!}-\frac{x^5}{5!}\right)+\cdots>1-x$$

推出; 第二个不等式可通过定义辅助函数 $f(x)=(1-x)^n-(1-nx)\,(0\leqslant x\leqslant 1)$, 由 $f'(x)\geqslant 0$ 推出. 记 $a_k=1-(1-2^{-k})^n\,(k\geqslant 1)$, 并令

$$k_0=\left[\frac{\log n}{\log 2}\right].$$

我们将 $S(n)$ 分拆为

$$S(n)=\sum_{1\leqslant k\leqslant k_0}a_k+\sum_{k>k_0}a_k.$$

应用刚才所说的第二个不等式,$a_k<1-(1-n2^{-k})=n2^{-k}$, 所以

$$S(n)\leqslant\sum_{1\leqslant k\leqslant k_0}1+\sum_{k>k_0}n2^{-k}<\frac{\log n}{\log 2}+n\sum_{j=1}^{\infty}2^{-(k_0+j)},$$

注意 $k_0+j>\log n/\log 2+j-1$ 以及 $2^{-(k_0+j)}<1/(2^{j-1}n)$, 可得

$$S(n)<\frac{\log n}{\log 2}+n\cdot\frac{1}{n}\sum_{j=1}^{\infty}\frac{1}{2^{j-1}}=\frac{\log n}{\log 2}+2;$$

应用刚才所说的第一个不等式,$a_k>1-\mathrm{e}^{-n/2^k}$, 所以

$$\begin{aligned}S(n)&>\sum_{1\leqslant k\leqslant k_0}(1-\mathrm{e}^{-n/2^k})=\sum_{1\leqslant k\leqslant k_0}1-\sum_{1\leqslant k\leqslant k_0}\mathrm{e}^{-n/2^k}\\&>\frac{\log n}{\log 2}-1-\sum_{1\leqslant k\leqslant k_0}\mathrm{e}^{-n/2^k}.\end{aligned}$$

注意 $n/2^{k_0}\geqslant n\cdot 2^{-\log n/\log 2}=1$, 因此当 $1\leqslant k\leqslant k_0$ 时,

$$\frac{n}{2^k}=2^{k_0-k}\frac{n}{2^{k_0}}\geqslant 2^{k_0-k},$$

于是

$$\begin{aligned}\sum_{1\leqslant k\leqslant k_0}\mathrm{e}^{-n/2^k}&\leqslant\sum_{1\leqslant k\leqslant k_0}\mathrm{e}^{-2^{k_0-k}}\\&=\mathrm{e}^{-1}+\mathrm{e}^{-2}+\mathrm{e}^{-4}+\cdots+\mathrm{e}^{-2^{k_0-1}}\end{aligned}$$

$$< \mathrm{e}^{-1}+\sum_{j=1}^{\infty}(\mathrm{e}^{-2})^j=\frac{1}{\mathrm{e}}+\frac{1}{\mathrm{e}^2-1}<\frac{1}{2}+\frac{1}{4-1}<1.$$

因此

$$S(n)>\frac{\log n}{\log 2}-2.$$

合起来就是

$$\frac{\log n}{\log 2}-2<S(n)<\frac{\log n}{\log 2}+2.$$

这与解法 2 中得到的结果一致, 它们比解法 1 中的结果好些. □

例 6.5.11 (1) 证明级数

$$\sum_{k=1}^{\infty}\left(\frac{1}{k}-\log\left(1+\frac{1}{k}\right)\right)$$

收敛 (我们将其和记为 γ, 它称为 Euler-Mascheroni 常数).

(2) 记

$$H_n=1+\frac{1}{2}+\frac{1}{3}+\cdots+\frac{1}{n}\quad (n\geqslant 1),$$

证明:

$$H_n-\log n=\gamma+\frac{1}{2n}+O\left(\frac{1}{n^2}\right)\quad (n\to\infty).$$

(3) 令 $g_n=H_n-\log n\,(n\geqslant 1)$, 求 $\lim\limits_{n\to\infty}\left(g_n^{\gamma}\cdot\gamma^{-g_n}\right)^{2n}$.

(4) 令 $u_n=H_n-\log n-\gamma-1/(2n)\,(n\geqslant 1)$, 证明: 数列 u_n 单调增加, 并求 $\lim\limits_{n\to\infty}n^2u_n$.

解 (1) 令 $f(x)=\log(1+x)-x\,(x>-1)$, 那么 $f'(x)=-x/(1+x)$. 于是 $f'(x)>0$(当 $-1<x<0$),$f'(x)<0$ (当 $x>0$). 由此推出

$$\log(1+x)<x\quad (x>-1,x\neq 0).$$

因此当 $k\geqslant 1$ 时,

$$\begin{aligned}
&\log\frac{k+1}{k}=\log\left(1+\frac{1}{k}\right)<\frac{1}{k},\\
&\log\frac{k+1}{k}=-\log\left(1-\frac{1}{k+1}\right)>\frac{1}{k+1},\\
&0<\frac{1}{k}-\log\frac{k+1}{k}<\frac{1}{k}-\frac{1}{k+1}=\frac{1}{k(k+1)}<\frac{1}{k^2}.
\end{aligned}$$

因为级数 $\sum\limits_{k=1}^{\infty}1/k^2$ 收敛, 所以题中的级数也收敛.

(2) (i) 令 $H_n-\log n=\gamma+\varepsilon_n\ (n\geqslant 1)$. 那么由

$$\begin{aligned}
\gamma&=\sum_{k=1}^{\infty}\left(\frac{1}{k}-\log\frac{k+1}{k}\right)\\
&=\sum_{k=1}^{n}\left(\frac{1}{k}-\log\frac{k+1}{k}\right)+\sum_{k=n+1}^{\infty}\left(\frac{1}{k}-\log\frac{k+1}{k}\right)
\end{aligned}$$

$$= \sum_{k=1}^{n} \frac{1}{k} - \log(n+1) + \sum_{k=n+1}^{\infty} \left(\frac{1}{k} - \log \frac{k+1}{k} \right)$$
$$= \sum_{k=1}^{n} \frac{1}{k} - \log n - \log \left(1 + \frac{1}{n} \right) + \sum_{k=n+1}^{\infty} \left(\frac{1}{k} - \log \frac{k+1}{k} \right)$$

可知

$$\varepsilon_n = \log \left(1 + \frac{1}{n} \right) - \sum_{k=n+1}^{\infty} \left(\frac{1}{k} - \log \frac{k+1}{k} \right).$$

依 Taylor 展开, 我们有 $\log(1+1/n) = 1/n + O(1/n^2)$, 所以

$$\varepsilon_n = - \sum_{k=n+1}^{\infty} \left(\frac{1}{k} - \log \frac{k+1}{k} \right) + \frac{1}{n} + O\left(\frac{1}{n^2} \right).$$

(ii) 我们来估计上式右边的无穷级数. 对于 $k \geqslant n+1$,

$$\frac{1}{k} - \log \frac{k+1}{k} = \frac{1}{k} - \left(\frac{1}{k} - \frac{1}{2} \frac{1}{k^2} + O\left(\frac{1}{k^3} \right) \right) = \frac{1}{2k^2} + O\left(\frac{1}{k^3} \right),$$

因此

$$\sum_{k=n+1}^{\infty} \left(\frac{1}{k} - \log \frac{k+1}{k} \right) = \frac{1}{2} \sum_{k=n+1}^{\infty} \frac{1}{k^2} + O\left(\sum_{k=n+1}^{\infty} \frac{1}{k^3} \right).$$

注意由几何上的考虑, 我们有

$$\sum_{k=n+1}^{\infty} \frac{1}{k^3} < \int_n^{\infty} \frac{\mathrm{d}t}{t^3} = O\left(\frac{1}{n^2} \right).$$

仍然由几何上的考虑可知

$$\sum_{k=n+1}^{\infty} \frac{1}{k^2} < \int_n^{\infty} \frac{\mathrm{d}t}{t^2},$$

并且若用 δ_k 表示以 x 轴上的区间 $[k, k+1]$ 为底边、 $1/(k+1)^2$ 为高的矩形面积, Δ_k 表示同一底边上由曲线 $y = 1/x^2$ 形成的曲边梯形的面积, 那么

$$\int_n^{\infty} \frac{\mathrm{d}t}{t^2} - \sum_{k=n+1}^{\infty} \frac{1}{k^2} = \sum_{k=n}^{\infty} (\Delta_k - \delta_k).$$

而由几何的考虑, 每个面积差 $\Delta_k - \delta_k$ 可以平移到直线 $x = n$ 和 $x = n+1$ 之间的带形中而互不交叠, 所以我们有

$$\sum_{k=n}^{\infty} (\Delta_k - \delta_k) < \int_n^{n+1} \frac{\mathrm{d}t}{t^2},$$

因此

$$\sum_{k=n+1}^{\infty} \frac{1}{k^2} = \int_n^{\infty} \frac{\mathrm{d}t}{t^2} - \sum_{k=n}^{\infty} (\Delta_k - \delta_k)$$
$$= \int_n^{\infty} \frac{\mathrm{d}t}{t^2} + O\left(\int_n^{n+1} \frac{\mathrm{d}t}{t^2} \right) = \frac{1}{n} + O\left(\frac{1}{n^2} \right).$$

合起来, 我们得到

$$\sum_{k=n+1}^{\infty}\left(\frac{1}{k}-\log\frac{k+1}{k}\right)=\frac{1}{2}\left(\frac{1}{n}+O\Big(\frac{1}{n^2}\Big)\right)+O\left(\frac{1}{n^2}\right)=\frac{1}{2n}+O\left(\frac{1}{n^2}\right).$$

(iii) 将上述估计代入步骤 (ii) 中所得等式, 我们立得

$$\varepsilon_n=\frac{1}{2n}+O\left(\frac{1}{n^2}\right),$$

于是

$$H_n-\log n=\gamma+\frac{1}{2n}+O\left(\frac{1}{n^2}\right)\quad(n\to\infty).$$

(3) 保持本题 (2) 中的记号, 我们有 $g_n=\gamma+\varepsilon_n$, 因此

$$\begin{aligned}\left(g_n^{\gamma}\cdot\gamma^{-g_n}\right)^{2n}&=\left((\gamma+\varepsilon_n)^{\gamma}\cdot\gamma^{-(\gamma+\varepsilon_n)}\right)^{2n}\\&=\left(1+\frac{\varepsilon_n}{\gamma}\right)^{2n\gamma}\cdot\gamma^{2n\gamma}\cdot\gamma^{-2n(\gamma+\varepsilon_n)}\\&=\left(1+\frac{2n\varepsilon_n}{2n\gamma}\right)^{2n\gamma}\cdot\gamma^{-2n\varepsilon_n}.\end{aligned}$$

记 $x_n=2n\varepsilon_n=1+O(n^{-1})$, 则 $x_n\to1(n\to\infty)$, 我们有

$$\begin{aligned}&\lim_{n\to\infty}\left(1+\frac{2n\varepsilon_n}{2n\gamma}\right)^{2n\gamma}=\lim_{n\to\infty}\left(\left(1+\frac{1}{2nx_n^{-1}\gamma}\right)^{2nx_n^{-1}\gamma}\right)^{x_n}=\mathrm{e},\\&\lim_{n\to\infty}\gamma^{-2n\varepsilon_n}=\lim_{n\to\infty}\gamma^{-x_n}=\gamma^{-1},\end{aligned}$$

因此 $\lim\limits_{n\to\infty}\left(g_n^{\gamma}\cdot\gamma^{-g_n}\right)^{2n}=\mathrm{e}/\gamma$.

(4) (i) 当 $n\geqslant1$ 时,

$$\begin{aligned}u_{n+1}-u_n&=\frac{1}{n+1}-\log\left(1+\frac{1}{n}\right)+\frac{1}{2n(n+1)}\\&=\frac{1}{n}-\log\left(1+\frac{1}{n}\right)-\frac{1}{2n(n+1)}=F(n),\end{aligned}$$

其中已令函数

$$F(x)=\frac{1}{x}-\log\left(1+\frac{1}{x}\right)-\frac{1}{2x(x+1)}\quad(x>0).$$

若 $x>0$, 则

$$F'(x)=-\frac{1}{x^2}+\frac{1}{x(x+1)}+\frac{2x+1}{2x^2(x+1)^2}=-\frac{1}{2x^2(x+1)^2}<0,$$

所以当 $x>0$ 时 $F(x)$ 单调减少; 又因为 $F(x)\to0\,(x\to\infty)$, 所以 $F(x)\geqslant0\,(x>0)$, 因而 $F(n)\geqslant0\,(n\geqslant1)$. 于是 $u_{n+1}\geqslant u_n\,(n\geqslant1)$, 即数列 $u_n(n\geqslant1)$ 单调增加.

(ii) 由步骤 (i) 中 $F'(x)$ 的表达式可知

$$F'(x)\sim-\frac{1}{2x^4}\quad(x\to\infty),$$

由此积分得到

$$F(x) \sim \frac{1}{6x^3} \quad (x \to \infty)$$

(此结果当然也可直接由 $F(x)$ 的表达式推出), 因此

$$u_{n+1} - u_n \sim \frac{1}{6n^3} \sim \frac{1}{6}\int_n^{n+1} \frac{\mathrm{d}t}{t^3} \quad (n \to \infty).$$

据此可知当 $n \to \infty$ 时,

$$\sum_{j=1}^{l}(u_{n+j} - u_{n+j-1}) \sim \frac{1}{6}\sum_{j=1}^{l}\int_{n+j-1}^{n+j} \frac{\mathrm{d}t}{t^3} \quad (l \geqslant 1),$$

亦即当 $n \to \infty$ 时,

$$u_{n+l} - u_n \sim \frac{1}{6}\int_n^{n+l} \frac{\mathrm{d}t}{t^3} \quad (l \geqslant 1).$$

于是对于任给的 $\varepsilon > 0$, 存在整数 $n_0 = n_0(\varepsilon)$, 使当 $n \geqslant n_0$ 时,

$$\frac{1-\varepsilon}{6}\int_n^{n+l} \frac{\mathrm{d}t}{t^3} < u_{n+l} - u_n < \frac{1+\varepsilon}{6}\int_n^{n+l} \frac{\mathrm{d}t}{t^3} \quad (l \geqslant 1).$$

此式对任何 $l \geqslant 1$ 成立, 令 $l \to \infty$, 注意由本题 (2) 可知 $u_{n+l} \to 0$, 我们得到

$$\frac{1-\varepsilon}{6}\int_n^{\infty} \frac{\mathrm{d}t}{t^3} < -u_n < \frac{1+\varepsilon}{6}\int_n^{\infty} \frac{\mathrm{d}t}{t^3}.$$

因此

$$u_n \sim -\frac{1}{6}\int_n^{\infty} \frac{\mathrm{d}t}{t^3} = -\frac{1}{12n^2} \quad (n \to \infty).$$

于是我们得到 $n^2 u_n \to -1/12\,(n \to \infty)$. □

注 1° Euler-Mascheroni 常数的一个数值结果是

$$\gamma = \lim_{n\to\infty}\left(1 + \frac{1}{2} + \cdots + \frac{1}{n} - \log n\right) = 0.67721566490153286060651 20\cdots.$$

2° 由例 6.5.11 中的题 (2) 和题 (4) 可知: 当 $n \to \infty$ 时,

$$1 + \frac{1}{2} + \frac{1}{3} + \cdots + \frac{1}{n} - \log n = \gamma + \frac{1}{2n} + O\left(\frac{1}{n^2}\right);$$

$$1 + \frac{1}{2} + \frac{1}{3} + \cdots + \frac{1}{n} - \log n = \gamma + \frac{1}{2n} - \frac{1}{12n^2} + o\left(\frac{1}{n^2}\right).$$

另外, 用更精确的方法可以证明: 上述第二个公式中 $o(n^{-2})$ 可换为 $\varepsilon_n/(120n^4), 0 < \varepsilon_n < 1$.

例 6.5.12 (1) 证明:

$$\frac{1}{2}\left(\sum_{n=1}^{\infty}\frac{(-1)^{n-1}}{n}\right)^2 = \sum_{n=1}^{\infty}\frac{(-1)^{n-1}}{n+1}\left(\sum_{k=1}^{n}\frac{1}{k}\right).$$

(2) 证明:

$$\sum_{n=1}^{\infty}\frac{1}{n}\left(\sum_{k=1}^{n}\frac{(-1)^{k-1}}{k} - \log 2\right) = \frac{1}{2}(\log 2)^2.$$

(3) 设 $-1 \leqslant x < 1$, 证明:

$$\sum_{n=1}^{\infty} \frac{1}{n}\left(\sum_{k=1}^{n} \frac{x^k}{k} - \log\left(\frac{1}{1-x}\right)\right) = -\frac{1}{2}\big(\log(1-x)\big)^2.$$

解 (1) 依级数乘法法则, 若级数 $\sum_{n=1}^{\infty} a_n, \sum_{n=1}^{\infty} b_n$ 和 $\sum_{n=1}^{\infty} c_n$ 收敛, 其中 $c_n = a_1 b_{n-1} + a_2 b_{n-2} + \cdots + a_{n-1} b_1$, 则

$$\left(\sum_{n=1}^{\infty} a_n\right)\left(\sum_{n=1}^{\infty} b_n\right) = \sum_{n=1}^{\infty} c_n.$$

现在取

$$a_n = b_n = \frac{(-1)^{n-1}}{n} \quad (n = 1, 2, \cdots),$$

那么级数 $\sum_{n=1}^{\infty} a_n, \sum_{n=1}^{\infty} b_n$ 收敛, 并且

$$c_n = (-1)^{n-1}\left(\frac{1}{1\cdot n} + \frac{1}{2\cdot(n-1)} + \frac{1}{3(n-2)} + \cdots + \frac{1}{n\cdot 1}\right).$$

我们来证明 $\sum_{n=1}^{\infty} c_n$ 收敛. 为此注意

$$\begin{aligned}(-1)^{n-1}(n+1)c_n &= \left(1 + \frac{1}{n}\right) + \left(\frac{1}{2} + \frac{1}{n-1}\right) + \cdots + \left(\frac{1}{n} + 1\right) \\ &= 2\left(1 + \frac{1}{2} + \frac{1}{3} + \cdots + \frac{1}{n}\right).\end{aligned}$$

由例 6.5.11 可知

$$|c_n| = \frac{2}{n+1}\big(\log n + \gamma + o(1)\big) \quad (n \to \infty),$$

其中 γ 是 Euler-Mascheroni 常数, 因此 $|c_n| \to 0\,(n \to \infty)$. 此外还有 $(n+1)|c_n| - n|c_{n-1}| = 2/n$, 从而当 $n \geqslant 2$ 时,

$$n(|c_{n-1}| - |c_n|) = |c_n| - \frac{2}{n} = 2\left(1 + \frac{1}{2} + \frac{1}{3} + \cdots + \frac{1}{n-1}\right) > 0,$$

因此 $|c_n| \downarrow 0$. 于是由 Leibniz 交错级数收敛判别法则知 $\sum_{n=1}^{\infty} c_n$ 收敛. 由此即可推出题中的等式.

(2) 在 Abel 分部求和公式 (见本题后的注) 中取

$$a_n = \frac{1}{n}, \quad b_n = \sum_{k=1}^{n} \frac{(-1)^{k-1}}{k} - \log 2 \quad (n = 1, 2, \cdots, N),$$

则

$$s_n = 1 + \frac{1}{2} + \cdots + \frac{1}{n}, \quad b_n - b_{n+1} = -\frac{(-1)^n}{n+1} \quad (n \geqslant 1),$$

并且

$$\sum_{n=1}^{N}\frac{1}{n}\left(\sum_{k=1}^{n}\frac{(-1)^{k-1}}{k}-\log 2\right)=-\sum_{n=1}^{N-1}s_n\cdot\frac{(-1)^n}{n+1}+s_N\left(\sum_{k=1}^{N}\frac{(-1)^{k-1}}{k}-\log 2\right).$$

现在来证明当 $N\to\infty$ 时右边两个加项都收敛. 事实上, 由例 6.5.11 可知

$$s_N=\log N+\gamma+o(1)\quad(N\to\infty).$$

又因为

$$\sum_{k=1}^{\infty}\frac{(-1)^{k-1}}{k}=\log 2,$$

所以由收敛交错级数的余项估计得到

$$\sum_{k=1}^{N}\frac{(-1)^{k-1}}{k}-\log 2=O\left(\frac{1}{N+1}\right)\quad(N\to\infty).$$

由此可见当 $N\to\infty$ 时,

$$s_N\left(\sum_{k=1}^{N}\frac{(-1)^{k-1}}{k}-\log 2\right)\to 0.$$

又由本题 (1) 知

$$\sum_{n=1}^{N-1}s_n\cdot\frac{(-1)^{n+1}}{n+1}$$

收敛于

$$\frac{1}{2}\left(\sum_{n=1}^{\infty}\frac{(-1)^{n-1}}{n}\right)^2=\frac{1}{2}\big(\log 2\big)^2.$$

于是题中等式得证.

(3) 因为 $1+t+\cdots+t^n=(1-t^n)/(1-t)(t\neq 1)$, 所以

$$\sum_{k=1}^{n}\frac{x^k}{k}=-\int_0^x\frac{t^n}{1-t}\mathrm{d}t-\log(1-x).$$

于是当 $-1<x<1$ 时,

$$\begin{aligned}\sum_{n=1}^{\infty}\frac{1}{n}\left(\sum_{k=1}^{n}\frac{x^k}{k}-\log\left(\frac{1}{1-x}\right)\right)&=-\sum_{n=1}^{\infty}\frac{1}{n}\int_0^x\frac{t^n}{1-t}\mathrm{d}t\\&=-\int_0^x\frac{1}{1-t}\left(\sum_{n=1}^{\infty}\frac{t^n}{n}\right)\mathrm{d}t=\int_0^x\frac{\log(1-t)}{1-t}\mathrm{d}t\\&=-\frac{1}{2}\big(\log(1-x)\big)^2.\end{aligned}$$

此处积分与求和换序有效: 因为级数 $\sum\limits_{n=1}^{\infty}t^n/n$ 收敛半径等于 1, 所以在 $(-1,1)$ 上收敛于 $-\log(1-t)$, 因而级数 $\sum\limits_{n=1}^{\infty}t^n/(1-t)n$ 在 $(-1,1)$ 上内闭一致收敛.

当 $x=-1$, 要证

$$\sum_{n=1}^{\infty}\frac{1}{n}\left(\sum_{k=1}^{n}\frac{(-1)^k}{k}-\log\frac{1}{2}\right)=-\frac{1}{2}(\log 2)^2,$$

这正是本题 (2). □

注 Abel 分部求和公式是指: 若 $a_n,b_n\,(n=1,2,\cdots,N)$ 是两个任意数列, 令 $s_n=a_1+a_2+\cdots+a_n\,(n=1,2,\cdots,N)$, 则

$$\sum_{n=1}^{N}a_nb_n=\sum_{n=1}^{N-1}s_n(b_n-b_{n+1})+s_Nb_N.$$

它容易直接验证: 将 $a_1=s_1,a_n=s_n-s_{n-1}\,(n\geqslant 2)$ 代入左边, 即可得到右边.

例 6.5.13 设

$$f(x,y)=\sum_{n=1}^{\infty}\frac{(-1)^n}{x+ny}\quad(x\geqslant 0,y>0).$$

则 $f(x,y)$ 在 $[0,+\infty)\times(0,+\infty)$ 上连续, 可导, 并且 $xf'_x(x,y)+yf'_y(x,y)=-f(x,y)$.

解 (i) 令 $D=[0,+\infty)\times(0,+\infty)$, 记题中交错级数

$$\sum_{n=1}^{\infty}\frac{(-1)^n}{x+ny}=\sum_{n=1}^{\infty}u_n(x,y).$$

对于任何 $(x,y)\in D,|u_n(x,y)|\downarrow 0\,(n\to\infty)$, 因此级数 $\sum\limits_{n=1}^{\infty}u_n(x,y)$ (逐点) 收敛. 对于任何 $a>0$, 当 $(x,y)\in D_a=[0,+\infty)\times[a,+\infty)$ 时, 交错级数的余项 $R_n(x,y)$ 满足不等式

$$|R_n(x,y)|=\left|\sum_{k=n+1}^{\infty}u_k(x,y)\right|\leqslant|u_{n+1}(x,y)|\leqslant\frac{1}{(n+1)a}\to 0\,(n\to\infty),$$

并且上界 $1/((n+1)a)$ 与 (x,y) 无关, 所以级数在 D_a 上一致收敛. 因为所有 $u_n(x,y)(n\geqslant 1)$ 在 D 上连续, 所以 $f(x,y)$ 在 D 上连续.

(ii) 因为当 $(x,y)\in D_a$ 时,

$$\left|\frac{\partial}{\partial x}u_n(x,y)\right|=\frac{1}{(x+ny)^2}\leqslant\frac{1}{n^2a^2},$$

因此级数 $\sum\limits_{n=1}^{\infty}\partial u_n(x,y)/\partial x$ 在 D_a 上一致收敛, 于是

$$\frac{\partial}{\partial x}f(x,y)=\sum_{n=1}^{\infty}\frac{(-1)^n}{(x+ny)^2},$$

存在且连续.

(iii) 类似于步骤 (i) 可证

$$\frac{\partial}{\partial y}u_n(x,y)=\frac{(-1)^{n+1}n}{(x+ny)^2}$$

在 D 上连续. 注意对于函数 $h(t)=t/(c+\mathrm{d}t)^2\,(c,d>0)$, 由

$$h'(t)=\frac{(c+\mathrm{d}t)(c-\mathrm{d}t)}{(c+\mathrm{d}t)^4}$$

推出当 $t>c/d$ 时 $h(t)$ 单调减少; 从而当 $n>x/y$ 时 $|\partial u_n(x,y)/\partial y|=n/(x+ny)^2$ 递减. 由此可知, 当 $(x,y)\in D_{A,a}=[0,A]\times[a,+\infty)$(其中 $a,A>0$ 任意) 时, 若 $n>A/a$(从而 $n>x/y$), 则 $|\partial u_n(x,y)/\partial y|=n/(x+ny)^2$ 递减, 并且

$$\left|\frac{\partial}{\partial y}u_n(x,y)\right|=\frac{n}{(x+ny)^2}\leqslant\frac{n}{(0+na)^2}=\frac{1}{na^2}\downarrow 0\quad(n\to\infty).$$

注意上述两个界值 A/a 和 $1/(na^2)$ 均与 x,y 无关, 所以交错级数

$$\sum_{n=1}^{\infty}\frac{(-1)^{n+1}n}{(x+ny)^2}$$

在 $D_{A,a}$ 上一致收敛, 从而

$$\frac{\partial}{\partial y}f(x,y)=\sum_{n=1}^{\infty}\frac{(-1)^{n+1}n}{(x+ny)^2}$$

存在且连续.

(iv) 最后, 由步骤 (ii) 和 (iii) 得

$$xf'_x(x,y)+yf'_y(x,y)=\sum_{n=1}^{\infty}\frac{(-1)^{n+1}}{(x+ny)^2}=-f(x,y)$$

(即 f 关于 x,y 是齐 -1 次的, 这也可由 f 的表达式直接验证). □

注　上述解法涉及内闭一致收敛性, 可参见例 6.2.2 后的注. 另外, 此处应用了交错级数的余项的特殊性.

习　题　6

6.1　判断 (并证明) 级数 $\sum\limits_{n=1}^{\infty}a_n$ 的收敛性, 其中

(1) $a_n=\sin(\pi\sqrt{n^2+a^2})\,(a>0)$.

(2) $a_n=\dfrac{\pi}{2}-\arcsin\left(\dfrac{n}{n+1}\right)$.

(3) $a_n=\dfrac{n^\alpha}{(1+a)(1+a^2)\cdots(1+a^n)}\,(a>0,\alpha\in\mathbb{R})$.

(4) $a_n=\cos\dfrac{\pi n^2}{2n^2+an+1}\,(a\geqslant 0)$.

(5) $a_n=\dfrac{1}{n^\beta}\sum\limits_{k=1}^{n}k^\alpha\log k\,(\alpha\in\mathbb{R},\beta>0)$.

(6) $a_n=\dfrac{1}{n}|\sin n^2|$.

6.2 判断 (并证明) 级数 $\sum\limits_{n=1}^{\infty}u_n$ 和 $\sum\limits_{n=1}^{\infty}v_n$ 的收敛性, 其中

$$u_n=\int_0^1(1-t^\alpha)^n\mathrm{d}t\quad(\alpha>0).$$

$$v_n=(-1)^n n^\alpha\int_0^{1/n}\frac{\log t}{1+t}\mathrm{d}t\quad(\alpha\in\mathbb{R}).$$

6.3 (1) 讨论级数

$$\sum_{n=1}^{\infty}\left(\frac{1}{(n+1)^2}+\frac{1}{(n+2)^2}+\cdots+\frac{1}{(2n)^2}\right)\cos n\theta$$

的收敛性.

(2) 证明下列级数发散:

$$\sum_{n=1}^{\infty}\frac{|\sin(n+\log n)|}{n}.$$

6.4 *(1) 证明级数 $\sum\limits_{n=1}^{\infty}1/(n^{1+1/n})$ 发散.

(2) 设 $a_n>0\,(n=1,2,\cdots),a_n\to 0\,(n\to\infty)$, 讨论级数

$$\sum_{n=1}^{\infty}\frac{1}{n^{1+a_n}}$$

的收敛性.

6.5 设 $a,b>0$, 证明

$$\sum_{n=0}^{\infty}\frac{(-1)^n}{a+nb}=\int_0^1\frac{t^{a-1}}{1+t^b}\mathrm{d}t,$$

并求级数 $\sum\limits_{n=0}^{\infty}(-1)^n/(3n+1)$ 的和.

6.6 设 $\omega_k=k\log k\,(k\geqslant 1)$. 对给定的实数 α,β 令

$$a_n=\prod_{k=1}^{n}\frac{\alpha+\omega_k}{\beta+\omega_{k+1}}\quad(n\geqslant 1).$$

(1) 就非负数 α,β 讨论级数 $\sum\limits_{n=1}^{\infty}a_n$ 的收敛性, 并求相应的收敛级数之和.

(2) 设 $\beta>\alpha>0$, 证明级数 $\sum\limits_{n=1}^{\infty}(-1)^n\omega_n a_n$ 收敛.

6.7 讨论下列函数列的收敛性和一致收敛性:

*(1) $f_n(x)=\dfrac{1}{1+nx}\,(n\geqslant 1,0\leqslant x\leqslant 1)$.

*(2) $f_n(x)=nx(1-x)^n\,(n\geqslant 1,0\leqslant x\leqslant 1)$.

(3) $f_n(x)=\sqrt[n]{x\sin x}\,(n\geqslant 1,0\leqslant x\leqslant \pi)$.

6.8 设 $k>0$. 求 k 的值, 使得

(1) $n\to\infty$ 时函数列 $f_n(x)=n^k x\mathrm{e}^{-nx^2}$ 在 $\mathbb{R}$ 上一致收敛.

(2) 对任何 $x\in\mathbb{R}$, 下列等式成立:

$$\lim_{n\to\infty}\int_0^x f_n(t)\mathrm{d}t=\int_0^x\left(\lim_{n\to\infty}f_n(t)\right)\mathrm{d}t.$$

6.9 讨论下列级数的收敛性和一致收敛性:

*(1) $\sum\limits_{n=1}^{\infty}\dfrac{(x^2+x+1)^n}{n(n+1)}$.

(2) $\sum\limits_{n=1}^{\infty} x\mathrm{e}^{-nx}\,(0 \leqslant x \leqslant 1)$.

6.10　证明下列级数在指定区间上一致收敛:

(1) $\sum\limits_{k=-\infty}^{\infty} \mathrm{e}^{-(x-k)^2}$, 在任何有限闭区间 $[a,b]$ 上.

*(2) $\sum\limits_{k=1}^{\infty} \dfrac{1}{2k-1}\left(\dfrac{x-1}{x+1}\right)^{2k-1}$, 在任何有限闭区间 $[a,b](a,b>0)$ 上.

6.11　设 $p>1,q$ 是实数. 令

$$u_n(x) = \frac{1}{n^p + n^q x^2} \quad (n \geqslant 1).$$

证明: 级数 $\sum\limits_{n=1}^{\infty} u_n(x)$ 在 $\mathbb{R}$ 上一致收敛; 并且当 $q<3p-2$ 时可逐项微分, 即 $S'(x) = \sum\limits_{n=1}^{\infty} u_n'(x)$.

6.12　求下列幂级数的收敛域:

(1) $\sum\limits_{n=1}^{\infty} \dfrac{x^n}{ns_n}$, 其中 $s_n = \sum\limits_{k=1}^{n} \dfrac{1}{k}$.

(2) $\sum\limits_{n=1}^{\infty} \dfrac{x^n}{t_n}$, 其中 $t_n = 1 + \dfrac{1}{2^\alpha} + \cdots + \dfrac{1}{n^\alpha}, \alpha > 0$.

(3) $\sum\limits_{n=1}^{\infty} \left(\dfrac{2\cdot 4\cdot \cdots \cdot (2n-2)}{3\cdot 5\cdot \cdots \cdot (2n-1)}\right)^2 x^{n-1}$.

6.13　(1) 求 $f(x)=\sin 4x/\sin x$ 的幂级数展开, 并求下列级数的和:

$$\sum_{n=0}^{\infty} (-1)^n \frac{9^n+1}{(2n)!}.$$

(2) 证明: 当 $x \in \mathbb{R}$ 时,

$$\frac{x}{\mathrm{e}^x - 1} = 1 - \frac{x}{2} + \sum_{n=1}^{\infty} (-1)^{n-1} \frac{c_{2n}}{(2n)!} x^{2n},$$

其中 $c_2 = 1/6, c_4 = 1/30$.

6.14　(1) 求下列级数之和:

$$f(x) = \sum_{n=1}^{\infty} \frac{x^n}{n} \cos \frac{2n\pi}{3}.$$

(2) 求幂级数 $\sum\limits_{n=0}^{\infty} (2n+1)x^n$ 的收敛域及和函数.

***6.15**　(1) 设

$$f(x) = \begin{cases} \dfrac{(\pi-1)x}{2}, & 0 \leqslant x \leqslant 1, \\ \dfrac{\pi - x}{2}, & 1 < x < \pi, \end{cases}$$

并且 $f(x) = -f(-x)$(当 $-\pi < x < 0$). 求 $f(x)$ 在 $(-\pi,\pi)$ 中的 Fourier 展开.

(2) 求级数 $\sum\limits_{n=1}^{\infty} \sin^2 n/n^4$ 的和.

6.16　设 $f_\alpha(x)$ 是周期为 2π 的奇函数, 并且

$$f_\alpha(x) = \begin{cases} (\pi-\alpha)x & 0 \leqslant x \leqslant \alpha, \\ \alpha(\pi - x) & \alpha \leqslant x \leqslant \pi, \end{cases}$$

求 $f_\alpha(x)$ 的 Fourier 级数, 并据此证明

$$\sum_{n=0}^{\infty} \frac{1}{(2n+1)^4} = \frac{\pi^4}{96}.$$

6.17 设周期函数 $f(x)$ 以 2π 为周期, 在 $(0,2\pi)$ 上非增, 则其 Fourier 系数 $b_n \geqslant 0$.

6.18 设 $\alpha > 0$, 则级数

$$1-\frac{1}{2^\alpha}+\frac{1}{3}-\frac{1}{4^\alpha}+\cdots+\frac{1}{2n-1}-\frac{1}{(2n)^\alpha}+\cdots$$

只当 $\alpha = 1$ 时才收敛.

***6.19** (1) 设 $a_n \in \mathbb{R}(n=1,2,\cdots)$, $\sum\limits_{n=1}^{\infty} a_n/n^2$ 收敛, 则

$$\lim_{n\to\infty}\frac{1}{n}\sum_{k=1}^{n}\frac{a_k}{k}=0.$$

(2) 设 $\sum\limits_{k=1}^{\infty} a_k < +\infty$, 则

$$\lim_{n\to\infty}\frac{1}{n}\sum_{k=1}^{n}ka_k=0.$$

***6.20** 设 $a_{mn} \geqslant 0\,(m,n \geqslant 1)$, 对于每个固定的 n, $a_{mn} \uparrow a_n\,(m\to\infty)$, 证明:

$$\lim_{m\to\infty}\sum_{n=1}^{\infty}a_{mn}=\sum_{n=1}^{\infty}a_n.$$

6.21 (1) 如果正数列 a_n 当 $n \geqslant n_0$ 时单调减少, 级数 $\sum\limits_{n=1}^{\infty} a_n$ 收敛, 那么 $\lim\limits_{n\to\infty} na_n = 0$.

(2) 证明级数 $\sum\limits_{n=1}^{\infty}\sin\dfrac{\pi}{n}$ 发散.

6.22 设多项式 $z^n+a_1z^{n-1}+\cdots+a_n$ 有 n 个非零实根 $\alpha_1,\alpha_2,\cdots,\alpha_n$, 记 $s_k=\alpha_1^k+\alpha_2^k+\cdots+\alpha_n^k\,(k \geqslant 1)$. 则当 $|x|$ 充分小时,

$$\log(1+a_1x+a_2x^2+\cdots+a_nx^n)=-\left(s_1x+\frac{s_2}{2}x^2+\frac{s_3}{3}x^3+\cdots\right).$$

***6.23** 设 n 是一个正整数. 证明: 方程 $x^n+nx-1=0$ 有唯一的正实根 x_n, 并且当 $\alpha>1$ 时, 级数 $\sum\limits_{n=1}^{\infty} x_n^\alpha$ 收敛.

习题 6 的解答或提示

6.1 (1) 我们有

$$\sqrt{n^2+a^2}=n+\frac{a^2}{\sqrt{n^2+a^2}+n},$$

所以

$$a_n=(-1)^n\sin\left(\frac{a^2}{\sqrt{n^2+a^2}+n}\pi\right)=(-1)^n\sin u_n,$$

其中

$$u_n=\frac{a^2}{\sqrt{n^2+a^2}+n}\pi\quad(n\geqslant 1)$$

是一个单调递减趋于 0 的正数列, 因而当 $n \geqslant n_0$ 时 $\sin u_n$ 也是单调递减趋于 0 的正数列, 而 $\sum\limits_{n=1}^{\infty} a_n$ 是一个交错级数, 所以收敛.

(2) 我们有 $a_n > 0\,(n \geqslant 1), a_n \to 0\,(n \to \infty)$. 由

$$\cos a_n = \sin\left(\frac{\pi}{2} - a_n\right) = \sin\left(\arcsin\frac{n}{n+1}\right) = \frac{n}{n+1}$$

可得

$$1 - \cos a_n = \frac{1}{n+1}.$$

因为 $1 - \cos a_n \sim a_n^2/2\,(n \to \infty)$, 所以

$$a_n \sim \sqrt{\frac{2}{n+1}} \quad (n \to \infty).$$

由于级数 $\sum\limits_{n=1}^{\infty} \sqrt{2/(n+1)}$ 发散, 所以 $\sum\limits_{n=1}^{\infty} a_n$ 也发散.

(3) 因为

$$\frac{a_{n+1}}{a_n} = \left(\frac{n+1}{n}\right)^{\alpha} \frac{1}{1+a^{n+1}},$$

所以若 $a > 1$, 则 $\lim\limits_{n\to\infty} a_{n+1}/a_n = 0$, 级数收敛; 若 $a = 1$, 则 $\lim\limits_{n\to\infty} a_{n+1}/a_n = 1/2$, 级数收敛. 若 $a < 1$, 则令

$$P_n = (1+a)(1+a^2)\cdots(1+a^n).$$

因为 $\log(1+a^k) \sim a^k, a < 1$, 所以级数

$$\sum_{n=1}^{\infty} \log(1+a^n)$$

收敛. 若将其和记为 $\log P$, 则 $P_n \to P\,(n \to \infty)$, 从而 $a_n \sim 1/(Pn^{-\alpha})$. 因此题中级数当 $\alpha < -1$ 时收敛, 当 $1 > \alpha \geqslant -1$ 时发散.

(4) 因为当 $a > 0$ 时,

$$a_n = \sin\left(\frac{\pi n^2}{2n^2+an+1} - \frac{\pi}{2}\right) = \sin\frac{\pi(an+1)}{2(2n^2+an+1)},$$

记

$$x_n = \frac{\pi(an+1)}{2(2n^2+an+1)}.$$

注意 $a > 0$, 所以 $x_n \to 0\,(n \to \infty)$, 于是

$$na_n = \frac{\sin x_n}{x_n} \cdot (nx_n) \to \frac{a\pi}{4} \quad (n \to \infty).$$

因此当 $a > 0$ 时 $a_n \sim a\pi/(4n)$, 级数发散. 当 $a = 0$ 时,

$$a_n = \sin\frac{\pi}{2(2n^2+1)} \sim \frac{\pi}{4n^2},$$

级数收敛.

(5) **提示** 参考例 6.1.1(2). 若 $\alpha < -1$, 则当 $\beta > 1$ 时级数收敛; $\beta \leqslant 1$ 时级数发散.

若 $\alpha \geqslant 0$, 则

$$\int_1^n x^{\alpha} \log x \mathrm{d}x \leqslant \sum_{k=1}^{n} k^{\alpha} \log k \leqslant \int_1^{n+1} x^{\alpha} \log x \mathrm{d}x.$$

因为

$$\int_1^n x^{\alpha} \log x \mathrm{d}x = \frac{n^{\alpha+1}}{\alpha+1} \log n - \frac{n^{\alpha+1}-1}{(\alpha+1)^2} \log n \sim \frac{n^{\alpha+1}\log n}{\alpha+1},$$

所以

$$a_n \sim \frac{\log n}{(\alpha+1)n^{\beta-\alpha-1}}.$$

从而 $\beta-\alpha>2$ 时级数收敛;$\beta-\alpha\leqslant 2$ 时级数发散.

若 $-1<\alpha<0$, 则可与 $\alpha\geqslant 0$ 情形类似地证明, 且结论相同. 若 $\alpha=-1$, 则 $a_n\sim(\log n)^2/(2n^\beta)$, 所以 $\beta>1$ 时级数收敛; $\beta\leqslant 1$ 时级数发散.

(6) 我们考虑级数 (从第一项开始) 所有连续三项的分子之和形成的无穷数列

$$|\sin n^2|+|\sin(n+1)^2|+|\sin(n+2)^2|\quad(n=1,4,7,\cdots).$$

我们来证明这个无穷数列有正的下界. 如若不然, 则存在无穷子列 $\mathcal{N}\subseteq\mathbb{N}$, 使当 $n\in\mathcal{N}$ 充分大时,

$$n^2=k\pi+\varepsilon_1,\quad(n+1)^2=k'\pi+\varepsilon_2,\quad(n+2)^2=k''\pi+\varepsilon_3,$$

其中 k,k',k'' 是某些整数,$|\varepsilon_1|,|\varepsilon_2|,|\varepsilon_3|<1/4$. 由此推出

$$2=n^2-2(n+1)^2+(n+2)^2=(k+k''-2k')\pi+\varepsilon_1+\varepsilon_3-2\varepsilon_2.$$

如果 $k+k''-2k'=0$, 那么 $2=|\varepsilon_1+\varepsilon_3-2\varepsilon_2|<1$, 这不可能; 如果 $k+k''-2k'\neq 0$, 那么 $|(k+k''-2k')\pi|>3$, 同时 $|2-\varepsilon_1-\varepsilon_3+2\varepsilon_2|<3$, 也得矛盾. 类似于例 6.1.1(5), 可知级数 $\sum\limits_{n=1}^{\infty}a_n$ 发散.

6.2 (1) 当 $\alpha\geqslant 1$ 时,

$$(1-t^\alpha)^n\geqslant(1-t)^n\quad(0\leqslant t\leqslant 1,n\geqslant 1).$$

所以 $u_n\geqslant 1/(n+1)$, 级数发散. 当 $\alpha<1$ 时, 函数列 $g_n(t)=(1-t^\alpha)^n$ 在 $(0,1]$ 上内闭一致收敛于 0, 但在点 0 附近不一致收敛. 我们有

$$\begin{aligned}u_n&=\int_0^{1/n^k}(1-t^\alpha)^n\mathrm{d}t+\int_{1/n^k}^1(1-t^\alpha)^n\mathrm{d}t\\&\leqslant\frac{1}{n^k}+\left(1-\frac{1}{n^{k\alpha}}\right)^n=\frac{1}{n^k}+t_n,\end{aligned}$$

以及

$$\log(n^rt_n)=r\log n+n\log\left(1-\frac{1}{n^{k\alpha}}\right)=r\log n-n^{1-k\alpha}(1+\varepsilon_n).$$

若 $k\alpha<1$, 则对于所有正整数 $r,n^rt_n\to 0\,(n\to\infty)$, 特别地, $n^2t_n=O(1)$, 因而级数 $\sum\limits_{n=1}^{\infty}t_n$ 收敛. 因此, 取 k 满足 $1<k<1/\alpha$, 那么级数 $\sum\limits_{n=1}^{\infty}1/n^k$ 以及 $\sum\limits_{n=1}^{\infty}t_n$ 都收敛, 因而 $\sum\limits_{n=1}^{\infty}u_n$ 收敛.

(2) 参考例 6.1.2 的第一个例子. 由习题 4.31, 我们有

$$\int_0^{1/n}\frac{\log t}{1+t}\mathrm{d}t\sim\int_0^{1/n}\log t\mathrm{d}t=-\frac{1}{n}(1+\log n)\quad(n\to\infty),$$

因此 $|u_n|\sim\log n/n^{1-\alpha}$. 于是当 $\alpha\geqslant 1$ 时 $|u_n|$ 不趋于 0, 级数发散. 当 $\alpha<0$ 时, 级数绝对收敛. 当 $0\leqslant\alpha<1$ 时,$|u_n|\to 0\,(n\to\infty)$. 令

$$\varphi(x)=x^\alpha\int_0^{1/x}\frac{\log t}{1+t}\mathrm{d}t.$$

由

$$\varphi'(x)=x^{\alpha-1}\left(\alpha\int_0^{1/x}\frac{\log t}{1+t}\mathrm{d}t+\frac{\log x}{1+x}\right)=x^{\alpha-1}\psi(x).$$

以及

$$\psi'(x)=\frac{\alpha\log x+x+1-(1-\alpha)x\log x}{x(x+1)^2},$$

可知当 x 充分大时 $\psi'(x)<0$, 以及 $\psi(x)\to 0\,(x\to+\infty)$, 所以当 x 充分大时 $\psi(x)>0$, 从而也 $\varphi'(x)>0$. 于是 $\varphi(x)$ 单调增加且取负值 (因为被积函数取负值), 因而 $|u_n|$ 单调减少, 所以级数收敛.

6.3 (1) **解**　记 $u_n=\cos n\theta$ 以及 $v_n=1/(n+1)^2+1/(n+2)^2+\cdots+1/(2n)^2$. 因为

$$\begin{aligned}\sin\frac{\theta}{2}\sum_{k=1}^{n}\cos k\theta&=\sum_{k=1}^{n}\sin\frac{\theta}{2}\cos k\theta\\&=\frac{1}{2}\sum_{k=1}^{n}\left(\sin\left(\frac{\theta}{2}+k\theta\right)+\sin\left(\frac{\theta}{2}-k\theta\right)\right)\\&=\frac{1}{2}\sum_{k=1}^{n}\left(\sin\frac{(2k+1)\theta}{2}-\sin\frac{(2k-1)\theta}{2}\right)\\&=\frac{1}{2}\left(\sin\frac{(2n+1)\theta}{2}-\sin\frac{\theta}{2}\right),\end{aligned}$$

所以当 $\theta\neq 2k\pi(k=0,\pm1,\pm2,\cdots)$ 时, 对于任何 $n\geqslant 1$ 有

$$\left|\sum_{k=1}^{n}\cos k\theta\right|\leqslant\frac{1}{|\sin(\theta/2)|}.$$

即级数 $\sum\limits_{n=1}^{\infty}u_n$ 的部分和有界. 又因为

$$0<v_n<n\cdot\frac{1}{(n+1)^2}\to 0\quad(n\to\infty),$$

以及当 $n\geqslant 1$ 时,

$$\begin{aligned}v_{n+1}-v_n&=\frac{1}{(2n+2)^2}+\frac{1}{(2n+1)^2}-\frac{1}{(n+1)^2}\\&=\frac{-8n^2-4n+1}{4(n+1)^2(2n+1)^2}<0,\end{aligned}$$

所以 v_n 是单调下降趋于 0 的无穷正数列. 于是依 Dirichlet 判别法则得知所给级数当 $\theta\neq 2k\pi(k=0,\pm1,\pm2,\cdots)$ 时收敛. 对于 θ 的这些例外值,$\cos n\theta=1$, 而且在和 $\sum\limits_{n=1}^{2N}v_n$ 中恰好出现 k 个项 $1/(2k)^2\,(k=1,2,\cdots,N)$, 所以

$$\sum_{n=1}^{2N}\left(\frac{1}{(n+1)^2}+\frac{1}{(n+2)^2}+\cdots+\frac{1}{(2n)^2}\right)>\sum_{k=1}^{N}\frac{k}{(2k)^2}=\frac{1}{4}\sum_{k=1}^{N}\frac{1}{k}\to\infty\quad(N\to\infty),$$

因而级数发散.

(2) **提示**　参见例 6.1.1(5). 考虑级数 (从第一项开始) 所有相邻两项的分子之和组成的无穷数列, 证明它有正的下界. 不然, 有无穷多个 n 满足

$$n+\log n=k\pi+o(1),\quad n+1+\log(n+1)=k'\pi+o(1),$$

于是

$$1+\log\left(1+\frac{1}{n}\right)=(k'-k)\pi+o(1),$$

若有无穷多个 n 使 $k=k'$, 则得

$$\log\left(1+\frac{1}{n}\right)=-1+o(1),$$

从而 $-1=0$, 这不可能; 若有无穷多个 n 使 $k\neq k'$, 则得

$$\pi\leqslant|k'-k|\pi=\left|1+\log\left(1+\frac{1}{n}\right)+o(1)\right|,$$

从而 $\pi\leqslant 1$, 也不可能.

6.4 (1) 因为 $2^n > n\,(n \geqslant 1)$, 所以 $n^{1/n} < 2, n^{1+1/n} < 2n$. 于是由级数 $\sum\limits_{n=1}^{\infty} 1/n$ 的发散性得知题中的级数也发散.

(2) 所说的级数有时发散(如本题 (1) 所示), 有时收敛. 例如, 取

$$a_1 = 1, \quad a_n = \frac{2(\log\log n)}{\log n} \quad (n \geqslant 2),$$

那么对于 $n \geqslant 2, n^{a_n} = (\log n)^2$, 从而

$$\sum_{n=1}^{\infty} \frac{1}{n^{1+a_n}} = 1 + \sum_{n=2}^{\infty} \frac{1}{n \cdot n^{a_n}} = 1 + \sum_{n=2}^{\infty} \frac{1}{n(\log n)^2}.$$

因为

$$\int_2^{\infty} \frac{\mathrm{d}x}{x(\log x)^2} = \log 2 < \infty,$$

所以由 Cauchy 积分判别法得知在此情形级数收敛.

6.5 因为

$$\begin{aligned}\frac{t^{a-1}}{1+t^b} &= t^{a-1}\left(\sum_{k=0}^{n-1}(-1)^k t^{kb} + \sum_{k=n}^{\infty}(-1)^k t^{kb}\right)\\ &= t^{a-1}\left(\sum_{k=0}^{n-1}(-1)^k t^{kb} + (-1)^n \frac{t^{nb}}{1+t^b}\right),\end{aligned}$$

所以

$$\int_0^1 \frac{t^{a-1}}{1+t^b}\mathrm{d}t = \sum_{k=0}^{n-1}(-1)^k \int_0^1 t^{a+kb-1}\mathrm{d}t + (-1)^n \int_0^n \frac{t^{a+nb-1}}{1+t^b}\mathrm{d}t.$$

注意

$$0 < \left|(-1)^n \int_0^n \frac{t^{a+nb-1}}{1+t^b}\mathrm{d}t\right| < \int_0^1 t^{a+nb-1} = \frac{1}{a+nb} \to 0 \quad (n \to \infty),$$

即可推出所要的公式.

特别地, 据此可得

$$\sum_{k=0}^{\infty} \frac{(-1)^n}{3n+1} = \int_0^1 \frac{\mathrm{d}t}{1+t^3}.$$

分部分式得

$$\frac{1}{t^3+1} = \frac{1}{3}\cdot\frac{1}{t+1} - \frac{1}{3}\cdot\frac{t-2}{t^2-t+1},$$

注意 $t = \big((t^2-t+1)'+1\big)/2$, 所以

$$\frac{1}{t^3+1} = \frac{1}{3}\cdot\frac{1}{t+1} - \frac{1}{6}\cdot\frac{(t^2-t+1)'}{t^2-t+1} + \frac{1}{2}\cdot\frac{1}{t^2-t+1}.$$

于是

$$\begin{aligned}\int_0^1 \frac{\mathrm{d}t}{1+t^3} &= \frac{1}{3}\int_0^1 \frac{\mathrm{d}t}{t+1} - \frac{1}{6}\int_0^1 \frac{(t^2-t+1)'}{t^2-t+1}\mathrm{d}t + \frac{1}{2}\int_0^1 \frac{\mathrm{d}t}{(t-1/2)^2+(\sqrt{3}/2)^2}\\ &= \frac{1}{6}\log\frac{(t+1)^2}{t^2-t+1}\bigg|_0^1 + \frac{1}{\sqrt{3}}\arctan\frac{2t-1}{\sqrt{3}}\bigg|_0^1\\ &= \frac{1}{3}\left(\frac{\pi}{\sqrt{3}} + \log 2\right).\end{aligned}$$

6.6 (1) 若 $\alpha \geqslant \beta \geqslant 0$, 则 (注意 $\omega_1 = 0$)

$$a_n = \frac{\alpha+\omega_1}{\beta+\omega_2}\cdot\frac{\alpha+\omega_2}{\beta+\omega_3}\cdots\frac{\alpha+\omega_n}{\beta+\omega_{n+1}}$$

$$
\begin{aligned}
&= \alpha \cdot \frac{\alpha+\omega_2}{\beta+\omega_2} \cdots \frac{\alpha+\omega_n}{\beta+\omega_n} \cdot \frac{1}{\beta+\omega_{n+1}} \\
&\geqslant \frac{\alpha}{\beta+\omega_{n+1}} \geqslant \frac{\alpha}{\alpha+(n+1)\log(n+1)},
\end{aligned}
$$

于是当任何 $N \geqslant 1$,

$$
\sum_{n=1}^{N} a_n \geqslant \sum_{n=1}^{N} \frac{\alpha}{\alpha+(n+1)\log(n+1)},
$$

因此级数 $\sum_{n=1}^{\infty} a_n$ 发散.

若 $\beta > \alpha \geqslant 0$, 则

$$
\begin{aligned}
a_n = \prod_{k=1}^{n} \frac{\alpha+\omega_k}{\beta+\omega_{k+1}} &= \frac{\beta+\omega_1}{\beta+\omega_{n+1}} \cdot \prod_{k=1}^{n} \frac{\alpha+\omega_k}{\beta+\omega_k} \\
&= \frac{\beta}{\beta+\omega_{n+1}} \cdot \prod_{k=1}^{n} \frac{\alpha+\omega_k}{\beta+\omega_k}.
\end{aligned}
$$

因为

$$
\prod_{k=1}^{n} \frac{\alpha+\omega_k}{\beta+\omega_k} - \prod_{k=1}^{n+1} \frac{\alpha+\omega_k}{\beta+\omega_k} = \prod_{k=1}^{n} \frac{\alpha+\omega_k}{\beta+\omega_k} - \frac{\alpha+\omega_{n+1}}{\beta+\omega_{n+1}} \prod_{k=1}^{n} \frac{\alpha+\omega_k}{\beta+\omega_k} = \frac{\beta-\alpha}{\beta+\omega_{n+1}} \prod_{k=1}^{n} \frac{\alpha+\omega_k}{\beta+\omega_k},
$$

所以

$$
\prod_{k=1}^{n} \frac{\alpha+\omega_k}{\beta+\omega_k} = \frac{\beta+\omega_{n+1}}{\beta-\alpha} \left(\prod_{k=1}^{n} \frac{\alpha+\omega_k}{\beta+\omega_k} - \prod_{k=1}^{n+1} \frac{\alpha+\omega_k}{\beta+\omega_k} \right),
$$

从而我们得到

$$
a_n = \frac{\beta}{\beta-\alpha} \left(\prod_{k=1}^{n} \frac{\alpha+\omega_k}{\beta+\omega_k} - \prod_{k=1}^{n+1} \frac{\alpha+\omega_k}{\beta+\omega_k} \right).
$$

由此可知, 当任何 $N \geqslant 2$,

$$
\begin{aligned}
\sum_{n=1}^{N-1} a_n &= \frac{\alpha}{\beta-\alpha} - \frac{\beta}{\beta-\alpha} \prod_{k=1}^{N} \frac{\alpha+\omega_k}{\beta+\omega_k} \\
&= \frac{\alpha}{\beta-\alpha} - \frac{\beta}{\beta-\alpha} \prod_{k=1}^{N} \left(1 - \frac{\beta-\alpha}{\beta+k\log k} \right).
\end{aligned}
$$

因为正项级数 $\sum_{k=1}^{\infty} (\beta-\alpha)/(\beta+k\log k)$ 发散, 所以

$$
\prod_{k=1}^{N} \left(1 - \frac{\beta-\alpha}{\beta+k\log k} \right) \to 0 \quad (N \to \infty),
$$

从而由前式得知级数 $\sum_{n=1}^{\infty} a_n$ 收敛, 且其和为 $\alpha/(\beta-\alpha)$.

(2) 记 $c_n = \omega_n a_n \, (n \geqslant 1)$. 当 $n \geqslant 3$ 时,

$$
\begin{aligned}
c_n &= \omega_n \cdot \frac{\alpha}{\beta+2\log 2} \prod_{k=2}^{n} \frac{\alpha+\omega_k}{\beta+\omega_{k+1}} \\
&= \frac{\alpha\omega_n}{\beta+2\log 2} (\alpha+\omega_2) \frac{\alpha+\omega_3}{\beta+\omega_3} \cdot \frac{\alpha+\omega_4}{\beta+\omega_4} \cdot \cdots \cdot \frac{\alpha+\omega_n}{\beta+\omega_n} \cdot \frac{1}{\beta+\omega_{n+1}}
\end{aligned}
$$

$$=\frac{\alpha\omega_n(\alpha+\omega_2)}{(\beta+2\log 2)(\beta+\omega_{n+1})}\prod_{k=3}^{n}\frac{\alpha+\omega_k}{\beta+\omega_k}$$
$$=b_n\prod_{k=3}^{n}\frac{\alpha+\omega_k}{\beta+\omega_k}=b_n\prod_{k=3}^{n}\left(1-\frac{\beta-\alpha}{\beta+\omega_k}\right),$$

其中

$$b_n=\frac{\alpha\omega_n(\alpha+\omega_2)}{(\beta+2\log 2)(\beta+\omega_{n+1})}.$$

为证级数 $\sum_{n=1}^{\infty}(-1)^n c_n$ 收敛, 依 Leibniz 交错级数收敛判别法, 只需证明

$$\frac{c_{n+1}}{c_n}<1\quad (n\geqslant n_0)\quad 以及\quad c_n\to 0\quad (n\to\infty).$$

因为

$$\frac{c_{n+1}}{c_n}=\frac{\omega_{n+1}(\alpha+\omega_{n+1})}{\omega_n(\beta+\omega_{n+2})},$$

所以第一个条件等价于

$$\omega_{n+1}\alpha+(\omega_{n+1}^2-\omega_n\omega_{n+2})<\omega_n\beta.$$

为验证此条件, 我们记 $N=n+1$, 则

$$\omega_{n+2}=(N+1)\log(N+1)=(N+1)\left(\log N+\log\left(1+\frac{1}{N}\right)\right)$$
$$=(N+1)\left(\log N+\frac{1}{N}+O(N^{-2})\right),$$

类似地,

$$\omega_n=(N-1)\log(N-1)=(N-1)\left(\log N-\frac{1}{N}+O(N^{-2})\right),$$

因此

$$\omega_n\omega_{n+2}=(N^2-1)\left((\log N)^2-\frac{1}{N^2}+O\Big(\frac{\log N}{N^2}\Big)\right).$$

于是得到

$$\omega_{n+1}^2-\omega_n\omega_{n+2}=(\log N)^2+1+O(\log N).$$

由此可算出

$$\lim_{n\to\infty}\frac{\omega_{n+1}\alpha+(\omega_{n+1}^2-\omega_n\omega_{n+2})}{\omega_n\beta}=\frac{\alpha}{\beta}<1,$$

所以第一个条件在此被满足. 又因为 $\lim\limits_{n\to\infty}b_n$ 存在, 并且本题 (1) 中已证

$$\prod_{k=3}^{n}\left(1-\frac{\beta-\alpha}{\beta+\omega_k}\right)\to 0\quad (n\to\infty),$$

所以第二个条件在此也成立. 于是本题得证.

6.7 (1) 解法 1 显然当 $x=0$ 时 $f_n(x)=f_n(0)$ 收敛于 1. 设 $0<x\leqslant 1$. 对于任意给定的 $\varepsilon>0$, 当 $n\geqslant N=[(1+\varepsilon)/(\varepsilon x)]+1$ 时,

$$|f_n(x)|=\frac{1}{1+nx}\leqslant\frac{1}{1+Nx}<\varepsilon,$$

因此 $f_n(x)$ 收敛于 0. 因此当 $x\in[0,1]$ 时,$f_n(x)$(逐点) 收敛.

设 $\varepsilon<1$. 因为 $|f_n(x)|<\varepsilon\,(x\neq 0)$ 的充分必要条件是 $n>(1-\varepsilon)/(\varepsilon x)$. 当 $x\downarrow 0$ 时 $(1-\varepsilon)/(\varepsilon x)\to+\infty$, 因而 $f_n(x)$ 在 $[0,1]$ 上不一致收敛.

解法 2　我们有

$$\lim_{n\to\infty} f_n(x)=F(x)=\begin{cases}1, & x=0,\\ 0, & x\neq 0.\end{cases}$$

对于所有 $n, f_n(x)$ 连续, 若函数列 $f_n(x)$ 在 $[0,1]$ 上一致收敛于 $F(x)$, 则 $F(x)$ 在 $[0,1]$ 上连续, 这显然不可能. 因此在 $[0,1]$ 上不一致收敛.

(2) 解法 1　当 $x=0,1$ 时,$f_n(x)$ 收敛于 0. 当 $0<x<1$ 时, 当 n 充分大,

$$\frac{(n+1)(1-x)^{n+1}}{n(1-x)^n}=\frac{n+1}{n}(1-x)<1,$$

所以级数 $\sum\limits_{n=1}^{\infty} f_n(x)$ 收敛 (依 d'Alembert 判别法), 因而也有 $f_n(x)\to 0\,(n\to\infty)$. 又因为

$$\lim_{n\to\infty} f_n\left(\frac{1}{n}\right)=\lim_{n\to\infty}\left(1-\frac{1}{n}\right)^n=\frac{1}{\mathrm{e}}>0,$$

所以若 $\varepsilon\in(0,1/\mathrm{e})$, 则不可能存在与 x 无关的 N 使 $|f_n(x)-0|<\varepsilon$(当 $n>N$) 成立, 于是不一致收敛.

解法 2　对于每个 $x\in[0,1], 0<1-x<1$, 所以 $f_n(x)\to 0\,(n\to\infty)$. 由 $f_n'(x)=n(1-x)^{n-1}\big(1-(n+1)x\big)=0$ 得知 $f_n(x)\,(0\leqslant x\leqslant 1)$ 的最大值

$$f_n\left(\frac{1}{n+1}\right)=\left(\frac{n}{n+1}\right)^{n+1}\to\frac{1}{\mathrm{e}}\quad(n\to\infty).$$

因此, 对于给定的 $0<\varepsilon<1/\mathrm{e}$, 不可能存在 n_0 使当 $n>n_0$ 时对所有 $x\in[0,1]$ 有 $|f_n(x)-0|<\varepsilon$(为此取 $x=1/(n+1)$), 于是 $f_n(x)$ 不一致收敛 (于 0).

注　在 $[\delta,1]$ 上 (其中 $0<\delta<1$ 任意给定)$f_n(x)<n(1-\delta)^n$, 数列 $n(1-\delta)^n$ 与 x 无关, 以 0 为极限, 所以 $f_n(x)$ 一致收敛 (于 0).

(3) 当 $n\to\infty$ 时, 若 $x=0$ 或 π, 则 $f_n(x)\to 0$; 若 $x\neq 0,\pi$, 则 $f_n(x)\to 1$. 因为 $f_n(x)$ 连续, 但极限函数不连续, 所以收敛性对于 x 不一致.

6.8　提示　(1) 由 $f_n'(x)=n^k\mathrm{e}^{-nx^2}(1-2nx^2)=0$ 得知 f_n 有极值

$$f_n\left(\pm\frac{1}{\sqrt{2n}}\right)=\pm\frac{n^{k-1/2}}{\sqrt{2\mathrm{e}}}.$$

当 $k<1/2$ 时, 对于所有 $x\in\mathbb{R}$,

$$|f_n(x)|\leqslant\left|f_n\left(\pm\frac{1}{\sqrt{2n}}\right)\right|\to 0\quad(n\to\infty).$$

因此函数列 $f_n(x)$ 一致收敛于 0. 当 $k\geqslant 1/2$ 时, 由

$$\left|f_n\left(\pm\frac{1}{\sqrt{2n}}\right)\right|\geqslant\frac{1}{\sqrt{2\mathrm{e}}},$$

可推出 $f_n(x)$ 不一致收敛 (于 0).

(2) 由本题 (1) 及一致收敛函数列的性质可知 $k<1/2$ 时题中等式成立. 下面考虑 $k\geqslant 1/2$ 的情形. 因为对于所有 $x\in\mathbb{R}, f_n(x)\to 0\,(n\to\infty)$, 所以

$$\int_0^x\big(\lim_{n\to\infty} f(t)\big)\mathrm{d}t=\int_0^x 0\,\mathrm{d}t=0.$$

另一方面,

$$\lim_{n\to\infty}\int_0^x f_n(t)\mathrm{d}t=-\lim_{n\to\infty}\frac{n^k\mathrm{e}^{-nt^2}}{2n}\bigg|_0^x=\lim_{n\to\infty}\frac{n^{k-1}}{2},$$

当 $k<1$ 时上述极限等于 0, 因此当 $k<1$ 时题中等式成立.

6.9 (1) 记级数通项为 a_n. 因为 $x^2+x+1=(x+1/2)^2+3/4>0$, 以及

$$\frac{a_n}{a_{n+1}}=\frac{n+2}{n(x^2+x+1)}\to\frac{1}{(x^2+x+1)}\quad(n\to\infty),$$

所以当 $1/(x^2+x+1)>1$, 即 $-1<x<0$ 时级数收敛; 当 $1/(x^2+x+1)<1$, 即 $x<-1$ 及 $x>0$ 时级数发散; 当 $x=-1,0$ 时,

$$\begin{aligned}\sum_{n=1}^{\infty}\frac{(x^2+x+1)^n}{n(n+1)}&=\sum_{n=1}^{\infty}\frac{1}{n(n+1)}=\lim_{n\to\infty}\sum_{k=1}^{n}\frac{1}{k(k+1)}\\&=\lim_{n\to\infty}\sum_{k=1}^{n}\left(\frac{1}{k}-\frac{1}{(k+1)}\right)=\lim_{n\to\infty}\frac{n}{n+1}=1.\end{aligned}$$

因此当 $-1\leqslant x\leqslant 0$ 时级数收敛, 当 $x<-1$ 及 $x>0$ 时级数发散.

又因为 $-1\leqslant x\leqslant 0$ 时 $3/4\leqslant x^2+x+1\leqslant 1$, 因此题中级数以收敛数项级数 $\sum\limits_{n=1}^{\infty}1/n(n+1)$ 为优级数, 所以在 $[-1,0]$ 上一致收敛.

注 上面的解法中, 若先证明级数在 $[-1,0]$ 上一致收敛, 那么立得相应的收敛性.

(2) $0<x\leqslant 1$ 时 $0<\mathrm{e}^{-x}<1$, 题中级数是公比 e^{-x} 的几何级数, 所以绝对收敛. 当 $x=0$ 时级数显然收敛.

考虑一致收敛性: 当 $x\neq 0$ 时, 级数最初 $n+1$ 项部分和

$$S_n(x)=x\frac{1-\mathrm{e}^{-nx}}{1-\mathrm{e}^{-x}}\to S(x)=\frac{x}{1-\mathrm{e}^{-x}}\quad(n\to\infty).$$

对于任给 $\varepsilon>0$, 若

$$R_n(x)=S(x)-S_n(x)=\frac{x\mathrm{e}^{-nx}}{1-\mathrm{e}^{-x}}<\varepsilon,$$

则 $\mathrm{e}^{-nx}<\varepsilon(\mathrm{e}^x-1)/(x\mathrm{e}^x)$, 因而

$$n>-\frac{\log\varepsilon}{x}-\frac{\log(\mathrm{e}^x-1)}{x}+\frac{\log x}{x}+1.$$

当 $x\to 0+$ 时, 上式右边趋于 $+\infty$, 因而级数在 $[0,1]$ 上不一致收敛.

或者: 用 $a_n(x)$ 记级数通项. 那么当 $x\neq 0$ 时和函数(考虑部分和 $S_n(x)$)

$$S(x)=\lim_{n\to\infty}S_n(x)=\lim_{n\to\infty}\sum_{k=0}^{n}a_n(x)=\frac{x}{1-\mathrm{e}^{-x}},$$

所以 $\lim\limits_{x\to 0}S(x)=1$. 但 $S(0)=\sum\limits_{n=0}^{\infty}0=0$, 因此函数 $S(x)$ 在 $x=0$ 不连续. 注意所有 $a_n(x)$ 在 $[0,1]$ 上连续, 所以级数在 $[0,1]$ 上不一致收敛.

6.10 (1) 我们有

$$\sum_{k=-\infty}^{\infty}\mathrm{e}^{-(x-k)^2}=\mathrm{e}^{-x^2}\sum_{k=-\infty}^{\infty}\mathrm{e}^{-k^2+2kx}.$$

设 $a\leqslant x\leqslant b$. 当 $|k|>4|x|$ 时,$|k|^2-4|x||k|>0$, 所以当 $|k|>\sigma=4(|a|+|b|)$ 时, $|2kx|<k^2/2$. 于是

$$\sum_{|k|>\sigma}\mathrm{e}^{-(x-k)^2}\leqslant 2\sum_{k=\sigma+1}^{\infty}\mathrm{e}^{-k^2/2}\to 0\quad(\sigma\to\infty).$$

上式右边的级数与 x 无关, 所以得知题中级数一致收敛.

(2) **提示** 因为

$$\frac{x-1}{x+1}=\frac{2x-1-x}{x+1}=-1+\frac{2x}{x+1},$$

$$\frac{x-1}{x+1}=\frac{x+1-2}{x+1}=1-\frac{2}{x+1},$$

所以当 $a \leqslant x \leqslant b$ 时,

$$-1+\frac{2a}{a+1}\leqslant\frac{x-1}{x+1}\leqslant 1-\frac{2}{b+1},$$

即

$$\frac{a-1}{a+1}\leqslant\frac{x-1}{x+1}\leqslant\frac{b-1}{b+1}.$$

于是

$$\left|\frac{x-1}{x+1}\right|\leqslant\delta=\max\left\{\left|\frac{a-1}{a+1}\right|,\left|\frac{b-1}{b+1}\right|\right\}.$$

就 $a>1,b<1,0<a\leqslant 1<b$ 三种不同情形都可推出 $\delta<1$.

6.11 (i) 因为对于任何 $x\in\mathbb{R},|u_n(x)|<1/n^p$, 所以级数在 $\mathbb{R}$ 上一致收敛于 $S(x)$.

(ii) 因为

$$u_n'(x)=-\frac{2n^q x}{(n^p+n^q x^2)^2}\ (=f_n(x)),$$

由

$$f_n'(x)=-\frac{2n^q(n^p-3n^q x^2)}{(n^p+n^q x^2)^3}=0$$

得知 $u_n'(x)$ 有极值

$$f_n\left(\pm\frac{n^{(p-q)/2}}{\sqrt{3}}\right)=\mp\frac{3\sqrt{3}}{8n^{(3p-q)/2}}.$$

若 $q<3p-2$, 则

$$|u_n'(x)|=|f_n(x)|\leqslant\frac{3\sqrt{3}}{8n^{(3p-q)/2}}.$$

因为 $(3p-q)/2>1$, 所以 $\sum\limits_{n=1}^{\infty}u_n'(x)$ 一致收敛, 因而可对原级数逐项微分: $S'(x)=\sum\limits_{n=1}^{\infty}u_n'(x)$.

6.12 (1) 用 $u_n x^n$ 记级数通项. 因为

$$\frac{u_{n+1}}{u_n}=\frac{ns_n}{(n+1)s_{n+1}}\sim\frac{n\log n}{(n+1)\log(n+1)}\sim 1\quad(n\to\infty),$$

所以幂级数当 $|x|<1$ 时收敛.

当 $x=-1$ 时, 由交错级数的 Leibnitz 判别法则知幂级数收敛.

当 $x=1$ 时, $u_n x^n=1/(ns_n)\sim 1/(n\log n)$. 由

$$\sum_{n=2}^{\infty}\frac{1}{n\log n}=\frac{1}{2\log 2}+\left(\frac{1}{3\log 3}+\frac{1}{4\log 4}\right)+\left(\frac{1}{5\log 5}+\cdots+\frac{1}{8\log 8}\right)$$
$$+\cdots+\left(\frac{1}{(2^k+1)\log(2^k+1)}+\cdots+\frac{1}{2^{k+1}\log 2^{k+1}}\right)+\cdots,$$

估计各个括号中的和, 可知上式

$$\begin{aligned}&>\frac{1}{2\log 2}+\frac{2}{4\log 4}+\frac{4}{8\log 8}+\cdots+\frac{2^{k+1}-2^k}{2^{k+1}\log 2^{k+1}}+\cdots\\&=\frac{1}{2\log 2}+\frac{1}{4\log 2}+\frac{1}{6\log 2}+\cdots+\frac{1}{2(k+1)\log 2}+\cdots\\&=\frac{1}{2\log 2}\left(1+\frac{1}{2}+\frac{1}{3}+\cdots+\frac{1}{k+1}+\cdots\right),\end{aligned}$$

因此 $\sum\limits_{n=2}^{\infty}1/(n\log n)$ 发散, 从而题中级数在 $x=1$ 发散. 于是其收敛域是 $[-1,1)$.

(2) 记级数的通项为 u_n, 那么对于任何 $\alpha>0, t_{n+1}/t_n\to 1\,(n\to\infty)$, 因此

$$\lim_{n\to\infty}\left|\frac{u_{n+1}}{u_n}\right|=|x|,$$

于是当 $|x|<1$ 时幂级数绝对收敛, 当 $|x|>1$ 时幂级数发散.

当 $x=\pm 1$ 时, 若 $\alpha>1$ 则 t_n 收敛, 从而 $|u_n|$ 不趋于 0(当 $n\to\infty$), 所以幂级数发散.

当 $x=-1$ 时, 且 $\alpha\leqslant 1$, 原级数是交错级数, 因为 $t_n\uparrow+\infty\,(n\to\infty)$, 所以 $|u_n|\downarrow 0$, 于是原级数收敛.

当 $x=-1$ 时, 且 $\alpha\leqslant 1$, 则当 $n\to\infty$,

$$t_n\sim\begin{cases}\log n, & \alpha=1;\\ \dfrac{n^{1-\alpha}}{1-\alpha}, & \alpha<1.\end{cases}$$

(上式可应用定积分的几何意义, 通过有关图形面积的比较加以证明, 请读者补出), 于是原级数发散.

合起来可知: 幂级数收敛域是 $[-1,1)$(当 $0<\alpha\leqslant 1$),$(-1,1)$(当 $\alpha>1$).

(3) **提示** $u_{n+1}/u_n=(2n+1)^2/(2n)^2\to 1\,(n\to\infty)$. 收敛半径等于 1. 当 $x=1$ 时,

$$\frac{u_{n+1}}{u_n}=1+\frac{1}{n}+\frac{1}{4n^2},$$

由 Gauss 判别法则 (见例 6.5.1), 级数发散. 当 $x=-1$ 时, 由 Stirling 公式得

$$\begin{aligned}u_n&=\left(\frac{\left(2^{n-1}(n-1)!\right)^2}{(2n-1)!}\right)^2\\&\sim\left(\frac{2^{2n-2}\left(\sqrt{2\pi}(n-1)^{n-1+1/2}\mathrm{e}^{-(n-1)}\right)^2}{\sqrt{2\pi}(2n-1)^{2n-1+1/2}\mathrm{e}^{-(2n-1)}}\right)^2\\&=\left(\frac{\sqrt{\pi}\mathrm{e}}{2}\cdot\frac{1}{\sqrt{n}}\cdot\frac{(1-1/n)^{2n}(1-1/n)^{-1}}{\left(1-1/(2n)\right)^{2n}\left(1-1/(2n)\right)^{-1/2}}\right)^2\\&\sim\frac{\pi\mathrm{e}^2}{4n}\cdot\left(\frac{\mathrm{e}^{-2}}{\mathrm{e}^{-1}}\right)^2=\frac{\pi}{4n}\to 0\quad(n\to\infty),\end{aligned}$$

并且 $|u_n/u_{n+1}|>1$, 所以级数收敛. 因此收敛域是 $[-1,1)$.

注 本题 (1) 和 (2) 是例 6.3.2 的推广. 读者可自行考虑幂级数

$$\sum_{n=1}^{\infty}\left(1+\frac{1}{2^\alpha}+\cdots+\frac{1}{n^\alpha}\right)x^n$$

的收敛域.

6.13 (1) $f(x)=2\sin 2x\cos 2x/\sin x=4\cos x\cos 2x=2(\cos 3x+\cos x)$, 所以

$$f(x)=2\sum_{n=0}^{\infty}(-1)^n\frac{9^n+1}{(2n)!}x^{2n},$$

收敛半径等于 ∞. 所求级数值等于 $f(1)/2=\sin 4/(2\sin 1)$.

(2) 因为

$$f(x)=\frac{x}{\mathrm{e}^x-1}+\frac{x}{2}=\frac{x}{2}\cdot\frac{\mathrm{e}^x+1}{\mathrm{e}^x-1}=-\frac{x}{2}\cdot\frac{\mathrm{e}^{-x}+1}{\mathrm{e}^{-x}-1}=f(-x),$$

所以 $f(x)$ 是偶函数, 从而

$$f(x)=a_0+a_2x^2+a_4x^4+\cdots,$$

其中 $a_{2n}=(-1)^{n-1}c_{2n}/(2n)!$, 于是

$$\frac{x}{2}\cdot\frac{\mathrm{e}^x+1}{\mathrm{e}^x-1}=a_0+a_2x^2+a_4x^4+\cdots.$$

展开 $\mathrm{e}^x \pm 1$, 有

$$\frac{x}{2}\left(2+\frac{x}{1}+\frac{x^2}{2}+\frac{x^3}{6}+\frac{x^3}{24}+\cdots\right)=\left(x+\frac{x^2}{2}+\frac{x^3}{6}+\frac{x^3}{24}+\frac{x^5}{120}+\cdots\right)(a_0+a_2x^2+a_4x^4+\cdots).$$

比较两边 x, x^3, x^5 的系数, 得到

$$1=a_0,\quad \frac{1}{4}=a_2+\frac{a_0}{6},\quad \frac{1}{48}=a_4+\frac{a_2}{6}+\frac{a_0}{120}.$$

由此解得 $a_2=1/12, a_4=-1/720$, 因此 $c_2=1/6, c_4=1/30$.

6.14　(1) **提示**　级数收敛半径为 1. 由表达式 $(\mathrm{i}=\sqrt{-1})$

$$f(x)=\sum_{n=1}^{\infty}\frac{x^n}{n}\frac{\mathrm{e}^{\mathrm{i}2n\pi/3}+\mathrm{e}^{-\mathrm{i}2n\pi/3}}{2}$$

可知

$$f'(x)=\sum_{n=1}^{\infty}x^{n-1}\frac{\mathrm{e}^{\mathrm{i}2n\pi/3}+\mathrm{e}^{-\mathrm{i}2n\pi/3}}{2},$$

应用几何级数求和公式计算 $\sum\limits_{n=0}^{\infty}(x\mathrm{e}^{\pm\mathrm{i}2\pi/3})^n$, 化简得到

$$f'(x)=-\frac{1}{2}\cdot\frac{1+2x}{1+x+x^2}.$$

因为 $f(0)=0$, 所以 $f(x)=-\big(\log(1+x+x^2)\big)/2$.

(2) 由 $\lim\limits_{n\to\infty}\sqrt[n]{2n+1}=1$ 知幂级数收敛半径等于 1. 因为在 $x=\pm1$ 级数不收敛, 所以级数收敛域是 $(-1,1)$. 为求其和, 令 $x=y^2$, 则

$$S(x)=\sum_{n=0}^{\infty}(2n+1)x^n=\sum_{n=0}^{\infty}(2n+1)y^{2n}=\left(\sum_{n=0}^{\infty}y^{2n+1}\right)',$$

依幂级数性质, 此处逐项求导是可行的. 因为当 $|y|<1$,

$$\sum_{n=0}^{\infty}y^{2n+1}=y\sum_{n=0}^{\infty}(y^2)^n=\frac{y}{1-y^2},\quad \left(\frac{y}{1-y^2}\right)'=\frac{1+y^2}{(1-y^2)^2},$$

所以 $S(x)=(1+x)/(1-x)^2\,(|x|<1)$.

6.15　**提示**　$f(x)$ 在 $(-\pi,\pi)$ 上连续, 并且是奇函数, 可求出其 Fourier 展开

$$f(x)\sim\sum_{n=1}^{\infty}\frac{\sin n}{n^2}\sin nx.$$

因为 $f(x)$ 在 $(-\pi,\pi)$ 上平方可积, 并且

$$\frac{1}{\pi}\int_{-\pi}^{\pi}f^2(x)\mathrm{d}x=\frac{1}{6}(\pi-1)^2,$$

所以由封闭性方程 (也称 Parseval 公式, 或 Lyapunov 定理)

$$\frac{a_0^2}{2}+\sum_{n=1}^{\infty}(a_n^2+b_n^2)=\frac{1}{\pi}\int_{-\pi}^{\pi}f^2(x)\mathrm{d}x$$

得知所求的级数的和 $=(\pi-1)^2/6$.

6.16　**提示**　Fourier 级数是

$$f_\alpha(x)=2\sum_{n=1}^{\infty}\frac{\sin n\alpha}{n^2}\sin nx$$

(此级数在 $\mathbb{R}$ 上收敛). 令

$$f(x,y)=f_y(x)=2\sum_{n=1}^{\infty}\frac{\sin nx\sin ny}{n^2}.$$

右边级数在 $D=[0,\pi]^2$ 上一致收敛, 逐项积分得到

$$2\sum_{n=1}^{\infty}\frac{1}{n^2}\iint_D \sin nx\sin ny\mathrm{d}x\mathrm{d}y=2\sum_{n=1}^{\infty}\frac{1}{n^2}\left(\frac{1-\cos n\pi}{n}\right)^2;$$

左边积分等于

$$\begin{aligned}\iint_D f(x,y)\mathrm{d}x\mathrm{d}y&=\int_0^{\pi}\mathrm{d}y\left(\int_0^{y}(\pi-y)x\mathrm{d}x+\int_y^{\pi}y(\pi-x)\mathrm{d}x\right)\\&=\frac{\pi}{2}\int_0^{\pi}y(\pi-y)\mathrm{d}y=\frac{\pi^4}{12}.\end{aligned}$$

于是

$$2\sum_{n=1}^{\infty}\frac{(1-\cos n\pi)^2}{n^4}=\frac{\pi^4}{12}.$$

注意 $\cos n\pi$ 等于 1(当 n 为偶数), 等于 -1(当 n 为奇数), 所以

$$2\sum_{k=0}^{\infty}\frac{4}{(2k+1)^4}=\frac{\pi^4}{12},$$

于是 $\sum\limits_{k=0}^{\infty}1/(2k+1)^4=\pi^4/96$.

6.17 由第二积分中值定理,

$$\begin{aligned}\pi b_n&=\int_0^{2\pi}f(x)\sin nx\,\mathrm{d}x\\&=f(0+)\int_0^{\xi}\sin nx\,\mathrm{d}x+f(2\pi-)\int_{\xi}^{2\pi}\sin nx\,\mathrm{d}x\\&=f(0+)\frac{1-\cos n\xi}{n}+f(2\pi-)\frac{\cos n\xi-1}{n}\\&=\frac{1-\cos n\xi}{n}(f(0+)-f(2\pi-))\geqslant 0.\end{aligned}$$

6.18 提示 当 $\alpha=1$ 时, 题中的交错级数收敛.

当 $\alpha>1$ 时, 考虑前 $2n$ 项形成的部分和

$$S_{2n}=\sum_{k=1}^{n}\left(\frac{1}{2k-1}-\frac{1}{2k}\right)+\sum_{k=1}^{n}\left(\frac{1}{2k}-\frac{1}{(2k)^{\alpha}}\right).$$

存在 $k_0\in\mathbb{N}$, 使当 $k>k_0$ 时 $(2k)^{\alpha-1}>2$, 因而

$$\frac{1}{2k}-\frac{1}{(2k)^{\alpha}}=\frac{(2k)^{\alpha-1}-1}{(2k)^{\alpha}}>\frac{(2k)^{\alpha-1}}{2(2k)^{\alpha}}=\frac{1}{4k}.$$

于是当 $n>k_0$ 时,

$$\begin{aligned}S_{2n}&=\sum_{k=1}^{n}\left(\frac{1}{2k-1}-\frac{1}{2k}\right)+\sum_{k=1}^{k_0}\left(\frac{1}{2k}-\frac{1}{(2k)^{\alpha}}\right)+\sum_{k=k_0+1}^{n}\left(\frac{1}{2k}-\frac{1}{(2k)^{\alpha}}\right)\\&>\sum_{k=1}^{n}\left(\frac{1}{2k-1}-\frac{1}{2k}\right)+\sum_{k=1}^{k_0}\left(\frac{1}{2k}-\frac{1}{(2k)^{\alpha}}\right)+\frac{1}{4}\sum_{k=k_0+1}^{n}\frac{1}{k}.\end{aligned}$$

当 $n\to\infty$ 时上式右边第一项收敛, 但第三项发散到 $+\infty$.

当 $0<\alpha<1$ 时, 存在 $k_1\in\mathbb{N}$, 使当 $k>k_1$ 时 $(2k)^{\alpha-1}<1/2$, 因而

$$\frac{1}{2k}-\frac{1}{(2k)^\alpha}<-\frac{1}{2(2k)^\alpha}.$$

于是当 $n>k_1$ 时,

$$S_{2n}<\sum_{k=1}^{n}\left(\frac{1}{2k-1}-\frac{1}{2k}\right)+\sum_{k=1}^{k_1}\left(\frac{1}{2k}-\frac{1}{(2k)^\alpha}\right)-\frac{1}{2^{\alpha+1}}\sum_{k=k_1+1}^{n}\frac{1}{k^\alpha}.$$

当 $n\to\infty$ 时上式右边第三项发散到 $-\infty$.

6.19 (1) 题设级数 $\sum\limits_{n=1}^{\infty}a_n/n^2$ 收敛. 若记其和为 S, 并令

$$S_n=\sum_{k=1}^{n}\frac{a_k}{k^2}\quad(n\geqslant 1),$$

则 $S_n\to S\,(n\to\infty)$; 并且 $a_k/k^2=S_k-S_{k-1}$. 我们有

$$\begin{aligned}\frac{1}{n}\sum_{k=1}^{n}\frac{a_k}{k}&=\frac{1}{n}\sum_{k=1}^{n}k\cdot\frac{a_k}{k^2}=\frac{1}{n}\left(\sum_{k=2}^{n}k(S_k-S_{k-1})+S_1\right)\\&=\frac{1}{n}\left(-\sum_{k=1}^{n-1}S_k+nS_n\right)=-\frac{1}{n}\sum_{k=1}^{n-1}S_k+S_n\\&=-\frac{n-1}{n}\cdot\frac{1}{n-1}\sum_{k=1}^{n-1}S_k+S_n.\end{aligned}$$

依算术平均值数列收敛定理(见例 1.3.2(1))可知

$$\frac{1}{n-1}\sum_{k=1}^{n-1}S_k\to S\quad(n\to\infty).$$

所以当 $n\to\infty$ 时, 上式 $\to -S+S=0$.

(2) 解法 1　因为

$$\sum_{k=1}^{n}\sum_{t=1}^{k}a_t=\sum_{t=1}^{n}\sum_{k=t}^{n}a_t=\sum_{t=1}^{n}(n-t+1)a_t,$$

所以

$$\sum_{t=1}^{n}ta_t=(n+1)\sum_{t=1}^{n}a_t-\sum_{k=1}^{n}\sum_{t=1}^{k}a_t.$$

令 $\sum\limits_{k=1}^{\infty}a_k=S$, $\sum\limits_{k=1}^{n}a_k=S_n\,(n\geqslant 1)$, 则 $S_n\to S\,(n\to\infty)$. 于是由算术平均值数列收敛定理 (见例 1.3.2(1)) 推出

$$\frac{1}{n}\sum_{k=1}^{n}ka_k=\frac{n+1}{n}S_n-\frac{1}{n}\sum_{k=1}^{n}S_k\to 0\quad(n\to\infty).$$

解法 2　由题设可知级数 $\sum\limits_{n=1}^{\infty}(n^2a_n)/n^2$ 收敛, 于是依本题 (1) 推出

$$\lim_{n\to\infty}\frac{1}{n}\sum_{k=1}^{n}\frac{k^2a_k}{k}=0.$$

也就是

$$\lim_{n\to\infty}\frac{1}{n}\sum_{k=1}^{n}ka_k=0.$$

这正是本题所要证的结论.

注 若级数 $\sum_{n=1}^{\infty} a_n/n^2$ 收敛, 则依习题 6.19(2) 可知

$$\lim_{n\to\infty}\frac{1}{n}\sum_{k=1}^{n} k\cdot\frac{a_k}{k^2}=0,$$

也就是

$$\lim_{n\to\infty}\frac{1}{n}\sum_{k=1}^{n}\frac{a_k}{k}=0,$$

这正是习题 6.19(1) 中所说的结论. 因此, 再注意习题 6.19(2) 的解法 2, 即可得知习题 6.19 的题 (1) 和题 (2) 是等价的.

6.20 首先证明: 若 $\sum_{n=1}^{\infty} a_n=+\infty$, 则

$$\lim_{m\to\infty}\sum_{n=1}^{\infty} a_{mn}=+\infty.$$

事实上, 此时, 对于任何 $N>0$, 存在充分大的正整数 σ, 使得 $\sum_{n=1}^{\sigma} a_n\geqslant 2N$. 固定此 σ. 由于对每个固定的 $n\in[1,\sigma], a_{mn}\uparrow a_n(m\to\infty)$, 所以存在一个正整数 $m_0(n)$, 使当 $m\geqslant m_0(n)$ 时,$a_{mn}\geqslant a_n/2$. 令

$$M_0=\max\{m_0(1),m_0(2),\cdots,m_0(\sigma)\},$$

那么当 $m\geqslant M_0$ 时,

$$a_{mn}\geqslant\frac{a_n}{2}\quad(n=1,2,\cdots,\sigma).$$

于是

$$\sum_{n=1}^{\infty} a_{mn}\geqslant\sum_{n=1}^{\sigma} a_{mn}\geqslant\sum_{n=1}^{\sigma}\frac{a_n}{2}=\frac{1}{2}\sum_{n=1}^{\sigma} a_n\geqslant\frac{1}{2}\cdot 2N=N,$$

因为 N 可以任意大, 所以上述结论得证.

其次证明: 若 $\sum_{n=1}^{\infty} a_n<+\infty$, 则

$$\lim_{m\to\infty}\sum_{n=1}^{\infty} a_{mn}=\sum_{n=1}^{\infty} a_n.$$

事实上, 因为对于每个 $n\geqslant 1, a_{mn}\uparrow a_n(m\to\infty)$, 所以

$$a_{mn}\leqslant a_n,\quad \sum_{n=1}^{\infty} a_{mn}\leqslant\sum_{n=1}^{\infty} a_n<+\infty,$$

并且

$$\begin{aligned}\left|\sum_{n=1}^{\infty} a_{mn}-\sum_{n=1}^{\infty} a_n\right|&=\left|\sum_{n=1}^{\infty}(a_{mn}-a_n)\right|\\&\leqslant\sum_{n=1}^{\tau}|a_{mn}-a_n|+\sum_{n=\tau+1}^{\infty} a_{mn}+\sum_{n=\tau+1}^{\infty} a_n.\end{aligned}$$

依 $\sum_{n=1}^{\infty} a_n$ 的收敛性, 对于任意给定的 $\varepsilon>0$, 存在充分大的正整数 τ 使得 $\sum_{n=\tau+1}^{\infty} a_n<\varepsilon/3$, 因而

$$\sum_{n=\tau+1}^{\infty} a_{mn}\leqslant\sum_{n=\tau+1}^{\infty} a_n<\varepsilon/3.$$

固定这个 τ. 与上面类似, 由于对每个固定的 $n\in[1,\tau], a_{mn}\uparrow a_n(m\to\infty)$, 所以存在一个正整数 $m_1(n)$, 使当 $m\geqslant m_1(n)$ 时,$0\leqslant a_n-a_{mn}<\varepsilon/(3\tau)$. 令

$$M_1=\max\{m_1(1),m_1(2),\cdots,m_1(\tau)\},$$

那么当 $m\geqslant M_1$ 时,

$$0\leqslant a_n-a_{mn}<\frac{\varepsilon}{3\tau}\quad(n=1,2,\cdots,\tau).$$

于是当 $m\geqslant M_1$ 时有

$$\left|\sum_{n=1}^{\infty}a_{mn}-\sum_{n=1}^{\infty}a_n\right|\leqslant\sum_{n=1}^{\tau}\frac{\varepsilon}{3\tau}+\frac{\varepsilon}{3}+\frac{\varepsilon}{3}=\varepsilon.$$

从而上述结论成立.

6.21　(1) 解法 1　用反证法. 设结论不成立, 则存在一个实数 $\delta>0$, 以及无穷正整数列 $\mathscr{N}\subseteq\mathbb{N}$, 使得 $na_n\geqslant\delta\,(n\in\mathscr{N})$. 我们可在 $\mathscr{N}$ 中选取无穷子列

$$n_1<n_2<\cdots<n_k<n_{k+1}<\cdots,$$

满足不等式

$$n_2>2n_1,\ n_3>2n_2,\ n_4>2n_3,\ \cdots,$$

也就是

$$n_2-n_1>\frac{1}{2}n_2,\ n_3-n_2>\frac{1}{2}n_3,\ n_4-n_3>\frac{1}{2}n_4,\ \cdots.$$

因为 a_n 单调减少, 所以

$$\begin{aligned}
&a_1+a_2+\cdots+a_{n_1}\geqslant n_1a_{n_1}\geqslant\delta,\\
&a_{n_1+1}+a_{n_1+2}+\cdots+a_{n_2}\geqslant(n_2-n_1)a_{n_2}>\frac{1}{2}n_2a_{n_2}\geqslant\frac{1}{2}\delta,\\
&a_{n_2+1}+a_{n_2+2}+\cdots+a_{n_3}\geqslant(n_3-n_2)a_{n_3}>\frac{1}{2}n_3a_{n_3}\geqslant\frac{1}{2}\delta,\\
&\cdots\cdots
\end{aligned}$$

将上述不等式相加, 可知正项级数

$$\begin{aligned}
&(a_1+a_2+\cdots+a_{n_1})+(a_{n_1+1}+a_{n_1+2}+\cdots+a_{n_2})\\
&\quad+(a_{n_2+1}+a_{n_2+2}+\cdots+a_{n_3})+\cdots>\delta+\frac{1}{2}\delta+\frac{1}{2}\delta+\cdots,
\end{aligned}$$

这与 $\sum\limits_{n=1}^{\infty}a_n$ 的收敛性矛盾.

解法 2　因为题中的正项级数收敛, 所以依 Cauchy 收敛准则, 对于任意给定的 $\varepsilon>0$, 当 $m,n(m>n)$ 充分大时,

$$\sum_{k=n}^{m}a_k<\varepsilon.$$

又由 a_k 的单调性知

$$\sum_{k=n+1}^{m}a_k\geqslant(m-n)a_m.$$

于是 $\varepsilon>(m-n)a_m$, 即

$$ma_m<\varepsilon+na_m.$$

因为 $a_k\to0\,(k\to\infty)$, 所以若固定 n, 则可取 m 充分大, 使得 $na_m<\varepsilon$, 从而对于充分大的 m 都有 $ma_m<2\varepsilon$. 于是 $ka_k\to0\,(k\to\infty)$.

(2) 若级数收敛, 则由本题 (1) 知

$$n\sin\frac{\pi}{n}\to 0\quad (n\to\infty),$$

但上述极限等于 π, 所以题中级数发散.

6.22 由

$$z^n+a_1z^{n-1}+\cdots+a_n=(z-\alpha_1)(z-\alpha_2)\cdots(z-\alpha_n)$$

得

$$1+\frac{a_1}{z}+\frac{a_2}{z^2}+\cdots+\frac{a_n}{z^n}=\left(1-\frac{\alpha_1}{z}\right)\left(1-\frac{\alpha_2}{z}\right)\cdots\left(1-\frac{\alpha_n}{z}\right),$$

因此

$$1+a_1x+a_2x^2+\cdots+a_nx^n=(1-\alpha_1x)(1-\alpha_2x)\cdots(1-\alpha_nx).$$

两边取对数, 当 $|x|<1/\max\{|\alpha_1|,\cdots,|\alpha_n|\}$ 时,

$$\begin{aligned}\log(1+a_1x+a_2x^2+\cdots+a_nx^n)&=\sum_{\nu=1}^{n}\log(1-\alpha_\nu x)=-\sum_{\nu=1}^{n}\sum_{k=1}^{\infty}\frac{\alpha_\nu^k}{k}x^k\\&=-\sum_{k=1}^{\infty}\left(\sum_{\nu=1}^{n}\alpha_\nu^k\right)\frac{x^k}{k}=-\sum_{k=1}^{\infty}\frac{s_k}{k}x^k.\end{aligned}$$

6.23 记 $f_n(x)=x^n+nx-1$. 当 $x>0$ 时,$f_n'(x)=nx^{n-1}+n>0$, 所以连续函数 $f_n(x)$ 严格单调增加, 从而由 $f_n(0)=-1<0,f_n(1)=n>0$ 可知存在唯一的 x_n 使 $f_n(x_n)=0$, 并且 $x_n\in(0,1)$, 即 x_n 是唯一的正根.

由 $x_n^n+nx_n-1=0$ 以及 $0<x_n<1$ 可知 $0<x_n<(1-x_n^n)/n<1/n$, 所以 $\alpha>1$ 时 $0<x_n^\alpha<1/n^\alpha$, 因而 $\sum\limits_{n=1}^{\infty}x_n^\alpha$ 收敛.

第 7 章　极值问题

7.1　单变量函数的极值

极大值和极小值统称为"极值", 最大值和最小值统称为"最值".

例 7.1.1　求函数 $f(x)=\mathrm{e}^x+\mathrm{e}^{-x}+2\cos x$ 的极值.

解　(i) 方程 $f'(x)=\mathrm{e}^x-\mathrm{e}^{-x}-2\sin x=0$ 只有一个解 $x=0$. 这是因为 $f''(x)=\mathrm{e}^x+\mathrm{e}^{-x}-2\cos x$, 当 $x\in\mathbb{R}$ 时 $\mathrm{e}^x+\mathrm{e}^{-x}\geqslant 2\mathrm{e}^x\cdot\mathrm{e}^{-x}=2,\cos x\leqslant 1$, 所以 $f''(x)\geqslant 0$, 从而 $f'(x)\uparrow$. 因此我们只有唯一一个驻点 $x=0$.

(ii) 因为 $f''(0)=f'''(0)=0,f^{(4)}(0)=4>0$, 所以 $x=0$ 是极小值点, 相应的极小值 $f(0)=4$. □

例 7.1.2　设 n 是正整数, 求函数

$$f(x)=\left(1+x+\frac{x^2}{2!}+\cdots+\frac{x^n}{n!}\right)\mathrm{e}^{-x}$$

在 $\mathbb{R}$ 上的所有局部极值.

解　我们有

$$f'(x)=\left(1+x+\cdots+\frac{x^{n-1}}{(n-1)!}\right)\mathrm{e}^{-x}-\left(1+x+\cdots+\frac{x^n}{n!}\right)\mathrm{e}^{-x}=-\frac{x^n}{n!}\mathrm{e}^{-x}.$$

仅在 $x=0$ 处 $f'(x)=0$. 若 n 是偶数, 则当 $x\neq 0$ 时 $f'(x)<0$. 在此情形 f 没有任何局部极值. 若 n 是奇数, 则 $f'(x)>0$(当 $x<0$), 以及 $f'(x)<0$ (当 $x>0$). 在此情形 $f(0)=1$ 是 f 的局部极大值, 也是在 $\mathbb{R}$ 上的最大值 (整体极大值). □

例 7.1.3　确定下列函数在 $\mathbb{R}$ 上的所有局部极值:

$$f(x)=\begin{cases}\mathrm{e}^{-1/|x|}\left(\sqrt{2}+\sin\dfrac{1}{x}\right), & x\neq 0,\\ 0, & x=0.\end{cases}$$

解　我们算出: 当 $x>0$ 时 ($|x|=x$),

$$f'(x)=\frac{\mathrm{e}^{-1/x}}{x^2}\left(\sqrt{2}+\sin\frac{1}{x}-\cos\frac{1}{x}\right);$$

当 $x<0$ 时 ($|x|=-x$),

$$f'(x)=\frac{\mathrm{e}^{1/x}}{x^2}\left(-\sqrt{2}-\sin\frac{1}{x}-\cos\frac{1}{x}\right).$$

并且由

$$\lim_{x\to 0+}\frac{1}{x}\left(0-\mathrm{e}^{-1/x}\left(\sqrt{2}+\sin\frac{1}{x}\right)\right)=0,$$

以及

$$\lim_{x\to 0+}\frac{1}{x}\left(0-\mathrm{e}^{1/x}\left(\sqrt{2}-\sin\frac{1}{x}\right)\right)=0,$$

推出

$$f'(0)=0.$$

因为

$$\begin{aligned}\left|\sin\frac{1}{x}\pm\cos\frac{1}{x}\right|&=\sqrt{2}\left|\frac{\sqrt{2}}{2}\sin\frac{1}{x}\pm\frac{\sqrt{2}}{2}\cos\frac{1}{x}\right|\\&=\sqrt{2}\left|\sin\frac{1}{x}\sin\frac{\pi}{4}\pm\cos\frac{1}{x}\cos\frac{\pi}{4}\right|=\left|\cos\left(\frac{1}{x}\mp\frac{\pi}{4}\right)\right|\leqslant\sqrt{2},\end{aligned}$$

所以 $f'(x)\geqslant 0$(当 $x>0$), 以及 $f'(x)\leqslant 0$(当 $x<0$), 从而 f 在任何 $x\neq 0$ 处不出现局部极值. 又因为当 $x\neq 0$ 时 $f(x)>0=f(0)$, 所以在 $x=0$ 处 f 有最小值 (整体极小值)0. □

例 7.1.4 求函数

$$f(x)=\frac{1}{1+|x|}+\frac{1}{1+|x-1|}$$

在 $\mathbb{R}$ 上的最大值和最小值.

解 当 $x>1$ 时,

$$\begin{aligned}f(x)&=\frac{1}{1+x}+\frac{1}{1+x-1}=\frac{1}{1+x}+\frac{1}{x},\\f'(x)&=-\frac{1}{(1+x)^2}-\frac{1}{x^2}<0,\end{aligned}$$

因此 $f(x)<f(1)=3/2$.

当 $0<x<1$ 时,

$$\begin{aligned}f(x)&=\frac{1}{1+x}+\frac{1}{1-x+1}=\frac{1}{1+x}+\frac{1}{2-x},\\f'(x)&=-\frac{1}{(1+x)^2}+\frac{1}{(2-x)^2},\end{aligned}$$

于是 $f'(1/2)=0$; $f'(x)<0$ (当 $0<x<1/2$); $f'(x)>0$ (当 $1/2<x<1$). 因此 $f(1/2)=4/3$ 是函数 f 的局部极小值.

当 $x<0$ 时,

$$f(x)=\frac{1}{1-x}+\frac{1}{1-x+1}=\frac{1}{1-x}+\frac{1}{2-x},$$

$$f'(x)=\frac{1}{(1-x)^2}+\frac{1}{(2-x)^2}>0,$$

因此 $f(x)<f(0)=3/2$.

合起来可知 $f(0)=f(1)=3/2$ 是函数 f 在 $\mathbb{R}$ 上的最大值 (整体极大值). 又因为

$$\lim_{x\to+\infty}f(x)=\lim_{x\to-\infty}f(x)=0,$$

并且对于所有 $x\in\mathbb{R}, f(x)>0$, 所以 $f(x)$ 在 $\mathbb{R}$ 上的下确界为 0, 但没有最小值 (整体极小值). □

* **例 7.1.5**　求函数 $f(x)=2^{-x}+2^{-1/x}\,(x>0)$ 的最大值.

解　这里给出一简一繁两个解法.

解法 1　(i) 因为 $f(1)=1, f(x)=f(1/x)$, 所以我们只需证明当 $x>1$ 时 $f(x)<1$, 即可得知 $f(x)$ 当 $x>0$ 时有最大值 1. 为此, 我们来证明: 当 $x>1$ 时,

$$\frac{1}{2^{1/x}}<1-\frac{1}{2^x}.$$

(ii) 我们首先考虑 $x\geqslant 2$ 的情形. 先来证明

$$1-\frac{x}{2^x}\geqslant\frac{1}{2}\quad(x\geqslant 2).$$

为此, 令 $g(x)=2^{x-1}-x$, 则在 $[2,\infty)$ 上 $g'(x)>0$, 而且 $g(2)=0$, 因而推出这个不等式. 又由于当 $0<x<1$ 且 $\alpha>1$ 时,$(1-x)^\alpha>1-\alpha x$ (在例 8.2.5 中用 $1-x$ 代 x 即得此不等式; 也可令 $h(x)=(1-x)^\alpha-(1-\alpha x)$, 用微分学方法直接证明), 因而

$$\left(1-\frac{1}{2^x}\right)^x>1-\frac{x}{2^x}.$$

由此及刚才所证的不等式, 即得

$$\left(1-\frac{1}{2^x}\right)^x>\frac{1}{2},$$

这表明 $x\geqslant 2$ 时步骤 (i) 中所要证的不等式成立.

(iii) 下面设 $1<x<2$. 定义函数

$$u(x)=\log f(x)=\log(2^x+2^{1/x})-\left(x+\frac{1}{x}\right)\log 2,$$

那么 $u(1)=0$. 我们要证明: 当 $x\in(1,2)$ 时 $u(x)<0$. 由于

$$u'(x)=\log 2+\log\frac{-2^{1/x}+x^{-2}2^x}{2^x+2^{1/x}},$$

所以 $u'(x)<0$, 当且仅当

$$(x^2-1)\log 2<2x\log x\quad(1<x<2).$$

为证明这个不等式成立, 我们令

$$v(x)=(x^2-1)\log 2-2x\log x\quad(1<x<2).$$

于是

$$v'(x)=2(x\log 2-\log x-1),\quad v''(x)=2\left(\log 2-\frac{1}{x}\right),$$

因此当 $x\in(1,1/\log 2)$ 时 $v''(x)<0$; 当 $x\in(1/\log 2,2)$ 时 $v''(x)>0$. 因为 $v'(1)=v'(2)<0$, 所以当 $x\in(1,2)$ 时 $v'(x)<0$. 这就是说, 在此区间上 $v(x)$ 单调递减, 从而 $v(x)<v(1)=0$. 于是当 $x\in(1,2)$ 时 $u'(x)<0$. 由此推出当 $x\in(1,2)$ 时 $u(x)<u(1)=0$, 也就是 $f(x)<1$. 于是当 $1<x<2$ 时步骤 (i) 中所要证的不等式也成立. 于是本题得解.

解法 2 (i) 由 $f'(x)=0$ 可得极值方程 $2^{-x}=2^{-1/x}\cdot(1/x^2)$. 这是一个超越方程, 它显然有一个解 $x=1$, 但不知它有无其他解. 我们猜测 $f(x)$ 在 $(0,\infty)$ 上有最大值 $f(1)=1$. 为此证明: 当 $x\in(0,\infty)$ 时 $2^{-x}+2^{-1/x}\leqslant 1$. 但因为 $f(x)=f(1/x)$, 并且若 x 是最大值点, 则 $1/x$ 也是最大值点, 所以我们只需证明:

$$2^{-x}+2^{-1/x}\leqslant 1\quad(0<x\leqslant 1).$$

特别地, 最大值点 x 满足方程 $2^{-x}+2^{-1/x}=1$.

(ii) 因为最大值点 x 还满足极值方程 $2^{-x}=2^{-1/x}\cdot(1/x^2)$, 或者 $2^{-1/x}=x^2\cdot 2^{-x}$. 我们在方程 $2^{-x}+2^{-1/x}=1$ 中用 $x^2\cdot 2^{-x}$ 代替 $2^{-1/x}$, 可知最大值点 x 满足方程 $2^{-x}+x^2\cdot 2^{-x}=1$, 也就是 $1+x^2=2^x$. 因此, 我们只需证明

$$1+x^2\leqslant 2^x\quad(0<x\leqslant 1),$$

并且等式只当 $x=1$ 时成立.

(iii) 令 $g(x)=1+x^2-2^x$. 由于在 $[0,1]$ 上 $g''(x)$ 存在, 并且 $g''(x)=2-(\log 2)^2 2^x>0$, 所以 $g(x)$ 是 $[0,1]$ 上的凸函数. 因为凸函数只在区间端点取得最大值, 所以步骤 (ii) 中的不等式成立, 于是 $f(x)$ 在 $(0,\infty)$ 上的最大值等于 1. □

例 7.1.6 设 $x\in\mathbb{R}$, 求下列函数的极小值点:

$$f(x)=m_1|x-a_1|+m_2|x-a_2|+\cdots+m_n|x-a_n|,$$

其中 $n\geqslant 2, m_i>0(i=1,\cdots,n), a_1<a_2<\cdots<a_n$.

解 函数图像是一条折线. 因为 $f(x)\geqslant 0\,(x\in\mathbb{R})$, 并且 $f(x)\to+\infty\,(x\to\pm\infty)$, 所以函数的极小值点存在. 我们算出

$$\begin{aligned}
&f'_-(a_1)=-m_1-m_2-\cdots-m_n,\\
&f'_+(a_1)=m_1-m_2-\cdots-m_n,\\
&f'_-(a_2)=m_1-m_2-m_3-\cdots-m_n,\\
&f'_+(a_2)=m_1+m_2-m_3-\cdots-m_n,\\
&\cdots\cdots\\
&f'_-(a_n)=m_1+m_2+\cdots+m_{n-1}-m_n,\\
&f'_+(a_n)=m_1+m_2+\cdots+m_{n-1}+m_n.
\end{aligned}$$

右边的诸式 (按所列次序) 递增, 由负到正, 并且 $f'_+(a_i)=f'_-(a_{i+1})$. 因为 $f(x)$ 在 $[a_i,a_{i+1}]$ 上是一次函数, 所以在 (a_i,a_{i+1}) 上 $f'(x)=f'_+(a_i)=f'_-(a_{i+1})$. 于是有下列可能情形:

(i) 存在下标 l 使得 $f'_-(a_l)<0,f'_+(a_l)>0$. 那么当 $i<l$ 时 $f'_\pm(a_i)\leqslant f'_-(a_l)<0$, 当 $i>l$ 时 $f'_\pm(a_i)\geqslant f'_+(a_l)>0$, 所以 a_l 若存在, 则唯一. 因为 f 当 $x<a_l$ 时递减, 当 $x>a_l$ 时递增, 所以 a_l 就是极小值点 (也是最小值点).

(ii) 存在下标 $l<n$ 使得 $f'_-(a_l)<0,f'_+(a_l)=0$. 那么在 (a_l,a_{l+1}) 上 $f'(x)$ 恒为零, 即 $f(x)$ 是常数; 并且当 $x<a_l$ 时 f 递减, 当 $x>a_{l+1}$ 时 f 递增, 所以 $[a_l,a_{l+1}]$ 上的任意一点都是 f 的极小值点 (也是最小值点); 并且这种区间 $[a_l,a_{l+1}]$ 若存在, 则唯一.

注意, 若对于 $i=1,2,\cdots,n-1$, 总是 $f'_-(a_i)<0,f'_+(a_i)<0$, 那么 $f'_-(a_n)=f'_+(a_{n-1})<0$, 而 $f'_+(a_n)=m_1+m_2+\cdots+m_{n-1}+m_n>0$, 因而情形 (i) 发生, 并且 a_n 就是 f 的极小值点. 总之, 上述两情形总有一种出现. 对于这二者, 我们有 $f'_-(a_l)<0,f'_+(a_l)\geqslant 0$, 也就是

$$
\begin{aligned}
&m_1+\cdots+m_{l-1}-m_l-\cdots-m_n<0,\\
&m_1+\cdots+m_{l-1}+m_l-m_{l+1}-\cdots-m_n\geqslant 0,
\end{aligned}
$$

由第一式得 $m_1+\cdots+m_{l-1}<m_l+\cdots+m_n, 2(m_1+\cdots+m_{l-1})<m_1+\cdots+m_n$; 由第二式得 $m_1+\cdots+m_l\geqslant m_{l+1}+\cdots+m_n, 2(m_1+\cdots+m_l)\geqslant m_1+\cdots+m_n$. 因此,$f$ 的极小值点 a_l 的下标 l 由下列不等式唯一确定:

$$
m_1+\cdots+m_{l-1}<\frac{1}{2}\sum_{i=1}^{n}m_i,\quad m_1+\cdots+m_l\geqslant\frac{1}{2}\sum_{i=1}^{n}m_i. \qquad \square
$$

7.2　多变量函数的极值

例 7.2.1　求函数

$$
f(x,y)=\frac{xy}{(x+1)(y+1)(x+y)}\quad (x,y\geqslant 0)
$$

的极值.

解　计算 $\log f(x,y)$ 的导数:

$$
\begin{aligned}
\frac{1}{f(x,y)}\frac{\partial f}{\partial x}(x,y)&=\frac{y-x^2}{x(1+x)(x+y)},\\
\frac{1}{f(x,y)}\frac{\partial f}{\partial y}(x,y)&=\frac{x-y^2}{y(1+y)(x+y)}.
\end{aligned}
$$

令它们等于 0, 解 $y-x^2=x-y^2=0$ 得 $x=y=1$. 在点 (1,1) 的邻域内研究 f, 令 $x=1+\delta,y=1+\theta$, 则得

$$
f(x,y)=\frac{(1+\delta)(1+\theta)}{8\left(1+\dfrac{\delta}{2}\right)\left(1+\dfrac{\theta}{2}\right)\left(1+\dfrac{\delta+\theta}{2}\right)}.
$$

当 $|\delta|,|\theta|$ 充分小时有

$$\begin{aligned}f(x,y)&=\frac{1}{8}\left(1+\frac{\delta}{2}-\frac{\delta^2}{4}\right)\left(1+\frac{\theta}{2}-\frac{\theta^2}{4}\right)\cdot\left(1+\frac{\delta+\theta}{2}-\frac{(\delta+\theta)^2}{4}\right)+o(\delta^2+\theta^2)\\&=\frac{1}{8}-\frac{\delta^2-\delta\theta+\theta^2}{32}+o(\delta^2+\theta^2)\\&=f(1,1)-\frac{\delta^2-\delta\theta+\theta^2}{32}+o(\delta^2+\theta^2).\end{aligned}$$

因为 $\delta^2-\delta\theta+\theta^2=(\delta-\theta/2)^2+3\theta^2/4\geqslant 0$ (即 $\delta^2-\delta\theta+\theta^2$ 正定), 所以 $f(x,y)$ 在点 $(1,1)$ 有极大值 $1/8$.

注意: 当 $x,y\geqslant 0$ 时,$1+x\geqslant 2\sqrt{x},1+y\geqslant 2\sqrt{y},x+y\geqslant 2\sqrt{xy}$, 所以 $f(x,y)\leqslant 1/8$, 因此实际上在点 $(1,1)$ 函数 f 取最大值 $1/8$. □

注 上面的解法是一般教材中讲述的方法 (传统方法) 的一种变体, 本质上两者是一致的. 对此还可参见习题 7.6 的解.

* **例 7.2.2** 求函数

$$f(x,y,z)=(x-1)^2+\left(\frac{y}{x}-1\right)^2+\left(\frac{z}{y}-1\right)^2+\left(\frac{4}{z}-1\right)^2$$

在区域 $1\leqslant x\leqslant y\leqslant z\leqslant 4$ 中的最大值和最小值.

解 这里给出四种解法.

解法 1 (i) 先考虑函数

$$\phi(x)=\phi(x;a,b)=\left(\frac{x}{a}-1\right)^2+\left(\frac{b}{x}-1\right)^2,\quad a\leqslant x\leqslant b,$$

其中 $0<a<b$ 为常数. 在其中令 $x=az,b=ac$, 将所得函数记为

$$g(z)=\phi(az;a,ac)=(z-1)^2+\left(\frac{c}{z}-1\right)^2,\quad 1\leqslant z\leqslant c.$$

那么 $g'(z)=2(z^4-z^3+cz-c^2)/z^3$. 由 $g'(z)=0$ 得到

$$z^4-z^3+cz-c^c=(z^2-c)(z^2-z+c)=0.$$

因为 $1\leqslant z\leqslant c$, 所以 $z^2-z+c>0$, 因而上式有唯一解 $z=\sqrt{c}$(驻点). 因为当 $1\leqslant z\leqslant\sqrt{c}$ 时 $g'(z)\leqslant 0$, 当 $\sqrt{c}\leqslant z\leqslant c$ 时 $g'(z)\geqslant 0$, 所以 $z=\sqrt{c}$ 是 $g(z)$ 的唯一的局部极小值点. 比较端点值:

$$g(1)=g(c)=(c-1)^2=(\sqrt{c}+1)^2(\sqrt{c}-1)^2>2(\sqrt{c}-1)^2=g(\sqrt{c}).$$

因此

$$\min_{1\leqslant z\leqslant c}g(z)=g(\sqrt{c}).$$

与函数 g 的最小值点 $z=\sqrt{c}$ 相对应, 函数 ϕ 的最小值点 $x=a\cdot\sqrt{c}=a\cdot\sqrt{b/a}=\sqrt{ab}$, 于是我们有

$$\min_{a\leqslant x\leqslant b}\phi(x)=\phi(\sqrt{ab}).$$

(ii) 因为题中的函数 $f(x,y,z)$ 定义在闭域上且下有界, 所以最小值 m 存在. 若最小值点是 (x_0,y_0,z_0), 则

$$(x_0-1)^2+\left(\frac{y_0}{x_0}-1\right)^2=m-\left(\frac{z_0}{y_0}-1\right)^2-\left(\frac{4}{z_0}-1\right)^2.$$

将上式右边的式子记作 m_0, 并令

$$f_0(x)=(x-1)^2+\left(\frac{y_0}{x}-1\right)^2,$$

那么必定

$$\min_{1\leqslant x\leqslant y_0} f_0(x)=m_0.$$

因若不然, 则存在点 $x_0^*\in[1,y_0]$, 使得

$$f_0(x_0^*)=m_0^*<m_0,$$

于是

$$\begin{aligned}f(x_0^*,y_0,z_0)&=m_0^*+\left(\frac{z_0}{y_0}-1\right)^2+\left(\frac{4}{z_0}-1\right)^2\\&<m_0+\left(\frac{z_0}{y_0}-1\right)^2+\left(\frac{4}{z_0}-1\right)^2=m,\end{aligned}$$

这与 m 的定义矛盾. 因此上述结论成立.

(iii) 因为 $f_0(x)=\phi(x;1,y_0)$, 所以由步骤 (i) 中的结果推出

$$x_0=\sqrt{1\cdot y_0}.$$

用类似的推理, 由函数 $\phi(y;x,z)$ 和 $\phi(z;y,4)$ 可以得到

$$y_0=\sqrt{x_0\cdot z_0},\quad z_0=\sqrt{4y_0}.$$

由上列三式解出

$$x_0=\sqrt{2},\quad y_0=2,\quad z_0=2\sqrt{2},$$

于是函数 f 在所给区域中的最小值 $=f(\sqrt{2},2,2\sqrt{2})=4(\sqrt{2}-1)^2=12-8\sqrt{2}$.

解法 2　所给区域是一个四面体 $ABCD$ 的内部 (含表面). 它的四个顶点的坐标是 $A(1,1,1),B(1,1,4),C(1,4,4),D(4,4,4)$; 它的表面 ABC 和 BCD 分别在平面 $x=1$ 和 $z=4$ 上, 表面 ABD 和 ACD 分别在平面 $x=y$ 和 $y=z$ 上. 这是一个闭域, 因此函数有最小值.

(i) 求驻点. 我们算出

$$\begin{aligned}\frac{\partial f}{\partial x}&=2(x-1)+2\left(\frac{y}{x}-1\right)\left(-\frac{y}{x^2}\right)\\&=\frac{2}{x^2}(x^2-y)(x^2+y-x),\\\frac{\partial f}{\partial y}&=2\left(\frac{y}{x}-1\right)\cdot\frac{1}{x}+2\left(\frac{z}{y}-1\right)\left(-\frac{z}{y^2}\right)\end{aligned}$$

$$
\begin{aligned}
&= \frac{2}{x^2y^2}(y^2-xz)(y^2+xz-xy),\\
\frac{\partial f}{\partial z} &= 2\left(\frac{z}{y}-1\right)\cdot\frac{1}{y}+2\left(\frac{4}{z}-1\right)\left(-\frac{4}{z^2}\right)\\
&= \frac{2}{y^2z^2}(z^2-4y)(z^2+4y-yz).
\end{aligned}
$$

由题设条件 $1\leqslant x\leqslant y\leqslant z\leqslant 4$ 可知 $x^2+y-x>0, y^2+xz-xy>0, z^2+4y-yz>0$, 所以方程组

$$
\frac{\partial f}{\partial x}=0,\quad \frac{\partial f}{\partial y}=0,\quad \frac{\partial f}{\partial z}=0
$$

有唯一的一组正解, 它们由

$$
x=\sqrt{y},\quad y=\sqrt{xz},\quad z=\sqrt{2y}
$$

确定, 于是得到函数 f 在四面体 $ABCD$ 内唯一的驻点

$$
(x,y,z)=(\sqrt{2},2,2\sqrt{2}).
$$

而相应的函数值

$$
f(\sqrt{2},2,2\sqrt{2})=4(\sqrt{2}-1)^2=12-8\sqrt{2}.
$$

(ii) 计算在边界上函数 f 的可能的局部极值.

在面 ABC 上 (位于平面 $x=1$ 上), 函数 f 取下列形式:

$$
g(y,z)=f(1,y,z)=(y-1)^2+\left(\frac{z}{y}-1\right)^2+\left(\frac{4}{z}-1\right)^2,
$$

并且满足条件 $1\leqslant y\leqslant z\leqslant 4$. 由

$$
\frac{\partial g}{\partial y}=0,\quad \frac{\partial g}{\partial z}=0,
$$

得到方程组

$$
\begin{aligned}
&(y^2-z)(y^2-y+z)=0,\\
&(z^2-4y)(z^2+4y-yz)=0,
\end{aligned}
$$

由条件 $1\leqslant y\leqslant z\leqslant 4$ 可知 $y^2-y+z>0, z^2+4y-yz>0$, 所以 $y^2=z, z^2=4y$, 我们得到函数 g 的唯一的驻点 $(y,z)=(\sqrt[3]{4},2\sqrt[3]{2})$. 而相应的函数值

$$
f(1,\sqrt[3]{4},2\sqrt[3]{2})=g(\sqrt[3]{4},2\sqrt[3]{2})=3+2\sqrt[3]{2}.
$$

在面 BCD 上 (位于平面 $z=4$ 上), 函数 f 取下列形式:

$$
h(y,z)=f(x,y,4)=(x-1)^2+\left(\frac{y}{x}-1\right)^2+\left(\frac{4}{y}-1\right)^2,
$$

并且满足条件 $1\leqslant x\leqslant y\leqslant 4$. 与刚才类似地求出 (实际上, 只需将刚才计算中分别用 x,y 代 y,z)

$$
f(\sqrt[3]{4},2\sqrt[3]{2},4)=h(\sqrt[3]{4},2\sqrt[3]{2})=3+2\sqrt[3]{2}.
$$

在面 ABD 上 (位于平面 $x=y$ 上), 函数 f 取下列形式:

$$u(y,z)=f(y,y,z)=(y-1)^2+\left(\frac{z}{y}-1\right)^2+\left(\frac{4}{z}-1\right)^2,$$

并且满足条件 $1\leqslant y\leqslant z\leqslant 4$. 这与上述在面 ABC 上 (平面 $x=1$ 上) 的情形是一样的.

在面 ACD 上 (位于平面 $y=z$ 上), 函数 f 取下列形式:

$$v(x,y)=f(x,y,y)=(x-1)^2+\left(\frac{y}{x}-1\right)^2+\left(\frac{4}{y}-1\right)^2,$$

并且满足条件 $1\leqslant x\leqslant y\leqslant 4$. 这与上述在面 BCD 上 (平面 $z=4$ 上) 的情形是一样的.

在棱 AB 上,$x=1,y=1$, 函数 f 取下列形式:

$$w(z)=f(1,1,z)=(z-1)^2+\left(\frac{4}{z}-1\right)^2 \quad (1\leqslant z\leqslant 4).$$

函数 w 在区间 $(1,4)$ 中有唯一的驻点 $z=2$, 相应的函数值

$$f(1,1,2)=w(2)=2.$$

类似地求出: 在棱 BC 上,$f(1,y,4)\,(1\leqslant y\leqslant 4)$ 有唯一的驻点 $y=2$, 相应的函数值

$$f(1,2,4)=2.$$

在棱 CD 上,$f(x,4,4)\,(1\leqslant x\leqslant 4)$ 有唯一的驻点 $x=2$, 相应的函数值

$$f(2,4,4)=2.$$

在棱 AD 上,$f(x,x,x)\,(1\leqslant x\leqslant 4)$ 有唯一的驻点 $x=2$, 相应的函数值

$$f(2,2,2)=2.$$

最后, 计算 f 在四面体 $ABCD$ 的顶点上的值. 我们有

$$f(1,1,1)=f(1,1,4)=f(1,4,4)=f(4,4,4)=9.$$

(iii) 由于步骤 (ii) 中所有函数值 (无论它们是否为局部极值) 都 $>12-8\sqrt{2}=f(\sqrt{2},2,2\sqrt{2})$, 因此所求的函数 f 的最小值是 $f(\sqrt{2},2,2\sqrt{2})=2-8\sqrt{2}$.

解法3　作代换

$$a=x,\quad b=\frac{y}{x},\quad c=\frac{z}{y},\quad d=\frac{4}{z},$$

则函数 f 可表示为

$$g(a,b,c,d)=(a-1)^2+(b-1)^2+(c-1)^2+(d-1)^2,$$

其中 $1\leqslant a,b,c,d\leqslant 4$, 并且满足约束条件 $abcd=4$. 引入 Lagrange 乘子 λ, 考虑函数

$$G(a,b,c,d,\lambda)=(a-1)^2+(b-1)^2+(c-1)^2+(d-1)^2+\lambda(abcd-4).$$

我们由 $\partial G/\partial a=0,\cdots,\partial G/\partial\lambda=0$ 得到

$$2(a-1)+\lambda bcd=0,\quad 2(b-1)+\lambda acd=0,$$
$$2(c-1)+\lambda abd=0,\quad 2(d-1)+\lambda abc=0,\quad abcd-4=0.$$

因此推出 $2a(a-1)+\lambda abcd=2a(a-1)+4\lambda=0, a(a-1)=-2\lambda$, 类似地, $b(b-1)=c(c-1)=d(d-1)=-2\lambda$. 于是 $a(a-1)=b(b-1),(a-b)(a+b-1)=0$. 因为 $a+b-1>0$, 所以 $a=b$. 类似地, $a=b=c=d$. 由此及 $abcd=4$ 可得

$$a=b=c=d=\sqrt[4]{4}=\sqrt{2},$$

从而

$$x=\sqrt{2},\quad y=2,\quad z=2\sqrt{2},$$

并且 $f(\sqrt{2},2,2\sqrt{2})=4(\sqrt{2}-1)$. 由于在边界上 a,b,c,d 中只有一个等于 4, 其余都等于 1, 所以 f 的边界值 $=9>4(\sqrt{2}-1)$, 因而 f 有最小值 $4(\sqrt{2}-1)$.

解法4 令

$$a=x-1,\quad b=\frac{y}{x}-1,\quad c=\frac{z}{y}-1,\quad d=\frac{4}{z}-1.$$

由算术–几何平均不等式得

$$a^2+b^2+c^2+d^2\geqslant 4\sqrt[4]{a^2b^2c^2d^2},$$

并且等式当且仅当 $a^2=b^2=c^2=d^2$ 时成立. 由此不难得到结果 (细节由读者完成). □

* **例 7.2.3** 用下式定义 $D=[0,1]\times[0,1]$ 上的函数

$$f(x,y)=\begin{cases} x(1-y), & x\leqslant y,\\ y(1-x), & x>y.\end{cases}$$

求 $f(x,y)$ 在 D 上的最大值和最小值.

解 令

$$g(x,y)=x(1-y),\quad h(x,y)=y(1-x),\quad (x,y)\in D.$$

那么 $f(x,y)=\min\{g(x,y),h(x,y)\}$. 因为在 D 上函数 g,h 连续, 所以函数 f 也连续. 又因为 D 是闭集, 所以 f 在 D 上取得最大值和最小值. 由于 f 在 D 的边界上为 0, 在 D 的内部严格大于 0, 所以 $f(x)$ 在 D 上的最小值 $=0$, 而最大值在 D 的内部达到.

设 $(x,y)\in D$. 若 $x\leqslant y$, 则 $x(1-y)\leqslant y(1-y)$; 若 $x\geqslant y$, 则 $y(1-x)\leqslant x(1-x)$. 因此 f 的最大值在正方形 D 的连接点 (0,0) 和 (1,1) 的对角线上达到. 依算术–几何平均不等式, 函数 $\mathrm{d}(t)=t(1-t)$ 在 $t=1-t$ 也就是 $t=1/2$ 时值最大, 因此 $f(x)$ 在 D 上的最大值 $=\mathrm{d}(1/2,1/2)=1/4$. □

例 7.2.4 求函数 $f(x,y,z)=x^2+y^2+(z-1)^2$ 在约束条件 $3x^2-2xy+2y^2-2x-6y+7=0$ 下的最值.

解 我们给出三种解法, 其中第二种解法是纯几何方法, 比较直观, 第三种解法不应用微积分, 即所谓初等方法.

解法 1　我们在约束条件

$$3x^2-2xy+2y^2-2x-6y+7=0$$

(这是一个柱面方程) 下确定函数

$$f(x,y,z)=x^2+y^2+(z-1)^2$$

的最值. 设 λ 为 Lagrange 乘子, 令

$$F(x,y,z,\lambda)=x^2+y^2+(z-1)^2-\lambda(3x^2-2xy+2y^2-2x-6y+7).$$

由 $\partial F/\partial x=0,\partial F/\partial y=0,\partial F/\partial z=0$, 得到

$$\begin{aligned}&2x+\lambda(6x-2y-2)=0,\\&2y+\lambda(-2x+4y-6)=0,\\&2(z-1)=0.\end{aligned}$$

若 $6x-2y-2=0$, 则由上面第一个方程解出 $x=0,y=-1$, 但这组值不满足约束条件, 且由上面第三个方程知 $z=1$, 因此点 $(0,-1,1)$ 不在所给的柱面上. 同样, 若 $-2x+4y-6=0$, 则由上面第二个方程也导出类似情形. 我们定义集合

$$S=\{(x,y,z)\in\mathbb{R}^3\mid 6x-2y-2=0,-2x+4y-6=0\}=\{(1,2,z)\mid z\in\mathbb{R}\},$$

那么容易验证 S 含在约束集中.

现在设 $6x-2y-2\neq0,-2x+4y-6\neq0$, 那么由上面三个方程中的第一个和第二个推出

$$\frac{2x}{6x-2y-2}=\frac{2y}{-2x+4y-6}\ (=\lambda),$$

因此

$$x^2+xy-y^2+3x-y=0.$$

将它乘以 2, 然后与约束方程相加, 得到

$$5x^2+4x-8y+7=0,$$

于是 $y=(5x^2+4x+7)/8$. 将此式代入约束方程, 我们得到

$$5(x-1)^2\big(5(x+1)^2+16\big)=0.$$

由此求得 $x=1$, 从而 $y=2$. 但 $(1,2,z)\in S$, 这与假设 $6x-2y-2\neq0,-2x+4y-6\neq0$ 矛盾. 这表明极值点不可能含在集合 S 外.

为了在 S 中寻找极值点, 我们可以考虑在约束条件 $6x-2y-2=0,-2x+4y-6=0$ 下求函数 $f(x,y,z)$ 的极值问题. 但下列方法更简单: 在集合 S 中点的坐标 $x=1,y=2$, 所以目标函数

$$f(x,y,z)=f(1,2,z)=5+(z-1)^2,$$

显然它有极小值 5(当 $z=1$). 因为约束方程表示三维空间中的柱面, 所以可以判断 5 是函数 f 的最小值, 在点 $(1,2,1)$ 处达到, 并且没有最大值.

解法 2 (i) 我们将空间坐标系的原点 $(0,0,0)$ 平移到点 $(0,0,1)$, 并且考察平移后得到的坐标面 Oxy(我们在此仍然用 (x,y) 表示这个二维空间的点的坐标而不会引起混淆). 因为原约束方程不含 z, 所以此时其形式不变 (但将它的几何意义理解为平面曲线), 原目标函数 f 则成为 $g(x,y)=x^2+y^2$. 于是原问题等价于求二维平面 Oxy 上, 原点 $(0,0)$ 与平面曲线

$$3x^2-2xy+2y^2-2x-6y+7=0$$

上的点间的距离的最值.

(ii) 我们知道, 一般二次平面曲线

$$ax^2+2bxy+cy^2+2dx+2ey+f=0$$

的中心 (x_0,y_0) 由方程组

$$ax_0+by_0+d=0,\quad bx_0+cy_0+e=0$$

确定, 因此步骤 (i) 中所说的二次曲线的中心是 $(1,2)$. 在 Oxy 平面上作平移变换

$$x=X+1,\quad y=Y+2,$$

那么上述二次曲线在新坐标系下有方程

$$3X^2-2XY+2Y^2=0,$$

而函数 g 成为 $G(X,Y)=(X+1)^2+(Y+2)^2$. 我们将方程 $3X^2-2XY+2Y^2=0$ 配方为

$$(3X-Y)^2+5Y^2=0,$$

可见二元二次方程 $3x^2-2xy+2y^2-2x-6y+7=0$ 表示退化二次曲线, 亦即 (坐标系 OXY 中的) 单个点 $(0,0)$. 于是函数 $G(X,Y)$ 有极小值也是最小值 $G(0,0)=5$. 回到原来的三维空间, 可知题中所给约束方程

$$3x^2-2xy+2y^2-2x-6y+7=0$$

表示退化柱面 $\{(1,2,z)\mid z\in\mathbb{R}\}$, 即通过点 $(1,2,0)$ 与 z 轴平行的直线. 于是非常明显地看出: 要求的最值等于原点 $(0,0,0)$ 与点 $(1,2,0)$ 间距离的平方即 5, 并且是最小值, 而没有最大值.

解法 3 约束方程可写成

$$2y^2-(2x+6)y+(3x^2-2x+7)=0.$$

作为 x 的二次方程, 它有实根, 因而它的判别式

$$\bigl(-(2x+6)\bigr)^2-4\cdot2\cdot(3x^2-2x+7)\geqslant0,$$

也就是

$$-5(x-1)^2 \geqslant 0.$$

因此 $x=1$, 由此算出 $y=2$(二重根). 于是得知原问题的约束集是

$$S=\{(1,2,z) \mid z \in \mathbb{R}\},$$

从而得到 $f(x,y,z)=x^2+y^2+(z-1)^2=5+(z-1)^2$ 有极小值 5(当 $z=1$). 由几何的考虑,5 就是所要求的最小距离. □

例 7.2.5 设 $a>b>c>0$, 求函数

$$f(x,y,z)=(ax^2+by^2+cz^2)\exp(-x^2-y^2-z^2)$$

的全部极值.

解 我们有

$$\frac{\partial f}{\partial x}=2x\exp(-x^2-y^2-z^2)\big(a-(ax^2+by^2+cz^2)\big),$$
$$\frac{\partial f}{\partial y}=2y\exp(-x^2-y^2-z^2)\big(b-(ax^2+by^2+cz^2)\big),$$
$$\frac{\partial f}{\partial z}=2z\exp(-x^2-y^2-z^2)\big(c-(ax^2+by^2+cz^2)\big).$$

由 $\partial f/\partial x=0$, 等等, 得到

$$x=0 \quad \text{或} \quad a=ax^2+by^2+cz^2,$$
$$y=0 \quad \text{或} \quad b=ax^2+by^2+cz^2,$$
$$z=0 \quad \text{或} \quad c=ax^2+by^2+cz^2.$$

由此我们得到 2^3 个不同的三元方程组.

由 $x=0,y=0,z=0$ 得到驻点 $(0,0,0)$. 因为 $a,b,c>0$, 所以 f 在 $\mathbb{R}^3$ 上非负, 从而 $(0,0,0)$ 是极小值点, 极小值 $=0$.

若上述三元方程组的解 (x,y,z) 只有两个坐标为零, 例如 $y=z=0$, 那么它由三元方程组

$$a=ax^2+by^2+cz^2, \quad y=0, \quad z=0$$

产生, 于是得到驻点 $(\pm1,0,0)$. 类似地还有 $(0,\pm1,0)$ 和 $(0,0,\pm1)$.

若上述三元方程组的解 (x,y,z) 只有一个坐标为零, 例如 $x=0$, 那么它由三元方程组

$$x=0, \quad b=ax^2+by^2+cz^2, \quad c=ax^2+by^2+cz^2$$

产生, 于是 $b=c$, 这与题设条件矛盾, 因此这种驻点不可能出现. 同理, 坐标全不为零的驻点也不可能出现.

总之, 一共有 7 个驻点. 除 $(0,0,0)$ 外, 我们逐个考察驻点 $(\pm1,0,0)$, $(0,\pm1,0)$ 和 $(0,0,\pm1)$, $\cdots$, 为此计算二阶偏导数, 例如

$$a_{11}=\frac{\partial^2 f}{\partial x^2}=2\exp(-x^2-y^2-z^2)\big(a-(5ax^2+by^2+cz^2)+2x^2(ax^2+by^2+cz^2)\big),$$

$$a_{12}=\frac{\partial^2 f}{\partial x\partial x}=-4xy\exp(-x^2-y^2-z^2)\big((a+b)-(ax^2+by^2+cz^2)\big),$$

等等 (其余的偏导数 $a_{22},a_{33},a_{13},\cdots$ 形式与上二式类似, 只是某些字母轮换).

对于点 $(\pm1,0,0)$, 对应的 Hesse 矩阵是

$$\begin{pmatrix}-4a\mathrm{e}^{-1} & 0 & 0\\ 0 & 2(b-a)\mathrm{e}^{-1} & 0\\ 0 & 0 & 2(c-a)\mathrm{e}^{-1}\end{pmatrix}.$$

因为 $a>b>c>0$, 所以矩阵的对角元素全为负数, 因而二次形

$$Q(x_1,x_2,x_3)=\sum_{i,j=1}^{3}a_{ij}x_ix_j$$

负定, 于是 f 在点 $(\pm1,0,0)$ 有局部极大值 $f(\pm1,0,0)=a\mathrm{e}^{-1}$.

对于点 $(0,\pm1,0)$ 和 $(0,0,\pm1)$, 对应的 Hesse 矩阵分别是

$$\begin{pmatrix}2(a-b)\mathrm{e}^{-1} & 0 & 0\\ 0 & -4b\mathrm{e}^{-1} & 0\\ 0 & 0 & 2(c-b)\mathrm{e}^{-1}\end{pmatrix},$$

和

$$\begin{pmatrix}2(a-c)\mathrm{e}^{-1} & 0 & 0\\ 0 & -2(b-c)\mathrm{e}^{-1} & 0\\ 0 & 0 & -4c\mathrm{e}^{-1}\end{pmatrix},$$

它们的对角元素的符号分别是正、负、负以及正、正、负, 因而上述二次形不定, 于是 f 在此四点没有局部极值.

合起来, 我们得到: f 在 $(0,0,0)$ 取极小值 (也是最小值)0, 在点 $(\pm1,0,0)$ 有极大值 (也是最大值)$a\mathrm{e}^{-1}$. □

例 7.2.6 求函数 $f(x,y,z)=xyz(x+y+z-1)$ 在 $\mathbb{R}^3$ 上的所有极值.

解 我们由

$$\frac{\partial f}{\partial x}=yz(2x+y+z-1)=0,$$
$$\frac{\partial f}{\partial y}=xz(2x+2y+z-1)=0,$$
$$\frac{\partial f}{\partial z}=xy(2x+y+2z-1)=0,$$

得到三种类型的解:

(A) 一个坐标任意, 另两个坐标为 0, 即 $(x,0,0)(x\in\mathbb{R})$; $(0,y,0)(y\in\mathbb{R})$; $(0,0,z)(z\in\mathbb{R})$.

(B) 两个坐标非 0, 另一个坐标为 0, 即 $(0,y,z)(y,z\neq0)$; $(x,0,z)(x,z\neq0)$; $(x,y,0)(x,y\neq0)$.

(C) 三个坐标全不为 0, 那么我们求出解是 $(1/4,1/4,1/4)$.

我们还算出

$$a_{11}=\frac{\partial^2 f}{\partial^2 x}=2yz,\quad a_{22}=2xz,\quad a_{33}=2xy,$$

以及

$$\begin{aligned} a_{12}=a_{21}&=\frac{\partial^2 f}{\partial x\partial y}=2xz+2yz+z^2-z,\\ a_{13}=a_{31}&=2xy+2yz+y^2-y,\\ a_{23}=a_{32}&=2xy+2xz+x^2-x. \end{aligned}$$

对于 (A) 型解, 例如点 $(x,0,0)(x\in\mathbb{R})$,Hasse 矩阵是

$$(x^2-x)\begin{pmatrix}0&0&0\\0&0&1\\0&1&0\end{pmatrix},$$

当 $x\neq 0,1$ 时, 行列式

$$\det(a_{11})=\det(a_{i,j})_{1\leqslant i,j\leqslant 2}=\det(a_{i,j})_{1\leqslant i,j\leqslant 3}=0,$$

对应的二次型不定; 实际上, 此时 $Q(x_1,x_2,x_3)=2(x^2-x)x_2x_3$ 可取正值也可取负值. 因而它们不是极值点. 当 $x=0$ 时, 对于充分小的 $\delta>0$, 我们取 t 满足 $0<t<1/3$ 及 $3t^2<\delta^2$, 那么点 (t,t,t) 和 $(t,-t,t)$ 含在以原点为中心、δ 为半径的球中, 并且 $f(t,t,t)<0, f(t,-t,t)>0$, 而 $f(0,0,0)=0$, 因此 $(0,0,0)$ 不是极值点. 当 $x=1$ 时, 我们取 t 满足 $0<2t^2<\delta^2$, 那么点 $(1,t,t)$ 和 $(1,-t,-t)$ 含在以 $(1,0,0)$ 为中心、δ 为半径的球中, 并且 $f(1,t,t)>0, f(1,-t,-t)<0$, 而 $f(1,0,0)=0$, 因此 $(1,0,0)$ 也不是极值点.

如果我们不应用二次型, 当 $x\neq 0,1$ 时, 取 t 满足 $0<2|t|<|x-1|$ 以及 $2t^2<\delta^2$, 那么点 (x,t,t) 和 $(x,t,-t)$ 都在以 $(x,0,0)$ 为中心、δ 为半径的球中, 并且 $f(x,t,t)=xt^2(x+2t-1)$ 与 $f(x,t,-t)=-xt^2(x-1)$ 反号, 而 $f(x,0,0)=0$. 因此也推出 $(x,0,0)(x\neq 0,1)$ 不是极值点.

类似地可知,(A) 型解都不是极值点.

对于 (B) 型解, 例如点 $(0,y,z)(y,z\neq 0)$, 由 $yz(2x+y+z-1)=0$ 可知 $y+z=1$, 从而 $y,z\neq 1$.Hasse 矩阵是

$$-(y^2-y)\begin{pmatrix}2&1&1\\1&0&1\\1&1&0\end{pmatrix}.$$

注意 $y^2-y\neq 0$, 我们可推出行列式 $\det(a_{11})$ 与 y^2-y 反号, $\det(a_{i,j})_{1\leqslant i,j\leqslant 2}$ 与 y^2-y 同号, $\det(a_{i,j})_{1\leqslant i,j\leqslant 3}=0$, 因此上述二次型不定, 从而得知 $(0,y,z)(y,z\neq 0)$ 不是极值点.

如果我们不应用二次型, 当 $y,z\neq 0, y+z=1$ 时, 取 t 满足 $0<|t|<\min\{|y|,|z|\}$ 以及 $3t^2<\delta^2$, 那么 $(\pm t,y+t,z+t)$ 都含在以 $(0,y,z)$ 为中心、δ 为半径的球中, 并且因为

$$\left|y+\frac{1}{2}t\right|\geqslant|y|-\frac{1}{2}|t|=|y|-|t|+\frac{1}{2}|t|>\frac{1}{2}|t|,$$

因此

$$\left(y+\frac{1}{2}\right)^2 > \frac{1}{4}t^2, \quad y^2+yt>0, \quad y(y+t)>0,$$

亦即 $y+t$ 与 y 同号. 类似地,$z+t$ 与 z 同号. 因此 $(y+t)(z+t)$ 与 yz 同号. 由此推出 $f(t,y+t,z+t)=3t^2(y+t)(z+t)$ 与 yz 同号, 同时 $f(-t,y+t,z+t)=-t^2(y+t)(z+t)$ 与 yz 反号. 注意 $f(0,y,z)=0$, 因此 $(0,y,z)(y,z\neq 0)$ 不是极值点.

类似地可知,(B) 型解都不是极值点.

最后, 对于 (C) 型解 $(1/4,1/4,1/4)$,Hasse 矩阵是

$$\frac{1}{16}\begin{pmatrix} 2 & 1 & 1 \\ 1 & 2 & 1 \\ 1 & 1 & 2 \end{pmatrix}.$$

我们可推出行列式 $\det(a_{11}), \det(a_{i,j})_{1\leqslant i,j\leqslant 2}$ 以及 $\det(a_{i,j})_{1\leqslant i,j\leqslant 3}$ 全为正, 因此上述二次型正定; 实际上, 此时

$$Q(x_1,x_2,x_3)=\frac{1}{16}\left((x_1+y_1)^2+(x_2+x_3)^2+(x_3+x_1)^2\right).$$

因此 $(0,y,z)(y,z\neq 0)$ 是极小值点.

综而言之,f 在 $\mathbb{R}^3$ 上有唯一的极小值点 $(1/4,1/4,1/4)$, 也是最小值点, 最小值等于 $-1/256$. □

例 7.2.7 定义函数

$$f(x,y)=\begin{cases} x^2+y^2-2x^2y-\dfrac{4x^6y^2}{(x^4+y^2)^2}, & (x,y)\neq(0,0), \\ 0, & (x,y)=(0,0). \end{cases}$$

证明:

(1) f 在原点 $(0,0)$ 连续.

(2) f 限制在过原点的直线上时, 在 $(0,0)$ 处取严格局部极小值.

(3) $(0,0)$ 不是 f 的局部极小值点.

解 (1) 因为 $4x^4y^2\leqslant(x^4+y^2)^2$, 所以 $0\leqslant 4x^6y^2/(x^4+y^2)^2\leqslant x^2$. 因此当 $(x,y)\neq(0,0),(x,y)\to(0,0)$ 时, $f(x,y)\to 0=f(0,0)$. 即 f 在 $(0,0)$ 处连续.

(2) 在此给出两个解法.

解法 1 首先, 当在直线 $y=kx\,(k\neq 0)$ 上时, 令

$$g(x)=f(x,kx)=x^2+k^2x^2-2kx^3-\frac{4k^2x^4}{(x^2+k^2)^2},$$

并且因为 $f(0,0)=0$, 所以上式对于 $x=0$ 也有效. 由此可知 $g'(0)=0, g''(0)=2(1+k^2)>0$. 于是函数 g 在 $x=0$ 有严格局部极小值.

当在直线 $y=0$ 以及直线 $x=0$ 上时, 分别有 $h(x)=f(x,0)=x^2$ 以及 $u(y)=f(0,y)=y^2$. 所以这两种情形中结论显然成立.

解法 2　当 $-\pi/2<\theta\leqslant\pi/2$, 令 $g(t)=g(t;\theta)=f(t\cos\theta,t\sin\theta)$.

显然 $g(0;\theta)=f(0,0)=0$. 于是当 $\theta\neq 0$ 时,

$$\frac{g(t;\theta)-g(0;\theta)}{t}=\frac{1}{t}\left(t^2-2t^3\cos^2\theta\sin\theta-\frac{4t^4\cos^6\theta\sin^2\theta}{(t^2\cos^4\theta+\sin^2\theta)^2}\right);$$

当 $\theta=0$ 时,$\big(g(t;\theta)-g(0;\theta)\big)/t=\big(f(0,0)-g(0;0)\big)/t=0$. 因此无论 $\theta=0$ 或 $\theta\neq 0$, 都有 $g'(0;\theta)=0$.

又当 $t\neq 0$ 时,

$$g'(t;\theta)=2t-6t^3\cos^2\theta\sin\theta-\frac{16t^3\cos^6\theta\sin^2\theta}{(t^2\cos^4\theta+\sin^2\theta)^2}+\frac{16t^5\cos^{10}\theta\sin^2\theta}{(t^2\cos^4\theta+\sin^2\theta)^3},$$

所以

$$\frac{g'(t;\theta)-g'(0;\theta)}{t}=2-6t^2\cos^2\theta\sin\theta-\frac{16t^2\cos^6\theta\sin^2\theta}{(t^2\cos^4\theta+\sin^2\theta)^2}+\frac{16t^4\cos^{10}\theta\sin^2\theta}{(t^2\cos^4\theta+\sin^2\theta)^3},$$

因此, 类似地可以推出无论 $\theta=0$ 或 $\theta\neq 0$, 都有 $g''(0;\theta)=2$.

由此可知:f 限制在通过 $(0,0)$ 的直线上时, 在 $(0,0)$ 处取严格局部极小值.

(3) 令 $h(x)=f(x,x^2)=-x^4$, 那么当 x 任意接近 0, 亦即 (x,x^2) 任意接近 $(0,0)$ 时 h 取负值, 而 $f(0,0)=0$, 故得结论. □

7.3　综合性例题

这里主要给出极值方法的实际应用.

* **例 7.3.1**　求曲面

$$\frac{x^2}{a^2}+\frac{y^2}{b^2}+\frac{z^2}{c^2}=1\quad(a>b>c>0)$$

被平面 $lx+my+nz=0$ 所截得的截面面积.

解　依解析几何, 截面是椭圆. 为求其面积, 只需求其长半轴和短半轴, 于是问题归结为在约束条件

$$F_1(x,y,z)=\frac{x^2}{a^2}+\frac{y^2}{b^2}+\frac{z^2}{c^2}=1,$$
$$F_2(x,y,z)=lx+my+nz=0$$

之下求 $r^2=x^2+y^2+z^2$ 的最值. 注意矩阵

$$\begin{pmatrix}\dfrac{\partial F_1}{\partial x} & \dfrac{\partial F_1}{\partial y} & \dfrac{\partial F_1}{\partial z}\\ \dfrac{\partial F_2}{\partial x} & \dfrac{\partial F_2}{\partial y} & \dfrac{\partial F_2}{\partial z}\end{pmatrix}=\begin{pmatrix}\dfrac{2x}{a^2} & \dfrac{2y}{b^2} & \dfrac{2z}{c^2}\\ l & m & n\end{pmatrix}$$

的秩等于 2; 因若不然, 则两行线性相关, 存在 $\tau \neq 0$ 使

$$\frac{2x}{a^2}=\tau l,\quad \frac{2y}{b^2}=\tau m,\quad \frac{2z}{c^2}=\tau n,$$

从而

$$\frac{x^2}{a^2}+\frac{y^2}{b^2}+\frac{z^2}{c^2}=\frac{x}{2}\tau l+\frac{y}{2}\tau m+\frac{z}{2}\tau n=\frac{\tau}{2}(lx+my+nz)=0,$$

这与题设矛盾. 于是两个约束条件是独立的. 定义目标函数

$$F(x,y)=x^2+y^2+z^2+\lambda\left(\frac{x^2}{a^2}+\frac{y^2}{b^2}+\frac{z^2}{c^2}-1\right)+\mu(lx+my+nz).$$

由 $\partial F/\partial x=0,\partial F/\partial y=0,\partial F/\partial z=0$ 给出

$$\begin{aligned}x+\lambda\frac{x}{a^2}+\mu l=0,\\ y+\lambda\frac{y}{b^2}+\mu m=0,\\ z+\lambda\frac{z}{a^2}+\mu n=0,\end{aligned}$$

将此三个方程分别乘以 x,y,z, 然后相加, 得到 $\lambda=-r^2$.

若 l,m,n 全不等于 0, 那么由上述方程解出

$$x=-\mu\frac{la^2}{a^2+\lambda},\quad y=-\mu\frac{mb^2}{b^2+\lambda},\quad z=-\mu\frac{nc^2}{c^2+\lambda},$$

将它们代入 $lx+my+nz=0$ 中, 得到

$$\frac{l^2a^2}{a^2+\lambda}+\frac{m^2b^2}{b^2+\lambda}+\frac{n^2c^2}{c^2+\lambda}=0,$$

它可化为

$$\begin{aligned}(l^2a^2+m^2b^2+n^2c^2)\lambda^2+\Big(&l^2a^2(b^2+c^2)+m^2b^2(a^2+c^2)\\&+n^2c^2(a^2+b^2)\Big)\lambda+(l^2+m^2+n^2)a^2b^2c^2=0.\end{aligned}$$

由 $\lambda=-r^2$ 及 r 的几何意义可知方程的两个根 $\lambda_1=-r_1^2,\lambda_2=-r_2^2$, 其中 r_1,r_2 是椭圆的长半轴和短半轴. 由二次方程的根与系数的关系, 椭圆的长半轴和短半轴之积

$$r_1r_2=\sqrt{|\lambda_1|}\cdot\sqrt{|\lambda_2|}=\sqrt{\frac{(l^2+m^2+n^2)a^2b^2c^2}{l^2a^2+m^2b^2+n^2c^2}},$$

因此椭圆面积 (等于 π 与椭圆的长半轴和短半轴之积)

$$S=\pi abc\sqrt{\frac{l^2+m^2+n^2}{l^2a^2+m^2b^2+n^2c^2}}.$$

若 l,m,n 中有些 $=0$, 那么可以直接验证上述公式仍然有效. 例如, 设 $l=0$, 那么上述计算仍然有效, 只需将 $y=-\mu mb^2/(b^2+\lambda),z=-\mu nc^2/(c^2+\lambda)$ 代入 $my+nz=0$ 中, 最后得到的结果与在上述公式中令 $l=0$ 是一致的. 又例如, 设 $l=0,m=0$, 则截面是平面 $z=0$ 上的椭圆 $x^2/a^2+y^2/b^2=1$, 其面积 $=\pi ab$, 也与在上述公式中令 $l=0,m=0$ 一致. □

* **例 7.3.2**　求椭球面

$$\frac{x^2}{96}+y^2+z^2=1$$

上的点与平面 $3x+4y+12z=228$ 的最近和最远距离, 并求出达到最值的点.

解　我们给出三种解法, 其中解法 3 是纯几何方法.

解法 1　(i) 用 (x,y,z) 和 (ξ,η,ζ) 分别表示所给椭球面和平面上的点, 那么目标函数是

$$f(x,y,z,\xi,\eta,\zeta)=(x-\xi)^2+(y-\eta)^2+(z-\zeta)^2,$$

约束条件是

$$\begin{aligned}&\frac{x^2}{96}+y^2+z^2=1,\\&3\xi+4\eta+12\zeta=228.\end{aligned}$$

用 λ,μ 表示 Lagrange 乘子, 定义函数

$$\begin{aligned}F(x,y,z,\xi,\eta,\zeta,\lambda,\mu)&=(x-\xi)^2+(y-\eta)^2+(z-\zeta)^2\\&-\lambda\left(\frac{x^2}{96}+y^2+z^2-1\right)-\mu(3\xi+4\eta+12\zeta-228).\end{aligned}$$

由 $\partial F/\partial x=0$ 等得到

$$\begin{aligned}&2(x-\xi)-\frac{2\lambda}{96}x=0,\quad 2(x-\eta)-2\lambda y=0,\\&2(x-\zeta)-2\lambda z=0,\quad -2(x-\xi)-3\mu=0,\\&-2(y-\eta)-4\mu=0,\quad -2(z-\zeta)-12\mu=0.\end{aligned}$$

由上面后三式得到 $d^2=(x-\xi)^2+(y-\eta)^2+(z-\zeta)^2=(169/4)\mu^2$, 因此

$$d=\frac{13}{2}\mu.$$

(ii) 下面我们来求 μ. 将步骤 (i) 中得到的第一式与第四式相加, 可得

$$x=-3\cdot 48\frac{\mu}{\lambda};$$

类似地将其中的第二式与第五式相加, 可得

$$y=-2\frac{\mu}{\lambda},$$

将其中的第三式与第六式相加, 可得

$$z=-6\frac{\mu}{\lambda}.$$

将 x,y,z 的这些表达式代入椭球面方程, 我们有

$$\left(\frac{9\cdot 48^2}{96}+4+36\right)\left(\frac{\mu}{\lambda}\right)^2=1,$$

于是

$$\mu/\lambda = \pm 1/16.$$

由此得到

$$(x,y,z) = \left(-3\cdot 48\frac{\mu}{\lambda}, -2\frac{\mu}{\lambda}, -6\frac{\mu}{\lambda}\right) = \pm\left(9, \frac{1}{8}, \frac{3}{8}\right),$$

若 $\mu/\lambda = 1/16$, 则将 $(x,y,z) = (9,1/8,3/8)$ 的坐标值分别代入 (i) 中得到的第四式, 第五式和第六式, 可得

$$\xi = \frac{3\mu+18}{2}, \quad \eta = \frac{16\mu+1}{8}, \quad \zeta = \frac{48\mu+3}{8}.$$

然后将这些表达式代入 $3\xi+4\eta+12\zeta = 228$, 可求出

$$\mu = \frac{392}{169}.$$

类似地, 若 $\mu/\lambda = -1/16$, 则由 $(x,y,z) = (-9,-1/8,-3/8)$ 的坐标值用上法得到

$$\xi = \frac{3\mu-18}{2}, \quad \eta = \frac{16\mu-1}{8}, \quad \zeta = \frac{48\mu-3}{8},$$

并求出

$$\mu = \frac{520}{169}.$$

(iii) 由步骤 (i) 中得到的公式 $d = (13/2)\mu$ 算出

$$d = \frac{196}{13} \quad (\mu = 392/169),$$
$$d = 20 \quad (\mu = 520/169).$$

由几何的考虑可知它们分别给出所求的最近距离和最远距离.

(iv) 最后, 我们求出达到最值的点的坐标. 由步骤 (ii) 已知, 当 $\mu/\lambda = \pm 1/16$ 时, 椭球面上使 d 达到最值的点是

$$(x,y,z) = \left(-3\cdot 48\frac{\mu}{\lambda}, -2\frac{\mu}{\lambda}, -6\frac{\mu}{\lambda}\right) = \pm\left(9, \frac{1}{8}, \frac{3}{8}\right),$$

它们关于原点对称 (分别记作 Q_1 和 Q_2).

由 $\mu = 392/169$ 可得从点 $Q_1(9,1/8,3/8)$ 所作的给定平面的垂线的垂足

$$(\xi,\eta,\zeta) = \left(\frac{3\mu+18}{2}, \frac{16\mu+1}{8}, \frac{48\mu+3}{8}\right) = \left(\frac{2109}{169}, \frac{6441}{8\cdot 169}, \frac{19323}{8\cdot 169}\right),$$

它与 Q_1 的距离是 196/13.

由 $\mu = 520/169$, 则得从点 $Q_2(-9,-1/8,-3/8)$ 所作的给定平面的垂线的垂足

$$(\xi,\eta,\zeta) = \left(\frac{3\mu-18}{2}, \frac{16\mu-1}{8}, \frac{48\mu-3}{8}\right) = \left(-\frac{57}{13}, \frac{627}{8\cdot 13}, \frac{1881}{8\cdot 3}\right),$$

它与 Q_2 的距离是 20.

或者: 在步骤 (i) 中得到的第四个方程

$$-2(x-\xi) - 3\mu = 0$$

中令 $x=9,\mu=392/169$, 可算出

$$\xi=x+\frac{3}{2}\mu=9+\frac{3}{2}\cdot\frac{392}{169}=\frac{2109}{169},$$

等等 (这也可用来检验我们的数值计算结果).

解法 2　(i) 设 (x_0,y_0,z_0) 是平面 $3x+4y+12z=228$ 上的任意一点, 那么平面在该点的法线方程是

$$\frac{X-x_0}{3}=\frac{Y-y_0}{4}=\frac{Z-z_0}{12},$$

其中 (X,Y,Z) 是法线上的点的流动坐标. 设法线与题中所给椭球面

$$\frac{x^2}{96}+y^2+z^2=1$$

相交于点 $Q(x,y,z)$, 那么所求距离 d 的平方

$$d^2=(x-x_0)^2+(y-y_0)^2+(z-z_0)^2,$$

并且因为点 (x_0,y_0,z_0) 和 $Q(x,y,z)$ 分别在所给平面和椭球面上, 所以

$$3x_0+4y_0+12z_0=288,$$
$$\frac{x^2}{96}+y^2+z^2=1.$$

引进参数 t, 法线方程可写成

$$X=x_0+3t,\quad Y=y_0+4t,\quad Z=z_0+12t.$$

注意点 $Q(x,y,z)$ 的坐标满足上述方程, 所以

$$\begin{aligned}d^2&=(x-x_0)^2+(y-y_0)^2+(z-z_0)^2\\&=(3t)^2+(4t)^2+(12t)^2=169t^2.\end{aligned}$$

但因为 $3x_0+4y_0+12z_0=3(x-2t)+4(y-4t)+12(z-12t)=3x+4y+12z-169t$, 以及 $3x_0+4y_0+12z_0=288$, 从而

$$3x+4y+12z-169t=288,$$

于是 $t=(3x+4y+12z-288)/169$, 因此

$$\begin{aligned}d^2&=169\cdot\big((3x+4y+12z-288)/169\big)^2\\&=\frac{1}{169}(3x+4y+12z-288)^2.\end{aligned}$$

这就是说, 我们的目标函数可取作

$$f(x,y,z)=\frac{1}{169}(3x+4y+12z-288)^2,$$

而约束条件是

$$\frac{x^2}{96}+y^2+z^2=1.$$

(ii) 用 λ 表示 Lagrange 乘子, 定义函数

$$F(x,y,z,\lambda)=\frac{1}{169}(3x+4y+12z-288)^2-\lambda\left(\frac{x^2}{96}+y^2+z^2-1\right).$$

由 $\partial F/\partial x=0,\partial F/\partial y=0,\partial F/\partial z=0$, 得到

$$\begin{aligned}&\frac{2\cdot 3}{169}(3x+4y+12z-288)-\lambda\cdot\frac{2x}{96}=0,\\&\frac{2\cdot 4}{169}(3x+4y+12z-288)-\lambda\cdot 2y=0,\\&\frac{2\cdot 12}{169}(3x+4y+12z-288)-\lambda\cdot 2z=0.\end{aligned}$$

因为在步骤 (i) 中已知 $3x+4y+12z-228=169t$, 所以由上面三式得到

$$\begin{aligned}&2\cdot 3t-\lambda\cdot\frac{2x}{96}=0,\quad x=3\cdot 96\cdot\frac{t}{\lambda};\\&2\cdot 4t-\lambda\cdot 2y=0,\quad y=4\cdot\frac{t}{\lambda};\\&12\cdot 2t-\lambda\cdot 2z=0,\quad z=12\cdot\frac{t}{\lambda}.\end{aligned}$$

将这些 x,y,z 的表达式代入椭球面方程, 我们得到

$$\left(\frac{(3t\cdot 96)^2}{96}+4^2+12^2\right)\frac{t^2}{\lambda^2}=1,$$

于是 $t/\lambda=\pm 1/32$. 当 $t/\lambda=1/32$ 时,

$$x=3\cdot 96\cdot\frac{t}{\lambda}=9,\quad y=\frac{1}{8},\quad z=\frac{3}{8},$$

相应地算出 $d=196/13$. 类似地, 当 $t/\lambda=-1/32$ 时,

$$x=-9,\quad y=-\frac{1}{8},\quad z=-\frac{3}{8},$$

此时 $d=20$. 依问题的实际几何意义可以断定 $d=20$ 及 $d=196/13$ 分别是所求的最远距离和最近距离.

(iii) 现在来计算相应的极值点的坐标. 步骤 (ii) 中已算出椭球面上满足要求的点 $Q(x,y,z)$ 是 $Q_1(9,1/8,3/8)$ 和 $Q_2(-9,-1/8,-3/8)$. 在步骤 (i) 中已证它们的坐标满足关系式

$$3x+4y+12z-169t=228.$$

于是对于点 $Q_1(9,1/8,3/8)$, 可由

$$3\cdot 9+4\cdot\frac{1}{8}+12\cdot\frac{3}{8}-169t=228$$

算出 $t=-196/169$, 然后由平面法线的参数方程得到

$$x_0=x-3t=9-3\cdot\left(-\frac{196}{169}\right)=\frac{2109}{169},$$
$$y_0=y-4t=\frac{6441}{8\cdot 169},\quad z_0=z-12t=\frac{19323}{8\cdot 169}.$$

类似地, 对于点 $Q_1(9,1/8,3/8)$, 可算出 $t=-20/13$, 以及

$$(x_0,y_0,z_0)=\left(-\frac{57}{13},\frac{627}{8\cdot 13},\frac{1881}{8\cdot 13}\right).$$

解法 3　(i) 设 (α,β,γ) 是椭球面上与所给平面 P_0 距离最近的点 (若平面与椭球面不相交, 则它存在且唯一). 将此距离记为 d. 设 P_1 是过 (α,β,γ) 与 P_0 平行的平面. 由于椭球面是凸的, 椭球面上除了 (α,β,γ) 外, 所有其他的点与平面 P_0 距离都大于 d, 从而它们不可能落在平面 P_0 和 P_1 之间 (不然它们与 P_0 的距离小于 d), 因此 (α,β,γ) 是平面 P_1 与椭球面的唯一的公共点, 换言之,P_1 是椭球面在点 (α,β,γ) 处的切面. 对于椭球面上与平面 P_0 距离最远的点, 也有同样的结论.

(ii) 所给平面 P_0 的方程是

$$3x+4y+12z=228.$$

在椭球面上与平面 P_0 距离最近 (或最远) 的点 (α,β,γ) 处椭球面的切面 P_1 的方程是

$$\frac{\alpha}{96}x+\beta y+\gamma z=1.$$

为了 P_0 与 P_1 平行, 必须且只须存在参数 $\lambda\neq 0$ 使得

$$\frac{\alpha/96}{3}=\frac{\beta}{4}=\frac{\gamma}{12}=\lambda.$$

于是 $\alpha=3\cdot 96\lambda,\beta=4\lambda,\gamma=12\lambda$. 因为 (α,β,γ) 在椭球面上, 所以

$$\frac{(3\cdot 96\lambda)^2}{96}+(4\lambda)^2+(12\lambda)^2=1,$$

由此解得 $\lambda=\pm 1/32$.

若 $\lambda=1/32$, 则得椭球面上极值点 Q_1 的坐标

$$\alpha=3\cdot 96\lambda=9,\quad \beta=4\lambda=\frac{1}{8},\quad \gamma=12\lambda=\frac{3}{8}.$$

若 $\lambda=-1/32$, 则椭球面上极值点 Q_2 的坐标

$$\alpha=-9,\quad \beta=-\frac{1}{8},\quad \gamma=-\frac{3}{8}.$$

依平面外一点与平面距离的公式, 我们得到: 对于点 Q_1 有

$$d=\frac{|3\alpha+4\beta+12\gamma-228|}{\sqrt{3^2+4^2+12^2}}=\frac{196}{13};$$

对于点 Q_1, 有 $d=20$. 这就是所要求的距离的最小和最大值.

(iii) 最后, 注意 Q_1 和 Q_2 分别在平面 P_0 的两条法线上, 这些法线方程是

$$\frac{x-\alpha}{3}=\frac{y-\beta}{4}=\frac{z-\gamma}{12},$$

令上面的分数等于参数 t, 然后即可与解法 2 同样地求出平面 P_0 上的相应的垂足的坐标. 例如, 对于 Q_1, 首先由

$$\frac{x-9}{3}=\frac{y-1/8}{4}=\frac{z-3\cdot(1/8)}{12}=t$$

求出

$$x=9+3t,\quad y=\frac{1}{8}+4t,\quad z=\frac{3}{8}+12t,$$

然后将它们代入 P_0 的方程, 得到

$$27+9t+\frac{1}{2}+16t+\frac{9}{2}+144t=228,$$

从而解出 $t=196/169$, 等等 (细节从略). □

例 7.3.3 *(1) 设 $d\geqslant 1$, 在 $D=[0,1]^d$ 上, 函数 $f(x_1,\cdots,x_d)$ 非负连续, 函数 $g(x_1,\cdots,x_d)$ 非负可积, 则

$$\max_{(x_1,\cdots,x_d)\in D}f(x_1,\cdots,x_d)=\lim_{n\to\infty}\left(\int_0^1\cdots\int_0^1 f^n(x_1,\cdots,x_d)g(x_1,\cdots,x_d)\mathrm{d}x_1\cdots\mathrm{d}x_d\right)^{1/n}.$$

(2) 设

$$I_n=\int_0^1\int_0^1\int_0^1\frac{x^n(1-x)^n y^n(1-y)^n z^n(1-z)^n}{\big(1-(1-xy)z\big)^{n+1}}\mathrm{d}x\mathrm{d}y\mathrm{d}z,$$

证明:

$$\lim_{n\to\infty}\sqrt[n]{I_n}=(\sqrt{2}-1)^4.$$

解 (1) (i) 设

$$\mu=\max_{(x_1,\cdots,x_d)\in D}f(x_1,\cdots,x_d)$$

在点 $(x_1^*,\cdots,x_d^*)\in D$ 上达到. 我们有

$$\begin{aligned}J_n&=\left(\int_0^1\cdots\int_0^1 f^n(x_1,\cdots,x_d)g(x_1,\cdots,x_d)\mathrm{d}x_1\cdots\mathrm{d}x_d\right)^{1/n}\\&\leqslant\left(\mu^n\int_0^1\cdots\int_0^1 g(x_1,\cdots,x_d)\mathrm{d}x_1\cdots\mathrm{d}x_d\right)^{1/n}\\&=\mu\left(\int_0^1\cdots\int_0^1 g(x_1,\cdots,x_d)\mathrm{d}x_1\cdots\mathrm{d}x_d\right)^{1/n}.\end{aligned}$$

因为对于常数 $\delta>0$, $\lim\limits_{n\to\infty}\delta^{1/n}=1$, 所以我们得到

$$\overline{\lim_{n\to\infty}}J_n\leqslant\mu.$$

(ii) 由于 $f(x_1,\cdots,x_d)$ 是 D 上的非负连续函数, 所以对于给定的 $\varepsilon\in(0,\mu)$, 存在最大值点 $(x_1^*,\cdots,x_d^*)$ 的某个邻域 $\Delta=\prod_{i=1}^{d}[u_i,v_i]\subseteq D$ 使得当 $(x_1,\cdots,x_d)\in\Delta$ 时,$f(x_1,\cdots,x_d)\geqslant\mu-\varepsilon$, 因而

$$\begin{aligned}J_n&\geqslant\left(\int_{u_1}^{v_1}\cdots\int_{u_d}^{v_d}f^n(x_1,\cdots,x_d)g(x_1,\cdots,x_d)\mathrm{d}x_1\cdots\mathrm{d}x_d\right)^{1/n}\\&\geqslant(\mu-\varepsilon)\left(\int_{u_1}^{v_1}\cdots\int_{u_d}^{v_d}g(x_1,\cdots,x_d)\mathrm{d}x_1\cdots\mathrm{d}x_d\right)^{1/n},\end{aligned}$$

令 $n\to\infty$, 我们得到

$$\varliminf_{n\to\infty}J_n\geqslant\mu-\varepsilon.$$

(iii) 因为 $\mu-\varepsilon\leqslant\varliminf\limits_{n\to\infty}J_n\leqslant\varlimsup\limits_{n\to\infty}J_n\leqslant\mu$, 令 $\varepsilon\to0$ 得到所要的结论.

(2) (i) 令函数

$$F(x,y,z)=\frac{x(1-x)y(1-y)z(1-z)}{1-(1-xy)z},$$

那么题中所给积分 I_n 的被积函数等于

$$\frac{\big(F(x,y,z)\big)^n}{(1-(1-xy)z}.$$

我们首先求函数 $F(x,y,z)$ 在 $[0,1]^3$ 上的最大值. 因为函数 $F(x,y,z)$ 在边界上为零, 所以最大值不可能在边界上达到. 而由

$$\begin{aligned}\frac{\partial F}{\partial x}&=\frac{yz(1-y)(1-z)(1-2x-z+2xz-x^2yz)}{(1-z+xyz)^2}=0,\\\frac{\partial F}{\partial y}&=\frac{xz(1-x)(1-z)(1-2y-z+2yz-xy^2z)}{(1-z+xyz)^2}=0,\\\frac{\partial F}{\partial z}&=\frac{xy(1-x)(1-y)(1-2z+z^2-xyz^2)}{(1-z+xyz)^2}=0,\end{aligned}$$

并注意在 $[0,1]^3$ 上 $x,y,z>0,1-x,1-y,1-z>0$, 我们得到下列方程组 (我们将此方程组记作 (M)):

$$\begin{aligned}&1-2x-z+2xz-x^2yz=0,\\&1-2y-z+2yz-xy^2z=0,\\&1-2z+z^2-xyz^2=0.\end{aligned}$$

从方程组 (M) 中的第二个方程减去第一个方程, 得到

$$\big(2(1-z)+xyz\big)(x-y)=0,$$

因为此式左边的第一个因子在 $[0,1]^3$ 上不为 0, 所以

$$x=y.$$

将此代入方程组 (M) 中的第三个方程, 我们得到

$$(1-z)^2 = x^2z^2.$$

由此可推出 $z=1/(1\pm x)$, 但因为在 $(0,1)^3$ 上 $0<x,z<1, 1/(1-x)>1$, 所以

$$z=\frac{1}{1+x}.$$

现在由 $y=x, z=1/(1+x)$ 用代入法从方程组 (M) 中的第一个方程中消去变量 y,z, 即得

$$1-2x-\frac{1}{1+x}+\frac{2x}{1+x}-\frac{x^3}{1+x}=0.$$

注意在 $[0,1]^3$ 上 $1+x\neq 0$, 由上述方程得到

$$x(x^2+2x-1)=0.$$

由此我们最终求出函数唯一的极值点 (也是最大值点) 是 $(\sqrt{2}-1,\sqrt{2}-1,\sqrt{2}/2)$. 若简记 $\sigma=\sqrt{2}-1$, 则

$$\sigma^2+2\sigma-1=0,\quad 1-\sigma=\sigma+\sigma^2=\sigma(1+\sigma),$$

而最大值点可表示为 $\big(\sigma,\sigma,(1+\sigma)^{-1}\big)$. 于是容易算出函数的最大值是

$$\begin{aligned}\frac{\sigma^2(1+\sigma)^{-1}(1-\sigma)^2\big(1-(1+\sigma)^{-1}\big)}{1-(1-\sigma^2)(1+\sigma)^{-1}} &= \frac{\sigma^2\big(\sigma(1+\sigma)\big)^2\big((1+\sigma)-1\big)}{(1+\sigma)\big(1-(1-\sigma)\big)(1+\sigma)}\\ &= \frac{\sigma^5(1+\sigma)^2}{\sigma(1+\sigma)^2}=\sigma^4=(\sqrt{2}-1)^4.\end{aligned}$$

(ii) 在本题 (1) 中取

$$f(x,y,z)=F(x,y,z),\quad g(x,y,z)=\frac{1}{1-(1-xy)z},$$

由步骤 (i) 直接得到所要的结果. 或者: 因为当 $0\leqslant x,y,z\leqslant 1$ 时 $1-(1-xy)z=1-z+xyz\leqslant 2$, 所以

$$\begin{aligned}&\frac{1}{2}\int_0^1\int_0^1\int_0^1\big(F(x,y,z)\big)^n\mathrm{d}x\mathrm{d}y\mathrm{d}z\\ &\quad=\frac{1}{2}\int_0^1\int_0^1\int_0^1\frac{x^n(1-x)^ny^n(1-y)^nz^n(1-z)^n}{(1-(1-xy)z)^n}\mathrm{d}x\mathrm{d}y\mathrm{d}z\\ &\quad\leqslant\int_0^1\int_0^1\int_0^1\frac{x^n(1-x)^ny^n(1-y)^nz^n(1-z)^n}{(1-(1-xy)z)^{n+1}}\mathrm{d}x\mathrm{d}y\mathrm{d}z\\ &\quad\leqslant\max_{0\leqslant x,y,z\leqslant 1}\big(F(x,y,z)\big)^n\int_0^1\int_0^1\int_0^1\frac{1}{1-(1-xy)z}\mathrm{d}x\mathrm{d}y\mathrm{d}z.\end{aligned}$$

注意对于实数 $a>0$, $\lim\limits_{n\to\infty}\sqrt[n]{a}=1$, 由此及本题 (1)(其中取函数 $g=1$) 即得所要结果. □

例 7.3.4 证明:

$$\frac{\pi}{4\sqrt{4\sqrt{10}+15}}\leqslant\iint\limits_D\frac{\mathrm{d}x\mathrm{d}y}{\sqrt{(x+3y+2)^2+1}}\leqslant\frac{\sqrt{5}\pi}{20},$$

其中 $D=\{(x,y)\in\mathbb{R}^2 \mid x\geqslant 0, y\geqslant 0, x^2+y^2\leqslant 1\}$.

解　(i) 首先求函数 $f(x,y)=x+3y+2$ 在 D 中的最值.

先考虑 D 的内部. 因为

$$\frac{\partial f}{\partial x}=1,\quad \frac{\partial f}{\partial y}=3,$$

它们都不为 0, 所以在 D 的内部函数 f 没有驻点.

现在考虑 D 的边界. 在连接点 $O(0,0)$ 和点 $A(1,0)$ 的线段 OA 上, 目标函数是 $g(x)=f(x,0)=x+2\,(x\in[0,1])$, 显然 $x=0$ 是局部极小值点, 局部极小值 $=f(0,0)=2$. 在连接点 $O(0,0)$ 和点 $B(0,1)$ 的线段 OB 上, 目标函数是 $h(y)=f(0,y)=3y+2\,(y\in[0,1])$, 因此 $y=0$ 是局部极小值点, 局部极小值 $=f(0,0)=2$; $y=1$ 是局部极大值点, 局部极大值 $=f(0,1)=5$. 最后, 在单位圆弧 AB 上, 我们应用参数 t 将弧上的点表示为 $(\cos t,\sin t)\,(t\in[0,\pi/2])$. 目标函数是

$$\phi(t)=\cos t+3\sin t+2.$$

用下式定义 t_0:

$$\cos t_0=\frac{1}{\sqrt{1^2+3^2}}=\frac{1}{\sqrt{10}},\quad \sin t_0=\frac{3}{\sqrt{1^2+3^2}}=\frac{1}{\sqrt{10}},$$

那么 $t_0=\arctan 3$, 并且

$$\begin{aligned}\phi(t)&=\sqrt{10}(\cos t_0\cos t+\sin t_0\sin t)+2\\&=\sqrt{10}\cos(t-t_0)+2\quad (t\in[0,\pi/2]).\end{aligned}$$

因此当 $t=t_0$ 时,$\phi(t)$ 在区间 $[0,\pi/2]$ 上有最大值 $\phi(t_0)=\sqrt{10}+2$ (对于 f 而言, 仍然是局部极大值).

对于单位圆弧 AB, 也可如下地计算: 由 $\phi'(t)=-\sin t+3\cos t=0$ 推出当 $t=t_0=\arctan 3$ 时 $\phi'(t_0)=0$; 当 $t\in[0,t_0)$ 时 $\phi'(t_0)>0$; 当 $t\in(t_0,\pi/2]$ 时 $\phi'(t_0)<0$. 因此 $f(x,y)$ 在 $(x_0,y_0)=(\cos t_0,\sin t_0)$ 有局部极大值. 因为依 t_0 的定义有 $\sin t_0=3\cos t_0$, 即 $y_0=3x_0$. 于是由恒等式 $\sin^2 t_0+\cos^2 t_0=1$ 得到

$$1=(3\cos t_0)^2+\cos^2 t_0=10\cos^2 t_0=10x_0^2,$$

从而 $x_0=1/\sqrt{10}$(注意 $x_0\geqslant 0$), 以及 $y_0=3x_0=3/\sqrt{10}$. 由此得到局部极大值

$$f(x_0,y_0)=x_0+3y_0+2=\sqrt{10}+2.$$

综合上述结果我们得知: 函数 $f(x,y)$ 有最小值 $f(0,0)=2$, 以及最大值 $f(x_0,y_0)=\sqrt{10}+2$.

(ii) 依步骤 (i) 中的结果可知: 在积分区域 D 上

$$\frac{1}{\sqrt{(\sqrt{10}+2)^2+1}}\leqslant\frac{1}{\sqrt{(x+3y+2)^2+1}}\leqslant\frac{1}{\sqrt{2^2+1}},$$

也就是

$$\frac{1}{\sqrt{4\sqrt{10}+15}} \leqslant \frac{1}{\sqrt{(x+3y+2)^2+1}} \leqslant \frac{1}{\sqrt{5}}.$$

因为

$$\iint_D \mathrm{d}x\mathrm{d}y = \frac{\pi}{4},$$

所以得到题中的不等式. □

习题 7

7.1 求函数极值:

(1) $f(x)=x^{2/3}(1-x)^{3/2}\,(x\leqslant 1)$.

(2) $f(x)=x^x\,(x>0)$.

(3) $f(x)=\dfrac{x}{\log x}\,(x>0)$.

7.2 设 $f(x),g(x)\in C(a,b)$, 在 (a,b) 上 $f(x)\neq g(x),g(x)\neq 0$. 证明: 若 $\xi\in(a,b)$ 是 $\dfrac{f(x)+g(x)}{f(x)-g(x)}$ 的极大值点, 则也是 $\dfrac{f(x)}{g(x)}$ 的极小值点.

7.3 证明: 若 λ 是

$$f(x)=\frac{ax^2+bx+c}{\alpha x^2+\beta x+\gamma}$$

的极值, 则方程 $ax^2+bx+c-\lambda(\alpha x^2+\beta x+\gamma)=0$ 有重根.

*7.4 (1) 求 $F(x,y)=x^2+2hxy+y^2+2x+2fy+C$ 的极值点.

(2) 在 $x^2+y^2=1$ 的条件下求 $f(x,y)=ax^2+2bxy+cy^2$ 的极值.

(3) 设 $3x+2y+z=-1$, 求 $x^2+2y^2+3z^2$ 的极值.

*7.5 求函数

$$f(x,y)=x^2+y^2+\frac{3}{2}x+1$$

在集合 $G=\{(x,y)\mid(x,y)\in\mathbb{R}^2,4x^2+y^2-1=0\}$ 上的最值.

7.6 (1) 求函数

$$f(x,y,z)=x\log x+y\log y+z\log z\quad(x,y,z>0)$$

在集合 $V=\{(x,y,z)\mid x+y+z=3a(a>0)\}$ 上的极值.

(2) 求函数

$$f(x,y,z)=x^3+y^3+z^3$$

在集合 $V=\{(x,y,z)\mid g(x,y,z)=x^2+y^2+z^2-1=0\}$ 上的极值和最值.

7.7 *(1) 求函数 $f(x,y)=(x+1)^y$ 在区域 $D:0\leqslant x\leqslant 2,0\leqslant y\leqslant 2$ 上的最值.

(2) 求函数 $f(x,y)=\left(\sqrt{x^2+y^2}-1\right)^2$ 的极值.

*7.8 求函数

$$f(x,y)=2(y-x^2)^2-\frac{x^7}{7}-y^2$$

的极值, 并证明: 在过点 (0,0) 的直线上, 点 (0,0) 是直线上函数的极小值点.

7.9 (1) 求由下式定义的变量 x 的隐函数 y 的极值: $x^5+y^5-5x^2y=0$.

*(2) 求由下式定义的变量 x 和 y 的隐函数 z 的极值: $x^2+y^2+z^2-2x+2y-4z-10=0$.

*7.10　求数列 $1, \sqrt{2}, \sqrt[3]{3}, \cdots, \sqrt[n]{n}$ 中最大的一个数.

*7.11　求曲线 $y = \mathrm{e}^x$ 的曲率的最大值.

*7.12　求两曲面 $x + 2y = 1$ 和 $x^2 + 2y^2 + z^2 = 1$ 的交线上距原点最近的点.

7.13　求原点 $O(0,0,0)$ 到曲线

$$\frac{x^2}{4} + \frac{y^2}{5} + \frac{z^2}{25} = 1, \quad z = x + y$$

上的点的最大和最小距离.

*7.14　过抛物线 $y = x^2$ 上的一点 (a, a^2) 作切线, 求 a 使得该切线与另一抛物线 $y = -x^2 + 4x - 1$ 所围成的图形的面积最小, 并求出最小面积的值.

*7.15　设 V 是由椭球面

$$\frac{x^2}{a^2} + \frac{y^2}{b^2} + \frac{z^2}{c^2} = 1$$

的切面和三个坐标平面所围成的区域的体积, 求 V 的最小值.

*7.16　设 α 是通过原点且方向余弦为 (l_1, l_2, l_3) 的平面.

(1) 求下述 8 个点与 α 的距离的平方和 S：

$$P_1(2,1,0), \quad P_2(1,1,1), \quad P_3(-2,1,0), \quad P_4(-1,1,-1),$$
$$P_5(-2,-1,0), \quad P_6(-1,-1,-1), \quad P_7(2,-1,0), \quad P_8(1,-1,1).$$

(2) 求 S 的最小值及相应的 (l_1, l_2, l_3).

*7.17　在区间 $[0,1]$ 内用线性函数 $ax + b$ 近似代替函数 x^2, 使得平方误差

$$\Delta = \int_0^1 |x^2 - (ax + b)|^2 \mathrm{d}x$$

为最小, 试确定函数 $ax + b$.

7.18　证明:

$$\frac{4}{9}(\mathrm{e} - 1) < \int_0^1 \frac{\mathrm{e}^x \mathrm{d}x}{(x+1)(2-x)} < \frac{1}{2}(\mathrm{e} - 1).$$

7.19　(1) 求函数

$$H(x,y) = \frac{x(1-x)y(1-y)}{1-xy}$$

在区域 $0 \leqslant x \leqslant 1, 0 \leqslant y \leqslant 1$ 上的最大值.

(2) 记

$$L_n = \left(\int_0^1 \int_0^1 \frac{x^n y^n (1-x)^n (1-y)^n}{(1-xy)^{n+1}} \mathrm{d}x \mathrm{d}y \right)^{1/n},$$

求 $\lim\limits_{n \to \infty} L_n$.

7.20　设 $a > b > 0 > c$. 求函数

$$f(x,y,z) = (ax^2 + by^2 + cz^2) \exp(-x^2 - y^2 - z^2)$$

的全部极值.

7.21　定义函数

$$f(x,y) = \begin{cases} x^2 + y^2, & y = 0, \\ (x^2 + y^2) \cos \dfrac{x^2 + y^2}{\arctan(y/x)}, & x, y \neq 0, \\ (x^2 + y^2) \cos \dfrac{2(x^2 + y^2)}{\pi}, & x = 0, y \neq 0. \end{cases}$$

证明:

(1) f 在 $(0,0)$ 连续.

(2) f 限制在过原点的直线上时, 在 $(0,0)$ 处取严格局部极小值.

(3) $(0,0)$ 不是 f 的局部极小点.

7.22 用 (r,θ) 表示平面极坐标系. 定义函数

$$f(r,\theta)=\begin{cases} r^2, & \theta=0,\\ r^2\cos\dfrac{r}{\theta}, & \theta\neq 0.\end{cases}$$

证明:

(1) f 在原点连续.

(2) f 在原点不取局部极小值.

(3) f 限制在过原点的直线上时, 有严格局部极小值.

7.23 定义函数

$$\phi(t)=\begin{cases} \dfrac{1}{t}\log\dfrac{3+t}{3-t}, & t\in[-1,1]\setminus\{0\},\\ \dfrac{2}{3}, & t=0.\end{cases}$$

设 $(x,y)\in D=[-1,1]\times[-1,1]$, 令

$$f(x,y)=\frac{1}{2}\left(\frac{1}{3-x^2}+\frac{1}{3-y^2}+\frac{2}{3-xy}\right)-\phi(x)-\phi(y).$$

证明: 若 $f(x,y)$ 在 D 上的最小值在 D 内部的某点 (x,y) 取得, 则此点满足 $x=-y$.

习题 7 的解答或提示

7.1 (1) 因为 $f'(x)=\sqrt{1-x}(4-13x)/(6x^{1/3})$, 所以当 $x<0$ 时 $f(x)\downarrow$, 当 $x\in(0,4/13)$ 时 $f(x)\uparrow$, 当 $x\in(4/13,1)$ 时 $f(x)\downarrow$. 因此极小值是 $f(0)=0$, 极大值是 $f(4/13)=(4/13)^{2/3}\cdot(9/13)^{3/2}$.

(2) **提示** $f'(x)=x^x(\log x+1), f''(x)=x^x(\log x+1)^2+x^{x-1}$. 答案: $f(1/\mathrm{e})=\mathrm{e}^{-1/\mathrm{e}}$, 极小值.

(3) **提示** $f'(x)=(\log x-1)/(\log x)^2$. 因此 $f'(x)<0(x<\mathrm{e});f'(x)>0(x>\mathrm{e})$,并且$f'(x)\to+\infty(x\to1)$ 不变号. 答案:$f(\mathrm{e})=\mathrm{e}$, 极小值.

7.2 **提示** 由题设

$$F(x)=\frac{f(x)}{g(x)},\quad \phi(x)=\frac{f(x)+g(x)}{f(x)-g(x)}=\frac{F(x)+1}{F(x)-1}$$

在 (a,b) 上连续. 因为 $\phi(x)$ 在 $x=\xi$ 取极大值, 所以在 $x=\xi$ 的某个邻域内, $\phi(x)<\phi(\xi)$, 或

$$\frac{F(x)+1}{F(x)-1}<\frac{F(\xi)+1}{F(\xi)-1}.$$

由 $F(x)$ 在 (a,b) 上的连续性推出在 $x=\xi$ 的某个邻域内 $F(x)-1,F(\xi)-1$ 同号, $(F(x)-1)(F(\xi)-1)>0$. 于是由上面的不等式推出: 在 $x=\xi$ 的某个邻域内

$$(F(x)+1)(F(\xi)-1)<(F(x)-1)(F(\xi)+1),$$

因此 $F(x)>F(\xi)$.

7.3 设与 λ 相对应的极值点是 $x=x_0$. 因为

$$f'(x)=\frac{(2ax+b)(\alpha x^2+\beta x+\gamma)-(2\alpha x+\beta)(ax^2+bx+c)}{(\alpha x^2+\beta x+\gamma)^2},$$

所以由 $f'(x_0)=0$ 得

$$(2ax_0+b)(\alpha x_0^2+\beta x_0+\gamma)-(2\alpha x_0+\beta)(ax_0^2+bx_0+c)=0.$$

因为 $\lambda=f(x_0)$, 所以由上式得到

$$\frac{ax_0^2+bx_0+c}{\alpha x_0^2+\beta x_0+\gamma}=\lambda=\frac{2ax_0+b}{2\alpha x_0+\beta}.$$

由此式左半可知 $\phi(x_0)=0$. 注意 $\phi'(x)=2ax+b-\lambda(2\alpha x+\beta)$, 由此式右半可得 $\phi'(x_0)=0$. 所以 x_0 是 $\phi(x)=0$ 的重根.

7.4 (1) 算出 $F_x(x,y)=2(x+hy+1), F_y(x,y)=2(hx+y+f), F_{xx}(x,y)=2, F_{yy}(x,y)=2, F_{xy}(x,y)=2h, F_{xy}^2-F_{xx}F_{yy}=4(h^2-1)$.

当 $h^2>1$ 时无极值点.

当 $h^2<1$ 时, 满足 $F_x=F_y=0$ 的 (x,y) 是极值点. 此时 $x=(1-fh)/(h^2-1), y=(f-h)/(h^2-1)$.

当 $h=1$ 时, 若 $f\neq 1$, 则方程 $F_x=F_y=0$ 无解, 所以不存在极值点; 若 $f=1$, 则方程 $F_x=F_y=0$ 等价于 $x+y+1=0$, 此时

$$\begin{aligned}F(x,y)&=x^2+2hxy+y^2+2x+2fy+C\\&=x^2+2xy+y^2+2x+2y+C\\&=(x+y)^2+2(x+y)+C=(-1)^2+2(-1)+C=C-1\end{aligned}$$

是常函数, 也无极值点 (非广义). 类似地,$h=-1$ 时也无极值点.

结论: 当 $-1<h<1$ 时, 有极值点 $(x,y)=\big((1-fh)/(h^2-1),(f-h)/(h^2-1)\big)$.

(2) (i) 约束条件 $x^2+y^2=1$ 定义函数 $y=y(x)$, 我们来求函数 $F(x)=f\big(x,y(x)\big)$ 的极值. 由 $x^2+y^2=1$ 得到 $y'=-x/y$. 于是

$$\begin{aligned}F'(x)&=f_x+f_yy'=\frac{2}{y}\big((a-c)xy-b(x^2-y^2)\big),\\F''(x)&=\frac{2}{y}\big((a-c)(y+xy')-b(2x-2yy')\big)-\frac{2y'}{y^2}\big((a-c)xy-b(x^2-y^2)\big)\\&=\frac{2}{y^2}\left((a-c)(y^2-x^2)-4bxy-\big((a-c)xy-b(x^2-y^2)\big)y'\right).\end{aligned}$$

(ii) 若 $b=0$, 则 $F(x)=ax^2+cy^2=ax^2+c(1-x^2)=(a-c)x^2+c$. 于是当 $a>c$ 时有极小值 $c; a<c$ 时有极大值 $c; a=c$ 时无极值(此时 $F(x)=a(x^2+y^2)=a$).

(iii) 若 $b\neq 0$, 则由 $F'(x)=0$ 得到

$$(a-c)xy-b(x^2-y^2)=0,$$

并且 (应用上式化简)

$$F''(x)=-\frac{2\big((a-c)^2+4b^2\big)}{b}\left(\frac{x}{y}\right).$$

此外, 由前式可知

$$b\left(\frac{x}{y}\right)^2-(a-c)\left(\frac{x}{y}\right)-b=0,$$

从而解得

$$\frac{x}{y}=\frac{(a-c)-\sqrt{D}}{2b}\quad(\text{记为 }\alpha)\quad 及\quad =\frac{(a-c)+\sqrt{D}}{2b}\quad(\text{记为 }\beta),$$

其中 $D=(a-c)^2+4b^2$.

如果

$$\frac{x}{y}=\frac{(a-c)-\sqrt{D}}{2b}\ (=\alpha),$$

那么

$$F''(\alpha)=-\frac{D\big((a-c)-\sqrt{D}\big)}{b^2}>0,$$

此时 $F(\alpha)=F(x/y)$ 是极小值. 我们来求 $F(\alpha)$(即相应的 $f(x,y)$). 由

$$f(x,y)=ax^2+2bxy+cy^2=\frac{ax^2+2bxy+cy^2}{x^2+y^2}=\frac{a\left(\dfrac{x}{y}\right)^2+2b\left(\dfrac{x}{y}\right)+c}{1+\left(\dfrac{x}{y}\right)^2}$$

可知

$$F(\alpha)=\frac{a\alpha^2+2b\alpha+c}{1+\alpha^2}=a+\frac{2b\alpha+c-a}{1+\alpha^2}=a-\frac{\sqrt{D}}{1+\alpha^2};$$

又因为

$$1+\alpha^2=1+\left(\frac{(a-c)-\sqrt{D}}{2b}\right)^2=\frac{D-(a-c)\sqrt{D}}{2b^2},$$

所以求得极小值 (当 $x/y=\alpha$ 时)

$$F(\alpha)=a-\frac{2b^2\sqrt{D}}{D-(a-c)\sqrt{D}}=\frac{1}{2}\big(a+c-\sqrt{(a-c)^2+4b^2}\big).$$

类似地求得: 当 $x/y=\beta$ 时有极大值 $F(\beta)=\dfrac{1}{2}\big(a+c+\sqrt{(a-c)^2+4b^2}\big)$ (读者还可给出本题的其他解法).

(3) 解法 1 因为 $z=-3x-2y-1$, 所以考虑函数 $F(x,y)=x^2+2y^2+3(3x+2y+1)^2$ 的极值. 计算得到:$F_x=56x+36y+18, F_y=36x+28y+12, F_{xx}=56, F_{yy}=28, F_{xy}=36$. 由 $F_x=F_y=0$ 解得 $x=-9/34, y=-3/34$, 因为 $F_{xy}^2-F_{xx}F_{yy}=-272<0, F_{xx}>0$, 所以有极小值 $F(-9/34,-3/34)=3/34$.

解法 2 引进 Lagrange 乘子 λ, 令

$$F(x,y,z)=x^2+2y^2+3z^2-\lambda(3x+2y+z+1).$$

由 $F_x=2x-3\lambda=0, F_y=4y-2\lambda=0, F_z=6z-\lambda=0, F_\lambda=3x+2y+z+1=0$ 解得 $(x,y,z,\lambda)=(-9/34,-3/34,-1/34,-6/34)$. 此时 $x^2+2y^2+3z^2=3/34$. 因为二阶微分 $\mathrm{d}^2F(x,y,z)=2\mathrm{d}x^2+4\mathrm{d}y^2+6d^2$ 在 $(-9/34,-3/34,-1/34)$ 大于 0, 所以函数 $x^2+2y^2+3z^2$ 在此点有极小值 3/34. (也可通过 Hesse 矩阵判断).

7.5 解法 1 点集 G 是一个椭圆, 引入参数 t, 令 $x=(\cos t)/2, y=\sin t$. 则目标函数

$$\phi(t)=\frac{1}{4}\cos^2 t+\sin^2 t+\frac{3}{4}\cos t+1=-\frac{3}{4}\cos^2 t+\frac{3}{4}\cos t+2.$$

由 $\phi'(t)=0$ 得到驻点 $t_1=0, t_2=\pi, t_3=\pi/3, t_4=5\pi/3$. 当 $t\in(0,\pi/3)$ 和 $(\pi,5\pi/3)$ 时 ϕ 单调增加; 当 $t\in(\pi/3,\pi)$ 和 $(5\pi/3,2\pi)$ 时 ϕ 单调减少. 于是, 最大值是 35/16(当点 $(1/4,\pm\sqrt{3}/2)$); 最小值是 1/2(当点 $(-1/2,0)$).

解法 2 定义 Lagrange 函数

$$F(x,y,\lambda)=f(x,y)-\lambda(4x^2+y^2-1).$$

由 $\partial F/\partial x=0$ 等得到

$$2x+\frac{3}{2}-8\lambda x=0,\quad 2y-2\lambda y=0,\quad 4x^2+y^2=1.$$

由第二个方程推出 $\lambda=1$ 或 $y=0$. 若 $\lambda=1$, 则得 $x=1/4, y=\pm\sqrt{3}/2$; 若 $y=0$, 则得 $x=\pm 1/2$, 等等.

解法 3 G 是椭圆 $x^2/(1/2)^2+y^2=1$, 因此 $|x|\leqslant 1/2, |y|\leqslant 1$. 因为 $y^2=1-4x^2$, 所以目标函数是

$$f(x)=x^2+(1-4x^2)+\frac{3}{2}x+1=-3x^2+\frac{3}{2}x+2=-3\left(x-\frac{1}{4}\right)^2+\frac{35}{16},$$

其中 $|x|\leqslant 1/2$. 因为 $f(1/4)=35/16, f(-1/2)=1/2, f(1/2)=2$, 所以最大值是 35/16, 此时 $y=\pm\sqrt{1-4(1/4)^2}=\pm\sqrt{3}/2$, 即最大值点是 $(1/4,\pm\sqrt{3}/2)$; 最小值是 1/2, 此时 $y=\pm\sqrt{1-4(-1/2)^2}=0$, 即最小值点是 $(-1/2,0)$.

7.6 我们采用传统方法的变体 (参见例 7.2.1).

(1) 设 λ 为 Lagrange 乘子, 令

$$F(x,y,z,\lambda)=x\log x+y\log y+z\log z-\lambda(x+y+z-3a).$$

由 $F_x=F_y=F_z=0$ 得到

$$1+\log x=1+\log y=1+\log z(=\lambda).$$

由此及 $x+y+z=3a$ 推出 $x=y=z=a$. 考察 $f(x,y,z)$ 在点 (a,a,a) 的邻域中的性状. 令 $x=a+\alpha, y=a+\beta, z=a+\gamma$, 则有

$$\begin{aligned}f(a+\alpha,a+\beta,a+\gamma)&=(a+\alpha)\left(\log a+\log\left(1+\frac{\alpha}{a}\right)\right)+(a+\beta)\left(\log a+\log\left(1+\frac{\beta}{a}\right)\right)\\&\quad+(a+\gamma)\left(\log a+\log\left(1+\frac{\gamma}{a}\right)\right)\\&=3a\log a+(\alpha+\beta+\gamma)(1+\log a)+\frac{\alpha^2+\beta^2+\gamma^2}{2a}+o(\alpha^2+\beta^2+\gamma^2).\end{aligned}$$

由约束条件 $(a+\alpha)+(a+\beta)+(a+\gamma)=3a$ 得到 $\alpha+\beta+\gamma=0$, 所以

$$\begin{aligned}f|_V(a+\alpha,a+\beta,a+\gamma)&=3a\log a+\frac{\alpha^2+\beta^2+\gamma^2}{2a}+o(\alpha^2+\beta^2+\gamma^2)\\&=f(a,a,a)+\frac{\alpha^2+\beta^2+\gamma^2}{2a}+o(\alpha^2+\beta^2+\gamma^2),\end{aligned}$$

此处符号 $f|_V$ 表示自变量 (x,y,z) 限制在集合 V 中. 因为 $\alpha^2+\beta^2+\gamma^2\geqslant 0, a>0$, 所以 f 在点 (a,a,a) 有唯一的极小值 $3a\log a$.

(2) **提示** 引进 Lagrange 乘子 λ 后可推出

$$\frac{3x^2}{2x}=\frac{3y^2}{2y}=\frac{3z^2}{2z}(=\lambda).$$

由此求出下列三类驻点:

(i) $(x,y,z)=(0,0,\pm 1)$ 以及将坐标 $0,0,\pm 1$ 循环所得到的点 (以下类似). 此时 f 取值 ± 1.

(ii) $(x,y,z)=(\pm 1/\sqrt{2},\pm 1/\sqrt{2},0)$ 以及将坐标循环所得到的点. 此时 f 取值 $\pm 1/\sqrt{2}$.

(iii) $(x,y,z)=(\pm 1/\sqrt{3},\pm 1/\sqrt{3},\pm 1/\sqrt{3})$ 以及将坐标循环所得到的点. 此时 f 取值 $\pm 1/\sqrt{3}$.

(i) 中类型的点是 f 的极值点 (由读者证明).(iii) 中类型的点也产生极值. 例如, 对于点 $(1/\sqrt{3},1/\sqrt{3},1/\sqrt{3})$, 函数 f 取极小值 $1/\sqrt{3}$. 证明如下: 令 $x=1/\sqrt{3}+\alpha, y=1/\sqrt{3}+\beta, z=1/\sqrt{3}+\gamma$, 由约束条件有

$$\left(\frac{1}{\sqrt{3}}+\alpha\right)^2+\left(\frac{1}{\sqrt{3}}+\beta\right)^2+\left(\frac{1}{\sqrt{3}}+\gamma\right)^2=1,$$

因此

$$\alpha+\beta+\gamma=-\frac{\sqrt{3}}{2}(\alpha^2+\beta^2+\gamma^2).$$

还有

$$f\left(\frac{1}{\sqrt{3}}+\alpha,\frac{1}{\sqrt{3}}+\beta,\frac{1}{\sqrt{3}}+\gamma\right)=\frac{1}{\sqrt{3}}+(\alpha+\beta+\gamma)+\sqrt{3}(\alpha^2+\beta^2+\gamma^2)+o(\alpha^2+\beta^2+\gamma^2),$$

所以

$$f|_V\left(\frac{1}{\sqrt{3}}+\alpha,\frac{1}{\sqrt{3}}+\beta,\frac{1}{\sqrt{3}}+\gamma\right)=\frac{1}{\sqrt{3}}+\frac{\sqrt{3}}{2}(\alpha^2+\beta^2+\gamma^2)+o(\alpha^2+\beta^2+\gamma^2),$$

$$= f\left(\frac{1}{\sqrt{3}},\frac{1}{\sqrt{3}},\frac{1}{\sqrt{3}}\right)+\frac{\sqrt{3}}{2}(\alpha^2+\beta^2+\gamma^2)+o(\alpha^2+\beta^2+\gamma^2).$$

由此即得结论.

对于 (ii) 中类型的点, 则不是 f 的极值点. 作为示例, 考虑点 $(1/\sqrt{2},1/\sqrt{2},0)$, 用下列方法证明它不可能是 f 的极值点: 令 $x=1/\sqrt{2}+\alpha, y=1/\sqrt{2}+\beta$, 由约束条件推出 $\alpha+\beta=-(\alpha^2+\beta^2+z^2)/\sqrt{2}$. 还有

$$f\left(\frac{1}{\sqrt{2}}+\alpha,\frac{1}{\sqrt{2}}+\beta,z\right)=\frac{1}{\sqrt{2}}+\frac{3}{2}(\alpha+\beta)+\frac{3}{\sqrt{2}}(\alpha^2+\beta^2)+z^2+o(\alpha^2+\beta^2+z^2),$$

所以

$$\begin{aligned}f|_V\left(\frac{1}{\sqrt{3}}+\alpha,\frac{1}{\sqrt{3}}+\beta,z\right)&=\frac{1}{\sqrt{2}}+\frac{3}{2\sqrt{2}}(\alpha^2+\beta^2)-\left(\frac{3}{2\sqrt{2}}-1\right)z^2+o(\alpha^2+\beta^2+z^2),\\&=f\left(\frac{1}{\sqrt{2}},\frac{1}{\sqrt{2}},0\right)+\frac{3}{2\sqrt{2}}(\alpha^2+\beta^2)-\left(\frac{3}{2\sqrt{2}}-1\right)z^2+o(\alpha^2+\beta^2+z^2).\end{aligned}$$

由此可知, 在 V 与 $z=0$ 的截面 V_1 上有

$$f|_{V_1}\left(\frac{1}{\sqrt{3}}+\alpha,\frac{1}{\sqrt{3}}+\beta,0\right)=f\left(\frac{1}{\sqrt{2}},\frac{1}{\sqrt{2}},0\right)+\frac{3}{2\sqrt{2}}(\alpha^2+\beta^2)+o(\alpha^2+\beta^2),$$

从而在截面 V_1 上,f 点 $(1/\sqrt{2},1/\sqrt{2},0)$ 上有极小值. 但在 V 与 $x=y$ 的截面 V_2 上,$\alpha=\beta$, 依约束条件有

$$\left(\frac{1}{\sqrt{2}}+\alpha\right)^2+\left(\frac{1}{\sqrt{2}}+\alpha\right)^2+z^2=1,$$

由此推出

$$2\alpha=-\frac{1}{\sqrt{2}}(2\alpha^2+z^2),$$

从而

$$\alpha(=\beta)\sim-\frac{z^2}{2\sqrt{2}}\quad(\alpha\to 0).$$

所以 $\alpha^2+\beta^2=2\alpha^2=o(z^2)$. 由此以及前面得到的一般表达式

$$f\left(\frac{1}{\sqrt{2}}+\alpha,\frac{1}{\sqrt{2}}+\beta,z\right)=\frac{1}{\sqrt{2}}+\frac{3}{2}(\alpha+\beta)+\frac{3}{\sqrt{2}}(\alpha^2+\beta^2)+z^2+o(\alpha^2+\beta^2+z^2)$$

可推出

$$\begin{aligned}f|_{V_2}\left(\frac{1}{\sqrt{2}}+\alpha,\frac{1}{\sqrt{2}}+\alpha,z\right)&=\frac{1}{\sqrt{2}}-\left(\frac{3}{2\sqrt{2}}-1\right)z^2+o(z^2)\\&=f\left(\frac{1}{\sqrt{2}},\frac{1}{\sqrt{2}},0\right)-\left(\frac{3}{2\sqrt{2}}-1\right)z^2+o(z^2).\end{aligned}$$

这表明在截面 V_2 上,f 点 $(1/\sqrt{2},1/\sqrt{2},0)$ 上有极大值. 综合 V_1,V_2 上 f 在点 $(1/\sqrt{2},1/\sqrt{2},0)$ 上的性状即知 f 在此点无极值.

最后, 因为约束集合是紧集,f 在其上连续, 所以取得最大值 1 和最小值 -1(且达到的点不唯一)(计算细节由读者补出).

7.7 (1) 由

$$\begin{aligned}\frac{\partial f}{\partial x}&=(x+1)^y\frac{y}{x+1}=0,\\\frac{\partial f}{\partial y}&=(x+1)^y\log(x+1)=0,\end{aligned}$$

求得驻点 $(x,y)=(0,0)$, 但它不在区域 D 的内部. 又因为 D 中不含有 $f(x,y)$ 的不可微的点, 所以函数的最值在 D 的边界上达到.

在边界 $x=0,0\leqslant y\leqslant 2$ 上:$f(0,y)=1$.

在边界 $x=2,0\leqslant y\leqslant 2$ 上:$f(2,y)=3^y$. 当 $y\in[0,2]$ 时, $f(2,y)$ 单调递增, 在区间端点的值 $f(2,0)=1,f(2,2)=9$.

在边界 $y=0,0\leqslant x\leqslant 2$ 上:$f(x,0)=1$.

在边界 $y=2,0\leqslant x\leqslant 2$ 上:$f(x,2)=(x+1)^2$. 当 $x\in[0,2]$ 时, $f(x,2)$ 单调递增, 在区间端点的值 $f(0,2)=1,f(2,2)=9$.

由此可知:$f(x,y)$ 在 D 上的最大值 $=9$, 最小值 $=1$.

(2) 按常规方法, 由 $f_x=0,f_y=0$ 求得驻点在 $x^2+y^2=1$ 上. 由曲面 $z=\left(\sqrt{x^2+y^2}-1\right)^2$ 的几何特征, 它是 XZ 平面上的曲线 $z=\left(\sqrt{x^2}-1\right)^2$ 绕 Z 轴旋转生成. 此平面曲线分为两支:$z=(x-1)^2(x\geqslant 0);z=(-x-1)^2(x\leqslant 0)$. 它们在 $(0,1)$ 相连接. 因此 $f(x,y)$ 在点 $(0,0)$ 有极大值 1, 在圆周 $x^2+y^2=1$ 的每个点上取极小值 0(也是最小值).

7.8 由 $f'_x=-8x(y-x^2)-x^6=0,f'_y=4(y-x^2)-2y=0$ 给出驻点 $(x_1,y_1)=(0,0),(x_2,y_2)=(-2,8)$. 还有 $A=f''_{xx}=-8y+24x^2-6x^5,B=f''_{xy}=-8x,C=f''_{yy}=2$.

在点 $(-2,8)$ 有 $A=224>0,B=16,C=2;B^2-4AC=192>0$, 因此 $(-2,8)$ 是极小值点, 极小值为 $f(-2,8)=-352/7$.

在点 $(0,0)$, 因为 $B^2-4AC=0$, 所以上述方法失效. 比较 $(0,0)$ 附近的点上的函数值可知该点不是极小值点.

限制在过 $(0,0)$ 直线上: 对于直线 $y=kx(k\neq 0)$, 有 $f(x,y)=f(x,kx)=x^2(k^2-4kx+2x^2-x^5/7)$; 当 $|x|>0$ 充分小时,$f(x,kx)>0$. 对于直线 $y=0$(即 X 轴), 有 $f(x,y)=f(x,0)=x^4(2-x^3/7)$; 当 $|x|>0$ 充分小时,$f(x,0)>0$. 对于直线 $x=0$(即 Y 轴), 有 $f(x,y)=f(0,y)=y^2$, 当 $|y|>0$ 充分小时,$f(0,y)>0$. 因为 $f(0,0)=0$, 所以 $(0,0)$ 是函数限制在过 $(0,0)$ 直线上时的极小值点.

7.9 (1) 令 $f(x,y)=x^5+y^5-5x^2y$, 则

$$f_x(x,y)=5(x^4-2xy),\quad f_y(x,y)=5(y^4-x^2),\quad f_{xx}(x,y)=10(2x^3-y).$$

由 $f=0,f_x=0$ 解得

$$(x,y)=(0,0),\quad (\sqrt[10]{48},\sqrt[10]{108}),\quad (-\sqrt[10]{48},-\sqrt[10]{108}).$$

对于 $(x_2,y_2)=(\sqrt[10]{48},\sqrt[10]{108})$, 有 $f_y(x_2,y_2)>0,f_{xx}(x_2,y_2)>0$, 所以 $\mathrm{d}^2y/\mathrm{d}x^2=-f_{xx}(x_2,y_2)/f_y(x_2,y_2)<0$, 因而当 $x=\sqrt[10]{48}$ 时 $y=\sqrt[10]{108}$ 是极大值; 类似地, 当 $x=-\sqrt[10]{48}$ 时 $y=-\sqrt[10]{108}$ 是极小值 (注: 也可应用判别式 $f_{xy}^2-f_{xx}f_{yy}$).

对于 $(x_1,y_1)=(0,0),f_y(x_1,y_1)=0$, 上面方法失效. 我们证明 $(0,0)$ 不是极值点. 为此考虑 $f(x,kx)=x^3\left((1+k^5)x^2-5k\right)$. 若 $k>0$, 则当 $x>0$ 充分小时,$f(x,kx)<0$; 若 $k<0$, 则当 $x>0$ 充分小时,$f(x,kx)>0$. 因此在 $(0,0)$ 的足够小的邻域内,$f(x,y)$ 可正可负, 所以 $f(0,0)=0$ 不可能是极值.

(2) 解法 1　对所给方程分别对 x,y 求导, 可得

$$2x+2z\frac{\partial z}{\partial x}-2-4\frac{\partial z}{\partial x}=0,$$
$$2y+2z\frac{\partial z}{\partial y}+2-4\frac{\partial z}{\partial y}=0.$$

由此解得

$$\frac{\partial z}{\partial x}=\frac{1-x}{z-2},\quad \frac{\partial z}{\partial y}=\frac{-1-y}{z-2}.$$

在前面两式中继续分别对 x,y 求导, 可得

$$2+2\left(\frac{\partial z}{\partial x}\right)^2+2z\frac{\partial^2 z}{\partial x^2}-4\frac{\partial^2 z}{\partial x^2}=0,$$

$$2+2\left(\frac{\partial z}{\partial y}\right)^2+2z\frac{\partial^2 z}{\partial y^2}-4\frac{\partial^2 z}{\partial y^2}=0.$$

并且在前面两式中的第一个对 y 求导 (或在其中第二个中对 x 求导), 可得

$$2\frac{\partial z}{\partial x}\frac{\partial z}{\partial y}+2z\frac{\partial^2 z}{\partial x\partial y}-4\frac{\partial^2 z}{\partial x\partial y}=0.$$

由这些方程解出

$$\begin{aligned}A&=\frac{\partial^2 z}{\partial x^2}=\frac{1+(\partial z/\partial x)^2}{2-z},\\B&=\frac{\partial^2 z}{\partial x\partial y}=\frac{(\partial z/\partial x)(\partial z/\partial y)}{2-z},\\C&=\frac{\partial^2 z}{\partial y^2}=\frac{1+(\partial z/\partial y)^2}{2-z}.\end{aligned}$$

由 $\partial z/\partial x=0,\partial z/\partial y=0$ 解出 $(x,y)=(1,-1)$, 将此代入题中所给方程得到 $z^2-4z-12=0$, 由此求出 $z_1=-2,z_2=6$. 因此得到两个驻点 $(1,-1,-2)$ 和 $(1,-1,6)$.

在点 $(1,-1,-2)$, 我们算出

$$A=\frac{1}{4}>0,\quad B=0,\quad C=\frac{1}{4},\quad B^2-AC<0,$$

所以 $z=-2$ 是极小值. 在点 $(1,-1,6)$, 我们算出

$$A=-\frac{1}{4}<0,\quad B=0,\quad C=-\frac{1}{4},\quad B^2-AC<0,$$

所以 $z=-2$ 是极大值.

解法 2 将题中所给方程配方可得

$$(x-1)^2+(y+1)^2+(z-2)^2=4^2,$$

这是一个球面, 其球心在 $(1,-1,2)$, 半径是 4. 由几何意义, 它与 z 轴的两个交点 (最高点和最低点)$(1,-1,6)$ 和 $(1,-1,-2)$ 分别给出 z 的极大值 6, 极小值 -2.

7.10 令 $y=x^{1/x}$, 则 $y'=x^{1/x}(1-\ln x)/x^2$, 所以 $x<\mathrm{e}$ 时 y 单调上升, $x>\mathrm{e}$ 时 y 单调下降, 从而当 $x=\mathrm{e}$ 时极大. 因为 $2<\mathrm{e}<3$, 所以比较 $\sqrt{2},\sqrt[3]{3}$ 即得答案为 $\sqrt[3]{3}$.

7.11 曲线 $\phi=\phi(t)$ 的曲率公式

$$\kappa(t)=|\phi''/\big(1+(\phi')^2\big)^{3/2}|.$$

解法 1 $\kappa(x)=\mathrm{e}^x/(1+\mathrm{e}^{2x})^{3/2}$. 令 $\kappa'(x)=0$ 得

$$\begin{aligned}&\mathrm{e}^x(1+\mathrm{e}^{2x})^{3/2}-\mathrm{e}^x\cdot\frac{3}{2}(1+\mathrm{e}^{2x})^{1/2}\cdot 2\mathrm{e}^{2x}=0,\\&(1+\mathrm{e}^{2x})-3\mathrm{e}^{2x}=0,\quad 1-2\mathrm{e}^{2x}=0,\quad \mathrm{e}^{2x}=\frac{1}{2},\end{aligned}$$

于是驻点 x_0 由 $\mathrm{e}^{2x}=1/2$ 确定, 由此得到 $\kappa(x_0)=\sqrt{1/2}/(1+1/2)^{3/2}=2\sqrt{3}/9$. 因为当 $x\to\pm\infty$ 时 $\kappa(x)\to 0$, 所以知此为最大值.

解法 2 因为函数 $y=\mathrm{e}^x(-\infty<x<+\infty)$ 与它的反函数的图形只是在坐标系中的位置不同, 最大曲率不变, 所以考虑函数 $y=\ln x(x>0)$, 则得

$$\kappa(x)=\frac{\dfrac{1}{x^2}}{\left(1+\dfrac{1}{x^2}\right)^{3/2}}=(x^{4/3}+x^{-2/3})^{-3/2}.$$

求 $f(x)=x^{4/3}+x^{-2/3}\,(x>0)$ 的极值: 由 $f'(x)=0$ 得

$$\frac{4}{3}x^{1/3}-\frac{2}{3}x^{-5/3}=0,\quad x^2=\frac{1}{2},$$

在驻点 x_0 上 $x_0^2=1/2$, 所以 $\kappa(x_0)=f(x_0)^{-3/2}=\left((x_0^2)^{2/3}+(x_0^2)^{-1/3}\right)^{-3/2}=\left(\frac{3}{\sqrt[3]{4}}\right)^{-3/2}=2\sqrt{3}/9$. 因为当 $x\to+\infty$ 时 $\kappa(x)\to 0$, 所以知此为最大值. 或者: 因为 $x^{4/3}+x^{-2/3}=x^{4/3}+x^{-2/3}/2+x^{-2/3}/2$ 的各加项非负, 其乘积 $=1/4$, 所以当 $x^{4/3}=x^{-2/3}/2$ 时它们的和最大, 等等.

7.12 提示 要在约束条件 $x+2y=1$ 及 $x^2+2y^2+z^2=1$ 之下求 $r(x,y,z)=x^2+y^2+z^2$ 的最小值 (显然存在). 由约束条件可知 $r(x,y,z)=1-y^2$, 并且 $1\geqslant x^2+2y^2=(1-2y)^2+2y^2$, 于是推出 $y(-4+6y)\leqslant 0, 0\leqslant y\leqslant 2/3$. 因为 $r(x,y,z)=1-y^2$ 是 y 的减函数, 所以当 $y=2/3$ 时 r 最小, 此时相应地 $x=1-2y=-1/3, z=0$. 答案:$(-1/3,2/3,0)$.

7.13 由问题的几何意义, 最值存在. 定义

$$F(x,y,z,\lambda,\mu)=x^2+y^2+z^2+\lambda\left(\frac{x^2}{4}+\frac{y^2}{5}+\frac{z^2}{25}-1\right)+\mu(z-x-y).$$

由 $\partial G/\partial x=0$ 等得到

$$2x+\frac{\lambda}{2}x-\mu=0,\quad 2y+\frac{2\lambda}{5}y-\mu=0,\quad 2z+\frac{2\lambda}{25}z-\mu=0.$$

于是

$$x=\frac{2\mu}{\lambda+4},\quad y=\frac{5\mu}{2\lambda+10},\quad z=-\frac{25\mu}{2\lambda+50}.$$

由第一个约束条件知 $(x,y,z)\neq(0,0,0)$, 所以 $\mu\neq 0$. 由第二个约束条件得到

$$25(\lambda+4)(2\lambda+10)+2(2\lambda+50)(2\lambda+10)+5(2\lambda+50)(\lambda+4)=0.$$

解得 $\lambda=-10$ 及 $\lambda=-75/17$.

当 $\lambda=-10$ 时, 有 $x=-\mu/3, y=-\mu/2, z=-5\mu/6$, 代入第一个约束方程得 $\mu=\pm 6\sqrt{5/19}$, 从而

$$(x,y,z)=\pm(2\sqrt{5/19},3\sqrt{5/19},5\sqrt{5/19}),$$

它们都给出距离 $d=10$(由下面的计算可知是最大距离).

当 $\lambda=-75/17$ 时, 类似地得到 $\mu=\pm 140/(17\sqrt{646})$, 从而

$$(x,y,z)=(\pm 40/\sqrt{646},\mp 35\sqrt{646},\pm 5\sqrt{646}),$$

它们都给出距离 $d=2850/646<10$(所以是最小距离).

7.14 (计算细节由读者补出) 切线方程是 $y=2ax-a^2$. 切线与抛物线 $y=-x^2+4x-1$ 的交点的 X 坐标是方程 $2ax-a^2=-x^2+4x-1$ 的根, 也就是 $x^2-2(2-a)x+(1-a^2)=0$ 的根, 将它们记为 $x_1,x_2\,(x_1<x_2)$. 于是所求面积

$$\begin{aligned}S&=\int_{x_1}^{x_2}\left(-x^2+4x-1-(2ax-a^2)\right)\mathrm{d}x\\&=\int_{x_1}^{x_2}\left(-x^2-2(a-2)x+(a^2-1)\right)\mathrm{d}x\\&=-\frac{1}{3}(x_2^3-x_1^3)-(a-2)(x_2^2-x_1^2)+(a^2-1)(x_2-x_1).\end{aligned}$$

由根与系数的关系可知

$$x_1+x_2=2(2-a),\quad x_1x_2=1-a^2.$$

由此可算出

$$x_2-x_1=\sqrt{(x_1+x_2)^2-4x_1x_2}=2\sqrt{2a^2-4a+3};$$

以及

$$
\begin{aligned}
x_2^3-x_1^3&=(x_2-x_1)\big((x_2+x_1)^2-x_1x_2\big)\\
&=2\sqrt{2a^2-4a+3}\,(5a^2-16a+15);\\
x_2^2-x_1^2&=(x_2+x_1)(x_2-x_1)=4(2-a)\sqrt{2a^2-4a+3}.
\end{aligned}
$$

于是所求面积

$$S=\frac{4}{3}(2a^2-4a+3)^{3/2}.$$

最后算出 $a=1$ 时 $2a^2-4a+3$ 取最小值 1, 最终答案为 4/3.

7.15 (计算细节由读者补出) 令

$$F(x,y,z)=\frac{x^2}{a^2}+\frac{y^2}{b^2}+\frac{z^2}{c^2},$$

椭球面的切点为 (x_0,y_0,z_0) 的切面方程是

$$\left.\frac{\partial F}{\partial x}\right|_{(x_0,y_0,z_0)}(x-x_0)+\left.\frac{\partial F}{\partial y}\right|_{(x_0,y_0,z_0)}(y-y_0)+\left.\frac{\partial F}{\partial z}\right|_{(x_0,y_0,z_0)}(z-z_0)=0,$$

注意 $x_0^2/a^2+y_0^2/b^2+z_0^2/c^2=1$, 可得

$$\frac{x_0}{a^2}x+\frac{y_0}{b^2}y+\frac{z_0}{c^2}z=1.$$

由对称性, 我们不妨认为 $x_0,y_0,z_0>0$, 于是切面在三个轴上的截距是 $a^2/x_0,b^2/y_0,c^2/z_0$, 因此由棱锥体积公式得

$$V=\frac{1}{6}\cdot\frac{a^2b^2c^2}{x_0y_0z_0},$$

而且满足条件 $x_0^2/a^2+y_0^2/b^2+z_0^2/c^2=1$. 由此并应用算术–几何平均不等式可知 $x_0y_0z_0\leqslant abc/\sqrt{27}$, 从而 $V\geqslant(\sqrt{3}/2)abc$, 于是 V 的最小值是 $(\sqrt{3}/2)abc$.

7.16 (1) 平面 α 的方程是 $l_1x+l_2y+l_3z=0$, 其中

$$l_1^2+l_2^2+l_3^2=1.$$

由点到平面的距离公式,P_i 与 α 的距离 $d_i\,(i=1,\cdots,8)$ 是

$$
\begin{aligned}
&d_1=d_5=|2l_1+l_2|,\quad d_2=d_6=|l_1+l_2+l_3|,\\
&d_3=d_7=|-2l_1+l_2|,\quad d_4=d_8=|-l_1+l_2-l_3|.
\end{aligned}
$$

因此 (注意 $l_1^2+l_2^2+l_3^2=1$)

$$S=2\big((2l_1+l_2)^2+(l_1+l_2+l_3)^2+(-2l_1+l_2)^2+(-l_1+l_2-l_3)^2\big)=4(4l_1^2+l_2^2+2l_1l_3)+4.$$

(2) 将 l_1,l_2,l_3 改记为 x,y,z. 我们在约束条件 $x^2+y^2+z^2=1$ 之下求 $f(x,y,z)=4x^2+y^2+2xz$ 的最小值. 设 λ 为 Lagrange 乘子, 令

$$F(x,y,z,\lambda)=f(x,y,z)-\lambda(x^2+y^2+z^2).$$

则 $F_x=8x+2z-2\lambda x$, $F_y=2y-2\lambda y$, $F_z=2x-2\lambda z$, $F_\lambda=x^2+y^2+z^2-1$. 由 $F_x=F_y=F_z=0$ 得到方程组

$$(4-\lambda)x+z=0,\quad(1-\lambda)y=0,\quad x-\lambda z=0.$$

由上面第二个方程知 $\lambda=1$ 或 $y=0$. 若 $\lambda=1$ 则由上面另两方程解得 $x=z=0$. 将 $(x,y,z)=(0,y,0)$ 代入约束条件 $x^2+y^2+z^2=1$ 解得 $y=\pm1$, 此时函数值 $f=1$. 若 $y=0$, 则由问题的实际意义 (平面的方向余弦) 知 x,y,z 不全为 0, 因此另两方程形成的齐次方程组有非零解, 所以其系数行列式

$$\begin{vmatrix}4-\lambda & 1\\ 1 & -\lambda\end{vmatrix}=0,$$

于是 $\lambda=2\pm\sqrt{5}$. 若 $\lambda=2-\sqrt{5}$, 则 $x=\lambda z=(2-\sqrt{5})z$, 将此式及 $y=0$ 代入 $x^2+y^2+z^2=1$ 解得 $z=\pm\sqrt{50+20\sqrt{5}}/10$, 于是 $x=\pm\sqrt{50+20\sqrt{5}}(2-\sqrt{5})/10=\mp\sqrt{50-20\sqrt{5}}/10$. 此时函数值

$$f=4\left(\mp\frac{\sqrt{50-20\sqrt{5}}}{10}\right)^2+0^2+2\left(\mp\frac{\sqrt{50-20\sqrt{5}}}{10}\right)\left(\pm\frac{\sqrt{50+20\sqrt{5}}}{10}\right)=2-\sqrt{5}.$$

类似地, 若 $\lambda=2+\sqrt{5}$, 则 $z=\pm\sqrt{50-20\sqrt{5}}/10, x=\mp\sqrt{50+20\sqrt{5}}/10$, 此时函数值 $f=2+\sqrt{5}$.

由问题的实际意义知 S 的最小值存在, 因此由上面两种情形下的计算结果知 f 有最小值 $\min\{1,2+\sqrt{5},2-\sqrt{5}\}=2-\sqrt{5}$, 于是 S 的最小值等于 $4(2-\sqrt{5})+4=12-4\sqrt{5}$, 达到此值的平面方向余弦是 $(l_1,l_2,l_3)=\pm(\sqrt{50-20\sqrt{5}}/10,0,\mp\sqrt{50+20\sqrt{5}}/10)$.

注 上面题 (2) 的解法的后半也可作如下的变通: 得到方程组

$$L:\quad (4-\lambda)x+z=0,\ (1-\lambda)y=0,\ x-\lambda z=0$$

后, 由问题的实际意义知 (x,y,z)(平面的方向余弦) 非零, 因此齐次方程组

$$\begin{pmatrix}4-\lambda & 0 & 1\\ 0 & 1-\lambda & 0\\ 1 & 0 & -\lambda\end{pmatrix}\begin{pmatrix}x\\ y\\ z\end{pmatrix}=\begin{pmatrix}0\\ 0\\ 0\end{pmatrix}$$

有非零解, 从而其系数行列式

$$\begin{vmatrix}4-\lambda & 0 & 1\\ 0 & 1-\lambda & 0\\ 1 & 0 & -\lambda\end{vmatrix}=0.$$

由此解得 $\lambda=1,2\pm\sqrt{5}$.

设 (x,y,z) 满足方程组 L, 那么

$$xF_x+yF_y+zF_z=x\cdot2\big((4-\lambda)x+z\big)+y\cdot2\big((1-\lambda)y\big)+z\cdot2(x-\lambda z)=0,$$

即

$$4x^2+y^2+2xz-\lambda(x^2+y^2+z^2)=0.$$

因为 $x^2+y^2+z^2=1$, 所以方程组 L 的解 (x,y,z) 满足 $f(x,y,z)=\lambda$. 仍然由问题的实际意义知 S 的最小值存在, 所以上面求得的 λ 的值中最小者 $2-\sqrt{5}$ 即为 $f(x,y,z)$ 的最小值 (为求与 $\lambda=2-\sqrt{5}$ 对应的解 (x,y,z) 可如原解法进行).

7.17 我们算出

$$\begin{aligned}\varDelta&=\int_0^1(x^4+a^2x^2+b^2-2ax^3-2bx^2+2abx)\mathrm{d}x\\&=\frac{1}{5}+\frac{1}{3}a^2+b^2-\frac{1}{2}a-\frac{2}{3}b+ab,\end{aligned}$$

由 $\partial\varDelta/\partial a=0,\partial\varDelta/\partial b=0$ 得到

$$\frac{2}{3}a+b=\frac{1}{2},$$

$$a+2b=\frac{2}{3},$$

由此解出 $a=1,b=-1/6$. 因为

$$\frac{\partial^2\Delta}{\partial a^2}=\frac{2}{3}>0,\quad \left(\frac{\partial^2\Delta}{\partial a\partial b}\right)^2-4\left(\frac{\partial^2\Delta}{\partial a^2}\right)\left(\frac{\partial^2\Delta}{\partial b^2}\right)=1^2-4\cdot\frac{2}{3}\cdot 2<0,$$

所以线性函数 $f(x)=x-1/6$ 使 Δ 达到最小.

7.18 令

$$f(x)=\frac{1}{(x+1)(2-x)}\quad (x\in[0,1]).$$

因为在 $[0,1]$ 上 $f'(x)$ 只有一个零点 $x=1/2$, 所以推知 $f(x)$ 在该区间上有最小值 $f(1/2)=4/9$. 最大值在端点取得, 等于 $f(0)=f(1)=1/2$. 于是在区间 $(0,1/2)$ 和 $(1/2,1)$ 上, 我们有严格不等式

$$\frac{4}{9}\mathrm{e}^x<\frac{\mathrm{e}^x}{(x+1)(2-x)}<\frac{1}{2}\mathrm{e}^x.$$

分别在区间 $(0,1/2)$ 和 $(1/2,1)$ 上对 x 积分, 然后将所得不等式相加, 得到

$$\frac{4}{9}\int_0^1\mathrm{e}^x\mathrm{d}x<\int_0^1\frac{\mathrm{e}^x}{(x+1)(2-x)}\mathrm{d}x<\frac{1}{2}\int_0^1\mathrm{e}^x\mathrm{d}x,$$

由此即得所要的不等式.

7.19 提示 (与例 7.3.3 比较) (1) 因为函数 $H(x,y)$ 在边界上为零, 所以最大值不可能在边界上达到. 于是由

$$\frac{\partial H}{\partial x}=\frac{y(1-y)(1-2x+x^2y)}{(1-xy)^2}=0,$$
$$\frac{\partial H}{\partial y}=\frac{x(1-x)(1-2y+x^2y)}{(1-xy)^2}=0$$

可求出函数唯一的极值点 (也是最大值点)(τ,τ), 其中 $\tau=(\sqrt{5}-1)/2$. 注意 $\tau^2+\tau-1=0$, 所以 $1-\tau^2=\tau,1-\tau=\tau^2$, 于是容易算出函数的最大值是 $F(\tau,\tau)=\tau^5$.

(2) 答案是 $\left((\sqrt{5}-1)/2\right)^5$.

7.20 提示 参见例 7.2.5. 因为 $a>b>0>c$, 所以对于所有 $t,f(0,t,0)>f(0,0,0)=0>f(0,0,t)$, 因而 $(0,0,0)$ 不是极值点. 类似于例 7.2.5,$(0,\pm1,0)$ 不是极值点.$(\pm1,0,0)$ 和 $(0,0,\pm1)$ 分别是极大和极小值点.

7.21 (1) 由 $|f(x,y)|\leqslant x^2+y^2$ 可推出结论.

(2) 在直线 $x=0$ 上, 所给函数 f 成为 $\phi(y)=f(0,y)=y^2\cos(2y^2/\pi)$. 于是 $\phi(0)=0$; 且当 $0<|y|<\pi/2$ 时 $\phi(y)>0$. 因此 ϕ 在 $y=0$ 有严格局部极小.

在直线 $y=kx$ 上, 函数 f 成为

$$\psi(x)=\begin{cases} f(x,kx)=x^2(1+k^2)\cos\left(x^2\dfrac{1+k^2}{\arctan k}\right), & k\neq 0,\\ x^2, & k=0.\end{cases}$$

若 $k\neq0$, 则 $\psi(0)=0$, 且当 $0<|x|<\left(\pi|\arctan k|/(2+2k^2)\right)^{1/2}$ 时 $\psi(x)>0$. 因此 ψ 在 $x=0$ 有严格局部极小. 若 $k=0$, 则结论显然成立.

(3) 考虑任何一个含有点 $(0,0)$ 的开集 $\{(x,y)\mid x^2+y^2<\delta^2\}$, 其中取定 $0<\delta<\sqrt{\pi}$. 取此集合中的取点 (x,y), 其坐标满足

$$x^2=\frac{\delta^2}{4\left(1+\tan^2\alpha\right)},\quad y=x\tan\alpha\neq 0,$$

其中 $\alpha=\delta^2/(4\pi)$. 那么 $x^2+y^2=\delta^2/4<\delta^2$, 所以点 (x,y) 在上述开集中, 并且

$$f(x,y)=\frac{\delta^2}{4}\cos\left(\frac{4^{-1}\delta^2}{(4\pi)^{-1}\delta^2}\right)=-\frac{\delta^2}{4}<0.$$

因为 $f(0,0)=0$, 所以 f 在 $(0,0)$ 没有局部极小.

7.22 (1) 注意 $|f(r,\theta)|<r^2$.

(2) 作以原点为中心的球 $|r|<a$, 其中取定 $0<a<1$. 取 $\theta=a/(2\pi)$. 于是点 $(r,\theta)=(a/2,\theta)$ 满足 $|r|<a$ 以及 $r/\theta=\pi$. 即点 (r,θ) 在上述球中. 由 $f(r,\theta)=-a^2/4<0, f(0,0)=0$ 可知 f 在原点不取局部极小.

(3) 在极坐标系中过原点的直线可表示为 $\theta=\alpha$(常数). 若 $\alpha=0$(即 x 轴), 则 $f(r,\theta)=f(r,0)=r^2$, 因而 f 限制在直线 $\theta=0$ 上在 $(0,0)$ 有严格局部极小. 若 $\alpha\neq 0$, 则当 $0<|r|<|\alpha|\pi/2$ 时,$\cos(r/\alpha)>0$, 因而 $f(r,\alpha)>0$, 从而同样的结论也成立.

7.23 (i) 由函数 $\phi(t)$ 的定义可知它在 $[-1,1]$ 上连续, 因此 $f(x,y)$ 在 D 上连续. 显然 $f(x,y)=f(-x,-y)$, 还有

$$f(x,-y)=f(x,y)+\frac{1}{3+xy}+\frac{1}{3-xy}.$$

于是, 若 $x,y\in D, xy>0$(即 x,y 同号), 则

$$f(x,-y)=f(x,y)-\frac{2xy}{3-(xy)^2}<f(x,y).$$

因此, 若 (x,y) 是 D 的内点, 并且是 $f(x,y)$ 在 D 上的最小值点, 则其坐标 x,y 必反号. 于是不失一般性, 下文中我们可设 $0\leqslant x\leqslant 1, -1\leqslant y\leqslant 0$.

(ii) 由 $\partial f/\partial x=0, \partial f/\partial y=0$ 求得

$$y(3-xy)^{-2}=\lambda(x),\quad x(3-xy)^{-2}=\lambda(y),$$

其中

$$\lambda(t)=\frac{6}{t(9-t^2)}-\frac{t}{(3-t^2)^2}+\frac{1}{t^2}\log\frac{3-t}{3+t}.$$

因此, 若 D 的内点 (x,y) 是 $f(x,y)$ 在 D 上的最小值点, 则 $0<x<1, -1<y<0$, 并且

$$x\lambda(x)=y\lambda(y).$$

容易验证 $\lambda(-t)=-\lambda(t)$. 若在上式令 $y=-r\,(0<r<1)$, 则有

$$x\lambda(x)=r\lambda(r)\quad (x,r\geqslant 0).$$

注意函数 $t\lambda(t)$ 有幂级数展开

$$t\lambda(t)=\sum_{n=1}^{\infty}\frac{n}{3^{n+1}}\left(\frac{4}{(2n+1)3^n}-1\right)t^{2n}\quad (|t|<\sqrt{3}).$$

因为当 $x\in[0,1]$ 时,t^{2n} 的系数全是负的, 所以 $t\lambda(t)$ 在 $[0,1]$ 上递减, 因此由上述等式 $x\lambda(x)=r\lambda(r)$ $(x,r\geqslant 0)$ 推出 $r=x$. 于是我们得知: 对于上述 $f(x,y)$ 的最小值点 (x,y) 有 $x=r, y=-r$, 即 $x=-y$.

第 8 章 不 等 式

8.1 初等方法

这里所谓“初等方法”, 主要指应用初等数学 (代数, 几何, 三角等) 的知识和技巧, 而不涉及微积分 (当然, 可用初等方法解的问题中不少也可用微分学方法解).

例 8.1.1 证明: 当 $x\in(0,\pi)$ 时,

(1) $x-\dfrac{x^3}{4}<\sin x$.

(2) $\cos x<1-\dfrac{x^2}{2}+\dfrac{x^4}{16}$.

解 (1) 我们有

$$\sin x=2\tan\frac{x}{2}\cos^2\frac{x}{2}=2\tan\frac{x}{2}\left(1-\sin^2\frac{x}{2}\right).$$

由三角函数的定义 (用单位圆) 可知, 对于任何实数 $x,|\sin x|\leqslant|x|$, 以及对于 $x\in(0,\pi/2),x<\tan x$, 所以

$$\tan\frac{x}{2}>\frac{x}{2},\quad \sin^2\frac{x}{2}<\frac{x^2}{4}.$$

于是

$$\sin x>2\cdot\frac{x}{2}\left(1-\frac{x^2}{4}\right)=x-\frac{x^3}{4}.$$

(2) 类似地, 我们有

$$\begin{aligned}\cos x-\left(1-\frac{x^2}{2}\right)&=\frac{x^2}{2}-(1-\cos x)=\frac{x^2}{2}-2\sin^2\frac{x}{2}\\&=2\left(\frac{x^2}{4}-\sin^2\frac{x}{2}\right)=2\left(\frac{x}{2}-\sin\frac{x}{2}\right)\left(\frac{x}{2}+\sin\frac{x}{2}\right).\end{aligned}$$

因为当 $x>0$ 时,

$$\frac{x}{2}+\sin\frac{x}{2}\leqslant\frac{x}{2}+\frac{x}{2}=x,$$

并且由本题 (1) 知当 $0<x<\pi$ 时 $x-\sin x<x^2/4$, 从而

$$\frac{x}{2}-\sin\frac{x}{2}<\frac{1}{4}\left(\frac{x}{2}\right)^3=\frac{x^3}{32},$$

因此

$$\cos x-\left(1-\frac{x^2}{2}\right)<2\cdot\frac{x^3}{32}\cdot x=\frac{x^4}{16}.$$

于是本题得证. □

例 8.1.2 设 m 是正整数, 则当 $|x|<\sqrt{2m}$ 时,

$$\cos^m\frac{x}{m}>1-\frac{x^2}{2m-x^2}.$$

解 由 $\sin^2 x\leqslant x^2$, 并注意 $x^2<2m$, 应用二项式定理得

$$\begin{aligned}\cos^m\frac{x}{m}&=\left(1-2\sin^2\frac{x}{2m}\right)^m>\left(1-\frac{x^2}{2m^2}\right)^m\\&=1-m\left(\frac{x^2}{2m^2}\right)+\frac{m(m-1)}{1\cdot 2}\left(\frac{x^2}{2m^2}\right)^2-\cdots\\&\quad+(-1)^k\frac{m(m-1)\cdots(m-k+1)}{k!}\left(\frac{x^2}{2m^2}\right)^k+\cdots\\&\quad+(-1)^m\frac{1}{m!}\left(\frac{x^2}{2m^2}\right)^m\\&>1-m\left(\frac{x^2}{2m^2}\right)-m^2\left(\frac{x^2}{2m^2}\right)^2-\cdots\\&\quad-m^k\left(\frac{x^2}{2m^2}\right)^k-\cdots-m^m\left(\frac{x^2}{2m^2}\right)^m\\&>1-\frac{x^2}{2m}\left(1+\frac{x^2}{2m}+\cdots+\left(\frac{x^2}{2m}\right)^m\right),\end{aligned}$$

由几何级数求和公式可知

$$1+\frac{x^2}{2m}+\cdots+\left(\frac{x^2}{2m}\right)^m=\frac{1-\left(\dfrac{x^2}{2m}\right)^{m+1}}{1-\dfrac{x^2}{2m}},$$

因为 $x^2<2m$, 所以

$$\cos^m\frac{x}{m}>1-\frac{x^2}{2m}\cdot\frac{1}{1-\dfrac{x^2}{2m}}=1-\frac{x^2}{2m-x^2}.$$ □

例 8.1.3 设 $\boldsymbol{a}_k\,(k=1,2,\cdots,n)$ 是平面上 n 个两两互异的点,$d(\boldsymbol{a},\boldsymbol{b})$ 表示平面上两点 $\boldsymbol{a},\boldsymbol{b}$ 间的距离, 记

$$\delta=\min_{1\leqslant i<j\leqslant n}d(\boldsymbol{a}_i,\boldsymbol{a}_j).$$

(1) 证明:

$$\prod_{j=2}^{n}d(\boldsymbol{a}_1,\boldsymbol{a}_j)\geqslant\left(\frac{\delta}{3}\right)^{n-1}\sqrt{n!}.$$

(2) 若还设点 $\boldsymbol{a}_k\,(k=1,2,\cdots,n)$ 在一条直线上, 则

$$\prod_{j=2}^{n} d(\boldsymbol{a}_1,\boldsymbol{a}_j) \geqslant \left(\frac{\delta}{2}\right)^{n-1}(n-1)!.$$

(3) 设 $n\geqslant 6$, 证明:

$$\sin\frac{\pi}{n} \leqslant \frac{3}{2}\big((n+1)!\big)^{-1/(2n)}.$$

解 (1) (i) 不妨设 (必要时可将点 $\boldsymbol{a}_2,\cdots,\boldsymbol{a}_n$ 重新编号)

$$d(\boldsymbol{a}_1,\boldsymbol{a}_2)\leqslant d(\boldsymbol{a}_1,\boldsymbol{a}_3)\leqslant\cdots\leqslant d(\boldsymbol{a}_1,\boldsymbol{a}_{n-1})\leqslant d(\boldsymbol{a}_1,\boldsymbol{a}_n).$$

以每个点 $\boldsymbol{a}_j\,(j=1,2,\cdots,n)$ 为中心、$\delta/2$ 为半径作圆 C_j. 由 δ 的定义可知, 这些圆两两互不相交, 并且以点 $\boldsymbol{a}_1$ 为中心、$d(\boldsymbol{a}_1,\boldsymbol{a}_j)+\delta/2$ 为半径的圆 $\mathscr{C}$ 包含了 j 个等圆 $C_1,C_2,\cdots,C_j$. 由面积的比较得到

$$\pi\left(d(\boldsymbol{a}_1,\boldsymbol{a}_j)+\frac{\delta}{2}\right)^2 \geqslant j\cdot\pi\left(\frac{\delta}{2}\right)^2,$$

因此

$$d(\boldsymbol{a}_1,\boldsymbol{a}_j)\geqslant\frac{\sqrt{j}-1}{2}\delta\quad(j=1,2,\cdots,n).$$

(ii) 若 $n\leqslant 8$, 则 $\sqrt{j}/3<1\,(1\leqslant j\leqslant n)$, 因此 $d(\boldsymbol{a}_1,\boldsymbol{a}_j)\geqslant\delta>(\sqrt{j}/3)\delta$, 于是

$$\prod_{j=2}^{n} d(\boldsymbol{a}_1,\boldsymbol{a}_j) > \prod_{j=2}^{n}\frac{\sqrt{j}}{3}\cdot\delta^{n-1} = \left(\frac{\delta}{3}\right)^{n-1}\sqrt{n!}\quad(n\leqslant 8),$$

题中的不等式已成立.

(iii) 若 $n>8$, 则由步骤 (i) 中的结果可知

$$\prod_{j=9}^{n} d(\boldsymbol{a}_1,\boldsymbol{a}_j) \geqslant \prod_{j=9}^{n}\frac{\sqrt{j}-1}{2}\cdot\delta^{n-8}.$$

因为当 $j\geqslant 9$ 时 $(\sqrt{j}-1)/2\geqslant\sqrt{j}/3$, 所以

$$\prod_{j=9}^{n} d(\boldsymbol{a}_1,\boldsymbol{a}_j) \geqslant \sqrt{\prod_{j=9}^{n} j}\cdot\left(\frac{\delta}{3}\right)^{n-8}.$$

另外, 依步骤 (ii) 中所证,

$$\prod_{j=2}^{8} d(\boldsymbol{a}_1,\boldsymbol{a}_j) \geqslant \left(\frac{\delta}{3}\right)^{7}\sqrt{8!}.$$

合起来, 即得

$$\begin{aligned}\prod_{j=2}^{n} d(\boldsymbol{a}_1,\boldsymbol{a}_j) &= \prod_{j=2}^{8} d(\boldsymbol{a}_1,\boldsymbol{a}_j)\cdot\prod_{j=9}^{n} d(\boldsymbol{a}_1,\boldsymbol{a}_j)\\ &\geqslant \left(\frac{\delta}{3}\right)^{7}\sqrt{8!}\cdot\sqrt{\prod_{j=9}^{n} j}\cdot\left(\frac{\delta}{3}\right)^{n-8} = \left(\frac{\delta}{3}\right)^{n-1}\sqrt{n!}.\end{aligned}$$

(2) 如果诸点 $\boldsymbol{a}_j$ 在一条直线上, 那么我们用区间代替圆, 亦即对每个 j 作一个以 $\boldsymbol{a}_j$ 为中点、长度为 δ 的区间 l_j. 类似于 (a) 中的推理可知, 它们两两互不相交, 并且以点 $\boldsymbol{a}_1$ 为中点、长度为 $2d(\boldsymbol{a}_1,\boldsymbol{a}_j)+\delta$ 的区间 $\mathscr{L}_j$ 包含了 j 个等长区间 $l_1,l_2,\cdots,l_j$. 由长度的比较推出

$$d(\boldsymbol{a}_1,\boldsymbol{a}_j)\geqslant\frac{j-1}{2}\delta\quad(j=1,2,\cdots,n),$$

将这 n 个不等式相乘即得结果.

(3) 令 $\boldsymbol{a}_1=(0,0)$, 并取以 $\boldsymbol{a}_1$ 为中心的单位圆的 n 等分点 (共 n 个) 作为 $\boldsymbol{a}_j(j=2,\cdots,n+1)$, 那么

$$\delta=2\sin\frac{\pi}{n},\quad d(\boldsymbol{a}_1,\boldsymbol{a}_j)=1\quad(j\geqslant2)$$

由本题 (1) 即得结果. □

注　由例 8.2.1 可知例 8.1.1 的结果可改进. 对于"连续型"的不等式, 有时"初等方法"不如微分学方法精密. 但例 8.1.3 中的不等式是"离散型"的, 不易直接应用微分学方法.

8.2　微分学方法

例 8.2.1　证明:

(1) 若 $x\neq0$, 则

$$1-\frac{x^2}{2!}<\cos x<1-\frac{x^2}{2!}+\frac{x^4}{4!}.$$

(2) 对于任何 $x>0$,

$$x-\frac{x^3}{3!}<\sin x<x-\frac{x^3}{3!}+\frac{x^5}{5!}.$$

解　(i) 设 $x\neq0$. 由 Cauchy 中值定理, 取 $f(x)=1-\cos x,g(x)=x^2/2$, 可得: 当 $x\neq0$,

$$\frac{1-\cos x}{x^2/2}=\frac{\sin\theta}{\theta},$$

其中 θ 介于 0 和 x 之间. 因为无论 $\theta>0$ 或 $\theta<0$ 都有 $\sin\theta/\theta<1$, 所以

$$1-\frac{x^2}{2}<\cos x\quad(x\neq0).$$

(ii) 设 $x>0$, 类似地, 取 $f(x)=x-\sin x,g(x)=x^3/3!$, 可得

$$\frac{x-\sin x}{x^3/3!}=\frac{1-\cos\theta}{\theta^2/2!},$$

其中 $\theta\in(0,x)$. 依步骤 (i) 中所证结果,$(1-\cos\theta)/(\theta^2/2!)<1$, 所以

$$\sin x>x-\frac{x^3}{3!}\quad(x>0).$$

(iii) 设 $x \neq 0$. 取 $f(x)=\cos x-1+x^2/2, g(x)=x^4/4!$, 得到

$$\frac{\cos x-1-x^2/2!}{x^4/4!}=\frac{-\sin\theta+\theta}{\theta^3/3!},$$

其中 θ 介于 0 和 x 之间. 应用步骤 (ii) 中所证结果, 当 $x>0$(从而 $\theta>0$) 时上式右边 <1; 当 $x<0$(从而 $\theta<0$) 时也有

$$\frac{-\sin\theta+\theta}{\theta^3/3!}=\frac{-\sin|\theta|+|\theta|}{|\theta|^3/3!}<1,$$

因此得到

$$\cos x<1-\frac{x^2}{2!}+\frac{x^4}{4!} \quad (x\neq 0).$$

(iv) 设 $x>0$. 取 $f(x)=\sin x-x+x^3/3!, g(x)=x^5/5!$, 并应用步骤 (iii) 中所证结果, 可得

$$\sin x<x-\frac{x^3}{3!}+\frac{x^5}{5!} \quad (x>0).$$

最后, 分别由步骤 (i) 和 (iii) 以及步骤 (ii) 和 (iv), 即可推出题 (1) 和题 (2) 中的不等式. □

注 1 当 $x\in(0,\pi/2)$ 时, 例 8.2.1(2) 中的不等式有下列 "初等证明":

(i) 令

$$S_n=\sin^3\frac{x}{3}+3\sin^3\frac{x}{3^2}+3^2\sin^3\frac{x}{3^3}+\cdots+3^{n-1}\sin^3\frac{x}{3^n}.$$

在公式 $\sin 3\alpha=3\sin\alpha-4\sin^3\alpha$ 中依次令 $\alpha=x/3,x/3^2,x/3^3,\cdots,x/3^n$, 将所得 n 个等式分别乘以 $1,3,3^2,\cdots,3^{n-1}$, 然后将它们相加, 化简后得到

$$\sin x=3^n\sin\frac{x}{3^n}-4S_n,$$

即得恒等式

$$3^n\sin\frac{x}{3^n}-4\left(\sin^3\frac{x}{3}+3\sin^3\frac{x}{3^2}+3^2\sin^3\frac{x}{3^3}+\cdots+3^{n-1}\sin^3\frac{x}{3^n}\right)=\sin x.$$

(ii) 由例 8.1.1(1) 可知

$$3^n\sin\frac{x}{3^n}>3^n\left(\frac{x}{3^n}-\frac{x^3}{4\cdot 3^{3n}}\right)=x-\frac{x^3}{4\cdot 3^{2n}}.$$

(iii) 因为 $\sin x<x\,(x>0)$, 所以

$$\begin{aligned}
&\sin^3\frac{x}{3}+3\sin^3\frac{x}{3^2}+3^2\sin^3\frac{x}{3^3}+\cdots+3^{n-1}\sin^3\frac{x}{3^n}\\
&\leqslant x^3\left(\frac{1}{3^3}+\frac{3}{3^6}+\cdots+\frac{3^{n-1}}{3^{3n}}\right)\\
&=\frac{x^3}{27}\left(1+\frac{1}{3^2}+\cdots+\frac{1}{3^{2(n-1)}}\right)\\
&=\frac{x^3}{27}\cdot\frac{1-3^{-2n}}{1-3^{-2}}<\frac{x^3}{27}\cdot\frac{9}{8}=\frac{x^3}{3\cdot 8}.
\end{aligned}$$

(iv) 由步骤 (ii) 和 (iii) 所得不等式以及步骤 (i) 中的恒等式推出

$$x-\frac{x^3}{6}-\frac{x^3}{4\cdot 3^{2n}}<\sin x.$$

令 $n\to\infty$, 即得左半不等式

$$x-\frac{x^3}{6}\leqslant \sin x.$$

(v) 注意 $x-x^3/6=x(1-x^2/6)>0$(当 $0<x<\pi/2$), 并应用步骤 (iv) 中的不等式, 可知当 $0<x<\pi/2$ 时,

$$0<x-\frac{x^3}{6}\leqslant \sin x,$$

用 $x/4$ 代 x, 得

$$0<\frac{x}{4}-\frac{x^3}{2^6\cdot 6}\leqslant \sin\frac{x}{4}.$$

将此式两边平方, 可得

$$\frac{x^3}{2^4}-\frac{x^4}{3\cdot 2^8}+\frac{x^6}{2^{14}\cdot 3^2}\leqslant \sin^2\frac{x}{4},$$

于是

$$0<\frac{x^3}{2^4}-\frac{x^4}{3\cdot 2^8}\leqslant \sin^2\frac{x}{4}.$$

此外, 类似地由步骤 (iv) 中的不等式 (用 $x/2$ 代 x) 得

$$0<\frac{x}{2}-\frac{x^3}{2^3\cdot 6}\leqslant \sin\frac{x}{2}.$$

将上述两个不等式相乘, 得到

$$\frac{x^3}{2^5}-\frac{x^5}{2^9}\leqslant\left(\frac{x}{2}-\frac{x^3}{2^3\cdot 6}\right)\left(\frac{x^3}{2^4}-\frac{x^4}{3\cdot 2^8}\right)\leqslant \sin\frac{x}{2}\sin^2\frac{x}{4}.$$

又因为

$$\sin\frac{x}{2}\sin^2\frac{x}{4}=\frac{1}{2}\sin\frac{x}{2}-\frac{1}{4}\sin x,$$

所以由上面的不等式推出

$$\sin x\leqslant 2\sin\frac{x}{2}-\frac{x^3}{8}+\frac{x^5}{2^7}.$$

(vi) 在上式中依次用 $x/2,x/4,\cdots,x/2^{n-1}$ 代替 x, 并将所得不等式两边分别乘以 $2,4,\cdots,2^{n-1}$, 将它们以及步骤 (v) 中最后所得不等式 (一共 n 个) 相加, 得到

$$\begin{aligned}\sin x&\leqslant 2^n\sin\frac{x}{2^n}-\frac{x^3}{8}\left(1+\frac{1}{4}+\frac{1}{4^2}+\cdots+\frac{1}{4^{n-1}}\right)+\frac{x^5}{2^7}\left(1+\frac{1}{2^4}+\frac{1}{2^8}+\cdots+\frac{1}{2^{4n-4}}\right)\\&=2^n\sin\frac{x}{2^n}-\frac{x^3}{8}\cdot\frac{4}{3}\left(1-\frac{1}{4^n}\right)+\frac{x^5}{2^7}\cdot\frac{16}{15}\left(1-\frac{1}{2^{4n}}\right)\\&<2^n\cdot\frac{x}{2^n}-\frac{x^3}{8}\cdot\frac{4}{3}\left(1-\frac{1}{4^n}\right)+\frac{x^5}{2^7}\cdot\frac{16}{15}\left(1-\frac{1}{2^{4n}}\right).\end{aligned}$$

令 $n\to\infty$, 即得右半不等式.

注 2 若已证 $\sin x > x - x^3/6$, 则

$$\begin{aligned}\cos x &= 1 - 2\sin^2\frac{x}{2} < 1 - 2\left(\frac{x}{2} - \frac{1}{6}\left(\frac{x}{2}\right)^3\right)^2 \\ &= 1 - \frac{x^2}{2} + \frac{x^4}{24} - \frac{x^6}{36\cdot 2^5} < 1 - \frac{x^2}{2} + \frac{x^4}{24}.\end{aligned}$$

例 8.2.2 证明:

$$|\log(1-x) + x| \leqslant c_1 x^2 \quad \left(|x| \leqslant \frac{1}{2}\right),$$

$$|\mathrm{e}^x - 1| \leqslant c_2|x| \quad (|x| \leqslant 1),$$

其中 $c_1, c_2 > 0$ 是常数 (可取 $c_1 = 1, c_2 = \mathrm{e} - 1$).

解 (1) 证第一个不等式 因为 $|x| \leqslant 1/2$, 所以由 Taylor 展开得到

$$\begin{aligned}|\log(1-x) + x| &= \left|\left(-x + \frac{x^2}{2} - \frac{x^3}{3} + \cdots + (-1)^n\frac{x^n}{n} + \cdots\right) + x\right| \\ &= \left|\frac{x^2}{2} - \frac{x^3}{3} + \cdots + (-1)^n\frac{x^n}{n} + \cdots\right| \\ &\leqslant |x|^2\left(\frac{1}{2} + \frac{|x|}{3} + \cdots + \frac{|x|^{n-2}}{n} + \cdots\right) \\ &\leqslant |x|^2\left(\frac{1}{2} + \frac{1}{2^2} + \cdots + \frac{1}{2^{n-1}} + \cdots\right) = x^2.\end{aligned}$$

(2) 证第二个不等式 解法 1 当 $|x| \leqslant 1$ 时, 由 Taylor 展开得到

$$\begin{aligned}|\mathrm{e}^x - 1| &= \left|x + \frac{x^2}{2!} + \frac{x^3}{3!} + \cdots + \frac{x^n}{n!} + \cdots\right| \\ &\leqslant |x|\left(1 + \frac{1}{2!} + \frac{1}{3!} + \cdots + \frac{1}{n!} + \cdots\right) = (\mathrm{e} - 1)|x|.\end{aligned}$$

解法 2 (非微分学方法) (i) 若 $0 \leqslant x \leqslant 1$, 则

$$\int_0^x \mathrm{e}^t \mathrm{d}t = \mathrm{e}^t\Big|_0^x = \mathrm{e}^x - 1;$$

又由 $t \leqslant x \leqslant 1, \mathrm{e}^t \leqslant \mathrm{e}$ 得到

$$\int_0^x \mathrm{e}^t \mathrm{d}t \leqslant \int_0^x \mathrm{e}\mathrm{d}t = \mathrm{e}x.$$

于是 $\mathrm{e}^x - 1 \leqslant \mathrm{e}x$, 注意当 $0 \leqslant x \leqslant 1$ 时 $\mathrm{e}^x - 1 \geqslant 0$, 所以 $|\mathrm{e}^x - 1| \leqslant \mathrm{e}|x|$.

(ii) 若 $-1 \leqslant x < 0$, 则 $0 < -x \leqslant 1$. 依步骤 (i) 中所证, 有

$$|\mathrm{e}^{-x} - 1| \leqslant \mathrm{e}|-x| = \mathrm{e}|x|.$$

注意 $0 < \mathrm{e}^x < 1$, 用 e^x 乘上述不等式两边得到

$$|1 - \mathrm{e}^x| \leqslant \mathrm{e}|x|\mathrm{e}^x < \mathrm{e}|x|.$$

于是本题得证. □

例 8.2.3 设 $a_1,a_2,\cdots,a_n$ 是 n 个互不相等的正数, 用 p_k 表示所有的它们中 k 个数的乘积的算术平均, 那么

$$p_1 > p_2^{1/2} > p_3^{1/3} > \cdots > p_n^{1/n}.$$

解 我们补充定义 $p_0=1$. 令

$$f(x)=(x+a_1)(x+a_2)\cdots(x+a_n),$$

由 p_k 的定义(它是 $\binom{n}{k}$ 个数的算术平均), 我们有

$$f(x)=x^n+\binom{n}{1}p_1x^{n-1}+\binom{n}{2}p_2x^{n-2}+\cdots+p_n.$$

因为 $f(-a_1)=f(-a_2)=0$, 由 Rolle 定理, 存在 $\xi_1\in(-a_1,-a_2)$, 使 $f'(\xi_1)=0$. 注意

$$f'(x)=n\left(x^{n-1}+\binom{n-1}{1}p_1x^{n-2}+\binom{n-1}{2}p_2x^{n-3}+\cdots+p_{n-1}\right),$$

所以在题设条件下, 方程

$$x^{n-1}+\binom{n-1}{1}p_1x^{n-2}+\binom{n-1}{2}p_2x^{n-3}+\cdots+p_{n-1}=0$$

恰有 $n-1$ 个不相等的实根. 如果我们对 $f(x)$ 求导 $s\,(s<n)$ 次, 那么

$$x^{n-s}+\binom{n-s}{1}p_1x^{n-s-1}+\cdots+p_{n-s}=0$$

恰有 $n-s$ 个不相等的实根. 若以 $n-k-1$ 代 s, 并令 $x=y^{-1}$, 则方程

$$p_{k+1}y^{k+1}+\binom{k+1}{1}p_ky^2+\cdots+\binom{k+1}{2}p_{k-1}y^{k-1}+\cdots+1=0$$

也恰有 $k+1$ 个不相等的实根. 对这个方程求导 $k-1$ 次, 并约去常数因子, 可知二次方程

$$p_{k+1}y^2+2p_ky+p_{k-1}=0$$

有两个互异实根, 所以

$$p_k^2 > p_{k-1}p_{k+1} \quad (k=1,2,\cdots,n-1).$$

由此推出

$$(p_0p_2)(p_1p_3)^2(p_2p_4)^3\cdots(p_{k-1}p_{k+1})^k < p_1^2p_2^4p_3^6\cdots p_k^{2k},$$

两边约去相同的因子, 即得

$$p_k^{1/k} > p_{k+1}^{1/(k+1)} \quad (k=1,2,\cdots,n-1).$$

或者: 在 $p_k^2>p_{k-1}p_{k+1}$ 中令 $k=1$ 得 $p_1^2>p_2$, 于是得到 $p_2^{1/2}<p_1$. 类似地, 令 $k=2$ 可推出 $p_2^2>p_1p_3>p_2^{1/2}p_3$, 于是得到 $p_3^{1/3}<p_2^{1/2}$. 令 $k=3$ 可推出 $p_3^2>p_2p_4>p_3^{2/3}p_4$, 于是得到 $p_4^{1/4}<p_3^{1/3}$, 等等. □

注 由本题结果得到 $p_1 > p_n^{1/n}$, 这正是算术–几何平均不等式 (等号成立的情形是显然的).

例 8.2.4 (1) 证明: 对于任何 $a\in(0,\pi/2], x\in[0,a]$,

$$\frac{x}{a}\leqslant\frac{\sin x}{\sin a}\leqslant\left(\frac{x}{a}\right)^{a\cot a},$$

并且等式当且仅当 $x=0$ 或 $x=a$ 时成立.

(2) 设给定 $a\in(0,\pi/2]$, 求最小的 $\alpha\geqslant 0$ 和最大的 $\beta\geqslant 0$, 使得不等式

$$\left(\frac{x}{a}\right)^{\alpha}\leqslant\frac{\sin x}{\sin a}\leqslant\left(\frac{x}{a}\right)^{\beta}\quad(0<x\leqslant a)$$

成立.

解 (1) 我们给出两个解法.

解法 1 (i) 当 $x=0$ 时, 题中的不等式成为等式. 下面限定 $x>0$.

(ii) 注意:$f(x)\in C^2[a,b]$ 是凸函数, 当且仅当在 $[a,b]$ 上 $f''(x)\geqslant 0$. 因为当 $x\in(0,\pi/2]$ 时 $(\sin x)''<0$, 所以函数 $\sin x$ 是 $(0,\pi/2]$ 上的严格凹函数 (亦即 $-\sin x$ 是严格凸函数). 因此, 若 $0<x\leqslant a\leqslant\pi/2$, 并且记 $A=(a,\sin a), B=(x,\sin x)$, 那么在曲线 $y=\sin x$ 上 (坐标系为 XOY), 点 B 介于点 O 和点 A 之间, 并且 $0<\angle AOX$ (记为 θ_2) $\leqslant\angle BOX$(记为 θ_1) $\leqslant\pi/2$. 因为

$$\tan\theta_1=\frac{\sin x}{x},\quad \tan\theta_2=\frac{\sin a}{a},\quad \tan\theta_1\geqslant\tan\theta_2,$$

所以得到当 $0<x\leqslant a\leqslant\pi/2$ 时,

$$\frac{\sin x}{x}\geqslant\frac{\sin a}{a},$$

而且当且仅当 $x=a$ 时等式成立. 因此题中不等式的左半得证.

(iii) 题中不等式的右半当 $x=a$ 时成为等式. 当 $x\neq a$ 时它等价于: 当 $0<x<a\leqslant\pi/2$ 时,

$$\frac{\log\sin a-\log\sin x}{\log a-\log x}<a\cot a.$$

在 Cauchy 中值公式中取 $F(t)=\log\sin t, G(t)=\log t, t\in[x,a]$, 那么 $F'(t)/G'(t)=t\cot t$, 并且存在 $\xi\in(x,a)$, 使得

$$\frac{\log\sin a-\log\sin x}{\log a-\log x}=\xi\cot\xi.$$

记函数 $f(t)=t\cot t$, 在区间 $[x,a]$(其中 $0<x\leqslant a\leqslant\pi/2$) 上有

$$f'(t)=\frac{\sin 2t-2t}{2\sin^2 t}>0,$$

所以 $\xi\cot\xi<a\cot a$, 因而上述等价形式的不等式确实成立.

解法 2 我们可以限定 $x>0$.

(i) 令 $f(x)=\sin x/x$. 则当 $x\in(0,a]$ 时,

$$f'(x)=\frac{\sin x}{x^2}(x\cot x-1)<0,$$

因而在此区间上 $f(x)\geqslant f(a)$, 所以

$$\frac{\sin x}{\sin a}\geqslant\frac{x}{a}\quad(0<x\leqslant a).$$

(ii) 再令 $g(x)=\sin x/x^k, h(x)=x\cot x-k$, 其中 $k=a\cot a$. 则当 $x\in(0,a]$ 时,

$$g'(x)=x^{-k-1}h(x)\sin x,$$
$$h'(x)=\frac{\sin x\cos x-x}{\sin^2 x}<0,$$

因而在此区间上 $h(x)\geqslant h(a)=0$, 从而 $g'(0)\geqslant 0$, 以及 $g(x)\leqslant g(a)$, 所以

$$\frac{\sin x}{\sin a}\leqslant\left(\frac{x}{a}\right)^k\quad(0<x\leqslant a).$$

(2) 当 $0<x<a\leqslant\pi/2$ 时, 所说的不等式等价于

$$\beta\leqslant\frac{\log\sin x-\log\sin a}{\log x-\log a}\leqslant\alpha.$$

在其中分别令 $x\to 0+, x\to a-$, 我们得到

$$\alpha\geqslant 1,\quad\beta\leqslant a\cot a.$$

又, 本题 (1) 的结果表明 $\min\alpha\leqslant 1, \max\beta\geqslant k$, 因此 $\min\alpha=1, \max\alpha=k=a\cot a$. □

注　1°　若在上述问题 (1) 中取 $a=\pi/2$, 则得 $2x/\pi\leqslant\sin x\leqslant 1\,(0\leqslant x\leqslant\pi/2)$, 左半常称为 Jordan 不等式 (参见习题 8.2(1) 的解).

2°　上述问题 (2) 表明题 (1) 中的不等式的最优性.

例 8.2.5　设 $x>0,\alpha$ 是常数, 则

$$x^\alpha-\alpha x+\alpha-1\begin{cases}\geqslant 0, & \alpha\geqslant 1 \text{ 或 } \alpha\leqslant 0,\\ \leqslant 0, & 0\leqslant\alpha\leqslant 1,\end{cases}$$

并且当且仅当 $x=1$ 时等号成立.

解　这里给出两个不同解法.

解法 1　(i) 当 $\alpha=0$, 或 $\alpha=1$ 时, $x^\alpha-\alpha x+\alpha-1=0$. 下面考虑 $\alpha\neq 0,1$ 的情形.

(ii) 当 n 是一个正整数, 且 $y>0$ 时, 由恒等式

$$\frac{y^{n+1}-1}{n+1}-\frac{y^n-1}{n}=\frac{y-1}{n(n+1)}(ny^n-y^{n-1}-\cdots-y-1)$$

可知

$$\frac{y^{n+1}-1}{n+1}-\frac{y^n-1}{n}\geqslant 0,$$

并且等号当且仅当 $y=1$ 时成立. 由

$$\frac{y^{n+2}-1}{n+2}-\frac{y^n-1}{n}=\left(\frac{y^{n+2}-1}{n+2}-\frac{y^{n+1}-1}{n+1}\right)+\left(\frac{y^{n+1}-1}{n+1}-\frac{y^n-1}{n}\right)$$

可以推出: 对于任何整数 $m>n>0$ 有

$$\frac{y^m-1}{m}-\frac{y^n-1}{n}\geqslant 0$$

(并且等号当且仅当 $y=1$ 时成立). 令 $y=x^{1/n}$(其中 $x>0$), 则得

$$x^{m/n}-\frac{m}{n}x+\frac{m}{n}-1\geqslant 0.$$

这表明: 当 $\alpha>1$ 是一个有理数 (m/n) 时, 题中不等式 (第一种情形) 成立 (并且当且仅当 $x=1$ 时等号成立).

(iii) 若 $\alpha>1$ 是一个无理数, 那么存在无穷有理数列 (记作 m/n) 趋于 α. 我们在步骤 (ii) 中已证明的不等式 (其中指数 $\alpha=m/n$) 中取极限, 即得

$$x^\alpha-\alpha x+\alpha-1\geqslant 0.$$

注意, 若原来是严格不等式 (即 $x\neq 1$), 则取极限后应将 $>$ 换为 $\geqslant$. 我们现在来证明: 当 $x\neq 1$ 时, 上面不等式中等号不可能出现. 为此令 $\alpha=r\beta$, 其中 $r,\beta>1$, 并且 r 是有理数, 那么 $x^\beta>1$, 从而依步骤 (ii) 中所证 ($r>1$ 为有理数), 我们有严格不等式

$$(x^\beta)^r>rx^\beta-r+1;$$

并且依刚才所证 ($\beta>1$ 为无理数的情形), 我们有

$$x^\beta-\beta x+\beta-1\geqslant 0.$$

于是

$$\begin{aligned}x^\alpha-\alpha x+\alpha-1&=(x^\beta)^r-r\beta x+r\beta-1\\&>(rx^\beta-r+1)-r\beta x+r\beta-1=r(x^\beta-\beta x+\beta-1)\geqslant 0.\end{aligned}$$

可见若 $\alpha>1$ 是无理数, 则当 $x\neq 1$ 时我们确实得到严格不等式.

(iv) 如果 $\alpha<0$, 那么 $1-\alpha>1$, 依步骤 (ii) 和 (iii) 中的结果可得 (将变量记作 y): 当 $y>0$ 时,

$$y^{1-\alpha}-(1-\alpha)y+(1-\alpha)-1\geqslant 0,$$

亦即

$$y(y^{-\alpha}-\alpha y^{-1}+\alpha-1)\geqslant 0.$$

令 $y=x^{-1}$(注意 $y>0$ 等价于 $x>0$), 即得

$$x^\alpha-\alpha x+\alpha-1\geqslant 0,$$

并且当且仅当 $y=1$ 亦即 $x=1$ 时等号成立. 由此可见在指数 $\alpha<0$ 时题中不等式 (第一种情形) 成立.

(v) 若 $0<\alpha<1$, 则 $1/\alpha>1$. 依步骤 (ii) 和 (iii) 中的结果可得: 当 $y>0$ 时,

$$y^{1/\alpha}-\frac{1}{\alpha}y+\frac{1}{\alpha}-1\geqslant 0,$$

令 $x=y^{1/\alpha}$, 由此即可推出题中不等式 (第二种情形) 成立.

综合上述诸结果, 原题得证.

解法 2 当 $\alpha=0$ 或 1 时可以直接验证, 所以设 $\alpha\neq 0,1$. 令

$$f(x)=x^{\alpha}-\alpha x.$$

由 $f'(x)=\alpha x^{\alpha-1}-\alpha$ 可知: 若 $\alpha>1$, 则

$$f'(x)\begin{cases}>0, & x>1,\\ =0, & x=1,\\ <0, & 0<x<1,\end{cases}$$

因此 $f(x)$ 当 $x>1$ 时单调递增,$0<x<1$ 时单调递减; $x=1$ 是其最小值点. 于是 $x>0$ 时 $f(x)>f(1)=1-\alpha$, 亦即: 若 $\alpha>1$, 则 $x^{\alpha}-\alpha x+\alpha-1\geqslant 0$, 并且当且仅当 $x=1$ 时等号成立.

对于 $0<\alpha<1$ 及 $\alpha<0$ 的情形, 可以类似地研究. 合起来即得所要的结论. □

注 Bernoulli 不等式是指: 若 $x>-1,n\in\mathbb{N}$, 则 $(1+x)^n\geqslant 1+nx$ (易用数学归纳法证明). 应用例 8.2.5 可将它推广为 (也称 Bernoulli 不等式): 设 $x>-1$, 则当 $\alpha<0$ 或 $\alpha>1$ 时 $(1+x)^{\alpha}\geqslant 1+\alpha x$; 当 $0<\alpha<1$ 时, 不等号反向. 等号仅当 $x=0$ 时成立. 对此还可参见补充习题 9.91(5) 和 9.118(2) 的解.

例 8.2.6 (Young 不等式) 若 $a,b\geqslant 0,p>1$, 数 q 由方程 $p^{-1}+q^{-1}=1$ 定义 (即 $q=p/(p-1)$), 则

$$ab\leqslant \frac{a^p}{p}+\frac{b^q}{q},$$

并且当且仅当 $a^p=b^q$ 时等号成立.

解 我们给出两个解法.

解法 1 当 a,b 中有一个为 0 时, 这个不等式显然成立. 现在设 $ab\neq 0$. 在例 8.2.5 的不等式 (第二种情形) 中取

$$x=\frac{a^p}{b^q},\quad \alpha=\frac{1}{p},$$

那么 $1-\alpha=1/q$, 并且 $0<\alpha<1$, 于是

$$\left(\frac{a^p}{b^q}\right)^{1/p}-\frac{1}{p}\cdot\frac{a^p}{b^q}\leqslant\frac{1}{q},$$

并且当且仅当 $x=1$ 时亦即 $a^p=b^q$ 时等号成立. 注意 $q/p=q-1$, 我们由此得到

$$\frac{ab}{b^q}\leqslant\frac{1}{p}\cdot\frac{a^p}{b^q}+\frac{1}{q},$$

两边同乘 b^q 即可化成所要的形式, 并且当且仅当 $x=1$ 时亦即 $a^p=b^q$ 时等号成立.

解法 2 当 a,b 中有一个为 0 时, 这个不等式显然成立. 下面设 $a,b>0$. 由于指数函数是严格凸的, 所以当 $a,b>0,p>1$ 而且 $a^p\neq b^q$ 时,

$$ab=\mathrm{e}^{\log ab}=\mathrm{e}^{(1/p)\log a^p+(1/q)\log b^q}$$

$$< \frac{1}{p}\mathrm{e}^{\log a^p} + \frac{1}{q}\mathrm{e}^{\log b^q} = \frac{a^p}{p} + \frac{b^q}{q}.$$

当 $a^p = b^q$ 时, 注意 $p^{-1}+q^{-1}=1$, 我们得到

$$ab = \mathrm{e}^{(1/p)\log a^p + (1/q)\log b^q} = \mathrm{e}^{(1/p)\log a^p + (1/q)\log a^p} = \mathrm{e}^{\log a^p} = a^p,$$

类似地推出 $ab = b^q$, 因此

$$ab = \left(\frac{1}{p}+\frac{1}{q}\right)ab = \frac{1}{p}\cdot ab + \frac{1}{q}\cdot ab = \frac{1}{p}\cdot a^p + \frac{1}{q}\cdot b^q = \frac{a^p}{p} + \frac{b^q}{q}.$$

于是 Young 不等式得证. □

注 1° 应用例 8.2.5 中第一种情形的不等式可证: 若 $a,b \geqslant 0, p<1$(但 $p \neq 0$), 则

$$ab \geqslant \frac{a^p}{p} + \frac{b^q}{q},$$

并且当且仅当 $a^p = b^q$ 时等号成立.

2° 本题中的 (非积分形式的)Young 不等式也可由 W.H.Young 的一般形式的积分不等式推出, 对此可参见: Beckenbach E F, Bellman R. Inequalities[M]. Berlin: Springer, 1961.

例 8.2.7 (Hardy-Landau 不等式) (1) 如果 $a_1,a_2,\cdots,a_n \geqslant 0, \alpha > 1$, 那么对于任何 $m \leqslant n$ 有

$$\sum_{k=1}^{m}\left(\frac{a_1+\cdots+a_k}{k}\right)^{\alpha} \leqslant \left(\frac{\alpha}{\alpha-1}\right)^{\alpha}\sum_{k=1}^{m}a_k^{\alpha},$$

并且当且仅当所有 a_k 相等时等号成立; 特别地, 对于任意无穷非负数列 $a_n\,(n \geqslant 1)$ 有

$$\sum_{k=1}^{\infty}\left(\frac{a_1+\cdots+a_k}{k}\right)^{\alpha} \leqslant \left(\frac{\alpha}{\alpha-1}\right)^{\alpha}\sum_{k=1}^{\infty}a_k^{\alpha}.$$

(2) 设所有 $a_k > 0$, 级数 $\sum\limits_{k=1}^{\infty}a_k^{\alpha}$ 收敛, 则

$$\sum_{k=1}^{\infty}\left(\frac{a_1+\cdots+a_k}{k}\right)^{\alpha} < \left(\frac{\alpha}{\alpha-1}\right)^{\alpha}\sum_{k=1}^{\infty}a_k^{\alpha},$$

并且右边的常数 $\big(\alpha/(\alpha-1)\big)^{\alpha}$ 不能用更小的正数代替.

解 (1) (i) 记 $A_k = (a_1+\cdots+a_k)/k$. 由习题 8.3 得到

$$\sum_{k=1}^{m}A_k^{\alpha} \leqslant \frac{\alpha}{\alpha-1}\sum_{k=1}^{m}A_k^{\alpha-1}a_k,$$

并且当且仅当所有 a_k 相等时等号成立.

(ii) 对于上式右边的和应用 Hölder 不等式

$$\sum_{k=1}^{m}x_k y_k \leqslant \left(\sum_{k=1}^{m}x_k^p\right)^{1/p}\left(\sum_{k=1}^{m}y_k^q\right)^{1/q}$$

(这里 $x_k, y_k \geqslant 0, p>1, p^{-1}+q^{-1}=1$), 在其中取 $p=\alpha/(\alpha-1)$(从而 $q=\alpha$), 我们有

$$\sum_{k=1}^{m} A_k^{\alpha-1} a_k \leqslant \left(\sum_{k=1}^{m} A_k^{\alpha}\right)^{(\alpha-1)/\alpha} \left(\sum_{k=1}^{m} a_k^{\alpha}\right)^{1/\alpha}.$$

依据 Hölder 不等式中等号成立的条件可知, 当且仅当 A_k^α 和 a_k^α 成比例, 亦即存在常数 C 使对所有 k 有 $A_k=Ca_k$ 时, 上式出现等号. 取 $k=1$ 推出 $C=1$, 从而对所有 $k, A_k=a_k$. 特别地, 由 $A_2=a_2$ 推出 $a_1=a_2$; 进而由 $A_3=a_3$ 推出 $a_1=a_2=a_3$; 等等. 于是上式中等号成立的充要条件是所有 a_k 相等.

(iii) 由步骤 (i) 和 (ii) 得到

$$\sum_{k=1}^{m} A_k^{\alpha} \leqslant \frac{\alpha}{\alpha-1}\left(\sum_{k=1}^{m} A_k^{\alpha}\right)^{(\alpha-1)/\alpha} \left(\sum_{k=1}^{m} a_k^{\alpha}\right)^{1/\alpha}.$$

进行化简即得

$$\sum_{k=1}^{m}\left(\frac{a_1+\cdots+a_k}{k}\right)^{\alpha} \leqslant \left(\frac{\alpha}{\alpha-1}\right)^{\alpha} \sum_{k=1}^{m} a_k^{\alpha},$$

并且式中等号成立的充要条件是所有 a_k 相等.

(iv) 对于任意非负数列 $a_n\,(n \geqslant 1)$, 在上面得到的不等式中令 $m \to \infty$, 即得

$$\sum_{k=1}^{\infty}\left(\frac{a_1+\cdots+a_k}{k}\right)^{\alpha} \leqslant \left(\frac{\alpha}{\alpha-1}\right)^{\alpha} \sum_{k=1}^{\infty} a_k^{\alpha}.$$

(2) 若所有 $a_k>0$, 而且级数 $\sum\limits_{k=1}^{\infty} a_k^{\alpha}$ 收敛, 那么上式中的等号不可能成立, 因若不然, 则依刚才所证, 所有的 a_k 相等, 从而或者所有 $a_k=0$, 或者级数 $\sum\limits_{k=1}^{\infty} a_k^{\alpha}$ 发散.

我们现在证明上述不等式右边的常数是最优的. 为此我们取

$$a_k=k^{-1/\alpha} \quad (k \leqslant N); \quad a_k=0 \quad (k>N).$$

那么当 $k \leqslant N$ 时,

$$A_k=\frac{1}{k}\sum_{j=1}^{k} j^{-1/\alpha} > \frac{1}{k}\int_1^k x^{-1/\alpha}\mathrm{d}x=\frac{\alpha}{\alpha-1}\cdot\frac{k^{(\alpha-1)/\alpha}-1}{k},$$

从而

$$A_k^{\alpha} > \left(\frac{\alpha}{\alpha-1}\right)^{\alpha} \frac{\left(1-k^{-(\alpha-1)/\alpha}\right)^{\alpha}}{k}.$$

应用不等式: 当 $x>-1, \alpha \geqslant 1$ 时 $(1+x)^{\alpha} \geqslant 1+\alpha x$ (在例 8.2.5 中用 $1+x$ 代 x 即可得此不等式, 它也可用微分学方法直接证明), 我们有

$$\left(1-k^{-(\alpha-1)/\alpha}\right)^{\alpha} \geqslant 1-\alpha k^{-(\alpha-1)/\alpha},$$

于是

$$A_k^\alpha > \left(\frac{\alpha}{\alpha-1}\right)^\alpha (k^{-1} - \alpha k^{-2+1/\alpha}).$$

注意 $\sum_{k=1}^{\infty} a_k^\alpha = \sum_{k=1}^{N} k^{-1}$, 我们由上式得到

$$\begin{aligned}\sum_{k=1}^{\infty} A_k^\alpha > \sum_{k=1}^{N} A_k^\alpha &> \left(\frac{\alpha}{\alpha-1}\right)^\alpha \sum_{k=1}^{N}(k^{-1} - \alpha k^{-2+1/\alpha})\\ &= \left(\frac{\alpha}{\alpha-1}\right)^\alpha \left(\sum_{k=1}^{N} k^{-1}\right)\left(1 - \frac{\alpha\sum_{k=1}^{N} k^{-2+1/\alpha}}{\sum_{k=1}^{N} k^{-1}}\right)\\ &= \left(\frac{\alpha}{\alpha-1}\right)^\alpha \left(\sum_{k=1}^{\infty} a_k^\alpha\right)\left(1 - \frac{\alpha\sum_{k=1}^{N} k^{-2+1/\alpha}}{\sum_{k=1}^{N} k^{-1}}\right).\end{aligned}$$

因为当 $N\to\infty$ 时,

$$\frac{\alpha\sum_{k=1}^{N} k^{-2+1/\alpha}}{\sum_{k=1}^{N} k^{-1}} \to 0,$$

所以我们有

$$\sum_{k=1}^{\infty} A_k^\alpha > \left(\frac{\alpha}{\alpha-1}\right)^\alpha \left(\sum_{k=1}^{\infty} a_k^\alpha\right)(1-o(1)) \quad (N\to\infty),$$

由此可见在反向不等式 (即题中的不等式) 中, 常数 $\big(\alpha/(1-\alpha)\big)^\alpha$ 不能换成任何更小的正数.

□

例 8.2.8 (Carleman 不等式) (1) 如果 $a_n\,(n\geqslant 1)$ 是任意非负数列, 那么

$$\sum_{k=1}^{\infty}(a_1a_2\cdots a_k)^{1/k} \leqslant \mathrm{e}\sum_{k=1}^{\infty} a_k.$$

(2) 若 $a_n\,(n\geqslant 1)$ 是任意正数列, 而且级数 $\sum_{k=1}^{\infty} a_k$ 收敛, 则上式是严格不等式, 即

$$\sum_{k=1}^{\infty}(a_1a_2\cdots a_k)^{1/k} < \mathrm{e}\sum_{k=1}^{\infty} a_k,$$

并且右边的常数 e 不能用更小的正数代替.

解 (1) 由例 8.2.7(1)(用 $a_k^{1/\alpha}$ 代替 a_k), 我们有

$$\sum_{k=1}^{\infty}\left(\frac{a_1^{1/\alpha}+a_2^{1/\alpha}+\cdots+a_k^{1/\alpha}}{k}\right)^\alpha \leqslant \left(\frac{\alpha}{\alpha-1}\right)^\alpha \sum_{k=1}^{\infty} a_k,$$

又由算术–几何平均不等式得

$$(a_1a_2\cdots a_k)^{1/k}=\left((a_1^{1/\alpha}a_2^{1/\alpha}\cdots a_k^{1/\alpha})^{1/k}\right)^\alpha\leqslant\left(\frac{a_1^{1/\alpha}+a_2^{1/\alpha}+\cdots+a_k^{1/\alpha}}{k}\right)^\alpha,$$

因此

$$\sum_{k=1}^\infty(a_1a_2\cdots a_k)^{1/k}\leqslant\left(\frac{\alpha}{\alpha-1}\right)^\alpha\sum_{k=1}^\infty a_k.$$

此式对任何 $\alpha>1$ 都成立. 在其中令 $\alpha\to\infty$, 并注意 $\big(\alpha/(\alpha-1)\big)^\alpha\to\mathrm{e}(\alpha\to\infty)$ 即得所要证的不等式.

(2) 我们在此给出两个思路类似但细节处理不同的解法.

解法 1 (i) 设 $c_k\,(k=1,2,\cdots)$ 是某个无穷正数列, 那么由算术–几何平均不等式得

$$\begin{aligned}\sum_{k=1}^\infty(a_1a_2\cdots a_k)^{1/k}&=\sum_{k=1}^\infty\left(\frac{c_1a_1\cdots c_2a_2\cdots c_ka_k}{c_1c_2\cdots c_k}\right)^{1/k}\\&\leqslant\sum_{k=1}^\infty(c_1c_2\cdots c_k)^{-1/k}\cdot\frac{c_1a_1+c_2a_2+\cdots+c_ka_k}{k}\\&=\sum_{k=1}^\infty c_ka_k\sum_{m=k}^\infty m^{-1}(c_1c_2\cdots c_m)^{-1/m}.\end{aligned}$$

特别取 c_k 使得

$$(c_1c_2\cdots c_m)^{1/m}=m+1\quad(m=1,2,\cdots),$$

于是

$$c_m=m\left(1+\frac{1}{m}\right)^m,$$

此时我们有

$$\sum_{m=k}^\infty m^{-1}(c_1c_2\cdots c_m)^{-1/m}=\sum_{m=k}^\infty\frac{1}{m(m+1)}=\frac{1}{k}.$$

因此我们得到

$$\sum_{k=1}^\infty(a_1a_2\cdots a_k)^{1/k}\leqslant\sum_{k=1}^\infty\frac{c_ka_k}{k}=\sum_{k=1}^\infty a_k\left(1+\frac{1}{k}\right)^k.$$

注意对于任何 $k\geqslant1,(1+1/k)^k<\mathrm{e}$, 所以题中的不等式得证.

(ii) 现在来证明当级数 $\sum\limits_{k=1}^\infty a_k$ 收敛时, 常数 e 是最优的. 为此我们给出两个特例.

特例 1 令

$$a_k=\begin{cases}k^{-1}, & 1\leqslant k\leqslant N,\\ 2^{-k}, & k>N.\end{cases}$$

那么当 $N\to\infty$ 时,

$$\sum_{k=1}^\infty(a_1a_2\cdots a_k)^{1/k}=\sum_{k=1}^N k!^{-1/k}+O(1)=\mathrm{e}\log N+O(1),$$

$$\sum_{k=1}^{\infty} a_k = \sum_{k=1}^{N} \frac{1}{k} = \log N + O(1),$$

于是

$$\frac{\sum\limits_{k=1}^{\infty}(a_1a_2\cdots a_k)^{1/k}}{\sum\limits_{k=1}^{\infty} a_k} \to \mathrm{e} \quad (N \to \infty),$$

由此可见原不等式中 e 不能换成任何更小的正数.

特例 2 令

$$a_k = \begin{cases} \left(\dfrac{k}{k+1}\right)^k \cdot \dfrac{1}{k}, & 1 \leqslant k \leqslant N, \\ 2^{-k}, & k > N, \end{cases}$$

其中 N 将在下面确定. 那么当 $k \leqslant N$ 时,

$$(a_1a_2\cdots a_k)^{1/k} = \frac{1}{k+1}.$$

取 $\varepsilon \in (0,\mathrm{e})$ 并固定. 选取 k_0 满足

$$\left(1+\frac{1}{k}\right)^k > \mathrm{e} - \frac{\varepsilon}{2} \quad (k > k_0).$$

因为 $(1+1/n)^n \to \mathrm{e}(n \to \infty)$, 所以 k_0 存在. 并且选取 $N > k_0$ 使满足条件

$$\sum_{k=1}^{k_0} a_k + \sum_{k=N+1}^{\infty} 2^{-k} \leqslant \frac{\varepsilon}{(2\mathrm{e}-\varepsilon)(\mathrm{e}-\varepsilon)} \sum_{k=k_0+1}^{N} \frac{1}{k}.$$

因为调和级数发散, 所以 N 存在. 于是我们有

$$\begin{aligned}
\sum_{k=1}^{\infty} a_k &= \sum_{k=1}^{k_0} a_k + \sum_{k=k_0+1}^{N} \left(\frac{k}{k+1}\right)^k \cdot \frac{1}{k} + \sum_{k=N+1}^{\infty} 2^{-k} \\
&< \frac{\varepsilon}{(2\mathrm{e}-\varepsilon)(\mathrm{e}-\varepsilon)} \sum_{k=k_0+1}^{N} \frac{1}{k} + \left(\mathrm{e}-\frac{\varepsilon}{2}\right)^{-1} \sum_{k=k_0+1}^{N} \frac{1}{k} \\
&= \frac{1}{\mathrm{e}-\varepsilon} \sum_{k=k_0+1}^{N} \frac{1}{k} = \frac{1}{\mathrm{e}-\varepsilon} \sum_{k=k_0}^{N-1} (a_1a_2\cdots a_k)^{1/k} \\
&\leqslant \frac{1}{\mathrm{e}-\varepsilon} \sum_{k=1}^{\infty} (a_1a_2\cdots a_k)^{1/k}.
\end{aligned}$$

因为 $\varepsilon > 0$ 可以任意小, 可见原不等式中 e 不能换成任何更小的正数.

解法 2 (i) 由算术–几何平均不等式得

$$\sqrt[k]{a_1a_2\cdots a_k} = \frac{1}{\sqrt[k]{k!}} \sqrt[k]{(1\cdot a_1)(2\cdot a_2)\cdots(k\cdot a_k)}$$

$$\leqslant \frac{1}{\sqrt[k]{k!}}\frac{a_1+2a_2+\cdots+ka_k}{k},$$

所以

$$\sum_{k=1}^{\infty}\sqrt[k]{a_1a_2\cdots a_k}\leqslant\sum_{k=1}^{\infty}\frac{1}{\sqrt[k]{k!}}\frac{a_1+2a_2+\cdots+ka_k}{k}.$$

(ii) 现在证明: 当 $n\geqslant 1$ 有

$$\sqrt[n]{n!}>\frac{n+1}{\mathrm{e}}.$$

事实上,$n=1,2$ 时这个不等式显然成立. 现设 $n>2$. 考虑 e^{n+1} 的幂级数展开, 取其中的第 $n-1,n,n+1$ 项可知

$$\mathrm{e}^{n+1}>\frac{(n+1)^{n-1}}{(n-1)!}+\frac{(n+1)^n}{n!}+\frac{(n+1)^{n+1}}{(n+1)!}=\left(2+\frac{n}{n+1}\right)\frac{(n+1)^n}{n!}.$$

注意当 $n>2$ 时 $\mathrm{e}<2+n/(n+1)$ 由上式得

$$\mathrm{e}^{n+1}>\mathrm{e}\cdot\frac{(n+1)^n}{n!},$$

由此可推出所要的不等式.

(iii) 由步骤 (i) 和 (ii) 可知

$$\sum_{k=1}^{\infty}\sqrt[k]{a_1a_2\cdots a_k}\leqslant \mathrm{e}\sum_{k=1}^{\infty}\frac{a_1+2a_2+\cdots+ka_k}{k(k+1)}=\mathrm{e}\sum_{k=1}^{\infty}\left(\sum_{j=k}^{\infty}\frac{k}{j(j+1)}\right)a_k,$$

因为对于所有 $k\geqslant 1$ 有

$$\sum_{j=k}^{\infty}\frac{k}{j(j+1)}=1,$$

所以得到题中所说的不等式.

(iv) 取

$$a_k=\frac{1}{k}\quad(k\leqslant N),\quad a_k=0\quad(k>N).$$

那么

$$\sum_{k=1}^{\infty}a_k\sim\log N\quad(N\to\infty),$$

而由 Stirling 公式推出

$$\sum_{k=1}^{\infty}\sqrt[k]{a_1a_2\cdots a_k}=\sum_{k=1}^{N}\frac{1}{\sqrt[k]{k!}}\sim \mathrm{e}\sum_{k=1}^{N}\frac{1}{k}\sim \mathrm{e}\log N\quad(N\to\infty),$$

因此常数 e 是最优的. □

注　1° 在例 8.2.8 的题 (2) 中级数 $\sum\limits_{k=1}^{\infty}a_k$ 的收敛性假设是必要的, 因为不然级数 $\sum\limits_{k=1}^{\infty}a_k$ 和 $\sum\limits_{k=1}^{\infty}(a_1a_2\cdots a_k)^{1/k}$ 可以都为 $+\infty$, 从而等式成立, 而常数 e 的最优性也无从谈起.

2° 在现有文献中,Carleman 不等式 (不计较是 $<$ 还是 $\leqslant$) 有多个不同的证明, 对此可参见 Duncan D, McGregor C M. Carlemam's inequality, Amer.Math.Monthly, 110(2003),No.3,424-431.

例 8.2.9 (Carlson 不等式) 设 $a_n\,(n\geqslant 1)$ 是任意不全为 0 的非负数列, 并且级数 $\sum\limits_{k=1}^{\infty}k^2a_k^2$ 收敛, 则

$$\left(\sum_{k=1}^{\infty}a_k\right)^4<\pi^2\left(\sum_{k=1}^{\infty}a_k^2\right)\left(\sum_{k=1}^{\infty}k^2a_k^2\right),$$

并且右边的常数 π^2 不能用更小的正数代替.

解 (i) 引进正参数 σ 和 τ, 并简记

$$A=\sum_{k=1}^{\infty}a_k^2,\quad B=\sum_{k=1}^{\infty}k^2a_k^2.$$

依假设,A,B 都是非零实数. 由 Cauchy–Schwarz 不等式, 我们得到

$$\begin{aligned}\left(\sum_{k=1}^{\infty}a_k^2\right)^2&=\left(\sum_{k=1}^{\infty}\frac{a_k\sqrt{\sigma+\tau k^2}}{\sqrt{\sigma+\tau k^2}}\right)^2\\&\leqslant\sum_{k=1}^{\infty}\frac{1}{\sigma+\tau k^2}\sum_{k=1}^{\infty}a_k^2(\sigma+\tau k^2)=(\sigma A+\tau B)\sum_{k=1}^{\infty}\frac{1}{\sigma+\tau k^2}.\end{aligned}$$

因为函数 $1/(\sigma+\tau x^2)$ 在 $[0,\infty)$ 上单调递减, 所以

$$\sum_{k=1}^{\infty}\frac{1}{\sigma+\tau k^2}<\int_0^{\infty}\frac{\mathrm{d}x}{\sigma+\tau x^2}=\frac{\pi}{2\sqrt{\sigma\tau}},$$

由此得到

$$\left(\sum_{k=1}^{\infty}a_k^2\right)^2<\frac{\pi}{2}\cdot\frac{\sigma A+\tau B}{\sqrt{\sigma\tau}}.$$

因为由算术–几何平均不等式, 有

$$\frac{\sigma A+\tau B}{\sqrt{\sigma\tau}}\geqslant 2\left(\frac{\sigma A}{\sqrt{\sigma\tau}}\cdot\frac{\tau B}{\sqrt{\sigma\tau}}\right)^{1/2}=2\sqrt{AB},$$

所以上式左边的式子当 $\alpha A=\tau B$ 时达到最小值 $2\sqrt{AB}$. 我们选取参数 σ,τ 满足这个条件, 即得

$$\left(\sum_{k=1}^{\infty}a_k^2\right)^2<\pi\sqrt{AB},$$

由此即可推出题中的不等式.

(ii) 证明常数 π^2 的最优性. 为此我们取

$$a_k=\frac{\sqrt{\mu}}{\mu+k^2}\quad(k\geqslant 1),$$

其中 μ 是一个正参数. 由定积分的几何意义得到

$$\sqrt{\mu}\int_1^{\infty}\frac{\mathrm{d}x}{\mu+x^2}<\sum_{k=1}^{\infty}a_k<\sqrt{\mu}\int_0^{\infty}\frac{\mathrm{d}x}{\mu+x^2},$$

因此

$$\sum_{k=1}^{\infty}a_k=\frac{\pi}{2}+O\Big(\frac{1}{\sqrt{\mu}}\Big)\quad(\mu\to\infty).$$

用类似的方法得到

$$\sum_{k=1}^{\infty}a_k^2=\frac{\pi}{4\sqrt{\mu}}+O\Big(\frac{1}{\mu}\Big)\quad(\mu\to\infty).$$

还要注意

$$k^2a_k^2=\frac{\mu k^2}{(\mu+k^2)^2}=\frac{\mu}{\mu+k^2}-\frac{\mu^2}{(\mu+k^2)^2}=\sqrt{\mu}a_k-\mu a_k^2,$$

所以

$$\begin{aligned}\sum_{k=1}^{\infty}k^2a_k^2&=\sqrt{\mu}\sum_{k=1}^{\infty}a_k-\mu\sum_{k=1}^{\infty}a_k^2\\&=\sqrt{\mu}\left(\frac{\pi}{2}+O\Big(\frac{1}{\sqrt{\mu}}\Big)\right)-\mu\left(\frac{\pi}{4\sqrt{\mu}}+O\Big(\frac{1}{\mu}\Big)\right)\\&=\frac{\pi}{4}\sqrt{\mu}+O(1)\quad(\mu\to\infty).\end{aligned}$$

由上述这些估值, 我们推出

$$\begin{aligned}\left(\sum_{k=1}^{\infty}a_k^2\right)\left(\sum_{k=1}^{\infty}k^2a_k^2\right)&=\left(\frac{\pi}{4\sqrt{\mu}}+O\Big(\frac{1}{\mu}\Big)\right)\left(\frac{\pi}{4}\sqrt{\mu}+O(1)\right)\\&=\frac{\pi^2}{16}+O\Big(\frac{1}{\sqrt{\mu}}\Big)\quad(\mu\to\infty),\end{aligned}$$

以及

$$\left(\sum_{k=1}^{\infty}a_k\right)^4=\left(\frac{\pi}{2}+O\Big(\frac{1}{\sqrt{\mu}}\Big)\right)^4=\frac{\pi^4}{16}+O\Big(\frac{1}{\sqrt{\mu}}\Big)\quad(\mu\to\infty).$$

于是

$$\frac{\left(\sum\limits_{k=1}^{\infty}a_k\right)^4}{\left(\sum\limits_{k=1}^{\infty}a_k^2\right)\left(\sum\limits_{k=1}^{\infty}k^2a_k^2\right)}\to\pi^2\quad(\mu\to\infty).$$

由此可知原不等式中常数 π^2 不能换为任何更小的正数. □

8.3 积分不等式

例 8.3.1 设 $f(x)$ 和 $g(x)$ 都是 $[0,1]$ 上的单调递增连续函数. 证明:

$$\int_0^1 f(x)\mathrm{d}x\int_0^1 g(x)\mathrm{d}x \leqslant \int_0^1 f(x)g(x)\mathrm{d}x.$$

解 此处给出一简一繁的两个解法.

解法 1 由题设, 当 $(x,y)\in[0,1]\times[0,1]$ 时,

$$\big(f(x)-f(y)\big)\big(g(x)-g(y)\big)\geqslant 0,$$

所以二重积分

$$\int_0^1\int_0^1 \big(f(x)-f(y)\big)\big(g(x)-g(y)\big)\mathrm{d}x\mathrm{d}y\geqslant 0,$$

也就是

$$\begin{aligned}&\int_0^1\int_0^1 f(x)g(x)\mathrm{d}x\mathrm{d}y-\int_0^1\int_0^1 f(x)g(y)\mathrm{d}x\mathrm{d}y\\&\quad-\int_0^1\int_0^1 f(y)g(x)\mathrm{d}x\mathrm{d}y+\int_0^1\int_0^1 f(y)g(y)\mathrm{d}x\mathrm{d}y\geqslant 0.\end{aligned}$$

注意 $\int_0^1\int_0^1 f(x)g(x)\mathrm{d}x\mathrm{d}y=\int_0^1 f(x)g(x)\mathrm{d}x\int_0^1\mathrm{d}y=\int_0^1 f(x)g(x)\mathrm{d}x$, 等等, 并改变表示积分变量 (它们是“哑符号”) 的字母, 即得题中的不等式

$$2\int_0^1 f(x)g(x)\mathrm{d}x\geqslant 2\int_0^1 f(x)\mathrm{d}x\int_0^1 g(x)\mathrm{d}x.$$

解法 2 记

$$\phi(x)=g(x)-\int_0^1 g(t)\mathrm{d}t,$$

我们只需证明

$$\int_0^1 f(x)\phi(x)\mathrm{d}x\geqslant 0.$$

由题设, 函数 $F(x)=\int_0^x g(t)\mathrm{d}t\in C[0,1]$, 并且在 $(0,1)$ 内可导, 所以由中值定理, 存在 $\xi\in(0,1)$ 使得 $F(1)-F(0)=F'(\xi)(1-0)$, 也就是

$$g(\xi)=\int_0^1 g(t)\mathrm{d}t.$$

因为 $g(x)$ 在 $[0,1]$ 上单调递增, 所以若 $x\in[0,\xi]$, 则 $g(x)\leqslant g(\xi)=\int_0^1 g(t)\mathrm{d}t$, 从而 $\phi(x)\leqslant 0$; 类似地, 若 $x\in[\xi,1]$, 则 $\phi(x)\geqslant 0$. 由此并注意函数 $f(x)$ 在 $[0,1]$ 上的单调递增性, 我们推出: 若 $x\in[0,\xi]$, 则 $f(x)\leqslant f(\xi)$, 从而 $f(x)\phi(x)\geqslant f(\xi)\phi(x)$; 若 $x\in[\xi,1]$, 则 $f(x)\geqslant f(\xi)$, 因而也有 $f(x)\phi(x)\geqslant f(\xi)\phi(x)$. 于是我们得到

$$\int_0^1 f(x)\phi(x)\mathrm{d}x=\int_0^\xi f(x)\phi(x)\mathrm{d}x+\int_\xi^1 f(x)\phi(x)\mathrm{d}x$$

$$\geqslant f(\xi)\int_0^\xi \phi(x)\mathrm{d}x + f(\xi)\int_\xi^1 \phi(x)\mathrm{d}x$$
$$= f(\xi)\int_0^1 \phi(x)\mathrm{d}x = f(\xi)\int_0^1 \left(g(x) - \int_0^1 g(t)\mathrm{d}t\right)\mathrm{d}x = 0.$$

因此题中的不等式得证. □

注 1° 在上述解法 2 中,$g(\xi) = \int_0^1 g(t)\mathrm{d}t$ 称为单位区间 $[0,1]$ 上的连续函数 $g(x)$ 在该区间上的平均值(若在区间 $[a,b]$ 上, 则相应的积分除以 $(b-a)$). 若 $g(x)$ 在 $[0,1]$ 上单调递增, 则当 $0<x<\xi$ 时, 以 $[0,1]$ 为底、$g(x)$ 为高的矩形含在以 $[0,1]$ 为底、$g(\xi)$ 为高的矩形中, 所以 $\phi(x)<0$. 可类似地给出 $\phi(x)>0$ 的几何解释.

2° 若在上述例题中用 $[a,b]$ 代替 $[0,1]$, 则 (证法相同)

$$\int_a^b f(x)\mathrm{d}x\int_a^b g(x)\mathrm{d}x \leqslant (b-a)\int_a^b f(x)g(x)\mathrm{d}x.$$

例 8.3.2 设函数 $f\in C^1[0,\infty), f(0)=0$, 而且 $0\leqslant f'(x)\leqslant 1$ (当 $x>0$). 则当 $x\geqslant 0$ 时,

$$\left(\int_0^x f(t)\mathrm{d}t\right)^2 \geqslant \int_0^x f^3(t)\mathrm{d}t,$$

且当 $f(x)=0$(对所有 $x\geqslant 0$) 或 $f(x)=x$(对所有 $x\geqslant 0$) 时等式成立.

解 (i) 令

$$F(x) = \left(\int_0^x f(t)\mathrm{d}t\right)^2 - \int_0^x f^3(t)\mathrm{d}t \quad (x\geqslant 0).$$

我们有

$$\frac{\mathrm{d}}{\mathrm{d}x}\left(\int_0^x f(t)\mathrm{d}t\right)^2 = 2\left(\int_0^x f(t)\mathrm{d}t\right)\cdot f(x),$$
$$\frac{\mathrm{d}}{\mathrm{d}x}\left(\int_0^x f^3(t)\mathrm{d}t\right) = f^3(x),$$
$$\int_0^x f(t)f'(t)\mathrm{d}t = \frac{1}{2}f^2(t)\Big|_0^x = \frac{1}{2}\big(f^2(x)-f^2(0)\big) = \frac{1}{2}f^2(x),$$

所以当 $x\geqslant 0$ 时,

$$F'(x) = 2f(x)\left(\int_0^x f(t)\mathrm{d}t - \frac{1}{2}f^2(x)\right)$$
$$= 2f(x)\left(\int_0^x f(t)\mathrm{d}t - \int_0^x f(t)f'(t)\mathrm{d}t\right)$$
$$= 2f(x)\int_0^x f(t)\big(1-f'(t)\big)\mathrm{d}t.$$

由 $f(0)=0$ 和 $0\leqslant f'(x)\leqslant 1$ 可知当 $x\geqslant 0$ 时 $f(x)$ 非负, 而且 $f(t)\big(1-f'(t)\big)\geqslant 0$, 于是由上式得到

$$F'(x)\geqslant 0 \quad (x\geqslant 0),$$

因为 $F(0)=0$, 我们由此推出

$$F(x) = F(x)-F(0) = \int_0^x F'(t)\mathrm{d}t \geqslant 0 \quad (x\geqslant 0),$$

于是当 $x \geqslant 0$ 时,

$$\left(\int_0^x f(t)\mathrm{d}t\right)^2 \geqslant \int_0^x f^3(t)\mathrm{d}t.$$

(ii) 如果当所有 $x \geqslant 0$ 上式中等式成立, 那么 $F(x)=0$ (当所有 $x \geqslant 0$), 所以

$$F'(x)=0 \quad (x \geqslant 0),$$

也就是

$$f(x)\int_0^x f(t)\big(1-f'(t)\big)\mathrm{d}t=0 \quad (x \geqslant 0),$$

因此或者 $f(x)$ 在 $[0,\infty)$ 上恒等于 0, 或者

$$\int_0^x f(t)\big(1-f'(t)\big)\mathrm{d}t=0 \quad (x \geqslant 0).$$

但依步骤 (i) 中所证, $f(t)\big(1-f'(t)\big) \geqslant 0$(当所有 $t \geqslant 0$), 从而若 $f(x)$ 在 $[0,\infty)$ 上不恒等于 0, 则必 $f'(x)=1$(当 $x \geqslant 0$), 由此及 $f(0)=0$ 推出 $f(x)=x$(当 $x \geqslant 0$). 总之, 等式成立的条件是: 在 $[0,\infty)$ 上, 或者 $f(x)$ 恒等于零, 或者 $f(x)=x$. □

例 8.3.3 (Carlson 不等式的积分形式) 设 $f(x)$ 是 $[0,\infty)$ 上的非负实值函数, 并且函数 $f^2(x)$ 和 $x^2f^2(x)$ 在 $[0,\infty)$ 上可积, 则

$$\left(\int_0^\infty f(x)\mathrm{d}x\right)^4 \leqslant \pi^2\left(\int_0^\infty f^2(x)\mathrm{d}x\right)\left(\int_0^\infty x^2f^2(x)\mathrm{d}x\right),$$

并且当 $f(x)$ 在 $[0,\infty)$ 上不恒等于 0 时, 右边的常数 π^2 不能用更小的正数代替.

解 设 $N \geqslant 1$ 是一个任意固定的整数. 令

$$0<x_1<x_2<\cdots<x_{n-1}<x_n=N$$

是区间 $[0,N]$ 的 n 等分点. 在例 8.2.9 中取

$$a_k=f(x_k)\,(1 \leqslant k=n), \quad a_k=0 \quad (k>n),$$

则得

$$\left(\sum_{k=1}^n f(x_k)\right)^4 < \pi^2\left(\sum_{k=1}^n f^2(x_k)\right)\left(\sum_{k=1}^n k^2f^2(x_k)\right),$$

两边同乘 n^{-4}, 我们得到 (注意 $x_k=k/n$)

$$\left(\sum_{k=1}^n \frac{f(x_k)}{n}\right)^4 < \pi^2\left(\sum_{k=1}^n \frac{f^2(x_k)}{n}\right)\left(\sum_{k=1}^n \frac{x_k^2f^2(x_k)}{n}\right),$$

因为函数 $f(x)$ 和 $x^2f^2(x)$ 在 $[0,N]$ 上可积, 所以在上式两边令 $n\to\infty$ 得到

$$\left(\int_0^N f(x)\mathrm{d}x\right)^4 \leqslant \pi^2\left(\int_0^N f^2(x)\mathrm{d}x\right)\left(\int_0^N x^2f^2(x)\mathrm{d}x\right).$$

此式对任何整数 $N \geqslant 1$ 成立, 并且函数 $f(x)$ 和 $x^2f^2(x)$ 在 $[0,\infty)$ 上可积, 所以在上式两边令 $N\to\infty$ 即得

$$\left(\int_0^\infty f(x)\mathrm{d}x\right)^4 \leqslant \pi^2\left(\int_0^\infty f^2(x)\mathrm{d}x\right)\left(\int_0^\infty x^2f^2(x)\mathrm{d}x\right).$$

最后, 因为函数 $f(x)=(1+x^2)^{-1}$ 使上式两边相等, 所以右边的常数 π^2 是最优的. □

例 8.3.4 设函数 $f,g\in C[0,\infty)$, 并且分别在 $[0,\infty)$ 的某个有限区间外为零, 那么

$$\int_0^{\infty}\int_0^{\infty}\frac{f(x)g(y)}{x+y}\mathrm{d}x\mathrm{d}y\leqslant\pi\sqrt{\int_0^{\infty}f^2(x)\mathrm{d}x}\sqrt{\int_0^{\infty}g^2(x)\mathrm{d}x}.$$

解 由题设可知不等式左边的积分 I 存在, 并且可将它表示为

$$I=\int_0^{\infty}f(x)\phi(x)\mathrm{d}x,$$

其中

$$\phi(x)=\int_0^{\infty}\frac{g(y)}{x+y}\mathrm{d}y.$$

在 $\phi(x)$ 的积分中作变量代换 $y=tx$, 可得

$$I=\int_0^{\infty}\frac{1}{t+1}\int_0^{\infty}f(x)g(tx)\mathrm{d}t.$$

对内层的积分应用 Cauchy-Schwarz 不等式, 我们有

$$\begin{aligned}I&\leqslant\int_0^{\infty}\frac{1}{t+1}\sqrt{\int_0^{\infty}f^2(x)\mathrm{d}x}\sqrt{\int_0^{\infty}g^2(tx)\mathrm{d}x}\,\mathrm{d}t\\&=\sqrt{\int_0^{\infty}f^2(x)\mathrm{d}x}\cdot\int_0^{\infty}\frac{1}{\sqrt{t}(t+1)}\sqrt{\int_0^{\infty}g^2(tx)t\mathrm{d}x}\,\mathrm{d}t\\&=\sqrt{\int_0^{\infty}f^2(x)\mathrm{d}x}\sqrt{\int_0^{\infty}g^2(x)\mathrm{d}x}\int_0^{\infty}\frac{1}{\sqrt{t}(t+1)}\mathrm{d}t.\end{aligned}$$

因为

$$\int_0^{\infty}\frac{1}{\sqrt{t}(t+1)}\mathrm{d}t=\pi,$$

所以题中的不等式得证. □

8.4 综合性例题

例 8.4.1 设 $f(\theta)=\sin\theta\sin2\theta\sin4\theta\cdots\sin2^n\theta$. 证明:

$$|f(\theta)|\leqslant\frac{2\sqrt{3}}{3}\left|f\left(\frac{\pi}{3}\right)\right|.$$

解 令 $A(\theta)=\sin\theta\sin^{\alpha}2\theta$, 我们选取 α 使得函数 $A(\theta)$ 在 $\theta=\pi/3$ 时取得极大值. 因为

$$\frac{\mathrm{d}}{\mathrm{d}\theta}\log A(\theta)=\frac{\mathrm{d}}{\mathrm{d}\theta}(\log\sin\theta+\alpha\log\sin2\theta)=\cot\theta+2\alpha\cot2\theta,$$

取 $\theta=\pi/3$, 并令

$$\cot\frac{\pi}{3}+2\alpha\cot\frac{\pi}{3}=0,$$

即可求得 $\alpha=1/2$. 因为

$$\left|A\left(\frac{\pi}{3}\right)\right|=\left|A\left(\frac{2\pi}{3}\right)\right|,$$

所以 $|A(\theta)|$ 在 $\theta=\pi/3,2\pi/3,4\pi/3,8\pi/3,\cdots$ 时取得 (相同的) 最大值. 于是, 若记 $A_k(\theta)=A(2^k\theta)\,(k\geqslant 0)$, 则有

$$|A_k(\theta)|\leqslant\left|A_k\left(\frac{\pi}{3}\right)\right|\quad(k\geqslant 0).$$

还令

$$e_k=\frac{2}{3}\left(1-\left(-\frac{1}{2}\right)^{k+1}\right)\quad(k\geqslant 0),$$

那么 $e_{k-1}/2+e_k=1$, 从而

$$\begin{aligned}|f(\theta)|=&|A_0(\theta)||A_1(\theta)|^{1/2}|A_2(\theta)|^{3/4}\cdots\\&\cdot|A_{n-1}(\theta)|^{e_{n-1}}\cdot|\sin 2^n\theta|^{1-e_{n-1}/2},\end{aligned}$$

以及

$$\begin{aligned}\left|f\left(\frac{\pi}{3}\right)\right|=&\left|A_0\left(\frac{\pi}{3}\right)\right|\left|A_1\left(\frac{\pi}{3}\right)\right|^{1/2}\left|A_2\left(\frac{\pi}{3}\right)\right|^{3/4}\cdots\\&\cdot\left|A_{n-1}\left(\frac{\pi}{3}\right)\right|^{e_{n-1}}\cdot\left|\sin\left(2^n\frac{\pi}{3}\right)\right|^{1-e_{n-1}/2},\end{aligned}$$

由此得到

$$\begin{aligned}\left|\frac{f(\theta)}{f(\pi/3)}\right|=&\left|\frac{A_0(\theta)}{A_0(\pi/3)}\right|\left|\frac{A_1(\theta)}{A_1(\pi/3)}\right|^{1/2}\left|\frac{A_2(\theta)}{A_2(\pi/3)}\right|^{3/4}\cdots\\&\cdot\left|\frac{A_{n-1}(\theta)}{A_{n-1}(\pi/3)}\right|^{e_{n-1}}\cdot\left|\frac{\sin 2^n\theta}{\sin(2^n\pi/3)}\right|^{1-e_{n-1}/2}\\\leqslant&\left|\frac{\sin 2^n\theta}{\sin(2^n\pi/3)}\right|^{1-e_{n-1}/2}\leqslant\left|\frac{1}{\sin(2^n\pi/3)}\right|^{1-e_{n-1}/2}.\end{aligned}$$

若将 2^n 写成 $3u+v$ 的形式 (其中 u 是非负整数,$v=1$ 或 2), 则知 $\sin(2^n\pi/3)=\sin(\pi/3)$ 或 $\sin(2\pi/3)$, 因此由上式推出

$$\left|\frac{f(\theta)}{f(\pi/3)}\right|=\left(\frac{2}{\sqrt{3}}\right)^{1-e_{n-1}/2}\leqslant\frac{2}{\sqrt{3}},$$

于是得到所要的不等式. □

例 8.4.2 设函数 $f(x)$ 在 $[0,2]$ 上可导, 并且 $|f'(x)|\leqslant 1, f(0)=f(2)=1$, 则

$$1<\int_0^1 f(x)\mathrm{d}x<3.$$

解 设 $x\in(0,2)$, 由 Lagrange 中值定理, 存在 $\xi_1,\xi_2,0<\xi_1<x<\xi_2<2$, 使得

$$\begin{aligned}f(x)&=f(0)+f'(\xi_1)(x-0)=1+xf'(\xi_1),\\f(x)&=f(2)+f'(\xi_2)(x-2)=1-(2-x)f'(\xi_2).\end{aligned}$$

因为 $|f(\xi_1)| \leqslant 1, |f(\xi_2)| \leqslant 1$, 所以当 $0 < x < 2$ 时,

$$1 - x \leqslant f(x) \leqslant 1 + x, \quad x - 1 \leqslant f(x) \leqslant 3 - x,$$

于是

$$\max\{1-x, x-1\} \leqslant f(x) \leqslant \min\{1+x, 3-x\}.$$

由此推出

$$\begin{aligned}\int_0^2 f(x)\mathrm{d}x &\leqslant \int_0^2 \min\{1+x, 3-x\}\mathrm{d}x \\ &= \int_0^1 (1+x)\mathrm{d}x + \int_1^2 (3-x)\mathrm{d}x = 3,\end{aligned}$$

并且上面等号成立意味着

$$f(x) = \begin{cases} x+1 & x \in [0,1], \\ 3-x & x \in [1,2], \end{cases}$$

从而 $f(x)$ 在 $x = 1$ 不可导; 所以等号不可能成立. 类似地, 我们还推出

$$\begin{aligned}\int_0^2 f(x)\mathrm{d}x &\geqslant \int_0^2 \max\{1-x, x-1\}\mathrm{d}x \\ &= \int_0^1 (1-x)\mathrm{d}x + \int_1^2 (x-1)\mathrm{d}x = 1,\end{aligned}$$

并且等号也不可能成立. 于是本题得证. □

例 8.4.3 设 $f(x) \in C^1[0,1]$, 并且当 $x \in [0,1]$ 时 $f(x) \geqslant 0, f'(x) \leqslant 0$. 令

$$F(x) = \int_0^x f(t)\mathrm{d}t.$$

证明: 当 $x \in (0,1)$ 时,

$$xF(1) \leqslant F(x) \leqslant 2\int_0^1 F(t)\mathrm{d}t.$$

解 (i) 先证左半不等式. 令 $g(x) = f(x) - xF(1)$, 则 $g(0) = g(1) = 0$; 又由积分中值定理, 存在 $\xi \in [0,1]$ 使 $F(1) = \int_0^1 t(t)\mathrm{d}t = f(\xi)$. 于是当 $x \in (0,1)$ 时,

$$g'(x) = F'(x) - F(1) = f(x) - f(\xi).$$

依题设,$f'(x) \leqslant 0$, 所以 $f(x)$ 在 $[0,1]$ 上单调递减. 由此可知: 当 $x \in (0,\xi]$ 时 $g'(x) \geqslant 0$, 因而 $g(x)$ 单调递增, 于是 $g(x) \geqslant g(0) = 0$; 当 $x \in [\xi,1)$ 时 $g'(x) \leqslant 0$, 因而 $g(x)$ 单调递减, 于是也有 $g(x) \geqslant g(1) = 0$. 合起来即得: 当 $x \in (0,1)$ 时,$xF(1) \leqslant F(x)$.

(ii) 现证右半不等式. 由分部积分,

$$\int_0^1 F(t)\mathrm{d}t = tF(t)\Big|_0^1 - \int_0^1 tf(t)\mathrm{d}t = F(1) - \int_0^1 tf(t)\mathrm{d}t;$$

以及

$$\int_0^1 F(t)\mathrm{d}t = \int_0^1 F(t)\mathrm{d}(t-1) = (t-1)F(t)\Big|_0^1 - \int_0^1 (t-1)f(t)\mathrm{d}t = -\int_0^1 (t-1)f(t)\mathrm{d}t.$$

将上述两式左边以及右边的最后表达式分别相加, 即得

$$\begin{aligned}2\int_0^1 F(t)\mathrm{d}t &= F(1)-\int_0^1(2t-1)f(t)\mathrm{d}t\\ &= F(1)-\int_0^1 f(t)\mathrm{d}(t^2-t)=F(1)+\int_0^1 t(t-1)f'(t)\mathrm{d}t.\end{aligned}$$

由题设,$f'(x)\leqslant 0$, 所以 $\int_0^1 t(t-1)f'(t)\mathrm{d}t\leqslant 0$, 于是由上式得 $2\int_0^1 F(t)\mathrm{d}t\geqslant F(1)$. 最后, 因为 $f(x)\geqslant 0$, 所以 $F(x)$ 单调递增, 从而 $F(1)\geqslant F(x)$. 合起来即知当 $x\in(0,1)$ 时 $F(x)\leqslant 2\int_0^1 F(t)\mathrm{d}t$. □

例 8.4.4 设 $f\in C^2[0,1]$ 在 $(0,1)$ 中无零点, $f(0)=f(1)=0$. 证明:

$$\int_0^1\left|\frac{f''(x)}{f(x)}\right|\mathrm{d}x\geqslant 4.$$

解 由题设 $f(x)$ 在 $(0,1)$ 上不变号, 可认为 $f(x)$ 是 $(0,1)$ 上的正函数 (不然可考虑 $-f(x)$, 而 $|-f(x)|=|f(x)|$). 设 $f(x)$ 在 $[0,1]$ 上的最大值 $y_0=f(x_0)$ (它显然存在) 那么 $x_0>0,y_0>0$. 由 Lagrange 中值定理, 我们有

$$\begin{aligned}&\frac{y_0}{x_0}=\frac{f(x_0)}{x_0}=\frac{f(x_0)-f(0)}{x_0-0}=f'(\alpha)\quad \alpha\in(0,x_0);\\ &\frac{-y_0}{1-x_0}=\frac{-f(x_0)}{1-x_0}=\frac{f(1)-f(x_0)}{1-x_0}=f'(\beta)\quad \beta\in(x_0,1).\end{aligned}$$

于是

$$\begin{aligned}\int_0^1\left|\frac{f''(x)}{f(x)}\right|\mathrm{d}x &\geqslant \int_0^1\frac{|f''(x)|}{y_0}\mathrm{d}x\geqslant\frac{1}{y_0}\left|\int_\alpha^\beta f''(x)\mathrm{d}x\right|\\ &=\frac{1}{y_0}|f'(\beta)-f'(\alpha)|=\frac{1}{y_0}\left|\frac{-y_0}{1-x_0}-\frac{y_0}{x_0}\right|\\ &=\left|\frac{1}{1-x_0}+\frac{1}{x_0}\right|=\frac{1}{x_0(1-x_0)}.\end{aligned}$$

因为 $x_0,1-x_0>0$, 所以 $x_0(1-x_0)\leqslant\big((x_0+(1-x_0))/2\big)^2=1/4$, 从而得到所要的不等式. □

注 下面的证法只能给出较弱的结果 (常数 4 换成 2): 设 $x_0\in(0,1)$ 是 f 在 $[0,1]$ 上的最大值点 (它显然存在), 那么 $f(x_0)>0,f'(x_0)=0$. 于是我们有(注意 $f(0)=0$)

$$\begin{aligned}f(x_0)&=\int_0^{x_0}f'(t)\mathrm{d}t=\int_0^{x_0}\big(f'(t)-f'(x_0)\big)\mathrm{d}t\\ &=\int_0^{x_0}\Big(\int_{x_0}^t f''(t)\mathrm{d}x\Big)\mathrm{d}t=\int_0^{x_0}\mathrm{d}t\int_{x_0}^t f''(x)\mathrm{d}x\\ &\leqslant\int_0^{x_0}\mathrm{d}t\int_{x_0}^t|f''(x)|\mathrm{d}x\leqslant\int_0^{x_0}\mathrm{d}t\int_0^1|f''(x)|\mathrm{d}x\\ &=x_0\int_0^1|f''(x)|\mathrm{d}x.\end{aligned}$$

类似地(注意 $f(1)=0$),

$$f(x_0)=\int_1^{x_0}f'(t)\mathrm{d}t=\int_1^{x_0}\big(f'(t)-f'(x_0)\big)\mathrm{d}t$$

$$
\begin{aligned}
&= \int_1^{x_0} \left(\int_{x_0}^t f''(t)\mathrm{d}x \right) \mathrm{d}t = \int_{x_0}^1 \mathrm{d}t \int_{x_0}^t \left(-f''(x) \right) \mathrm{d}x \\
&\leqslant \int_{x_0}^1 \mathrm{d}t \int_{x_0}^t |f''(x)| \mathrm{d}x \leqslant \int_{x_0}^1 \mathrm{d}t \int_0^1 |f''(x)| \mathrm{d}x \\
&= (1-x_0) \int_0^1 |f''(x)| \mathrm{d}x.
\end{aligned}
$$

由上两不等式得到 (注意 $x_0(1-x_0) \leqslant 1/4$)

$$
\left(\int_0^1 |f''(x)| \mathrm{d}x \right)^2 \geqslant \frac{f(x_0)^2}{x_0(1-x_0)} \geqslant 4f(x_0)^2,
$$

因而

$$
\int_0^1 \left| \frac{f''(x)}{f(x)} \right| \mathrm{d}x \geqslant 2.
$$

* **例 8.4.5**　设 $f'(x)$ 在 $[a,b]$ 上连续, 证明

$$
\int_a^b \left(\frac{1}{b-a} \int_a^b f(t)\mathrm{d}t - f(t) \right)^2 \mathrm{d}x \leqslant \frac{1}{3}(b-a)^2 \int_a^b \left(f'(t) \right)^2 \mathrm{d}t.
$$

解　要证的不等式左边的积分

$$
\begin{aligned}
I &= \int_a^b \left(\frac{1}{b-a} \int_a^b \left(f(t) - f(x) \right) \mathrm{d}t \right)^2 \mathrm{d}x \\
&= \int_a^b \left(\frac{1}{b-a} \int_a^b \left(\int_t^x f'(u)\mathrm{d}u \right) \mathrm{d}t \right)^2 \mathrm{d}x = \int_a^b J(x)\mathrm{d}x,
\end{aligned}
$$

其中我们已令

$$
J(x) = \left(\frac{1}{b-a} \int_a^b \left(\int_t^x f'(u)\mathrm{d}u \right) \mathrm{d}t \right)^2.
$$

由 Cauchy-Schwarz 不等式得到

$$
\begin{aligned}
J(x) &\leqslant \frac{1}{(b-a)^2} \int_a^b 1^2 \mathrm{d}t \cdot \int_a^b \left(\int_t^x f'(u)\mathrm{d}u \right)^2 \mathrm{d}t \\
&= \frac{1}{b-a} \int_a^b \left(\int_t^x f'(u)\mathrm{d}u \right)^2 \mathrm{d}t.
\end{aligned}
$$

对上式右边积分中的被积函数应用 Cauchy-Schwarz 不等式, 可得

$$
\left(\int_t^x f'(u)\mathrm{d}u \right)^2 \leqslant \int_t^x 1^2 \mathrm{d}u \cdot \int_t^x \left(f'(u) \right)^2 \mathrm{d}u,
$$

于是

$$
\begin{aligned}
J(x) &\leqslant \frac{1}{b-a} \int_a^b \left(\int_t^x \mathrm{d}u \cdot \int_t^x \left(f'(u) \right)^2 \mathrm{d}u \right) \mathrm{d}t \\
&\leqslant \frac{1}{b-a} \int_a^b \left(|x-t| \cdot \int_a^b \left(f'(u) \right)^2 \mathrm{d}u \right) \mathrm{d}t \\
&= \frac{1}{b-a} \int_a^b \left(f'(u) \right)^2 \mathrm{d}u \cdot \int_a^b |x-t| \mathrm{d}t.
\end{aligned}
$$

因为

$$\int_a^b |x-t|\mathrm{d}t = \int_a^x (x-t)\mathrm{d}t + \int_x^b (t-x)\mathrm{d}t = \frac{1}{2}\big((x-a)^2+(b-x)^2\big),$$

所以

$$J(x) \leqslant \frac{1}{2(b-a)}\int_a^b \big(f'(u)\big)^2\mathrm{d}u\cdot\big((x-a)^2+(b-x)^2\big),$$

从而

$$I \leqslant \frac{1}{2(b-a)}\int_a^b \big(f'(u)\big)^2\mathrm{d}u\cdot\int_a^b\big((x-a)^2+(b-x)^2\big)\mathrm{d}x = \frac{1}{3}(b-a)^2\int_a^b\big(f'(t)\big)^2\mathrm{d}t.$$

□

例 8.4.6 设 $f(x)$ 是区间 $[0,1]$ 上的非负连续凹函数, 并且 $f(0)=1$, 则

$$\int_0^1 xf(x)\mathrm{d}x \leqslant \frac{2}{3}\left(\int_0^1 f(x)\mathrm{d}x\right)^2.$$

解 (i) 令

$$A=\int_0^1 f(x)\mathrm{d}x,\quad B=\int_0^1 xf(x)\mathrm{d}x.$$

由分部积分得到

$$B=\int_0^1 x\mathrm{d}\left(\int_0^x f(t)\mathrm{d}t\right)=\left(x\int_0^x f(t)\mathrm{d}t\right)\Bigg|_0^1-\int_0^1\left(\int_0^x f(t)\mathrm{d}t\right)\mathrm{d}x = A-\int_0^1\left(\int_0^x f(t)\mathrm{d}t\right)\mathrm{d}x.$$

所以

$$A-B=\int_0^1\left(\int_0^x f(t)\mathrm{d}t\right)\mathrm{d}x.$$

(ii) 因为 $f(x)$ 是凹函数, 所以它的图像位于连接点 $(0,f(0))$ (即 $(0,1)$, 因为 $f(0)=1$) 和 $(x,f(x))$ 的弦的上方, 也就是说,

$$f(t)\geqslant\frac{f(x)-1}{x}t+1\quad(0\leqslant t\leqslant x).$$

将上式两边对 t 由 0 到 x 积分, 我们得到

$$\int_0^x f(t)\mathrm{d}t\geqslant\frac{f(x)-1}{x}\cdot\frac{x^2}{2}+x=\frac{1}{2}xf(x)+\frac{1}{2}x.$$

(iii) 由步骤 (i) 和 (ii) 得

$$A-B\geqslant\int_0^1\left(\frac{1}{2}xf(x)+\frac{1}{2}x\right)\mathrm{d}x=\frac{B}{2}+\frac{1}{4},$$

也就是

$$B\leqslant\frac{2}{3}\left(A-\frac{1}{4}\right).$$

注意 $0 \leqslant (2A-1)^2 = 4A^2-4A+1, A-1/4 \leqslant A^2$, 所以由上式, 我们最终得到

$$B \leqslant \frac{2}{3}\left(A-\frac{1}{4}\right) \leqslant \frac{2}{3}A^2.$$

于是本题得证. □

例 8.4.7 设

$$P(x) = a_n x^n + a_{n-1}x^{n-1} + \cdots + a_1 x + a_0$$

是 n 次实系数多项式, 令

$$Q(x) = \frac{a_n}{n!}x^n + \frac{a_{n-1}}{(n-1)!}x^{n-1} + \cdots + \frac{a_1}{1!}x + a_0.$$

证明:

$$\int_0^1 P^2(t)\mathrm{d}t \leqslant \pi \int_0^\infty Q^2(t)\mathrm{e}^{-2t}\mathrm{d}t.$$

解 (i) 因为

$$\int_0^\infty x^k \mathrm{e}^{-x}\mathrm{d}x = k! \quad (k \in \mathbb{N}_0),$$

所以

$$P(x) = \int_0^\infty \mathrm{e}^{-t}Q(xt)\mathrm{d}t \quad (x \in \mathbb{R}),$$

从而 (令 $u = xt$)

$$P(x) = \frac{1}{x}\int_0^\infty \mathrm{e}^{-u/x}Q(u)\mathrm{d}u \quad (x \in \mathbb{R}, x \neq 0).$$

于是, 若 $n \in \mathbb{N}$, 则

$$\int_{1/n}^1 P^2(t)\mathrm{d}t = \int_{1/n}^1 \frac{1}{t^2}\left(\int_0^\infty \mathrm{e}^{-u/t}Q(u)\mathrm{d}u\right)^2 \mathrm{d}t,$$

在右边的积分中作变量代换 $y = 1/t$ 即得

$$\int_{1/n}^1 P^2(t)\mathrm{d}t \leqslant \int_1^n \left(\int_0^\infty \mathrm{e}^{-uy}|Q(u)|\mathrm{d}u\right)^2 \mathrm{d}y.$$

(ii) 对任何 $m \in \mathbb{N}$ 及 $y \in [1,\infty]$, 令

$$F_m(y) = \int_{1/m}^m \mathrm{e}^{-uy}|Q(u)|\mathrm{d}u,$$

并定义

$$F(y) = \int_0^\infty \mathrm{e}^{-uy}|Q(u)|\mathrm{d}u.$$

显然函数列 $F_m^2(y)$ 在 $y \in [1,n]$ 上逐点递增地收敛于 $F^2(y)$. 我们证明它在 $y \in [1,n]$ 上一致收敛于 $F^2(y)$. 事实上, 对于任何 $y \in [1,n]$ 有

$$\begin{aligned}
&0 \leqslant F^2(y) - F_m^2(y) \\
&= \big(F(y)-F_m(y)\big)\big(F(y)+F_m(y)\big) \leqslant \big(F(y)-F_m(y)\big)\cdot 2F(y) \\
&= 2\left(\int_0^{1/m} \mathrm{e}^{-uy}|Q(u)|\mathrm{d}u + \int_m^\infty \mathrm{e}^{-uy}|Q(u)|\mathrm{d}u\right)\cdot \int_0^\infty \mathrm{e}^{-uy}|Q(u)|\mathrm{d}u
\end{aligned}$$

$$\leqslant 2\left(\int_0^{1/m}\mathrm{e}^{-u}|Q(u)|\mathrm{d}u+\int_m^{\infty}\mathrm{e}^{-u}|Q(u)|\mathrm{d}u\right)\cdot\int_0^{\infty}\mathrm{e}^{-u}|Q(u)|\mathrm{d}u$$

(最后一步中用到 $y\geqslant 1$). 因为 $\mathrm{e}^{-u}|Q(u)|$ 与 y 无关并且在 $[0,\infty)$ 上可积, 所以当 $m\to\infty$ 时,

$$\int_0^{1/m}\mathrm{e}^{-u}|Q(u)|\mathrm{d}u,\quad \int_m^{\infty}\mathrm{e}^{-u}|Q(u)|\mathrm{d}u\to 0,$$

因此在 $y\in[1,n]$ 上一致地有

$$\lim_{m\to\infty}F_m^2(y)=F^2(y).$$

由此及步骤 (i) 中所得结果推出

$$\int_{1/n}^1 P^2(t)\mathrm{d}t\leqslant\lim_{m\to\infty}\int_1^n\left(\int_{1/m}^m\mathrm{e}^{-uy}|Q(u)|\mathrm{d}u\right)^2\mathrm{d}y\quad (n\in\mathbb{N}).$$

(iii) 我们有

$$\begin{aligned}\int_1^n\left(\int_{1/m}^m\mathrm{e}^{-uy}|Q(u)|\mathrm{d}u\right)^2\mathrm{d}y&=\int_1^n\left(\int_{1/m}^m\int_{1/m}^m\mathrm{e}^{-uy}|Q(u)|\mathrm{e}^{-vy}|Q(v)|\mathrm{d}u\mathrm{d}v\right)\mathrm{d}y\\&=\int_{1/m}^m\int_{1/m}^m|Q(u)||Q(v)|\left(\int_1^n\mathrm{e}^{-uy}\mathrm{e}^{-vy}\mathrm{d}y\right)\mathrm{d}u\mathrm{d}v\\&=\int_{1/m}^m\int_{1/m}^m\frac{|Q(u)||Q(v)|}{u+v}\left(\mathrm{e}^{-(u+v)}-\mathrm{e}^{-n(u+v)}\right)\mathrm{d}u\mathrm{d}v\\&\leqslant\int_{1/m}^m\int_{1/m}^m\frac{|Q(u)|\mathrm{e}^{-u}|Q(v)|\mathrm{e}^{-v}}{u+v}\mathrm{d}u\mathrm{d}v.\end{aligned}$$

对于每个固定的 m, 令 $f(u)=g(u)=|Q(u)|\mathrm{e}^{-u}$(当 $u\in[1/m,m]$);$=0$(当 $u\in[0,\infty)\setminus[1/m,m]$). 依例 8.3.4 得到

$$\begin{aligned}&\int_{1/m}^m\int_{1/m}^m\frac{|Q(u)|\mathrm{e}^{-u}|Q(v)|\mathrm{e}^{-v}}{u+v}\mathrm{d}u\mathrm{d}v\\&\leqslant\pi\sqrt{\int_{1/m}^m\left(Q(u)\mathrm{e}^{-u}\right)^2\mathrm{d}u}\sqrt{\int_{1/m}^m\left(Q(u)\mathrm{e}^{-u}\right)^2\mathrm{d}u}\\&\leqslant\pi\int_0^{\infty}\left(Q(u)\mathrm{e}^{-u}\right)^2\mathrm{d}u.\end{aligned}$$

因此

$$\int_1^n\left(\int_{1/m}^m\mathrm{e}^{-uy}|Q(u)|\mathrm{d}u\right)^2\mathrm{d}y\leqslant\pi\int_0^{\infty}\left(Q(u)\mathrm{e}^{-u}\right)^2\mathrm{d}u.$$

(iv) 由步骤 (ii) 和 (iii) 中所得结果推出

$$\int_{1/n}^1 P^2(t)\mathrm{d}t\leqslant\pi\int_0^{\infty}\left(Q(x)\mathrm{e}^{-x}\right)^2\mathrm{d}x.$$

此式对任何 $n\in\mathbb{N}$ 成立, 它表明 $\int_{1/n}^1 P^2(t)\mathrm{d}t\,(n\geqslant 1)$ 是单调递增的有界数列, 所以当 $n\to\infty$ 时有有限的极限, 即 $\int_0^1 P^2(t)\mathrm{d}t$, 并且满足

$$\int_0^1 P^2(t)\mathrm{d}t\leqslant\pi\int_0^{\infty}\left(Q(x)\mathrm{e}^{-x}\right)^2\mathrm{d}x.$$

于是本题得证. □

例 8.4.8 若 $x,y>0$, 则

$$\max\{x^y,y^x\}>\frac{1}{2}.$$

解 因为 $x^y,y^x>0$, 所以我们若证明了下列 (更强的) 不等式

$$x^y+y^x>1 \quad (x,y>0),$$

则即可推出所要的结果. 下面来证此不等式.

当 $x\geqslant 1$ 或 $y\geqslant 1$ 时上述不等式显然成立. 现在设 $x,y\in(0,1)$. 记 $x=ty$. 注意要证的不等式关于 x,y 对称, 不妨认为 $0<t\leqslant 1$(若 $t>1$, 则 $y=t^{-1}x$, 其中 $0<t^{-1}\leqslant 1$). 因为函数 $f(x)=x^x\,(0<x<1)$ 在 $x=\mathrm{e}^{-1}$ 时有最小值 $a=\mathrm{e}^{-1/\mathrm{e}}$(见补充习题 9.79 后的注), 并且当 $0<t\leqslant 1,0<x<1$ 时 $t^x\geqslant t$, 所以

$$x^y+y^x\geqslant a^t+ta.$$

定义函数 $g(t)=a^t+ta\,(t\in\mathbb{R})$, 那么

$$g'(t)=a^t\log a+a=-\frac{1}{\mathrm{e}}a^t+a,$$

由此可算出函数 f 只有一个局部极小值点 $t_0=1-\mathrm{e}<0$, 并且在 (t_0,∞) 上严格单调递增, 以及 $g(0)=1$. 于是我们有 $x^y+y^x>1$. □

例 8.4.9 设 $x,y\in\left(0,\sqrt{\pi/2}\right),x\neq y$, 证明不等式

$$\log^2\frac{1+\sin xy}{1-\sin xy}<\log\frac{1+\sin x^2}{1-\sin x^2}\cdot\log\frac{1+\sin y^2}{1-\sin y^2}.$$

解 我们给出两个解法, 其中第一个解法应用函数的凸性, 第二个解法是将原题转化为积分不等式.

解法 1 对于 $t\in\left(-\infty,\log(\pi/2)\right)$ 令

$$f(t)=\log\left(\log\frac{1+\sin\mathrm{e}^t}{1-\sin\mathrm{e}^t}\right),$$

则有

$$f''(t)=\frac{2\mathrm{e}^t}{\mathrm{e}^{2f(t)}\cos^2\mathrm{e}^t}\left((\cos\mathrm{e}^t+\mathrm{e}^t\sin\mathrm{e}^t)\log\left(\frac{1+\sin\mathrm{e}^t}{1-\sin\mathrm{e}^2}\right)-2\mathrm{e}^t\right).$$

又令

$$g(u)=(\cos u+u\sin u)\log\left(\frac{1+\sin u}{1-\sin u}\right)-2u,$$

则有 $g(0)=0$, 以及

$$g'(u)=u\cos u\log\left(\frac{1+\sin u}{1-\sin u}\right)+2u\tan u.$$

当 $0<u<\pi/2$ 时 $g'(u)>0$, 因此 $g(u)>g(0)=0$, 从而 $f''(t)>0$, 于是 $f(t)$ 是 $\left(-\infty,\log(\pi/2)\right)$ 上的严格凸函数. 由此立即推出: 当 $x,y\in\left(0,\sqrt{\pi/2}\right),x\neq y$ 时,

$$f\left(\frac{2\log x+2\log y}{2}\right)<\frac{f(2\log x)+f(2\log y)}{2},$$

从而

$$\log^2 \frac{1+\sin xy}{1-\sin xy} = \mathrm{e}^{2f(\log x+\log y)}$$
$$< \mathrm{e}^{f(2\log x)+f(2\log y)} = \log \frac{1+\sin x^2}{1-\sin x^2} \cdot \log \frac{1+\sin y^2}{1-\sin y^2}.$$

解法 2　因为当 $0 \leqslant a \leqslant \pi/2$ 时,

$$\log \frac{1+\sin a}{1-\sin a} = 2\int_0^a \sec u \mathrm{d}u = 2a\int_0^1 \sec at \mathrm{d}t.$$

所以对于固定的 $x,y \in \left(0,\sqrt{\pi/2}\right), x \neq y$, 题中要证的不等式等价于

$$\left(2xy\int_0^1 \sec(xyt)\mathrm{d}t\right)^2 < \left(2x^2\int_0^1 \sec(x^2t)\mathrm{d}t\right)\left(2y^2\int_0^1 \sec(y^2t)\mathrm{d}t\right),$$

也就是

$$\left(\int_0^1 \sec(xyt)\mathrm{d}t\right)^2 < \left(\int_0^1 \sec(x^2t)\mathrm{d}t\right)\left(\int_0^1 \sec(y^2t)\mathrm{d}t\right).$$

又由 Cauchy-Schwarz 不等式可知

$$\left(\int_0^1 \sqrt{\sec(x^2t)\sec(y^2t)}\,\mathrm{d}t\right)^2 \leqslant \int_0^1 \sec(x^2t)\mathrm{d}t\int_0^1 \sec(y^2t)\mathrm{d}t,$$

所以我们只需证明

$$\int_0^1 \sec(xyt)\mathrm{d}t < \int_0^1 \sqrt{\sec(x^2t)\sec(y^2t)}\,\mathrm{d}t.$$

这个不等式乃是下列不等式的直接推论:

$$\sec(xyt) < \sqrt{\sec(x^2t)\sec(y^2t)} \quad (0<t<1).$$

这个不等式可改写为

$$\cos^2(xyt) > \cos(x^2t)\cos^2(y^2t) \quad (0<t<1).$$

为证这个不等式, 注意在题设条件下,$0<2xyt<x^2t+y^2t<\pi$, 因而由余弦函数在 $[0,\pi]$ 上的单调递减性, 以及 $|x^2t-y^2t| \neq 0$, 我们得知 $\cos(x^2t-y^2t)<1, \cos(x^2t+y^2t)<\cos(2xyt)$, 从而推出

$$\cos^2(xyt) = \frac{1}{2}\big(1+\cos(2xyt)\big)$$
$$> \frac{1}{2}\left(\cos(x^2t-y^2t)+\cos(x^2t+y^2t)\right) = \cos(x^2t)\cos(y^2t).$$

于是本题得证. □

* **例 8.4.10**　设实函数 $x(t), f(t), \alpha(t)$ 在区间 $[a,b]$ 上连续, 并且 $\alpha(t)$ 在 $[a,b]$ 上取正值. 如果 $a \leqslant t \leqslant b$ 时,

$$x(t) \leqslant f(t) + \int_a^t \alpha(\xi)x(\xi)\mathrm{d}\xi,$$

那么

$$x(t) \leqslant f(t) + \int_a^t \alpha(s) f(s) \mathrm{e}^{\int_s^t \alpha(u)\mathrm{d}u} \mathrm{d}s \quad (a \leqslant t \leqslant b).$$

解　(i) 由题设, 当 $a \leqslant s \leqslant b$ 时,

$$x(s) \leqslant f(s) + \int_a^s \alpha(\xi) x(\xi) \mathrm{d}\xi.$$

注意当 $a \leqslant t \leqslant b$ 时,$\alpha(s)\mathrm{e}^{\int_s^t \alpha(u)\mathrm{d}u} > 0$, 以此式乘上式两边得到

$$\begin{aligned}\alpha(s)x(s)\mathrm{e}^{\int_s^t \alpha(u)\mathrm{d}u} &\leqslant \alpha(s)\left(f(s) + \int_a^s \alpha(\xi)x(\xi)\mathrm{d}\xi\right)\mathrm{e}^{\int_s^t \alpha(u)\mathrm{d}u} \\ &= \alpha(s)f(s)\mathrm{e}^{\int_s^t \alpha(u)\mathrm{d}u} + \alpha(s)\left(\int_a^s \alpha(\xi)x(\xi)\mathrm{d}\xi\right)\mathrm{e}^{\int_s^t \alpha(u)\mathrm{d}u}.\end{aligned}$$

两边对 s 积分得

$$\begin{aligned}\int_a^t \alpha(s)x(s)\mathrm{e}^{\int_s^t \alpha(u)\mathrm{d}u}\mathrm{d}s \leqslant &\int_a^t \alpha(s)f(s)\mathrm{e}^{\int_s^t \alpha(u)\mathrm{d}u}\mathrm{d}s \\ &+ \int_a^t \alpha(s)\left(\int_a^s \alpha(\xi)x(\xi)\mathrm{d}\xi\right)\mathrm{e}^{\int_s^t \alpha(u)\mathrm{d}u}\mathrm{d}s.\end{aligned}$$

(ii) 上式右边第二加项

$$\begin{aligned}&\int_a^t \alpha(s)\left(\int_a^s \alpha(\xi)x(\xi)\mathrm{d}\xi\right)\mathrm{e}^{\int_s^t \alpha(u)\mathrm{d}u}\mathrm{d}s \\ &= -\int_a^t \left(\int_a^s \alpha(\xi)x(\xi)\mathrm{d}\xi\right)\left(\frac{\mathrm{d}}{\mathrm{d}s}\mathrm{e}^{\int_s^t \alpha(u)\mathrm{d}u}\right)\mathrm{d}s \\ &= -\left(\left(\int_a^s \alpha(\xi)x(\xi)\mathrm{d}\xi\right)\mathrm{e}^{\int_s^t \alpha(u)\mathrm{d}u}\right)\Bigg|_a^t + \int_a^t \alpha(s)x(s)\mathrm{e}^{\int_s^t \alpha(u)\mathrm{d}u}\mathrm{d}s \\ &= -\int_a^t \alpha(\xi)x(\xi)\mathrm{d}\xi + \int_a^t \alpha(s)x(s)\mathrm{e}^{\int_s^t \alpha(u)\mathrm{d}u}\mathrm{d}s.\end{aligned}$$

因此将上式代入步骤 (i) 中的最后式可得

$$\begin{aligned}\int_a^t \alpha(s)x(s)\mathrm{e}^{\int_s^t \alpha(u)\mathrm{d}u}\mathrm{d}s \leqslant &\int_a^t \alpha(s)f(s)\mathrm{e}^{\int_s^t \alpha(u)\mathrm{d}u}\mathrm{d}s \\ &- \int_a^t \alpha(\xi)x(\xi)\mathrm{d}\xi + \int_a^t \alpha(s)x(s)\mathrm{e}^{\int_s^t \alpha(u)\mathrm{d}u}\mathrm{d}s,\end{aligned}$$

于是

$$\int_a^t \alpha(\xi)x(\xi)\mathrm{d}\xi \leqslant \int_a^t \alpha(s)f(s)\mathrm{e}^{\int_s^t \alpha(u)\mathrm{d}u}\mathrm{d}s.$$

由此不等式及题设不等式即得

$$x(t) \leqslant f(t) + \int_a^t \alpha(s) f(s) \mathrm{e}^{\int_s^t \alpha(u)\mathrm{d}u} \mathrm{d}s \quad (a \leqslant t \leqslant b).$$

□

例 8.4.11　设函数 $u(x,y)$ 在 $\Omega = [0,1]^2$ 上连续, 并且

$$\iint\limits_{\Omega} \left|\frac{\partial u(x,y)}{\partial y}\right|^2 \mathrm{d}x\mathrm{d}y < \infty.$$

则

$$\int_0^1 |u(x,0)|^2 \mathrm{d}x \leqslant \sqrt{5}\left(\iint_\Omega |u(x,y)|^2 \mathrm{d}x\mathrm{d}y\right)^{1/2}$$

$$\cdot\left(\iint_\Omega |u(x,y)|^2 \mathrm{d}x\mathrm{d}y + \iint_\Omega \left|\frac{\partial u(x,y)}{\partial y}\right|^2 \mathrm{d}x\mathrm{d}y\right)^{1/2}.$$

解 (i) 因为(记 $f(t)=u^2(x,t)$, 视 x 为常数)

$$\int_0^y \frac{\partial u^2(x,t)}{\partial t}\mathrm{d}t = \int_0^y \mathrm{d}f(t) = f(t)\Big|_0^y = f(y)-f(0) = u^2(x,y)-u^2(x,0),$$

所以

$$\begin{aligned} u^2(x,y) &= u^2(x,0) + \int_0^y \frac{\partial u^2(x,t)}{\partial t}\mathrm{d}t \\ &= u^2(x,0) + 2\int_0^y u(x,t)\frac{\partial u(x,t)}{\partial t}\mathrm{d}t \quad ((x,y)\in\Omega). \end{aligned}$$

由此推出

$$\begin{aligned} u^2(x,0) &\leqslant u^2(x,y) + 2\int_0^y |u(x,t)|\left|\frac{\partial u(x,t)}{\partial t}\right|\mathrm{d}t \\ &\leqslant u^2(x,y) + 2\int_0^1 |u(x,t)|\left|\frac{\partial u(x,t)}{\partial t}\right|\mathrm{d}t. \end{aligned}$$

在不等式左右两边对 $(x,y)\in\Omega$ 积分, 注意

$$\iint_\Omega u^2(x,0)\mathrm{d}x\mathrm{d}y = \int_0^1 \mathrm{d}y\int_0^1 |u(x,0)|^2\mathrm{d}x = \int_0^1 |u(x,0)|^2\mathrm{d}x,$$

得到

$$\begin{aligned} \int_0^1 |u(x,0)|^2\mathrm{d}x &\leqslant \iint_\Omega |u(x,y)|^2\mathrm{d}x\mathrm{d}y + 2\int_0^1\mathrm{d}x\int_0^1\mathrm{d}y\int_0^1 |u(x,t)|\left|\frac{\partial u(x,t)}{\partial t}\right|\mathrm{d}t \\ &= \iint_\Omega |u(x,y)|^2\mathrm{d}x\mathrm{d}y + 2\int_0^1\mathrm{d}x\int_0^1 |u(x,t)|\left|\frac{\partial u(x,t)}{\partial t}\right|\mathrm{d}t \\ &= \iint_\Omega |u(x,y)|^2\mathrm{d}x\mathrm{d}y + 2\iint_\Omega |u(x,t)|\left|\frac{\partial u(x,t)}{\partial t}\right|\mathrm{d}x\mathrm{d}t. \end{aligned}$$

此外, 由 Cauchy-Schwarz 不等式可知上述不等式右边第二项积分

$$\iint_\Omega |u(x,t)|\left|\frac{\partial u(x,t)}{\partial t}\right|\mathrm{d}x\mathrm{d}t \leqslant \left(\iint_\Omega |u(x,t)|^2\mathrm{d}x\mathrm{d}t\right)^{1/2}\left(\iint_\Omega \left|\frac{\partial u(x,t)}{\partial t}\right|^2\mathrm{d}x\mathrm{d}t\right)^{1/2},$$

所以我们推出

$$\int_0^1 |u(x,0)|^2\mathrm{d}x \leqslant \left(\iint_\Omega |u(x,y)|^2\mathrm{d}x\mathrm{d}y\right)^{1/2}$$

$$\cdot\left(\left(\iint\limits_{\Omega}|u(x,y)|^2\mathrm{d}x\mathrm{d}y\right)^{1/2}+2\left(\iint\limits_{\Omega}\left|\frac{\partial u(x,t)}{\partial t}\right|^2\mathrm{d}x\mathrm{d}t\right)^{1/2}\right).$$

(ii) 现在来估计上述不等式右边第二个因式. 为此我们应用初等不等式

$$a+2b\leqslant\sqrt{5}(a^2+b^2)^{1/2}\quad(a,b\geqslant 0)$$

(它可由 $(2a-b)^2\geqslant 0$ 推出), 在其中取

$$a=\left(\iint\limits_{\Omega}|u(x,y)|^2\mathrm{d}x\mathrm{d}y\right)^{1/2},\quad b=\left(\iint\limits_{\Omega}\left|\frac{\partial u(x,t)}{\partial t}\right|^2\mathrm{d}x\mathrm{d}t\right)^{1/2},$$

立即得到所要的结果. □

习 题 8

8.1 证明: 当 $0<x<\pi/2$ 时,

$$\tan x>x+\frac{x^3}{3}.$$

8.2 *(1) 证明: 当 $0<x<\pi/2$ 时,

$$\frac{2}{\pi}<\frac{\sin x}{x}<1.$$

(2) 证明不等式

$$1<\int_0^{\pi/2}\frac{\sin x}{x}\mathrm{d}x<\int_0^{\pi/2}\frac{x}{\sin x}\mathrm{d}x.$$

(3) 证明

$$\int_0^{2\pi}\frac{\sin x}{x}\mathrm{d}x>0.$$

8.3 设 $a_1,a_2,\cdots,a_n\geqslant 0$, 记

$$A_k=\frac{a_1+\cdots+a_k}{k}\quad(k=1,\cdots,n).$$

证明: 对任何实数 $\alpha>1$ 及任何 $m\leqslant n$ 有

$$\sum_{k=1}^{m}A_k^{\alpha}\leqslant\frac{\alpha}{\alpha-1}\sum_{k=1}^{m}A_k^{\alpha-1}a_k,$$

并且当且仅当所有 a_k 相等时等号成立.

*8.4 若 $\lambda=\sum\limits_{k=1}^{n}1/k$, 则 $\mathrm{e}^{\lambda}>n+1$.

*8.5 证明

$$\frac{2n}{3}\sqrt{n}<\sum_{k=1}^{n}\sqrt{k}<\left(\frac{2n}{3}+\frac{1}{2}\right)\sqrt{n}\quad(n\geqslant 1).$$

8.6 (1) 设 $x,y\geqslant 0,x+y=1$, 则

$$x\log x+y\log y\geqslant -\log 2.$$

*(2) 设 $x>0$, 且 $x\neq 1$, 则

$$\frac{\log x}{x-1}<\frac{1}{\sqrt{x}}.$$

*8.7 (1) 设 $0<x<y<1$ 或 $1<x<y$, 则

$$\frac{y}{x}>\frac{y^x}{x^y}.$$

(2) 设 $a,b>0,a\neq b$, 证明:

$$\frac{2}{a+b}<\frac{\log a-\log b}{a-b}<\frac{1}{\sqrt{ab}}.$$

*8.8 证明

$$\sin x\sin y\sin(x+y)\leqslant\frac{3\sqrt{3}}{8}\quad(0<x,y<\pi),$$

并确定何时等号成立.

8.9 设 $x>0$, 证明:

(1) $\mathrm{e}^x>1+\dfrac{x}{1!}+\dfrac{x^2}{2!}+\cdots+\dfrac{x^n}{n!}\ (n=1,2,\cdots)$.

(2) 当 n 为奇数时,$\mathrm{e}^{-x}>1-\dfrac{x}{1!}+\dfrac{x^2}{2!}-\cdots+(-1)^n\dfrac{x^n}{n!}$; 当 n 为偶数时,$\mathrm{e}^{-x}<1-\dfrac{x}{1!}+\dfrac{x^2}{2!}+\cdots+(-1)^n\dfrac{x^n}{n!}$.

8.10 (1) 若 $x<1,x\neq 0$, 则

$$\frac{1}{x}+\frac{1}{\log(1-x)}<1.$$

(2) 若 $a>0,b>0$, 则

$$(1+a)\log(1+a)+(1+b)\log(1+b)<(1+a+b)\log(1+a+b).$$

(3) 如果 $x>0,n$ 是正整数, 那么

$$\frac{1+x^2+x^4+\cdots+x^{2n}}{x+x^3+\cdots+x^{2n+1}}\geqslant\frac{n+1}{n},$$

且等号在 $x=1$ 时成立.

(4) 证明 $\tan x-x>x-\sin x\ (0<x<\pi/2)$.

(5) 证明 $x<\dfrac{1}{3}\tan x+\dfrac{2}{3}\sin x\ (0<x<\pi/2)$.

8.11 设在 $[a,b]$ 上 $f'''(x)$ 存在,$f''(x)>0,f'''(x)>0$, 那么当 $a<a+h<b$ 时,

$$f(a+h)-f(a)<\frac{h}{2}\big(f'(a)+f'(a+h)\big).$$

8.12 (1) 设 $f(x)$ 是 $I=[0,a]$ 上的凸函数, $x_1,\cdots,x_n,x_1+\cdots+x_n\in I$, 则

$$f(x_1)+\cdots+f(x_n)\leqslant f(x_1+\cdots+x_n)+(n-1)f(0).$$

(2) 设 $x_1,\cdots,x_n>0$, 则

$$\prod_{i=1}^n x_i^{x_i}\leqslant\left(\sum_{i=1}^n x_i\right)^{\sum\limits_{i=1}^n x_i}.$$

8.13 设 $x_1,x_2,\cdots,x_n\geqslant\mathrm{e}$, 令

$$\alpha_k=\frac{x_k+\cdots+x_n}{x_k}\quad(k=1,2,\cdots,n),$$

则

$$\sum_{k=1}^n x_k^{\alpha_k}\geqslant\sum_{k=1}^n kx_k.$$

8.14 (1) 证明下列不等式:

$$\frac{\pi}{2\sqrt{2}}<\int_0^1\frac{\mathrm{d}x}{\sqrt{1-x^4}}<\frac{\pi}{2}.$$

$$0<\frac{\pi}{2}-\int_0^{\pi/2}\frac{\sin x}{x}\mathrm{d}x<\frac{\pi^2}{144}.$$

$$\frac{\pi\sqrt{2}}{4}<\int_0^{\pi/2}\frac{\mathrm{d}x}{\sqrt{2-\sin^2 x}}<\frac{\pi}{2}.$$

$$\frac{1}{2}-\frac{1}{2\mathrm{e}}<\int_0^{\infty}\mathrm{e}^{-x^2}\mathrm{d}x<1+\frac{1}{2\mathrm{e}}.$$

$$1-\frac{1}{\mathrm{e}}<\int_0^{\pi/2}\mathrm{e}^{-\sin x}\mathrm{d}x<\frac{\pi}{2}\left(1-\frac{1}{\mathrm{e}}\right).$$

*(2) 证明不等式

$$\frac{1}{2}\sqrt{\pi(1-\mathrm{e}^{-a^2})}<\int_0^a\mathrm{e}^{-x^2}\mathrm{d}x<\frac{1}{2}\sqrt{\pi(1-\mathrm{e}^{-2a^2})}\quad(a>0)$$

并由此求积分 $\int_0^{\infty}\mathrm{e}^{-x^2}\mathrm{d}x$ 之值.

8.15 设 $f(x),g(x)\in C[a,b],f(x)\geqslant g(x)\,(a\leqslant x\leqslant b)$, 并且至少有一点 $\xi\in[a,b]$ 使得 $f(\xi)>g(\xi)$, 则

$$\int_a^b f(x)\mathrm{d}x>\int_a^b g(x)\mathrm{d}x.$$

8.16 设 $f(x)\geqslant 0\,(a\leqslant x\leqslant b),\int_a^b f(x)\mathrm{d}x=1$, 证明

$$\int_a^b x^2 f(x)\mathrm{d}x>\left(\int_a^b xf(x)\mathrm{d}x\right)^2.$$

8.17 设 $f(x)\in C[a,b]$ 单调增加, 则

$$\int_a^b f(x)\mathrm{d}x\leqslant\frac{2}{b-a}\int_a^b xf(x)\mathrm{d}x.$$

8.18 设在 $[a,b]$ 上函数 f 可微,$f'(x)\geqslant f(x)>0$, 则

$$\int_a^b\frac{1}{f(x)}\mathrm{d}x\leqslant\frac{1}{f(a)}-\frac{1}{f(b)}.$$

8.19 设函数 $f(x)\in C^1[a,b],f(a)=0$, 并且 $0\leqslant f'(x)\leqslant 1$. 证明:

$$\int_a^b f^3(x)\mathrm{d}x\leqslant\left(\int_a^b f(x)\mathrm{d}x\right)^2.$$

***8.20** 设实值函数 $f(x)$ 及其一阶导数在区间 $[a,b]$ 上均连续, 而且 $f(a)=0$, 则

(1) $\max\limits_{x\in[a,b]}|f(x)|\leqslant\sqrt{b-a}\left(\int_a^b|f'(x)|^2\mathrm{d}x\right)^{1/2}.$

(2) $\int_a^b f^2(x)\mathrm{d}x\leqslant\frac{1}{2}(b-a)^2\int_a^b|f'(x)|^2\mathrm{d}x.$

8.21 证明: 当 $x^2+y^2\leqslant\pi$ 时,

$$\cos x+\cos y\leqslant 1+\cos(xy).$$

8.22 设

$$f(x)=x-\frac{x^3}{6}+\frac{x^4}{24}\sin\frac{1}{x}\quad(x>0).$$

证明: 若 $y,z>0$, 并且 $y+z<1$, 则

$$f(y+z)<f(y)+f(z).$$

8.23 设 $a_n\,(n\geqslant 1)$ 是任意正数列, 则对每个正整数 k,

$$\sum_{n=1}^{\infty}(a_1\cdots a_n)^{1/n}\leqslant \frac{1}{k}\sum_{n=1}^{\infty}a_n\left(\frac{n+k}{n}\right)^n.$$

***8.24** 设 $\alpha>0$. 在 $[0,1]$ 上定义函数列

$$f_n(x)=n^{\alpha}x^n(1-x)\quad (n=1,2,\cdots).$$

证明: 当 $0<x<1$ 时,

$$f_n(x)\leqslant \mathrm{e}^{-\alpha}\alpha^{\alpha}(-\log x)^{-\alpha}(1-x)\quad (n=1,2,\cdots).$$

8.25 设

$$f(x)=\int_0^x\frac{\log(1+t)}{1+t}\mathrm{d}t\quad (x\geqslant 0),$$

则

$$\frac{1}{3}<\sum_{n=1}^{\infty}f\left(\frac{1}{n}\right)<\frac{\pi}{12}.$$

8.26 求使得下列不等式成立的最小的实数 α:

$$\left(1+\frac{1}{x}\right)^{x+\alpha}>\mathrm{e}\quad (\text{当 } x>0).$$

8.27 设函数 $f(x)$ 对于一切 x 值有 $f''(x)\geqslant 0$, 则对任何 $\mathbb{R}$ 上的连续函数 $u(t)$ 及任何实数 $a>0$,

$$\frac{1}{a}\int_0^a f\big(u(t)\big)\mathrm{d}t\geqslant f\left(\frac{1}{a}\int_0^a u(t)\mathrm{d}t\right).$$

8.28 (1) 证明:

$$\frac{1}{x+1}<\log(x+1)-\log x<\frac{1}{x}\quad (x>0);$$

并应用此不等式求

$$\lim_{n\to\infty}\sum_{k=n+1}^{sn}\frac{1}{k}\quad (s\geqslant 2\text{ 是整数}).$$

(2) 证明不等式

$$x-\frac{x^2}{2}\leqslant \log(x+1)\leqslant x\quad (x>0);$$

并且据此计算

$$\lim_{n\to\infty}\sum_{k=1}^{n}\log\left(1+\frac{k}{n^2}\right),$$

以及

$$\lim_{n\to\infty}\prod_{k=1}^{n}\left(1+\frac{k}{n^2}\right).$$

习题 8 的解答或提示

8.1 解法 1 (初等方法) 由例 8.1.1 得

$$\tan x=\frac{\sin x}{\cos x}>\frac{x-\dfrac{x^3}{6}}{1-\dfrac{x^2}{2}+\dfrac{x^4}{16}}.$$

因为当 $0<x<\pi/2$ 时,

$$\left(1-\frac{x^2}{2}+\frac{x^4}{16}\right)\left(x+\frac{x^3}{3}\right)=x-\frac{x^3}{6}-\frac{x^5}{49}(5-x^2)<x-\frac{x^3}{6},$$

所以

$$\frac{x-\dfrac{x^3}{6}}{1-\dfrac{x^2}{2}+\dfrac{x^4}{16}}>x+\frac{x^3}{3}.$$

由此立得所要的不等式.

解法 2 (微分学方法) 令 $f(x)=\tan x-x-x^3/3\,(0<x<\pi/2)$, 以及 $f(0)=0$. 那么 $f'(x)=\sec^2 x-1-x^2=\tan^2 x-x^2=(\tan x+x)(\tan x-x)>0$, 所以 $f(x)\uparrow$, 从而 $f(x)>0$.

8.2 (1) (i) 证右半不等式. 解法 1 设 $0\leqslant x\leqslant\pi/2$. 令 $g(x)=\sin x-x$, 则当 $0<x<\pi/2$ 时 $g'(x)=\cos x-1<0$, 所以 $g(x)$ 是 $0<x<\pi/2$ 上的严格单调减函数, 于是当 $0<x<\pi/2$ 时 $g(x)<g(0)=0$, 不等式得证.

解法 2 因为 $\sin x-x=-x^3/3!+x^5/5!-x^7/7!+x^9/9!-\cdots=-(x^3/3!)\big(1-x^2/(4\cdot5)\big)-(x^7/7!)\big(1-x^2/(8\cdot9)\big)-\cdots$. 所以当 $0<x<\pi/2$ 时, 由 $0<x<8/5$ 可知 $x^2/(4\cdot5)<1, x^2/(8\cdot9)<x^2/(4\cdot5)<1$, 等等, 于是推出 $\sin x-x<0$.

(ii) 证左半不等式. 我们证明稍微一般些的结果:

$$\sin x\geqslant\frac{2}{\pi}x\quad\left(0\leqslant x\leqslant\frac{\pi}{2}\right),$$

并且等式只当 $x=0$ 或 $\pi/2$ 时成立 (这称做 Jordan 不等式, 参见例 8.2.4 后的注).

解法 1 令 $f(x)=\sin x$. 因为在区间 $[0,\pi/2]$ 上 $f''(x)=-\sin x\leqslant0$, 并且在 $(0,\pi/2)$ 中 $f''(x)<0$, 所以它是严格凹函数(即 $-f(x)$ 是严格凸函数). 于是曲线 $y=\sin x\,(0\leqslant x\leqslant\pi/2)$ 位于通过曲线两个端点的线段的上方. 通过曲线两个端点的直线方程是 $y=(2/\pi)x$, 所以当 $0<x<\pi/2$ 时 $\sin x>(2/\pi)x$; 并且当且仅当 $x=0$ 或 $\pi/2$ 时 $\sin x=(2/\pi)x$.

解法 2 令 $f(x)=\sin x/x\,(0\leqslant x\leqslant\pi/2)$. 那么 $f'(x)=\cos x(x-\tan x)/x^2$. 再令 $g(x)=x-\tan x\,(0\leqslant x\leqslant\pi/2)$. 那么当 $0<x<\pi/2$ 时 $g'(x)=1-1/\cos^2 x<0$. 因此 $g(x)$ 在 $(0,\pi/2)$ 上严格单调递减, 因而 $x-\tan x<g(0)=0$, 从而在 $(0,\pi/2)$ 上 $f'(x)<0$, 于是 $f(x)$ 在其上也严格单调递减. 由此可知当 $x\in(0,\pi/2)$ 时 $f(x)>f(\pi/2)=2/\pi$. 而在区间端点 $x=0,\pi/2$ 显然等式成立.

(2) 因为当 $x\in(0,\pi/2)$ 时,$\sin x<x, 0<\sin x<1$, 所以

$$0<\frac{\sin x}{x}<1,\quad \frac{x}{\sin x}>1,$$

从而

$$\frac{\sin x}{x}<\frac{x}{\sin x},\quad \int_0^{\pi/2}\frac{\sin x}{x}\mathrm{d}x<\int_0^{\pi/2}\frac{x}{\sin x}\mathrm{d}x.$$

由本题 (1) 得知 $x\in(0,\pi/2)$ 时,

$$\frac{\sin x}{x}>\frac{2}{\pi},\quad \int_0^{\pi/2}\frac{\sin x}{x}\mathrm{d}x>\int_0^{\pi/2}\frac{2}{\pi}\mathrm{d}x=1.$$

(3) 我们有

$$I=\int_0^{2\pi}\frac{\sin x}{x}\mathrm{d}x=\int_0^{\pi}\frac{\sin x}{x}\mathrm{d}x+\int_{\pi}^{2\pi}\frac{\sin x}{x}\mathrm{d}x=\int_0^{\pi}\left(\frac{\sin x}{x}-\frac{\sin x}{x+\pi}\right)\mathrm{d}x=\int_0^{\pi}\frac{\pi\sin x}{x(\pi+x)}\mathrm{d}x.$$

函数

$$f(x)=\frac{\pi\sin x}{x(\pi+x)}\quad(x>0),\quad f(0)=1$$

在 $x=0$ 处连续, 在 $[0,\pi]$ 上大于零, 因此 $I>0$.

8.3 对于 $k\geqslant 1$, 我们有 (这里约定 $A_0=0$)

$$\begin{aligned}A_k^\alpha-\frac{\alpha}{\alpha-1}A_k^{\alpha-1}a_k&=A_k^\alpha-\frac{\alpha}{\alpha-1}A_k^{\alpha-1}\big(kA_k-(k-1)A_{k-1}\big)\\&=A_k^\alpha\left(1-\frac{k\alpha}{\alpha-1}\right)+\frac{(k-1)\alpha}{\alpha-1}A_k^{\alpha-1}A_{k-1}.\end{aligned}$$

在 Young 不等式 (例 8.2.6) 中取 $a=A_k^{\alpha-1},b=A_{k-1}$, 以及 $p=\alpha/(\alpha-1)$(于是 $q=\alpha$), 我们得到

$$A_k^{\alpha-1}A_{k-1}\leqslant\frac{(\alpha-1)A_k^\alpha+A_{k-1}^\alpha}{\alpha}.$$

并且当且仅当 $A_k^\alpha=A_{k-1}^\alpha$ 时等号成立. 由此及前式推出

$$\begin{aligned}A_k^\alpha-\frac{\alpha}{\alpha-1}A_k^{\alpha-1}a_k&\leqslant A_k^\alpha\left(1-\frac{k\alpha}{\alpha-1}\right)+\frac{(k-1)\alpha}{\alpha-1}\cdot\frac{(\alpha-1)A_k^\alpha+A_{k-1}^\alpha}{\alpha}\\&=\frac{1}{\alpha-1}\big((k-1)A_{k-1}^\alpha-kA_k^\alpha\big),\end{aligned}$$

于是

$$\sum_{k=1}^m\left(A_k^\alpha-\frac{\alpha}{\alpha-1}A_k^{\alpha-1}a_k\right)\leqslant\frac{1}{\alpha-1}\sum_{k=1}^m\big((k-1)A_{k-1}^\alpha-kA_k^\alpha\big)=-\frac{mA_m^p}{\alpha-1}\leqslant 0,$$

由此即可推出要证的不等式; 并且当且仅当对于所有的 $k,A_k^\alpha=A_{k-1}^\alpha$ 时, 亦即所有 a_k 相等时等号成立.

8.4 因为 $\mathrm{e}^{1/k}=1+1/k+1/(2k^2)+\cdots>1+1/k=(k+1)/k$, 所以 $\mathrm{e}^\lambda=\prod\limits_{k=1}^n\mathrm{e}^{1/k}>\prod\limits_{k=1}^n\big((k+1)/k\big)=n+1$.

8.5 因为 $\sqrt{x}$ 是增函数, 所以

$$\sqrt{k}>\int_{k-1}^k\sqrt{t}\mathrm{d}t>\sqrt{k-1},$$

于是

$$\sum_{k=1}^n\sqrt{k}>\int_0^n\sqrt{t}\mathrm{d}t=\frac{2}{3}n\sqrt{n}.$$

又因为 $\sqrt{x}$ 是凹函数 (即 $-\sqrt{x}$ 是凸函数), 所以

$$\frac{1}{2}(\sqrt{k-1}+\sqrt{k})<\int_{k-1}^k\sqrt{t}\mathrm{d}t,$$

因此

$$\frac{1}{2}\sum_{k=1}^n(\sqrt{k-1}+\sqrt{k})<\int_0^n\sqrt{t}\mathrm{d}t=\frac{2}{3}n\sqrt{n},$$

于是

$$\sum_{k=1}^n\sqrt{k}<\frac{2}{3}n\sqrt{n}+\frac{1}{2}\sqrt{n}=\left(\frac{2n}{3}+\frac{1}{2}\right)\sqrt{n}.$$

8.6 **提示** (1) $x=0$ 或 $y=0$ 时不等式显然成立. 令 $u(x)=x\log x+(1-x)\log(1-x)\,(0<x<1)$. 那么 $u'(x)=\log\big(x/(1-x)\big)$, 于是 u 有最小值 $u(1/2)=-\log 2$.

(2) 先设 $x>1$, 令 $f(x)=(x-1)/\sqrt{x}-\log x$, 则 $f'(x)>0$, 可推出要证的不等式. 再设 $0<x<1$, 令 $x=1/y$, 则 $y>1$, 化归上述情形.

8.7 (1) 由题设知 $(x-1)(y-1)>0$, 因此

$$\frac{y}{x}>\frac{y^x}{x^y}\iff\log y-\log x>x\log y-y\log x\iff\frac{\log y}{y-1}<\frac{\log x}{x-1}.$$

我们来证明上面最后的不等式. 若令

$$f(t)=\frac{\log t}{t-1}\quad(t\neq 1),$$

只需证明函数 $f(t)$ 在 $(0,1)$ 和 $(1,\infty)$ 上严格单调递减.

对于 $0<t<1$,

$$f'(t)=\frac{1-1/t-\log t}{(t-1)^2}.$$

令 $g(t)=1-1/t-\log t\,(0<t<1)$, 则 $g'(t)=1/t^2-1/t>0$, 所以在 $(0,1)$ 上,$g(t)$ 严格单调增加, 从而 $g(t)<g(1)=0$. 由此推出当 $0<t<1$ 时 $f'(t)<0$, 于是 $f(t)$ 严格单调减少.

若 $t>1$, 则 $0<1-1/t<1$, 可将 $f'(t)$ 表示为

$$f'(t)=\frac{(1-1/t)+\log(1-(1-1/t))}{(t-1)^2}.$$

令 $h(u)=u+\log(1-u)\,(0<u<1)$, 那么 $h'(u)=1-1/(1-u)<0$, 所以 $h(u)$ 严格单调减少, 从而 $h(u)<h(0)=0$. 由此推出当 $t>1$ 时,$(1-1/t)+\log(1-(1-1/t))<0$, 于是在此情形 $f(t)$ 也严格单调减少. 于是本题得证.

(2) 因为原不等式关于 a,b 对称, 所以不妨认为 $0<a<b$. 令 $b=ax$, 则 $x>1$. 我们只须证明: 当 $x>1$ 时,

$$\frac{2}{x+1}<\frac{\log x}{x-1}<\frac{1}{\sqrt{x}},$$

也就是

$$\frac{2(x-1)}{x+1}<\log x<\frac{x-1}{\sqrt{x}}.$$

为此, 令

$$f(x)=\log x-\frac{2(x-1)}{x+1}=\log x-2+\frac{4}{x+1}\quad(x>1),$$

那么

$$f'(x)=\frac{(x-1)^2}{x(x+1)^2}>0\quad(x>1),$$

从而 $f(x)$ 严格单调增加, 所以 $f(x)>f(1)=0\,(x>1)$, 即上述不等式的左半得证. 还令

$$g(x)=\frac{x-1}{\sqrt{x}}-\log x\quad(x>1),$$

那么

$$g'(x)=\frac{(\sqrt{x}-1)^2}{2x\sqrt{x}}>0\quad(x>1),$$

从而 $g(x)$ 严格单调增加, 所以 $g(x)>g(1)=0\,(x>1)$, 于是上述不等式的右半得证.

8.8　提示　令 $f(x,y)=\sin x\sin y\sin(x+y)\,(0<x,y<\pi)$. 用经典极值方法算出 $f(\pi/3,\pi/3)=3\sqrt{3}/8$ 是最大值.

8.9　(1) 解法 1　对 n 用数学归纳法. 令

$$f_n(x)=\mathrm{e}^x-\left(1+\frac{x}{1!}+\frac{x^2}{2!}+\cdots+\frac{x^n}{n!}\right).$$

那么 $f_1'(x)=\mathrm{e}^x-1>0\,(x>0);f_1(0)=0$. 于是 $f_1(x)>0\,(x>0)$. 设 $f_n(x)>0\,(x>0)$, 则 $f_{n+1}'(x)=f_n(x)>0\,(x>0);f_{n+1}(0)=0$. 于是 $f_{n+1}(x)>0\,(x>0)$.

解法 2　用 $g_n(x)$ 表示不等式的右边. 由于

$$\mathrm{e}^x=1+\frac{x}{1!}+\frac{x^2}{2!}+\cdots+\frac{x^n}{n!}+\frac{x^{n+1}}{(n+1)!}+\frac{x^{n+2}}{(n+2)!}+\cdots=g_n(x)+R_n(x),$$

当 $x>0$ 时 $R_n(x)>0$, 所以 $\mathrm{e}^x>g_n(x)$.

(2) **提示**　对 n 用数学归纳法.$n=1$(奇数) 和 $n=2$(偶数) 情形: 设 $x>0$, 证明

$$1-x+\frac{x^2}{2}>\mathrm{e}^{-x}>1-x.$$

令 $f(x)=1-x+x^2/2-\mathrm{e}^{-x}$. 则 $f'(x)=-1+x+\mathrm{e}^{-x}, f''(x)=1-\mathrm{e}^{-x}$. 当 $x>0$ 时,$1>\mathrm{e}^{-x}$, 所以 $f''(x)>0, f'(x)\uparrow$. 因为 $f'(0)=0$, 所以 $f'(x)>0, f(x)\uparrow$. 由此及 $f(0)=0$ 知 $f(x)>0$, 从而左半不等式得证. 类似地证右半.

8.10 (1) 只需证明:

$$\frac{1}{x}+\frac{1}{\log(1-x)}-1=\frac{\log(1-x)+x-x\log(1-x)}{x\log(1-x)}<0.$$

用 $f(x)$ 记上式分子. 当 $0<x<1$ 时, 上式分母 $x\log(1-x)<0$. 因为 $f(x)\to 0\,(x\to 0+), f'(x)=-\log(1-x)>0$, 所以 $f(x)\uparrow$, 从而 $f(x)>0$. 于是不等式成立. 当 $x<0$ 时, 上式分母 $x\log(1-x)<0$, 应证 $f(x)>0$. 因为 $f'(x)=-\log(1-x)<0$, 所以在 $(-\infty,0)$ 上 $f(x)\downarrow$, 还有 $f(x)\to+\infty\,(x\to-\infty)$, $f(x)\to 0\,(x\to 0-)$. 因此确实 $f(x)>0$. 于是不等式也成立.

(2) 令 $f(x)=(1+x)\log(1+x)\,(x>0)$, 应证 $f(a)+f(b)<f(a+b)$. 若令 $\phi(x)=f(a+x)-f(a)-f(x)$, 则需证明当 $x>0$ 时 $\phi(x)>0$. 我们有 $\phi'(x)=f'(a+x)-f'(x)$. 因为 $f''(x)=1/(1+x)>0$, 所以 $f'(x)\uparrow$, 于是当 $x>0$ 时 $\phi'(x)>0, \phi(x)\uparrow$. 又因为 $\phi(0)=-f(0)=0$, 所以 $\phi(x)>0\,(x>0)$.

(3) **提示** 首先算出

$$\frac{1+x^2+x^4+\cdots+x^{2n}}{x+x^3+\cdots+x^{2n+1}}-\frac{n+1}{n}=\frac{n(1-x^{2n+2})-(n+1)x(1-x^{2n})}{nx(1-x^{2n})}.$$

将分子记为 $f(x)$, 然后证明 $f(x)>0\,(0<x<1); f(x)<0\,(x>1)$.

(4) **提示** *解法 1* 令 $f(x)=\tan x+\sin x-2x$. 那么 $f'(x)=(1-\cos x)(\sin^2 x+\cos x)/\cos^2 x>0$.

解法 2 令 $\tan(x/2)=t$. 那么 $0<t<1$. 注意

$$\begin{aligned}f(x)&=\tan x+\sin x-2x=\frac{2t}{1-t^2}+\frac{2t}{1+t^2}-2x\\&=\frac{4t}{1-t^4}-2x>4t-2x=4\left(\tan\frac{x}{2}-\frac{x}{2}\right)>0.\end{aligned}$$

(5) **提示** 令 $f(x)=x-(\tan x)/3-(2\sin x)/3$, 则当 $0<x<\pi/2$ 时,

$$f'(x)=1-\frac{1}{3}\sec^2 x-\frac{2}{3}\cos x=-\frac{1}{3\cos^2 x}(1-\cos x)^2(2\cos x+1)<0.$$

8.11 由 $f''(x)>0$ 知 $f(x)$ 是 ($[a,b]$ 上的) 凸函数, 且 $f'(x)\uparrow$. 由 $f'''(x)>0$ 知 $f'(x)$ 是凸函数. 由几何的考虑得到

$$f(a+h)-f(a)=\int_a^{a+h}f'(x)\mathrm{d}x$$

是以 $y=f'(x)$ 为一腰 (另一腰是 X 轴上的区间 $a,a+h$) 的曲边梯形的面积. 它小于相应的梯形面积, 即 $\big(f(a)+f(a+h)\big)\cdot h/2$. 所以

$$f(a+h)-f(a)<\frac{h}{2}\big(f'(a)+f'(a+h)\big).$$

8.12 (1) 对 n 用数学归纳法. 设 $p,q>0$, 则 $p/(p+q)+q/(p+q)=1$. 由凸函数性质, 对所有 $x,y\in I$,

$$f\left(\frac{px+qy}{p+q}\right)\leqslant\frac{pf(x)+qf(y)}{p+q}.$$

取 $p=x_1>0, q=x_2>0, x=x_1+x_2, y=0$, 得到

$$f(x_1)\leqslant\frac{x_1f(x_1+x_2)}{x_1+x_2}+\frac{x_2}{x_1+x_2}f(0).$$

将 x_1,x_2 互换, 得到

$$f(x_2)\leqslant\frac{x_2f(x_1+x_2)}{x_1+x_2}+\frac{x_1}{x_1+x_2}f(0).$$

将所得两个不等式相加, 有

$$f(x_1)+f(x_2)\leqslant f(x_1+x_2)+f(0).$$

因此当 $n=2$ 时结论成立. 设对某个 $n=k\geqslant 2$ 不等式成立. 那么由 $n=2$ 的情形得到

$$\begin{aligned}f(x_1+\cdots+x_k+x_{k+1})&=f\big((x_1+\cdots+x_k)+x_{k+1}\big)\\&\geqslant f(x_1+\cdots+x_k)+f(x_{k+1})-f(0).\end{aligned}$$

又由归纳假设得到

$$f(x_1+\cdots+x_k)\geqslant f(x_1)+\cdots+f(x_k)-(k-1)f(0).$$

因此

$$\begin{aligned}f(x_1+\cdots+x_k+x_{k+1})&\geqslant\big(f(x_1)+\cdots+f(x_k)-(k-1)f(0)\big)+f(x_{k+1})-f(0)\\&=f(x_1)+\cdots+f(x_k)+f(x_{k+1})-kf(0).\end{aligned}$$

即当 $n=k+1$ 时结论也成立.

(2) **提示** 在本题 (1) 中取

$$f(x)=\begin{cases}x\log x, & x>0,\\ 0, & x=0.\end{cases}$$

8.13 函数 $f(x)=\log x/x$ 在 $[\mathrm{e},\infty)$ 上单调减少, 所以当 $x_1,\cdots,x_n\geqslant \mathrm{e}$ 时,

$$\frac{\log x_k}{x_k}\geqslant\frac{\log(x_k+\cdots+x_n)}{x_k+\cdots+x_n}\quad(k=1,\cdots,n),$$

于是

$$x_k^{(x_k+\cdots+x_n)/x_k}\geqslant x_k+\cdots+x_n\quad(k=1,\cdots,n).$$

将此 n 个不等式相加即得所要的结果.

8.14 **提示** (1) 为证第 1 个不等式, 注意当 $0<x<1$ 时,

$$\sqrt{2}\sqrt{1-x^2}>\sqrt{1-x^2}\sqrt{1+x^2}>\sqrt{1-x^2}.$$

为证第 2 个不等式, 注意当 $0<x<\pi/2$ 时 (见例 8.2.1),

$$x-\frac{x^3}{6}<\sin x<x,\quad 1-\frac{x^2}{6}<\frac{\sin x}{x}<1.$$

为证第 3 个不等式, 注意当 $0<x<\pi/2$ 时,$0<\sin^2 x<1,\sqrt{2}/2<\sqrt{1-(1/2)\sin^2 x}<1$.

第 4 个不等式之证:

$$\begin{aligned}\int_0^\infty \mathrm{e}^{-x^2}\mathrm{d}x&=\int_0^1\mathrm{e}^{-x^2}\mathrm{d}x+\int_1^\infty\mathrm{e}^{-x^2}\mathrm{d}x\\&<\int_0^1\mathrm{d}x+\int_1^\infty x\mathrm{e}^{-x^2}\mathrm{d}x=1+\frac{1}{2\mathrm{e}},\\\int_0^\infty \mathrm{e}^{-x^2}\mathrm{d}x&>\int_0^1\mathrm{e}^{-x^2}\mathrm{d}x>\int_0^1 x\mathrm{e}^{-x^2}\mathrm{d}x=1-\frac{1}{2\mathrm{e}}.\end{aligned}$$

为证第 5 个不等式, 应用 Jordan 不等式 (见例 8.2.4 后的注) $2x/\pi<\sin x<x$.

(2) 用 I_a 表示其中的积分, 则

$$I_a^2=\iint\limits_{D_a}\mathrm{e}^{-(x^2+y^2)}\mathrm{d}x\mathrm{d}y,$$

其中 D_a 表示正方形 $\{(x,y)\mid 0\leqslant x,y\leqslant a\}$, 它含有四分之一圆 $S_1=\{(x,y)\mid x^2+y^2\leqslant a^2,x,y\geqslant 0\}$, 同时含在四分之一圆 $S_2=\{(x,y)\mid x^2+y^2\leqslant 2a^2,x,y\geqslant 0\}$ 中, 因此

$$\iint\limits_{S_1}\mathrm{e}^{-(x^2+y^2)}\mathrm{d}x\mathrm{d}y<I_a^2<\iint\limits_{S_2}\mathrm{e}^{-(x^2+y^2)}\mathrm{d}x\mathrm{d}y.$$

用极坐标算出两端的积分, 即得所要的不等式. 由此不等式易求出积分 $\int_0^\infty \mathrm{e}^{-x^2}\mathrm{d}x=\sqrt{\pi}/2$.

8.15 若 $\xi\in(a,b)$, 则取 $\varepsilon=\big(f(\xi)-g(\xi)\big)/2$, 那么存在 ξ 的一个邻域 $(\xi-\delta,\xi+\delta)$, 使在其上 $f(x)\geqslant g(x)+\varepsilon$, 于是

$$\begin{aligned}\int_a^b\big(f(x)-g(x)\big)\mathrm{d}x&=\int_a^{\xi-\delta}\big(f(x)-g(x)\big)\mathrm{d}x+\int_{\xi-\delta}^{\xi+\delta}\big(f(x)-g(x)\big)\mathrm{d}x\\&\quad+\int_{\xi+\delta}^b\big(f(x)-g(x)\big)\mathrm{d}x\geqslant 0+2\varepsilon\delta+0>0.\end{aligned}$$

若 ξ 是端点, 例如 $\xi=a$, 则 $(\xi-\delta,\xi+\delta)$ 换成 $[a,a+\delta)$, 可类似地证明.

8.16 提示 应用 Cauchy-Schwarz 不等式, 注意

$$\int_a^b xf(x)\mathrm{d}x=\int_a^b x\sqrt{f(x)}\cdot\sqrt{f(x)}\,\mathrm{d}x,$$

并且在此不满足等式成立的条件.

8.17 在例 8.3.1 后的注 2 中的不等式中取 $g(x)=x$. 或者直接证明: 当 $x,y\in[a,b]$,

$$(x-y)\big(f(x)-f(y)\big)\geqslant 0,$$

所以

$$\int_a^b\int_a^b(x-y)\big(f(x)-f(y)\big)\mathrm{d}x\mathrm{d}y\geqslant 0,$$

展开左边并且积分, 得到

$$2(b-a)\int_a^b xf(x)\mathrm{d}x-2\int_a^b y\mathrm{d}y\int_a^b f(x)\mathrm{d}x\geqslant 0.$$

由此即得所要的不等式.

8.18 由题设条件知在 $[a,b]$ 上 $\big(\mathrm{e}^{-x}f(x)\big)'\geqslant 0$, 所以 $\mathrm{e}^{-x}f(x)$ 是 $[a,b]$ 上的非减正函数, 因而当 $x\in[a,b]$,

$$\frac{f(x)}{\mathrm{e}^x}\geqslant\frac{f(a)}{\mathrm{e}^a},\quad 或\quad \frac{1}{f(x)}\leqslant\frac{\mathrm{e}^a}{f(a)\mathrm{e}^x}.$$

于是

$$\int_a^b\frac{\mathrm{d}x}{f(x)}\leqslant\int_a^b\frac{\mathrm{e}^a\mathrm{d}x}{f(a)\mathrm{e}^x}=-\frac{\mathrm{e}^a}{f(a)}\left(\frac{1}{\mathrm{e}^b}-\frac{1}{\mathrm{e}^a}\right)=\frac{1}{f(a)}\left(1-\frac{\mathrm{e}^a}{\mathrm{e}^b}\right).$$

还要注意

$$\frac{f(b)}{\mathrm{e}^b}\geqslant\frac{f(a)}{\mathrm{e}^a},\quad 或\quad \frac{f(a)}{f(b)}\leqslant\frac{\mathrm{e}^a}{\mathrm{e}^b},$$

所以

$$\int_a^b\frac{\mathrm{d}x}{f(x)}\leqslant\frac{1}{f(a)}\left(1-\frac{\mathrm{e}^a}{\mathrm{e}^b}\right)\leqslant\frac{1}{f(a)}\left(1-\frac{f(a)}{f(b)}\right)=\frac{1}{f(a)}-\frac{1}{f(b)}.$$

8.19 提示 解法 1 参考例 8.3.2, 首先证明

$$\left(\int_a^b f(x)\mathrm{d}x\right)^2-\int_a^b f^3(x)\mathrm{d}x=2\int_a^b\int_a^y f(y)f(u)\big(1-f'(u)\big)\mathrm{d}u\mathrm{d}y.$$

解法 2 也可以直接化归例 8.3.2. 不失一般性, 不妨认为 $[a,b]=[0,1]$; 然后定义 $[0,+\infty)$ 上的函数 $f_1(x)$ 满足例 8.3.2 的条件, 并且当 $x\in[0,1]$ 时 f_1 与 f 重合. 于是依例 8.3.2 得到

$$\int_0^x f_1^3(x)\mathrm{d}x\leqslant\left(\int_0^x f_1(x)\mathrm{d}x\right)^2\quad(x>0).$$

取 $x=1$ 即得

$$\int_0^1 f^3(x)\mathrm{d}x\leqslant\left(\int_0^1 f(x)\mathrm{d}x\right)^2.$$

解法 3 不妨认为 $[a,b]=[0,1]$. 我们有

$$f(x)=\int_0^x f'(t)\mathrm{d}t\quad(0\leqslant x\leqslant 1).$$

于是

$$\begin{aligned}I_1&=\left(\int_0^1 f(x)\mathrm{d}x\right)^2=\left(\int_0^1\int_0^x f'(t)\mathrm{d}t\mathrm{d}x\right)^2\\&=\left(\int_0^1\int_0^{x_1} f'(t_1)\mathrm{d}t_1\mathrm{d}x_1\right)\left(\int_0^1\int_0^{x_2} f'(t_2)\mathrm{d}t\mathrm{d}x_2\right)\\&=\int_0^1\int_0^1\int_0^{x_1}\int_0^{x_2} f'(t_1)f'(t_2)\mathrm{d}t_1\mathrm{d}t_2\mathrm{d}x_1\mathrm{d}x_2\\&=\iiiint\limits_{\Omega_1} f'(x_3)f'(x_4)\mathrm{d}x_1\mathrm{d}x_2\mathrm{d}x_3\mathrm{d}x_4,\end{aligned}$$

其中

$$\Omega_1=\left\{(x_1,x_2,x_3,x_4)\,\middle|\,0\leqslant x_1\leqslant 1,0\leqslant x_2\leqslant 1,0\leqslant x_3\leqslant x_1,0\leqslant x_4\leqslant x_2\right\}.$$

以及

$$\begin{aligned}I_2&=\int_0^1 f^3(x)\mathrm{d}x=\int_0^1\left(\int_0^x f'(t)\mathrm{d}t\right)^3\mathrm{d}x\\&=\int_0^1\left(\int_0^x f'(t_1)\mathrm{d}t_1\right)\left(\int_0^x f'(t_2)\mathrm{d}t_2\right)\left(\int_0^x f'(t_3)\mathrm{d}t_3\right)\mathrm{d}x\\&=\iiiint\limits_{\Omega_2} f'(x_2)f'(x_3)f'(x_4)\mathrm{d}x_1\mathrm{d}x_2\mathrm{d}x_3\mathrm{d}x_4,\end{aligned}$$

其中

$$\Omega_2=\left\{(x_1,x_2,x_3,x_4)\,\middle|\,0\leqslant x_1\leqslant 1,0\leqslant x_2\leqslant x_1,0\leqslant x_3\leqslant x_1,0\leqslant x_4\leqslant x_1\right\}.$$

由题设可知, 在 $[0,1]^4$ 上,

$$0\leqslant f'(x_2)f'(x_3)f'(x_4)\leqslant f'(x_3)f'(x_4),$$

并且显然 $\Omega_2\subseteq\Omega_1$, 所以 $I_2\leqslant I_1$.

注　用解法 3 的方法可以证明: 若 $f(x)\in C^1[0,1],f(0)=0,0\leqslant f'(x)\leqslant 1$, 则对任何正整数 n 有

$$\left(\int_0^1 f(x)\mathrm{d}x\right)^n\leqslant\int_0^1 f^{2n-1}(x)\mathrm{d}x.$$

8.20　(1) 设 $\max\limits_{x\in[a,b]}|f(x)|=|f(\xi)|$. 因为 $f(a)=0$, 所以不妨认为 $\xi\in(a,b]$ (因若 $\xi=a$, 则由 $f(a)=0$ 推出 $f(x)$ 恒等于 0, 题中不等式自然成立), 并且

$$f(\xi)=\int_a^\xi f'(x)\mathrm{d}x.$$

由 Cauchy 不等式得到

$$\begin{aligned}|f(\xi)|&\leqslant\int_a^\xi|f'(x)|\mathrm{d}x\leqslant\left(\int_a^\xi 1^2\mathrm{d}x\right)^{1/2}\left(\int_a^\xi|f'(x)|^2\mathrm{d}x\right)^{1/2}\\&=(\xi-a)^{1/2}\left(\int_a^\xi|f'(x)|^2\mathrm{d}x\right)^{1/2}\leqslant(b-a)^{1/2}\left(\int_a^b|f'(x)|^2\mathrm{d}x\right)^{1/2}.\end{aligned}$$

(2) 仍然由 Cauchy-Schwarz 不等式, 并注意 $f(a)=0$, 我们有

$$f^2(x)=\left(\int_a^x f'(t)\mathrm{d}t\right)^2\leqslant\left(\int_a^x 1^2\mathrm{d}t\right)\cdot\left(\int_a^x(f'(t))^2\mathrm{d}t\right)\leqslant(x-a)\int_a^b|f'(t)|^2\mathrm{d}t,$$

于是

$$\int_a^b f^2(x)\mathrm{d}x\leqslant\int_a^b(x-a)\mathrm{d}x\int_a^b|f'(x)|^2\mathrm{d}x=\frac{1}{2}(b-a)^2\int_a^b|f'(x)|^2\mathrm{d}x.$$

8.21　我们有

$$1-\frac{x^2}{2}\leqslant\cos x\leqslant 1-\frac{x^2}{2!}+\frac{x^4}{4!}\quad(x\in\mathbb{R})$$

(当 $x=0$ 时上式显然成立, 当 $x\neq 0$ 时见例 8.2.1). 因此为证本题中的不等式, 只需证明: 当 $x^2+y^2\leqslant\pi$ 时,

$$1-\frac{x^2}{2}+\frac{x^4}{24}+1-\frac{y^2}{2}+\frac{y^4}{24}\leqslant 1+1-\frac{x^2y^2}{2},$$

也就是

$$x^4+y^4+12x^2y^2-12(x^2+y^2)\leqslant 0.$$

应用极坐标 (θ,r), 上式可改写为

$$r^2(2+5\sin^2 2\theta)\leqslant 24\quad (r^2\leqslant\pi,\theta\in[0,2\pi]).$$

因为 $r^2(2+5\sin^2 2\theta)\leqslant\pi(2+5)=7\pi<24$, 所以题中的不等式成立.

8.22 定义函数

$$h(x)=\frac{f(x)}{x}=1-\frac{x}{6}+\frac{x^3}{24}\sin\frac{1}{x}\quad (0<x<1).$$

那么

$$h'(x)=-\frac{x}{3}+\frac{x^2}{8}\sin\frac{1}{x}-\frac{x}{24}\cos\frac{1}{x},$$

由此可知当 $0<x<1$ 时 $h'(x)<0$, 所以 $h(x)$ 在区间 $(0,1)$ 上严格单调递减. 注意 $y,z>0,y+z<1$, 所以

$$h(y+z)<h(y),\quad h(y+z)<h(z),$$

由此得到

$$yh(y+z)+zh(y+z)<yh(y)+zh(z),$$

于是由 $h(x)$ 的定义推出 $f(y+z)<f(y)+f(z)$.

8.23 (i) 令

$$c_n=\frac{(n+1)^n\cdots(n+k-1)^n(n+k)^n}{n^{n-1}\cdots(n+k-2)^{n-1}(n+k-1)^{n-1}}=\left(\frac{n+k}{n}\right)^n n(n+1)\cdots(n+k-1),$$

则有

$$c_1\cdots c_n=(n+1)^n\cdots(n+k)^n.$$

于是由算术–几何平均不等式得

$$\begin{aligned}\sum_{n=1}^{N}\sqrt[n]{a_1\cdots a_n}&\leqslant\sum_{n=1}^{N}\frac{a_1c_1+\cdots+a_nc_n}{n(n+1)\cdots(n+k)}\\&=a_1c_1\left(\frac{1}{1\cdot 2\cdot\cdots\cdot(1+k)}+\cdots+\frac{1}{N(N+1)\cdots(N+k)}\right)\\&\quad+a_2c_2\left(\frac{1}{2\cdot 3\cdot\cdots\cdot(2+k)}+\cdots+\frac{1}{N(N+1)\cdots(N+k)}\right)\\&\quad+\cdots+a_Nc_N\frac{1}{N(N+1)\cdots(N+k)}.\end{aligned}$$

(ii) 对于任何 $l\in\mathbb{N}$,

$$\frac{1}{l(l+1)\cdots(l+k)}=\frac{1}{k}\left(\frac{1}{l(l+1)\cdots(l+k-1)}-\frac{1}{(l+1)\cdots(l+k)}\right),$$

所以上面不等式的右边表达式中,a_1c_1 的系数等于

$$\frac{1}{k}\sum_{l=1}^{N}\left(\frac{1}{l(l+1)\cdots(l+k-1)}-\frac{1}{(l+1)\cdots(l+k)}\right)<\frac{1}{k}\cdot\frac{1}{k!};$$

同理,a_1c_1 的系数等于

$$\frac{1}{k}\sum_{l=2}^{N}\left(\frac{1}{l(l+1)\cdots(l+k-1)}-\frac{1}{(l+1)\cdots(l+k)}\right)<\frac{1}{k}\cdot\frac{1}{2\cdot 3\cdots(k+1)},$$

等等. 应用这些结果可由步骤 (i) 中得到的不等式推出

$$\sum_{n=1}^{N}\sqrt[n]{a_1\cdots a_n}<\frac{1}{k}\Big(\frac{1}{k!}a_1c_1+\frac{1}{2\cdot 3\cdots(1+k)}a_2c_2+\cdots+\frac{1}{N(N+1)\cdots(N+k-1)}a_Nc_N\Big).$$

(iii) 最后注意, 对于任何 $l\in\mathbb{N}$ 有

$$\frac{1}{l(l+1)\cdots(l+k-1)}c_l=\left(\frac{l+k}{l}\right)^l,$$

因此由步骤 (ii) 得到

$$\sum_{n=1}^{N}\sqrt[n]{a_1\cdots a_n}<\frac{1}{k}\sum_{l=1}^{N}\left(\frac{l+k}{l}\right)^l a_l,$$

在此不等式两边令 $N\to\infty$, 即得所要证的不等式.

8.24 若 $0<x<1$, 则 $1-x>0$, 所以只需证明

$$n^\alpha x^n\leqslant \mathrm{e}^{-\alpha}\alpha^\alpha(-\log x)^{-\alpha}\quad(0<x<1).$$

因为此不等式两边为正数, 所以只需证明

$$nx^{n/\alpha}\leqslant \mathrm{e}^{-1}\alpha(-\log x)^{-1}.$$

令 $x^{1/\alpha}=t$, 则 $0<t<1$, 上述不等式等价于 $nt^n(-\log t)\leqslant \mathrm{e}^{-1}$. 令 $g(t)=-nt^n\log t$. 那么 $g'(t)=-nt^{n-1}(n\log t+1)$. 由 $g'(t)=0$ 得驻点 $t_0=\mathrm{e}^{-1/n}$,$g(t_0)=\mathrm{e}^{-1}$. 进而推出 $g(t)\leqslant \mathrm{e}^{-1}\,(0<t<1)$.

8.25 由

$$\begin{aligned}\log(1+t)&=t-\frac{t^2}{2}+\left(\frac{t^3}{3}-\frac{t^4}{4}\right)+\left(\frac{t^5}{5}-\frac{t^6}{6}\right)+\cdots\\&=t-\left(\frac{t^2}{2}-\frac{t^3}{3}\right)-\left(\frac{t^4}{4}-\frac{t^5}{5}\right)-\cdots\end{aligned}$$

可知

$$t-\frac{t^2}{2}<\log(1+t)<t\quad(0<t\leqslant 1).$$

于是当 $0<x\leqslant 1$ 时,

$$f(x)=\int_0^x\frac{\log(1+t)}{1+t}\mathrm{d}t>\frac{1}{1+x}\int_0^x\left(t-\frac{t^2}{2}\right)\mathrm{d}t\geqslant\frac{1}{3}\cdot\frac{x^2}{1+x}.$$

由此可得

$$\sum_{n=1}^{\infty}f\left(\frac{1}{n}\right)>\frac{1}{3}\sum_{n=1}^{\infty}\frac{1/n^2}{1+1/n}=\frac{1}{3}\sum_{n=1}^{\infty}\frac{1}{n(n+1)}=\frac{1}{3}\sum_{n=1}^{\infty}\left(\frac{1}{n}-\frac{1}{n+1}\right)=\frac{1}{3}.$$

类似地, 当 $0<x\leqslant 1$ 时,

$$\begin{aligned}f(x)&=\int_0^x\frac{\log(1+t)}{1+t}\mathrm{d}t<\int_0^x\frac{t}{1+t}\mathrm{d}t=\int_0^x\left(1-\frac{1}{1+t}\right)\mathrm{d}t\\&=x-\log(1+x)=x-\left(x-\frac{x^2}{2}+\frac{x^3}{3}+\cdots\right)=\frac{x^2}{2}-\left(\frac{x^3}{3}-\frac{x^4}{4}\right)-\cdots<\frac{x^2}{2}.\end{aligned}$$

由此得到

$$\sum_{n=1}^{\infty} f\left(\frac{1}{n}\right) < \frac{1}{2}\sum_{n=1}^{\infty}\frac{1}{n^2} = \frac{\pi^2}{12}.$$

8.26 对于任意实数 α, 令

$$f(x) = \left(1+\frac{1}{x}\right)^{x+\alpha},$$

那么当 $x>0$ 时 $f(x)>0$, 并且

$$\lim_{x\to\infty} f(x) = \lim_{x\to\infty}\left(1+\frac{1}{x}\right)^x \lim_{x\to\infty}\left(1+\frac{1}{x}\right)^\alpha = \mathrm{e}.$$

我们有

$$f'(x) = f(x)\phi(x),$$

其中

$$\phi(x) = \log\left(1+\frac{1}{x}\right) - \frac{x+\alpha}{x^2+x},$$

并且

$$\phi'(x) = \frac{(2\alpha-1)x+\alpha}{(x^2+x)^2}.$$

若 $\alpha \geqslant 1/2$, 则当 $x>0$ 时 $\phi'(x)>0$, 从而当 $x\to\infty$ 时 $\phi(x)$ 单调递增趋于 0; 特别可知当 $x>0$ 时 $\phi(x)<0$. 若 $\alpha<1/2$, 则当 $x>\alpha/(1-2\alpha)$ 时 $\phi'(x)<0$, 从而当 $x\to\infty$ 时 $\phi(x)$ 单调递减趋于 0; 特别可知当 $x>\alpha/(1-2\alpha)$ 时 $\phi(x)>0$. 由此可知, 若 $\alpha\geqslant 1/2$, 则当 $x>0$ 时 $f'(x)<0$, 从而当 $x\to\infty$ 时 $f(x)$ 单调递减趋于 e, 因而对于任何 $x>0$ 总有 $f(x)>\mathrm{e}$. 若 $\alpha<1/2$, 则当 x 充分大(即 $x>\alpha/(1-2\alpha)$)时 $f'(x)>0$, 从而当 $x\to\infty$ 时 $f(x)$ 单调递增趋于 e, 因而对于充分大的 x 总有 $f(x)<\mathrm{e}$. 于是所求的 α 的最小值是 1/2.

注 由上述结果特别可知: 当 $x\to\infty$ 时,

$$\left(1+\frac{1}{x}\right)^x \uparrow \mathrm{e}, \quad \left(1+\frac{1}{x}\right)^{x+1} \downarrow \mathrm{e}.$$

8.27 令

$$\omega = \frac{1}{a}\int_0^a u(t)\mathrm{d}t.$$

曲线 $y=f(x)$ 在点 $\big(\omega, f(\omega)\big)$ 的切线方程是 $y=g(x)$, 其中

$$g(x) = f(\omega) + f'(\omega)(x-\omega).$$

由 $f''(x)\geqslant 0$ 知 $f(x)$ 是凸函数, 因此对于一切 $x, f(x)\geqslant g(x)$, 特别有

$$f\big(u(t)\big) - g\big(u(t)\big) \geqslant 0.$$

于是

$$\int_0^a \Big(f\big(u(t)\big) - g\big(u(t)\big)\Big)\mathrm{d}t \geqslant 0.$$

因为

$$\begin{aligned}
\int_0^a g\big(u(t)\big)\mathrm{d}t &= \int_0^a \Big(f(\omega) + f'(\omega)\big(u(t)-\omega\big)\Big)\mathrm{d}t \\
&= \int_0^a f(\omega)\mathrm{d}t + \int_0^a f'(\omega)u(t)\mathrm{d}t - \int_0^a f'(\omega)\omega\mathrm{d}t \\
&= \int_0^a f(\omega)\mathrm{d}t + f'(\omega)\int_0^a u(t)\mathrm{d}t - af'(\omega)\omega \\
&= f(\omega)\int_0^a \mathrm{d}t + f'(\omega)\cdot a\omega - af'(\omega)\omega = af(\omega)
\end{aligned}$$

所以

$$\int_0^a f\big(u(t)\big)\mathrm{d}t \geqslant af(\omega) = af\left(\frac{1}{a}\int_0^a u(t)\mathrm{d}t\right).$$

8.28 提示 (1) 当 $x>0, \log(x+1)-\log x = 1/(x+\theta), \theta\in(0,1)$, 由此推出题中不等式. 然后在此不等式中取 $x=n,n+1,\cdots,sn-1$, 得到

$$\sum_{k=n+1}^{sn}\frac{1}{k} < \log(sn)-\log n < \sum_{k=n+1}^{sn}\frac{1}{k}-\frac{1}{sn}+\frac{1}{n},$$

即

$$\log s-\frac{1}{n}+\frac{1}{sn} < \sum_{k=n+1}^{sn}\frac{1}{k} < \log s.$$

因此所求极限等于 $\log s$.

(2) 令 $u(x)=\log(1+x)-x, v(x)=\log(1+x)-x+x^2/2\,(x>0)$. 那么 $u'(x)=-x/(1+x), u'(0)=0, u(x)\downarrow\ (x>0)$; 以及 $v'(x)=x^2/(1+x), v'(0)=0, v(x)\downarrow\ (x>0)$. 据此推出题中不等式. 由此不等式得到

$$\sum_{k=1}^{n}\frac{k}{n^2}-\frac{1}{2}\sum_{k=1}^{n}\frac{k^2}{n^4} \leqslant \sum_{k=1}^{n}\log\left(1+\frac{k}{n^2}\right) \leqslant \sum_{k=1}^{n}\frac{k}{n^2}$$

因为

$$\sum_{k=1}^{n}\frac{k}{n^2}=\frac{n(n+1)}{2n^2},\quad \sum_{k=1}^{n}\frac{k^2}{n^4}<n\cdot\frac{n^2}{n^4}=\frac{1}{2},$$

所以

$$\lim_{n\to\infty}\sum_{k=1}^{n}\log\left(1+\frac{k}{n^2}\right)=\frac{1}{2},\quad \lim_{n\to\infty}\prod_{k=1}^{n}\left(1+\frac{k}{n^2}\right)=\sqrt{\mathrm{e}}.$$

第 9 章　补充习题

9.1　补充习题

本章问题按综合主题和难易程度混编, 供读者选用.

9.1　证明:

$$\inf_{\alpha\in(0,\pi)}\sup_{q\in\mathbb{Z}}\sin q\alpha=\frac{\sqrt{3}}{2}.$$

9.2　*(1) 求 $\lim\limits_{n\to\infty}\dfrac{1}{n^{p+1}}\sum\limits_{k=1}^{n}k^p\ (p>-1)$.

*(2) 求 $\lim\limits_{n\to\infty}\left(1+\mathrm{e}^{\sqrt{1/n}}+\mathrm{e}^{\sqrt{2/n}}+\cdots+\mathrm{e}^{\sqrt{(n-1)/n}}+\mathrm{e}\right)/n$.

*(3) 求 $\lim\limits_{n\to\infty}\sqrt[n]{\lambda_1a_1^n+\cdots+\lambda_ma_m^n}$, 其中 $\lambda_1,\cdots,\lambda_m,a_1,\cdots,a_m\geqslant 0$ 给定.

*(4) 求 $\lim\limits_{x\to 0}\left(1-\dfrac{x}{5}\right)^{\sin 5x/x^2}$.

*(5) 应用 $\lim\limits_{x\to\infty}x(a^{1/x}-1)(a>0)$(或其他方法) 证明

$$\lim_{n\to\infty}\left(\frac{\sqrt[n]{a_1}+\cdots+\sqrt[n]{a_m}}{m}\right)^n=\sqrt[m]{a_1\cdots a_m},$$

其中 $a_1,\cdots,a_m>0$ 给定.

*(6) 计算

$$\lim_{x\to 0}\frac{\sqrt[5]{1+3x^4}-\sqrt{1-2x}}{\sqrt[3]{1+x}-\sqrt{1+x}}.$$

*(7) 设

$$f(x)=\int_0^{\sin x}\arctan t^2\mathrm{d}t,\quad g(x)=\int_0^x(3t^2+t^3\cos t)\mathrm{d}t,$$

求 $\lim\limits_{x\to 0}f(x)/g(x)$.

*(8) 求

$$\lim_{x\to 0}\frac{\log(x+\mathrm{e}^x)+2\sin x}{\sqrt{1+2x}-\cos x}.$$

*(9) 设 a_1,b_1 是两个任意正数, 并且 $a_1\leqslant b_1$, 还设

$$a_n=\frac{2a_{n-1}b_{n-1}}{a_{n-1}+b_{n-1}},\quad b_n=\sqrt{a_{n-1}b_{n-1}}\quad(n\geqslant 2),$$

求证数列 a_n,b_n 均收敛, 并且具有相同的极限.

*(10) 设 a,b 是常数, 求

$$\lim_{x\to 0+}x\log\left(\mathrm{e}^{a/x}+\mathrm{e}^{b/x}\right).$$

(11) 设 a,b,c 是正常数, 求

$$\lim_{n\to\infty}\left(\frac{\sqrt[n]{a}+b}{c}\right)^n.$$

(12) 设 a,b,c 是非负实数, 证明

$$\lim_{n\to\infty}\sum_{k=1}^{\infty}\frac{\sqrt{n^2+kn+a}}{\sqrt{n^2+kn+b}\sqrt{n^2+kn+c}}=2(\sqrt{2}-1).$$

(13) 设数列 $a_n\,(n\geqslant 1)$ 由

$$a_{n+1}=\sqrt{a_n^2+1}\quad(n\geqslant 1),\quad a_1=0$$

定义, 求 $\lim\limits_{n\to\infty}2^n/a_n$.

(14) 求

$$\lim_{n\to\infty}\int_0^{\infty}\frac{\mathrm{d}x}{1+nx^a}\quad(a>1).$$

(15) 设 $x>0$. 令

$$F_0(x)=\log x,\quad F_{n+1}(x)=\int_0^x F_n(t)\mathrm{d}t\quad(n\geqslant 0).$$

计算

$$\lim_{n\to\infty}\frac{n!F_n(1)}{\log n}.$$

9.3 (1) 设 k 是正整数, 求

$$\lim_{n\to\infty}\prod_{j=1}^{n}\left(1+\left(\frac{j}{n}\right)^{2k}\right)^{1/j}.$$

(2) 设 $n,k\in\mathbb{N}$, 令

$$S_{n,k}=\sum_{j=1}^{n^k}\frac{n^{k-1}}{n^k+j^k}.$$

计算

$$S_k=\lim_{n\to\infty}S_{n,k}\quad 和\quad S=\lim_{k\to\infty}S_k.$$

9.4 计算

$$\lim_{n\to\infty}\frac{1}{n}\sum_{k=1}^{n}\left\{\frac{n}{k}\right\}^2,$$

其中符号 $\{a\}=a-[a]$ 表示实数 a 的小数部分.

9.5 设 a 是给定实数, 对 $n\geqslant 1$ 令

$$a_n=\left(1+\frac{1}{n}\right)^{an},$$

$$b_n=1+\frac{a}{1!}+\frac{a^2}{2!}+\cdots+\frac{a^n}{n!}.$$

求 $\lim\limits_{n\to\infty}(a_{n+1}+\cdots+a_{2n}-b_{n+1}-\cdots-b_{2n})$.

9.6 设 $a>0$, 求

$$\lim_{n\to\infty}n\log\big(1+\log(1+(\cdots\log(1+a/n)\cdots))\big),$$

式中包含 n 重括号.

9.7 设 m 是一个给定的非零整数, 则当 $n\to\infty$ 时数列

$$u_n=\sum_{k=0}^{mn}\frac{1}{n+k}\quad(n\geqslant 1)$$

收敛, 并求此极限.

9.8 设 $P_n = \prod_{k=1}^{n}\left(1+\frac{k}{n^2}\right)$, 求 $\lim_{n\to\infty} P_n$.

9.9 设 $a,b>0$, 令

$$p_n = \frac{1}{n}\sum_{k=1}^{n}(a+kb), \quad q_n = \left(\prod_{k=1}^{n}(a+kb)\right)^{1/n} \quad (n\geqslant 1).$$

求 $\lim_{n\to\infty}\frac{q_n}{p_n}$.

9.10 设 $f(x)$ 定义在 $[0,1]$ 上,$f(0)=0, f'(0+)$ 存在. 计算:

(1) $\lim_{n\to\infty}\sum_{k=1}^{n} f\left(\frac{k}{n^2}\right)$.

(2) $\lim_{n\to\infty}\sum_{k=1}^{n} f\left(\frac{1}{n+k}\right)$.

9.11 若 $a_n\,(n\geqslant 1)$ 是一个单调递增的正数列, 满足

$$a_{m\cdot n}\geqslant na_m \quad (\text{当所有 } m,n\geqslant 1),$$

则当

$$\sup_{n\in\mathbb{N}}\frac{a_n}{n} = A < +\infty$$

时数列 $\frac{a_n}{n}$ 收敛, 且以 A 为极限.

9.12 (1) 若 $a_n\,(n\geqslant 1)$ 是任意正数列,p 是任意给定的正整数, 则

$$\varlimsup_{n\to\infty}\left(\frac{a_1+a_{n+p}}{a_n}\right)^n > \mathrm{e}^p,$$

并且右边的常数 e^p (e 是自然对数的底) 不可用更大的数代替.

(2) 若 $a_n\,(n\geqslant 1)$ 是任意正数列,p 是任意给定的正整数, 则

$$\varlimsup_{n\to\infty} n\left(\frac{1+a_{n+p}}{a_n}-1\right) > p,$$

并且右边的常数 p 不可用更大的数代替.

(3) 证明题 (1) 和题 (2) 中的两个命题等价.

9.13 设 $x_{j,n}\,(n\geqslant 1)\,(j=1,2,\cdots,m)$ 是 m 个无穷实数列, 满足条件

$$\lim_{n\to\infty}(x_{1,n}+x_{2,n}+\cdots+x_{m,n}) = 1,$$
$$\varliminf_{n\to\infty} x_{j,n}\geqslant \tfrac{1}{m} \quad (j=1,2,\cdots,m),$$

那么

$$\lim_{n\to\infty} x_{j,n} = \frac{1}{m} \quad (j=1,2,\cdots,m).$$

9.14 设数列 $x_n\,(n\geqslant 1)$ 满足关系式

$$x_1 = 1, \quad x_{n+1} = x_n + 2 + \frac{1}{x_n} \quad (n\geqslant 1);$$

令 $y_n = 2n + (\log n)/2 - x_n \quad (n\geqslant 1)$. 证明: 从某一项开始, 数列 y_n 是单调增加的.

9.15 *(1) 用下式定义数列 $a_n\,(n\geqslant 1)$:

$$a_{n+1} = a_n + \frac{1}{a_n} \quad (n>1), \quad a_1 = 1,$$

则 $\lim_{n\to\infty} a_n = +\infty$, 并且级数 $\sum_{n=1}^{\infty} a_n^{-1}$ 发散.

(2) 设 $a_1>1$, 定义数列

$$a_{n+1}=\frac{1}{a_n}+a_1-1 \quad (n\geqslant 1),$$

求 $\lim\limits_{n\to\infty}a_n$ 以及 $\lim\limits_{n\to\infty}|a_{n+1}-a_n|^{1/n}$.

9.16 证明: 对于每个正数列 $a_n\,(n\geqslant 1)$,

$$\varlimsup_{n\to\infty}\frac{a_1+a_2+\cdots+a_n}{a_n}\geqslant 4,$$

并且右边的常数 4 是最优的.

9.17 (1) 设 f 是一个定义在 $\mathbb{Q}$ 上的函数, 具有下列性质: 对于任何 $h\in\mathbb{Q}$ 和 $x_0\in\mathbb{R}$, 当 $x\in\mathbb{Q}$ 趋于 x_0 时,

$$f(x+h)-f(x)\to 0,$$

判断 f 是否在某个区间上有界 (证明结论正确或举反例).

*(2) 求 a,b 使下列函数在 $x=0$ 处可导：

$$y=\begin{cases}ax+b, & x\geqslant 0;\\ x^2+1, & x<0.\end{cases}$$

*(3) 证明: $f(x)=\dfrac{1}{x}$ 在 $[a,+\infty)$(其中 $a>0$) 上一致连续, $g(x)=\sin\dfrac{1}{x}$ 在 $(0,1)$ 上不一致连续.

*(4) 设 $f(x)\in C[a,b]$, 在 (a,b) 内可导, 并且 $f(a)=0, f(x)>0$(当 $a<x\leqslant b$), 证明: 不存在常数 $M>0$ 使得当 $a<x\leqslant b$ 时 $0\leqslant f'(x)\leqslant Mf(x)$.

9.18 设 f 在 $(0,\infty)$ 上可微,$\omega>0$ 和 A 是给定的实数, 并且

$$\lim_{x\to\infty}\big(f'(x)+\omega f(x)\big)=A,$$

那么

$$\lim_{x\to\infty}f(x)=\frac{A}{\omega}.$$

9.19 设 $f(x)$ 在 $[0,+\infty)$ 上连续, $\lim\limits_{x\to+\infty}\big(f(x+1)-f(x)\big)=a<\infty$, 则 $\lim\limits_{x\to+\infty}\dfrac{f(x)}{x}=a$.

9.20 (1) 设 $0<a<b$, 函数 $f\in C[a,b]$, 并且在 (a,b) 上可微, 则存在 $\xi\in(a,b)$, 使得

$$f(b)-f(a)=\xi\left(\log\frac{b}{a}\right)f'(\xi).$$

(2) 应用题 (1) 的结果证明 $\lim\limits_{n\to\infty}n(\sqrt[n]{a}-1)=\log a\,(a>0)$.

9.21 设函数 $f\in C^1(\mathbb{R}), f'(x)-f^4(x)\to 0\,(x\to+\infty)$. 证明: $f(x)\to 0\,(x\to+\infty)$.

9.22 设函数 f 定义在 $[0,+\infty)$ 上, 在此区间上 f',f'' 存在, 并且对于所有足够大的 $x,|f''(x)|<c|f'(x)|$(其中 c 是常数). 证明: 若

$$\lim_{x\to+\infty}\frac{f(x)}{\mathrm{e}^x}=1,$$

则

$$\lim_{x\to+\infty}\frac{f'(x)}{\mathrm{e}^x}=1.$$

9.23 设 $\alpha>\beta>0, f(x)=x^\alpha(1-x)^\beta$. 若 $0<a<b<1, f(a)=f(b)$, 则 $f'(a)<-f'(b)$.

9.24 设 $f(x)$ 是定义在 $(1,\infty)$ 上的可微函数, 并且

$$f'(x)=\frac{x^2-f(x)^2}{x^2\big(f(x)^2+1\big)} \quad (x>1),$$

证明: $\lim\limits_{x\to\infty}f(x)=\infty$.

9.25 (1) 设 $f(x)$ 是 $\mathbb{R}$ 上的连续函数, 并且

$$f(x)=\int_0^x f(t)\mathrm{d}t,$$

则 $f(x)$ 在 $\mathbb{R}$ 上恒等于零.

(2) 设在 $\mathbb{R}$ 上 $f(x)$ 可微,$|f'(x)|\leqslant|f(x)|$, 则当且仅当 $f(0)=0$ 时 $f(x)$ 在 $(-\infty,+\infty)$ 上恒等于零.

9.26 设 $f\in C^1[0,\infty)$, 在 $[0,\infty)$ 上满足微分方程

$$f'(x)=-1+xf(x),$$

并且 $xf(x)\to 0\,(x\to\infty)$, 则 $f(x)$ 在 $[0,\infty)$ 上严格单调递减.

9.27 设当 $x>0$ 时 $f(x)$ 连续, 并且对于任何 $x,y>0$,

$$f(xy)=f(x)+f(y),$$

证明 $f(x)$ 当 $x>0$ 时可微.

9.28 设函数 $f(x)$ 在 $[0,\infty)$ 上单调减少, 在点 $x=0$ 连续, $\lim\limits_{x\to\infty}f(x)=0$, 令

$$F(x)=\sum_{n=0}^{\infty}(-1)^n f(nx)\quad(x>0).$$

证明: 如果

(1) f 是 $[0,\infty)$ 上的凸函数; 或者

(2) f 在 $[0,\infty)$ 上有 2 阶连续导数, $\int_0^\infty|f''(x)|\mathrm{d}x<\infty$, 那么

$$\lim_{x\to 0+}F(x)=\frac{f(0)}{2}.$$

9.29 设函数 $f(x)$ 在 $[0,1]$ 上有三阶连续导数,$f(0)=f'(0)=f''(0)=f'(1)=f''(1)=0,f(1)=1$. 则存在 $\xi\in(0,1)$ 使得 $f'''(\xi)\geqslant 24$.

***9.30** 设在区间 $[0,a]$ 上,$f(x)$ 二次可导, 并且 $|f(x)|\leqslant 1,|f''(x)|\leqslant 1$, 则当 $x\in[0,a]$ 时,

$$|f'(x)|\leqslant\frac{2}{a}+\frac{a}{2}.$$

9.31 (1) 设 $a_1<a_2<\cdots<a_n$ 是 $f(x)$ 的 n 个不同的实零点, $f(x)\in C^{n-1}[a_1,a_n]\,(n\geqslant 2)$, 并且在 $[a_1,a_n]$ 上 $f^{(n)}(x)$ 存在. 证明: 对于任何 $x\in[a_1,a_n]$, 存在 $\xi\in(a_1,a_n)$, 使得

$$f(x)=\frac{(x-a_1)(x-a_2)\cdots(x-a_n)}{n!}f^{(n)}(\xi).$$

(2) 设 I 是一个区间,$f(x)\in C^n(I),a_1,a_2,\cdots,a_n$ 是 I 中的 n 个不同的点. 如果 $P(x)$ 是次数不超过 $n-1$ 的多项式, 满足 $P(a_i)=f(a_i)\,(i=1,2,\cdots,n)$, 那么对于任何 $x\in I$, 存在 ξ 介于 $x,a_1,\cdots,a_n$ 的最小者和最大者之间, 使得

$$f(x)=P(x)+\frac{(x-a_1)(x-a_2)\cdots(x-a_n)}{n!}f^{(n)}(\xi).$$

9.32 设 $f(x)\in C^{n-1}(-a,a)\,(n\geqslant 2)$, 在 $(-a,a)$ 上 $f^{(n)}(x)$ 存在. 证明: 对于任何 $h,|h|<a/n$, 存在 $\theta\in(0,1)$,

$$\sum_{k=0}^{n}(-1)^k\binom{n}{k}f(kh)=h^n f^{(n)}(n\theta h).$$

9.33 设 $f\in C^1(0,\infty)$ 是一个正函数. 证明: 对于任何常数 $\alpha>1$ 有

$$\varliminf_{x\to\infty}\frac{f'(x)}{(f(x))^{\alpha}}\leqslant 0.$$

9.34　设 $f(x)$ 是 $(0,+\infty)$ 上的单调递增的正函数, 并且存在正数 $\theta\neq 1$ 使得

$$\lim_{x\to+\infty}\frac{f(\theta x)}{f(x)}=1.$$

那么对任何 $a>0$, 有

$$\lim_{x\to+\infty}\frac{f(ax)}{f(x)}=1.$$

9.35　设函数 $f(x)$ 在 (a,b) 上可导, 并且

$$\lim_{x\to a+}f(x)=+\infty,\quad \lim_{x\to b-}f(x)=-\infty.$$

证明: 若当 $x\in(a,b)$ 时 $f'(x)+f^2(x)+1\geqslant 1$, 则 $b-a\geqslant \pi$.

9.36　设 $f(x)\in C^1[-1,1]$ 是一个正函数,$f'(x)\neq 0$, 并且当 $x\in[-1,1]$ 时,

$$\left|x+\frac{f(x)}{f'(x)}\right|\geqslant 1.$$

还设 a,b 是 $(-1,1)$ 中任意两个数, 满足 $a<b$.

(1) 证明:

$$\frac{1+a}{1+b}\leqslant\frac{f(b)}{f(a)}\leqslant\frac{1-a}{1-b}.$$

(2) 对于任意 $x\in(a,b)$,

$$f(x)<f(a)+f(b).$$

9.37　证明方程

$$\sin(\cos x)=x,\quad \cos(\sin x)=x$$

在 $[0,\pi/2]$ 中分别恰有一个根. 若分别记前者和后者的根为 x_1 和 x_2, 则 $x_1<x_2$.

9.38　证明方程

$$\int_0^1 t^{x-1-1/x}(1-t)^{1/x-1}\mathrm{d}t=x$$

在区间 $(1,\infty)$ 上恰有一个根 $x_0=(\sqrt{5}+1)/2$.

9.39　设 $n\geqslant 2,a_1,\cdots,a_n$ 是大于 1 的实数, 则方程

$$\prod_{k=1}^{n}(1-x^{a_k})=1-x$$

在 $(0,1)$ 上恰有一个根.

9.40　证明: 对于任何函数 $f\in C^2(\mathbb{R})$ 有

$$\left(\sup_{x\in\mathbb{R}}|f'(x)|\right)^2\leqslant 2\sup_{x\in\mathbb{R}}|f(x)|\cdot\sup_{x\in\mathbb{R}}|f''(x)|,$$

并且右边的常数 2 不能用更小的数代替.

9.41　证明: 当 $x\geqslant 2$ 时,

$$\frac{1}{2^x}+\frac{1}{2^{1/x}}<1.$$

9.42　设 I 是一个包含原点的开区间, 函数 $f\in C^2(I)$. 设 $R(t)$ 是 $f(x)$ 在点 0 处的二阶 Taylor 展开的余项. 证明:

$$\lim_{\substack{(u,v)\to(0,0)\\ u\neq v}}\frac{R(u)-R(v)}{(u-v)\sqrt{u^2+v^2}}=0.$$

9.43　*(1) 确定 λ 取何值时函数

$$f(x)=\begin{cases}x^{\lambda}\sin\dfrac{1}{x}, & x\neq 0,\\ 0, & x=0\end{cases}$$

在点 $x=0$ 处连续、可导及一阶导数连续.

*(2) 求 k, 使函数

$$f(x,y)=\begin{cases}\dfrac{x^3+y^3}{x^2+y^2}, & (x,y)\neq(0,0),\\ k, & (x,y)=(0,0)\end{cases}$$

在点 (0,0) 处连续, 并加以证明.

*(3) 设 p 为正整数, 讨论下列函数在点 (0,0) 的连续性和可微性:

$$f(x,y)=\begin{cases}(x+y)^p\sin\dfrac{1}{\sqrt{x^2+y^2}}, & (x,y)\neq(0,0),\\ 0, & (x,y)=(0,0).\end{cases}$$

(4) 设 $g(x)\in C[a,b],h(y)\in C[c,d]$. 证明函数

$$f(x,y)=\left(\int_a^x f(u)\mathrm{d}u\right)\left(\int_c^y h(v)\mathrm{d}v\right)$$

在 $[a,b]\times[c,d]$ 上可微.

9.44 设 α 是给定实数. 在定义域内对于任何实数 t, 满足关系式 $f(tx_1,\cdots,tx_n)=t^\alpha f(x_1,\cdots,x_n)$ 的函数 f 称为齐 α 次函数.

(1) 若 $f(x_1,\cdots,x_n)$ 为是可微齐 α 次函数, 则

$$\sum_{i=1}^n x_i\frac{\partial f}{\partial x_i}=\alpha f$$

(称为 Euler 齐次函数定理).

(2) 若题 (1) 中等式成立, 则 f 是齐 α 次函数.

(3) 若 $f(x_1,\cdots,x_n)$ 是齐 α 次函数, 满足所需的可微性条件, 令

$$u(x_1,\cdots,x_n)=\sum_{i=1}^n\frac{\partial}{\partial x_i}f(x_1,\cdots,x_n),$$

则

$$\sum_{i=1}^n x_i\frac{\partial u}{\partial x_i}=(\alpha-1)u.$$

(4) 判断下列函数是否为齐次函数:

$$u(x,y)=\frac{x^{1/4}+y^{1/4}}{x^{1/5}+y^{1/5}},\quad v(x,y)=\arcsin\frac{\sqrt{x}-\sqrt{y}}{\sqrt{x}+\sqrt{y}}.$$

9.45 设 $F(x,y)=0$ 是 n 次平面代数曲线(即 $F(x,y)$ 是 n 次二元多项式). 证明:

(1) 从平面上任意一点至多可作曲线的 $n(n-1)$ 条切线.

(2) 对于平面上任意一点, 曲线至多有 n^2 条法线通过该点.

9.46 设三元函数 f,ϕ 的 2 阶偏导数存在. 证明: 如果 $u=f(x,y,z)$ 在约束条件 $\phi(x,y,z)=0$ 下有极值 u_0, 那么曲面 $f(x,y,z)=u_0$ 与曲面 $\phi(x,y,z)=0$ 相切.

9.47 三角形 ABC 的三个顶点分别在曲线 $f(x,y)=0,\phi(x,y)=0,\psi(x,y)=0$ 上. 证明:

(1) 若三角形 ABC 的面积达到极值, 则三条曲线在顶点 A,B,C 的法线相交于三角形的垂心 (即三角形三条高的交点).

(2) 若三角形 ABC 的周长达到极值, 则三条曲线在顶点 A,B,C 的法线相交于三角形的内心 (即三角形的内切圆圆心).

9.48 (1) 设 $y(x-y)^2=x$, 求

$$I_1=\int\frac{\mathrm{d}x}{x-3y}.$$

(2) 设 $(x^2+y^2)^2=2a^2(x^2-y^2)$, 证明 (略去常数 C):

$$I_2=\int\frac{\mathrm{d}x}{y(x^2+y^2+a^2)}=-\frac{1}{2a^2}\log\left|\frac{x+y}{x-y}\right|.$$

(3) 证明 (略去常数 C):

$$I_3=\int\frac{3x-2}{3\sqrt[3]{x^3-2x^2}}\mathrm{d}x=\sqrt[3]{x(x-2)^2}.$$

9.49 设 $f(x)\in C^1[a,b]$.

(1) 令

$$\Delta_n=\int_a^b f(x)\mathrm{d}x-\frac{b-a}{n}\sum_{k=1}^{n}f\left(a+k\frac{b-a}{n}\right).$$

求 $\lim\limits_{n\to\infty}(n\Delta_n)$.

(2) 令

$$\Lambda_n=\frac{b-a}{n}\sum_{k=1}^{n}f\left(a+(k-1)\frac{b-a}{n}\right)f'\left(a+k\frac{b-a}{n}\right).$$

求 $\lim\limits_{n\to\infty}\Lambda_n$.

9.50 设 $f\in C^1[0,1]$, 令

$$\Delta_n=\int_0^1 f(x)\mathrm{d}x-\sum_{k=1}^{n}\left(\frac{k^2}{n^2}-\frac{(k-1)^2}{n^2}\right)f\left(\frac{(k-1)^2}{n^2}\right),$$

则

$$\lim_{n\to\infty}(n\Delta_n)=f(1)-\frac{1}{2}\int_0^1 x^{-1/2}f(x)\mathrm{d}x.$$

9.51 设 $f\in C^2[a,b]$, 则

$$\int_a^b f(x)\mathrm{d}x=(b-a)f\left(\frac{a+b}{2}\right)+\frac{(b-a)^3}{24}f''(\xi),$$

其中 $\xi\in(a,b)$.

9.52 (1) 设 $f(x)\in C[0,1], f(0)=1, 0\leqslant f(x)\leqslant 1$, 并且当 $x\in[0,1]$ 时其反函数 $f^{-1}(x)=f(x)$. 则

$$\int_0^1 f^2(x)\mathrm{d}x=2\int_0^1 xf(x)\mathrm{d}x.$$

(2) 设 $a>0$, 求

$$\int_0^1\left((1-x^a)^{1/a}-x\right)^2\mathrm{d}x.$$

9.53 (1) 计算积分

$$I=\int_0^2\sqrt{x^3-2x^2+x}\mathrm{d}x.$$

(2) 设 a,b 是实数,$0\leqslant a\leqslant b$. 证明:

$$\int_a^b\arccos\left(\frac{x}{\sqrt{(a+b)x-ab}}\right)\mathrm{d}x=\frac{(b-a)^2\pi}{4(a+b)}.$$

*(3) 设 $a>0, f(x)\in C[-a,a]$ 是偶函数, 则

$$\int_{-a}^{a}\frac{f(x)}{1+\mathrm{e}^x}\mathrm{d}x=\int_0^a f(x)\mathrm{d}x.$$

9.54 设函数 $f(x)$ 在 $\mathbb{R}$ 上 4 次可微, $f^{(4)}$ 在 $[0,1]$ 上连续, 并且存在实数 $r>1$ 使得

$$\int_0^1 f(x)\mathrm{d}x+(r^2-1)f\left(\frac{1}{2}\right)=r^3\int_{(r-1)/(2r)}^{(r+1)/(2r)}f(x)\mathrm{d}x,$$

则存在实数 $\xi\in(0,1)$ 使得 $f^{(4)}(\xi)=0$.

9.55 设函数 $f\in C[0,1]$. 证明:

(1) 如果 $f(1)=0$, 则存在 $c\in(0,1)$ 使得 $f(c)=\int_0^c f(x)\mathrm{d}x$.

(2) 如果

$$\int_0^1 f(x)\mathrm{d}x=\int_0^1 xf(x)\mathrm{d}x,$$

则存在实数 $c\in(0,1)$, 满足 $cf(c)=\int_0^c xf(x)\mathrm{d}x$.

(3) 如果

$$\int_0^1 f(x)\mathrm{d}x=0,\quad \int_0^1 xf(x)\mathrm{d}x=1,$$

则存在实数 $c_1,c_2\in[0,1]$, 满足 $|f(c_1)|>4,|f(c_2)|=4$.

(4) 如果

$$\int_0^1 f(x)\mathrm{d}x=0,$$

则存在实数 $c\in(0,1)$, 满足 $c^2f(c)=\int_0^c(x+x^2)f(x)\mathrm{d}x$.

9.56 (1) 设函数 $h(x)\in C[0,1]$, $\int_0^1 h(x)\mathrm{d}x=0$, 令

$$H(x)=\int_0^x yh(y)\mathrm{d}y.$$

证明: 存在 $c\in(0,1)$ 使得 $H(c)=0$.

(2) 设函数 $f,g\in C[0,1]$, 则存在 $c\in(0,1)$ 使得

$$\int_0^1 f(x)\mathrm{d}x\int_0^c xg(x)\mathrm{d}x=\int_0^1 g(x)\mathrm{d}x\int_0^c xf(x)\mathrm{d}x.$$

9.57 设 $f(x)$ 在 $[0,1]$ 上连续, 在 $(0,1]$ 上不等于零, 在 $x=0$ 可导, $f(0)=0,f'(0)=a\neq 0$. 若 $k>1$, 求

$$\lim_{x\to 0+}\int_x^{kx}\frac{\mathrm{d}t}{f(t)}.$$

9.58 证明: 若 $\theta\in(0,\pi/2)$, 则

$$\int_0^{\pi/2}\mathrm{e}^{-r^2\sin\theta}\mathrm{d}\theta=o\left(\frac{1}{r}\right)\quad(r\to\infty).$$

9.59 设 $f(x)$ 是 $(0,\infty)$ 上的非负连续函数, 存在 $k>0$, 使得当 $x>0$ 时,

$$f(x)\leqslant k\int_0^x f(t)\mathrm{d}t.$$

证明: f 在 $(0,\infty)$ 上恒等于零.

9.60 设常数 $a\neq 1$, 当 $x\geqslant 0$ 时 $f(x)$ 可微, 并且

$$\int_0^x tf(t)\mathrm{d}t=ax\int_0^x f(t)\mathrm{d}t,$$

则对于任何 $\delta\in[0,1)$, $f'(x)=o\big(x^{-\delta}f(x)\big)\ (x\to+\infty)$.

9.61 (1) 求曲线 $y^2(x-1)(3-x)=x^2$ 与其渐进线 $x=1,x=3$ 所围区域的面积 S.

*(2) 求曲线 $x=a\cos^3 t,y=a\sin^3 t\,(a>0)$ 绕直线 $y=x$ 旋转所成的曲面的表面积.

*(3) 求球面 $x^2+y^2+z^2=a^2$ 包含在柱面 $\dfrac{x^2}{a^2}+\dfrac{y^2}{b^2}=1\,(b\leqslant a)$ 内的那部分面积.

9.62 设 $f(x),g(x)\in C[0,1]$, 则

$$\lim_{n\to\infty}\int_0^1 f(x^n)g(x)\mathrm{d}x=f(0)\int_0^1 g(x)\mathrm{d}x.$$

9.63 设 $f(x)\in C[0,a]$ 是严格单调递减的正值函数, 还设 $f(0)=1,f'_+(0)$ 存在且 <0, 则

$$\lim_{n\to\infty}n\int_0^a f^n(x)\mathrm{d}x=-\frac{1}{f'_+(0)}.$$

9.64　设函数 $f\in C[0,1]$, 记

$$I_n=\int_0^1 f(t^n)\mathrm{d}t\quad (n\geqslant 1).$$

(1) 证明 $\lim\limits_{n\to\infty} I_n$ 存在, 并且等于 $f(0)$.

(2) 证明: 若 $f'(0)$ 存在, 则

$$I_n=f(0)+\frac{1}{n}\int_0^1\frac{f(t)-f(0)}{t}\mathrm{d}t+o\left(\frac{1}{n}\right).$$

9.65　证明:

$$\lim_{n\to\infty}\sqrt{n}\int_{-\infty}^{\infty}\frac{\mathrm{d}x}{(1+x^2)^n}=\sqrt{\pi}.$$

9.66　求

$$\lim_{n\to\infty}\frac{1}{n}\int_0^n\frac{x\log(1+x/n)}{1+x}\mathrm{d}x.$$

9.67　计算:

$$\int_0^{\infty}\mathrm{e}^{-(x-t/x)^2}\mathrm{d}x\quad (t>0).$$

9.68　证明:

$$\int_1^{\infty}\mathrm{e}^{-x^n}\mathrm{d}x\sim\frac{1}{n}\int_1^{\infty}\frac{\mathrm{e}^{-t}}{t}\mathrm{d}t\quad (n\to\infty).$$

9.69　令

$$f(x)=\mathrm{e}^{-x^2}\int_0^x\mathrm{e}^{t^2}\mathrm{d}t,$$

证明:

(1) $f'(x)+2xf(x)=1\,(x\in\mathbb{R})$.

(2) $\lim\limits_{x\to\infty} f'(x)=1$.

(3) $\lim\limits_{x\to\infty} f(x)=0$.

(4) $f'(x)$ 只有两个零点 $\pm x_0$, 其中 $x_0\in(0,1)$.

9.70　计算:

$$\int_0^{\infty}\left\lfloor\log_b\left\lfloor\frac{\lceil x\rceil}{x}\right\rfloor\right\rfloor\mathrm{d}x,$$

其中 $b>1$ 是一个整数, 并且对于实数 a, $\lfloor a\rfloor$ 表示 $\leqslant a$ 的最大整数 (亦即 a 的整数部分 $[a]$), $\lceil a\rceil$ 表示 $\geqslant a$ 的最小整数.

9.71　计算:

$$I_1=\int_0^{\infty}|\sin x|\mathrm{e}^{-x}\mathrm{d}x.$$

$$I_2=\int_{-\infty}^{\infty}x\mathrm{e}^{-|x|}\sin x\mathrm{d}x.$$

9.72　令

$$L_n(x)=\frac{\mathrm{e}^x}{n!}\frac{\mathrm{d}^n}{\mathrm{d}x^n}(x^n\mathrm{e}^{-x})\quad (n\geqslant 0)$$

(第 n 个 Laguerre 多项式), 并且对于定义在 $[0,\infty)$ 上的函数 f,g, 记

$$(f,g)=\int_0^{\infty}f(x)g(x)\mathrm{e}^{-x}\mathrm{d}x.$$

(1) 证明:

$$L_n(x)=\sum_{k=0}^{n}\binom{n}{k}\frac{(-x)^k}{k!}.$$

(2) 证明: 对于任何实数 $\alpha>0$ 及整数 $n\geqslant 0$,

$$\int_0^{\infty}\mathrm{e}^{-\alpha x}L_n(x)\mathrm{d}x=\frac{(\alpha-1)^n}{\alpha^{n+1}}.$$

(3) 证明: 对于任何整数 $m,n \geqslant 0$,

$$(L_m, L_n) = \begin{cases} 0, & m \neq n, \\ 1. & m = n. \end{cases}$$

9.73 证明函数

$$f(\theta) = \int_1^{1/\theta} \frac{\mathrm{d}x}{\sqrt{(x^2-1)(1-\theta^2 x^2)}}$$

(其中 $\sqrt{\cdot}$ 表示算术根) 当 $0 < \theta < 1$ 时单调递减.

9.74 设函数

$$f(x) = \int_0^1 \frac{\mathrm{d}t}{\sqrt{t^4 + 2xt^2 + 1}} \quad (-1 < x < 1).$$

证明函数

$$F(x) = \frac{1}{f(x)^2} + \frac{1}{f(-x)^2}$$

在 $[0,1)$ 上单调减少.

9.75 设 $g(x) \in C[0,\infty)$ 是一个正函数, 则函数

$$f(x) = g(x) \int_0^x \frac{\mathrm{d}t}{g(t)^2}$$

在 $[0,\infty)$ 上无界.

9.76 设

$$g(x) = \int_0^1 f(xt)\mathrm{d}t,$$

其中 $f \in C(\mathbb{R}), \lim\limits_{x\to 0} \dfrac{f(x)}{x} = \alpha$ 存在. 求 $g'(x)$, 并判断 $g'(x)$ 在 $x = 0$ 的连续性.

9.77 (1) 就非负整数 m,n 和实数 α 的不同值, 讨论积分

$$I = \int_0^\infty \frac{\sin^{2m} x}{1 + x^\alpha \sin^{2n} x} \mathrm{d}x$$

的收敛性.

*(2) 证明广义积分

$$J(y) = \int_0^\infty y\mathrm{e}^{-yx}\mathrm{d}x$$

关于 y 在区间 $[a,b](a>0)$ 内一致收敛, 在区间 $[0,b]$ 内不一致收敛.

9.78 (1) 设 $f \in C[1,\infty)$, 积分 $\int_1^\infty f(x)\mathrm{d}x$ 收敛, 则对于任何 $\alpha > 0$, 下列积分收敛:

$$\int_1^\infty \frac{f(x)}{x^\alpha} \mathrm{d}x.$$

(2) 设 $f \in C^2[0,\infty)$, 积分 $\int_0^\infty f(x)^2\mathrm{d}x$ 和 $\int_0^\infty f''(x)^2\mathrm{d}x$ 收敛, 则积分 $\int_0^\infty f'(x)^2\mathrm{d}x$ 收敛.

9.79 *(1) 证明:

$$\int_0^1 x^{-x}\mathrm{d}x = \sum_{n=1}^\infty \frac{1}{n^n},$$

(2) 证明:

$$\int_0^1 x^x\mathrm{d}x = \sum_{n=1}^\infty (-1)^{n-1} \frac{1}{n^n}.$$

9.80 (1) 证明:

$$I = \int_0^{\pi/2} \log\sin x\mathrm{d}x = \int_0^{\pi/2} \log\cos x\mathrm{d}x = -\frac{\pi}{2}\log 2.$$

(2) 求

$$J = \int_0^\pi \frac{\theta\sin\theta}{1-\cos\theta}\mathrm{d}\theta.$$

9.81 计算积分:

$$I_1=\int_0^{\pi/2}\left(\frac{\theta}{\sin\theta}\right)^2\mathrm{d}\theta.$$

$$I_2=\int_0^{\infty}\left(\frac{\arctan x}{x}\right)^3\mathrm{d}x.$$

$$I_3=\int_0^{\pi/2}(\sin\theta-\cos\theta)\log(\sin\theta+\cos\theta)\mathrm{d}\theta.$$

$$I_4=\int_0^1\frac{\log(1+x)}{1+x^2}\mathrm{d}x.$$

9.82 设 $D=[0,1]^2, f\in C(D)$, 求

$$\lim_{n\to\infty}\iint_D f(x,y)\cos(nxy)\mathrm{d}x\mathrm{d}y.$$

$$\lim_{n\to\infty}n\iint_D(1-x)^n f(x,y)\cos(nxy)\mathrm{d}x\mathrm{d}y.$$

9.83 令 $D=\{(x,y)\mid x>0,y>0,x^2+y^2\leqslant 1\}$. 设 $f(x,y)$ 在 D 上可积, 在 $(0,0)$ 连续. 证明

$$\lim_{n\to\infty}n^2\iint_D(1-x-y)^n f(x,y)\mathrm{d}x\mathrm{d}y$$

存在, 并求其值.

9.84 设 D 是以 O 为圆心、a 为半径的开圆盘 (即不含边界), $f\in C(D)$.

(1) 对于任何 $(x,y)\in D$ 令 $S(x,y)=[0,x]\times[0,y]$, 定义

$$F(x,y)=\iint_{S(x,y)}f(u,v)\mathrm{d}u\mathrm{d}v.$$

证明 $F\in C^1(D)$, 并求 F_{xy},F_{yx}.

(2) 对于任何点 $P(x,y)\in D$ 令 $S(x,y)$ 是以 OP 为直径的闭圆盘. 定义

$$F(x,y)=\iint_{S(x,y)}f(u,v)\mathrm{d}u\mathrm{d}v.$$

证明 $F\in C^1(D)$.

9.85 设 $D=[0,1]^2$, 定义 $\mathbb{R}^2$ 上的函数

$$f(x,y)=\iint_D\frac{\sin(xu+yv)}{u+v}\mathrm{d}u\mathrm{d}v,$$

证明 $f\in C^1(\mathbb{R}^2)$.

9.86 设 $a>0$, 求

$$\int_0^1\int_0^1\{x^{-a}-y^{-a}\}\mathrm{d}x\mathrm{d}y,$$

此处 $\{r\}$ 表示实数 r 的小数部分, 即 $\{r\}=r-[r]$.

9.87 设 $X>0, D(X)=[0,X]\times[0,X]\subset\mathbb{R}^2$. 令

$$\Delta(X)=\{(x,y)\mid x\geqslant 0,y\geqslant 0,x+y\leqslant X\}.$$

定义函数

$$J(X)=\iint_{D(X)}\sqrt{xy}\mathrm{e}^{-(x+y)}\mathrm{d}x\mathrm{d}y,$$

$$K(X)=\iint\limits_{\Delta(X)}\sqrt{xy}\mathrm{e}^{-(x+y)}\mathrm{d}x\mathrm{d}y,$$

$$H(X)=\iint\limits_{\Delta(X)}\sqrt{xy}\mathrm{d}x\mathrm{d}y.$$

证明 K 可导,$K'(X)=\mathrm{e}^{-X}H'(X)$; 并计算 $K(X),K(\infty)$ 及 $J(\infty)$.

9.88 设 $D=[0,\infty)\times[0,1]$. 试通过计算积分

$$\iint\limits_{D}\frac{x\mathrm{d}x\mathrm{d}y}{(1+x^2)(1+x^2y^2)},$$

的两个不同顺序的累次积分推导出

$$\sum_{n=1}^{\infty}\frac{1}{n^2}=\frac{\pi^2}{6}.$$

9.89 对任何非负整数 n, 令

$$J_n=\int_0^{\pi/2}\theta^2\cos^{2n}\theta\mathrm{d}\theta,$$

证明:

$$\sum_{n=1}^{m}\frac{1}{n^2}=\frac{4}{\pi}J_0-\frac{4^{m+1}m!^2}{(2m)!\pi}J_m\quad(m\geqslant 1),$$

并由此推导出

$$\sum_{n=1}^{\infty}\frac{1}{n^2}=\frac{\pi^2}{6}.$$

9.90 证明: 对于任何整数 $k\geqslant 1$, 存在有理数 c_k 使得

$$\sum_{n=1}^{\infty}n^{-2k}=c_k\pi^{2k}.$$

9.91 (1) 设实数 $\alpha>1,u_n\,(n\geqslant 1)$ 是一个正数列, $\lim\limits_{n\to\infty}u_n=0$, $\lim\limits_{n\to\infty}(u_n-u_{n+1})/u_n^{\alpha}$ 存在且非零. 证明: 当且仅当 $\alpha<2$ 时级数 $\sum\limits_{n=1}^{\infty}u_n$ 收敛.

*(2) 设 $\sum\limits_{n=1}^{\infty}a_n$ 是收敛的正项级数, 则当 $\alpha>1/2$ 时级数 $\sum\limits_{n=1}^{\infty}\sqrt{a_n}/n^{\alpha}$ 收敛.

*(3) 设 $\alpha>0,a_n>0\,(n\geqslant 1)$, 证明: 级数 $\sum\limits_{n=1}^{\infty}a_n$ 当

$$\frac{\log\dfrac{1}{a_n}}{\log n}\geqslant 1+\alpha\quad(n\geqslant n_0)$$

时收敛, 当

$$\frac{\log\dfrac{1}{a_n}}{\log n}\leqslant 1\quad(n\geqslant n_0)$$

时发散, 其中 n_0 是某个常数; 并判断级数

$$\sum_{n=2}^{\infty}(\log n)^{-\log n},\quad\sum_{n=1}^{\infty}3^{-\log n}$$

的收敛性.

*(4) 设当 $x\geqslant 0$ 时 $f(x)\geqslant 0$ 且单调增加, 证明级数 $\sum\limits_{n=1}^{\infty}f(2^{-n})$ 收敛的充分必要条件是

$$\int_0^{1/2}\frac{f(x)}{x}\mathrm{d}x<\infty.$$

*(5) 设 $\sum_{n=1}^{\infty}u_n$ 是正项级数, 令 $\nu_n=1-u_{n+1}/u_n$. 证明: 若当 $n\geqslant n_0$ 时,$n\nu_n\geqslant k>1$, 其中 k 为常数, 则 $\sum_{n=1}^{\infty}u_n$ 收敛; 若当 $n\geqslant n_0$ 时,$n\nu_n\leqslant 1$, 则 $\sum_{n=1}^{\infty}u_n$ 发散; 如果 $\lim_{n\to\infty}n\nu_n=l$, 试对 l 的不同值讨论 $\sum_{n=1}^{\infty}u_n$ 的收敛性.

9.92 讨论级数 $\sum_{n=1}^{\infty}u_n$ 的收敛性, 其中

$$u_n=\int_0^{\infty}\frac{\mathrm{e}^{-nt}}{1+\mathrm{e}^{-t}+\cdots+\mathrm{e}^{-nt}}\mathrm{d}t\quad(n\geqslant 1).$$

9.93 证明: 级数

$$\sum_{n=1}^{\infty}\frac{\sqrt{(n-1)!}}{(1+\sqrt{1})(1+\sqrt{2})\cdots(1+\sqrt{n})}$$

收敛, 并求其和.

9.94 定义函数

$$f(x)=\begin{cases}x, & x\leqslant \mathrm{e},\\ xf(\log x), & x>\mathrm{e},\end{cases}$$

判断级数 $\sum_{n=1}^{\infty}1/f(n)$ 的收敛性.

9.95 (1) 证明: 级数 $\sum_{k=1}^{\infty}k^{-\delta-\sin k}$ 当 $\delta>2$ 时收敛, 当 $\delta<2$ 时发散.

(2) 证明: 级数 $\sum_{k=1}^{\infty}k^{-1-|\sin k|}$ 发散.

***9.96** (1) 求级数 $\sum_{n=1}^{\infty}n/(n+1)!$ 的和.

(2) 求级数$\sum_{n=0}^{\infty}(n^2+n+1)x^n$ 的和.

(3) 求幂级数$\sum_{n=0}^{\infty}n(x-1)^n$ 的收敛域及和。

(4) 设数列 $a_n\,(n\geqslant 1)$ 由

$$a_{n+1}=a_n+a_{n-1}\quad(n\geqslant 2),\quad a_1=a_2=1$$

定义, 则当 $|x|<1/2$ 时级数 $\sum_{n=1}^{\infty}a_nx^{n-1}$ 收敛, 并求其和函数 $J(x)=\sum_{n=1}^{\infty}a_nx^{n-1}$ 的表达式.

(5) 计算积分

$$I=\int_0^1\frac{\mathrm{d}x}{1+x^3}$$

的值，并证明它也等于数项级数 $\sum_{n=1}^{\infty}\frac{(-1)^{n-1}}{3n-2}$ 的和.

(6) 设 K 是实常数, 定义函数列

$$f_1(x,y)=K(x^3y+x^2y^2),\quad f_n(x,y)=\int_{-1}^{1}f_{n-1}(x,t)f_1(t,y)\mathrm{d}t\quad(n\geqslant 2).$$

求 $f_n(x,y)$; 若级数 $\sum_{n=1}^{\infty}\int_{-1}^{1}f_n(x,y)y\mathrm{d}y$ 收敛, 确定 K 应满足的条件, 并求级数的和.

9.97 (1) 设无穷数列 $a_n\,(n\geqslant 0)$ 定义如下:

$$a_0=3,\quad a_1=5,\quad a_n=\frac{1}{n}\left(\frac{5}{3}-n\right)a_{n-1}\quad(n>1).$$

则当 $|x|<1$ 时级数 $\sum\limits_{n=1}^{\infty} a_n x^n$ 收敛, 并求其和.

(2) 设 $x\in\mathbb{R}$, 计算

$$S(x)=\sum_{n=1}^{\infty} n^2\left(\mathrm{e}^x-1-\frac{x}{1}-\frac{x^2}{2!}-\cdots-\frac{x^n}{n!}\right).$$

9.98 证明:

$$\sum_{n=0}^{\infty} x^{n^2}\sim\frac{1}{2}\sqrt{\frac{\pi}{1-x}}\quad(x\to 1-).$$

9.99 设

$$f(x)=\sum_{n=0}^{\infty}\frac{1}{2^n+x},$$

证明:

$$f(x)\sim\frac{\log(1+x)}{x\log 2}\quad(x\to\infty).$$

9.100 设

$$u_n=\sum_{k=0}^{n}\frac{n^k}{k!},\quad v_n=\sum_{k=n+1}^{\infty}\frac{n^k}{k!},$$

证明:

$$u_n\sim v_n\sim\frac{\mathrm{e}^n}{2}\quad(n\to\infty).$$

9.101 (1) 设给定两个幂级数

$$\phi(x)=\sum_{n=0}^{\infty} a_n x^n,\quad \psi(x)=\sum_{n=0}^{\infty} b_n x^n,$$

它们的收敛半径都等于 1, 系数 $a_n,b_n\geqslant 0, a_n\sim b_n\,(n\to\infty)$, 并且级数 $\sum\limits_{n=1}^{\infty} a_n$ 发散. 那么 $\phi(x)\sim\psi(x)\,(x\to 1-)$.

(2) 设 $t>0$ 是任意实数, 用 $\omega(t)$ 表示满足 $k^2+l^2\leqslant t^2$ 的数组 $(k,l)\in\mathbb{N}_0^2$ 的个数, 也就是 XOY 平面第一象限中圆 $x^2+y^2=t^2$ 内的整点 (即坐标为整数的点) 个数, 证明:

$$\sum_{n=0}^{\infty}\omega(\sqrt{n})x^n\sim\frac{\pi}{4(1-x)^2}\quad(x\to 1-).$$

(3) 证明:

$$\lim_{x\to 1-}\sqrt{1-x}\sum_{n=0}^{\infty} x^{n^2}=\frac{\sqrt{\pi}}{2},$$

9.102 设

$$f(n)=\sum_{k=2}^{\infty}\frac{1}{k^n}\quad(n\geqslant 2).$$

证明:

$$\lim_{n\to\infty}\frac{f(n)}{f(n+1)}=2.$$

9.103 证明:

$$\lim_{n\to\infty}\mathrm{e}^{-n}\left(1+\sum_{k=1}^{\infty}\left|\frac{n^k}{k!}-\frac{n^{k-1}}{(k-1)!}\right|\right)=0.$$

9.104 在区间 $[0,1]$ 上定义函数列 $f_n(x)$:

$$f_0(x)=1,\quad f_n(x)=\sqrt{xf_{n-1}(x)}\quad(n\geqslant 1).$$

则当 $n\to\infty$ 时 $f_n(x)$ 一致收敛于一个连续函数.

9.105 定义函数

$$f(x)=\begin{cases}x^4\left(2+\sin\dfrac{1}{x}\right), & x\neq 0,\\ 0, & x=0.\end{cases}$$

证明: f 在 $\mathbb{R}$ 上可微, 并且在 $x=0$ 处达到最小值, 但对于任何 $\varepsilon>0$, 在区间 $(-\varepsilon,0)$ 及 $(0,\varepsilon)$ 上是单调的.

9.106 设函数 $f(x)$ 定义在 $\mathbb{R}$ 上, $f''(x)$ 存在, 并且当 $x\geqslant a$ 时 $f(x)>0,f'(x)>0,f''(x)\leqslant 0$. 证明:

$$\frac{f(x)}{f'(x)}\geqslant\frac{x}{4}\quad(\text{当 } x\geqslant 2a).$$

***9.107** 设 $f(x)$ 是 $[0,\infty)$ 上的递增正函数, y 是微分方程 $y''+F(x)y=0$ 的任意解. 证明: 当 $x>0$ 时 y 有界, 并且 $y'(x)=O(\sqrt{F(x)})\,(x\to\infty)$.

9.108 设函数 $P(x,y)$ 和 $Q(x,y)$ 在单位圆 $U=\{(x,y)\mid x^2+y^2\leqslant 1\}$ 上有一阶连续偏导数, 并且 $\partial P/\partial y=\partial Q/\partial x$. 证明: 在单位圆周上存在一点 (ξ,η) 满足 $\eta P(\xi,\eta)=\xi Q(\xi,\eta)$.

9.109 (1) 设 $P(x)$ 是一个次数 $\geqslant 1$ 的最高项系数为整数的实系数多项式, 证明: 在任何一个长度为 4 的闭区间 I 中, 必定存在一点 x 使得 $|P(x)|\geqslant 2$.

(2) 证明:

$$\min_{a_1,\cdots,a_n\in\mathbb{R}}\int_0^1|x^n+a_1x^{n-1}+\cdots+a_n|\mathrm{d}x=4^{-n}.$$

(3) 设函数 $f\in C^{n+1}[0,1]$, 满足 $f(0)=f'(0)=\cdots=f^{(n)}(0)=f'(1)=\cdots=f^{(n)}(1)=0$ 以及 $f(1)=1$, 则

$$\max_{0\leqslant x\leqslant 1}|f^{(n+1)}(x)|\geqslant 4^n n!.$$

9.110 (1) 证明: 若 $|x|<\pi/2$, 则

$$\sin x\log\left(\frac{1+\sin x}{1-\sin x}\right)\geqslant 2x^2.$$

(2) 设 $|x|\leqslant 1$, 证明不等式

$$\left|\frac{\sin x}{x}-1\right|\leqslant\frac{x^2}{5},\quad\left|\frac{x}{\sin x}-1\right|\leqslant\frac{x^2}{4}.$$

(3) 设 $b>a>0$, 证明:

$$\left(\frac{a}{b}\right)^a>\frac{\mathrm{e}^a}{\mathrm{e}^b}>\left(\frac{a}{b}\right)^b.$$

(4) 设 $a,b>0,a+b=1,0<t<b$, 则

$$\left(\frac{a}{a+t}\right)^{a+t}\left(\frac{b}{b-t}\right)^{b-t}<\mathrm{e}^{-2t^2}.$$

(5) 证明: 对于所有实数 t, 当 $\alpha\geqslant 2$ 时,

$$\mathrm{e}^{\alpha t}+\mathrm{e}^{-\alpha t}-2\leqslant(\mathrm{e}^t+\mathrm{e}^{-t})^\alpha-2^\alpha.$$

9.111 设 $f\in C^1[0,1],\int_{1/3}^{2/3}f(x)\mathrm{d}x=0$, 证明:

$$\int_0^1 f'(x)^2\mathrm{d}x\geqslant 27\left(\int_0^1 f(x)\mathrm{d}x\right)^2.$$

9.112 设 $f(x)\in C[0,1],\int_0^1 f(x)\mathrm{d}x=0$. 用 m,M 分别记 $f(x)$ 在 $[0,1]$ 上的最小值和最大值. 证明: 若 $m\neq M$, 则

$$\left|\int_0^1 xf(x)\mathrm{d}x\right|\leqslant\frac{mM}{2(m-M)}.$$

9.113 设 $f(x)\in C^2[-1,1], f(0)=0$, 则

$$\int_0^1 f''(x)^2\mathrm{d}x\geqslant 10\left(\int_{-1}^1 f(x)\mathrm{d}x\right)^2.$$

9.114 设 $f(x)$ 是区间 $[a,b]$ 上的凸函数.

(1) 证明:

$$f\left(\frac{a+b}{2}\right)\leqslant\frac{1}{b-a}\int_a^b f(x)\mathrm{d}x\leqslant\frac{f(a)+f(b)}{2},$$

并且等式当且仅当

$$f(x)=f(a)+\frac{f(b)-f(a)}{b-a}(x-a)$$

时成立.

(2) 证明题 (1) 中不等式的改进形式:

$$\begin{aligned}\frac{1}{2}\left(f\left(\frac{3a+b}{4}\right)+f\left(\frac{a+3b}{4}\right)\right)&\leqslant\frac{1}{b-a}\int_a^b f(x)\mathrm{d}x\\&\leqslant\frac{1}{2}\left(f\left(\frac{a+b}{2}\right)+\frac{f(a)+f(b)}{2}\right).\end{aligned}$$

9.115 (1) 设 $x>0$, 证明:

$$x-\frac{x^2}{x+2}<\log(1+x)<x-\frac{x^2}{2x+2}.$$

(2) 设 $0<x\neq y<+\infty$, 则

$$\sqrt{xy}<\frac{x-y}{\log x-\log y}<\frac{x+y}{2}.$$

*(3) 设 $0<x<1$, 证明

$$(1+x)\log^2(1+x)<x.$$

*(4) 设 $x>0, x\neq 1$, 则

$$0<\frac{x\log x}{x^2-1}\leqslant\frac{1}{2}.$$

9.116 设在 $[a,b]$ 上 $f(x)$ 可微,$f'(x)\leqslant M$, 并且 $f(a)=0$, 则

$$\int_a^b f(x)\mathrm{d}x\leqslant\frac{(b-a)^2}{2}M.$$

9.117 设函数 f 在 $[a,b]$ 上二次可微, 并且存在常数 m, M, 使得 $m\leqslant f''(x)\leqslant M$, 那么

$$\frac{(b-a)^2}{24}m\leqslant\frac{1}{b-a}\int_a^b f(x)\mathrm{d}x-f\left(\frac{a+b}{2}\right)\leqslant\frac{(b-a)^2}{24}M,$$

$$\frac{(b-a)^2}{12}m\leqslant\frac{f(a)+f(b)}{2}-\frac{1}{b-a}\int_a^b f(x)\mathrm{d}x\leqslant\frac{(b-a)^2}{12}M.$$

9.118 (1) 设 I 是一个含有 1 的区间, $f_k\,(1\leqslant k\leqslant n)$ 是 I 上的可微的凸函数. 若存在常数 c 及 $x_k\in I\,(1\leqslant k\leqslant n)$ 满足 $\sum\limits_{k=1}^n f_k(x_k)\leqslant c$, 则

$$\sum_{k=1}^n f_k'(1)x_k\leqslant c+\sum_{k=1}^n\big(f_k'(1)-f_k(1)\big).$$

(2) 设 $x_k\,(1\leqslant k\leqslant n)$ 是正数, 满足 $\sum\limits_{k=1}^n x_k^{2k-1}\leqslant n$, 证明: $\sum\limits_{k=1}^n(2k-1)x_k\leqslant n^2$.

9.119　设 $\lambda_n\,(n\geqslant 1)$ 是单调非减的无穷正数列,$f(x)$ 是一个单调非减的正函数, 并且积分 $\int_{\lambda_1}^{+\infty}(tf(t))^{-1}\mathrm{d}t$ 收敛, 那么下列级数也收敛:

$$\sum_{n=1}^{\infty}\left(1-\frac{\lambda_n}{\lambda_{n+1}}\right)f(\lambda_n).$$

9.120　求幂级数 $\sum\limits_{n=1}^{\infty}a_nx^n$ 的收敛半径, 其中

$$a_n=\int_0^n\exp\left(\frac{t^2}{n}\right)\mathrm{d}t\quad(n\geqslant 1).$$

9.121　求函数

$$f(x)=\int_0^x\mathrm{e}^{x^2-t^2}\mathrm{d}t$$

的幂级数展开.

9.122　设实数 $a\neq b$, 求

$$\overline{\lim_{n\to\infty}}|a^n-b^n|^{1/n}.$$

9.123　设 $f(x)=\sum\limits_{n=0}^{\infty}x^{2^n}\,(|x|<1)$, 则存在常数 $M>0$ 使得

$$|f'(x)|<\frac{M}{1-|x|}\quad(|x|<1).$$

9.124　设数列 $a_n\,(n\geqslant 1)$ 定义为

$$a_n=\left(1+\frac{1}{n}\right)^{n^2}n!n^{-(n+1/2)}\quad(n\geqslant 1),$$

证明它单调递减, 并求 $\lim\limits_{n\to\infty}a_n$.

***9.125**　设 $\phi_k\,(k\geqslant 1)$ 和 $\delta_k\,(k\geqslant 1)$ 是两个无穷非负数列, 满足

$$\phi_{k+1}\leqslant(1+\delta_k)\phi_k+\delta_k\quad(k\geqslant 1),$$

并且 $\sum\limits_{k=1}^{\infty}\delta_k<+\infty$, 证明:

(1) 数列 $\prod\limits_{j=1}^{k}(1+\delta_j)\,(k\geqslant 1)$ 收敛;

(2) 数列 $\phi_k\,(k\geqslant 1)$ 有界;

(3) 数列 $\phi_k\,(k\geqslant 1)$ 收敛.

***9.126**　设 $a_k,b_k,\xi_k\,(k\geqslant 0)$ 是三个无穷非负数列, 满足

$$a_{k+1}^2\leqslant(a_k+b_k)^2-\xi_k^2\quad(k\geqslant 0).$$

(1) 证明:

$$\sum_{i=1}^{k}\xi_i^2\leqslant\left(a_1+\sum_{i=0}^{k}b_i\right)^2.$$

(2) 若数列 $b_k\,(k\geqslant 0)$ 还满足 $\sum\limits_{k=0}^{\infty}b_k^2<+\infty$, 则

$$\lim_{k\to\infty}\frac{1}{k}\sum_{i=1}^{k}\xi_i^2=0.$$

9.127 (1) 设 $f(x)\in C[0,1]$ 是正函数, 则

$$\log\int_0^1 f(x)\mathrm{d}x\geqslant\int_0^1\log f(x)\mathrm{d}x.$$

(2) 设 $f(x)\in C[0,1]$, 则

$$\exp\left(\int_0^1 f(x)\mathrm{d}x\right)\leqslant\int_0^1\exp\left(f(x)\right)\mathrm{d}x.$$

(3) 证明上面两个不等式等价.

9.128 证明: 对于所有正整数 n,

$$\sum_{k=0}^{\infty}\frac{n^k}{k!}|k-n|\leqslant\sqrt{n}\mathrm{e}^n.$$

9.129 (1) 证明: 对于任何 $m\in\mathbb{N}$,

$$\left(1+\frac{1}{m}\right)^m\leqslant\mathrm{e}\left(1-\frac{1-2\mathrm{e}^{-1}}{m}\right),$$

并且常数 $1-2\mathrm{e}^{-1}$ 是最优的, 即不能用更小的正数代替.

(2) 证明: 对于任何 $m\in\mathbb{N}$,

$$\left(1+\frac{1}{m}\right)^m\leqslant\mathrm{e}\left(1+\frac{1}{m}\right)^{1-1/\log 2},$$

并且常数 $1-1/\log 2$ 是最优的, 即不能用更小的数代替它.

9.130 设 $a_n\,(n\geqslant 1)$ 是任意正数列, 级数 $\sum\limits_{n=1}^{\infty}a_n$ 收敛.

(1) 证明:

$$\sum_{n=1}^{\infty}(a_1\cdots a_n)^{1/n}\leqslant\mathrm{e}\sum_{n=1}^{\infty}\left(1-\frac{1-2\mathrm{e}^{-1}}{n}\right)a_n,$$

$$\sum_{n=1}^{\infty}(a_1\cdots a_n)^{1/n}\leqslant\mathrm{e}\sum_{n=1}^{\infty}\left(1+\frac{1}{n}\right)^{1-1/\log 2}a_n.$$

(2) 证明:

$$\sum_{n=1}^{\infty}(a_1\cdots a_n)^{1/n}\leqslant\mathrm{e}\sum_{n=1}^{\infty}\left(1-\frac{\beta}{n}\right)\left(1+\frac{1}{n}\right)^{-\alpha}a_n,$$

其中 $0\leqslant\alpha\leqslant 1/\log 2-1, 0\leqslant\beta\leqslant 1-2/\mathrm{e}$, 并且 $\mathrm{e}\beta+2^{1+\alpha}=\mathrm{e}$.

***9.131** (1) 设函数 $u(x)$ 在区间 $I=[0,1]$ 上连续,$u'(x)$ 在 I 上绝对可积 (即积分 $\int_0^1|u'(x)|\mathrm{d}x$ 存在), 证明:

$$\sup_{x\in I}|u(x)|\leqslant\int_0^1|u(x)|\mathrm{d}x+\int_0^1|u'(x)|\mathrm{d}x.$$

(2) 设函数 $u(x,y)$ 在区域 $\Omega=[0,1]\times[0,1]$ 上连续, 并且

$$\frac{\partial u(x,y)}{\partial x},\quad\frac{\partial u(x,y)}{\partial y},\quad\frac{\partial^2 u(x,y)}{\partial x\partial y}$$

均在 Ω 上绝对可积 (即它们的绝对值在 Ω 上可积). 证明:

$$\sup_{(x,y)\in\Omega}|u(x,y)|\leqslant\iint\limits_{\Omega}|u(x,y)|\mathrm{d}x\mathrm{d}y+\iint\limits_{\Omega}\left(\left|\frac{\partial u(x,y)}{\partial x}\right|+\left|\frac{\partial u(x,y)}{\partial y}\right|\right)\mathrm{d}x\mathrm{d}y+\iint\limits_{\Omega}\left|\frac{\partial^2 u(x,y)}{\partial x\partial y}\right|\mathrm{d}x\mathrm{d}y.$$

9.132 (1) 设 $x,y>0,(x+y-xy)(x+y+xy)=xy$, 求 $x+y-xy$ 及 $x+y+xy$ 的最小值.

(2) 设 $x,y,z>0,x+y+z=xyz$, 求

$$f(x,y,z)=\sqrt{1+x^2}+\sqrt{1+y^2}+\sqrt{1+z^2}$$

的最小值和最小值点.

*(3) 设 $x>0,y>0,z>0,x+y+z=1$, 求函数

$$f(x,y,z)=\begin{vmatrix}0 & x^2 & y^2 & 1\\ x^2 & 0 & z^2 & 1\\ y^2 & z^2 & 0 & 1\\ -1 & -1 & -1 & 0\end{vmatrix}$$

的最大值.

*9.133 (1) 设

$$f(x)=\arctan x-\frac{\sqrt{3}}{4}\log x,$$

求 $f'(x)$ 以及 $f(x)$ 在区间 $[0.01,100]$ 上的最小值.

(2) 求函数 $f(x,y)=(1+\mathrm{e}^y)\cos x-y\mathrm{e}^y$ 的全部极值点, 判断是极大值点或极小值点, 且计算相应的极值.

(3) 求星形线 $x^{2/3}+y^{2/3}=a^{2/3}(a>0)$ 的切线与两条坐标轴围成的三角形面积的最大值.

9.134 求函数

$$F(x)=\int_0^x\sqrt{t^4+(x-x^2)^2}\,\mathrm{d}t\quad(0\leqslant x\leqslant 1)$$

的最大值.

9.135 设 $r,m\in\mathbb{N},1\leqslant r<m/2$, 记 $G=[0,1]^{m+1}$ 以及 $\boldsymbol{x}=(x_1,\cdots,x_{m+1})$. 定义多变量函数

$$f(\boldsymbol{x})=\begin{cases}\dfrac{\prod\limits_{k=1}^{m+1}x_k^r(1-x_k)}{(1-x_1\cdots x_{m+1})^{2r+1}}, & \boldsymbol{x}\in G,\boldsymbol{x}\neq(1,\cdots,1),\\ 0, & \boldsymbol{x}=(1,\cdots,1).\end{cases}$$

证明:

$$0<\max_{\boldsymbol{x}\in G}f(\boldsymbol{x})\leqslant\frac{2^{r+1}}{r^{m-2r}(2r+1)^{2r+1}}.$$

9.136 设 $n\geqslant 1$, 记 $I=[0,1]$. 对任何 $(x_1,x_2,\cdots,x_n)\in I^n$, 令 $V(x_1,x_2,\cdots,x_n)=(x_j^k)$ 是以 $x_1,x_2,\cdots,x_n$ 为元素的 n 阶 Vandermonde 行列式 (即它的第 k 行是 $(x_1^{k-1},x_2^{k-1},\cdots,x_n^{k-1})\,(k=1,2,\cdots,n)$). 令

$$M_n=\max_{(x_1,x_2,\cdots,x_n)\in I^n}|V(x_1,\cdots,x_n)|.$$

证明: 当 $n\to\infty$ 时数列 $M_n^{1/(n(n-1))}\,(n\geqslant 2)$ 收敛.

9.137 (1) 设 $p<1$, 令

$$\phi(x,y)=\iint\limits_{u^2+v^2\leqslant 1}\left((x-u)^2+(y-v)^2\right)^{-p/2}\mathrm{d}u\mathrm{d}v.$$

证明: $\phi(x,y)\in C^1(\mathbb{R}^2)$, 即 $\partial\phi/\partial x,\partial\phi/\partial y$ 在 $\mathbb{R}^2$ 上存在且连续.

(2) 设

$$\psi(x,y)=\iint\limits_{u^2+v^2\leqslant 1}\log\left((x-u)^2+(y-v)^2\right)\mathrm{d}u\mathrm{d}v.$$

证明: $\psi(x,y)\in C^1(\mathbb{R}^2)$, 即 $\partial\psi/\partial x,\partial\psi/\partial y$ 在 $\mathbb{R}^2$ 上存在且连续, 并计算 $\psi(x,y)$.

9.138 设 $\sigma>0$, 令

$$I_\sigma=\iiint\limits_{D_\sigma}\frac{z}{\sqrt{x^2+y^2}}\mathrm{d}x\mathrm{d}y\mathrm{d}z,$$

其中区域 D_σ 由不等式 $x^2+y^2+z^2\leqslant 1,y^2-2xz\leqslant 0,x^2+y^2\geqslant\sigma^2z^2,z\geqslant 0$ 定义. 求 $\lim\limits_{\sigma\to 0+}I_\sigma$.

9.139 求满足下列方程的函数 $f(x)\in C(\mathbb{R})$:

$$f(\rho)=\iiint\limits_{x^2+y^2+z^2\leqslant\rho^2}\sqrt{x^2+y^2+z^2}\,f\big(x^2+y^2+z^2\big)\mathrm{d}x\mathrm{d}y\mathrm{d}z+\rho^4.$$

9.140 设 $n\geqslant 2, D_n=[0,1]^n$, 则

$$I_n=\int\limits_{D_n}\cdots\int\frac{\mathrm{d}x_1\cdots\mathrm{d}x_n}{(x_1+\cdots+x_n)^{n-1}}\leqslant\frac{2\log 2}{(n-2)!}.$$

9.141 (1) 设区域 $D\subseteq[0,1]\times[0,1]$, 则

$$0\leqslant\iint\limits_D(\sin x^2+\cos y^2)\mathrm{d}x\mathrm{d}y\leqslant\sqrt{2};$$

(2) 当 $D=[0,1]\times[0,1]$ 时,

$$\iint\limits_D(\sin x^2+\cos y^2)\mathrm{d}x\mathrm{d}y\geqslant 1.$$

*(3) 证明:

$$1\leqslant\iint\limits_\Omega(\sin x^2+\cos y^2)\mathrm{d}x\mathrm{d}y\leqslant\sqrt{2},$$

其中区域 $\Omega=\{(x,y)\mid 0\leqslant x,y\leqslant 1\}$.

9.142 (1) 设 $p>1, f(x)$ 是 $[0,a]$ 上的可微函数,$f(0)=0$. 还设函数 $w(x)$ 在 $[0,1]$ 上可积. 证明: 若 $0\leqslant f'(x)\leqslant w(x)\,(x\in[0,a])$, 则

$$\left(\int_0^a w(x)f(x)\mathrm{d}x\right)^p\geqslant p2^{1-p}\int_0^a w(x)f(x)^{2p-1}\mathrm{d}x;$$

若 $f'(x)\geqslant w(x)\geqslant 0\,(x\in[0,a])$, 则上述不等式反向.

(2) 设 $f(x)$ 是 $[0,1]$ 上的连续凹函数 (即 $-f(x)$ 是上凸函数), 并且 $f(0)=1$, 则对任何 $p>0$ 有

$$(p+1)\int_0^1 x^{2p}f(x)\mathrm{d}x+\frac{2p-1}{8p+4}\leqslant\left(\int_0^1 f(x)\mathrm{d}x\right)^2.$$

9.143 设 $x>0,y>0,x\neq y,r\neq 0$, 定义

$$L_r(x,y)=\left(\frac{x^r-y^r}{r\log(x/y)}\right)^{1/r}.$$

证明:

$$2\sqrt{xy}<L_r(x,y)+L_{-r}(x,y)<x+y.$$

9.144 设 $a_1,a_2,\cdots,a_n$ 是正实数, 其和为 1. 对于每个自然数 i, 用 n_i 表示满足 $2^{1-i}\geqslant a_k>2^{-i}$ 的 a_k 的个数. 证明:

$$\sum_{i=1}^\infty\sqrt{\frac{n_i}{2^i}}\leqslant\sqrt{\log_2 n}+\sqrt{2}.$$

9.145 证明: 当 $x\geqslant 2$ 时,

$$\left(\frac{x}{\mathrm{e}}\right)^{x-1}\leqslant\Gamma(x)\leqslant\left(\frac{x}{2}\right)^{x-1}.$$

9.146 证明: 对于所有 $x>0$,

$$\frac{\Gamma'(x+1)}{\Gamma(x+1)}>\log x,$$

此处 $\Gamma(x)$ 是伽马函数.

9.147 设 $x_1,\cdots,x_n$ 是非零实数,$b_1,\cdots,b_n$ 是任意实数, 令

$$S_k=\sum_{j=1}^n b_jx_j^k\quad(k=0,\pm1,\pm2,\cdots,\pm n).$$

证明:

$$|S_0| \leqslant n \max_{0<|k|\leqslant n} |S_k|.$$

9.148 设 $p>1$. 用 $\mathscr{F}$ 表示所有使

$$\int_0^1 \left(\frac{1}{x} \int_0^x |f(t)| \mathrm{d}t \right)^p \mathrm{d}x \leqslant 1$$

的函数 $f(x)$ 组成的集合. 求

$$S(\mathscr{F}) = \sup \left\{ -\int_0^1 f(x) \log x \mathrm{d}x \,\middle|\, f(x) \in \mathscr{F} \right\}.$$

9.149 (1) 设 λ 是一个实数,$|\lambda|<1, a_n\,(n\geqslant 0)$ 是一个无穷实数列, 则

$$\lim_{n\to\infty} a_n = a \Longleftrightarrow \lim_{n\to\infty} (a_{n+1} - \lambda a_n) = (1-\lambda)a.$$

(2) 设 $a_n\,(n\geqslant 0)$ 是一个无穷实数列, 则

$$\lim_{n\to\infty} a_n = a \Longleftrightarrow \lim_{n\to\infty} (4a_{n+2} - 4a_{n+1} + a_n) = a.$$

(3) 若 $a_n\,(n\geqslant 0)$ 是一个无穷正数列, 存在 $\alpha,\beta\in(0,1), \alpha+\beta\leqslant 1$, 使得

$$a_{n+2} \leqslant \alpha a_{n+1} + \beta a_n \quad (n \geqslant 0),$$

则数列 a_n 收敛.

9.150 (1) 若 $a_n\,(n\geqslant 1)$ 是一个无穷实数列, λ 是一个实数.$|\lambda|>1$, 则

$$\lim_{n\to\infty} a_n = a,$$

当且仅当

$$\lim_{n\to\infty} (\lambda^2 a_{n+2} - 2\lambda a_{n+1} + a_n) = (\lambda-1)^2 a.$$

(2) 若 $x_n\,(n\geqslant 1)$ 是一个无穷实数列, 并且

$$\lim_{n\to\infty} (4x_{n+2} + 4x_{n+1} + x_n) = 9,$$

则 $\lim\limits_{n\to\infty} x_n = 1$.

9.151 设无穷数列 $a_n\,(n\geqslant 1)$ 有界, 并且满足不等式

$$a_{n+2} \leqslant \frac{1}{3} a_{n+1} + \frac{2}{3} a_n \quad (n \geqslant 1).$$

证明数列 a_n 收敛.

9.152 设无穷数列 $x_n\,(n\geqslant 0)$ 由下式定义:

$$x_0 = 1, \quad x_n = x_{n-1} + \frac{1}{x_{n-1}} \quad (n \geqslant 1).$$

证明这个数列发散, 并且 $x_n \sim \sqrt{2n}\ (n\to\infty)$.

9.153 设数列 $a_n\,(n\geqslant 0)$ 由递推关系式

$$a_{n+1} = a_n + \frac{2}{n+1} a_{n-1} \quad (n \geqslant 1)$$

定义, 并且 $a_0>0, a_1>0$. 证明数列 $a_n/n^2 (n\geqslant 1)$ 收敛, 并求其极限.

9.154 求出所有定义在 $\mathbb{N}$ 上并且在 $\mathbb{N}$ 中取值的函数 f, 使得对于所有 $n\in\mathbb{N}$ 有

$$f\big(f(f(n))\big) + 6f(n) = 3f\big(f(n)\big) + 4n + 2001.$$

9.155 设 $\mathbb{R}^2$ 上的函数 f 满足 $f(x,y)+f(y,z)+f(z,x)=0$ (对所有 $x,y,z\in\mathbb{R}$), 则存在 $\mathbb{R}$ 上的函数 g 使得 $f(x,y)=g(x)-g(y)$(对所有 $x,y\in\mathbb{R}$).

9.156 (1) 求函数方程

$$f(x+y)-f(x-y)=f(x)f(y)\quad (x\in\mathbb{R})$$

的所有在原点连续的解.

(2) 求函数方程

$$f\left(\frac{x+y}{1+xy}\right)=f(x)+f(y)\quad (x\in\mathbb{R})$$

的所有在区间 $(-1,1)$ 上连续的解.

(3) 求函数方程

$$f(x+y)=f(x)\mathrm{e}^y+f(y)\mathrm{e}^x\quad (x,y\in\mathbb{R})$$

的所有连续解.

(4) 求函数方程

$$f(x)+f\left(\frac{x-1}{x}\right)=1+x\quad (x\neq 0,1)$$

的所有解.

9.157 设函数 f,g 满足函数方程

$$f(x+y)+f(x-y)=2f(x)g(y)\quad (x,y\in\mathbb{R}).$$

证明: 如果 f 不恒等于 0, 并且 $|f(x)|\leqslant 1(x\in\mathbb{R})$, 那么也有 $|g(x)|\leqslant 1(x\in\mathbb{R})$.

9.158 求函数方程

$$f(x+y)+f(x-y)=2f(x)f(y)\quad (x,y\in\mathbb{R})$$

的所有连续解 f.

9.159 求出所有满足方程

$$f(x+y)+g(xy)=h(x)+h(y)\quad (x,y\in\mathbb{R}_+)$$

的连续函数 f,g,h.

9.160 (1) 求出函数方程

$$f(\log_2 x)-f(\log_3 x)=\log_5 x\quad (x\in\mathbb{R}_+)$$

的所有连续解.

(2) 设 $r>1$. 求出函数方程

$$f(r^x)-2f(r^{x+1})+f(r^{x+2})=r^{x+3}\quad (x\in\mathbb{R})$$

的所有连续解.

(3) 求出函数方程

$$f(3^x)+f(4^x)=x\quad (x\in\mathbb{R}_+)$$

的所有连续解.

9.161 设 $f(x)$ 是 $[0,\infty)$ 上的单调递增的非负函数, 并且存在实数 $a\in(0,1)$ 使得对于所有 $x\geqslant 0$,

$$\int_0^x f(t)\mathrm{d}t=\int_0^{ax} f(t)\mathrm{d}t,$$

那么 f 在 $[0,\infty)$ 上恒等于零.

9.162 设 $a,b>0,a+b<1$. 还设 f 是在 $[0,\infty)$ 上单调递增的非负函数, 满足

$$\int_0^x f(t)\mathrm{d}t=\int_0^{ax} f(t)\mathrm{d}t+\int_0^{bx} f(t)\mathrm{d}t \quad (x>0).$$

证明: f 在 $[0,\infty)$ 上恒等于零.

9.163 设函数 $f\in C(\mathbb{R})$, $\lim\limits_{|x|\to\infty} f(x)=0$, 并且对所有 $x\in\mathbb{R}$,

$$f(x)=\frac{1}{2}\int_{x-1}^{x+1} f(t)\mathrm{d}t,$$

则 f 在 $\mathbb{R}$ 上恒等于零.

9.164 设 $f(x)\in C(\mathbb{R})$, 并且对于所有 $x,y\in\mathbb{R}$,

$$f(x)-f(y)=\int_{x+2y}^{2x+y} f(t)\mathrm{d}t,$$

证明 f 在 $\mathbb{R}$ 上恒等于 0.

9.165 确定所有这种函数 $f(x)$, 它们在 $\mathbb{R}$ 的任何有限区间上可积, 并且对于所有 $x,y\in\mathbb{R}$,

$$\int_{x-y}^{x+y} f(t)\mathrm{d}t=f(x)f(y).$$

9.166 (1) 设无穷数列 $x_n\,(n\geqslant 0)$ 由下式定义:

$$x_{n+1}x_n-2x_n+2=0 \quad (n\geqslant 0).$$

证明: x_n 是周期数列.

(2) 若函数 $f(x)$ 满足方程

$$f(x+1)f(x)-2f(x+1)+2=0 \quad (x\in\mathbb{R}),$$

并且 $f(x)$ 不取值 2, 则 $f(x)$ 是周期函数.

9.167 设 f 是 $\mathbb{R}$ 上的二次可微的偶周期函数, 其周期为 2π, 并且对于所有 $x\in\mathbb{R}$,

$$f''(x)+f(x)=\frac{1}{f(x+3\pi/2)}.$$

证明: f 也以 $\pi/2$ 为周期.

9.168 证明:

$$\prod_{n=2}^{\infty}\left(\frac{1}{\mathrm{e}}\left(\frac{n^2}{n^2-1}\right)^{n^2-1}\right)=\frac{\mathrm{e}\sqrt{\mathrm{e}}}{2\pi}.$$

9.169 (1) 设 α_0 是满足下列条件的实数 α 最小的值: 存在常数 $C>0$ 使得对于所有正整数 n,

$$\prod_{k=1}^{n}\frac{2k}{2k-1}\leqslant Cn^{\alpha}.$$

证明: $\alpha_0=1/2$.

(2) 定义数列 $a_n\,(n\geqslant 1)$ 为

$$a_n=n^{-\alpha_0}\prod_{k=1}^{n}\frac{2k}{2k-1} \quad (n\geqslant 1).$$

证明这个数列单调减少, 并且 $\lim\limits_{n\to\infty} a_n=\sqrt{\pi}$.

9.170 设 $\Gamma(x)$ 表示伽马函数, 令

$$G(n)=\prod_{k=1}^{n}\Gamma\left(\frac{1}{k}\right).$$

求 $\lim\limits_{n\to\infty}\left(G(n+1)^{1/(n+1)}-G(n)^{1/n}\right)$.

9.2 补充习题的解答或提示

9.1 令

$$f(\alpha)=\sup_{q\in\mathbb{Z}}\sin q\alpha.$$

那么当 q 是偶数时, $\sin q(\pi-\alpha)=\sin(-q\alpha)$; 当 q 是奇数时, $\sin q(\pi-\alpha)=\sin(q\alpha)$, 所以 $f(\pi-\alpha)=f(\alpha)$, 于是我们只需考虑 $\alpha\in(0,\pi/2)$ 即可. 又因为 $f(\pi/3)=\sqrt{3}/2$, 所以只需证明: 当 $\alpha\in(0,\pi/2)$ 时, $f(\alpha)\geqslant\sqrt{3}/2$.

若 $\alpha\in[\pi/3,\pi/2)$, 则 $f(\alpha)\geqslant f(\pi/3)=\sqrt{3}/2$. 若 $\alpha\in(0,\pi/3)$, 设 q 是适合 $q\alpha\geqslant\pi/3$ 的最小整数, 则 $(q-1)\alpha<\pi/3, q\alpha<\pi/3+\alpha<2\pi/3$, 所以也得到 $\sin q\alpha\geqslant\sqrt{3}/2$. 于是本题得证.

9.2 (1) 因为 $p>-1$, 所以由定积分的定义, 题中极限等于

$$\lim_{n\to\infty}\frac{1}{n}\sum_{k=1}^{n}\left(\frac{k}{n}\right)^p=\int_0^1 x^p\mathrm{d}x=\frac{1}{p+1}$$

(也可应用 Stolz 定理等).

(2) 题中极限等于 $\int_0^1\mathrm{e}^{\sqrt{x}}\mathrm{d}x+\lim\limits_{n\to\infty}\mathrm{e}/n=\int_0^1\mathrm{e}^{\sqrt{x}}\mathrm{d}x$, 令 $x=y^2$, 此式等于 $2\int_0^1 y\mathrm{e}^y=2$.

(3) 不妨认为所有 $\lambda_i,a_i>0$, 并且可设 $a_1=\max\limits_{1\leqslant i\leqslant m}a_i$. 因为

$$\sqrt[n]{\lambda_1}a_1\leqslant\sqrt[n]{\lambda_1a_1^n+\cdots+\lambda_ma_m^n}\leqslant\sqrt[n]{\lambda_1+\cdots+\lambda_m}\,a_1,$$

所以所求极限等于 $\max\limits_{1\leqslant i\leqslant m}a_i$.

(4) 题中极限等于

$$\lim_{x\to0}\exp\left(\left(\frac{5}{x}+o(1)\right)\left(-\frac{x}{5}+o(x^3)\right)\right)=\lim_{x\to0}\exp\left(-1+o(x^2)\right)=\mathrm{e}^{-1}.$$

(5) 令

$$\xi_n=n\left(\frac{\sqrt[n]{a_1}+\cdots+\sqrt[n]{a_m}}{m}-1\right),\quad \eta_n=\frac{\sqrt[n]{a_1}+\cdots+\sqrt[n]{a_m}}{m},$$

则 $\eta_n=1+\xi_n/n$. 因为 (由 L'Hospital 法则) $\lim\limits_{x\to\infty}x(a^{1/x}-1)=\log a(a>0)$, 所以 $n(\sqrt[n]{a_i}-1)\to\log a_i\,(n\to\infty)$ (还可见习题 1.7(4) 及补充题 9.20), 从而

$$\xi_n\to\frac{1}{m}\log(a_1\cdots a_m)\quad(n\to\infty).$$

由此可知

$$\log\left(1+\frac{\xi_n}{n}\right)=\frac{\xi_n}{n}+o\left(\frac{1}{n}\right)\quad(n\to\infty),$$

于是

$$n\log\eta_n=n\log\left(1+\frac{\xi_n}{n}\right)=\xi_n+o(1)\to\frac{1}{m}\log(a_1\cdots a_m)\quad(n\to\infty).$$

由此立得所求极限等于

$$\lim_{n\to\infty}\eta_n^n=\lim_{n\to\infty}\mathrm{e}^{n\log\eta_n}=\mathrm{e}^{\log\sqrt[m]{a_1\cdots a_m}}=\sqrt[m]{a_1\cdots a_m}.$$

本题也可直接应用习题 2.5(或该题的解法) 得到答案.

(6) **提示**　因为

$$f(x)=\frac{\sqrt[5]{1+3x^4}-\sqrt{1-2x}}{\sqrt[3]{1+x}-\sqrt{1+x}}=\frac{(\sqrt[5]{1+3x^4}-1)/x-(\sqrt{1-2x}-1)/x}{(\sqrt[3]{1+x}-1)/x-(\sqrt{1+x}-1)/x},$$

分别求 $\lim\limits_{x\to 0}(\sqrt[5]{1+3x^4}-1)/x$ 等等, 可知所求极限等于 -6. 或者: 当 $x\to 0$ 时,

$$f(x)=\frac{1+3x^4/5+o(x^8)-1+x+o(x^2)}{1+x/3+o(x^2)-1-x/2+o(x^2)}=\frac{x+o(x^2)}{-x/6+o(x^2)}\to -6.$$

(7) 用 L'Hospital 法则,

$$\begin{aligned}\lim_{x\to 0}\frac{f(x)}{g(x)}&=\lim_{x\to 0}\frac{f'(x)}{g'(x)}=\lim_{x\to 0}\frac{\arctan(\sin x)^2\cdot\cos x}{3x^2+x^3\cos x}\\&=\lim_{x\to 0}\frac{\big(x^2+O(x^4)\big)\cos x}{x^2(3+x\cos x)}=\frac{1}{3}.\end{aligned}$$

(8) 因为

$$\begin{aligned}\log(x+\mathrm{e}^x)&=\log\mathrm{e}^x+\log(1+x\mathrm{e}^{-x})\\&=x+x\mathrm{e}^{-x}-\frac{1}{2}x^2\mathrm{e}^{-2x}+O(x^3\mathrm{e}^{-3x})\quad(x\to 0),\end{aligned}$$

所以所求极限等于

$$\lim_{x\to 0}\frac{x+x\mathrm{e}^{-x}-x^2\mathrm{e}^{-2x}/2+O(x^3\mathrm{e}^{-3x})+2x+O(x^3)}{1+x+O(x^2)-\big(1+x^2+O(x^4)\big)}=\lim_{x\to 0}\frac{3+\mathrm{e}^{-x}+O(x^2)+O(x\mathrm{e}^{-x})}{1-x+O(x)}=4.$$

(9) 题设 $a_1\leqslant b_1$, 又由算术 –几何平均不等式, 当 $n\geqslant 2$,

$$\frac{2a_{n-1}b_{n-1}}{a_{n-1}+b_{n-1}}=\frac{2\sqrt{a_{n-1}b_{n-1}}}{a_{n-1}+b_{n-1}}\sqrt{a_{n-1}b_{n-1}}\leqslant\sqrt{a_{n-1}b_{n-1}},$$

所以 $a_n\leqslant b_n(n\geqslant 1)$. 于是

$$a_n=\frac{2}{a_{n-1}^{-1}+b_{n-1}^{-1}}\geqslant\frac{2}{a_{n-1}^{-1}+a_{n-1}^{-1}}=a_{n-1}\quad(n\geqslant 2).$$

类似地,

$$b_n=\sqrt{a_{n-1}b_{n-1}}\leqslant\sqrt{b_{n-1}b_{n-1}}=b_{n-1}\quad(n\geqslant 2).$$

因此 a_n 单调增加上有界 (以 b_1 为上界),b_n 单调减少下有界 (以 a_1 为下界), 从而都收敛. 还有

$$\begin{aligned}b_{n+1}-a_{n+1}&=\sqrt{a_nb_n}-\frac{2a_nb_n}{a_n+b_n}\\&=\frac{2\sqrt{a_nb_n}}{a_n+b_n}\left(\frac{a_n+b_n}{2}-\sqrt{a_nb_n}\right)\leqslant\frac{a_n+b_n}{2}-\sqrt{a_nb_n}\\&=\frac{b_n-a_n}{2}+a_n-\sqrt{a_nb_n}=\frac{b_n-a_n}{2}+\sqrt{a_n}\big(\sqrt{a_n}-\sqrt{b_n}\big)\\&\leqslant\frac{b_n-a_n}{2}\leqslant\cdots\leqslant\frac{b_1-a_1}{2^n}\to 0\quad(n\to\infty),\end{aligned}$$

于是 $\lim\limits_{n\to\infty}a_n=\lim\limits_{n\to\infty}b_n$.

注　上面的解法与例 1.6.4 的解法类似, 但要简单些.

(10) 不妨设 $a=\max\{a,b\}$. 那么 $b-a\leqslant 0$, 并且 $x\log\left(\mathrm{e}^{a/x}+\mathrm{e}^{b/x}\right)=x\log\left(\mathrm{e}^{a/x}\right)+x\log\left(1+\mathrm{e}^{(b-a)/x}\right)=a+x\log\left(1+\mathrm{e}^{(b-a)/x}\right)$, 因此所求极限等于 $a=\max\{a,b\}$.

(11) 先设 $a\neq 1$. 若 $c=b+1$, 则

$$\frac{\sqrt[n]{a}+b}{c}=1+\frac{\sqrt[n]{a}-1}{c}=1+\frac{k_n}{n},$$

其中(由习题 1.7(4))

$$k_n=\frac{n(\sqrt[n]{a}-1)}{c}\to\frac{\log a}{c}\quad(n\to\infty),$$

因此

$$\lim_{n\to\infty}\left(\frac{\sqrt[n]{a}+b}{c}\right)^n=\lim_{n\to\infty}\left(\left(1+\frac{k_n}{n}\right)^{n/k_n}\right)^{k_n}=\mathrm{e}^{\log a/c}=a^{1/c}.$$

若 $c>b+1$, 则由 $\lim\limits_{n\to\infty}(\sqrt[n]{a}+b)/c=(1+b)/c<1$ 可知, 对于 $\delta\in((1+b)/c,1)$(固定), 存在 n_0, 使当 $n\geqslant n_0$ 时,$(\sqrt[n]{a}+b)/c<\delta<1$, 从而

$$\lim_{n\to\infty}\left(\frac{\sqrt[n]{a}+b}{c}\right)^n=0.$$

若 $c<b+1$, 则由 $\lim\limits_{n\to\infty}(\sqrt[n]{a}+b)/c=(1+b)/c>1$ 可知, 对于 $\delta\in(1,(1+b)/c)$(固定), 存在 n_0, 使当 $n\geqslant n_0$ 时,$(\sqrt[n]{a}+b)/c>\delta>1$, 从而

$$\lim_{n\to\infty}\left(\frac{\sqrt[n]{a}+b}{c}\right)^n=+\infty.$$

直接验证可知上述诸结果当 $a=1$ 时也成立.

(12) **提示** 和式中第 k 个加项改写为

$$t_{n,k}=\frac{1}{n}\cdot\frac{\sqrt{1+\dfrac{k}{n}+\dfrac{a}{n^2}}}{\sqrt{1+\dfrac{k}{n}+\dfrac{b}{n^2}}\sqrt{1+\dfrac{k}{n}+\dfrac{c}{n^2}}}.$$

对于任意给定的 $\varepsilon>0$, 当 n 充分大时 $a/n^2,b/n^2,c/n^2$ 都小于 ε, 所以

$$\frac{1}{n}\cdot\frac{\sqrt{1+\dfrac{k}{n}}}{1+\dfrac{k}{n}+\varepsilon}\leqslant t_{n,k}\leqslant\frac{1}{n}\cdot\frac{\sqrt{1+\dfrac{k}{n}+\varepsilon}}{1+\dfrac{k}{n}}.$$

按 Riemann 积分定义, 当 $n\to\infty$ 时, 不等式左边和右边的式子分别有极限

$$I_L(\varepsilon)=\int_0^1\frac{\sqrt{1+t}}{1+t+\varepsilon}\mathrm{d}t,\quad I_R(\varepsilon)=\int_0^1\frac{\sqrt{1+t+\varepsilon}}{1+t}\mathrm{d}t.$$

因为 ε 可以任意接近于 0, 所以求得极限值等于

$$\int_0^1\frac{\sqrt{1+t}}{1+t}\mathrm{d}t=2(\sqrt{2}-1).$$

(13) 注意 $1/a_2=1=\tan(\pi/2^2)$. 若 $1/a_n=\tan(\pi/2^n)$, 则由正切半角公式得

$$\tan\frac{\pi}{2^{n+1}}=\frac{-1+\sqrt{1+\tan^2\dfrac{\pi}{2^n}}}{\tan\dfrac{\pi}{2^n}}=\frac{-1+\sqrt{1+a_n^{-2}}}{a_n^{-1}}$$
$$=-a_n+\sqrt{a_n^2+1}=\frac{1}{\sqrt{a_n^2+1}+a_n}=\frac{1}{a_{n+1}}.$$

因此对于所有 $n\geqslant2,1/a_n=\tan(\pi/2^n)$. 从而 $\lim\limits_{n\to\infty}2^n/a_n=\pi$.

(14) 设 $\varepsilon>0$ 任意给定, 则

$$\int_0^\infty\frac{\mathrm{d}x}{1+nx^a}=\int_0^\varepsilon\frac{\mathrm{d}x}{1+nx^a}+\int_\varepsilon^\infty\frac{\mathrm{d}x}{1+nx^a}$$
$$\leqslant\int_0^\varepsilon\mathrm{d}x+\int_\varepsilon^\infty\frac{\mathrm{d}x}{nx^a}<\varepsilon+\frac{1}{n(a-1)\varepsilon^{a-1}}.$$

当 $n > \varepsilon^a/(a-1)$ 时上式右边小于 2ε, 所以所求极限等于 0.

(15) **提示**　首先用数学归纳法证明

$$F_n(x) = \frac{x^n}{n!}\log x - c_n x^n \quad (x > 0),$$

其中 c_n 与 x 无关,$c_0 = 0$. 当 $n = 0$ 时显然成立. 若公式对 n 成立, 则可算出

$$F_{n+1}(x) = \frac{x^{n+1}}{(n+1)!}\log x - \left(\frac{1}{(n+1)!(n+1)} + \frac{c_n}{n+1}\right)x^{n+1} + C,$$

其中 C 为常数. 令 $x \to 0+$ 可知 $C = 0$, 于是

$$c_{n+1} = \frac{c_n}{n+1} + \frac{1}{(n+1)!(n+1)}.$$

注意 $(n+1)!c_{n+1} = n!c_n + 1/(n+1)$, 由数学归纳法得

$$n!c_n = H_n = 1 + \frac{1}{2} + \cdots + \frac{1}{n} \quad (n \geqslant 1).$$

于是 (关于 H_n, 参见例 6.5.11)

$$\lim_{n\to\infty}\frac{n!F_n(1)}{\log n} = \lim_{n\to\infty}\frac{n!(-c_n)}{\log n} = -\lim_{n\to\infty}\frac{H_n}{\log n} = -1.$$

9.3　(1) 记 $P(n) = \prod_{j=1}^{n}\left(1 + (j/n)^{2k}\right)^{1/j}$. 则有

$$\begin{aligned}\log P(n) &= \sum_{j=1}^{n}\log\left(1 + \left(\frac{j}{n}\right)^{2k}\right)\cdot\frac{n}{j}\cdot\frac{1}{n}\\ &= \int_0^1 \log(1 + x^{2k})\frac{\mathrm{d}x}{x} = \int_0^1\left(\frac{x^{2k-1}}{1} - \frac{x^{4k-1}}{2} + \frac{x^{6k-1}}{3} - \cdots\right)\mathrm{d}x\\ &= \frac{1}{1\cdot 2k} - \frac{1}{2\cdot 4k} + \frac{1}{3\cdot 6k} - \cdots = \frac{1}{2k}\left(1 - \frac{1}{2^2} + \frac{1}{3^2} - \cdots\right).\end{aligned}$$

此处幂级数 $x^{2k-1}/1 - x^{4k-1}/2 + x^{6k-1}/3 - \cdots$ 在 $[0,1]$ 上收敛, 所以逐项积分是容许的. 因为 $\sum_{n=1}^{\infty}(-1)^n/n^2$ $= \pi^2/12$(见例 5.2.3 的解法 3), 所以所求极限等于 $\exp\left(\pi^2/(24k)\right)$.

(2) 将 $S_{n,k}$ 改写为

$$S_{n,k} = \frac{1}{n}\sum_{j=1}^{n^k}\frac{1}{1 + (j/n)^k}.$$

因此

$$S_1 = \lim_{n\to\infty}\frac{1}{n}\sum_{j=1}^{n}\frac{1}{1 + j/n} = \int_0^1\frac{\mathrm{d}t}{1+t} = \log 2.$$

若 $k > 1$, 则 $S_{n,k}$ 是 $f(x) = 1/(1+t^k)$ 在区间 $(0, n^{k-1})$ 上的 Riemann 积分的下和 (n^k 等分, 每个等分区间长 $= n^{k-1}/n^k = 1/n$), 因此

$$S_k = \lim_{n\to\infty}\int_0^{n^{k-1}}\frac{\mathrm{d}x}{1+t^k} = \int_0^{\infty}\frac{\mathrm{d}x}{1+t^k} = \frac{\pi/k}{\sin(\pi/k)} \quad (k \geqslant 1),$$

因此 $S_k \to 1\,(k \to \infty)$.

9.4　由定积分的定义, 我们有

$$\lim_{n\to\infty}\frac{1}{n}\sum_{k=1}^{n}\left\{\frac{n}{k}\right\}^2 = \int_0^1\left\{\frac{1}{x}\right\}^2\mathrm{d}x = \sum_{n=1}^{\infty}\int_{1/(n+1)}^{1/n}\left(\frac{1}{x} - n\right)^2\mathrm{d}x$$

$$= \sum_{n=1}^{\infty} \left(1 - 2n\log\frac{n+1}{n} + \frac{n}{n+1}\right) = \sum_{n=1}^{\infty} \left(2 - \frac{1}{n+1} - 2n\log\frac{n+1}{n}\right).$$

上式右边无穷级数的前 $N-1$ 项的部分和

$$\begin{aligned} S_{N-1} &= \sum_{n=1}^{N-1} \left(2 - \frac{1}{n+1}\right) - 2\sum_{n=1}^{N-1} (n\log(n+1) - n\log n) \\ &= 2(N-1) - \sum_{n=2}^{N} \frac{1}{n} - 2(N-1)\log N + 2\sum_{n=1}^{N-1} \log n. \end{aligned}$$

应用调和级数部分和的渐近公式 (见例 6.5.11)

$$H_N = \sum_{k=1}^{N} \frac{1}{k} = \log N + \gamma + O\left(\frac{1}{N}\right) \quad (n \to \infty)$$

(这里 γ 是 Euler-Mascheroni 常数), 以及 Stirling 公式

$$\begin{aligned} \sum_{n=1}^{N-1} \log n &= \log\left((N-1)!\right) \\ &= \left(N - \frac{1}{2}\right)\log N - N + \frac{1}{2}\log(2\pi) + O\left(\frac{1}{N}\right) \quad (n \to \infty), \end{aligned}$$

可知上述部分和

$$\begin{aligned} S_{N-1} &= 2(N-1) + 1 - \log N - \gamma - 2(N-1)\log N \\ &\quad + (2N-1)\log N - 2N + \log(2\pi) + O\left(\frac{1}{N}\right) \\ &= \log(2\pi) - \gamma - 1 + O\left(\frac{1}{N}\right), \end{aligned}$$

因此所求极限 $= \log(2\pi) - \gamma - 1$.

9.5 首先, 当 $k > 2|a| - 2$ 时,

$$\begin{aligned} |b_k - \mathrm{e}^a| &\leqslant \sum_{i=0}^{\infty} \frac{|a|^{k+1+i}}{(k+1+i)!} \leqslant \frac{|a|^{k+1}}{(k+1)!} \sum_{i=0}^{\infty} \frac{|a|^i}{(k+2)^i} \\ &= \frac{|a|^{k+1}}{(k+1)!} \cdot \left(1 - \frac{|a|}{k+2}\right)^{-1} \leqslant \frac{2|a|^{k+1}}{(k+1)!}. \end{aligned}$$

因此

$$\lim_{n\to\infty} \sum_{k=n+1}^{2n} (b_k - \mathrm{e}^a) = 0.$$

其次, 我们有

$$\begin{aligned} a_k - \mathrm{e}^k &= \left(1 + \frac{1}{k}\right)^{ak} - \mathrm{e}^a = \mathrm{e}^{ka\log(1+1/k)} - \mathrm{e}^a \\ &= \mathrm{e}^{a\left(1 - 1/(2k) + O(1/k^2)\right)} - \mathrm{e}^a = \mathrm{e}^a \left(\mathrm{e}^{-a/(2k) + O(1/k^2)} - 1\right) \\ &= \mathrm{e}^a \left(-\frac{a}{2k} + O\left(\frac{1}{k^2}\right)\right). \end{aligned}$$

于是

$$\lim_{n\to\infty} \sum_{k=n+1}^{2n} (a_k - \mathrm{e}^a) = \lim_{n\to\infty} \sum_{k=n+1}^{2n} \mathrm{e}^a \left(-\frac{a}{2k} + O\left(\frac{1}{k^2}\right)\right)$$

$$= -\frac{1}{2}a\mathrm{e}^a \lim_{n\to\infty}\sum_{k=n+1}^{2n}\frac{1}{k} + \lim_{n\to\infty} O\left(\sum_{k=n+1}^{2n}\frac{1}{k^2}\right).$$

因为级数 $\sum_{k=1}^{\infty} 1/k^2$ 收敛, 所以上式右边第二项等于 0, 从而由

$$\sum_{k=1}^{n}\frac{1}{k} = \log n + \gamma + O\left(\frac{1}{n}\right) \quad (n\to\infty)$$

(见例 6.5.11) 得知

$$\lim_{n\to\infty}\sum_{k=n+1}^{2n}(a_k - \mathrm{e}^a) = -\frac{1}{2}a\mathrm{e}^a\lim_{n\to\infty}\left(\sum_{k=1}^{2n}\frac{1}{k} - \sum_{k=1}^{n}\frac{1}{k}\right)$$
$$= -\frac{1}{2}a\mathrm{e}^a\lim_{n\to\infty}\left(\log 2 + O\Big(\frac{1}{n}\Big)\right) = -\frac{1}{2}a\mathrm{e}^a\log 2.$$

于是最终我们求出题中所求的极限等于

$$\lim_{n\to\infty}\sum_{k=n+1}^{2n}(a_k - \mathrm{e}^a) - \lim_{n\to\infty}\sum_{k=n+1}^{2n}(b_k - \mathrm{e}^a) = -\frac{1}{2}a\mathrm{e}^a\log 2.$$

9.6 (i) 用微分学方法可证: 当 $0<x<1$ 时,

$$\frac{2x}{2+x} < \log(1+x) < \frac{2x}{2+x-x^2}$$

(也可见补充习题 9.115(1), 注意当 $0<x<1$ 时,$x-x^2/(2x+2) < 2x/(2+x-x^2)$).

(ii) 令 $t_0 = a/n, t_{i+1} = \log(1+t_i)\,(i\geqslant 0)$. 那么非负数列 $t_i\,(i\geqslant 0)$ 单调减少. 由上述不等式得知

$$t_{i+1} \geqslant \frac{2t_i}{2+t_i},\quad \frac{1}{t_{i+1}} \leqslant \frac{1}{t_i} + \frac{1}{2},$$

于是

$$\frac{1}{t_n} \leqslant \frac{n}{2} + \frac{1}{t_0} = \frac{n(a+2)}{2a},\quad nt_n \geqslant \frac{2a}{a+2}.$$

因此 $\varliminf_{n\to\infty} nt_n \geqslant 2a/(a+2)$.

(iii) 类似地,

$$t_{i+1} \leqslant \frac{2t_i}{2+t_i-t_i^2},\quad \frac{1}{t_{i+1}} \geqslant \frac{1}{t_i} + \frac{1}{2} - \frac{t_i}{2} \geqslant \frac{1}{t_i} + \frac{1}{2} - \frac{t_0}{2},$$

于是

$$\frac{1}{t_n} \geqslant \frac{n(1-t_0)}{2} + \frac{1}{t_0} = \frac{na-a^2+2n}{2a},\quad nt_n \leqslant \frac{2a}{a+2-a^2/n}.$$

因此 $\varlimsup_{n\to\infty} nt_n \leqslant 2a/(a+2)$.

(iv) 由步骤 (ii) 和 (iii) 得知所求极限 $=2a/(a+2)$.

9.7 这里给出两个解法, 解法 2 不涉及 Euler-Mascheroni 常数, 完全基于分析的基本知识.

解法 1 因为

$$\lim_{n\to\infty}\left(1+\frac{1}{2}+\cdots+\frac{1}{n} - \log n\right) = \gamma,$$

其中 γ 是 Euler-Mascheroni 常数 (见例 6.5.11), 所以

$$u_n = \sum_{k=0}^{mn}\frac{1}{n+k} = \sum_{k=1}^{(1+m)n}\frac{1}{k} - \sum_{k=1}^{n-1}\frac{1}{k}$$
$$= \big(\log(1+m)n + \gamma + o(1)\big) - \big(\log(n-1) + \gamma + o(1)\big)$$

$$= \log(m+1) + o(1),$$

所以 $u_n \to \log(1+m)\,(n\to\infty)$.

解法 2 (i) 我们有

$$u_n = \sum_{k=0}^{mn} \frac{1}{n+k} = \frac{1}{n} + \frac{1}{n+1} + \cdots + \frac{1}{n+mn},$$

$$u_{n+1} = \sum_{k=0}^{m(n+1)} \frac{1}{n+1+k} = \frac{1}{n+1} + \frac{1}{n+1+2} + \cdots$$

$$+ \frac{1}{n+1+(mn-1)} + \frac{1}{n+1+mn} + \cdots + \frac{1}{n+1+m(n+1)},$$

所以

$$u_{n+1} - u_n = -\frac{1}{n} + \sum_{k=mn+1}^{m(n+1)+1} \frac{1}{n+k} < -\frac{1}{n} + \frac{m+1}{mn+1} \leqslant 0.$$

因此 $u_n\,(n\geqslant 1)$ 单调递减且 $u_n > 0$, 所以数列收敛.

(ii) 记

$$\lim_{n\to\infty} u_n = a.$$

为求 a, 设 $f(x)$ 是一个定义在 $[0,1]$ 上的函数,$f(0)=0, f'_+(0)$ 存在. 还设 $M>0$ 是数列 u_n 的一个上界. 那么对于任何给定的 $\varepsilon>0$, 存在 $\eta\in(0,1]$, 使得当 $x\in[0,\eta]$ 时,

$$\left|\frac{f(x)-f(0)}{x} - f'_+(0)\right| = \left|\frac{f(x)}{x} - f'_+(0)\right| \leqslant \frac{\varepsilon}{M},$$

因而 $|f(x) - xf'_+(0)| \leqslant x\varepsilon/M$. 特别地, 设 $n\in\mathbb{N}$ 满足 $n\geqslant 1/\eta$, 则对于所有 $k\in\mathbb{N}$, 有

$$\left|f\left(\frac{1}{n+k}\right) - \frac{1}{n+k} f'_+(0)\right| \leqslant \frac{\varepsilon}{M(n+k)}.$$

由此推出

$$\begin{aligned}\left|\sum_{k=0}^{mn} f\left(\frac{1}{n+k}\right) - f'_+(0)u_n\right| &= \left|\sum_{k=0}^{mn} f\left(\frac{1}{n+k}\right) - f'_+(0)\sum_{k=0}^{mn}\frac{1}{n+k}\right| \\ &\leqslant \sum_{k=0}^{mn}\left|f\left(\frac{1}{n+k}\right) - \frac{1}{n+k}f'_+(0)\right| \\ &\leqslant \sum_{k=0}^{mn}\frac{\varepsilon}{M(n+k)} = \frac{\varepsilon}{M}u_n \leqslant \varepsilon,\end{aligned}$$

因此

$$\sum_{k=0}^{mn} f\left(\frac{1}{n+k}\right) - f'_+(0)u_n \to 0 \quad (n\to\infty),$$

也就是

$$\sum_{k=0}^{mn} f\left(\frac{1}{n+k}\right) \to af'_+(0) \quad (n\to\infty).$$

特别地, 取 $f(x) = \log(1+x)$, 那么

$$\begin{aligned}\sum_{k=0}^{mn} f\left(\frac{1}{n+k}\right) &= \sum_{k=0}^{mn} \log\frac{n+k+1}{n+k} \\ &= \log\frac{n+mn+1}{n} \to \log(1+m) \quad (n\to\infty).\end{aligned}$$

注意 $f'_+(0)=1$, 所以 $a=\log(1+m)$.

9.8　提示　首先用微分学方法证明

$$x-\frac{x^2}{2}\leqslant\log(1+x)\leqslant x\quad(x>0)$$

(见习题 8.28(2)). 由此推出

$$\sum_{k=1}^{n}\frac{k}{n^2}-\frac{1}{2}\sum_{k=1}^{n}\frac{k^2}{n^4}\leqslant\sum_{k=1}^{n}\log\left(1+\frac{k}{n^2}\right)\leqslant\sum_{k=1}^{n}\frac{k}{n^2}.$$

注意

$$\sum_{k=1}^{n}\frac{k}{n^2}=\frac{n(n+1)}{2n^2},\quad\sum_{k=1}^{n}\frac{k^2}{n^4}<n\cdot\frac{n^2}{n^4}=\frac{1}{n},$$

可知

$$\sum_{k=1}^{n}\log\left(1+\frac{k}{n^2}\right)\to\frac{1}{2}\quad(n\to\infty),$$

从而所求极限等于 $\sqrt{\mathrm{e}}$.

9.9　提示　(i) 容易算出

$$p_n=a+\frac{(n+1)b}{2},$$

因此 p_n 不收敛, 但

$$\lim_{n\to\infty}\frac{p_n}{n}=\frac{b}{2}.$$

所以我们也考察 q_n/n 是否收敛. 我们有

$$\log\frac{q_n}{n}=\frac{1}{n}\sum_{k=1}^{n}\log(a+kb)-\log n.$$

将上式右边记为 a_n. 下面给出两种本质上相同的估计 a_n 的方法.

(ii) 解法 1　因为 $\log x$ 是单调增函数, 所以比较由 x 轴、曲线 $y=\log x$ 及直线 $x=a+kb$ 和 $x=a+(k+1)b$ 围成的曲边梯形及相应的高为 $\log\big(a+(k+1)b\big)$ 和 $\log(a+kb)$ 而底为 x 轴上的区间 $[a+kb,a+(k+1)b]$ 的 (一大一小) 两个矩形的面积, 得到

$$b\log(a+kb)<\int_{a+kb}^{a+(k+1)b}\log x\mathrm{d}x<b\log\big(a+(k+1)b\big),$$

于是

$$b\sum_{k=1}^{n}\log(a+kb)<\sum_{k=1}^{n}\int_{a+kb}^{a+(k+1)b}\log x\mathrm{d}x=\int_{a+b}^{a+(n+1)b}\log x\mathrm{d}x,$$

以及

$$b\sum_{k=0}^{n-1}\log\big(a+(k+1)b\big)>\sum_{k=0}^{n-1}\int_{a+kb}^{a+(k+1)b}\log x\mathrm{d}x=\int_{a}^{a+nb}\log x\mathrm{d}x.$$

合起来就是

$$\int_{a}^{a+nb}\log x\mathrm{d}x<b\sum_{k=1}^{n}\log(a+kb)<\int_{a+b}^{a+(n+1)b}\log x\mathrm{d}x.$$

由此得到

$$\frac{1}{nb}\int_{a}^{a+nb}\log x\mathrm{d}x-\log n<a_n<\frac{1}{nb}\int_{a+b}^{a+(n+1)b}\log x\mathrm{d}x-\log n.$$

将上面不等式的左边和右边分别记为 b_n 和 c_n. 因为

$$\begin{aligned}b_n&=\frac{a+nb}{nb}\big(\log(a+nb)-1\big)-\frac{a}{nb}(\log a-1)-\log n\\&=\log\frac{a+nb}{n}-1+\frac{a}{nb}\log\frac{a+nb}{a}\to\log b-1\quad(n\to\infty),\end{aligned}$$

并且

$$\begin{aligned}|c_n-b_n| &= \frac{1}{nb}\left|\int_{a+nb}^{a+(n+1)b}\log x\mathrm{d}x-\int_a^{a+b}\log x\mathrm{d}x\right| \\ &< \frac{1}{nb}\left(\int_{a+nb}^{a+(n+1)b}\log x\mathrm{d}x+\int_a^{a+b}\log x\mathrm{d}x\right) \\ &< \frac{1}{nb}\Big(b\log\big(a+(n+1)b\big)+b\log(a+b)\Big)\to 0 \quad (n\to\infty)\end{aligned}$$

(或者直接证明 $c_n\to\log b-1\,(n\to\infty)$), 因此

$$\lim_{n\to\infty}\log\frac{q_n}{n}=\lim_{n\to\infty}a_n=\log b-1,$$

从而

$$\lim_{n\to\infty}\frac{q_n}{n}=\mathrm{e}^{\log b-1}=\frac{b}{\mathrm{e}}.$$

因此我们最终得到

$$\lim_{n\to\infty}\frac{q_n}{p_n}=\frac{2}{\mathrm{e}}.$$

解法 2 比较由 x 轴、曲线 $y=\log x$ 及直线 $x=a+kb$ 和 $x=a+(k+1)b$ 围成的曲边梯形及相应的高为 $\log(a+kb)$ 而底为 x 轴上的区间 $[a+kb,a+(k+1)b]$ 的矩形的面积, 得到

$$b\log(a+kb)<\int_{a+kb}^{a+(k+1)b}\log x\mathrm{d}x,$$

因此

$$b\sum_{k=1}^{n}\log(a+kb)<\sum_{k=1}^{n}\int_{a+kb}^{a+(k+1)b}\log x\mathrm{d}x=\int_{a+b}^{a+(n+1)b}\log x\mathrm{d}x.$$

于是

$$\begin{aligned}0 &< \int_{a+b}^{a+(n+1)b}\log x\mathrm{d}xb-b\sum_{k=1}^{n}\log(a+kb) \\ &= \sum_{k=1}^{n}\left(\int_{a+kb}^{a+(k+1)b}\log x\mathrm{d}x-b\log(a+kb)\right)\end{aligned}$$

上式右边求和号中的每个加项表示每个曲边梯形与相应的小矩形之差 (曲边三角形) 的面积, 将这些曲边三角形平移到直线 $x=a+nb$ 和 $x=a+(n+1)b$ 形成的带形中是互不交迭的, 所以

$$\begin{aligned}0 &< \int_{a+b}^{a+(n+1)b}\log x\mathrm{d}xb-b\sum_{k=1}^{n}\log(a+kb) \\ &= \int_{a+nb}^{a+(n+1)b}\log x\mathrm{d}x<b\log\big(a+(n+1)b\big).\end{aligned}$$

由此可得(a_n 之意义见步骤 (i)))

$$\begin{aligned}0 &< \left(\frac{1}{nb}\int_{a+b}^{a+(n+1)b}\log x\mathrm{d}xb-\log n\right)-a_n \\ &< \frac{1}{n}\log\big(a+(n+1)b\big)\to 0 \quad (n\to\infty).\end{aligned}$$

因为

$$\begin{aligned}\frac{1}{nb}\int_{a+b}^{a+(n+1)b}\log x\mathrm{d}xb &= \frac{a+(n+1)b}{nb}\Big(\log\big(a+(n+1)b\big)-1\Big)-\frac{a+b}{nb}\big(\log(a+b)-1\big)-\log n \\ &= \frac{a+b}{nb}\log\big(a+(n+1)b\big)+\log\big(a+(n+1)b\big)-\frac{a+b}{nb}-1 \\ &\quad -\frac{a+b}{nb}\big(\log(a+b)-1\big)-\log n\end{aligned}$$

$$= \frac{a+b}{nb}\log\left(a+(n+1)b\right)+\log\frac{a+(n+1)b}{n}-\frac{a+b}{nb}-1-\frac{a+b}{nb}\left(\log(a+b)-1\right)$$
$$\to \log b-1 \quad (n\to\infty).$$

所以 $\lim\limits_{n\to\infty} a_n=\log b-1$(余同解法 1).

注　上面的解法 (特别是解法 2) 可参见例 6.5.11.

9.10　(1) 记 $f'(0+)=\beta$. 因为 $f(0)=0$, 所以依 $f'(0+)$ 的定义, 对任意给定的 $\varepsilon>0$, 存在 $\eta>0$, 使当 $0<x<\eta$ 时,

$$\left|\frac{f(x)}{x}-\beta\right|<\varepsilon.$$

令 $x=k/n^2$. 那么当 $n>1/\eta$(即 $1/n<\eta$) 时,

$$-\varepsilon\cdot\frac{k}{n^2}<f\left(\frac{k}{n^2}\right)-\beta\cdot\frac{k}{n^2}<\varepsilon\cdot\frac{k}{n^2},$$

因此

$$-\varepsilon\sum_{k=1}^{n}\frac{k}{n^2}<\sum_{k=1}^{n}f\left(\frac{k}{n^2}\right)-\beta\sum_{k=1}^{n}\frac{k}{n^2}<\varepsilon\sum_{k=1}^{n}\frac{k}{n^2},$$

因为

$$\sum_{k=1}^{n}\frac{k}{n^2}=\frac{1}{n^2}\sum_{k=1}^{n}k=\frac{n(n+1)}{2n^2}=\frac{n+1}{2n}\leqslant 1,$$

所以 $n>1/\eta$ 时,

$$\left|\sum_{k=1}^{n}f\left(\frac{k}{n^2}\right)-\beta\sum_{k=1}^{n}\frac{k}{n^2}\right|<\varepsilon.$$

由此推出

$$\left|\sum_{k=1}^{n}f\left(\frac{k}{n^2}\right)-\frac{\beta}{2}\right|\leqslant\left|\sum_{k=1}^{n}f\left(\frac{k}{n^2}\right)-\beta\sum_{k=1}^{n}\frac{k}{n^2}\right|+\left|\beta\sum_{k=1}^{n}\frac{k}{n^2}-\frac{\beta}{2}\right|$$
$$\leqslant\varepsilon+\left|\sum_{k=1}^{n}\frac{k}{n^2}-\frac{1}{2}\right||\beta|\leqslant\varepsilon+\frac{|\beta|}{2n}.$$

若 $n>|\beta|/(2\varepsilon)$, 则 $|\beta|/(2n)<\varepsilon$. 于是当 $n>\max\{1/\eta,|\beta|/(2\varepsilon)\}$ 时,

$$\left|\sum_{k=1}^{n}f\left(\frac{k}{n^2}\right)-\frac{\beta}{2}\right|<2\varepsilon.$$

因此所求极限等于 $f'(0+)/2$.

(2) **提示**　记 $f'(0+)=\beta$. 令

$$s_n=\sum_{k=1}^{n}\frac{1}{n+k},$$

那么 $0<s_n<n\cdot(1/n)=1$, 并且

$$s_{n+1}-s_n=\sum_{k=1}^{n+1}\frac{1}{n+1+k}-\sum_{k=1}^{n}\frac{1}{n+k}$$
$$=\frac{1}{2n+1}+\frac{1}{2n+2}-\frac{1}{n+1}=\frac{1}{2(2n+1)(n+1)}>0,$$

即 s_n 单调增加上有界, 所以 s_n 收敛, 且 $\lim\limits_{n\to\infty}s_n=\sigma\leqslant 1$. 与本题 (1) 类似地可证 (读者补出推理细节): 对于任意给定的 $\varepsilon>0$, 存在 $\eta>0$, 使当 $n>1/\eta$ 时,

$$\left|f\left(\frac{1}{n+k}\right)-\frac{\beta}{n+k}\right|<\frac{\varepsilon}{n+k}<\varepsilon.$$

进而得到

$$\left|\sum_{k=1}^{n} f\left(\frac{1}{n+k}\right)-\sigma\beta\right|<\varepsilon+(\sigma-s_n)|\beta|.$$

因为 $s_n \to \sigma\,(n \to \infty)$, 所以推出

$$\lim_{n\to\infty}\sum_{k=1}^{n} f\left(\frac{1}{n+k}\right)=\sigma\beta=\sigma f'(0+).$$

特别地, 取 $f(x)=\log(1+x)$, 那么 $f'(0+)=1$, 并且

$$\sum_{k=1}^{n} f\left(\frac{1}{n+k}\right)=\sum_{k=1}^{n}\log\frac{n+k+1}{n+k}=\log\frac{2n+1}{n+1}\to\log 2\quad(n\to\infty).$$

所以 $\sigma=\log 2$, 从而

$$\lim_{n\to\infty}\sum_{k=0}^{n} f\left(\frac{1}{n+k}\right)=\sigma\beta=(\log 2)f'(0+).$$

注 本题 (2) 的解法与补充习题 9.7 的解法 2 是同一种思路, 但要注意, 后者的 u_n 当 $m=1$ 时并不是这里的 s_n.

9.11 (i) 设 q 是任意固定的正整数, 则 $n=qt_n+r_n$, 其中 $r_n\in\{0,1,\cdots,q-1\},t_n\in\mathbb{N}_0$. 于是由题设可知

$$\frac{a_n}{n}=\frac{a_{qt_n+r_n}}{qt_n+r_n}\geqslant\frac{a_{qt_n}}{qt_n+r_n}\geqslant\frac{t_na_q}{qt_n+q}=\frac{a_q}{q(1+1/t_n)}.$$

当 $n\to\infty$ 时,$t_n\to\infty$, 由此推出

$$\varliminf_{n\to\infty}\frac{a_n}{n}\geqslant\frac{a_q}{q},\quad \varliminf_{n\to\infty}\frac{a_n}{n}\geqslant\varlimsup_{q\to\infty}\frac{a_q}{q}.$$

因为相反的不等式成立, 所以 $\lim\limits_{n\to\infty}a_n/n$ 存在.

(ii) 此外, 注意由题设还有

$$\frac{a_{mn}}{mn}\geqslant\frac{a_n}{n},$$

所以由此及步骤 (i) 中得到的不等式推出

$$\begin{aligned}A=\sup_{n\in\mathbb{N}}\frac{a_n}{n}&\geqslant\varliminf_{n\to\infty}\frac{a_n}{n}\geqslant\varlimsup_{q\to\infty}\frac{a_q}{q}=\inf_q\sup_{s\geqslant q}\frac{a_s}{s}\\&\geqslant\inf_q\sup_{m\in\mathbb{N}}\frac{a_{qm}}{qm}\geqslant\inf_q\sup_m\frac{a_m}{m}=\sup_{n\in\mathbb{N}}\frac{a_n}{n}=A,\end{aligned}$$

因此 $\varliminf\limits_{n\to\infty}a_n/n=\varlimsup\limits_{n\to\infty}a_n/n=A$.

9.12 (1) 我们给出两个解法.

解法 1 我们知道

$$\lim_{x\to+\infty}\left(1+\frac{1}{x}\right)^x=\mathrm{e},$$

所以

$$\lim_{n\to\infty}\left(1+\frac{p}{n}\right)^n=\left(\lim_{n\to\infty}\left(1+\frac{1}{n/p}\right)^{n/p}\right)^p=\mathrm{e}^p.$$

因此, 题中的结论等价于

$$\varlimsup_{n\to\infty}\left(\frac{a_1+a_{n+p}}{a_n}\right)^n>\lim_{n\to\infty}\left(1+\frac{p}{n}\right)^n,$$

或者

$$\varlimsup_{n\to\infty}\left(\left(\frac{a_1+a_{n+p}}{a_n}\right)^n\cdot\left(1+\frac{p}{n}\right)^{-n}\right)>1,$$

也就是

$$\varlimsup_{n\to\infty}\left(\frac{n(a_1+a_{n+p})}{(n+p)a_n}\right)^n>1.$$

设这个结论不成立, 那么存在正整数 n_0 使对所有 $n \geqslant n_0$ 有

$$\frac{n(a_1+a_{n+p})}{(n+p)a_n} \leqslant 1.$$

任意固定一个这样的 n, 于是

$$\frac{a_n}{n} - \frac{a_{n+p}}{n+p} \geqslant \frac{a_1}{n+p} \quad (n \geqslant n_0).$$

设 $k \geqslant 1$. 在上述不等式中, 首先逐次易 n 为 $n+1, n+2, \cdots, n+p-1$; 然后逐次易 n 为 $n+p, n+p+1, \cdots, n+2p-1$, 等等; 最后, 逐次易 n 为 $n+kp, n+kp+1, \cdots, n+(k+1)p-1$. 于是连同原不等式, 我们得到下列 $(k+1)p$ 个不等式:

$$\frac{a_{n+j}}{n+j} - \frac{a_{n+p+j}}{n+p+j} \geqslant \frac{a_1}{n+p+j} \quad (j=0,1,\cdots,p-1);$$

$$\frac{a_{n+p+j}}{n+p+j} - \frac{a_{n+2p+j}}{n+2p+j} \geqslant \frac{a_1}{n+2p+j} \quad (j=0,1,\cdots,p-1);$$

$$\cdots\cdots$$

$$\frac{a_{n+kp+j}}{n+kp+j} - \frac{a_{n+(k+1)p+j}}{n+(k+1)p+j} \geqslant \frac{a_1}{n+(k+1)p+j} \quad (j=0,1,\cdots,p-1).$$

将上述 $(k+1)p$ 个不等式相加, 得到

$$\begin{aligned}&\left(\frac{a_n}{n}+\frac{a_{n+1}}{n+1}+\cdots+\frac{a_{n+p-1}}{n+p-1}\right)-\left(\frac{a_{n+kp}}{n+kp}+\frac{a_{n+kp+1}}{n+kp+1}+\cdots+\frac{a_{n+(k+1)p-1}}{n+(k+1)p-1}\right)\\&\geqslant a_1\left(\left(\frac{1}{n+p}+\cdots+\frac{1}{n+2p-1}\right)+\left(\frac{1}{n+2p}+\cdots+\frac{1}{n+3p-1}\right)\right.\\&\quad\left.+\cdots+\left(\frac{1}{n+kp}+\cdots+\frac{1}{n+(k+1)p-1}\right)\right).\end{aligned}$$

因此

$$\begin{aligned}\left(\frac{a_n}{n}+\frac{a_{n+1}}{n+1}+\cdots+\frac{a_{n+p-1}}{n+p-1}\right) \geqslant a_1&\left(\left(\frac{1}{n+p}+\cdots+\frac{1}{n+2p-1}\right)+\left(\frac{1}{n+2p}+\cdots+\frac{1}{n+3p-1}\right)\right.\\&\left.+\cdots+\left(\frac{1}{n+kp}+\cdots+\frac{1}{n+(k+1)p-1}\right)\right).\end{aligned}$$

因为 k 可以取得任意大, 并且上式右边当 $k\to\infty$ 时趋于 $+\infty$, 所以我们得到矛盾, 于是问题中的第一个结论得证.

我们取 $a_1=\varepsilon, a_n=n(n\geqslant 2)$, 其中 ε 是任意取定的正数, 那么

$$\varlimsup_{n\to\infty}\left(\frac{a_1+a_{n+p}}{a_n}\right)^n = \varlimsup_{n\to\infty}\left(1+\frac{p+\varepsilon}{n}\right)^n = \mathrm{e}^{p+\varepsilon} > \mathrm{e}^p,$$

因为 $\varepsilon>0$ 可以取得任意接近于 0, 而且当 $\varepsilon\to 0$ 时 $\mathrm{e}^{p+\varepsilon}$ 单调下降趋于 e^p, 所以右边的常数 e^p 不能换成更大的数.

解法 2 只证题中的第一个结论. 设它不成立, 那么存在正整数 n_0, 使当 $n\geqslant n_0$ 时,

$$\left(\frac{a_1+a_{n+p}}{a_n}\right)^n \leqslant \mathrm{e}^p.$$

任意固定一个这样的 n, 并且可设 $n>p$. 于是

$$0 < a_{n+p} \leqslant \mathrm{e}^{p/n}a_n - a_1,$$

易 n 为 $n+p$ 可得

$$\begin{aligned}0 < a_{n+2p} &\leqslant \mathrm{e}^{p/(n+p)}a_{n+p}-a_1 \leqslant \mathrm{e}^{p/(n+p)}(\mathrm{e}^{p/n}a_n-a_1)-a_1\\&=\mathrm{e}^{p/n+p/(n+p)}a_n-\mathrm{e}^{p/(n+p)}a_1-a_1.\end{aligned}$$

我们定义

$$\lambda_{i,j}=\frac{p}{n+ip}+\frac{p}{n+(i+1)p}+\cdots+\frac{p}{n+jp}\quad (\text{当 } 0\leqslant i\leqslant j),$$

继续上述过程, 一般地, 当 $k\geqslant 1$ 时有

$$0<a_{n+(k+1)p}\leqslant \mathrm{e}^{\lambda_{0,k}}a_n-\mathrm{e}^{\lambda_{1,k}}a_1-\mathrm{e}^{\lambda_{2,k}}a_1-\cdots-\mathrm{e}^{\lambda_{k,k}}a_1-a_1.$$

注意当 $s\geqslant r\geqslant k$ 时,$\lambda_{s,k}-\lambda_{r,k}=-\lambda_{r,s}$, 由上式得到

$$a_n>a_1\left(\mathrm{e}^{-\lambda_{0,1}}+\cdots+\mathrm{e}^{-\lambda_{0,k}}\right).$$

因为由定积分的几何意义, 并注意 $n/p>1$, 我们有

$$\lambda_{i,j}=\frac{1}{n/p+i}+\cdots+\frac{1}{n/p+j}<\int_{n/p+i-1}^{n/p+j}\frac{\mathrm{d}x}{x}=\log\frac{n+jp}{n+(i-1)p},$$

所以

$$a_n>a_1\sum_{j=1}^{k}\frac{n-p}{n+jp}.$$

此式对任何 $k\geqslant 1$ 都成立, 而右边的式子当 $k\to\infty$ 时趋于 $+\infty$, 我们得到矛盾, 于是题中结论成立.

(2) 设题中结论不成立, 那么存在 n_0, 使对所有 $n\geqslant n_0$ 有

$$\frac{1+a_{n+p}}{a_n}-1\leqslant\frac{p}{n},$$

取定一个 $n\geqslant n_0$, 于是

$$\frac{1}{n+p}\leqslant\frac{a_n}{n}-\frac{a_{n+p}}{n+p}.$$

类似于题 (1) 的解法 1, 在上式中逐次易 n 为 $n+1,\cdots,n+p-1$, 我们得到

$$\sum_{i=1}^{p}\frac{1}{n+p+i-1}\leqslant\sum_{i=1}^{p}\frac{a_{n+i-1}}{n+i-1}-\sum_{i=1}^{p}\frac{a_{n+p+i-1}}{n+p+i-1}.$$

设 $k\geqslant 1$. 在上述不等式中逐次易 p 为 $2p,\cdots,(k+1)p$, 然后将得到的 k 个不等式与前式相加, 即得

$$\sum_{j=0}^{k}\sum_{i=jp+1}^{(j+1)p}\frac{1}{n+p+i-1}\leqslant\sum_{i=1}^{p}\frac{a_{n+i-1}}{n+i-1}-\sum_{i=1}^{p}\frac{a_{n+(k+1)p+i-1}}{n+(k+1)p+i-1},$$

因此, 对于任何 $k\geqslant 1$,

$$\sum_{i=1}^{p}\frac{a_{n+i-1}}{n+i-1}\geqslant\sum_{j=0}^{k}\sum_{i=jp+1}^{(j+1)p}\frac{1}{n+p+i-1}.$$

在其中令 $k\to\infty$ 即得矛盾, 于是题中结论成立.

我们取 $a_1=\varepsilon,a_n=n(n\geqslant 2)$, 其中 ε 是任意取定的正数, 那么

$$\varlimsup_{n\to\infty}n\left(\frac{a_1+a_{n+p}}{a_n}-1\right)=\lim_{n\to\infty}(\varepsilon+p)=p+\varepsilon,$$

因而题中不等式右边的常数 p 不能换成更大的数.

(3) 只考虑两个命题中的第一个结论 (不考虑不等式中常数的最优性). 我们给出两个解法.

解法 1 (i) 题 (1)⇒ 题 (2). 设题 (1) 中命题成立, 而正数列 a_n 和正整数 p 给定. 那么

$$\varlimsup_{n\to\infty}\left(\frac{a_1+a_{n+p}}{a_n}\right)^n > \mathrm{e}^p,$$

因此

$$\varlimsup_{n\to\infty} n\log\left(\frac{a_1+a_{n+p}}{a_n}\right) > p,$$

这表明存在一个无穷正整数列 $\mathscr{N}$ 使得

$$\lim_{\substack{n\to\infty\\ n\in\mathscr{N}}} n\log\left(\frac{a_1+a_{n+p}}{a_n}\right) > p.$$

特别地, 存在正整数 n_0, 使当 $n\in\mathscr{N}, n\geqslant n_0$ 时,

$$\frac{a_1+a_{n+p}}{a_n} > 1.$$

因为 $\log x < x-1$(当 $x>1$), 所以当 $n\in\mathscr{N}, n\geqslant n_0$ 时,

$$n\left(\frac{a_1+a_{n+p}}{a_n}-1\right) > n\log\left(\frac{a_1+a_{n+p}}{a_n}\right) > p,$$

由此即得

$$\varlimsup_{n\to\infty} n\left(\frac{a_1+a_{n+p}}{a_n}-1\right) > p.$$

于是题 (2) 中的命题成立.

解法 2 设题 (1) 中的命题成立, 但对于某个给定的正数列 a_n 和正整数 p, 题 (2) 中的命题不成立, 那么存在正整数 n_0, 使当 $n\geqslant n_0$ 时,

$$n\left(\frac{a_1+a_{n+p}}{a_n}-1\right) \leqslant p.$$

于是

$$\left(\frac{a_1+a_{n+p}}{a_n}\right)^n \leqslant \left(1+\frac{p}{n}\right)^n \quad (n\geqslant n_0).$$

由此可得

$$\varlimsup_{n\to\infty}\left(\frac{a_1+a_{n+p}}{a_n}\right)^n \leqslant \lim_{n\to\infty}\left(1+\frac{p}{n}\right)^n = \mathrm{e}^p,$$

这与题 (1) 中的命题矛盾.

(ii) 题 (2)⇒ 题 (1). 设题 (2) 中的命题成立, 但对于某个给定的正数列 a_n 和正整数 p, 题 (1) 中的命题不成立, 那么存在正整数 n_0, 使当 $n\geqslant n_0$ 时,

$$\left(\frac{a_1+a_{n+p}}{a_n}\right)^n \leqslant \mathrm{e}^p.$$

于是

$$n\left(\frac{a_1+a_{n+p}}{a_n}-1\right) \leqslant n(\mathrm{e}^{p/n}-1) \quad (n\geqslant n_0).$$

注意 $\lim\limits_{x\to\infty} x(\mathrm{e}^{p/x}-1)=p$, 所以由上式推出

$$\varlimsup_{n\to\infty} n\left(\frac{a_1+a_{n+p}}{a_n}-1\right) \leqslant p.$$

这与题 (2) 中的命题矛盾.

9.13 由于题设条件和要证结论关于 $x_{j,n}$ 对称, 因此只需对数列 $x_{1,n}\,(n\geqslant 1)$ 证明. 由两个题设条件, 我们有

$$1=\lim_{n\to\infty}\sum_{j=1}^{m}x_{j,n}=\overline{\lim_{n\to\infty}}\sum_{j=1}^{m}x_{j,n}\geqslant\overline{\lim_{n\to\infty}}\,x_{1,n}+\underline{\lim_{n\to\infty}}\sum_{j=2}^{m}x_{j,n}$$
$$\geqslant\overline{\lim_{n\to\infty}}\,x_{1,n}+\sum_{j=2}^{m}\underline{\lim_{n\to\infty}}\,x_{j,n}\geqslant\overline{\lim_{n\to\infty}}\,x_{1,n}+\frac{m-1}{m}.$$

由此及题设第二个条件可推出

$$\overline{\lim_{n\to\infty}}\,x_{1,n}\leqslant\frac{1}{m}\leqslant\underline{\lim_{n\to\infty}}\,x_{1,n},$$

于是题中的结论 (其中 $j=1$) 成立.

9.14 **提示** 由数值计算和数学归纳法得 $x_n>2n+1\,(n\geqslant 13)$. 于是

$$y_{n+1}-y_n=\frac{1}{2}\log\left(1+\frac{1}{n}\right)-(x_{n+1}-x_n-2)=\frac{1}{2}\log\left(1+\frac{1}{n}\right)-\frac{1}{x_n}.$$

用 Taylor 级数展开式可以证明

$$\frac{1}{2}\log\left(1+\frac{1}{n}\right)>\frac{1}{2n}-\frac{1}{4n^2}+\frac{1}{6n^3}-\frac{1}{8n^4}.$$

又由直接计算可知

$$\frac{1}{2n+1}-\left(\frac{1}{2n}-\frac{1}{4n^2}+\frac{1}{8n^3}\right)=-\frac{1}{8n^3(2n+1)}<0,$$

所以

$$\frac{1}{x_n}<\frac{1}{2n+1}<\frac{1}{2n}-\frac{1}{4n^2}+\frac{1}{8n^3}.$$

依据上述两个不等式可以证明: 当 $n\geqslant 13$ 时,

$$y_{n+1}-y_n=\frac{1}{2}\log\left(1+\frac{1}{n}\right)-\frac{1}{x_n}>\frac{1}{8n^3}\left(\frac{1}{3}-\frac{1}{n}\right)>0.$$

9.15 (1) **提示** $a_n>0$ 单调增加, 若有极限 a, 则由递推关系得到 $a=a+1/a$, 这不可能. 又由数学归纳法知 $1\leqslant a_n\leqslant n$, 所以 $\sum\limits_{n=1}^{\infty}1/a_n\geqslant\sum\limits_{n=1}^{\infty}1/n$.

(2) 这里给出两个解法, 其中解法 2 涉及递推数列的特征方程, 对此可参见例 1.6.1 的注.

解法 1 (i) 因为 $a_1>1$, 所以

$$a_2=\frac{1}{a_1}+a_1-1=a_1-\left(1-\frac{1}{a_1}\right)<a_1.$$

又由算术–几何平均不等式, 我们有

$$a_2=\frac{1}{a_1}+a_1-1=\left(\frac{1}{a_1}+a_1\right)-1\geqslant 2\sqrt{\frac{1}{a_1}\cdot a_1}-1=2-1=1,$$

因而 $1<a_2<a_1$. 应用类似的推理, 由数学归纳法可知

$$1<a_n<a_1\quad(n\geqslant 1).$$

(ii) 考虑方程

$$r=\frac{1}{r}+a_1-1,$$

并取其一个根

$$r=\frac{1}{2}\left((a_1-1)+\sqrt{(a_1-1)^2+4}\right).$$

由 $a_1>1$ 可知 $r>1$. 由题中的递推式可知

$$r-\frac{1}{r}=a_{n+1}-\frac{1}{a_n}\,(=a_1-1)\quad(n\geqslant 1),$$

因此 (注意 $a_n>1$), 当 $n\geqslant 1$ 时,

$$|a_{n+1}-r|=\left|\frac{1}{a_n}-\frac{1}{r}\right|=\frac{|a_n-r|}{a_n r}<\frac{|a_n-r|}{r},$$

由此可得 $|a_n-r|<|a_{n-1}-r|/r$, 等等, 于是

$$0\leqslant|a_{n+1}-r|<\frac{|a_1-r|}{r^n}.$$

由此得到 $\lim\limits_{n\to\infty}a_n=r=\left((a_1-1)+\sqrt{(a_1-1)^2+4}\right)/2$.

(iii) 注意当 $n\geqslant 2$ 时,

$$a_{n+1}-a_n=\left(\frac{1}{a_n}+a_1-1\right)-\left(\frac{1}{a_{n-1}}+a_1-1\right)=\frac{a_n-a_{n-1}}{a_n a_{n-1}},$$

应用数学归纳法可得

$$|a_{n+1}-a_n|=\frac{|a_1-1|}{a_n a_{n-1}^2\cdots a_2^2 a_1}=\frac{a_n a_1|a_1-1|}{(a_n a_{n-1}\cdots a_2 a_1)^2}.$$

由 (i) 可知 $1<a_n<a_1$, 所以

$$\lim_{n\to\infty}(a_n a_1|a_1-1|)^{1/n}=1.$$

又由算术平均值数列收敛定理 (见例 1.3.2 注) 以及步骤 (ii) 中结果, 我们有

$$\lim_{n\to\infty}\frac{1}{n}\sum_{k=1}^{n}\log a_k=\log r.$$

由此推出

$$\lim_{n\to\infty}|a_{n+1}-a_n|^{1/n}=\frac{1}{r^2}=\frac{1}{2}\left((a_1-1)^2+2-(a_1-1)\sqrt{(a_1-1)^2+4}\right).$$

解法 2 (i) 令 $b_0=1,b_1=a_1$, 以及

$$b_{n+1}=(a_1-1)b_n+b_{n-1}\quad(n\geqslant 1).$$

那么

$$\frac{b_n}{b_{n-1}}=a_n\quad(n\geqslant 1).$$

事实上, 显然 $b_1/b_0=a_1$. 若对 $k\geqslant 1$, $b_k/b_{k-1}=a_k\,(k\geqslant 1)$ 成立, 则

$$\frac{b_{k+1}}{b_k}=\frac{(a_1-1)b_k+b_{k-1}}{b_k}=a_1-1+\frac{b_{k-1}}{b_k}=a_1-1+\frac{1}{a_k}=a_{k+1}.$$

于是上述结论被归纳地证明.

此外, 我们还有关系式

$$b_{n+1}b_{n-1}-b_n^2=(-1)^n(a_1-1)\quad(n\geqslant 1).$$

它也可用数学归纳法证明: 显然有 $b_2b_0-b_1^2=-(a_1-1)$. 如果对于 $k\geqslant 1$, $b_kb_{k-2}-b_{k-1}^2=(-1)^{k-1}(a_1-1)$ 成立, 则有

$$\begin{aligned}b_{k+1}b_{k-1}-b_k^2&=b_{k-1}\left((a_1-1)b_k+b_{k-1}\right)-b_k^2\\&=(a_1-1)b_kb_{k-1}+b_{k-1}^2-b_k^2\\&=(a_1-1)b_kb_{k-1}+\left(b_kb_{k-2}-(-1)^{k-1}(a_1-1)\right)-b_k^2\\&=b_k\left((a_1-1)b_{k-1}+b_{k-2}\right)+(-1)^k(a_1-1)-b_k^2\end{aligned}$$

$$=b_k^2+(-1)^k(a_1-1)-b_k^2=(-1)^k(a_1-1).$$

因此上述关系式得证.

(ii) 依 b_n 的递推关系式, 其特征方程是 $x^2-(a_1-1)x-1=0$, 它有两个不相等的实根:

$$x_1=\frac{1}{2}\left((a_1-1)+\sqrt{(a_1-1)^2+4}\right),$$
$$x_1=\frac{1}{2}\left((a_1-1)-\sqrt{(a_1-1)^2+4}\right),$$

并且 $x_1>1,|x_2|<1$. 于是

$$b_n=c_1x_1^n+c_2x_2^n\quad(n\geqslant 0),$$

其中 c_1,c_2 是常数. 由初始条件 $b_0=1,b_1=a_1$ 可定出

$$c_1=\frac{x_1+1}{x_1-x_2}\neq 0,\quad c_2=\frac{x_2+1}{x_2-x_1}$$

(但实际上在下文的计算中并不需要它们的这种表达式).

(iii) 由步骤 (ii) 中的公式易知 $b_n\sim c_1x_1^n\,(n\to\infty)$, 因此

$$\lim_{n\to\infty}a_n=\lim_{n\to\infty}\frac{b_n}{b_{n-1}}=x_1.$$

又由 (i) 的结果可知

$$a_{n+1}-a_n=\frac{b_{n+1}}{b_n}-\frac{b_n}{b_{n-1}}=\frac{b_{n+1}b_{n-1}-b_n^2}{b_nb_{n-1}}=\frac{(-1)^n(a_1-1)}{b_nb_{n-1}}.$$

注意 $b_n\sim c_1x_1^n, b_nb_{n-1}\sim c_1^2x_1^{2n-1}\,(n\to\infty)$, 我们可得

$$\lim_{n\to\infty}|a_{n+1}-a_n|^{1/n}=\lim_{n\to\infty}|a_1-1|^{1/n}(|b_n||b_{n-1}|)^{-1/n}=\frac{1}{x_1^2}.$$

注 1° 在上述解法 2 的步骤 (iii) 中, 也可不借助关系式 $b_{n+1}b_{n-1}-b_n^2=(-1)^n(a_1-1)$, 而直接应用表达式 $b_n=c_1x_1^n+c_2x_2^n$ 来计算:

$$\begin{aligned}b_{n+1}b_{n-1}-b_n^2&=(c_1x_1^{n+1}+c_2x_2^{n+1})(c_1x_1^{n-1}+c_2x_2^{n-1})-(c_1x_1^n+c_2x_2^n)^2\\&=c_1^2x_1^{2n}+c_2^2x_2^{2n}+c_1c_2x_1^{n-1}x_2^{n+1}+c_1c_2x_1^{n+1}x_2^{n-1}-c_1^2x_1^{2n}-2c_1c_2x_1^nx_2^n-c_2^2x_2^{2n}\\&=c_1c_2\left(x_1^{n-1}x_2^{n+1}+x_1^{n+1}x_2^{n-1}-2x_1^nx_2^n\right),\end{aligned}$$

由特征方程 $x^2-(a_1-1)x-1=0$ 可知两根之积 $x_1x_2=-1$, 因此 $x_1^{n-1}x_2^{n+1}=(x_1x_2)^{n-1}x_2^2=(-1)^{n-1}x_2^2$(类似地可求出 $x_1^{n+1}x_2^{n-1}$ 和 $x_1^nx_2^n$), 所以

$$b_{n+1}b_{n-1}-b_n^2=(-1)^{n-1}c_1c_2(x_1^2+x_2^2+2).$$

类似地, 由特征方程可知两根之和 $x_1+x_2=a_1-1$, 并且注意 $|x_2/x_1|<1$, 可得

$$\begin{aligned}b_nb_{n-1}&=c_1^2x_1^{2n-1}+c_2^2x_2^{2n-1}+c_1c_2(x_1^nx_2^{n-1}+x_1^{n-1}x_2^n)\\&=c_1^2x_1^{2n-1}+c_2^2x_2^{2n-1}+(-1)^{n-1}c_1c_2(x_1+x_2)\\&=c_1^2x_1^{2n-1}\left(1+\left(\frac{c_2}{c_1}\right)^2\left(\frac{x_2}{x_1}\right)^{2n-1}+\frac{c_2}{c_1}(-1)^{n-1}(a_1-1)\right)\\&=c_1^2x_1^{2n-1}\big(1+O(1)\big).\end{aligned}$$

由上述二结果立得

$$\lim_{n\to\infty}|a_{n+1}-a_n|^{1/n}=\lim_{n\to\infty}\left(\frac{|b_{n+1}b_{n-1}-b_n^2|}{|b_{n+1}b_{n-1}|}\right)^{1/n}$$

$$= \lim_{n\to\infty}\left(\frac{c_1c_2(x_1^2+x_2^2+2)}{c_1^2x_1^{2n-1}(1+O(1))}\right)^{1/n} = \frac{1}{x_1^2}.$$

2° 关系式 $b_{n+1}b_{n-1}-b_n^2=(-1)^n(a_1-1)$ 也可不应用数学归纳法, 而直接应用表达式 $b_n=c_1x_1^n+c_2x_2^n$ 来验证: 事实上, 依刚才在 1° 中已得到的结果, 继续计算:

$$\begin{aligned}b_{n+1}b_{n-1}-b_n^2&=c_1c_2\left(x_1^{n-1}x_2^{n+1}+x_1^{n+1}x_2^{n-1}-2x_1^nx_2^n\right)\\&=c_1c_2(x_1x_2)^{n-1}(x_1^2+x_2^2-2x_1x_2)=(-1)^{n-1}c_1c_2(x_1-x_2)^2,\end{aligned}$$

将 c_1,c_2 的表达式代入, 即得

$$\begin{aligned}b_{n+1}b_{n-1}-b_n^2&=(-1)^{n-1}\frac{x_1+1}{x_1-x_2}\cdot\frac{x_2+1}{x_2-x_1}\cdot(x_1-x_2)^2\\&=(-1)^{n-1}\frac{x_1+x_2+x_1x_2+1}{-(x_1-x_2)^2}\cdot(x_1-x_2)^2\\&=(-1)^n(a_1-1-1+1)=(-1)^n(a_1-1).\end{aligned}$$

9.16 记 $b_n=(a_1+\cdots+a_n+a_{n+1})/a_n$.

(i) 首先设

$$\varlimsup_{n\to\infty}\frac{a_{n+1}}{a_n}=+\infty.$$

因为 $b_n>a_{n+1}/a_n$, 所以

$$\varlimsup_{n\to\infty}b_n>\varlimsup_{n\to\infty}\frac{a_{n+1}}{a_n},$$

即得 $\varlimsup\limits_{n\to\infty}b_n=+\infty$.

(ii) 现在设

$$\varlimsup_{n\to\infty}\frac{a_{n+1}}{a_n}=\alpha<+\infty.$$

于是对于任何给定的 $\varepsilon>0$, 存在 $N=N(\varepsilon)$, 使得

$$\frac{a_{n+1}}{a_n}<\alpha+\varepsilon, n\geqslant N,$$

从而

$$\frac{a_n}{a_{n+1}}>\frac{1}{\alpha+\varepsilon}, n\geqslant N.$$

因此当 $n\geqslant n_0$ 时,

$$\begin{aligned}b_n&=\frac{a_1+\cdots+a_n+a_{n+1}}{a_n}\geqslant\frac{a_N+\cdots+a_n+a_{n+1}}{a_n}\\&=\frac{a_N}{a_n}+\frac{a_{N+1}}{a_n}+\cdots+1+\frac{a_{n+1}}{a_n}\\&=\frac{a_N}{a_{N+1}}\cdot\frac{a_{N+1}}{a_{N+2}}\cdots\frac{a_{n-1}}{a_n}+\frac{a_{N+1}}{a_{N+2}}\cdot\frac{a_{N+2}}{a_{N+3}}\cdots\frac{a_{n-1}}{a_n}\\&\quad+\cdots+\frac{a_{n-2}}{a_{n-1}}\cdot\frac{a_{n-1}}{a_n}+\frac{a_{n-1}}{a_n}+1+\frac{a_{n+1}}{a_n}\\&\geqslant\left(\frac{1}{\alpha+\varepsilon}\right)^{n-N}+\left(\frac{1}{\alpha+\varepsilon}\right)^{n-N-1}+\cdots+\frac{1}{\alpha+\varepsilon}+1+\frac{a_{n+1}}{a_n}.\end{aligned}$$

若 $0<\alpha<1$, 则由上式推出 $b_n>a_{n+1}/a_n$, 从而 $\varlimsup\limits_{n\to\infty}b_n=+\infty$. 若 $\alpha\geqslant1$, 则

$$\varlimsup_{n\to\infty}b_n\geqslant\alpha+\lim_{n\to\infty}\frac{1-(1/(\alpha+\varepsilon))^{n-N+1}}{1-1/(\alpha+\varepsilon)}=\alpha+\frac{\alpha+\varepsilon}{\alpha+\varepsilon-1}.$$

于是在 $\alpha=1$ 的情形 (注意 $\varepsilon>0$ 可以任意接近于 0) $\varlimsup\limits_{n\to\infty}b_n=+\infty$; 在 $\alpha>1$ 的情形 (应用算术–几何平均不等式)

$$\varlimsup_{n\to\infty}b_n\geqslant1+\alpha+\frac{1}{\alpha-1}=2+(\alpha-1)+\frac{1}{\alpha-1}\geqslant4.$$

合起来即得所要的不等式.

若令 $a_n = 2^n\,(n \geqslant 1)$, 则 $\lim\limits_{n\to\infty} a_n = 4$, 因此题中不等式右边的常数 4 是最优的.

9.17 (1) 答案是否定的. 为此考虑定义在 $\mathbb{Q}$ 上的函数

$$f\left(\frac{p}{q}\right) = \log\log(2q),$$

其中 p/q 是有理数的标准形式, 即 $q>0$ 和 p 是互素整数 (下同). 显然在任何区间中都含分母任意大的有理数, 所以上述函数在其上是无界的. 我们来验证它满足题中的要求.

(i) 若 $x = p/q, h = k/m$, 则 $x+h = (pm+qk)/(qm)$, 这里的分数可能不是既约的; 但我们总归有 $f(x+h) \leqslant \log\log(2qm)$. 因此

$$f(x+h)-f(x) \leqslant \log\log(2qm) - \log\log(2q) = \log\left(\frac{\log(2q)+\log m}{\log(2q)}\right).$$

于是, 若 $x(\in\mathbb{Q}) \to x_0$, 则 $q\to\infty$, 所以

$$\varlimsup_{\substack{x\to x_0\\ x\in\mathbb{Q}}} \big(f(x+h)-f(x)\big) \leqslant 0.$$

(ii) 若在上式中分别用 $-h$ 和 x_0+h 代替 h 和 x_0, 则有

$$\varlimsup_{\substack{x\to x_0+h\\ x\in\mathbb{Q}}} \big(f(x-h)-f(x)\big) \leqslant 0,$$

也就是

$$\varlimsup_{\substack{x-h\to x_0\\ x-h\in\mathbb{Q}}} \big(f(x-h)-f(x)\big) \leqslant 0.$$

记 $y = x-h$, 则 $x = y+h$, 于是上式可改写为

$$\varlimsup_{\substack{y\to x_0\\ y\in\mathbb{Q}}} \big(f(y)-f(y+h)\big) \leqslant 0,$$

也就是

$$\varlimsup_{\substack{y\to x_0\\ y\in\mathbb{Q}}} \big(-\big(f(y+h)-f(y)\big)\big) \leqslant 0.$$

仍然用 x 表示变量, 即得

$$\varliminf_{\substack{x\to x_0\\ x\in\mathbb{Q}}} \big(f(x+h)-f(x)\big) \geqslant 0.$$

(iii) 由步骤 (i) 和 (ii), 我们最终有

$$\lim_{\substack{x\to x_0\\ x\in\mathbb{Q}}} \big(f(x+h)-f(x)\big) = 0.$$

于是我们得到一个反例.

(2) 因为 $y(x)$ 在 $x=0$ 连续, 所以 $y(0+) = y(0-)$, 即得 $b=1$. 又因为 $y(x)$ 在 $x=0$ 可导, 所以 $y'_-(0) = y'_+(0)$, 即 $2x\big|_{x=0} = a$, 所以 $a=0$.

(3) (i) 因为

$$\left|\frac{1}{x_1}-\frac{1}{x_2}\right| = \frac{|x_1-x_2|}{|x_1x_2|} \leqslant \frac{|x_1-x_2|}{a^2},$$

对于任何 $\varepsilon>0$, 对于 $[a,+\infty)$ 中任意满足 $|x_1-x_2|<\delta=\varepsilon$ 的两点 x_1,x_2, 都有 $|f(x_1)-f(x_2)|<\varepsilon$. 因此 $f(x)$ 在 $[a,+\infty)$ 上一致连续.

(ii) 取 $x_n^{(1)} = 1/(2n\pi), x_n^{(2)} = 1/(2n\pi+\pi/2)\,(n\geqslant 1)$, 则 $x_n^{(1)}-x_n^{(2)} \to 0\,(n\to\infty)$, 但 $g(x_n^{(1)}) - g(x_n^{(2)}) \to 0\,(n\to\infty)$, 所以 $g(x)$ 在 $(0,1)$ 上不一致连续.

(4) 用反证法. 设对所有 $x\in(a,b], 0\leqslant f'(x)\leqslant Mx$. 因为此时 $f(x)\neq 0$, 所以

$$0\leqslant \frac{f'(x)}{f(x)}\leqslant M \quad (a<x\leqslant b).$$

设 $\delta>0$ 足够小, 在 $[a+\delta,b]$ 上对 x 积分, 得到

$$(b-a-\delta)M\geqslant \log f(b)-\log f(a+\delta)\to\infty \quad (\delta\to 0),$$

这不可能.

9.18 解法 1 由 $\mathrm{e}^{\omega x}\to+\infty\,(x\to\infty)$ 及 L'Hospital 法则得

$$\begin{aligned}\lim_{x\to\infty}f(x)&=\lim_{x\to\infty}\frac{f(x)\mathrm{e}^{\omega x}}{\mathrm{e}^{\omega x}}=\lim_{x\to\infty}\frac{\big(f(x)\mathrm{e}^{\omega x}\big)'}{(\mathrm{e}^{\omega x})'}\\&=\frac{1}{\omega}\lim_{x\to\infty}\big(f'(x)+\omega f(x)\big)=\frac{A}{\omega}.\end{aligned}$$

解法 2 对于任意给定的 $\varepsilon>0$, 存在 $c>0$, 使当 $x>c$ 时 $|f'(x)+\omega f(x)-A|\leqslant\omega\varepsilon/2$, 因而

$$\left|\left(\mathrm{e}^{\omega x}\left(f(x)-\frac{A}{\omega}\right)\right)'\right|=\left|\mathrm{e}^{\omega x}\Big(f'(x)+\omega f(x)-A\Big)\right|\leqslant\frac{1}{2}\omega\varepsilon\mathrm{e}^{\omega x}.$$

取 $N>c$, 在 $[c,N]$ 上对 x 积分, 得到

$$\left|\int_c^N\left(\mathrm{e}^{\omega x}\left(f(x)-\frac{A}{\omega}\right)\right)'\mathrm{d}x\right|\leqslant\int_c^N\left|\left(\mathrm{e}^{\omega x}\left(f(x)-\frac{A}{\omega}\right)\right)'\right|\mathrm{d}x\leqslant\frac{1}{2}\int_c^N\omega\varepsilon\mathrm{e}^{\omega x}\mathrm{d}x.$$

于是

$$\left|\mathrm{e}^{\omega N}\left(f(N)-\frac{A}{\omega}\right)-\mathrm{e}^{\omega c}\left(f(c)-\frac{A}{\omega}\right)\right|\leqslant\frac{1}{2}\varepsilon\big(\mathrm{e}^{\omega N}-\mathrm{e}^{\omega c}\big).$$

因此

$$\left|\left(f(N)-\frac{A}{\omega}\right)-\mathrm{e}^{\omega(c-N)}\left(f(c)-\frac{A}{\omega}\right)\right|\leqslant\frac{1}{2}\varepsilon\big(1-\mathrm{e}^{\omega(c-N)}\big)<\frac{\varepsilon}{2}.$$

于是对于任何 $N>c$ 有

$$\left|f(N)-\frac{A}{\omega}\right|\leqslant\mathrm{e}^{\omega(c-N)}\left|f(c)-\frac{A}{\omega}\right|+\frac{\varepsilon}{2}.$$

取 N 足够大, 可使上式右边 $<\varepsilon/2+\varepsilon/2=\varepsilon$. 因此推出 $f(x)\to A/\omega\,(x\to\infty)$.

9.19 参见习题 1.8 的解法 1, 读者可类似地给出本题的证明. 下面是其另一个变体. 对于任意给定的 $\varepsilon>0$, 存在 $A>0$ 使当 $x>A$ 时,

$$|f(x+1)-f(x)-a|<\varepsilon.$$

于是对于任何正整数 k, 当 $x>A$,

$$|f(x+k+1)-f(x+k)-a|<\varepsilon.$$

因为任何 $x>A$ 总可表示为 $x=x_1+p$, 其中 $p\in\mathbb{N}_0, x_1\in(A,A+1]$, 所以由

$$\begin{aligned}f(x)-f(x_1)&=f(x_1+p)-f(x_1)\\&=\big(f(x_1+p)-f(x_1+p-1)\big)+\big(f(x_1+p-1)-f(x_1+p-2)\big)+\cdots+\big(f(x_1+1)-f(x_1)\big)\end{aligned}$$

推出

$$|f(x)-f(x_1)-pa|\leqslant p\varepsilon.$$

因为 $pa=(x-x_1)a=xa-x_1a$, 所以由

$$f(x)-f(x_1)-pa=(f(x)-xa)-\big(f(x_1)-x_1a\big)$$

得到

$$|f(x)-xa|\leqslant|f(x_1)-x_1a|+p\varepsilon.$$

于是 (注意 $p=x-x_1\leqslant x$)

$$\begin{aligned}\left|\frac{f(x)}{x}-a\right|&\leqslant\frac{|f(x_1)-x_1a|}{x}+\frac{p}{x}\varepsilon\\&\leqslant\frac{|f(x_1)|+x_1|a|}{x}+\varepsilon\leqslant\frac{M+(A+1)|a|}{x}+\varepsilon,\end{aligned}$$

其中 $M=\max\limits_{A\leqslant x\leqslant A+1}|f(x)|$. 又因为存在 $A_1>0$, 使当 $x>A_1$ 时,

$$\frac{M+(A+1)|a|}{x}<\varepsilon,$$

因此当 $x>\max\{A,A_1\}$ 时,

$$\left|\frac{f(x)}{x}-a\right|\leqslant 2\varepsilon.$$

于是本题得证.

9.20 提示 (1) 令

$$\phi(x)=\big(f(b)-f(a)\big)\log x-\left(\log\frac{b}{a}\right)f(x),$$

那么 $\phi(a)=\phi(b)$, 应用 Rolle 定理.

(2) 取 $f(x)=x^{1/n}$, 并设 $0<a<1$, 取 $b=1$. 那么

$$a^{1/n}-1=\xi\cdot\frac{1}{n}\xi^{1/n-1}\log a\quad(0<a<\xi<1).$$

所以 $n(a^{1/n}-1)=\xi^{1/n}\log a$, 从而得到 $\lim\limits_{n\to\infty}n(a^{1/n}-1)=\log a$. 如果 $a>1$, 那么 $0<1/a<1$, 从而 $\lim\limits_{n\to\infty}n(a^{-1/n}-1)=-\log a$, 也推出所要的结果. $a=1$ 时是显然的.

9.21 (i) 设 $\varepsilon>0$ 任意给定. 由题设, 存在 $X=X(\varepsilon)>0$, 使当 $x\geqslant X$ 时 $|f'(x)-f^4(x)|\leqslant\varepsilon^4/2$, 因此 $f'(x)\geqslant f^4(x)-\varepsilon^4/2$.

(ii) 我们先来证明: 对于所有 $x\geqslant X$, $f(x)<\varepsilon$.

用反证法. 证明分为下列四步:

(ii-a) 设存在 $x_0\geqslant X$, 使得 $f(x_0)\geqslant\varepsilon$, 则由步骤 (i) 可知 $f'(x_0)\geqslant\varepsilon^4-\varepsilon^4/2>0$, 因而存在 $\eta>0$, 使得对于任何 $x\in(x_0,x_0+\eta)$ 有 $f(x)>f(x_0)\geqslant\varepsilon$. 并且由 f 的连续性可知 $f(x_0+\eta)\geqslant\varepsilon$.

(ii-b) 若函数 $f(x)$ 在 $(x_0,+\infty)$ 中的某个点 x 取得值 ε, 则此 $x\geqslant x_0+\eta$. 我们定义集合 $A=\{x\mid x\geqslant x_0+\eta,f(x)=\varepsilon\}$, 以及 $x_1=\inf A$. 于是 $x_1\geqslant x_0+\eta>x_0$. 由 f 的连续性可知 A 由孤立点和闭区间组成, 所以 $f(x_1)=\varepsilon$. 我们断言: 对于所有 $x\in[x_0,x_1]$, $f(x)\geqslant\varepsilon$. 事实上, 若 $x_1=x_0+\eta$, 则断言显然成立. 若 $x_1>x_0+\eta$, 则由 $f(x_0+\eta)\geqslant\varepsilon$ 和 x_1 的定义推出 $f(x_0+\eta)>\varepsilon$. 如果存在某点 $x'\in(x_0+\eta,x_1)$ 使得 $f(x')<\varepsilon$, 那么应用介值定理可知存在一点 $x''\in(x_0+\eta,x')$ 使得 $f(x'')=\varepsilon$. 因为 $x''<x_1$, 所以与 x_1 的定义矛盾. 因此在区间 $(x_0+\eta,x_1)$ 上 f 的值 $\geqslant\varepsilon$. 于是上述断言也成立. 由此断言及步骤 (i) 可知: 对于所有 $x\in[x_0,x_1]$, $f'(x)\geqslant\varepsilon^4-\varepsilon^4/2>0$, 因而 $f(x)$ 在 $[x_0,x_1]$ 上严格单调递增, 但同时 $f(x_0)\geqslant\varepsilon=f(x_1)$. 我们得到矛盾, 因而函数 $f(x)$ 在 $(x_0,+\infty)$ 上不可能取值 ε.

(ii-c) 依 (ii-b) 得到的结论, 并且注意在区间 $(x_0,x_0+\eta)$ 上 $f(x)>\varepsilon$, 由 f 的连续性 (应用介值定理) 可知在 $(x_0,+\infty)$ 上 $f(x)$ 也不可能取小于 ε 的值. 因此, 对于所有 $x>x_0$, $f(x)>\varepsilon$. 于是, 当 $x>x_0$ 时, $f'(x)\geqslant\varepsilon^4-\varepsilon^4/2>0$, 从而 $f(x)$ 单调递增, 因此当 $x\to+\infty$ 时 $f(x)$ 收敛于某个极限 L(可能 $L=+\infty$).

(ii-d) 设 $x>x_0$, 那么依步骤 (i), 对于 $t\in[x_0,x]$,

$$\frac{f'(t)}{f^4(t)-\varepsilon^4/2}\geqslant 1,$$

于是

$$\int_{x_0}^{x}\frac{f'(t)}{f^4(t)-\varepsilon^4/2}\mathrm{d}t\geqslant\int_{x_0}^{x}\mathrm{d}t=x-x_0,$$

作代换 $u=f(x)$ 得到

$$\int_{f(x_0)}^{f(x)}\frac{\mathrm{d}u}{u^4-\varepsilon^4/2}\geqslant x-x_0.$$

但这又将导致矛盾: 因为当 $x\to\infty$ 时上式左边趋于

$$\int_{f(x_0)}^{L}\frac{\mathrm{d}u}{u^4-\varepsilon^4/2}$$

(当 $L=+\infty$ 时这个积分收敛), 而上式右边趋于 $+\infty$.

综上所述可知: 对于所有 $x\geqslant X, f(x)<\varepsilon$.

(iii) 现在进而证明: 存在 $X_1=X_1(\varepsilon)$, 使当 $x\geqslant X_1$ 时 $f(x)>-\varepsilon$.

(iii-a) 首先证明: 存在一个点 $x_2\geqslant X$, 使得 $f(x_2)>-\varepsilon$.

用反证法. 设对于所有 $x\geqslant X, f(x)\leqslant-\varepsilon$, 那么依步骤 (i), 对于所有 $x\geqslant X, f'(x)\geqslant\varepsilon^4/2$. 由中值定理,

$$\frac{f(x)-f(X)}{x-X}=f'(\xi),\quad \xi\in(X,x),$$

于是 $f(x)-f(X)\geqslant\varepsilon^4(x-X)/2$. 这蕴含 $f(x)\to+\infty\,(x\to+\infty)$, 与刚才所作的假设矛盾. 于是上述结论成立.

(iii-b) 其次, 我们断言: 对于任何 $x\in(x_2,+\infty), f(x)\neq-\varepsilon$.

也用反证法. 设存在 $x>x_2$ 使得 $f(x)=-\varepsilon$, 那么令 $x_3=\inf\{x\mid x>x_2, f(x)=-\varepsilon\}$. 依 $f(x)$ 的连续性, 应用类似于 (ii-a) 中的推理, 可知: $f(x_3)=-\varepsilon$, 并且对于所有 $x\in[x_2,x_3), f(x)>-\varepsilon=f(x_3)$. 由此推出

$$f'(x_3)=\lim_{x\to x_3-}\frac{f(x)-f(x_3)}{x-x_3}\leqslant 0;$$

但同时由 $f(x_3)=-\varepsilon$ 以及步骤 (i) 可知 $f'(x_3)\geqslant f^4(x_3)-\varepsilon^4/2>0$, 因而我们得到矛盾. 于是上述断言得证.

(iii-c) 类似于 (ii-c), 由 $f(x_2)>-\varepsilon$ 以及 (iii-b) 中的结论, 应用介值定理, 我们可知: 对于任何 $x\in(x_2,+\infty), f(x)\not<-\varepsilon$.

综上所述可知: 若取 $X_1(\varepsilon)=x_2$, 则当 $x\geqslant X_1$ 时, $f(x)>-\varepsilon$.

(iv) 注意 $X_1\geqslant X$. 由步骤 (ii) 和 (iii) 所证的结论可知: 对于任给 $\varepsilon>0$, 存在 $X_1=X_1(\varepsilon)$ 使当 $x>X_1$ 时 $-\varepsilon<f(x)<\varepsilon$. 因此 $f(x)\to 0\,(x\to+\infty)$.

9.22　我们给出两个解法, 它们的差别只在最后一步.

解法 1　(i) 设当 $x\geqslant X$ 时 $|f''(x)|<c|f'(x)|$. 我们证明: $x\geqslant X, 0<t<1/c$ 蕴含

$$|f'(x+t)|\leqslant\frac{1}{1-ct}|f'(x)|.$$

事实上, 若 $|f'(x+t)|\leqslant|f'(x)|$, 则上式已经成立. 现在设 $|f'(x+t)|>|f'(x)|$. 那么集合

$$S=\{t'\mid t'>0, |f'(x+t')|=|f'(x+t)|\}$$

非空 (因为 $t\in S$), 所以 $t_0=\min S$ 存在, 并且 $0<t_0\leqslant t$. 于是当 $0<u<t_0$ 时, $|f'(x+u)|\neq|f'(x+t)|$. 如果 $|f'(x+u)|>|f'(x+t)|$, 那么 $|f'(x)|<|f'(x+t)|<|f'(x+u)|$, 由介值定理可知存在 $u'\in(0,u)$, 使得 $f'(x+u')|=|f'(x+t)|$. 但 $u'<t_0$, 与 t_0 的定义矛盾. 因此, 当 $0<u<t_0$ 时, $|f'(x+u)|<|f'(x+t)|$; 也就是说, 当 $\xi\in[x,x+t_0]$ 时 $|f'(\xi)|\leqslant|f'(x+t)|$. 由 Lagrange 中值定理, 我们得到(其中 $\eta\in(x,x+t_0)$)

$$\begin{aligned}|f'(x+t)|-|f'(x)|&=|f'(x+t_0)|-|f'(x)|=t_0|f''(\eta)|\\&\leqslant t_0c|f'(\eta)|\leqslant t_0c|f'(x+t)|\leqslant tc|f'(x+t)|,\end{aligned}$$

由此即得要证的不等式.

(ii) 现在证明: 当 $x \geqslant X$ 时,$f(x) \neq 0$. 用反证法. 设对某个 $x_0 \geqslant X, f'(x_0)=0$, 而 x 是区间 $(x_0, x_0+1/c)$ 中任意一点, 那么 $0<x-x_0<1/c$. 于是由 (i) 中所证的结论得到

$$|f'(x)| = |f'(x_0+(x-x_0))| \leqslant \frac{1}{1-c(x-x_0)}|f'(x_0)| = 0,$$

所以当 $x \in (x_0, x_0+1/c)$ 时 $f'(x)=0$; 并且由 $f'(x)$ 的连续性知 $f'(x+1/c)=0$. 总之, 由 $f'(x_0)=0$ 可推出在区间 $[x_0, x_0+1/c]$ 上 $f'(x)=0$. 又因为 $f'(x_0+1/c)=0$, 所以应用刚才得到的结论 (用 x_0+1/c 代替 x_0) 推出在区间 $[x_0+1/c, x_0+2/c]$ 上 $f'(x)=0$. 这个推理过程可以继续进行下去, 因此依归纳法可知: 若对某个 $x_0 \geqslant X, f'(x_0)=0$, 则对所有 $x \geqslant x_0, f'(x)=0$. 但这是不可能的, 因为 $f'(x)=0\,(x \geqslant x_0)$ 蕴含 $f(x)\,(x \geqslant x_0)$ 等于某个常数, 从而 $\mathrm{e}^{-x}f(x) \to 0(x \to +\infty)$, 与假设矛盾. 因此, 对于所有 $x \geqslant X, f'(x) \neq 0$.

(iii) 由此结论和 f' 的连续性, 应用介值定理得知, 或者对于所有 $x \geqslant X, f'(x)>0$; 或者对于所有 $x \geqslant X, f'(x)<0$. 但因为题设 $f(x) \sim \mathrm{e}^x\,(x \to +\infty)$, 所以 $f(x)$ 不可能单调递减, 从而后一情形不可能发生. 因此, 我们证明了: $f'(x)>0\ (x \geqslant X)$.

(iv) 由步骤 (i) 和 (iii) 可知: 当 $x \geqslant X, 0<u<1/c$ 时,

$$f'(x+u) = |f'(x+u)| \leqslant \frac{1}{1-cu}|f'(x)| = \frac{1}{1-cu}f'(x),$$

因此

$$(1-cu)f'(x+u) \leqslant f'(x);$$

而当 $x \geqslant X+1/c, 0<u<1/c$ 时,$x-u \geqslant X$, 所以

$$f'(x) = f'\big((x-u)+u\big) \leqslant \frac{1}{1-cu}f'(x-u).$$

合并上述两个不等式, 得到: 当 $x \geqslant X+1/c, 0<u<1/c$ 时,

$$(1-cu)f'(x+u) \leqslant f'(x) \leqslant \frac{1}{1-cu}f'(x-u).$$

于是当 $x \geqslant X+1/c, 0<u<1/c, 0 \leqslant u \leqslant t$ 时 (注意 $1-ct<1-cu$),

$$(1-ct)f'(x+u) \leqslant f'(x) \leqslant \frac{1}{1-ct}f'(x-u).$$

将此式对 u 从 0 到 t 积分, 得到

$$(1-ct)\big(f(x+t)-f(x)\big) \leqslant tf'(x) \leqslant \frac{1}{1-ct}\big(f(x)-f(x-t)\big).$$

(v) 将上式两边除以 $t\mathrm{e}^x$, 可得

$$\frac{1-ct}{t}\left(\frac{f(x+t)}{\mathrm{e}^{x+t}}\mathrm{e}^t - \frac{f(x)}{\mathrm{e}^x}\right) \leqslant \frac{f'(x)}{\mathrm{e}^x} \leqslant \frac{1}{t(1-ct)}\left(\frac{f(x)}{\mathrm{e}^x} - \frac{f(x-t)}{\mathrm{e}^{x-t}}\mathrm{e}^{-t}\right).$$

对于固定的 t,

$$\lim_{x \to +\infty}\left(\frac{f(x+t)}{\mathrm{e}^{x+t}}\mathrm{e}^t - \frac{f(x)}{\mathrm{e}^x}\right) = \mathrm{e}^t - 1,$$

所以由前面不等式的左半得到

$$\varliminf_{x \to +\infty}\frac{f'(x)}{\mathrm{e}^x} \geq (1-ct)\frac{\mathrm{e}^t-1}{t},$$

从而

$$\varliminf_{x \to +\infty}\frac{f'(x)}{\mathrm{e}^x} \geqslant \lim_{t \to 0+}\left((1-ct)\frac{\mathrm{e}^t-1}{t}\right) = 1.$$

类似地, 由前述不等式的右半得到

$$\overline{\lim_{x\to+\infty}}\frac{f'(x)}{\mathrm{e}^x}\leqslant\lim_{t\to0+}\left(\frac{1}{1-ct}\cdot\frac{1-\mathrm{e}^{-t}}{t}\right)=1.$$

于是得到所要的结果.

解法 2　(i) 如同解法 1 所证, 并注意题设 $f(x)\sim\mathrm{e}^x\,(x\to+\infty)$, 可知: 当 $x\geqslant X$ 时,

$$f(x)>0,\quad f'(x)>0.$$

现在应用下列简单的命题 (见习题 2.23) 来计算 $\lim\limits_{n\to+\infty}f(x)/\mathrm{e}^x$:

设 $g(x)$ 是 $[0,+\infty)$ 上二次可微函数, $\lim\limits_{n\to+\infty}g(x)$ 存在且有限, 并且当 $x\geqslant x_0$ 时 $|g''(x)|\leqslant C$(其中 C 是常数), 则 $\lim\limits_{n\to+\infty}g'(x)=0$.

(ii) 取 $g(x)=f(x)/\mathrm{e}^x$. 那么

$$g'(x)=\frac{f'(x)-f(x)}{\mathrm{e}^x},\quad g''(x)=\frac{f''(x)-2f'(x)+f(x)}{\mathrm{e}^x}.$$

由题设立知 $\lim\limits_{n\to+\infty}g(x)$ 存在且等于 1. 由步骤 (i) 及题设可知当 $x\geqslant X$ 时 $|f''(x)|\leqslant c|f'(x)|=cf'(x)$, 因此

$$\begin{aligned}|f'(x)-f'(X)|&=\left|\int_X^x f''(t)\mathrm{d}t\right|\\&\leqslant\int_X^x|f''(t)|\mathrm{d}t\leqslant c\int_X^x f'(t)\mathrm{d}t=c\big(f(x)-f(X)\big).\end{aligned}$$

注意 $\lim\limits_{n\to+\infty}f(x)=+\infty$, 由上式可知存在常数 c' 和 $X_1\geqslant X$ (它们与 X 有关) 使得当 $x\geqslant X_1$ 时,

$$f'(x)<c\big(f(x)-f(X)\big)+f'(X)\leqslant c'f(x),$$

因此

$$|f''(x)|\leqslant cf'(x)\leqslant cc'f(x).$$

由此可知, 当 $x\geqslant X_1$ 时,

$$\begin{aligned}|g''(x)|&=\left|\frac{f''(x)-2f'(x)+f(x)}{\mathrm{e}^x}\right|\leqslant\frac{|f''(x)|+2f'(x)+f(x)}{\mathrm{e}^x}\\&\leqslant\frac{(cc'+2c'+1)f(x)}{\mathrm{e}^x}=(cc'+2c'+1)g(x).\end{aligned}$$

因为 $\lim\limits_{n\to+\infty}g(x)=1$, 所以 $g(x)$ 有界, 于是由上式推出存在常数 C, 使当 x 充分大时 $|g''(x)|\leqslant C$. 总之, 此处函数 g 满足步骤 (i) 中所说的简单命题的各项条件.

(iii) 依步骤 (i) 中的简单命题 (即习题 2.23), 我们有

$$\lim_{x\to+\infty}g'(x)=\lim_{x\to+\infty}\frac{f'(x)-f(x)}{\mathrm{e}^x}=0,$$

于是立得 $\lim\limits_{n\to+\infty}\big(f'(x)/\mathrm{e}^x\big)=\lim\limits_{n\to+\infty}\big(f(x)/\mathrm{e}^x\big)=1$.

9.23　我们给出两个解法.

解法 1　由 $f(a)=f(b)$ 得 $a^\alpha(1-a)^\beta=b^\alpha(1-b)^\beta$, 应用它可算出

$$f'(a)+f'(b)=\frac{\beta}{b}a^\alpha(1-a)^\beta\left(\frac{\alpha}{\beta}\Big(1+\frac{b}{a}\Big)-\frac{b}{1-a}\Big(1+\frac{1-a}{1-b}\Big)\right).$$

令 $r=\alpha/\beta>1,t=b/a>1$. 那么等式 $a^\alpha(1-a)^\beta=b^\alpha(1-b)^\beta$ 可化为 $(1-a)/(1-b)=t^r$, 由此及 $b=at$ 可解出

$$a=\frac{t^r-1}{t^{r+1}-1},\quad b=\frac{t(t^r-1)}{t^{r+1}-1}.$$

将它们代入上述 $f'(a)+f'(b)$ 的表达式中, 得到

$$f'(a)+f'(b)=-\frac{\beta a^{\alpha}(1-a)^{\beta}}{bt^{r-1}(t-1)}(t^{2r}-rt^{r+1}+rt^{r-1}-1).$$

令 $g(t)=t^{2r}-rt^{r+1}+rt^{r-1}-1$, 则

$$g'(t)=rt^{r-2}\Big(2t^{r+1}-(r+1)t^2+r-1\Big)=rt^{r-2}h(t).$$

其中 $h(t)=2t^{r+1}-(r+1)t^2+r-1$. 因为当 $t>1$ 时 $h'(t)=2(r+1)(t^r-t)>0$, 所以 $h(t)>h(1)=0$(当 $t>1$), 因而 $g(t)>g(1)=0$(当 $t>1$), 于是当 $0<a<b<1$(即 $t>1$) 时,

$$f'(a)+f'(b)=-\frac{\beta a^{\alpha}(1-a)^{\beta}}{bt^{r-1}(t-1)}g(t)<0,$$

也就是 $f'(a)<-f'(b)$.

解法 2 应用 $f(a)=f(b)$ 可算出

$$f'(a)+f'(b)=a^{\alpha}(1-a)^{\beta}\left(\alpha\Big(\frac{1}{a}+\frac{1}{b}\Big)-\beta\Big(\frac{1}{1-a}+\frac{1}{1-b}\Big)\right),$$

因此不等式 $f'(a)<-f'(b)$ 等价于

$$\alpha\left(\frac{1}{a}+\frac{1}{b}\right)<\beta\left(\frac{1}{1-a}+\frac{1}{1-b}\right).$$

它可等价地改写为

$$\frac{\alpha}{\sqrt{ab}}\left(\sqrt{\frac{b}{a}}+\sqrt{\frac{a}{b}}\right)<\frac{\beta}{\sqrt{(1-a)(1-b)}}\left(\sqrt{\frac{1-b}{1-a}}+\sqrt{\frac{1-a}{1-b}}\right).$$

令 $r=\alpha/\beta>1,t=b/a>1$. 则由 $f(a)=f(b)$ 得 $(1-a)/(1-b)=t^r$. 于是上述不等式可表示为

$$\frac{\alpha}{\sqrt{ab}}\left(\sqrt{t}+\frac{1}{\sqrt{t}}\right)<\frac{\beta}{\sqrt{(1-a)(1-b)}}\left(\sqrt{t^r}+\frac{1}{\sqrt{t^r}}\right),$$

也就是

$$\frac{\alpha}{\sqrt{ab}}\cdot\frac{t-1/t}{\sqrt{t}-1/\sqrt{t}}<\frac{\beta}{\sqrt{(1-a)(1-b)}}\cdot\frac{t^r-1/t^r}{\sqrt{t^r}-1/\sqrt{t^r}},$$

因为 $\sqrt{ab}(\sqrt{t}-1/\sqrt{t})=b-a,\sqrt{(1-a)(1-b)}(\sqrt{t^r}-1/\sqrt{t^r})=(1-a)-(1-b)=b-a$, 所以这个不等式可改写为

$$t-\frac{1}{t}<r\left(t^r-\frac{1}{t^r}\right).$$

令函数

$$F(x)=\frac{2\sinh(x\log t)}{x},$$

其中 $\log t>0$(因为 $t>1$). 那么当 $x>0$ 时 $g'(x)>0$, 因而 $g(x)$ 严格单调增加, 于是当 $r>1$ 时 $F(1)<F(r)$, 这正是上面的不等式.

9.24 由题设条件得

$$f'(x)=\frac{1}{f(x)^2+1}-\frac{f(x)^2}{x^2\big(f(x)^2+1\big)}\geqslant\frac{1}{f(x)^2+1}-\frac{1}{x^2},$$

所以

$$\frac{\mathrm{d}}{\mathrm{d}x}\left(f(x)-\frac{1}{x}\right)=f'(x)+\frac{1}{x^2}\geqslant\frac{1}{f(x)^2+1}>0.$$

于是函数 $f(x)-1/x$ 单调增加, 从而当 $x\to\infty$ 时, 或者 $f(x)-1/x\to\infty$, 或者 $f(x)-1/x\to L<\infty$. 注意 $\lim\limits_{x\to\infty}1/x=0$, 所以当 $x\to\infty$ 时, 或者 $f(x)\to\infty$, 或者 $f(x)\to L<\infty$.

现在证明后一情形不可能. 设 $\lim\limits_{x\to\infty}f(x)=L<\infty$, 则 $f(x)$ 有界. 于是当 $x\geqslant 2$ 时 $f(x)\leqslant M$(其中 M 是常数), 从而

$$\begin{aligned}f(x)&=f(2)+\int_2^x\frac{t^2-f(t)^2}{t^2\left(f(t)^2+1\right)}\\&=f(2)+\int_2^x\frac{t^2}{t^2\left(f(t)^2+1\right)}-\int_2^x\frac{f(t)^2}{t^2\left(f(t)^2+1\right)}\\&\geqslant f(2)+\int_2^x\frac{1}{M^2+1}-\int_2^x\frac{1}{t^2}\\&\geqslant f(2)+\frac{x-2}{M^2+1}-\frac{1}{2}.\end{aligned}$$

这与 $f(x)$ 有界性假设矛盾.

9.25 (1) 解法 1 (i) 先设 $x\in(-1,1)$. 由积分中值定理,

$$f(x)=\int_0^x f(t)\mathrm{d}t=xf(x_1),$$

其中 $x_1\in(0,x)$, 同理

$$f(x_1)=\int_0^{x_1}f(t)\mathrm{d}t=x_1f(x_2),$$

其中 $x_2\in(0,x_1)$. 继续这种推理, 得到

$$f(x)=xf(x_1)=xx_1f(x_2)=xx_1x_2f(x_3)=\cdots,$$

其中 $x_i\in(0,x_{i-1})\,(i=1,2,\cdots)$(约定 $x_0=x$), 于是 $|x_i|\leqslant|x|$. 设 $M=\max\{|f(x)|\mid x\in[-1,1]\}$, 那么

$$0\leqslant|f(x)|\leqslant|x|^n|f(x_n)|\leqslant M|x|^n\to 0\quad(n\to\infty),$$

所以在 $(-1,1)$ 上 $f(x)$ 取值为 0, 而由连续性可知在 $[-1,1]$ 上 $f(x)$ 恒等于零.

(ii) 对于函数 $f_1(x)=f(x+1)$ 有

$$\begin{aligned}&f_1(x)=\int_0^{x+1}f(t)\mathrm{d}t=\int_0^1 f(t)\mathrm{d}t+\int_1^{x+1}f(t)\mathrm{d}t=\int_1^{x+1}f(t)\mathrm{d}t,\\&\int_0^x f_1(t)\mathrm{d}t=\int_0^x f(t+1)\mathrm{d}t=\int_1^{x+1}f(u)\mathrm{d}u,\end{aligned}$$

所以 $f_1(x)$ 满足条件

$$f_1(x)=\int_0^x f_1(t)\mathrm{d}t.$$

于是依步骤 (i) 中所证知 $f_1(x)$ 在 $[-1,1]$ 上恒等于零, 从而 $f(x)$ 在 $[0,2]$ 上恒等于零. 类似地, 考虑函数 $f_2(x)=f(-1-x)$, 可证明 $f(x)$ 在 $[-2,0]$ 上恒等于零. 合起来得知 $f(x)$ 在 $[-2,2]$ 上恒等于零.

(iii) 应用步骤 (ii) 中的推理, 由数学归纳法可知对于任何正整数 n, 函数 $f(x)$ 在 $[-n,n]$ 上恒等于零, 于是 $f(x)$ 在 $\mathbb{R}$ 恒等于零.

解法 2 因为 $f'(x)=f(x)$, 所以 $f(x)=C\mathrm{e}^x$. 由 $f(0)=0$ 定出常数 $C=0$.

(2) 只需在 $f(0)=0$ 的假设下证明 $f(x)$ 恒等于零. 应用 Lagrange 中值定理可知

$$f(x)=f(x)-f(0)=f'(x_1)(x-0)=f'(x_1)x,$$

其中 x_1 介于 $x,0$ 之间, 因此由题设条件得到

$$|f(x)|=|f'(x_1)||x|\leqslant|f(x_1)||x|.$$

类似地,

$$|f(x_1)|=|f'(x_2)||x_1|,\quad |x_2|<|x_1|,$$

所以

$$|f(x)| \leqslant |f'(x_2)||x|^2 \leqslant |f(x_2)||x|^2.$$

重复这种推理得到 $|x_n| < |x_{n-1}| < \cdots < |x_1| < |x|$, 并且

$$|f(x)| \leqslant |f(x_n)||x|^n.$$

因为在 $|x|<1$ 时 $f(x)$ 连续, 所以 $|f(x)|$ 有界, 于是 $|f(x_n)| \leqslant M$(常数, 与 n 无关), 从而当 $x\in(-1,1)$ 时 $|f(x)| \to 0\,(n\to\infty)$. 由此可知在 $(-1,1)$ 上 $f(x)$ 恒等于零; 且依 $f(x)$ 的连续性知 $f(\pm 1)=0$. 因此 $f(x)$ 在 $[-1,1]$ 上恒等于零. 令 $f_1(x)=f(x+1)$, 则 $|f_1'(x)| \leqslant |f_1(x)|$, 因此依刚才所证知 $f_1(x)$ 在 $|x|\leqslant 1$ 时恒等于零, 因此 $f(x)$ 在 $[0,2]$ 上恒等于零; 令 $f_2(x)=f(x-1)$, 则可类似地推出 $f(x)$ 在 $[-2,0]$ 上恒等于零. 合起来得知 $f(x)$ 在 $[-2,2]$ 上恒等于零. 应用数学归纳法可证对于任何正整数 $n, f(x)$ 在 $[-n,n]$ 上恒等于零. 于是本题得证.

9.26 为证明 $f(x)$ 在 $[0,\infty)$ 上严格单调递减, 只用证明在 $[0,\infty)$ 上 $f'(x)<0$. 由 $f(x)$ 在 $[0,\infty)$ 上满足的微分方程

$$f'(x) = -1 + xf(x),$$

可知 $f\in C^2[0,\infty)$, 并且 $f'(0)=-1$. 又因为当 $x\to\infty$ 时 $xf(x)\to 0$, 所以由上述微分方程推出: $f'(x)\to -1\,(x\to\infty)$, 于是 $f'(x)$ 在 $[0,\infty)$ 上具有有限的最大值 M. 如果 $M=-1$, 那么在 $[0,\infty)$ 上 $f'(x)<0$, 问题已得解. 如果 $M\neq -1$, 用 a 记最大值点, 即 $f'(a)=M\neq -1$, 那么 $a\neq 0$(因为已证 $f'(0)=-1$), 并且依 Fermat 定理 $f''(a)=0$. 由上述微分方程可知

$$f''(x) = f(x) + xf'(x) = f(x) + x(-1+xf(x)) = -x + (1+x^2)f(x),$$

在其中令 $x=a$ 可得 $f(a)=a/(a^2+1)$; 然后在题给微分方程 $f'(x)=-1+xf(x)$ 中令 $x=a$, 即可得到

$$f'(a) = -1 + af(a) = -\frac{1}{1+a^2},$$

也就是 $M=-1/(a^2+1)<0$. 于是在此情形问题也得解.

9.27 当 $0<a<b$ 时,$f(x)$ 在 $[a,b]$ 上可积, 并且

$$\int_a^b f(xy)\mathrm{d}y = \int_a^b f(x)\mathrm{d}y + \int_a^b f(y)\mathrm{d}y = (b-a)f(x) + C,$$

其中 C 是一个常数. 于是 (令 $xy=t$)

$$f(x) = \frac{1}{b-a}\left(\int_a^b f(xy)\mathrm{d}y - C\right) = \frac{1}{b-a}\left(\frac{1}{x}\int_{ax}^{bx} f(t)\mathrm{d}t - C\right).$$

因为 $f(x)$ 连续, 所以

$$F(x) = \int_{ax}^{bx} f(t)\mathrm{d}t$$

可微, 并且 $F'(x)=bf(bx)-af(ax)$, 从而当 $x>0$ 时 $F(x)/x$ 也可微, 于是本题得证.

9.28 (1) 由题设条件,$F(x)$ 是收敛的交错级数, 并且 $0\leqslant F(x)\leqslant f(0)$. 还可将它表示为

$$F(x) = \sum_{n=0}^{\infty}(-1)^n f(nx) = \sum_{n=0}^{\infty}\Big(f(2nx) - f\big((2n+1)x\big)\Big).$$

因为 f 是凸函数, 所以对于每个 $x>0, f(kx)-f((k+1)x)$ 是正整数 k 的减函数. 因此

$$\begin{aligned} F(x) &= f(0) - \sum_{n=0}^{\infty}\Big(f\big((2n+1)x\big) - f\big((2n+2)x\big)\Big) \\ &\geqslant f(0) - \sum_{n=0}^{\infty}\Big(f(2nx) - f\big((2n+1)x\big)\Big) \end{aligned}$$

$$= f(0) - F(x),$$

以及

$$\begin{aligned}
F(x) &= f(0) - f(x) + \sum_{n=1}^{\infty}\Big(f(2nx) - f\big((2n+1)x\big)\Big) \\
&\leqslant f(0) - f(x) + \sum_{n=1}^{\infty}\Big(f\big((2n-1)x\big) - f(2nx)\Big) \\
&= f(0) - f(x) + f(0) - \sum_{n=0}^{\infty}\Big(f(2nx) - f\big((2n+1)x\big)\Big) \\
&= 2f(0) - f(x) - F(x),
\end{aligned}$$

于是

$$f(0) \leqslant 2F(x) \leqslant 2f(0) - f(x) \quad (x > 0).$$

因为 $f(x)$ 在 $x=0$ 连续, 所以 $\lim\limits_{x\to 0+} f(x) = f(0)$, 从而 $F(x) \to f(0)/2\,(x\to 0+)$.

(2) 因为 $f(x)\to 0\,(x\to\infty)$, 所以

$$\begin{aligned}
F(x) &= \frac{1}{2}f(0) + \frac{1}{2}\sum_{n=0}^{\infty}(-1)^n\Big(f(nx) - f\big((n+1)x\big)\Big) \\
&= \frac{1}{2}f(0) + \frac{1}{2}\sum_{n=0}^{\infty}\left(\int_{(2n+1)x}^{(2n+2)x} f'(t)\mathrm{d}t - \int_{2nx}^{(2n+1)x} f'(t)\mathrm{d}t\right) \\
&= \frac{1}{2}f(0) + \frac{1}{2}\sum_{n=0}^{\infty}\int_{2nx}^{(2n+1)x}\left(\int_0^x f''(s+t)\mathrm{d}s\right)\mathrm{d}t \\
&= \frac{1}{2}f(0) + \frac{1}{2}\int_0^x\left(\sum_{n=0}^{\infty}\int_{2nx}^{(2n+1)x} f''(s+t)\mathrm{d}t\right)\mathrm{d}s.
\end{aligned}$$

由此推出

$$\left|F(x) - \frac{1}{2}f(0)\right| \leqslant \frac{x}{2}\int_0^{\infty}|f''(t)|\mathrm{d}t.$$

于是得到 $F(x)\to f(0)/2\,(x\to 0+)$.

9.29 考虑 Taylor 展开:

$$\begin{aligned}
f(x) &= f(0) + f'(0)x + \frac{f''(0)}{2}x^2 + \frac{f'''(\theta_1)}{6}x^3, \\
f(x) &= f(1) + f'(1)(x-1) + \frac{f''(1)}{2}(x-1)^2 + \frac{f'''(\theta_2)}{6}(x-1)^3,
\end{aligned}$$

其中 $0<\theta_1,\theta_2<1$. 由题设条件得到

$$f(x) = \frac{f'''(\theta_1)}{6}x^3, \quad f(x) = 1 + \frac{f'''(\theta_2)}{6}(x-1)^3.$$

在其中令 $x=1/2$, 并将所得两个等式相减, 则有

$$f'''(\theta_1) + f'''(\theta_2) = 48,$$

因此 $f'''(\theta_1)$ 和 $f'''(\theta_2)$ 中至少有一个 $\geqslant 24$.

9.30 在 Taylor 公式

$$f(t) = f(t_0) + f'(t_0)(t-t_0) + \frac{f''\big(t_0+\theta(t-t_0)\big)}{2}(t-t_0)^2 \quad (0<\theta<1)$$

中分别取 $t=0,t_0=x$ 以及 $t=a,t_0=x$, 可得

$$f(0)=f(x)-xf'(x)+\frac{x^2}{2}f''(\theta_1)\quad(0<\theta_1<x),$$

$$f(a)=f(x)+(a-x)f'(x)+\frac{(a-x)^2}{2}f''(\theta_2)\quad(x<\theta_2<a),$$

两式相减得到

$$f(a)-f(0)=af'(x)+\frac{1}{2}f''(\theta_2)(a-x)^2-\frac{1}{2}f''(\theta_1)x^2.$$

因此

$$\begin{aligned}a|f'(x)|&=\left|f(a)-f(0)-\frac{1}{2}f''(\theta_2)(a-x)^2+\frac{1}{2}f''(\theta_1)x^2\right|\\&\leqslant 2+\frac{1}{2}\big((a-x)^2+x^2\big)\leqslant 2+\frac{1}{2}\big((a-x)+x\big)^2=2+\frac{a^2}{2}.\end{aligned}$$

于是推出 $|f'(x)|\leqslant 2/a+a/2$.

9.31 (1) 若 x 等于某个 a_i, 那么结论显然成立 (ξ 可任取). 下面设 $x\in[a_1,a_n],x\neq a_i(i=1,\cdots,n)$. 令

$$f(x)=\frac{(x-a_1)(x-a_2)\cdots(x-a_n)}{n!}A,$$

要证明 $A=f^{(n)}(\xi)$. 为此定义

$$g(t)=f(t)-\frac{(t-a_1)(t-a_2)\cdots(t-a_n)}{n!}A.$$

那么 $g(t)\in C^{(n-1)}[a_1,a_n]$, 在 (a_1,a_n) 上 $g^{(n)}(t)$ 存在, 并且 $g(t)$ 在其上有 $n+1$ 个不同的零点 $a_1,a_2,\cdots,a_n$ 及 x. 由 Rolle 定理, $g'(t)$ 在这 $n+1$ 个点的每相邻两点之间各有一个零点 (共 n 个), 继续应用 Rolle 定理, $g''(t)$ 有 $n-1$ 个不同的零点, 等等, 最后可知 $g^{(n)}(t)$ 在 (a_1,a_n) 上有一个零点 ξ. 因为 $g^{(n)}(t)=f^{(n)}(t)-A$, 所以由 $g^{(n)}(\xi)=0$ 推出 $f^{(n)}(\xi)=A$.

(2) **提示** 若 x 等于某个 a_i, 那么结论显然成立 (ξ 可任取). 下面设 $x\neq a_i(i=1,\cdots,n)$. 令

$$f(x)=P(x)+\frac{(x-a_1)(x-a_2)\cdots(x-a_n)}{n!}A,$$

只需证明 $K=f^{(n)}(\xi)$, 其中 ξ 介于 $x,a_1,\cdots,a_n$ 的最小者和最大者之间. 为此定义

$$\phi(t)=f(t)-P(t)-\frac{(t-a_1)(t-a_2)\cdots(t-a_n)}{n!}A,$$

那么 $\phi(t)\in C^n(I)$, 并且在 I 上有 $n+1$ 个零点 $x,a_1,\cdots,a_n$. 逐次应用 Rolle 定理, 可知存在 ξ(介于 $x,a_1,\cdots,a_n$ 的最小者和最大者之间) 满足

$$\phi^{(n)}(\xi)=0.$$

因为 $P(t)$ 是次数不超过 $n-1$ 的多项式, 所以 $\phi^{(n)}(\xi)=f^{(n)}(\xi)-A$, 从而 $A=f^{(n)}(\xi)$.

注 1° 如果本题 (2) 中 $a_1<a_2<\cdots<a_n,I=[a_1,a_n]$, 那么将本题 (1) 应用于函数 $f(x)-P(x)$ 即可证明本题 (2).

2° 容易构造本题 (2) 中具有性质 $f(a_k)=P(a_k)\,(1\leqslant k\leqslant n)$ 的多项式:

$$P(x)=\sum_{k=1}^{n}\prod_{\substack{1\leqslant j\leqslant n\\ j\neq k}}\frac{(x-a_j)}{(a_k-a_j)}f(a_k).$$

它称为 $f(x)$ 的 Lagrange 插值多项式.

9.32 固定 $h,|h|<a/n$. 令

$$f_0(x)=f(x+h)-f(x),\quad f_k(x)=f_{k-1}(x+h)-f_{k-1}(x)\quad(k\geqslant 1).$$

那么 $f_1, f_2, \cdots, f_n$ 分别在区间 $|x| < a-|h|, |x| < a-2|h|, \cdots, |x| < a-n|h|$ 上具有与 $f(x)$ 同样的 (微分) 性质, 并且 (对 s 用数学归纳法证明)

$$f_s(x) = \sum_{k=0}^{s}(-1)^k \binom{s}{k} f(x+kh) \quad (0 \leqslant s \leqslant n),$$

因此得到等式

$$\mathscr{F}: \quad \sum_{k=0}^{n}(-1)^k \binom{n}{k} f(kh) = f_n(0).$$

逐次应用 Lagrange 中值定理, 有

$$f_n(0) = f_{n-1}(h) - f_{n-1}(0) = hf'_{n-1}(\theta_1 h) \quad (0 < \theta_1 < h),$$
$$f'_{n-1}(\theta_1 h) = f'_{n-2}(\theta_1 h + h) - f'_{n-2}(\theta_1 h) = hf''_{n-2}(\theta_1 h + \theta_2 h) \quad (0 < \theta_2 < 1),$$

等等, 最后有

$$\begin{aligned} &f_1^{(n-1)}(\theta_1 h + \theta_2 h + \cdots + \theta_{n-1} h) \\ &\quad = f^{(n-1)}(\theta_1 h + \theta_2 h + \cdots + \theta_{n-1} h + h) - f^{(n-1)}(\theta_1 h + \theta_2 h + \cdots + \theta_{n-1} h) \\ &\quad = hf^{(n)}(\theta_1 h + \theta_2 h + \cdots + \theta_{n-1} h + \theta_n h) \quad (0 < \theta_n < 1). \end{aligned}$$

于是我们由上列诸式推出

$$\begin{aligned} f_n(0) &= hf'_{n-1}(\theta_1 h) = h \cdot hf''_{n-2}(\theta_1 h + \theta_2 h) = \cdots \\ &= h^{n-1} f_1^{(n-1)}(\theta_1 h + \theta_2 h + \cdots + \theta_{n-1} h) \\ &= h^n f^{(n)}(\theta_1 h + \theta_2 h + \cdots + \theta_n h). \end{aligned}$$

因为 $0 < \theta_1 + \theta_2 + \cdots + \theta_n < n$, 所以若令 $\theta = (\theta_1 + \theta_2 + \cdots + \theta_n)/n$, 则 $\theta \in (0,1)$, 并且

$$f^{(n)}(\theta_1 h + \theta_2 h + \cdots + \theta_n h) = f^{(n)}(n\theta h),$$

所以 $f_n(0) = h^n f^{(n)}(n\theta h)$, 从而(注意等式 $\mathscr{F}$)本题得证.

9.33　用反证法, 设存在 $\delta > 0$ 及 x_0, 使当 $x > x_0$ 时,

$$\delta < \frac{f'(x)}{\big(f(x)\big)^{\alpha}}.$$

在此式两边对 x 在 $[x_0, x]$ 上积分得到

$$\delta(x - x_0) < \int_{x_0}^{x} \frac{f'(t)}{\big(f(t)\big)^{\alpha}} \mathrm{d}t = \frac{1}{\alpha - 1}\left(\frac{1}{\big(f(x_0)\big)^{\alpha-1}} - \frac{1}{\big(f(x)\big)^{\alpha-1}}\right).$$

由此推出 (注意 $\alpha > 1$)

$$\frac{1}{\big(f(x_0)\big)^{\alpha-1}} > \frac{1}{\big(f(x)\big)^{\alpha-1}} + (\alpha-1)\delta(x-x_0) > (\alpha-1)\delta(x-x_0).$$

因为此式右边可以随着 x 变得任意大, 而左边是一个固定的数, 所以得到矛盾.

9.34　由

$$\lim_{x \to +\infty} \frac{f(\theta x)}{f(x)} = 1,$$

可知 (令 $y = \theta x$)

$$\lim_{x \to +\infty} \frac{f(\theta^2 x)}{f(\theta x)} = \lim_{y \to +\infty} \frac{f(\theta y)}{f(y)} = 1.$$

因此, 对任何正整数 n 有

$$\lim_{x\to+\infty}\frac{f(\theta^n x)}{f(x)}=\lim_{x\to+\infty}\left(\frac{f(\theta^n x)}{f(\theta^{n-1}x)}\cdot\frac{f(\theta^{n-1}x)}{f(\theta^{n-2}x)}\cdot\dots\cdot\frac{f(\theta x)}{f(x)}\right)=1.$$

类似地有 (令 $y=\theta^{-1}x$)

$$\lim_{x\to+\infty}\frac{f(\theta^{-1}x)}{f(x)}=\lim_{y\to+\infty}\frac{f(y)}{f(\theta y)}=1,$$
$$\lim_{x\to+\infty}\frac{f(\theta^{-n}x)}{f(x)}=1.$$

设 $a>0$ 给定. 若 $\theta>1$, 则存在正整数 n 使得 $\theta^{-n}<a<\theta^n$, 从而依 $f(x)$ 的单调递增性, 我们有

$$\frac{f(\theta^{-n}x)}{f(x)}\leqslant\frac{f(ax)}{f(x)}\leqslant\frac{f(\theta^n x)}{f(x)};$$

若 $\theta<1$, 则存在正整数 n 使得 $\theta^n<a<\theta^{-n}$, 从而

$$\frac{f(\theta^n x)}{f(x)}\leqslant\frac{f(ax)}{f(x)}\leqslant\frac{f(\theta^{-n}x)}{f(x)}.$$

在上述两个不等式中令 $x\to+\infty$, 即得所要的结果.

9.35 由中值定理, 当 $a<x_1<x_2<b$ 时,

$$\arctan f(x_2)-\arctan f(x_1)=\frac{f'(x_0)}{1+f^2(x_0)}(x_2-x_1),$$

其中 $x_0\in(x_1,x_2)$. 在此式中令 $x_2\to b-$, 以及 $x_1\to a+$, 依题设条件即得 $-\pi\geqslant-(b-a)$.

9.36 (1) 设 $x\in(a,b)$. 若 $x+f(x)/f'(x)\geqslant1$, 则 $f(x)/f'(x)\geqslant1-x>0$, 因而

$$0<\frac{f'(x)}{f(x)}\leqslant\frac{1}{1-x};$$

若 $x+f(x)/f'(x)\leqslant-1$, 则 $f(x)/f'(x)\leqslant-(1+x)<0$, 因而

$$-\frac{1}{1+x}\leqslant\frac{f'(x)}{f(x)}<0.$$

因此总有

$$-\frac{1}{1+x}\leqslant\frac{f'(x)}{f(x)}\leqslant\frac{1}{1-x}\quad(a<x<b).$$

对 x 在 $[a,b]$ 上积分, 我们得到

$$\log\frac{1+a}{1+b}\leqslant\log\frac{f(b)}{f(a)}\leqslant\log\frac{1-a}{1-b},$$

于是

$$\frac{1+a}{1+b}\leqslant\frac{f(b)}{f(a)}\leqslant\frac{1-a}{1-b}.$$

(2) 设 $x\in(a,b)$. 因为 $x>a$, 所以在上述不等式的右半中用 x 代 b, 并注意 $a>-1$ 蕴含 $1-a<2$, 可得

$$f(x)\leqslant\frac{1-a}{1-x}f(a)<\frac{2f(a)}{1-x};$$

类似地, 由上述 (i) 中不等式的右半 (用 x 代 a) 推出

$$f(x)\leqslant\frac{1+b}{1+x}f(b)<\frac{2f(b)}{1+x}.$$

于是

$$f(x)<2\min\left\{\frac{f(a)}{1-x},\frac{f(b)}{1+x}\right\}.$$

此式对于任何 $x\in(a,b)\subset[-1,1]$ 成立, 所以

$$f(x)<2\max_{-1\leqslant x\leqslant 1}\min\left\{\frac{f(a)}{1-x},\frac{f(b)}{1+x}\right\}.$$

当

$$\frac{f(a)}{1-x}=\frac{f(b)}{1+x}\quad 或\quad x=\frac{f(b)-f(a)}{f(a)+f(b)}$$

时, 达到右边的极值, 于是 $f(x)<f(a)+f(b)$.

9.37 令 $f(x)=\sin(\cos x)-x$, 那么 $f(0)=\sin 1, f(\pi/2)=-\pi/2$. 由介值定理, 存在 $x_1\in(0,\pi/2)$, 使得 $f(x_1)=0$. 因为在 $(0,\pi/2)$ 上 $f'(x)<0$, 所以在该区间上 f 没有其他的零点. 同样可证在 $(0,\pi/2)$ 上方程 $\cos(\sin x)=x$ 有唯一的零点 x_2. 最后, 因为

$$x_1=\sin(\cos x_1)<\cos x_1,\quad x_2=\cos(\sin x_2)>\cos x_2,$$

所以 $x_1<x_2$.

9.38 **提示** 令

$$f(x)=\frac{1}{x}\int_0^1 t^{x-1-1/x}(1-t)^{1/x-1}\mathrm{d}t.$$

注意 $x_0=(\sqrt{5}+1)/2$ 是方程 $x-1-1/x=0$ 的一个根, 推出 $f(x_0)=1$. 若 $x>x_0$, 则 $x-1-1/x>0$, 由此推出 $f(x)<1$. 若 $1<x<x_0$, 则 $x-1-1/x<0$, 从而 $f(x)>1$.

9.39 记

$$f(x)=\prod_{k=1}^{n}(1-x^{a_k})\quad(0\leqslant x\leqslant 1),$$

则

$$0\leqslant f(x)\leqslant(1-x^{a_1})(1-x^{a_2})\leqslant a_1a_2(1-x)^2.$$

因此当 $x<1$ 与 1 充分近时,$f(x)<1-x$. 同时, 我们还有

$$1\geqslant f(x)\geqslant 1-(x^{a_1}+\cdots+x^{a_n}),$$

因此当 $x>0$ 与 0 充分近时,$f(x)>1-x$. 由连续函数的性质 (介值定理) 可知方程 $f(x)=1-x$ 在 $(0,1)$ 中有一根.

现在证明方程在 $(0,1)$ 中仅有一根. 为此令

$$g(x)=\log(1-x)-\log f(x)\quad(0\leqslant x<1).$$

若 $g(x_1)=g(x_2)=0$, 其中 $0<x_1<x_2<1$. 则因 $g(0)=0$, 所以由 $g(x)$ 的连续性可知, 函数 $h(x)=(1-x)g'(x)$ 至少在 $(0,x_1)$ 和 (x_1,x_2) 中各有一个零点. 于是仍然由介值定理, 函数 $h'(x)$ 在 $(0,x_2)$ 中有一个零点. 但因为在 $(0,1)$ 上显然

$$h(x)=-1+\sum_{k=1}^{n}\frac{a_kx^{a_k-1}(1-x)}{1-x^{a_k}}>0;$$

而依已知的不等式: 若 $a\geqslant 1$, 且 $x\geqslant 0$, 则 $x^a\geqslant 1+ax-a$; 并且等号仅当 $a=1$ 或 $x=1$ 时成立 (见例 8.2.5, 读者也可用微分学方法自行证明), 我们推出: 在 $(0,1)$ 上

$$h'(x)=\sum_{k=1}^{n}\frac{a_kx^{a_k-2}(x^{a_k}-1-a_kx+a_k)}{(1-x^{a_k})^2}>0.$$

于是我们得到矛盾.

9.40 (i) 令

$$\alpha=\sup_{x\in\mathbb{R}}|f(x)|,\quad \beta=\sup_{x\in\mathbb{R}}|f''(x)|,$$

我们可以认为 α,β 都是有限的 (不然题中不等式已成立). 并且若 $\beta=0$, 则 $f'(x)=c, f(x)=cx+d(c,d$ 是常数). 但因为 α 有限, 所以 $c=0$, 从而 $f'(x)=0$. 因此题中不等式也已成立. 于是我们下面设 $\beta>0$. 由 Taylor 公式, 对于任何 $x\in\mathbb{R}$ 及 $y>0$, 存在 $\xi_{x,y}\in(0,y)$ 使得

$$f(x+y)=f(x)+f'(x)y+f''(\xi_{x,y})\frac{y^2}{2}.$$

类似地, 对于上述 x,y, 存在 $\eta_{x,y}\in(-y,0)$ 使得

$$f(x-y)=f(x)-f'(x)y+f''(\eta_{x,y})\frac{y^2}{2}.$$

由上面二式推出

$$f(x+y)-f(x-y)=2f'(x)y+\Big(f''(\xi_{x,y})-f''(\eta_{x,y})\Big)\frac{y^2}{2},$$

因此

$$2y|f'(x)|=\left|f(x+y)-f(x-y)-\Big(f''(\xi_{x,y})-f''(\eta_{x,y})\Big)\frac{y^2}{2}\right|\leqslant 2\alpha+\beta y^2,$$

由此可得

$$\sup_{x\in\mathbb{R}}|f'(x)|\leqslant\frac{\alpha}{y}+\frac{\beta y}{2}.$$

最后, 注意上式右边当 $y=\sqrt{2\alpha/\beta}$ 时达到最小值 $\sqrt{2\alpha\beta}$, 从而得到要证的不等式.

(ii) 为证明不等式右边常数的最优性, 我们首先定义下列阶梯偶函数:

$$\phi''(x)=\begin{cases}0, & |x|>2,\\ 1, & 1\leqslant|x|\leqslant 2,\\ -1, & |x|<1.\end{cases}$$

于是

$$\phi'(x)=\int_{-2}^{x}\phi''(t)\mathrm{d}t$$

是分片线性的奇连续函数, 而且

$$\phi(x)=\int_{-2}^{x}\phi'(t)\mathrm{d}t-\frac{1}{2}$$

是 $C^1(\mathbb{R})$ 中的一个偶函数. 函数 $|\phi(x)|,|\phi'(x)|,|\phi''(x)|$ 在 $\mathbb{R}$ 上的最大值分别是 $1/2,1,1$. 因此对于本例, 题中的不等式成为等式. 不过, 我们例中的函数 $\phi(x)$ 不属于 $C^2(\mathbb{R})$. 为弥补这个缺陷, 只须对 ϕ'' 作微小的修改, 可使它在 ϕ'' 的两个不连续点的长度为 $\varepsilon>0$ 的领域内连续, 而对于 ϕ 和 ϕ' 的影响可任意小. 将这样得到的属于 $C^2(\mathbb{R})$ 的函数记作 $f(x)$, 那么

$$\sup_{x\in\mathbb{R}}|f(x)|=\sup_{x\in\mathbb{R}}|\phi(x)|+O(\varepsilon)=\frac{1}{2}+O(\varepsilon),$$

$$\sup_{x\in\mathbb{R}}|f'(x)|=\sup_{x\in\mathbb{R}}|\phi'(x)|+O(\varepsilon)=1+O(\varepsilon),$$

$$\sup_{x\in\mathbb{R}}|f''(x)|=\sup_{x\in\mathbb{R}}|\phi''(x)|+O(\varepsilon)=1+O(\varepsilon).$$

将步骤 (i) 中证明的结果应用于上面构造的函数 $f(x)$, 我们有

$$\Big(1+O(\varepsilon)\Big)^2\leqslant 2\Big(\frac{1}{2}+O(\varepsilon)\Big)\Big(1+O(\varepsilon)\Big).$$

由此可见常数 2 不可换为任何更小的数.

9.41 解法 1 参见例 7.1.5 解法 1 中的步骤 (ii)(注意那里得到的是严格不等式).

解法 2 令 $f(x)=2^x-2^{x-1/x}-1\,(x\geqslant 2)$, 那么只需证明不等式 $f(x)>0\,(x\geqslant 2)$.

我们算出

$$f'(x) = 2^x \log 2 - 2^{x-1/x}(1+x^{-2})\log 2 \\ = 2^x\left(1-2^{-1/x}(1+x^{-2})\right)\log 2.$$

设 $x \geqslant 2$. 我们来证明 $f'(x) > 0$, 这等价于证明 $1-2^{-1/x}(1+x^{-2}) > 0$, 也等价于证明

$$(1+x^{-2})^x - 2 < 0 \quad (x \geqslant 2).$$

为此令 $g(x) = (1+x^{-2})^x - 2\,(x \geqslant 2)$. 那么当 $x \geqslant 2$ 时,

$$g'(x) = -\frac{2}{x^2}(1+x^{-2})^{x-1} < 0,$$

于是 $g(x)$ 单调减少,$g(x) < g(2) < 0$, 即得上述等价不等式. 因此确实 $f'(x) > 0$, 从而当 $x \geqslant 2$ 时 $f(x)$ 单调增加. 由此推出 $f(x) > f(2) > 0$, 于是本题得证.

9.42 我们有

$$f(x) = f(0) + f'(0)x + \frac{1}{2}f''(0)x^2 + R(x).$$

定义函数

$$g(x) = \begin{cases} \dfrac{R'(x)}{x}, & x \in I \setminus \{0\}, \\ 0, & x = 0. \end{cases}$$

那么

$$\lim_{x\to 0} g(x) = \lim_{x\to 0}\frac{R'(x)}{x} = \lim_{x\to 0}\left(\frac{f'(x)-f'(0)}{x} - f''(0)\right) = 0,$$

因此函数 $g(x)$ 在 I 上连续, 因而

$$R(u) - R(v) = \int_v^u R'(x)\mathrm{d}x = \int_v^u xg(x)\mathrm{d}x.$$

不妨认为 $u > v$. 由 Cauchy-Schwarz 不等式得到

$$(R(u)-R(v))^2 \leqslant \left(\int_v^u x^2\mathrm{d}x\right)\left(\int_v^u g^2(x)\mathrm{d}x\right) = \frac{1}{3}(u^3-v^3)\left(\int_v^u g^2(x)\mathrm{d}x\right).$$

因为 $u^3 - v^3 = (u-v)(u^2+uv+v^2), uv \leqslant (u^2+v^2)/2$, 所以

$$\frac{(R(u)-R(v))^2}{(u-v)^2(u^2+v^2)} \leqslant \frac{1}{2(u-v)}\int_v^u g^2(x)\mathrm{d}x \leqslant \frac{1}{2}\max_{x\in[v,u]} g^2(x).$$

因为函数 $g(x)$ 在点 0 连续, 所以当 $(u,v) \to (0,0)$ 时上式右边趋于 $g(0) = 0$, 于是本题得证.

9.43 (1) 因为当且仅当 $\lambda > 0$ 时极限

$$\lim_{x\to 0} f(x) = \lim_{x\to 0} x^\lambda \sin\frac{1}{x}$$

存在, 并且 $\lim\limits_{x\to 0} f(x) = 0 = f(0)$, 所以 $\lambda > 0$ 时函数 $f(x)$ 在 $x = 0$ 连续.

类似地, 由

$$\lim_{x\to 0}\frac{f(x)-f(0)}{x-0} = \lim_{x\to 0} x^{\lambda-1}\sin\frac{1}{x}$$

推出 $\lambda > 1$ 时函数 $f(x)$ 在 $x = 0$ 可导, 且 $f'(0) = 0$.

算出

$$f'(x) = \begin{cases} \lambda x^{\lambda-1}\sin\dfrac{1}{x} - x^{\lambda-2}\cos\dfrac{1}{x}, & x \neq 0, \\ 0, & x = 0, \end{cases}$$

由 $\lim\limits_{x\to 0} f'(x) = f'(0) = 0$ 可知当 $\lambda > 2$ 时 $f'(x)$ 在 $x = 0$ 连续.

(2) **提示** 记 $r=\sqrt{x^2+y^2}$. 因为

$$\left|\frac{x^3+y^3}{x^2+y^2}-0\right|\leqslant\frac{|x|^3+|y|^3}{x^2+y^2}\leqslant\frac{2r^3}{r^2}=2r,$$

所以依定义可推出

$$\lim_{(x,y)\to(0,0)}\frac{x^3+y^3}{x^2+y^2}=0.$$

因此 $k=0$.

(3) **提示** (i) 注意 p 为正整数, 由 $|f(x,y)-f(0,0)|\leqslant|x+y|^p$ 可推出 $p\geqslant1$ 时 $f(x,y)$ 在 $(0,0)$ 连续.

(ii) 因为 $f(x,y)=f(y,x), f(x,0)=f(0,x)$, 所以

$$f_x(0,0)=\lim_{x\to0}\frac{1}{x}f(x,0)=\lim_{x\to0}x^{p-1}\sin\frac{1}{|x|},$$

对 $f_y(0,0)$ 也有类似的结果. 可见当且仅当 $p\geqslant2$ 时 $f_x(0,0), f_y(0,0)$ 存在. 当 $p\geqslant2$ 时,$f(x,y)=O\big((x+y)^p\big)$, 所以 $f(x,y)=o(\sqrt{x^2+y^2})$. 按定义知 $f(x,y)$ 在 $(0,0)$ 的 (全) 微分为 0, 因此

$$f_x(0,0)=\lim_{x\to0}x^{p-1}\sin\frac{1}{|x|}=0,\quad f_y(0,0)=\lim_{x\to0}x^{p-1}\sin\frac{1}{|y|}=0,$$

可见 $p\geqslant2$ 时 $f(x,y)$ 在 $(0,0)$ 可微.

(4) **提示** 设 u 介于 x 和 $x+\delta$ 之间,v 介于 y 和 $y+\eta$ 之间. 那么由题设 (连续性),

$$|g(u)-g(x)|<\varepsilon_1(\delta),\quad |h(v)-h(y)|<\varepsilon_2(\eta),$$

其中 $\lim\limits_{\delta\to0}\varepsilon_1(\delta)=\lim\limits_{\eta\to0}\varepsilon_2(\eta)=0$. 因为 $\int_a^x g(u)\mathrm{d}u$ 是 x 的连续函数, 所以由 Lagrange 中值定理得

$$\int_a^{x+\delta}g(u)\mathrm{d}u=\int_a^x g(u)\mathrm{d}u+\delta g(\xi),$$

其中 ξ 介于 x 和 $x+\delta$ 之间. 因此 $|g(\xi)-g(x)|<\varepsilon_1(\delta)$, 从而

$$\delta g(\xi)=\delta g(x)+o(\delta)\quad(\delta\to0).$$

对于 $h(v)$ 也有类似的结果. 因此

$$\begin{aligned}f(x,y)&=\left(\int_a^x f(u)\mathrm{d}u+\delta g(x)+o(\delta)\right)\cdot\left(\int_c^y h(v)\mathrm{d}v+\eta h(y)+o(\eta)\right)\\&=f(x,y)+\delta g(x)+\eta h(y)+o\big(\sqrt{\delta^2+\eta^2}\big).\end{aligned}$$

9.44 (1) **提示** 在 $f(tx_1,\cdots,tx_n)=t^\alpha f(x_1,\cdots,x_n)$ 两边对 t 微分, 然后令 $t=1$.

(2) 以 $n=3$ 为例. 在 $xf_x(x,y,z)+yf_y(x,y,z)+zf_z(x,y,z)=\alpha f(x,y,z)$ 中分别用 tx,ty,tz 代 x,y,z, 可得

$$t\left(\frac{\mathrm{d}}{\mathrm{d}t}f(tx,ty,tz)\right)=\alpha f(tx,ty,tz),$$

于是

$$\frac{\dfrac{\mathrm{d}}{\mathrm{d}t}f(tx,ty,tz)}{f(tx,ty,tz)}=\frac{\alpha}{t}.$$

两边对 t 积分得到

$$\log f(tx,ty,tz)=\alpha\log t+C.$$

令 $t=1$ 得 $C=\log f(x,y,z)$. 因此

$$\log f(tx,ty,tz)=\log\big(t^\alpha f(x,y,z)\big),\quad f(tx,ty,tz)=t^\alpha f(x,y,z).$$

(3) 以 $n=3$ 为例. 依题设及本题 (1) 知

$$xf_x(x,y,z)+yf_y(x,y,z)+zf_z(x,y,z)=\alpha f(x,y,z).$$

在等式两边对 x 求导, 有

$$\frac{\partial f}{\partial x}+x\frac{\partial}{\partial x}\frac{\partial f}{\partial x}+y\frac{\partial}{\partial x}\frac{\partial f}{\partial y}+z\frac{\partial}{\partial x}\frac{\partial f}{\partial z}=\alpha\frac{\partial f}{\partial x},$$

因此

$$x\frac{\partial}{\partial x}\frac{\partial f}{\partial x}+y\frac{\partial}{\partial y}\frac{\partial f}{\partial x}+z\frac{\partial}{\partial z}\frac{\partial f}{\partial x}=(\alpha-1)\frac{\partial f}{\partial x}.$$

类似地,

$$x\frac{\partial}{\partial x}\frac{\partial f}{\partial y}+y\frac{\partial}{\partial y}\frac{\partial f}{\partial y}+z\frac{\partial}{\partial z}\frac{\partial f}{\partial y}=(\alpha-1)\frac{\partial f}{\partial y},$$
$$x\frac{\partial}{\partial x}\frac{\partial f}{\partial z}+y\frac{\partial}{\partial y}\frac{\partial f}{\partial z}+z\frac{\partial}{\partial z}\frac{\partial f}{\partial z}=(\alpha-1)\frac{\partial f}{\partial z}.$$

将三式相加, 即得所要等式.

(4) 应用本题 (1) 可知,u 是齐 1/20 次函数,v 是齐 0 次函数, 即 $v(tx,ty)=v(x,y)$.

9.45 (1) 曲线 $F(x,y)=0$ 在点 (x,y) 处的切线方程是 $F_x(X-x)+F_y(Y-y)=0$(其中 (X,Y) 表示切线上的点的坐标), 或

$$XF_x+YF_y=xF_x+yF_y.$$

因为

$$F(x,y)=f_n(x,y)+f_{n-1}(x,y)+\cdots+f_0(x,y),$$

其中 $f_i(x,y)$ 是齐 i 次二元多项式, 所以由 Euler 齐次函数定理 (见补充习题 9.44) 得到

$$\begin{aligned}xF_x+yF_y&=x\frac{\partial}{\partial x}(f_n+f_{n-1}+\cdots+f_0)+y\frac{\partial}{\partial y}(f_n+f_{n-1}+\cdots+f_0)\\&=\left(x\frac{\partial f_n}{\partial x}+y\frac{\partial f_n}{\partial y}\right)+\left(x\frac{\partial f_{n-1}}{\partial x}+y\frac{\partial f_{n-1}}{\partial y}\right)+\cdots+\left(x\frac{\partial f_0}{\partial x}+y\frac{\partial f_0}{\partial y}\right)\\&=nf_n+(n-1)f_{n-1}+\cdots+f_1\\&=n(f_n+f_{n-1}+\cdots+f_1+f_0)-\left(f_{n-1}+2f_{n-2}+\cdots+(n-1)f_1+nf_0\right).\end{aligned}$$

于是上述切线方程可写成

$$XF_x+YF_y+f_{n-1}+2f_{n-2}+\cdots+(n-1)f_1+nf_0=n(f_n+f_{n-1}+\cdots+f_1+f_0).$$

注意

$$f_n(x,y)+f_{n-1}(x,y)+\cdots+f_1(x,y)+f_0(x,y)=F(x,y)=0,$$

所以曲线在点 (x,y) 处的切线方程有形式

$$XF_x+YF_y+f_{n-1}+2f_{n-2}+\cdots+(n-1)f_1+nf_0=0.$$

如果 (ξ,η) 是平面上任意一点, 上述切线通过此点, 那么

$$\xi F_x+\eta F_y+f_{n-1}+2f_{n-2}+\cdots+(n-1)f_1+nf_0=0.$$

因此切点 (x,y) 同时满足此方程以及曲线方程 $F(x,y)=0$. 反之, 若点 (x,y) 同时满足此二方程, 则曲线在点 (x,y) 处的切线通过点 (ξ,η). 因为二元多项式方程组

$$\begin{aligned}&\xi F_x+\eta F_y+f_{n-1}+2f_{n-2}+\cdots+(n-1)f_1+nf_0=0,\\&F(x,y)=0\end{aligned}$$

中多项式的次数分别不超过 $n-1$ 和 n, 所以它至多有 $n(n-1)$ 组解 (x,y), 从而题中的结论成立.

(2) 曲线在点 (x,y) 处的法线方程是 $XF_y - YF_x = xF_y - yF_x$ (其中 (X,Y) 表示法线上的点的坐标). 通过平面上任意一点 (ξ,η) 的法线方程是 $\xi F_y - \eta F_x = xF_y - yF_x$. 组成二元多项式方程组

$$\xi F_y - \eta F_x = xF_y - yF_x,$$
$$F(x,y) = 0$$

的两个多项式的次数都不超过 n, 所以它至多有 n^2 组解 (x,y), 从而推出题中的结论.

9.46 (i) 由 $\phi(x,y,z)=0$ 可知 $z=z(x,y)$. 设 $u=f(x,y,z)$ 在点 (x_0,y_0,z_0) 取得极值 u_0. 那么

$$\frac{\partial u}{\partial x} = f_x + f_z\frac{\partial z}{\partial x} = 0, \quad \frac{\partial u}{\partial y} = f_y + f_z\frac{\partial z}{\partial y} = 0,$$
$$\phi_x + \phi_z\frac{\partial z}{\partial x} = 0, \quad \phi_y + \phi_z\frac{\partial z}{\partial y} = 0$$

有公共解 (x_0,y_0,z_0). 由第一、第三式推出在点 (x_0,y_0,z_0) 有 $-f_x/f_z = -\phi_x/\phi_z = \partial z/\partial x$; 第二、第四式推出在点 (x_0,y_0,z_0) 有 $-f_y/f_z = -\phi_y/\phi_z = \partial z/\partial y$. 因此在点 (x_0,y_0,z_0) 有

$$\frac{f_x}{\phi_x} = \frac{f_y}{\phi_y} = \frac{f_z}{\phi_z}.$$

(ii) 曲面 $f(x,y,z)=u_0$ 和 $\phi(x,y,z)=0$ 在点 (x_0,y_0,z_0) 处的切面方程分别是

$$f_x(x_0,y_0,z_0)(X-x_0) + f_y(x_0,y_0,z_0)(Y-y_0) + f_x(x_0,y_0,z_0)(Z-z_0) = 0,$$
$$\phi_x(x_0,y_0,z_0)(X-x_0) + \phi_y(x_0,y_0,z_0)(Y-y_0) + \phi_x(x_0,y_0,z_0)(Z-z_0) = 0,$$

由步骤 (i) 中结果知此二平面平行, 但它们都经过点 (x_0,y_0,z_0), 因而重合. 于是曲面 $\phi=0$ 和 $f=u_0$ 在点 (x_0,y_0,z_0) 有公共切面, 从而在该点相切.

9.47 (1) 设顶点坐标是 $A(x_1,y_1), B(x_2,y_2), C(x_3,y_3)$, 那么

$$f(x_1,y_1)=0, \quad \phi(x_2,y_2)=0, \quad \psi(x_3,y_3)=0.$$

因为题设三角形的面积 S 达到极值, 所以定义 Lagrange 函数 $F=F(x_1,y_1,x_2,y_2,x_3,y_3)$:

$$F = S - \lambda f - \mu\phi - \nu\psi = \begin{vmatrix} x_1 & y_1 & 1 \\ x_2 & y_2 & 1 \\ x_3 & y_3 & 1 \end{vmatrix} - \lambda f(x_1,x_2) - \mu\phi(x_2,y_2) - \nu\psi(x_3,y_3).$$

由

$$\frac{\partial F}{\partial x_1} = \frac{1}{2}(y_2-y_3) - \lambda\frac{\partial f}{\partial x_1} = 0,$$
$$\frac{\partial F}{\partial y_1} = \frac{1}{2}(x_3-x_2) - \lambda\frac{\partial f}{\partial y_1} = 0,$$

可知

$$\lambda = \frac{y_2-y_3}{2f_{x_1}} = \frac{x_3-x_2}{2f_{y_1}},$$

于是

$$\frac{y_3-y_2}{x_3-x_2}\cdot\frac{f_{y_1}}{f_{x_1}} = -1.$$

这表明曲线 $f(x,y)=0$ 在点 $A(x_1,y_1)$ 的法线与直线 BC 垂直. 类似地可知曲线 $\phi(x,y)=0$ 在点 $B(x_2,y_2)$ 的法线与直线 AC 垂直, 曲线 $\psi(x,y)=0$ 在点 $C(x_3,y_3)$ 的法线与直线 AB 垂直. 于是本题得证.

(2) 记号同本题 (1). 那么

$$|BC| = d_1 = \sqrt{(x_3-x_2)^2+(y_3-y_2)^2},$$
$$|CA| = d_2 = \sqrt{(x_1-x_3)^2+(y_1-y_3)^2},$$
$$|AB| = d_3 = \sqrt{(x_2-x_1)^2+(y_2-y_1)^2}.$$

设 $\overrightarrow{BC},\overrightarrow{CA},\overrightarrow{AB}$ 的方向余弦分别是 $(l_1,m_1),(l_2,m_2),(l_3,m_3)$, 那么

$$l_1 = \frac{x_3-x_2}{d_1},\quad m_1 = \frac{y_3-y_2}{d_1},$$

(l_2,m_2,l_3,m_3 类似). 因为三角形周长 $l = d_1+d_2+d_3$ 达到极值, 所以定义 Lagrange 函数 $F = F(x_1,y_1,x_2,y_2,x_3,y_3)$:

$$F = d_1+d_2+d_3-\lambda f-\mu\phi-\nu\psi.$$

由

$$\frac{\partial F}{\partial x_1} = \frac{x_1-x_3}{d_2}-\frac{x_2-x_1}{d_3}-\lambda\frac{\partial f}{\partial x_1} = 0,$$
$$\frac{\partial F}{\partial y_1} = \frac{y_1-y_3}{d_2}-\frac{y_2-y_1}{d_3}-\lambda\frac{\partial f}{\partial y_1} = 0,$$

可知

$$l_2-l_3 = \lambda f_{x_1}(x_1,y_1),$$
$$m_2-m_3 = \lambda f_{y_1}(x_1,y_1),$$

于是

$$(l_2-l_3)f_{y_1}(x_1,y_1) = (m_2-m_3)f_{x_1}(x_1,y_1).$$

由此推出

$$\frac{l_2f_{y_1}-m_2f_{x_1}}{\sqrt{f_{x_1}^2+f_{y_1}^2}} = \frac{l_3f_{y_1}-m_3f_{x_1}}{\sqrt{f_{x_1}^2+f_{y_1}^2}}.$$

因为曲线 $f(x,y)=0$ 在点 (x_1,y_1) 处的切线的方向余弦是

$$\frac{f_{y_1}}{\sqrt{f_{x_1}^2+f_{y_1}^2}},\quad -\frac{f_{x_1}}{\sqrt{f_{x_1}^2+f_{y_1}^2}}$$

(此处省略了自变量值 (x_1,y_1)), 所以上式表明这条切线与三角形的边 AC, 以及边 BA 的延长线的夹角相等, 即此切线是角 A 的外角的平分线. 因为曲线 $f(x,y)=0$ 在点 (x_1,y_1) 处的法线垂直于此切线, 从而平分角 A. 对于顶点 B,C 也有类似的结论. 于是本题得证.

9.48 (1) 令 $x-y=t$, 则由题设关系式求出

$$x = \frac{t^3}{t^2-1},\quad y = \frac{t}{t^2-1},\quad \mathrm{d}x = \frac{t^2(t^2-3)}{(t^2-1)^2}\mathrm{d}t.$$

于是 (略去常数 C)

$$I_1 = \int\frac{t}{t^2-1}\mathrm{d}t = \frac{1}{2}\log|t^2-1| = \frac{1}{2}\log|(x-y)^2-1|.$$

(2) 解法 1　令 $y=tx$, 则由题设关系式求出

$$x = \sqrt{2}a\frac{\sqrt{1-t^2}}{1+t^2},$$
$$y = \sqrt{2}a\frac{t\sqrt{1-t^2}}{1+t^2},$$

$$\mathrm{d}x=\sqrt{2}a\frac{t^3-3t}{(1+t^2)^2\sqrt{1-t^2}}\mathrm{d}t,$$

$$x^2+y^2+a^2=a^2\frac{3-t^2}{1+t^2}.$$

于是

$$I_2=\frac{1}{a^2}\int\frac{\mathrm{d}t}{t^2-1}=\frac{1}{2a^2}\log\left|\frac{t-1}{t+1}\right|=\frac{1}{2a^2}\log\left|\frac{x-y}{x+y}\right|.$$

解法 2 令 $x=r\cos\theta,y=r\sin\theta$, 则

$$r^2=2a^2\cos2\theta,\quad r\mathrm{d}r=2a^2(-\sin2\theta)\mathrm{d}\theta,$$

并且由 $\mathrm{d}x=\cos\theta\mathrm{d}r-r\sin\theta\mathrm{d}\theta$ 得到

$$r\mathrm{d}x=r\cos\theta\mathrm{d}r-r^2\sin\theta\mathrm{d}\theta=-2a^2\sin2\theta\cos\theta\mathrm{d}\theta-2a^2\cos2\theta\sin\theta\mathrm{d}\theta=-2a^2\sin3\theta\mathrm{d}\theta.$$

于是

$$\begin{aligned}I_2&=\int\frac{\mathrm{d}x}{r(r^2+a^2)\sin\theta}=\int\frac{r\mathrm{d}x}{r^2(r^2+a^2)\sin\theta}\\&=\int\frac{-2a^2\sin3\theta\mathrm{d}\theta}{2a^2\cos2\theta\cdot\sin\theta(2a^2\cos2\theta+a^2)}\\&=-\frac{1}{a^2}\int\frac{3\sin\theta-4\sin^3\theta}{\sin\theta\cos2\theta\big(2(1-2\sin^2\theta)+1\big)}\mathrm{d}\theta\\&=-\frac{1}{a^2}\int\frac{\mathrm{d}\theta}{\cos2\theta}=-\frac{1}{2a^2}\log\left|\tan\left(\frac{2\theta}{2}+\frac{\pi}{4}\right)\right|\\&=-\frac{1}{2a^2}\log\left|\frac{1+\tan\theta}{1-\tan\theta}\right|=-\frac{1}{2a^2}\log\left|\frac{x+y}{x-y}\right|.\end{aligned}$$

(3) 令 $y^3=x^3-2x^2,y=tx$, 解得

$$x=\frac{2}{1-t^3},\quad x-2=\frac{2t^3}{1-t^3},\quad \mathrm{d}x=\frac{6t^2}{(1-t^3)^2}\mathrm{d}t.$$

于是

$$I_3=\int\frac{2t(t^3+2)}{(t^3-1)^2}\mathrm{d}t=2\int\frac{t}{t^3-1}\mathrm{d}t+6\int\frac{t}{(t^2-1)^2}\mathrm{d}t.$$

因为

$$\begin{aligned}\int\frac{t}{t^3-1}\mathrm{d}t&=\frac{t^2}{2(t^3-1)}+\frac{1}{2}\int\frac{t^2\cdot3t^2}{(t^3-1)^2}\mathrm{d}t\\&=\frac{t^2}{2(t^3-1)}+\frac{3}{2}\int\frac{t^4+2t-2t}{(t^3-1)^2}\mathrm{d}t\\&=\frac{t^2}{2(t^3-1)}+\frac{3}{4}I_3-3\int\frac{t}{(t^2-1)^2}\mathrm{d}t,\end{aligned}$$

所以

$$\frac{1}{2}I_3=\frac{t^2}{2(t^3-1)}+\frac{3}{4}I_3,$$

从而

$$I_3=\frac{2t^2}{1-t^3}.$$

注意

$$\frac{x-2}{x}=t^3,\quad\left(\frac{x-2}{x}\right)^{2/3}=t^2,\quad\frac{2}{x}=1-t^3,$$

所以 $I=\sqrt[3]{x(x-2)^2}$.

9.49 (1) 解法 1　记 $a_k=a+k(b-a)/n$, 以及

$$\delta_{n,k}=\int_{a_{k-1}}^{a_k}f(x)\mathrm{d}x-\frac{b-a}{n}f(a_k)=\int_{a_{k-1}}^{a_k}\big(f(x)-f(a_k)\big)\mathrm{d}x.$$

由题设, $f'(x)$ 在 $[a_{k-1},a_k]$ 上取得最大值 M_k 和最小值 m_k, 所以有 Lagrange 中值定理, 当 $x\in[a_{k-1},a_k]$,

$$m_k(a_k-x)\leqslant f(a_k)-f(x)\leqslant M_k(a_k-x).$$

于是

$$m_k\frac{(b-a)^2}{2n^2}=m_k\frac{(a_k-a_{k-1})^2}{2}\leqslant-\delta_{k,n}\leqslant M_k\frac{(a_k-a_{k-1})^2}{2}=M_k\frac{(b-a)^2}{2n^2}.$$

注意 $\Delta_n=\sum\limits_{k=1}^{n}\delta_{k,n}$, 所以

$$-\frac{b-a}{2n}\sum_{k=1}^{n}M_k\frac{b-a}{n}\leqslant\Delta_n\leqslant-\frac{b-a}{2n}\sum_{k=1}^{n}m_k\frac{b-a}{n}.$$

此式左右两边的和式 (不带前边的系数) 是 f' 的 Darboux 和. 因为 f' 可积, 所以

$$\lim_{n\to\infty}(n\Delta_n)=-\frac{b-a}{2}\int_a^b f'(x)\mathrm{d}x=\frac{b-a}{2}\big(f(a)-f(b)\big).$$

解法 2　记 $c_k=a+(k-1)(b-a)/n\,(k\geqslant1)$. 令

$$H(x)=\int_a^x f(x)\mathrm{d}x\quad(a\leqslant x\leqslant b).$$

则 $H(x)\in C^2[a,b]$. 由 Taylor 公式, 对于每个 $k\in\{1,\cdots,n\}$,

$$H(c_{k+1})-H(c_k)-\frac{b-a}{n}H'(c_k)=\frac{(b-a)^2}{2n^2}H''(\xi_k),$$

其中 $\xi_k\in(c_k,c_{k+1})$. 于是

$$\begin{aligned}\int_a^b f(x)\mathrm{d}x-\frac{b-a}{n}\sum_{k=1}^{n}f(c_k)&=\sum_{k=1}^{n}\left(\int_{c_k}^{c_{k+1}}f(x)\mathrm{d}x-\frac{b-a}{n}f(c_k)\right)\\&=\sum_{k=1}^{n}\left(H(c_{k+1})-H(c_k)-\frac{b-a}{n}H'(c_k)\right)\\&=\frac{(b-a)^2}{2n^2}\sum_{k=1}^{n}H''(\xi_k),\end{aligned}$$

因此

$$\begin{aligned}\lim_{n\to\infty}n\left(\int_a^b f(x)\mathrm{d}x-\frac{b-a}{n}\sum_{k=1}^{n}f(c_k)\right)&=\lim_{n\to\infty}n\frac{(b-a)^2}{2n^2}\sum_{k=1}^{n}H''(\xi_k)\\&=\frac{b-a}{2}\int_a^b H'(y)\mathrm{d}y=\frac{b-a}{2}\big(f(b)-f(a)\big).\end{aligned}$$

最后注意

$$\Delta_n=\int_a^b f(x)\mathrm{d}x-\frac{b-a}{n}\sum_{k=1}^{n}f(c_k)+\frac{b-a}{n}f(a)-\frac{b-a}{n}f(b),$$

所以

$$\lim_{n\to\infty}(n\Delta_n)=\frac{b-a}{2}\big(f(a)-f(b)\big).$$

(2) 由题设, 对于任意给定的 $\varepsilon>0$, 存在 $n_0>0$, 使当 $n>n_0$ 时, 对所有 k 有

$$\left|f\left(a+k\frac{b-a}{n}\right)-f\left(a+(k-1)\frac{b-a}{n}\right)\right|<\varepsilon.$$

令

$$S_n=\frac{b-a}{n}\sum_{k=1}^{n}f\left(a+k\frac{b-a}{n}\right)f'\left(a+k\frac{b-a}{n}\right),$$

则

$$|\varLambda_n-S_n|<\varepsilon\frac{b-a}{n}\sum_{k=1}^{n}\left|f'\left(a+k\frac{b-a}{n}\right)\right|.$$

因为 $|f'|$ 可积, 上式右边 (不计系数 ε) 当 $n\to\infty$ 时以 $\int_a^b|f'(x)|\mathrm{d}x$ 为极限, 所以存在 $n_1>0$, 使当 $n>n_1$ 时,

$$\frac{b-a}{n}\sum_{k=1}^{n}\left|f'\left(a+k\frac{b-a}{n}\right)\right|<K,$$

其中 K 是常数 (例如可取 $K=1+\int_a^b|f'(x)|\mathrm{d}x$). 于是当 $n>\max\{n_0,n_1\}$ 时 $|\varLambda_n-S_n|<K\varepsilon$, 从而 $\varLambda_n-S_n\to0\,(n\to\infty)$, 或 $\lim\limits_{n\to\infty}S_n=\lim\limits_{n\to\infty}\varLambda_n$. 此外, 注意 S_n 是函数 ff' 的 Riemann 和, 所以

$$\lim_{n\to\infty}S_n=\int_a^b f(x)f'(x)\mathrm{d}x=\lim_{n\to\infty}\varLambda_n,$$

从而

$$\lim_{n\to\infty}\varLambda_n=\frac{1}{2}(\lim_{n\to\infty}S_n+\lim_{n\to\infty}\varLambda_n)=\frac{1}{2}\int_a^b f(x)f'(x)\mathrm{d}x=\frac{1}{2}\big(f^2(b)-f^2(a)\big).$$

9.50 令 $h(y)=2yf(y^2)$, 作代换 $y=\sqrt{x}$ 可知

$$\int_0^1 f(x)=\int_0^1 h(x)\mathrm{d}x,\quad \int_0^1 x^{-1/2}f(x)\mathrm{d}x=2\int_0^1 f(y^2)\mathrm{d}y.$$

于是

$$\begin{aligned}
n\varDelta_n&=n\left(\int_0^1 f(x)\mathrm{d}x-\sum_{k=1}^{n}\Big(\frac{k^2}{n^2}-\frac{(k-1)^2}{n^2}\Big)f\Big(\frac{(k-1)^2}{n^2}\Big)\right)\\
&=n\int_0^1 f(x)\mathrm{d}x-n\sum_{k=1}^{n}\Big(\frac{2(k-1)}{n^2}+\frac{1}{n^2}\Big)f\Big(\frac{(k-1)^2}{n^2}\Big)\\
&=n\int_0^1 f(x)\mathrm{d}x-\frac{1}{n}\sum_{k=1}^{n}\frac{2n(k-1)}{n}f\Big(\frac{(k-1)^2}{n^2}\Big)-n\sum_{k=1}^{n}\frac{1}{n^2}f\Big(\frac{(k-1)^2}{n^2}\Big)\\
&=n\left(\int_0^1 h(x)\mathrm{d}x-\frac{1}{n}\sum_{k=1}^{n}h\Big(\frac{k-1}{n}\Big)\right)-\frac{1}{n}\sum_{k=1}^{n}f\Big(\frac{(k-1)^2}{n^2}\Big).
\end{aligned}$$

由习题 9.49(1) 可知

$$\begin{aligned}
&\lim_{n\to\infty}n\left(\int_0^1 h(x)\mathrm{d}x-\frac{1}{n}\sum_{k=1}^{n}h\Big(\frac{k-1}{n}\Big)\right)\\
&=\lim_{n\to\infty}n\left(\int_0^1 h(x)\mathrm{d}x-\frac{1}{n}\Big(\sum_{k=1}^{n}h\Big(\frac{k}{n}\Big)+h(0)-h(1)\Big)\right)\\
&=\lim_{n\to\infty}n\left(\int_0^1 h(x)\mathrm{d}x-\frac{1}{n}\sum_{k=1}^{n}\Big(h\Big(\frac{k}{n}\Big)\Big)\right)-h(0)+h(1)\\
&=\frac{1}{2}\big(h(0)-h(1)\big)-h(0)+h(1)=\frac{1}{2}\big(h(1)-h(0)\big),
\end{aligned}$$

还有

$$\lim_{n\to\infty}\frac{1}{n}\sum_{k=1}^{n}f\Big(\frac{(k-1)^2}{n^2}\Big)=\int_0^1 f(y^2)\mathrm{d}y,$$

所以

$$\lim_{n\to\infty}(n\Delta_n)=\frac{1}{2}\big(h(1)-h(0)\big)-\int_0^1 f(x^2)\mathrm{d}x=f(1)-\frac{1}{2}\int_0^1 x^{-1/2}f(x)\mathrm{d}x.$$

9.51 提示 参考例 4.5.2. 因为

$$I=\int_a^b f(x)\mathrm{d}x=\int_a^{(a+b)/2}f(x)\mathrm{d}x+\int_{(a+b)/2}^b f(x)\mathrm{d}x=I_1+I_2.$$

在 I_1 中令 $x=a+t$, 在 I_2 中令 $x=b-t$, 可得

$$I=\int_0^{(b-a)/2}\big(f(a+t)+f(b-t)\big)\mathrm{d}t.$$

然后类似于例 4.5.2 第一个公式的证法, 分部积分, 或直接套用例 4.5.2 中第一个公式, 得到

$$I=(b-a)f\left(\frac{a+b}{2}\right)+\frac{1}{6}\left(\frac{b-a}{2}\right)^3\big(f''(a+\xi_1)+f''(b-\xi_1)\big),$$

其中 $0<\xi_1<(b-a)/2$. 因为 $f''(x)$ 连续,$\big(f''(a+\xi_1)+f''(b-\xi_1)\big)/2$ 介于 $f''(a+\xi_1)$ 和 $f''(b-\xi_1)$ 之间, 所以由介值定理可知, 存在 ξ 介于 $a+\xi_1$ 和 $b-\xi_1$ 之间, 使得

$$\frac{f''(a+\xi_1)+f''(b-\xi_1)}{2}=f(\xi).$$

于是

$$I=(b-a)f\left(\frac{a+b}{2}\right)+\frac{1}{24}(b-a)^3f(\xi).$$

最后, 因为

$$a<a+\xi_1<\frac{a+b}{2},\quad \frac{a+b}{2}<b-\xi_1<b,$$

所以 $a<\xi<b$.

9.52 (1) 我们考虑由曲线 $y=f(x),x=0,x=1$ 所围成的区域绕 X 轴旋转一周形成的立体的体积 V. 我们已知, 若沿 X 轴切割出平行于 YOZ 平面的半径为 $y=f(x)$ 且厚为 $\mathrm{d}x$ 的圆盘, 则得

$$V=\pi\int_0^1 f^2(x)\mathrm{d}x.$$

我们现在考虑 YOZ 平面上以原点为中心, 半径分别为 y 及 $y+\mathrm{d}y$ 的同心圆所形成的圆环, 以它为底作高 (平行于 X 轴) 为 $x=f^{-1}(y)$ 的“圆筒”, 那么有

$$V=2\pi\int_0^1 yf^{-1}(y)\mathrm{d}y.$$

因为题设当 $x\in[0,1]$ 时 $f^{-1}(x)=f(x)$, 所以 (在上式中将积分变量 y 改记为 x)

$$V=2\pi\int_0^1 xf(x)\mathrm{d}x.$$

等置上述两个关于 V 的表达式即得

$$\int_0^1 f^2(x)\mathrm{d}x=2\int_0^1 xf(x)\mathrm{d}x.$$

(2) 函数 $f(x)=(1-x^a)^{1/a}$ 满足本题 (1) 中的所有条件. 注意

$$\int_0^1\big(f(x)-x\big)^2\mathrm{d}x=\int_0^1 f^2(x)\mathrm{d}x-2\int_0^1 xf(x)\mathrm{d}x+\int_0^1 x^2\mathrm{d}x,$$

所以由题 (1) 中的结论, 立得所求积分 $=\int_0^1 x^2\mathrm{d}x=1/3$.

9.53 (1) 因为 $\sqrt{x^3-2x^2+x}=\sqrt{x(x-1)^2}=\sqrt{x}|x-1|\,(x\geqslant 0)$, 所以

$$I=\int_0^1\sqrt{x}(1-x)\mathrm{d}x+\int_1^2\sqrt{x}(x-1)\mathrm{d}x=4(2+\sqrt{2})/15.$$

(2) **提示** 用 I 表示题中的积分. 因为

$$\frac{\mathrm{d}}{\mathrm{d}x}\arccos\left(\frac{x}{\sqrt{(a+b)x-ab}}\right)=-\frac{b(x-a)-a(b-x)}{2(a+b)\left(x-\dfrac{ab}{a+b}\right)\sqrt{(b-x)(x-a)}},$$

所以

$$\begin{aligned}I&=\int_a^b\arccos\left(\frac{x}{\sqrt{(a+b)x-ab}}\right)\mathrm{d}\left(x-\frac{ab}{a+b}\right)\\&=\left(x-\frac{ab}{a+b}\right)\arccos\left(\frac{x}{\sqrt{(a+b)x-ab}}\right)\Bigg|_a^b+\frac{1}{2(a+b)}\left(b\int_a^b\frac{\sqrt{x-a}}{\sqrt{b-x}}\mathrm{d}x-a\int_a^b\frac{\sqrt{b-x}}{\sqrt{x-a}}\mathrm{d}x\right)\\&=\frac{1}{2(a+b)}\left(b\int_a^b\frac{\sqrt{x-a}}{\sqrt{b-x}}\mathrm{d}x-a\int_a^b\frac{\sqrt{b-x}}{\sqrt{x-a}}\mathrm{d}x\right).\end{aligned}$$

又因为

$$\int_a^b\frac{\sqrt{x-a}}{\sqrt{b-x}}\mathrm{d}x=\int_a^b\frac{\sqrt{b-x}}{\sqrt{x-a}}\mathrm{d}x=(b-a)B\left(\frac{3}{2},\frac{1}{2}\right)=\frac{(b-a)\pi}{2}$$

(此处 $B(p,q)$ 是贝塔函数), 所以所求积分等于 $(b-a)^2\pi/\big(4(a+b)\big)$.

(3) 因为 $f(x)$ 是 $[-a,a]$ 上的偶函数, 所以题中积分等于

$$\begin{aligned}\int_{-a}^0\frac{f(x)}{1+\mathrm{e}^x}\mathrm{d}x+\int_0^a\frac{f(x)}{1+\mathrm{e}^x}\mathrm{d}x&=\int_0^a\frac{f(-x)}{1+\mathrm{e}^{-x}}\mathrm{d}x+\int_0^a\frac{f(x)}{1+\mathrm{e}^x}\mathrm{d}x\\&=\int_0^a f(x)\left(\frac{\mathrm{e}^x}{\mathrm{e}^x+1}+\frac{1}{1+\mathrm{e}^x}\right)\mathrm{d}x=\int_0^a f(x)\mathrm{d}x.\end{aligned}$$

9.54 当 $x\in[-1/2,1/2]$ 时, 令 $g(x)=f(x+1/2)+f(-x+1/2)$, 以及 $h(x)=g(x)-r^2g(x/r)$. 那么

$$h(0)=(1-r^2)g(0)=2(1-r^2)f(1/2).$$

由此及题设条件推出

$$\begin{aligned}0&=\int_0^1 f(x)\mathrm{d}x+(r^2-1)f\left(\frac{1}{2}\right)-r^3\int_{(r-1)/(2r)}^{(r+1)/(2r)}f(x)\mathrm{d}x\\&=\int_{-1/2}^{1/2}f\left(t+\frac{1}{2}\right)\mathrm{d}t-\frac{1}{2}h(0)-r^2\int_{-1/2}^{1/2}f\left(\frac{t}{r}+\frac{1}{2}\right)\mathrm{d}t\\&=\int_0^{1/2}\left(g(t)-r^2g\left(\frac{t}{r}\right)\right)\mathrm{d}t-\frac{1}{2}h(0)\\&=\int_0^{1/2}h(t)\mathrm{d}t-\frac{1}{2}h(0).\end{aligned}$$

此式表明函数 h 在 $[0,1/2]$ 上的平均值

$$\frac{1}{1/2-0}\int_0^{1/2}h(t)\mathrm{d}t=h(0).$$

因为平均值 $h(0)$ 介于 $h(x)$ 在 $[0,1/2]$ 上的最大值和最小值之间, 而且可以认为 f 不是常数函数 (不然题中的结论已成立), 所以存在实数 $a\in(0,1/2]$ 使得 $h'(a)=0$. 又由 $h'(x)=g'(x)+g'(x/r),g'(x)=f'(x+1/2)-f'(-x+1/2)$ 可知 $h'(0)=2g'(0)=0$. 因此存在实数 $b\in(0,a)\subset(0,1/2)$, 使得 $h''(b)=0$. 注意 $h''(x)=g''(x)-g''(x/r)$, 由此可知 $g''(b)=g''(b/r)$, 因而存在实数 $c\in(b/r,b)\subset(0,1/2)$, 使得

$g^{(3)}(c)=0$. 注意 $g^{(3)}(x)=f^{(3)}(x+1/2)-f^{(3)}(-x+1/2)$, 由此可知 $f^{(3)}(c+1/2)=f^{(3)}(-c+1/2)$, 因而存在实数 $\xi\in(-c+1/2,c+1/2)\subset(0,1)$, 使得 $f^{(4)}(\xi)=0$.

9.55 (1) 令

$$F(t)=\mathrm{e}^{-t}\int_0^t f(u)\mathrm{d}u.$$

那么 $F(t)$ 在 $[0,1]$ 上连续可微, 并且

$$F(0)=0,\quad F'(t)=\mathrm{e}^{-t}\left(f(t)-\int_0^t f(u)\mathrm{d}u\right).$$

只需证明存在 $c\in(0,1)$ 使得 $F'(c)=0$. 设这样的 c 不存在, 那么 $F'(t)$ 在 $(0,1)$ 上不为零, 从而不变号, 即 F 严格单调, 因而 $J(t)=F(t)^2$ 严格单调增加; 并且 $J(t)$ 在 $[0,1]$ 连续可微,$J(1)>J(0)=F(0)^2=0$. 由此推出

$$\begin{aligned}J'(1)=2F(1)F'(1)&=-2\mathrm{e}^{-2}\left(\int_0^1 f(u)\mathrm{d}u\right)^2\\&=-2F(1)^2=-2J(1)<0,\end{aligned}$$

这与 $J(t)$ 的性质矛盾.

(2) (i) 因为在区间 $[0,1]$ 上函数 $r(x)=(1-x)f(x)$ 连续, 并且由题设,$\int_0^1(1-x)f(x)\mathrm{d}x=0$, 所以在区间 $[0,1]$ 上 $r(x)$ 不可能保持同一符号, 因而存在 $c_1\in(0,1)$, 使得 $r(c_1)=(1-c_1)f(c_1)=0$. 由 $1-c_1\neq0$ 推出 $f(c_1)=0$. 因此, 如果 $\int_0^{c_1}xf(x)\mathrm{d}x=0$, 那么要证的结论已成立 (其中 $c=c_1$).

(ii) 现在设 $\int_0^{c_1}xf(x)\mathrm{d}x\neq0$. 必要时用 $-f$ 代替 f, 不妨认为

$$\int_0^{c_1}xf(x)\mathrm{d}x>0.$$

定义函数

$$\begin{aligned}&G(x)=xf(x)\quad H(x)=\int_0^x G(t)\mathrm{d}t,\\&\phi(x)=H(x)-G(x)\quad(x\in[0,1]).\end{aligned}$$

那么它们在 $[0,1]$ 上连续. 特别地, 存在 $c_2\in[0,c_1]$ 使得

$$G(c_2)=\max_{x\in[0,c_1]}G(x).$$

因为 $c_2\leqslant c_1<1,G(x)$ 非负, 所以

$$H(c_2)=\int_0^{c_2}G(t)\mathrm{d}t\leqslant\max_{x\in[0,c_1]}G(x)\int_0^{c_2}\mathrm{d}t=c_2G(c_2)<G(c_2).$$

同时 (依上面的假定) 还有

$$H(c_1)=\int_0^{c_1}G(t)\mathrm{d}t>0=c_1f(c_1)=G(c_1).$$

也就是说, 对于 $[0,1]$ 上的连续函数 $\phi(x)=H(x)-G(x)$, 有 $\phi(c_1)>0,\phi(c_2)<0$, 因此存在 $c\in(c_2,c_1)\subset(0,1)$, 使得 $\phi(c)=0$. 从而 $cf(c)=\int_0^c xf(x)\mathrm{d}x$.

注　上面证明的步骤 (i) 也可如下进行 (但较繁): 因为在区间 $[0,1]$ 上函数 $t(x)=1-x$ 单调递减非负, $f(x)$ 可积, 并且由题设,$\int_0^1(1-x)f(x)\mathrm{d}x=0$, 所以由第二积分中值定理, 存在 $\xi\in[0,1]$, 使得

$$t(0)\int_0^{\xi}f(x)\mathrm{d}x=0,$$

也就是

$$\int_0^{\xi}f(x)\mathrm{d}x=0.$$

再由第一积分中值定理 (注意 f 连续), 存在 $c_1\in[0,\xi]\subseteq[0,1]$, 使得

$$f(c_1)(\xi-0)=\int_0^{\xi}f(x)\mathrm{d}x=0,$$

也就是

$$xif(c_1)=0.$$

若 $\xi=0$, 则由 $c_1\in[0,\xi]$ 得知 $c_1=\xi$, 从而 $c_1f(c_1)=0$; 若 $\xi\neq0$, 则 $f(c_1)=0$. 因此, 总有 $c_1f(c_1)=0$. 于是, 如果 $\int_0^{c_1}xf(x)\mathrm{d}x=0$, 那么要证的结论已成立 (其中 $c=c_1$).

(3) (i) 先证 c_1 的存在性, 用反证法. 若对所有 $x\in[0,1]$ 有 $|f(x)|\leqslant4$, 那么由题设条件推出

$$\begin{aligned}1&=\left|\int_0^1xf(x)\mathrm{d}x-\frac12\int_0^1f(x)\mathrm{d}x\right|=\left|\int_0^1\left(x-\frac12\right)f(x)\mathrm{d}x\right|\\&\leqslant\int_0^1\left|x-\frac12\right||f(x)|\mathrm{d}x\leqslant4\int_0^1\left|x-\frac12\right|\mathrm{d}x.\end{aligned}$$

因为

$$4\int_0^1\left|x-\frac12\right|\mathrm{d}x=4\left(\int_0^{1/2}\left(\frac12-x\right)\mathrm{d}x+\int_{1/2}^1\left(x-\frac12\right)\mathrm{d}x\right)=1,$$

所以

$$1\leqslant\int_0^1\left|x-\frac12\right||f(x)|\mathrm{d}x\leqslant1,$$

从而

$$\int_0^1\left|x-\frac12\right||f(x)|\mathrm{d}x=1.$$

于是

$$\int_0^1\left|x-\frac12\right|(4-|f(x)|)\mathrm{d}x=4\int_0^1\left|x-\frac12\right|\mathrm{d}x-\int_0^1\left|x-\frac12\right||f(x)|\mathrm{d}x=0.$$

这表明当 $x\in(0,1),|f(x)|=4$, 与假设矛盾. 于是存在 $c_1\in[0,1]$ 使得 $|f(c_1)|>4$.

(ii) 由步骤 (i) 知对于 $c_1\in[0,1],|f(c_1)|>4$. 若还存在 $c'\in[0,1]$ 使得 $|f(c')|<4$, 则由 $|f|$ 在 $[0,1]$ 上的连续性及介值定理可知存在 c_2 介于 c_1,c' 之间使得 $f(c_2)=4$. 仍然用反证法. 若对于所有 $x\in[0,1],|f(x)|\geqslant4$, 那么或者对于所有 $x\in[0,1],f(x)\geqslant4$, 或者对于所有 $x\in[0,1],f(x)\leqslant-4$, 它们都与题设 $\int_0^1f(x)\mathrm{d}x=0$ 矛盾; 如果对 $[0,1]$ 中一些 $x,f(x)>4$, 对另一些 $x,f(x)<-4$, 那么依 f 的连续性, 将存在某个 x, 使得 $f(x)=4$, 但这与刚才的假设 $|f(x)|\geqslant4$ 矛盾. 于是本题得证.

(4) 可设 f 不恒等于零 (不然结论显然成立). 由 $\int_0^1f(x)\mathrm{d}x=0$ 可知存在 $a,b\in[0,1],a\neq b$, 使得

$$f(a)=\max\{f(x)\mid x\in[0,1]\}>0,\quad f(b)=\min\{f(x)\mid x\in[0,1]\}<0,$$

令

$$F(x)=x^2f(x)-\int_0^x(t+t^2)f(t)\mathrm{d}t.$$

那么 $F(x)\in C[0,1]$. 因为当 $t\in[0,1]$ 时 $(t+t^2)f(a)\geqslant(t+t^2)f(t)$, 所以

$$F(a)\geqslant a^2f(a)-\int_0^a(t+t^2)f(a)\mathrm{d}t=a^2\left(\frac12-\frac a3\right)f(a)>0.$$

类似地, 当 $t\in[0,1]$ 时 $(t+t^2)f(b)\leqslant(t+t^2)f(t)$, 所以

$$F(b)\leqslant b^2f(b)-\int_0^b(t+t^2)f(b)\mathrm{d}t=b^2\left(\frac12-\frac b3\right)f(b)<0.$$

由介值定理知存在 $c\in(a,b)\subset(0,1)$, 使得 $F(c)=0$, 也就是

$$c^2f(c)=\int_0^c(x+x^2)f(x)\mathrm{d}x.$$

9.56 (1) 因为 $H(x)\in C[0,1]$, 并且易见

$$\lim_{x\to0+}\frac{H(x)}{x}=0,$$

所以

$$\begin{aligned}\int_0^1 h(x)\mathrm{d}x&=\int_0^1\frac{xh(x)}{x}\mathrm{d}x=\int_0^1\frac{\mathrm{d}H(x)}{x}\\&=\frac{H(x)}{x}\bigg|_0^1+\int_0^1\frac{H(x)}{x^2}\mathrm{d}x=\lim_{x\to1-}H(x)+\int_0^1\frac{H(x)}{x^2}\mathrm{d}x.\end{aligned}$$

因为 $\int_0^x h(x)\mathrm{d}x=0$, 所以 $H(x)$ 不可能对所有 $x\in(0,1)$ 都取正值或都取负值, 所以由连续函数的介值定理得知存在 $c\in(0,1)$ 使得 $H(c)=0$.

(2) 如果 $\int_0^1 f(x)\mathrm{d}x=0$, 那么依本题 (1) 知存在 c_1 使得 $\int_0^{c_1}xf(x)\mathrm{d}x=0$, 于是取 $c=c_1$ 即合要求. 类似地, 当 $\int_0^1 g(x)\mathrm{d}x=0$ 时, 则也存在合乎要求的 c. 若 $\int_0^1 f(x)\mathrm{d}x$ 和 $\int_0^1 g(x)\mathrm{d}x=0$ 都不等于零, 则令

$$h(x)=\frac{f(x)}{\displaystyle\int_0^1 f(y)\mathrm{d}y}-\frac{g(x)}{\displaystyle\int_0^1 g(y)\mathrm{d}y},$$

那么此函数满足本题 (1) 中的所有条件, 于是推出在合乎要求的 c 的存在性.

9.57 (i) 因为 $x\to0+$, 所以可以认为 $x\leqslant 1/k$. 令 $t=xu$, 则

$$\int_x^{kx}\frac{\mathrm{d}t}{f(t)}=\int_1^k\frac{x}{f(xu)}\mathrm{d}u.$$

(ii) 因为 $f(x)$ 在 $x=0$ 可导,$f'(0)=a\neq0$, 所以对于任意给定的 $\varepsilon>0$, 存在 $\delta>0$, 使当 $0<t<\delta$ 时,

$$\left|\frac{f(t)-f(0)}{t}-a\right|<\varepsilon,$$

注意 $f(0)=0$, 因而 $|f(t)-at|<\varepsilon t$. 于是若 $0<xk<\delta$, 则对于所有 $u\in[1,k]$,

$$|f(xu)-axu|<\varepsilon xu.$$

由此得到

$$\left|\int_1^k\frac{x}{f(xu)}\mathrm{d}u-\int_1^k\frac{x}{axu}\mathrm{d}u\right|=\left|x\int_1^k\frac{f(xu)-axu}{axuf(xu)}\mathrm{d}u\right|<\varepsilon\int_1^k\frac{xu}{auf(xu)}\mathrm{d}u.$$

注意: 因为 f 在 $[0,1]$ 上连续, 在 $(0,1]$ 上不等于零, 从而 $f(x)$ 不变号. 由 $\big(f(x)-f(0)\big)/x=f(x)/x\to f'(0)=a\,(x\to0)$ 知 $x>0$ 充分小时 $f(x)$ 与 a 同号, 从而当 $u\in[1,k]$(因而 $xu\leqslant xk<\delta$) 时上面不等式右边的被积函数的分母 $auf(xu)>0$.

(iii) 如步骤 (ii) 中所证, $f(x)/x\to a\,(x\to0)$, 所以存在 $\eta>0$, 使当 $0<t<\eta$ 时 $f(t)/(at)>1/2$, 因此, 若 $0<xk<\eta$, 则对于所有 $u\in[1,k]$,

$$0<\left|\frac{xu}{f(xu)}\right|<\frac{2}{|a|}.$$

由此及步骤 (ii) 中结果得知, 当 $0<x<\min\{\delta,\eta\}/k$,

$$\left|\int_1^k\frac{x}{f(xu)}\mathrm{d}u-\int_1^k\frac{x}{axu}\mathrm{d}u\right|<\varepsilon\int_1^k\frac{xu}{auf(xu)}\mathrm{d}u<\frac{2\varepsilon}{a^2}\int_1^k\frac{\mathrm{d}u}{u}=\frac{\log k}{a^2}\varepsilon,$$

也就是

$$\left|\int_1^k\frac{x}{f(xu)}\mathrm{d}u-\frac{\log k}{a}\right|<\frac{2\log k}{a^2}\varepsilon.$$

注意步骤 (i) 中的等式, 最终得到

$$\lim_{x\to 0+}\int_x^{kx}\frac{\mathrm{d}t}{f(t)}=\lim_{x\to 0+}\int_1^k\frac{x}{axu}\mathrm{d}u=\frac{\log k}{f'(0)}.$$

9.58 由 Jordan 不等式

$$x>\sin x>\frac{2}{\pi}x\quad\left(0<x<\frac{\pi}{2}\right)$$

(见习题 8.2) 可知

$$\mathrm{e}^{-r^2\theta}<\mathrm{e}^{-r^2\sin\theta}<\mathrm{e}^{-r^2(2/\pi)\theta}.$$

在不等式各边对 θ 积分, 得到

$$\frac{1}{r^2}(1-\mathrm{e}^{-(\pi/2)r^2})<\int_0^{\pi/2}\mathrm{e}^{-r^2\sin\theta}\mathrm{d}\theta<\frac{\pi}{2r^2}(1-\mathrm{e}^{-r^2}).$$

由此推出结论.

9.59 令 $F(x)=\int_0^x f(t)\mathrm{d}t, G(x)=\mathrm{e}^{-kx}F(x)$, 则 $F'(x)=f(x)$, 并且由题设,$G'(x)=\mathrm{e}^{-kx}\big(F'(x)-kF(x)\big)=\mathrm{e}^{-kx}\big(f(x)-kF(x)\big)\leqslant 0$, 因此 $G(x)$ 单调递减. 因为 $F(x)$ 和 $G(x)$ 是 $(0,\infty)$ 上的正函数,$G(0)=F(0)=0$, 所以 $G(x)$ 在 $(0,\infty)$ 上恒等于零, 从而 $F(x)=\mathrm{e}^{kx}G(x)$ 在 $(0,\infty)$ 上也恒等于零. 于是由 $f(x)=F'(x)$ 知 f 在 $(0,\infty)$ 上恒等于零.

9.60 在题给方程两边对 x 求导得

$$xf(x)=a\int_0^x f(t)\mathrm{d}t+axf(x),$$

所以

$$(1-a)xf(x)=a\int_0^x f(t)\mathrm{d}t.$$

再次两边对 x 求导得

$$(1-a)\big(f(x)+xf'(x)\big)=af(x),$$

于是

$$(1-a)xf'(x)=(2a-1)f(x),$$

或者

$$(1-a)\frac{f'(x)}{f(x)}=(2a-1)\frac{1}{x}.$$

因为 $a\neq 1$, 由此立得所要结果.

9.61 (1) 曲线关于 X 轴对称, 所以只需求位于 X 轴上方部分的面积 S_1. 依渐进线的意义,

$$S_1=\lim_{\substack{\varepsilon\to 0+\\ \eta\to 0+}}\int_{1+\varepsilon}^{3-\eta}y\mathrm{d}x=\int_1^3 y\mathrm{d}x.$$

于是

$$S=2S_1=2\int_1^3\frac{x}{\sqrt{(x-1)(3-x)}}\mathrm{d}x.$$

令 $x=\cos^2 t+3\sin^2 t(=1+2\sin^2 t)$, 则

$$S=4\int_0^{\pi/2}(\cos^2 t+3\sin^2 t)\mathrm{d}t=4\pi$$

(也可参见习题 4.12 中 I_1 的计算).

(2) **提示** 题中曲线上的点 (x,y) 到直线 $y=x$ 的距离等于 $|y-x|/\sqrt{2}$, 因此所求面积 (注意对称性)

$$S=2\int_{\pi/4}^{3\pi/4}2\pi\cdot\frac{|y-x|}{\sqrt{2}}\sqrt{x'^2+y'^2}\,\mathrm{d}t.$$

当 $t\in[\pi/4,3\pi/4]$ 时, $|x-y|=a(\sin^3 t-\cos^3 t)$. 当 $t\in[\pi/4,\pi/2]$ 时, $\sqrt{x'^2+y'^2}=3a\sin t\cos t$; 当 $t\in[\pi/2,3\pi/4]$ 时, $\sqrt{x'^2+y'^2}=-3a\sin t\cos t$. 因此

$$S=6\sqrt{2}\pi a^2\left(\int_{\pi/4}^{\pi/2}+\int_{3\pi/4}^{\pi/2}\right)(\sin^4 t\cos t-\sin t\cos^4 t)\mathrm{d}t=\frac{3(4\sqrt{2}-1)}{5}\pi a^2.$$

(3) **提示** 所求面积等于

$$8\int_0^a \mathrm{d}x\int_0^{b\sqrt{a^2-x^2}/a}\frac{a}{\sqrt{a^2-x^2-y^2}}\mathrm{d}y=8\int_0^a \mathrm{d}x a\arcsin\frac{y}{\sqrt{a^2-y^2}}\Big|_{y=0}^{y=b\sqrt{a^2-x^2}/a}$$
$$=8a\int_0^a\arcsin\frac{b}{a}\mathrm{d}x=8a^2\arcsin\frac{b}{a}.$$

9.62 记 $h_n(x)=f(x^n)g(x)$, 以及 $h(x)=\lim\limits_{n\to\infty}h_n(x)$. 因为 f,g 在 $[0,1]$ 上连续, 而且当 $|x|<1$ 时 $x^n\to 0\,(n\to\infty)$, 所以 $h(x)=f(0)g(x)$(当 $x\in[0,1)$), $h(1)=f(1)g(1)$. 并且函数列 $h_n(x)(n\geqslant 1)$ 一致有界, 即存在常数 m 使得对于所有 n 和所有 $x\in[0,1]$ 有 $|h_n(x)|\leqslant M$. 于是依有界收敛定理得到

$$\lim_{n\to\infty}\int_0^1 h_n(x)\mathrm{d}x=\int_0^1\lim_{n\to\infty}h_n(x)\mathrm{d}x$$
$$=\int_0^1 h(x)\mathrm{d}x=\int_0^1 h(0)g(x)\mathrm{d}x=h(0)\int_0^1 g(x)\mathrm{d}x.$$

9.63 记 $f'_+(0)=-\alpha$, 则由题设知 $\alpha>0$. 由定义,

$$f'_+(0)=\lim_{x\to 0+}\frac{f(0+x)-f(0)}{x}=\lim_{x\to 0+}\frac{f(x)-1}{x}.$$

于是对于任何给定的 $\varepsilon>0$, 存在 $\delta\in(0,a)$, 使当 $0<x<\delta$ 时,

$$\left|\frac{f(x)-1}{x}+\alpha\right|<\varepsilon,$$

因此

$$1-(\alpha+\varepsilon)x<f(x)<1-(\alpha-\varepsilon)x\quad(0<x<\delta).$$

不妨设 $\varepsilon<\alpha$, 于是当 $\delta>0$ 足够小时,

$$0<1-(\alpha+\varepsilon)x<1,\quad 0<1-(\alpha-\varepsilon)x<1\quad(0<x<\delta).$$

由前述不等式可知

$$n\int_0^\delta\Big(1-(\alpha+\varepsilon)x\Big)^n\mathrm{d}x<n\int_0^\delta f^n(x)\mathrm{d}x<n\int_0^\delta\Big(1-(\alpha-\varepsilon)x\Big)^n\mathrm{d}x.$$

在左边的积分中作变量代换 $t=1-(\alpha+\varepsilon)x$, 则此积分等于

$$\frac{n}{\alpha+\varepsilon}\int_{1-(\alpha+\varepsilon)\delta}^1 t^n\mathrm{d}t\to\frac{1}{\alpha+\varepsilon}\quad(n\to\infty);$$

类似地, 右边的积分等于

$$\frac{n}{\alpha-\varepsilon}\int_{1-(\alpha-\varepsilon)\delta}^1 t^n\mathrm{d}t\to\frac{1}{\alpha-\varepsilon}\quad(n\to\infty).$$

因此

$$\frac{1}{\alpha+\varepsilon}\leqslant\lim_{n\to\infty}n\int_0^\delta f^n(x)\mathrm{d}x\leqslant\frac{1}{\alpha-\varepsilon}.$$

因为 $\varepsilon>0$ 可以任意接近于 0, 所以

$$\lim_{n\to\infty}n\int_0^\delta f^n(x)\mathrm{d}x=\frac{1}{\alpha}.$$

又因为 $f(x)$ 单调递减, 所以 $f(\delta)<f(0)=1$, 因而

$$0<n\int_\delta^a f^n(x)\mathrm{d}x\leqslant n(a-\delta)f^n(\delta)\to 0\quad(n\to\infty).$$

注意 $\int_0^a=\int_0^\delta+\int_\delta^a$, 由上述二式我们得到

$$\lim_{n\to\infty} n\int_0^a f^n(x)\mathrm{d}x=\frac{1}{\alpha}=-\frac{1}{f'_+(0)}.$$

9.64 (1) 对于任何 $a\in(0,1)$, 我们有

$$\begin{aligned}|I_n-f(0)|&=\left|\int_0^1\big(f(t^n)-f(0)\big)\mathrm{d}t\right|\\&\leqslant\int_0^a|f(t^n)-f(0)|\mathrm{d}t+\int_a^1|f(t^n)-f(0)|\mathrm{d}t.\end{aligned}$$

由题设, 存在常数 M, 使当 $x\in[0,1]$ 时 $|f(x)|\leqslant M$. 对于任何给定的 $\varepsilon>0$, 可取 $a\in(0,1)$ 使得 $M(1-a)<\varepsilon/4$. 于是上式右边第二项

$$\int_a^1|f(t^n)-f(0)|\mathrm{d}t\leqslant 2M(1-a)\leqslant\frac{\varepsilon}{2}.$$

又由函数 f 在 $x=0$ 的右方的连续性可知, 存在 $\alpha=\alpha(\varepsilon)$, 使当 $0\leqslant x\leqslant\alpha$ 时 $|f(x)-f(0)|\leqslant\varepsilon/(2a)$. 因为 $0<a<1$, 所以存在正整数 n_0 使得 $a^{n_0}\leqslant\alpha$, 于是当 $n\geqslant n_0$ 时, 对于任何 $t\in[0,a]$ 有 $t^n\leqslant a^n\leqslant a^{n_0}\leqslant\alpha$, 从而 $|f(t^n)-f(0)|\leqslant\varepsilon/(2a)$. 于是

$$\int_0^a|f(t^n)-f(0)|\mathrm{d}t\leqslant a\cdot\frac{\varepsilon}{2a}=\frac{\varepsilon}{2}.$$

合起来即得 $|I_n-f(0)|\leqslant\varepsilon$, 于是

$$\lim_{n\to\infty}I_n=f(0).$$

(2) 令

$$g(x)=\begin{cases}\dfrac{f(x)-f(0)}{x}, & x\in(0,1],\\ f'(0), & x=0.\end{cases}$$

那么 $g\in C[0,1]$, 因而存在原函数, 设 $G(x)$ 是其一个原函数. 又因为 $t^ng(t^n)=f(t^n)-f(0)$, 所以

$$\begin{aligned}n\big(I_n-f(0)\big)&=\int_0^1 nt^ng(t^n)\mathrm{d}t=\int_0^1 t\mathrm{d}G(t^n)\\&=tG(t^n)\Big|_0^1-\int_0^1 G(t^n)\mathrm{d}t=G(1)-\int_0^1 G(t^n)\mathrm{d}t.\end{aligned}$$

由此并应用本题 (1) 中所证结果, 我们有

$$\lim_{n\to\infty}n\big(I_n-f(0)\big)=G(1)-\lim_{n\to\infty}\int_0^1 G(t^n)\mathrm{d}t=G(1)-G(0).$$

最后, 注意原函数的定义, 由上式得到

$$\lim_{n\to\infty}n\big(I_n-f(0)\big)=\int_0^1\mathrm{d}G(t)=\int_0^1 g(t)\mathrm{d}t,$$

这就是

$$I_n=f(0)+\frac{1}{n}\int_0^1\frac{f(t)-f(0)}{t}\mathrm{d}t+o\left(\frac{1}{n}\right)\quad(n\to\infty).$$

9.65 将题中的积分记作 I_n, 并将积分区间 $(-\infty,\infty)$ 分为三部分:

$$(-\infty,-n^{-1/3})\cup[-n^{-1/3},n^{-1/3}]\cup(n^{-1/3},\infty),$$

将它们依次记为 A_1,A_2,A_3. 还令

$$I_k=\sqrt{n}\int_{A_k}\frac{\mathrm{d}x}{(1+x^2)^n}\quad(k=1,2,3).$$

我们来分别估计这些积分.

(i) 由变量代换 $t=\sqrt{n}x$ 得到

$$I_2=\sqrt{n}\int_{A_2}\exp\Big(-n\log\big(1+x^2\big)\Big)\mathrm{d}x=\int_{-n^{1/6}}^{n^{1/6}}\exp\left(-n\log\left(1+\frac{t^2}{n}\right)\right)\mathrm{d}t.$$

因为当 $0<x<1$ 时,

$$\log(1+x)-x=-\frac{x^2}{2}+\left(\frac{x^3}{3}-\frac{x^4}{4}\right)+\left(\frac{x^5}{5}-\frac{x^6}{6}\right)+\cdots>-\frac{x^2}{2}$$

以及

$$\log(1+x)-x=-\left(\frac{x^2}{2}-\frac{x^3}{3}\right)-\left(\frac{x^4}{4}-\frac{x^5}{5}\right)-\cdots<0,$$

所以当 $0<x<1$ 时 $\log(1+x)=x+O(x^2)$. 于是对任何 $|t|\leqslant n^{1/6}$ 一致地有

$$n\log\left(1+\frac{t^2}{n}\right)=t^2+O\Big(n^{-1/3}\Big),$$

从而当 $n\to\infty$ 时,

$$I_2=\int_{n^{-1/6}}^{n^{1/6}}\mathrm{e}^{-t^2}\exp\Big(O\Big(n^{-1/3}\Big)\Big)\mathrm{d}t.$$

注意当 $0\leqslant x\leqslant 1$ 时, $\mathrm{e}^x=1+x+x^2/2!+\cdots<1+x(1+1/1!+1/2!+\cdots)$, 所以 $\mathrm{e}^x<1+\mathrm{e}x$, 因而

$$\begin{aligned}I_2&=\Big(1+O\Big(n^{-1/3}\Big)\Big)\int_{n^{-1/6}}^{n^{1/6}}\mathrm{e}^{-t^2}\mathrm{d}t\\&=\Big(1+O\Big(n^{-1/3}\Big)\Big)\left(\int_{-\infty}^{\infty}\mathrm{e}^{-t^2}\mathrm{d}t-\int_{-\infty}^{n^{-1/6}}\mathrm{e}^{-t^2}\mathrm{d}t-\int_{n^{-1/6}}^{\infty}\mathrm{e}^{-t^2}\mathrm{d}t\right)\end{aligned}$$

因为 $\int_{-\infty}^{\infty}\mathrm{e}^{-t^2}\mathrm{d}t$ 收敛于 $\sqrt{\pi}$, 所以当 $n\to\infty$ 时,

$$I_2=\Big(1+O\Big(n^{-1/3}\Big)\Big)\big(\sqrt{\pi}+o(1)\big)=\sqrt{\pi}+O\Big(n^{-1/3}\Big).$$

(ii) 另外, 当 $|x|\geqslant n^{-1/3}$ 时, $1+x^2>1+n^{-2/3}$, 所以

$$\begin{aligned}0<I_1+I_2&\leqslant\sqrt{n}\left(\int_{-\infty}^{-n^{-1/3}}\frac{\mathrm{d}x}{(1+x^2)(1+n^{-2/3})^{n-1}}+\int_{n^{-1/3}}^{\infty}\frac{\mathrm{d}x}{(1+x^2)(1+n^{-2/3})^{n-1}}\right)\\&\leqslant\frac{\sqrt{n}}{(1+n^{-2/3})^{n-1}}\int_{-\infty}^{\infty}\frac{\mathrm{d}x}{1+x^2},\end{aligned}$$

注意上式右边的积分收敛, 所以

$$I_1+I_2=o(1)\quad(n\to\infty).$$

(iii) 最后, 合并步骤 (i) 和 (ii) 的结果即知 $I\to\sqrt{\pi}\,(n\to\infty)$.

9.66 我们给出两个不同的解法.

解法 1　令 $y=x/n$, 则得

$$\begin{aligned}J_n&=\frac{1}{n}\int_0^n\frac{x\log(1+x/n)}{1+x}\mathrm{d}x=\int_0^1\frac{ny}{1+ny}\log(1+y)\mathrm{d}y\\&=\int_0^1\left(1-\frac{1}{1+ny}\right)\log(1+y)\mathrm{d}y\\&=\int_0^1\log(1+y)\mathrm{d}y-\int_0^1\frac{\log(1+y)}{1+ny}\mathrm{d}y.\end{aligned}$$

因为

$$0\leqslant\int_0^1\frac{\log(1+y)}{1+ny}\mathrm{d}y\leqslant\int_0^1\frac{\mathrm{d}y}{1+ny}=\frac{\log(n+1)}{1+ny}\to 0\quad(n\to\infty),$$

或者: 依据

$$0 \leqslant \int_0^1 \frac{\log(1+y)}{1+ny}\mathrm{d}y \leqslant \frac{1}{n}\int_0^1 \frac{\log(1+y)}{y}\mathrm{d}y \to 0 \quad (n\to\infty),$$

所以

$$\begin{aligned}\lim_{n\to\infty} J_n &= \int_0^1 \log(1+y)\mathrm{d}y = y\log(1+y)\Big|_0^1 - \int_0^1 \frac{y}{1+y}\mathrm{d}y\\ &= \log 2 - \int_0^1 \left(1-\frac{1}{1+y}\right)\mathrm{d}y = \log 2-(1-\log 2) = 2\log 2 - 1.\end{aligned}$$

解法 2 令 $y = x/n$, 则得

$$J_n = \frac{1}{n}\int_0^n \frac{x\log(1+x/n)}{1+x}\mathrm{d}x = \int_0^1 \frac{ny}{1+ny}\log(1+y)\mathrm{d}y.$$

因为函数 $(ny)/(1+ny)\cdot\log(1+y)$ 对于任何 $n\in\mathbb{N}$ 是 $y\in[0,1]$ 的连续函数, 并且是 n 的单调增函数, 其极限函数 $\log(1+y)$ 在 $[0,1]$ 上连续, 因此依单调收敛定理得到

$$\begin{aligned}\lim_{n\to\infty} J_n &= \lim_{n\to\infty}\int_0^1 \frac{ny}{1+ny}\log(1+y)\mathrm{d}y\\ &= \int_0^1 \lim_{n\to\infty}\frac{ny}{1+ny}\log(1+y)\mathrm{d}y\\ &= \int_0^1 1\cdot\log(1+y)\mathrm{d}y = 2\log 2 - 1.\end{aligned}$$

注 1° 上面解法 1 中出现的反常积分 $\displaystyle\int_0^1 (\log(1+y)/y)\mathrm{d}y$ 是收敛的, 并且将 $\log(1+y)$ 展开为幂级数, 然后逐项积分, 可证明它的值为 $\pi^2/12$(细节由读者完成).

2° 所谓单调收敛定理, 可见: 菲赫金哥尔茨. 微积分学教程: 第二卷 [M]. 8 版. 北京: 高等教育出版社,2006:551.

9.67 这里给出两种解法.

解法 1 用 $f(t)$ 表示题中的积分. 那么

$$\mathrm{e}^{-4t}f(t) = \int_0^\infty \exp\left(-\left(x+\frac{t}{x}\right)^2\right)\mathrm{d}x.$$

在等式两边对 t 求导可得

$$\big(f'(t)-4f(t)\big)\mathrm{e}^{-4t} = -2\int_0^\infty \left(1+\frac{t}{x^2}\right)\exp\left(-\left(x+\frac{t}{x}\right)^2\right)\mathrm{d}x$$

(自行验证积分号下求导数的 Leibnitz 法则的各项条件), 于是

$$f'(t)-4f(t) = -2\int_0^\infty \left(1+\frac{t}{x^2}\right)\exp\left(-\left(x-\frac{t}{x}\right)^2\right)\mathrm{d}x.$$

在右边的积分中作变量代换 $u = x - t/x$, 我们得到

$$f'(t)-4f(t) = -2\int_{-\infty}^\infty \mathrm{e}^{-u^2}\mathrm{d}u = -2\sqrt{\pi}.$$

线性微分方程 $f'(t)-4f(t) = -2\sqrt{\pi}$ 有解

$$f(t) = C\mathrm{e}^{4t} + \frac{\sqrt{\pi}}{2},$$

其中 C 是待定常数. 因为

$$0 < f(t) = \int_0^\infty \mathrm{e}^{-x^2}\cdot\mathrm{e}^{2t-t^2/x^2}\mathrm{d}x < \mathrm{e}^{2t}\int_0^\infty \mathrm{e}^{-x^2}\mathrm{d}x = \frac{\sqrt{\pi}}{2}\mathrm{e}^{2t},$$

所以 $C\mathrm{e}^{4t}+\sqrt{\pi}/2 < (\sqrt{\pi}/2)\mathrm{e}^{2t}$, 从而 $C=0$. 于是 $f(t) = \sqrt{\pi}/2$.

解法 2　在积分 $\int_{-\infty}^{\infty} \mathrm{e}^{-u^2} \mathrm{d}u$ 中作变量代换 $u = x - t/x$, 我们得到

$$\int_{-\infty}^{\infty} \mathrm{e}^{-u^2} \mathrm{d}u = \int_0^{\infty} \mathrm{e}^{-(x-t/x)^2} \left(1 + \frac{t}{x^2}\right) \mathrm{d}x$$
$$= \int_0^{\infty} \mathrm{e}^{-(x-t/x)^2} \mathrm{d}x + t \int_0^{\infty} \mathrm{e}^{-(x-t/x)^2} \frac{\mathrm{d}x}{x^2}.$$

在右边第二个积分中令 $x = -t/v$, 则得

$$t \int_0^{\infty} \mathrm{e}^{-(x-t/x)^2} \frac{\mathrm{d}x}{x^2} = \int_{-\infty}^{0} \mathrm{e}^{-(v-t/v)^2} \mathrm{d}v = \int_0^{\infty} \mathrm{e}^{-(v-t/v)^2} \mathrm{d}v.$$

于是

$$2 \int_0^{\infty} \mathrm{e}^{-(x-t/x)^2} \mathrm{d}x = \int_{-\infty}^{\infty} \mathrm{e}^{-u^2} \mathrm{d}u = \sqrt{\pi},$$

从而所求积分 $= \sqrt{\pi}/2$.

9.68　记题中的积分为 I_n. 当 $n \geqslant 1$ 时, 对于 $x \geqslant 1, x^n \geqslant x$, 所以积分 I_n 收敛. 令 $x^n = t$, 则

$$nI_n = \int_1^{\infty} \frac{\mathrm{e}^{-t}}{t^{1-1/n}} \mathrm{d}t = \int_1^{\infty} t^{1/n} \frac{\mathrm{e}^{-t}}{t} \mathrm{d}t.$$

对于 $A > 1$,

$$nI_n - \int_1^{\infty} \frac{\mathrm{e}^{-t}}{t} \mathrm{d}t = \int_1^{\infty} t^{1/n} \frac{\mathrm{e}^{-t}}{t} \mathrm{d}t - \int_1^{\infty} \frac{\mathrm{e}^{-t}}{t} \mathrm{d}t$$
$$= \int_1^{A} (t^{1/n} - 1) \frac{\mathrm{e}^{-t}}{t} \mathrm{d}t + \int_A^{\infty} (t^{1/n} - 1) \frac{\mathrm{e}^{-t}}{t} \mathrm{d}t;$$

并且

$$0 < \int_A^{\infty} (t^{1/n} - 1) \frac{\mathrm{e}^{-t}}{t} \mathrm{d}t < \int_A^{\infty} \mathrm{e}^{-t} \mathrm{d}t = \mathrm{e}^{-A},$$
$$0 < \int_1^{A} (t^{1/n} - 1) \frac{\mathrm{e}^{-t}}{t} \mathrm{d}t < \int_1^{A} (A^{1/n} - 1) \mathrm{d}t = (A-1)(A^{1/n} - 1).$$

所以

$$0 < nI_n - \int_1^{\infty} \frac{\mathrm{e}^{-t}}{t} \mathrm{d}t < \mathrm{e}^{-A} + (A-1)(A^{1/n} - 1).$$

对于任意给定的 $\varepsilon > 0$, 选取 $A > 1$ 满足不等式 $\mathrm{e}^{-A} < \varepsilon/2$. 固定 A, 则

$$\lim_{n \to \infty} (A^{1/n} - 1) = 0,$$

于是存在 $n_0 > 0$, 使对于所有 $n > n_0$ 有 $|A^{1/n} - 1| < \varepsilon/\big(2(A-1)\big)$, 从而

$$0 < nI_n - \int_1^{\infty} \frac{\mathrm{e}^{-t}}{t} \mathrm{d}t < \frac{\varepsilon}{2} + \frac{\varepsilon}{2} = \varepsilon.$$

因此

$$I_n \sim \frac{1}{n} \int_1^{\infty} \frac{\mathrm{e}^{-t}}{t} \mathrm{d}t \quad (n \to \infty).$$

9.69　(1) 因为 e^{-x^2} 和 $\int_0^x \mathrm{e}^{t^2} \mathrm{d}t$ 都属于类 $C^{\infty}(\mathbb{R})$, 所以其积 $f(x) \in C^{\infty}(\mathbb{R})$. 计算得到

$$f'(x) = -2x\mathrm{e}^{-x^2} \int_0^x \mathrm{e}^{t^2} \mathrm{d}t + \mathrm{e}^{-x^2} \mathrm{e}^{x^2} = 1 - 2xf(x).$$

(2) 因为 f 是偶函数, 所以只需考虑 $x > 0$ 的情形. 设 $x > 1$, 并写出

$$2xf(x) = 2x\mathrm{e}^{-x^2} \int_0^{x-1} \mathrm{e}^{t^2} \mathrm{d}t + 2x\mathrm{e}^{-x^2} \int_{x-1}^{x} \mathrm{e}^{t^2} \mathrm{d}t = u(x) + v(x).$$

因为 $0<u(x)<2xe^{-x^2}e^{-(x-1)^2}=2xe^{-2x+1}$, 所以

$$\lim_{x\to\infty}u(x)=0.$$

又因为

$$\begin{aligned}v(x)&=xe^{-x^2}\int_{x-1}^{x}\frac{1}{t}d(e^{t^2})=xe^{-x^2}\left(\frac{e^{x^2}}{x}-\frac{e^{(x-1)^2}}{x-1}\right)+xe^{-x^2}\int_{x-1}^{x}\frac{e^{t^2}}{t^2}dt\\&=1-\frac{x}{x-1}e^{-2x+1}+w(x),\end{aligned}$$

其中

$$0<w(x)<xe^{-x^2}\frac{e^{x^2}}{(x-1)^2},$$

所以 $\lim\limits_{x\to\infty}w(x)=0$, 因此

$$\lim_{x\to\infty}v(x)=1.$$

由上述关于 $u(x)$ 和 $v(x)$ 的极限推出 $\lim\limits_{x\to\infty}\big(2xf(x)\big)=0$. 由此及题 (1) 的结果立得

$$\lim_{x\to\infty}f'(x)=1.$$

(3) 由本题 (2) 中所证结果 $\lim\limits_{x\to\infty}\big(2xf(x)\big)=0$ 立得 $\lim\limits_{x\to\infty}f(x)=0$. 或直接证明如下: 对于任意给定的 $\varepsilon>0$,

$$\begin{aligned}e^{-x^2}\int_0^x e^{t^2}dt&=\int_0^x e^{t^2-x^2}dt=\int_0^{x-\varepsilon}e^{t^2-x^2}dt+\int_{x-\varepsilon}^{x}e^{t^2-x^2}dt\\&<\int_0^{x-\varepsilon}e^{(x-\varepsilon)^2-x^2}dt+\int_{x-\varepsilon}^{x}1dt=\int_0^{x-\varepsilon}e^{\varepsilon^2-2\varepsilon x}dt+\varepsilon\\&=\big((x-\varepsilon)e^{\varepsilon^2}\big)e^{-2\varepsilon x}+\varepsilon,\end{aligned}$$

令 $\varepsilon\to 0$ 即得结果.

(4) 为考察 $f'(x)$ 在 $(0,1)$ 上的零点, 令

$$\psi(x)=\frac{1}{2x}e^{x^2}f'(x)\quad(x>0),$$

那么只需研究 $\psi(x)$ 在 $(0,1)$ 上的零点. 我们有

$$\psi'(x)=e^{x^2}f'(x)+\frac{e^{x^2}}{2x}f''(x)-\frac{e^{x^2}}{2x^2}f'(x)=\frac{e^{x^2}}{2x^2}\big((2x^2-1)f'(x)+xf''(x)\big).$$

因为(由本题 (1)) $f'(x)+2xf(x)=1$, 对 x 求导得 $f''(x)+2xf'(x)+2f(x)=0$, 或 $f''(x)=-2xf'(x)-2f(x)$, 所以

$$\begin{aligned}(2x^2-1)f'(x)+xf''(x)&=(2x^2-1)f'(x)+x\big(-2xf'(x)-2f(x)\big)\\&=-2xf(x)-f'(x)=-1,\end{aligned}$$

从而

$$\psi'(x)=-\frac{e^{x^2}}{2x^2}<0\quad(x>0),$$

因此 $\psi(x)$ 当 $x>0$ 时单调递减. 因为

$$\psi(0+)=\infty,\quad \psi(1)=\frac{e}{2}f'(1),$$

所以为证存在 $x_0\in(0,1)$ 使得 $\psi(x_0)=0$(从而 $f'(x_0)=0$), 只需证明 $f'(1)<0$. 由 $f'(x)+2xf(x)=1$, 只需证明 $2f(1)>1$, 由 $f(x)$ 的定义, 也就是

$$\int_0^1 e^{t^2}dt>\frac{e}{2}.$$

事实上, 由 Taylor 展开知 $e^{t^2} > 1+t^2+t^4/2$, 所以确实

$$\int_0^1 e^{t^2}dt > 1+\frac{1}{3}+\frac{1}{10} > \frac{e}{2}.$$

注意 ψ 当 $x>0$ 时单调递减, 所以 $f'(x)$ 在 $(0,\infty)$ 上只有一个零点. 又因为 $f'(x)$ 是奇函数, 所以 $f'(x)$ 只有两个零点 $\pm x_0$.

9.70 (i) 将被积函数记为 $h(x)$. 因为对于任何实数 $x \geqslant 1$,

$$\left\lfloor \frac{\lceil x\rceil}{x} \right\rfloor = 1,$$

所以当 $x \geqslant 1$ 时 $h(x)=0\,(x\geqslant 1)$. 于是所求积分

$$I=\int_0^{\infty} h(x)dx = \int_0^1 h(x)dx.$$

虽然 0 是被积函数的奇点, 应将 I 理解为

$$\lim_{a\to 0+}\int_a^1 h(x)dx,$$

但实际上下面我们将不直接应用这个定义.

(ii) 对于所有正实数 $x\leqslant 1, \lceil x\rceil = 1$. 因此 $\lceil x\rceil/x \geqslant 1$, 从而

$$\left\lfloor \frac{\lceil x\rceil}{x} \right\rfloor \in \mathbb{N};$$

并且当且仅当

$$b^k \leqslant \left\lfloor \frac{\lceil x\rceil}{x} \right\rfloor < b^{k+1}$$

(k 为整数) 时,

$$h(x) = \log_b \left\lfloor \frac{\lceil x\rceil}{x} \right\rfloor = k.$$

由此推出当 $1\geqslant x > 1/b$ 时, $h(x)=0$; 当 $1/b \geqslant x > 1/b^2$ 时, $h(x)=1$, 等等. 也就是说, 当 $1\geqslant x>0$ 时, $h(x)$ 是一个阶梯函数. 于是我们由积分的几何意义得到 $I=\sum\limits_{k=1}^{\infty} 1/b^k = 1/(b-1)$.

9.71 (1) 计算 I_1. 令

$$F(n)=\int_0^{n\pi} |\sin x| e^{-x}dx = \sum_{k=0}^{n}(-1)^k\int_{k\pi}^{(k+1)\pi} e^{-x}\sin x dx.$$

则 $I_1 = \lim\limits_{n\to\infty} F(n)$. 由分部积分可知

$$\begin{aligned}\int_{k\pi}^{(k+1)\pi} e^{-x}\sin x dx &= -e^{-x}\sin x\Big|_{k\pi}^{(k+1)\pi} + \int_{k\pi}^{(k+1)\pi} e^{-x}\cos x dx \\ &= -e^{-x}\cos x\Big|_{k\pi}^{(k+1)\pi} - \int_{k\pi}^{(k+1)\pi} e^{-x}\sin x dx,\end{aligned}$$

因此当 $k=0,1,\cdots$,

$$\int_{k\pi}^{(k+1)\pi} e^{-x}\sin x dx = \frac{1}{2}\cdot\left(-e^{-x}\cos x\Big|_{k\pi}^{(k+1)\pi}\right) = \frac{(-1)^k}{2}\left(e^{-k\pi}+e^{-(k+1)\pi}\right).$$

由此得到

$$\begin{aligned}F(n) &= 1+e^{-\pi}+e^{-2\pi}+\cdots+e^{-n\pi}-\frac{1}{2}(1+e^{-n\pi}) \\ &= \frac{1-e^{-(n+1)\pi}}{1-e^{-\pi}} - \frac{1}{2}(1+e^{-n\pi}).\end{aligned}$$

于是

$$I_1=\frac{\mathrm{e}^{\pi}+1}{2(\mathrm{e}^{\pi}-1)}.$$

(2) 计算 I_2. 因为

$$I_2=\int_{-\infty}^{0}x\mathrm{e}^{x}\sin x\mathrm{d}x+\int_{0}^{\infty}x\mathrm{e}^{x}\sin x\mathrm{d}x,$$

在上式右边第一个积分中令 $x=-t$ 可推出

$$I_2=2\int_0^{\infty}x\mathrm{e}^{-x}\sin x\mathrm{d}x.$$

因为

$$(\mathrm{e}^{-x}\sin x+\mathrm{e}^{-x}\cos x)'=-2\mathrm{e}^{-x}\sin x,$$

所以分部积分得到

$$\begin{aligned}I_2&=-\int_0^{\infty}x\mathrm{d}\big(\mathrm{e}^{-x}\sin x+\mathrm{e}^{-x}\cos x\big)\\&=-x\big(\mathrm{e}^{-x}\sin x+\mathrm{e}^{-x}\cos x\big)\Big|_0^{\infty}+\int_0^{\infty}(\mathrm{e}^{-x}\sin x+\mathrm{e}^{-x}\cos x)\mathrm{d}x\\&=\int_0^{\infty}(\mathrm{e}^{-x}\sin x+\mathrm{e}^{-x}\cos x)\mathrm{d}x.\end{aligned}$$

仍然由分部积分得到

$$\begin{aligned}\int_0^{\infty}\mathrm{e}^{-x}\sin x\mathrm{d}x&=-\mathrm{e}^{-x}\sin x\Big|_0^{\infty}+\int_0^{\infty}\mathrm{e}^{-x}\cos x\mathrm{d}x=\int_0^{\infty}\mathrm{e}^{-x}\cos x\mathrm{d}x\\&=-\mathrm{e}^{-x}\cos x\Big|_0^{\infty}-\int_0^{\infty}\mathrm{e}^{-x}\sin x\mathrm{d}x=1-\int_0^{\infty}\mathrm{e}^{-x}\sin x\mathrm{d}x,\end{aligned}$$

因此

$$\int_0^{\infty}\mathrm{e}^{-x}\sin x\mathrm{d}x=\frac{1}{2}.$$

类似地可算出

$$\int_0^{\infty}\mathrm{e}^{-x}\cos x\mathrm{d}x=\frac{1}{2}.$$

因此 $I_2=1$.

9.72 (1) 由导数公式, 我们有

$$\begin{aligned}L_n(x)&=\frac{\mathrm{e}^{x}}{n!}\sum_{k=0}^{n}\binom{n}{k}(x^n)^{(k)}(\mathrm{e}^{-x})^{(n-k)}\\&=\frac{\mathrm{e}^{x}}{n!}\sum_{k=0}^{n}\binom{n}{k}n(n-1)\cdots(n-k+1)x^{n-k}\cdot(-1)^{n-k}\mathrm{e}^{-x}\\&=\frac{1}{n!}\sum_{k=0}^{n}(-1)^{n-k}\binom{n}{k}\cdot\frac{n!}{(n-k)!}x^{n-k}=\sum_{k=0}^{n}\binom{n}{k}\cdot\frac{(-x)^{n-k}}{(n-k)!},\end{aligned}$$

注意

$$\binom{n}{k}=\binom{n}{n-k},$$

即知上式等于

$$\sum_{k=0}^{n}\binom{n}{k}(-x)^k/k!.$$

(2) 依据分部积分公式

$$\int_a^b uv^{(s)}\mathrm{d}x=[uv^{(s-1)}-u'v^{(s-2)}+\cdots+(-1)^{s-1}u^{(s-1)}v]_a^b+(-1)^s\int_a^b u^{(s)}v\mathrm{d}x,$$

当 $\alpha>0,n\geqslant 1$ 时,

$$\begin{aligned}\int_0^{\infty}\mathrm{e}^{-\alpha x}L_n(x)\mathrm{d}x&=\frac{1}{n!}\int_0^{\infty}\mathrm{e}^{-(\alpha-1)x}\frac{\mathrm{d}^n(x^n\mathrm{e}^{-x})}{\mathrm{d}x^n}\mathrm{d}x\\&=\frac{1}{n!}\Big[\mathrm{e}^{-(\alpha-1)x}\cdot\frac{\mathrm{d}^{n-1}(x^n\mathrm{e}^{-x})}{\mathrm{d}x^{n-1}}-\frac{\mathrm{d}\mathrm{e}^{-(\alpha-1)x}}{\mathrm{d}x}\cdot\frac{\mathrm{d}^{n-2}(x^n\mathrm{e}^{-x})}{\mathrm{d}x^{n-2}}\\&\quad+\cdots+(-1)^{n-1}\frac{\mathrm{d}^{n-1}\mathrm{e}^{-(\alpha-1)x}}{\mathrm{d}x^{n-1}}\cdot x^n\mathrm{e}^{-x}\Big]_0^{\infty}\\&\quad+\frac{(-1)^n}{n!}\int_0^{\infty}\frac{\mathrm{d}^n\mathrm{e}^{-(\alpha-1)x}}{\mathrm{d}x^n}\cdot x^n\mathrm{e}^{-x}\mathrm{d}x,\end{aligned}$$

因为积出的部分为 0, 所以上式等于

$$\begin{aligned}\frac{(-1)^n}{n!}\int_0^{\infty}\frac{\mathrm{d}^n\mathrm{e}^{-(\alpha-1)x}}{\mathrm{d}x^n}\cdot x^n\mathrm{e}^{-x}\mathrm{d}x&=\frac{(-1)^n}{n!}\cdot(-1)^n(\alpha-1)^n\int_0^{\infty}x^n\mathrm{e}^{-\alpha x}\mathrm{d}x\\&=\frac{(\alpha-1)^n}{n!}\int_0^{\infty}x^n\mathrm{e}^{-\alpha x}\mathrm{d}x=\frac{(\alpha-1)^n}{n!\alpha^{n+1}}\int_0^{\infty}t^n\mathrm{e}^{-t}\mathrm{d}t.\end{aligned}$$

将上式右边的积分记作 I_n, 分部积分可得

$$I_n=\int_0^{\infty}t^n\mathrm{e}^{-t}\mathrm{d}t=-t^n\cdot\mathrm{e}^{-t}\Big|_0^{\infty}=\int_0^{\infty}t^{n-1}\mathrm{e}^{-t}\mathrm{d}t=nI_{n-1},$$

因此 $I_n=n!$, 从而

$$\int_0^{\infty}\mathrm{e}^{-\alpha x}L_n(x)\mathrm{d}x=\frac{(\alpha-1)^n}{\alpha^{n+1}}.$$

因为 $L_0(x)=1$, 所以上式当 $n=0$ 时也成立.

(3) 设 m,n 不全为 0. 由分部积分公式, 我们有

$$\begin{aligned}(L_m,L_n)&=\int_0^{\infty}\mathrm{e}^{-x}L_m(x)L_n(x)\mathrm{d}x=\frac{1}{m!}\int_0^{\infty}L_n(x)\frac{\mathrm{d}^m(x^m\mathrm{e}^{-x})}{\mathrm{d}x^m}\mathrm{d}x\\&=\frac{1}{m!}\Big[L_n(x)\cdot\frac{\mathrm{d}^{m-1}(x^m\mathrm{e}^{-x})}{\mathrm{d}x^{m-1}}-\frac{\mathrm{d}L_n(x)}{\mathrm{d}x}\cdot\frac{\mathrm{d}^{m-2}(x^m\mathrm{e}^{-x})}{\mathrm{d}x^{m-2}}\\&\quad+\cdots+(-1)^{m-1}\frac{\mathrm{d}^{m-1}L_n(x)}{\mathrm{d}x^{m-1}}\cdot x^m\mathrm{e}^{-x}\Big]_0^{\infty}+\frac{(-1)^m}{m!}\int_0^{\infty}\frac{\mathrm{d}^mL_n(x)}{\mathrm{d}x^m}\cdot x^m\mathrm{e}^{-x}\mathrm{d}x\\&=\frac{(-1)^m}{m!}\int_0^{\infty}\frac{\mathrm{d}^mL_n(x)}{\mathrm{d}x^m}\cdot x^m\mathrm{e}^{-x}\mathrm{d}x.\end{aligned}$$

如果 $m\neq n$, 不妨设 $m>n$, 那么依本题 (1) 可知 L_n 是 n 次多项式, 从而

$$\frac{\mathrm{d}^mL_n(x)}{\mathrm{d}x^m}=0,$$

因此 $(L_m,L_n)=0$. 如果 $m=n$, 那么仍然依本题 (1) 可知

$$\frac{\mathrm{d}^mL_m(x)}{\mathrm{d}x^m}=1,$$

所以

$$(L_m,L_n)=\frac{(-1)^m}{m!}\int_0^{\infty}x^m\mathrm{e}^{-x}\mathrm{d}x=1.$$

当 $m=n=0$ 时, 上式显然成立.

9.73 作变量代换 $t=\sqrt{(x^2-1)/(1-\theta^2x^2)}$. 当 x 在区间 $(1,1/\theta)$ 中递增时, t 也在区间 $(0,+\infty)$ 中递增, 并且

$$\sqrt{x^2-1}=t\sqrt{1-\theta^2x^2},\quad \theta^2t^2x^2-t^2+x^2-1=0.$$

对 t 微分上述第二式得

$$\frac{\mathrm{d}x}{\mathrm{d}t}=\frac{t(1-\theta^2x^2)}{x(1+\theta^2t^2)},$$

因而

$$
\begin{aligned}
f(\theta) &= \int_1^{1/\theta} \frac{\mathrm{d}x}{\sqrt{(x^2-1)(1-\theta^2x^2)}} \\
&= \int_1^{1/\theta} \frac{\mathrm{d}x}{\sqrt{x^2-1}\sqrt{1-\theta^2x^2}} = \int_1^{1/\theta} \frac{\mathrm{d}x}{t\sqrt{1-\theta^2x^2}\sqrt{1-\theta^2x^2}} \\
&= \int_1^{1/\theta} \frac{\mathrm{d}x}{t(1-\theta^2x^2)} = \int_0^{+\infty} \frac{\mathrm{d}x}{\mathrm{d}t} \cdot \frac{\mathrm{d}t}{t(1-\theta^2x^2)} \\
&= \int_0^{+\infty} \frac{t(1-\theta^2x^2)}{x(1+\theta^2t^2)} \cdot \frac{\mathrm{d}t}{t(1-\theta^2x^2)} = \int_0^{+\infty} \frac{\mathrm{d}t}{x(1+\theta^2x^2)} \\
&= \int_0^{+\infty} \frac{\mathrm{d}t}{\sqrt{(1+t^2)(1+\theta^2x^2)}}.
\end{aligned}
$$

在最后得到的积分中, 被积函数是 θ 的减函数, 而积分限与 θ 无关, 因此积分 $f(\theta)$ 也是 θ 的减函数.

9.74 (i) 令

$$
J(x,t) = \frac{1}{\sqrt{t^4+2xt^2+1}} \quad (-1<x<1).
$$

则

$$
\frac{\partial}{\partial x}J(x,t) = -t^2(t^4+2xt^2+1)^{-3/2},
$$

并且 $J_x(x,t)$ 当 $t\in\mathbb{R}, x\in(-1,1)$ 时连续. 于是

$$
f'(x) = \int_0^1 J_x(x,t)\mathrm{d}t = -\int_0^1 t^2(t^4+2xt^2+1)^{-3/2}\mathrm{d}t.
$$

类似地,

$$
f''(x) = \int_0^1 J_{xx}(x,t)\mathrm{d}t = 3\int_0^1 t^4(t^4+2xt^2+1)^{-5/2}\mathrm{d}t.
$$

还有

$$
F'(x) = 2\left(\frac{f'(-x)}{f(-x)^3} - \frac{f'(x)}{f(x)^3}\right).
$$

(ii) 令

$$
G(x) = \frac{f'(x)}{f(x)^3} \quad (-1<x<1).
$$

则

$$
G'(x) = \frac{f''(x)f(x)-3f'(x)^2}{f(x)^4}.
$$

因为

$$
\begin{aligned}
f''f-3f'^2 &= 3\int_0^1 t^4(t^4+2xt^2+1)^{-5/2}\mathrm{d}t \cdot \int_0^1 (t^4+2xt^2+1)^{-1/2}\mathrm{d}t \\
&\quad -3\left(\int_0^1 t^2(t^4+2xt^2+1)^{-3/2}\mathrm{d}t\right)^2 \\
&= 3\Big(\int_0^1 \left(t^2(t^4+2xt^2+1)^{-5/4}\right)^2\mathrm{d}t \int_0^1 \left((t^4+2xt^2+1)^{-1/4}\right)^2\mathrm{d}t \\
&\quad -\left(\int_0^1 t^2(t^4+2xt^2+1)^{-5/4}\cdot(t^4+2xt^2+1)^{-1/4}\mathrm{d}t\right)^2\Big),
\end{aligned}
$$

所以由 Cauchy-Schwarz 不等式知当 $-1<x<1$ 时 $f''f-3f'^2 \geqslant 0$, 于是 $G'(x)\geqslant 0$. 由此可知函数 $G(x)$ 在 $(-1,1)$ 上单调增加.

(iii) 因为 $F'(x) = 2\big(G(-x)-G(x)\big)$, 所以 $F'(x)$ 在 $(-1,1)$ 上单调减少. 注意 $F'(0)=0$, 所以在 $[0,1)$ 上 $F'(x)\leqslant 0$, 因此 $F(x)$ 在 $[0,1)$ 上单调减少.

9.75 设 f 在 $[0,\infty)$ 上有界. 令

$$
h(x) = \int_0^x \frac{\mathrm{d}t}{g(t)^2}.
$$

则 $h(x)>0(x>0),h'(x)=1/g(x)^2$. 由 f 的有界性假设知存在 $B>0$, 使得

$$f(x)=g(x)h(x)\leqslant B\quad (x\geqslant 0).$$

于是 $g(x)^2h(x)^2\leqslant B^2\,(x\geqslant 0)$, 即知

$$\frac{h'(x)}{h^2(x)}\geqslant\frac{1}{B^2}\quad (x>0).$$

两边积分得到

$$\int_1^x\frac{h'(x)}{h^2(x)}\mathrm{d}x\geqslant\int_1^x\frac{1}{B^2}\mathrm{d}x\quad (x\geqslant 1),$$

即

$$\frac{1}{h(1)}-\frac{1}{h(x)}\geqslant\frac{1}{B^2}(x-1)\quad (x\geqslant 1).$$

由此推出

$$\frac{1}{B^2}(x-1)\leqslant\frac{1}{B^2}(x-1)+\frac{1}{h(x)}\leqslant\frac{1}{h(1)}\quad (x\geqslant 1).$$

这不可能.

9.76 (i) 由 $\lim\limits_{x\to 0}f(x)/x$ 存在可知 $f(x)=O(x)\,(x\to 0)$, 因此 $\lim\limits_{x\to 0}f(x)=0$, 而由 $f(x)$ 的连续性知 $f(0)=0$.

(ii) 当 $x\neq 0$ 时, 令 $xt=u$ 得

$$g(x)=\frac{1}{x}\int_0^x f(u)\mathrm{d}u.$$

还有

$$g(0)=\int_0^1 f(0)\mathrm{d}t=f(0)=0.$$

(iii) 当 $x\neq 0$ 时,

$$g'(x)=\left(\frac{1}{x}\int_0^x f(u)\mathrm{d}u\right)'=\frac{xf(x)-\int_0^x f(u)\mathrm{d}u}{x^2}=\frac{f(x)}{x}-\frac{g(x)}{x}.$$

按定义, 并用 L'Hospital 法则, 得到

$$\begin{aligned}g'(0)&=\lim_{x\to 0}\frac{g(x)-g(0)}{x}=\lim_{x\to 0}\frac{\frac{1}{x}\int_0^x f(u)\mathrm{d}u-0}{x}\\&=\lim_{x\to 0}\frac{\int_0^x f(u)\mathrm{d}u}{x^2}=\lim_{x\to 0}\frac{f(x)}{2x}=\frac{\alpha}{2}.\end{aligned}$$

因此

$$g'(x)=\begin{cases}\dfrac{f(x)}{x}-\dfrac{g(x)}{x}, & x\neq 0,\\ \dfrac{\alpha}{2}, & x=0.\end{cases}$$

(iv) 因为

$$\begin{aligned}\lim_{x\to 0}\left(\frac{f(x)}{x}-\frac{g(x)}{x}\right)&=\lim_{x\to 0}\frac{f(x)}{x}-\lim_{x\to 0}\frac{g(x)}{x}\\&=\alpha-\lim_{x\to 0}\frac{1}{x^2}\int_0^x f(u)\mathrm{d}u=\alpha-\lim_{x\to 0}\frac{f(x)}{2x}=\alpha-\frac{\alpha}{2}=\frac{\alpha}{2}=g'(0),\end{aligned}$$

所以 $g'(x)$ 在 $x=0$ 连续.

9.77 (1) 首先将题中的积分表示为级数形式:

$$I=\int_0^\infty\frac{\sin^{2m}x}{1+x^\alpha\sin^{2n}x}\mathrm{d}x=\sum_{k=0}^\infty\int_{k\pi}^{(k+1)\pi}\frac{\sin^{2m}x}{1+x^\alpha\sin^{2n}x}\mathrm{d}x=\sum_{k=0}^\infty I_k,$$

其中

$$I_k=\int_0^{\pi}\frac{\sin^{2m}x}{1+(x+k\pi)^{\alpha}\sin^{2n}x}\mathrm{d}x\quad (k\geqslant 0).$$

我们区分不同情形研究 $I_k(k\to\infty)$ 的渐近性状.

情形 1. 设 $\alpha\leqslant 1$. 对于所有 $k\geqslant 0$,

$$\begin{aligned}I_k&\geqslant\int_{\pi/4}^{3\pi/4}\frac{\sin^{2m}x}{1+(x+k\pi)^{\alpha}\sin^{2n}x}\mathrm{d}x\\&\geqslant\left(\frac{\sqrt{2}}{2}\right)^{2m}\int_{\pi/4}^{3\pi/4}\frac{\mathrm{d}x}{1+(x+k\pi)^{\alpha}}\\&\geqslant\left(\frac{\sqrt{2}}{2}\right)^{2m}\frac{\pi/2}{1+(3\pi/4+k\pi)},\end{aligned}$$

所以 $\sum\limits_{k=0}^{\infty}I_k$ 发散.

情形 2. 设 $\alpha>1$. 对于所有 $0\leqslant x\leqslant\pi$,

$$1+(k\pi)^{\alpha}\sin^{2n}x\leqslant 1+(x+k\pi)^{\alpha}\sin^{2n}x\leqslant 1+\big((k+1)\pi\big)^{\alpha}\sin^{2n}x,$$

所以

$$\int_0^{\pi}\frac{\sin^{2m}x}{1+\big((k+1)\pi\big)^{\alpha}\sin^{2n}x}\mathrm{d}x\leqslant I_k\leqslant\int_0^{\pi}\frac{\sin^{2m}x}{1+(k\pi)^{\alpha}\sin^{2n}x}\mathrm{d}x.$$

于是当且仅当

$$\sum_{k=0}^{\infty}\int_0^{\pi}\frac{\sin^{2m}x}{1+(k\pi)^{\alpha}\sin^{2n}x}\mathrm{d}x$$

收敛时, $\sum\limits_{k=0}^{\infty}I_k$ 收敛. 因为

$$\int_0^{\pi}\frac{\sin^{2m}x}{1+(k\pi)^{\alpha}\sin^{2n}x}\mathrm{d}x=2\int_0^{\pi/2}\frac{\sin^{2m}x}{1+(k\pi)^{\alpha}\sin^{2n}x}\mathrm{d}x,$$

并且由 Jordan 不等式 (见例 8.2.4 注), 当 $0\leqslant x\leqslant\pi/2$ 时 $2x/\pi\leqslant\sin x\leqslant x$, 所以

$$\begin{aligned}\frac{\sin^{2m}x}{1+(k\pi)^{\alpha}\sin^{2n}x}&\leqslant\frac{x^{2m}}{1+(k\pi)^{\alpha}(2x/\pi)^{2n}}\\&=\left(\frac{\pi}{2}\right)^{2n}\frac{x^{2m}}{(\pi/2)^{2n}+(k\pi)^{\alpha}x^{2n}}<\left(\frac{\pi}{2}\right)^{2n}\frac{x^{2m}}{1+(k\pi)^{\alpha}x^{2n}}.\end{aligned}$$

类似地,

$$\frac{\sin^{2m}x}{1+(k\pi)^{\alpha}\sin^{2n}x}>\left(\frac{2}{\pi}\right)^{2m}\frac{x^{2m}}{1+(k\pi)^{\alpha}x^{2n}}.$$

于是, 若记

$$J_k=\int_0^{\pi/2}\frac{x^{2m}}{1+(k\pi)^{\alpha}x^{2n}}\mathrm{d}x,$$

则当且仅当 $\sum\limits_{k=0}^{\infty}J_k$ 收敛时, $\sum\limits_{k=0}^{\infty}I_k$ 收敛.

情形 2-1. 设 $m\geqslant n$. 此时

$$J_k=\int_0^{\pi/2}\frac{x^{2m}}{1+(k\pi)^{\alpha}x^{2n}}\mathrm{d}x<\int_0^{\pi/2}(k\pi)^{-\alpha}x^{2m-2n}\mathrm{d}x=O(k^{-\alpha}),$$

因此 $\sum\limits_{k=0}^{\infty}J_k$ 收敛.

情形 2-2.　设 $m<n$. 作变量代换 $w=(k\pi)^{\alpha/(2n)}x$, 则得

$$J_k=(k\pi)^{-\alpha(2m+1)/(2n)}\int_0^{c_k}\frac{w^{2m}}{1+w^{2n}}\mathrm{d}w,$$

其中 $c_k=(\pi/2)(k\pi)^{\alpha/(2n)}>1$. 因此, 当 k 充分大时,

$$(k\pi)^{-\alpha(2m+1)/(2n)}\int_0^1\frac{w^{2m}}{1+w^{2n}}\mathrm{d}w<J_k<(k\pi)^{-\alpha(2m+1)/(2n)}\int_0^{\infty}\frac{w^{2m}}{1+w^{2n}}\mathrm{d}w,$$

于是当且仅当 $\alpha>2n/(2m+1)$ 时, $\sum\limits_{k=0}^{\infty}J_k$ 收敛.

综上所述, 我们最终得到: 积分 I 收敛, 当且仅当下列两种情形:(i) $m\geqslant n$, 且 $\alpha>1$; 或 (ii) $m<n$, 且 $\alpha>2n/(2m+1)$.

(2) **提示**　考虑 $(n\geqslant 1)$

$$J_n=\int_0^n y\mathrm{e}^{-yx}\mathrm{d}x=\int_0^{ny}\mathrm{e}^{-t}\mathrm{d}t=1-\mathrm{e}^{-ny}.$$

9.78　(1) 令 $F(x)=\int_1^x f(t)\mathrm{d}t$, 则由题设知 F 当 $x\geqslant 1$ 时连续有界, 记 $M=\sup\limits_{x\in[1,\infty)}|F(x)|$. 分部积分得到

$$\int_X^{X'}\frac{f(x)}{x^{\alpha}}\mathrm{d}x=\frac{F(x)}{x^{\alpha}}\bigg|_X^{X'}+\alpha\int_X^{X'}\frac{f(x)}{x^{\alpha+1}}\mathrm{d}x,$$

所以

$$\left|\int_X^{X'}\frac{f(x)}{x^{\alpha}}\mathrm{d}x\right|\leqslant M\left(\frac{1}{X^{\alpha}}+\frac{1}{X'^{\alpha}}\right)+M\left(\frac{1}{X^{\alpha}}-\frac{1}{X'^{\alpha}}\right)=\frac{2M}{X^{\alpha}}.$$

由 Cauchy 收敛准则即得结论.

(2) 由 Schwarz 不等式得到

$$\left|\int_X^{X'}f(x)f''(x)\mathrm{d}x\right|^2\leqslant\int_X^{X'}f(x)^2\mathrm{d}x\int_X^{X'}f''(x)^2\mathrm{d}x.$$

由题设, 对于任何给定的 $\varepsilon>0$, 存在 $A>0$, 使当所有满足 $A<X<X'$ 的 X,X' 有

$$\int_X^{X'}f(x)^2\mathrm{d}x<\varepsilon,\quad\int_X^{X'}f''(x)^2\mathrm{d}x<\varepsilon,$$

于是

$$\left|\int_X^{X'}f(x)f''(x)\mathrm{d}x\right|<\varepsilon.$$

由 Cauchy 收敛准则可知 $\int_0^{\infty}f(x)f''(x)\mathrm{d}x$ 收敛. 注意

$$\int_0^X f'(x)^2\mathrm{d}x=\big(f(x)f'(x)\big)\Big|_0^X-\int_0^X f(x)f''(x)\mathrm{d}x,$$

若 $\int_0^{\infty}f'(x)^2\mathrm{d}x$ 不收敛, 则因为被积函数是正的, 我们有

$$\lim_{X\to\infty}\int_0^X f'(x)^2\mathrm{d}x=\infty,$$

于是

$$\lim_{X\to\infty}f(X)f'(X)=\infty,$$

从而

$$f(X)^2=\frac{1}{2}\int_0^X f(x)f'(x)\mathrm{d}x+f(0)^2\to\infty\quad(X\to\infty),$$

这与 $\int_0^{\infty}f(x)^2$ 的收敛性矛盾.

9.79 (1) 由 $x^{-x}=\mathrm{e}^{-x\log x}$ 的级数展开得到

$$\int_0^1 x^{-x}\mathrm{d}x=\int_0^1\left(\sum_{n=0}^{\infty}\frac{(-1)^n x^n(\log x)^n}{n!}\right)\mathrm{d}x.$$

因为函数 $|x\log x|$ 在 $[0,1]$ 上有最大值 e^{-1}(参见本题后的注), 因而被积函数中的级数有优级数 $\sum\limits_{n=0}^{\infty}\mathrm{e}^{-n}/n!$(收敛的数项级数), 从而可以逐项积分:

$$\int_0^1 x^{-x}\mathrm{d}x=\sum_{n=0}^{\infty}\frac{(-1)^n}{n!}\int_0^1 x^n(\log x)^n\mathrm{d}x.$$

右边的积分 (记作 $I_{n,n}$) 可以通过分部积分计算:

$$\int_0^1 x^n(\log x)^n\mathrm{d}x=\frac{1}{n+1}x^{n+1}(\log x)^n\Big|_0^1-\frac{n}{n+1}\int_0^1 x^n(\log x)^{n-1}\mathrm{d}x,$$

于是

$$I_{n,n}=-\frac{n}{n+1}I_{n,n-1}.$$

另外, 上述积分也可通过变量代换 $x^{n+1}=\mathrm{e}^{-y}$ 计算:

$$\int_0^1 x^n(\log x)^n\mathrm{d}x=\frac{(-1)^n}{(n+1)^{n+1}}\int_0^{\infty}y^n\mathrm{e}^{-y}\mathrm{d}y,$$

将右边积分记作 J_n, 分部积分得到

$$\int_0^{\infty}y^n\mathrm{e}^{-y}\mathrm{d}y=-y^n\mathrm{e}^{-y}\Big|_0^{\infty}+n\int_0^{\infty}y^{n-1}\mathrm{e}^{-y}\mathrm{d}y=n\int_0^{\infty}y^{n-1}\mathrm{e}^{-y}\mathrm{d}y$$

于是

$$J_n=nJ_{n-1}.$$

上述两种计算方法都导致

$$\sum_{n=0}^{\infty}\frac{(-1)^n}{n!}\cdot(-1)^n\frac{n!}{(n+1)^{n+1}}=\sum_{n=1}^{\infty}\frac{1}{n^n}.$$

(2) 类似地算出

$$\int_0^1 x^x\mathrm{d}x=\int_0^1\mathrm{e}^{x\log x}\mathrm{d}x=\int_0^1\left(\sum_{n=0}^{\infty}\frac{x^n(\log x)^n}{n!}\right)\mathrm{d}x$$

$$=\sum_{n=0}^{\infty}\frac{1}{n!}\int_0^1 x^n(\log x)^n\mathrm{d}x=\sum_{n=1}^{\infty}(-1)^{n-1}\frac{1}{n^n}.$$

注 我们来证明

$$\max_{0\leqslant x\leqslant 1}|x\log x|=\frac{1}{\mathrm{e}}.$$

令 $f(x)=|x\log x|\,(0<x\leqslant 1)$. 那么 $f(x)=-x\log x, f'(x)=-\log x-1$. 当 $x\in(0,1/\mathrm{e}]$ 时 $f'(x)>0$; 当 $x\in[1/\mathrm{e},1]$ 时 $f'(x)<0$. 因此函数 $f(x)$ 在 $(0,1]$ 上有唯一的极大值点 $x=\mathrm{e}^{-1}$, 而且在左端点 $\lim\limits_{x\to 0+}x\log x=0$, 所以函数 $|x\log x|$ 在 $[0,1]$ 上有最大值 $1/\mathrm{e}$.

9.80 (1) 当 $x\to 0$ 时 $f(x)=\log\sin x\to-\infty$, 所以 $x=0$ 是被积函数 $f(x)$ 的奇点. 当 $\lambda>0$,

$$x^{\lambda}f(x)=x^{\lambda}\log x+x^{\lambda}\log\frac{\sin x}{x}\to 0\quad(x\to 0).$$

取 $\lambda=1/2$, 可知 $f(x)=O(x^{-1/2})\,(x\to 0)$. 因为 $x^{-1/2}$ 在 $[0,\pi/2]$ 上可积, 所以积分 I 收敛. 分别令 $x=\pi-\theta$ 及 $x=\pi/2-\theta$, 可知

$$I=\int_{\pi/2}^{\pi}\log\sin\theta\mathrm{d}\theta,\quad 及\quad I=\int_0^{\pi/2}\log\cos\theta\mathrm{d}\theta,$$

因此

$$I=\frac{1}{2}\left(\int_0^{\pi/2}\log\sin x\mathrm{d}x+\int_{\pi/2}^{\pi}\log\sin\theta\mathrm{d}\theta\right)=\frac{1}{2}\int_0^{\pi}\log\sin x\mathrm{d}x.$$

在右边的积分中令 $x=2\phi$, 可得

$$I=\int_0^{\pi/2}\log 2\,\mathrm{d}\phi+\int_0^{\pi/2}\log\sin\phi\mathrm{d}\phi+\int_0^{\pi/2}\log\cos\phi\mathrm{d}\phi=\frac{\pi}{2}\log 2\,\mathrm{d}\phi+2I,$$

所以 $I=-(\pi/2)\log 2$.

(2) 分部积分得到

$$J=\theta\log(1-\theta)\Big|_0^{\pi}-\int_0^{\pi}\log(1-\cos\theta)\mathrm{d}\theta=\pi\log 2-I_1,$$

其中

$$\begin{aligned}I_1&=\int_0^{\pi}\log(1-\cos\theta)\mathrm{d}\theta=\int_0^{\pi}\log\left(2\sin^2\frac{\theta}{2}\right)\mathrm{d}\theta\\&=\int_0^{\pi}\log 2\,\mathrm{d}\theta+2\int_0^{\pi}\log\sin^2\frac{\theta}{2}\mathrm{d}\theta\\&=\pi\log 2+2\cdot 2\int_0^{\pi/2}\log\sin t\mathrm{d}t=\pi\log 2+4\left(-\frac{\pi}{2}\log 2\right)=\pi\log 2,\end{aligned}$$

此处应用了本题 (1) 的结果, 于是 $J=2\pi\log 2$.

9.81 (i) 分部积分得到

$$I_1=-\theta^2\cot\theta\Big|_0^{\pi/2}+2\int_0^{\pi/2}\theta\cot\theta\mathrm{d}\theta=2\int_0^{\pi/2}\theta\mathrm{d}(\log\sin\theta)=\cdots=\pi\log 2.$$

(ii) 对于 I_2, 令 $x=\tan\theta$, 并应用 I_1. 答案: $\pi(3\log 2-\pi^2/8)/2$.

(iii) 计算 I_3 : 由三角公式得

$$\begin{aligned}I_3&=\int_0^{\pi/2}(\sin\theta-\cos\theta)\log\left(\sqrt{2}\sin\left(\theta+\frac{\pi}{4}\right)\right)\mathrm{d}\theta\\&=\log\sqrt{2}\int_0^{\pi/2}(\sin\theta-\cos\theta)\mathrm{d}\theta+\int_0^{\pi/2}\sin\theta\log\sin\left(\theta+\frac{\pi}{4}\right)\mathrm{d}\theta\\&\quad-\int_0^{\pi/2}\cos\theta\log\sin\left(\theta+\frac{\pi}{4}\right)\mathrm{d}\theta=J_1+J_2-J_3.\end{aligned}$$

其中

$$J_2=\int_0^{\pi/2}\sin\left(\frac{\pi}{2}-\phi\right)\log\sin\left(\pi-\frac{\pi}{4}-\phi\right)\mathrm{d}\phi=J_3,$$

所以 $I_3=J_1=0$.

(iv) 计算 I_4 : 令 $x=\tan\theta$. 则

$$I_4=\int_0^{\pi/4}\log(\cos\theta+\sin\theta)\mathrm{d}\theta-\int_0^{\pi/4}\log\cos\theta\mathrm{d}\theta=K_1-K_2.$$

其中

$$\begin{aligned}K_1&=\int_0^{\pi/4}\log\left(\sqrt{2}\cos\left(\frac{\pi}{4}-\theta\right)\right)\mathrm{d}\theta\\&=\int_0^{\pi/4}\log\sqrt{2}\mathrm{d}\theta+\int_0^{\pi/4}\log\cos\left(\frac{\pi}{4}-\theta\right)\mathrm{d}\theta=\frac{\pi}{8}\log 2+K_2,\end{aligned}$$

因此 $I_4=\pi\log 2/8$.

9.82 (i) 求第一个极限: 题设 $f\in C(D)$, 可设 $M=\sup\{|f(x,y)|\mid(x,y)\in D\}$. 对于任意给定的 $\varepsilon\in(0,2M)$, 取 η 满足 $0<\eta<\varepsilon/(2M)$. 将 D 划分为 $D_1=[0,\eta]\times[0,1]$ 和 $D_2=[\eta,1]\times[0,1]$. 那么

$$\left|\iint\limits_{D_1}f(x,y)\cos(nxy)\mathrm{d}x\mathrm{d}y\right|\leqslant M\eta<\frac{\varepsilon}{2}.$$

此外, 令 $u=x,v=xy$, 则 Jacobi 式等于 $1/u$. 于是

$$\iint\limits_{D_2} f(x,y)\cos(nxy)\mathrm{d}x\mathrm{d}y=\int_0^1\cos nv\mathrm{d}v\int_{\max\{\eta,v\}}^1\frac{1}{u}f\left(u,\frac{v}{u}\right)\mathrm{d}u.$$

注意当 $0\leqslant v\leqslant 1$ 时,

$$h(v)=\int_{\max\{\eta,v\}}^1\frac{1}{u}f\left(u,\frac{v}{u}\right)\mathrm{d}u$$

是 v 的连续函数, 设 $K=\sup\{|h(v)|\mid 0\leqslant v\leqslant 1\}$, 则

$$\left|\int_0^1 h(v)\cos nv\mathrm{d}v\right|\leqslant K\int_0^1|\cos nv|\mathrm{d}v=\frac{K}{n}\int_0^{1/n}|\cos t|\mathrm{d}t\leqslant\frac{K}{n}\int_0^1\cos t\mathrm{d}t,$$

所以对于给定的 ε, 存在 N, 使当 $n>N$ 时,

$$\left|\iint\limits_{D_2} f(x,y)\cos(nxy)\mathrm{d}x\mathrm{d}y\right|<\frac{\varepsilon}{2}.$$

合并上述关于 $\iint\limits_{D_1}$ 和 $\iint\limits_{D_2}$ 的两个估计, 即得

$$\lim_{n\to\infty}\iint\limits_{D} f(x,y)\cos(nxy)\mathrm{d}x\mathrm{d}y=0.$$

(ii) 求第二个极限: 题中积分 (令 $t=1-x$)

$$I_n=n\int_0^1(1-x)^n\mathrm{d}x\int_0^1 f(x,y)\mathrm{d}y=n\int_0^1 t^n\mathrm{d}t\int_0^1 f(1-t,y)\mathrm{d}y$$

函数 $g(t)=\int_0^1 f(1-t,y)\mathrm{d}y\in C[0,1]$. 由习题 4.27(1) 立得

$$\lim_{n\to\infty}I_n=g(1)=\int_0^1 f(0,y)\mathrm{d}y.$$

9.83 作坐标变换 $u=x+y,v=y-x$, 则 D 被变换为

$$\Delta=\{(u,v)\mid 0\leqslant|v|\leqslant u,u^2+v^2\leqslant 2\}.$$

令

$$g(u,v)=f\left(\frac{u-v}{2},\frac{u+v}{2}\right),$$

则 g 在 Δ 上有界 (记其上确界为 M), 在 (0,0) 连续, 并且

$$I_n=n^2\iint\limits_{D}(1-x-y)^n f(x,y)\mathrm{d}x\mathrm{d}y=\frac{n^2}{2}\iint\limits_{\Delta}(1-u)^n g(u,v)\mathrm{d}u\mathrm{d}v.$$

依题设, 对于任何给定的 $\varepsilon>0$, 存在 $\delta>0$, 使对所有的 $(u,v)\in\Delta$, 当 $|v|\leqslant u<\delta$ 时有

$$|g(u,v)-g(0,0)|<\varepsilon.$$

固定 $\delta<1$, 定义

$$\Delta_1=\{(u,v)\mid 0\leqslant|v|\leqslant u\leqslant\delta\}\subset\Delta,\quad \Delta_2=\Delta\setminus\Delta_1,$$

并且记

$$I_{n,1}=\frac{n^2}{2}\iint\limits_{\Delta_1}(1-u)^n g(u,v)\mathrm{d}u\mathrm{d}v,$$

$$I_{n,2}=\frac{n^2}{2}\iint\limits_{\Delta_2}(1-u)^n g(u,v)\mathrm{d}u\mathrm{d}v.$$

那么

$$\left|I_{n,1}-\frac{n^2}{2}g(0,0)\iint_{D_1}(1-u)^n\mathrm{d}u\mathrm{d}v\right|=\left|\frac{n^2}{2}\iint_{D_1}(1-u)^n\big(g(0,0)-g(u,v)\big)\mathrm{d}u\mathrm{d}v\right|$$

$$\leqslant\varepsilon\frac{n^2}{2}\iint_{D_1}(1-u)^n\mathrm{d}u\mathrm{d}v.$$

我们算出

$$\frac{n^2}{2}\iint_{D_1}(1-u)^n\mathrm{d}u\mathrm{d}v=\frac{n^2}{2}\int_0^\delta(1-u)^n\mathrm{d}u\int_{-u}^u\mathrm{d}v$$

$$=n^2\left(\frac{1}{n+1}-\frac{1}{n+2}-\frac{(1-\delta)^{n+1}}{n+1}-\frac{(1-\delta)^{n+2}}{n+2}\right),$$

所以

$$\frac{n^2}{2}\iint_{D_1}(1-u)^n\mathrm{d}u\mathrm{d}v\to 1\quad(n\to\infty).$$

由此推出: 存在 $N_1>0$, 使当 $n>N_1$ 时,

$$\left|I_{n,1}-\frac{n^2}{2}g(0,0)\iint_{D_1}(1-u)^n\mathrm{d}u\mathrm{d}v\right|\leqslant\varepsilon\frac{n^2}{2}\iint_{D_1}(1-u)^n\mathrm{d}u\mathrm{d}v<2\varepsilon,$$

并且存在 $N_2>0$, 使当 $n>N_2$ 时,

$$\left|\frac{n^2}{2}g(0,0)\iint_{D_1}(1-u)^n\mathrm{d}u\mathrm{d}v-g(0,0)\right|=|g(0,0)|\left|\frac{n^2}{2}\iint_{D_1}(1-u)^n\mathrm{d}u\mathrm{d}v-1\right|<|g(0,0)|\varepsilon.$$

于是当 $n>\max\{N_1,N_2\}$ 时,

$$|I_{n,1}-g(0,0)|\leqslant\left|I_{n,1}-\frac{n^2}{2}g(0,0)\iint_{D_1}(1-u)^n\mathrm{d}u\mathrm{d}v\right|$$

$$+\left|\frac{n^2}{2}g(0,0)\iint_{D_1}(1-u)^n\mathrm{d}u\mathrm{d}v-g(0,0)\right|$$

$$<2\varepsilon+|g(0,0)|\varepsilon.$$

此外, 因为对于 Δ_2 有 $u>\delta$, 所以

$$|I_{n,2}|\leqslant\frac{n^2}{2}M(1-\delta)^n\iint_{D_2}\mathrm{d}u\mathrm{d}v\leqslant\frac{M}{2}n^2(1-\delta)^n.$$

因为 $0<1-\delta<1$, 所以存在 $N_3>0$ 使对所有 $n>N_3$ 有 $|I_{n,1}|<\varepsilon$.

将上述两个估值合起来, 即知当 $n>\max\{N_1,N_2,N_3\}$ 时,

$$|I_n-g(0,0)|\leqslant|I_{n,1}-g(0,0)|+|I_{n,1}|<\big(3+|g(0,0)|\big)\varepsilon,$$

从而 $\lim\limits_{n\to\infty}I_n=g(0,0)$.

9.84　(1) (i) 设 $(x,y)\in D,\sqrt{x^2+y^2}<\alpha<a$. 固定 α. 那么 f 在以 0 为中心、α 为半径的闭圆盘 B 中连续, 记其在 B 上的上确界为 M. 设 $(x+h,y+k)\in B$, 则

$$|F(x+h,y+k)-F(x,y)|\leqslant 2\alpha M(|h|+|k|).$$

由此可推出 F 在 D 中连续.

(ii) 因为

$$F(x,y)=\int_0^x \mathrm{d}u\int_0^y f(u,v)\mathrm{d}v=\int_0^y \mathrm{d}v\int_0^x f(u,v)\mathrm{d}u,$$

由 f 在 D 中的连续性及定积分性质得到

$$F_x(x,y)=\int_0^y f(x,v)\mathrm{d}v,\quad F_y(x,y)=\int_0^x f(u,y)\mathrm{d}u,$$

而且 F_x,F_y 在 D 中连续. 因此 $F\in C^1(D)$. 此外, 还有 $F_{xy}(x,y)=f(x,y)=F_{yx}(x,y)$.

(2) (i) 应用极坐标 (r,θ), 记

$$F(r\cos\theta,r\sin\theta)=G(r,\theta).$$

区域 D 上的积分计算也应用极坐标 (ρ,ϕ), 于是 $D(x,y)$ 的表示式是 $0\leqslant r\leqslant r\cos(\phi-\theta)$, 记

$$f(\rho\cos\phi,\rho\sin\phi)=g(\rho,\phi).$$

于是由 g 的连续性和定积分的性质知

$$G(r,\theta)=\int_{\theta-\pi/2}^{\theta+\pi/2}\mathrm{d}\phi\int_0^{r\cos(\phi-\theta)}\rho g(\rho,\phi)\mathrm{d}\rho,$$
$$h(r,\theta,\phi)=\int_0^{r\cos(\phi-\theta)}\rho g(\rho,\phi)\mathrm{d}\rho$$

是连续函数, 并且

$$\frac{\partial h}{\partial r}(r,\rho,\phi)=r\cos^2(\phi-\theta)g\big(r\cos(\phi-\theta),\phi\big)$$

也连续. 于是

$$\frac{\partial G}{\partial r}(r,\theta)=\int_{\theta-\pi/2}^{\theta+\pi/2}r\cos^2(\phi-\theta)g\big(r\cos(\phi-\theta),\phi\big)\mathrm{d}\phi$$

是连续函数. 并且由在积分号下求导数的 Leibnitz 公式 (见例 5.6.6) 得到

$$\frac{\partial G}{\partial\theta}(r,\theta)=\int_{\theta-\pi/2}^{\theta+\pi/2}r^2\sin(\phi-\theta)\cos(\phi-\theta)g\big(r\cos(\phi-\theta),\phi\big)\mathrm{d}\phi,$$

这同样是连续函数. 总之, $F\in C^1(D\setminus\{(0,0)\})$.

(ii) 当 $(x,y)\in D\setminus\{(0,0)\}$, 有

$$\begin{aligned}\frac{\partial F}{\partial x}(x,y)&=\frac{\partial G}{\partial r}\frac{\partial r}{\partial x}+\frac{\partial G}{\partial\theta}\frac{\partial\theta}{\partial x}=\frac{\partial G}{\partial r}(r,\theta)\frac{x}{r}-\frac{\partial G}{\partial\theta}(r,\theta)\frac{y}{r^2}\\&=\int_{\theta-\pi/2}^{\theta+\pi/2}\big(x\cos^2(\phi-\theta)-y\sin(\phi-\theta)\cos(\phi-\theta)\big)g\big(r\cos(\phi-\theta),\phi\big)\mathrm{d}\phi,\end{aligned}$$

令 $\psi=\phi-\theta$, 则得

$$\frac{\partial F}{\partial x}(x,y)=\int_{-\pi/2}^{\pi/2}\cos\psi(x\cos\psi-y\sin\psi)f(x\cos^2\psi-y\sin\psi\cos\psi,x\sin^2\psi+y\sin\psi\cos\psi)\mathrm{d}\psi.$$

由此得到

$$\lim_{(x,y)\to(0,0)}\frac{\partial F}{\partial x}(x,y)=0.$$

类似地可证明

$$\lim_{(x,y)\to(0,0)}\frac{\partial F}{\partial y}(x,y)=0.$$

(iii) 因为 f 连续, 我们有

$$f(x,y)=f(0,0)+\omega(x,y),$$

其中 $\omega(x,y)\to 0\,(\sqrt{x^2+y^2}\to 0)$, 所以

$$F(x,y)=\frac{\pi(x^2+y^2)}{4}f(0,0)+\iint\limits_{D(x,y)}\omega(x,y)\mathrm{d}x\mathrm{d}y.$$

对于任何给定的 $\varepsilon>0$, 存在 $\delta>0$, 使当 $\sqrt{x^2+y^2}<\delta$ 时 $|\omega(x,y)|<\varepsilon$, 因此

$$\left|\iint\limits_{D(x,y)}\omega(x,y)\mathrm{d}x\mathrm{d}y\right|\leqslant\frac{\pi(x^2+y^2)}{4}\varepsilon,$$

从而

$$F(x,y)=\frac{\pi(x^2+y^2)}{4}f(0,0)+o(x^2+y^2)=o(\sqrt{x^2+y^2})\quad(\sqrt{x^2+y^2}\to 0).$$

于是 F 在 $(0,0)$ 可微, 从而在 $(0,0)$ 的偏导数都等于 0. 由此及步骤 (ii) 中的结果可知 $\partial F/\partial x$ 和 $\partial F/\partial y$ 在 $(0,0)$ 连续.

(iv) 由步骤 (i) 和 (iii) 推出 $F\in C^1(D)$.

9.85 (i) 当 $(x,y)\in D\setminus\{0\}$ 时,

$$\left|\frac{\sin(xu+yv)}{u+v}\right|\leqslant\frac{|xu+yv|}{|u+v|}=\left|\frac{xu}{u+v}+\frac{yv}{u+v}\right|\leqslant|x|+|y|.$$

定义 $D_n=[1/(n+1),1]^2(n=1,2,3,\cdots)$, 则 $D_1\subset D_2\subset\cdots\subset D$, 并且 D 中任一有界闭集 F 必然含在某个 D_n 中 (于是 D_n 是所谓穷竭列). 还有

$$J_n=\iint\limits_{D_n}\left|\frac{\sin(xu+yv)}{u+v}\right|\mathrm{d}u\mathrm{d}v\leqslant\iint\limits_{D}(|x|+|y|)\mathrm{d}u\mathrm{d}v=|x|+|y|$$

(即 J_n 是一个单调递增的有界数列), 所以积分

$$\iint\limits_{D}\left|\frac{\sin(xu+yv)}{u+v}\right|\mathrm{d}u\mathrm{d}v$$

存在, 于是 $\sin(xu+yv)/(u+v)$ 在 D 上可积, 即 $f(x,y)$ 在 $\mathbb{R}^2$ 上有定义, 并且 $f(0,0)=0$.

(ii) 由对称性知

$$\iint\limits_{D}\frac{u}{u+v}\mathrm{d}u\mathrm{d}v=\iint\limits_{D}\frac{v}{u+v}\mathrm{d}v\mathrm{d}u=\frac{1}{2}\iint\limits_{D}\frac{u+v}{u+v}\mathrm{d}u\mathrm{d}v=\frac{1}{2},$$

于是

$$\begin{aligned}f(x,y)-\iint\limits_{D}\frac{xu+yv}{u+v}\mathrm{d}u\mathrm{d}v&=f(x,y)-\frac{x+y}{2}\\&=\iint\limits_{D}\frac{\sin(xu+yv)-(xu+yv)}{u+v}\mathrm{d}u\mathrm{d}v.\end{aligned}$$

又因为由 $|\sin t-t|\leqslant|t|^3/6\,(t\in\mathbb{R})$(见本题后的注) 可知

$$|\sin(xu+yv)-(xu+yv)|\leqslant\frac{|xu+yv|^3}{6}\leqslant(|x|+|y|)^3\cdot\frac{(u+v)^3}{6},$$

所以

$$\left|f(x,y)-\frac{x+y}{2}\right|\leqslant(|x|+|y|)^3\iint\limits_{D}\frac{(u+v)^3}{6}\mathrm{d}u\mathrm{d}v<(|x|+|y|)^3.$$

由此可知(注意 $f(0,0)=0$)

$$f(\Delta x,\Delta y)-f(0,0)=\frac{1}{2}\Delta x+\frac{1}{2}\Delta y+o(\sqrt{\Delta x^2+\Delta y^2})\quad(\sqrt{\Delta x^2+\Delta y^2}\to 0),$$

即 f 在 $(0,0)$ 可微, 且 $f_x(0,0)=f_y(0,0)=1/2$.

(iii) 由

$$|y(x',y')-f(x,y)|=\left|\iint\limits_{D}\frac{\sin(x'u+y'v)-\sin(xu+yv)}{u+v}\mathrm{d}u\mathrm{d}v\right|$$

$$\leqslant \iint_D \frac{|x'-x|u+|y'-y|v}{u+v}\mathrm{d}u\mathrm{d}v = \frac{|x'-x|+|y'-y|}{2}$$

(最后一步应用了步骤 (ii) 中的第一式)容易推出 f 在 $\mathbb{R}^2$ 连续.

(iv) 因为

$$\begin{aligned}\Delta(h) &= \frac{f(x+h,y)-f(x,y)}{h} - \iint_D \frac{u\cos(xu+yv)}{u+v}\mathrm{d}u\mathrm{d}v \\ &= \iint_D \left(\frac{\sin(xu+yv)(\cos hu-1)}{h(u+v)} + \frac{\cos(xu+yv)(\sin hu-hu)}{h(u+v)}\right)\mathrm{d}u\mathrm{d}v,\end{aligned}$$

所以

$$|\Delta(h)| \leqslant (|x|+|y|)\iint_D \frac{1-\cos hu}{h}\mathrm{d}u\mathrm{d}v + \iint_D \frac{h^2u^2}{6}\mathrm{d}u\mathrm{d}v,$$

于是 $\Delta(h)\to 0\,(h\to 0)$, 从而

$$f_x(x,y) = \iint_D \frac{u\cos(xu+yv)}{u+v}\mathrm{d}u\mathrm{d}v.$$

类似地,

$$f_y(x,y) = \iint_D \frac{v\cos(xu+yv)}{u+v}\mathrm{d}u\mathrm{d}v.$$

由步骤 (ii) 可知上列二式对 $(x,y)=(0,0)$ 也成立.

(v) 因为 f_x, f_y 连续, 所以 $f\in C^1(\mathbb{R}^2)$ (实际上可进一步推出 $f\in C^\infty(\mathbb{R}^2)$).

注 证明不等式 $|\sin t - t| \leqslant |t|^3/6\,(t\in\mathbb{R})$: 若 $t\geqslant 0$, 则由例 8.2.1(2) 知 $t-\sin t\leqslant t^3/6$; 又显然 $t>\sin t>\sin t - t^3/6$, 于是当 $t>0$ 时此不等式成立. 若 $t<0$, 则 $-t>0$, 所以 $|(-t)-\sin(-t)|\leqslant|-t|^3/6$, 从而也有 $|t-\sin t|\leqslant |t|^3/6$.

9.86 用 I 表示题中的积分. 当 x,y 交换位置时积分不变:

$$I = \int_0^1\int_0^1 \{x^{-a}-y^{-a}\}\mathrm{d}x\mathrm{d}y = \int_0^1\int_0^1 \{y^{-a}-x^{-a}\}\mathrm{d}y\mathrm{d}x,$$

所以

$$\begin{aligned}I &= \frac{1}{2}(I+I) = \frac{1}{2}\left(\int_0^1\int_0^1 \{x^{-a}-y^{-a}\}\mathrm{d}x\mathrm{d}y + \int_0^1\int_0^1 \{y^{-a}-x^{-a}\}\mathrm{d}y\mathrm{d}x\right) \\ &= \frac{1}{2}\int_0^1\int_0^1 \left(\{x^{-a}-y^{-a}\}+\{y^{-a}-x^{-a}\}\right)\mathrm{d}x\mathrm{d}y.\end{aligned}$$

又因为若实数 r 不是整数, 则有 $\{r\}+\{-r\}=1$, 所以

$$I = \frac{1}{2}\int_0^1\int_0^1 1\mathrm{d}x\mathrm{d}y = \frac{1}{2}.$$

9.87 (i) 令 $x = X\sin^2\phi$, 可算出

$$H(X) = \int_0^X \sqrt{x}\mathrm{d}x\int_0^{X-x}\sqrt{y}\mathrm{d}y = \frac{2}{3}\int_0^X \sqrt{x}(X-x)^{3/2}\mathrm{d}x = \frac{\pi X^3}{24}.$$

特别地, 可知 $H(X)$ 可导.

(ii) 当 $0<X<X'$ 时,

$$\begin{aligned}K(X')-K(X) &= \iint_{\Delta(X')\setminus\Delta(X)} \sqrt{xy}\mathrm{e}^{-(x+y)}\mathrm{d}x\mathrm{d}y \\ &\geqslant \mathrm{e}^{-X'}\iint_{\Delta(X')\setminus\Delta(X)} \sqrt{xy}\mathrm{d}x\mathrm{d}y = \mathrm{e}^{-X'}\big(H(X')-H(X)\big),\end{aligned}$$

$$\iint_{\Delta(X')\setminus\Delta(X)} \sqrt{xy}\mathrm{e}^{-(x+y)}\mathrm{d}x\mathrm{d}y \leqslant \mathrm{e}^{-X}\iint_{\Delta(X')\setminus\Delta(X)} \sqrt{xy}\mathrm{d}x\mathrm{d}y = \mathrm{e}^{-X}\big(H(X')-H(X)\big),$$

所以

$$\mathrm{e}^{-X'}\big(H(X')-H(X)\big)\leqslant K(X')-K(X)\leqslant \mathrm{e}^{-X}\big(H(X')-H(X)\big).$$

两边除以 $X'-X$, 令 $X'\to X$, 可推出右导数

$$K'_+(X)=\mathrm{e}^{-X}H'(X)=\frac{\pi X^2}{8}\mathrm{e}^{-X}.$$

类似地, 令 $X\to X'$ 可推出左导数

$$K'_-(X)=\mathrm{e}^{-X}H'(X)=\frac{\pi X^2}{8}\mathrm{e}^{-X}.$$

因此 $K(X)$ 可导, 并且

$$K'(X)=\frac{\pi X^2}{8}\mathrm{e}^{-X}.$$

(iii) 由此得到

$$K(X)=\int_0^X\frac{\pi t^2}{8}\mathrm{e}^{-t}\mathrm{d}t=\frac{1}{8}\big(2-\mathrm{e}^{-X}(X^2+2X+2)\big).$$

特别地,

$$K(\infty)=\int_0^{\infty}\int_0^{\infty}\sqrt{xy}\mathrm{e}^{-(x+y)}\mathrm{d}x\mathrm{d}y=\frac{\pi}{4}.$$

(iv) 因为 $\sqrt{xy}\mathrm{e}^{-(x+y)}>0$, 所以

$$K(X)\leqslant J(X)\leqslant K(2X),$$

于是 $J(\infty)=K(\infty)$.

注 特别由上面步骤 (iv) 可知

$$\left(\int_0^{\infty}\sqrt{x}\mathrm{e}^{-x}\mathrm{d}x\right)^2=\frac{\pi}{4},\quad \int_0^{\infty}\sqrt{x}\mathrm{e}^{-x}\mathrm{d}x=\frac{\sqrt{\pi}}{2}.$$

9.88 (i) 若首先对 y 积分, 则我们得到

$$\begin{aligned}\int_0^{\infty}\frac{x\mathrm{d}x}{1+x^2}\int_0^1\frac{\mathrm{d}y}{1+x^2y^2}&=\int_0^{\infty}\frac{1}{1+x^2}\left(\arctan xy\Big|_{y=0}^{y=1}\right)\mathrm{d}x\\&=\int_0^{\infty}\frac{\arctan x}{1+x^2}\mathrm{d}x=\int_0^{\infty}\arctan x\mathrm{d}(\arctan x)\\&=\frac{1}{2}\arctan^2 x\Big|_0^{\infty}=\frac{\pi^2}{8}.\end{aligned}$$

(ii) 如果首先对 x 积分, 那么

$$\begin{aligned}\int_0^1\mathrm{d}y\int_0^{\infty}\frac{x}{(1+x^2)(1+x^2y^2)}\mathrm{d}x&=\frac{1}{2}\int_0^1\frac{\mathrm{d}y}{1-y^2}\int_0^{\infty}\left(\frac{2x}{1+x^2}-\frac{2xy^2}{1+x^2y^2}\right)\mathrm{d}x\\&=\frac{1}{2}\int_0^1\frac{1}{1-y^2}\left(\log\frac{1+x^2}{1+x^2y^2}\Big|_{x=0}^{x=\infty}\right)\mathrm{d}y=-\int_0^1\frac{\log y}{1-y^2}\mathrm{d}y.\end{aligned}$$

将 $(1-y^2)^{-1}$ 展开为幂级数

$$\frac{\log y}{1-y^2}=\sum_{n=0}^{\infty}y^{2n}\log y,$$

并逐项积分即得

$$-\int_0^1\frac{\log y}{1-y^2}\mathrm{d}y=\sum_{n=0}^{\infty}\frac{1}{(2n+1)^2}=\frac{3}{4}\sum_{n=1}^{\infty}\frac{1}{n^2}.$$

(iii) 因为二重积分的被积函数非负, 所以上面得到的两个累次积分相等, 从而得到 $\sum\limits_{n=1}^{\infty}1/n^2=\pi^2/6$.

注 上面解法中步骤 (ii) 的依据请参见习题 5.7(1) 解后的注, 当然, 我们也可如下地进行计算:

因为在 $[0,1]$ 上 $|y\log y|$ 有最大值 e^{-1}(见补充习题 9.79 的注), 所以当 $y\in[0,1-\varepsilon]\,(0<\varepsilon<1)$ 时,

$$|y^{2n}\log y|\leqslant(1-\varepsilon)^{2n-1}\mathrm{e}^{-1}\quad(n\geqslant 1),$$

因此级数$\sum\limits_{n=0}^{\infty}y^{2n}\log y$ 在 $[0,1-\varepsilon]$ 上一致收敛, 于是逐项积分得到

$$\begin{aligned}-\int_0^{1-\varepsilon}\frac{\log y}{y^2-1}\mathrm{d}y&=-\sum_{n=0}^{\infty}\frac{y^{2n+1}}{2n+1}\log y\Big|_0^{1-\varepsilon}+\sum_{n=0}^{\infty}\frac{1}{2n+1}\int_0^{1-\varepsilon}y^{2n}\mathrm{d}y\\&=-\log(1-\varepsilon)\sum_{n=0}^{\infty}\frac{(1-\varepsilon)^{2n+1}}{2n+1}+\sum_{n=0}^{\infty}\frac{(1-\varepsilon)^{2n+1}}{(2n+1)^2}.\end{aligned}$$

由于 $|(1-\varepsilon)^{2n+1}/(2n+1)^2|<1/(2n+1)^2$, 所以上式最后一行中第二个级数 (变量为 ε) 在 [1,0] 上一致收敛; 另外还有

$$-\sum_{n=0}^{\infty}\frac{(1-\varepsilon)^{2n+1}}{2n+1}=-\frac{\mathrm{e}^{1-\varepsilon}-\mathrm{e}^{-(1-\varepsilon)}}{2}.$$

因此我们得到

$$-\int_0^1\frac{\log y}{1-y^2}\mathrm{d}y=-\lim_{\varepsilon\to 0}\log(1-\varepsilon)\frac{\mathrm{e}^{1-\varepsilon}-\mathrm{e}^{-(1-\varepsilon)}}{2}+\sum_{n=0}^{\infty}\frac{1}{(2n+1)^2}=\sum_{n=0}^{\infty}\frac{1}{(2n+1)^2}.$$

9.89 (i) 记

$$I_n=\int_0^{\pi/2}\cos^{2n}\theta\mathrm{d}\theta\quad(n\geqslant 0).$$

我们有

$$\begin{aligned}I_n&=\theta\cos^{2n}\theta\Big|_0^{\pi/2}+2n\int_0^{\pi/2}\theta\sin\theta\cos^{2n-1}\theta\mathrm{d}\theta\\&=n\theta^2\sin\theta\cos^{2n-1}\theta\Big|_0^{\pi/2}-n\int_0^{\pi/2}\theta^2\big(\cos^{2n}\theta-(2n-1)\sin^2\theta\cos^{2n-2}\theta\big)\mathrm{d}\theta,\end{aligned}$$

因此

$$I_n=n(2n-1)J_{n-1}-2n^2J_n\quad(n\geqslant 1).$$

(ii) 又因为当 $n\geqslant 1$ 时,

$$\begin{aligned}I_n&=\int_0^{\pi/2}\cos^{2n-1}\theta\mathrm{d}(\sin\theta)\\&=\cos^{2n-1}\theta\sin\theta\Big|_0^{\pi/2}-(2n-1)\int_0^{\pi/2}\cos^{2n-2}\theta\sin^2\theta\mathrm{d}\theta\\&=(2n-1)\int_0^{\pi/2}\cos^{2n-2}\theta(1-\cos^2\theta)\mathrm{d}\theta\\&=(2n-1)I_{n-1}-(2n-1)I_n,\end{aligned}$$

所以

$$I_n=\frac{2n-1}{2n}I_{n-1}\quad(n\geqslant 1).$$

由此可推出: 当 $n\geqslant 1$,

$$I_n=\frac{1\cdot 3\cdots(2n-1)}{2\cdot 4\cdots(2n)}\cdot\frac{\pi}{2}=\frac{(2n)!}{2\cdot 4^n n!^2}\cdot\pi.$$

将此代入步骤 (i) 中所得的关系式, 然后两边乘以

$$\frac{4}{\pi}\cdot\frac{4^n(n-1)!^2}{2(2n)!},$$

可得

$$\frac{1}{n^2}=\frac{4}{\pi}\left(\frac{4^{n-1}(n-1)!^2}{(2n-2)!}J_{n-1}-\frac{4^n n!^2}{(2n)!}J_n\right).$$

在上式中令 $n=1,2,\cdots,m$, 然后将它们相加, 即得

$$\sum_{n=1}^{m}\frac{1}{n^2}=\frac{4}{\pi}J_0-\frac{4^{m+1}m!^2}{(2m)!\pi}J_m \quad (m\geqslant 1),$$

(iii) 因为 $J_0=\pi^3/24$, 所以我们只需证明 $J_m\to 0\,(m\to\infty)$, 即可由步骤 (ii) 中的结果推出

$$\sum_{n=1}^{\infty}\frac{1}{n^2}=\frac{\pi^2}{6}.$$

为此应用 Jordan 不等式 (见例 8.2.4 后的注或习题 8.2)

$$\sin\theta\geqslant\frac{2}{\pi}\theta \quad \left(0\leqslant\theta\leqslant\frac{\pi}{2}\right)$$

我们有

$$\begin{aligned}J_m&<\frac{\pi^2}{4}\int_0^{\pi/2}\sin^2\theta\cos^{2m}\theta\mathrm{d}\theta=\frac{\pi^2}{4}\int_0^{\pi/2}(1-\cos^2\theta)\cos^{2m}\theta\mathrm{d}\theta\\&=\frac{\pi^2}{4}(I_m-I_{m+1})=\frac{\pi^2}{4}\left(I_m-\frac{2m+1}{2m+2}I_m\right)=\frac{\pi^2}{4(m+1)}I_m.\end{aligned}$$

因此

$$0<\frac{4^{m+1}m!^2}{(2m)!\pi}J_m<\frac{4^{m+1}m!^2}{(2m)!\pi}\cdot\frac{\pi^2}{4(m+1)}\cdot\frac{(2m)!\pi}{2\cdot 4^m m!^2}=\frac{\pi^3}{8(m+1)},$$

于是 $J_m\to 0\,(m\to\infty)$.

9.90 我们记

$$\zeta(2k)=\sum_{n=1}^{\infty}\frac{1}{n^{2k}} \quad (k\geqslant 1).$$

(i) 首先考虑 $k=1$ 的情形, 我们已证

$$\zeta(2)=\sum_{n=1}^{\infty}\frac{1}{n^2}=\frac{\pi^2}{6}$$

(参见例 5.2.2, 补充习题 9.88,9.89 等).

(ii) 设 $k=2$. 令

$$f(m,n)=\frac{1}{mn^3}+\frac{1}{2m^2n^2}+\frac{1}{m^3n}.$$

那么可以直接验证

$$f(m,n)-f(m+n,n)-f(m,m+n)=\frac{1}{m^2n^2},$$

将此式两边对所有 $m,n>0$ 求和, 就有

$$\zeta(2)^2=\left(\sum_{m,n>0}-\sum_{m>n>0}-\sum_{n>m>0}\right)f(m,n)=\sum_{n>0}f(n,n).$$

由 $f(m,n)$ 的定义可知 $f(n,n)=(5/2)n^{-4}$, 所以

$$\zeta(2)^2=\frac{5}{2}\zeta(4).$$

于是由上述 $\zeta(2)$ 的结果推出 $\zeta(4)=\pi^4/90$.

(iii) 类似地, 对于 $k\geqslant 3$, 令

$$f_k(m,n)=\frac{1}{mn^{2k-1}}+\frac{1}{2}\sum_{r=2}^{2k-2}\frac{1}{m^rn^{2k-r}}+\frac{1}{m^{2k-1}n},$$

那么容易验证

$$f_k(m,n)-f_k(m+n,n)-f_k(m,m+n)=\sum_{0<2j<2k}\frac{1}{m^{2j}n^{2k-2j}},$$

从而可得

$$\sum_{0<2j<2k}\zeta(2j)\zeta(2k-2j)=\frac{2k+1}{2}\zeta(2k)\quad(k\geqslant 2).$$

应用数学归纳法即得一般性结论.

9.91 (1) 令 $l=\lim\limits_{n\to\infty}(u_n-u_{n+1})/u_n^{\alpha}$. 因为 $l\neq 0$, 所以当 n 充分大 $(n\geqslant N)$ 数列 $u_n\,(n\geqslant N)$ 严格单调. 又因为 $u_n>0$, $\lim\limits_{n\to\infty}u_n=0$, 所以 $u_n\,(n\geqslant N)$ 严格单调减少. 当 $n\geqslant N$, 若 $u_{n+1}\leqslant t\leqslant u_n$, 则 (注意 $\alpha>1$) $u_{n+1}^{\alpha-1}\leqslant t^{\alpha-1}\leqslant u_n^{\alpha-1}$. 于是

$$\frac{u_n-u_{n+1}}{u_n^{\alpha-1}}\leqslant\int_{u_{n+1}}^{u_n}\frac{\mathrm{d}t}{t^{\alpha-1}}\leqslant\frac{u_n-u_{n+1}}{u_{n+1}^{\alpha-1}}.$$

如果 $\alpha<2$, 则 $1/t^{\alpha-1}$ 在 $(0,1]$ 上可积, 所以由上式推出级数

$$\sum_{n=1}^{\infty}\frac{u_n-u_{n+1}}{u_n^{\alpha-1}}$$

收敛. 于是由 $l=\lim\limits_{n\to\infty}(u_n-u_{n+1})/u_n^{\alpha}$ 可知

$$lu_n\sim\frac{u_n-u_{n+1}}{u_n^{\alpha-1}}\quad(n\to\infty),$$

于是 $\sum\limits_{n=1}^{\infty}u_n$ 收敛. 另一方面, 如果 $\alpha\geqslant 2$, 则 $1/t^{\alpha-1}$ 在 $(0,1]$ 上不可积, 因而由上述不等式推出级数 $\sum\limits_{n=1}^{\infty}(u_n-u_{n+1})/u_{n+1}^{\alpha-1}$ 发散. 由 $l=\lim\limits_{n\to\infty}(u_n-u_{n+1})/u_n^{\alpha}$ 可知

$$lu_n^{\alpha-1}\sim\frac{u_n-u_{n+1}}{u_n}\quad(n\to\infty),$$

因此 $\lim\limits_{n\to\infty}(1-u_{n+1}/u_n)=0$, 从而

$$u_n\sim u_{n+1},\quad u_n\sim\frac{u_n-u_{n+1}}{lu_{n+1}^{\alpha-1}}\quad(n\to\infty),$$

于是 $\sum\limits_{n=1}^{\infty}u_n$ 发散.

(2) **提示** 由算术–几何平均不等式,

$$\frac{\sqrt{a_n}}{n^{\alpha}}\leqslant\frac{1}{2}\left(a_n+\frac{1}{n^{2\alpha}}\right).$$

(3) **提示** 若 $\log(1/a_n)/(\log n)\geqslant 1+\alpha\,(n\geqslant n_0)$, 则 $a_n\leqslant 1/n^{1+\alpha}\,(n\geqslant n_0)$, 所以级数 $\sum\limits_{n=1}^{\infty}a_n$ 收敛. 在另一情形则 $a_n\geqslant 1/n\,(n\geqslant n_0)$, 所以级数 $\sum\limits_{n=1}^{\infty}a_n$ 发散. 应用此法则可知给定级数都收敛.

(4) 因为

$$\begin{aligned}\int_{1/2^{n+1}}^{1/2}\frac{f(x)}{x}\mathrm{d}x&=\sum_{i=1}^{n}\int_{1/2^{i+1}}^{1/2^i}\frac{f(x)}{x}\mathrm{d}x\\&\leqslant\sum_{i=1}^{n}\int_{1/2^{i+1}}^{1/2^i}f\left(\frac{1}{2^i}\right)\left(\frac{1}{2^{i+1}}\right)^{-1}\mathrm{d}x=\sum_{i=1}^{n}f\left(\frac{1}{2^i}\right)2^{i+1}\int_{1/2^{i+1}}^{1/2^i}\mathrm{d}x\end{aligned}$$

$$=\sum_{i=1}^{n} f\left(\frac{1}{2^i}\right)2^{i+1}\left(\frac{1}{2^i}-\frac{1}{2^{i+1}}\right)=\sum_{i=1}^{n} f\left(\frac{1}{2^i}\right),$$

以及

$$\begin{aligned}\int_{1/2^{n+1}}^{1/2}\frac{f(x)}{x}\mathrm{d}x&=\sum_{i=1}^{n}\int_{1/2^{i+1}}^{1/2^i}\frac{f(x)}{x}\mathrm{d}x\\&\geqslant\sum_{i=1}^{n}\int_{1/2^{i+1}}^{1/2^i}f\left(\frac{1}{2^{i+1}}\right)\left(\frac{1}{2^i}\right)^{-1}\mathrm{d}x=\sum_{i=1}^{n}f\left(\frac{1}{2^{i+1}}\right)2^i\int_{1/2^{i+1}}^{1/2^i}\mathrm{d}x\\&=\sum_{i=1}^{n}f\left(\frac{1}{2^{i+1}}\right)2^i\left(\frac{1}{2^i}-\frac{1}{2^{i+1}}\right)=\frac{1}{2}\left(\sum_{i=1}^{n+1}f\left(\frac{1}{2^i}\right)-f\left(\frac{1}{2}\right)\right).\end{aligned}$$

由此即得结论.

或者: 由无穷级数收敛性的 Cauchy 积分判别法则, 级数 $\sum\limits_{n=1}^{\infty}f(2^{-n})$ 收敛, 当且仅当积分

$$\int_1^{\infty}f(2^{-x})\mathrm{d}x$$

收敛. 因为 (令 $t=2^{-x}$)

$$\int_1^{n}f(2^{-x})\mathrm{d}x=\frac{1}{\log 2}\int_{2^{-n}}^{1/2}\frac{f(t)}{t}\mathrm{d}t,$$

所以得到结论.

(5) (i) 若当 $n\geqslant n_0$ 时, $n\nu_n\geqslant k$, 则

$$\frac{u_{n+1}}{u_n}\leqslant 1-\frac{k}{n}.$$

因为

$$\left(\frac{n+1}{n}\right)^{-k}=\left(1+\frac{1}{n}\right)^{-k}=1-\frac{k}{n}+\frac{k(k+1)}{2}\left(1+\frac{\theta}{n}\right)^{-k-2}\cdot\frac{1}{n^2},$$

其中 $0<\theta<1$, 所以

$$\left(\frac{n+1}{n}\right)^{-k}\geqslant 1-\frac{k}{n}$$

(这是所谓 Bernoulli 不等式, 参见例 8.2.5 后的注; 此不等式也可在例 8.2.5 中取 $x=1+1/n,\alpha=-k$ 直接推出), 于是

$$\left(\frac{n+1}{n}\right)^{-k}\geqslant\frac{u_{n+1}}{u_n}\quad(n\geqslant n_0).$$

由此可知

$$\frac{(n+1)^{-k}}{n_0^{-k}}=\prod_{m=n_0}^{n}\left(\frac{m+1}{m}\right)^{-k}\geqslant\prod_{m=n_0}^{n}\frac{u_{m+1}}{u_m}=\frac{u_{n+1}}{u_{n_0}},$$

从而

$$u_{n+1}\leqslant u_{n_0}n_0^k\cdot\frac{1}{(n+1)^k}\quad(n\geqslant n_0).$$

因为 $k>1,\sum\limits_{n=1}^{\infty}n^{-k}$ 收敛, 所以级数 $\sum\limits_{n=1}^{\infty}u_n$ 收敛.

(ii) 若当 $n\geqslant n_0$ 时, $n\nu_n\leqslant 1$, 则

$$\frac{u_{n+1}}{u_n}\geqslant 1-\frac{1}{n}=\frac{n-1}{n}\quad(n\geqslant n_0),$$

于是

$$\frac{u_{n+1}}{u_{n_0}}=\prod_{m=n_0}^{n}\frac{u_{m+1}}{u_m}\geqslant\prod_{m=n_0}^{n}\frac{m-1}{m}=\frac{n_0-1}{n}.$$

因为 $\sum\limits_{n=1}^{\infty}n^{-1}$ 发散, 所以级数 $\sum\limits_{n=1}^{\infty}u_n$ 发散.

(iii) 设 $\lim\limits_{n\to\infty}n\nu_n=l$. 如果 $l>1$, 那么对于 $k\in(1,l)$, 存在 n_0, 使当 $n\geqslant n_0$ 时 $n\nu_n\geqslant k>1$, 依上述结论可知级数 $\sum\limits_{n=1}^{\infty}u_n$ 收敛. 如果 $l<1$, 那么存在 n_0, 使当 $n\geqslant n_0$ 时 $n\nu_n\leqslant 1$, 依上述结论可知级数 $\sum\limits_{n=1}^{\infty}u_n$ 发散. 如果 $l=1$, 那么不能判定级数 $\sum\limits_{n=1}^{\infty}u_n$ 的收敛性(若 $n\nu_n$ 单调递增地趋于 1, 则由步骤 (ii) 中的证明可知级数发散).

9.92 因为

$$0\leqslant u_n\leqslant\int_0^{\infty}\mathrm{e}^{-nx}\mathrm{d}x=\frac{1}{n},$$

所以 $u_n\to 0(n\to\infty)$. 我们还有

$$u_n=\int_0^{\infty}\mathrm{e}^{-nx}\frac{1-\mathrm{e}^{-x}}{1-\mathrm{e}^{-(n+1)x}}\mathrm{d}x=\int_0^{\infty}\mathrm{e}^{-nx}\frac{1-\mathrm{e}^{-x}}{x}\frac{x}{1-\mathrm{e}^{-(n+1)x}}\mathrm{d}x.$$

注意函数 $f(x)=(1-\mathrm{e}^{-x})/x$ 在 $(0,\infty)$ 上连续, 并且 $f(0+)$ 和 $f(+\infty)$ 有限, 所以 $x\geqslant 0$ 时 $f(x)$ 有界. 设 $x\geqslant 0$ 时 $|f(x)|\leqslant M$. 那么我们有

$$0\leqslant u_n\leqslant M\int_0^{\infty}\frac{x\mathrm{e}^{-nx}}{1-\mathrm{e}^{-(n+1)x}}\mathrm{d}x\leqslant M\int_0^{\infty}\frac{x\mathrm{e}^{-nx}}{1-\mathrm{e}^{-nx}}\mathrm{d}x.$$

作变量代换 $u=nx$ 即得

$$0\leqslant u_n\leqslant\frac{KM}{n^2},$$

其中常数

$$K=\int_0^{\infty}\frac{u\mathrm{e}^{u}}{1-\mathrm{e}^{-u}}\mathrm{d}u$$

(因为当 $x\geqslant 0$ 时 $u/(1-\mathrm{e}^{-u})$ 有界, 所以这个积分收敛). 因此题中所给级数收敛.

9.93 对于 $n\geqslant 1$ 令

$$u_n=\frac{\sqrt{(n-1)!}}{(1+\sqrt{1})(1+\sqrt{2})\cdots(1+\sqrt{n})},$$
$$v_n=\frac{\sqrt{n!}}{(1+\sqrt{1})(1+\sqrt{2})\cdots(1+\sqrt{n})},$$

还令 $v_0=1$. 那么 $u+n=v_{n-1}-v_n(n\geqslant 1)$. 于是

$$\sum_{k=1}^{n}u_k=1-v_k\leqslant 1.$$

由 $u_n>0$ 可知数列 $\sum\limits_{k=1}^{n}u_k$ 单调递增有界, 从而题中所给级数收敛.

为求其和, 注意数列 $v_n(n\geqslant 0)$ 单调递减, 所以收敛. 令 l 是其极限, 则 $l\geqslant 0$. 若 $l\neq 0$, 则由 $u_n=v_n/\sqrt{n}$ 得 $u_n\sim l/\sqrt{n}$, 从而题中所给级数发散, 这与上述结论矛盾, 因此 $l=0$. 于是

$$\sum_{k=1}^{n}u_k=1-v_k\to 1\quad(n\to\infty),$$

即题中所给级数之和等于 1.

9.94　解法 1　令 $e_1=\mathrm{e}, e_k=\mathrm{e}^{e_{k-1}}(k\geqslant 2)$, 由数学归纳法得

$$f(x)=\begin{cases}x, & x\leqslant e_1,\\ x\log x, & e_1<x\leqslant e_2,\\ x\log x\log(\log x), & e_2<x\leqslant e_3,\\ \cdots, & \cdots,\\ x\log x\log(\log x)\cdots\log^{(k)}x, & e_k<x\leqslant e_{k+1},\end{cases}$$

其中 $\log^{(k)}(x)$ 表示 $\log x$ 的 k 重复合. 记 $N_1=[e_1]=2, N_2=[e_2],\cdots,N_k=[e_k]$, 则

$$\begin{aligned}\sum_{n=1}^{N_k}\frac{1}{f(n)}&\geqslant\int_1^{e_k}\frac{\mathrm{d}x}{f(x)}\\ &=\int_1^{e_1}\frac{\mathrm{d}x}{x}+\int_{e_1}^{e_2}\frac{\mathrm{d}x}{x\log x}+\cdots+\int_{e_{k-1}}^{e_k}\frac{\mathrm{d}x}{x\log x\log(\log x)\cdots\log^{(k-1)}x}\\ &=\log x\Big|_1^{e_1}+\log(\log x)\Big|_{e_1}^{e_2}+\cdots+\log^{(k)}x\Big|_{e_{k-1}}^{e_k}\\ &=(1-0)+(1-0)+\cdots+(1-0)=k.\end{aligned}$$

因此级数发散.

解法 2　因为 $f(\mathrm{e})=\mathrm{e}$, 所以当 $x\geqslant\mathrm{e}$ 时 $f(x)=xf(\log x)$. 定义 e_i 同解法 1. 由数学归纳法可知对于每个 $i\geqslant 0, f$ 是 $[e_i,e_{i+1}]$ 上的递增的连续正函数, 因而也是 $[1,\infty)$ 上的递增的连续正函数. 于是当且仅当积分 $\int_1^{\infty}(\mathrm{d}x/f(x))$ 收敛时, $\sum\limits_{n=1}^{\infty}1/f(n)$ 收敛. 若级数收敛, 则积分

$$\int_{\mathrm{e}}^{\infty}\frac{\mathrm{d}x}{f(x)}=\int_{\mathrm{e}}^{\infty}\frac{\mathrm{d}x}{xf(\log x)}$$

也收敛, 从而可作变量代换 $t=\log x$ 得到

$$\int_{\mathrm{e}}^{\infty}\frac{\mathrm{d}x}{f(x)}=\int_1^{\infty}\frac{\mathrm{d}t}{f(t)}.$$

于是我们得到矛盾.

9.95　(1) (i) 若 $\delta>2$, 记 $\delta=2+\sigma$, 其中 $\sigma>0$, 则对任何 $k\in\mathbb{N}$,

$$\delta+\sin k=2+\sigma+\sin k=1+\sigma+(1+\sin k)\geqslant 1+\sigma,$$

因此 $k^{-\delta-\sin k}\leqslant k^{-1-\sigma}$, 因此题中的级数收敛.

(ii) 若 $\delta\leqslant 0$, 则 $k^{-\delta-\sin k}\geqslant k^{-\sin k}\geqslant k^{-1}$, 因此题中的级数发散.

(iii) 若 $0<\delta<2$, 则 $1-\delta\in(-1,1)$, 所以可由下式 (唯一地) 定义 α,β:

$$\sin\alpha=\sin\beta=1-\delta,\quad \frac{\pi}{2}<\alpha<\beta<2\pi+\frac{\pi}{2}.$$

于是当 $x\in(\alpha,\beta)$ 时 $\sin x<1-\delta$. 定义集合

$$S=\{k\mid k\in\mathbb{N},\sin k<1-c\}=\mathbb{N}\cap\Big(\bigcup_{j\in\mathbb{Z}}(2\pi j+\alpha,2\pi j+\beta)\Big).$$

我们首先证明 S 非空. 若 $0<\delta\leqslant 1$, 则水平直线 $y=1-\delta$ 与正弦曲线 $y=\sin x$ 的交点都在上半平面 (包括 X 轴), 因此 $[\pi,2\pi]\subseteq(\alpha,\beta)$, 于是 $[\pi,2\pi]$ 中的正整数含在 S 中. 若 $1<\delta\leqslant 2$, 则直线 $y=1-\delta$ 与正弦曲线 $y=\sin x$ 的交点都在下半平面, 此时 $(\alpha,\beta)\subset[\pi,2\pi]$, 因此 (α,β) 中不一定含有正整数. 但因

为 π 是无理数, 所以数列 $\{n/(2\pi)\}(n\geqslant 1)$ 在 $[0,1]$ 中稠密 (参见本题后的注), 这里符号 $\{r\}$ 表示实数 r 的小数部分. 注意此时 $\alpha+\beta<2\pi+2\pi=4\pi, 0<(\alpha+\beta)/(4\pi)<1$, 于是存在正整数 k 使得

$$\left|\left\{\frac{k}{2\pi}\right\}-\frac{\alpha+\beta}{4\pi}\right|<\frac{\beta-\alpha}{4\pi},$$

也就是 (记 $j=[k/(2\pi)]$, 这里符号 $[r]$ 表示实数 r 的整数部分)

$$\alpha+2\pi j<k<\beta+2\pi j.$$

因此这个正整数 $k\in S$, 在此情形 S 也非空.

其次, 我们断言: 存在一个常数 $c>0$, 具有下列性质: 对于每个给定的 $k\in S$, 存在 $m\in S$, 使得 $k<m\leqslant k+c$. 事实上, 一方面, 由 S 的定义可知, 存在 $j\in\mathbb{Z}$, 满足 $\alpha<k-2\pi j<\beta$. 另一方面, 仍然由上述稠密性知存在 $a,b\in\mathbb{N}$, 满足不等式

$$0<1-\left\{\frac{a}{2\pi}\right\}<\frac{\beta-\alpha}{4\pi},\quad 0<\left\{\frac{b}{2\pi}\right\}-0<\frac{\beta-\alpha}{4\pi},$$

记 $A_1=[a/(2\pi)], B=[b/(2\pi)]$, 则 $A_1,B\geqslant 0$, 并且

$$\left\{\frac{a}{2\pi}\right\}=A_1-\frac{a}{2\pi},\quad \left\{\frac{a}{2\pi}\right\}=B-\frac{b}{2\pi}.$$

由此我们得到 $a,b\in\mathbb{N}$ 和 $A,B\in\mathbb{Z}$(其中 $A=A_1-1$) 使得

$$0<a-2\pi A<\frac{\beta-\alpha}{2},\quad -\frac{\beta-\alpha}{2}<b-2\pi B<0.$$

记 $c=\max\{a,b\}$. 于是, 若 $\alpha<k-2\pi j\leqslant(\alpha+\beta)/2$, 则将它与上面的第一个不等式相加, 可得

$$\alpha<(k+a)-2\pi(j+A)<\beta,$$

那么取 $m=k+a$ 即符合要求; 若 $(\alpha+\beta)/2<k-2\pi j<\beta$, 则类似地得到 $\alpha<(k+b)-2\pi(j+B)<\beta$, 于是取 $m=k+b$ 即可. 因此上述断言得证.

由 S 非空以及上述断言可以归纳地证明 S 含有无穷多个元素, 我们将它们递增地排列为 $k_1<k_2<\cdots$, 并且它们还满足

$$k_j\leqslant k_1+(j-1)c\leqslant c_1 j\quad(j\geqslant 1),$$

其中 $c_1=\max\{k_1,c\}$. 于是我们得到

$$\sum_{k=1}^{k_n}k^{-\delta-\sin k}\geqslant\sum_{j=1}^{n}k_j^{-\delta-\sin k_j}\geqslant\sum_{j=1}^{n}\frac{1}{k_j}\geqslant\frac{1}{c_1}\sum_{j=1}^{n}\frac{1}{j}.$$

令 $n\to\infty$, 即知题中的级数发散.

(2) 对于正整数 n, 定义集合

$$\begin{aligned}&A_n=[0,2^n)\cap\{k\mid k\in\mathbb{N},|\sin k|\leqslant 1/n\},\\&T_n=\mathbb{N}\cap[2^{n-1},2^n),\\&B_n=T_n\cap A_n=[2^{n-1},2^n)\cap\{k\mid k\in\mathbb{N},|\sin k|\leqslant 1/n\}.\end{aligned}$$

于是, 若 $n>1$, 则 $A_{n-1}\cap B_n=\emptyset, A_n\subseteq A_{n-1}\cap B_n$, 因此

$$|B_n|\geqslant|A_n|-|A_{n-1}|\quad(n\geqslant 1),$$

此处 $|S|$ 表示有限集 S 所含元素的个数. 我们来估计 $|A_n|$. 为此, 将单位圆 $7n$ 等分, 用极坐标表示平面上的点. 那么由抽屉原理, 2^n 个点 $\mathrm{e}^{k\mathrm{i}}\,(0 \leqslant k < 2^n)$(这里 $\mathrm{i}=\sqrt{-1}$ 是虚数单位) 中有不少于 $2^n/(7n)$ 个落在同一个等份弧中. 设 $\mathrm{e}^{u\mathrm{i}}$ 和 $\mathrm{e}^{v\mathrm{i}}$ 是其中任意两个, 那么

$$|\sin(u-v)| \leqslant |\mathrm{e}^{(u-v)\mathrm{i}}-1| = |\mathrm{e}^{u\mathrm{i}}-\mathrm{e}^{v\mathrm{i}}| < \frac{2\pi}{7n} < \frac{1}{n}.$$

这里第一个不等式的来历是: $|\sin(u-v)|$ 表示单位圆上的点 $\mathrm{e}^{(u-v)\mathrm{i}}$ 到极轴的距离, 而 $|\mathrm{e}^{(u-v)\mathrm{i}}-1|$ 是点 $\mathrm{e}^{(u-v)\mathrm{i}}$ 和 $\mathrm{e}^{0\mathrm{i}}$(即极轴上的点 $(1,0)$)间的距离. 后一个不等式的来历是: $|\mathrm{e}^{u\mathrm{i}}-\mathrm{e}^{v\mathrm{i}}|$ 是单位圆的同一个等份弧上两点 $\mathrm{e}^{u\mathrm{i}}$ 和 $\mathrm{e}^{v\mathrm{i}}$ 间的距离, 而 $2\pi/(7n)$ 是单位圆上一个等份的弧长. 由上面得到的不等式可知 $|u-v| \in A_n$. 于是我们推出

$$|A_n| \geqslant \frac{2^n}{7n}.$$

另外, 还要注意: 若 $k \in B_n$, 则

$$k^{-1-|\sin k|} > (2^n)^{-1-1/n} = 2^{-n-1}.$$

有了这些准备, 我们可以得到: 对于任何 $N \geqslant 2$,

$$\begin{aligned}\sum_{k=2}^{2^N-1} k^{-1-|\sin k|} &= \sum_{n=2}^{N}\sum_{k\in T_n} k^{-1-|\sin k|}\\ &\geqslant \sum_{n=2}^{N}\sum_{k\in B_n} k^{-1-|\sin k|} \geqslant \sum_{n=2}^{N}\frac{|B_n|}{2^{n+1}} \geqslant \sum_{n=2}^{N}\frac{|A_n|-|A_{n-1}|}{2^{n+1}}.\end{aligned}$$

注意

$$\frac{|A_n|-|A_{n-1}|}{2^{n+1}} = \left(\frac{|A_n|}{2^{n+2}}-\frac{|A_{n-1}|}{2^{n+1}}\right)+\frac{|A_n|}{2^{n+2}},$$

我们由前式得到

$$\begin{aligned}\sum_{k=2}^{2^N-1} k^{-1-|\sin k|} &= \frac{|A_N|}{2^{N+2}}-\frac{|A_1|}{8}+\sum_{k=2}^{N}\frac{|A_n|}{2^{n+2}}\\ &\geqslant -\frac{|A_1|}{8}+\sum_{k=2}^{N}\frac{2^n/(7n)}{2^{n+2}} = -\frac{|A_1|}{8}+\sum_{k=2}^{N}\frac{1}{28n}.\end{aligned}$$

令 $N\to\infty$, 即知题中的级数发散.

注 Kronecker 逼近定理 (一维情形) 说: 若 θ 是一个无理数, $\alpha\in[0,1]$ 是任意给定的实数, 那么对于任何给定的 $\varepsilon>0$, 存在正整数 $n=n(\alpha,\epsilon)$ 使得不等式

$$|\{n\theta\}-\alpha| < \varepsilon$$

成立. 如果 $[n\theta]=h\in\mathbb{Z}$, 那么 $\{n\theta\}=n\theta-h$, 于是 $|n\theta-h-\alpha|<\varepsilon$. 由此定理可知数列 $\{n\theta\}\,(n\geqslant 1)$ 在 $[0,1]$ 中稠密. 关于这个定理的证明, 可参见: 朱尧辰,《无理数引论》(中国科学技术大学出版社, 合肥,2012), 定理 1.7.

9.96 (1) 由 $\mathrm{e}^x=\sum\limits_{n=0}^{\infty}x^n/n!$ 得到

$$\frac{\mathrm{e}^x-1}{x}=\frac{1}{x}\left(\sum_{n=0}^{\infty}\frac{x^n}{n!}-1\right)=\sum_{n=1}^{\infty}\frac{x^{n-1}}{n!}=\sum_{n=0}^{\infty}\frac{x^n}{(n+1)!},$$

两边对 x 求导得 $(x\mathrm{e}^x-\mathrm{e}^x+1)/x^2=\sum\limits_{n=1}^{\infty}nx^{n-1}/(n+1)!$, 在其中令 $x=1$, 即得 $\sum\limits_{n=1}^{\infty}n/(n+1)!=1$.

(2) 当 $|x|<1$ 时,

$$\sum_{n=0}^{\infty} x^n = \frac{1}{1-x},$$

由幂级数性质, 允许逐项积分, 得到

$$\sum_{n=1}^{\infty} nx^{n-1} = \frac{1}{(1-x)^2},$$

于是

$$\sum_{n=0}^{\infty} nx^n = \sum_{n=1}^{\infty} nx^n = \frac{x}{(1-x)^2}.$$

再次逐项积分, 得到

$$\sum_{n=1}^{\infty} n^2 x^{n-1} = \frac{1+x}{(1-x)^3},$$

于是

$$\sum_{n=0}^{\infty} n^2 x^n = \sum_{n=1}^{\infty} n^2 x^n = \frac{x(1+x)}{(1-x)^2}.$$

最终得到

$$\sum_{n=0}^{\infty} (n^2+n+1)x^n = \frac{1+x^2}{(1-x)^3}.$$

(3) 令 $t=x-1$, 原级数等于 $\sum\limits_{n=1}^{\infty} nt^n$, 此级数的收敛半径为 1, 当 $t=\pm 1$ 时级数发散, 因此收敛域为 $|t|<1$. 于是原级数收敛域为 $|x-1|<1$, 即 $0<x<2$.

令 $S(t)=\sum\limits_{n=1}^{\infty} nt^n$, 那么

$$S(t) = t\sum_{n=1}^{\infty} nt^{n-1} = t\sum_{n=0}^{\infty}(n+1)t^n = t\left(\sum_{n=0}^{\infty} nt^n + \sum_{n=0}^{\infty} t^n\right) = t\left(S(t)+\frac{1}{1-t}\right),$$

于是 $S(t)=t/(t-1)^2$, 原级数之和等于 $(x-1)/(x-2)^2\,(0<x<2)$.

(4) 显然 a_n 单调增加. 由数学归纳法可知 $|a_{n+1}/a_n|<2\,(n\geqslant 1)$. 因为 $|a_{n+1}x^n/a_nx^{n-1}| = |a_{n+1}/a_n||x| < 2|x|$, 所以当 $|x|<1/2$ 时级数收敛. 此时

$$\begin{aligned} J(x) &= a_1 + a_2x + \sum_{n=3}^{\infty} a_n x^{n-1} = a_1 + a_2 x + \sum_{n=3}^{\infty}(a_{n-1}+a_{n-2})x^{n-1} \\ &= 1 + x + \sum_{n=3}^{\infty} a_{n-1}x^{n-1} + \sum_{n=3}^{\infty} a_{n-2}x^{n-1} = 1 + x + x\big(J(x)-1\big) + x^2 J(x), \end{aligned}$$

所以 $J(x)=1/(1-x-x^2)\,(|x|<1/2)$.

注 $a_n\,(n\geqslant 1)$ 是 Fibonacci 数列, 实际上 $|x|<1/2$ 可换为 $|x|<(\sqrt{5}-1)/2$(参见例 1.6.3 后的注).

(5) **提示** (i) 由分部分式得到

$$I = \frac{1}{3}\int_0^1 \frac{\mathrm{d}x}{1+x} - \frac{1}{3}\int_0^1 \frac{x-1/2}{(x-1/2)^2+3/4}\mathrm{d}x + \frac{1}{2}\int_0^1 \frac{\mathrm{d}x}{x^2-x+1} = I_1 + I_2 + I_3,$$

分别算出

$$\begin{aligned} I_1 &= \frac{1}{3}\log(1+x)\Big|_0^1 = \frac{1}{3}\log 2, \\ I_2 &= \frac{1}{6}\log\left(\left(x-\frac{1}{2}\right)^2+\frac{3}{4}\right)\Big|_0^1 = 0, \end{aligned}$$

$$I_3=\frac{2}{3}\int_0^1\frac{(\sqrt{3}/2)\mathrm{d}\big((2/\sqrt{3})x-1/\sqrt{3}\big)}{\big((2/\sqrt{3})x-1/\sqrt{3}\big)^2+1}=\frac{1}{\sqrt{3}}\arctan\left(\frac{2}{\sqrt{3}}-\frac{1}{\sqrt{3}}\right)\bigg|_0^1=\frac{\pi}{3\sqrt{3}}.$$

因此

$$I=\frac{1}{3}\left(\log 2+\frac{\pi\sqrt{3}}{3}\right).$$

(ii) 当 $|t|<1$ 时,

$$\frac{1}{1+t^3}=\sum_{n=0}^{\infty}(-1)^n t^{3n}.$$

设 $0<x<1$. 由幂级数性质, 可对 t 在 $[0,x]$ 上逐项积分, 得到

$$\int_0^x\frac{\mathrm{d}x}{1+x^3}=\sum_{n=0}^{\infty}(-1)^n\frac{x^{3n+1}}{3n+1}=\sum_{n=1}^{\infty}(-1)^{n-1}\frac{x^{3n-2}}{3n-2}.$$

上式右边幂级数的收敛半径为 1, 并且当 $x=1$ 时级数收敛, 所以令 $x\to 1$, 得到

$$I=\sum_{n=1}^{\infty}\frac{(-1)^{n-1}}{3n-2}.$$

(6) **提示**　应用数学归纳法. 答案:$f_n(x,y)=(2/5)^{n-1}K^n(x^3y+x^2y^2)$; $|K|<5/2$; 和函数 $S(x)=(10Kx^3)/\big(3(5-2K)\big)$.

9.97　提示　(1) 由

$$\left|\frac{a_{n+1}x^{n+1}}{a_nx^n}\right|\to|x|\quad(n\to\infty)$$

得知当 $|x|<1$ 时级数收敛. 令级数之和为 $f(x)$, 应用题中的递推关系证明

$$(x+1)f'(x)-\frac{2}{3}f(x)=3.$$

由此及 $f(0)=a_0=3$ 推出 $f(x)=(15/2)(x+1)^{2/3}-9/2$.

(2) 记

$$u_n(x)=n^2\left(\mathrm{e}^x-1-\frac{x}{1}-\frac{x^2}{2!}-\cdots-\frac{x^n}{n!}\right).$$

在任何有限区间 $[-A,A]$ 上,

$$|u_n(x)|\leqslant n^2\frac{A^{n+1}}{(n+1)!}\left(1+\frac{A}{n+2}+\frac{A^2}{(n+3)(n+2)}+\cdots\right)\leqslant\frac{n^2A^{n+1}}{(n+1)!}\mathrm{e}^A.$$

类似地估计 $u_n'(x)$, 由此推出 $\sum\limits_{n=1}^{\infty}u_n'(x)$ 在 $[-A,A]$ 上一致收敛. 逐项求导得到 $S'(x)=S(x)+x^2\mathrm{e}^x+x\mathrm{e}^x$, 并且 $S(0)=0$. 答案: $S(x)=(x^3/3+x^2/2)\mathrm{e}^x$.

9.98　解　因为当 $0<x<1$ 时, $f(t)=x^{t^2}\ (t\geqslant 0)$ 是 t 的减函数, 所以从几何考虑得到

$$\int_0^{\infty}x^{t^2}\mathrm{d}t<\sum_{n+0}^{\infty}x^{n^2}<1+\int_0^{\infty}x^{t^2}\mathrm{d}t.$$

又因为

$$\begin{aligned}\int_0^{\infty}x^{t^2}\mathrm{d}t&=\int_0^{\infty}\mathrm{e}^{-t^2\log(1/x)}\mathrm{d}t\\&=\frac{1}{\sqrt{\log(1/x)}}\int_0^{\infty}\mathrm{e}^{-u^2}\mathrm{d}u=\frac{1}{2}\sqrt{\frac{\pi}{\log(1/x)}},\end{aligned}$$

所以

$$\frac{1}{2}\sqrt{\frac{\pi}{\log(1/x)}}<\sum_{n+0}^{\infty}x^{n^2}<1+\frac{1}{2}\sqrt{\frac{\pi}{\log(1/x)}}.$$

由此立得

$$\sum_{n=0}^{\infty} x^{n^2} \sim \frac{1}{2}\sqrt{\frac{\pi}{\log(1/x)}} \sim \frac{1}{2}\sqrt{\frac{\pi}{1-x}} \quad (x \to 1-).$$

注 由本题得到

$$\lim_{x\to 1-} \sqrt{1-x}\sum_{n=0}^{\infty} x^{n^2} = \frac{\sqrt{\pi}}{2},$$

从而给出例 4.5.7(2), 也就是补充习题 9.101(3) 的一个独立证明, 不需应用例 4.5.7(1) 或补充习题 9.101(1).

9.99 因为对于任何固定的 x 函数 $y(t) = 1/(2^t + x)$ 单调递减, 所以

$$\int_0^{\infty} \frac{\mathrm{d}t}{2^t + x} \leqslant \sum_{n=0}^{\infty} \frac{1}{2^n + x} \leqslant \frac{1}{1+x} + \int_0^{\infty} \frac{\mathrm{d}t}{2^t + x}.$$

又依据

$$\frac{\mathrm{d}}{\mathrm{d}t}\log(1+2^{-t}x) = \frac{(\log 2)2^{-t}x}{1+2^t x} = -\frac{(\log 2)x}{2^t + x}$$

算出

$$\int_0^{\infty} \frac{\mathrm{d}t}{2^t + x} = -\frac{1}{x\log 2}\log(1+2^{-t}x))\Big|_0^{\infty} = \frac{\log(1+x)}{x\log 2},$$

所以

$$\frac{\log(1+x)}{x\log 2} \leqslant \sum_{n=0}^{\infty} \frac{1}{2^n + x} \leqslant \frac{1}{1+x} + \frac{\log(1+x)}{x\log 2}.$$

由此立得 $f(x) \sim \log(1+x)/(x\log 2)\,(x \to \infty)$.

9.100 (i) 由带定积分形式的余项的 Taylor 公式, 我们有

$$\mathrm{e}^n = \sum_{k=0}^{n} \frac{n^k}{k!} + \int_0^1 \frac{(n-t)^n}{n!}\mathrm{e}^t \mathrm{d}t.$$

作变量代换 $t = n(1-u)$ 得到

$$v_n = \int_0^n \frac{(n-t)^n}{n!}\mathrm{e}^t \mathrm{d}t = \frac{n^{n+1}}{n!}\mathrm{e}^n \int_0^1 (u\mathrm{e}^{-u})^n \mathrm{d}u = \frac{n^{n+1}}{n!}\mathrm{e}^n I_n,$$

其中已记

$$I_n = \int_0^1 (u\mathrm{e}^{-u})^n \mathrm{d}u = \int_0^n \mathrm{e}^{n(\log u - u)}\mathrm{d}u.$$

(ii) 函数 $f(u) = \log u - u$ 在 $(0,1)$ 上严格单调递增, 并且有展开式

$$\log u - u = -1 - \frac{1}{2}(u-1)^2 + o\big((u-1)^2\big).$$

由此可知: 如果 a, b 是两个实数, 满足 $0 < a < 1/2 < b$, 那么存在 $\delta > 0$, 使得当 $u \in [1-\delta, 1]$ 时,

$$-1 - b(u-1)^2 \leqslant \log u - u \leqslant -1 - a(u-1)^2,$$

从而

$$\sqrt{n}\int_{1-\delta}^1 \mathrm{e}^{-bn(u-1)^2}\mathrm{d}u \leqslant \mathrm{e}^n \sqrt{n} I_n \leqslant \mathrm{e}^n\sqrt{n}\int_0^{1-\delta} \mathrm{e}^{n(\log u - u)}\mathrm{d}u + \sqrt{n}\int_{1-\delta}^1 \mathrm{e}^{-an(u-1)^2}\mathrm{d}u.$$

在左边的积分中令 $v = \sqrt{bn}(u-1)$, 在右边第二个积分中令 $v = \sqrt{an}(u-1)$, 并且注意右边第一项不超过

$$\mathrm{e}^n\sqrt{n}\int_0^1 \mathrm{e}^{n(\log(1-\delta)-(1-\delta))}\mathrm{d}u \leqslant \sqrt{n}\big(\mathrm{e}^{\log(1-\delta)+\delta}\big)^n,$$

因此我们得到

$$\frac{1}{\sqrt{b}}\int_0^{\delta\sqrt{bn}} \mathrm{e}^{-v^2}\mathrm{d}v \leqslant \mathrm{e}^n\sqrt{n}I_n \leqslant \sqrt{n}\big(\mathrm{e}^{\log(1-\delta)+\delta}\big)^n + \frac{1}{\sqrt{a}}\int_0^{\delta\sqrt{an}} \mathrm{e}^{-v^2}\mathrm{d}v.$$

因为 $\log(1+\delta)+\delta<0$, 并且注意 $\int_0^\infty \mathrm{e}^{-v^2}\mathrm{d}v=\sqrt{\pi}/2$, 所以当 $n\to\infty$ 时, 由上式得到

$$\frac{1}{\sqrt{b}}\cdot\frac{\sqrt{\pi}}{2}\leqslant \mathrm{e}^n\sqrt{n}I_n\leqslant\frac{1}{\sqrt{a}}\cdot\frac{\sqrt{\pi}}{2}.$$

(iii) 设 $\varepsilon>0$ 任意给定. 依步骤 (ii) 中 a,b 的定义, 可取 a,b 足够接近于 $1/2$ 使得

$$\sqrt{\frac{\pi}{2}}-\varepsilon\leqslant\frac{1}{\sqrt{b}}\cdot\frac{\sqrt{\pi}}{2},$$
$$\frac{1}{\sqrt{a}}\cdot\frac{\sqrt{\pi}}{2}\leqslant\sqrt{\frac{\pi}{2}}+\varepsilon.$$

于是由步骤 (ii) 中得到的不等式可知: 当 n 充分大时,

$$\sqrt{\frac{\pi}{2}}-\varepsilon\leqslant \mathrm{e}^n\sqrt{n}I_n\leqslant\sqrt{\frac{\pi}{2}}+\varepsilon.$$

由此可知

$$I_n\sim\sqrt{\frac{\pi}{2n}}\mathrm{e}^{-n}\quad(n\to\infty),$$

从而由步骤 (i) 推出

$$v_n\sim\frac{n^{n+1}}{n!}\sqrt{\frac{\pi}{2n}}\quad(n\to\infty).$$

最后, 应用 Stirling 公式得到

$$v_n\sim \mathrm{e}^n/2\quad(n\to\infty);$$

并且据此由 $u_n+v_n=\mathrm{e}^n$(两边除以 $\mathrm{e}^n/2$) 推出

$$u_n\sim \mathrm{e}^n/2\quad(n\to\infty).$$

9.101　(1) 由题设, 对于任何给定的 $\varepsilon>0$, 存在正整数 N(并固定), 使当 $n\geqslant N$ 时 $|b_n/a_n-1|\leqslant\varepsilon/3$, 于是当 $0<x<1$ 时,

$$\begin{aligned}\left|\frac{\psi(x)}{\phi(x)}-1\right|&=\left|\frac{1}{\phi(x)}\sum_{n=0}^{\infty}(b_n-a_n)x^n\right|\\&\leqslant\frac{1}{\phi(x)}\left|\sum_{n=0}^{N-1}(b_n-a_n)x^n\right|+\frac{1}{\phi(x)}\left|\sum_{n=N}^{\infty}(b_n-a_n)x^n\right|\\&\leqslant\frac{1}{\phi(x)}\sum_{n=0}^{N-1}a_nx^n+\frac{1}{\phi(x)}\sum_{n=0}^{N-1}b_nx^n+\frac{\varepsilon}{3\phi(x)}\sum_{n=N}^{\infty}a_nx^n\\&\leqslant\frac{1}{\phi(x)}\sum_{n=0}^{N-1}a_nx^n+\frac{1}{\phi(x)}\sum_{n=0}^{N-1}b_nx^n+\frac{\varepsilon}{3}.\end{aligned}$$

因为 $\sum\limits_{n=1}^{\infty}a_n=+\infty$, 所以取 $\delta\in(0,1)$ 足够小, 当 $0<1-x<\delta$ 时,

$$\left|\frac{\psi(x)}{\phi(x)}-1\right|\leqslant\frac{\varepsilon}{3}+\frac{\varepsilon}{3}+\frac{\varepsilon}{3}=\varepsilon.$$

于是题 (1) 得证.

(2) 首先给出 $\omega(t)$ 的渐近估计. 在 x 轴和 y 轴上符合要求的整点总共 $2[t]+1$ 个; 对于正整数 k, 直线 $x=k$ 上符合要求而且坐标都不为 0 的整点是个数 $[\sqrt{t^2-k^2}]$, 于是

$$\omega(t^2)=\sum_{k=1}^{[t]}\left[\sqrt{t^2-k^2}\,\right]+2[t]+1.$$

因为对于实数 $a, a-1<[a]\leqslant a$, 所以

$$\sum_{k=1}^{[t]}\sqrt{t^2-k^2}+2[t]+1-[t]<\omega(t^2)\leqslant\sum_{k=1}^{[t]}\sqrt{t^2-k^2}+2[t]+1,$$

从而

$$\frac{1}{t}\sum_{k=1}^{[t]}\sqrt{1-\left(\frac{k}{t}\right)^2}+\frac{[t]+1}{t^2}<\frac{\omega(t^2)}{t^2}\leqslant\frac{1}{t}\sum_{k=1}^{[t]}\sqrt{1-\left(\frac{k}{t}\right)^2}+\frac{2[t]+1}{t^2}.$$

令 $t\to\infty$, 由定积分的定义可得

$$\frac{\omega(t^2)}{t^2}\sim\int_0^1\sqrt{1-t^2}\mathrm{d}t=\frac{\pi}{4}\quad(t\to\infty),$$

因此得到渐近估计

$$\omega(t^2)\sim\frac{\pi}{4}t^2\quad(t\to\infty).$$

现在将本题 (1) 中的命题应用于级数

$$\phi(x)=\sum_{n=0}^{\infty}\left(\frac{\pi n}{4}\right)x^n\quad 和\quad \psi(x)=\sum_{n=0}^{\infty}\omega(\sqrt{n})x^n,$$

即得

$$\sum_{n=0}^{\infty}\omega(\sqrt{n})x^n\sim\frac{\pi}{4}\sum_{n=0}^{\infty}nx^n=\frac{\pi}{4(1-x)^2}\quad(x\to 1-).$$

(3) (i) 首先证明等式

$$\sum_{n=0}^{\infty}\omega(\sqrt{n})x^n=\left(\sum_{n=0}^{\infty}x^n\right)\left(\sum_{n=0}^{\infty}x^{n^2}\right)^2\quad(|x|<1).$$

事实上, 我们有

$$\left(\sum_{n=0}^{\infty}x^{n^2}\right)^2=\sum_{n=0}^{\infty}c_nx^n,$$

其中 c_n 表示满足 $k^2+l^2=n$ 的数组 $(k,l)\in\mathbb{N}_0^2$ 的个数. 若令所有 $t_n=1(n\geqslant 0)$, 并将 $\sum\limits_{n=0}^{\infty}x^n$ 表示为 $\sum\limits_{n=0}^{\infty}t_nx^n$, 则幂级数 $\sum\limits_{n=0}^{\infty}x^n$ 和 $\sum\limits_{n=0}^{\infty}x^{n^2}$ 之积 (也是幂级数) 中 x^n 的系数等于

$$\sum_{k=0}^{n}t_kc_{n-k}=\sum_{k=0}^{n}c_{n-k}=\sum_{k=0}^{n}c_k=\omega(\sqrt{n}),$$

因此上述幂级数等式成立.

(ii) 由步骤 (i) 和本题 (2) 得到

$$\left(\sum_{n=0}^{\infty}x^n\right)\left(\sum_{n=0}^{\infty}x^{n^2}\right)^2\sim\frac{\pi}{4(1-x)^2}\quad(x\to 1-).$$

因为当 $|x|<1$ 时 $\sum\limits_{n=0}^{\infty}x^n=1/(1-x)$, 所以

$$\left(\sum_{n=0}^{\infty}x^{n^2}\right)^2\sim\frac{\pi}{4(1-x)}\quad(x\to 1-),$$

于是推出所要的结果.

注 本题给出例 4.5.7(2) 的另一种证明. 该题的直接证明可见补充习题 9.98.

9.102 解 我们写出

$$f(n+1)=\frac{1}{2^{n+1}}+\sum_{k=3}^{\infty}\frac{1}{k^{n+1}}=\frac{1}{2^{n+1}}+S(n+1),$$

其中

$$\begin{aligned}S(n+1)&=\sum_{k=3}^{\infty}\frac{1}{k^{n+1}}=\frac{1}{3^{n+1}}+\sum_{k=2}^{\infty}\frac{1}{(2k)^{n+1}}+\sum_{k=2}^{\infty}\frac{1}{(2k+1)^{n+1}}\\&\leqslant\frac{1}{3^{n+1}}+2\sum_{k=2}^{\infty}\frac{1}{(2k)^{n+1}}=\frac{1}{3^{n+1}}+\frac{1}{2^{2n+1}}+\frac{1}{2^n}\sum_{k=3}^{\infty}\frac{1}{k^{n+1}}\\&=\frac{1}{3^{n+1}}+\frac{1}{2^{2n+1}}+\frac{1}{2^n}S(n+1),\end{aligned}$$

于是

$$\begin{aligned}S(n+1)&\leqslant\left(\frac{1}{3^{n+1}}+\frac{1}{2^{2n+1}}\right)\left(1-\frac{1}{2^n}\right)^{-1}\\&\leqslant\left(\frac{1}{3^{n+1}}+\frac{1}{2^{2n+1}}\right)\left(\frac{1}{2}\right)^{-1}<\frac{4}{3}\cdot\frac{1}{3^n}.\end{aligned}$$

因此我们得到

$$f(n+1)=\frac{1}{2^{n+1}}+O\left(\frac{1}{3^n}\right)\quad(n\to\infty).$$

由此立得

$$\lim_{n\to\infty}\frac{f(n)}{f(n+1)}=2.$$

9.103 解 对任何 $n\geqslant 1$ 令

$$\begin{aligned}A_n&=\mathrm{e}^{-n}\left(1+\sum_{k=1}^{n-1}\left(\frac{n^k}{k!}-\frac{n^{k-1}}{(k-1)!}\right)\right),\\B_n&=\mathrm{e}^{-n}\sum_{k=n+1}^{\infty}\left(\frac{n^{k-1}}{(k-1)!}-\frac{n^k}{k!}\right).\end{aligned}$$

(i) 我们有

$$\sum_{k=1}^{n-1}\left(\frac{n^k}{k!}-\frac{n^{k-1}}{(k-1)!}\right)=\frac{n^{n-1}}{(n-1)!}-1,$$

因此

$$A_n=\frac{n^n}{n!}\mathrm{e}^{-n}.$$

由 Stirling 公式即可算出 $\lim\limits_{n\to\infty}A_n=0$.

(ii) 对于任何 $q\geqslant 1$,

$$\sum_{k=n+1}^{n+q}\left(\frac{n^{k-1}}{(k-1)!}-\frac{n^k}{k!}\right)=\frac{n^n}{n!}-\frac{n^{n+q}}{(n+q)!}=\frac{n^n}{n!}\left(1-\frac{n^q\cdot n!}{(n+q)!}\right).$$

并且当任何固定的 n 有

$$\frac{n^q}{(n+q)!}=\frac{n}{n+q}\cdot\frac{n}{n+q+1}\cdots\frac{n}{n+1}<\left(\frac{n}{n+1}\right)^q,$$

从而

$$\sum_{k=n+1}^{\infty}\left(\frac{n^{k-1}}{(k-1)!}-\frac{n^k}{k!}\right)=\lim_{q\to\infty}\sum_{k=n+1}^{n+q}\left(\frac{n^{k-1}}{(k-1)!}-\frac{n^k}{k!}\right)=\frac{n^n}{n!}.$$

因此与步骤 (i) 类似地得到 $\lim\limits_{n\to\infty}B_n=0$.

(iii) 由步骤 (i) 和 (ii) 可知所求极限等于 0.

9.104 当 $n\geqslant 1$ 时,

$$f_n(x)=x^{\sigma_n},\quad \sigma_n=\sum_{k=1}^{n}2^{-k}=1-2^{-n}.$$

因此当 $n\to\infty$ 时 $f_n(x)$ 收敛于函数 $F(x)=x$.

为证明收敛性关于 x 是一致的, 令 $\phi(t)=x^{1-t}-x$, 那么

$$f_n(x)-F(x)=x^{1-2^{-n}}-x=\phi(2^{-n}).$$

当 $t\in(0,\delta)$(其中 δ 是某个下面取定的小于 1 的正数),

$$\phi'(t)=x^{1-t}\log\frac{1}{x}<x^{1-\delta}\log\frac{1}{x},$$

由 Taylor 展开 $\phi(t)=\phi(0)+t\phi'(\xi)\big(\xi\in(0,t)\big)$ 得到

$$|\phi(t)|\leqslant\delta x^{1-\delta}\log\frac{1}{x}.$$

对于固定的正数 $\delta<1$, 函数 $\omega(x)=x^{1-\delta}\log(1/x)$ 在 $x=x_0=\mathrm{e}^{-1/(1-\delta)}$ 时取最大值, 因此

$$|\phi(t)|\leqslant\delta x_0^{1-\delta}\log\frac{1}{x_0}=\frac{\delta}{\mathrm{e}(1-\delta)}.$$

对于任意给定的 $\varepsilon>0$, 取 $\delta=\delta(\varepsilon)\in(0,1)$ 足够小, 可使

$$\frac{\delta}{\mathrm{e}(1-\delta)}<\varepsilon,$$

从而当 $t\in(0,\delta)$ 时 $|\phi(t)|<\varepsilon$. 于是若 $n>-\log\delta/\log 2$, 即满足 $2^{-n}<\delta$, 从而 $|f_n(x)-F(x)|<\varepsilon$. 因为界值 $-\log\delta/\log 2$ 与 x 无关, 所以一致收敛性得证.

9.105 **提示** 首先注意当 $x\neq 0$ 时, $f(x)>f(0)=0$. 此外, 我们还有

$$f'(x)=\begin{cases}x^2\left(8x+4x\sin\dfrac{1}{x}-\cos\dfrac{1}{x}\right), & x\neq 0,\\ 0, & x=0.\end{cases}$$

因此, 若 $n\in\mathbb{Z}\backslash\{0,1\}$, 则

$$f'\left(\frac{1}{2n\pi}\right)=\frac{1}{4n^2\pi^2}\left(\frac{4}{n\pi}-1\right)<0;$$

若 $n\in\mathbb{Z}\backslash\{-1\}$, 则

$$f'\left(\frac{1}{(2n+1)\pi}\right)=\frac{1}{(2n+1)^2\pi^2}\left(\frac{8}{(2n+1)\pi}+1\right)>0.$$

9.106 令

$$g(x)=(x-a)f(x)-\frac{(x-a)^2}{2}f'(x).$$

因为由题设可知: 当 $x\geqslant a$ 时 $g'(x)=f(x)-(x-a)^2f''(x)/2>0$, 所以当 $x\geqslant a$ 时 $g(x)$ 单调递增, 从而 $g(x)\geqslant g(a)=0$, 亦即

$$(x-a)f(x)-\frac{(x-a)^2}{2}f'(x)\geqslant 0\quad(x\geqslant a),$$

于是

$$f(x)\geqslant\frac{x-a}{2}f'(x)\quad(x>a).$$

若 $x \geqslant 2a$, 则 $(x-a)/2 \geqslant x/4$, 并且注意题设条件 $f'(x)>0$, 我们立得 $f(x)/f'(x) \geqslant x/4$.

9.107 因为 $F(x)$ 是正函数, 所以可由题中所给微分方程得到

$$\frac{2y'y''}{F(x)}+2y'y''=0.$$

在方程两边对 x 从 0 到某个 $X>0$ 积分, 我们有

$$\int_0^X \frac{2y'y''}{F(x)}\mathrm{d}x+y^2(X)-y^2(0)=0.$$

注意 $F(x)$ 单调递增, 依据第二积分中值定理, 存在 $\xi \in (0,X)$ 使得

$$\int_0^X \frac{2y'y''}{F(x)}\mathrm{d}x=\frac{1}{F(0)}\int_0^{\xi} 2y'y''\mathrm{d}x=\frac{1}{F(0)}\big(y'(\xi)^2-y'(0)^2\big).$$

于是由

$$\frac{1}{F(0)}\big(y'(\xi)^2-y'(0)^2\big)+y^2(X)-y^2(0)=0$$

推出

$$y^2(x)\leqslant y^2(0)+\frac{y'(0)^2}{F(0)},$$

所以 $y(x)\,(x\geqslant 0)$ 有界.

(ii) 仍然由题中所给微分方程可知

$$2y'y''+2F(x)yy'=0.$$

积分得到

$$y'(X)^2-y'(0)^2+\int_0^X 2yy'F(x)\mathrm{d}x=0.$$

再次应用第二积分中值定理, 可知存在 $\eta \in (0,X)$ 使得

$$\int_0^X 2yy'F(x)\mathrm{d}x=F(X)\int_{\eta}^X 2yy'\mathrm{d}x=F(X)\big(y(X)^2-y(\eta)^2\big).$$

于是由

$$y'(X)^2-y'(0)^2+F(X)\big(y(X)^2-y(\eta)^2\big)=0$$

推出

$$y'(x)^2\leqslant y'(0)^2+F(x)y^2(\eta).$$

因为 (i) 中已证 y 有界, 所以

$$y'(x)^2\leqslant C_1+C_2F(x),$$

其中 $C_1,C_2>0$ 是常数, 于是 $y'(x)=O(F(x))\,(x\to\infty)$.

9.108 **提示** 令 C 是圆周 $x^2+y^2=1$. 应用 Green 公式, 并注意 $\partial P/\partial y=\partial Q/\partial x$, 得

$$\int_C P(x,y)\mathrm{d}x+Q(x,y)\mathrm{d}y=0.$$

化为极坐标, 有

$$\int_0^{2\pi}\big(-P(\cos\theta,\sin\theta)\cos\theta+Q(\cos\theta,\sin\theta)\sin\theta\big)\mathrm{d}\theta=0.$$

最后, 由积分中值定理, 存在 $\theta_0\in[0,2\pi)$ 使得

$$2\pi\big(-P(\cos\theta_0,\sin\theta_0)\cos\theta_0+Q(\cos\theta_0,\sin\theta_0)\sin\theta_0\big)=0.$$

于是 $(\cos\theta_0,\sin\theta_0)$ 即可作为所要的点 (ξ,η).

9.109 (1) (i) 设 I 是任意长度为 4 的闭区间, 考虑多项式

$$P_n(x)=a_nx^n+a_{n-1}x^{n-1}+\cdots+a_0,$$

其中 $a_n\in\mathbb{Z}$ 非零, $a_{n-1},\cdots,a_0\in\mathbb{R}$. 因为在平移变换下 a_n 不变, 所以不妨设 $I=[-2,2]$. 令

$$M=\max_{x\in I}P_n(x)-\min_{x\in I}P_n(x).$$

我们在此还约定符号

$$\sum_{0\leqslant k\leqslant n}^{*}t_k=t_0+2(t_1+t_2+\cdots+t_{n-1})+t_n.$$

于是对于任意选取的 $x_0,x_1,\cdots,x_n\in I$ 有

$$\left|\sum_{0\leqslant k\leqslant n}^{*}(-1)^kP_n(x_k)\right|\leqslant\sum_{k=0}^{n-1}|P_n(x_k)-P_n(x_{k+1})|\leqslant nM.$$

我们来构造点列 $x_0,x_1,\cdots,x_n$, 使易于估计上面左边式子的下界.

(ii) 对于任何整数 $0\leqslant s<n$, 记 $\omega=-\exp(s\pi\mathrm{i}/n)\neq 1$. 那么可算出

$$\begin{aligned}\sum_{0\leqslant k\leqslant n}^{*}\omega^k&=\omega^0+2\sum_{k=1}^{n-1}\omega^k+\omega^n=1+\omega^n+2\omega\cdot\frac{1-\omega^n}{1-\omega}\\&=\frac{(1+\omega)(1-\omega^n)}{1-\omega}=\left(1-(-1)^{s+n}\right)\frac{1+\omega}{1-\omega}.\end{aligned}$$

注意 $\overline{\omega}=\omega^{-1}$, 所以上面左边式子的共轭

$$\begin{aligned}\overline{\sum_{0\leqslant k\leqslant n}^{*}\omega^k}&=\sum_{0\leqslant k\leqslant n}^{*}\overline{\omega}^k=\left(1-(-1)^{s+n}\right)\frac{1+\overline{\omega}}{1-\overline{\omega}}\\&=\left(1-(-1)^{s+n}\right)\frac{1+\omega^{-1}}{1-\omega^{-1}}=-\sum_{0\leqslant k\leqslant n}^{*}\omega^k,\end{aligned}$$

因而它的实部为 0, 即

$$\sum_{0\leqslant k\leqslant n}^{*}(-1)^k\cos\left(\frac{ks}{n}\pi\right)=0\quad(0\leqslant s<n).$$

(iii) 因为对于任何 $m\in\mathbb{N}_0$,

$$\begin{aligned}2\cos m\theta&=\mathrm{e}^{m\theta\mathrm{i}}+\mathrm{e}^{-m\theta\mathrm{i}}=(\mathrm{e}^{\theta\mathrm{i}}+\mathrm{e}^{-\theta\mathrm{i}})^m-\binom{m}{m-1}\left(\mathrm{e}^{(m-1)\theta\mathrm{i}}\cdot\mathrm{e}^{-\theta\mathrm{i}}+\mathrm{e}^{\theta\mathrm{i}}\cdot\mathrm{e}^{-(m-1)\theta\mathrm{i}}\right)-\cdots\\&=(\mathrm{e}^{\theta\mathrm{i}}+\mathrm{e}^{-\theta\mathrm{i}})^m-\binom{m}{m-1}\left(\mathrm{e}^{(m-2)\theta\mathrm{i}}+\mathrm{e}^{-(m-2)\theta\mathrm{i}}\right)-\cdots,\end{aligned}$$

所以由数学归纳法可知 $2\cos m\theta$ 是 $2\cos\theta=\mathrm{e}^{\theta\mathrm{i}}+\cos^{-\theta\mathrm{i}}$ 的最高项系数为 1 的 m 次整系数多项式. 我们将这个多项式记作

$$A_m(x)=x^m+c_{m,m-1}x^{m-1}+\cdots+c_{m,0},$$

于是

$$2\cos m\theta=A_m(2\cos\theta)\quad(m\geqslant 0).$$

在其中取 $\theta=k\pi/n,m=s(0\leqslant s<n)$, 并记

$$\alpha_k=2\cos\left(\frac{k}{n}\pi\right),$$

那么

$$2\cos\left(\frac{ks}{n}\pi\right)=A_s(\alpha_k)=\alpha_k^s+c_{s,s-1}\alpha_k^{s-1}+\cdots+c_{s,0}\quad(0\leqslant s<n).$$

由此可知当 $0\leqslant s<n$,

$$2\sum_{0\leqslant k\leqslant n}^{*}(-1)^{k}\cos\left(\frac{ks}{n}\pi\right)=\sum_{0\leqslant k\leqslant n}^{*}(-1)^{k}\left(\alpha_k^s+c_{s,s-1}\alpha_k^{s-1}+\cdots+c_{s,0}\right),$$

于是由步骤 (ii) 中所得结果推出: 对于任何 $0\leqslant s<n$,

$$\sum_{0\leqslant k\leqslant n}^{*}(-1)^{k}\alpha_k^s+c_{s,s-1}\sum_{0\leqslant k\leqslant n}^{*}(-1)^{k}\alpha_k^{s-1}+\cdots+c_{s,0}\sum_{0\leqslant k\leqslant n}^{*}(-1)^{k}=0.$$

在其中令 $s=0$ 得到

$$\sum_{0\leqslant k\leqslant n}^{*}(-1)^{k}=0;$$

类似地, 取 $s=1$, 由

$$\sum_{0\leqslant k\leqslant n}^{*}(-1)^{k}\alpha_k+c_{1,0}\sum_{0\leqslant k\leqslant n}^{*}(-1)^{k}=0$$

以及刚才得到的关系式可推出

$$\sum_{0\leqslant k\leqslant n}^{*}(-1)^{k}\alpha_k=0;$$

继续这种推理, 一般地, 我们有

$$\sum_{0\leqslant k\leqslant n}^{*}(-1)^{k}\alpha_k^s=0\quad(0\leqslant s<n).$$

另外, 由上面这些关系式推出

$$\begin{aligned}\sum_{0\leqslant k\leqslant n}^{*}(-1)^{k}\alpha_k^n&=\sum_{0\leqslant k\leqslant n}^{*}(-1)^{k}\alpha_k^n+c_{n,n-1}\sum_{0\leqslant k\leqslant n}^{*}(-1)^{k}\alpha_k^{n-1}+\cdots+c_{n,0}\sum_{0\leqslant k\leqslant n}^{*}(-1)^{k}\\&=\sum_{0\leqslant k\leqslant n}^{*}(-1)^{k}\left(\alpha_k^n+c_{n,n-1}\alpha_k^{n-1}+\cdots+c_{n,0}\right)=\sum_{0\leqslant k\leqslant n}^{*}(-1)^{k}A_n(\alpha_k).\end{aligned}$$

注意依多项式 A_m 的定义, 我们有

$$A_n(\alpha_k)=2\cos\left(\frac{kn}{n}\pi\right)=2\cos k\pi=2(-1)^k,$$

所以

$$\sum_{0\leqslant k\leqslant n}^{*}(-1)^{k}\alpha_k^n=2\sum_{0\leqslant k\leqslant n}^{*}(-1)^{2k}=2\Big(1+2\sum_{k=1}^{n-1}1+1\Big)=4n.$$

(iv) 对于步骤 (i) 中的多项式 P_n, 应用步骤 (iii) 中得到的关系式可知

$$\begin{aligned}\sum_{0\leqslant k\leqslant n}^{*}(-1)^{k}P_n(\alpha_k)&=\sum_{0\leqslant k\leqslant n}^{*}(-1)^{k}\Big(a_n\alpha_k^n+a_{n-1}\alpha_k^{n-1}+\cdots+a_0\Big)\\&=a_n\sum_{0\leqslant k\leqslant n}^{*}(-1)^{k}\alpha_k^n+a_{n-1}\sum_{0\leqslant k\leqslant n}^{*}(-1)^{k}\alpha_k^{n-1}+\cdots+a_0\sum_{0\leqslant k\leqslant n}^{*}(-1)^{k}\\&=a_n\sum_{0\leqslant k\leqslant n}^{*}(-1)^{k}\alpha_k^n=4na_n,\end{aligned}$$

在步骤 (i) 得到的不等式中取 $x_k=\alpha_k\,(k=0,1,\cdots,n)$, 即得

$$4n|a_n|=\left|\sum_{0\leqslant k\leqslant n}^{*}(-1)^{k}P_n(\alpha_k)\right|\leqslant\sum_{k=0}^{n-1}|P_n(\alpha_k)-P_n(\alpha_{k+1})|\leqslant nM,$$

因此 $M\geqslant 4|a_n|\geqslant 4$. 因为

$$\max_{x\in I}|P_n(x)|=\max\left\{|\max_{x\in I}P_n(x)|,|\min_{x\in I}P_n(x)|\right\},$$

于是由 M 的定义推出 $\max\limits_{x\in I}|P_n(x)|\geqslant 2$.

(2) **提示** 对于给定的多项式 $A(x)=x^n+a_1x^{n-1}+\cdots+a_n$, 我们定义

$$B(x)=A\left(\frac{x+2}{4}\right),\quad Q(x)=\int_0^x B(t)\mathrm{d}t$$

那么

$$B(x)=\frac{x^n}{4^n}+b_1x^{n-1}+\cdots+b_n,$$

其中 $b_1,\cdots,b_n$ 是实数. 于是

$$Q(x)=\frac{x^{n+1}}{4^n(n+1)}+b_1'x^n+\cdots+b_n'x,$$

其中 $b_1',\cdots,b_n'$ 是实数. 应用与本题 (1) 同样的解法 (并保持那里的记号) 可以证明

$$\frac{4(n+1)}{4^n(n+1)}=\left|\sum_{0\leqslant k\leqslant n+1}^{*}(-1)^kQ(\alpha_k)\right|\leqslant\sum_{k=0}^{n}|Q(\alpha_k)-Q(\alpha_{k+1})|,$$

其中 $\alpha_k=2\cos\big(k\pi/(n+1)\big)$. 注意

$$Q(\alpha_k)-Q(\alpha_{k+1})=\int_0^{\alpha_k}B(t)\mathrm{d}t-\int_0^{\alpha_{k+1}}B(t)\mathrm{d}t=\int_{\alpha_{k+1}}^{\alpha_k}B(t)\mathrm{d}t,$$

我们由前式推出

$$\frac{1}{4^{n-1}}\leqslant\sum_{k=0}^{n}\left|\int_{\alpha_{k+1}}^{\alpha_k}B(t)\mathrm{d}t\right|\leqslant\int_{-2}^{2}|B(t)|\mathrm{d}t=4\int_0^1|A(x)|\mathrm{d}x.$$

由此即得结果.

(3) 设 $P(x)=x^n+a_{n-1}x^{n-1}+\cdots+a_0$ 是任意实系数 n 次多项式. 由题设条件, 反复分部积分得到

$$\begin{aligned}\int_0^1 P(x)f^{(n+1)}(x)\mathrm{d}x&=-\int_0^1 P'(x)f^{(n)}(x)\mathrm{d}x\\&=\cdots+(-1)^n\int_0^1 P^{(n)}(x)f'(x)\mathrm{d}x=(-1)^n n!.\end{aligned}$$

取本题 (2) 中的达到最小值的多项式作为此处的 $P(x)$, 可得

$$\begin{aligned}n!&=\left|\int_0^1 P(x)f^{(n+1)}(x)\mathrm{d}x\right|\leqslant\max_{0\leqslant x\leqslant 1}|f^{(n+1)}(x)|\int_0^1|P(x)|\mathrm{d}x\\&=4^{-n}\max_{0\leqslant x\leqslant 1}|f^{(n+1)}(x)|,\end{aligned}$$

由此即得所要的不等式.

9.110 (1) 易见不等式两边都是偶函数, 所以可设 $0\leqslant x<\pi/2$. 因为

$$\sin x=\int_0^x\cos t\mathrm{d}t,\quad\frac{1}{2}\log\left(\frac{1+\sin x}{1-\sin x}\right)=\int_0^x\sec t\mathrm{d}t,$$

并且由 Cauchy-Schwarz 不等式得到

$$\int_0^x\cos x\mathrm{d}x\int_0^x\sec x\mathrm{d}x\geqslant\left(\int_0^x\sqrt{\cos x}\sqrt{\sec x}\mathrm{d}x\right)^2,$$

所以推出所要的不等式.

(2) 当 $|x|\leqslant 1$, 我们有

$$\begin{aligned}\left|\frac{\sin x}{x}-1\right|&=\left|\sum_{n=1}^{\infty}(-1)^n\frac{x^{2n}}{(2n+1)!}\right|\leqslant\sum_{n=1}^{\infty}\frac{x^{2n}}{(2n+1)!}\\&\leqslant x^2\sum_{n=1}^{\infty}\frac{1}{(2n+1)!}=x^2\left(\mathrm{e}-1-1-\sum_{n=1}^{\infty}\frac{1}{(2n)!}\right)\end{aligned}$$

$$<x^2\left(\mathrm{e}-2-\frac{1}{2!}-\frac{1}{4!}\right)\leqslant\frac{1}{5}x^2.$$

由此得 $|\sin x/x-1|\leqslant 1/5$(当 $|x|\leqslant 1$), 所以

$$\left|\frac{\sin x}{x}\right|\geqslant 1-\left|\frac{\sin x}{x}-1\right|\geqslant\frac{4}{5}.$$

于是

$$\left|\frac{x}{\sin x}-1\right|=\left|\frac{\sin x}{x}-1\right|\cdot\left|\frac{\sin x}{x}\right|^{-1}\leqslant\frac{x^2}{5}\cdot\frac{5}{4}=\frac{x^2}{4}.$$

(3) 解法 1　将中值定理应用于函数 $\phi(x)=x\log x-x\,(a\leqslant x\leqslant b)$, 得到 $\phi(b)-\phi(a)=\phi'(\xi)(b-a),\xi\in(a,b)$, 或

$$\log\xi=\frac{(b\log b-b)-(a\log a-a)}{b-a},$$

因此

$$\log b>\frac{(b\log b-b)-(a\log a-a)}{b-a}>\log a.$$

由此推出 (注意 $b-a>0$)

$$\log b^{b-a}>\log\left(\frac{b^b}{a^a}\mathrm{e}^{a-b}\right)>\log a^{b-a}.$$

将不等式化为指数形式, 然后用 a^a/b^b 乘所得到的不等式, 化简后即得所要的不等式.

解法 2　已知数列 $a_n=(1+r/n)^n$ 严格单调增加, 以 e^r 为极限. 取 $n=1,r=(b-a)/a$, 得到

$$\frac{b}{a}=1+\frac{b-a}{a}<\mathrm{e}^{(b-a)/a},$$

所以

$$\frac{\mathrm{e}^a}{\mathrm{e}^b}<\left(\frac{a}{b}\right)^a.$$

类似地,

$$\frac{a}{b}=1+\frac{a-b}{b}<\mathrm{e}^{(a-b)/b},\quad\left(\frac{a}{b}\right)^b<\frac{\mathrm{e}^a}{\mathrm{e}^b}.$$

(4) 令

$$f(t)=\mathrm{e}^{2t^2}\left(\frac{a}{a+t}\right)^{a+t}\left(\frac{b}{b-t}\right)^{b-t}\qquad(0\leqslant t<b).$$

我们只需证明 $f(t)<f(0)=1$(当 $0\leqslant t<1$). 取 f 的对数导数:

$$\phi(t)=\frac{f'(t)}{f(t)}=4t+\log\frac{a(a-t)}{b(b+t)}.$$

那么 $\phi(0)=0$, 以及

$$\phi'(t)=4-\left(\frac{1}{a+t}+\frac{1}{b-t}\right)=4-\frac{1}{(a+t)(b-t)}.$$

由算术–几何平均不等式, $(a+t)(b-t)\leqslant 1/4$, 所以 $\phi'(t)\leqslant 0$, 并且等式仅当 $a+t=b-t$ 时成立 (即至多在一点等号成立). 这蕴含当所有 $t>0$ 时 $\phi(t)<0$, 从而 $f'(t)<0$, 于是 $f(t)(t>0)$ 严格单调减少. 由此即可推出结论.

(5) **提示**　对于 $\alpha\geqslant 0$ 令

$$f(t,\alpha)=((\mathrm{e}^t+\mathrm{e}^{-t})^\alpha-2^\alpha)-(\mathrm{e}^{\alpha t}+\mathrm{e}^{-\alpha t}-2).$$

因为 $f(0,\alpha)=0,f(-t,\alpha)=f(t,\alpha)$, 所以只需考虑 $t>0$ 的情形. 注意

$$\begin{aligned}f(t,\alpha)&=\alpha\int_0^t\left((\mathrm{e}^x+\mathrm{e}^{-x})^\alpha\frac{\sinh x}{\cosh x}-(\mathrm{e}^{\alpha x}-\mathrm{e}^{-\alpha x})\right)\mathrm{d}x\\&=\alpha\int_0^t(\mathrm{e}^x+\mathrm{e}^{-x})^\alpha(g(x,1)-g(x,\alpha))\,\mathrm{d}x,\end{aligned}$$

其中

$$g(x,\alpha)=\frac{\mathrm{e}^{\alpha x}-\mathrm{e}^{-\alpha x}}{(\mathrm{e}^{x}+\mathrm{e}^{-x})^{\alpha}}.$$

注意当 $x>0$ 时 $g(x,\alpha)\geqslant 0, g(x,2)=g(x,1)>0, g(x,0)=g(x,\infty)=0$. 还有

$$\frac{\partial g(x,\alpha)}{\partial \alpha}>0 \Longleftrightarrow \frac{\log(\mathrm{e}^{x}+\mathrm{e}^{-x})+x}{\log(\mathrm{e}^{x}+\mathrm{e}^{-x})-x}>\mathrm{e}^{2\alpha x},$$

并且类似地, 在上式中同时将两个不等号 $>$ 都换成 $=$, 或都换成 $<$, 等价关系仍然成立. 因为 $\mathrm{e}^{2\alpha x}$ 是 α 的增函数, 所以存在唯一的 $\alpha\in(1,2)$ 使

$$\frac{\log(\mathrm{e}^{x}+\mathrm{e}^{-x})+x}{\log(\mathrm{e}^{x}+\mathrm{e}^{-x})-x}=\mathrm{e}^{2\alpha x}.$$

因此, 作为 α 的函数, $g(x,\alpha)$ 从 0 增加到在 $(1,2)$ 中的极大值, 然后减少到 0. 由此可知, 当 $\alpha\in(0,1)\cup(2,\infty)$ 时 $f(t,\alpha)>0$; 当 $\alpha\in(1,2)$ 时 $f(t,\alpha)<0$; 当 $\alpha\in\{0,1,2\}$ 时 $f(t,\alpha)=0$.

9.111 令 (连续函数)

$$h(x)=\begin{cases}-x, & 0\leqslant x\leqslant \dfrac{1}{3},\\ 2x-1, & \dfrac{1}{3}\leqslant x\leqslant \dfrac{2}{3},\\ 1-x, & \dfrac{2}{3}\leqslant x\leqslant 1,\end{cases}$$

由分部积分及题设条件得到

$$\begin{aligned}\int_0^1 h(x)f'(x)\mathrm{d}x&=\int_0^{1/3}(-x)f'(x)\mathrm{d}x+\int_{1/3}^{2/3}(2x-1)f(x)\mathrm{d}x+\int_{2/3}^{1}(1-x)f(x)\mathrm{d}x\\&=-xf(x)\Big|_0^{1/3}-\int_0^{1/3}(-1)f(x)\mathrm{d}x+(2x-1)f(x)\Big|_{1/3}^{2/3}-\int_{1/3}^{2/3}2f(x)\mathrm{d}x\\&\quad+(1-x)f(x)\Big|_{2/3}^{1}-\int_{2/3}^{1}(-1)f(x)\mathrm{d}x\\&=\int_0^{1/3}f(x)\mathrm{d}x-2\int_{1/3}^{2/3}f(x)\mathrm{d}x+\int_{2/3}^{1}f(x)\mathrm{d}x\\&=\int_0^1 f(x)\mathrm{d}x-3\int_{1/3}^{2/3}f(x)\mathrm{d}x=\int_0^1 f(x)\mathrm{d}x.\end{aligned}$$

还有

$$\int_0^1 h(x)^2\mathrm{d}x=\frac{1}{27}.$$

将 Cauchy-Schwarz 不等式应用于函数 h 和 f' 立得

$$\int_0^1 f'(x)^2\mathrm{d}x\geqslant 27\left(\int_0^1 f(x)\mathrm{d}x\right)^2.$$

注 本题可作如下推广 (证法本质上相同): 设 $\phi(x)$ 在 $[0,1]$ 上可积, $\int_0^1\phi(x)\mathrm{d}x=1$. 令

$$h(x)=-x+\int_0^x\phi(t)\mathrm{d}t,\quad C=\int_0^1 h(x)^2\mathrm{d}x.$$

那么, 若 $f(x)\in C^1[0,1], \int_0^1 f(x)\phi(x)=0$, 则

$$\int_0^1 f'(x)^2\mathrm{d}x\geqslant C^{-1}\left(\int_0^1 f(x)\mathrm{d}x\right)^2.$$

9.112 因为 $m\neq M$, 所以 f 不是常函数. 又因为 $\int_0^1 f(x)\mathrm{d}x=0$, 所以 $m<0<M$, 于是

$$\lambda=\frac{M}{M-m}\in(0,1).$$

不妨认为 $\int_0^1 xf(x)\mathrm{d}x \neq 0$(不然题中不等式已成立).

(i) 若 $\int_0^1 xf(x)\mathrm{d}x > 0$, 则令

$$F(x)=\begin{cases} m, & 0\leqslant x\leqslant \lambda,\\ M, & \lambda\leqslant x\leqslant 1,\end{cases}$$

那么

$$\int_0^1 F(x)\mathrm{d}x = m\int_0^\lambda \mathrm{d}x + M\int_\lambda^1 \mathrm{d}x = m\lambda + M(1-\lambda)=0,$$

并且当 $0\leqslant x\leqslant\lambda$ 时 $F(x)\leqslant f(x)$, 当 $\lambda\leqslant x\leqslant 1$ 时 $F(x)\geqslant f(x)$, 于是

$$\begin{aligned}\int_0^1 x\big(f(x)-F(x)\big)\mathrm{d}x &= \int_0^\lambda x\big(f(x)-F(x)\big)\mathrm{d}x + \int_\lambda^1 x\big(f(x)-F(x)\big)\mathrm{d}x\\ &\leqslant \lambda\int_0^\lambda \big(f(x)-F(x)\big)\mathrm{d}x + \lambda\int_\lambda^1 \big(f(x)-F(x)\big)\mathrm{d}x\\ &= \lambda\int_0^1 \big(f(x)-F(x)\big)\mathrm{d}x = \lambda\left(\int_0^1 f(x)\mathrm{d}x - \int_0^1 F(x)\mathrm{d}x\right)=0.\end{aligned}$$

由此推出

$$\begin{aligned}\left|\int_0^1 xf(x)\mathrm{d}x\right| &= \int_0^1 xf(x)\mathrm{d}x = \int_0^1 xF(x)\mathrm{d}x\\ &= \int_0^\lambda mx\mathrm{d}x + \int_\lambda^1 MF(x)\mathrm{d}x\\ &= \frac{m\lambda^2}{2}+\frac{M(1-\lambda^2)}{2} = \frac{mM}{2(m-M)}.\end{aligned}$$

(ii) 若 $\int_0^1 xf(x)\mathrm{d}x < 0$, 则以 $-f$ 代 f, 并且分别以 $-M$ 和 $-m$ 代 m 和 M, 依步骤 (i) 中的结果得到

$$\left|\int_0^1 x\big(-f(x)\big)\mathrm{d}x\right| \leqslant \frac{(-m)(-M)}{2\big((-M)-(-m)\big)},$$

于是也得到所要的不等式.

9.113 令 $g(x)=f(x)+f(-x)$, 则 $g(x)\in C^2[-1,1], g(0)=g'(0)=0$. 分部积分可知

$$\int_0^1 (x-1)g'(x)\mathrm{d}x = -\int_0^1 g(x)\mathrm{d}x,$$
$$\int_0^1 (x-1)^2 g''(x)\mathrm{d}x = -2\int_0^1 (x-1)g'(x)\mathrm{d}x.$$

由 Cauchy-Schwarz 不等式得

$$\begin{aligned}\left(\int_0^1 g(x)\mathrm{d}x\right)^2 &= \left(\frac12\int_0^1 (x-1)^2 g''(x)\mathrm{d}x\right)^2\\ &\leqslant \frac14\int_0^1 (x-1)^4\mathrm{d}x\int_0^1 g''(x)^2\mathrm{d}x = \frac{1}{20}\int_0^1 g''(x)^2\mathrm{d}x.\end{aligned}$$

又因为

$$g''(x)^2 = \big(f''(x)+f''(-x)\big)^2 \leqslant 2\big(f''(x)^2+f''(-x)^2\big),$$

所以

$$\int_0^1 g''(x)^2\mathrm{d}x \leqslant 2\int_0^1 \big(f''(x)^2+f''(-x)^2\big)\mathrm{d}x = 2\int_{-1}^1 f''(x)^2\mathrm{d}x.$$

因此

$$\begin{aligned}\int_{-1}^1 f''(x)^2\mathrm{d}x &\geqslant \frac12\int_0^1 g''(x)^2\mathrm{d}x \geqslant \frac12\cdot 20\left(\int_0^1 g(x)\mathrm{d}x\right)^2\\ &= 10\left(\int_0^1 \big(f(x)+f(-x)\big)\mathrm{d}x\right)^2 = 10\left(\int_0^1 f(x)\mathrm{d}x\right)^2.\end{aligned}$$

9.114 提示 (1) 因为 $f(x)$ 是凸函数, 所以由其几何意义推出: 对于任何 $u,v\in[a,b],u<v$, 当 $x\in[u,v]$ 有

$$f(x)\leqslant f(u)+\frac{f(v)-f(u)}{v-u}(x-u),$$

在其中取 $[u,v]=[a,b]$, 并且在不等式两边对 x 由 a 到 b 积分, 即得题中不等式的右半. 为证左半不等式, 我们写出

$$\frac{1}{b-a}\int_a^b f(x)\mathrm{d}x=\frac{1}{b-a}\int_a^{(a+b)/2}f(x)\mathrm{d}x+\frac{1}{b-a}\int_{(a+b)/2}^b f(x)\mathrm{d}x=I_1+I_2.$$

在 I_1 中作变量代换

$$x=\frac{a+b-t(b-a)}{2},$$

可得

$$I_1=\frac{1}{2}\int_0^1 f\left(\frac{a+b-t(b-a)}{2}\right)\mathrm{d}t,$$

类似地,

$$I_2=\frac{1}{2}\int_0^1 f\left(\frac{a+b+t(b-a)}{2}\right)\mathrm{d}t.$$

注意 f 的凸性, 我们有

$$\frac{1}{2}\big(f(A)+f(B)\big)\geqslant f\left(\frac{A+B}{2}\right)\quad (A,B\in[a,b]),$$

并且当 $t\in[0,1]$ 时, $\big(a+b-t(b-a)\big)/2,\big(a+b+t(b-a)\big)/2\in[a,b]$, 因此

$$\frac{1}{2}\left(f\left(\frac{a+b-t(b-a)}{2}\right)+f\left(\frac{a+b+t(b-a)}{2}\right)\right)\geqslant f\left(\frac{a+b}{2}\right),$$

从而

$$\frac{1}{b-a}\int_a^b f(x)\mathrm{d}x=I_1+I_2\geqslant\int_0^1 f\left(\frac{a+b}{2}\right)\mathrm{d}x=f\left(\frac{a+b}{2}\right).$$

何时等式成立由读者自行讨论.

(2) 分别将题 (1) 的结果应用于区间 $[a,(a+b)/2]$ 和 $[(a+b)/2,b]$, 我们有

$$f\left(\frac{3a+b}{4}\right)\leqslant\frac{2}{b-a}\int_a^{(a+b)/2}f(x)\mathrm{d}x\leqslant\frac{1}{2}\left(f(a)+f\Big(\frac{a+b}{2}\Big)\right),$$

以及

$$f\left(\frac{a+3b}{4}\right)\leqslant\frac{2}{b-a}\int_{(a+b)/2}^b f(x)\mathrm{d}x\leqslant\frac{1}{2}\left(f\Big(\frac{a+b}{2}\Big)+f(b)\right).$$

将上述二不等式相加即得所要的不等式. 由 $f(x)$ 的凸性可知所得不等式的左边 $\geqslant f\big((a+b)/2\big)$, 而右边 $\leqslant\big(f(a)+f(b)\big)/2$(显然这个改进过程可以继续).

9.115 提示 (1) 在补充习题 9.114(1) 中取区间 $[a,b]=[0,x](x>0)$, 函数 $f(x)=1/(x+1)$. 也可直接证明. 例如, 令

$$f(x)=\log(1+x)-\frac{2x}{2+x}\quad(x>0),$$

则

$$f'(x)=\frac{x^2}{(x+1)(x+2)^2}>0\quad(x>0),$$

因此 $f(x)>f(0)=0\,(x>0)$, 从而得到左半不等式.

(2) 在补充习题 9.114(1) 中取函数 $f(x)=\mathrm{e}^x$, 得到

$$\mathrm{e}^{(a+b)/2}<\frac{\mathrm{e}^b-\mathrm{e}^a}{b-a}<\frac{\mathrm{e}^a+\mathrm{e}^b}{2}\quad(a\neq b),$$

然后令 $x=\mathrm{e}^a,y=\mathrm{e}^b$.

(3) 令 $f(x)=(1+x)\log^2(1+x)-x^2$, 则 $f'(x)=\log^2(1+x)+2\log(1+x)-2x, f''(x)=2\bigl(\log(1+x)-x\bigr)/(1+x)$, 并且 $f(0)=f'(0)=0$. 当 $0<x<1$ 时, 应用 $\log(1+x)<x$ 得到 $f''(x)<0$, 从而 $f'(x)$ 单调减少, $f'(x)<f'(0)=0$, 于是 $f'(x)$ 单调减少, 因而 $f(x)<f(0)=0$.

(4) 解法 1　令 $f(x)=2\log x-(x^2-1)/x$, 则 $f(1)=0, f'(x)=-\bigl((x-1)/x\bigr)^2\leqslant 0$(当 $x>0$). 因此当 $x>0$ 时 $f(x)$ 是减函数, 从而

$$2\log x-\frac{x^2-1}{x}\begin{cases}\leqslant f(1)=0, & x>1,\\ \geqslant f(1)=0, & 0<x<1,\end{cases}$$

合起来就得到右半不等式

$$\frac{x\log x}{x^2-1}\leqslant\frac{1}{2}\quad(x>0,x\neq 1).$$

又因为当 $x>1$ 及 $x<1$ 时 $x\log x$ 与 x^2-1 同号, 所以得到左半不等式 $x\log x/(x^2-1)>0$.

解法 2　令 $f(x)=2x\log x-(x^2-1)$. 则 $f'(x)=2(\log x-x+1)$. 令 $g(x)=\log x-x+1$, 则 $g'(x)=1/x-1$. 当 $x>1$ 时, $g'(x)<0$, 所以 $g(x)\leqslant g(1)=0$, 从而 $f'(x)\leqslant 0$(当 $x>1$), 于是 $f(x)$ 当 $x>1$ 时是减函数. 由此及 $f(1)=0$ 推出

$$\frac{x\log x}{x^2-1}\leqslant\frac{1}{2}\quad(x>1).$$

又因为当 $x=1/y$ 时, $(x\log x)/(x^2-1)=(y\log y)/(y^2-1)$, 并且 $0<x<1$ 时 $y>1$, 所以由刚才所证得的不等式推出 $(y\log y)/(y^2-1)\leqslant 1/2\,(y>1)$, 也就是

$$\frac{x\log x}{x^2-1}\leqslant\frac{1}{2}\quad(0<x<1).$$

合起来即得右半不等式

$$\frac{x\log x}{x^2-1}\leqslant\frac{1}{2}\quad(x>0,x\neq 1).$$

左半不等式的证明同解法 1.

9.116　由 Lagrange 中值定理, 以及 $f(a)=0$, 当 $x\in[a,b]$,

$$f(x)=f(x)-f(a)=(x-a)f'(\xi)\quad(a<\xi<b).$$

注意 $x-a\geqslant 0$, 由此推出

$$f(x)\leqslant(x-a)M\quad(a\leqslant x\leqslant b).$$

两边对 x 在 $[a,b]$ 上积分, 即得所要结果.

9.117　**提示**　因为 $f(x)-mx^2/2$ 和 $Mx^2/2-f(x)$ 都是凸函数, 所以可以应用补充习题 9.114(1).

9.118　(1) 令函数

$$g_k(x)=f_k'(1)x-f_k(x)\quad(1\leqslant k\leqslant n).$$

因为 $f_k(x)$ 是 I 上的可微凸函数, 所以单调增加, 因而

$$g_k'(x)\geqslant 0\quad x\in I,\text{ 且 }x<1,$$
$$g_k'(x)\leqslant 0\quad x\in I,\text{ 且 }x\geqslant 1.$$

于是在 I 上, 函数 $g_k(x)$ 当 $x<1$ 时单调增加, 当 $x\geqslant 1$ 时单调减少, 从而对于任何 $x\in I, g_k(x)\leqslant g_k(1)$. 由此, 并注意

$$c-\sum_{k=1}^{n}f_k(x_k)\geqslant 0,$$

我们得到

$$\sum_{k=1}^{n}f_k'(1)x_k\leqslant\sum_{k=1}^{n}f_k'(1)x_k+c-\sum_{k=1}^{n}f_k(x_k)$$

$$
\begin{aligned}
&= c+\sum_{k=1}^{n}\left(f_k'(1)x_k - f_k(x_k)\right) = c+\sum_{k=1}^{n} g_k(x_k)\\
&\leqslant c+\sum_{k=1}^{n} g_k(1) = c+\sum_{k=1}^{n}\left(f_k'(1)-f_k(1)\right).
\end{aligned}
$$

(2) 解法 1　在本题 (1) 中取 $f_k(x)=x^{2k-1}, x_k\in I=(0,\infty)$, 以及 $c=n$, 即得结论.

解法 2　首先注意: 若 $m\geqslant 1$ 是一个整数, 实数 $x\geqslant 0$, 则 $x^m\geqslant 1+m(x-1)$. 它容易对 m 用数学归纳法证明: 当 $m=1$ 时它显然成立; 当 $m=2$ 时, $x^2=\big(1+(x-1)\big)^2=1+2(x-1)+(x-1)^2\geqslant 1+2(x-1)$. 若 $t\geqslant 2$ 且 $x^t\geqslant 1+t(x-1)$ 成立, 则 $x^{t+1}=x^t\cdot\big(1+(x-1)\big)\geqslant\big(1+t(x-1)\big)\cdot\big(1+(x-1)\big)=1+t(x-1)+(x-1)+t(x-1)^2\geqslant 1+(t+1)(x-1)$. 因此归纳证明完成. 另证: 当 $x=0$ 时上述不等式显然成立; 当 $x>0$ 时, 我们也可以在例 8.2.5 中令 $\alpha=m$, 或者引用 Bernoulli 不等式, 直接得到这个不等式 (参见例 8.2.5 后的注).

在上述不等式中取 $x=x_k, m=2k-1$, 可推出

$$
(2k-1)x_k\leqslant x_k^{2k-1}-1+(2k-1).
$$

对 $k=1,\cdots,n$ 求和即得

$$
\sum_{k=1}^{n}(2k-1)x_k\leqslant\sum_{k=1}^{n}x_k^{2k-1}-n+\sum_{k=1}^{n}(2k-1)\leqslant n-n+n^2=n^2.
$$

9.119　由题设 $f(x)$ 和 $\lambda_n\,(n\geqslant 1)$ 的单调递增性以及几何的考虑, 我们有

$$
(\lambda_{n+1}-\lambda_n)\cdot\frac{1}{\lambda_{n+1}f(\lambda_{n+1})}\leqslant\int_{\lambda_n}^{\lambda_{n+1}}\frac{\mathrm{d}t}{tf(t)},
$$

因此级数

$$
\sum_{n=1}^{\infty}\left(1-\frac{\lambda_n}{\lambda_{n+1}}\right)\frac{1}{f(\lambda_{n+1})}\leqslant\int_{\lambda_1}^{\infty}\frac{\mathrm{d}t}{tf(t)}<\infty.
$$

又因为对于任何正整数 N,

$$
\begin{aligned}
&\sum_{n=1}^{N}\left(1-\frac{\lambda_n}{\lambda_{n+1}}\right)\frac{1}{f(\lambda_n)}-\sum_{n=1}^{N}\left(1-\frac{\lambda_n}{\lambda_{n+1}}\right)\frac{1}{f(\lambda_{n+1})}\\
&=\sum_{n=1}^{N}\left(1-\frac{\lambda_n}{\lambda_{n+1}}\right)\left(\frac{1}{f(\lambda_n)}-\frac{1}{f(\lambda_{n+1})}\right)\\
&<\sum_{n=1}^{N}\left(\frac{1}{f(\lambda_n)}-\frac{1}{f(\lambda_{n+1})}\right)<\frac{1}{f(\lambda_1)},
\end{aligned}
$$

所以

$$
\sum_{n=1}^{N}\left(1-\frac{\lambda_n}{\lambda_{n+1}}\right)\frac{1}{f(\lambda_n)}<\sum_{n=1}^{\infty}\left(1-\frac{\lambda_n}{\lambda_{n+1}}\right)\frac{1}{f(\lambda_{n+1})}+\frac{1}{f(\lambda_1)},
$$

因而 $\sum\limits_{n=1}^{N}(1-\lambda_n/\lambda_{n+1})/f(\lambda_n)\,(N=1,2,\cdots)$ 是一个单调递增有上界的无穷数列, 于是级数 $\sum\limits_{n=1}^{\infty}(1-\lambda_n/\lambda_{n+1})/f(\lambda_n)$ 收敛.

9.120　**提示**　证明 $\lim\limits_{n\to\infty}a_{n+1}/a_n=\mathrm{e}$.

9.121　易见 $f(x)$ 是奇函数, 所以令

$$
f(x)=\sum_{n=1}^{\infty}a_{2n-1}x^{2n-1}.
$$

还可直接验证 $f'(x)=2xf(x)+1$, 据此并在收敛域中对幂级数逐项求导, 我们得到

$$\sum_{n=1}^{\infty}(2n-1)a_{2n-1}x^{2n-2}=2\sum_{n=1}^{\infty}a_{2n-1}x^{2n}+1,$$

也就是

$$\begin{aligned}&a_1+3a_3x^2+5a_5x^4+7a_7x^6+\cdots+(2n-1)a_{2n-1}x^{2n-2}+\cdots\\&=2(a_1x^2+a_3x^4+a_5x^6+\cdots+a_{2n-1}x^{2n}+\cdots)+1.\end{aligned}$$

比较两边同次幂的系数, 得到

$$a_1=1,\quad 2a_1=3a_3,\quad 2a_3=5a_5,\cdots,$$

由归纳法可证

$$a_1=1,\quad a_{2n+1}=\frac{2^n}{(2n+1)!!}\quad (n>1),$$

其中 $(2n+1)!!=(2n+1)(2n-1)(2n-3)\cdots 5\cdot 3\cdot 1$.

9.122 提示 只需考虑幂级数 $\sum\limits_{n=1}^{\infty}(a^n-b^n)x^n=\sum\limits_{n=1}^{\infty}a^nx^n-\sum\limits_{n=1}^{\infty}b^nx^n$ 的收敛半径. 答案: $\max\{|a|,|b|\}$.

9.123 提示 当 $|x|<1$ 可对级数逐项积分. 于是

$$\begin{aligned}\frac{|x|}{1-|x|}|f'(x)|&\leqslant\sum_{n=1}^{\infty}|x|^n\sum_{k=0}^{\infty}2^kx^{2^k}=\sum_{n=1}^{\infty}\left(\sum_{2^k\leqslant n}2^k\right)|x|^n\\&=\sum_{n=1}^{\infty}\left(\sum_{k=0}^{[\log_2 n]}2^k\right)|x|^n\leqslant 2\sum_{n=1}^{\infty}n|x|^n=2\cdot\frac{|x|}{(1-|x|)^2}.\end{aligned}$$

因此可取常数 $M=2$.

9.124 提示 我们有

$$\frac{a_{n+1}}{a_n}=\left(1-\frac{1}{(n+1)^2}\right)^{(n+1)^2}\left(1+\frac{1}{n}\right)^{n+1/2},$$

将右式记作 $\mathrm{e}^{r_1+r_2}$, 证明 $r_1+r_2<0$. 须应用 Stirling 公式.

9.125 (1) 因为 $\sum\limits_{k=1}^{\infty}\delta_k$ 收敛, 所以 $\delta_k\to 0(k\to\infty)$, 于是 $\delta_k\sim\log(1+\delta_k)(k\to\infty)$, 从而级数 $\sum\limits_{k=1}^{\infty}\log(1+\delta_k)$ 收敛. 由此推出下列数列收敛:

$$\prod_{j=1}^{k}(1+\delta_j)=\exp\left(\sum_{j=1}^{k}\log(1+\delta_j)\right)\quad(k=1,2,\cdots).$$

(2) 令

$$u_k=\prod_{j=1}^{k-1}(1+\delta_j)\quad(k\geqslant 2),\quad u_1=1.$$

则 $u_{k+1}=(1+\delta_k)u_k, u_k\geqslant 1(k\geqslant 1)$. 由本题 (1) 可知 u_k 有界, 即存在常数 U 使得 $0<u_k\leqslant U(k\geqslant 1)$. 由题设条件可知

$$\frac{\phi_{k+1}}{u_{k+1}}\leqslant(1+\delta_k)\frac{\phi_k}{u_{k+1}}+\frac{\delta_k}{u_{k+1}}=(1+\delta_k)\frac{\phi_k}{(1+\delta_k)u_k}+\frac{\delta_k}{u_{k+1}}\leqslant\frac{\phi_k}{u_k}+\delta_k.$$

对右边的 ϕ_k/u_k 应用上述结果 (但 $k+1$ 易为 k), 并且继续同样的推理 (总共 k 次), 得到

$$\frac{\phi_{k+1}}{u_{k+1}}\leqslant\frac{\phi_{k-1}}{u_{k-1}}+\delta_{k-1}+\delta_k\leqslant\cdots\leqslant\phi_1+\sum_{j=1}^{k}\delta_j$$

因此

$$\phi_{k+1}\leqslant u_{k+1}\Big(\phi_1+\sum_{j=1}^{k}\delta_j\Big)<U\Big(\phi_1+\sum_{j=1}^{\infty}\delta_j\Big)\quad(k\geqslant 1).$$

即 ϕ_k 有界，并将此界记为 $\varPhi$.

(3) 因为 $\phi_k(k\geqslant 1)$ 是有界实数集合, 所以至少有一个极限点. 我们证明它确实只有一个极限点. 设它有两个不同的无穷子列 $\phi_{k_n}\,(n\geqslant 1)$ 和 $\phi_{k_m}\,(m\geqslant 1)$ 分别收敛到 ϕ' 和 ϕ'', 那么由题设条件可知

$$\phi_{k+1}-\phi_k\leqslant(1+\delta_k)\phi_k+\delta_k-\phi_k=(1+\phi_k)\delta_k\leqslant(1+\varPhi)\delta_k,$$

因而对任意固定的 k_m, 当 $k_n\geqslant k_m$ 时,

$$\phi_{k_n}-\phi_{k_m}\leqslant(1+\varPhi)\sum_{j=k_m}^{\infty}\delta_j,$$

令 $k_n\to\infty$ 得到

$$\phi'-\phi_{k_m}\leqslant(1+\varPhi)\sum_{j=k_m}^{\infty}\delta_j,$$

然后令 $k_m\to\infty$, 即得 $\phi'-\phi''\leqslant 0$, 或 $\phi'\leqslant\phi''$. 由对称性 (或任意固定 k_n, 当 $k_m\geqslant k_n$ 时, 进行类似的推理) 知 $\phi''\leqslant\phi'$. 因此 $\phi''=\phi'$.

9.126 (1) 由假设知 $a_{i+1}\leqslant a_i+b_i\,(i\geqslant 0)$, 反复使用此关系式, 可得

$$a_{i+1}\leqslant a_1+\sum_{j=0}^{i}b_j\quad(i\geqslant 0).$$

由此及题中所给不等式推出

$$\begin{aligned}\xi_i^2&\leqslant(a_i+b_i)^2-a_{i+1}^2=a_i^2-a_{i+1}^2+2a_ib_i+b_i^2\\&\leqslant a_i^2-a_{i+1}^2+2\Big(a_1+\sum_{j=0}^{i-1}b_j\Big)b_i+b_i^2\quad(i\geqslant 1).\end{aligned}$$

将上式对 i 从 1 到 k 求和得

$$\begin{aligned}\sum_{i=1}^{k}\xi_i^2&=\sum_{i=1}^{k}(a_i^2-a_{i+1}^2)+2\sum_{i=1}^{k}b_i\Big(a_1+\sum_{j=0}^{i-1}b_j\Big)+\sum_{i=1}^{k}b_i^2\\&=a_1^2-a_{k+1}^2+2\sum_{i=1}^{k}b_i\Big(a_1+\sum_{j=0}^{i-1}b_j\Big)+\sum_{i=1}^{k}b_i^2\\&\leqslant a_1^2+2b_0a_1+2\sum_{i=1}^{k}b_i\Big(a_1+\sum_{j=0}^{i-1}b_j\Big)+\sum_{i=0}^{k}b_i^2=\Big(a_1+\sum_{i=0}^{k}b_i\Big)^2.\end{aligned}$$

(2) 在 Cauchy 不等式

$$\Big(\sum_{k=1}^{n}\alpha_k\beta_k\Big)^2\leqslant\Big(\sum_{k=1}^{n}\alpha_k^2\Big)\Big(\sum_{k=1}^{n}\beta_k^2\Big)$$

中取 $\alpha_k=A_k,\beta_k=1\,(k=1,2,\cdots,n)$ 可得

$$\Big(\sum_{j=1}^{n}A_j\Big)^2\leqslant n\sum_{j=1}^{n}A_j^2\quad(A_j\in\mathbb{R}).$$

应用这个不等式以及本题 (1) 中的结果, 对任何 $t<k$, 我们有

$$\sum_{i=1}^{k}\xi_i^2\leqslant\Big(a_1+\sum_{i=0}^{k}b_i\Big)^2=\bigg(\Big(a_1+\sum_{i=0}^{t}b_i\Big)+\sum_{i=t+1}^{k}b_i\bigg)^2$$

$$\leqslant 2\Big(a_1+\sum_{i=0}^{t}b_i\Big)^2+2\Big(\sum_{i=t+1}^{k}b_i\Big)^2$$

$$\leqslant 2\Big(a_1+\sum_{i=0}^{t}b_i\Big)^2+2(k-t)\Big(\sum_{i=t+1}^{k}b_i^2\Big).$$

固定 t, 将上式两边除以 k 并令 $k\to\infty$, 得

$$\lim_{k\to\infty}\frac{1}{k}\sum_{i=1}^{k}\xi_i^2\leqslant 2\sum_{i=t+1}^{\infty}b_i^2.$$

此式对任意正整数 t 都成立, 在其中令 $t\to\infty$, 注意 $\sum\limits_{i=0}^{\infty}b_i^2$ 收敛, 即得结论.

9.127 (1) 解法 1 n 等分区间 $[0,1]$, 分点为 $0=x_0<x_1<\cdots<x_{n-1}<x_n=1$. 则 $y_i=f(x_i)>0$. 由算术–几何平均不等式得到

$$\frac{1}{n}(y_1+y_2+\cdots+y_n)\geqslant\sqrt[n]{y_1y_2\cdots y_n}=\mathrm{e}^{(\log y_1+\log y_2+\cdots+\log y_n)/n}.$$

在此不等式两边令 $n\to\infty$, 依 Riemann 积分定义得到

$$\int_0^1 f(x)\mathrm{d}x\geqslant\mathrm{e}^{\int_0^1\log f(x)\mathrm{d}x},$$

两边取对数, 即得所要的不等式.

解法 2 记 $a=\int_0^1 f(x)\mathrm{d}x$, 则 $a>0$. 因为

$$\log\frac{f(x)}{a}=\log\left(1+\Big(\frac{f(x)}{a}-1\Big)\right)\leqslant\frac{f(x)}{a}-1,$$

两边对 x 在 $[0,1]$ 上积分得到

$$\int_0^1\log f(x)\mathrm{d}x-\log a\leqslant\frac{1}{a}\int_0^1 f(x)\mathrm{d}x-1=0,$$

于是

$$\int_0^1\log f(x)\mathrm{d}x\leqslant\log a=\log\int_0^1 f(x)\mathrm{d}x.$$

(2) 解法 1 与本题 (1) 类似, n 等分区间 $[0,1]$, 分点为 $0=x_0<x_1<\cdots<x_{n-1}<x_n=1$. 记 $y_i=\mathrm{e}^{x_i}$. 由算术–几何平均不等式得到

$$\exp\Big(\frac{y_1+y_2+\cdots+y_n}{n}\Big)=\sqrt[n]{\mathrm{e}^{y_1}\mathrm{e}^{y_2}\cdots\mathrm{e}^{y_n}}\leqslant\frac{1}{n}\big(\mathrm{e}^{y_1}+\mathrm{e}^{y_2}+\cdots+\mathrm{e}^{y_n}\big).$$

在此不等式两边令 $n\to\infty$, 依 Riemann 积分定义即得所要不等式.

解法 2 记 $a=\int_0^1 f(x)\mathrm{d}x$. 由 $\mathrm{e}^x\geqslant x+1\,(x\in\mathbb{R})$(见习题 8.9) 得

$$\mathrm{e}^{f(x)-a}\geqslant f(x)-a+1,$$

两边对 x 在 $[0,1]$ 上积分即得

$$\mathrm{e}^{-a}\int_0^1\mathrm{e}^{f(x)}\mathrm{d}x\geqslant 1.$$

于是本题得证.

(3) 若题 (1) 中的不等式成立, 则用 $\mathrm{e}^{f(x)}$ 代替其中的 $f(x)$, 得到

$$\log\Big(\int_0^1\mathrm{e}^{f(x)}\mathrm{d}x\Big)\geqslant\int_0^1 f(x)\mathrm{d}x,$$

于是

$$\exp\Big(\log\Big(\int_0^1\mathrm{e}^{f(x)}\mathrm{d}x\Big)\Big)\geqslant\exp\Big(\int_0^1 f(x)\mathrm{d}x\Big),$$

即得题 (2) 中的不等式.

若题 (2) 中的不等式成立, 则用 $\log f(x)$ 代替其中的 $f(x)$, 即可推出 (1) 中的不等式.

9.128 我们有

$$\frac{n^k}{k!}|k-n| = \sqrt{\frac{n^k}{k!}}\cdot|k-n|\sqrt{\frac{n^k}{k!}}.$$

应用 Cauchy-Schwarz 不等式可得

$$\begin{aligned}\left(\sum_{k=0}^{\infty}\frac{n^k}{k!}|k-n|\right)^2 &= \left(\sum_{k=0}^{\infty}\sqrt{\frac{n^k}{k!}}\cdot|k-n|\sqrt{\frac{n^k}{k!}}\right)^2\\ &\leqslant \left(\sum_{k=0}^{\infty}\frac{n^k}{k!}\right)\left(\sum_{k=0}^{\infty}(k-n)^2\frac{n^k}{k!}\right) = \mathrm{e}^n\sum_{k=0}^{\infty}(k-n)^2\frac{n^k}{k!}.\end{aligned}$$

因为 $(k-n)^2 = k(k-1)+k-2kn+n^2$, 所以

$$\begin{aligned}\sum_{k=0}^{\infty}(k-n)^2\frac{n^k}{k!} &= n^2\sum_{k=2}^{\infty}\frac{n^{k-2}}{(k-2)!}+n\sum_{k=1}^{\infty}\frac{n^{k-1}}{(k-1)!}-2n^2\sum_{k=1}^{\infty}\frac{n^{k-1}}{(k-1)!}+n^2\sum_{k=0}^{\infty}\frac{n^k}{k!}\\ &= (n^2+n-2n^2+n^2)\mathrm{e}^n = n\mathrm{e}^n,\end{aligned}$$

从而

$$\left(\sum_{k=0}^{\infty}\frac{n^k}{k!}|k-n|\right)^2 \leqslant n\mathrm{e}^{2n},$$

于是立即得到所要的不等式.

9.129 (1) 考虑使 $\beta \leqslant m-(m/\mathrm{e})(1+1/m)^m$ 成立的最优的 β. 为此令

$$f(x) = \frac{1}{x}-\frac{1}{\mathrm{e}x}(1+x)^{1/x} \quad (0<x\leqslant 1).$$

函数 f 在 $(0,1]$ 上单调递减, $\beta = f(1) = 1-2/\mathrm{e}$ 是最优值.

(2) 不等式 $(1+1/m)^m \leqslant \mathrm{e}(1+1/m)^{-\alpha}$ 等价于 $\alpha \leqslant 1/\log(1+1/m)-m$. 令

$$g(x) = \frac{1}{\log(1+x)}-\frac{1}{x} \quad (0<x\leqslant 1).$$

函数 g 在 $(0,1]$ 上单调递减, $\alpha = g(1) = 1/\log 2-1$ 是最优值.

9.130 **提示** 参见习题 9.129 及例 8.2.8.

9.131 (1) 对于任何 $x,s\in[0,1]$,

$$u(x) = u(s)+\int_s^x u'(t)\mathrm{d}t,$$

所以

$$|u(x)| \leqslant |u(s)|+\int_s^x |u'(t)|\mathrm{d}t,$$

两边对 s 在 $[0,1]$ 上积分, 即得

$$\begin{aligned}|u(x)| &\leqslant \int_0^1|u(s)|\mathrm{d}s+\int_0^1\mathrm{d}s\int_s^x|u'(t)|\mathrm{d}t\\ &\leqslant \int_0^1|u(s)|\mathrm{d}s+\int_0^1\mathrm{d}s\int_0^1|u'(t)|\mathrm{d}t.\end{aligned}$$

(2) 对于任何 $(x,y),(s,t)\in\Omega$,

$$\begin{aligned}u(x,y) &= u(s,y)+\int_s^x\frac{\partial u(\xi,y)}{\partial\xi}\mathrm{d}\xi\\ &= u(s,t)+\int_t^y\frac{\partial u(s,\eta)}{\partial\eta}\mathrm{d}\eta+\int_s^x\frac{\partial u(\xi,y)}{\partial\xi}\mathrm{d}\xi.\end{aligned}$$

所以 (对 $(s,t)\in\Omega$ 积分)

$$\begin{aligned}u(x,y)&=\iint_{\Omega}u(x,y)\mathrm{d}s\mathrm{d}t\\&=\iint_{\Omega}u(s,t)\mathrm{d}s\mathrm{d}t+\int_0^1\mathrm{d}s\int_0^1\mathrm{d}t\int_t^y\frac{\partial u(s,\eta)}{\partial\eta}\mathrm{d}\eta+\int_0^1\mathrm{d}s\int_0^1\mathrm{d}t\int_s^x\frac{\partial u(\xi,y)}{\partial\xi}\mathrm{d}\xi.\end{aligned}$$

于是

$$\begin{aligned}|u(x,y)|\leqslant&\iint_{\Omega}|u(s,t)|\mathrm{d}s\mathrm{d}t+\iint_{\Omega}\left|\frac{\partial u(s,\eta)}{\partial\eta}\right|\mathrm{d}s\mathrm{d}\eta\\&+\left|\int_0^1\mathrm{d}s\int_0^1\mathrm{d}t\int_s^x\frac{\partial u(\xi,y)}{\partial\xi}\mathrm{d}\xi\right|.\end{aligned}$$

又因为

$$\begin{aligned}\int_s^x\frac{\partial u(\xi,y)}{\partial\xi}\mathrm{d}\xi&=\int_s^x\frac{\partial u(\xi,t)}{\partial\xi}\mathrm{d}\xi+\int_s^x\left(\frac{\partial u(\xi,y)}{\partial\xi}-\frac{\partial u(\xi,t)}{\partial\xi}\right)\mathrm{d}\xi\\&=\int_s^x\frac{\partial u(\xi,t)}{\partial\xi}\mathrm{d}\xi+\int_s^x\left(\int_t^y\frac{\partial^2u(\xi,\eta)}{\partial\xi\partial\eta}\mathrm{d}\eta\right)\mathrm{d}\xi,\end{aligned}$$

所以前式右边第三项

$$\left|\int_0^1\mathrm{d}s\int_0^1\mathrm{d}t\int_s^x\frac{\partial u(\xi,y)}{\partial\xi}\mathrm{d}\xi\right|\leqslant\iint_{\Omega}\left|\frac{\partial u(\xi,t)}{\partial\xi}\right|\mathrm{d}\xi\mathrm{d}t+\iint_{\Omega}\left|\frac{\partial^2u(\xi,\eta)}{\partial\xi\partial\eta}\right|\mathrm{d}\xi\mathrm{d}\eta.$$

于是本题得证.

9.132 (1) 解法 1 限制条件等价于 $(x+y)^2=xy(xy+1)$. 因为 $xy>0$, 所以 $x+y=\sqrt{xy(xy+1)}$. 又因为 $(x+y)^2\geqslant 4xy$, 所以 $xy(xy+1)\geqslant 4xy$, 从而 $xy\geqslant 3$. 于是

$$\begin{aligned}x+y-xy&=\sqrt{xy(xy+1)}-xy=\frac{(\sqrt{xy(xy+1)}-xy)(\sqrt{xy(xy+1)}+xy)}{\sqrt{xy(xy+1)}+xy}\\&=\frac{xy(xy+1)-(xy)^2}{\sqrt{xy(xy+1)}+xy}=\frac{xy}{\sqrt{xy(xy+1)}+xy}.\end{aligned}$$

最后一式中分子、分母同时除以 xy 得到

$$x+y-xy=\frac{1}{\sqrt{1+\dfrac{1}{xy}}+1}\geqslant\frac{1}{\sqrt{1+\dfrac{1}{3}}+1}=2\sqrt{3}-3,$$

当且仅当 $x=y=\sqrt{3}$ 时等式成立 (最小值点). 类似地,

$$x+y+xy=\frac{1}{\sqrt{1+\dfrac{1}{xy}}-1}\geqslant\frac{1}{\sqrt{1+\dfrac{1}{3}}-1}=2\sqrt{3}+3,$$

当且仅当 $x=y=\sqrt{3}$ 时等式成立 (最小值点).

解法 2 令 $u=1/x,v=1/y$ 则限制条件成为 $(u+v)^2-1=uv$. 这是 (u,v) 平面上的椭圆, 其长轴与 U 轴夹角为 $-\pi/4$(通过绕原点旋转 $\pi/4$ 的坐标变换, 可化为长短轴分别平行于坐标轴的椭圆). 在变换 $u=1/x,v=1/y$ 下, 并注意 $(u+v)^2-1=uv$, 可知

$$x+y-xy=\frac{1}{u}+\frac{1}{v}-\frac{1}{uv}=\frac{u+v-1}{uv}=\frac{u+v-1}{(u+v)^2-1}=\frac{1}{u+v+1}.$$

类似地,

$$x+y+xy=\frac{1}{u+v-1}.$$

由几何考虑, 平行于椭圆长轴的直线族 $u+v=c$ 当 $c=2/\sqrt{3}$ 时与椭圆相切 (此时 $u=v$, 由椭圆方程求得 $u=v=1/\sqrt{3}$), 这是点 (u,v) 在区域 $\{(u,v)\mid u>0,v>0,(u+v)^2-1\leqslant uv\}$ 中变动时 $u+v$ 的最大值, 并且相应的最大值点 $(u,v)=(1/\sqrt{3},1/\sqrt{3})$, 从而 $(x,y)=(\sqrt{3},\sqrt{3})$. 于是 $x+y-xy$ 和 $x+y+xy$ 的最小值分别是

$$\frac{1}{\dfrac{2}{\sqrt{3}}+1}=2\sqrt{3}-3,\quad \frac{1}{\dfrac{2}{\sqrt{3}}-1}=2\sqrt{3}+3.$$

(2) 令 $\alpha=\arctan x,\beta=\arctan y,\gamma=\arctan z$ (反三角函数主值), 则由 $x+y+z=xyz$ 得到

$$\tan\gamma=z=\frac{x+y}{xy-1}=-\frac{x+y}{1-xy}=-\tan(\alpha+\beta)=\tan\big(-(\alpha+\beta)\big).$$

所以 γ 与 $-(\alpha+\beta)$ 之差是 π 的一个倍数. 由反三角函数主值的意义, $\alpha,\beta,\gamma\in(0,\pi/2)$, 所以 $0<\alpha+\beta+\gamma<3\pi/2$; 于是 $\alpha+\beta+\gamma=\pi$.

只需求 $\sec\alpha+\sec\beta+\sec\gamma$ 的最小值.$f(t)=\sec t$ 是 $(0,\pi/2)$ 上的严格凸函数 (因为 $f''(t)=\sec t(2\tan^2 t+1)>0$). 于是

$$\sec\alpha+\sec\beta+\sec\gamma\geqslant 3\sec\left(\frac{\alpha+\beta+\gamma}{3}\right)=3\sec\frac{\pi}{3}=6\quad(\text{最小值}),$$

等号当且仅当 $\alpha=\beta=\gamma=\pi/3$ 时成立, 这等价于 $x=y=z=\sqrt{3}$.

(3) **提示** 将行列式的第 2 行和第 3 行分别减去第 1 行, 将得到的行列式按第 4 列展开, 可得

$$\begin{aligned}f(x,y,z)&=4x^2y^2-\big(z^2-(x^2+y^2)\big)^2\\&=(x+y+z)(x+y-z)(z+x-y)(z-x+y).\end{aligned}$$

因为 $x+y+z=1$, 所以

$$f(x,y,z)=\big(2(x+y)-1\big)\big(4xy-2(x+y)+1\big).$$

将上式记为 $g(x,y)$. 由 $g_x=0,g_y=0,x>0,y>0$ 解得 $x=y=1/3$. 于是 $A=g_{xx}(1/3,1/3)=-8/3,B=g_{xy}(1/3,1/3)=-4/3,C=g_{yy}(1/3,1/3)=-8/3,B^2-AC<0$. 由此可推出当 $x=y=z=1/3$ 时 f 取得最大值 $1/27$.

9.133 (1) 算出

$$f'(x)=\frac{1}{1+x^2}-\frac{\sqrt{3}}{4}\cdot\frac{1}{4}=-\frac{(x-\sqrt{3})(\sqrt{3}x-1)}{4x(1+x^2)}.$$

由此求出驻点 $x_1=\sqrt{3}/3,x_2=\sqrt{3}$. 还可推出 $f(x)$ 在 $[0.01,\sqrt{3}/3]$ 和 $[\sqrt{3},100]$ 上单调减少, 在 $[\sqrt{3}/3,\sqrt{3}]$ 上单调增加, 因此所求的最小值应在 x_1 或 $x_3=100$ 达到. 因为 $f(x_1)>0,f(x_3)<0$, 所以此最小值等于 $f(100)=\arctan 100-\big(\sqrt{3}\log 10\big)/2$.

(2) 算出

$$\begin{aligned}&z_x=(1+\mathrm{e}^y)(-\sin x),\quad z_y=\mathrm{e}^y(\cos x-1-y),\\&A=z_{xx}=(1+\mathrm{e}^y)(-\cos x),\quad B=z_{xy}=(-\sin x)\mathrm{e}^y,\\&C=z_{yy}=-\mathrm{e}^y+(\cos x-1-y)\mathrm{e}^y.\end{aligned}$$

得到无穷多个驻点 $x_k=k\pi,y_k=\cos k\pi-1\,(k=0,\pm1,\pm2,\cdots)$. 当 $k=0,\pm2,\pm4,\cdots$(偶数) 时 $B^2-AC=-2<0,A=-2<0,(x_k,y_k)$ 是极大值点, 极大值等于 2. 当 k 是奇数时, $B^2-AC>0$, 不给出极值.

(3) 由全微分

$$\mathrm{d}(x^{2/3}+y^{2/3})=\frac{2}{3}(x^{-1/3}\mathrm{d}x+y^{-1/3}\mathrm{d}y)=0$$

得知星形线在点 (x_0,y_0) 的切线方程是

$$(x-x_0)x_0^{-1/3}+(y-y_0)y_0^{-1/3}=0,$$

应用曲线方程, 即 $x_0^{-1/3}x+y_0^{-1/3}y=a^{2/3}$. 由此求出它与 X,Y 轴的交点是 $(a^{2/3}x_0^{1/3},a^{2/3}y_0^{1/3})$. 设点 (x_0,y_0) 在第一象限, 则 $x_0,y_0>0$. 第一象限中的三角形的面积

$$S=\frac{1}{2}a^{4/3}x_0^{1/3}y_0^{1/3}\leqslant\frac{1}{4}a^{4/3}(x_0^{2/3}+y_0^{2/3})=\frac{1}{4}a^2,$$

等号当且仅当 $x_0=y_0$ 时成立, 此时切点为 $(\sqrt{2}a/4,\sqrt{2}a/4)$, 相应的面积最大. 由对称性, 可知切点为 $(\pm\sqrt{2}a/4,\pm\sqrt{2}a/4)$(正负号任意搭配) 相应的面积最大, 都等于 $a^2/4$.

9.134 我们有

$$F'(x)=\sqrt{x^4+(x-x^2)^2}+\int_0^x\frac{(x-x^2)(1-2x)}{\sqrt{t^4+(x-x^2)^2}}\mathrm{d}t.$$

若 $0<x<1/2$, 则 $(x-x^2)(1-2x)>0$, 于是 $F'(x)>0$. 若 $1/2\leqslant x<1$, 则 $2x-1\geqslant 0,x-x^2>0$, 因而

$$\begin{aligned}F'(x)&=\sqrt{x^4+(x-x^2)^2}-\int_0^x\frac{(x-x^2)(2x-1)}{\sqrt{t^4+(x-x^2)^2}}\mathrm{d}t\\&\geqslant\sqrt{x^4+(x-x^2)^2}-(x-x^2)(2x-1)\int_0^x\frac{\mathrm{d}t}{\sqrt{(x-x^2)^2}}\\&=\sqrt{x^4+(x-x^2)^2}-x(2x-1).\end{aligned}$$

因为

$$\left(\sqrt{x^4+(x-x^2)^2}\right)^2-\big(x(2x-1)\big)^2=2x^3(1-x)>0,$$

所以 $1/2\leqslant x<1$ 时也 $F'(x)>0$. 因此当 $x\in(0,1)$ 时, $F(x)$ 严格单调增加. 注意函数 $F(x)$ 在 $[0,1]$ 的端点上的值 $F(0)=0,F(1)=1/3$, 我们得知所求的最大值是 $F(1)=1/3$.

9.135 **提示** (i) 为计算 $\max\limits_{x\in G}f(x)$, 令 $F(x)=\log f(x)$. 由

$$\frac{\partial F}{\partial x_k}(x)=\frac{1}{x_k}\left(r-\frac{x_k}{1-x_k}+(2r+1)\frac{x_1\cdots x_{m+1}}{1-x_1\cdots x_{m+1}}\right)=0\quad(k=1,\cdots,m+1)$$

可知 f 的最大值在正方体 $[0,1]^{m+1}$ 的对角线 $x_1=\cdots=x_{m+1}$ 上达到. 因此, 若令

$$\varphi=(2r+1)^{2r+1}\max_{x\in G}f(x),$$

则有

$$\varphi=(2r+1)^{2r+1}\max_{s\in[0,1]}\left(\frac{s^{r(m+1)}(1-s)^{m+1}}{(1-s^{m+1})^{2r+1}}\right).$$

(ii) 为求上式中的最大值, 由

$$\frac{\mathrm{d}}{\mathrm{d}s}\left(\frac{s^{r(m+1)}(1-s)^{m+1}}{(1-s^{m+1})^{2r+1}}\right)=0,$$

可知要求出多项式

$$Q(s)=rs^{m+2}-(r+1)s^{m+1}+(r+1)s-r$$

在 $[0,1]$ 中的零点. 注意当 $s\in[0,r/(r+1)]$ 时, $Q(s)=s^{m+1}(rs-r-1)+\big((r+1)s-r\big)<0$. 还有

$$\begin{aligned}Q'(s)&=r(m+2)s^{m+1}-(r+1)(m+1)s^m+r+1,\\Q''(s)&=(m+1)s^{m-1}\big(r(m+2)s-(r+1)m\big).\end{aligned}$$

因此 $Q'(0)=r+1>0,Q'(1)=2r-m<0,Q''(s)<0$(当 $s\in[0,1]$). 由此推出 Q 在 $[0,1)$ 中有一个单根 s_0, 且 $s_0\in\big(r/(r+1),1\big)$. 容易验证当 $s=s_0$ 时达到最大值.

(iii) 由关系式 $Q(s_0)=rs_0^{m+2}-(r+1)s_0^{m+1}+(r+1)s_0-r=0$ 可解出

$$s_0^{m+1}=\frac{(r+1)s_0-r}{r+1-rs_0},$$

于是

$$\varphi=(2r+1)^{2r+1}\cdot\frac{s_0^{r(m+1)}(1-s_0)^{m+1}}{(1-s_0^{m+1})^{2r+1}}$$
$$=\big((r+1)s_0-r\big)^r(r+1-rs_0)^{r+1}(1-s_0)^{m-2r}.$$

最后, 由 $r/(r+1)<s_0<1$ 及上式得

$$\varphi<\big((r+1)\cdot 1-r\big)^r\left(r+1-r\cdot\frac{r}{r+1}\right)^{r+1}\left(1-\frac{r}{r+1}\right)^{m-2r}$$
$$=\frac{(2r+1)^{r+1}}{(r+1)^{m-r+1}}<\frac{(2r+2)^{r+1}}{(r+1)^{m-r+1}}<\frac{2^{r+1}}{r^{m-2r}}.$$

9.136 应用高等代数有关知识, 我们有

$$V(x_1,\cdots,x_n)=\prod_{1\leqslant i<j\leqslant n}(x_i-x_j).$$

令 $(\xi_1,\xi_2,\cdots,\xi_{n+1})$ 是使 $|V(x_1,x_2,\cdots,x_{n+1})|$ 达到最大值的点, 那么

$$\frac{|V(\xi_1,\xi_2,\cdots,\xi_{n+1})|}{|V(\xi_1,\xi_2,\cdots,\xi_n)|}=\frac{|\displaystyle\prod_{1\leqslant i<j\leqslant n+1}(\xi_i-\xi_j)|}{|\displaystyle\prod_{1\leqslant i<j\leqslant n}(\xi_i-\xi_j)|}$$
$$=|(\xi_1-\xi_{n+1})\cdots(\xi_n-\xi_{n+1})|,$$

因为 $(\xi_1,\xi_2,\cdots,\xi_n)$ 未必是使 $|V(x_1,x_2,\cdots,x_n)|$ 达到最大值的点, 也就是说, $|V(\xi_1,\xi_2,\cdots,\xi_n)|\leqslant M_n$, 所以由上式推出

$$\frac{M_{n+1}}{M_n}\leqslant|\xi_1-\xi_{n+1}|\cdots|\xi_n-\xi_{n+1}|.$$

一般地, 设 $\xi_{i_1},\cdots,\xi_{i_n}$ 是 $\xi_1,\xi_2,\cdots,\xi_{n+1}$ 中任意 n 个不同的数, 那么应用刚才对 $(\xi_1,\xi_2,\cdots,\xi_n)$ 所做的推理可知

$$\frac{M_{n+1}}{M_n}\leqslant\frac{|\displaystyle\prod_{1\leqslant r<s\leqslant n+1}(\xi_{i_r}-\xi_{i_s})|}{|\displaystyle\prod_{1\leqslant r<s\leqslant n}(\xi_{i_r}-\xi_{i_s})|}$$
$$=|\xi_{i_1}-\xi_{i_{n+1}}|\cdots|\xi_{i_n}-\xi_{i_{n+1}}|.$$

这样的不等式共有 $\dbinom{n+1}{n}=n+1$ 个, 将它们相乘, 得到

$$\left(\frac{M_{n+1}}{M_n}\right)^{n+1}\leqslant\prod_{1\leqslant i\neq j\leqslant n+1}|\xi_i-\xi_j|=\Big(\prod_{1\leqslant i<j\leqslant n+1}|\xi_i-\xi_j|\Big)^2=M_{n+1}^2.$$

由此推出

$$M_{n+1}^{1/(n+1)}\leqslant M_n^{1/(n-1)},$$

从而

$$M_{n+1}^{1/(n(n+1))}\leqslant M_n^{1/((n-1)n)}.$$

这表明 $M_{n+1}^{1/(n(n+1))}\,(n\geqslant 2)$ 是一个单调递减的无穷非负数列, 所以当 $n\to\infty$ 时收敛于有限的极限.

9.137 (1) (i) 对于任意固定的点 $A(x,y)\in\mathbb{R}^2$, 记

$$r=\sqrt{x^2+y^2}.$$

还设 $B(u,v)$ 是积分区域中的任意一点. 将坐标系统原点 O 旋转, 使点 A 落在新坐标系的横轴上, 亦即作变换

$$u=u'\cos\theta-v'\sin\theta,\quad v=u'\sin\theta+v'\cos\theta,$$

其中 θ 是直线 OA 与 X 轴 (正向) 的夹角, 那么在新坐标系中, 点 A 的坐标是 $(r,0)$, 点 B 的坐标是 (u',v'). 因为 $(u-x)^2+(v-y)^2$ 表示点 $B(u,v)$ 和 $A(x,y)$ 间距离的平方, 这个距离在旋转中保持不变, 所以 $(u-x)^2+(v-y)^2=(u'-r)^2+v'^2$. 注意变换的 Jacobi 式等于 1, 所以函数 $\phi(x,y)$ 可表示为

$$\iint\limits_{u'^2+v'^2\leqslant 1}\left((u'-r)^2+v'^2\right)^{-p/2}\mathrm{d}u'\mathrm{d}v'.$$

仍然将积分变量记为 (u,v), 并记

$$t(r)=t(r;u,v)=\left((u-r)^2+v^2\right)^{-p/2},$$

还令

$$f(r)=\iint\limits_{u^2+v^2\leqslant 1}\left((u-r)^2+v^2\right)^{-p/2}\mathrm{d}u\mathrm{d}v=\iint\limits_{u^2+v^2\leqslant 1}t(r)\mathrm{d}u\mathrm{d}v,$$

则有 $\phi(x,y)=f(r)$.

(ii) 我们现在证明: 对于 $0\leqslant r<1$ 以及 $r>1$ 有

$$f'(r)=\iint\limits_{u^2+v^2\leqslant 1}t'(r)\mathrm{d}u\mathrm{d}v.$$

事实上, 当 $r>1$ 时, $(u-r)^2+v^2=|u-r|^2+v^2>|r-1|^2+v^2>(r-1)^2>0$, 所以函数 $t(r)$ 连续, $t'(r)$ 存在. 于是依 Lagrange 中值定理, 对于 $|h|>0$, 我们有

$$\frac{t(r+h)-t(r)}{h}=t'(\xi),\quad \xi\in(r,r+h).$$

因此可知

$$\frac{g(r+h)-g(r)}{h}=\iint\limits_{u^2+v^2\leqslant 1}\frac{t(r+h)-t(r)}{h}\mathrm{d}u\mathrm{d}v=\iint\limits_{u^2+v^2\leqslant 1}t'(\xi)\mathrm{d}u\mathrm{d}v$$

令 $h\to 0$, 即得所要的结果.

现在设 $0\leqslant r<1$. 首先注意函数 $t'(r;u,v)(0\leqslant r<1)$ 在圆盘 $u^2+v^2\leqslant 1$ 上绝对可积. 事实上, 对于积分区域中的任意一点 (u,v) 有 $|u+r|\leqslant 2$, 所以圆盘 $(u+r)^2+v^2\leqslant 1$ 含在圆盘 $u^2+v^2\leqslant 4$ 中, 于是

$$\begin{aligned}\iint\limits_{u^2+v^2\leqslant 1}|t'(r)|\mathrm{d}u\mathrm{d}v&=|p|\iint\limits_{u^2+v^2\leqslant 1}\frac{|u-r|\mathrm{d}u\mathrm{d}v}{\left((u-r)^2+v^2\right)^{1+p/2}}\\&=|p|\iint\limits_{(u+r)^2+v^2\leqslant 1}\frac{|u|\mathrm{d}u\mathrm{d}v}{\left(u^2+v^2\right)^{1+p/2}}\leqslant|p|\iint\limits_{u^2+v^2\leqslant 4}\frac{\mathrm{d}u\mathrm{d}v}{\left(u^2+v^2\right)^{1+p/2}}.\end{aligned}$$

应用极坐标, 可知最后一个积分化为

$$2\pi|p|\int_0^4\frac{\mathrm{d}r}{r^p}<\infty,$$

因此上述论断得证. 其次, 我们定义区域

$$E=\{(u,v)\mid(u,v)\in\mathbb{R}^2,u^2+v^2\geqslant 1,|u|\leqslant 1,|v|\leqslant 1\},$$

即 E 是介于以原点为中心、边长为 2 的正方形与单位圆之间的部分, 那么

$$f(r)=\int_{-1}^1\int_{-1}^1 t(r)\mathrm{d}u\mathrm{d}v-\iint\limits_E t(r)\mathrm{d}u\mathrm{d}v=f_1(r)-f_2(r).$$

当 $0\leqslant r<1$ 时, 在 E 上有 $(u-r)^2+v^2\geqslant(r-1)^2>0$, 所以 $t'(r)$ 存在且连续, 从而与 $r>1$ 的情形类似地推出

$$f_2'(r)=\iint\limits_E t'(r)\mathrm{d}u\mathrm{d}v.$$

又因为

$$f_1(r)=\int_{-1-r}^{1-r}\int_{-1}^{1}(u^2+v^2)^{-p/2}\mathrm{d}u\mathrm{d}v$$

是积分限的函数, 所以 $f_1\in C^1[0,\infty)$, 并且

$$\begin{aligned}f_1'(r)&=\frac{\mathrm{d}}{\mathrm{d}r}\int_{-1-r}^{1-r}\int_{-1}^{1}(u^2+v^2)^{-p/2}\mathrm{d}u\mathrm{d}v\\&=-\int_{-1}^{1}\left((1-r)^2+v^2\right)^{-p/2}\mathrm{d}v+\int_{-1}^{1}\left((1+r)^2+v^2\right)^{-p/2}\mathrm{d}v\\&=-\int_{-1}^{1}\left(\left((1-r)^2+v^2\right)^{-p/2}-\left((1+r)^2+v^2\right)^{-p/2}\right)\mathrm{d}v\\&=-\int_{-1}^{1}\left(\int_{-1}^{1}\frac{\mathrm{d}t}{\mathrm{d}u}t(r;u,v)\mathrm{d}u\right)\mathrm{d}v=\int_{-1}^{1}\int_{-1}^{1}t'(r)\mathrm{d}u\mathrm{d}v.\end{aligned}$$

因为 $f(r)=f_1(r)-f_2(r)$, 而且 $f_1'(r),f_2'(r)$ 存在, 所以 $f'(r)$ 也存在, 并且

$$f'(r)=\int_{-1}^{1}\int_{-1}^{1}t'(r)\mathrm{d}u\mathrm{d}v-\iint\limits_E t'(r)\mathrm{d}u\mathrm{d}v;$$

注意上面已证 $t'(r;u,v)(0\leqslant r<1)$ 在圆盘 $u^2+v^2\leqslant 1$ 上绝对可积, 从而上式右边等于

$$\iint\limits_{u^2+v^2\leqslant 1}t'(r)\mathrm{d}u\mathrm{d}v,$$

于是 $0\leqslant r<1$ 时上述要求证明的公式也成立.

(iii) 因为

$$\frac{\mathrm{d}}{\mathrm{d}r}t(r;u,v)=-\frac{\mathrm{d}}{\mathrm{d}u}t(r;u,v),$$

所以依步骤 (ii) 中所证, 当 $r\geqslant 0$ 但 $r\neq 1$ 时,

$$\begin{aligned}f'(r)&=\iint\limits_{u^2+v^2\leqslant 1}t'(r)\mathrm{d}u\mathrm{d}v=-\iint\limits_{u^2+v^2\leqslant 1}\frac{\mathrm{d}}{\mathrm{d}u}t(r;u,v)\mathrm{d}u\mathrm{d}v\\&=-\int_{-1}^{1}\left((u-r)^2+v^2\right)^{-p/2}\Big|_{u=-\sqrt{1-v^2}}^{u=\sqrt{1-v^2}}\mathrm{d}v,\end{aligned}$$

作变量代换 $v=\sin\theta$, 可得

$$f'(r)=-\int_{-\pi}^{\pi}\left((\cos\theta-r)^2+\sin^2\theta\right)^{-p/2}\cos\theta\mathrm{d}\theta.$$

因为当 $0\leqslant r<1$ 及 $r>1$ 时 $f'(r)$ 有相同的表达式, 所以 $f'_-(1)=f'_+(1)$, 从而 $f'(1)$ 存在, 并且等于

$$-\int_{-\pi}^{\pi}\left((\cos\theta-1)^2+\sin^2\theta\right)^{-p/2}\cos\theta\mathrm{d}\theta.$$

因此我们最终得到: 对于所有 $r\geqslant 0$,

$$f'(r)=-\int_{-\pi}^{\pi}\left((\cos\theta-r)^2+\sin^2\theta\right)^{-p/2}\cos\theta\mathrm{d}\theta.$$

于是 $f(r)\in C[0,\infty)$, 并且 $f'(0)=0$.

(iv) 最后, 我们来证明 $\phi(x,y)\in C^1(\mathbb{R}^2)$.

首先, 由 $\phi(x,y)=f(r)$ 可知

$$\frac{\partial\phi}{\partial x}=f'(r)\frac{\partial r}{\partial x}=f'(r)\frac{x}{r},\quad\frac{\partial\phi}{\partial y}=f'(r)\frac{y}{r}.$$

因此 $\partial\phi/\partial x$ 和 $\partial\phi/\partial y$ 在 $\mathbb{R}^2\setminus(0,0)$ 上连续.

其次, 按定义, 我们有 (注意 $r=\sqrt{x^2+y^2}$)

$$\frac{\partial\phi}{\partial x}(0,0)=\lim_{h\to 0}\frac{\phi(h,0)-\phi(0,0)}{h}=\lim_{h\to 0}\frac{f(h)-f(0)}{h}=f'(0)=0,$$

类似地可证 $(\partial\phi/\partial y)(0,0)=0$. 因为当 $(x,y)\neq(0,0)$ 时,

$$0\leqslant\left|\frac{\partial\phi}{\partial x}(x,y)\right|=|f'(r)|\left|\frac{x}{r}\right|\leqslant|f'(r)|,$$

由于 $f'(r)$ 连续而且 $f'(0)=0$, 所以当 $(x,y)\to 0$(即 $r\to 0$) 时 $f'(r)\to 0$, 因而由上式得到

$$\lim_{(x,y)\to(0,0)}\frac{\partial\phi}{\partial x}(x,y)=0=\frac{\partial\phi}{\partial x}(0,0),$$

亦即 $\partial\phi/\partial x$ 在点 $(0,0)$ 连续. 类似地, $\partial\phi/\partial y$ 在 $(0,0)$ 也连续. 因此 $\phi(x,y)\in C^1(\mathbb{R}^2)$.

(2) **提示**　类似于本题 (1) 可知

$$\psi(x,y)=g(r)=\iint\limits_{u^2+v^2\leqslant 1}\log\left((u-r)^2+v^2\right)\mathrm{d}u\mathrm{d}v,$$

并且用同样的方法可证 $\psi(x,y)\in C^1(\mathbb{R}^2)$ 以及

$$g'(r)=-\int_{-\pi}^{\pi}\cos\theta\log(1-2r\cos\theta+r^2)\mathrm{d}\theta.$$

我们算出

$$g'(r)=4r\int_0^{\pi}\frac{\sin^2\theta\mathrm{d}\theta}{1-2r\cos\theta+r^2},$$

将右边的积分分拆为 $\int_0^{\pi/2}+\int_{\pi/2}^{\pi}$, 则得

$$\begin{aligned}g'(r)&=4r(1+r^2)\int_0^{\pi/2}\frac{\sin^2\theta\mathrm{d}\theta}{(1+r^2)^2-4r^2\cos^2\theta}\\&=\frac{\pi}{r}(1+r^2-|1-r^2|)=2\pi\min(r,r^{-1}).\end{aligned}$$

因为(化为极坐标 (θ,ρ))

$$g(0)=\iint\limits_{u^2+v^2\leqslant 1}\log\left(u^2+v^2\right)\mathrm{d}u\mathrm{d}v=2\pi\int_0^1\rho\log\rho^2\mathrm{d}\rho=-\pi,$$

所以在等式 $g'(r)=2\pi\min\{r,r^{-1}\}$ 两边积分, 可得 $g(r)=\pi(r^2-1)$(当 $0\leqslant r\leqslant 1$ 时), 以及 $g(r)=2\pi\log r$(当 $r\geqslant 1$ 时).

9.138　为计算方便起见, 我们令

$$x=r\cos\phi\cos\theta,\quad y=r\sin\phi\cos\theta,\quad z=r\sin\theta,$$

这是球坐标的变体, 对于点 $P=(x,y,z)$,θ 是 OP 与 XY 平面的夹角 (参见习题 5.3(5) 的解), 从而 $(r\cos\theta,\phi)$ 形成 XY 平面上的极坐标系. 变换的 Jacobi 式等于 $r^2\cos\theta$. 于是

$$I_\sigma=\int_0^1 r^2\mathrm{d}r\iint\limits_{\Delta_\sigma}\sin\theta\mathrm{d}\theta\mathrm{d}\phi,$$

其中积分区域 Δ_σ 由下列不等式定义:

$$\begin{aligned}&r^2(\sin^2\phi\cos^2\theta-2\cos\phi\cos\theta\sin\theta)\leqslant 0,\\&r^2(\cos^2\theta-\sigma^2\sin^2\theta)\geqslant 0,\quad \sin\theta\geqslant 0.\end{aligned}$$

因为 $0<\theta<\pi/2$, 所以由其中第一个不等式知 $\cos\phi>0$, 从而由此不等式得到 $\tan\theta\geqslant\sin^2\phi/(2\cos\phi)$. 若令

$$\tan\beta=\frac{\sin^2\phi}{2\cos\phi},$$

则得 $\theta\geqslant\beta$. 类似地, 由其中第二个不等式得到 $\tan^2\theta\leqslant 1/\sigma^2$. 若令 (注意 $\sigma>0$)

$$\tan\gamma=\frac{1}{\sigma},$$

则得 $\theta\leqslant\gamma$. 合起来得到 $\beta\leqslant\theta\leqslant\gamma$. 还需确定 ϕ 的取值范围. 对于曲面 $r^2(\sin^2\phi\cos^2\theta-2\cos\phi\cos\theta\sin\theta)=0$ 和 $r^2(\cos^2\theta-\sigma^2\sin^2\theta)=0$ 的交线上的点 $(r,\phi,\gamma)(0\leqslant r\leqslant 1)$ 有

$$\sin^2\phi\cos^2\gamma-2\cos\phi\cos\gamma\sin\gamma=0,$$

因此若用下式定义 α:

$$\sin^2\alpha=\frac{2}{\sigma}\cos\alpha,$$

并注意对称性, 可知 $-\alpha\leqslant\phi\leqslant\alpha$. 于是

$$I_\sigma=\frac{1}{3}\int_{-\alpha}^{\alpha}\mathrm{d}\phi\int_{\beta}^{\gamma}\sin\theta\mathrm{d}\theta.$$

由 β 和 γ 的定义得到

$$\cos\beta=\frac{1}{\sqrt{1+\tan^2\beta}}=\frac{2\cos\phi}{1+\cos^2\phi},\quad \cos\gamma=\frac{1}{\sqrt{1+\tan^2\gamma}}=\frac{\sigma}{\sqrt{1+\sigma^2}},$$

所以

$$I_\sigma=\frac{1}{3}\int_{-\alpha}^{\alpha}\left(\frac{2\cos\phi}{1+\cos^2\phi}-\frac{\sigma}{1+\sigma^2}\right)\mathrm{d}\phi.$$

令 $u=\sin\phi$, 可算出

$$I_\sigma=\frac{1}{3}\left(\sqrt{2}\log\left(\frac{\sqrt{2}+\sin\alpha}{\sqrt{2}-\sin\alpha}\right)-\frac{2\sigma\alpha}{\sqrt{1+\sigma^2}}\right).$$

由 $\sin^2\alpha=(2/\sigma)\cos\alpha$(注意 $\sin^2\alpha=1-\cos^2\alpha$, 并且 $\cos\alpha>0$) 可解出

$$\cos\alpha=\frac{\sqrt{\sigma^2+1}-1}{\sigma}=\frac{\sigma}{\sqrt{\sigma^2+1}+1},$$

因此 $\lim\limits_{\sigma\to 0+}\alpha=\pi/2$, 从而

$$\lim_{\sigma\to 0+}I_\sigma=\frac{\sqrt{2}}{3}\log\left(\frac{\sqrt{2}+1}{\sqrt{2}-1}\right).$$

9.139 提示 化为球坐标, 算出

$$f(\rho)=4\pi\int_0^{\rho}r^3f(r)\mathrm{d}r+\rho^4.$$

对 ρ 求导得

$$f'(\rho)=4\pi f(\rho)\rho^3+4\rho^3,$$

由此及 $f(0)=0$ 可推出 $f(x)=(\mathrm{e}^{\pi x^4}-1)/\pi$.

9.140 对 n 用数学归纳法. 当 $n=2$ 时,

$$I_2=\int_0^1\int_0^1\frac{\mathrm{d}x_1\mathrm{d}x_2}{x_1+x_2}=2\log 2,$$

所以结论成立. 设 $n\geqslant 3$ 且

$$I_{n-1}\leqslant\frac{2\log 2}{(n-3)!}.$$

那么

$$\begin{aligned}I_n &= \int\limits_{D_n}\cdots\int \frac{\mathrm{d}x_1\cdots\mathrm{d}x_{n-1}\mathrm{d}x_n}{(x_1+\cdots+x_{n-1}+x_n)^{n-1}}\\ &= \int\limits_{D_{n-1}}\cdots\int \mathrm{d}x_1\cdots\mathrm{d}x_{n-1}\int_0^1 \frac{\mathrm{d}x_n}{(x_1+\cdots+x_{n-1}+x_n)^{n-1}}\\ &= \int\limits_{D_{n-1}}\cdots\int J(x_1,\cdots,x_{n-1})\mathrm{d}x_1\cdots\mathrm{d}x_{n-1},\end{aligned}$$

其中

$$\begin{aligned}J(x_1,\cdots,x_{n-1}) &= \int_0^1 \frac{\mathrm{d}x_n}{(x_1+\cdots+x_{n-1}+x_n)^{n-1}}\\ &= \frac{1}{-n+2}\cdot\frac{1}{(x_1+\cdots+x_{n-1}+x_n)^{n-2}}\bigg|_{x_n=0}^{x_n=1}\\ &= \frac{1}{n-2}\left(\frac{1}{(x_1+\cdots+x_{n-1})^{n-2}} - \frac{1}{(1+x_1+\cdots+x_{n-1})^{n-2}}\right).\end{aligned}$$

于是

$$I_n = \frac{1}{n-2}\left(I_{n-1} - \int\limits_{D_{n-1}}\cdots\int \frac{\mathrm{d}x_1\cdots\mathrm{d}x_{n-1}}{(1+x_1+\cdots+x_{n-1})^{n-2}}\right).$$

注意

$$\int\limits_{D_{n-1}}\cdots\int \frac{\mathrm{d}x_1\cdots\mathrm{d}x_{n-1}}{(1+x_1+\cdots+x_{n-1})^{n-2}} \geqslant 0,$$

并且应用归纳假设, 我们得到

$$I_n \leqslant \frac{1}{n-2}\cdot I_{n-1} \leqslant \frac{1}{n-2}\cdot\frac{2\log 2}{(n-3)!} = \frac{2\log 2}{(n-2)!}.$$

于是完成归纳证明.

9.141 (不分题号) 记 $I = \iint\limits_D (\sin x^2 + \cos y^2)\mathrm{d}x\mathrm{d}y, \Omega = [0,1]^2$. 因为 $x^2 \in [0,1] \subset [0,\pi/2]$, 所以 $\sin x^2 \geqslant 0$; 类似地, 当 $y^2 \in [0,1]$ 时, $\cos y^2 \geqslant 0$. 因此当 $(x,y) \in D$ 时, $\sin x^2 + \cos y^2 \geqslant 0$. 注意 $D \subseteq \Omega$, 我们有

$$0 \leqslant I \leqslant \iint\limits_{\Omega} (\sin x^2 + \cos y^2)\mathrm{d}x\mathrm{d}y = J.$$

因为 $\sin x^2$ 和 $\cos y^2$ 在区域 Ω 上可积, 所以

$$\begin{aligned}J &= \iint\limits_{\Omega} \sin x^2\mathrm{d}x\mathrm{d}y + \iint\limits_{\Omega} \cos y^2\mathrm{d}x\mathrm{d}y\\ &= \int_0^1 \sin x^2\mathrm{d}x + \int_0^1 \cos y^2\mathrm{d}y = \int_0^1 (\sin t^2 + \cos t^2)\mathrm{d}t.\end{aligned}$$

由三角公式知

$$\sin t^2 + \cos t^2 = \sqrt{2}\left(\frac{1}{\sqrt{2}}\sin t^2 + \frac{1}{\sqrt{2}}\cos t^2\right) = \sqrt{2}\sin(t^2 + \pi/4),$$

并且 $0 \leqslant t^2 \leqslant 1, \pi/4 \leqslant t^2 + \pi/4 \leqslant 1 + \pi/4 < 3\pi/4$, 所以

$$1 \leqslant \sin t^2 + \cos t^2 \leqslant \sqrt{2}.$$

由此对不等式各边在 $[0,1]$ 上积分, 得到 $1 \leqslant J \leqslant \sqrt{2}$, 所以 $0 \leqslant I \leqslant J \leqslant \sqrt{2}$; 并且当 $\Omega = D$ 时 $I = J \geqslant 1$.

9.142 (1) 令

$$F(x) = \left(\int_0^x w(t)f(t)\mathrm{d}t\right)^p - p2^{1-p}\int_0^x w(t)f^{2p-1}(t)\mathrm{d}t.$$

那么 $F(0)=0$, 以及

$$F'(x)=pw(x)f(x)\left(\left(\int_0^x w(t)f(t)\mathrm{d}t\right)^{p-1}-2^{1-p}f^{2(p-1)}(x)\right).$$

还令

$$G(x)=\int_0^x w(t)f(t)\mathrm{d}t-\frac{1}{2}f^2(x).$$

那么

$$G(0)=0,\quad G'(x)=f(x)\big(w(x)-f'(x)\big).$$

若 $0\leqslant f'(x)\leqslant w(x)$, 则 $f(x)\geqslant f(0)=0$, 并且 $G'(x)>0$. 于是 $G(x)\geqslant G(0)=0$, 从而 $F'(x)\geqslant 0$. 由此可知 $F(x)\geqslant F(0)=0$, 即得题中的不等式.

类似地, 若 $f'(x)\geqslant w(x)\geqslant 0$, 则可推出 $G'(x)\leqslant 0$. 于是 $G(x)\leqslant G(0)=0$, 从而 $F'(x)\leqslant 0$. 由此可知 $F(x)\leqslant F(0)=0$, 即得反向不等式.

(2) 因为 f 是 $[0,1]$ 上的凹函数, 且 $f(0)=1$, 所以当 $0\leqslant x\leqslant 1$, 对任何 $p>0$ 有

$$\begin{aligned}xf(x^{1/p})+1-x&=xf(x^{1/p})+(1-x)\cdot f(0)\\&\leqslant f\big(x\cdot x^{1/p}+(1-x)\cdot 0\big)=f(x^{1+1/p}).\end{aligned}$$

左右两边乘以 $(1+1/p)x^{1/p}$, 并对 x 在 $[0,1]$ 上积分, 可得

$$\left(1+\frac{1}{p}\right)\int_0^1 x^{1/p}\big(xf(x^{1/p})+1-x\big)\mathrm{d}x\leqslant\left(1+\frac{1}{p}\right)\int_0^1 x^{1/p}f(x^{1+1/p})\mathrm{d}x.$$

在左右两边的积分中分别作代换 $x=u^p$ 和 $x=u^{p/(p+1)}$, 我们得到

$$(p+1)\int_0^1 u^{2p}f(u)\mathrm{d}u+\frac{p}{2p+1}\leqslant\int_0^1 f(u)\mathrm{d}u.$$

因为对于任何实数 t 有 $-(2t-1)^2\leqslant 0$, 即 $t\leqslant t^2+1/4$, 所以

$$\int_0^1 f(u)\mathrm{d}u\leqslant\left(\int_0^1 f(u)\mathrm{d}u\right)^2+\frac{1}{4},$$

因而

$$(p+1)\int_0^1 u^{2p}f(u)\mathrm{d}u+\frac{p}{2p+1}\leqslant\left(\int_0^1 f(u)\mathrm{d}u\right)^2+\frac{1}{4},$$

也就是

$$(p+1)\int_0^1 u^{2p}f(u)\mathrm{d}u+\frac{p}{2p+1}-\frac{1}{4}\leqslant\left(\int_0^1 f(u)\mathrm{d}u\right)^2,$$

于是

$$(p+1)\int_0^1 u^{2p}f(u)\mathrm{d}u+\frac{2p-1}{8p+4}\leqslant\left(\int_0^1 f(u)\mathrm{d}u\right)^2.$$

取 $p=1$, 即得所要证的不等式.

9.143 首先注意当 $x>0,y>0,x\neq y$ 时, 对于任何 $r\neq 0,x^r-y^r$ 与 $\log(x^r/y^r)$ 同号, 因此 $L_r(x,y)$ 有定义.

(i) 因为当任何 $r\neq 0$(当然 $x\neq y$, 后同此),

$$\begin{aligned}L_r(x,y)L_{-r}(x,y)&=\left(\frac{x^r-y^r}{r\log\dfrac{x}{y}}\cdot\frac{-r\log\dfrac{x}{y}}{x^{-r}-y^{-r}}\right)^{1/r}\\&=\left(\frac{x^r-y^r}{r\log\dfrac{x}{y}}\cdot\frac{-r\log\dfrac{x}{y}}{(x^{-r}y^{-r})(y^r-x^r)}\right)^{1/r}=xy,\end{aligned}$$

所以由算术–几何平均不等式立得题中不等式的左半:

$$\sqrt{xy}=\sqrt{L_r(x,y)L_{-r}(x,y)}\leqslant \frac{1}{2}\left(L_r(x,y)+L_{-r}(x,y)\right).$$

(ii) 为证右半不等式, 令

$$S_r(x,y)=L_r(x,y)+L_{-r}(x,y),$$

那么我们有下列对称关系:

$$S_r(x,y)=S_r(y,x)=S_{-r}(x,y)=S_{-r}(y,x).$$

因此, 不失一般性, 下面可设 $r>0,x>y>0$, 并简记 $L_r=L_r(x,y)$.

令 $f(t)=t-1-\log t,g(t)=1-t+t\log t$, 那么当 $t>1$ 时, $f'(t)=1-1/t>0,g'(t)=\log t>0$, 所以 $f((t)$ 和 $g(t)$ 在 $(1,\infty)$ 上单调递增. 因为 $f(1)=g(1)=0$, 所以当 $t>1$ 时, $f(t)>0,g(t)>0$, 从而

$$1<\frac{t-1}{\log t}<t\quad (t>1).$$

在其中取 $t=(x/y)^r$, 即得

$$y^r<\frac{x^r-y^r}{r\log\dfrac{x}{y}}<x^r,$$

因而 $y<L_r<x$, 于是 $(x-L_r)(L_r-y)>0$. 将此式展开得到

$$xL_r-xy-L_r^2+yL_r>0.$$

注意步骤 (i) 中已证 $L_rL_{-r}=xy$, 将此代入上式可得

$$xL_r-L_rL_{-r}-L_r^2+yL_r>0,$$

也就是

$$L_r(x+y-L_r-L_{-r})>0,$$

因此 $x+y-L_r-L_{-r}>0$, 即得右半不等式.

9.144　由题设可知

$$\sum_{i=1}^{\infty}\frac{n_i}{2^i}<\sum_{j=1}^{n}a_j=1,\quad \sum_{i=1}^{\infty}n_i=n.$$

于是由 Cauchy-Schwarz 不等式得到

$$\begin{aligned}
\sum_{i=1}^{\infty}\sqrt{\frac{n_i}{2^i}}&=\sum_{i=1}^{[\log_2 n]}\sqrt{\frac{n_i}{2^i}}+\sum_{i=[\log_2 n]+1}^{\infty}\sqrt{\frac{n_i}{2^i}}\\
&\leqslant\left(\sum_{i=1}^{[\log_2 n]}1\right)^{1/2}\left(\sum_{i=1}^{[\log_2 n]}\frac{n_i}{2^i}\right)^{1/2}+\left(\sum_{i=[\log_2 n]+1}^{\infty}n_i\right)^{1/2}\left(\sum_{i=[\log_2 n]+1}^{\infty}\frac{1}{2^i}\right)^{1/2}\\
&\leqslant\sqrt{\log_2 n}+\sqrt{n}\cdot 2^{-([\log_2 n]+1)/2}\left(\sum_{i=0}^{\infty}\frac{1}{2^i}\right)^{1/2}\\
&\leqslant\sqrt{\log_2 n}+\sqrt{n}\cdot 2^{-(\log_2 n)/2}\cdot\sqrt{2}=\sqrt{\log_2 n}+\sqrt{2}.
\end{aligned}$$

9.145　(i) 令

$$\begin{aligned}
f(x)&=(x-1)\log\frac{x}{2}-\log\Gamma(x),\\
g(x)&=\log\Gamma(x)+(x-1)-(x-1)\log x.
\end{aligned}$$

于是题中要证的不等式的右半等价于 $f(x)\geqslant 0$, 左半等价于 $g(x)\geqslant 0$.

(ii) 依伽马函数的 Weierstrass 公式, 当 $x>0$ 时,

$$\Gamma(x)=\frac{\mathrm{e}^{-\gamma x}}{x}\prod_{k=1}^{\infty}\left(\frac{k}{k+x}\right)\mathrm{e}^{x/k},$$

其中 γ 是 Euler-Mascheroni 常数. 由此可推出公式: 当 $x>0$ 时,

$$\frac{\Gamma'(x)}{\Gamma(x)}=-\gamma-\frac{1}{x}+\sum_{k=1}^{\infty}\left(\frac{1}{k}-\frac{1}{x+k}\right),$$

$$\frac{\mathrm{d}}{\mathrm{d}x}\frac{\Gamma'(x)}{\Gamma(x)}=\frac{1}{x^2}+\sum_{k=1}^{\infty}\frac{1}{(x+k)^2}.$$

(iii) 由

$$f'(x)=\log\frac{x}{2}+\frac{x-1}{x}-\frac{\Gamma'(x)}{\Gamma(x)},$$

及步骤 (ii) 中给出的公式可知

$$f''(x)=\frac{1}{x}-\sum_{k=1}^{\infty}\frac{1}{(x+k)^2}.$$

因为由几何的考虑有

$$\sum_{k=1}^{\infty}\frac{1}{(x+k)^2}\leqslant\int_0^{\infty}\frac{\mathrm{d}t}{(x+t)^2}=\frac{1}{x},$$

所以当 $x>0$ 时, $f''(x)\geqslant 0$, 从而 $f'(x)$ 单调递增. 于是 $x\geqslant 2$ 时 $f'(x)\geqslant f'(2)$; 而应用步骤 (ii) 中的公式可知

$$f'(2)=\frac{1}{2}-\frac{\Gamma'(2)}{\Gamma(2)}=\frac{1}{2}-\left(-\gamma-\frac{1}{2}+\sum_{k=1}^{\infty}\left(\frac{1}{k}-\frac{1}{2+k}\right)\right)=\gamma-\frac{1}{2}>0,$$

从而当 $x\geqslant 2$ 时 $f'(x)>0$, 即知 $f(x)$ 在 $[2,\infty)$ 上单调递增. 由此推出当 $x\geqslant 2$ 时,

$$f(x)\geqslant f(2)=-\log\Gamma(2)=-\log 1=0.$$

(iv) 类似地, 应用步骤 (ii) 中的公式得到

$$\begin{aligned}g'(x)&=\frac{\Gamma'(x)}{\Gamma(x)}+\frac{1}{x}-\log x=-\gamma-\log x+\sum_{k=1}^{\infty}\left(\frac{1}{k}-\frac{1}{x+k}\right)\\&=-\gamma-\log x+H_n-\sum_{k=1}^{n}\frac{1}{x+k}+R_n.\end{aligned}$$

其中已记

$$H_n=\sum_{k=1}^{n}\frac{1}{k},\quad R_n=\sum_{k=n+1}^{\infty}\left(\frac{1}{k}-\frac{1}{x+k}\right).$$

仍然由几何考虑, 我们有

$$\begin{aligned}\sum_{k=1}^{n}\frac{1}{x+k}&\leqslant\int_0^{n}\frac{\mathrm{d}t}{x+t}=\log(x+n)-\log x\\&=\log\left(1+\frac{x}{n}\right)+\log n-\log x.\end{aligned}$$

因此

$$\begin{aligned}g'(x)&\geqslant-\gamma-\log x+H_n-\log\left(1+\frac{x}{n}\right)-\log n+\log x+R_n\\&=-\gamma+H_n-\log n-\log\left(1+\frac{x}{n}\right)+R_n.\end{aligned}$$

令 $n\to\infty$, 则 $-\gamma+H_n-\log n\to 0$(见例 6.5.11 后的注), $R_n\to 0$, 所以当 $x>0$ 时 $g'(x)\geqslant 0$. 由此可得 $g(x)\geqslant g(2)=1-\log 2>0$. □

注 关于伽马函数的 Weierstrass 公式, 可见: 菲赫金哥尔茨. 微积分学教程: 第二卷 [M].8 版. 北京: 高等教育出版社, 2006: 301, 644. 关于 $\Gamma'(x)/\Gamma(x)$, 可见同书, 397 页.

9.146 已知当 $x>0$ 时 $\Gamma(x)>0$, 并且

$$\frac{\Gamma'(x)}{\Gamma(x)}=-\gamma-\frac{1}{x}+\sum_{u=1}^{\infty}\left(\frac{1}{u}-\frac{1}{x+u}\right),$$

其中 γ 是 Euler-Mascheroni 常数 (见例 6.5.11). 于是

$$\left(\frac{\Gamma'(x)}{\Gamma(x)}\right)'=\sum_{u=1}^{\infty}\frac{1}{(x+u)^2}>0,$$

因此 $\Gamma'(x)/\Gamma(x)$ 严格单调递增. 另外, 因为 $\Gamma(x+1)=x\Gamma(x)$, 所以

$$\int_x^{x+1}\frac{\Gamma'(t)}{\Gamma(t)}\mathrm{d}t=\log\Gamma(x+1)-\log\Gamma(x)=\log x;$$

并且由中值定理, 还有

$$\log x=\int_x^{x+1}\frac{\Gamma'(t)}{\Gamma(t)}\mathrm{d}t=\frac{\Gamma'(\xi)}{\Gamma(\xi)},$$

其中 $x<\xi<x+1$. 于是我们得到

$$\frac{\Gamma'(x+1)}{\Gamma(x+1)}>\frac{\Gamma'(\xi)}{\Gamma(\xi)}=\log x.$$

9.147 令

$$P(x)=\prod_{i=1}^{n}(x-x_i)=\sum_{k=0}^{n}a_kx^k,$$

以及

$$\max_{0\leqslant k\leqslant n}|a_k|=|a_m|.$$

显然 $|a_m|\geqslant 1$. 于是

$$\begin{aligned}\sum_{k=0}^{n}a_kS_{k-m}&=\sum_{k=0}^{n}\sum_{j=1}^{n}a_kb_jx_j^{k-m}=\sum_{j=1}^{n}b_jx_j^{-m}\sum_{k=0}^{n}a_kx_j^k\\&=\sum_{j=1}^{n}b_jx_j^{-m}P(x_j)=\sum_{j=1}^{n}b_jx_j^{-m}\cdot 0=0.\end{aligned}$$

因此

$$|S_0|=\left|\sum_{0\leqslant k\leqslant n;k\neq m}\left(-\frac{a_k}{a_m}\right)S_{k-m}\right|\leqslant\sum_{0\leqslant k\leqslant n;k\neq m}|S_{k-m}|\leqslant n\max_{0<|k|\leqslant n}|S_k|.$$

9.148 (i) 显然, 集合 $\mathscr{F}$ 中含有连续函数 (例如函数 $f(x)=1$). 设 $f(x)\in\mathscr{F}$ 是任意一个 [0,1] 上的连续函数. 令

$$F(x)=\begin{cases}|f(x)|, & x=0,\\ \dfrac{1}{x}\displaystyle\int_0^x|f(t)|\mathrm{d}t, & 0<x\leqslant 1.\end{cases}$$

那么由 L'Hospital 法则, $\lim\limits_{x\to 0}F(x)=0=F(0)$, 因此 $F(x)$ 是 [0,1] 上的非负连续函数. 设 $\varepsilon>0$ 任意给定, 记

$$h(x;\varepsilon)=\int_\varepsilon^1F(x)\mathrm{d}x=\int_\varepsilon^1\frac{1}{x}\left(\int_0^x|f(t)|\mathrm{d}t\right)\mathrm{d}x.$$

(ii) 取 $q=p/(p-1)$, 以及函数 $G(x)=1\,(0\leqslant x\leqslant 1)$, 由 Hölder 不等式得到

$$h(x;\varepsilon)=\int_\varepsilon^1 F(x)G(x)\mathrm{d}x\leqslant\left(\int_\varepsilon^1 F(x)^p\mathrm{d}x\right)^{1/p}\left(\int_\varepsilon^1 G(x)^q\mathrm{d}x\right)^{1/q}$$
$$=(1-\varepsilon)^{1/q}\left(\int_\varepsilon^1\left(\frac{1}{x}\int_0^x|f(t)|\mathrm{d}t\right)^p\right)^{1/p}.$$

因为 $f(x)\in\mathscr{F}$, 依集合 $\mathscr{F}$ 的定义, 上式右边第二项 $\leqslant 1$, 因此

$$h(x;\varepsilon)\leqslant(1-\varepsilon)^{1/q}.$$

又由分部积分, 我们还有

$$h(x;\varepsilon)=(\log x)\int_0^x|f(t)|\mathrm{d}t\bigg|_\varepsilon^1-\int_\varepsilon^1|f(x)|\log x\mathrm{d}x$$
$$=-F(\varepsilon)\varepsilon\log\varepsilon+\int_\varepsilon^1|f(x)|\log\frac{1}{x}\mathrm{d}x.$$

于是

$$-F(\varepsilon)\varepsilon\log\varepsilon+\int_\varepsilon^1|f(x)|\log\frac{1}{x}\mathrm{d}x\leqslant(1-\varepsilon)^{1/q}.$$

令 $\varepsilon\to 0$, 注意 $\varepsilon\log\varepsilon\to 0(\varepsilon\to 0)$, 我们得到

$$\int_0^1|f(x)|\log\frac{1}{x}\mathrm{d}x\leqslant 1.$$

因为

$$-\int_0^1 f(x)\log x\mathrm{d}x\leqslant\int_0^1|f(x)|\log\frac{1}{x}\mathrm{d}x\leqslant 1,$$

而且 $f\in\mathscr{F}$, 所以

$$S(\mathscr{F})\leqslant 1.$$

(iii) 如步骤 (i) 中指出, 函数 $f(x)=1(0\leqslant x\leqslant 1)$ 属于 $\mathscr{F}$, 并且

$$-\int_0^1 f(x)\log x\mathrm{d}x=1,$$

所以 $S(\mathscr{F})=1$.

9.149 (1) 若 $\lim\limits_{n\to\infty}a_n=a$, 那么显然 $\lim\limits_{n\to\infty}(a_{n+1}-\lambda a_n)=a-\lambda a=(1-\lambda)a$. 下面证明: 若 $\lim\limits_{n\to\infty}(a_{n+1}-\lambda a_n)=(1-\lambda)a$, 则 $\lim\limits_{n\to\infty}a_n=a$.

(i) 我们令

$$x_n=a_{n+1}-\lambda a_n\quad(n\geqslant 0),$$

那么 $a_{n+1}=\lambda a_n+x_n$, 于是

$$\lambda^{-(n+1)}a_{n+1}=\lambda^{-n}a_n+\lambda^{-(n+1)}x_n.$$

在此式中易 n 为 $0,1,2,\cdots,n-1$, 然后将这样得到的 n 个等式相加, 可推出

$$a_n=\lambda^n\left(a_0+\sum_{k=1}^n\frac{x_{k-1}}{\lambda^k}\right)\quad(n\geqslant 1).$$

(ii) 若 $0<\lambda<1$, 则 $\lambda^{-n}\to\infty\,(n\to\infty)$, 于是由 Stolz 定理得到

$$\lim_{n\to\infty}a_n=\lim_{n\to\infty}\frac{a_0+\sum\limits_{k=1}^n\lambda^{-k}x_{k-1}}{\lambda^{-n}}=\lim_{n\to\infty}\frac{\lambda^{-n-1}x_n}{\lambda^{-n-1}-\lambda^{-n}}$$
$$=\frac{1}{1-\lambda}\lim_{n\to\infty}x_n=\frac{1}{1-\lambda}\cdot(1-\lambda)a=a.$$

(iii) 若 $-1<\lambda<0$, 则由步骤 (i) 中得到的公式推出

$$a_{2n}=\lambda^{2n}\left(a_0+\sum_{k=1}^{2n}\frac{x_{k-1}}{\lambda^k}\right)\quad(n\geqslant 1).$$

因为 $\lambda^{-2n}\to+\infty(n\to\infty)$, 并且由假设, $\lim\limits_{n\to\infty}x_{2n}=\lim\limits_{n\to\infty}x_{2n+1}=(1-\lambda)a$, 所以由 Stolz 定理得到

$$\begin{aligned}\lim_{n\to\infty}a_{2n}&=\frac{1}{1-\lambda^2}\lim_{n\to\infty}(x_{2n+1}+\lambda x_{2n})\\&=\frac{1}{1-\lambda^2}\big((1-\lambda)a+\lambda(1-\lambda)a\big)=a.\end{aligned}$$

类似地, 还有

$$-a_{2n+1}=(-\lambda)^{2n+1}\left(a_0+\sum_{k=1}^{2n+1}\frac{x_{k-1}}{\lambda^k}\right)\quad(n\geqslant 1).$$

因为 $(-\lambda)^{-(2n+1)}\to+\infty(n\to\infty)$, 所以与上面同样地得到

$$\begin{aligned}\lim_{n\to\infty}a_{2n+1}&=-\frac{1}{\lambda^2-1}\lim_{n\to\infty}(x_{2n+2}+\lambda x_{2n+1})\\&=\frac{1}{1-\lambda^2}\lim_{n\to\infty}(x_{2n+2}+\lambda x_{2n+1})=a.\end{aligned}$$

因此 $\lim\limits_{n\to\infty}a_n=a$.

(2) 我们给出两个解法.

解法 1　显然条件

$$\lim_{n\to\infty}(4a_{n+2}-4a_{n+1}+a_n)=a$$

等价于

$$\lim_{n\to\infty}\left(a_{n+2}-a_{n+1}+\frac{1}{4}a_n\right)=\frac{1}{4}a.$$

因为

$$a_{n+2}-a_{n+1}+\frac{1}{4}a_n=a_{n+2}-\frac{1}{2}a_{n+1}-\frac{1}{2}\left(a_{n+1}-\frac{1}{2}a_n\right),$$

若记 $y_n=a_{n+1}-a_n/2$, 则上述条件等价于

$$\lim_{n\to\infty}\left(y_{n+1}-\frac{1}{2}y_n\right)=\frac{1}{4}a,$$

也就是

$$\lim_{n\to\infty}\left(y_{n+1}-\frac{1}{2}y_n\right)=\left(1-\frac{1}{2}\right)\cdot\frac{a}{2}.$$

依本题 (1)(取 $\lambda=1/2$), 这个条件等价于 $\lim\limits_{n\to\infty}y_n=a/2$, 亦即

$$\lim_{n\to\infty}\left(a_{n+1}-\frac{1}{2}a_n\right)=\left(1-\frac{1}{2}\right)a.$$

再次应用本题 (1)(取 $\lambda=1/2$), 这个条件等价于 $\lim\limits_{n\to\infty}a_n=a$.

解法 2　只用证明

$$\lim_{n\to\infty}(4a_{n+2}-4a_{n+1}+a_n)=a$$

蕴含 $\lim\limits_{n\to\infty}a_n=a$(逆命题显然成立). 考虑用下式定义的数列 y_n:

$$y_0=a_0,\quad y_n=a_n-\frac{n+1}{2n}a_{n-1}\quad(n\geqslant 1).$$

于是

$$a_n=\frac{n+1}{2n}\cdot a_{n-1}+y_n\quad(n\geqslant 1).$$

将此式两边乘以 $2^n/(n+1)$, 得到

$$\frac{2^n}{n+1}\cdot a_n = \frac{2^{n-1}}{n}\cdot a_{n-1} + \frac{2^n}{n+1}\cdot y_n \quad (n \geqslant 1).$$

在此式中分别易 n 为 $n-1,\cdots,2,1$, 这样共得到的 n 个等式, 将它们相加得到

$$a_n = \frac{n+1}{2^n}\left(\sum_{k=1}^{n}\frac{2^k y_k}{k+1} + a_0\right) \quad (n \geqslant 1),$$

注意 $a_0 = y_0$, 并记

$$S_n = \sum_{k=0}^{n}\frac{2^k y_k}{k+1} \quad (n \geqslant 0),$$

则得

$$a_n = \frac{n+1}{2^n}\sum_{k=0}^{n}\frac{2^k y_k}{k+1} = \frac{(n+1)S_n}{2^n} \quad (n \geqslant 0).$$

由 Stolz 定理得到

$$\lim_{n\to\infty} a_n = \lim_{n\to\infty}\frac{(n+1)S_n}{2^n} = \lim_{n\to\infty}\frac{(n+2)S_{n+1}-(n+1)S_n}{2^{n+1}-2^n}.$$

因为

$$S_{n+1} = S_n + \frac{2^{n+1}y_{n+1}}{n+2},$$

所以

$$\lim_{n\to\infty} a_n = \lim_{n\to\infty}\frac{S_n + 2^{n+1}y_{n+1}}{2^n}.$$

再次应用 Stolz 定理得到

$$\lim_{n\to\infty} a_n = \lim_{n\to\infty}\frac{S_{n+1}+2^{n+2}y_{n+2}-S_n-2^{n+1}y_{n+1}}{2^{n+1}-2^n}.$$

因为

$$\begin{aligned}
&S_{n+1}+2^{n+2}y_{n+2}-S_n-2^{n+1}y_{n+1}\\
&= S_n + \frac{2^{n+1}y_{n+1}}{n+2} + 2^{n+2}y_{n+2} - S_n - 2^{n+1}y_{n+1}\\
&= 2^{n+2}y_{n+2} - \frac{n+1}{n+2}\cdot 2^{n+1}y_{n+1},
\end{aligned}$$

所以

$$\frac{S_{n+1}+2^{n+2}y_{n+2}-S_n-2^{n+1}y_{n+1}}{2^{n+1}-2^n} = 2\left(2y_{n+2} - \frac{n+1}{n+2}y_{n+1}\right).$$

注意 $y_n = a_n - (n+1)a_{n-1}/(2n)$, 即得

$$\lim_{n\to\infty} a_n = \lim_{n\to\infty}(4a_{n+2} - 4a_{n+1} + a_n).$$

于是依假设得到 $\lim\limits_{n\to\infty} a_n = a$.

(3) 由题设条件可知 $\beta \leqslant 1-\alpha$, 所以 $a_{n+2} \leqslant \alpha a_{n+1} + \beta a_n \leqslant \alpha a_{n+1} + (1-\alpha)a_n$, 由此推出

$$a_{n+2} + (1-\alpha)a_{n+1} \leqslant a_{n+1} + (1-\alpha)a_n \quad (n \geqslant 0),$$

因此正数列

$$a_{n+1} + (1-\alpha)a_n \quad (n \geqslant 0)$$

单调递减, 从而收敛. 于是依本题 (1) 可知(其中 $\lambda = -(1-\alpha)$) 数列 a_n 收敛.

9.150　提示　(1) 参考补充习题 9.149(2) 的解法 2. 考虑数列

$$y_n = a_n - \frac{n+1}{cn} \cdot a_{n-1},$$

其中 c 是某个常数.

(2) 在题 (1) 中取 $\lambda = -2, a = 1$.

9.151　提示　参考例 1.7.4 的解法 2, 考虑数列

$$z_n = a_{n+1} + \frac{2}{3}a_n \quad (n \geqslant 1).$$

证明它收敛. 记其极限为 z, 则数列 a_n 收敛于 $a = 3z/5$.

9.152　(i) 显然 x_n 单调递增并且 >0. 若当 $n \to \infty$ 时数列 x_n 有有限的极限 L, 则可由题中的递推关系式推出

$$L = L + \frac{1}{L},$$

这不可能, 因此数列发散.

(ii) 我们来估计 x_n. 令 $y_n = x_n^2 - 2n\,(n \geqslant 1)$, 则有

$$\begin{aligned} y_{n+1} &= x_{n+1}^2 - 2(n+1) = \left(x_n + \frac{1}{x_n}\right)^2 - 2n - 2 \\ &= x_n^2 + 2 + \frac{1}{x_n^2} - 2n - 2 = x_n^2 - 2n + \frac{1}{x_n^2} = y_n + \frac{1}{y_n + 2n}. \end{aligned}$$

由于 $x_n^2 = (x_{n-1} + 1/x_{n-1})^2 > x_{n-1}^2 + 2$, 所以由数学归纳法可证当 $n \geqslant 1$ 时 $x_n^2 > 2n$, 因而 $y_n > 0$. 据此我们由上式推出

$$y_n < y_{n+1} < y_n + \frac{1}{2n} \quad (n \geqslant 1).$$

于是归纳地得到: 当 $n \geqslant 2$ 时,

$$\begin{aligned} y_n &< \frac{1}{2(n-1)} + y_{n-1} < \frac{1}{2(n-1)} + \frac{1}{2(n-2)} + y_{n-2} \\ &< \cdots < \frac{1}{2(n-1)} + \frac{1}{2(n-2)} + \cdots + \frac{1}{2} + y_1. \end{aligned}$$

因为 $y_1 = 2$, 以及

$$\frac{1}{2(n-1)} + \frac{1}{2(n-2)} + \cdots + \frac{1}{2} < \frac{1}{2}\left(1 + \int_1^{n-1} \frac{\mathrm{d}x}{x}\right) = \frac{1}{2}\big(\log(n-1) + 1\big),$$

所以

$$0 < y_n < \frac{1}{2}\log(n-1) + \frac{5}{2} \quad (n \geqslant 2).$$

由此可知

$$2n < x_n^2 < \frac{1}{2}\log(n-1) + 2(n+1) + \frac{1}{2} \quad (n \geqslant 2).$$

因此

$$\sqrt{2n} < x_n < \sqrt{2n}\big(1 + o(1)\big) \quad (n \to \infty),$$

由此即得 $x_n \sim \sqrt{2n}\,(n \to \infty)$.

注　如果我们将 $x_{n+1} - x_n = (x_{n+1} - x_n)/\big((n+1) - n\big)$ 类比为 $\mathrm{d}x/\mathrm{d}n$, 所给递推关系式类比为微分方程

$$\frac{\mathrm{d}x}{\mathrm{d}n} = \frac{1}{x},$$

则得 $x = \sqrt{2n + c}$, 其中 c 为某个常数. 因而 x_n 与 $\sqrt{2n}$ 较接近. 这启发我们在上面的解法中令 $y_n = x_n^2 - 2n\,(n \geqslant 1)$, 而 y_n 较小 (与 n 相比). 对此还可参见例 1.7.5 的注.

9.153 (i) 由题设可知 $a_n\,(n\geqslant 0)$ 是单调递增的正数列, 并且由于

$$\begin{aligned}\frac{a_{n+1}}{(n+1)^2}-\frac{a_n}{n^2}&=\frac{a_n}{(n+1)^2}+\frac{2a_{n-1}}{(n+1)^3}-\frac{a_n}{n^2}\\&\leqslant\frac{a_n}{(n+1)^2}+\frac{2a_n}{(n+1)^3}-\frac{a_n}{n^2}\\&=\frac{n^2(n+1)+2n^2-(n+1)^3}{n^2(n+1)^3}a_n\\&=-\frac{3n+1}{n^2(n+1)^3}a_n<0,\end{aligned}$$

所以 $a_n/n^2\,(n\geqslant 1)$ 单调递减, 从而收敛.

(ii) 由数列 a_n/n^2 的收敛性可知 a_n/n^2 有界. 又因为级数 $\sum\limits_{n=0}^{\infty}n^2x^n$ 的收敛半径等于 1, 所以级数 $\sum\limits_{n=0}^{\infty}a_nx^n$ 至少在区间 $(-1,1)$ 中收敛. 我们定义函数

$$f(x)=\sum_{n=0}^{\infty}a_nx^n\quad(-1<x<1).$$

依幂级数性质, 我们算出

$$f'(x)=\sum_{n=1}^{\infty}na_nx^{n-1}=a_1+\sum_{n=1}^{\infty}(n+1)a_{n+1}x^n.$$

由递推关系, $(n+1)a_{n+1}=na_n+a_n+2a_{n-1}$, 所以由上式得到

$$\begin{aligned}f'(x)&=a_1+\sum_{n=1}^{\infty}\big(na_n+a_n+2a_{n-1}\big)x^n\\&=a_1+\sum_{n=1}^{\infty}na_nx^n+\sum_{n=1}^{\infty}a_nx^n+2\sum_{n=1}^{\infty}a_{n-1}x^n\\&=a_1+x\sum_{n=1}^{\infty}na_nx^{n-1}+\sum_{n=0}^{\infty}a_nx^n-a_0+2x\sum_{n=1}^{\infty}a_{n-1}x^{n-1}\\&=a_1+xf'(x)+f(x)-a_0+2xf(x).\end{aligned}$$

因此

$$(1-x)f'(x)-(1+2x)f(x)=a_1-a_0,$$

也就是说, f 是微分方程

$$(1-x)y'-(1+2x)y=a_1-a_0$$

的解. 因为 $f(0)=a_0$, 所以初值条件是 $y(0)=a_0$.

(iii) 现在来解上述微分方程. 对应的齐次方程

$$(1-x)y'-(1+2x)y=0$$

有解 $y=c(1-x)^{-3}\mathrm{e}^{-2x}$. 易常数 c 为 $c(x)$, 代入原方程, 求出

$$c'(x)=(a_1-a_0)\mathrm{e}^{2x}(1-x)^2,$$

由此解出

$$c(x)=\frac{a_1-a_0}{4}(2x^2-6x+5)\mathrm{e}^{2x}+\lambda,$$

其中 λ 是常数. 于是我们最终得到

$$f(x)=\frac{g(x)}{(1-x)^3},$$

其中已令

$$g(x)=\frac{a_1-a_0}{4}(2x^2-6x+5)+\lambda e^{-2x},$$

并且由初值条件 $f(0)=a_0$ 可知 $\lambda=(9a_0-5a_1)/4$.

(iv) 为得到 a_n 的明显表达式, 需求出 $f(x)$ 的幂级数展开中 x^n 的系数. 为此将 $g(x)$ 表示为

$$g(x)=\sum_{k=0}^{\infty}\frac{g^{(k)}(1)}{k!}(x-1)^k=\sum_{k=0}^{\infty}(-1)^k\frac{g^{(k)}(1)}{k!}(1-x)^k,$$

则有

$$\begin{aligned}f(x)=&g(1)(1-x)^{-3}-\frac{g'(1)}{1!}(1-x)^{-2}+\frac{g''(1)}{2!}(1-x)^{-1}\\&-\frac{g'''(1)}{3!}+\frac{g^{(4)}(1)}{4!}(1-x)+\cdots+(-1)^{n+3}\frac{g^{(n+3)}(1)}{(n+3)!}(1-x)^n+\cdots.\end{aligned}$$

依二项式展开, 当 $\alpha\in\mathbb{R},|x|<1$ 时,

$$(1+x)^\alpha=1+\frac{\alpha}{1!}x+\frac{\alpha(\alpha-1)}{2!}x^2+\cdots+\frac{\alpha(\alpha-1)\cdots(\alpha-n+1)}{n!}x^n+\cdots.$$

我们看到在 $g(1)(1-x)^{-3}$ 的展开式中恰好含有

$$g(1)\frac{(-3)(-3-1)\cdots(-3-n+1)}{n!}(-x)^n=g(1)\frac{(n+1)(n+2)}{2}x^n;$$

在 $-\big(g'(1)/1!\big)(1-x)^{-2}$ 的展开式中恰好含有

$$-\frac{g'(1)}{1!}\cdot(n+1)x^n;$$

在 $\big(g''(1)/2!\big)(1-x)^{-1}$ 的展开式中恰好含有

$$\frac{g''(1)}{2!}\cdot x^n;$$

在其后的连续 n 个项的展开式中不含有 x^n. 而在余下的各项

$$\sum_{k=n+3}^{\infty}(-1)^k\frac{g^{(k)}(1)}{k!}(1-x)^{k-3}=\sum_{k=n}^{\infty}(-1)^{k+3}\frac{g^{(k+3)}(1)}{(k+3)!}(1-x)^k$$

中, x^n 的系数之和是

$$L_n=\sum_{k=n}^{\infty}(-1)^{k+3}\frac{g^{(k+3)}(1)}{(k+3)!}\cdot\frac{k(k-1)\cdots(k-n+1)}{n!}.$$

于是我们得到

$$a_n=g(1)\frac{(n+1)(n+2)}{2}-\frac{g'(1)}{1!}\cdot(n+1)+\frac{g''(1)}{2!}+L_n.$$

(v) 为计算所要求的极限, 我们先估计 L_n. 当 $k=n$ 时,

$$\frac{1}{(k+3)!}\cdot\frac{k(k-1)\cdots(k-n+1)}{n!}=\frac{1}{(k+3)!};$$

当 $k>n$ 时,

$$\frac{1}{(k+3)!}\cdot\frac{k(k-1)\cdots(k-n+1)}{n!}=\frac{1}{(k+3)!}\cdot\frac{k!}{n!(k-n)!}$$

$$
\begin{aligned}
&= \frac{1}{(k+3)!} \cdot \frac{k(k-1)\cdots(n+1)\cdot n!}{n!(k-n)!} = \frac{k(k-1)\cdots(n+1)}{(k+3)!(k-n)!} \\
&= \frac{k(k-1)\cdots(n+1)}{(k+3)(k+2)\cdots(n+4)\cdot(n+3)!(k-n)!} \\
&= \frac{k}{k+3} \cdot \frac{k-1}{k+2} \cdots \frac{n+1}{n+4} \cdot \frac{1}{(n+3)!} \cdot \frac{1}{(k-n)!} \\
&\leqslant \frac{1}{(n+3)!} \cdot \frac{1}{(k-n)!}.
\end{aligned}
$$

还要注意当 $k \geqslant 0$ 时,

$$
g^{(k)}(1) = \frac{a_0 - a_1}{4}(2x^2 - 6x + 5)^{(k)}\Big|_{x=1} + \lambda(\mathrm{e}^{-2x})^{(k)}\Big|_{x=1},
$$

因此

$$
|g^{(k)}(1)| \leqslant C2^k \quad (k \geqslant 0),
$$

其中 C 是常数. 于是

$$
|L_n| \leqslant \frac{C}{(n+3)!}\sum_{k=n}^{\infty}\frac{2^{k+3}}{(k-n)!} = \frac{C2^{n+3}}{(n+3)!}\sum_{k=n}^{\infty}\frac{2^{k-n}}{(k-n)!} = \frac{C\mathrm{e}^2 2^{n+3}}{(n+3)!}.
$$

因此即得

$$
a_n = g(1)\frac{(n+1)(n+2)}{2} + O(n),
$$

从而

$$
\lim_{n\to\infty}\frac{a_n}{n^2} = \frac{g(1)}{2} = \frac{a_1 - a_0}{8} + \frac{9a_0 - 5a_1}{8\mathrm{e}^2}.
$$

9.154 如果在题中的方程中用 $f(n) \in \mathbb{N}$ 代 n, 那么可得

$$
f\big(f(f(f(n)))\big) + 6f\big(f(n)\big) = 3f\big(f(f(n))\big) + 4f(n) + 2001,
$$

这个过程可以继续进行下去. 因此, 若我们引进记号

$$
a_k = f\big(f(\cdots f(f(n))\cdots)\big) \quad (k \geqslant 1), \quad a_0 = n,
$$

这里 a_k 中 f 出现 k 次, 则题中的方程可改写为递推关系式

$$
a_{k+3} - 3a_{k+2} + 6a_{k+1} - 4a_k = 2001 \quad (k \geqslant 0).
$$

下面采用母函数方法 (参见例 1.6.3 的注) 的一个变体, 并不求出 a_n 的一般公式, 而是只求 a_1, 即 $f(n)$ 的表达式.

令 $G(x) = \sum\limits_{k=0}^{\infty} a_k x^k$, 则有

$$
\begin{aligned}
(1 - 3x + 6x^2 - 4x^3)G(x) &= \sum_{k=0}^{\infty} a_k x^k - 3\sum_{k=0}^{\infty} a_k x^{k+1} + 6\sum_{k=0}^{\infty} a_k x^{k+2} - 4\sum_{k=0}^{\infty} a_k x^{k+3} \\
&= a_0 + (a_1 - 3a_0)x + (a_2 - 3a_1 + 6a_0)x^2 \\
&\quad + \sum_{k=3}^{\infty} a_k x^k - 3\sum_{k=2}^{\infty} a_k x^{k+1} + 6\sum_{k=1}^{\infty} a_k x^{k+2} - 4\sum_{k=0}^{\infty} a_k x^{k+3},
\end{aligned}
$$

应用上述递推关系式, 我们有

$$
\sum_{k=3}^{\infty} a_k x^k - 3\sum_{k=2}^{\infty} a_k x^{k+1} + 6\sum_{k=1}^{\infty} a_k x^{k+2} - 4\sum_{k=0}^{\infty} a_k x^{k+3}
$$

$$=\sum_{k=0}^{\infty}(a_{k+3}-3a_{k+2}+6a_{k+1}-4a_k)x^3\cdot x^k=2001x^3\sum_{k=0}^{\infty}x^k.$$

所以

$$(1-3x+6x^2-4x^3)G(x)=a_0+(a_1-3a_0)x+(a_2-3a_1+6a_0)x^2+2001x^3\sum_{k=0}^{\infty}x^k.$$

因为当 $|x|<1$ 时幂级数 $\sum\limits_{k=0}^{\infty}x^k$ 收敛于 $1/(1-x)$, 并且 $1-3x+6x^2-4x^3=(1-x)(1-2x+4x^2)=(1-x)\big((1-x)^2+3x^2\big)\neq 0$, 所以由上式推出: 当 $|x|<1$ 时幂级数 $\sum\limits_{k=0}^{\infty}a_kx^k$ 收敛, 并且

$$(1-3x+6x^2-4x^3)G(x)=P(x)+\frac{2001x^3}{1-x},$$

或者

$$G(x)=\frac{P(x)(1-x)+2001x^3}{(1-x)(1-3x+6x^2-4x^3)}\quad(|x|<1),$$

其中 $P(x)=a_0+(a_1-3a_0)x+(a_2-3a_1+6a_0)x^2$ 是一个 2 次整系数多项式. 又由 $1-3x+6x^2-4x^3=(1-x)(1-2x+4x^2)$, 可知

$$G(x)=\frac{P(x)(1-x)+2001x^3}{(1-x)^2(1-2x+4x^2)}.$$

进行分部分式, 并注意 $1-2x+4x^2=(1+8x^3)/(1+2x)$, 我们有

$$\begin{aligned}G(x)&=\frac{A}{1-x}+\frac{B}{(1-x)^2}+\frac{Cx+D}{1-2x+4x^2}\\&=\frac{A}{1-x}+\frac{B}{(1-x)^2}+(Cx+D)\frac{1+2x}{1+8x^3},\end{aligned}$$

于是, 当 $|x|$ 足够小时,

$$G(x)=A\sum_{k=0}^{\infty}x^k+B\sum_{k=0}^{\infty}(k+1)x^k+(Cx+D)(1+2x)\sum_{k=0}^{\infty}(-2x)^{3k}.$$

将表达式 $G(x)=\sum\limits_{k=0}^{\infty}a_kx^k$ 代入上式, 可以看到 a_k 将通过 A,B,C,D 和 k 表出, 其中 C,D 的系数中出现 $(-2)^{3k}$, 它的阶高于 k 的阶, 而对于所有 k, $a_k>0$, 所以必然 $C=D=0$. 于是

$$\sum_{k=0}^{\infty}a_kx^k=A\sum_{k=0}^{\infty}x^k+B\sum_{k=0}^{\infty}(k+1)x^k.$$

比较两边 x^0,x^1 的系数, 得到

$$a_0=A+B,\quad a_1=A+2B,$$

于是 $B=a_1-a_0$, 从而 $f(n)=a_1=B+a_0=B+n$. 剩下的事是求 B. 为此注意

$$\lim_{x\to 1}\big((1-x)^2G(x)\big)=\lim_{x\to 1}\left((1-x)^2\cdot\frac{P(x)(1-x)+2001x^3}{(1-x)^2(1-2x+4x^2)}\right)=\frac{2001}{3}=667,$$

同时又有

$$\lim_{x\to 1}\big((1-x)^2G(x)\big)=\lim_{x\to 1}\left((x-1)^2\Big(\frac{A}{1-x}+\frac{B}{(1-x)^2}\Big)\right)=B,$$

因此 $B=667$, 于是 $f(n)=667+n$. 容易验证, $f(n)$ 的这个形式确实满足题中的方程.

9.155 由题设条件可知, 对于任何固定实数 a 有 $f(x,y)=-f(a,x)-f(y,a)$. 令 $g(x)=f(x,a)$, 那么 $f(x,y)=-f(a,x)-g(y)$, 所以只需证明 $g(x)=-f(a,x)$. 在题设等式中令 $y=z=a$, 则得 $f(x,a)+$

$f(a,a)+f(a,x)=0$, 所以 $g(x)=-f(a,a)-f(a,x)$, 因而只需证明 $f(a,a)=0$. 为此在题设等式中令 $x=y=z=0$, 则得 $3f(a,a)=0$. 于是取 $g(x)=f(x,a)$ 即合要求.

9.156 (1) 由题设可知 $f(0)=0, f(2x)=f^2(x)$. 由归纳法得 $f(x)=f^2(x/2)=f^{2^2}(x/2^2)=\cdots=f^{2^n}(x/2^n)$. 因此 $f(x)\geqslant 0$, 并且

$$f\left(\frac{x}{2^n}\right)=\sqrt[2^n]{f(x)}.$$

如果 $f(x)>0$, 那么在上式两边令 $n\to\infty$, 依 $f(x)$ 在点 0 处的连续性得到 $0=1$. 因此 $f(x)$ 恒等于零.

(2) 令 $x=\tanh u, y=\tanh v$, 那么

$$\frac{x+y}{1+xy}=\frac{\tanh u+\tanh v}{1+\tanh u\tanh v}=\tanh(u+v).$$

于是题中的方程成为

$$f\big(\tanh(u+v)\big)=f(\tanh u)+f(\tanh v).$$

这表明函数 $g(u)=f(\tanh u)$ 满足 Cauchy 函数方程 $g(u)+g(v)=g(u+v)$. 注意当且仅当 $x\in(-1,1)$ 时 $u\in\mathbb{R}$, 并且当且仅当 $f(x)$ 在 $(-1,1)$ 上连续时 $g(u)$ 在 $\mathbb{R}$ 上连续. 因此依例 2.7.11(1), $g(u)=au$(其中 a 是常数). 由 $x=\tanh u$ 解出

$$u=\frac{1}{2}\log\frac{1+x}{1-x},$$

我们最终得到

$$f(x)=\frac{1}{2}a\log\frac{1+x}{1-x}\quad(|x|<1).$$

(3) 注意函数 $g(x)=f(x)\mathrm{e}^{-x}$ 满足 Cauchy 函数方程. 答案是 $f(x)=ax\mathrm{e}^{x}$(细节从略).

(4) 在题给函数方程中用 $(x-1)/x$ 代 x, 可得

$$f\left(\frac{x-1}{x}\right)+f\left(\frac{-1}{x-1}\right)=\frac{2x-1}{x}$$

类似地, 在原函数方程中用 $-1/(x-1)$ 代 x, 可得

$$f\left(\frac{-1}{x-1}\right)+f(x)=\frac{x-2}{x-1}.$$

将原函数方程与此方程相加, 然后减前一方程, 我们得到

$$2f(x)=1+x+\frac{x-2}{x-1}-\frac{2x-1}{x},$$

因此 $f(x)=(x^3-x^2-1)/\big(2x(x-1)\big)$.

9.157 用反证法. 设结论不成立, 那么存在 $y_0\in\mathbb{R}$ 使得 $|g(y_0)|=a>1$, 令 $M=\sup\{|f(x)|\mid x\in\mathbb{R}\}$. 于是存在 $x_0\in\mathbb{R}$, 使得 $|f(x_0)|>M/a$. 由题中所给函数方程推出

$$\begin{aligned}|f(x_0+y_0)|+|f(x_0-y_0)|&\geqslant|f(x_0+y_0)+f(x_0-y_0)|\\&=2|f(x_0)||g(y_0)|>2\frac{M}{a}a=2M.\end{aligned}$$

因此 $|f(x_0+y_0)|$ 和 $|f(x_0-y_0)|$ 中至少有一个 $>M$, 这与假设矛盾.

9.158 首先考虑常数函数解. 设函数 $f(x)=c$ (其中 c 为常数) 满足函数方程, 则有 $c+c=2c\cdot c$, 因此得到两个常数函数解 $f(x)=0$ 和 $f(x)=1$.

下面考虑非常数连续函数解. 在原函数方程

$$f(x+y)+f(x-y)=2f(x)f(y)$$

中令 $y=0$, 并取一个使 $f(x)\neq 0$ 的 x(因为 f 不是常数函数, 所以这样的 x 存在), 我们得知 $f(0)=1$. 于是, 在上述方程中令 $x=0$, 得到 $f(-y)=f(y)$, 即 f 是偶函数. 又由 f 的连续性及 $f(0)=1$ 可知存在一个区间 $[0,c]$, 使得函数 f 在其上是正的. 我们考虑两种情形: $f(c)\leqslant 1$ 和 $f(c)>1$.

(i) 若 $f(c) \leqslant 1$, 则存在 $\theta \in [0,\pi/2)$, 使得 $f(c) = \cos\theta$. 将原函数方程改写成

$$f(x)f(y) = \frac{1}{2}\big(f(x+y)+f(x-y)\big).$$

在其中令 $x = y = c/2$, 可得 $f^2(c/2) = \big(f(c)+f(0)\big)/2 = (\cos\theta+1)/2 = \cos^2(\theta/2)$. 注意 $c/2 \in [0,c], \theta/2 \in [0,\pi/2)$, 所以 $f(c/2)$ 及 $\cos(\theta/2)$ 是正的, 从而 $f(c/2) = \cos(\theta/2)$. 如果 $f(c/2^m) = \cos(\theta/2^m)(m \geqslant 1)$ 已成立, 那么在原函数方程的上述改写形式中令 $x = y = c/2^{m+1}$, 则可类似地得到 $f^2(c/2^{m+1}) = \cos^2(\theta/2^{m+1})$, 因而 $f(c/2^{m+1}) = \cos(\theta/2^{m+1})$. 于是我们归纳地证明了

$$f\left(\frac{c}{2^n}\right) = \cos\left(\frac{\theta}{2^n}\right) \quad (n \in \mathbb{N}).$$

(ii) 记 $c_1 = c/2^n, \theta_1 = \theta/2^n$, 其中 n 是任意正整数 (但固定), 于是 $f(c_1) = \cos\theta_1$. 将原函数方程改写成

$$f(x+y) = 2f(x)f(y) - f(x-y).$$

在其中取 $x = c_1, y = c_1$, 可得 $f(2c_1) = 2\cos^2\theta_1 - 1 = \cos 2\theta_1$. 如果 $f(sc_1) = \cos s\theta_1$(其中 $s \geqslant 2$ 是整数) 已成立, 那么在刚才给出的原函数方程的改写形式中令 $x = sc_1, y = c_1$, 即可类似地得到 $f\big((s+1)c_1\big) = \cos(s+1)\theta_1$(细节从略). 于是依数学归纳法, 我们证明了

$$f(mc_1) = \cos m\theta \quad (m \in \mathbb{N}).$$

注意 c_1, θ_1 的定义, 即得

$$f\left(\frac{m}{2^n}c\right) = \cos\left(\frac{m}{2^n}\theta\right) \quad (m,n \in \mathbb{N}).$$

(iii) 由此可知对于 $x = m/2^n$, 我们有

$$f(xc) = \cos(x\theta).$$

因为形如 $m/2^n(m,n \in \mathbb{N}_0)$ 的数集在 $\mathbb{R}_+$ 中稠密 (见习题 2.47 解后的注), 所以依 f 的连续性得 $f(cx) = \cos x\theta(x > 0)$. 又因为上面已证 f 是偶函数, 所以 $f(cx) = \cos x\theta(x \in \mathbb{R})$. 最后, 将 cx 改记为 x, 那么 $x\theta$ 记为 $\theta x/c$. 因此在 $f(c) \leqslant 1$ 的情形 $f(x) = \cos ax$(其中 $a = \theta/c$).

(iv) 若 $f(c) > 1$, 则存在 θ, 使得 $f(c) = \cosh\theta$. 因而可类似地得到 $f(x) = \cosh(ax)$(读者自行补出细节).

9.159 (i) 在函数方程中令 $y = 1$ 可得

$$g(x) = h(x) - f(x+1) + h(1) \quad (x > 0).$$

易 x 为 xy, 则有

$$g(xy) = h(xy) - f(xy+1) + h(1),$$

将它代入原函数方程, 我们得到只含函数 f 和 h 的方程

$$h(x) + h(y) - h(xy) = f(x+y) - f(xy+1) + h(1).$$

(ii) 令 $H(x,y) = h(x) + h(y) - h(xy)$, 直接验证可知

$$H(xy,z) + H(x,y) = H(x,yz) + H(y,z);$$

并且由步骤 (i) 中得到的结果得知

$$H(x,y) = f(x+y) - f(xy+1) + h(1).$$

将上式代入前式, 可得到只含有一个函数 f 的方程

$$f(xy+z) - f(xy+1) + f(yz+1) = f(x+yz) + f(y+z) - f(x+y) \quad (x,y,z \in \mathbb{R}_+).$$

注意 f 在 $\mathbb{R}_+$ 上连续, 在此式两边令 $z\to0+$, 即得

$$f(xy)-f(xy+1)+f(1)=f(x)+f(y)-f(x+y).$$

(iii) 引进函数

$$\phi(t)=f(t)-f(t+1)+f(1)\quad(t>0),$$
$$F(x,y)=f(x)+f(y)-f(x+y),$$

那么容易直接验证

$$F(x+y,z)+F(x,y)=F(x,y+z)+F(y,z)\quad(x,y,z\in\mathbb{R}_+);$$

并且由步骤 (ii) 中所得结果得知

$$F(x,y)=\phi(xy).$$

将上式代入前式, 我们推出

$$\phi(xz+yz)+\phi(xy)=\phi(xy+xz)+\phi(yz)\quad(x,y,z\in\mathbb{R}_+).$$

在其中令 $z=1/y$, 并记

$$u=\frac{x}{y},\quad v=xy,$$

则得

$$\phi(u+1)+\phi(v)=\phi(u+v)+\phi(1)$$

显然当 $x,y>0$ 时 $u,v>0$, 反之, 若给定 $u,v>0$, 则存在 $x,y>0$ 使得 $x/y=u,xy=v$, 因此上式对所有 $u,v>0$ 成立.

(iv) 在上式中交换 u,v 的位置 (即易 u 为 v, 同时易 v 为 u) 可得 $\phi(v+1)+\phi(u)=\phi(u+v)+\phi(1)$, 因此

$$\phi(u+1)+\phi(v)=\phi(v+1)+\phi(u)\quad(u,v>0).$$

在式中令 $v=1$ 得

$$\phi(u+1)=\phi(u)+\phi(2)-\phi(1).$$

将它代入步骤 (iii) 中得到的方程, 我们有

$$\phi(u+v)=\phi(u)+\phi(v)+\phi(2)-2\phi(1)\quad(u,v>0).$$

记 $\phi_1(t)=\phi(t)+\phi(2)-2\phi(1)$, 则上式可化为

$$\phi_1(u+v)=\phi_1(u)+\phi_1(v)\quad(u,v>0).$$

这是 Cauchy 函数方程, 它有连续解 $\phi_1(t)=\alpha t$, 因此

$$\phi(t)=\alpha t+\beta\quad(t>0),$$

其中 α,β 是常数. 由此及关系式 $\phi(xy)=F(x,y)$, 我们从 $F(x,y)$ 的定义得到

$$\alpha xy+\beta=f(x)+f(y)-f(x+y),$$

因为 $xy=(x+y)^2/2-x^2/2-y^2/2$, 所以上式可化为

$$\left(f(x+y)+\frac{\alpha}{2}(x+y)^2-\beta\right)=\left(f(x)+\frac{\alpha}{2}x^2-\beta\right)+\left(f(y)+\frac{\alpha}{2}y^2-\beta\right).$$

记 $f_1(t)=f(t)+(\alpha/2)t^2-\beta$, 则得

$$f_1(x+y)=f_1(x)+f_1(y),$$

我们再次得到 Cauchy 函数方程, 因此 $f_1(t)=\gamma t$(其中 γ 是常数), 从而

$$f(x)=-\frac{\alpha}{2}x^2+\gamma x+\beta.$$

(v) 将 f 的这个表达式代入步骤 (i) 中所得到的 (只含 f 和 h 的) 方程, 我们有

$$h(x)+h(y)-h(xy)=-\frac{\alpha}{2}\left(x^2+y^2-(xy)^2\right)+\gamma(x+y-xy)+\frac{\alpha}{2}-\gamma+h(1),$$

记 $h_1(t)=h(t)+(\alpha/2)t^2-\gamma t-\delta$(其中 $\delta=\alpha/2-\gamma+h(1)$), 上式化为

$$h_1(x)+h_1(y)=h_1(xy)\quad (x,y>0).$$

对于 $x,y>0$, 可取实数 t,s 使得 $x=\mathrm{e}^t,y=\mathrm{e}^s$, 并定义函数 $r(t)=h_1(\mathrm{e}^t)$. 那么 $r(t)$ 是 t 的连续函数, 并且上述函数方程化为 Cauchy 函数方程

$$r(t)+r(s)=r(t+s)\quad (t,s\in\mathbb{R}_+),$$

因此它有唯一连续解 $r(t)=\tau t(t>0)$(其中 τ 为常数). 由 $x=\mathrm{e}^t$ 得 $t=\log x$, 所以 $h_1(x)=r(\log x)=\tau\log x$. 因此

$$h(x)=-\frac{\alpha}{2}x^2+\gamma x+\tau\log x+\delta.$$

最后, 将上面得到的 f 和 h 的表达式代入

$$g(x)=h(x)-f(x+1)+h(1)$$

(见步骤 (i)), 可求出

$$g(x)=\tau\log x+\alpha x-2\delta-\beta.$$

(vi) 上面的证明给出了原函数方程的解只可能具有的形式; 我们可以直接验证对于任意给定的常数 $\alpha,\beta,\gamma,\delta,\tau$, 上述形式的函数 f,g,h 确实满足题中的方程. 因此我们得到了方程的全部解.

9.160 (1) 令 $y=\log_2 x$, 则 $x=2^y$, 因而 $\log_3 x=\log_3 2^y=y\log_3 2$, 以及 $\log_5 x=y\log_5 2$. 还记 $a=\log_3 2,b=\log_5 2$. 那么 $a,b\in(0,1)$. 于是题中的函数方程化成

$$f(y)-f(ay)=by\quad (y\in\mathbb{R}),$$

易 y 为 $a^k y$, 我们有

$$f(a^k y)-f(a^{k+1}y)=b\cdot a^k y\quad (k\geqslant 0).$$

令 $k=0,1,2,\cdots,n-1$, 将所得等式相加, 可得

$$f(y)-f(a^n y)=\frac{by(1-a^n)}{1-a}\quad (y\in\mathbb{R},n\in\mathbb{N}).$$

在式中令 $n\to\infty$, 因为 f 连续, 并且 $\lim\limits_{n\to\infty}a^n=0$, 所以

$$f(y)-f(0)=\frac{by}{1-a}\quad (y\in\mathbb{R}),$$

于是函数方程的连续解有下列形式:

$$f(x)=\frac{\log_5 2}{1-\log_3 2}\cdot x+c,$$

其中 c 是任意常数. 容易验证它们确实满足题中的函数方程.

(2) 令 $y=r^x$, 原函数方程化为

$$f(y)-2f(ry)+f(r^2y)=r^3y \quad (y\in\mathbb{R}_+).$$

用 y/r^k 代 y 得到

$$f\left(\frac{y}{r^k}\right)-2f\left(\frac{y}{r^{k-1}}\right)+f\left(\frac{y}{r^{k-2}}\right)=\frac{y}{r^{k-3}} \quad (k\geqslant 0)$$

令 $k=2,3,\cdots,n+2$, 并且将所得到的 $n+1$ 个方程相加, 得到

$$\begin{aligned}f\left(\frac{y}{r^{n+2}}\right)-f\left(\frac{y}{r^{n+1}}\right)-f\left(\frac{y}{r}\right)+f(y)&=ry\left(1+\frac{1}{r}+\frac{1}{r^2}+\cdots+\frac{1}{r^n}\right)\\&=r^2y\frac{1-r^{-(n+1)}}{r-1} \quad (y>0).\end{aligned}$$

令 $n\to\infty$, 因为 $r>1$, 所以 $\lim\limits_{n\to\infty}y/r^{n+1}=\lim\limits_{n\to\infty}y/r^{n+2}=0$, 还要注意 f 在 $x=0$ 连续, 我们得到

$$f(0)-f(0)-f\left(\frac{y}{r}\right)+f(y)=\frac{r^2y}{r-1},$$

也就是

$$f(y)-f\left(\frac{y}{r}\right)=\frac{r^2y}{r-1} \quad (y>0).$$

这个方程与本题 (1) 中的方程 $f(y)-f(ay)=by(y\in\mathbb{R})$ 具有同一形式, 其中 $a=1/r,b=r^2/(r-1)$, 并且限定 $y>0$. 因此我们由此推出

$$f(y)=\left(\frac{r}{r-1}\right)^2\cdot ry+f(0) \quad (y>0).$$

因为函数方程中只出现函数 f 在 r^x 等点上的值, 所以在区间 $(-\infty,0)$ 上 f 可取作任何连续函数 g, 但必须 $g(0)=f(0)$ 以保证 f 在 $x=0$ 的连续性. 因此所求的解是

$$f(x)=\begin{cases}\left(\dfrac{r}{r-1}\right)^2\cdot rx+C, & x\geqslant 0,\\ g(x), & x<0,\end{cases}$$

其中 C 是任意常数, g 是连续函数, 并且 $g(0)=C$.

(3) 令 $3^x=y$, 那么 $4^x=y^\alpha$, 其中 $\alpha=\log_3 4>1$. 于是题中的函数方程化为

$$f(y)+f(y^\alpha)=\log_3 y \quad (y>0).$$

在其中逐次用 $y^{1/\alpha},y^{1/\alpha^2},\cdots,y^{1/\alpha^n}$ 代 y, 并且每次将所得方程两边分别乘以 $(-1)^2,(-1)^3,\cdots,(-1)^{n+1}$, 然后将所得 n 个方程相加, 得到

$$(-1)^{n+1}f\left(y^{1/\alpha^n}\right)+f(y)=\left(\frac{1}{\alpha}-\frac{1}{\alpha^2}+\cdots+(-1)^{n+1}\frac{1}{\alpha^n}\right)\log_3 y.$$

取 n 为奇数, 那么由此推出

$$f\left(y^{1/\alpha^n}\right)+f(y)=\frac{\alpha^{-1}\left(1-(-\alpha^{-1})^n\right)}{1-(-\alpha^{-1})}=\frac{\alpha^{-1}+\alpha^{-(n+1)}}{1+\alpha^{-1}}\cdot\log_3 y.$$

令 $n\to\infty$, 注意 $\alpha>1$, 得到

$$f(1)+f(y)=\frac{1}{\alpha+1}\cdot\log_3 y \quad (y>0).$$

令 $y=1$ 可知 $f(1)=0$, 所以

$$f(y)=\frac{1}{\alpha+1}\cdot\log_3 y \quad (y>0).$$

(如果取 n 为偶数, 并设 $y\neq 1$, 那么也可得到同样结果.) 注意 $\alpha=\log_3 4$, 我们最终求出

$$f(y)=\log_{12} y \quad (y>0),$$

并且容易验证它确实满足要求.

9.161　我们给出两个解法.

解法 1　(i) 由题设条件可知, f 在任何区间 $[0,x)(x>0)$ 上可积. 因为 $0<a<1$, 所以当所有 $t\in[0,x], at<t$. 并且因为 f 单调递增, 所以 $-f(at)\geqslant -f(t)$. 还要注意当 $x>0$ 时 f 非负, 于是对任何 $t\in[0,x]$,

$$f(t)-af(at)\geqslant(1-a)f(t)\geqslant 0,$$

从而我们有

$$\int_0^x \big(f(t)-af(at)\big)\mathrm{d}t\geqslant(1-a)\int_0^x f(t)\mathrm{d}t.$$

但在题设等式 $\int_0^x f(t)\mathrm{d}t=\int_0^{ax} f(t)\mathrm{d}t$ 右边的积分中作变量代换 $u=t/a$ 可知

$$\int_0^x \big(f(t)-af(at)\big)\mathrm{d}t=0 \quad (t>0).$$

因此我们得到

$$(1-a)\int_0^x f(t)\mathrm{d}t\leqslant 0.$$

(ii) 设 t_0 是 $[0,x)$ 中的任意一点, 则有

$$\int_0^x f(t)\mathrm{d}t=\int_0^{t_0} f(t)\mathrm{d}t+\int_{t_0}^x f(t)\mathrm{d}t\geqslant\int_{t_0}^x f(t)\mathrm{d}t.$$

由 f 的单调递增性知当 $t\in[t_0,x]$ 时 $f(t)\geqslant f(t_0)$, 所以

$$\int_0^x f(t)\mathrm{d}t\geqslant\int_{t_0}^x f(t)\mathrm{d}t\geqslant\int_{t_0}^x f(t_0)\mathrm{d}t=(x-t_0)f(t_0).$$

由此及步骤 (i) 中所证结果得到

$$(1-a)(x-t_0)f(t_0)\leqslant 0.$$

因为 $1-a>0, x-t_0>0, f(t_0)\geqslant 0$, 所以由上式推出 $f(t_0)=0$. 由 t_0 的任意性, 我们得知在 $[0,x]$ 上 $f(x)=0$. 最后, 由 $x>0$ 的任意性推出 $f(x)$ 在 $[0,\infty)$ 上恒等于零.

解法 2　因为 f 可积, 所以函数

$$F(x)=\int_0^x f(t)\mathrm{d}t \quad (x>0)$$

连续, 并且 $F(0)=0$. 题中的积分等式可写成 $F(x)=F(ax)$. 于是我们得到

$$F(x)=F(ax)=F(a^2x)=\cdots=F(a^nx) \quad (n\in\mathbb{N}, x\geqslant 0).$$

由此可知当 $n\to\infty$ 时 $F(a^nx)$ 趋于有限极限 $F(x)$, 即

$$\lim_{n\to\infty} F(a^nx)=F(x).$$

但 $0<a<1$, 所以对于任何 $x\in[0,\infty), a^nx\to 0(n\to\infty)$. 又因为 f 在点 0 处连续, 所以上式左边等于 $F(0)$, 于是 $F(x)=0(x\geqslant 0)$, 即

$$\int_0^x f(t)\mathrm{d}t=0 \quad (x>0).$$

任取 $t_0\in[0,x)$, 则有 (注意 f 的单调性)

$$0=\int_0^x f(t)\mathrm{d}t=\int_0^{t_0} f(t)\mathrm{d}t+\int_{t_0}^x f(t)\mathrm{d}t\geqslant\int_{t_0}^x f(t)\mathrm{d}t\geqslant(x-t_0)f(t_0).$$

注意 $x-t_0>0$, 由此推出 $f(t_0)\leqslant 0$, 结合题设条件 $f(t_0)\geqslant 0$ 即得 $f(t_0)=0$. 因为 t_0 是任意的, 所以 $f(x)$ 在 $[0,\infty)$ 上恒等于零.

9.162 **提示** 用补充习题 9.161 的解法 2 中的方法. 我们有

$$F(x)=F(ax)+F(bx)\quad (x>0).$$

任取 $t_0<x$, 由不等式

$$f(t)-af(at)-bf(bt)\geqslant (1-a-b)f(t)$$

给出

$$\int_0^x \big(f(t)-af(at)-bf(bt)\big)\mathrm{d}t\geqslant (1-a-b)\int_0^x f(t)\mathrm{d}t,$$

以及

$$\int_0^x \big(f(t)-af(at)-bf(bt)\big)\mathrm{d}t\geqslant (1-a-b)\int_{t_0}^x f(t)\mathrm{d}t\geqslant (1-a-b)(x-t_0)f(t_0).$$

于是类似地推出所要的结论.

9.163 如果对于某个 $x\in\mathbb{R}, f(x)>0$, 则因 f 连续, 且 $\lim\limits_{|x|\to\infty}f(x)=0$, 所以 f 在某个 $x_0\in\mathbb{R}$ 达到最大值. 设 $f(x_0)=M$, 则 $M>0$, 并且

$$M=f(x_0)=\frac{1}{2}\int_{x_0-1}^{x_0+1}f(y)\mathrm{d}y\leqslant\frac{1}{2}\big((x_0+1)-(x_0-1)\big)M=M.$$

其中等式成立, 当且仅当对于所有 $y\in(x_0-1,x_0+1)$ 有 $f(y)=M$. 于是 $\mathscr{A}=\{x_0\in\mathbb{R}\mid f(x_0)=M\}$ 是开集. 但因为 f 连续, 所以 $\mathscr{A}$ 也是闭集. 于是依 $\mathbb{R}$ 的连通性, 可知对所有 $x\in\mathbb{R}, f(x)=M$. 但这与 $\lim\limits_{|x|\to\infty}f(x)=0$ 矛盾. 于是对所有 $x\in\mathbb{R}, f(x)\leqslant 0$. 类似地可以证明对所有 $x\in\mathbb{R}, f(x)\geqslant 0$. 因此对所有 $x\in\mathbb{R}, f(x)=0$.

9.164 因为 f 是连续函数, 在题设等式

$$f(x)-f(y)=\int_{x+2y}^{2x+y}f(t)\mathrm{d}t$$

两边对 x 求导得到

$$f'(x)=2f(2x+y)-f(x+2y)\quad (x,y\in\mathbb{R}),$$

因此 f' 在 $\mathbb{R}$ 上连续. 再在上式两边对 y 求导可得

$$0=2f'(2x+y)-2f'(x+2y).$$

因此对于所有 $x,y\in\mathbb{R}$, 有

$$f'(2x+y)=f'(x+2y).$$

对于任意给定的 $(u.v)\in\mathbb{R}^2$, 存在唯一一组 $(x,y)\in\mathbb{R}^2$, 使得 $u=2x+y, v=x+2y$, 因此对于任何 $u,v\in\mathbb{R}$ 有 $f'(u)=f'(v)$, 这表明在 $\mathbb{R}$ 上 f' 是常数, 从而 $f(x)=Ax+B\,(x\in\mathbb{R})$, 其中 A,B 是常数. 将此表达式代入题中所给的等式, 得到

$$A(x-y)=\int_{x+2y}^{2x+y}(At+B)\mathrm{d}t=\left(\frac{A}{2}t^2+Bt\right)\Bigg|_{x+2y}^{2x+y},$$

于是

$$(x-y)\left((A-B)-\frac{3A}{2}(x+y)\right)=0.$$

此式对于任何 $x,y\in\mathbb{R}$ 成立. 取 $x=1,y=-1$, 可知 $A=B$, 并且

$$(x-y)\cdot\frac{3A}{2}(x+y)=0,$$

所以 $A=B=0$, 从而 $f(x)=0$.

9.165 零函数显然满足问题的要求. 下面我们设 f 不是零函数.

(i) 因为 f 在 $\mathbb{R}$ 的任何有限区间上可积, 所以函数

$$F(x)=\int_0^x f(t)\mathrm{d}t$$

在 $\mathbb{R}$ 上连续. 由题设, $F(x+y)-F(x-y)=f(x)f(y)$, 因而 f 在 $\mathbb{R}$ 上也连续.

(ii) 由于 f 连续, 所以 $F(x)\in C^1(\mathbb{R})$, 从而对于任何 $y\in\mathbb{R}$, 函数 $f(x)f(y)\big(=F(x+y)-F(x-y)\big)\in C^1(\mathbb{R})$. 因为已认定 f 不是零函数, 所以可选取 $y\in\mathbb{R}$ 使得 $f(y)\neq 0$, 于是 $f(x)\in C^1(\mathbb{R})$.

类似地可知, 若 $f\in C^n(\mathbb{R})\,(n\geqslant 0)$, 则 $F\in C^{n+1}(\mathbb{R})$, 从而对于任何 $y\in\mathbb{R}$, 函数 $f(x)f(y)\in C^{n+1}(\mathbb{R})$. 于是 $f(x)\in C^{n+1}(\mathbb{R})$.

总之, 依归纳法可知, 若 f 满足问题中的条件, 则 $f\in C^\infty(\mathbb{R})$.

(iii) 我们首先在等式

$$\int_{x-y}^{x+y} f(t)\mathrm{d}t=f(x)f(y)$$

中令 $y=0$, 可知对所有 $x\in\mathbb{R}, f(x)f(0)=0$, 因而 $f(0)=0$.

其次, 在上式两边对 x 求导得到

$$f(x+y)-f(x-y)=f'(x)f(y),$$

然后在此式两边对 y 求导三次, 得到

$$\begin{aligned}
&f'(x+y)+f'(x-y)=f'(x)f'(y),\\
&f''(x+y)-f''(x-y)=f'(x)f''(y),\\
&f'''(x+y)+f'''(x-y)=f'(x)f'''(y).
\end{aligned}$$

在此三式中令 $y=0$, 我们有

$$2f'(x)=f'(x)f'(0),\quad f'(x)f''(0)=0,\quad 2f'''(x)=f'(x)f'''(0).$$

注意 $f'(x)$ 不恒等于 0(不然, 由 $f(0)=0$ 可推出 f 是零函数), 从而存在一个 x 使 $f'(x)\neq 0$, 所以由上面的第一式和第二式分别得知

$$f'(0)=2,\quad f''(0)=0;$$

并且从第三式推出: 对于所有 $x\in\mathbb{R}$,

$$f'''(x)=kf'(x),$$

其中 $k=f'''(0)/2$. 将上式积分, 注意 $f(0)=f''(0)=0$, 我们得到

$$f''(x)=kf(x).$$

于是满足题中要求的函数 f 除零函数外, 还有

$$\begin{aligned}
&f(x)=2x\quad (\text{此时 } k=0);\\
&f(x)=\frac{2}{\sqrt{k}}\sinh\sqrt{k}x\quad (\text{其中 } k>0);\\
&f(x)=\frac{2}{\sqrt{-k}}\sin\sqrt{-k}x\quad (\text{其中 } k<0).
\end{aligned}$$

□

注 上面解法的最后一步也可用下法: 令 $\phi(x)=f'(x)/2$, 由 $f'(x+y)+f'(x-y)=f'(x)f'(y)$ 得到函数方程

$$\phi(x+y)+\phi(x-y)=2\phi(x)\phi(y)\quad (x,y\in\mathbb{R}).$$

由补充习题 9.158, 这个函数方程所有解是: 常数函数 $\phi(x)=1$ 和 $\phi(x)=0$, 函数 $\phi(x)=\cosh ax$ 以及 $\phi(x)=\cos ax$, 于是也得到同样的结果.

9.166 (1) 如果 $x_0=2$, 那么由题中的递推关系式推出 $2=0$, 因此 $x_0\neq 2$. 由此可以归纳地证明所有 $x_n(n\geqslant 0)$ 都不等于 2, 所以我们可以写出

$$x_{n+1}=\frac{2}{2-x_n}\quad(n\geqslant 0).$$

在上式中易 n 为 $n+1$, 得到

$$x_{n+2}=\frac{2}{2-x_{n+1}}=\frac{2}{2-\dfrac{2}{2-x_n}}=\frac{2-x_n}{1-x_n}.$$

类似地 (在上式中易 n 为 $n+1$),

$$x_{n+3}=\frac{2-x_{n+1}}{1-x_{n+1}}=\frac{2-\dfrac{2}{2-x_n}}{1-\dfrac{2}{2-x_n}}=-\frac{2(1-x_n)}{x_n}.$$

继续进行这种计算 (在上式中易 n 为 $n+1$),

$$x_{n+4}=-\frac{2(1-x_{n+1})}{x_{n+1}}=-\frac{2\left(1-\dfrac{2}{2-x_n}\right)}{\dfrac{2}{2-x_n}}=x_n.$$

因此 $x_n(n\geqslant 0)$ 是周期数列.

(2) 与本题 (1) 的解法类似. 因为 $f(x)$ 不取值 2, 所以可解出

$$f(x+1)=\frac{2}{2-f(x)}\quad(x\in\mathbb{R}).$$

于是对任何 $x\in\mathbb{R}$,

$$f(x+2)=\frac{2}{2-f(x+1)}=\frac{2}{2-\dfrac{2}{2-f(x)}}=\frac{2-f(x)}{1-f(x)},$$

以及

$$f(x+3)=\frac{2-f(x+1)}{1-f(x+1)}=\frac{2-\dfrac{2}{2-f(x)}}{1-\dfrac{2}{2-f(x)}}=-\frac{2\big(1-f(x)\big)}{f(x)},$$

最终得到

$$f(x+4)=-\frac{2\big(1-f(x+1)\big)}{f(x+1)}=-\frac{2\left(1-\dfrac{2}{2-f(x)}\right)}{\dfrac{2}{2-f(x)}}=f(x).$$

因此 $f(x)$ 是周期函数, 且周期等于 4.

9.167 (i) 因为由题设, 分式 $1/f(x+3\pi/2)$ 对所有 $x\in\mathbb{R}$ 都有意义, 并且 f 在 $\mathbb{R}$ 上连续, 所以 f 在 $\mathbb{R}$ 上没有零点.

在题中所给方程中用 $-x$ 代 x, 有

$$f''(-x)+f(-x)=\frac{1}{f(-x+3\pi/2)}.$$

因为 f 是偶函数, 所以 $f(-x)=f(x), f''(-x)=f''(x)$, 因而上式左边与题中所给方程的左边相等, 于是它们的右边也相等, 也就是对于所有 $x\in\mathbb{R}$,

$$f\left(x+\frac{3\pi}{2}\right)=f\left(-x+\frac{3\pi}{2}\right)=f\left(x-\frac{3\pi}{2}\right).$$

这表明 f 以 3π 为周期. 但题设 2π 也是 f 的周期, 所以 $3\pi-2\pi=\pi$ 是它的一个周期. 因此, 题中所给方程可以改写为

$$f''(x)+f(x)=\frac{1}{f(x+\pi/2)}.$$

下面来考虑函数 $g(x)=f(x+\pi/2)$. 因为由 f 的周期性知

$$g(-x)=f\left(-x+\frac{\pi}{2}\right)=f\left(x-\frac{\pi}{2}\right)=f\left(x+\frac{\pi}{2}\right)=g(x),$$

所以 g 也是偶函数. 又因为 $g'(x)=g'(x+\pi/2), g''(x)=g''(x+\pi/2)$, 所以

$$f''(x)+f(x)=\frac{1}{g(x)},$$
$$g''(x)+g(x)=\frac{1}{f(x)}.$$

分别用 g 和 f 乘这两个方程, 然后将所得两个新方程相减, 我们得到

$$(f'g-fg')'=f''g-fg''=0.$$

因此 $c(x)=f'(x)g(x)-f(x)g'(x)$ 是常数函数. 注意偶函数的导函数是奇函数, 所以 $c(x)$ 是奇函数, 从而只能 $c(x)=0$. 又因为在步骤 (i) 中已证 f 没有实零点, 所以 g 也没有实零点, 从而 f/g 在 $\mathbb{R}$ 上处处有定义, 并且 $(f/g)'=c/g^2=0$, 于是 f/g 是常数函数 (将此常数记为 C).

最后, 因为 f 是连续周期函数, 所以在某两点 x_1 和 x_0 上分别取得它的最大值和最小值. 于是 $g(x_0)=f(x_0+\pi/2)\geqslant f(x_0)$, 并且 $g(x_1)=f(x_1+\pi/2)\leqslant f(x_1)$, 或者 $f(x_0)/g(x_0)\leqslant 1, f(x_1)/g(x_1)\geqslant 1$. 但 $f/g=C$ 是常数函数, 所以 $C=1$. 这意味着对于所有 $x\in\mathbb{R}, f(x)=g(x)$, 也就是 $f(x)=f(x+\pi/2)$. 于是本题得证.

9.168 令

$$P_k=\prod_{n=2}^{k}\left(\frac{1}{\mathrm{e}}\left(\frac{n^2}{(n-1)(n+1)}\right)^{n^2-1}\right)\quad(k\geqslant 2).$$

对于整数 $j\in\{2,\cdots,k-1\}$, 在分子中出现因子 $j^{2(j^2-1)}$, 在分母中出现因子 $j^{(j+1)^2-1}=j^{j(j+2)}$(即当 $n=j+1,(n-1)^{n^2-1}=j^{(j+1)^2-1}$) 以及 $j^{(j-1)^2-1}=j^{j(j-2)}$(即当 $n=j-1,(n+1)^{n^2-1}=j^{(j-1)^2-1}$), 因此在 P_k 中恰好出现 j^{-2}. 类似地, 分子中出现因子 $k^{2(k^2-1)}$, 在分母中出现因子 $k^{(k-1)^2-1}=k^{k^2-2k}$(即当 $n=k-1,(n+1)^{n^2-1}=k^{(k-1)^2-1}$), 因此在 P_k 中恰好出现 k^{k^2+2k-2}. 此外, 只在分母中出现因子 $(k+1)^{k^2-1}$ (即当 $n=k,(n+1)^{n^2-1}=(k+1)^{k^2-1}$). 因此

$$P_k=\frac{k^{k^2+2k}}{\mathrm{e}^{k-1}(k+1)^{k^2-1}(k!)^2}.$$

由此得到

$$\lim_{k\to\infty}P_k=\frac{\mathrm{e}^2}{2\pi}\lim_{k\to\infty}\left(\frac{\mathrm{e}^{k-1}k^{k^2-1}}{(k+1)^{k^2-1}}\right)\lim_{k\to\infty}\left(\frac{k^k\sqrt{2\pi k}}{\mathrm{e}^k k!}\right)^2.$$

由 Stirling 公式知右边第二个极限等于 1. 又因为右边第一个极限中的表达式的对数等于

$$\begin{aligned}k-1-(k^2-1)\log\left(1+\frac{1}{k}\right)&=k-1-(k^2-1)\left(\frac{1}{k}-\frac{1}{2k^2}+O(k^{-3})\right)\\&=-\frac{1}{2}+O\left(\frac{1}{k}\right)\quad(k\to\infty),\end{aligned}$$

所以右边第一个极限等于 $\mathrm{e}^{-1/2}$. 于是所求无穷乘积等于 $\mathrm{e}\sqrt{\mathrm{e}}/(2\pi)$.

9.169 (1) (i) 令

$$p_n=\prod_{k=1}^{n}\frac{2k}{2k-1},$$

直接计算可知 $p_n = 2^{2n}(n!)^2/(2n)!$. 我们用数学归纳法证明

$$p_n \leqslant 2\sqrt{n} \quad (n \geqslant 1).$$

因为 $p_1 = 2$, 所以 $n = 1$ 时结论成立. 设 $p_n \leqslant 2\sqrt{n}$. 那么

$$p_{n+1} = \frac{2(n+1)}{2n+1} \cdot p_n \leqslant \frac{4(n+1)\sqrt{n}}{2n+1} = \frac{4\sqrt{n+1}\sqrt{n(n+1)}}{2n+1}.$$

由算术–几何平均不等式知

$$\sqrt{n(n+1)} < \frac{n+n+1}{2} = \frac{2n+1}{2},$$

所以 $p_{n+1} \leqslant 2\sqrt{n+1}$. 于是完成归纳证明. 由此可知 $\alpha_0 \leqslant 1/2$, 且 $C = 2$.

(ii) 进而证明: 若 $\alpha < 1/2$, 则不存在常数 $C > 0$ 满足

$$p_n = \prod_{k=1}^{n} \frac{2k}{2k-1} \leqslant Cn^{\alpha} \quad (n \geqslant 1).$$

若不然, 则对于 $\alpha < 1/2$ 及某个常数 $C > 0$, 使得 $p_n \leqslant Cn^{\alpha}\,(n \geqslant 1)$. 记

$$g(n) = \frac{n!\mathrm{e}^n}{n^n\sqrt{2\pi n}} \quad (n \geqslant 1),$$

由 Stirling 公式, $g(n) \to 1(n \to \infty)$, 所以

$$1 = \lim_{n\to\infty} \frac{g(n)^2}{g(2n)} = \lim_{n\to\infty} \frac{2^{2n}(n!)^2}{(2n!)\sqrt{\pi n}} = \lim_{n\to\infty} \frac{p_n}{\sqrt{\pi n}} \leqslant \lim_{n\to\infty} \frac{C}{\sqrt{\pi} n^{1/2-n}} = 0.$$

我们得到矛盾. 于是 $\alpha_0 = 1/2$.

(2) 因为

$$a_n = n^{-\alpha_0} p_n = \frac{2^{2n}(n!)^2}{(2n)!\sqrt{n}},$$

所以当 $n \geqslant 1$,

$$\frac{a_{n+1}}{a_n} = \frac{2\sqrt{n(n+1)}}{(2n+1)} < 1$$

(最后一步仍然依算术–几何平均不等式), 因此数列 $a_n\,(n \geqslant 1)$ 单调减少. 还有

$$a_n = \sqrt{\pi} \cdot \frac{g(n)^2}{g(2n)}, \quad \lim_{n\to\infty} \frac{g(n)^2}{g(2n)} = 1,$$

所以 $a_n \to \sqrt{\pi}\,(n \to \infty)$.

9.170 因为 $\Gamma(1/k) = k\Gamma(1+1/k)$, 所以

$$G(n) = n! \prod_{k=1}^{n} \Gamma\left(1 + \frac{1}{k}\right).$$

由 $\Gamma'(1) = -\gamma$ (γ 是 Euler 常数) 以及 $1 - \gamma/k \geqslant 1 - \gamma > 0$ 可知

$$\Gamma\left(1+\frac{1}{k}\right) = \Gamma(1) + \frac{1}{k}\Gamma'(1) + O(k^{-2}) = 1 - \frac{\gamma}{k} + O(k^{-2}) = \left(1 - \frac{\gamma}{k}\right)\left(1 + O(k^{-2})\right) \quad (k \to \infty);$$

又因为

$$\left(1+\frac{1}{k}\right)^{-\gamma} = 1 - \frac{\gamma}{k} + O(k^{-2}) = \left(1 - \frac{\gamma}{k}\right)\left(1 + O(k^{-2})\right) \quad (k \to \infty),$$

所以

$$\Gamma\left(1+\frac{1}{k}\right) = \left(1+\frac{1}{k}\right)^{-\gamma}\left(1 + O(k^{-2})\right) \quad (k \to \infty).$$

由此得到

$$\log\Gamma\left(1+\frac{1}{k}\right)=-\gamma\log\left(1+\frac{1}{k}\right)+c_k,$$

其中 $c_k=O(k^{-2})$. 于是

$$\log\prod_{k=1}^{n}\Gamma\left(1+\frac{1}{k}\right)=-\gamma\sum_{k=1}^{n}\log\left(\frac{k+1}{k}\right)+\sum_{k=1}^{\infty}c_k-\sum_{k=n+1}^{\infty}c_k.$$

因为 $\sum\limits_{k=1}^{\infty}c_k$ 收敛 (记其和为 C),

$$\sum_{k=n+1}^{\infty}c_k\leqslant O\left(\int_{n+1}^{\infty}\frac{\mathrm{d}x}{x^2}\right)=O(n^{-1}),$$

所以

$$\log\prod_{k=1}^{n}\Gamma\left(1+\frac{1}{k}\right)=-\gamma\log(n+1)+C+O(n^{-1})\quad(n\to\infty).$$

于是

$$\left(\prod_{k=1}^{n}\Gamma\left(1+\frac{1}{k}\right)\right)^{1/n}=\exp\left(\frac{1}{n}(C-\gamma\log n)+O(n^{-2})\right)\quad(n\to\infty).$$

又由 Stirling 公式, 当 $n\to\infty$,

$$(n!)^{1/n}=\frac{n}{\mathrm{e}}\left(\sqrt{2\pi n}\left(1+O(n^{-1})\right)\right)^{1/n}=\frac{n}{\mathrm{e}}\exp\left(\frac{1}{n}\log\sqrt{2\pi n}+O(n^{-2})\right).$$

因此我们最终求得当 $n\to\infty$,

$$\begin{aligned}G(n)^{1/n}&=\left(n!\prod_{k=1}^{n}\Gamma\left(1+\frac{1}{k}\right)\right)^{1/n}=\frac{n}{\mathrm{e}}\exp\left(\frac{1}{n}(a\log n+b)+O(n^{-2})\right)\\&=\frac{n}{\mathrm{e}}+\frac{a}{\mathrm{e}}\log n+\frac{b}{\mathrm{e}}+O\left(\frac{\log^2 n}{n}\right),\end{aligned}$$

其中 a,b 是两个常数. 于是所求极限等于 $1/\mathrm{e}$.

9.3 补充习题 (续)

在此对第 1 版增加一些补充题 (总共含 70 个问题), 它们选自国内外资料, 标注 * 的是竞赛题或近几年的硕士生入学试题.

9.171 (1) 设 $a,b>0$, 令

$$a_n=\underbrace{\sqrt[3]{a\sqrt[3]{a\sqrt[3]{a\cdots\sqrt[3]{a\sqrt[3]{b}}}}}}_{n\text{ 重根号}}\quad(n>1).$$

求 $\lim\limits_{n\to\infty}a_n$.

*(2) 计算 $\lim\limits_{n\to\infty}\tan^n\left(\frac{\pi}{4}+\frac{2}{n}\right)$.

(3) 求 $\lim\limits_{n\to\infty}\left(\dfrac{2+\sqrt[n]{2017}}{3}\right)^{3n-3/2}$.

*(4) 若 $\lim\limits_{n\to\infty}x_n=\infty$, 证明

$$\lim_{n\to\infty}\frac{x_1+x_2+\cdots+x_n}{n}=\infty.$$

*9.172 (1) 计算极限

$$\lim_{x\to 0}\left(\frac{\mathrm{e}^x+\mathrm{e}^{2x}+\cdots+\mathrm{e}^{nx}}{n}\right)^{1/x}.$$

(2) 计算极限

$$\lim_{x\to\infty}x^{3/2}(\sqrt{x+2}-2\sqrt{x+1}+\sqrt{x}).$$

(3) 计算极限

$$\lim_{x\to\infty}\left(\sin\frac{1}{x}+\cos\frac{1}{x}\right)^x.$$

(4) 计算极限

$$\lim_{x\to 0}\left(\frac{4+\mathrm{e}^{1/x}}{2+\mathrm{e}^{4/x}}+\frac{\sin x}{|x|}\right).$$

(5) 求 $\lim\limits_{x\to\infty}\left(\dfrac{x^n}{(x-1)(x-2)\cdots(x-n)}\right)^{2x}$.

*9.173 (1) 设数列 $a_n(n=1,2,\cdots)$ 满足

$$a_{n+1}(a_n+1)=1\quad(n\geqslant 1),\quad a_1=0.$$

证明这个数列收敛, 并求 $\lim\limits_{n\to\infty}a_n$.

(2) 设 a,b 是实数,$0\leqslant a\leqslant 1,b\geqslant 2$. 证明迭代序列

$$x_{n+1}=x_n-\frac{1}{b}(x_n^2-a)\quad(n\geqslant 0),\quad x_0=0$$

收敛, 并求其极限值.

9.174 (1) 求 $\lim\limits_{x\to 0+}x^{x^x-1}$.

(2) 设 $f(x)$ 定义在 $(-1,1)$ 上, 在 $x=0$ 处可微,$f(0)=0,f'(0)=1$, 求

$$J=\lim_{x\to 0}\frac{x^3f(x)-3f(x^4)}{x^4}.$$

9.175 (1) 判断极限

$$\lim_{x\to 0}\frac{1}{x}\int_0^{\sin x}\sin\frac{1}{x}\cos t^2\mathrm{d}t$$

是否存在 (给出理由).

*(2) 求三个实常数 a,b,c, 使得下式成立:

$$\lim_{x\to 0}\frac{1}{\tan x-ax}\int_b^x\frac{s^2}{\sqrt{1-s^2}}\mathrm{d}s=c.$$

(3) 设 $f\in C(\mathbb{R}),a<b$, 则

$$\lim_{t\to 0}\int_a^b\frac{f(x+t)-f(x)}{t}\mathrm{d}x=f(b)-f(a).$$

*9.176 求极限

$$J=\lim_{n\to\infty}\frac{\log^2 n}{n}\sum_{k=2}^{n-2}\frac{1}{\log k\cdot\log(n-k)}.$$

*9.177 设 $\delta_n\,(n=1,2,\cdots)$ 是正实数列, $\delta_n\to 0(n\to\infty)$. 求

$$\lim_{n\to\infty}\frac{1}{n}\sum_{k=1}^{n}\log\left(\frac{k}{n}+\delta_n\right).$$

*9.178　求

$$\lim_{t\to 1-0}(1-t)\sum_{n=1}^{\infty}\frac{t^n}{1+t^n}.$$

9.179　(1) 设 $y=\sqrt{\mathrm{e}^{1/x}\sqrt{x\sqrt{\sin x}}}$, 求 y'.

*(2) 设 $f(x)=\dfrac{1+2x+x^2}{1-x+x^2}$, 求 $f^{(4)}(0)$.

*(3) 设函数 $f(t)$ 在 $\mathbb{R}$ 上三次连续可微, 令 $u=f(xyz)$. 求

$$\phi(t)=\frac{\partial^3 u}{\partial x\partial y\partial z}$$

的表达式, 其中 $t=xyz$.

(4) 求常数 α, 使得在变换 $u=x-2y, v=x+\alpha y$ 下

$$6\frac{\partial^2 f}{\partial x^2}+\frac{\partial^2 f}{\partial x\partial y}-\frac{\partial^2 f}{\partial y^2}=0$$

化为

$$\frac{\partial^2 f}{\partial u\partial v}=0.$$

9.180　(1) 若连续函数 $f(x)$ 的定义域和值域都是 $[0,1]$, 则存在 $a\in[0,1]$, 满足 $f(a)=a$.

(2) 设 a_k 都是实数,$|a_0|<1$. 证明函数

$$f(x)=\frac{a_0}{2}+\cos x+\sum_{k=2}^{n}a_k\cos kx$$

在 $[0,2\pi)$ 上一定有零点.

9.181　(1) 若 $f(x)$ 在 $[0,1]$ 上可导,$f(0)=0, f(1)=2$, 则存在 $\xi_1,\xi_2\in(0,1)$, 使得

$$\frac{1}{f'(\xi_1)}+\frac{1}{f'(\xi_2)}=1.$$

(2) 设 $f(x)$ 在 $[0,1]$ 上可导,$f(0)=0, f(1)=1$, 并且 $a_1,\cdots,a_n$ 是给定的 $n(>2)$ 个正数, 那么存在 $\xi_1,\cdots,\xi_n\in(0,1)$, 使得

$$\sum_{i=1}^{n}\frac{a_i}{f'(\xi_i)}=\sum_{i=1}^{n}a_i.$$

9.182　(1) 设 $f(x)$ 是 $\mathbb{R}$ 上的连续可微的实值函数, $f'(x)+xf(x)$ 有界, 则 $\lim\limits_{x\to\infty}f(x)=0$.

*(2) 设 $x>0$, 证明:

$$\sqrt{x+1}-\sqrt{x}=\frac{1}{2\sqrt{x+\theta}},$$

其中 $\theta=\theta(x)>0$, 并且 $\lim\limits_{x\to 0}\theta(x)=1/4$.

*9.183　(1) 设 $f(x)$ 在 $[a,b]$ 上连续, 在 (a,b) 内二阶可导, 并且 $f(a)=f(b)=0, f(c)>0$, 其中 $c\in(a,b)$. 证明: 存在 $\xi\in(a,b)$, 使得 $f''(\xi)<0$.

(2) 设 $f(x)$ 是 $\mathbb{R}$ 上的二次可微的实函数,$f(0)=2, f'(0)=-2, f(1)=1$. 证明: 存在 $\xi\in(0,1)$, 使得

$$f(\xi)\cdot f'(\xi)+f''(\xi)=0.$$

(3) 设 $f(x)$ 是 $\mathbb{R}$ 上的三次可微的实函数, 证明: 存在 $\xi\in(-1,1)$, 使得

$$f'''(\xi)=3f(1)-3f(-1)-6f'(0).$$

(4) 设 $f(x)$ 是 $\mathbb{R}$ 上的实值函数, 在 $\mathbb{R}$ 的各点 $n+1$ 阶可导. 证明: 如果 a,b 是任意两个满足 $a<b$ 的实数, 使得

$$\frac{f(b)+f'(b)+\cdots+f^{(n)}(b)}{f(a)+f'(a)+\cdots+f^{(n)}(a)}=\mathrm{e}^{b-a},$$

那么存在 $c\in(a,b)$, 使得 $f^{(n+1)}(c)=f(c)$.

*9.184 (1) 计算不定积分

$$\int\frac{\mathrm{d}x}{\sin^6 x+\cos^6 x}.$$

(2) 计算不定积分

$$I=\int\frac{\mathrm{d}x}{1+x^4}.$$

(3) 计算定积分

$$I_1=\int_0^{2\pi}\sqrt{1+\cos x}\,\mathrm{d}x,$$
$$I_2=\int_0^{2\pi}\frac{\mathrm{d}x}{a+\cos x}\quad(\text{常数 } a>1).$$

(4) 设整数 $n\geqslant 0$, 实数 $a>0$, 计算定积分

$$I_n=\int_{-\pi}^{\pi}\frac{\sin nx}{(1+a^{-x})\sin x}\mathrm{d}x.$$

9.185 (1) 计算

$$I=\iint_D|\cos(x+y)|\mathrm{d}x\mathrm{d}y,$$

其中 $D=\{(x,y)\,|\,0\leqslant x\leqslant\pi/2,0\leqslant y\leqslant\pi/2\}$.

*(2) 计算二重积分

$$I=\iint_D xy\mathrm{d}x\mathrm{d}y,$$

其中 D 由 $2y=x$ 和 $y=x^2$ 围成.

*(3) 求曲面 $z=x^2+y^2+1$ 上任意一点的切平面与曲面 $z=x^2+y^2$ 所围成的立体的体积.

(4) 设曲线 $C:x^{2/3}+y^{2/3}=a^{2/3}\,(a>0)$, 计算曲线积分

$$L=\int_C(x^{4/3}+y^{4/3})\mathrm{d}s.$$

(5) 设 $g'(t)$ 是 $\mathbb{R}$ 上的连续函数,C 是连接点 $A(\pi,2)$ 和 $B(3\pi,4)$ 的简单 (即不自交) 光滑曲线, 并且位于直线 AB 下侧. 若 C 与线段 AB 所围成的平面区域 D 的面积等于 a, 求

$$\int_C\big(g(y)\cos x-\pi y\big)\mathrm{d}x+\big(g'(y)\sin x-\pi\big)\mathrm{d}y.$$

9.186 计算积分

$$J=\int_0^{+\infty}\frac{1-\mathrm{e}^{-x}}{x}\mathrm{e}^{-x}\sin x\mathrm{d}x.$$

*9.187 (1) 就参数 a 的值讨论积分

$$I_n(a)=\int_0^{\infty}\frac{\mathrm{d}x}{1+nx^a}$$

的收敛性.

(2) 设 a 使得 $I_n(a)\,(n\geqslant 1)$ 存在, 求 $\lim\limits_{n\to\infty}I_n(a)$.

9.188 设 $f\in C[0,1]$. 证明:

(1) 如果对于任意 $x\in[0,1]$, 有

$$\int_x^1 f(t)\mathrm{d}t\geqslant x,$$

那么

$$\int_0^1 f^2(t)\mathrm{d}t\geqslant\frac{2}{3}.$$

(2) 如果

$$\int_0^1 f(x)\mathrm{d}x>\frac{\pi}{4},$$

那么存在 $\xi,\eta\in[0,1]$, 使得

$$\xi f(\eta)+\eta f(\xi)>1.$$

*9.189 (1) 设函数 $f(x)$ 在 $[-1,1]$ 上二次连续可微, $f(0)=0$, 证明:

$$\left|\int_{-1}^{1} f(x)\mathrm{d}x\right|\leqslant\frac{M}{3},$$

其中 $M=\max\limits_{x\in[-1,1]}|f''(x)|$.

(2) 设 $f(x)$ 是 $\mathbb{R}$ 上的连续可微非负函数, 证明:

$$\left|\int_0^1 f^3(x)\mathrm{d}x-f^2(0)\int_0^1 f(x)\mathrm{d}x\right|\leqslant\max_{0\leqslant x\leqslant 1}|f'(x)|\left(\int_0^1 f(x)\mathrm{d}x\right)^2.$$

9.190 (1) 设 $a_n\,(n\geqslant 0)$ 是有界单调增加的正数列, 判断级数

$$\sum_{n=1}^{\infty}\left(1-\frac{a_n}{a_{n+1}}\right)$$

的收敛性.

*(2) 设 $a_n=\sum\limits_{k=1}^{n}\log(k+1)$, 证明: 级数 $\sum\limits_{n=1}^{\infty}1/a_n$ 发散.

*(3) 求级数 $\sum\limits_{n=1}^{\infty}n^2/3^n$ 的和.

9.191 (1) 判断级数

$$\sum_{n=0}^{\infty}\frac{x^n}{n!}\mathrm{e}^{-x}$$

在 $[0,\infty)$ 上的一致收敛性 (并给出理由).

(2) 求幂级数

$$\sum_{n=0}^{\infty}\frac{(-1)^n(2n^2+1)}{(2n)!}x^{2n}$$

的收敛半径及和函数.

(3) 设整数 $k\geqslant 0$, 实数 $a>0, P(x)=1-x-ax^{k+1}, F(x;a)=1/P(x)$, 求函数 $F(x;a)$ 在 $x=0$ 处的幂级数展开.

*9.192 (1) 证明: 函数

$$f(x)=\sum_{n=1}^{\infty}\frac{\sin nx}{n^3}$$

在 $(-\infty,+\infty)$ 上连续, 并且有连续的导函数.

(2) 设

$$u_n(x)=\frac{(-1)^n}{(n^2-n+1)^x}\quad(n\geqslant 0),$$

求函数项级数

$$f(x)=\sum_{n=0}^{\infty}u_n(x)$$

的绝对收敛、条件收敛以及发散的区域.

9.193 (1) 设 $n\geqslant 2$, 令集合

$$S_n=\left\{s=\sum_{k=1}^{n}x_k\;\middle|\;0\leqslant x_1,\cdots,x_n\leqslant\frac{\pi}{2},\ \sum_{k=1}^{n}\sin x_k=1\right\},$$

求 $\max\limits_{s\in S_n}s,\ \min\limits_{s\in S_n}s$.

*(2) 求函数 $f(x)=\mathrm{e}^x+\mathrm{e}^{-x}+2\cos x$ 的极值.

*9.194 (1) 作半径为 r 的球的外切正圆锥, 确定此圆锥的高度, 使得圆锥体积最小, 并求此最小值.

(2) 求曲线 $y=\dfrac{1}{2}x^2$ 上的点, 使得曲线在该点处的法线被曲线所截得的线段的长度最短.

9.195 设给定空间曲线 C:

$$\begin{cases} x^2+y^2-2z^2=0, \\ x+y+3z=5, \end{cases}$$

证明:C 上的点与坐标平面 xOy 的最小距离和最大距离之比是 $1:5$.

*9.196 (1) 设 $0<a<b$, 证明:

$$\int_a^b (x^2+1)\mathrm{e}^{-x^2}\mathrm{d}x \geqslant \mathrm{e}^{-a^2}-\mathrm{e}^{-b^2}.$$

(2) 设 $0<x<\pi/2$, 证明:

$$\cos x<\frac{\sin x}{2x-\sin x}.$$

9.197 证明: 当 $0<x<1, y>0$ 时,$yx^y(1-x)<\mathrm{e}^{-1}$.

9.198 (1) 设 $0<x<\pi/4$, 证明: $(\sin x)^{\sin x}<(\cos x)^{\cos x}$.

(2) 设 $0<x<\pi/2$, 证明: $\tan(\sin x)>\sin(\tan x)$.

9.199 (1) 设 $x_1,\cdots,x_n$ 是给定实数, 证明: 若 $\sum\limits_{i=1}^n x_i>n/3$, 并且 $\sum\limits_{i=1}^n x_i^3\leqslant 0$, 则 x_i 中至少有一个值小于 -1.

(2) 设 $x_1,\cdots,x_n>1$, 证明:

$$\frac{\prod\limits_{i=1}^n x_i}{\left(\sum\limits_{i=1}^n x_i\right)^n} \geqslant \frac{\prod\limits_{i=1}^n (x_i-1)}{\left(\sum\limits_{i=1}^n (x_i-1)\right)^n}.$$

9.200 设 $f(x)$ 是 $\mathbb{R}$ 上二阶可微的实函数, 满足 $f(0)=1, f'(0)=0$, 并且对于所有 $x\geqslant 0$ 有

$$f''(x)-5f'(x)+6f(x)\leqslant (\text{或} \geqslant)\, 0,$$

证明: 当 $x\geqslant 0$ 时,

$$f(x)\leqslant (\text{或} \geqslant)\, 3\mathrm{e}^{2x}-2\mathrm{e}^{3x}.$$

9.4 补充习题 (续) 的解答或提示

9.171 (1) 因为

$$a_n=a^{1/3+1/3^2+\cdots+1/3^{n-1}}b^{1/3^n}=a^{1/2-1/(2\cdot 3^{n-1})}\cdot b^{1/3^n},$$

因此 $\lim\limits_{n\to\infty}a_n=\sqrt{a}$.

(2) 解法 1

$$\lim_{n\to\infty}\tan^n\left(\frac{\pi}{4}+\frac{2}{n}\right)=\lim_{n\to\infty}\left(\frac{1+\tan\dfrac{2}{n}}{1-\tan\dfrac{2}{n}}\right)^n$$

$$=\lim_{n\to\infty}\left(1+\frac{2\tan\dfrac{2}{n}}{1-\tan\dfrac{2}{n}}\right)^{\frac{1-\tan\frac{2}{n}}{2\tan\frac{2}{n}}\cdot\frac{\tan\frac{2}{n}}{\frac{2}{n}}\cdot\frac{4}{1-\tan\frac{2}{n}}}=\mathrm{e}^4.$$

解法 2 先考虑对应的连续变量情形. 令

$$F(x)=\tan^{1/x}\left(2x+\frac{\pi}{4}\right)=\left(\frac{1+\tan 2x}{1-\tan 2x}\right)^{1/x}$$
$$=\left(1+\frac{2\tan 2x}{1-\tan 2x}\right)^{1/x}=\left(1+\frac{2\tan 2x}{1-\tan 2x}\right)^{f(x)g(x)},$$

其中

$$f(x)=\frac{1-\tan 2x}{2\tan 2x},\quad g(x)=\frac{2\tan 2x}{x(1-\tan 2x)}.$$

因为

$$\lim_{x\to 0+}\left(1+\frac{2\tan 2x}{1-\tan 2x}\right)^{f(x)}=\mathrm{e},\quad \lim_{x\to 0+}g(x)=4,$$

所以 $\lim\limits_{x\to 0+}F(x)=\mathrm{e}^4$, 从而所求 (离散变量情形) 极限也等于 e^4.

解法 3 令 $f(x)=\dfrac{1}{x}\log\tan\left(2x+\dfrac{\pi}{4}\right)$, 则当 $x\to 0+$ 时,

$$f(x)=\frac{1}{x}\log\left(\frac{1+\tan 2x}{1-\tan 2x}\right)=\frac{1}{x}\Big(\log(1+\tan 2x)-\log(1-\tan 2x)\Big)$$
$$=\frac{1}{x}\Big(\tan 2x-(-\tan 2x)+O(x^2)\Big)=\frac{1}{x}\Big(2\tan 2x+O(x^2)\Big)\to 4,$$

因此

$$\tan^{1/x}\left(2x+\frac{\pi}{4}\right)\to \mathrm{e}^4\quad (x\to 0+),$$

从而所求极限也等于 e^4.

(3) 对于连续变量情形, 由 L'Hospital 法则可求出

$$\lim_{x\to\infty}\left(3x-\frac{3}{2}\right)\log\left(\frac{2+2017^{1/x}}{3}\right)=\lim_{x\to\infty}\frac{\log(2+2017^{1/x})-\log 3}{\dfrac{2}{6x-3}}$$
$$=\lim_{x\to\infty}\frac{1}{\dfrac{-12}{(6x-3)^2}}\cdot\frac{1}{2+2017^{1/x}}\cdot 2017^{1/x}\log 2017\cdot\frac{-1}{x^2}$$
$$=\frac{1}{12}\cdot\log 2017\lim_{x\to\infty}\frac{(6x-3)^2}{x^2}\cdot\frac{2017^{1/x}}{2+2017^{1/x}}$$
$$=\log 2017,$$

因此所求极限等于 2017.

(4) 这是 Stolz 定理的直接推论, 参见例 1.3.2(1) 及其后的注, 这里给出直接证明.

记 $S_n=x_1+x_2+\cdots+x_n$. 依题设, 对于任意给定的 $M>0$, 存在正整数 N, 使得当 $n>N$ 时 $x_n>M$. 于是当 $n>N$ 时有

$$\frac{S_n}{n}=\frac{S_N}{n}+\frac{S_n-S_N}{n}=\frac{S_N}{n}+\frac{S_n-S_N}{n-N}\cdot\frac{n-N}{n}$$
$$>\frac{S_N}{n}+\frac{(n-N)M}{n-N}\left(1-\frac{N}{n}\right)=\frac{S_N}{n}+M\left(1-\frac{N}{n}\right).$$

因为 $S_N/n\to 0, 1-N/n\to 1\,(n\to\infty)$, 所以可取正整数 $N_1>N$, 使得当 $n>N_1$ 时有

$$\frac{|S_N|}{n}<\frac{M}{4},\quad 1-\frac{N}{n}>\frac{1}{2},$$

从而当 $n>N_1$ 时,

$$\frac{S_n}{n}>M\left(1-\frac{N}{n}\right)-\frac{|S_N|}{n}>\frac{M}{2}-\frac{M}{4}=\frac{M}{4}.$$

因为 M 是任意正数, 所以 $S_n/n\to\infty\,(n\to\infty)$.

9.172 (1) 解法 1 因为 (取对数后) 由 L'Hospital 法则得到

$$\lim_{x\to 0}\frac{\log(e^x+e^{2x}+\cdots+e^{nx})-\log n}{x}=\lim_{x\to 0}\frac{e^x+2e^{2x}+\cdots+ne^{nx}}{e^x+e^{2x}+\cdots+e^{nx}}=\frac{1+2+\cdots+n}{n}=\frac{n+1}{2},$$

因此原题答案为 $e^{(n+1)/2}$.

解法 2 所求极限等于

$$\exp\left(\lim_{x\to 0}\frac{1}{x}\cdot\log\left(1+\frac{e^x+e^{2x}+\cdots+e^{nx}-n}{n}\right)\right).$$

因为 $\log(1+y)\sim y\,(y\to 0)$, 所以由 L'Hospital 法则,

$$\lim_{x\to 0}\frac{1}{x}\cdot\log\left(1+\frac{e^x+e^{2x}+\cdots+e^{nx}-n}{n}\right)=\lim_{x\to 0}\frac{e^x+e^{2x}+\cdots+e^{nx}-n}{nx}=\frac{n+1}{2},$$

因此所求极限等于 $e^{(n+1)/2}$.

此外, 上面最后一步也可不用 L'Hospital 法则, 而是改写为

$$\frac{1}{n}\left(\frac{e^x-1}{x}+\frac{e^{2x}-1}{x}+\cdots+\frac{e^{nx}-1}{x}\right),$$

然后应用 $\lim\limits_{x\to 0}(e^x-1)/x=1$.

解法 3 当 $x\to 0$ 时,

$$\begin{aligned}\left(\frac{e^x+e^{2x}+\cdots+e^{nx}}{n}\right)^{1/x}&=\left(\frac{\big(1+x+o(x^2)\big)+\big(1+2x+o(x^2)\big)+\cdots+\big(1+nx+o(x^2)\big)}{n}\right)^{1/x}\\&=\left(\frac{n+\dfrac{n(n+1)}{2}x+o(x^2)}{n}\right)^{1/x}=\left(1+\frac{n+1}{2}x+o(x^2)\right)^{1/x}\\&=\exp\left(\frac{\log\left(1+\dfrac{n+1}{2}x+o(x^2)\right)}{x}\right)=\exp\left(\frac{\dfrac{n+1}{2}x+o(x^2)}{x}\right)\\&=\exp\left(\frac{n+1}{2}+o(x)\right)\to e^{(n+1)/2}.\end{aligned}$$

(2) 本题同习题 2.1(14), 另一解法:

$$\begin{aligned}x\sqrt{x}\big(\sqrt{x}-2\sqrt{x+1}+\sqrt{x+2}\big)&=x^{3/2}\big((\sqrt{x+2}-\sqrt{x+1})-(\sqrt{x+1}-\sqrt{x})\big)\\&=x^{3/2}\left(\frac{1}{\sqrt{x+2}+\sqrt{x+1}}-\frac{1}{\sqrt{x+1}+\sqrt{x}}\right)\\&=x^{3/2}\cdot\frac{\sqrt{x}-\sqrt{x+2}}{(\sqrt{x+2}+\sqrt{x+1})(\sqrt{x+1}+\sqrt{x})}\\&=x^{3/2}\cdot\frac{(\sqrt{x})^2-(\sqrt{x+2})^2}{(\sqrt{x+2}+\sqrt{x+1})(\sqrt{x+1}+\sqrt{x})(\sqrt{x}+\sqrt{x+2})}\\&=\frac{-2x^{3/2}}{(\sqrt{x})^3}\cdot\frac{1}{(\sqrt{1+2x^{-1}}+\sqrt{1+x^{-1}})(\sqrt{1+x^{-1}}+1)(1+\sqrt{1+2x^{-1}})}.\end{aligned}$$

所以所求极限等于 $-1/4$.

(3) 解法 1 原式等于

$$\lim_{x\to\infty}\left(\left(\sin\frac{1}{x}+\cos\frac{1}{x}\right)^2\right)^{x/2}=\lim_{x\to\infty}\left(1+2\sin\frac{1}{x}\cos\frac{1}{x}\right)^{x/2}=\lim_{x\to\infty}\left(1+\sin\frac{2}{x}\right)^{x/2}$$

$$=\left(\lim_{x\to\infty}\left(1+\sin\frac{2}{x}\right)^{\frac{1}{\sin\frac{2}{x}}}\right)^{\lim\limits_{x\to\infty}\sin\frac{2}{x}/(\frac{2}{x})}=\mathrm{e}.$$

解法 2 同解法 1, 化原式为 $\lim\limits_{x\to\infty}\left(1+\sin\dfrac{2}{x}\right)^{x/2}$, 因此原式等于

$$\exp\left(\lim_{x\to\infty}\frac{x}{2}\ln\left(1+\sin\frac{2}{x}\right)\right)=\exp\left(\lim_{x\to\infty}\frac{x}{2}\left(\sin\frac{2}{x}+O\left(\sin^2\frac{2}{x}\right)\right)\right).$$

因为 $\lim\limits_{x\to\infty}\dfrac{x}{2}\cdot\left(\sin\dfrac{2}{x}\right)=1$, $\lim\limits_{x\to\infty}\dfrac{x}{2}\sin^2\dfrac{2}{x}=\lim\limits_{x\to\infty}\dfrac{2}{x}\left(\dfrac{\sin\frac{2}{x}}{\frac{2}{x}}\right)^2=0$, 所以原式等于 e.

或者: 因为

$$\sin\frac{2}{x}\sim\frac{2}{x}\quad(x\to\infty),$$

并且

$$\lim_{x\to\infty}\left(1+\sin\frac{2}{x}\right)^{1/\sin(2/x)}=\mathrm{e},$$

从而可知所求极限等于 e.

解法 3 令 $t=\dfrac{1}{x}$, 则 $x\to\infty\Leftrightarrow t\to0$. 当 $t\to0$ 时,$\sin t+\cos t=t+O(t^3)+1+O(t^2)=1+t+O(t^2)$, 并且 $t+O(t^2)\to0$, 于是当 $x\to\infty$ 即 $t\to0$ 时,

$$\left(\sin\frac{1}{x}+\cos\frac{1}{x}\right)^x=\left(\left(1+t+O(t^2)\right)^{\frac{1}{t+O(t^2)}}\right)^{\frac{t+O(t^2)}{t}}\to\mathrm{e}.$$

或者用 L'Hospital 法则首先求出

$$\lim_{t\to0}\frac{\log(\sin t+\cos t)}{t}=1.$$

(4) 因为

$$\lim_{x\to0+}\frac{4+\mathrm{e}^{1/x}}{2+\mathrm{e}^{4/x}}=\lim_{x\to0+}\frac{4\mathrm{e}^{-4/x}+\mathrm{e}^{-3/x}}{2\mathrm{e}^{-4/x}+1}=0,\quad\lim_{x\to0-}\frac{4+\mathrm{e}^{1/x}}{2+\mathrm{e}^{4/x}}=2,$$
$$\lim_{x\to0+}\frac{\sin x}{|x|}=\lim_{x\to0}\frac{\sin x}{x}=1,\quad\lim_{x\to0-}\frac{\sin x}{|x|}=-\lim_{x\to0}\frac{\sin x}{x}=-1,$$

所以原式等于 1.

(5) 解法 1 因为

$$\left(\frac{x^n}{(x-1)(x-2)\cdots(x-n)}\right)^{2x}=\left(\left(1-\frac{1}{x}\right)^{-x}\left(1-\frac{2}{x}\right)^{-x}\cdots\left(1-\frac{n}{x}\right)^{-x}\right)^2,$$

所以所求极限等于 $\mathrm{e}^{2(1+2+\cdots+n)}=\mathrm{e}^{n(n+1)}$.

解法 2 令

$$f(x)=\frac{x^n}{(x-1)(x-2)\cdots(x-n)}-1,$$

则

$$f(x)=\frac{x^n-(x-1)(x-2)\cdots(x-n)}{(x-1)(x-2)\cdots(x-n)}=\frac{\sum\limits_{i=1}^n ix^{n-1}+O(x^{n-2})}{x^n+O(x^{n-1})}.$$

于是

$$f(x)\sim\frac{n(n+1)}{2x}\quad(x\to\infty),$$

从而当 $x\to\infty$ 时,

$$\left(\frac{x^n}{(x-1)(x-2)\cdots(x-n)}\right)^{2x}=\left(\left(1+f(x)\right)^{1/f(x)}\right)^{2f(x)x}\to\mathrm{e}^{n(n+1)}.$$

解法 3 取对数, 得

$$\begin{aligned}\log\left(\frac{x^n}{(x-1)(x-2)\cdots(x-n)}\right)^{2x} &= 2x\Big(n\log x-\log(x-1)-\log(x-2)-\cdots-\log(x-n)\Big)\\ &= 2x\left(n\log x-\left(\log x+\log\left(1-\frac{1}{x}\right)\right)-\left(\log x+\log\left(1-\frac{2}{x}\right)\right)-\cdots\right.\\ &\qquad\left.-\left(\log x+\log\left(1-\frac{n}{x}\right)\right)\right)\\ &= -2x\left(\log\left(1-\frac{1}{x}\right)+\log\left(1-\frac{2}{x}\right)+\cdots+\log\left(1-\frac{n}{x}\right)\right)\\ &= -2x\left(-\frac{1}{x}-\frac{2}{x}-\cdots-\frac{n}{x}+O\left(\frac{1}{x^2}\right)\right)\\ &= 2(1+2+\cdots+n)+O\left(\frac{1}{x}\right).\end{aligned}$$

因此所求极限等于 $\mathrm{e}^{2(1+2+\cdots+n)}=\mathrm{e}^{n(n+1)}$.

解法 4 同解法 3 得到

$$\log\left(\frac{x^n}{(x-1)(x-2)\cdots(x-n)}\right)^{2x}=-2x\left(\log\left(1-\frac{1}{x}\right)+\log\left(1-\frac{2}{x}\right)+\cdots+\log\left(1-\frac{n}{x}\right)\right).$$

由例 8.2.2 可推出: 当 $|x|$ 充分大时,

$$\left|\log\left(1-\frac{i}{x}\right)+\frac{i}{x}\right|\leqslant\frac{C}{x^2},$$

其中 $C>0$ 是常数. 因此

$$\left|-x\log\left(1-\frac{i}{x}\right)-i\right|\leqslant\frac{C}{|x|},$$

从而

$$-x\log\left(1-\frac{i}{x}\right)\to i\quad(x\to\infty).$$

于是所求极限等于 $\mathrm{e}^{2(1+2+\cdots+n)}=\mathrm{e}^{n(n+1)}$.

9.173 (1) 令 $y_n=a_n+1(n\geqslant1)$, 则

$$y_{n+1}=1+\frac{1}{y_n}\quad(n\geqslant1),\quad y_1=1.$$

由数学归纳法可知所有 $y_n\geqslant1$. 令

$$b_n=y_n-\frac{\sqrt{5}+1}{2}\quad(n\geqslant1),$$

则

$$\begin{aligned}|b_{n+1}|&=\left|1+\frac{1}{y_n}-\frac{1+\sqrt{5}}{2}\right|=\frac{1}{y_n}\left|1+\frac{1-\sqrt{5}}{2}y_n\right|\\ &=\frac{\sqrt{5}-1}{2y_n}\left|y_n-\frac{\sqrt{5}+1}{2}\right|\leqslant\frac{\sqrt{5}-1}{2}|b_n|\leqslant\left(\frac{\sqrt{5}-1}{2}\right)^n|b_1|.\end{aligned}$$

因为 $0<\dfrac{\sqrt{5}-1}{2}<1$, 所以 $\lim\limits_{n\to\infty}b_n=0$, 从而 $\lim\limits_{n\to\infty}y_n=(\sqrt{5}+1)/2$, 于是

$$\lim_{n\to\infty}a_n=\lim_{n\to\infty}y_n-1=\frac{\sqrt{5}-1}{2}.$$

(2) 首先用数学归纳法证明: 对于所有 $n\geqslant0$, 有

$$0\leqslant x_n\leqslant x_{n+1}\leqslant\sqrt{a}.$$

因为 $x_0=0, 0<x_1=a/b<\sqrt{a}$, 所以当 $n=0$ 时此结论成立. 设 $n=k-1$ 时结论成立, 即 $0\leqslant x_{k-1}\leqslant x_k\leqslant\sqrt{a}$, 则 $\sqrt{a}-x_k\geqslant 0$, 从而

$$\begin{aligned}0&\leqslant-\frac{1}{b}(x_k^2-a)=\frac{1}{b}(a-x_k^2)=\frac{1}{b}(\sqrt{a}+x_k)(\sqrt{a}-x_k)\\&\leqslant\frac{2\sqrt{a}}{b}(\sqrt{a}-x_k)\leqslant\sqrt{a}-x_k,\end{aligned}$$

于是

$$x_k\leqslant x_k-\frac{1}{b}(x_k^2-a)\leqslant x_k+(\sqrt{a}-x_k)=\sqrt{a}.$$

即得 $0\leqslant x_k\leqslant x_{k+1}\leqslant\sqrt{a}$. 于是完成归纳证明.

因为 $x_n(n\geqslant 0)$ 单调增加上有界, 所以序列 $x_n(n\geqslant 0)$ 收敛.

设 $l=\lim\limits_{n\to\infty}x_n$, 在递推关系中令 $n\to\infty$, 得到

$$l=l-\frac{1}{b}(l^2-a),\quad l^2-a=0.$$

由 $x_n\geqslant 0$ 可知 $l\geqslant 0$, 因此 $l=\sqrt{a}$.

9.174 (1) 因为

$$\begin{aligned}x^{x^x-1}&=\exp\left((\mathrm{e}^{x\log x}-1)\log x\right),\\(\mathrm{e}^{x\log x}-1)\log x&=\frac{\mathrm{e}^{x\log x}-1}{x\log x}\cdot x\log^2 x,\end{aligned}$$

所以我们只需分别计算

$$J_1=\lim_{x\to0+}\frac{\mathrm{e}^{x\log x}-1}{x\log x}\quad 和\quad J_2=\lim_{x\to0+}x\log^2 x$$

(若它们都存在). 注意由 L'Hospital 法则可知

$$\lim_{x\to0+}x\log x=\lim_{x\to0+}\frac{\log x}{x^{-1}}=\lim_{x\to0+}\frac{x^{-1}}{-x^{-2}}=0,$$

因此若令 $y=x\log x\,(x>0)$, 则当 $x\to0+$ 时 $y\to0$, 所以 (由 L'Hospital 法则)

$$J_1=\lim_{y\to0}\frac{\mathrm{e}^y-1}{y}=1.$$

此外还有 (由 L'Hospital 法则)

$$J_2=\lim_{x\to0+}\frac{\log^2 x}{x^{-1}}=\lim_{x\to0+}\frac{2x^{-1}\log x}{-x^{-2}}=-2\lim_{x\to0+}x\log x=0.$$

于是所求极限等于 $J_1J_2=0$.

(2) 由题设可知

$$\lim_{x\to0}\frac{x^3f(x)}{x^4}=\lim_{x\to0}\frac{f(x)}{x}=\lim_{x\to0}\frac{f(x)-f(0)}{x-0}=f'(0)=1,$$

从而 (令 $y=x^4$, 则 $x\to0\Rightarrow y\to0$)

$$\lim_{x\to0}\frac{f(x^4)}{x^4}=\lim_{y\to0}\frac{f(y)}{y}=1.$$

于是 $J=1-3\times1=-2$.

9.175 (1) 令

$$g(x)=\frac{1}{x}\int_0^{\sin x}\cos t^2\mathrm{d}t,\quad f(x)=g(x)\sin\frac{1}{x},$$

那么 (由 L'Hospital 法则)

$$\lim_{x\to0}g(x)=\lim_{x\to0}\frac{\mathrm{d}}{\mathrm{d}x}\left(\int_0^{\sin x}\cos t^2\mathrm{d}t\right)=\lim_{x\to0}\cos(\sin x)^2\cdot\cos x=1.$$

另一方面, 若令

$$x_n=\frac{1}{2n\pi},\quad y_n=\frac{1}{2n\pi+\dfrac{\pi}{2}}\quad(n\geqslant 1),$$

则当 $n\to\infty$ 时 $x_n,y_n\to 0$, 并且

$$\sin\frac{1}{x_n}\to 0,\quad \sin\frac{1}{y_n}=1\quad(n\to\infty),$$

可见 $\sin\limits_{x\to 0}(1/x)$ 不存在. 因此题中的极限不存在.

(2) 因为对于任何 $a,\tan x-ax\to 0\,(x\to 0)$, 所以

$$\lim_{x\to 0}\int_b^x\frac{s^2}{\sqrt{1-s^2}}\mathrm{d}s=0,$$

从而 $b=0$. 于是由 L'Hospital 法则得到

$$c=\lim_{x\to 0}\frac{x^2\cos^2 x}{\sqrt{1+x^2}(1-a\cos^2 x)}.$$

若 $a\neq 1$, 则 $\lim\limits_{x\to 0}(1-a\cos^2 x)=1-a\neq 0$, 从而 $c=0$. 若 $a=1$, 则

$$c=\lim_{x\to 0}\frac{x^2\cos^2 x}{\sqrt{1+x^2}(1-\cos^2 x)}=\lim_{x\to 0}\frac{x^2\cos^2 x}{\sqrt{1+x^2}\sin^2 x}=1.$$

于是当 $a\neq 1$(任意) 时 $b=0,c=0$; 当 $a=1$ 时 $b=0,c=1$.

(3) 因为

$$\int_a^b f(x+t)\mathrm{d}x=\int_{a+t}^{b+t}f(x)\mathrm{d}x,$$

所以

$$\begin{aligned}\int_a^b\frac{f(x+t)-f(x)}{t}\mathrm{d}x&=\frac{1}{t}\int_a^b f(x+t)\mathrm{d}x-\frac{1}{t}\int_a^b f(x)\mathrm{d}x\\&=\frac{1}{t}\int_{a+t}^{b+t}f(x)\mathrm{d}x-\frac{1}{t}\int_a^b f(x)\mathrm{d}x.\end{aligned}$$

不妨设 $t>0$($t<0$ 的情形类似), 由积分中值定理可得

$$\begin{aligned}\int_a^b\frac{f(x+t)-f(x)}{t}\mathrm{d}x&=\frac{1}{t}\left(\int_b^{b+t}f(x)\mathrm{d}x-\int_a^{a+t}f(x)\mathrm{d}x\right)\\&=f(b+\theta_1)-f(a+\theta_2),\end{aligned}$$

其中 $0\leqslant\theta_1,\theta_2\leqslant t$. 令 $t\to 0$, 即得所要结果.

9.176 (i) 令

$$J_n=\frac{\log^2 n}{n}\sum_{k=2}^{n-2}\frac{1}{\log k\log(n-k)},$$

那么 $\log k\cdot\log(n-k)\leqslant\log^2 n$(当 $k=2,\cdots,n-2$ 时), 所以

$$J_n\geqslant\frac{\log^2 n}{n}\cdot\frac{n-3}{\log^2 n}=1-\frac{3}{n}.$$

(ii) 我们要给出相反方向的不等式, 为此首先研究函数

$$h(x)=\log x\log(n-x)\quad(2\leqslant x<n).$$

当 $2\leqslant x<n/2$ 时,

$$h'(x)=\frac{\log(n-x)}{x}-\frac{\log x}{n-x}=\frac{\log x+\log\left(\dfrac{n}{x}-1\right)}{x}-\frac{\log x}{n-x}$$

$$
\begin{aligned}
&=\log x\left(\frac{1}{x}-\frac{1}{n-x}\right)+\frac{\log\left(\dfrac{n}{x}-1\right)}{x}\\
&=\log x\cdot\frac{n-2x}{x(n-x)}+\frac{\log\left(\dfrac{n}{x}-1\right)}{x}>0,
\end{aligned}
$$

因此 $h(x)$ 在区间 $[2,n/2)$ 上是增函数. 此外由 $h(x)=h(n-x)$ 可知 $h(x)$ 在 $[2,n)$ 上关于直线 $x=n/2$ 对称.

由此可知: 整变量 k 的函数

$$
g(k)=\frac{1}{\log k\cdot\log(n-k)}
$$

在 $[2,n/2]$ 上是减函数, 关于直线 $x=n/2$ 对称.

(iii) 现在取整数 m 满足 $2\leqslant m<n/2$, 那么

$$
\begin{aligned}
\Sigma&=\sum_{k=2}^{n-2}\frac{1}{\log k\log(n-k)}=\left(\sum_{k=2}^{m}+\sum_{k=m+1}^{n-m-1}+\sum_{k=n-m}^{n-2}\right)\frac{1}{\log k\log(n-k)}\\
&=\Sigma_1+\Sigma_2+\Sigma_3\quad(\text{记}).
\end{aligned}
$$

注意,Σ_1 与 Σ_3 中的加项个数相同 (都是 $m-1$ 项), 并且依上述对称性可知 $\Sigma_1=\Sigma_3$(当然, 这也可直观验证: 当 $k=2,3,\cdots,m$ 时 Σ_1 中各项分别等于 Σ_3 中当 $k=n-2,n-3,\cdots,n-m$ 时的对应项). 因此

$$
\Sigma=2\Sigma_1+\Sigma_2.
$$

因为 $g(k)$ 在 $[2,n/2]$ 上是减函数, 我们推出

$$
2\Sigma_1\leqslant 2\cdot\frac{m-1}{\log 2\cdot\log(n-2)}.
$$

类似地,Σ_2 中各项 (依上述对称性, 或直接验证) 成对地相等 (即 $k=m+1$ 与 $k=n-m-1$,$k=m+2$ 与 $k=n-m-2$, 等等, 对应的项分别相等); 又因为 $g(k)$ 是 $[2,n/2]$ 上的减函数, 所以它们都不超过 $1/\big(\log m\cdot\log(n-m)\big)$, 从而

$$
\Sigma_2\leqslant\frac{(n-m-1)-(m+1)+1}{\log m\cdot\log(n-m)}=\frac{n-2m-1}{\log m\cdot\log(n-m)}.
$$

综合以上, 我们得到

$$
\begin{aligned}
J_n&=\frac{\log^2 n}{n}(2\Sigma_1+\Sigma_2)\\
&\leqslant\frac{\log^2 n}{n}\left(\frac{2(m-1)}{\log 2\cdot\log(n-2)}+\frac{n-2m-1}{\log m\cdot\log(n-m)}\right)\\
&\leqslant\frac{2}{\log 2}\cdot\frac{m\log n}{n}+\left(1-\frac{2m}{n}\right)\frac{\log n}{\log m}+O\left(\frac{1}{\log n}\right).
\end{aligned}
$$

取整数 $m=[n/\log^2 n]+1$, 可知当 n 充分大时,

$$
\begin{aligned}
J_n&\leqslant\left(1-\frac{2}{n\log^2 n}\right)\frac{\log n}{\log n-2\log\log n}+O\left(\frac{1}{\log n}\right)\\
&\leqslant 1+O\left(\frac{\log\log n}{\log n}\right).
\end{aligned}
$$

(iv) 由步骤 (i) 和 (iii) 中得到的两个不等式立知 $J=1$.

9.177　因为 $\delta_n>0$, 所以

$$
\varliminf_{n\to\infty}\frac{1}{n}\sum_{k=1}^{n}\log\left(\frac{k}{n}+\delta_n\right)\geqslant\lim_{n\to\infty}\frac{1}{n}\sum_{k=1}^{n}\log\frac{k}{n}=\int_0^1\log x\mathrm{d}x=-1.
$$

另一方面, 对于任意给定的 $\varepsilon>0$, 存在 n_0, 使当 $n\geqslant n_0$ 时, $0<\delta_n\leqslant\varepsilon$, 所以

$$\frac{1}{n}\sum_{k=1}^{n}\log\left(\frac{k}{n}+\delta_n\right)\leqslant\frac{1}{n}\sum_{k=1}^{n}\log\left(\frac{k}{n}+\varepsilon\right)\quad(n\geqslant n_0),$$

从而

$$\begin{aligned}\overline{\lim_{n\to\infty}}\frac{1}{n}\sum_{k=1}^{n}\log\left(\frac{k}{n}+\delta_n\right)&\leqslant\lim_{n\to\infty}\frac{1}{n}\sum_{k=1}^{n}\log\left(\frac{k}{n}+\varepsilon\right)\\&=\int_0^1\log(x+\varepsilon)\mathrm{d}x=\int_{\varepsilon}^{1+\varepsilon}\log x\mathrm{d}x.\end{aligned}$$

此式对任意 $\varepsilon>0$ 都成立, 令 $\varepsilon\to0$, 可知

$$\overline{\lim_{n\to\infty}}\frac{1}{n}\sum_{k=1}^{n}\log\left(\frac{k}{n}+\delta_n\right)\leqslant\int_0^1\log x\mathrm{d}x=-1.$$

因此所求极限存在, 并且等于 -1.

9.178 我们有

$$\sum_{n=1}^{\infty}\frac{t^n}{1+t^n}=\sum_{n=1}^{\infty}\frac{1}{1+t^{-n}}=\sum_{n=1}^{\infty}\frac{1}{1+\mathrm{e}^{-n\ln t}},$$

若令 $h=-\ln t$, 则

$$\sum_{n=1}^{\infty}\frac{t^n}{1+t^n}=\sum_{n=1}^{\infty}\frac{1}{1+\mathrm{e}^{nh}}.$$

当 $t\to1-0$ 时, $h>0,h\to0$, 于是

$$\begin{aligned}\lim_{t\to1-0}(1-t)\sum_{n=1}^{\infty}\frac{t^n}{1+t^n}&=\lim_{t\to1-0}\frac{1-t}{-\ln t}\cdot(-\ln t)\sum_{n=1}^{\infty}\frac{t^n}{1+t^n}\\&=\lim_{t\to1-0}\frac{1-t}{-\ln t}\cdot\lim_{h\to0}h\sum_{n=1}^{\infty}\frac{1}{1+\mathrm{e}^{nh}}\\&=1\cdot\int_0^{\infty}\frac{\mathrm{d}x}{1+\mathrm{e}^x}\quad(\text{令 }y=\mathrm{e}^x)\\&=\int_1^{\infty}\frac{\mathrm{d}y}{y^2+y}=\ln\frac{y}{y+1}\bigg|_1^{\infty}=\ln2.\end{aligned}$$

9.179 (1) 因为

$$\log y=\frac{1}{2x}+\frac{1}{4}\log x+\frac{1}{8}\log\sin x,$$

所以

$$\frac{y'}{y}=-\frac{1}{2x^2}+\frac{1}{4x}+\frac{1}{8}\cot x.$$

于是

$$\begin{aligned}y'&=y\left(-\frac{1}{2x^2}+\frac{1}{4x}+\frac{1}{8}\cot x\right)\\&=\sqrt{\mathrm{e}^{1/x}\sqrt{x\sqrt{\sin x}}}\left(-\frac{1}{2x^2}+\frac{1}{4x}+\frac{1}{8}\cot x\right)\\&=\frac{1}{8}\sqrt{\mathrm{e}^{1/x}\sqrt{x\sqrt{\sin x}}}\left(-\frac{4}{x^2}+\frac{2}{x}+\cot x\right).\end{aligned}$$

(2) 解法 1 我们有

$$f(x)=\frac{(1+x)^2}{1-x+x^2}=\frac{(1+x)\cdot(1+x)^2}{(1+x)\cdot(1-x+x^2)}=\frac{(1+x)^3}{1+x^3}.$$

当 $|x|<1$ 时,

$$\begin{aligned}f(x)&=(1+x)^3\sum_{n=0}^{\infty}(-1)^n x^{3n}\\&=(1+3x+3x^2+x^3)(1-x^3+x^6-\cdots)\\&=(1+3x+3x^2+x^3)-x^3(1+3x+3x^2+x^3)+\cdots\\&=1+3x+3x^2-3x^4+\cdots.\end{aligned}$$

因此

$$f^{(4)}(0)=(-3x^4)^{(4)}\big|_{x=0}=-72.$$

解法 2　首先将 $f(x)$ 变形:

$$f(x)=1+\frac{3x}{1-x+x^2}=1+\frac{3x}{1-(x-x^2)},$$

然后将 $f(x)$ 展开成 $x-x^2$ 的幂级数:

$$\begin{aligned}f(x)&=1+3x\Big(1+(x-x^2)+(x-x^2)^2+(x-x^2)^3+o(x^3)\Big)\\&=1+3x+3x^2-3x^4+o(x^4),\end{aligned}$$

因此 $f^{(4)}(0)/4!=-3, f^{(4)}(0)=-72$.

或者: 类似地, 当 $|x|$ 足够小时,

$$\begin{aligned}f(x)&=(1+2x+x^2)\Big(1+(x-x^2)+(x-x^2)^2+(x-x^2)^3+o(x^3)\Big)\\&=\cdots.\end{aligned}$$

解法 3　因为分母 $x^2-x+1=(x-1/2)^2+3/4>0$, 所以

$$(x^2-x+1)f(x)=(x+1)^2,\quad f(0)=1.$$

令 $x=0$, 求出 $f(0)=1$. 在两边对 x 求导, 得到

$$(2x-1)f(x)+(x^2-x+1)f'(x)=2(x+1).$$

令 $x=0,-f(0)+f'(0)=2$, 求出 $f'(0)=3$. 再次在上式两边对 x 求导, 得到

$$2f(x)+2(2x-1)f'(x)+(x^2-x+1)f''(x)=2.$$

于是 $f''(0)=6$. 继续同样的操作, 得到

$$6f'(x)+3(2x-1)f''(x)+(x^2-x+1)f'''(x)=0.$$

于是 $f'''(0)=-6f'(0)+3f''(0)=0$. 最后有

$$12f''(x)+4(2x-1)f'''(x)+(x^2-x+1)f^{(4)}(x)=0.$$

令 $x=0$, 有 $12f''(0)-4f'''(0)+f^{(4)}(0)=0$, 于是 $f^{(4)}(0)=-72$.

解法 4　**提示**　参见例 2.2.1. 我们有

$$f(x)=1+3\cdot\frac{x}{x^2-x+1}.$$

因为 $x^2-x+1=(x-\omega)(x-\overline{\omega})$, 其中

$$\omega=\frac{1+\mathrm{i}\sqrt{3}}{2},\quad \overline{\omega}=\frac{1-\mathrm{i}\sqrt{3}}{2}$$

是一对共轭复数,$\omega\overline{\omega}=1,\omega+\overline{\omega}=1$. 应用分部分式方法得到

$$\frac{x}{x^2-x+1}=\frac{a}{x-\omega}+\frac{b}{x-\overline{\omega}},$$

其中

$$a=-\frac{\omega^2}{1-\omega^2},\quad b=\frac{1}{1-\omega^2}.$$

由此求出

$$\left(\frac{1}{x-\omega}\right)^{(4)},\quad \left(\frac{1}{x-\overline{\omega}}\right)^{(4)}$$

等等 (计算细节由读者完成).

解法 5 **提示** 对于

$$f(x)=1+\frac{3x}{x^2-x+1}=1+\frac{3x}{h(x)},$$

其中 $h(x)=x^2-x+1\big($以及 $h'(x)=2x-1\big)$, 逐次求导, 得到

$$\begin{aligned}
f'(x)&=\frac{-3x^2+3}{h^2(x)},\\
f''(x)&=\frac{6x^3-18x+6}{h^3(x)},\\
f'''(x)&=18\cdot\frac{-x^4+6x^2-4x}{h^4(x)},\\
f^{(4)}(x)&=18\cdot\frac{4x^5-8x^4-40x^3+40x^2-4}{h^5(x)}.
\end{aligned}$$

于是 $f^{(4)}(0)=-72$.

或者: 因为 $f'''(0)=0$, 所以

$$\begin{aligned}
f^{(4)}(0)&=\lim_{x\to 0}\frac{f'''(x)-f'''(0)}{x}=18\cdot\lim_{x\to 0}\frac{-x^4+6x^2-4x}{xh^4(x)}\\
&=18\cdot\lim_{x\to 0}\frac{-x^3+6x-4}{h^4(x)}=-72.
\end{aligned}$$

(3) 逐次求出

$$\begin{aligned}
\psi_1&=\frac{\partial u}{\partial x}=\frac{\partial f(t)}{\partial t}\frac{\partial t}{\partial x}=\frac{\partial f(t)}{\partial t}yz,\\
\psi_2&=\frac{\partial \psi_1}{\partial y}=\frac{\partial^2 f(t)}{\partial t^2}\frac{\partial t}{\partial y}yz+\frac{\partial f(t)}{\partial t}\frac{\partial (yz)}{\partial y}=\frac{\partial^2 f(t)}{\partial t^2}xyz^2+\frac{\partial f(t)}{\partial t}z.
\end{aligned}$$

于是

$$\begin{aligned}
\phi(t)&=\frac{\partial^3 u}{\partial x\partial y\partial z}=\frac{\partial \psi_2}{\partial z}=\frac{\partial}{\partial z}\left(\frac{\partial^2 f(t)}{\partial t^2}xyz^2+\frac{\partial f(t)}{\partial t}z\right)\\
&=\left(\frac{\partial^3 f(t)}{\partial t^3}\frac{\partial t}{\partial z}xyz^2+\frac{\partial^2 f(t)}{\partial t^2}\frac{\partial (xyz^2)}{\partial z}\right)+\left(\frac{\partial^2 f(t)}{\partial t^2}\frac{\partial t}{\partial z}z+\frac{\partial f(t)}{\partial t}\frac{\partial z}{\partial z}\right)\\
&=\frac{\partial^3 f(t)}{\partial t^3}(xy)(xyz^2)+\frac{\partial^2 f(t)}{\partial t^2}(2xyz)+\frac{\partial^2 f(t)}{\partial t^2}(xy)z+\frac{\partial f(t)}{\partial t}\\
&=\frac{\partial^3 f(t)}{\partial t^3}t^2+3\frac{\partial^2 f(t)}{\partial t^2}t+\frac{\partial f(t)}{\partial t}.
\end{aligned}$$

(4) 我们有

$$\frac{\partial u}{\partial x}=1,\quad \frac{\partial u}{\partial y}=-2,\quad \frac{\partial v}{\partial x}=1,\quad \frac{\partial v}{\partial y}=\alpha.$$

由此算出 (参见例 3.5.1)

$$\begin{aligned}
\frac{\partial f}{\partial x}&=\frac{\partial f}{\partial u}\frac{\partial u}{\partial x}+\frac{\partial f}{\partial v}\frac{\partial v}{\partial x}=\frac{\partial f}{\partial u}+\frac{\partial f}{\partial v},\\
\frac{\partial f}{\partial y}&=\frac{\partial f}{\partial u}\frac{\partial u}{\partial y}+\frac{\partial f}{\partial v}\frac{\partial v}{\partial y}=-2\frac{\partial f}{\partial u}+\alpha\frac{\partial f}{\partial v},\\
\frac{\partial^2 f}{\partial x^2}&=\frac{\partial^2 f}{\partial u^2}+2\frac{\partial^2 f}{\partial u\partial v}+\frac{\partial^2 f}{\partial v^2},\\
\frac{\partial^2 f}{\partial y^2}&=4\frac{\partial^2 f}{\partial u^2}-4\alpha\frac{\partial^2 f}{\partial u\partial v}+\alpha^2\frac{\partial^2 f}{\partial v^2},\\
\frac{\partial^2 f}{\partial x\partial y}&=-2\frac{\partial^2 f}{\partial u^2}+(\alpha-2)\frac{\partial^2 f}{\partial u\partial v}+\alpha\frac{\partial^2 f}{\partial v^2}.
\end{aligned}$$

于是原方程化为

$$(10+5\alpha)\frac{\partial^2 f}{\partial u\partial v}+(6+\alpha-\alpha^2)\frac{\partial^2 f}{\partial v^2}=0.$$

可见 α 由条件

$$6+\alpha-\alpha^2=0,\quad 10+5\alpha\neq 0$$

确定, 于是 $\alpha=3$.

9.180 (1) 作辅助函数

$$\varphi(x)=f(x)-x,$$

则 $\varphi(x)$ 在 $[0,1]$ 上连续, 并且

$$\varphi(0)=f(0)\geqslant 0,\quad \varphi(1)=f(1)-1\leqslant 0,$$

因此由连续函数的介值定理, 可知存在 $a\in[0,1]$, 使得 $\varphi(a)$ 介于 $\varphi(0)$ 和 $\varphi(1)$ 之间, 即 $\varphi(a)=0$, 于是 $f(a)=a$.

(2) 算出积分

$$\int_0^{2\pi} f(x)(1\pm\cos x)\mathrm{d}x=\pi(a_0\pm 1)$$

(等式两边双重符号取法一致). 因为在 $[0,2\pi)$ 上 $1-\cos x$ 非负, 所以若在 $[0,2\pi)$ 上 $f(x)$ 非负, 则 $\pi(a_0-1)\geqslant 0$, 于是 $a_0\geqslant 1$, 与题设矛盾. 同理, 因为在 $[0,2\pi)$ 上 $1+\cos x$ 非负, 所以若在 $[0,2\pi)$ 上 $f(x)$ 非正, 则 $\pi(a_0+1)\leqslant 0$, 于是 $a_0\leqslant -1$, 也与题设矛盾. 因此 $f(x)$ 在 $[0,2\pi)$ 上变号, 从而有零点.

9.181 (1) 因为函数 $f(x)$ 连续;$f(0)=0,f(1)=2$, 所以由介值定理可知存在 $x_0\in(0,1)$, 使得 $f(x_0)=1$. 在 $[0,x_0]$ 和 $[x_0,1]$ 上分别应用 Lagrange 中值定理, 可知存在 $\xi_1\in(0,x_0)$ 和 $\xi_2\in(x_0,1)$, 使得

$$f(x_0)-f(0)=(x_0-0)f'(\xi_1),\quad f(1)-f(x_0)=(1-x_0)f'(\xi_2).$$

代入 $f(0),f(x_0),f(1)$ 的值, 得到

$$\frac{1}{f'(\xi_1)}=\frac{x_0-0}{f(x_0)-f(0)}=x_0,\quad \frac{1}{f'(\xi_2)}=\frac{1-x_0}{f(1)-f(x_0)}=1-x_0.$$

将此两式相加, 即得所要的等式.

(2) 令

$$\lambda_i=\frac{a_i}{\sum\limits_{i=1}^{n}a_i}\quad (i=1,2,\cdots,n),$$

则 $\lambda_i \in (0,1), \sum_{i=1}^{n}\lambda_i = 1$. 由函数的连续性及 $f(0)=0, f(1)=1, \lambda_1 \in (0,1)$, 可知存在 $c_1 \in (0,1)$, 使得 $f(c_1)=\lambda_1$. 类似地, 由 $(0<)\lambda_1 < \lambda_1+\lambda_2 < 1$ 推出存在 $c_2 \in (c_1,1)$, 使得 $f(c_2)=\lambda_1+\lambda_2$. 继续这种推理, 得到点列

$$0=c_0<c_1<c_2<\cdots<c_{n-1}<c_n=1,$$

满足

$$f(c_i)=\sum_{k=1}^{i}\lambda_k \quad (i=1,2,\cdots,n-1).$$

对于每个区间 $(c_{i-1},c_i)(i=1,\cdots,n)$ 应用 Lagrange 中值定理, 可知存在 $\xi_i \in (c_{i-1},c_i)$, 使得

$$f(c_i)-f(c_{i-1})=(c_i-c_{i-1})f'(\xi_i) \quad (i=1,\cdots,n).$$

注意 $f(c_i)-f(c_{i-1})=\lambda_i$, 即得

$$\frac{\lambda_i}{f'(\xi_i)}=c_i-c_{i-1} \quad (i=1,\cdots,n).$$

将此 n 个等式相加, 注意

$$\sum_{i=1}^{n}(c_i-c_{i-1})=c_n-c_0=1,$$

并将 λ_i 的表达式代入, 即得所要结果.

9.182 (1) 设 $|f'(x)+xf(x)| \leqslant M\,(x\in\mathbb{R})$(其中 M 是常数). 令 $g(x)=f(x)\mathrm{e}^{x^2/2}$, 则

$$|g'(x)|=|f'(x)+xf(x)|\mathrm{e}^{x^2/2} \leqslant M\mathrm{e}^{x^2/2},$$
$$\int_0^x |g'(t)|\mathrm{d}t \leqslant M\int_0^x \mathrm{e}^{t^2/2}\mathrm{d}t.$$

于是

$$\begin{aligned}|f(x)|&=\left|\frac{g(x)}{\mathrm{e}^{x^2/2}}\right|=\mathrm{e}^{-x^2/2}\left|g(0)+\int_0^x g'(t)\mathrm{d}t\right|\\&\leqslant \mathrm{e}^{-x^2/2}\left(|g(0)|+\int_0^x |g'(t)|\mathrm{d}t\right)\\&\leqslant \mathrm{e}^{-x^2/2}\left(|g(0)|+M\int_0^x \mathrm{e}^{t^2/2}\mathrm{d}t\right).\end{aligned}$$

由 L'Hospital 法则可知

$$\lim_{x\to\infty}\frac{\int_0^x \mathrm{e}^{t^2/2}\mathrm{d}t}{\mathrm{e}^{x^2/2}}=0,$$

所以 $\lim\limits_{x\to\infty} f(x)=0$.

(2) 在 $[x,x+1]$ 上对 $f(t)=\sqrt{t}$ 应用 Lagrange 中值定理, 得到

$$\sqrt{x+1}-\sqrt{x}=\frac{1}{2\sqrt{\xi}},$$

其中 $\xi \in (x,x+1)$. 令 $\xi=x+\theta$, 那么 $\theta=\theta(x)>0$, 即得

$$\sqrt{x+1}-\sqrt{x}=\frac{1}{2\sqrt{x+\theta}}.$$

因为

$$\sqrt{x+1}-\sqrt{x}=\frac{1}{\sqrt{x+1}+\sqrt{x}},$$

由上式得到

$$\sqrt{x+1}+\sqrt{x}=2\sqrt{x+\theta}.$$

由此解出

$$\theta(x)=\frac{1+2\sqrt{x^2+x}-2x}{4}.$$

因此立得 $\lim\limits_{x\to0}\theta(x)=1/4$.

9.183 (1) 解法 1 依题设条件, 在 $[a,c]$ 和 $[c,b]$ 上可对 $f(x)$ 分别应用微分中值定理, 得到 $\xi_1\in(a,c),\xi_2\in(c,b)$, 使得

$$f(c)-f(a)=f'(\xi_1)(c-a),\quad f(b)-f(c)=f'(\xi_2)(b-c).$$

因为 $f(a)=f(b)=0,f(c)>0$, 所以

$$f'(\xi_1)=\frac{f(c)}{c-a}>0,\quad f'(\xi_2)=-\frac{f(c)}{b-c}<0,$$

因此 $f'(\xi_2)-f'(\xi_1)<0$. 又依题设条件, 在 $[\xi_1,\xi_2]\subset[a,b]$ 上可对 $f'(x)$ 应用微分中值定理, 于是存在 $\xi\in(\xi_1,\xi_2)\subset[a,b]$, 使得

$$f''(\xi)=\frac{f'(\xi_2)-f'(\xi_1)}{\xi_2-\xi_1}<0.$$

解法 2 与解法 1 同样地推出存在 $\xi_1\in(a,c),\xi_2\in(c,b)$ (因而 $\xi_1<\xi_2$), 使得

$$f'(\xi_1)=\frac{f(c)}{c-a}>0,\quad f'(\xi_2)=-\frac{f(c)}{b-c}<0.$$

因为 $f'(x)$ 连续, 所以存在 $\mu\in(\xi_1,\xi_2)$, 使得 $f'(\mu)=0$. 又因为 $f(x)$ 在 $[\mu,\xi_2]$ 上二阶可导, 所以存在 $\xi\in(\mu,\xi_2)\subset(a,b)$, 使得

$$f''(\xi)=\frac{f'(\xi_2)-f'(\mu)}{\xi_2-\mu}<0.$$

解法 3 由题设,$f(x)$ 在 $[a,b]$ 上连续,$f(c)>0$, 所以有最大值 $f(x_0)>0$; 因为 $f(a)=f(b)=0$, 所以 $x_0\in(a,b)$. 由 Taylor 展开,

$$f(x)=f(x_0)+f'(x_0)(x-x_0)+\frac{f''(\xi)}{2!}(x-x_0)^2\quad(\xi\in(x_0,x)).$$

令 $x=a$, 注意 $f'(x_0)=0$(由极值性质), 得到

$$f(x_0)+\frac{f''(\xi)}{2!}(a-x_0)^2=0.$$

于是

$$f''(\xi)=-\frac{2f(x_0)}{(a-x_0)^2}<0,$$

此 x_0 即可作为所要求的 ξ.

解法 4 用反证法. 设不存在 $\xi\in(a,b)$ 使得 $f''(\xi)<0$, 那么在 (a,b) 上 $\big(f'(x)\big)'\geqslant0$, 从而 $f'(x)$ 在 (a,b) 上单调增加. 又因为 $f(a)=f(b)$, 所以存在 $\eta\in(a,b)$, 使得 $f'(\eta)=0$. 于是在 (a,η) 上 $f'(x)\leqslant f'(\eta)=0$; 在 (η,b) 上 $f'(x)\geqslant f'(\eta)=0$. 因此 $f(x)$ 在 (a,η) 上单调减少, 在 (η,b) 上单调增加, 从而

$$f(x)\leqslant f(a)=0\quad(\text{当 } x\in(a,\eta)\text{ 时}),$$
$$f(x)\leqslant f(b)=0\quad(\text{当 } x\in(\eta,b)\text{ 时}),$$

这表明除点 η 外 $f(x)$ 在 (a,b) 上的值非正, 因为 $f(c)>0$, 所以只可能 $\eta=c$, 从而 $f(\eta)>0$. 这与 $f(x)$ 在 (a,b) 上的连续性矛盾.

(2) (i) 令

$$g(x)=\frac{1}{2}f^2(x)+f'(x)\quad(0\leqslant x\leqslant1),$$

那么 $g(0)=0$, 并且

$$g'(x)=f(x)\cdot f'(x)+f''(x).$$

因此题中结论等价于 $g'(\xi)=0$. 进而可知, 我们只需证明存在 $\eta\in(0,1]$ 满足 $g(\eta)=0$ (因为此时结合 $g(0)=0$ 可知存在 $\xi\in(0,\eta)\subseteq(0,1)$, 使得 $g'(\xi)=0$).

(ii) 若 $f(x)$ 在 $[0,1]$ 上无零点, 则

$$h(x)=\frac{1}{2}x-\frac{1}{f(x)}$$

在 $[0,1]$ 上有定义并且

$$h'(x)=\frac{1}{2}+\frac{f'(x)}{f^2(x)},$$

于是

$$g(x)=f^2(x)\cdot h'(x).$$

显然 $h(x)\,(0\leqslant x\leqslant 1)$ 连续可微, 于是由 $h(0)=h(1)(=-1/2)$ 可知存在 $\eta\in(0,1)$, 使得 $h'(\eta)=0$, 从而 $g(\eta)=0$.

现在设 $f(x)$ 在 $[0,1]$ 上有零点. 若零点个数有限, 则显然存在最小和最大零点. 若零点个数无穷, 则其极限点 (显然存在) 也是零点, 所以也存在最小和最大零点. 将它们分别记作 z_1,z_2. 由 $f(0),f(1)>0$ 可知 $0<z_1\leqslant z_2<1$(如果只有一个零点, 那么 $z_1=z_2$), 并且在 $[0,z_1)$ 和 $(z_2,1]$ 上 $f(x)$ 保持正值. 因为 $f'(z_1)$ 存在, 并且对于足够小的 $\delta>0$,

$$\frac{f(z_1-\delta)-f(z_1)}{-\delta}=-\frac{f(z_1-\delta)}{\delta}<0,$$

所以 $f'(z_1)\leqslant 0$. 类似地,$f'(z_2)\geqslant 0$. 于是

$$g(z_1)=\frac{1}{2}f^2(z_1)+f'(z_1)=0+f'(z_1)=f'(z_1)\leqslant 0.$$

类似地,$g(z_2)=f'(z_2)\geqslant 0$. 在 $z_1=z_2$ 的情形, 立知 $g(z_1)=g(z_2)=0$, 从而取 $\eta=z_1(=z_2)$, 即有 $g(\eta)=0$. 在 $z_1\neq z_2$ 的情形, 若 $g(z_1)=0$, 则取 $\eta=z_1$; 若 $g(z_2)=0$, 则取 $\eta=z_2$; 若 $g(z_1)<0,g(z_2)>0$, 则存在 $\eta\in(z_1,z_2)$ 使得 $g(\eta)=0$.

(3) **提示** 参见例 2.4.2. 易见函数

$$f_1(x)=-\frac{f(-1)}{2}x^2(x-1)-f(0)(x-1)(x+1)+\frac{f(1)}{2}x^2(x+1)$$

满足 $f_1(\pm1)=f(\pm1),f_1(0)=f(0),f'(0)=0$. 显然函数

$$f_2(x)=\alpha x(x-1)(x+1)$$

满足 $f_2(\pm1)=f_2(0)=0$. 因为 $f_2'(0)=-\alpha$, 所以取 $\alpha=-f'(0)$, 则有 $f_2'(0)=f'(0)$. 于是函数

$$\begin{aligned}g(x)&=f_1(x)+f_2(x)\\&=-\frac{f(-1)}{2}x^2(x-1)-f(0)(x^2-1)+\frac{f(1)}{2}x^2(x+1)-f'(0)x(x^2-1)\end{aligned}$$

满足条件

$$g(\pm1)=f(\pm1),\quad g(0)=f(0),\quad g'(0)=f'(0).$$

对函数 $h(x)=f(x)-g(x)$ 应用 Rolle 定理, 由 $h(-1)=h(0)=h(1)=0$ 可知存在 $\eta_1\in(-1,0)$ 和 $\eta_2\in(0,1)$, 使得 $h'(\eta_1)=h'(\eta_2)=0$. 进而由 $h'(\eta_1)=h'(0)=h'(\eta_2)=0$ 可知存在 $\xi_1\in(\eta_1,0)$ 和 $\xi_2\in(0,\eta_2)$, 使得 $h''(\xi_1)=h''(\xi_2)=0$. 类似地, 推出存在 $\xi\in(\xi_1,\xi_2)\subset(-1,1)$, 使得 $h'''(\xi)=0$, 即 $f'''(\xi)=g'''(\xi)$.

最后算出

$$g'''(\xi) = -\frac{f(-1)}{2}\cdot 6 - f(0)\cdot 0 + \frac{f(1)}{2}\cdot 6 - f'(0)\cdot 6,$$

即可得到所要的结论.

(4) 令

$$g(x) = \big(f(x) + f'(x) + \cdots + f^{(n)}(x)\big)\mathrm{e}^{-x}.$$

由题设条件得到 $g(a) = g(b)$. 显然 $g(x)$ 满足 Rolle 定理的各项条件, 所以存在 $c \in (a,b)$, 使得 $g'(c) = 0$. 因为

$$\begin{aligned} g'(x) &= -\big(f(x) + f'(x) + \cdots + f^{(n)}(x)\big)\mathrm{e}^{-x} + \big(f'(x) + f''(x) + \cdots + f^{(n+1)}(x)\big)\mathrm{e}^{-x} \\ &= \big(f^{(n+1)}(x) - f(x)\big)\mathrm{e}^{-x}, \end{aligned}$$

并且 $\mathrm{e}^{-c} \neq 0$, 所以由 $g'(c) = 0$ 得到 $f^{(n+1)}(c) = f(c)$.

9.184 (1) 因为

$$\begin{aligned} \sin^6 x + \cos^6 x &= (\sin^2 x + \cos^2 x)(\sin^4 x - \sin^2 x\cos^2 x + \cos^4 x) \\ &= \sin^4 x - \sin^2 x\cos^2 x + \cos^4 x \\ &= (\sin^2 x + \cos^2 x)^2 - 3\sin^2 x\cos^2 x \\ &= 1 - 3\sin^2 x\cos^2 x = 1 - \frac{3}{4}\sin^2 2x \\ &= 1 - \frac{3}{4}(1 - \cos^2 2x) = \frac{1}{4} + \frac{3}{4}\cos^2 2x, \end{aligned}$$

所以题中不定积分等于

$$\begin{aligned} &\int \frac{4\mathrm{d}x}{1 + 3\cos^2 2x} \quad \left(\text{令 } y = \tan 2x, \text{ 则 } \mathrm{d}y = \frac{2\mathrm{d}x}{\cos^2 2x}\right) \\ &= \int \frac{2}{4 + y^2}\mathrm{d}y = \arctan\frac{y}{2} + C = \arctan\left(\frac{1}{2}\tan 2x\right) + C. \end{aligned}$$

(2) 分部分式得到

$$\frac{1}{1 + x^4} = \frac{-\dfrac{\sqrt{2}}{4}x + \dfrac{1}{2}}{x^2 - \sqrt{2}x + 1} + \frac{\dfrac{\sqrt{2}}{4}x + \dfrac{1}{2}}{x^2 + \sqrt{2}x + 1}.$$

分别令 $y = x - \sqrt{2}/2$ 和 $z = x + \sqrt{2}/2$, 得

$$\frac{1}{1 + x^4} = \frac{-\dfrac{\sqrt{2}}{4}y + \dfrac{1}{4}}{y^2 + \dfrac{1}{2}} + \frac{\dfrac{\sqrt{2}}{4}z + \dfrac{1}{4}}{z^2 + \dfrac{1}{2}}.$$

于是所求不定积分 I 等于 (略去常数 C)

$$-\frac{\sqrt{2}}{8}\ln\left(y^2 + \frac{1}{2}\right) + \frac{\sqrt{2}}{8}\ln\left(z^2 + \frac{1}{2}\right) + \frac{\sqrt{2}}{4}(\arctan\sqrt{2}y + \arctan\sqrt{2}z).$$

应用公式

$$\begin{aligned} \arctan\sqrt{2}y + \arctan\sqrt{2}z &= \arctan\big(\tan(\arctan\sqrt{2}y + \arctan\sqrt{2}z)\big) \\ &= \arctan\left(\frac{\sqrt{2}y + \sqrt{2}z}{1 - \sqrt{2}y\cdot\sqrt{2}z}\right) = \arctan\frac{\sqrt{2}x}{1 - x^2}, \end{aligned}$$

最终得到 $I = \dfrac{\sqrt{2}}{8}\ln\dfrac{x^2 + \sqrt{2}x + 1}{x^2 - \sqrt{2}x + 1} + \dfrac{\sqrt{2}}{4}\arctan\dfrac{\sqrt{2}x}{1 - x^2} + C$.

(3) (i) 因为 $1+\cos x = 2\cos^2\dfrac{x}{2}$, 所以

$$I_1 = \sqrt{2}\int_0^{2\pi}\left|\cos\frac{x}{2}\right|\mathrm{d}x = 2\sqrt{2}\int_0^{\pi}|\cos t|\mathrm{d}t$$
$$= 2\sqrt{2}\left(\int_0^{\pi/2}\cos t\mathrm{d}t - \int_{\pi/2}^{\pi}\cos t\mathrm{d}t\right) = 4\sqrt{2}.$$

(ii) 令 $y = \tan\dfrac{x}{2}, b = \sqrt{\dfrac{a-1}{a+1}}$, 则

$$a+\cos x = a + \frac{1-y^2}{1+y^2} = (a+1)\cdot\frac{1+b^2y^2}{1+y^2},$$
$$x = 2\arctan y, \quad \mathrm{d}x = \frac{2\mathrm{d}y}{1+y^2},$$

不定积分

$$\int\frac{\mathrm{d}x}{a+\cos x} = \frac{1}{a+1}\int\frac{1+y^2}{1+b^2y^2}\cdot\frac{2}{1+y^2}\mathrm{d}y = \frac{2}{a+1}\int\frac{\mathrm{d}y}{1+b^2y^2},$$

令 $t = by$, 得到

$$\int\frac{\mathrm{d}x}{a+\cos x} = \frac{2}{b(a+1)}\int\frac{\mathrm{d}t}{1+t^2} = \frac{2}{\sqrt{a^2-1}}\arctan\left(b\tan\frac{x}{2}\right)+C.$$

于是

$$I_2 = \frac{2}{\sqrt{a^2-1}}\left(\arctan\left(b\tan\frac{x}{2}\right)\Big|_0^{\pi-0} + \arctan\left(b\tan\frac{x}{2}\right)\Big|_{\pi+0}^{2\pi-0}\right) = \frac{2\pi}{\sqrt{a^2-1}}.$$

(4) 我们有

$$I_n = \int_{-\pi}^{\pi}\frac{\sin nx}{(1+a^{-x})\sin x}\mathrm{d}x = \int_{-\pi}^{0}\frac{\sin nx}{(1+a^{-x})\sin x}\mathrm{d}x + \int_0^{\pi}\frac{\sin nx}{(1+a^{-x})\sin x}\mathrm{d}x.$$

在右边第一个积分中令 $t=-x$, 得到

$$I_n = \int_0^{\pi}\frac{\sin nt}{(1+a^t)\sin t}\mathrm{d}t + \int_0^{\pi}\frac{\sin nx}{(1+a^{-x})\sin x}\mathrm{d}x.$$

在右边第一个积分的被积函数中, 同时用 a^{-x} 乘分子和分母, 然后将积分变量改记为 x, 可见

$$I_n = \int_0^{\pi}\frac{a^{-x}\sin nx}{(a^{-x}+1)\sin x}\mathrm{d}x + \int_0^{\pi}\frac{\sin nx}{(1+a^{-x})\sin x}\mathrm{d}x = \int_0^{\pi}\frac{(a^{-x}+1)\sin nx}{(1+a^{-x})\sin x}\mathrm{d}x$$
$$= \int_0^{\pi}\frac{\sin nx}{\sin x}\mathrm{d}x.$$

当 $n \geqslant 2$ 时,

$$I_n - I_{n-2} = \int_0^{\pi}\frac{\sin nx - \sin(n-2)x}{\sin x}\mathrm{d}x = 2\int_0^{\pi}\cos(n-1)x\mathrm{d}x = 0,$$

并且 $I_0 = 0, I_1 = \pi$, 于是求得 $I_n = 0$(当 n 为偶数时); π(当 n 为奇数时).

9.185 (1) D 是顶点为 $O(0,0), A(\pi/2,0), B(\pi/2,\pi/2), C(0,\pi/2)$ 的正方形. 经过 A, C 的直线是 $f(x,y)=0$, 其中 $f(x,y) = x+y-\pi/2$. 它将整个平面分成两个半平面 (不带边界). 因为 $f(0,0) < 0, f(\pi/2,\pi/2) > 0$, 所以在含 $O(0,0)$ 的半平面上 $x+y<\pi/2$; 在含 $B(\pi/2,\pi/2)$ 的半平面上 $x+y>\pi/2$. 上述直线将 D 分为两个三角形, 含 $O(0,0)$ 的记作 D_1, 含 $B(\pi/2,\pi/2)$ 的记作 D_2. 在 D_1 上 $0<x+y<\pi/2, \cos(x+y)\geqslant 0$; 在 D_2 上 $\pi/2<x+y<\pi, \cos(x+y)\leqslant 0$. 于是

$$I = \iint\limits_{D_1}|\cos(x+y)|\mathrm{d}x\mathrm{d}y + \iint\limits_{D_2}|\cos(x+y)|\mathrm{d}x\mathrm{d}y$$
$$= \iint\limits_{D_1}\cos(x+y)\mathrm{d}x\mathrm{d}y - \iint\limits_{D_2}\cos(x+y)\mathrm{d}x\mathrm{d}y$$

$$= \int_0^{\pi/2} dx \int_0^{\pi/2-x} \cos(x+y)dy - \int_0^{\pi/2} dx \int_{\pi/2-x}^{\pi/2} \cos(x+y)dy$$
$$= \int_0^{\pi/2} (1-\sin x)dx - \int_0^{\pi/2} (\cos x - 1)dx$$
$$= \pi - 2.$$

(2) *解法 1*　因为直线 $2y = x$ 和抛物线 $y = x^2$ 的交点是 $(0,0)$ 和 $(1/2,1/4)$, 当 $0 < x < 1/2$ 时 $x/2 > x^2$(即直线位于抛物线的上方, 可借助图像直接判断), 所以

$$I = \int_0^{1/2} dx \int_{x^2}^{x/2} xy dy = \int_0^{1/2} \left(\frac{1}{2}xy^2\right)\Big|_{y=x^2}^{y=x/2} dx$$
$$= \int_0^{1/2} \left(\frac{1}{8}x^3 - \frac{1}{2}x^5\right) dx = \left(\frac{1}{32}x^4 - \frac{1}{12}x^6\right)\Big|_0^{1/2} = \frac{1}{1536}.$$

解法 2　直线 $2y = x$ 和抛物线 $y = x^2$ 的交点的纵坐标 y 由方程 $y = (2y)^2$ 确定, 解得 $y = 0, 1/4$. 当 $0 < y < 1/4$ 时,$x = 2y \geqslant 0$(第一象限), 所以取抛物线 $y = x^2$ 的右支 $x = \sqrt{y}$, 且 $\sqrt{y} > 2y (0 < y < 1/4)$(可由图像直接判断). 于是

$$I = \int_0^{1/4} dy \int_{2y}^{\sqrt{y}} xy dx = \int_0^{1/4} \left(\frac{1}{2}x^2 y\right)\Big|_{x=2y}^{x=\sqrt{y}} dy$$
$$= \int_0^{1/4} \left(\frac{1}{2}y^2 - 2y^3\right) dy = \left(\frac{1}{6}y^3 - \frac{1}{2}y^4\right)\Big|_0^{1/4} = \frac{1}{1536}.$$

(3) 曲面 $z = x^2 + y^2 + 1$ 在点 (x_0, y_0, z_0) 的切面方程是

$$z - z_0 = 2x_0(x - x_0) + 2y_0(y - y_0),$$

应用 $z_0 = x_0^2 + y_0^2 + 1$, 它可化为

$$z = 2x_0 x + 2y_0 y - x_0^2 - y_0^2 + 1.$$

由此方程和曲面方程 $z = x^2 + y^2$ 消去 z, 可得切面与曲面 $z = x^2 + y^2$ 的交线在坐标平面 XOY 上的投影方程:

$$(x - x_0)^2 + (y - y_0)^2 = 1.$$

因此所求立体的体积

$$V = \iint\limits_{(x-x_0)^2+(y-y_0)^2 \leqslant 1} \left(2x_0 x + 2y_0 y - x_0^2 - y_0^2 + 1 - (x^2 + y^2)\right) dxdy$$
$$= \iint\limits_{(x-x_0)^2+(y-y_0)^2 \leqslant 1} \left(1 - (x - x_0)^2 - (y - y_0)^2\right) dxdy.$$

令 $x - x_0 = r\cos\theta, y - y_0 = r\sin\theta\,(0 \leqslant r \leqslant 1, 0 \leqslant \theta < 2\pi)$, 得到

$$V = \int_0^{2\pi} d\theta \int_0^1 (1 - r^2) r dr = \frac{\pi}{2}.$$

特别可知此体积与切点位置无关.

(4) C 是星形线, 由参数方程

$$x = a\cos^3 t, \quad y = a\sin^3 t \quad (0 \leqslant t \leqslant 2\pi)$$

算出

$$x' = -3a\cos^2 t \sin t, \quad y' = 3a\sin^2 t \cos t,$$

$$x'^2+y'^2=9a^2\sin^2 t\cos^2 t.$$

因为当 $t=0,\pi/2,\pi,3\pi/2$ 时,$x'^2+y'^2=0$, 所以 C 是分段光滑曲线. 于是得到

$$\begin{aligned}L&=\int_0^{2\pi}\left((a\cos^3 t)^{4/3}+(a\sin^3 t)^{4/3}\right)\sqrt{9a^2\sin^2 t\cos^2 t}\mathrm{d}t\\&=4\int_0^{\pi/2}a^{4/3}(\cos^4 t+\sin^4 t)\cdot 3a|\cos t\sin t|\mathrm{d}t\\&=12a^{7/3}\left(-\frac{\cos^6 t}{6}+\frac{\sin^6 t}{6}\right)\Bigg|_0^{\pi/2}=4a^{7/3}.\end{aligned}$$

(5) 用 L 表示线段 BA 和曲线 C 组成的闭曲线 (方向确定: 线段 BA 由 B 向 A). 由 Green 公式得到

$$\begin{aligned}&\int_L\big(g(y)\cos x-\pi y\big)\mathrm{d}x+\big(g'(y)\sin x-\pi\big)\mathrm{d}y\\&\quad=\iint_D\big(g'(y)\cos x-g'(y)\cos x+\pi\big)\mathrm{d}x\mathrm{d}y\\&\quad=\pi\iint_D\mathrm{d}x\mathrm{d}y=a\pi.\end{aligned}$$

线段 AB 所在的直线方程是

$$y-2=\frac{4-2}{3\pi-\pi}(x-\pi),$$

即 $x=\pi(y-1)$, 于是 $\mathrm{d}x=\pi\mathrm{d}y$, 从而

$$\begin{aligned}&\int_{AB}\big(g(y)\cos x-\pi y\big)\mathrm{d}x+\big(g'(y)\sin x-\pi\big)\mathrm{d}y\\&\quad=\int_2^4\pi\big(g(y)\cos\pi(y-1)-\pi y\big)\mathrm{d}y+\big(g'(y)\sin\pi(y-1)-\pi\big)\mathrm{d}y\\&\quad=-\pi^2\int_2^4 y\mathrm{d}y-\pi\int_2^4\mathrm{d}y+\int_2^4\big(\pi g(y)\cos\pi(y-1)+g'(y)\sin\pi(y-1)\big)\mathrm{d}y\\&\quad=-6\pi^2-2\pi+\big(g(y)\sin\pi(y-1)\big)\big|_2^4=-6\pi^2-2\pi.\end{aligned}$$

因此

$$\begin{aligned}&\int_C\big(g(y)\cos x-\pi y\big)\mathrm{d}x+\big(g'(y)\sin x-\pi\big)\mathrm{d}y\\&\quad=\left(\int_L-\int_{BA}\right)\big(g(y)\cos x-\pi y\big)\mathrm{d}x+\big(g'(y)\sin x-\pi\big)\mathrm{d}y\\&\quad=\left(\int_L+\int_{AB}\right)\big(g(y)\cos x-\pi y\big)\mathrm{d}x+\big(g'(y)\sin x-\pi\big)\mathrm{d}y\\&\quad=a\pi+(-6\pi^2-2\pi)=(a-2)\pi-6\pi^2.\end{aligned}$$

9.186 易见

$$\int_0^1\mathrm{e}^{-xt}\mathrm{d}t=\frac{1-\mathrm{e}^{-x}}{x}.$$

于是积分

$$\begin{aligned}J&=\int_0^{+\infty}\frac{1-\mathrm{e}^{-x}}{x}\mathrm{e}^{-x}\sin x\mathrm{d}x=\int_0^{+\infty}\left(\int_0^1\mathrm{e}^{-xt}\mathrm{d}t\right)\mathrm{e}^{-x}\sin x\mathrm{d}x\\&=\int_0^1\mathrm{d}t\int_0^{+\infty}\mathrm{e}^{-(t+1)x}\sin x\mathrm{d}x.\end{aligned}$$

若令

$$I(t)=\int_0^{+\infty}\mathrm{e}^{-(t+1)x}\sin x\mathrm{d}x,$$

则有

$$J=\int_0^1 I(t)\mathrm{d}t.$$

下面计算 $I(t)$. 我们有

$$\begin{aligned}
I(t)&=-\int_0^{+\infty}\mathrm{e}^{-(t+1)x}\mathrm{d}\cos x\\
&=-\mathrm{e}^{-(t+1)x}\cos x\Big|_0^{+\infty}+\int_0^{+\infty}\cos x\,\mathrm{d}\mathrm{e}^{-(t+1)x}\\
&=1-(t+1)\int_0^{+\infty}\mathrm{e}^{-(t+1)x}\cos x\,\mathrm{d}x\\
&=1-(t+1)\int_0^{+\infty}\mathrm{e}^{-(t+1)x}\mathrm{d}\sin x\\
&=1-(t+1)\left(\mathrm{e}^{-(t+1)x}\sin x\Big|_0^{+\infty}-\int_0^{+\infty}\sin x\,\mathrm{d}\mathrm{e}^{-(t+1)x}\right)\\
&=1-(t+1)\left((t+1)\int_0^{+\infty}\mathrm{e}^{-(t+1)x}\sin x\,\mathrm{d}x\right)\\
&=1-(1+t)^2I(t).
\end{aligned}$$

于是

$$I(t)=\frac{1}{1+(t+1)^2}.$$

由此得到

$$\begin{aligned}
J&=\int_0^1 I(t)\mathrm{d}t=\int_0^1\frac{\mathrm{d}t}{1+(t+1)^2}=\int_1^2\frac{\mathrm{d}u}{1+u^2}\\
&=\arctan u\Big|_1^2=\arctan 2-\frac{\pi}{4}.
\end{aligned}$$

9.187　(1) 若 $a>0$, 则

$$\sum_{k=0}^{N-1}\frac{1}{1+n(k+1)^a}\leqslant\int_0^N\frac{\mathrm{d}x}{1+nx^a}=\sum_{k=0}^{N-1}\int_k^{k+1}\frac{\mathrm{d}x}{1+nx^a}\leqslant\sum_{k=0}^{N-1}\frac{1}{1+nk^a},$$

所以积分在 $a>1$ 时收敛, 在 $0<a\leqslant 1$ 时发散. 若 $a=-\sigma\leqslant 0\,(\sigma\geqslant 0)$, 则

$$\begin{aligned}
J_N&=\int_0^N\frac{\mathrm{d}x}{1+nx^a}=\int_0^N\frac{x^\sigma\mathrm{d}x}{x^\sigma+n}\geqslant\frac{1}{N^\sigma+n}\int_0^N x^\sigma\mathrm{d}x\\
&=\frac{1}{(N^\sigma+n)(\sigma+1)}x^{\sigma+1}\Big|_0^N\to\infty\,(N\to\infty)\quad\left(\text{或用}J_N\geqslant\int_1^N\frac{\mathrm{d}x}{1+n}\right),
\end{aligned}$$

所以积分发散. 于是当且仅当 $a>1$ 时积分收敛.

(2) 此时 $a>1$. 设 $\varepsilon>0$ 任意给定, 则

$$\begin{aligned}
\int_0^\infty\frac{\mathrm{d}x}{1+nx^a}&=\int_0^\varepsilon\frac{\mathrm{d}x}{1+nx^a}+\int_\varepsilon^\infty\frac{\mathrm{d}x}{1+nx^a}\\
&\leqslant\int_0^\varepsilon\mathrm{d}x+\int_\varepsilon^\infty\frac{\mathrm{d}x}{nx^a}<\varepsilon+\frac{1}{n(a-1)\varepsilon^{a-1}}.
\end{aligned}$$

当 $n>1/\big(\varepsilon^a(a-1)\big)$ 时上式右边小于 2ε, 所以所求极限等于 0.

9.188　(1) 因为

$$\begin{aligned}
0&\leqslant\int_0^1\big(f(t)-t\big)^2\mathrm{d}t=\int_0^1 f^2(t)\mathrm{d}t-2\int_0^1 tf(t)\mathrm{d}t+\int_0^1 t^2\mathrm{d}t\\
&=\int_0^1 f^2(t)\mathrm{d}t-2\int_0^1 tf(t)\mathrm{d}t+\frac{1}{3},
\end{aligned}$$

所以

$$\int_0^1 f^2(t)\mathrm{d}t\geqslant 2\int_0^1 tf(t)\mathrm{d}t-\frac{1}{3}.$$

应用

$$t=\int_0^t\mathrm{d}x,$$

可知

$$\int_0^1 tf(t)\mathrm{d}t = \int_0^1 \left(\int_0^t \mathrm{d}x\right) f(t)\mathrm{d}t = \iint\limits_D f(t)\mathrm{d}x\mathrm{d}t.$$

其中 $D = \{(t,x) \mid 0 \leqslant t \leqslant 1, 0 \leqslant x \leqslant t\}$. 积分换序, 得到

$$\iint\limits_D f(t)\mathrm{d}x\mathrm{d}t = \int_0^1 \left(\int_x^1 f(t)\mathrm{d}t\right)\mathrm{d}x.$$

由题设,

$$\int_0^1 \left(\int_x^1 f(t)\mathrm{d}t\right)\mathrm{d}x \geqslant \int_0^1 x\mathrm{d}x = \frac{1}{2},$$

因此

$$\int_0^1 f^2(t)\mathrm{d}t \geqslant 2\cdot\frac{1}{2} - \frac{1}{3} = \frac{2}{3}.$$

(2) 如果题中结论不成立, 那么对于任意 $x, y \in [0,1]$ 有

$$xf(y) + yf(x) \leqslant 1,$$

于是当 $t \in [0, \pi/2]$ 时,

$$\cos t \cdot f(\sin t) + \sin t \cdot f(\cos t) \leqslant 1,$$

从而

$$\int_0^{\pi/2} \left(\cos t \cdot f(\sin t) + \sin t \cdot f(\cos t)\right)\mathrm{d}t \leqslant \int_0^{\pi/2} 1\mathrm{d}t = \frac{\pi}{2}.$$

另一方面, 由

$$\int_0^{\pi/2} f(\sin t)\cos t\mathrm{d}t = \int_0^1 f(x)\mathrm{d}x,$$
$$\int_0^{\pi/2} f(\cos t)\sin t\mathrm{d}t = \int_0^1 f(x)\mathrm{d}x,$$

以及题设可推出

$$\int_0^{\pi/2} f(\sin t)\cos t\mathrm{d}t + \int_0^{\pi/2} f(\cos t)\sin t\mathrm{d}t = 2\int_0^1 f(x)\mathrm{d}x > \frac{\pi}{2}.$$

于是我们得到矛盾.

9.189 (1) *解法 1* 由题设条件 (依 Taylor 公式) 可知存在 $\xi \in [-1,1]$, 使得

$$f(x) = f(0) + f'(0)x + \frac{f''(\xi)}{2!}x^2 = f'(0)x + \frac{f''(\xi)}{2}x^2.$$

于是

$$\int_{-1}^1 f(x)\mathrm{d}x = f'(0)\int_{-1}^1 x\mathrm{d}x + \frac{f''(\xi)}{2}\int_{-1}^1 x^2\mathrm{d}x = \frac{f''(\xi)}{2}\int_{-1}^1 x^2\mathrm{d}x.$$

由此立得所要的结论.

解法 2 因为 $f'(x)$ 在 $[-1,1]$ 上连续, 所以

$$\int_0^x f'(t)\mathrm{d}x = f(x) - f(0) = f(x) \quad (-1 \leqslant x \leqslant 1).$$

于是

$$\begin{aligned}
\int_{-1}^1 f(x)\mathrm{d}x &= \int_{-1}^0 f(x)\mathrm{d}x + \int_0^1 f(x)\mathrm{d}x \\
&= -\int_{-1}^0 \mathrm{d}x \int_x^0 f'(t)\mathrm{d}t + \int_0^1 \mathrm{d}x \int_0^x f'(t)\mathrm{d}t \\
&= -\int_{-1}^0 f'(t)\mathrm{d}t \int_{-1}^t \mathrm{d}x + \int_0^1 f'(t)\mathrm{d}t \int_t^1 \mathrm{d}x
\end{aligned}$$

$$
\begin{aligned}
&= -\int_{-1}^{0}(t+1)f'(t)\mathrm{d}t+\int_{0}^{1}(1-t)f'(t)\mathrm{d}t\\
&= -\frac{(t+1)^2}{2}f'(t)\Big|_{-1}^{0}+\frac{1}{2}\int_{-1}^{0}(t+1)^2f''(t)\mathrm{d}t-\frac{(1-t)^2}{2}f'(t)\Big|_{0}^{1}+\frac{1}{2}\int_{0}^{1}(1-t)^2f''(t)\mathrm{d}t\\
&= \frac{1}{2}\int_{-1}^{0}(t+1)^2f''(t)\mathrm{d}t+\frac{1}{2}\int_{0}^{1}(1-t)^2f''(t)\mathrm{d}t\\
&\leqslant M\cdot\frac{1}{2}\left(\int_{-1}^{0}(t+1)^2\mathrm{d}t+\int_{0}^{1}(1-t)^2\mathrm{d}t\right)=\frac{1}{3}M.
\end{aligned}
$$

(2) 解法 1 令 $M=\max\limits_{0\leqslant x\leqslant 1}|f'(x)|$, 则 (注意 $f(x)$ 非负)

$$-Mf(x)\leqslant f(x)f'(x)\leqslant Mf(x)\quad (x\in[0,1]).$$

积分得到: 当 $x\in[0,1]$ 时,

$$-M\int_0^x f(t)\mathrm{d}t\leqslant\frac{1}{2}f^2(x)-\frac{1}{2}f^2(0)\leqslant M\int_0^x f(t)\mathrm{d}t.$$

因为 $f(x)$ 非负, 由此得到

$$-Mf(x)\int_0^x f(t)\mathrm{d}t\leqslant\frac{1}{2}f^3(x)-\frac{1}{2}f^2(0)f(x)\leqslant Mf(x)\int_0^x f(t)\mathrm{d}t.$$

对此不等式在 $[0,1]$ 上积分, 注意在不等式左右两边出现积分

$$\int_0^1 f(x)\left(\int_0^x f(t)\mathrm{d}t\right)\mathrm{d}x,$$

通过积分换序化为

$$\int_0^1 f(t)\left(\int_t^1 f(x)\mathrm{d}x\right)\mathrm{d}t,$$

因此 (适当改换积分变量"哑"符号)

$$
\begin{aligned}
\int_0^1 f(x)\left(\int_0^x f(t)\mathrm{d}t\right)\mathrm{d}x &= \frac{1}{2}\left(\int_0^1 f(x)\Big(\int_0^x f(t)\mathrm{d}t\Big)\mathrm{d}x+\int_0^1 f(t)\Big(\int_t^1 f(x)\mathrm{d}x\Big)\mathrm{d}t\right)\\
&= \frac{1}{2}\left(\int_0^1 f(x)\Big(\int_0^x f(t)\mathrm{d}t\Big)\mathrm{d}x+\int_0^1 f(x)\Big(\int_x^1 f(t)\mathrm{d}t\Big)\mathrm{d}x\right)\\
&= \frac{1}{2}\left(\int_0^1\int_0^1 f(x)f(t)\mathrm{d}x\mathrm{d}t\right)\\
&= \frac{1}{2}\left(\int_0^1 f(x)\mathrm{d}x\right)^2.
\end{aligned}
$$

于是得到

$$-\frac{M}{2}\left(\int_0^1 f(x)\mathrm{d}x\right)^2\leqslant\frac{1}{2}\int_0^1 f^3(x)\mathrm{d}x-\frac{1}{2}f^2(0)\int_0^1 f(x)\mathrm{d}x\leqslant\frac{M}{2}\left(\int_0^1 f(x)\mathrm{d}x\right)^2.$$

由此立得所要的不等式.

解法 2 设 M 同上, 令

$$F(x)=-\int_x^1 f(t)\mathrm{d}t,$$

那么

$$F'(x)=f(x),\quad F(0)=-\int_0^1 f(x)\mathrm{d}x,\quad F(1)=0.$$

分部积分:

$$
\begin{aligned}
\int_0^1 f^3(x)\mathrm{d}x &= \int_0^1 f^2(x)F'(x)\mathrm{d}x=\int_0^1 f^2(x)\mathrm{d}F(x)\\
&= \left(f^2(x)F(x)\right)\Big|_0^1-\int_0^1 F(x)\mathrm{d}f^2(x)\\
&= f^2(1)F(1)-f^2(0)F(0)-2\int_0^1 f(x)F(x)f'(x)\mathrm{d}x
\end{aligned}
$$

$$=-f^2(0)F(0)-2\int_0^1 f(x)f'(x)F(x)\mathrm{d}x$$
$$=f^2(0)\int_0^1 f(x)\mathrm{d}x-2\int_0^1 f(x)f'(x)F(x)\mathrm{d}x.$$

于是

$$\left|\int_0^1 f^3(x)\mathrm{d}x-f^2(0)\int_0^1 f(x)\mathrm{d}x\right|=2\left|\int_0^1 f(x)f'(x)\big(-F(x)\big)\mathrm{d}x\right|$$
$$\leqslant 2M\int_0^1 \left|f(x)\big(-F(x)\big)\right|\mathrm{d}x.$$

因为当 $x\in[0,1]$ 时,$f(x)(-F(x))>0$, 所以

$$2\int_0^1 \left|f(x)\big(-F(x)\big)\right|\mathrm{d}x=2\int_0^1 f(x)\big(-F(x)\big)\mathrm{d}x=-2\int_0^1 f(x)F(x)\mathrm{d}x$$
$$=-2\int_0^1 F'(x)F(x)\mathrm{d}x=-\int_0^1 \mathrm{d}F^2(x)=-\big(F^2(x)\big)\Big|_0^1$$
$$=F^2(0)-F^2(1)=\left(\int_0^1 f(x)\mathrm{d}x\right)^2.$$

由此立得题中的不等式.

9.190 (1) 不妨认为 a_n 是严格单调增加的, 否则若 $a_j=a_{j+1}$, 则对应的项 $1-a_j/a_{j+1}=0$, 所以去掉 a_j(重新编号) 不影响级数的敛散性.

由题设, 存在常数 $c>0$, 使得所有 $a_n\leqslant c$. 又由 a_n 的严格单调增加性可知对于所有 n, 有 $a_n/a_{n+1}<1$. 于是当 $n\geqslant 1$ 时, 级数是正项的:

$$1-\frac{a_n}{a_{n+1}}>0;$$

部分和

$$S_n=\sum_{k=1}^n\left(1-\frac{a_k}{a_{k+1}}\right)=\sum_{k=1}^n\frac{a_{k+1}-a_k}{a_{k+1}}$$
$$\leqslant\sum_{k=1}^n\frac{a_{k+1}-a_k}{a_1}=\frac{a_{n+1}-a_1}{a_1}\leqslant\frac{a_{n+1}}{a_1}\leqslant\frac{c}{a_1}.$$

因此所给级数是部分和有界的正项级数, 从而收敛.

(2) 因为

$$a_n<n\log(n+1)<(n+1)\log(n+1),$$

所以

$$\frac{1}{a_n}>\frac{1}{(n+1)\log(n+1)}.$$

又因为 (依积分的几何意义)

$$\frac{1}{(n+1)\log(n+1)}\geqslant\int_{n+1}^{n+2}\frac{\mathrm{d}x}{x\log x},$$

并且积分

$$\int_2^\infty\frac{\mathrm{d}x}{x\log x}$$

发散 (读者补证), 所以级数 $\sum\limits_{n=1}^\infty 1/a_n$ 发散.

(3) 令

$$f(x)=\sum_{n=0}^\infty x^n\quad(|x|<1),$$

则 $f(x)=1/(1-x)$. 由幂级数性质, 当 $|x|<1$ 时,

$$f'(x)=\frac{1}{(1-x)^2}=\sum_{n=1}^\infty nx^{n-1},$$

$$xf'(x)=\frac{x}{(1-x)^2}=\sum_{n=1}^{\infty}nx^n,$$
$$(xf'(x))'=\frac{1}{(1-x)^2}+\frac{2x}{(1-x)^3}=\sum_{n=1}^{\infty}n^2x^{n-1},$$
$$x(xf'(x))'=\frac{x}{(1-x)^2}+\frac{2x^2}{(1-x)^3}=\sum_{n=1}^{\infty}n^2x^n.$$

在最后的等式中令 $x=1/3$, 即得所求级数之和等于 $3/2$.

9.191 (1) 如果关于 x 一致地

$$\lim_{N\to\infty}\sum_{n=0}^{N}\frac{x^n}{n!}\mathrm{e}^{-x}=1,$$

那么对于任何 $\varepsilon>0$, 存在 $N_0=N_0(\varepsilon)$(与 x 无关), 使得当 $N\geqslant N_0$ 时 (对于任何 $x\geqslant 0$)

$$\left|\sum_{n=0}^{N}\frac{x^n}{n!}\mathrm{e}^{-x}-1\right|<\varepsilon.$$

固定某个 $\varepsilon>1$, 则对任何 $x\geqslant 0$, 有

$$\left|\sum_{n=0}^{N_0}\frac{x^n}{n!}\mathrm{e}^{-x}-1\right|<\varepsilon.$$

在其中令 $x\to\infty$, 因为对于每个 $n\in\{0,1,2,\cdots,N_0\}$,

$$\lim_{x\to\infty}\frac{x^n}{n!}\mathrm{e}^{-x}=0,$$

所以我们得到 $1<\varepsilon$. 这与 ε 的取法矛盾. 因此本题答案是否定的.

(2) 因为

$$\lim_{n\to\infty}\sqrt[n]{\left|\frac{(-1)^n(2n^2+1)}{(2n)!}\right|}=0,$$

所以幂级数收敛半径等于 ∞. 当 $x\in\mathbb{R}$ 时将级数分拆为

$$S(x)=\sum_{n=0}^{\infty}\frac{(-1)^n(2n^2)}{(2n)!}x^{2n}+\sum_{n=0}^{\infty}\frac{(-1)^n}{(2n)!}x^{2n}=S_1(x)+S_2(x),$$

那么 $S_2(x)=\cos x$, 并且

$$S_1(x)=\sum_{n=0}^{\infty}\frac{(-1)^n n}{(2n-1)!}x^{2n}=x\sum_{n=1}^{\infty}\frac{(-1)^n n}{(2n-1)!}x^{2n-1}=xf(x),$$

其中

$$f(x)=\sum_{n=1}^{\infty}\frac{(-1)^n n}{(2n-1)!}x^{2n-1}.$$

逐项积分, 得到

$$\int_0^x f(x)\mathrm{d}x=-\frac{x}{2}\sum_{n=1}^{\infty}(-1)^{n-1}\frac{x^{2n-1}}{(2n-1)!}=-\frac{x}{2}\sin x,$$

因此

$$f(x)=\left(-\frac{x}{2}\sin x\right)'=-\frac{1}{2}\sin x-\frac{1}{2}x\cos x.$$

从而

$$S_1(x)=xf(x)=-\frac{1}{2}x\sin x-\frac{1}{2}x^2\cos x.$$

合起来得到

$$S(x)=S_1(x)+S_2(x)=\left(1-\frac{x^2}{2}\right)\cos x-\frac{x}{2}\sin x\quad(x\in\mathbb{R}).$$

(3) 因为当 $x=0$ 时 $x+ax^{k+1}=0$, 所以在 $x=0$ 的某个邻域 $|x|<r_1$ 中, $|x+ax^{k+1}|<1$. 又因为 $P(0)=1, P(1)=-a<0$, 所以 $P(x)$ 在 $(0,1)$ 中有一个根. 若 $r_2>0$ 是 $P(x)$ 的实根绝对值的最小值, 则 $F(x;a)$ 在 $|x|<r_2$ 中有意义. 于是在 $x=0$ 的某个邻域 $|x|<r=\min\{r_1,r_2\}$ 中,

$$F(x;a)=\frac{1}{1-(x+ax^{k+1})}=1+\sum_{m=1}^{\infty}(x+ax^{k+1})^m$$
$$=1+\sum_{m=1}^{\infty}x^m(1+ax^k)^m=1+\sum_{m=1}^{\infty}\sum_{j=0}^{m}\binom{m}{j}a^jx^{m+jk}.$$

在最后的和式中令 $n=m+jk$, 则 $m=n-jk$; 并且 $j\leqslant m$ 包含 $n\geqslant j+jk$, 所以 $j\leqslant n/(k+1)$. 于是得到 $F(x;a)$ 在点 $x=0$ 处的幂级数展开:

$$F(x;a)=1+\sum_{n=1}^{\infty}a_nx^n,$$

其中

$$a_n=a_n(a)=\sum_{0\leqslant j\leqslant n/(k+1)}\binom{n-kj}{j}a^j\quad(n=1,2,\cdots).$$

9.192 (1) 因为对于 $x\in(-\infty,+\infty), |\sin nx/n^3|\leqslant 1/n^3$, 并且数值级数 $\sum 1/n^3$ 收敛, 所以所给级数在 $(-\infty,+\infty)$ 上一致收敛. 因为级数各项在 $(-\infty,+\infty)$ 上连续, 所以 $f(x)$ 在 $(-\infty,+\infty)$ 上连续.

因为当 $x\in(-\infty,+\infty)$ 时,

$$\left(\frac{\sin nx}{n^3}\right)'=\frac{\cos nx}{n^2},\quad \left|\frac{\cos nx}{n^2}\right|\leqslant\frac{1}{n^2},$$

并且数值级数 $\sum 1/n^2$ 收敛, 所以可逐项求导, 并且 $f'(x)=\sum\cos nx/n^2$ 在 $(-\infty,+\infty)$ 上一致收敛. 又因为 $\cos nx/n^2\,(n=1,2,\cdots)$ 在 $(-\infty,+\infty)$ 上连续, 所以 $f'(x)$ 在 $(-\infty,+\infty)$ 上连续.

(2) 当 $x\leqslant 0$ 时,$u_n(x)$ 在 $n\to\infty$ 时不收敛于零, 所以级数发散. 当 $x>0$ 时,$|u_n(x)|\sim n^{-2x}\,(n\to\infty)$, 所以当 $x>1/2$ 时级数 $\sum\limits_{n\geqslant 0}|u_n(x)|$ 收敛, 从而原级数绝对收敛; 当 $0<x\leqslant 1/2$ 时, 级数 $\sum\limits_{n\geqslant 0}|u_n(x)|$ 发散. 但因为原级数是交错级数, 当 $0<x\leqslant 1/2$ 时, $|u_n(x)|\to 0\,(n\to\infty)$, 并且

$$|u_{n+1}(x)|-|u_n(x)|=\frac{1}{(n^2+n+1)^x}-\frac{1}{(n^2-n+1)^x}<0,$$

即 $|u_n(x)|$ 单调减少, 所以原级数收敛 (条件收敛).

总之, 所给级数当 $x\leqslant 0$ 时发散, 当 $0<x\leqslant 1/2$ 时条件收敛, 当 $x>1/2$ 时绝对收敛.

9.193 (1) 任取 $s=\sum\limits_{k=1}^{n}x_k\in S_n$, 那么

$$0\leqslant x_1,\cdots,x_n\leqslant\frac{\pi}{2},\quad \sum_{k=1}^{n}\sin x_k=1.$$

依 Jordan 不等式, 有

$$\frac{2}{\pi}\sum_{k=1}^{n}x_k\leqslant\sum_{k=1}^{n}\sin x_k=1,$$

即对于任何 $s\in S_n$,

$$s\leqslant\frac{\pi}{2}.$$

若令 $x_1=\pi/2, x_2=\cdots=x_n=0$, 则对应的 $s=\pi/2\in S_n$, 并且上式成为等式. 因此

$$\max_{s\in S_n}s=\frac{\pi}{2}.$$

又因为 $-\sin x$ 是 $[0,\pi/2]$ 上的凸函数, 所以由例 2.6.6(通常称此为 Jensen 不等式) 可知: 当 $0\leqslant x_1,\cdots,x_n\leqslant\pi/2$ 时,

$$\sin\frac{x_1+\cdots+x_n}{n}\geqslant\frac{\sin x_1+\cdots+\sin x_n}{n},$$

因此若 $s=\sum\limits_{k=1}^{n}x_k\in S_n$, 则

$$\sin\frac{s}{n}\geqslant\frac{1}{n}.$$

若取 $x_1=\cdots=x_n=\arcsin(1/n)$, 则对应的 $s=n\arcsin(1/n)\in S_n$, 并且上式成为等式. 因此

$$\min_{s\in S_n}s=n\arcsin\frac{1}{n}.$$

(2) 我们有 $f''(x)=\mathrm{e}^x+\mathrm{e}^{-x}-2\cos x$. 当 $x\in\mathbb{R}$ 时,

$$\mathrm{e}^x+\mathrm{e}^{-x}\geqslant2\sqrt{\mathrm{e}^x\cdot\mathrm{e}^{-x}}=2,\quad \cos x\leqslant1,$$

所以 $f''(x)\geqslant0$, 从而 $f'(x)$ 单调增加, 因此方程

$$f'(x)=\mathrm{e}^x-\mathrm{e}^{-x}-2\sin x=0$$

只有解 $x=0$, 于是 $x=0$ 是唯一驻点. 由 $f''(0)=f'''(0)=0, f^{(4)}(0)=4>0$ 知 $f(0)=4$ 是极小值.

9.194 (1) 设外切圆锥的底角为 θ, 底面 (圆) 半径为 R, 高为 h. 那么 $R=r\cot(\theta/2)$, 以及

$$h=r+\frac{r}{\sin\left(\frac{\pi}{2}-\theta\right)}=\frac{r(1+\cos\theta)}{\cos\theta}=\frac{r\cdot2\cos^2\frac{\theta}{2}}{\cos^2\frac{\theta}{2}-\sin^2\frac{\theta}{2}}=\frac{2r}{1-\tan^2\frac{\theta}{2}}.$$

于是圆锥体积

$$V=\frac{1}{3}\pi R^2h=\frac{2\pi r^3}{3}\cdot\frac{1}{\tan^2\frac{\theta}{2}\left(1-\tan^2\frac{\theta}{2}\right)}\quad\left(0<\theta<\frac{\pi}{2}\right).$$

因为

$$\tan^2\frac{\theta}{2}+\left(1-\tan^2\frac{\theta}{2}\right)=1$$

(两个加项都是正数), 所以当 $\tan^2(\theta/2)=1/2$ 时 V 达到极小, 此时 $h=4r, V$ 的最小值为 $8\pi r^3/3$.

或者: 以 $\varphi=\theta/2$ 为主变量, 则有

$$R=\frac{\cos\varphi}{\sin\varphi}r,\quad h=\frac{\sin2\varphi}{\cos2\varphi}R=\frac{\cos\varphi\sin2\varphi}{\sin\varphi\cos2\varphi}r,$$

于是

$$V=\frac{\pi}{3}R^2h=\frac{\pi}{3}\cdot\frac{\sin2\varphi\cos^3\varphi}{\cos2\varphi\sin^3\varphi}r^3.$$

令

$$f(\varphi)=\frac{\sin2\varphi\cos^3\varphi}{\cos2\varphi\sin^3\varphi}\quad\left(0<\varphi<\frac{\pi}{4}\right),$$

它可化为

$$f(\varphi)=\frac{2\cos^4\varphi}{(\cos^2\varphi-\sin^2\varphi)\sin^2\varphi}=\frac{2}{(1-\tan^2\varphi)\tan^2\varphi}.$$

(其后的讨论同上.)

(2) 设 (x,y) 是曲线上的一点, 该点处法线方程是

$$Y-\frac{1}{2}x^2=-\frac{1}{x}(X-x),$$

其中 (X,Y) 表示法线上点的坐标. 设它与曲线的另一交点是 $(x',y')=(x',x'^2/2)$, 则其坐标满足法线方程

$$\frac{1}{2}x'^2-\frac{1}{2}x^2=-\frac{1}{x}(x'-x),$$

即

$$(x'+x)(x'-x)=-\frac{2}{x}(x'-x).$$

因为 $x\neq x'$, 由此解出 $x'+x=-2/x$; 从而

$$x'-x=(x'+x)-2x=-\frac{2}{x}-2x=-\frac{2}{x}(1+x^2).$$

又由法线方程可知相应地

$$y'-y=y'-\frac{1}{2}x^2=-\frac{1}{x}(x'-x),$$

由此推出截得的线段之长 $l=l(x,y)$ 的平方是 x 的函数:

$$\begin{aligned}l^2(x,y)&=(x'-x)^2+(y-y')^2=(x'-x)^2+\frac{1}{x^2}(x'-x)^2\\&=\left(\frac{1}{x^2}+1\right)(x'-x)^2=\left(\frac{1}{x^2}+1\right)\left(-\frac{2}{x}(1+x^2)\right)^2\\&=\frac{4(1+x^2)^3}{x^4}.\end{aligned}$$

令 $t=x^2(\geqslant 0)$, 则需求函数

$$f(t)=\frac{4(1+t)^3}{t^2}\quad(t\geqslant 0)$$

的极值. 算出

$$f'(t)=4\cdot\frac{3(1+t)^2t^2-(1+t)^3\cdot 2t}{t^4}=\frac{4(t+1)^2(t-2)}{t^3}.$$

由 $f'(t)=0\,(t\geqslant 0)$ 得到驻点 $t=2$, 或 $x=\pm\sqrt{2}$. 由几何意义立知所求最小值为

$$l=\sqrt{\frac{4(1+2)^3}{4}}=3\sqrt{3},$$

对应点是 $(\pm\sqrt{2},1)$.

9.195 曲线 C 上任意一点 (x,y,z) 与坐标平面 xOy 的距离等于 $|z|$. 应求函数 $H(x,y,z)=z^2$ 在约束条件

$$x^2+y^2-2z^2=0,\quad x+y+3z=5$$

下的最值点. 令

$$F(x,y,z,\lambda,\mu)=z^2+\lambda(x^2+y^2-2z^2)+\mu(x+y+3z-5).$$

由

$$\begin{aligned}&F'_x=2\lambda x+\mu=0,\quad F'_y=2\lambda y+\mu=0,\quad F'_z=2z-4\lambda z+3\mu=0,\\&x^2+y^2-2z^2=0,\quad x+y+3z=5\end{aligned}$$

解得 $(x,y,z)=(1,1,1)$ 和 $(-5,-5,5)$, 并且由问题的几何意义可知它们就是所求的最值点, 最小距离和最大距离之比是 $1:5$.

9.196 (1) 解法 1 令

$$f(x)=\int_0^x(t^2+1)\mathrm{e}^{-t^2}\mathrm{d}t,\quad g(x)=-\mathrm{e}^{-x^2}.$$

那么 f,g 在 $[a,b]$ 上递增且可导, 由 Cauchy 中值定理, 存在 $\xi\in(a,b)$, 使得

$$\frac{f(b)-f(a)}{g(b)-g(a)}=\frac{f'(\xi)}{g'(\xi)}=\frac{(\xi^2+1)\mathrm{e}^{-\xi^2}}{2\xi\mathrm{e}^{-\xi^2}}=\frac{1}{2}\left(\xi+\frac{1}{\xi}\right)\geqslant\sqrt{\xi\cdot\frac{1}{\xi}}=1,$$

注意 $g(b)-g(a)>0$, 因此 $f(b)-f(a)\geqslant g(b)-g(a)$, 即得

$$\int_a^b (x^2+1)\mathrm{e}^{-x^2}\mathrm{d}x \geqslant \mathrm{e}^{-a^2}-\mathrm{e}^{-b^2}.$$

解法 2 因为 $x^2+1\geqslant 2x$, 我们有

$$\int_a^b (x^2+1)\mathrm{e}^{-x^2}\mathrm{d}x \geqslant \int_a^b 2x\mathrm{e}^{-x^2}\mathrm{d}x = -\mathrm{e}^{-x^2}\Big|_a^b = \mathrm{e}^{-a^2}-\mathrm{e}^{-b^2}.$$

(2) **提示** 本题实际就是习题 8.10(4), 现在补充几种解法, 其中除解法 5 外, 其余解法大同小异.

解法 1 因为当 $0<x<\pi/2$ 时, $2x-\sin x = x+(x-\sin x)>0$, 所以题中的不等式等价于

$$\sin x+\tan x>2x \quad (0<x<\pi/2).$$

令 $f(x)=\sin x+\tan x-2x$, 则 $f(x)$ 在 $[0,\pi/2]$ 上连续, 在 $(0,\pi/2)$ 中可导, 并且

$$\begin{aligned} f'(x) &= \cos x+\sec^2 x-2 = \frac{\cos^3 x+1-2\cos^2 x}{\cos^2 x} \\ &= \frac{\cos x(1-\cos x)^2+(1-\cos x)}{\cos^2 x}>0. \end{aligned}$$

因此 $f(x)$ 在 $(0,\pi/2)$ 中严格单调增加, 从而 $f(x)>f(0)=0$, 即得题中的不等式.

证明 $f'(x)>0\,(0<x<\pi/2)$ 的其他方法: 直接应用算术–几何平均不等式, 当 $0<x<\pi/2$ 时,

$$\sec^2 x+\cos x\geqslant 2\sqrt{\sec^2 x\cdot\cos x}>2.$$

或者: 只需证明 $\cos^3 x-2\cos^2 x+1>0\,(0<x<\pi/2)$. 除应用

$$\cos^3 x+1-2\cos^2 x=\cos x(1-\cos x)^2+(1-\cos x)$$

外, 还可考虑函数 $g(x)=t^3-2t^2+1(0<t<1)$. 容易证明它有唯一极值点 $t=3/4$(极小值点). 因为 $g(3/4)=19/64>0$, 所以当 $0<x<\pi/2$ 时, $\cos^3 x-2\cos^2 x+1>0$.

解法 2 等价于证明

$$\frac{\tan x+\sin x}{x}>2 \quad \left(0<x<\frac{\pi}{2}\right).$$

记左边的函数为 $f(x)$, 由 Lagrange 中值定理, 有

$$\frac{\tan x+\sin x}{x}=\frac{f(x)-f(0)}{x-0}=f'(\eta) \quad \left(0<\eta<\frac{\pi}{2}\right).$$

其中

$$f'(\eta)=\frac{1}{\cos^2\eta}+\cos\eta.$$

令 $g(x)=\cos x+1/\cos^2 x\,(0<x<\pi/2)$, 则在所给区间上

$$g'(x)=\sin x\left(\frac{2}{\cos^3 x}-1\right)>0,$$

所以 $g(x)$ 严格单调增加,$g(x)>g(0)=2$, 从而 $f'(\eta)>2$, 于是本题得证.

解法 3 等价于证明

$$\tan x+\sin x>2x \quad \left(0<x<\frac{\pi}{2}\right).$$

实际上我们可以证明(见习题 9.198(2) 证明中的步骤 (iii))

$$\tan x+2\sin x>3x \quad \left(0<x<\frac{\pi}{2}\right)$$

并且注意 $x>\sin x$, 因而本题中的不等式成立.

解法 4　题中的不等式等价于

$$2x\cos x-\frac{1}{2}\sin 2x-\sin x<0\quad \left(0<x<\frac{\pi}{2}\right).$$

记不等式左边的函数为 $f(x)$, 则在给定区间上

$$f'(x)=(\cos x-1)+2\sin x(\sin x-x)<0,$$

因此 $f(x)<f(0)=0$. 于是本题得证.

解法 5　由例 8.2.1, 当 $0<x<\pi/2$ 时,

$$\sin x>x-\frac{x^3}{6},\quad 1-\frac{x^2}{2}<\cos x<1-\frac{x^2}{2}+\frac{x^4}{24},$$

于是

$$\begin{aligned}2x\cos x-\sin x\cos x-\sin x&<2x\cdot\left(1-\frac{x^2}{2}+\frac{x^4}{24}\right)-\left(x-\frac{x^3}{6}\right)\left(1-\frac{x^2}{2}\right)-\left(x-\frac{x^3}{6}\right)\\&=-\frac{1}{6}x^3<0.\end{aligned}$$

因此题中不等式成立.

9.197　(i) 令

$$f(x,y)=yx^y(1-x).$$

则

$$\frac{\partial f}{\partial y}=x^y(1-x)(1+y\log x).$$

由 $\partial f/\partial y=0$ 得到 $y=-1/\log x$. 对于固定的 $x\in(0,1)$, 由 $\partial f/\partial y$ 在 $y=-1/\log x$ 附近的变号情况推出:$f(x,y)$ 作为 y 的函数的极大值点是 $y=-1/\log x$, 并且相应的极大值为

$$\varphi(x)=\frac{x-1}{\mathrm{e}\log x}.$$

(ii) 考察 $\varphi(x)$. 我们有

$$\varphi'(x)=\frac{1}{\mathrm{e}\log^2 x}\cdot(1-x+x\log x).$$

令 $g(x)=1-x+x\log x$, 那么当 $x\in(0,1)$ 时,$g'(x)=\log x<0$, 并且 $g(0+)=1,g(0-)=0$, 所以在变量 $x\in(0,1)$ 时, $g(x)>0$, 从而 $\varphi(x)$ 在 $(0,1)$ 上严格单调增加. 因为 $\lim\limits_{x\to 1-}\varphi(x)=\mathrm{e}^{-1}$, 所以结合步骤 (i) 的结论, 可知当 $x\in(0,1),y\in(0,+\infty)$ 时, $f(x,y)\leqslant\varphi(x)<\mathrm{e}^{-1}$.

9.198　(1) 应用对数函数的严格凸性: 若 $a,b>0,\lambda\in(0,1)$, 则

$$\log\big(\lambda a+(1-\lambda)b\big)>\lambda\log a+(1-\lambda)\log b.$$

在此取 $a=\sin x,b=\sin x+\cos x,\lambda=\tan x$. 因为 $0<x<\pi/4$, 所以 $a>0,b>0,0<\lambda<1$. 于是推出

$$\begin{aligned}&\log\big(\tan x\cdot\sin x+(1-\tan x)(\sin x+\cos x)\big)\\&\quad>\tan x\log(\sin x)+(1-\tan x)\log(\sin x+\cos x),\end{aligned}$$

即

$$\log(\cos x)>\tan x\log(\sin x)+(1-\tan x)\log(\sin x+\cos x).$$

应用单位圆及三角形两边之和大于第三边, 当 $0<x<\pi/4$ 时, 显然 $\sin x+\cos x>1$. 可见

$$(1-\tan x)\log(\sin x+\cos x)>0,$$

从而

$$\log(\cos x) > \tan x \log(\sin x).$$

注意 $\cos x > 0$, 由此得到 $\cos x \log(\cos x) > \sin x \log(\sin x)$, 于是本题得证.

(2) 令

$$f(x) = \tan(\sin x) - \sin(\tan x) \quad \left(0 < x < \frac{\pi}{2}\right).$$

只需证明在所给区间上 $f(x) > 0$. 记 $\theta_0 = \arctan(\pi/2)$, 那么 $\theta_0 \in (0, \pi/2)$. 区分两种情形:

情形 a　设 $x \in (0, \theta_0)$. 算出

$$f'(x) = \frac{\cos x}{\cos^2(\sin x)} - \frac{\cos(\tan x)}{\cos^2 x} = \frac{\cos^3 x - \cos(\tan x) \cdot \cos^2(\sin x)}{\cos^2 x \cdot \cos^2(\sin x)}.$$

(i) 由算术–几何不等式可知

$$\begin{aligned}\sqrt[3]{\cos(\tan x) \cdot \cos^2(\sin x)} &= \sqrt[3]{\cos(\tan x) \cdot \cos(\sin x) \cdot \cos(\sin x)} \\ &\leqslant \frac{\cos(\tan x) + \cos(\sin x) + \cos(\sin x)}{3}.\end{aligned}$$

(ii) 注意在区间 $(0, \theta_0)$ 上 $\tan x < \pi/2, \sin x < \tan x < \pi/2$, 于是由 $\cos x$ 在 $(0, \pi/2)$ 上的凹性得到

$$\begin{aligned}\frac{\cos(\tan x) + \cos(\sin x) + \cos(\sin x)}{3} &\leqslant \cos \frac{\tan x + \sin x + \sin x}{3} \\ &= \cos \frac{\tan x + 2\sin x}{3}.\end{aligned}$$

(iii) 令

$$g(x) = \tan x + 2\sin x - 3x \quad \left(0 < x < \frac{\pi}{2}\right),$$

那么由算术–几何不等式 (注意 $\cos x \neq 1$, 从而得到严格不等式) 可知

$$g'(x) = \frac{1}{\cos^2 x} + 2\cos x - 3 > 3\sqrt[3]{\frac{1}{\cos^2 x} \cdot \cos x \cdot \cos x} - 3 = 0,$$

所以在区间 $(0, \theta_0)$ 上 $g(x)$ 严格增加, 从而 $\tan x + 2\sin x - 3x > 0$, 即知

$$\frac{\tan x + 2\sin x}{3} > x,$$

进而由函数 $\cos x$ 在 $(0, \pi/2)$ 上严格单调减少的性质推出

$$\cos \frac{\tan x + 2\sin x}{3} < \cos x.$$

(iv) 综合上述各步骤的结果, 可知在 $(0, \theta_0)$ 上

$$\sqrt[3]{\cos(\tan x) \cdot \cos^2(\sin x)} < \cos x,$$

因而 $f'(x) > 0$, 于是 $f(x) > f(0) = 0$.

情形 b　设 $x \in [\theta_0, \pi/2)$. 注意 $\tan \theta_0 = \pi/2$, 以及 $1 + \pi^2/4 < 4$, 我们有

$$\sin \theta_0 = \frac{\tan \theta_0}{\sqrt{1 + \tan^2 \theta_0}} = \frac{\dfrac{\pi}{2}}{\sqrt{1 + \dfrac{\pi^2}{4}}} > \frac{\pi}{4},$$

于是由函数 $\tan x$ 的严格单调性推出

$$\tan(\sin \theta_0) > \tan \frac{\pi}{4} = 1.$$

又因为当 $x\in[\theta_0,\pi/2)$ 时 $\tan x$ 和 $\sin x$ 都是严格增函数, 所以 $\tan(\sin x)$ 是 x 的严格增函数. 于是当 $x\in[\theta_0,\pi/2)$ 时,

$$\tan(\sin x)>\tan(\sin\theta_0)>1.$$

另一方面, 在同一区间上 $\sin(\tan x)<1$. 于是在情形 b 中也有 $f(x)>0$.

9.199 (1) 用反证法. 设所有 $x_i\geqslant -1$. 因为当 $x\geqslant -1$ 时,

$$x^3-\frac{3}{4}x+\frac{1}{4}=(x+1)\left(x-\frac{1}{2}\right)^2\geqslant 0,$$

所以

$$x_i^3-\frac{3}{4}x_i+\frac{1}{4}\geqslant 0\quad(i=1,\cdots,n).$$

对 i 求和, 有

$$\sum_{i=1}^n x_i^3-\frac{3}{4}\sum_{i=1}^n x_i+\frac{n}{4}\geqslant 0.$$

由此及 $\sum\limits_{i=1}^n x_i>n/3$, 推出

$$\sum_{i=1}^n x_i^3\geqslant\frac{3}{4}\sum_{i=1}^n x_i-\frac{n}{4}>\frac{3}{4}\cdot\frac{n}{3}-\frac{n}{4}=0.$$

我们得到矛盾.

(2) 将要证的不等式记作 $P(n)$. 我们对 n 用反向归纳法证明 (关于反向归纳法可参见例 2.6.6).

(i) 首先证明 $P(2^k)(k\in\mathbb{N})$ 成立, 即证明: 若 $x_i>1(i=1,2,\cdots,2^k)$, 则

$$\frac{\prod\limits_{i=1}^{2^k}x_i}{\left(\sum\limits_{i=1}^{2^k}x_i\right)^{2^k}}\geqslant\frac{\prod\limits_{i=1}^{2^k}(x_i-1)}{\left(\sum\limits_{i=1}^{2^k}(x_i-1)\right)^{2^k}}.$$

当 $k=1$ 时, 要证的不等式可等价地化为

$$\frac{(x_1+x_2)^2}{x_1x_2}\leqslant\frac{\big((x_1-1)+(x_2-1)\big)^2}{(x_1-1)(x_2-1)},$$

将两边的分子展开, 即可化简为

$$\frac{x_1}{x_2}+\frac{x_2}{x_1}\leqslant\frac{x_1-1}{x_2-1}+\frac{x_2-1}{x_1-1},$$

也就是

$$\left(\frac{x_1}{x_2}-\frac{x_1-1}{x_2-1}\right)+\left(\frac{x_2}{x_1}-\frac{x_2-1}{x_1-1}\right)\leqslant 0,$$

此式可化为

$$\frac{x_2-x_1}{x_2(x_2-1)}-\frac{x_2-x_1}{x_1(x_1-1)}\leqslant 0,$$

因此原不等式等价于

$$-\frac{(x_1-x_2)^2(x_1+x_2-1)}{x_1x_2(x_1-1)(x_2-1)}\leqslant 0.$$

因为 $x_1,x_2>1$, 所以此不等式显然成立, 即 $P(2^1)$ 成立.

为了看出规律, 我们继续考虑 $k=2$ 的情形. 此时可将不等式 $P(2^2)$(即 $n=4$) 的左边改写为

$$\frac{x_1x_2x_3x_4}{(x_1+x_2+x_3+x_4)^4}=\frac{x_1x_2x_3x_4}{(x_1+x_2)^2(x_3+x_4)^2}\cdot\frac{(x_1+x_2)^2(x_3+x_4)^2}{(x_1+x_2+x_3+x_4)^4},$$

现在令

$$s_1=\frac{x_1+x_2}{2},\quad s_2=\frac{x_3+x_4}{2},$$

那么上式进一步改写为

$$\frac{x_1x_2x_3x_4}{(x_1+x_2+x_3+x_4)^4}=\frac{x_1x_2}{(x_1+x_2)^2}\cdot\frac{x_3x_4}{(x_3+x_4)^2}\cdot\left(\frac{s_1s_2}{(s_1+s_2)^2}\right)^2,$$

因为 $x_1,x_2,x_3,x_4>1$, 所以 $s_1,s_2>1$, 对于右边三个项分别应用不等式 $P(2^1)$, 得到

$$\begin{aligned}\frac{x_1x_2x_3x_4}{(x_1+x_2+x_3+x_4)^4}&\geqslant\frac{(x_1-1)(x_2-1)}{\big((x_1-1)+(x_2-1)\big)^2}\cdot\frac{(x_3-1)(x_4-1)}{\big((x_3-1)+(x_4-1)\big)^2}\cdot\left(\frac{(s_1-1)(s_2-1)}{\big((s_1-1)+(s_2-1)\big)^2}\right)^2\\&=\frac{\prod\limits_{i=1}^{4}(x_i-1)}{\left(\sum\limits_{i=1}^{4}(x_i-1)\right)^4}.\end{aligned}$$

因此 $P(2^2)$ 成立.

现在设 $P(2^k)(k\leqslant l)$ 成立, 要证 $P(2^{l+1})$ 成立. 设 $x_i>1(i=1,2,\cdots,2^{l+1})$, 令

$$s_1=\frac{x_1+x_2}{2},\quad s_2=\frac{x_3+x_4}{2},\quad\cdots,\quad s_{2^l}=\frac{x_{2^{l+1}-1}+x_{2^{l+1}}}{2},$$

那么所有 $s_j>1$, 类似于 $k=2$ 时的推理, 得到

$$\begin{aligned}\frac{\prod\limits_{i=1}^{2^{l+1}}x_i}{\left(\sum\limits_{i=1}^{2^{l+1}}x_i\right)^{2^{l+1}}}&=\frac{x_1x_2}{(x_1+x_2)^2}\cdot\frac{x_3x_4}{(x_3+x_4)^2}\cdots\frac{x_{2^{l+1}-1}x_{2^{l+1}}}{(x_{2^{l+1}-1}+x_{2^{l+1}})^2}\cdot\left(\frac{s_1s_2\cdots s_{2^l}}{(s_1+s_2+\cdots+s_{2^l})^{2^l}}\right)^2\\&\geqslant\frac{(x_1-1)(x_2-1)}{\big((x_1-1)+(x_2-1)\big)^2}\cdot\frac{(x_3-1)(x_4-1)}{\big((x_3-1)+(x_4-1)\big)^2}\cdots\\&\quad\cdot\frac{(x_{2^{l+1}-1}-1)(x_{2^{l+1}}-1)}{\big((x_{2^{l+1}-1}-1)+(x_{2^{l+1}}-1)\big)^2}\cdot\left(\frac{\prod\limits_{i=1}^{2^l}(s_i-1)}{\left(\sum\limits_{i=1}^{2^l}(s_i-1)\right)^{2^l}}\right)^2\\&=\frac{\prod\limits_{i=1}^{2^{l+1}}(x_i-1)}{\left(\sum\limits_{i=1}^{2^{l+1}}(x_i-1)\right)^{2^{l+1}}},\end{aligned}$$

在此分别对数组 $(x_1,x_2),(x_3,x_4),\cdots,(x_{2^{l+1}-1},x_{2^{l+1}})$ 应用 $P(2^1)$, 对数组 $(s_1,s_2,\cdots,s_{2^l})$ 应用归纳假设 $P(2^l)$. 因此 $P(2^{l+1})$ 确实成立. 总之, 我们证明了 $P(2^k)(k\in\mathbb{N})$ 成立.

(ii) 现在进行反向归纳, 即设 $k>1$, 证明 $P(k)\Rightarrow P(k-1)$.

设 $x_1,\cdots,x_{k-1}>1$ 是给定的 $k-1$ 个实数. 定义

$$x_k=\frac{x_1+\cdots+x_{k-1}}{k-1},$$

那么 $x_k>1$. 将归纳假设 $P(k)$ 应用于 k 个数 $x_1,\cdots,x_{k-1},x_k$, 得到

$$\frac{x_1\cdots x_{k-1}\cdot x_k}{(x_1+\cdots+x_{k-1}+x_k)^k}\geqslant\frac{(x_1-1)\cdots(x_{k-1}-1)(x_k-1)}{\big((x_1-1)+\cdots+(x_{k-1}-1)+(x_k-1)\big)^k},$$

将 $x_k=(x_1+\cdots+x_{k-1})/(k-1)$ 代入并化简, 即得

$$\frac{\prod\limits_{i=1}^{k-1}x_i}{\left(\sum\limits_{i=1}^{k-1}x_i\right)^{k-1}}\geqslant\frac{\prod\limits_{i=1}^{k-1}(x_i-1)}{\left(\sum\limits_{i=1}^{k-1}(x_i-1)\right)^{k-1}}.$$

因此 $P(k-1)$ 成立. 于是完成归纳证明.

9.200 因为证明类似, 所以只考虑不等号“$\leqslant$”成立的情形. 依所给条件, 我们有

$$\big(f''(x)-2f'(x)\big)-3\big(f'(x)-2f(x)\big)\leqslant 0 \quad (x\geqslant 0),$$

记 $g(x)=f'(x)-2f(x)\,(x\geqslant 0)$, 则上式可写成

$$g'(x)-3g(x)\leqslant 0 \quad (x\geqslant 0),$$

由此推出

$$\big(g(x)\mathrm{e}^{-3x}\big)'\leqslant 0 \quad (x\geqslant 0),$$

可见 $g(x)\mathrm{e}^{-3x}$ 在 $x\geqslant 0$ 时单调减少, 于是

$$g(x)\mathrm{e}^{-3x}\leqslant g(0)=f'(0)-2f(0)=-2 \quad (x\geqslant 0),$$

即

$$f'(x)\mathrm{e}^{-3x}-2f(x)\mathrm{e}^{-3x}+2\leqslant 0 \quad (x\geqslant 0).$$

由此得到: 当 $x\geqslant 0$ 时,

$$f'(x)\mathrm{e}^{-2x}-2f(x)\mathrm{e}^{-2x}+2\mathrm{e}^{x}\leqslant 0.$$

令 $h(x)=f(x)\mathrm{e}^{-2x}+2\mathrm{e}^{x}\,(x\geqslant 0)$, 上述不等式就是

$$h'(x)\leqslant 0 \quad (x\geqslant 0).$$

因此当 $x\geqslant 0$ 时, $h(x)$ 单调减少, 从而 $h(x)\leqslant h(0)=f(0)+2=3$, 由此推出

$$f(x)\leqslant 3\mathrm{e}^{2x}-2\mathrm{e}^{3x} \quad (x\geqslant 0).$$

索　　引